库车山前深井钻完井液技术

尹 达 胥志雄 徐同台 朱金智 等编著

石油工业出版社

内 容 提 要

本书从塔里木盆地库车山前工程地质特征及钻完井液技术难点入手，收集统计了库车山前已钻 300 多口井地质、钻完井作业、钻完井液资料，分析钻完井过程中所采用的钻完井液技术、潜在的各种井下复杂情况、原因与钻完井液技术对策，总结了近 25 年针对库车山前技术难题所开展的研究与应用所取得的成果。本书共分十章，从理论到实践全面论述了库车山前复杂地层特点，所钻遇地层矿物组分与理化性能，钻完井液技术、井壁稳定、复杂盐膏软泥岩、防漏堵漏、高压盐水溢流防控、油气层保护、固相控制、钻完井液废弃物环保处置等技术。

本书可供从事钻完井液、钻完井工程工作的技术人员、研究人员、管理人员以及石油院校相关专业师生学习参考。

图书在版编目(CIP)数据

库车山前深井钻完井液技术／尹达等编著．—北京：
石油工业出版社，2020.6
ISBN 978-7-5183-3987-7

Ⅰ．①库… Ⅱ．①尹… Ⅲ．①塔里木盆地-深井钻井-完井液-技术 Ⅳ．①TE254②TE257

中国版本图书馆 CIP 数据核字(2020)第 078660 号

出版发行：石油工业出版社
（北京安定门外安华里 2 区 1 号楼　100011）
网　　址：www.petropub.com
编辑部：(010)64523583　图书营销中心：(010)64523633
经　　销：全国新华书店
印　　刷：北京中石油彩色印刷有限责任公司

2020 年 6 月第 1 版　2020 年 6 月第 1 次印刷
787×1092 毫米　开本：1/16　印张：46.5
字数：1200 千字

定价：350.00 元
（如出现印装质量问题，我社图书营销中心负责调换）
版权所有，翻印必究

《库车山前深井钻完井液技术》编写和审稿人员

章	节	编写人员	审稿人员
第一章	第一节	莫 涛　徐同台　邱 斌	郝祥保
	第二节	尹 达　胥志雄　徐同台　王春生　何 涛　邢晓欢　朱金智　李佳鹏	徐同台
第二章		尹 达　徐同台　朱金智　郑若芝　吴晓花　王晓军　晏智航　刘旭斐　段丽红　陈艳霞	徐同台　吴晓花
第三章	第一节	尹 达　孙明波　刘锋报　徐同台　孙爱生　叶 艳　卜 海	徐同台　朱金智
	第二节	尹 达　刘 毅　江天荣　孙爱生　李 斌　何 涛　贾红军	
	第三节	尹 达　徐同台　刘锋报　李 斌　吴晓花　江天荣　李刚杰　秦立峰	
	第四节	刘锋报　张民立　张 震　姚少全　刘 鑫　陈小亚	
	第五节	尹 达　李 磊　田荣剑　晏智航	
	第六节	朱金智　徐同台　晏智航　李 斌　吴晓花　李爱红　陈 林　李刚杰	
	第七节	刘锋报　徐同台　吴晓花　回海军　陈 林　李爱红	
第四章		张 震　徐同台　晏智航　王建华　武星星　熊邦泰　黄献西　于松法　张 东　王 威	徐同台　刘 毅
第五章	第一节	徐 强　刘洪涛　徐同台　李 磊　周梦秋　单 峰	徐 强　徐同台
	第二节	周梦秋　蒋绍宾　徐同台	
	第三节	周梦秋　武星星　徐同台　薛 锋　李 华　周友元	
	第四节	周梦秋　刘 鑫　李 磊　宋长龙	
	第五节	周梦秋　武星星　李 磊　叶 艳　冯海平	
	第六节	刘洪涛　张 伟　徐同台　肖伟伟	
第六章	第一节	尹 达　徐同台　刘锋报　刘 翔　邢晓欢	徐同台　尹 达
	第二节	张 震　徐同台　李家学　许成元　刘 潇　刘 翔	
	第三节	尹 达　赵正国　李 磊　徐同台　孙爱生	
	第四节	刘锋报　许成元　王 涛　徐同台　李 龙　刘建全　李 华　冯伟雄　张 宁　李前贵　操 亮	
	第五节	尹 达　徐同台　张 震　刘建全　张 宁　李前贵　操 亮	
	第六节	刘锋报　张 宁　李前贵　邹 博　包盼虎　陈江林　冯 惠	
第七章	第一节	刘锋报　徐同台　刘 毅　段丽红　邢晓欢	徐同台　郝祥保　瞿凌敏
	第二节	刘锋报　徐同台　莫 涛　卢运虎　邢晓欢　李佳鹏　丁 峰	
	第三节	卢俊安　徐同台　刘德智　莫 涛　周 健　王晓军　吕晓钢　阳君奇	
第八章		朱金智　徐同台　李家学　游利军　周 鹏　周凤山　张 晖　刘建全　王 威	徐同台　邹盛礼
第九章		刘锋报　张晓东　刘洪斌　申 彪　王志龙　史永哲　邹 博	侯勇俊　刘锋报
第十章		朱金智　李家学　田荣剑　王建华　杨 川　高晓荣　曾右华　姜忠楠　赵 丹	刘锋报　徐同台
全书统稿		徐同台	

前　　言

  深井钻完井液技术作为安全钻井和完井作业的主要保障，在钻完井作业中应该得到高度重视。为了实现井下安全、钻井提速、完井提产、地质发现的目标，必须做好钻完井液工作。塔里木油田多年来的钻井实践也充分证明了这项工作的重要性，在对塔里木油田已完成的几百口超深井数据统计过程中，我们发现凡是作业顺利、复杂事故时效较少的井，钻井液大多具有性能稳定、技术得当、处理及时等特点。作业现场普遍存在一个规律：谁重视现场钻井液工作，谁的井就打得好。对于库车山前井来说，由于遇到的复杂情况及遭遇战更多，这一点显得愈加明显。因此，全力搞好钻井液工作是库车山前钻完井提速提产的必要条件。

  30年来，塔里木油田钻井液技术人员面对库车山前"三高"地层特点、高陡构造井壁失稳、复合盐层蠕变和污染、高压盐水和恶性井漏、抗高温试油完井液超长静止沉降稳定性以及超高密度钻井液性能维护等一系列世界级难题，在钻井液体系研发、技术攻关、设备配套、现场管理等方面进行了艰苦卓绝的不懈探索，创新形成了满足"三高"要求、复合盐层安全钻井的钻井液体系，适合超深井试油作业的完井液体系，解决恶性井漏问题的高强度堵漏技术，以"全酸溶理念"为核心的裂缝性致密型储层保护技术，满足高密度钻井液配制、处理、维护的超深井固控与循环系统配套标准，以及符合库车山前作业实际的钻井液现场管理"三原则"等主要技术和管理措施。经过多年实践与完善，构建完成了独具特色的塔里木库车山前深井钻井液技术体系。该技术体系较好地解决了库车山前钻井液面临的复杂问题，使得库车山前深井超深井钻完井作业诸多难题首次具备了完整的钻井液解决方案，有力地助推了塔里木油田库车山前钻完井的作业能力从5000m、6000m级成功迈入7000m、8000m级。

  为了进一步对库车山前钻井液技术进行系统梳理、原理分析和总结完善，为了给奋战在塔里木油田的全体钻井液技术人员、管理人员提供全面指导，也为了与广大正在从事钻井液工作的全国同行分享深井钻井液技术、管理经验，特编写此书。本书共分十章，囊括了库车山前钻井液、完井液技术的所有内容，从钻井液体系到具体技术措施，从地层特点分析到技术应用原理，从钻井液配制处理到相关设备配套，从钻井复杂应对到完井试油方案，等等。从内容上看，既有技术措施又有理论分析，既有概念设计又有典型案例，无疑将对现场技术人员具有非常现实的指导意义，尤其是对于各级钻井液技术管理决策者来说，更希望能够带来良好的借鉴和启发作用。

  本书在成稿过程中，得到了有关科研院校与院所、项目实施单位、各钻井液公司以及油田地质、钻井、钻井液等专业管理者和技术人员的大力支持，在此表示感谢！

  由于编者水平和技术视野有限，书中难免有不足之处，向读者表示歉意。编者真诚希望读者对本书进行评论和纠错，并将错误之处和进一步完善的建议反馈给我们(yida-tlm@petrochina.com.cn)，以帮助我们进行修订。

尹　达
2019 年 12 月

目 录

第一章 概 述 (1)

第一节 库车山前地质概况 (1)

第二节 库车山前钻井概况与钻井技术难题及钻井液技术发展历程 (21)

参考文献 (33)

第二章 库车山前地层矿物组分及理化性能分析 (34)

第一节 库车山前地层矿物组分 (34)

第二节 理化性能及测定方法 (40)

第三节 库车山前地层矿物组分与理化性能分布规律 (41)

第四节 克深区带地层矿物组分理化性能影响因素 (95)

参考文献 (96)

第三章 库车山前水基钻井液技术 (97)

第一节 抗高温高密度水基钻井液作用机理 (97)

第二节 膨润土/聚合物/KCl 聚合物钻井液 (121)

第三节 氯化钾聚磺钻井液 (128)

第四节 有机盐钻井液 (150)

第五节 高性能环保钻井液 (170)

第六节 抗高温高密度饱和盐水钻井液 (178)

第七节 抗高温高密度氯化钾磺化钻井液 (201)

参考文献 (211)

第四章 柴油基油包水乳化钻井液 (213)

第一节 柴油基钻井液组分及作用机理 (213)

第二节 库车山前抗高温高密度柴油基钻井液配方与性能 (229)

第三节 库车山前抗高温超高密度柴油基钻井液 (242)

— 1 —

第四节 库车山前油基钻井液配制、替浆、维护…………………………………(268)
第五节 库车山前柴油基钻井液现场应用典型案例…………………………………(273)
参考文献………………………………………………………………………………(279)

第五章 库车山前完井液技术…………………………………………………………(280)

第一节 库车山前完井液概述…………………………………………………………(280)
第二节 射孔压井液性能测试方法……………………………………………………(282)
第三节 油基射孔压井液………………………………………………………………(291)
第四节 有机盐射孔压井液……………………………………………………………(315)
第五节 超微射孔压井液………………………………………………………………(323)
第六节 环空保护液……………………………………………………………………(331)
参考文献………………………………………………………………………………(338)

第六章 库车山前防漏堵漏技术………………………………………………………(339)

第一节 概　述…………………………………………………………………………(339)
第二节 库车山前克拉苏冲断带漏失层特征及漏失原因……………………………(355)
第三节 提高地层承压能力机理………………………………………………………(374)
第四节 库车山前防漏堵漏材料及评价方法…………………………………………(400)
第五节 库车山前随钻防漏堵漏技术…………………………………………………(421)
第六节 库车山前高难度井防漏堵漏技术典型井案例………………………………(451)
参考文献………………………………………………………………………………(457)

第七章 库车山前井壁稳定技术………………………………………………………(461)

第一节 盐上地层井壁稳定技术………………………………………………………(461)
第二节 盐膏层井壁稳定技术…………………………………………………………(481)
第三节 高压盐水溢流与控制技术……………………………………………………(505)
参考文献………………………………………………………………………………(534)

第八章 克拉苏冲断带克深区带保护油气层钻井液技术……………………………(535)

第一节 克深区带油气层特性…………………………………………………………(535)
第二节 克深区带气层潜在损害因素…………………………………………………(563)
第三节 克深区带气层钻井液损害机理及油气层保护技术对策……………………(579)
第四节 克深区带油气层保护钻井液配套解堵技术…………………………………(597)
参考文献………………………………………………………………………………(612)

第九章　固相控制技术 (615)

- 第一节　概　述 (615)
- 第二节　固控技术研究现状及分析 (616)
- 第三节　库车山前固控系统现状与分析 (627)
- 第四节　固控设备参数分析及处理量计算 (632)
- 第五节　库车山前超深井钻机固控设备配套技术 (649)
- 第六节　库车山前固控系统操作指南 (662)
- 第七节　库车山前井钻井液系统配置要求 (669)
- 参考文献 (672)

第十章　库车山前钻完井液废弃物环保处置 (674)

- 第一节　钻完井液废弃物环保处置相关规范 (674)
- 第二节　库车山前钻完井废弃物特点 (681)
- 第三节　油基钻井液废弃物处置 (689)
- 第四节　磺化钻井液废弃物处置 (702)
- 第五节　聚合物钻井液废弃物处置 (720)
- 第六节　废弃物处理发展趋势 (729)
- 参考文献 (729)

第一章 概 述

库车山前(又称库车前陆冲断带)位于塔里木盆地北部,北与南天山断裂褶皱带以逆冲断层或不整合相接,南为塔北隆起,东起阳霞凹陷,西至乌什凹陷,是一个以中新生代沉积为主的叠加型前陆冲断带,整体呈 NEE 向展布,东西长约 350km,南北宽 30~80km,面积约 $2.8×10^4 km^2$。库车山前涵盖三个次级冲断带与三个凹陷,三个次级冲断带由北至南分别为北部构造带、克拉苏冲断带与秋里塔格冲断带,三个凹陷从西向东分别为乌什凹陷、拜城凹陷和阳霞凹陷。库车山前油气地质条件优越,油气资源丰富。

第一节 库车山前地质概况

一、构造运动与构造单元

库车前陆盆地位于我国西部,塔里木盆地北部(图 1-1-1),南天山造山带山前,是世界典型的含盐型前陆盆地之一。其独特的地质结构与丰富的油气资源吸引了世界地质界及

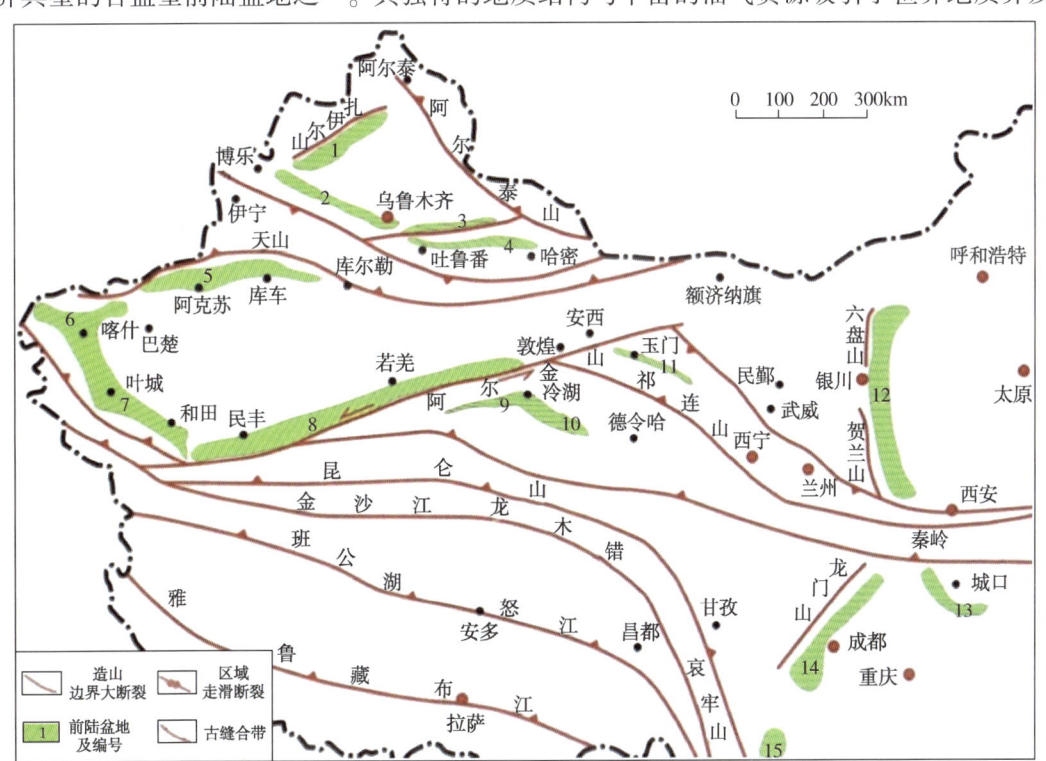

图 1-1-1 中国中西部前陆盆地分布图(据李本亮等,2009,修改)

石油勘探界的目光。盆地内主要沉积中—新生界碎屑岩地层及膏岩盐地层。受南天山强烈隆升造山影响，盆地盐下构造层内形成大量冲断构造，发育一系列断背、背斜圈闭，成为油气聚集的主要场所。

库车前陆盆地经历了前碰撞造山、碰撞造山和陆内造山三大构造演化阶段，在沉积—地层剖面结构上就相应形成了三大构造层：前中生代构造层——前碰撞造山阶段被动大陆边缘沉积建造、中生代构造层——碰撞造山阶段周缘前陆盆地含煤磨拉石建造、新生代构造层——陆内造山阶段再生前陆盆地磨拉石建造。

盆地内发育一系列冲断、收缩构造，虽然大部分构造形成于新生代晚期，但是由于盆地内盐岩层的广泛分布，盆地表现出明显的分层变形特征，不同构造层内发育的构造样式具有明显的差异性。由于古近系、新近系膏盐岩层、上三叠统—侏罗系含煤地层或盆地基底两个滑脱层的存在，库车坳陷构造变形具有分层特征（图1-1-2）。总体上，库车坳陷中、新生代盆地可划分为盐上构造层、盐岩层构造层及盐下构造层三层结构。盐下构造层包括三叠系、侏罗系及白垩系。盐岩层在库车坳陷中部为古近系库姆格列木群，而在库车坳陷东部为吉迪克组。盐上层主要指第四系及库车组、康村组。

库车前陆盆地与南天山的盆山过渡带，总体上表现为强烈挤压的构造变形特征，库车坳陷北部边缘及坳陷内部发育有一系列的逆冲断层和褶皱构造。按照目前塔里木油田采用的构造单元划分方案，库车坳陷可进一步划分为7个次级构造单元，即北部单斜带、克拉苏—依奇克里克构造带、乌什凹陷、拜城凹陷、阳霞凹陷、秋里塔格构造带、南部斜坡带等（图1-1-3）。这些构造单元均呈NEE向的条带状展布，整体上呈向南凸出的弧形，宏观上构成"两隆夹一坳"的构造格局。克拉苏构造带位于北部单斜带南侧、拜城凹陷北缘，是目前库车坳陷油气最富集的构造带。

库车盆地现今结构来看（图1-1-4），盐下发育典型冲断构造，将盐下冲断带的前锋带到造山带之间的部分划归于前陆冲断带，从秋里塔格构造带到塔北隆起北缘，可以划分为前渊带，从塔北隆起往南可以划分为前陆斜坡带，前缘隆起在盆地内部，根据中国中西部地质特征的总结，前缘隆起普遍不太发育。

库车前陆盆地具有分层变形的特征，可以根据地层与膏盐层的位置关系划分出盐上构造层、膏盐岩层、盐下构造层和基底构造层。与经典前陆盆地相比，库车前陆盆地由于膏盐岩的存在，导致后期挤压过程中发生复杂的构造变形和耦合过程，形成现今复杂的构造样式。

克拉苏构造带是位于南天山斜向挤压区与分层水平收缩区的过渡带。该带垂向上可划分为4层结构，自北向南则可划分为三个次级变形带。4层结构主要包括盐上构造层（E_2s—Q）、盐岩层（$E_{1-2}km$）、盐下中生界构造层（T—K）及基底构造层（Pre-T）。

（1）盐上构造层：主要由古近系苏维依组—第四系组成，自北向南分带变形特征明显。北部单斜带为一系列出露地表的中生界地层，向南倾斜。克拉苏构造带盐上层为一系列受逆冲断层控制的线性背斜，断层多在盐层中滑脱。拜城凹陷沉积了巨厚的新生界地层，其中在库车组内部可见明显的生长地层。

（2）盐构造层：主要由古近系库姆格列木群组成（库车东部为新近系吉迪克组），表现为巨厚的膏盐岩及膏泥岩的互层，受盐岩塑性流动影响，盐构造层厚度变化较大，最厚达4000m。盐构造也具有明显的分层特征，上部为膏盐岩的组合，而下部则为膏泥岩，在不同部位两种组合的厚度差别较大。作为上下构造层的滑脱层，盐下逆冲断层多在该层内滑脱。

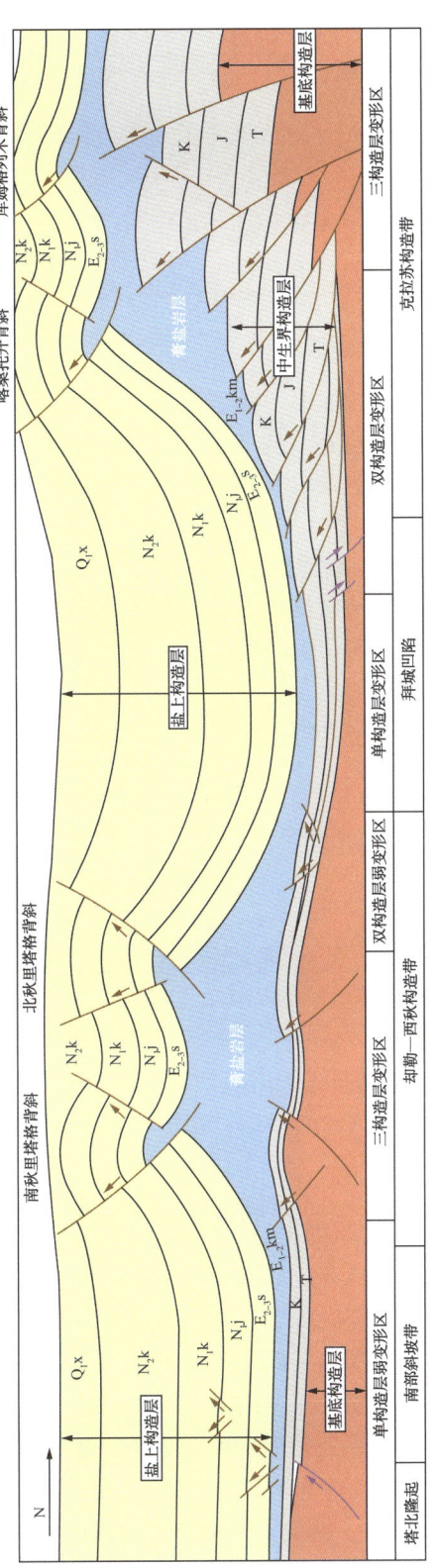

图1-1-2 库车坳陷区域构造模型

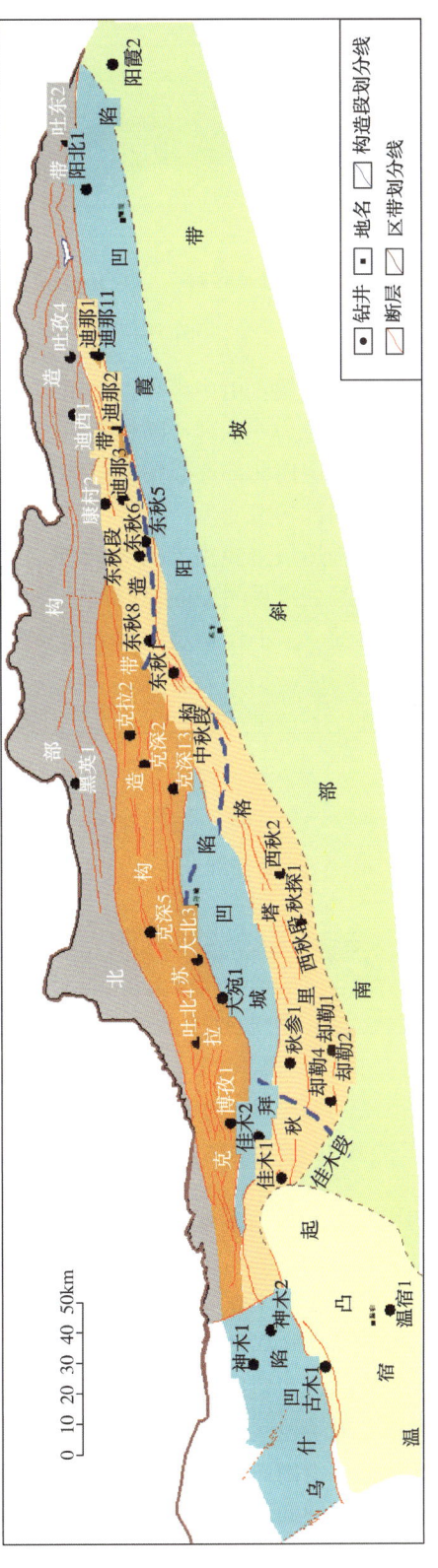

图1-1-3 库车坳陷构造简图

— 3 —

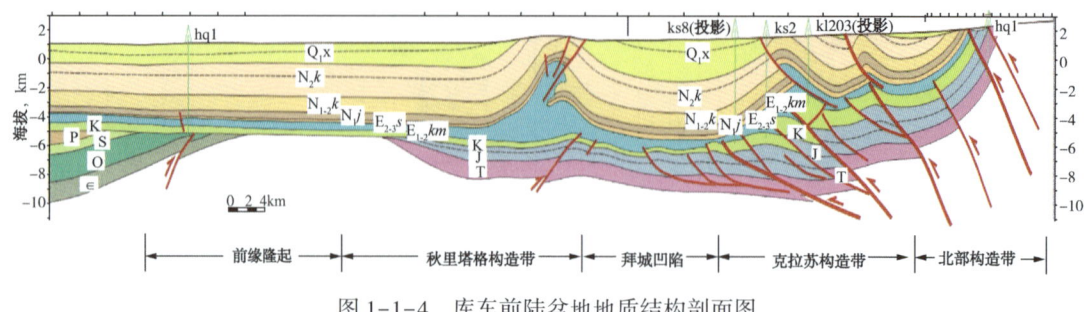

图 1-1-4 库车前陆盆地地质结构剖面图

（3）盐下构造层：由中生界地层组成，自上而下包括白垩系、侏罗系及三叠系。克拉苏构造带盐下构造为一系列冲断构造。中生界及部分基底均卷入构造变形，受逆冲断层作用影响，沉积地层向北部逐级抬升至地表，形成复杂冲断构造。其中侏罗系内部煤层作为滑脱层控制了局部构造变形。

（4）基底构造层主要由二叠系及前二叠系地层组成，地震剖面上表现为一组杂乱反射，局部古隆起处可见明显的地层削蚀尖灭特征。在三维地震剖面上，三叠系底界为一连续的强反射界面，盐下构造层内部分断层在该界面之上滑脱(图1-1-5)。

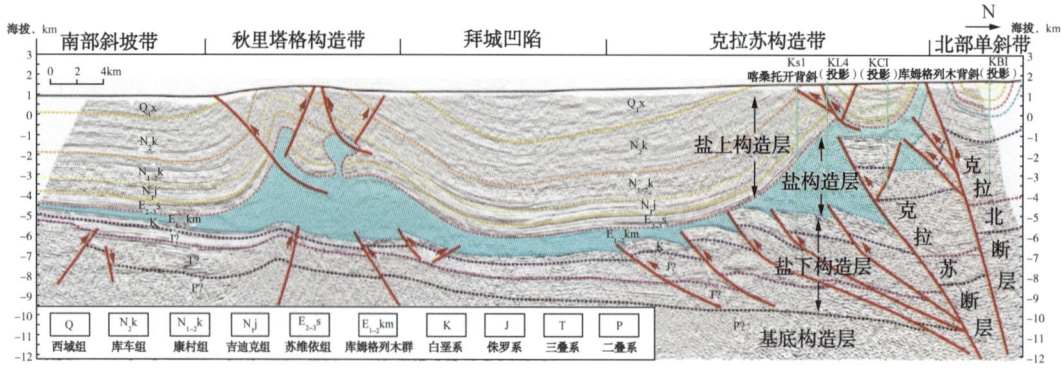

图 1-1-5 库车前陆盆地"三位一体"构造变形特征剖面

二、沉积环境与沉积源

受构造演化控制，库车坳陷发育巨厚中新生界，最大厚度可达12000m。在周缘前陆盆地发育早期，库车坳陷三叠沉积一套陆相碎屑岩沉积，具有北厚南薄、西厚东薄的沉积特征，最大厚度达到1700m。三叠系俄霍布拉克组沉积一套底砾岩，反映盆地开始挠曲变形，其上沉积的克拉玛依组和黄山街组下部主要为一套半深湖—深湖相的沉积，从黄山街组到塔里奇克组沉积地层则粒度开始变粗，沉积相由半深湖—深湖向曲流河的泛滥平原转变。在坳陷盆地阶段，库车坳陷侏罗系主要沉积一套河流—三角洲平原—沼泽—湖泊相沉积的含煤地层，由南向北地层加厚，最大厚度超过2000m。库车坳陷白垩系主要为扇三角洲、辫状河三角洲和滨浅湖相沉积的砂泥岩互层碎屑岩层，缺失上白垩统，厚度为600~1600m。古近系在库车地区主要为河流、滨浅湖、潟湖沉积的碎屑岩层和膏盐岩层，与下伏的白垩系普遍呈平行不整合接触，局部为角度不整合接触，厚度500~1000m。在陆内再生前陆盆地阶段，库车坳陷新近系主要沉积一套滨浅湖、河流—泛滥平原相沉积的碎屑岩层，厚度最大可达5000m。第四系在库车地区沉积了一套河流、冲积—洪积扇相的砾岩、砂砾岩层和松散砾岩层，厚度由数十米到数百米。

库车前陆盆地区自中生代以来，受南天山造山带多期次隆升、陆内造山作用的影响，总体上呈现"北山南盆"的古构造与古地理格局。同时，在白垩纪沉积充填阶段，呈现东西向"坳隆"相间的古地貌差异。南北向"北高南低"、东西向"坳—隆相间"的古地貌特点，控制了白垩纪沉积期沉积相带与骨架砂体的展布。根据钻井岩性组合关系巴什基奇克组自上而下可进一步划分为三个岩性段，总体上三个岩性段特征明显，由东向西减薄趋势明显。第一岩性段以褐色中细砂岩为主，泥岩夹层薄而少，地层遭受一定程度的剥蚀，自东向西地层剥蚀厚度增大，至大北地区基本剥蚀殆尽；第二岩性段以褐色中细砂岩夹薄层泥岩为主，有相对较纯的泥岩薄层出现，从大北—博孜—阿瓦特由东向西遭受剥蚀，至阿瓦特已剥蚀殆尽；第三岩性段岩性段粒度较粗，出现砂砾岩，岩石物性变差，泥岩夹层变厚，地层厚度在区内相对稳定。巴什基奇克组沉积早期，博孜—大北—克深地区均为扇三角洲前缘沉积环境，主要发育水下分流河道含砾细砂岩、粉—细砂岩，砂岩厚度10~80m，砂岩成分成熟度和结构成熟度整体较低，反映出扇三角洲前缘亚相的沉积特征；巴什基奇克组沉积中晚期，博孜—大北—克深地区均为辫状河三角洲前缘沉积环境，发育水下分流河道粉—细—中砂岩，砂岩厚度120~160m，砂岩成分成熟度和结构成熟度整体较高，反映出远源、牵引流特征(图1-1-6)。

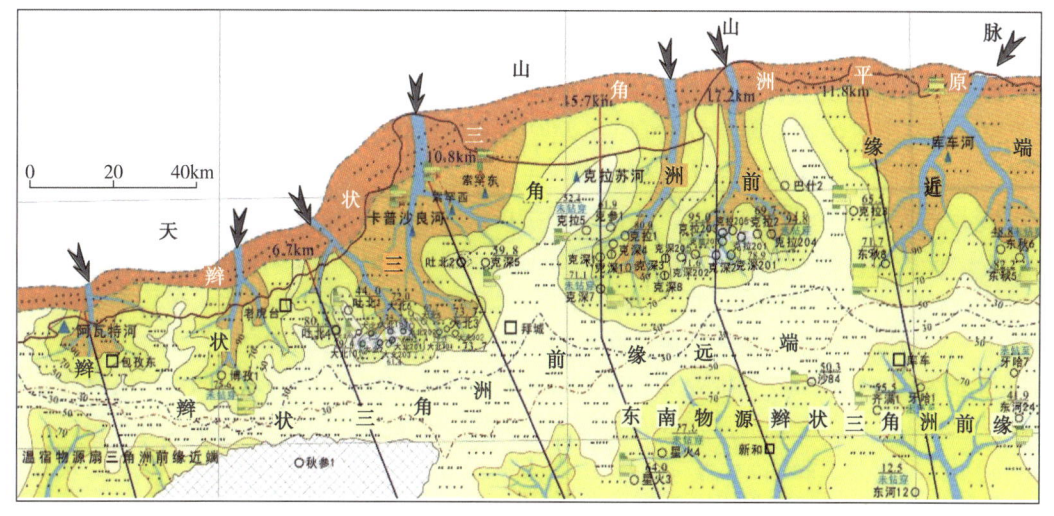

图1-1-6 库车前陆盆地中部白垩系巴什基奇克组第二段沉积相平面图

三、成岩作用

根据对库车前陆冲断带大北202井和克深2井巴什基奇克组砂岩埋藏史(图1-1-7)分析，巴什基奇克组砂岩经历了早期长期缓慢浅埋和晚期短时间快速深埋的过程。自早白垩世中期(127Ma)沉积后，地层缓慢沉降，沉降速率为50~60m/Ma，至晚白垩纪早中期(97Ma)地层埋藏至1500~1800m，而后地层逐渐抬升遭受剥蚀，抬升幅度为1200~1500m，西段大北抬升幅度大于东段克深，大北仅保留部分巴二段和巴三段，克深巴一段尚有保留即是证据。古新世早期(60~65Ma)，库车地区又继续接受沉积，沉积了一套巨厚的库姆格列木群膏泥岩地层，与下伏地层呈不整合接触，至古近纪末期(23Ma)，巴什基奇克组埋深近2000m，古近纪以后，到中新世末(5.3Ma)地层埋深超过了4500m，这段时间南天山活动加剧，构造挤压逐渐增强，地层快速埋藏，埋藏速率为230~250m/Ma，之后地层进入深埋状态，深埋时间较短，现今埋深一般达到6000~7900m。

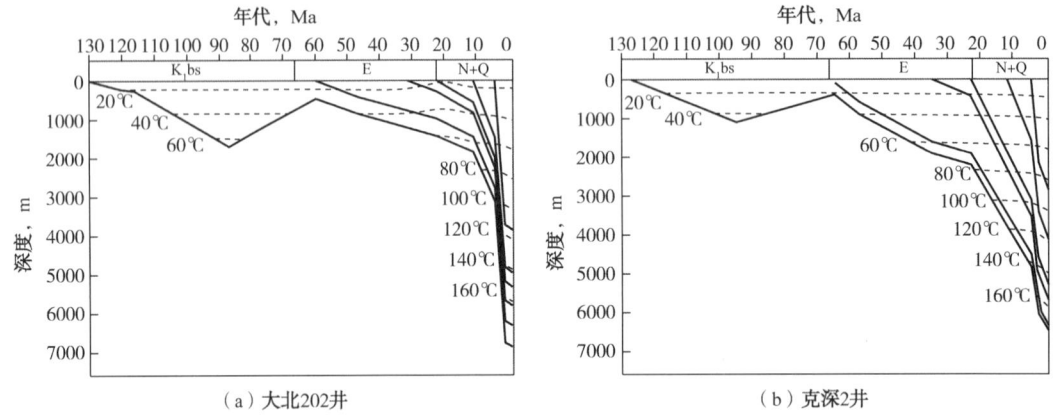

图1-1-7 克深区带白垩系巴什基奇克组埋藏史图

在早期长期缓慢浅埋阶段，地层经历了早期埋藏压实的影响，但由于地层埋深在1800m以内，且长期处于浅埋状态，压实对孔隙损失十分有限，大量原生孔隙得以保留下来。克拉地区晚期构造压实较弱，压实作用主要受埋藏压实控制，其砂岩薄片样品显示，原生孔大量发育，面孔率较高，颗粒点接触，塑性岩屑未遭受变形，表现了弱压实特征。克拉地区砂岩储层视压实率主要在11%~58%，平均为37%，属于中等偏弱的程度。这些现象可能与其所处的特殊埋藏方式有关。早期长期浅埋的埋藏方式决定了储层总体上压实较弱，减孔量小，早期压实作用进行的不彻底。

由于受干旱—半干旱古气候影响，沉积物中孔隙水中Ca^{2+}浓度较高，孔隙水偏碱性，当沉积物尚未充分压实的时候，孔隙中便发生了强烈的碳酸盐岩强胶结，而石英、长石加大胶结较弱。在长达100Ma浅埋期间，由于强烈的碳酸盐胶结及早期石英长石加大，岩石形成了一定的抗压骨架，增强了岩石抗压性，有效保存了砂岩储集空间。薄片分析表明，巴什基奇克组砂岩硅质胶结主要为石英颗粒周围次生加大(图1-1-8)，1035块薄片统计显示，近1/3的石英颗粒周围发育石英加大，占镜下面孔率1%~2%，加大边较窄，仅发育一期，基本都为一级加大。长石加大主要为钠长石胶结[图1-1-8(a)]，对825块普通薄片及阴极发光薄片的观察发现约一半样品中可见钠长石胶结，钠长石胶结物含量较低，平均为1%左右，最大可达4%，大多以围绕早期长石颗粒的钠长石加大为主。从石英、长石加大边包围颗粒面积以及加大边与基底式强胶结方解石结构关系来看，石英、长石加大出现较早，推测形成于砂质沉积物沉积不久，早于碳酸盐胶结。碳酸盐胶结强而普遍，在石英长石加大后形成。碳酸盐胶结以方解石为主，次为白云石，少量的铁白云石。1035块薄片中，有895块见方解石胶结，出现频率86.5%，在见方解石胶结的样品中，其面孔率为4%~7%。镜下常见方解石呈孔隙式—基底式胶结[图1-1-8(a)]，说明这些方解石形成时间较早，在砂质沉积物还未经过充分压实时就已发生。薄片鉴定显示，早期强胶结的砂岩样品，压实较弱，颗粒以点接触为主，相对胶结较弱的样品，粒间体积大得多，表明早期形成的胶结物有效抵抗了晚期压实对储层的破坏，减少了粒间体积损失，保护了储层，为后期溶蚀作用还原孔隙空间提供了条件。

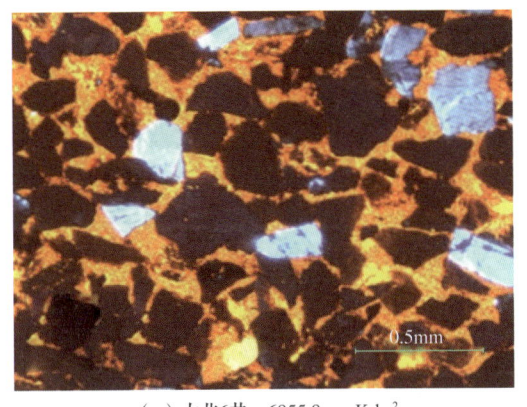
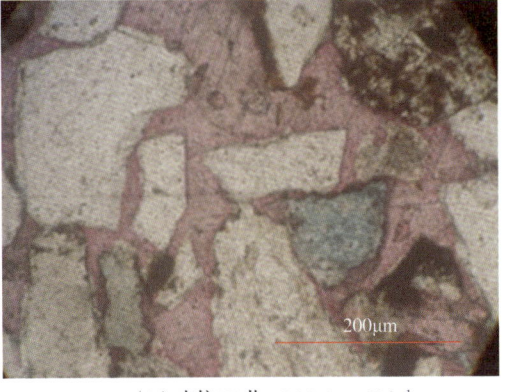

(a) 大北6井，6855.8m，K_1bs^2　　　　　(b) 克拉201井，3661.8m，K_1bs^1

图1-1-8　克拉苏构造带白垩系巴什基奇克组砂岩早期胶结特征

埋藏过程中，温度场是控制成岩反应速率的重要因素，较低地温场成岩反应速率明显减缓，对孔隙保存较为有利。与我国东部断陷—坳陷盆地高地温背景不同，西部盆地古地温梯度相对较低。根据李慧莉和邱楠生等（2005）的研究，区域上库车前陆盆地中生代晚期古地温梯度约2.5℃/100m，新生代地温梯度持续下降，现今古地温梯度平均为2.1℃/100m。

另外，库车前陆盆地巨厚膏盐岩的出现又进一步导致古地温梯度值降低。库车前陆盆地古近系膏盐岩分布广泛，大多数地区膏盐层厚度超过1500m，最厚处可达4000m。前人测试表明，库车前陆盆地新生界和白垩系泥岩和砂岩的热导率分别为1.6.6~1.964W/(m·K)和1.716~2.358W/(m·K)，而一般膏盐岩热导率在3.87~5.48W/(m·K)（王良书，2005），因此膏盐岩的热导率是泥岩和砂岩的2~3倍。膏盐岩高导热性导致下伏地层地层温度出现跳跃，白垩系地温梯度小于新生界地温梯度（图1-1-9）。巨厚的膏盐岩降低了地层温度，影响了盆地热演化过程。卓勤功（2012）通过数值模拟表明1500m厚膏盐岩可使侏罗系地层温度和镜质组反射率R_o值分别降低15℃和0.35%，对盆地热演化具有明显迟缓作用。

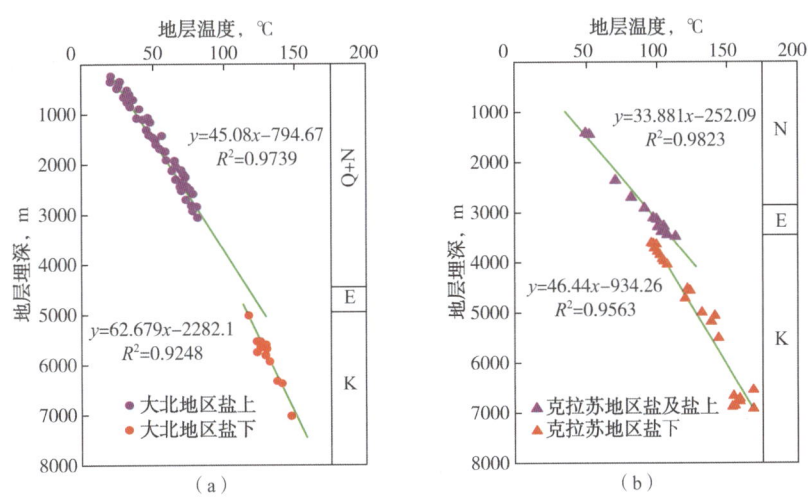

图1-1-9　克拉苏构造带地层埋深与地层温度关系图（据卓勤功，2012）

受较低的古地温梯度、巨厚盐岩层高热传导性影响，巴什基奇克组砂岩中晚期成岩反应速率变得缓慢,胶结较弱。铸体薄片与阴极发光显示,不同于我国东部断坳陷湖盆中晚期胶结为主,库车前陆冲断带中晚期胶结物含量较低,为4%~6%,占总胶结物含量的一半左右,除少量的硬石膏、黏土、粒间石英外,中晚期胶结以碳酸盐为主,围绕早期碳酸盐胶结物呈现较窄的环边,阴极发光下常发橘红色的光[图1-1-10(a)(b)],或者呈斑点状充填残余粒间孔、粒间溶孔[图1-1-10(c)],数量上远远小于早期碳酸盐胶结。

从成岩演化阶段来看,虽然白垩系储层现今埋深已超过7500m,但依然处于中成岩演化阶段。全岩X衍射分析表明,黏土矿物主要是伊利石和伊/蒙混层矿物[图1-1-10(d)],其次是少量的绿泥石和高岭石,伊/蒙混层中蒙脱石含量主要为15%~20%。储层也仅出现少量的铁白云石,石英次生加大仅达Ⅰ级。包裹体测温为67~164℃,主峰为100~110℃。与同时代同等深度的其他盆地的储层相比,成岩演化明显滞后,成岩演化滞后的原因与低古地温梯度的地质背景密切相关。

因此,低地温梯度和盐岩层较高的导热作用迟缓了成岩演化进程,抑制中晚期胶结作用,减少孔隙堵塞,有利于孔隙保存。

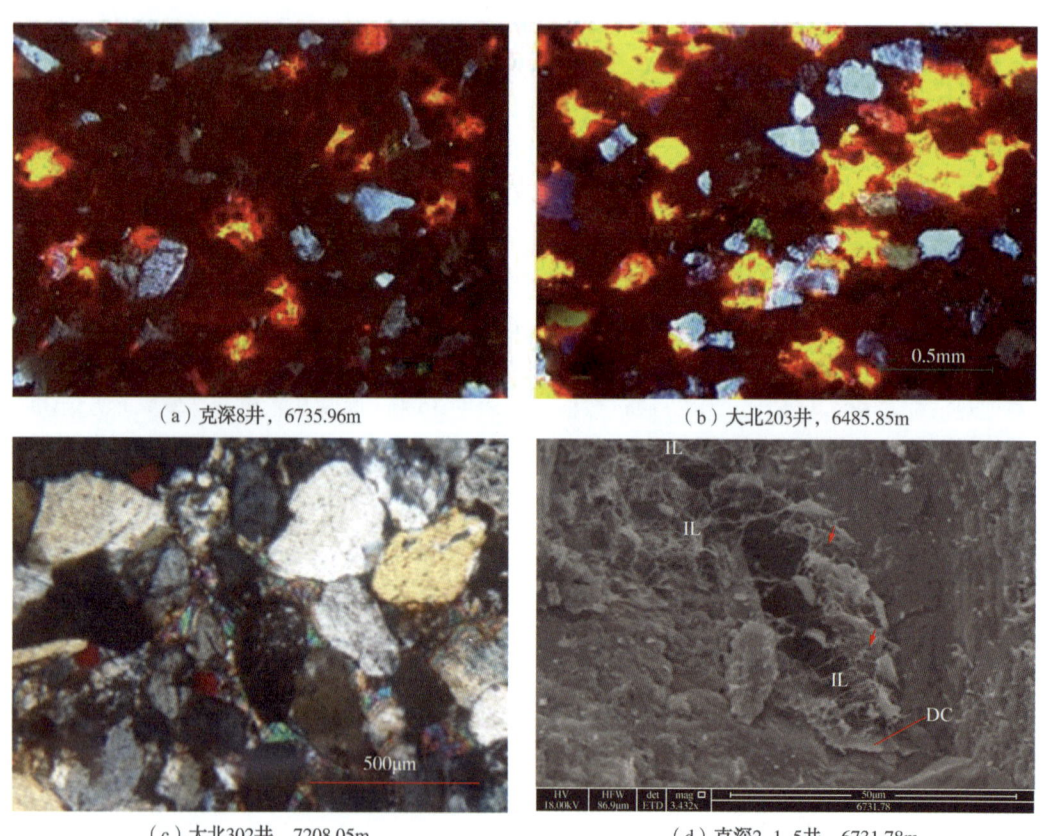

(a)克深8井,6735.96m (b)大北203井,6485.85m

(c)大北302井,7208.05m (d)克深2-1-5井,6731.78m

图1-1-10 克拉苏构造带白垩系巴什基奇克组第二段砂岩中晚期胶结特征

晚期地层快速沉降,中新世末(5.3Ma)地层才进入深埋状态,虽然埋深大,但时间短,而且这个时候岩石固结程度高,加上烃类强充注,占据了部分孔隙空间,地层异常超压发育,有效减少晚期深埋对储层孔隙带来的破坏,在埋深超过7000m的大北3井区,砂岩孔隙度可达到13%,薄片下显示其颗粒堆积相对疏松,点—线接触,喉道较粗,缩颈型喉道发育，粒间体积（IGV）为18%~22%，表现了深埋地层压实较弱的特征。

通过上述分析表明，早期长期缓慢浅埋，强胶结，抑制压实，压实弱，中晚期低地温背景及良好的上覆膏盐导热作用减缓成岩演化，胶结强度低，晚期深埋时间短，深埋压实不够充分，压实不强。各个因素相互作用，相互影响，保存了深埋条件下的储集空间，导致残余粒间孔仍然大量发育，形成了规模有效储层。

四、各构造带/构造地层岩性及特征

1. 盐上地层发育特征（$E_{2-3}s$—Q）

1）博孜—大北段

第四系（Q）主要是指西域组，岩性主要为杂色砾岩和黄灰色砂泥岩，沉积厚度大，平均厚度在500~600m。主要为一套冲积扇沉积砾石层，砾石层厚度超过2000m，大北地区钻厚850~1500m。

新近系包括库车组、康村组和吉迪克组。其中库车组岩性变化大，总体呈由北自南岩性逐渐变细的趋势。康村组在北部单斜带为红色砂砾岩，向南逐渐变为褐红色砂岩和红色泥岩互层，下部夹少量灰绿色粉砂岩、砂质泥岩条带。与下伏吉迪克组整合接触，厚650~1600m。吉迪克组上部以中厚层状褐色、紫红色泥岩与杂色小砾岩不等厚互层，夹浅灰色粉砂岩；下部以中厚层状褐色泥岩与薄—中层状浅灰色粉砂岩、含砾粉砂岩、细砂岩不等厚互层，厚200~1300m（图1-1-11）。吉迪克组中下部存在2~5m的低阻砂岩，可作为地层对比标志层。

古近系苏维依组为中厚层状褐色泥岩与浅灰色、浅褐色薄层状泥质粉砂岩、粉砂岩互层，底部为褐色厚层状粉砂岩，厚150~600m。

2）克深段

第四系（Q）为一套冲积扇沉积砾石层，钻厚为583~906m。主要为厚层状杂色砂砾岩、中砾岩与厚层浅黄色泥岩不等厚互层。与下伏新近系呈不整合接触。

新近系库车组（N_2k）、康村组（$N_{1-2}k$）和吉迪克组（N_{1j}）钻厚5690~6350m，岩性主要为棕褐色、褐色泥岩、粉砂质泥岩与杂色砂砾岩、含砾砂岩、细砂岩、泥质粉砂岩不等厚互层，与下伏古近系呈不整合接触（图1-1-12）。吉迪克组中下部存在W形的低阻砂岩，可作为地层对比标志层，局部易发生漏失。

3）库车东部

该区自上而下分别为第四系、新近系康村组，缺失库车组。第四系（Q）为一套冲积扇沉积砾石层，岩性为杂色砂砾岩、砾岩层，钻厚约250m。

2. 古近系、新近系膏盐岩层地层发育情况

1）博孜—大北段

该群主要以白色巨厚层状膏盐岩为主，钻厚305~347m。从上到下细分为4个岩性段（图1-1-13）。

泥岩段（$E_{1-2}km^1$）：厚度61~119.5m，博孜102井钻揭最薄，钻厚61m，博孜1井钻厚最大，钻厚119.5m。岩性为中厚层状褐色泥岩、含膏泥岩、膏质泥岩为主，夹薄层状粉砂岩、泥质粉砂岩。自然伽马曲线呈箱状小齿、槽齿状，其值最大109API，最小62API，平均85API，一般为81~94API。

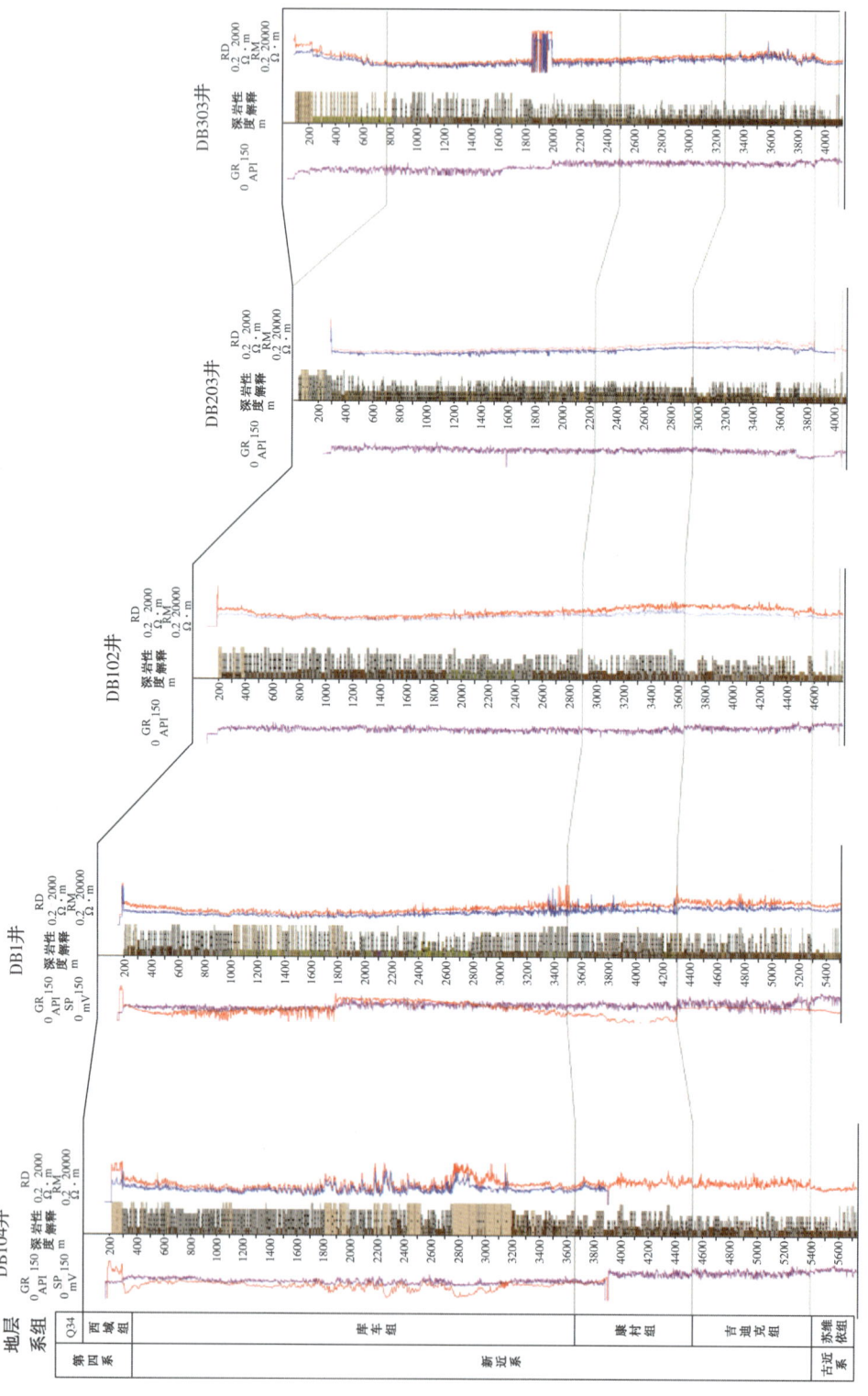

图1-1-11 DB地区盐上地层对比图

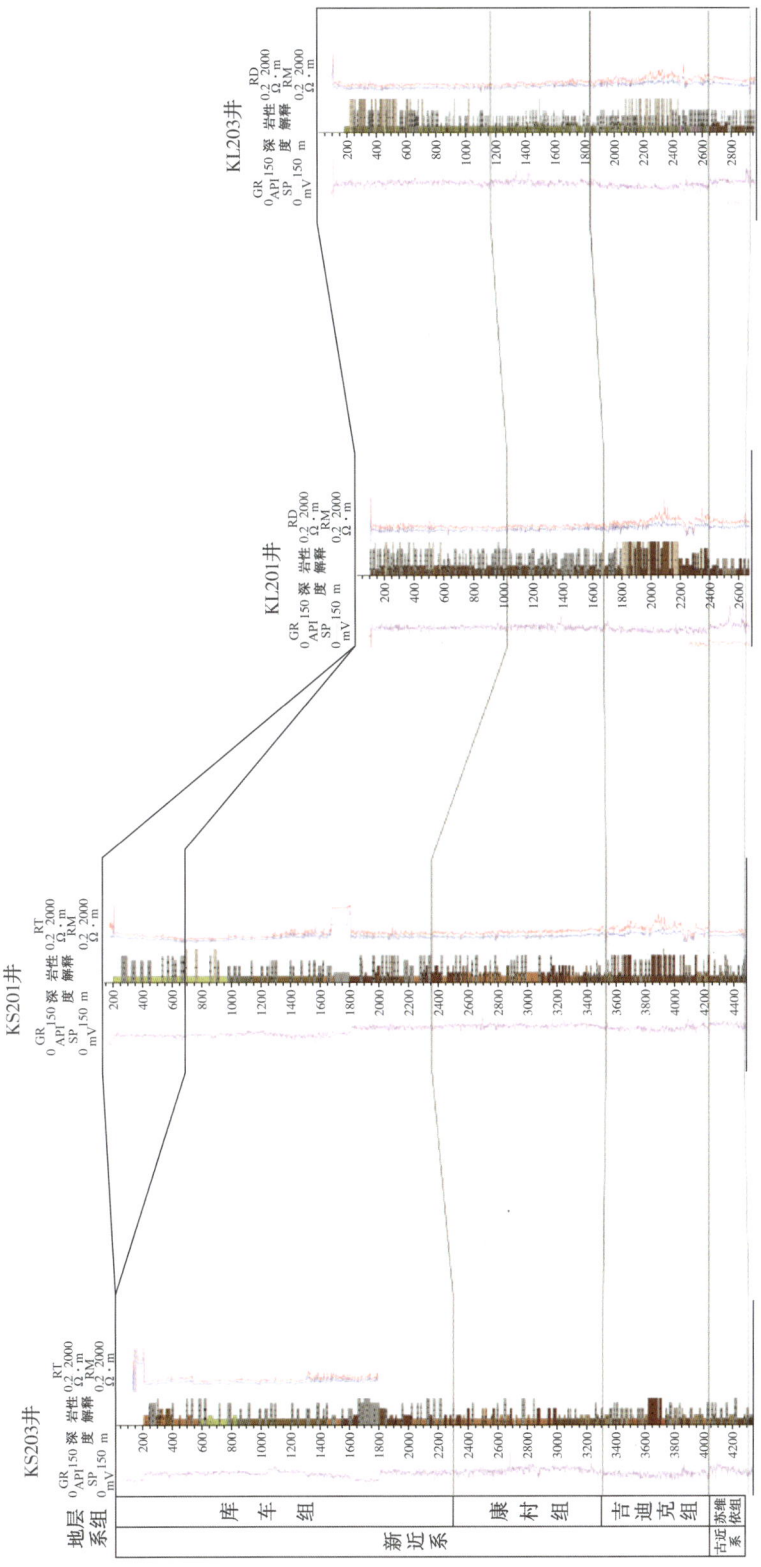

图1-1-12 KS—KL地区盐上地层对比图

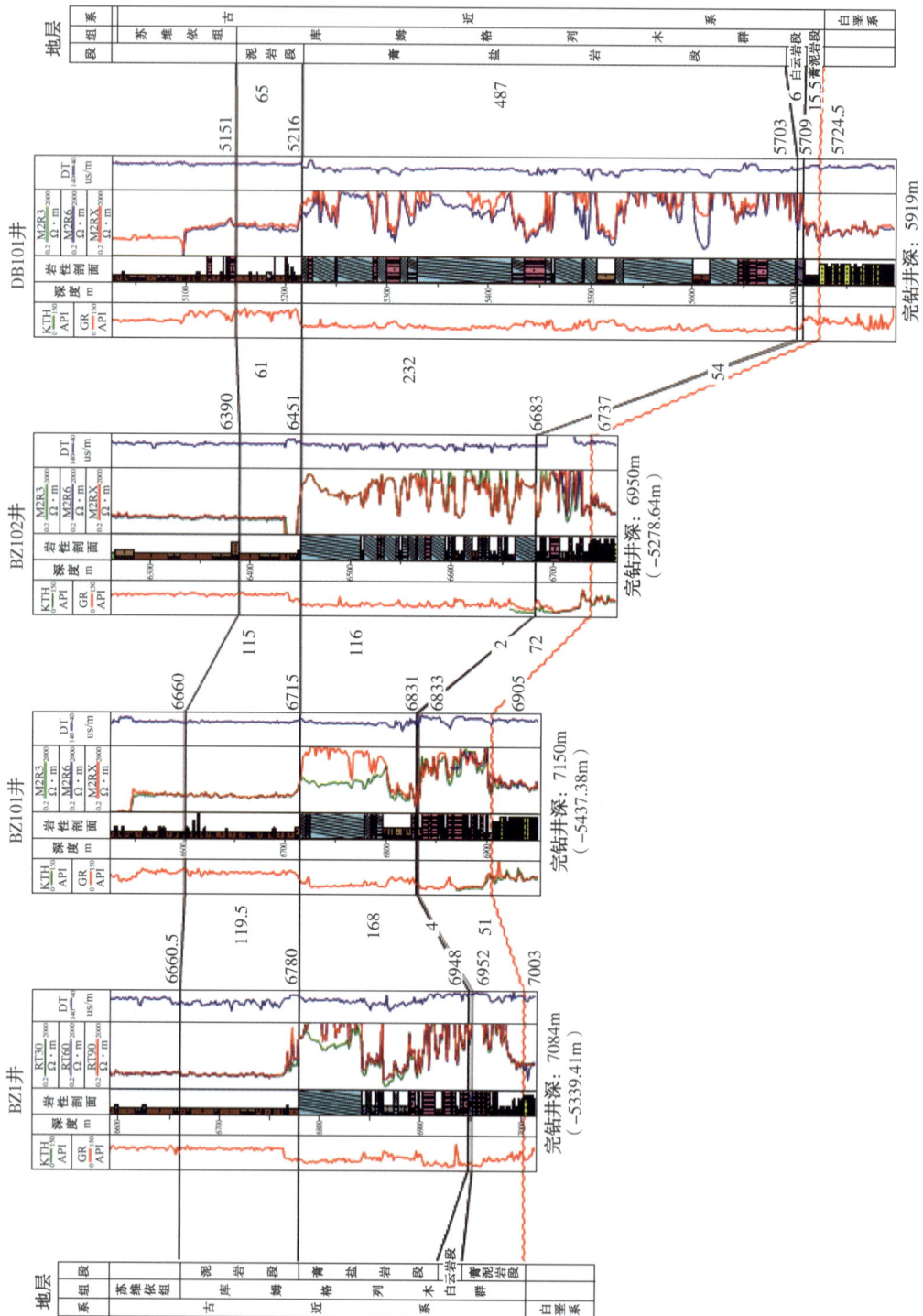

图1-1-13 库车坳陷BZ—DB地区库姆格列木群对比图

膏盐岩段（$E_{1-2}km^2$）：厚度116~232m。博孜101井膏盐岩段钻揭厚度最薄，钻厚116m，博孜102井钻揭最厚，钻厚232m。膏盐岩段上部发育多套白色巨厚层状膏盐岩夹褐色泥岩、盐质泥岩地层，中部两套膏盐岩层之间夹大套塑性泥岩和膏质泥岩，局部夹欠压实泥岩，下部以白色膏岩为主，夹薄层膏质泥岩、含膏泥岩、灰色灰质泥岩、云质泥岩、泥岩、膏质砂岩。膏盐岩表现为低自然伽马（15~34API）、高电阻率（24~651Ω·m）特征，泥岩为高自然伽马（48~71API）、低电阻率特征。膏盐岩段为干旱盐湖相沉积，发育盐岩、膏岩、膏泥岩，该套地层是克拉苏构造带优质的区域盖层。

白云岩段（$E_{1-2}km^3$）：厚度2~4m，平均在3m左右，该段平面上不稳定，博孜102井未钻遇。岩性主要为深灰色膏质云岩和泥质云岩，岩石类型与大北区块类似，以生屑云岩、亮晶砂屑云岩为主。该段为地层划分对比的标准层，其岩性特殊、分布广、厚度稳定，大北101井厚度一般在3~5m，为泥质云岩，电性上易于识别，区域上变化不大。

膏泥岩段（$E_{1-2}km^4$）：厚度51~72m。该段岩性中上部为石膏岩、泥岩、膏质泥岩、盐岩与泥质盐岩互层；下部为褐色含膏泥岩、膏质泥岩与泥岩互层，局部夹薄层泥膏岩、泥质粉砂岩、膏质粉砂岩。与膏盐岩段相比，自然伽马高、电阻低特征明显。

2）克深段

古近系库姆格列木群自上而下分为5段：泥岩段、膏盐岩段、白云岩段、膏泥岩段和砂砾岩段，该群平均厚度约1200m，其中膏泥岩段和膏盐岩段横向厚度变化大，厚度为110~3000m（图1-1-14）。

泥岩段：岩性以中厚—巨厚层状褐色泥岩、含膏泥岩、膏质泥岩夹薄—中厚层状泥质粉砂岩、粉砂质泥岩，自然伽马值一般75~95API，曲线小齿状，电阻率一般5~9Ω·m。

膏盐岩段：主要以发育多套白色巨厚层状膏盐岩夹褐色泥岩地层，两套膏盐岩层之间夹大套塑性泥岩和泥膏岩，局部夹欠压实泥岩。膏盐岩表现为低自然伽马（45~60API）、高电阻率（30~10000Ω·m）特征，其中膏盐岩密度测井值差别大（膏岩：2.87g/cm³左右，盐岩：2.31g/cm³左右）。泥岩为高自然伽马（75~115API）、低电阻率特征。两套膏盐岩层之间夹大套塑性泥岩和泥膏岩，局部夹欠压实泥岩。膏盐岩段为干旱盐湖相沉积，发育盐岩、膏岩、膏泥岩，是克拉苏富油气区带优质的区域盖层。

白云岩段：厚度6~10m。岩性主要为褐灰色白云岩，以生屑云岩、亮晶砂屑云岩为主。该段为区域地层划分对比的标准层，其岩性特殊、分布广、厚度稳定，电性上易于识别。电阻率16~100Ω·m，低于上、下围岩的膏盐岩的电阻率，自然伽马40~64API，高于上下围岩纯膏盐岩的自然伽马值。

膏泥岩段：岩性为褐色厚—薄层含膏泥岩、膏质泥岩、泥岩夹薄层泥质膏岩，顶部发育一套较纯的膏岩层段。与膏盐岩段、底砂岩段相比，高自然伽马、低电阻特征明显。

底砂岩段：岩性以褐色砂砾岩为主，平面上相变变化快，盆地内部相变为厚层褐色泥岩夹薄层粉砂岩。

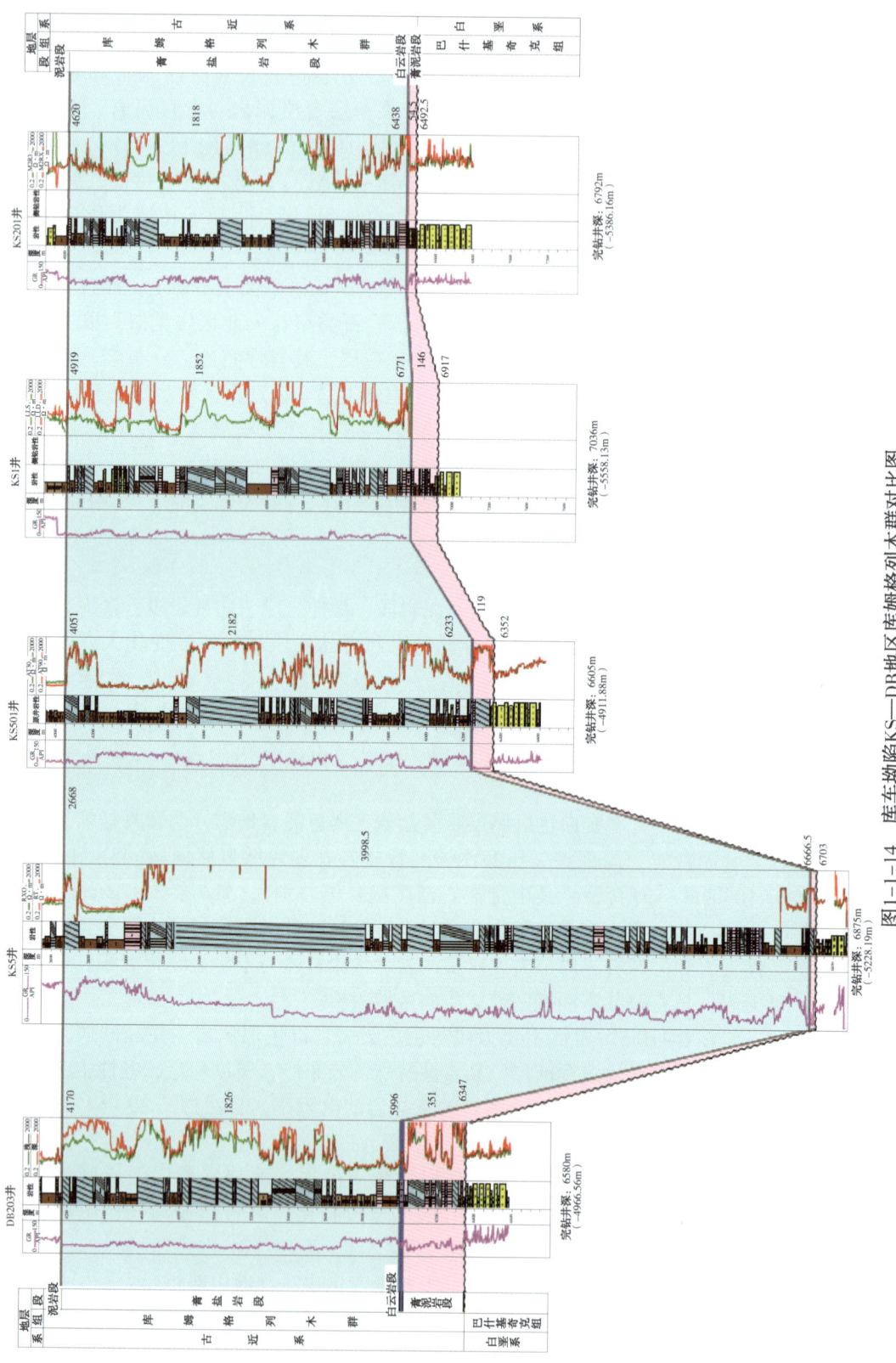

图1-1-14 库车坳陷KS—DB地区库姆格列木群对比图

2017年，塔里木油田勘探开发研究院对库姆格列木群地层岩性进行进一步研究，为了更好指导生产与研究工作，对该群地层进行新的划分，定为新五段：上泥岩段、盐岩段、中泥岩段、膏盐岩段、下泥岩段。

（1）上泥岩段（$E_{1-2}km^1$）：泥岩、膏质泥岩；

（2）盐岩段（$E_{1-2}km^2$）：盐岩、泥岩、膏岩；

（3）中泥岩段（$E_{1-2}km^3$）：泥岩、粉砂质泥岩、粉、细砂岩；

（4）膏盐岩段（$E_{1-2}km^4$）：膏岩、云岩、灰质泥岩、盐岩；

（5）下泥岩段（$E_{1-2}km^5$）：泥岩、粉砂质泥岩、粉砂岩。

KS区带库姆格列木群新五段与老五段分层对比如图1-1-15所示，KS区带库姆格列木群五段岩性电性特征见表1-1-1。

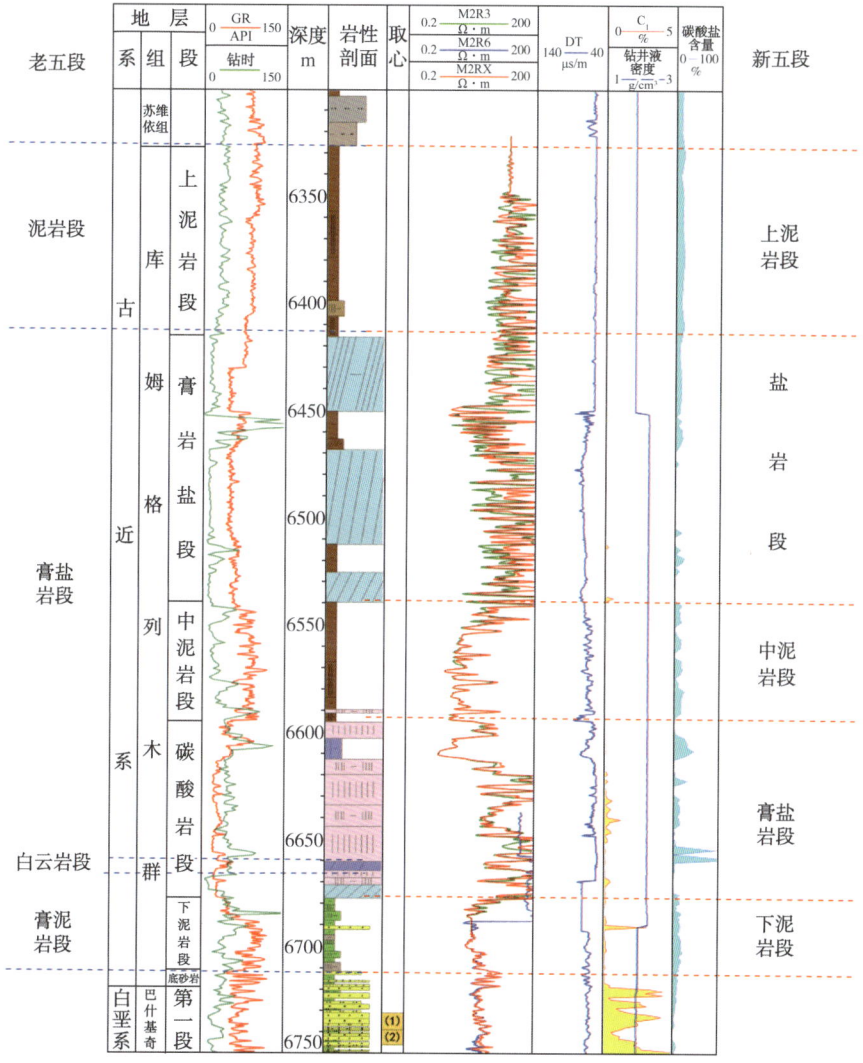

图1-1-15　KS区带库姆格列木群新五段与老五段分层对比

表 1-1-1　KS 区带库姆格列木群五段岩性电性特征

地层分段	岩性	厚度 m	钻时 min	GR API	电阻率 Ω·m	声波时差 μs/m	盐度 ‰
上泥岩段	泥岩、膏质泥岩	57~152	14.5~54.4	41.4~80.31	6.2~10.8	56.2~67.4	0.5~35
盐岩段	盐岩、泥岩、膏岩	167~3300	5.5~28.4	17.6~52.5	40.96~2000	66.5~71.7	>50
中泥岩段	泥岩、粉砂质泥岩、粉、细砂岩	30~156	14.1~38.5	45.9~83.7	10.8~208.7	58.3~66.9	0.5~35
膏盐岩段	膏岩、云岩、灰质泥岩、盐岩	42~106	19.7~59.6	18.3~47.6	50.4~2000	50.3~65.1	35~50
下泥岩段	泥岩、粉砂质泥岩、粉砂岩	35~53	19.3~150	63.7~112.8	5.9~13.6	60.3~64.8	0.5~20

下面分别对新五段划分各段岩性进行描述：

(1) 上泥岩段($E_{1-2}km^1$)。

岩性组合特征：以薄—厚层状褐色泥岩、含膏泥岩、褐灰色膏质泥岩为主，夹中厚层状灰白色泥膏岩。

(2) 盐岩段($E_{1-2}km^2$)。

上段岩性组合特征：顶部以中厚—巨厚层状泥质盐岩、盐岩为主，夹中厚—巨厚层状泥岩、膏质泥岩、盐质泥岩；中部以中厚层—巨厚层状褐色泥岩、含膏泥岩为主，夹薄层—巨厚层状膏质泥岩、泥质盐岩；下部以薄层—巨厚层状泥质盐岩、盐岩为主，夹中厚层状盐质泥岩。盐岩分别分布于上、下两端。欠压实泥岩多集中分布于本段，多需要 2.40g/cm³ 以上的钻井液密度来平衡。

中段岩性组合特征：以薄层—巨厚层状褐色泥岩、含膏泥岩、含盐泥岩为主，夹薄层—巨厚层状膏质泥岩、盐质泥岩、泥质盐岩、泥膏岩、含盐膏岩。

下段岩性组合特征：以中厚—巨厚层状白色盐岩、灰白色泥质盐岩、膏盐岩、泥膏岩为主，夹薄层—巨厚层状褐色泥岩、含膏泥岩、含盐泥岩、膏质泥岩、盐质泥岩。

(3) 中泥岩段($E_{1-2}km^3$)。

岩性组合特征：以薄—厚层状褐色泥岩、含膏泥岩、含盐泥岩、盐质泥岩、膏质泥岩主，夹薄层—厚层状灰褐色膏质粉砂岩、泥质粉砂岩、膏质细砂岩、泥膏岩、泥质盐岩，底部一套厚层状灰色灰质泥岩为重要标志层。个别区块会出现多套厚层状灰色灰质泥岩，个别区块本段漏失严重。

(4) 膏盐岩段($E_{1-2}km^4$)。

岩性组合特征：以薄—巨厚层状灰白色石膏岩、泥膏岩、盐岩、泥质盐岩为主，夹薄层—中厚层状褐色、灰色泥岩、含膏泥岩，深灰色膏质泥岩，本段的灰色泥质云岩为卡层重要的标志。底部为一套巨厚层状白色盐岩。本段为重要的盐底标志性组合。地层可钻性好—局部较差。个别区块会出现多套厚层状石膏夹白云岩组合。

(5) 下泥岩段($E_{1-2}km^5$)。

岩性组合特征：以薄—中厚层状深灰色、褐色泥岩、含膏泥岩、云质泥岩、粉砂质泥岩为主，夹薄—中厚层状灰褐色膏质粉砂岩、泥质粉砂岩、细砂岩。地层可钻性差。本段接近目的层、裂缝发育，极易发生漏失并造成卡钻。

3. 盐下白垩系巴什基奇克组储层发育情况

白垩系主要分布于坳陷中及西部北部单斜带及直线褶皱带部分地区，为一套陆相紫红色碎屑岩沉积，与上覆古近—新近系假整合或不整合接触，与下伏侏罗系假整合接触，一般厚240~1700m，分为巴什基奇克组、巴西改组、舒善河组和亚格列木组。

巴什基奇克组电性和岩性特征典型，三段特征清楚。该组厚0~360m是克拉苏富油气区带主力产层。

1) BZ—DB段

BZ1区块钻揭白垩系巴什基奇克组厚度为74.5~189m，其中BZ101井和BZ102井钻穿白垩系巴什基奇克组，钻厚为186.5m和189m，同邻区DB区块对比，BZ1区块白垩系巴什基奇克组厚度有所减薄，但对比性较好，DB区块DB101井、DB102井和DB202井下白垩系巴什基奇克组钻穿揭开厚度分别为189m，216m和245m，电性和岩性特征典型，区域上两段特征清楚，厚度变化不大，第二段遭受不同程度剥蚀，根据岩性与电性对比分析，BZ1气藏与DB气藏一致，从上到下，第一岩性段缺失，只有第二与第三岩性段(图1-1-16)。

第二岩性段(K_1bs^2)：BZ1区块白垩系顶部部分遭受剥蚀，残余厚度103~107m，平均厚105m。为棕褐色厚—巨厚层状砂岩夹薄层—中厚层泥岩、粉砂质泥岩，以中细砂岩为主，其次为粗中砂、粉细砂岩，砂岩中常含泥砾，泥砾砂岩局部富集。

第三岩性段(K_1bs^3)：厚度为82~83.5m，平均厚82.75m，BZ1区块BZ101井钻厚为83.5m，BZ102井钻厚为82m。邻区DB区块DB101井、DB102井和DB2井钻穿，平均钻厚约121m。该段岩性以中—厚层状细砂岩夹薄层泥岩、粉砂质泥岩为特征。上部岩性以中层状细砂岩、粉砂岩为主，见较为频繁发育的薄层泥岩，下部以厚层—块状细砂岩为主，夹粉砂质泥岩、泥岩，泥质夹层层数少、单层厚度较大。

2) KS段

巴什基奇克组电性和岩性特征典型，区域上三段特征清楚，厚度变化不大，第一段遭受不同程度剥蚀，根据岩性与电性对比分析，从上到下可细分为三个岩性段(图1-1-17)。

第一岩性段(K_1bs^1)：白垩系顶部遭受剥蚀。以褐色、棕褐色中厚层—巨厚层状砂岩为主，局部夹薄层、中厚层泥岩。粒度较粗，以中细粒为主，局部发育泥砾砂岩，自然伽马整体呈锯齿状特征，局部呈尖峰特征，为较纯的泥岩夹层。

第二岩性段(K_1bs^2)：该段厚度约200m，岩性为棕褐色厚—巨厚层状中砂岩夹薄层—中厚层泥岩、粉砂质泥岩和粉砂岩。粒度同第一岩性段基本相似，以中细砂岩为主，其次为粗砂岩、粉细砂岩，砂岩中常含泥砾，泥砾砂岩局部富集。本段的特点是薄泥岩夹层较纯，表现在自然伽马上比第一段的泥岩夹层值更高，泥岩夹层数量也明显多于第一段。

第三岩性段(K_1bs^3)：该段厚度约70m。岩性以岩性为棕褐、浅棕色厚—巨厚层含砾细砂岩、中砂岩为主夹薄层褐色粉砂岩及少量泥岩，克拉区块底部为一套杂色砂砾岩。

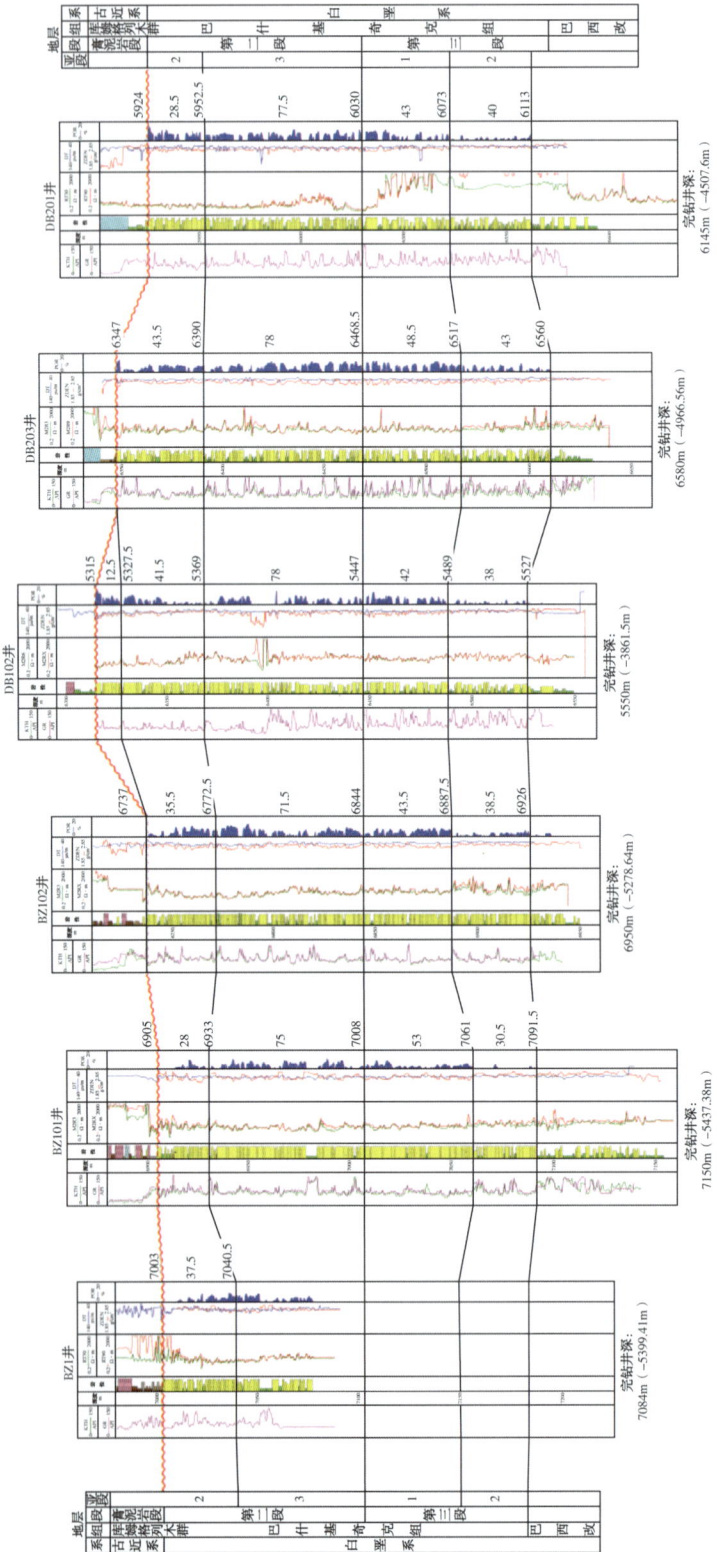

图1-1-16 库车坳陷BZ—DB地区白垩系巴什基奇克组东西向精细对比图

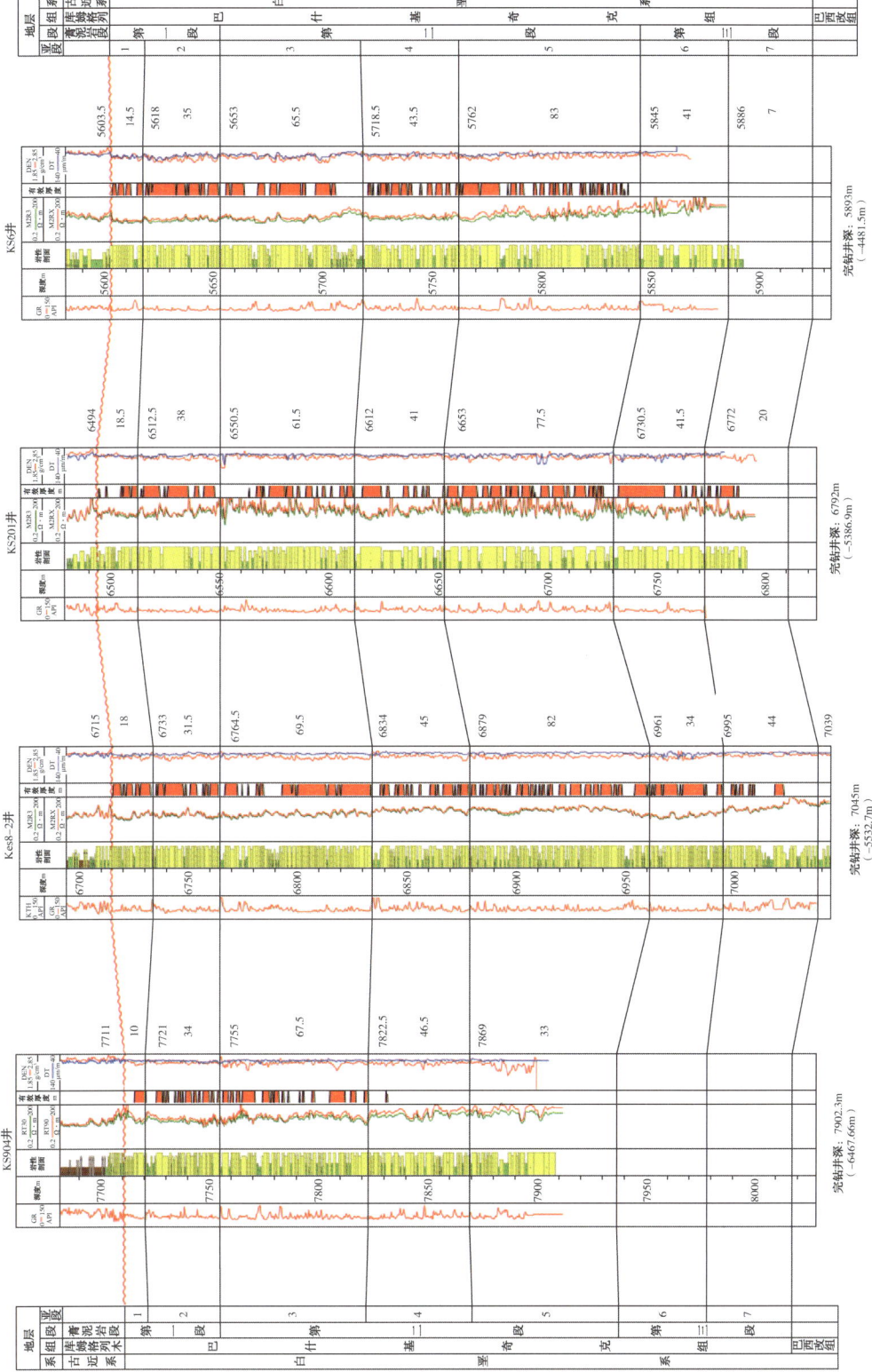

图1-1-17 库车坳陷KS地区白垩系巴什基奇克组南北向精细对比图

五、库车山前克拉苏冲断带储层分布与特性

库车坳陷克拉苏冲断带巴什基奇克组储层岩石类型主要为岩屑砂岩以及长石砂岩。克深段巴什基奇克组第一段和第二段及大北区块第二段出现长石砂岩,说明由第三段扇三角洲沉积环境转换为第二段、第一段辫状河三角洲沉积环境,大北区块及克深区块由于沉积物搬运距离变长,不稳定组分(岩屑)含量相对降低,而克拉区块由于靠近山前,碎屑颗粒均以岩屑为主。在纵向上,下部第三段岩屑含量最多;平面上,三个区块中又以离北部天山物源最近的克拉区块岩屑含量最多。在三个区块巴什基奇克组三个岩性段中,岩屑以变质岩岩屑最多,岩浆岩岩屑其次,沉积岩岩屑含量最少。大北段及克深段的胶结物主要为方解石,而克拉段第三段及第二段主要为白云石。

1. 储集空间类型

巴什基奇克组储层的储集空间由粒间溶孔—溶蚀扩大孔、粒内溶孔、微孔隙、裂缝组成。根据普通薄片和铸体薄片鉴定结果,大北区块巴什基奇克组储层储集空间主要为粒间孔(包括原生粒间孔、粒间溶孔),其次为粒内溶孔及微孔隙,镜下可见少量裂缝(岩心观察中可见宏观裂缝,电阻率成像测井 FMI 研究为网状缝和高角度缝)。克深段巴什基奇克组储层储集空间也主要为粒间孔(包括原生粒间孔、粒间溶孔)以及高角度裂缝,但克深段的溶蚀孔(粒间溶孔、粒内溶孔)比大北段更为发育。克拉段巴什基奇克组储层储集空间主要为粒间溶孔。另外,还有原生粒间孔、少量的粒缘溶孔、铸模孔以及裂缝。大北段在巴什基奇克组生产测试中,显示较高的渗透率(5~30mD)说明了裂缝对其储层物性的贡献率,如图 1-1-18 所示。

2. 储层特征

由于构造背景、沉积岩性和成岩作用等影响储层物性参数的差异,造成库车坳陷克拉苏冲断带白垩系巴什基奇克组储层物性特征存在不同。克拉段储层埋深相对浅(近 4000m),发育中孔隙度中渗透率储层;大北段和克深段储层埋深相对深(5500~7500m),储层具有低孔隙度特低渗透率特征。

大北段巴什基奇克组储层岩性以细砂岩为主,埋深为 5000~7000m。在不同岩相类型中,中粗砂岩相物性最好,其平均埋深为 6856m,平均孔隙度为 5.05%,渗透率为 0.28mD;细砂岩相物性其次,其平均埋深为 6020m,平均孔隙度为 3.59%,渗透率为 0.164mD;粉砂岩相最差,其平均埋深为 5956m,平均孔隙度为 2.48%,渗透率为 0.06mD;其中 5500~6500m 埋深段裂缝较为发育,溶蚀作用也比较强,为有效储层发育段。

克深段巴什基奇克组第一段岩样孔隙度为 1.81%~6.37%,平均孔隙度为 4.51%,渗透率为 0.01~0.11mD,平均渗透率为 0.04mD;克深区块巴什基奇克组第二段岩样孔隙度为 0.65%~5.72%,平均孔隙度为 2.39%,渗透率为 0.007~0.31mD,平均渗透率为 0.05mD。

3. 裂缝特征

库车前陆冲断带在晚喜马拉雅期经历非常强烈的区域挤压变形作用。强烈的挤压应力不仅导致冲断构造发育,还在巴什基奇克组储层内部形成多尺度裂缝。岩心、成像测井、薄片、扫描电镜等观察表明,巴什基奇克组储层发育延伸长度几米到几毫米、开度几百微米到几十纳米的多尺度缝网体系。

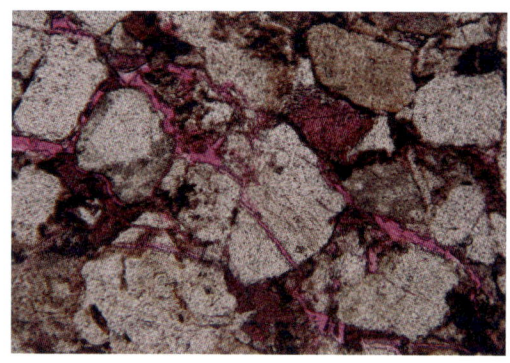
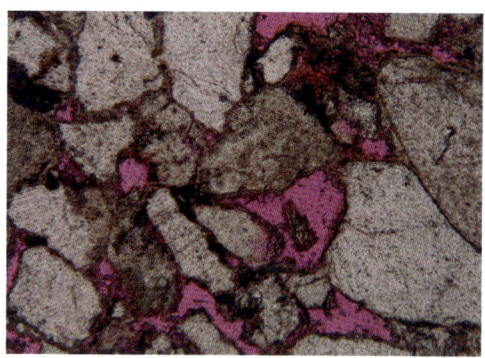

（a）大北101井，5795.04m，K₁bs₂，细粒岩屑砂岩，粒间溶孔及构造缝较发育，面孔率1.1%，裂缝孔隙度为0.5%，（单偏光镜）×100

（b）大北101井，5796m，K1bs₂，含泥砾细粒岩屑砂岩，粒间溶孔较发育，见溶蚀残渣，面孔率2.0%，孔隙度为φ=2.15%，（单偏光镜）×100

（c）克深2井，6735m，K₁bs，中粒砂岩，石英次生加大，孔隙孤立存在，面孔率为0.8%（单偏光镜）

（d）克深202井，6799.7m，K₁bs，细粒岩，原生粒间孔、粒间溶孔、长石内溶孔，面孔率5.5%，孔隙度为φ=5.45%（单偏光镜）

图1-1-18　库车前陆冲断带克深区带白垩系巴什基奇克组储集空间类型图（铸体照片）

库车前陆盆地深层白垩系巴什基奇克组储层包括三种储层类型：孔隙型、裂缝—孔隙型、裂缝型。且孔隙型储层是主要的储层类型，是天然气高产、稳产的基础。

第二节　库车山前钻井概况与钻井技术难题及钻井液技术发展历程

一、库车山前钻完井概况

库车山前钻探始于1993年东秋5井，截至2019年7月完井308口，对其中有资料的290口井进行统计归纳，各构造带所钻井的概况见表1-2-1。所钻井平均井深5846.2m，最深井克深21井，井深为8098m。平均单片钻井周期283.7天/口，平均单片完井周期322.3天，平均单片事故时间640h，平均单片复杂时间484.5h。

所钻井中发生井下复杂情况以起下钻阻卡划眼、井漏最为严重，其发生概率分别为81%与77%，其次为溢流与卡钻，其发生概率分别为33%与27%，见表1-2-2。

表 1-2-1　库车山前(坳陷)构造单元划分与钻井情况

凸起/凹陷	构造带	完井井数 口	统计井数 口	平均井深 m	平均钻井周期 d	平均完井周期 d	平均机械钻速 m/h	平均单井事故时间 h	平均单井复杂时间 h
乌什凹陷	神木构造带	7	7	6032.3	200.2	230.6	3.11	33.0	645
乌什凹陷	乌什构造带	3	3	5744.0	282.0	298.1	1.95	140.6	326
北部构造带	巴什区块	1	1	4750.0	421.5	435.4	1.27	1769.8	319
北部构造带	迪北区块	33	19	4151.2	292.2	321.4	2.26	445.6	345
北部构造带	吐格尔明区块	8	7	3077.9	81.5	105.1	5.94	388.1	182
北部构造带	依奇克里克构造带	1	1	3934.0	236.5	253.6	2.13		136
克拉苏冲断带	克深区带阿瓦特段	2	2	3842.5	197.7	223.6	2.46		642
克拉苏冲断带	克深区带博孜段	9	9	6469.9	378.4	391.4	1.58	821.9	191
克拉苏冲断带	克深区带大北段	41	40	6262.8	345.2	388.2	2.33	872.3	566
克拉苏冲断带	克深区带克深段	112	112	6828.5	320.0	367.4	2.81	693.5	486
克拉苏冲断带	克深区带克拉段	30	30	4154.7	221.2	248.6	2.29	469.5	383
秋里塔格冲断带	佳木构造带	2	2	7054.8	248.6	269.4	3.32	0.0	205
秋里塔格冲断带	西秋构造带	10	9	5953.5	318.9	346.9	2.95	643.6	1275
秋里塔格冲断带	中秋构造带	1	1	6316.0	350.3	403.4	2.86		
秋里塔格冲断带	东秋构造带	3	1	5301.0	484.2	554.0	0.86		
秋里塔格冲断带	迪那构造带	43	42	5197.6	200.2	240.2	3.72	731.4	487
拜城凹陷		1	1	4600.0	194.3	203.5	2.57		53
阳霞凹陷		1	3	6229.1	209.8	237.7	3.79	54.8	618

注：中秋构造带与东秋构造带缺事故与复杂时间。

表 1-2-2　库车山前钻井过程发生的井下复杂情况

井下复杂/事故情况	统计井数 口	发生井数 口	概率 %	发生次数 总次数	发生次数 单井	损失时间, h 总时间	损失时间, h 单井
井漏	290	222	77	1593	7.18	126953.28	571.86
溢流	290	97	33	157	1.62	15665.21	161.5
卡钻	290	78	27	119	1.53	59955	768.65
起下钻阻卡划眼	290	236	81	6008	25.46	45035.2	190.83

各构造带所发生的复杂情况严重程度有所不同：其中井漏发生概率为100%的有依奇克里克构造带、克深区带阿瓦特段、克深区带博孜段、佳木构造带、中秋构造带；发生概率为86%~98%的有克深区带大北段(98%)、克深区带克深段(94%)、克深区带克拉段(87%)、吐格尔明区块(86%)，其他构造带井漏发生概率均小于50%，详见表1-2-3。

表 1-2-3　库车山前各构造井漏发生情况

地质构造	统计井数 口	发生井数 口	概率 %	发生次数 总次数	发生次数 单井	漏失量, m³ 总量	漏失量, m³ 单井	损失时间, h 总时间	损失时间, h 单井
神木构造带	7	2	29	4	2.0	47.1	23.6	42.0	21
乌什构造带	3	0	0						

续表

地质构造	统计井数口	发生井数口	概率%	发生次数		漏失量, m³		损失时间, h	
				总次数	单井	总量	单井	总时间	单井
巴什区块	1	0	0						
迪北区块	19	6	32	44	7.3	3687.9	614.7	2069.1	344.86
吐格尔明区块	7	6	86	27	4.5	1859.3	309.9	1001.1	166.86
依奇克里克构造带	1	1	100	5	5.0	216.1	216.1	260.4	260.4
克深区带阿瓦特段	2	2	100	10	5.0	2566.2	1283.1	1511.0	755.5
克深区带博孜段	9	9	100	55	6.1	6763.6	751.5	3393.6	377.07
克深区带大北段	40	39	98	260	6.7	38258.7	981.0	28850.3	739.75
克深区带克深段	112	105	94	766	7.3	91047.8	867.1	57156.9	544.35
克深区带克拉段	30	26	87	148	5.7	14712.6	565.9	12626.2	485.62
佳木构造带	2	2	100	13	6.5	1528.2	764.1	1171.8	585.92
西秋构造带	9	2	22	11	5.5	1971.6	985.8	2117.4	1058.69
中秋构造带	1	1	100	16	16.0	1575.3	1575.3	1849.5	1849.47
东秋构造带	1	0	0						
迪那构造带	42	21	50	234	11.1	38533.7	1834.9	14904.0	709.71
拜城凹陷	1	0	0						
阳霞凹陷	3	0	0						

各构造高压盐水层溢流发生概率大于30%的有乌什构造带、克深区带大北段、克深区带克深段、佳木构造带等，详见表1-2-4。各构造油气溢流发生概率：克深区带克拉段(30%)、克深区带博孜段(25%)、克深区带克深段(17.9%)、迪北区块(11%)、克深区带大北段(7.5%)、迪那构造带(7%)，详见表1-2-5。

表1-2-4 库车山前各构造高压盐水溢流发生情况

地质构造	统计井数口	发生井数口	概率%	发生次数		损失时间，h	
				总次数	单井	总时间	单井
神木构造带	7	1	14.0	1	1.0	14.6	14.6
乌什构造带	3	1	33.0	2	2.0	292.6	292.6
巴什区块	1	0	0.0				
迪北区块	19	1	5.0	1	1.0	12.5	12.5
吐格尔明区块	7	0	0.0				
依奇克里克构造带	1	0	0.0				
克深区带阿瓦特段	2	0	0.0				
克深区带博孜段	8	0	0.0				
克深区带大北段	40	14	35.0	33	2.4	2459.0	175.6
克深区带克深段	112	36	32.0	49	1.4	6702.1	186.2
克深区带克拉段	30	5	16.7	9	1.8	2252.0	450.4
佳木构造带	2	1	50.0	2	2.0	40.8	40.8

续表

地质构造	统计井数口	发生井数口	概率%	发生次数 总次数	发生次数 单井	损失时间,h 总时间	损失时间,h 单井
西秋构造带	9	2	22.0	2	1.0	34.2	17.1
中秋构造带	1	0	0.0				
东秋构造带	1	0	0.0				
迪那构造带	42	0	0.0				
拜城凹陷	1	0	0.0				
阳霞凹陷	3	0	0.0				

表 1-2-5　库车山前各构造油气溢流发生情况

地质构造	统计井数口	发生井数口	概率%	发生次数 总次数	发生次数 单井	损失时间,h 总时间	损失时间,h 单井
神木构造带	7	0	0.0				
乌什构造带	3	0	0.0				
巴什区块	1	0	0.0				
迪北区块	19	2	11.0	3	1.5	238.08	119.04
吐格尔明区块	7	0	0.0				
依奇克里克构造带	1	0	0.0				
克深区带阿瓦特段	2	0	0.0				
克深区带博孜段	8	2	25.0	2	1	76.8	38.4
克深区带大北段	40	3	7.5	4	1.33	75.89	25.30
克深区带克深段	112	20	17.9	23	1.15	1322.1	66.10
克深区带克拉段	30	9	30.0	16	1.78	1269.9	141.10
佳木构造带	2	0	0.0				
西秋构造带	9	0	0.0				
中秋构造带	1	0	0.0				
东秋构造带	1	0	0.0				
迪那构造带	42	3	7.0	4	1.33	381.74	127.25
拜城凹陷	1	0	0.0				
阳霞凹陷	3	0	0.0				

各构造卡钻发生概率大于20%的有克深区带博孜段(56%)、神木构造带(43%)、克深区带克拉段(37%)、克深区带大北段(35%)、克深区带克深段(28%)、西秋构造带(22%)、迪北区块(21%)。详见表1-2-6。

表 1-2-6　库车山前各构造卡钻发生情况

地质构造	统计井数口	发生井数口	概率%	发生次数 总次数	发生次数 单井	损失时间,h 总时间	损失时间,h 单井
神木构造带	7	3	43	5	1.67	992	330.67

续表

地质构造	统计井数 口	发生井数 口	概率 %	发生次数 总次数	发生次数 单井	损失时间, h 总时间	损失时间, h 单井
乌什构造带	3	0	0				
巴什区块	1	0	0				
迪北区块	19	4	21	4	1	1594	398.5
吐格尔明区块	7	2	29	2	1	1018.83	509.42
依奇克里克构造带	1	0	0				
克深区带阿瓦特段	2	0	0				
克深区带博孜段	9	5	56	7	1.4	799.74	159.95
克深区带大北段	40	14	35	27	1.93	17793.95	1271
克深区带克深段	112	31	28	46	1.48	30928.44	997.69
克深区带克拉段	30	11	37	20	1.82	3899.21	354.47
佳木构造带	2	0	0				
西秋构造带	9	2	22	2	1	699	349.5
中秋构造带	1	0	0				
东秋构造带	1	0	0				
迪那构造带	42	6	14	6	1	2229.83	371.64
拜城凹陷	1	0	0				
阳霞凹陷	3	0	0				
合计	290	78	26.90	119	1.53	59955	768.65

二、塔里木深井超深井钻井技术难题及钻井液技术发展历程

钻井液技术是深井超深井钻井的关键技术之一，它直接关系到钻井作业的成败。自1986年南疆石油勘探公司成立以来，塔里木油田的深井超深井钻井液技术伴随着油田勘探开发的不断深入，在"两新两高"（新工艺、新技术、高水平、高效益）工作方针指导下，历经30多年的探索与实践，针对塔里木盆地不同地区、不同地层的岩石特性和钻井难题，从积极引进、消化吸收国外MAGCOBAR和IDF钻井液公司先进技术开始，到充分发挥国内各大油气田钻井液专业技术力量和中国石油勘探开发研究院、各石油大学等国内著名科研院校所的科研力量，持续开展塔里木油田深井超深井钻井液技术攻关与现场实践，发展了低固相强包被不分散聚合物钻井液、强抑制强封堵抗高温聚磺钻井液、氯化钾欠饱和/饱和钻井液、有机盐钻井液、油基钻井液、环保钻井液等钻井液，形成了深井长裸眼优快钻井液技术、大斜度井和水平井钻井液技术、盐膏层钻井液技术、破碎性地层防塌钻井液技术、高密度钻井液技术、井漏控制技术、保护油气层钻井液技术、环保钻井液技术和油基钻井液技术等9项钻井液技术，构建了一套完整的深井超深井钻井液技术体系，基本解决了塔里木油田会战30多年来深井超深井钻井中遇到的相关钻井液技术难题，包括诸如盐膏层钻井"三高"（高温、高密度、高盐）问题、高陡构造井壁失稳、薄弱地层恶性井漏等世界级技术难题，同时锻炼和培养了一大批专业技术人才和现场技术服务队伍，很好地满足了油田勘探开发不断深入发展的需要。

1. 主要钻井技术难题

塔里木油田自勘探开发以来,从台盆区到沙漠腹地,再到山地构造,遇到了一系列钻井技术难题,归纳起来主要有以下几点:

(1) 台盆区和塔中地区上部地层阻卡和下部地层垮塌,严重影响了钻井速度的提高。

(2) 深井开发井大量采用大斜度井和水平井,由于斜井段和水平段存在井壁易失稳、易形成岩屑床、摩阻大等特点,给钻井液提出了特殊要求。

(3) 盐膏层钻井问题。塔里木盆地广泛分布着三套盐膏层(古近—新近系、石炭系、寒武系),库车山地构造普遍存在古近—新近系复合盐层(由纯盐岩、膏盐岩、石膏、含膏软泥盐等组成)及盐间超高压盐水层,复合盐层钻开以后极易因盐岩塑性流动、石膏及泥岩吸水膨胀发生蠕变导致缩径,加之部分山前构造逆掩推覆体常带来多套盐层、多套断层等复杂地质条件,造成多套压力系统溢漏共存、井壁失稳等复杂情况,导致井下阻卡和卡钻,严重时使井眼报废。

(4) 山前高陡构造侏罗系煤层、台盆区二叠系火成岩、寒武—奥陶系白云岩等破碎性地层井壁垮塌严重,导致阻卡、卡钻等事故复杂频繁发生。

(5) 高温高密度($\rho \geqslant 2.50\text{g/cm}^3$)钻井液维护处理困难。由于山地构造普遍存在复合盐层、高压盐水层、高压气层以及高地应力、高地层倾角等,普遍需要使用高密度钻井液。高密度钻井液由于固相含量高(可达到60%)、自由水少,导致可加入的钻井液处理剂量非常有限,在高温高密度条件下维护处理十分困难。

(6) 井漏问题。井漏在塔里木油田各作业区块普遍存在,造成了巨大损失。巴楚地区和山前构造井漏表现尤为严重。特别是山前构造高密度条件下的防漏堵漏工作十分困难。

(7) 保护油气层工作困难。塔里木盆地地域辽阔,各个地区储层物性和地层流体性质差异很大,储层保护工作难度较大,尤其是对于库车山前高压气层的保护,国内外没有可供借鉴的技术和作业标准,需要进行基础理论研究和技术攻关。

(8) 环境保护对钻井液的要求越来越高。环境保护是实现可持续发展的必由之路,石油勘探开发清洁生产,要求环境敏感地区钻井液要逐步实现无毒无害环保化。

2. 塔里木油田深井超深井钻井液技术发展历程

30多年来,通过对各作业区块地层岩石矿物组分和理化性能分析,开展室内研究与现场攻关,不断实践与总结,攻克了一个又一个钻井液技术难题。如台盆区的井由于解决了阻卡垮塌问题,实现了简化井身结构和快速钻进,原先钻一口5000～6000m的井需要6个月以上的时间,现在只需2个月以内,最快的甚至不到20天就可钻完一口4500m左右的井;又如深井完成井深从初期台盆区的5000～6000m到后来克深、大北、博孜区块的7000～8000m,再到亚洲陆上第一深井的轮探1井,井深达到8882m;山前高地应力高陡构造如却勒、秋里塔格等区块,从打不成、事故频发到顺利钻成,再到优快钻进。以上这些技术难题的攻关和解决,不断地丰富了塔里木油田的深井超深井钻井液技术体系,为塔里木油田勘探开发做出了卓越贡献。

纵观塔里木油田30多年勘探开发进程,深井超深井钻井液技术的发展历程就是一部不断适应钻完井作业需要的发展史,是一部不断解决新的技术难题的发展史,是一部全体钻完井液技术人员不断奋发进取的发展史。塔里木油田深井超深井钻井液技术的发展历程大致可以分为4个阶段:一是引进吸收艰苦探索阶段(1986—1992年);二是积极攻关快速发展阶段(1993—1998年);三是优化完善集成规范阶段(1998—2007年);四是山前技术集群突破阶段(2008—2019 年)。

1)引进吸收艰苦探索阶段(1986—1992 年)

这个阶段油田勘探开发钻井绝大部分集中在台盆区。钻井遇到的主要技术难题有轮南地区上部地层严重阻卡和下部地层坍塌、南喀 1 井新近系—古近系盐膏层与乡 1 井石炭系盐膏层钻井、轮南油田、东河塘油田和塔中 1 井碳酸盐岩油气层保护等问题。

1986 年,塔里木油田首次在南喀 1 井新近系—古近系钻遇复合盐层,厚度约 450m。该井在钻穿复合盐层过程中先后经历了 7 次卡钻事故、5 次侧钻的艰苦探索历程。1991 年,塔里木油田又在乡 1 井石炭系 5166m 钻遇盐膏层,开始采用饱和盐水钻井液,由于井漏,钻井液密度达不到设计要求,井下阻卡严重,转为欠饱和盐水钻井液,采用双心钻头,顺利钻穿盐层。1991—1992 年,又先后在轮南 46 井、轮南 45 井、吉南 1 井、哈 2 井和塔河 1 井等钻遇石炭系盐膏层,采用适当含盐量的欠饱和盐水聚合物磺化钻井液均比较顺利地钻过了盐层。通过南喀 1 井新近系—古近系复合盐层与乡 1 井等几口石炭系盐膏层的钻井实践,盐膏层钻井液技术在引进吸收 MAGCOBAR 钻井液公司饱和盐水钻井液技术的基础上,积极探索建立了部分材料国产化的氯化钾聚磺饱和盐水钻井液,初步形成了塔里木油田新近系—古近系盐膏层饱和盐水钻井液技术和石炭系盐膏层欠饱和盐水钻井液技术。

1989 年,轮南地区勘探开发钻井中遇到了上部地层严重阻卡和下部地层坍塌的技术难题,上部地层阻卡严重时一周内接连发生多口井卡钻,下部地层井壁垮塌掉块引起井眼扩大,造成中测坐封困难,固井质量难以保证。到 1991 年,通过现场实践观察与总结,并结合地层岩石矿物组分与理化性能分析及钻井液技术研究,探索出在上部地层采用强包被不分散聚合物钻井液体系,下部地层采用 KCl—聚磺钻井液体系,成功地解决了塔里木盆地上部巨厚强胶性砂泥岩地层阻卡和下部含有少量伊/蒙混层的非膨胀硬脆性泥页岩地层坍塌的钻井难题,突破了塔里木油田深井钻井液技术的第一道难关。形成了塔里木油田深井钻井液技术的基础体系。

1990 年,塔中 1 井和东河 1 井在完井试油发现储层伤害问题后,塔里木油田的油气层保护工作开始提上议事日程。1991 年 1 月,应用国内于 20 世纪 80 年代发展起来的屏蔽暂堵保护油气层技术,采用超细碳酸钙在轮南 2-1-2 井进行屏蔽暂堵保护油气层现场试验,取得了成功。1991 年 4 月,塔里木油田邀请了国内石油行业各大油田及科研院所相关专家,对东河 1 井与塔中 1 井油气层伤害问题做了专题研讨。此后,与西南石油大学合作开展了"塔里木轮南、东河塘、吉拉克砂岩储层保护技术研究",提出了在打开油气层过程中采用屏蔽暂堵技术、在完井过程中采用清洁盐水保护油气层的具体方法和建议,在轮南、东河塘等地区开发井现场进行了试验及应用,取得了明显的效果,初步形成了塔里木油田砂岩储层屏蔽暂堵保护油气层技术。

2)积极攻关快速发展阶段(1993—1998 年)

这个阶段油田勘探开始向山前进军,油田开发向塔中地区延伸。钻井难题开始集中涌现,科技攻关紧跟勘探开发形势,难题不断得到解决,技术呈现快速发展局面。

1993 年,油田先后在东秋 5 井和羊塔克 1 井古近系—新近系复合盐层钻遇"软泥岩",在经历了东秋 5 井"软泥岩"导致的 2 次恶性卡钻和羊塔克 1 井钻过"软泥岩"每次起下钻严重阻卡之后,对塔里木油田盐膏层及"软泥岩"的复杂性、危害性有了深刻的认识。盐膏层钻井科技攻关从 1992 年开始,一直到"九五"末期,先后开展了"塔里木盐膏层蠕变规律与钻井液密度图版研究""塔里木复杂地质条件下深井、超深井钻井液技术研究"以及"寒武系深层盐膏层钻井技术研究"等技术攻关，形成了塔里木油田盐膏层钻井液技术的理论基础，并提出了在寒武系盐膏层钻井液中应用硅酸盐的技术思路。1998年，采用适当密度适当含盐量的多元醇—稀硅酸盐欠饱和盐水钻井液，在康2井进行现场试验，顺利钻穿了寒武系深层盐膏层，又用该钻井液体系钻完盐下近300m的目的层完钻，钻井液性能稳定，起下钻畅通无阻，为盐膏层钻井液技术的发展探明了一条道路。总之，这个阶段通过系列盐膏层钻井液技术和近20口井盐膏层的钻井实践，盐膏层钻井液技术取得了突破性进展。盐膏层钻井液材料由部分国产化逐步发展到全面国产化，钻井液类型由氯化钾聚磺复合(欠)饱和盐水钻井液发展到强抑制多元醇—稀硅酸盐(欠)饱和盐水钻井液，初步形成了比较成熟的盐膏层钻井液技术。

1994年，塔中4油田采用丛式井、水平井开发，钻井液技术在轮南地区钻井难题攻关形成的技术基础上引入正电胶与混油技术，在直井段采用强包被不分散聚合物或正电胶钻井液；斜井段和水平段采用抑制性和携砂能力强的正电胶聚磺混油钻井液或油基钻井液，在塔中4油田成功地钻成了一批开发定向井与水平井。初步形成了塔里木油田的深井定向井和水平井钻井液技术。

1997年，塔参1井在寒武系—奥陶系超深井段白云岩地层钻井中，井壁发生严重坍塌，导致难以维持继续钻进的复杂局面。针对这一罕见的世界级难题，塔里木油田在北京专门组织召开了塔参1井专家咨询会。经过专家指导，采取适当的钻井液密度和软化点适当、颗粒度较小的封堵材料加强对地层裂缝、微裂缝的封堵等技术措施，成功地解决了塔参1井超深井段破碎性白云岩地层垮塌问题。该井完钻井深7200m，创造了当时国内陆上直井钻井最深纪录。同时初步建立了一套破碎性地层防塌钻井液评价方法，初步形成了塔里木油田破碎性地层防塌钻井液技术。1998年，油田在依南地区钻探中遇到了侏罗系不同厚度的大段煤层和薄煤层，由于煤层及所夹碳质泥岩的严重垮塌造成了井下复杂和事故。1998年9月，油田在库尔勒召开了依南地区钻井技术研讨会，经过专家指导，通过开展依南地区煤层坍塌机理及防塌钻井液技术研究，现场采取合理钻井液密度以支撑井壁，选用微细目、软化度适当的阳离子乳化沥青与多元醇、氯化钾配合抑制水化、加强封堵等技术措施，较好地解决了依南地区破碎性煤层坍塌钻井难题。形成了塔里木油田深井煤系地层防塌钻井液技术。

1997年，油田在巴楚地区钻井中普遍遇到井漏问题，在"97科技攻关年"中通过立项开展"巴楚地区井漏控制技术"科技攻关，掌握了巴楚地区的漏失规律；弄清了钻井液性能、钻井工程参数对井漏的影响程度；研究出了针对不同漏速的随钻防漏与桥接堵漏配方，形成了巴楚地区目的层与非目的层防漏堵漏技术与现场操作规范，在巴楚地区的康2井和玛4井等堵漏10多次，均一次成功。形成了巴楚地区低密度井漏控制技术。

1998年，为了降低钻井成本，油田在牙哈、轮南和塔中等地区开发井相继开展简化井身结构、实施优快钻井，采用轮南地区钻井难题攻关形成的深井钻井液技术，顺利地钻成了裸眼长达5000m左右的深井，在台盆区全面推广应用，形成了深井长裸眼快速钻进钻井液技术。

1998年3月，油田开展了"无害化'双保'钻井液技术"("双保"指保护环境与保护油气层)研究，首次对塔里木油田所用钻井液、完井液添加剂及完井废弃物(包括废水、废钻井液)的环境可接受性进行了全面系统地分析与评价；研发出了在色度、化学毒性、生物毒性和生物降解性等方面都可满足环境可接受要求的5个大类18个牌号的钻井完井液处理剂；首次建立了适合台盆区的无害化"双保"钻井完井液配方；并提出了石油企业钻井工程环境控制技术标准。初步形成了塔里木油田台盆区保护环境的钻井液技术。

3）优化完善技术整合阶段（1998—2007年）

这个阶段随着克拉2气田的开发与迪那气田的发现与评价，山前盐膏层与高压高产油气钻井呈现规模化。钻井液技术的发展主要是在"九五"期间技术攻关所取得的成果基础上，进行现场实践—优化完善—集成规范—指导现场作业。同时，针对油田普遍存在的堵漏成功率低的问题和山前高压高产压力敏感型气层钻井表现出的突出井漏问题开展了技术攻关。

1999年，为了进一步完善盐膏层钻井液技术，通过"克拉苏地区高密度抗盐抗钙防漏堵漏钻井液技术研究"，对前期形成的KCl—欠饱和盐水聚合醇—稀硅酸盐钻井液在饱和盐水条件下的配方做了重点研究和优化，应用该研究成果，精心设计了高密度近饱和盐水—氯化钾聚磺多元醇稀硅酸盐钻井液，在克拉2气田评价井克拉203井和克拉204井的古近系—新近系复合盐层钻井中进行了现场试验，取得成功。2000年以后，该项钻井液技术在克拉2气田开发井、迪那气田评价井与开发井中规模化推广应用，盐膏层钻井纯钻时效不断提高，从过去的不到40%提高到60%以上，钻井速度明显加快。至此形成了塔里木油田五六千米级成熟的深井盐膏层高密度钻井液技术，在国内一直处于领先水平。

1999年8月，无害化"双保"钻井液技术首次在开发井牙哈23-1-20井现场试验成功。钻井液经现场取样检测达到了环保标准要求。至2000年12月，又先后在解放137井等5口井继续试验，并取得成功，均满足了安全、高效、优快钻井的需要，既保护了油气层，又实现了环境可接受要求。2000年以后，随着国内环保钻井液技术的进步，油田又先后成功地发展应用了"天然高分子"环保钻井液及正电双保钻井液，在台盆区环境敏感地区中低密度钻井液条件下推广应用，较好地满足了优快钻井的需要，达到了保护环境与保护油气层的标准要求。形成了塔里木油田台盆区环保钻井液技术。

2000年，油田在编制克拉2气田开发方案时，专题开展了"克拉2气田储层保护研究"，提出了以防止气层水锁（水侵）损害和高矿化度流体侵入气层引起盐结晶损害为主的气层保护措施和建议，并对油田打开气层的欠饱和盐水多元醇—稀硅酸盐钻井完井液提出了具体的改进措施，此后这一技术在塔里木油田山前构造目的层得到广泛应用，成为塔里木油田山前构造高压气层保护的常用钻井液技术。2001年以后，油田开始在轮古等区块碳酸盐岩地层试验与应用欠平衡钻井技术，对碳酸盐岩储层起到了很好保护作用。2006年，在塔中1号坡折带碳酸盐岩储层开始试验应用PRD无固相（低固相）弱凝胶钻井完井液保护油气层技术，取得了较好效果。至此，塔里木油田基本形成了台盆区砂岩储层以屏蔽暂堵钻井液为主、碳酸盐岩储层以无固相钻井液为主、山前高压气层以聚合醇稀硅酸盐钻井液为主、塔西南柯克亚凝析气田以油基钻井液为主的保护油气层钻井液技术格局。这些技术在大宛齐油田、哈德油田、轮古油田、克拉2气田、迪那气田、柯克亚凝析气田及塔中1号坡折带等油气田开发井中推广应用，有效地减少了储层损害。

2000年以后，油田大斜度井与水平井在台盆区大规模推广应用，钻井液在塔中定向井与水平井钻井液中引入强抑制、强封堵处理剂，聚合醇与乳化沥青等材料的应用使得该类钻井液抑制性、润滑性和防塌能力大幅度提高，各项性能进一步优化，技术更加成熟，使水平井优质安全快速钻进进一步得到保障。形成了塔里木油田成熟的深井大斜度井和水平井钻井液技术。

2001年，随着克拉2气田开发与迪那气田的评价，高密度钻井液在现场大面积使用，为了加强现场高密度钻井液技术管理，便于现场处理维护规范操作，保证良好的钻井液性能，确保山前构造复合盐层及高压油气层井下安全和降低成本，专门制定了塔里木油田高密度钻井液配制、处理、维护的钻机相关设施配套标准要求，为高密度钻井液技术在现场的规范操作和顺利实施奠定硬件基础。

从2003年开始，油田先后开展了高密度与中低密度钻井液井漏控制技术研究，对现场使用的19种桥接堵漏材料的粒径分布、酸溶性及其对钻井液性能的影响和桥堵效果做了系统研究与评价；提出了塔里木油田桥接堵漏材料的规范意见；筛选出10种材料作为塔里木油田常用桥接堵漏材料，并对其粒径等性能指标进行了规范；同时通过大量实验，优选形成不同地层、不同漏速、不同密度条件下的桥接堵漏配方。现场应用后，山前构造高密度条件下的一次堵漏成功率提高到80%以上。2006年，针对山前构造高压高产压力敏感型气层钻井严重井漏的难题，开展了"提高地层承压能力的高密度钻井液防漏堵漏技术研究"，形成了山前构造目的层高密度钻井液井漏控制技术，包括随钻逢缝即堵防漏技术、停钻堵漏与承压堵漏技术，于2007年在迪那气田开发井进行了现场试验，初步取得了成功。

2006年，开展了"降低地层坍塌压力的优快钻井液技术研究"，通过研究地层岩石在钻井液浸泡前后强度的变化，证实了在强包被不分散聚合物钻井液中加入KCl、聚合醇及乳化石蜡等材料能够有效地降低钻井液向地层的侵入，使钻井液密度在原来基础上降低$0.2\sim0.3\text{g/cm}^3$，从而实现低密度优快钻井。该项技术在羊塔克地区的2口开发井上试验应用，取得了明显的效果，使强包被不分散聚合物钻井液体系更加完善，形成了塔里木油田成熟的深井长裸眼优快钻井液技术。

4）库车山前技术集群突破阶段（2008—2019年）

随着油田勘探开发的不断深入，钻井作业集中转向山前深层，钻井难度进一步加大，钻井液技术面临着前所未有的难题。主要是以库车山前为代表的超深复杂井复合盐层段引起的"高温、高密度、高含盐"的"三高"问题（如克深1井6870m、井温170℃、密度2.55g/cm^3、Cl^-含量175000mg/L），使得钻井液性能稳定性差，流变性和滤失量之间的矛盾凸显，深部井段盐间高压水层及目的层钻进过程中事故复杂频繁发生，严重影响钻井周期；其次是高温较高密度（井温190℃、密度1.90g/cm^3、静止10天以上）深井目的层的试油完井液的沉降稳定性问题。针对这些难题，持续开展了技术攻关和现场实践。

针对这些难题，持续开展了技术攻关和现场实践，取得了明显效果。塔里木油田形成了库车山前3套抗高温高密度钻井液体系、3套抗高温高密度完井液体系和5项配套技术，即塔里木油田山前"335"钻完井液技术体系。该技术体系的形成极大推动了库车山前钻完井液技术的发展，解决了山前构造超深井盐膏层阻卡、盐间超高压盐水层污染、目的层坍塌等复杂难题，为库车山前钻完井作业的顺利进行及提速提产创造了有利条件，使山前盐膏层采用带扶正器的垂直钻井系统进行防斜提速得以推广应用，盐下目的层白垩系高压裂缝性致密气藏储层伤害得到有效控制，为山前构造7000米级超深井钻井常态化、8000m及更深地层的成功钻探提供了有力的技术保障，极大地推动了塔里木油田深井，尤其是库车山前构造复杂超深井钻完井作业能力的大幅提升，较好解决了超深山前井大多数所出现的井下复杂难题，为钻井、完井作业的顺利进行，提速提产创造了有利条件，从而实现了

7000m井钻井常态化、8000m井能打成的目标。为我国深井超深井钻完井液技术的进步作出了引领性贡献。

（1）形成了3套"三高"钻井液。针对超深复合盐膏层的特点，研发、应用了三套钻井液，较好地解决了高密度钻井液的性能不易稳定和抗污染能力不足的问题。一是抗高温高密度氯化钾欠饱和/饱和盐钻井液；该钻井液处理剂组成简单、配制维护容易；抗复合盐污染能力强，性能稳定；且能够在超高密度（密度≥2.55g/cm³），高温（井底温度≥170℃），饱和盐水（Cl⁻含量≥175000mg/L）的苛刻条件下保持优良的性能。二是抗高温高密度油基钻井液；该钻井液具有抗高温（井底温度≥200℃）和极强抑制性、抗污染能力等特点。三是高密度有机盐钻井液；该钻井液具有液相密度高、固相含量低、流变性好控制、抑制性较强、抗钙能力强等特点。

以上三套钻井液的技术路线不同，但均较好地解决了高密度钻井液流变性与滤失量之间存在的矛盾和盐膏层盐、泥、钙复合污染这两个核心问题方面均取得了良好的效果。三套体系均具有良好的高温流变性，处理剂均具备抗温180℃以上的能力。实践证明，低黏切、优良流变性是钻超深复合盐膏层钻井液技术的生命线。三套钻井液10多年来在库车山前得到了成功推广应用，很好地解决了盐膏层的阻卡频繁问题。钻成了井深7000m的克深301井、克深6井，井深8023m的克深7井等200多口山前超深井。有力支撑了库车山前克深、大北、博孜等区块超深高温高压气藏的勘探与开发。

（2）3套高温试油完井液。由于山前井普遍较深、大多是气井，管柱下入和气密封检测时间长，要求完井液达到170℃、静止10天以上不沉降、不显著增稠，条件苛刻。针对这一情况，专门开发了三套抗高温试油完井液：一是超微重晶石完井液，该完井液利用布朗运动的原理实现高温稳定；二是油基完井液，该完井液主要是利用油基钻井液的抗温能力强的特点；三是有机盐完井液，该完井液主要是利用基液密度高、固相含量低的特点达到高温稳定。第一套和第三套完井液适用于水基钻井液完成井，第二套完井液适用于油基钻井液完成井。三套体系完成试油作业最高密度达到2.25g/cm³，最高温度达到200℃，最深井深8882m（轮探1井）。

（3）5项配套技术。针对钻完井液工作面临的山前"三高"特点，与以上钻井液、完井液主体技术配套完成了5项配套技术：一是高密度钻井液固控与循环系统配备标准。主要是对山前构造钻机的循环系统、固控系统、加重系统、储备系统配套标准提出明确要求，使之能很好地适应高密度钻井液固相含量高、黏切高、易沉淀等特点。二是致密裂缝型储层保护技术。主要包括基于裂缝的"保护+疏通"的技术思路，以"酸溶理念"为基础的技术路线，以重晶石螯合解堵为技术补充等三个方面的技术内容，对山前高压气藏起到了很好的保护作用。以克深8井区为例，基本上每口井日产达到百万立方米的产能规模。三是山前构造盐膏层、目的层综合治漏技术。主要包括盐膏层盐顶、盐间、盐底的恶性井漏高强度堵漏4套技术，目的层段高角度、垂直裂缝的边钻边漏的多级随钻堵漏防漏技术、停钻酸溶堵漏技术，以及5种漏失工况下的不同堵漏工艺。山前盐膏层井段承压能力最高达到21MPa，目的层段承压能力达到8MPa。四是试油完井液沉降稳定性现场综合评价技术。主要包括高温恒温静止老化试验沉实度法，特制扭力仪的针入度法。现场将这两种方法有机结合，进行综合评价，可节约大量的实验时间，而且评价结果准确。五是油基钻井液固废无害化处理及资源回收利用技术。山前普遍使用油基钻井液之后，产生大量的油基固液危废，不及时处理则有严重的环保隐患。为此，开发应用了LRET处理技术，该技术的核心是在80℃左右温度下，用专门的处理液将岩屑中的油基钻井液萃取出来，使岩屑含油量小于1%，回收低密度油基基液入井使用，达到重复利用的效果。目前该技术已处理油基固废 $5×10^4$ t 以上，回收利用基液上万立方米，效果良好。

除此之外，伴随着近几年的新问题和新要求，比如高压盐水快速钻进问题，盐上地层越打越深等问题，国家对环保要求越来越严的问题等，钻井液技术持续攻关和发展，又研发成功了多套技术：一是高压盐水层油基钻井液的控压放水处理技术，该技术的核心是前期提高油水比，后期乳化剂+微锰处理，提高电化学稳定性，配合放水降低地层压力，降低钻井液密度防止井漏；二是超高密度钻井液配制技术，这一技术主要针对压稳高压盐水层，技术核心是调整好油基钻井液的基础流变性，用微锰和铁粉加重，现场钻井液密度达到 $2.60g/cm^3$，压井液密度达到了 $2.85g/cm^3$，并可维持较好的流变性；三是盐层解卡技术，包括水基钻井液条件下的油基高密度（$≥2.35g/cm^3$）解卡液配制技术，以及油基钻井液条件下的高密度淡水液浸泡技术；四是盐上长裸眼井壁稳定技术，核心是基于地质力学的坍塌压力指导合适密度，多级级配的封堵技术，复合抑制技术等；五是高密度环保水基钻井液：目前塔里木已经试验了三套环保水基钻井液，其技术的核心是既要满足低毒环保要求，又要满足复合盐层的钻井需要。这些体系主要特点是采用聚合物类处理剂，在盐层段不长、温度不太高的井效果明显。目前还存在封堵能力不足、抗污染能力不强等问题，还需要进一步研究完善。

以上技术共同构成了塔里木库车山前最新的钻井液、完井液技术体系。值得一提的是，库车山前这些技术中有些技术同样也适合台盆区的深井作业，比如长裸眼井壁稳定技术、堵漏技术、试油完井液技术等。

这些年来除了技术发展以外，塔里木油田钻井液管理方面也有一些好的做法，与现场技术一起，共同支撑了现场钻完井作业。主要是总结提炼了现场管理"三原则"：一是严禁钻井液带病作业。这一条是要求井队的。当钻井液出现性能恶化或有恶化的趋势时，必须停钻处理钻井液。二是井下出现复杂，钻井液必须做出针对性调整，这一条是要求钻井液工程师的。井下复杂时，针对复杂类型，钻井液方面有义务进行必要的针对性调整，强化某个方面的性能，如滤失量、黏切等。三是处理前必须勤做小型实验。这一条是要求现场钻井液处理人员的。钻井液是一门实验科学，而且性能在钻进过程中不断发生变化，所有处理，小到加重、加单一处理剂，大到转换体系、不同流体入井，在此之前都必须做好处理实验和污染实验，处理措施必须以实验数据为基础。

另外，编写出版了《塔里木油田钻井液技术手册》（石油工业出版社，2016年），以指导和规范现场钻井液工程师的钻井液配制、处理、维护工作；编制完成《山前钻井液技术指南》《塔里木油田高密度钻井液作业指导书》《塔里木油田井漏控制作业指导书》，以指导现场人员处理常见的钻井液复杂问题。

钻完井液技术的持续进步，是钻完井工作不断改善的强力保证，也是勘探开发向纵深发展的客观要求，更是广大钻井液工作者的矢志追求。库车山前深井钻完井液技术下一步的重点发展思路是：体系优化技术，即各种体系在现场使用的性能优化，重点是ECD和沉降稳定性的改善；高密度环保水基钻井液体系的持续发展，重点是封堵性和抑制性等更高性能的完善，终极目标是全面取代油基钻井液；更加高效的防漏堵漏技术，重点是精准测漏、科学治漏和经济堵漏；超高温试油油基完井液的持续攻关，重点是190℃以上油基完井液的沉降稳定性研究。等到这些技术攻关完善之后，塔里木油田深井钻完井液技术又将迈入一个新的发展台阶。从这个意义上讲，塔里木油田钻完井液的发展史就是一部不断适应钻完井作业需要的发展史，就是一部不断解决新的技术难题的发展史，就是一部全体钻井液技术人员不断奋发进取的发展史。相信塔里木油田钻井液技术一定会再次迎来技术大升级的美好明天！

参 考 文 献

[1] 王招明，李勇，谢会文，等.库车前陆盆地超深油气地质理论与勘探实践[M].北京：石油工业出版社，2017.
[2] 王招明，谢会文，李勇，等.库车前陆盆地油气勘探[M].北京：石油工业出版社，2013.
[3] 胥志雄，龙平，梁红军，等.前陆冲断带超深复杂地层钻井技术[M].北京：石油工业出版社，2017.
[4] 唐继平，腾学清，梁红军，等.库车山前复杂超深井钻井技术[M].北京：石油工业出版社，2012.
[5] 尹达，李天太，胥志雄，等.塔里木油田钻井液技术手册[M].北京：石油工业出版社，2016.

第二章　库车山前地层矿物组分及理化性能分析

地层岩石矿物组分与理化性能测定结果是分析钻井过程中所发生的各种井下复杂情况的原因与研究钻完井液技术对策的基础。为了解决库车山前钻井过程中的各种技术难题，科学设计钻完井液，优质、安全、高速实现勘探、开发目的，满足环境保护对钻完井液的要求，从1995年开始，对库车山前井下情况极其复杂的东秋5井进行地层岩石矿物组分与理化性能测定，至今已对库车山前已钻探的大部分构造井岩样进行了测定，为分析所发生的各种井下复杂，解决各种技术难题提供了科学依据。

第一节　库车山前地层矿物组分

库车山前地层岩石矿物由晶态黏土矿物、晶态非黏土矿物和非晶态黏土矿物组成。晶态黏土矿物和晶态非黏土矿物的测定方法按照 SY/T 5163—2018《沉积岩中黏土矿物和常见非黏土矿物 X 射线衍射分析方法》进行。非晶态黏土矿物按照承德石油高等专科学校开发的方法进行制定。

一、晶态黏土矿物

1. 晶态黏土矿物种类

库车山前晶态黏土矿物主要由蒙皂石(S)、高岭石(K)、绿泥石(C)、伊利石(I)、伊/蒙混层、绿/蒙混层组成。

1) 蒙皂石

蒙皂石(smectite，S)属 2∶1 型结构的含水铝硅酸盐，其层间物质为水化度较高的 Ca^{2+}，Mg^{2+}，Na^+ 和 K^+ 等交换性阳离子。蒙皂石包括二八面体亚族(蒙脱石)和三八面体亚族(皂石)。库车山前所见蒙皂石为二八面体亚族(蒙脱石)，常见的有钠型、钙型、钠钙过渡性。蒙皂石含量高的地层通常易水化膨胀。

2) 高岭石

高岭石(kaolinite，K)属于蛇纹石—高岭石族中的二八面体亚族，为 1∶1 型二八面体层状硅酸盐矿物，其结构式为 $Al_4[Si_4O_{10}](OH)_8$。高岭石晶层之间容易形成氢键，因而晶层之间连接紧密，晶层间距仅 $7.2×10^{-3}$ nm，故高岭石的分散度低且性能比较稳定。

3) 绿泥石

绿泥石(chlorite，C)是一种特殊的 2∶1 型层状含水铝硅酸盐，其层间物既非单一的阳离子(如伊利石)，也非水化阳离子(如蒙皂石)，而是氢氧化物八面体片(似水镁层或滑石层)。其一般结构式为：$(Mg·Fe·Al)_6[(Si·Al)_4O_6](OH)_8$。

4) 伊利石

伊利石(illite, I)是云母族二八面体亚族中的一种。伊利石由于独特的晶格结构，水化作用仅限于外表面，其水化膨胀程度很小。钻井遇到含伊利石为主的泥页岩地层时，常常发生剥落掉块。

5) 混层矿物

混层黏土矿物指的是由两种或两种以上不同类型的黏土矿物晶层所形成的特殊类型黏土矿物。自然界广泛分布的混层黏土矿物主要是由两种成分层组成，其中以伊利石、蒙皂石晶层最为常见，其次为绿泥石、蒙皂石晶层。

混层黏土矿物不是各组分层的简单机械混合物，所以更为严格地说，应该称其为间层。根据组分层的堆积方式，可以划分出规则混层、带状混层、无序混层和有序混层。伊利石/蒙皂石混层的混层作用类型与其组分层(I层和S层)的百分含量密切相关，一般把蒙皂石层(S层)的百分含量定义为混层比，混层比大于40%称为无序混层，混层比越大越接近于蒙皂石，膨胀性越强；混层比小于40%称为有序混层，混层比越小越接近于伊利石，膨胀性越弱。所谓无序是指I层和S层就像洗牌时的红牌和黑牌一样简单无序地组合在一起；所谓有序是指I层和S层的堆积具有一定的规律性，进一步划分为 $R=1$ 或 R1 型、$R=2$ 或 R2 型和 $R=3$ 或 R3 型三种类型。"R"源于德语"Reichweite"，代表的是混层序列中同种晶层出现所必须间隔的层数。$R=0$ 或 R0 表示无序混层，$R=1$ 或 R1 表示 ISISIS……有序混层。同理，$R=2$ 或 R2 型和 $R=3$ 或 R3 型分别表示 IISISIIS……和 IIISIIISII-IS……有序混层。所谓 $R=1$ 或 R1 型、$R=2$ 或 R2 型和 $R=3$ 或 R3 型有序混层中的 I 层和 S 层比例并不是严格的 1:1，2:1 和 3:1 关系，而是具有呈无序分布的过量 I 层，如果是严格的 1:1，2:1 和 3:1 关系则应该称其为规则混层并具有专属命名，如累托石(伊利石/蒙皂石 1:1 规则混层)、柯绿泥石(绿泥石/蒙皂石 1:1 规则混层)等。所谓带状混层实质上是指两种组分层分离结晶成分离晶体，也即同种组分层堆积成许多层，使它们看起来像是两种组分层的机械混合物。在 X 射线衍射谱图上，同种晶层的堆积达 10 层或多于 10 层厚的带状混层显示为两个分离相。由于常规黏土矿物 X 射线衍射定量分析中并不做进一步的有序类型鉴定，所以一般都是把混层比小于 40% 的伊利石/蒙皂石混层统称为有序混层或 $R=1$(R1) 有序混层。含油气盆地中，蒙皂石、伊利石/蒙皂石无序混层(S/I)、伊利石/蒙皂石有序混层(I/S)、伊利石常常呈连续演化的成岩序列(剖面)出现，蒙皂石、伊利石/蒙皂石无序混层分布于中浅层、伊利石/蒙皂石有序混层分布于中深层、伊利石分布于深层。同理，绿泥石/蒙皂石混层中的蒙皂石层百分含量定义为绿泥石/蒙皂石混层的混层比，混层比越大越接近于蒙皂石，混层比越小越接近于绿泥石。

2. 晶态黏土矿物组合类型

库车山前目前已钻遇地层中的晶态黏土矿物有 14 种组合类型：

(1) S/I+I+K+C；

(2) I/S+I+C；

(3) I/S+I+K+C；

(4) C/S+I+K+C；

(5) I+C；

(6) I+K+C；

(7) I/S+CS+I+C；

（8）I/S+CS+I+K+C；

（9）S/I+CS+I+C；

（10）S/I+CS+I+K+C；

（11）S/I+I+C；

（12）S+I+K+C；

（13）C/S+I+C；

（14）S+I+C。

其中各构造带黏土矿物组合类型及分布层位见表 2-1-1。

表 2-1-1　各构造带黏土矿物组合类型及分布层位

凹陷	构造带	组合类型	井数口	样数	分布层位
乌什凹陷	乌什	S/I+I+K+C	1	82	N_1j^1，N_1j^2，N_1j^5，$E_{2-3}s$，$E_{1-2}km$，K_1bs，K_1bx，K_1y
	神木	I/S+I+C	1	9	K_1bx
		I/S+I+K+C	1	32	N_1j，$E_{1-2}km$，K_1bx，K_1s，$T_{2-3}k$
		S/I+I+K+C	1	25	$T_{2-3}k$，T_1e
克拉苏冲断带	克深区带克深段	CS+I+K+C	1	3	$E_{1-2}km^2$
		I+C	2	3	$E_{1-2}km^1$，$E_{1-2}km^2$
		I+K+C	1	7	$E_{1-2}km$，$E_{1-2}km^2$
		I/S+CS+I+C	7	260	N_1j，$E_{2-3}s$，$E_{1-2}km$，K_1bs^1，K_1bx
		I/S+CS+I+K+C	1	27	$N_{1-2}k$，N_1j，$E_{2-3}s$，$E_{1-2}km^1$，$E_{1-2}km^2$，K_1bx
		I/S+I+C	10	825	N_2k，$N_{1-2}k$，N_1j，$E_{2-3}s$，$E_{1-2}km$，K_1bs^1，K_1bs^2，K_1bs^3，K_1bx，K_1s，K_1y
		I/S+I+K+C	6	395	N_2k，$N_{1-2}k$，N_1j，$E_{2-3}s$，$E_{1-2}km$
		S/I+CS+I+C	1	1	K_1bs^1
		S/I+CS+I+K+C	1	13	$N_{1-2}k$，N_1j，$E_{2-3}s$
		S/I+I+C	3	27	N_2k，$N_{1-2}k$，$E_{2-3}s$，$E_{1-2}km$，K_1bx
		S/I+I+K+C	2	48	$N_{1-2}k$，N_1j，$E_{2-3}s$，$E_{1-2}km$
		S+I+K+C	1	5	$N_{1-2}k$，N_1j，$E_{1-2}km^4$
	克深区带大北段	CS+I+C	1	2	$E_{1-2}km^2$
		I+C	2	11	$N_{1-2}k$，N_1j，$E_{1-2}km^2$
		I/S+CS+I+C	3	39	$N_{1-2}k$，N_1j，$E_{2-3}s$，$E_{1-2}km$，$E_{1-2}km^1$，$E_{1-2}km^2$
		I/S+CS+I+K+C	1	6	$E_{1-2}km^2$
		I/S+I+C	4	130	$N_{1-2}k$，N_1j，$E_{2-3}s$，$E_{1-2}km$，K_1bs，K_1bx，K_1s
		I/S+I+K+C	1	54	N_2k，$N_{1-2}k$，$E_{1-2}km^2$
		S/I+I+C	2	40	$N_{1-2}k$，N_1j，$E_{2-3}s$
		S/I+I+K+C	3	57	N_2k，$N_{1-2}k$

续表

凹陷	构造带	组合类型	井数口	样数	分布层位
北部构造带	巴什区块	I/S+I+K+C	1	6	K_1s, K_1y
		I+K+C	1	3	J_2kz, J_1a
	迪北区块	I/S+CS+I+C	1	16	N_1j
		I/S+I+C	2	67	N_1j, $E_{2-3}s$, $E_{1-2}km^1$, K_1s, K_1y, J_3q, J_2q
		I/S+I+K+C	2	148	$N_{1-2}k$, J_2q, J_2kz, J_2kz_1, J_2kz_4, J_1y, J_1a, T_3t
		S/I+CS+I+C	1	3	N_1j
		S/I+I+C	1	22	N_1j, $E_{1-2}km^2$, K_1s
		S/I+I+K+C	1	9	$N_{1-2}k$, J_1y
	黑英山	I/S+I+K+C	1	66	T_3h
秋里塔格冲断带	东秋	I+K+C	1	15	N_1j^5, $E_{1-2}km$
		S/I+I+K+C	1	134	N_1j^2, N_1j^5, $E_{1-2}km$, $E_{1-2}km^2$
	西秋	I/S+I+K+C	1	1	N_1j
		S/I+I+K+C	2	70	N_2k, $N_{1-2}k$, N_1j, $E_{2-3}s$, $E_{1-2}km^1$, $E_{1-2}km^2$, $E_{1-2}km^3$
阳霞凹陷	阳北1	I+C	1	1	$N_{1-2}k$
		I+K+C	1	1	$E_{1-2}km$
		I/S+CS+I+K+C	1	16	N_1j, $E_{2-3}s$
		I/S+I+C	1	67	N_2k, $N_{1-2}k$, N_1j, $E_{2-3}s$, $E_{1-2}km$, K_1y
		I/S+I+K+C	1	10	$E_{1-2}km$
		S/I+CS+I+K+C	1	1	N_1j
		S/I+I+C	1	58	N_2k, N_1j, $E_{2-3}s$
		S/I+I+K+C	1	56	N_2k
		S+I+C	1	8	N_1j

二、晶态非黏土矿物

库车山前所钻遇地层中存在的晶态非黏土矿物主要包含石英、长石、方解石、白云石、方沸石、硬石膏、石盐、菱铁矿、文石等。硬石膏、石盐广泛分布在库车山前西部与中部构造带的库姆格列木群和库车山前东部迪那与中秋等构造的吉迪克组。

三、非晶态黏土矿物

岩石中非晶态黏土矿物以硅、铝、铁的形式存在。非晶态硅、铝采用碱煮法，非晶态铁是将碱煮后的不溶物酸溶制成溶液，分别用分光光度计测量其含量。库车山前岩样非晶态黏土矿物最高含量为11.24%，最低为0.24%，平均2.28%，此含量比较低，对地层岩石的分散性与膨胀性影响不大。

非晶态黏土矿物测定方法由承德石油高等专科学校开发。

1. 原理

未结晶的硅、铝、铁物质能溶于一定浓度的碱液中，故用碱液来提取泥页岩中未结晶的蛋白石(用SiO_2表示)、三水铝石(用Al_2O_3表示)及少量的氢氧化铁(用Fe_2O_3表示),用分光光度计测量其含量。

2. 试样溶液的配制

准确称取 0.1g(称准至 0.1mg)岩样置于 50mL 聚四氟乙烯瓶中,加入 20mL、0.5mol/L的氢氧化钠溶液加盖密封,置于沸水浴中加入 1h,冷却后转移至 100mL 离心试管中在 3000r/min 下高速离心 5min,取出上层清液定容至 100mL 作为测定硅、铝的试液,在沉淀中加入 20mL、0.5mol/L 盐酸溶液充分搅拌 30min 后在 3000r/min 下离心 5min,移出上层清液定容至 100mL 作为测定铁的试液。

3. 硅的测定

1) 原理

无定形硅在弱酸性溶液中与钼酸铵生成可溶性的硅钼多酸,加抗坏血酸将其还原为稳定的硅钼蓝,在波长为 65nm 处进行比色测定吸光度。

2) 硅标准液的配制

准确称取分析纯二氧化硅 0.1070g,置于铂坩埚中加入 0.75g 碳酸钠混匀,再覆盖 0.25g 碳酸钠,置于 1000℃高温炉中灼烧 15min,取出冷却,转移至 500mL 容量瓶中定容后摇匀,移取 25mL 于 100mL 容量瓶中定容即得浓度为 25mg/L 的硅标准溶液。

3) 标准曲线绘制

(1) 在 6 个 50mL 容量瓶中分别加入硅标准溶液 0mL,1.0mL,2.0mL,3.0mL,4.0mL 和 5.0mL 后各加入 10mL 蒸馏水。

(2) 在上述 6 个容量瓶中分别加入 1mL 7.5%的硫酸钼酸铵摇匀,静止 10min 后再加入 4mL 10%的酒石酸及 1mL 的抗坏血酸定容后摇匀,放置 20min。

(3) 在分光光度计波长为 650nm 处测吸光度。

(4) 以硅标准液为横坐标,对应的吸光度为纵坐标绘制标准曲线。

4) 硅的测定程序

(1) 移取所制备的硅试液 4mL 于 50mL 容量瓶中加入 0.5mol/L 盐酸 8mL、蒸馏水 10mL。

(2) 按 3)中(1)(3)步骤测试。

在标准曲线上查得硅浓度 C_{Si}。

5) 结果计算

$$w_{SiO_2} = \frac{C_{Si} \times 50 \times 25 \times 2.139}{m} \times 100\%$$

式中　w_{SiO_2}——SiO_2 含量;

C_{Si}——标准曲线上查得的硅的浓度,mg/L;

m——岩样的质量,g。

4. 铝的测定

1) 原理

溶于 0.5mol/L 氢氧化钠中的无定形铝与玫瑰红三羧酸铵(铝试剂)在 pH 值为 4 的微酸性溶液中形成稳定的红色络合物,在波长为 530nm 处进行比色测得其吸光度。

2) 铝标准溶液的制备

准确称取铝箔或铝粉 0.05g,加入 1∶1 盐酸 15mL 溶解。移入 1L 容量瓶中定容。再取 20mL 至 100mL 容量瓶定容，即得浓度为 10mg/L 的铝标准溶液。

3）标准曲线的绘制

（1）在 6 个 50mL 容量瓶中分别移取铝标准溶液 0mL，1.0mL，2.0mL，3.0mL，4.0mL 和 5.0mL 后各加入 10mL 蒸馏水。

（2）在上述 6 个 50mL 容量瓶中分别加入 0.5mol/L 盐酸、0.8mL 及铝试剂 5mL 摇匀，再加入 0.5mol/L 盐酸 9mL 以及 10%醋酸钠 5mL 摇匀，静止 10min 定容。

（3）在分光光度计波长为 530nm 处测吸光度。

（4）以铝标准液为横坐标，对应的吸光度为纵坐标绘制标准曲线。

4）铝的测定程序

(1) 移取所制备的铝试液 4mL 于 50mL 容量瓶中。

(2) 按 3)中(1)(3)步骤测试。

在标准曲线上查得铝浓度 C_{Al}。

5）结果计算

$$w_{Al_2O_3} = \frac{C_{Al} \times 50 \times 10 \times 1.4297}{m} \times 100\%$$

式中　$w_{Al_2O_3}$——Al_2O_3 含量；

C_{Al}——标准曲线上查得的铝的浓度，mg/L；

m——岩样的质量，g。

5. 铁的测定

1）原理

用抗坏血酸将三价铁离子还原为二价铁离子，在 pH 值为 2~9 时与邻菲罗啉形成橙红色稳定络合物，在波长为 510nm 处进行比色测得其吸光度。

2）铁标准溶液的制备

准确称取 0.7023g 纯的未氧化的 $Fe(NH_4)_2(SO_4)_2 \cdot 6H_2O$ 溶于 5mL 硫酸中，加热完全溶解，冷却后移入 1000mL 容量瓶中定容。摇匀后移取 10mL 于 100mL 容量瓶中，加入 6mol/L 硫酸 10mL 定容即为 10mg/L 的铁标准溶液。

3）标准曲线的绘制

（1）在 6 个 50mL 容量瓶中分别移取铁标准溶液 0mL，1.0mL，2.0mL，4.0mL，6.0mL 和 8.0mL。

（2）在上述 6 个 50mL 容量瓶中分别加入 2%抗坏血酸 2mL，0.15%邻菲罗啉 2mL，乙酸—乙酸钠缓冲溶液 10mL 定容，摇匀放置 20min。

（3）在分光光度计波长为 510nm 处测吸光度。

（4）以铁标准液为横坐标，对应的吸光度为纵坐标绘制标准曲线。

4）铁的测定程序

(1) 移取所制备的铁试液 10mL 于 50mL 容量瓶中。

(2) 按 3)中(1)(2)步骤测试。

(3) 在标准曲线上查得铁之浓度 C_{Fe}。

5）结果计算

$$w_{Fe_2O_3} = \frac{C_{Fe} \times 50 \times 10 \times 1.4297}{m} \times 100\%$$

式中　$w_{Fe_2O_3}$——Fe_2O_3 含量；
　　　C_{Fe}——标准曲线上查得的铁的浓度，mg/L；
　　　m——岩样的质量，g。

第二节　理化性能及测定方法

地层理化性能测试方法按照 SY/T 5613—2016《钻井液测试　泥页岩理化性能试验方法》进行。

一、密度

密度指单位体积岩石微粒的质量，单位为 g/cm^3。岩石密度可以反映地层压实程度，一般随深度增加而增加，剖面上的密度突变可预示岩石成分和结构特征的突变或受构造因素的影响，可以作为井下复杂情况判断的辅助因素。密度测试采用李氏密度瓶法，测试方法如下：

（1）称取 50g（称准至 0.01g）在 105℃±3℃烘干过 100 目筛的钻屑粉。

（2）在干净、干燥的李氏密度瓶中加入煤油，至该瓶的刻度线下约 22mm 处，将李氏密度瓶放入 32℃±0.5℃恒温水浴中 30min，读取加样前的体积 V_1，再将称好的钻屑加入李氏密度瓶中放入恒温水浴中约 30min，当读数稳定后读取加样后的体积 V_2，最终算出钻屑的密度。

二、膨胀率

膨胀率指规定时间内岩石在水中的线膨胀百分数，单位为%。膨胀率可直观反映泥页岩中膨胀性黏土的矿物含量；数值高低与泥页岩成分、黏结程度及组构特征等因素有关。膨胀性按膨胀率不同可分为高膨胀型、中膨胀型、低膨胀型。

三、回收率

回收率指一定尺寸的岩石颗粒在纯水中按指定条件滚动后所能回收的颗粒数量，单位为%。回收率用来表征泥页岩的分散性，低于 30%的为强分散，介于 30%~60%的为中分散，高于 30%的为弱分散性。回收率测试常采用滚动试验，具体方法如下：

称取 6~10 目的并在 105℃±3℃的恒温箱中烘干 4h 的钻屑 50.0g，置于装有 350mL 钻井液的高温罐中，在 80℃±3℃的钻井液滚子炉中滚动 16h 后，再称量过 40 目筛，并在 105℃±3℃的恒温箱中烘 4h 钻屑。计算回收率。

四、阳离子交换容量

阳离子交换容量（CEC）指 pH 值为 7 时，岩石所能交换下来的阳离子总量。单位为 mmol/100g（土）。阳离子交换容量能间接反映岩石中膨胀性黏土的矿物含量。一般情况下，阳离子交换容量：蒙皂石>伊利石>高岭石。阳离子交换容量高的易膨胀、水化和分散。阳离子交换容量测试采用亚甲基蓝试验。具体方法如下：

称取在 105℃±3℃烘干 4h 并冷却至室温的钻屑分 100.0g 置于高搅杯中，加 200.0g 蒸馏水。混匀，在高速搅拌器上高速搅拌 15min。称取 3.00g 摇匀的泥页岩浆液，用亚甲基蓝进行滴定，记录消耗亚甲基蓝的体积，计算阳离子交换容量。

第三节　库车山前地层矿物组分与理化性能分布规律

库车山前受构造运动与沉积物源的影响，地层矿物组分与理化性能分布规律各构造带、构造之间有所差异。

一、克拉苏冲断带

1. 克深区带地层矿物组分与理化性能分层段分布规律

1）克深区带黏土矿物分层段分布规律

克深区带黏土矿物分布见表2-3-1。克深区带克深段与大北段泥页岩各层段黏土矿物特征基本一致，上部地层为伊/蒙无序混层和伊利石为主，伊/蒙无序混层比不高，大部分为40%~50%；其次为绿泥石与高岭石；下部地层为伊/蒙有序混层和伊利石为主，伊/蒙有序混层比大多为20%，高岭石消失。伊/蒙无序混层与高岭石消失井深与层位见表2-3-2。

表2-3-1　克拉苏冲断带克深区带黏土矿物分层段分布规律

构造带	层位	井数口	样品数	晶态黏土矿物相对含量,%						混层比,S%	
				S	I/S 混层	C/S 混层	I	K	C	I/S	C/S
克深段	$E_{1-2}km^2$ 上盘	1	29	0.00	20.72	10.55	51.28	0.00	17.45	20.00	31.38
	$E_{1-2}km^3$ 上盘	1	13	0.00	24.77	5.46	47.08	0.00	22.69	20.00	34.62
	$E_{1-2}km^4$ 上盘	1	1	0.00	43.00	0.00	41.00	0.00	16.00	20.00	
	$E_{1-2}km^5$ 上盘	1	1	0.00	34.00	0.00	46.00	0.00	20.00	20.00	
	$E_{1-2}km^3$ 中盘1	1	4	0.00	40.00	0.00	38.50	0.00	21.50	20.00	
	$E_{1-2}km^4$ 中盘1	1	2	0.00	35.50	0.00	38.50	0.00	26.00	30.00	
	$E_{1-2}km^4$ 中盘2	1	1	0.00	49.00	0.00	37.00	0.00	14.00	20.00	
	N_2k	5	59	0.00	36.31	0.00	45.42	1.00	17.27	24.67	
	$N_{1-2}k$	13	417	6.00	32.97	0.44	46.84	2.96	14.76	27.70	59.17
	N_1j	15	327	1.21	27.14	0.62	54.13	2.34	15.66	23.35	47.17
	$E_{2-3}s$	12	85	0.00	24.35	2.96	56.82	0.59	16.76	20.94	40.22
	$E_{1-2}km$	2	26	0.00	13.80	0.00	63.30	10.89	12.86	41.62	
	$E_{1-2}km^1$	13	66	0.00	25.48	3.60	56.31	0.30	16.28	21.54	35.21
	$E_{1-2}km^2$	13	490	0.00	23.50	6.17	53.15	0.40	19.94	19.42	31.06
	$E_{1-2}km^3$	8	20	0.00	22.71	2.85	51.58	0.00	22.85	20.65	17.50
	$E_{1-2}km^4$	7	18	0.00	31.98	0.89	42.24	0.00	24.89	26.86	30.00
	$E_{1-2}km^5$	6	10	0.00	31.33	0.00	49.29	0.00	19.38	31.17	0.00
	K_1bs^1	4	10	0.00	40.00	3.75	43.54	0.00	12.71	25.00	45.00
	K_1bs^2	7	14	0.00	31.04	0.00	53.68	0.00	15.29	21.00	0.00
	K_1bs^3	3	3	0.00	30.00	0.00	57.67	0.00	12.33	20.67	0.00
	K_1bx	2	7	0.00	42.67	6.13	39.54	1.25	10.42	28.13	12.50
	K_1s	2	9	0.00	45.69	0.00	42.82	0.00	11.50	20.00	0.00
	K_1y	1	1	0.00	44.00	0.00	40.00	0.00	16.00	20.00	

续表

构造带	层位	井数口	样品数	晶态黏土矿物相对含量,%						混层比,S%	
				S	I/S混层	C/S混层	I	K	C	I/S	C/S
大北段	N_2k	3	82	0.00	34.77	0.00	44.72	7.47	13.04	35.52	
	$N_{1-2}k$	5	121	0.00	32.78	3.39	49.26	4.11	15.86	34.65	20.00
	N_1j	4	54	0.00	26.86	1.20	55.71	0.00	17.30	27.01	40.84
	$E_{2-3}s$	4	18	0.00	18.48	10.76	56.92	0.00	18.01	26.88	39.17
	$E_{1-2}km$	2	16	0.00	21.91	8.18	53.48	0.00	16.44	20.00	41.34
	$E_{1-2}km^1$	2	6	0.00	23.19	24.85	51.17	0.00	16.33	20.00	20.00
	$E_{1-2}km^2$	2	32	0.00	20.86	10.59	58.31	2.03	16.38	20.00	22.00
	K_1bs	2	2	0.00	40.00	0.00	52.00	0.00	8.00		
	K_1bx	2	4	0.00	34.25	0.00	55.00	0.00	10.75	20.00	
	K_1s	1	2	0.00	40.00	0.00	45.00	0.00	15.00	20.00	

表 2-3-2　克拉苏冲断带克深区带大北段、克深段伊/蒙无序混层与高岭石消失情况

井号	伊/蒙无序混层消失		高岭石消失	
	井深,m	层位	井深,m	层位
DB10	4776	吉迪克组	3417	康村组
DB1102	4874	吉迪克组	3782	康村组
KS14			6314	吉迪克组
KS1003	2000	苏维依组	1950	苏维依组
KS19	5164	康村组		
KS243	2855	吉迪克组	3444	上泥岩段

克深段与大北段绿/蒙混层大多存在于吉迪克组、苏维依组、库姆格列木群上泥岩段、盐膏层段。

受构造运动作用,克深段、大北段各构造各层段之间黏土矿物有所差异,见表2-3-3。

表 2-3-3　克拉苏冲断带克深段各构造黏土矿物分层段分布规律

圈闭/构造	层位	井数口	样品数	晶态黏土矿物相对含量,%						混层比,S%	
				S	I/S混层	C/S混层	I	K	C	I/S	C/S
克拉2	N_1j	1	4	0.00	17.21	0.00	59.76	9.24	13.80	15.00	
	$E_{1-2}km$	2	26	0.00	13.80	0.00	63.30	10.89	12.86	41.62	
克深2	$N_{1-2}k$	4	260	0.00	38.25	0.00	44.02	6.17	11.57	20.00	
	N_1j	2	34	0.00	36.07	0.00	45.89	6.12	11.92	20.00	
	$E_{2-3}s$	1	9	0.00	32.22	0.00	50.11	0.00	17.67	20.00	
	$E_{1-2}km^1$	1	8	0.00	30.38	0.00	51.50	0.00	18.13	20.00	
	$E_{1-2}km^2$	1	57	0.00	22.91	0.00	54.98	0.00	22.11	20.00	

续表

圈闭/构造	层位	井数口	样品数	晶态黏土矿物相对含量,%						混层比,S%	
				S	I/S 混层	C/S 混层	I	K	C	I/S	C/S
克深5	$E_{1-2}km^1$	1	7	0.00	25.60	0.00	59.20	0.00	18.85	20.00	
	$E_{1-2}km^2$	1	125	0.00	22.24	16.01	56.40	5.24	16.49	20.00	22.69
	K_1bs^3	1	1	0.00	33.00	0.00	54.00	0.00	13.00	20.00	
克深6	$E_{1-2}km^1$	1	1	0.00	31.00	10.00	47.00	0.00	12.00	20.00	20.00
	$E_{1-2}km^2$	1	52	0.00	28.46	10.96	46.54	0.00	14.04	20.00	19.04
	K_1bs^2	1	4	0.00	42.25	0.00	45.00	0.00	12.75	20.00	0.00
	K_1bs^3	1	1	0.00	35.00	0.00	58.00	0.00	7.00	20.00	0.00
	K_1bx	1	3	0.00	46.33	0.00	45.33	0.00	8.33	20.00	0.00
	K_1s	1	1	0.00	47.00	0.00	44.00	0.00	9.00	20.00	0.00
克深9	N_2k	3	51	0.00	35.34	0.00	44.82	0.00	19.84	20.00	
	$N_{1-2}k$	3	74	0.00	28.65	0.00	50.56	0.00	20.79	20.00	
	N_1j	5	83	0.00	23.35	1.50	56.07	0.10	20.17	20.00	38.00
	$E_{2-3}s$	4	28	0.00	26.01	0.00	55.51	0.00	18.49	20.00	
	$E_{1-2}km^1$	3	10	0.00	30.64	0.00	53.49	0.00	15.87	20.00	
	$E_{1-2}km^2$	3	5	0.00	30.33	0.00	51.78	0.00	17.89	20.00	
克深10	$N_{1-2}k$	1	6	30.00	24.83	0.00	30.83	4.50	9.83	87.50	
	N_1j	1	8	7.25	33.63	0.00	43.63	5.13	10.38	58.75	
	$E_{2-3}s$	2	18	0.00	30.03	0.00	54.00	1.25	14.72	20.63	
	$E_{1-2}km^1$	2	10	0.00	28.89	0.00	54.72	0.00	16.39	30.00	
	$E_{1-2}km^2$	2	210	0.00	25.82	6.21	51.42	0.00	16.55	19.98	23.42
	$E_{1-2}km^3$	1	2	0.00	13.50	13.50	48.00	0.00	25.00	13.50	15.00
	$E_{1-2}km^4$	1	1	0.00	43.00	0.00	33.00	0.00	24.00	43.00	0.00
	$E_{1-2}km^5$	1	1	0.00	32.00	0.00	51.00	0.00	17.00	32.00	0.00
	K_1bs^2	1	1	0.00	27.00	0.00	54.00	0.00	19.00	27.00	0.00
	K_1bs^3	1	1	0.00	22.00	0.00	61.00	0.00	17.00	22.00	0.00
克深11	$E_{1-2}km^2$	1	2	0.00	18.00	11.50	49.50	0.00	21.00	12.50	50.00
	K_1bs^1	1	2	0.00	40.50	15.00	34.50	0.00	10.00	40.00	45.00
	K_1bs^2	1	1	0.00	27.00	0.00	65.00	0.00	8.00	20.00	
	K_1bx	1	4	0.00	39.00	12.25	33.75	2.50	12.50	36.25	25.00
	K_1s	1	8	0.00	44.38	0.00	41.63	0.00	14.00	20.00	0.00
	$E_{1-2}km^2$ 上盘	1	29	0.00	20.72	10.55	51.28	0.00	17.45	20.00	31.38
	$E_{1-2}km^3$ 上盘	1	13	0.00	24.77	5.46	47.08	0.00	22.69	20.00	34.62
克深12	N_2k	1	2	0.00	42.00	0.00	38.50	5.00	14.50	20.00	
	$N_{1-2}k$	1	20	0.00	35.80	0.95	47.05	5.45	10.75	20.00	35.00
	N_1j	1	20	0.00	26.35	1.25	59.55	2.65	10.20	20.00	27.50

续表

圈闭/构造	层位	井数口	样品数	晶态黏土矿物相对含量,%						混层比,S%	
				S	I/S混层	C/S混层	I	K	C	I/S	C/S
克深12	$E_{2-3}s$	1	10	0.00	17.90	6.20	58.60	0.00	17.30	20.00	40.00
	$E_{1-2}km^1$	1	13	0.00	15.54	2.85	65.15	0.00	16.46	20.00	37.50
	$E_{1-2}km^2$	1	3	0.00	19.00	2.33	54.33	0.00	24.33	20.00	40.00
	$E_{1-2}km^3$	1	2	0.00	27.50	0.00	46.50	0.00	26.00	20.00	
	$E_{1-2}km^4$	1	2	0.00	29.00	0.00	54.00	0.00	17.00	20.00	
	$E_{1-2}km^5$	1	4	0.00	26.50	0.00	61.25	0.00	12.25	20.00	
	K_1bs^1	1	6	0.00	24.50	0.00	60.67	0.00	14.83	20.00	
	K_1bs^2	1	2	0.00	36.00	0.00	50.50	0.00	13.50	20.00	
克深13	$E_{1-2}km^3$	2	4	0.00	35.84	0.00	47.17	0.00	17.00	25.84	
	$E_{1-2}km^4$	2	5	0.00	45.75	0.00	28.84	0.00	25.42	37.50	
	$E_{1-2}km^5$	2	3	0.00	38.75	0.00	36.25	0.00	25.00	47.50	
	$E_{1-2}km^3$ 中盘1	1	4	0.00	40.00	0.00	38.50	0.00	21.50	20.00	
	$E_{1-2}km^4$ 上盘	1	1	0.00	43.00	0.00	41.00	0.00	16.00	20.00	
	$E_{1-2}km^4$ 中盘1	1	2	0.00	35.50	0.00	38.50	0.00	26.00	30.00	
	$E_{1-2}km^4$ 中盘2	1	1	0.00	49.00	0.00	37.00	0.00	14.00	20.00	
	$E_{1-2}km^5$ 上盘	1	1	0.00	34.00	0.00	46.00	0.00	20.00	20.00	
克深16	K_1y	1	1	0.00	44.00	0.00	40.00	0.00	16.00	20.00	
克深19	N_2k	1	6	0.00	33.50	0.00	54.17	0.00	12.33	43.33	
	$N_{1-2}k$	1	31	0.00	28.94	0.00	56.58	0.00	14.48	22.58	
	N_1j	1	10	0.00	26.50	0.00	60.60	0.00	12.90	20.00	
	$E_{2-3}s$	1	5	0.00	17.00	2.40	66.80	0.00	13.80	20.00	
	$E_{1-2}km^1$	1	5	0.00	18.20	5.00	62.20	0.00	14.60	20.00	
	$E_{1-2}km^3$	1	3	0.00	18.00	0.00	61.67	0.00	20.33	20.00	
	K_1bs^1	1	1	0.00	59.00	0.00	30.00	0.00	11.00	20.00	
	K_1bs^2	1	1	0.00	45.00	0.00	45.00	0.00	10.00	20.00	
克深21	$N_{1-2}k$	1	8	0.00	22.13	0.00	56.88	0.00	21.00	20.00	
	N_1j	1	17	0.00	22.41	0.00	59.71	0.00	17.88	20.00	
	$E_{2-3}s$	1	5	0.00	13.60	7.60	61.60	0.00	17.20	20.00	34.00
	$E_{1-2}km^1$	1	6	0.00	19.00	6.33	60.83	0.00	13.83	20.00	28.33
	$E_{1-2}km^2$	1	2	0.00	16.00	0.00	52.50	0.00	31.50	20.00	
	$E_{1-2}km^3$	1	2	0.00	16.00	0.00	53.50	0.00	30.50	20.00	
	$E_{1-2}km^4$	1	3	0.00	21.00	0.00	50.00	0.00	29.00	20.00	
	$E_{1-2}km^5$	1	1	0.00	14.00	0.00	61.00	0.00	25.00	20.00	
	K_1bs^2	1	1	0.00	6.00	0.00	64.00	0.00	30.00	20.00	

续表

圈闭/构造	层位	井数口	样品数	晶态黏土矿物相对含量,%						混层比,S%	
				S	I/S混层	C/S混层	I	K	C	I/S	C/S
克深24	$N_{1-2}k$	1	13	0.00	44.92	1.23	37.77	3.85	12.23	50.00	83.33
	N_1j	1	16	0.00	32.25	0.94	49.50	5.31	12.00	36.56	76.00
	$E_{2-3}s$	1	9	0.00	22.44	1.56	58.67	4.56	12.78	30.00	46.67
	$E_{1-2}km^1$	1	5	0.00	21.80	1.00	60.20	3.60	13.40	20.00	55.00
	$E_{1-2}km^2$	2	34	0.00	18.13	1.14	59.26	0.00	21.48	20.00	38.89
	$E_{1-2}km^3$	2	7	0.00	17.50	4.67	54.34	0.00	23.50	20.00	20.00
	$E_{1-2}km^4$	2	7	0.00	19.67	3.13	50.50	0.00	26.71	15.00	60.00
	$E_{1-2}km^5$	1	1	0.00	38.00		50.00	0.00	12.00	20.00	
	K_1bs^1	1	1	0.00	36.00	0.00	49.00	0.00	15.00	20.00	
	K_1bs^2	1	4	0.00	34.00	0.00	52.25	0.00	13.75		
克深8	$N_{1-2}k$	1	5	0.00	33.00	0.00	52.00	0.00	15.00	20.00	
	N_1j	2	135	0.00	29.91	0.00	53.55	0.00	16.55	20.00	
	$E_{2-3}s$	1	1	0.00	25.00	0.00	56.00	0.00	19.00	20.00	
	$E_{1-2}km^1$	1	1	0.00	20.00	0.00	56.00	0.00	24.00	20.00	

2) 克拉苏冲断带克深区带矿物组分分层段分布规律

克深区带克深段与大北段地层中矿物组分分布情况见表2-3-4，克深段各构造矿物组分见表2-3-5。从表中数据可以看出：非盐膏层段以石英为主，其次为长石、方解石。盐膏层段以盐岩与硬石膏为主，其次为方解石。黏土矿物含量均较低，大部分井段均低于16%，仅吉迪克组、苏维依组、$E_{1-2}km^2$和K_1bs_2少部分井段达到20%~26%。

表2-3-4 克拉苏冲断带克深区带克深段与大北段矿物组分分层段分布规律

构造带	层位	井数口	样品数	晶态非黏土矿物组分含量,%										晶态黏土矿物%	非晶态黏土矿物%
				石英	长石	方解石	白云石	铁白云石	方沸石	硬石膏	石盐	菱铁矿	总量		
克深段	$E_{1-2}km^2$上盘	1	31	8.19	5.03	3.10	0.19	1.55	0.00	39.39	37.58	0.00	95.03	4.97	
	$E_{1-2}km^3$上盘	1	13	20.62	13.46	13.15	0.69	1.46	0.08	17.54	16.08	0.00	83.08	16.92	
	$E_{1-2}km^3$中盘1	1	4	34.25	15.50	12.25	1.75	0.00	0.00	10.50	13.25	0.00	87.50	12.50	
	$E_{1-2}km^4$上盘	1	1	35.00	15.00	15.00	3.00	0.00	0.00	8.00	10.00	0.00	86.00	14.00	
	$E_{1-2}km^4$中盘1	1	2	22.50	13.00	9.50	12.00	0.00	0.00	21.50	12.00	0.00	90.50	9.50	
	$E_{1-2}km^4$中盘2	1	1	32.00	11.00	17.00	9.00	0.00	0.00	7.00	0.00	0.00	76.00	24.00	
	$E_{1-2}km^5$上盘	1	1	32.00	25.00	14.00	0.00	0.00	0.00	10.00	6.00	0.00	87.00	13.00	
	N_2k	5	59	37.55	19.33	25.42	1.61	0.88	0.00	0.00	0.00	0.00	84.38	14.28	2.22
	$N_{1-2}k$	13	417	37.08	19.16	22.16	1.92	0.96	1.09	0.25	0.37	0.12	81.66	16.82	2.46
	N_1j	15	327	41.09	18.25	21.06	0.71	0.81	0.90	0.42	0.34	0.09	81.49	16.91	2.65

续表

构造带	层位	井数口	样品数	晶态非黏土矿物组分含量,%									晶态黏土矿物%	非晶态黏土矿物%
				石英	长石	方解石	白云石	铁白云石	方沸石	硬石膏	石盐	菱铁矿	总量		
克深段	$E_{2-3}s$	12	85	39.22	17.51	16.28	1.00	0.24	1.52	4.72	0.79	0.17	78.00	20.76	2.47
	$E_{1-2}km^1$	13	66	36.49	16.28	18.74	1.91	0.38	0.62	6.53	1.79	0.13	80.54	18.39	2.00
	$E_{1-2}km^2$	13	490	24.58	11.65	11.77	1.44	0.42	0.25	12.09	29.70	0.00	84.73	14.48	1.47
	$E_{1-2}km^3$	8	20	28.53	15.15	13.66	5.42	0.92	0.92	13.37	10.20		88.15	11.86	
	$E_{1-2}km^4$	7	22	15.99	6.55	11.87	9.21	0.41	0.00	31.12	18.34	0.00	93.50	6.50	
	$E_{1-2}km^5$	6	10	38.25	15.46	8.96	2.83	6.21		5.50	10.88		88.08	11.92	
	K_1bs^1	4	10	42.38	17.17	24.08	1.21	0.63	0.00	2.58	0.50	0.00	88.54	11.46	
	K_1bs^2	7	14	39.35	16.32	24.46	1.09	2.14	0.04	4.21	1.32	0.08	89.00	10.72	1.97
	K_1bs^3	3	3	44.53	28.80	8.27	0.00	1.67	0.00	0.00	1.30	0.00	84.57	14.57	2.57
	K_1bx	2	7	49.54	18.33	10.33	0.00	0.34	0.00	0.00	0.82	0.00	79.34	19.47	2.38
	K_1s	2	9	38.43	19.55	13.93	0.00	0.00	0.00	0.00	1.00	0.00	72.90	25.95	2.31
	K_1y	1	1	61.00	12.00	0.00	0.00	19.00		0.00	0.00		92.00	8.00	
大北段	N_2k	3	82	36.14	13.86	23.05	12.62	0.00	0.00	0.00	0.00	0.19	85.78	13.54	2.03
	$N_{1-2}k$	5	121	31.96	15.83	21.76	13.19	5.19	0.00	0.00	0.00	0.00	84.83	13.93	2.05
	N_1j	4	54	36.09	18.54	23.15	4.76	3.45	0.66	0.00	0.00	0.00	84.59	13.89	3.04
	$E_{2-3}s$	4	18	35.20	19.27	17.95	2.61	4.00	1.00	2.89	0.00	0.00	78.57	20.05	2.76
	$E_{1-2}km$	2	16	30.16	16.34	16.38	1.54	4.30	0.34	17.78	0.00	0.19	87.00	13.00	
	$E_{1-2}km^1$	2	6	34.93	16.14	14.23	1.90	0.00	0.00	11.49	5.90	0.00	77.43	19.83	2.76
	$E_{1-2}km^2$	2	32	30.88	10.55	19.03	1.84	3.00	0.00	11.09	8.89	0.00	81.84	17.66	0.99
	K_1bs	2	2	47.50	11.00	9.00	0.00	5.00	0.00	0.00	0.00	0.00	72.50	27.50	
	K_1bx	2	4	38.50	19.75	18.75	0.00	4.75	0.00	0.00	0.25	0.00	82.00	18.00	
	K_1s	1	2	41.50	21.50	26.00	0.50	0.50	0.00	0.00	0.00	0.00	90.00	10.00	

表 2-3-5 克拉苏冲断带克深区带克深段各构造矿物组分分层段分布规律

圈闭/构造	层位	井数口	样品数	晶态非黏土矿物组分含量,%									晶态黏土矿物%	非晶态黏土矿物%
				石英	长石	方解石	白云石	铁白云石	方沸石	硬石膏	石盐	菱铁矿	总量		
克拉2	N_1j	1	4	32.85	9.55	19.03	0.00	0.00	1.37	0.00	0.00	0.00	62.45	33.78	3.76
	$E_{1-2}km$	2	26	30.86	12.88	17.44	4.37	0.00	1.73	10.39	3.60	0.00	75.04	22.39	2.56
克深2	$N_{1-2}k$	4	260	34.59	18.63	21.35	2.70	0.00	2.30	0.00	0.00	0.00	79.28	18.20	2.51
	N_1j	2	34	40.57	18.29	19.01	0.21	0.00	1.69	0.00	0.00	0.00	79.66	17.56	2.78
	$E_{2-3}s$	1	9	36.20	13.94	14.89	0.32	0.00	2.50	2.82	0.00	0.00	70.68	26.54	2.77
	$E_{1-2}km^1$	1	8	35.53	16.26	17.73	2.09	0.00	0.73	4.40	1.83	0.00	78.55	19.19	2.26
	$E_{1-2}km^2$	1	57	26.68	14.28	11.25	1.86	0.00	0.00	17.42	12.86	0.00	84.34	14.37	1.28

续表

圈闭/构造	层位	井数口	样品数	晶态非黏土矿物组分含量,%									晶态黏土矿物 %	非晶态黏土矿物 %
				石英	长石	方解石	白云石	铁白云石	方沸石	硬石膏	石盐	菱铁矿	总量		
克深5	$E_{1-2}km^1$	1	7	32.16	16.00	20.50	2.29	0.00	0.00	6.74	0.00	0.00	77.69	20.63	1.67
	$E_{1-2}km^2$	1	125	15.76	7.80	7.35	1.93	0.00	0.00	12.62	45.47	0.00	88.81	10.36	0.83
	K_1bs^3	1	1	34.00	34.00	2.00	0.00	2.00	0.00	0.00	0.00	0.00	72.00	28.00	
克深6	$E_{1-2}km^1$	1	1	34.60	11.90	24.70	2.00	0.00	0.00	8.80	6.90	0.00	88.90	9.90	1.20
	$E_{1-2}km^2$	1	52	33.94	13.01	17.21	0.74	0.37	0.43	10.85	7.47	0.00	84.03	14.68	1.30
	K_1bs^2	1	4	51.23	22.25	2.45	6.10	2.45	0.25	0.50	1.75	0.00	86.98	11.05	1.97
	K_1bs^3	1	1	53.60	23.40	8.80	0.00	0.00	0.00	0.00	1.90	0.00	87.70	9.70	2.57
	K_1bx	1	3	41.57	16.90	12.40	0.00	0.67	0.00	0.00	1.63	0.00	73.17	24.43	2.38
	K_1s	1	1	39.10	17.60	13.60	0.00	0.00	0.00	0.00	2.00	0.00	72.30	25.40	2.31
克深9	N_2k	3	51	39.30	18.16	23.15	1.52	1.35	0.00	0.00	0.00	0.00	82.80	14.97	2.22
	$N_{1-2}k$	3	74	40.99	20.08	17.71	1.78	1.62	0.00	0.00	0.00	0.00	80.83	16.85	2.32
	N_1j	5	83	42.72	19.24	21.43	1.20	1.31	0.92	0.00	0.00	0.00	83.91	14.23	2.31
	$E_{2-3}s$	4	28	42.91	17.81	13.54	2.00	1.00	0.00	2.45	0.00	0.00	74.97	22.48	2.54
	$E_{1-2}km^1$	3	10	36.94	17.09	16.87	2.35	0.00	1.00	0.00	3.99	0.00	76.12	22.05	1.83
	$E_{1-2}km^2$	3	5	30.91	15.12	13.71	2.50	2.00	0.00	3.00	50.97	0.00	78.96	19.27	1.78
克深10	$N_{1-2}k$	1	6	35.67	15.17	31.83	0.00	0.00	0.00	0.67	2.17	0.00	85.50	14.50	
	N_1j	1	8	42.50	16.25	20.38	0.13	0.13	0.63	0.88	2.38	0.00	83.25	16.75	
	$E_{2-3}s$	2	18	30.60	15.75	18.35	0.78	0.00	2.47	10.66	2.75	0.00	81.35	18.66	
	$E_{1-2}km^1$	2	10	32.28	15.67	18.17	1.89	0.00	1.11	9.72	2.28	0.00	81.11	18.89	
	$E_{1-2}km^2$	2	210	21.88	10.00	9.25	0.21	0.69	0.90	14.66	23.88	0.00	81.45	17.80	1.52
	$E_{1-2}km^3$	1	2	28.00	16.00	16.50	0.00	2.00	0.00	15.00	6.00	0.00	83.50	16.50	
	$E_{1-2}km^4$	1	1	2.00	2.00	49.00	12.00	0.00	0.00	29.00	5.00	0.00	99.00	1.00	
	$E_{1-2}km^5$	1	1	46.00	15.00	22.00	0.00	3.00	0.00	3.00	3.00	0.00	92.00	8.00	
	K_1bs^2	1	1	19.00	9.00	63.00	0.00	0.00	0.00	2.00	2.00	0.00	95.00	5.00	
	K_1bs^3	1	1	46.00	29.00	14.00	0.00	3.00	0.00	0.00	2.00	0.00	94.00	6.00	
克深11	$E_{1-2}km^2$	1	2	11.50	8.00	15.00	0.00	0.00	0.00	27.00	30.50	0.00	94.00	6.00	
	K_1bs^1	1	2	54.00	19.00	9.50	0.00	0.00	0.00	0.00	0.00	0.00	82.50	17.50	
	K_1bs^2	1	1	41.00	9.00	24.00	0.00	3.00	0.00	0.00	0.00	0.00	77.00	23.00	
	K_1bx	1	4	57.50	19.75	8.25	0.00	0.00	0.00	0.00	0.00	0.00	85.50	14.50	
	K_1s	1	8	37.75	21.50	14.25	0.00	0.00	0.00	0.00	0.00	0.00	73.50	26.50	
	$E_{1-2}km^2$ 上盘	1	31	8.19	5.03	3.10	0.19	1.55	0.00	39.39	37.58	0.00	95.03	4.97	
	$E_{1-2}km^3$ 上盘	1	13	20.62	13.46	13.15	0.69	1.46	0.08	17.54	16.08	0.00	83.08	16.92	
克深12	N_2k	1	2	32.50	24.00	28.50	3.00	0.00	0.00	0.00	0.00	0.00	88.00	12.00	
	$N_{1-2}k$	1	20	34.35	21.35	19.45	2.75	1.25	0.60	0.60	0.00	0.00	80.35	19.65	

— 47 —

续表

圈闭/构造	层位	井数口	样品数	石英	长石	方解石	白云石	铁白云石	方沸石	硬石膏	石盐	菱铁矿	总量	晶态黏土矿物 %	非晶态黏土矿物 %
克深12	N_1j	1	20	37.40	21.90	19.95	0.25	0.10	0.95	0.15	0.00	0.00	80.70	19.30	
	$E_{2-3}s$	1	10	41.40	22.30	14.10	1.10	0.60	0.10	4.20	0.00	0.00	83.80	16.20	
	$E_{1-2}km^1$	1	13	38.85	18.85	18.69	1.46	1.38	0.00	3.31	0.00	0.00	82.54	17.46	
	$E_{1-2}km^2$	1	3	24.00	13.00	10.67	0.67	0.00	0.00	4.33	37.00	0.00	89.67	10.33	
	$E_{1-2}km^3$	1	2	21.00	15.50	6.00	11.00	0.00	0.00	26.00	12.50	0.00	92.00	8.00	
	$E_{1-2}km^4$	1	2	36.00	17.00	1.00	5.50	0.00	0.00	30.50	3.50	0.00	93.50	6.50	
	$E_{1-2}km^5$	1	4	50.50	21.25	3.25	2.00	5.25	0.00	0.50	0.25	0.00	83.00	17.00	
	K_1bs^1	1	6	36.50	11.67	22.83	4.83	0.50	0.00	10.33	0.00	0.00	86.67	13.33	
	K_1bs^2	1	2	31.50	8.50	8.50	1.50	3.50	0.00	26.00	0.00	0.50	80.00	20.00	
克深13	$E_{1-2}km^3$	2	4	33.17	14.84	14.17	10.50	0.00	0.00	10.50	5.00	0.00	88.17	11.84	
	$E_{1-2}km^4$	2	5	15.50	5.09	5.00	13.09	0.00	0.00	30.50	23.59	0.00	92.75	7.25	
	$E_{1-2}km^5$	2	3	29.50	8.75	5.75	7.50	0.00	0.00	10.75	26.00	0.00	88.25	11.75	
	$E_{1-2}km^3$ 中盘1	1	4	34.25	15.50	12.25	1.75	0.00	0.00	10.50	13.25	0.00	87.50	12.50	
	$E_{1-2}km^4$ 上盘	1	1	35.00	15.00	15.00	3.00	0.00	0.00	8.00	10.00	0.00	86.00	14.00	
	$E_{1-2}km^4$ 中盘1	1	2	22.50	13.00	9.50	12.00	0.00	0.00	21.50	12.00	0.00	90.50	9.50	
	$E_{1-2}km^4$ 中盘2	1	1	32.00	11.00	17.00	9.00	0.00	0.00	7.00	0.00	0.00	76.00	24.00	
	$E_{1-2}km^5$ 上盘	1	1	32.00	25.00	14.00	0.00	0.00	0.00	10.00	6.00	0.00	87.00	13.00	
克深16	K_1y	1	1	61.00	12.00	0.00	0.00	19.00	0.00	0.00	0.00	0.00	92.00	8.00	
克深19	N_2k	1	6	37.33	18.17	29.17	0.50	0.33	0.00	0.00	0.00	0.00	85.50	14.50	
	$N_{1-2}k$	1	31	43.06	21.90	20.97	0.42	0.77	0.00	0.23	0.03	0.06	87.45	12.55	
	N_1j	1	10	41.60	19.80	22.90	0.00	0.00	0.00	0.30	0.00	0.30	84.90	15.10	
	$E_{2-3}s$	1	5	43.40	15.60	16.40	0.00	0.00	0.00	0.00	0.80	0.00	76.20	23.80	
	$E_{1-2}km^1$	1	5	39.40	15.40	14.80	1.60	0.00	0.00	8.80	0.00	0.80	80.80	19.20	
	$E_{1-2}km^3$	1	3	28.67	17.67	18.00	1.33	5.33	7.33	9.00	0.00	0.00	87.33	12.67	
	K_1bs^1	1	1	45.00	24.00	23.00	0.00	1.00	0.00	0.00	0.00	0.00	93.00	7.00	
	K_1bs^2	1	1	45.00	22.00	27.00	0.00	2.00	0.00	0.00	0.00	0.00	96.00	4.00	
克深21	$N_{1-2}k$	1	8	35.00	20.00	23.75	3.50	0.25	0.00	0.00	0.00	0.00	82.50	17.50	
	N_1j	1	17	39.47	20.82	21.29	0.65	0.35	0.00	0.00	0.00	0.00	82.59	17.41	
	$E_{2-3}s$	1	5	38.80	17.80	15.60	0.00	0.00	0.00	5.20	0.00	0.00	77.40	22.60	
	$E_{1-2}km^1$	1	6	37.00	19.50	17.67	1.00	0.67	0.00	7.17	0.00	0.00	83.00	17.00	
	$E_{1-2}km^2$	1	2	18.00	8.50	10.50	1.50	0.00	0.00	8.50	47.00	0.00	94.00	6.00	
	$E_{1-2}km^3$	1	2	31.50	15.00	20.00	1.50	0.00	0.00	11.00	12.50	0.00	91.50	8.50	
	$E_{1-2}km^4$	1	4	16.75	8.00	8.50	4.50	0.00	0.00	42.75	14.50	0.00	95.00	5.00	

续表

圈闭/构造	层位	井数口	样品数	晶态非黏土矿物组分含量,%									晶态黏土矿物%	非晶态黏土矿物%
				石英	长石	方解石	白云石	铁白云石	方沸石	硬石膏	石盐	菱铁矿	总量		
克深21	$E_{1-2}km^5$	1	1	45.00	30.00	15.00	0.00	5.00	0.00	2.00	0.00	0.00	97.00	3.00	
	K_1bs^2	1	1	55.00	28.00	9.00	0.00	1.00	0.00	2.00	3.00	0.00	98.00	2.00	
克深24	$N_{1-2}k$	1	13	36.08	14.85	36.46	0.00	0.54	0.08	0.00	0.00	0.54	88.54	11.46	
	N_1j	1	16	41.94	15.63	27.06	0.00	0.13	0.19	0.13	0.00	0.25	85.31	14.69	
	$E_{2-3}s$	1	9	38.67	18.11	18.00	1.00	0.11	3.11	1.78	0.00	0.22	81.00	19.00	
	$E_{1-2}km^1$	1	5	37.00	16.60	18.40	1.60	0.00	0.00	5.20	1.00	0.00	81.80	18.20	
	$E_{1-2}km^2$	2	34	26.60	10.77	10.67	1.56	0.00	9.97	23.87	0.00	0.00	83.42	16.58	
	$E_{1-2}km^3$	2	7	26.38	13.67	10.21	4.25	0.00	0.00	12.46	20.20	0.00	87.25	12.75	
	$E_{1-2}km^4$	2	10	13.10	4.36	7.31	8.17	1.43	0.00	27.29	29.10	0.00	90.74	9.27	
	$E_{1-2}km^5$	1	1	29.00	9.00	2.00	0.00	24.00	0.00	6.00	10.00	0.00	80.00	20.00	
	K_1bs^1	1	1	34.00	14.00	41.00	0.00	1.00	0.00	0.00	2.00	0.00	92.00	8.00	
	K_1bs^2	1	4	32.75	15.50	37.00	0.00	0.00	0.00	0.00	2.50	0.00	90.00	10.00	
克深8	$N_{1-2}k$	1	5	36.56	21.02	17.14	2.12	0.00	1.00	0.00	0.00	0.00	77.64	19.66	2.69
	N_1j	2	135	42.92	18.48	20.04	1.73	1.50	1.49	1.86	0.00	0.00	82.19	15.15	2.66
	$E_{2-3}s$	1	1	39.30	19.60	25.50	0.00	0.00	0.00	0.00	0.00	0.00	84.40	13.70	1.89
	$E_{1-2}km^1$	1	1	44.40	14.50	24.20	0.00	0.00	0.00	0.00	0.00	0.00	83.10	13.50	3.35

3）克深区带克深段与大北段理化性能分层段分布规律

克深区带克深段与大北段理化性能分析结果见表2-3-6。克深段各构造地层理化性能分析结果见表2-3-7。从表中数据得出：大部分非盐膏井段地层平均密度在2.7g/cm³，使用油基钻井液钻进的井段，由于岩屑洗油效果影响，实测岩石密度偏低。总体上克深段与大北段大部分地层均为强分散，深部地层井深为6500~7500m，分散性减弱为中至弱分散。大部分地层均为中至弱膨胀，至白垩系为弱膨胀。全井段阳离子交换容量（CEC）均较低。

表2-3-6 克深区带地层理化性能分层段分布规律

凹陷	构造带	层位	井数口	样品数	密度 g/cm³	回收率 %	膨胀率(16h) %	CEC mmol/100g
克拉苏冲断带	克深区带克深段	$E_{1-2}km^2$ 上盘	1	31	2.56	5.46	9.88	2.59
		$E_{1-2}km^3$ 上盘	1	13	2.62	2.68	15.41	4.22
		N_2k	5	59	2.73	15.42	7.71	5.25
		$N_{1-2}k$	13	415	2.70	19.86	9.64	5.02
		N_1j	16	346	2.67	18.99	8.41	7.60
		$E_{2-3}s$	14	97	2.68	12.74	9.34	8.91
		$E_{1-2}km$	2	26	2.73	26.40	11.14	3.36
		$E_{1-2}km^1$	14	71	2.67	13.34	7.55	8.89

续表

凹陷	构造带	层位	井数口	样品数	密度 g/cm³	回收率 %	膨胀率(16h) %	CEC mmol/100g
克拉苏冲断带	克深区带克深段	$E_{1-2}km^2$	12	474	2.55	8.71	8.68	4.58
		$E_{1-2}km^3$	5	12	2.46	22.18	6.16	5.12
		$E_{1-2}km^4$	4	14	2.51	39.75	6.81	1.96
		$E_{1-2}km^5$	4	7	2.47	75.04	5.88	3.34
		K_1bs^1	4	10	2.41	48.27	6.72	2.08
		K_1bs^2	7	14	2.52	49.26	14.30	2.64
		K_1bs^3	3	3	2.52	32.62	36.40	5.83
		K_1bx	2	7	2.48	4.65	11.38	4.44
		K_1s	2	9	2.54	6.14	15.72	4.44
	克深区带大北段	N_2k	3	82	2.71	5.18	12.09	9.60
		$N_{1-2}k$	5	119	2.70	19.33	8.91	5.17
		N_1j	4	54	2.68	9.09	9.27	4.60
		$E_{2-3}s$	4	19	2.68	8.68	10.06	5.88
		$E_{1-2}km$	2	17	2.73	23.48	11.26	3.59
		$E_{1-2}km^1$	2	6	2.73	13.69	6.81	5.75
		$E_{1-2}km^2$	2	32	2.69	12.56	43.21	4.49
		K_1bs	2	2	2.68	13.22	11.51	6.80
		K_1bx	2	4	2.64	11.20	12.37	6.60
		K_1s	1	2	2.76	58.74	7.03	2.00

表2-3-7 克深段各构造分层段地层理化性能分布规律

构造带	圈闭/构造	层位	井数口	样品数	密度 g/cm³	回收率 %	膨胀率(16h) %	CEC mmol/100g
克深区带克深段	克拉2	N_1j	2	9	2.68	10.40	10.85	3.24
		$E_{2-3}s$	1	6	2.69	25.62	10.91	2.75
		$E_{1-2}km$	2	26	2.73	26.40	11.14	3.36
	克深1		1	1	2.57	14.79	14.78	2.40
	克深10	$N_{1-2}k$	1	6	2.45	3.22	15.54	5.07
		N_1j	1	8	2.49	0.67	17.07	6.40
		$E_{2-3}s$	2	18	2.54	2.44	15.49	9.88
		$E_{1-2}km^1$	2	11	2.55	1.33	10.28	9.80
		$E_{1-2}km^2$	2	210	2.51	4.68	14.95	5.77
		$E_{1-2}km^3$	1	2	2.48	5.77	12.64	14.50
		$E_{1-2}km^4$	1	1	2.60	9.80	11.19	2.00
		$E_{1-2}km^5$	1	1	2.38	79.82	12.06	6.00
		K_1bs^2	1	1	2.40	92.46	3.37	5.00
		K_1bs^3	1	1	2.34	79.38	12.11	4.00

续表

构造带	圈闭/构造	层位	井数口	样品数	密度 g/cm³	回收率 %	膨胀率(16h) %	CEC mmol/100g
克深区带克深段	克深11	$E_{1-2}km^2$	1	2	2.46	11.87	8.08	4.10
		K_1bs^1	1	2	2.49	2.45	21.58	3.59
		K_1bs^2	1	1	2.68	22.60	78.56	2.00
		K_1bx	1	4	2.40	4.44	11.35	2.88
		K_1s	1	8	2.48	6.89	14.64	2.87
		$E_{1-2}km^2$ 上盘	1	31	2.56	5.46	9.88	2.59
		$E_{1-2}km^3$ 上盘	1	13	2.62	2.68	15.41	4.22
	克深12	N_2k	1	2	2.75	16.89	7.16	3.45
		$N_{1-2}k$	1	18	2.70	7.40	11.83	3.39
		N_1j	1	20	2.68	16.34	9.50	3.10
		$E_{2-3}s$	1	10	2.69	7.81	11.71	3.29
		$E_{1-2}km^1$	1	13	2.67	6.69	10.39	3.43
		$E_{1-2}km^2$	1	3	2.42	13.88	10.10	3.60
		$E_{1-2}km^3$	1	2	2.52	22.56	3.46	2.10
		$E_{1-2}km^4$	1	2	2.48	58.83	7.86	2.10
		$E_{1-2}km^5$	1	4	2.40	78.67	7.10	2.35
		K_1bs^1	1	6	2.28	48.24	3.30	2.33
		K_1bs^2	1	2	2.41	77.61	1.98	0.40
	克深16		1	1	2.69	22.89	95.38	4.60
	克深19	N_2k	1	6	2.69	14.35	14.69	2.64
		$N_{1-2}k$	1	31	2.70	18.42	9.58	2.27
		N_1j	1	12	2.70	29.49	7.67	2.28
		$E_{2-3}s$	1	5	2.64	38.92	9.82	4.60
		$E_{1-2}km^1$	1	5	2.67	42.44	6.50	4.04
		$E_{1-2}km^3$	1	3	2.43	47.19	2.49	5.67
		K_1bs^1	1	1	2.48	49.66	0.39	2.00
		K_1bs^2	1	1	2.62	39.94	0.97	3.00
	克深2	$N_{1-2}k$	4	260	2.73	28.32	10.04	6.09
		N_1j	2	34	2.64	26.47	8.53	7.42
		$E_{2-3}s$	1	9	2.70	8.62	7.35	6.94
		$E_{1-2}km^1$	1	8	2.74	16.36	5.36	7.44
		$E_{1-2}km^2$	1	57	2.58	17.16	5.57	4.92
	克深21	$N_{1-2}k$	1	8	2.70	14.80	10.71	1.92
		N_1j	1	17	2.69	19.68	10.97	2.11
		$E_{2-3}s$	1	5	2.72	18.87	13.36	3.11
		$E_{1-2}km^1$	1	6	2.71	13.53	11.34	2.43

续表

构造带	圈闭/构造	层位	井数口	样品数	密度 g/cm³	回收率 %	膨胀率(16h) %	CEC mmol/100g
克深区带克深段	克深21	$E_{1-2}km^2$	1	2	2.31	14.28	7.46	1.10
		$E_{1-2}km^3$	1	2	2.41	27.60	2.62	0.80
		$E_{1-2}km^4$	1	4	2.50	49.77	3.97	1.55
		$E_{1-2}km^5$	1	1	2.69	50.04	3.04	3.00
		K_1bs^2	1	1	2.65	39.12	3.14	2.60
	克深24	$N_{1-2}k$	1	13	2.70	15.01	15.53	3.84
		N_1j	1	16	2.67	11.95	11.96	3.93
		$E_{2-3}s$	1	9	2.67	4.78	11.81	4.01
		$E_{1-2}km^1$	1	5	2.65	6.13	9.21	3.98
		$E_{1-2}km^2$	1	18	2.48	6.67	11.02	3.96
		$E_{1-2}km^3$	1	3	2.44	7.79	9.58	2.53
		$E_{1-2}km^4$	1	7	2.46	40.61	4.22	2.19
		$E_{1-2}km^5$	1	1	2.42	91.64	1.33	2.00
		K_1bs^1	1	1	2.39	92.74	1.62	0.40
		K_1bs^2	1	4	2.33	69.10	1.79	0.70
	克深5	$E_{1-2}km^1$	1	7	2.63	1.49	8.40	6.79
		$E_{1-2}km^2$	1	125	2.58	4.09	1.23	3.47
		K_1bs^3	1	1	2.72	15.10	83.90	8.00
	克深6	$E_{1-2}km^1$	1	1	2.79	3.36	5.83	4.50
		$E_{1-2}km^2$	1	52	2.60	10.02	8.73	4.31
		K_1bs^2	1	4	2.54	4.00	10.28	4.75
		K_1bs^3	1	1	2.51	3.37	13.18	5.50
		K_1bx	1	3	2.55	4.85	11.40	6.00
		K_1s	1	1	2.59	5.39	16.79	6.00
	克深8	$N_{1-2}k$	1	5	2.69	49.30	6.04	5.80
		N_1j	2	135	2.63	26.77	4.95	27.91
		$E_{2-3}s$	1	1	2.67	4.00	5.48	51.00
		$E_{1-2}km^1$	1	1	2.52	7.00	3.32	52.50
	克深9	N_2k	3	51	2.73	15.29	5.57	6.71
		$N_{1-2}k$	3	74	2.74	12.27	5.30	6.23
		N_1j	5	95	2.72	21.41	5.26	6.20
		$E_{2-3}s$	5	34	2.72	12.97	5.86	5.85
		$E_{1-2}km^1$	4	14	2.72	21.76	6.20	4.94
		$E_{1-2}km^2$	3	5	2.73	5.74	7.38	6.00

2. 克深区带典型井地层矿物组分与理化性能纵向变化情况

以大北1102井、克深1003井、克深243井、克深19井等为例分析地层矿物组分纵向变化情况。大北1102井分析井段1112~6067m。地层历经新近系N_2k，$N_{1-2}k$和N_1j，古近系$E_{2-3}s$和$E_{1-2}km$，白垩系K_1bs和K_1bx。克深1003井分析井段200~6700m。由于构造运动，N_1j与$E_{1-2}km^1$地层重复，下盘地层历经N_1j、$E_{2-3}s$、$E_{1-2}km^1$、$E_{1-2}km^2$、$E_{1-2}km^3$、$E_{1-2}km^4$、$E_{1-2}km^5$、K_1bs^1和K_1bs^2。克深243井分析井段1060~6436m。地层历经N_2k、$N_{1-2}k$、N_1j、$E_{2-3}s$、$E_{1-2}km^1$、$E_{1-2}km^2$、$E_{1-2}km^3$、$E_{1-2}km^4$、$E_{1-2}km^5$、K_1bs^1和K_1bs^2。

1）典型井地层黏土矿物纵向变化情况

（1）大北1102井。

测试井段各个层位黏土矿物组分相对含量见表2-3-8与图2-3-1。大北1102井黏土矿物特征以伊利石和伊/蒙有序混层为主，其次为绿泥石和高岭石，局部地层见少量绿/蒙混层，伊利石含量为32%~64%，自上而下明显增加，伊/蒙混层含量为11%~51%，自上而下明显减少，混层比4874m（吉迪克组）以上主要大于40%，为无序混层；4874m以下主要为20%，为有序混层；绿泥石含量为7%~24%，自上而下明显增加，高岭石只存在于N_2k与$N_{1-2}k$中上部地层中，含量5%~12%，并在3782m左右消失。

图2-3-1表明，根据黏土矿物特征可以把大北1102井分析井段泥页岩地层划分为2段：1150~4874m段为伊利石+伊/蒙无序混层+绿泥石+（高岭石）段，具有一定膨胀性，其中3782m以上含高岭石；4782~6067m段为伊利石+伊/蒙有序混层+绿泥石段，膨胀性较低。

表2-3-8 大北1102井黏土矿物组分相对含量

层位	井段 m	样品数	统计值	晶态黏土矿物组分相对含量,%						混层比, S%	
				S	I/S	C/S	I	K	C	I/S	C/S
N_2k	1150~2950	22	最大值	0	51	0	45	13	17	50	0
			最小值	0	33	0	32	3	10	40	0
			平均值	0	42.6	0	38.2	7	12.3	43.9	0
$N_{1-2}k$	3050~4406	22	最大值	0	49	0	50	15	15	65	0
			最小值	0	34	0	32	0	7	40	0
			平均值	0	41.2	0	41.8	6	11.1	42.3	0
N_1j	4438~5278	14	最大值	0	35	8	65	0	20	60	40
			最小值	0	14	0	46	0	13	20	40
			平均值	0	28.5	1	53.6	0	16.9	36.8	40
$E_{2-3}s$	5380~5548	5	最大值	0	23	11	64	0	18	20	50
			最小值	0	11	3	54	0	17	20	30
			平均值	0	17.8	6.4	58.6	0	17.2	20	40
$E_{1-2}km^1$	5608~5637	3	最大值	0	26	7	59	0	21	20	40
			最小值	0	21	0	54	0	15	20	40
			平均值	0	24	2.3	55.7	0	18	20	40

续表

层位	井段 m	样品数	统计值	\multicolumn{6}{c	}{晶态黏土矿物组分相对含量,%}	\multicolumn{2}{c	}{混层比,S%}
				S	I/S	C/S	I	K	C	I/S	C/S
$E_{1-2}km^2$	5660~5681	4	最大值	0	23	7	60	0	21	20	40
			最小值	0	20	0	56	0	14	20	20
			平均值	0	21.8	4	57.5	0	16.8	20	33.3
$E_{1-2}km^3$	5788~5795	2	最大值	0	25	5	54	0	24	20	50
			最小值	0	17	2	52	0	21	20	20
			平均值	0	21	3.5	53	0	22.5	20	35
$E_{1-2}km^4$	5802	1	最大值	0	14	7	55	0	24	20	40
			最小值	0	14	7	55	0	24	20	40
			平均值	0	14	7	55	0	24	20	40
K_1bs^2	5922	1	最大值	0	38	0	55	0	7	20	
			最小值	0	38	0	55	0	7	20	
			平均值	0	38	0	55	0	7	20	
K_1bs^3	6060	1	最大值	0	34	0	59	0	7	20	
			最小值	0	34	0	59	0	7	20	
			平均值	0	34	0	59	0	7	20	
K_1bx^1	6067	1	最大值	0	32	0	58	0	10	20	
			最小值	0	32	0	58	0	10	20	
			平均值	0	32	0	58	0	10	20	

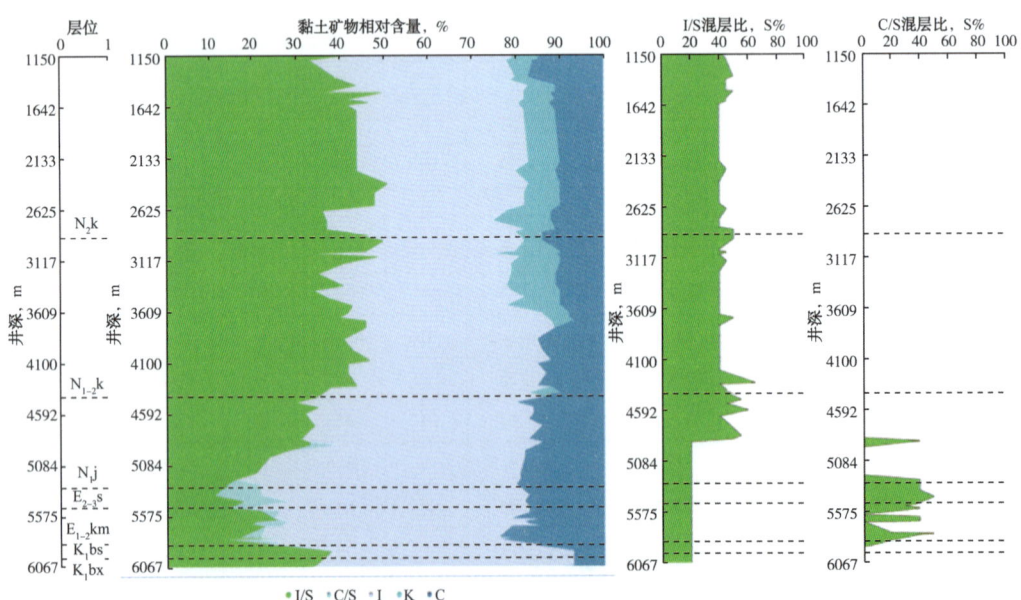

图 2-3-1 大北 1102 井地层黏土矿物组分纵向分布

（2）克深1003井。

克深1003井分析井段各个层位黏土矿物相对含量见表2-3-9和图2-3-2。从图和表中数据可以看出，克深1003井断层上盘吉迪克组黏土矿物以伊/蒙无序混层（混层比75%）和伊利石为主，其含量分别为37%~52%和31%~40%，其次为绿泥石与高岭石，其含量分别为10%~18%和5%~7%；库姆格列木群上泥岩段以蒙皂石、伊/蒙无序混层（混层比75%）和伊利石为主，其含量分别为58%~61%和28%~29%，其次为绿泥石与高岭石，其含量分别为7%~8%和3%~4%；下盘分为上、中、下三段，上段吉迪克组991~1850m，以伊/蒙无序混层（混层比为65%~40%）、蒙皂石和伊利石为主，其含量分别为36%~58%和30%~52%，其次为绿泥石和高岭石，含量分别为8%~15%和4%~7%；中段（1850~4380m $E_{1-2}km^2$段）以伊利石为主，其含量为48%~63%，其次为伊/蒙有序混层（混层比20%），其含量为17%~35%，绿泥石含量为11%~24%，高岭石消失。部分井段存在少量绿/蒙混层，含量为2%~5%，混层比为50%。下段4600m（$E_{1-2}km^3$）至6700m（K_1bs^2），以伊利石为主，其含量为33%~76%，其次为伊/蒙有序混层（混层比6%~22%），其含量为6%~32%，绿泥石含量为7%~36%，高岭石消失。部分井段存在少量绿/蒙混层，含量为3%~27%，混层比为20%~30%。

表2-3-9 克深1003井黏土矿物组分相对含量

层位	井段 m	样品数	统计值	晶态黏土矿物组分相对含量,%						混层比,S%	
				S	I/S	C/S	I	K	C	I/S	C/S
N_1j 上盘	200~400	2	最大值	0	52	0	40	7	18	75	0
			最小值	0	37	0	31	5	10	75	0
			平均值	0	44.5	0	35.5	6	14	75	0
$E_{1-2}km^1$ 上盘	614~930	4	最大值	61	60	0	29	4	8	100	0
			最小值	0	0	0	28	3	7	75	0
			平均值	45	15	0	28.5	3.8	7.8	93.8	0
N_1j	1008~1850	8	最大值	58	50	0	52	7	15	100	0
			最小值	0	0	0	30	4	8	40	0
			平均值	7.3	33.6	0	43.6	5.1	10.4	58.8	0
$E_{2-3}s$	1950~2000	2	最大值	0	32	0	59	3	12	20	0
			最小值	0	27	0	54	2	11	20	0
			平均值	0	29.5	0	56.5	2.50	11.5	20	0
$E_{1-2}km^1$	2200	1	0	28	0	58	0	14	40	0	
$E_{1-2}km^2$	2304~4380	34	最大值	0	47	7	65	0	24	75	50
			最小值	0	17	0	35	0	10	20	20
			平均值	0	24.7	1.6	56.8	0	17	22.8	45
$E_{1-2}km^3$	4600~6260	16	最大值	0	21	27	76	0	36	21	30
			最小值	0	6	0	36	0	7	6	0
			平均值	0	13.1	6.7	59.6	0	20.6	13.1	10
$E_{1-2}km^4$	6320	1	0	43	0	33	0	24	43	0	
$E_{1-2}km^5$	6460	1	0	32	0	51	0	17	32	0	

续表

层位	井段 m	样品数	统计值	晶态黏土矿物组分相对含量,%						混层比,S%	
				S	I/S	C/S	I	K	C	I/S	C/S
K_1bs^2	6640~6700	2	最大值	0	27	0	61	0	19	27	0
			最小值	0	22	0	54	0	17	22	0
			平均值	0	24.5	0	57.5	0	18	24.5	0

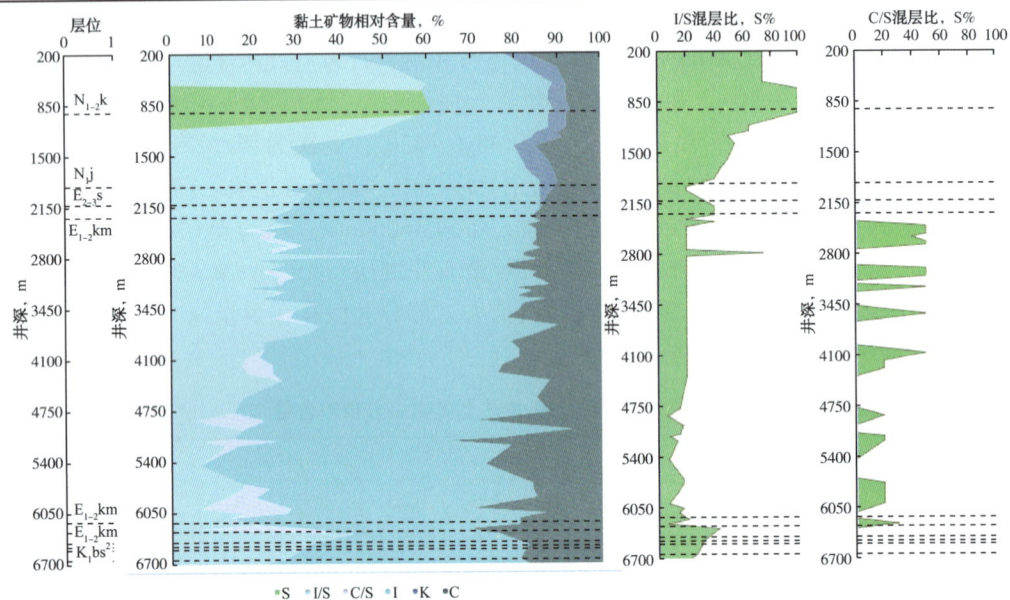

图 2-3-2 克深1003井地层黏土矿物组分纵向分布

(3) 克深243井。

克深243井各层位黏土矿物组分相对含量见表2-3-10与图2-3-3。从图和表中数据可以看出，克深243井黏土矿物主要为伊/蒙混层、伊利石和绿泥石，自上而下，伊/蒙混层逐渐减少，伊利石、绿泥石逐渐增加，高岭石约在3444m($E_{1-2}km^1$)以下消失。

该井黏土矿物组分可以分为上下两段，上段[1060m(库车组)至2885m(吉迪克组)]主要为伊/蒙无序混层和伊利石，平均含量分别为30%~55%和28%~54%，其次为绿泥石和高岭石，含量分别为9%~17%和1%~7%；下段[2885m(吉迪克组)至6436m(白垩系)]主要为伊/蒙有序混层和伊利石，含量分别为5%~38%和35%~68%，其次为绿泥石，含量为8%~32%，高岭石在顶部层段(3210~3600m)有少量(3%~5%)分布，伊/蒙混层比主要为20%，膨胀性较低；绿/蒙混层在全井大部分层段均有分布，但含量较少(大多在8%以下，个别高达25%)、连续性相对较差，混层比为20%~90%。

表 2-3-10 克深243井黏土矿物组分相对含量

层位	井段 m	样品数	统计值	晶态黏土矿物组分相对含量,%						混层比,S%	
				S	I/S	C/S	I	K	C	I/S	C/S
N_2k	1060~1545	5	最大值	0	55	4	39	5	16	60	90
			最小值	0	43	0	29	1	9	45	80
			平均值	0.0	49.6	1.6	33.3	2.8	12.6	53.0	86.7

续表

层位	井段 m	样品数	统计值	晶态黏土矿物组分相对含量,%						混层比,S%	
				S	I/S	C/S	I	K	C	I/S	C/S
$N_{1-2}k$	1685~2290	8	最大值	0	51	3	44	7	14	55	80
			最小值	0	37	0	36	1	10	40	80
			平均值	0.0	42.0	1.0	40.5	4.5	12.0	48.1	80.0
N_1j	2390~3056	15	最大值	0	43	4	57	8	17	50	90
			最小值	0	22	0	40	2	9	20	60
			平均值	0.0	32.5	1.0	49.0	5.3	12.2	37.7	76.0
$E_{2-3}s$	3110~3224	4	最大值	0	29	2	61	5	16	50	50
			最小值	0	19	0	57	3	9	20	50
			平均值	0.0	22.5	0.5	59.5	4.5	13.0	35.0	50.0
$E_{1-2}km^1$	3252~3444	11	最大值	0	32	7	64	6	19	50	70
			最小值	0	14	0	52	0	8	20	40
			平均值	0.0	22.7	1.6	58.9	4.2	12.6	22.7	50.0
$E_{1-2}km^2$	3532~5528	18	最大值	0	25	9	69	0	31	20	50
			最小值	0	5	0	52	0	16	20	30
			平均值	0.0	15.6	2.3	59.8	0.0	22.3	20.0	38.9
$E_{1-2}km^3$	5730~5948	3	最大值	0	25	15	53	0	30	20	20
			最小值	0	14	0	42	0	20	20	20
			平均值	0.0	19.0	9.3	46.7	0.0	25.0	20.0	20.0
$E_{1-2}km^4$	5988~6173	4	最大值	0	26	25	45	0	32	20	60
			最小值	0	12	0	35	0	28	0	0
			平均值	0.0	22	6.3	42	0	29.8	10	15
$E_{1-2}km^5$	6226~6250	1		0.0	38.0	0.0	50.0	0.0	12.0	20.0	0.0
K_1bs^1	6304~6330	2	最大值	0	36	0	51	0	15	20	0
			最小值	0	35	0	49	0	14	20	0
			平均值	0.0	35.5	0.0	50.0	0.0	14.5	20.0	0.0
K_1bs^2	6353~6436	3	最大值	0	37	0	56	0	14	20	0
			最小值	0	30	0	50	0	13	20	0
			平均值	0.0	33.7	0.0	52.7	0.0	13.7	20.0	0.0

(4)克深19井。

分析井段各个层位黏土矿物组分相对含量见表2-3-11与图2-3-4。从图和表中数据可以看出,克深19井分析层段黏土矿物特征比较稳定,主要为伊/蒙混层、伊利石和绿泥石,不含高岭石。

黏土矿物组分可分为两段。上段4446m(库车组)至5148m(吉迪克组)黏土矿物为伊/蒙无序混层、伊利石和绿泥石,伊利石占绝对优势,其含量为52%~60%,伊/蒙无序混层含量为25%~32%,绿泥石含量为11%~15%。

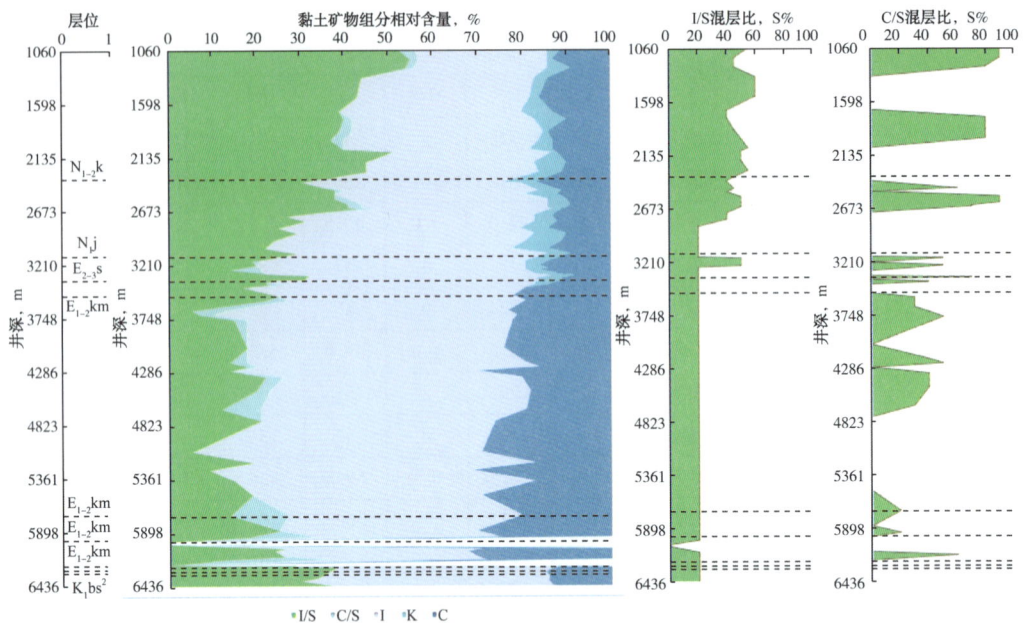

图 2-3-3　克深 243 井地层黏土矿物组分纵向分布

下段 5148m（吉迪克组）至 7952m（白垩系），黏土矿物为伊利石、伊/蒙有序混层（伊/蒙混层比为 20%）和绿泥石，伊利石占绝对优势，其含量为 52%~73%，进入白垩系，伊/蒙有序混层含量增加为 45%~59%；伊利石含量下降为 30%~45%；绿泥石含量为 9%~24%，绿/蒙混层在苏维依组底部与库姆格列木群上泥岩段见有分布，但含量较少（3%~7%）。

表 2-3-11　克深 19 的黏土矿物组分相对含量

层位	井段 m	样品数	统计值	晶态黏土矿物组分相对含量,%					混层比, S%	
				I/S	C/S	I	K	C	I/S	C/S
N₂k	4446~4488	2	最大值	36	0	59	0	13	55	
			最小值	28	0	53	0	11	40	
			平均值	32.0	0.0	56.0	0.0	12.0	47.5	
N₁₋₂k	4560~6202	30	最大值	38	0	62	0	24	45	
			最小值	15	0	50	0	10	20	
			平均值	29.3	0.0	56.7	0.0	13.9	25.5	
N₁j	6248~7050	16	最大值	33	0	74	0	20	20	
			最小值	17	0	50	0	9	20	
			平均值	27.7	0.0	58.5	0.0	13.8	20.0	
E₂₋₃s	7085~7239	4	最大值	16	7	73	0	16	20	40
			最小值	14	0	64	0	13	20	
			平均值	15.3	3.0	67.3	0.0	14.5	20.0	20.0
E₁₋₂km¹	7304~7402	5	最大值	22	7	70	0	17	20	40
			最小值	13	3	58	0	14	20	20
			平均值	18.2	5.0	62.2	0.0	14.6	20.0	32.0

续表

层位	井段 m	样品数	统计值	晶态黏土矿物组分相对含量,%					混层比,S%	
				I/S	C/S	I	K	C	I/S	C/S
$E_{1-2}km^3$	7645~7712	2	最大值	22	0	68	0	17	20	
			最小值	15	0	64	0	14	20	
			平均值	18.5	0.0	66.0	0.0	15.5	20.0	
$E_{1-2}km^4$	7762	1		17.0	0.0	53.0	0.0	30.0	20.0	
K_1bs^1	7878	1		59.0	0.0	30.0	0.0	11.0	20.0	
K_1bs^2	7952	1		45.0	0.0	45.0	0.0	10.0	20.0	

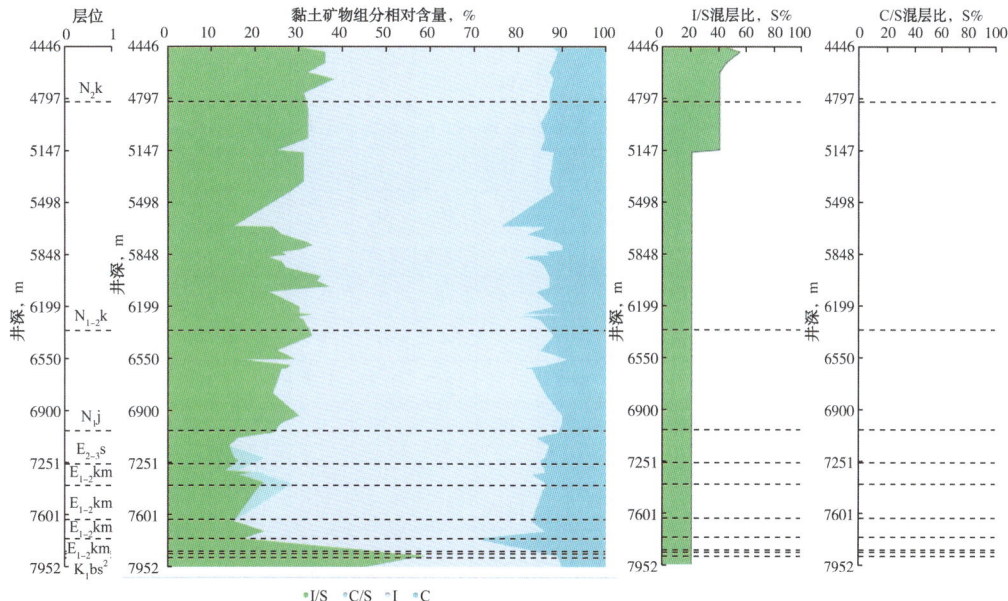

图 2-3-4 克深 19 井地层黏土矿物组分纵向分布

2）典型井地层矿物组分纵向变化情况

（1）大北 1102 井。

大北 1102 井各层位全岩矿物组分含量见表 2-3-12 与图 2-3-4。由图和表中数据得出：所分析地层矿物组分以石英为主，其次为方解石、斜长石、白云石、钾长石、铁白云石、方沸石、硬石膏和菱铁矿。

石英的含量为 5%~49%，在 N_2k 含量达 49%，在 $N_{1-2}k$ 和 N_1j 中含量趋于稳定，进入 $E_{1-2}km$ 后含量下降至 23%，最小值为 5%，到 K_1bs 和 K_1bx 又上升至 46%和 35%。

K_1bs 与 K_1bx 地层中不含白云石，N_2k 地层中不含铁白云石，方沸石只存在于 N_1j 与 $E_{2-3}s$ 地层中，硬石膏存在于 $E_{2-3}s$、$E_{1-2}km$ 及 K_1bx，并且在 $E_{1-2}km$ 地层中最高含量达 80%，菱铁矿存在于 N_2k 与 $E_{1-2}km$ 地层中。

表 2-3-12 大北 1102 井各层位全岩矿物组分含量

层位	井段 m	样品数	统计值	矿物组分含量,%										
				石英	钾长石	斜长石	方解石	白云石	铁白云石	方沸石	硬石膏	石盐	菱铁矿	黏土矿物总量
N_2k	1150~2950	22	最大值	49	7	17	31	20	0	0	0	0	1	22
			最小值	28	2	5	12	5	0	0	0	0	0	11
			平均值	35.2	4.2	10.5	23.6	10.6	0	0	0	0	0.4	15.5
$N_{1-2}k$	3050~4406	22	最大值	47	8	18	33	20	13	0	0	0	0	30
			最小值	26	2	6	6	6	0	0	0	0	0	11
			平均值	35.4	3.1	10.7	18.1	12.1	5.2	0	0	0	0	15.4
N_1j	4438~5278	14	最大值	35	6	23	30	12	6	3	0	0	0	19
			最小值	24	0	14	17	3	0	0	0	0	0	12
			平均值	30.1	3.4	16.6	23.6	6.9	3.1	1.1	0	0	0	15.1
$E_{2-3}s$	5380~5548	5	最大值	34	4	18	19	4	3	2	7	0	0	26
			最小值	31	0	13	16	0	2	0	0	0	0	20
			平均值	32.6	1	15.8	17.6	2.6	2.8	0.4	3.8	0	0	23.4
$E_{1-2}km^1$	5608~5637	3	最大值	38	2	16	18	5	5	0	80	0	0	19
			最小值	9	0	4	4	0	0	0	4	0	0	3
			平均值	26.7	0.7	11.3	12.3	1.7	1.7	0	34.3	0	0	11.3
$E_{1-2}km^2$	5660~5681	4	最大值	38	7	18	20	7	0	0	70	0	0	20
			最小值	13	0	7	6	0	0	0	2	0	0	2
			平均值	28.5	3	13.5	15.3	3.3	0	0	24.3	0	0	12.3
$E_{1-2}km^3$	5788~5795	2	最大值	21	2	9	29	3	12	0	64	0	2	13
			最小值	11	1	7	11	0	0	0	14	0	0	1
			平均值	16	1.5	8	20	1.5	6	0	39	0	1	7
$E_{1-2}km^4$	5802	1		5	1	2	3	10	0	0	75	0	3	1
K_1bs^2	5922	1		46	5	5	10	0	0	0	0	0	0	32
K_1bs^3	6060	1		37	5	11	19	0	0	0	0	0	0	22
K_1bx^1	6067	1		33	5	12	18	0	6	0	1	0	0	25

（2）克深 1003 井。

克深 1003 井各层位矿物组分含量见表 2-3-13 与图 2-3-6。所分析地层全岩矿物组分以石英为主，分层段石英平均含量为 32%~43%；方解石含量分层段平均 18%~33%，盐膏层段为 8%~9%；膏盐岩层段以下增为 22%~49%；部分井段含有少量铁白云石、白云石及钾长石。进入 $E_{1-2}km^2$ 至 $E_{1-2}km^4$ 后出现了硬石膏和石盐，含量明显增高，分布不均匀，说明在 $E_{1-2}km^2$，$E_{1-2}km^3$ 和 $E_{1-2}km^4$ 井段中存在多个明显的盐膏层。

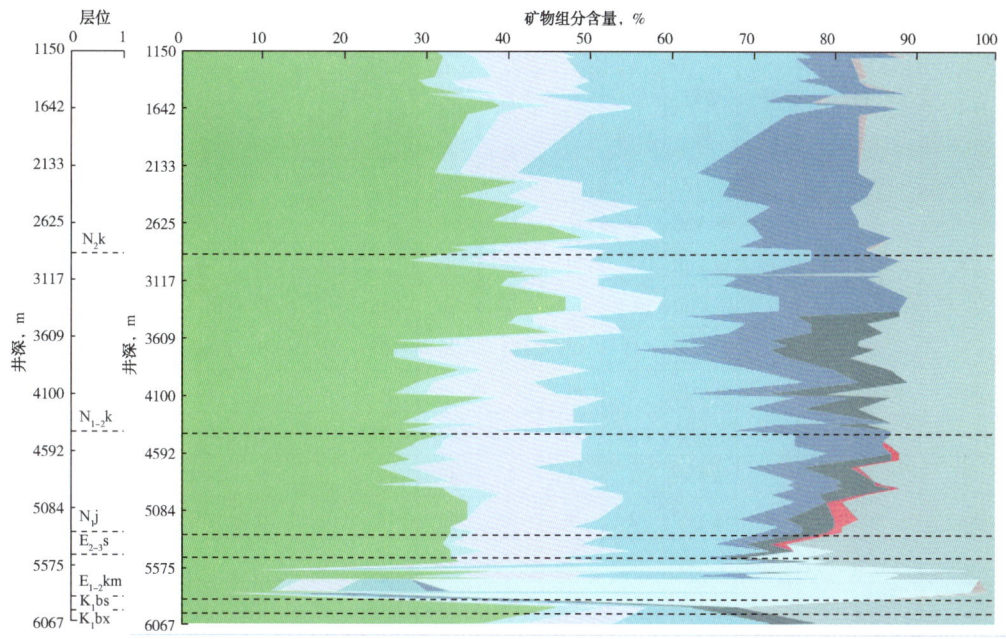

图 2-3-5 大北1102井地层各层位全岩矿物组分纵向分布

表 2-3-13 克深1003井各层位矿物组分含量

层位	井段 m	样品数	统计值	矿物组分含量,%									
				石英	钾长石	斜长石	方解石	白云石	铁白云石	方沸石	硬石膏	石盐	菱铁矿	黏土矿物总量
N_1j 上盘	200~400	2	最大值	44	3	16	43	0	0	0	3	3	0	19
			最小值	27	0	9	15	0	0	0	0	2	0	16
			平均值	35.5	1.5	12.5	29	0	0	0	1.5	2.5	0	17.5
$E_{1-2}km^1$ 上盘	614~930	4	最大值	40	4	13	34	0	0	0	1	2	0	16
			最小值	33	3	12	32	0	0	0	0	2	0	10
			平均值	35.8	3.5	12.3	33.3	0	0	0	0.3	2	0	13
N_1j	1008~1850	8	最大值	50	3	15	27	1	1	5	3	5	0	23
			最小值	34	0	11	17	0	0	0	0	0	0	13
			平均值	42.5	2.4	13.9	20.4	0.1	0.1	0.6	0.9	2.4	0	16.8
$E_{2-3}s$	1950~2000	2	最大值	36	3	15	20	1	0	5	6	4	0	18
			最小值	33	3	14	17	0	0	4	0	3	0	18
			平均值	34.5	3	14.5	18.5	0.5	0	4.5	3	3.5	0	18
$E_{1-2}km^1$	2200	1	最大值	34	2	14	22	2	0	2	6	4	0	16
			最小值	34	2	14	22	2	0	2	6	4	0	16
			平均值	34	2	14	22	2	0	2	6	4	0	16

续表

层位	井段 m	样品数	统计值	矿物组分含量,%									
				石英	钾长石	斜长石	方解石	白云石	铁白云石	方沸石	硬石膏	石盐	菱铁矿	黏土矿物总量
$E_{1-2}km^2$	2304~4380	34	最大值	42	2	15	18	2	3	0	47	96	0	35
			最小值	1	0	0	1	0	0	0	0	1	0	1
			平均值	19.2	0.7	7	9	0.5	0.2	0	6.2	46.2	0	11
$E_{1-2}km^3$	4600~6260	16	最大值	33	2	23	20	0	3	0	83	78	0	30
			最小值	3	0	1	1	0	0	0	3	0	0	3
			平均值	18.6	0.8	11.6	8.6	0	1.1	0	27.8	19.1	0	12.3
$E_{1-2}km^4$	6320	1	最大值	2	1	1	49	12	0	0	29	5	0	1
			最小值	2	1	1	49	12	0	0	29	5	0	1
			平均值	2	1	1	49	12	0	0	29	5	0	1
$E_{1-2}km^5$	6460	1	最大值	46	3	12	22	0	3	0	3	3	0	8
			最小值	46	3	12	22	0	3	0	3	3	0	8
			平均值	46	3	12	22	0	3	0	3	3	0	8
K_1bs^2	6640~6700	2	最大值	46	8	21	63	0	3	0	1	2	0	6
			最小值	19	2	7	14	0	1	0	0	2	0	5
			平均值	32.5	5	14	38.5	0	2	0	0.5	2	0	5.5

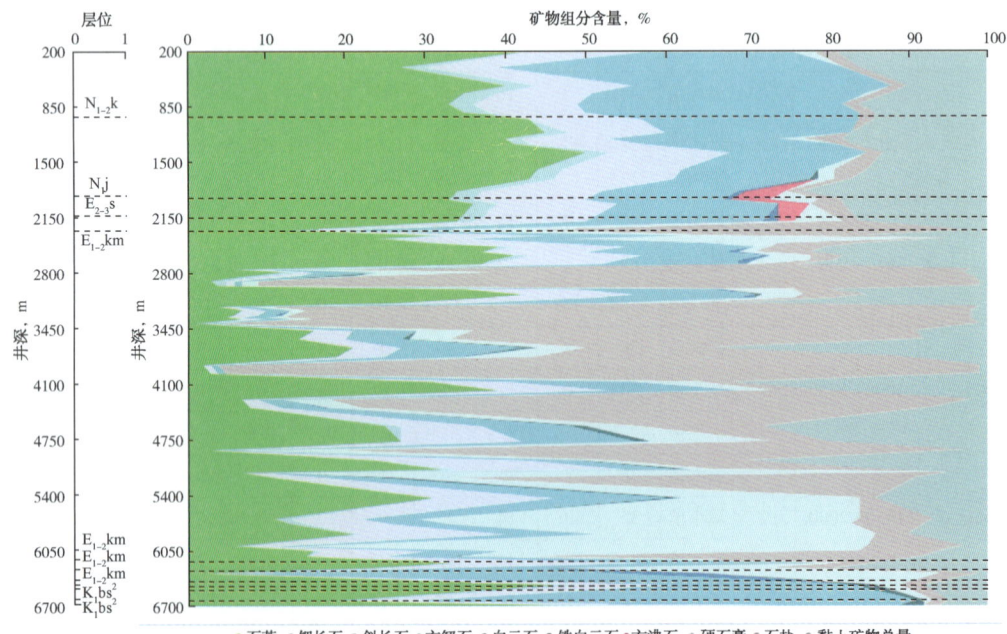

图 2-3-6 克深 1003 井地层矿物组分纵向分布

（3）克深243井。

克深243井测试井段各个层位全岩矿物组分含量见表2-3-14与图2-3-7。所分析地层全岩矿物组分以石英为主，再次为方解石、斜长石、钾长石。

$E_{1-2}km$井段含有硬石膏0~96%、石盐0~90%，其次进入部分井段还有少量的铁白云石、白云石。

进入$E_{1-2}km^1$层位的底部后，矿物组分出现明显的差异，其中硬石膏和石盐的含量突然增加，进入了盐膏层段，且从数据上看出盐膏层出现多段，在进入K_1bs^1层位后，硬石膏和石盐的含量骤降，说明盐膏层的分布主要在$E_{1-2}km^1$层位的底部到$E_{1-2}km^5$层位之间。

表2-3-14 克深243井矿物组分含量

层位	井段 m	样品数	统计值	矿物组分含量,%									
				石英	钾长石	斜长石	方解石	白云石	铁白云石	方沸石	硬石膏	石盐	菱铁矿	黏土矿物
N_2k	1060~1545	5	最大值	36	5	12	46	0	1	0	0	0	1	12
			最小值	30	3	8	36	0	0	0	0	0	0	10
			平均值	32.2	4.0	10.2	41.0	0.0	0.8	0.0	0.0	0.0	0.8	11.0
$N_{1-2}k$	1685~2290	8	最大值	43	9	14	38	0	1	1	0	0	1	16
			最小值	35	4	7	29	0	0	0	0	0	0	7
			平均值	38.5	5.6	9.6	33.6	0.0	0.4	0.1	0.0	0.0	0.4	11.8
N_1j	2390~3056	15	最大值	56	5	15	42	0	2	3	2	0	1	17
			最小值	32	2	8	15	0	0	0	0	0	0	8
			平均值	41.9	3.3	12.1	27.4	0.0	0.1	0.2	0.1	0.0	0.3	14.5
$E_{2-3}s$	3110~3224	4	最大值	42	7	17	24	1	0	0	0	0	0	20
			最小值	38	0	16	18	0	0	0	0	0	0	18
			平均值	39.8	3.0	16.5	21.5	0.3	0.0	0.0	0.0	0.0	0.0	19.0
$E_{1-2}km^1$	3252~3444	11	最大值	46	3	19	20	3	1	9	9	5	1	24
			最小值	33	0	12	15	0	0	0	0	0	0	8
			平均值	37.8	1.9	15.0	17.3	1.5	0.1	3.5	3.8	0.5	0.2	18.6
$E_{1-2}km^2$	3532~5528	18	最大值	39	0	17	16	5	0	0	65	90	0	28
			最小值	4	0	1	0	0	0	0	2	7	0	1
			平均值	20.4	0.0	8.2	7.8	1.2	0.0	0.0	13.6	37.2	0.0	11.7
$E_{1-2}km^3$	5730~5948	3	最大值	40	0	19	19	2	0	0	55	50	0	15
			最小值	14	0	3	6	0	0	0	0	5	0	6
			平均值	23.0	0.0	11.3	11.7	1.0	0.0	0.0	20.7	22.3	0.0	10.0
$E_{1-2}km^4$	5988~6173	6	最大值	19	0	6	16	62	20	0	96	69	0	17
			最小值	1	0	0	0	0	0	0	9	0	0	0
			平均值	6.5	0.0	2.2	3.8	13.2	3.3	0.0	42.7	25.0	0.0	3.3

续表

层位	井段 m	样品数	统计值	矿物组分含量,%									
				石英	钾长石	斜长石	方解石	白云石	铁白云石	方沸石	硬石膏	石盐	菱铁矿	黏土矿物
$E_{1-2}km^5$	6226~6250	2	最大值	29	1	8	2	12	24	0	21	38	0	20
			最小值	23	0	6	0	0	0	0	6	10	0	0
			平均值	26.0	0.5	7.0	1.0	6.0	12.0	0.0	13.5	24.0	0.0	10.0
K_1bs^1	6304~6330	2	最大值	46	6	13	41	0	1	0	2	0	0	12
			最小值	34	4	10	20	0	1	0	2	0	0	8
			平均值	40.0	5.0	11.5	30.5	0.0	1.0	0.0	2.0	0.0	0.0	10.0
K_1bs^2	6353~6436	3	最大值	89	5	14	60	0	5	0	0	3	0	11
			最小值	20	2	7	30	0	1	0	0	2	0	7
			平均值	46.0	3.7	10.7	43.0	0.0	2.3	0.0	0.0	2.7	0.0	9.3

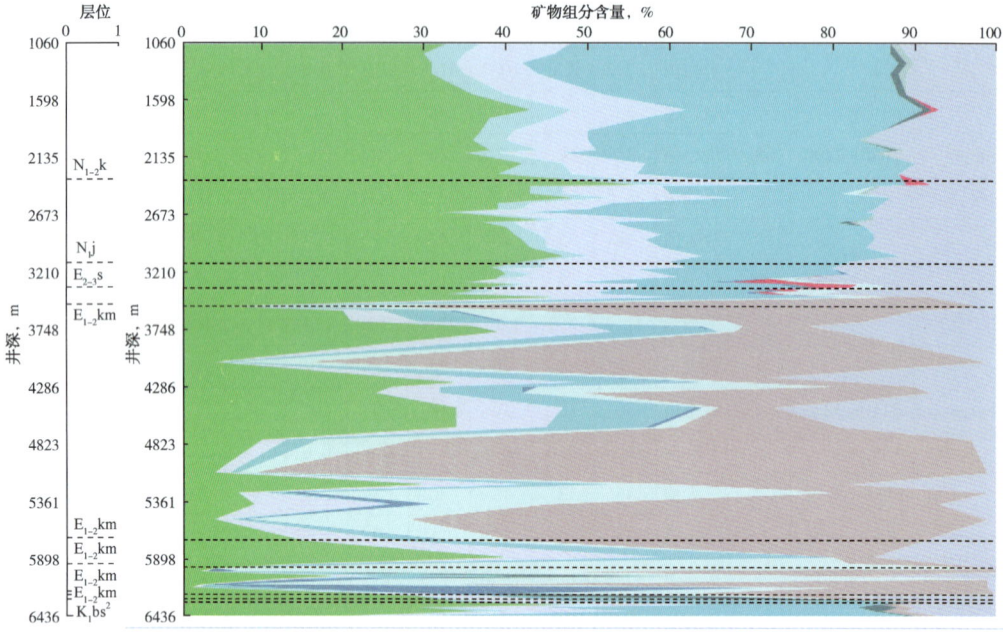

图 2-3-7 克深 243 井地层矿物组分纵向分布

(4) 克深 19 井。

克深 19 井测试井段各个层位全岩矿物组分含量见表 2-3-15 与图 2-3-8。所分析地层全岩矿物组分以石英为主，其次为方解石、斜长石、钾长石。

石英含量为 19%~64%，在 $E_{1-2}km^4$ 石英含量最低 19%，N_1j 石英含量最高达到 45%。

在进入 $E_{1-2}km^1$、$E_{1-2}km^2$、$E_{1-2}km^3$ 和 $E_{1-2}km^4$ 层位后硬石膏、铁白石、白云石、方沸石的含量明显的变化，硬石膏含量增加，其中部分井段还有少量的菱铁矿。

表 2-3-15 克深 19 井的矿物组分含量

层位	井段 m	样品数	统计值	矿物组分含量,%									
				石英	钾长石	斜长石	方解石	白云石	铁白云石	方沸石	硬石膏	石盐	菱铁矿	黏土矿物总量
N₂k	4446~4488	2	最大值	38	3	17	30	1	1	0	0	0	0	16
			最小值	33	3	15	28	0	0	0	0	0	0	15
			平均值	35.5	3.0	16.0	29.0	0.5	0.5	0.0	0.0	0.0	0.0	15.5
N₁₋₂k	4560~6202	30	最大值	69	6	26	38	2	5	0	4	0	0	18
			最小值	32	0	13	8	0	0	0	0	0	0	5
			平均值	41.7	3.2	18.3	22.2	0.5	0.8	0.0	0.1	0.0	0.0	13.1
N₁j	6248~7050	16	最大值	64	8	20	32	0	0	0	2	1	1	30
			最小值	30	0	11	12	0	0	0	0	0	0	4
			平均值	43.3	3.6	16.1	21.9	0.0	0.0	0.0	0.4	0.1	0.4	14.3
E₂₋₃s	7085~7239	4	最大值	47	0	17	19	0	0	0	0	0	1	27
			最小值	40	0	15	13	0	0	0	0	0	0	22
			平均值	44.0	0.0	16.5	15.3	0.0	0.0	0.0	0.0	0.0	0.8	23.5
E₁₋₂km¹	7304~7402	5	最大值	45	0	18	17	2	0	0	24	0	1	27
			最小值	30	0	13	13	1	0	0	0	0	0	16
			平均值	39.4	0.0	15.4	14.8	1.6	0.0	0.0	8.8	0.0	0.8	19.2
E₁₋₂km³	7645~7712	2	最大值	34	2	22	20	2	0	17	5	0	0	16
			最小值	33	0	17	16	2	0	2	3	0	0	9
			平均值	33.5	1.0	19.5	18.0	2.0	0.0	9.5	4.0	0.0	0.0	12.5
E₁₋₂km⁴	7762	1	最大值	19	2	10	18	0	16	3	19	0	0	13
			最小值	19	2	10	18	0	16	3	19	0	0	13
			平均值	19.0	2.0	10.0	18.0	0.0	16.0	3.0	19.0	0.0	0.0	13.0
K₁bs¹	7878	1	最大值	45	8	16	23	0	1	0	0	0	0	7
			最小值	45	8	16	23	0	1	0	0	0	0	7
			平均值	45.0	8.0	16.0	23.0	0.0	1.0	0.0	0.0	0.0	0.0	7.0
K₁bs²	7952	1	最大值	45	6	16	27	0	2	0	0	0	0	4
			最小值	45	6	16	27	0	2	0	0	0	0	4
			平均值	45.0	6.0	16.0	27.0	0.0	2.0	0.0	0.0	0.0	0.0	4.0

3）典型井地层理化性能纵向变化情况

（1）大北 1102 井。

大北 1102 井各层位理化性能见表 2-3-16 与图 2-3-9。

大北 1102 井各层位岩石密度为 $2.54 \sim 2.89 \mathrm{g/cm^3}$，分层段平均为 $2.7 \sim 2.8 \mathrm{g/cm^3}$。分散性全井段基本均为强分散，仅上泥岩段个别井段为中等分散，回收率为 48%~49%。膨胀性能全井段基本均为中等膨胀，极个别井段为弱膨胀或强膨胀。阳离子交换容量 CEC 库车组较高，为 $11 \sim 27 \mathrm{mmol/100g}$，从康村组开始下降，分段平均值从 $7.7 \mathrm{mmol/100g}$ 下降到 $1.2 \mathrm{mmol/100g}$（$E_{1-2}km^4$），至白垩系又增为 $6.6 \sim 8.2 \mathrm{mmol/100g}$。

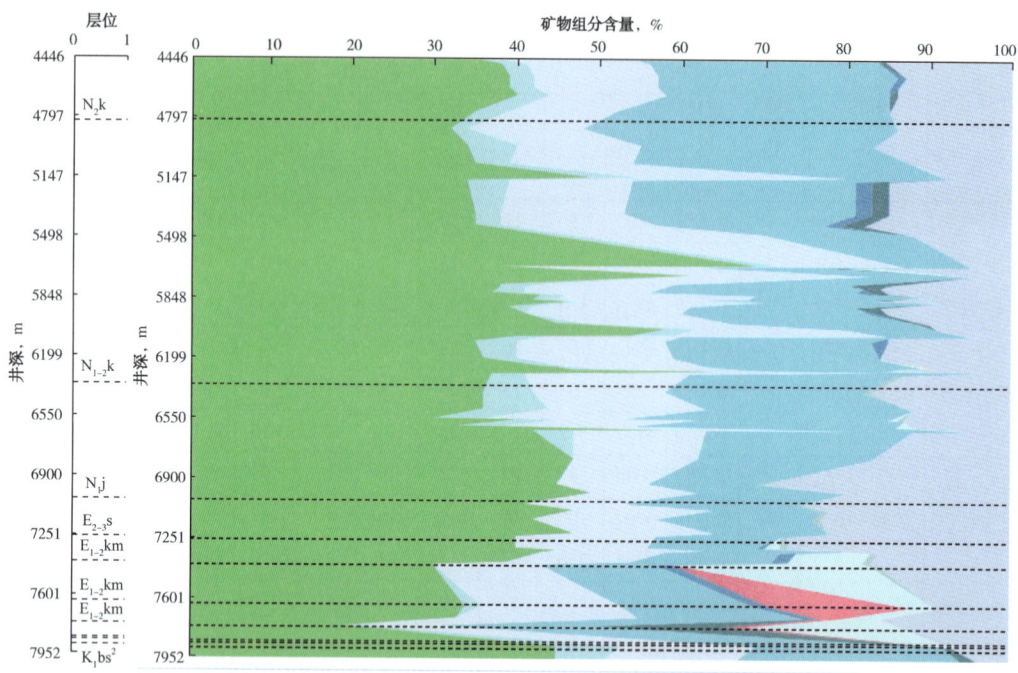

图 2-3-8 克深 19 井矿物组分纵向分布

表 2-3-16 大北 1102 井分层段理化性能

层位	井段 m	样品数	统计值	理化性能			
				密度, g/cm³	回收率,%	膨胀率,%	CEC, mmol/100g
N₂k	1150~2950	22	最大值	2.8	13	25.3	27
			最小值	2.5	1.2	12.2	11
			平均值	2.7	4.3	16.9	18.4
N₁₋₂k	3050~4406	20	最大值	2.8	16	19.4	17.5
			最小值	2.6	2.2	9	2.1
			平均值	2.7	5.6	13.2	7.7
N₁j	4438~5278	14	最大值	2.7	15.7	23.9	8.9
			最小值	2.6	0.1	9	1.9
			平均值	2.7	5.1	13	4.3
E₂₋₃s	5324~5548	7	最大值	2.7	9.7	15.3	12.9
			最小值	2.6	1.2	9.3	1.6
			平均值	2.7	6.2	13.3	6.8
E₁₋₂km¹	5608~5637	3	最大值	2.9	49	15.3	4.3
			最小值	2.7	9.5	8.3	1.4
			平均值	2.8	35.6	12.1	2.5
E₁₋₂km²	5660~5681	4	最大值	2.9	29	14	5.1
			最小值	2.7	4.2	5.8	2.9
			平均值	2.8	12.4	10.6	3.7

续表

层位	井段 m	样品数	统计值	理化性能			
				密度, g/cm³	回收率,%	膨胀率,%	CEC, mmol/100g
$E_{1-2}km^3$	5788~5795	2	最大值	2.8	12.8	11.2	2.8
			最小值	2.8	7.8	11	2
			平均值	2.8	10.3	11.1	2.4
$E_{1-2}km^4$	5802	1		2.8	17.1	9.8	1.2
K_1bs^2	5922	1		2.7	14	9.7	8.2
K_1bs^3	6060	1		2.6	5.2	15.1	7
K_1bx^1	6067	1		2.7	6.3	14.1	6.6

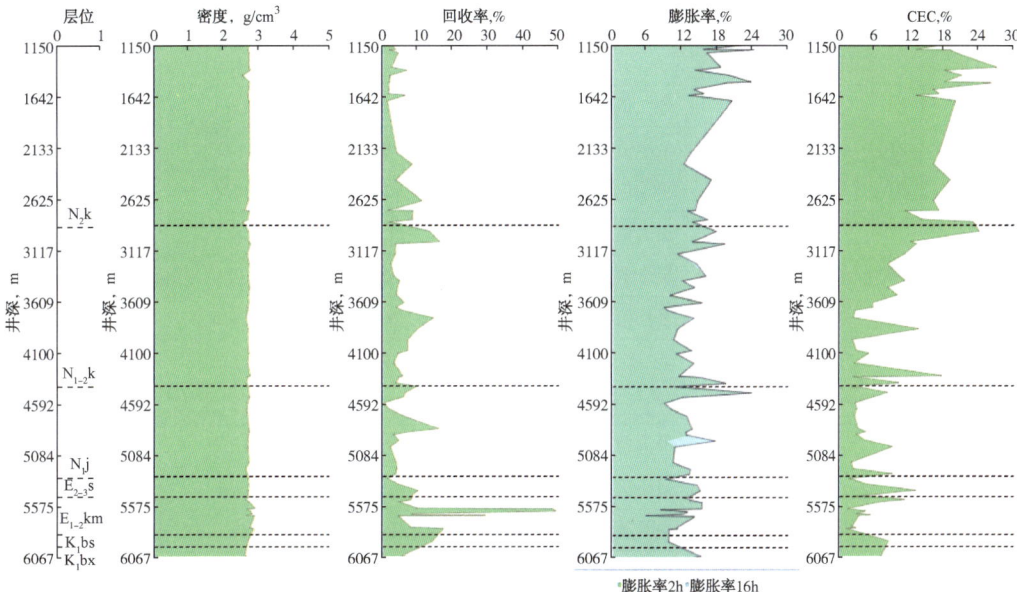

图 2-3-9　大北 1102 井地层理化性能纵向分布

（2）克深 1003 井。

克深 1003 井各层位理化性能具体性能见表 2-3-17 与图 2-3-10。

克深 1003 井测定的岩石密度由于使用油基钻井液影响，密度偏低，为 2.1~2.7g/cm³。分散性 $E_{1-2}km^4$ 以上地层均为强分散；$E_{1-2}km^5$ 至 K_1bs^2 为弱分散。膨胀性能，全井均为弱至中等膨胀。阳离子交换容量 CEC 值全井大部井段较低，为 1~8mmol/100g，个别岩样较高为 9~20mmol/100g。

表 2-3-17　克深 1003 井理化性能

层位	井段 m	样品数	统计值	理化性能			
				密度, g/cm³	回收率,%	膨胀率,%	CEC, mmol/100g
N_1j 上盘	200~400	2	最大值	2.5	2.5	21.1	9.3
			最小值	2.4	2.3	1.2	4.5
			平均值	2.5	2.4	11.2	6.9

续表

层位	井段 m	样品数	统计值	理化性能			
				密度, g/cm³	回收率, %	膨胀率, %	CEC, mmol/100g
$E_{1-2}km^1$ 上盘	614~930	4	最大值	2.5	6.4	21.2	8.1
			最小值	2.4	0.8	13.1	3.9
			平均值	2.5	3.6	17.7	6.8
N_1j	1008~1850	8	最大值	2.5	1.2	20.6	8.3
			最小值	2.5	0.3	13.5	4.2
			平均值	2.5	0.7	17.1	6.4
$E_{2-3}s$	1950~2000	2	最大值	2.5	2	16.1	5.4
			最小值	2.4	2	11.8	4.5
			平均值	2.5	2	14.0	5.0
$E_{1-2}km^1$	2200	1		2.5	1.9	4.3	4
$E_{1-2}km^2$	2304~4380	34	最大值	2.7	8.4	25.1	10.8
			最小值	2.1	0.1	1.2	1
			平均值	2.4	1.0	12.4	4.42
$E_{1-2}km^3$	4600~6260	16	最大值	2.8	15.2	20.7	20
			最小值	2.3	0.7	2	3
			平均值	2.5	6.6	13.5	10.6
$E_{1-2}km^4$	6320	1		2.6	9.8	11.2	2
$E_{1-2}km^5$	6460	1		2.4	79.8	12.1	6
K_1bs^2	6640~6700	2	最大值	2.4	92.5	12.1	5
			最小值	2.3	79.4	3.4	4
			平均值	2.4	85.9	7.7	4.5

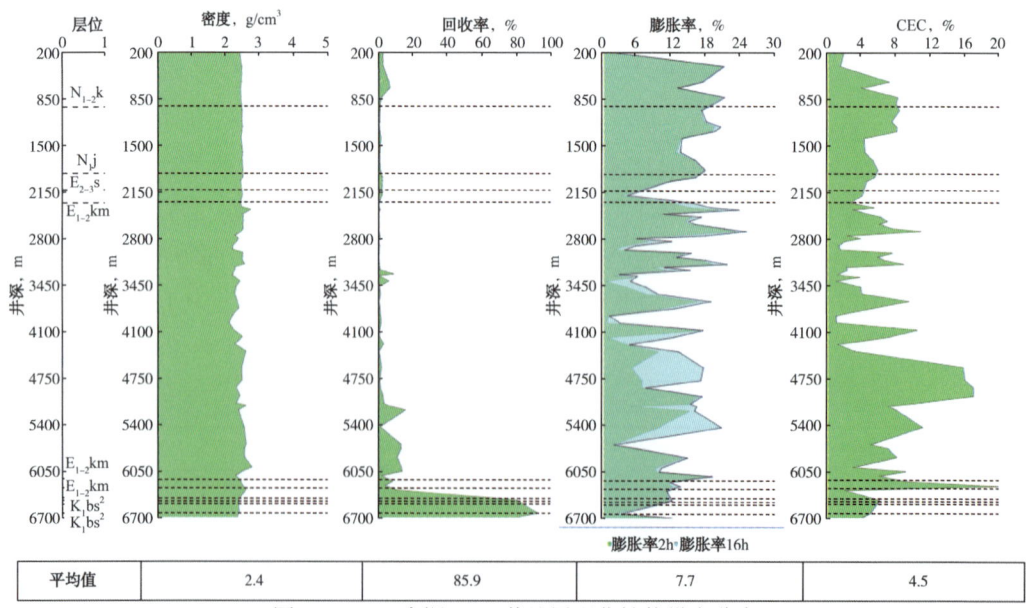

| 平均值 | 2.4 | 85.9 | 7.7 | 4.5 |

图 2-3-10 克深1003井地层理化性能纵向分布

(3) 克深 243 井。

克深 243 井各层位理化性能见表 2-3-18 与图 2-3-11。从图和表中可以看出，克深 243 井分析层段岩屑密度在上泥岩段以上地层均为 2.62~2.79g/cm³，平均 2.7g/cm³。$E_{1-2}km$ 为盐膏层段，并由于使用油基钻井液影响，岩屑密度低，为 2.28~2.63g/cm³；白垩系由于使用油基钻井液影响，测定岩屑密度低至 2.31~2.42g/cm³，偏低。

分散性从库车组至中泥岩段均为强分散，吉迪克组中下部，分散性更强，回收率降为 1.22%~7.8%，个别岩样回收率为 9%~17%；$E_{1-2}km^4$ 至 K_1bs^1 岩屑分散性变差，为中至弱分散，回收率为 40%~92%；个别岩样为强分散，回收率为 4%~24%。膨胀性能，库车组至中泥岩段均为中等至弱膨胀，$E_{1-2}km^4$ 至 K_1bs^1 为弱膨胀。

阳离子交换容量 CEC 值全井较低，为 0.4~6.4mmol/100g，分段平均值自上而下下降，至 K_1bs^1 与 K_1bs^2 降为 0.8mmol/100g。

表 2-3-18　克深 243 井的理化性能

层位	井段 m	样品数	统计值	密度，g/cm³	回收率，%	膨胀率，%	CEC，mmol/100g
N_2k	1060~1545	5	最大值	2.7	27.1	19.3	4.1
			最小值	2.6	14.5	12.4	2.0
			平均值	2.7	20.2	16.1	3.3
$N_{1-2}k$	1685~2290	8	最大值	2.8	24.3	19.2	5.0
			最小值	2.7	4.6	12.1	3.0
			平均值	2.7	11.8	15.2	4.2
N_1j	2390~3056	15	最大值	2.8	27.1	15.4	5.2
			最小值	2.6	1.2	8.5	1.6
			平均值	2.7	12.2	11.9	4.0
$E_{2-3}s$	3110~3224	4	最大值	2.7	7.8	13.1	4.2
			最小值	2.7	1.7	8.4	2.8
			平均值	2.7	4.7	11.1	3.4
$E_{1-2}km^1$	3252~3444	11	最大值	2.7	19.0	14.8	6.4
			最小值	2.6	1.8	2.5	1.9
			平均值	2.7	5.7	11.0	4.1
$E_{1-2}km^2$	3532~5528	18	最大值	2.7	57.9	20.4	7.8
			最小值	2.2	0.2	2.8	0.6
			平均值	2.5	6.7	11.0	4.0
$E_{1-2}km^3$	5730~5948	3	最大值	2.6	12.7	17.5	3.8
			最小值	2.3	0.9	4.6	0.8
			平均值	2.4	7.8	9.6	2.5
$E_{1-2}km^4$	5988~6173	6	最大值	2.6	90.0	7.6	5.2
			最小值	2.4	4.9	0.9	0.4
			平均值	2.5	46.0	4.4	1.5

续表

层位	井段 m	样品数	统计值	理化性能			
				密度，g/cm³	回收率，%	膨胀率，%	CEC，mmol/100g
$E_{1-2}km^5$	6226~6250	2	最大值	2.4	91.6	3.2	6.2
			最小值	2.4	8.2	1.3	2.0
			平均值	2.4	49.9	2.3	4.1
K_1bs^1	6304~6330	2	最大值	2.4	92.7	1.9	1.0
			最小值	2.3	40.3	1.6	0.4
			平均值	2.3	66.5	1.8	0.7
K_1bs^2	6353~6436	3	最大值	2.4	85.2	2.2	0.6
			最小值	2.3	67.1	1.2	0.6
			平均值	2.4	78.7	1.8	0.6

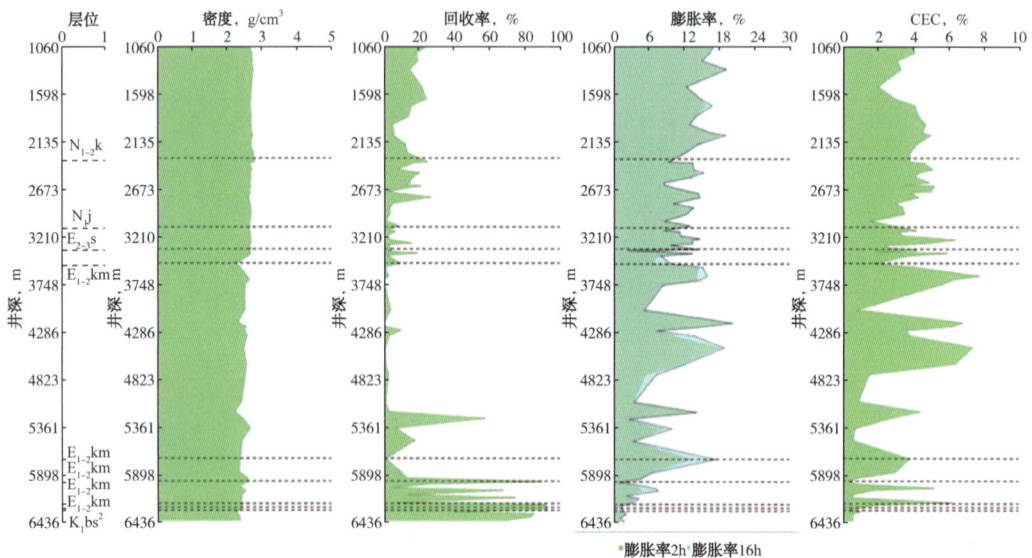

图 2-3-11　克深 243 井地层理化性能纵向分布

（4）克深 19 井。

克深 19 井测试井段各个层位理化性能见表 2-3-19 与图 2-3-12。

克深 19 井岩屑密度在 $E_{1-2}km^1$ 以上地层均为 2.62~2.76g/cm³。$E_{1-2}km$ 为盐膏层段，并由于使用油基钻井液影响，岩屑密度低，为 2.38~2.5g/cm³；白垩系由于使用油基钻井液影响，测定岩屑密度低至 2.48~2.62g/cm³，偏低。

分散性从库车组至康村组均为强分散；吉迪克组至苏维依组中部为强至中等分散，回收率增为 17%~47%；苏维依组底部至 $E_{1-2}km^1$ 上部为弱分散，回收率增为 85%~86%；$E_{1-2}km^1$ 下部至 $E_{1-2}km^3$ 段为强至中等分散，$E_{1-2}km^4$ 段至 K_1bs^1 为中至弱分散，回收率为 30%~82%。

膨胀性能，库车组至 $E_{1-2}km^1$ 上部均为弱至中等偏弱膨胀，$E_{1-2}km^1$ 下部至 K_1bs^1 为弱膨胀。

阳离子交换容量 CEC 值全井较低，为 1.78~6.4mmol/100g。

表 2-3-19 克深 19 井地层理化性能

层位	井段 m	样品数	统计值	理化性能 密度，g/cm³	回收率，%	膨胀率，%	CEC，mmol/100g
N₂k	4446~4488	2	最大值	2.68	13.94	16.94	3.94
			最小值	2.66	12.3	13.52	2.3
			平均值	2.67	13.12	15.23	3.12
N₁₋₂k	4560~6202	30	最大值	2.76	20.82	17.31	3.22
			最小值	2.6	5.04	4.57	1.4
			平均值	2.68	15.93	10.53	2.25
N₁j	6248~7050	18	最大值	2.75	47	10.22	4.4
			最小值	2.62	8.66	4.2	1.4
			平均值	2.69	30.67	7.77	2.46
E₂₋₃s	7085~7239	4	最大值	2.67	85.22	11.76	6.4
			最小值	2.62	19.1	7.78	3.8
			平均值	2.64	37.37	10.01	4.7
E₁₋₂km¹	7304~7402	5	最大值	2.72	86.48	10.61	4.4
			最小值	2.63	13.54	2.4	3.8
			平均值	2.67	42.44	6.5	4.04
E₁₋₂km³	7645~7712	2	最大值	2.42	30.92	3.72	7
			最小值	2.38	28.6	2.68	6
			平均值	2.4	29.76	3.2	6.5
E₁₋₂km⁴	7762	1		2.5	82.04	1.08	4
K₁bs¹	7878	1		2.48	49.66	0.39	2
K₁bs²	7952	1		2.62	39.94	0.97	3

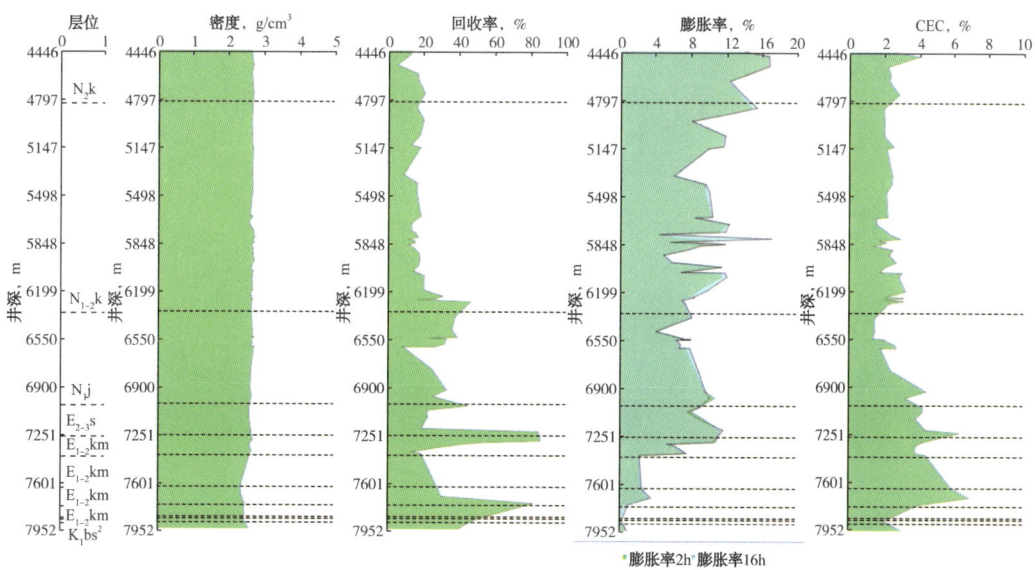

图 2-3-12 克深 19 井理化性能纵向分布

— 71 —

二、乌什凹陷

1. 乌什构造带地层矿物组分与理化性能分布规律

1）乌什构造带地层黏土矿物分布规律

乌什构造带只分析了乌参 1 井。乌参 1 井地层黏土矿物分析结果见表 2-3-20 与图 2-3-13。由分析结果得知,该井地层黏土矿物以伊利石与伊/蒙无序混层为主,含绿泥石与高岭石。伊/蒙无序混层随井深增加而下降,混层比从 68% 至 N_1j^2 底部降为 40%,至 K_1bs 又增为 63%,随后又下降,到 K_1y 又降为 40%。伊利石含量随井深而增加,至 K_1bs 又降低,井深再增加,伊利石含量又开始增加。绿泥石含量不高,稍高于高岭石,自上而下稍有增加。高岭石含量不大,自上而下稍有降低趋势。

表 2-3-20　乌参 1 井地层黏土矿物相对含量

构造带	层位	井段 m	样品数	统计值	晶态黏土矿物相对含量,%						混层比,S%	
					S	I/S 混层	C/S 混层	I	K	C	I/S	C/S
乌什构造带	N_1j^1	1	2		44.10		38.98	5.47	11.45		67.50	
	N_1j^2	1	47		30.42		49.14	6.79	13.65		53.83	
	N_1j^5	1	1		17.01		60.82	8.25	13.92		40.00	
	$E_{2-3}s$	1	1		26.84		57.11	5.00	11.05		40.00	
	$E_{1-2}km$	1	12		21.87		54.98	6.32	16.83		40.00	
	K_1bs	1	5		32.65		46.75	4.84	15.77		63.00	
	K_1bx	1	11		29.80		49.79	5.18	15.23		58.18	
	K_1y	1	3		18.97		61.32	6.72	12.98		40.00	

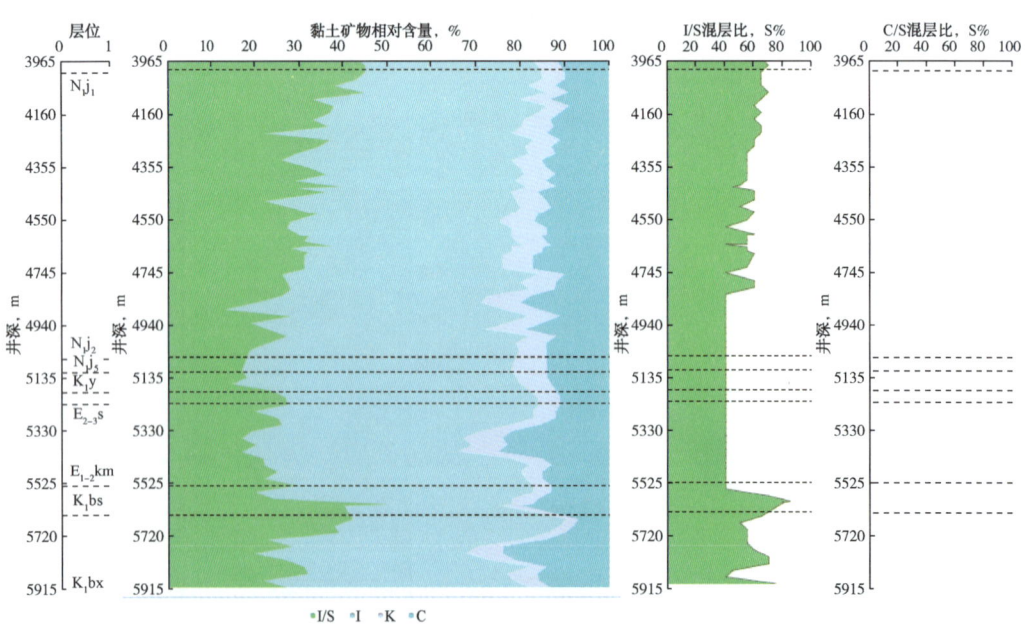

图 2-3-13　乌参 1 井地层黏土矿物组分分布

2) 乌什构造带矿物组分分布规律

乌什构造带只分析了乌参 1 井，乌参 1 井矿物组分含量见表 2-3-21 和图 2-3-14。该井地层矿物组分以石英和方解石为主，其次为长石和白云石，白云石含量较低，主要分布在上部地层，呈不连续性分布，至 K_1bs 完全消失。

表 2-3-21　乌参 1 井地层矿物组分含量

构造带	层位	井数口	样品数	晶态非黏土矿物含量,%					晶态黏土矿物含量 %	非晶态黏土矿物含量 %
				石英	长石	方解石	白云石	总量		
乌什构造带	N_1j^1	1	2	22.75	12.65	18.35	2.30	56.05	40.15	3.83
	N_1j^2	1	47	27.76	9.66	22.27	2.17	61.03	35.87	3.10
	N_1j^5	1	1	40.60	13.60	23.30		77.50	19.40	3.07
	$E_{2-3}s$	1	1	28.60	9.50	20.30		58.40	38.00	3.56
	$E_{1-2}km$	1	12	31.53	11.99	22.80	2.45	66.73	31.17	2.11
	K_1bs	1	5	37.44	8.88	23.40		69.72	28.56	1.72
	K_1bx	1	11	35.36	13.77	20.19		69.33	28.47	2.19
	K_1y	1	3	25.03	7.97	19.23		52.23	44.23	3.54

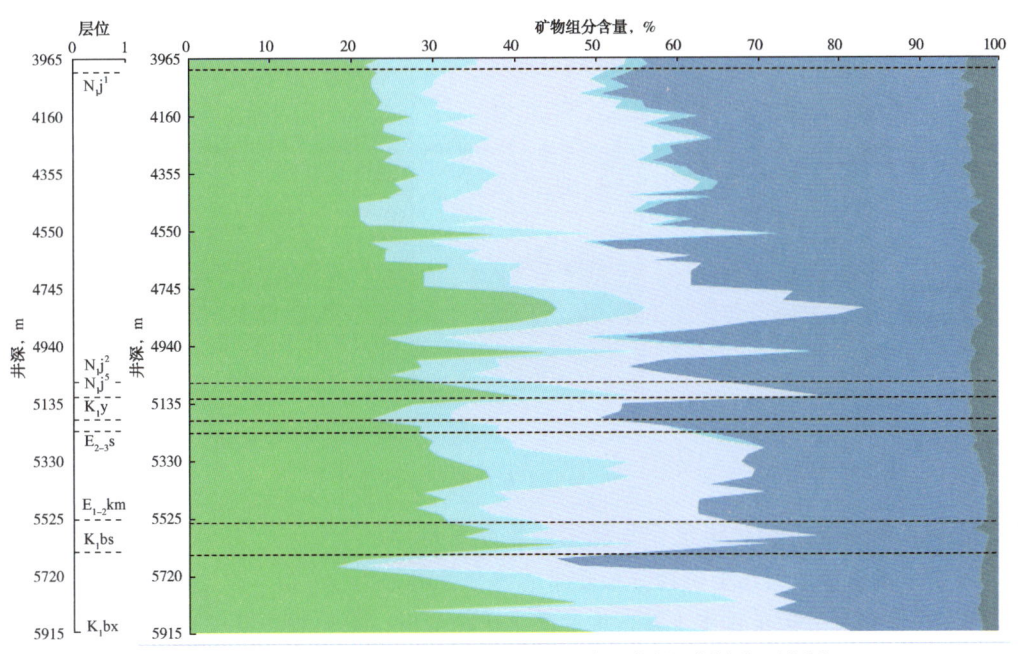

图 2-3-14　乌参 1 井地层矿物组分纵向分布

3) 乌什构造带理化性能分布规律

乌参 1 井地层理化性能测试结果见表 2-3-22 和图 2-3-15。该井全井段岩石密度较高，平均密度为 2.71～2.75g/cm³；回收率平均值为 13.30%～60.93%，为强—中等分散，只有 K_1bx 层为 60.93%，为弱分散型；膨胀率平均值为 8.17%～22.58%，以低—中等膨胀，N_1j^1 为 22.58%，为高膨胀。阳离子交换容量较低，平均值在 4.14～9.50mmol/100g。

表 2-3-22 乌参 1 井地层理化性能

构造带	层位	井数口	样品数	密度 g/cm³	回收率 %	膨胀率(16h) %	CEC mmol/100g
乌什构造带	N_1j^1	1	2	2.74	29.05	22.58	9.50
	N_1j^2	1	47	2.73	16.50	15.92	8.54
	N_1j^5	1	1	2.71	29.80	6.53	6.00
	$E_{2-3}s$	1	1	2.74	13.30	10.29	7.00
	$E_{1-2}km$	1	12	2.75	42.01	8.17	5.00
	K_1bs	1	5	2.74	40.24	9.08	6.20
	K_1bx	1	11	2.75	60.93	9.18	4.14
	K_1y	1	3	2.75	19.53	12.79	8.33

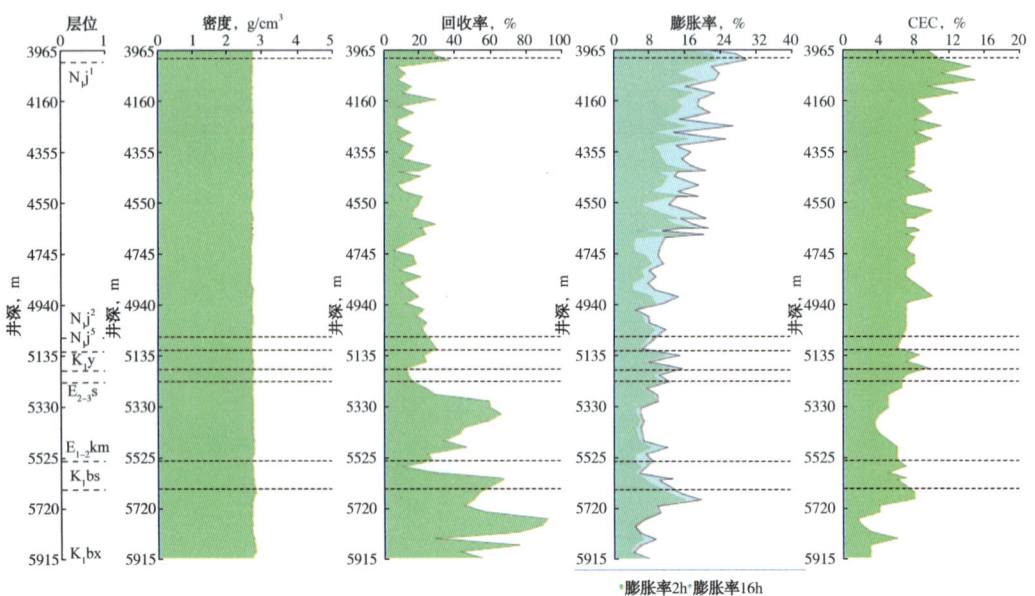

图 2-3-15 乌参 1 井地层理化性能分布

2. 神木构造带地层矿物组分与理化性能分布规律

1) 神木构造带地层黏土矿物分布规律

神木构造带只分析了神木 1 井。地层黏土矿物分析结果见表 2-3-23 与图 2-3-16。该井地层黏土矿物以伊利石和伊/蒙混层为主，含绿泥石与高岭石。伊利石含量随井深增加逐渐降低，伊/蒙混层逐渐增加，伊/蒙混层从 N_1j 至 K_1s 均为有序伊/蒙混层，混层比为 20%，至 $T_{2-3}k$，尽管仍为伊/蒙有序混层，但混层比增至 35%，至 T_1e，伊/蒙混层比增为 40%；绿泥石含量不高，自上而下从 11.2% 降为 2%；高岭石含量低，在 K_1bx 基本消失，到 K_1s 又重新出现。

— 74 —

表 2-3-23　神木 1 井地层黏土矿物相对含量

构造带	层位	井数口	样品数	晶态黏土矿物相对含量,%						混层比,S%	
				S	I/S混层	C/S混层	I	K	C	I/S	C/S
神木构造带	N_1j	1	5	0.00	31.85	0.00	50.71	6.21	11.23	20.00	
	$E_{1-2}km$	1	10	0.00	37.55	0.00	48.28	5.10	9.07	20.00	
	K_1bx	1	10	0.00	51.20	0.00	39.70	0.60	8.50	20.00	
	K_1s	1	14	0.00	43.22	0.00	42.31	8.05	6.43	20.00	
	$T_{2-3}k$	1	8	0.00	56.27	0.00	27.15	10.75	5.84	35.00	
	T_1e	1	19	0.00	66.10	0.00	27.51	4.37	2.02	40.00	

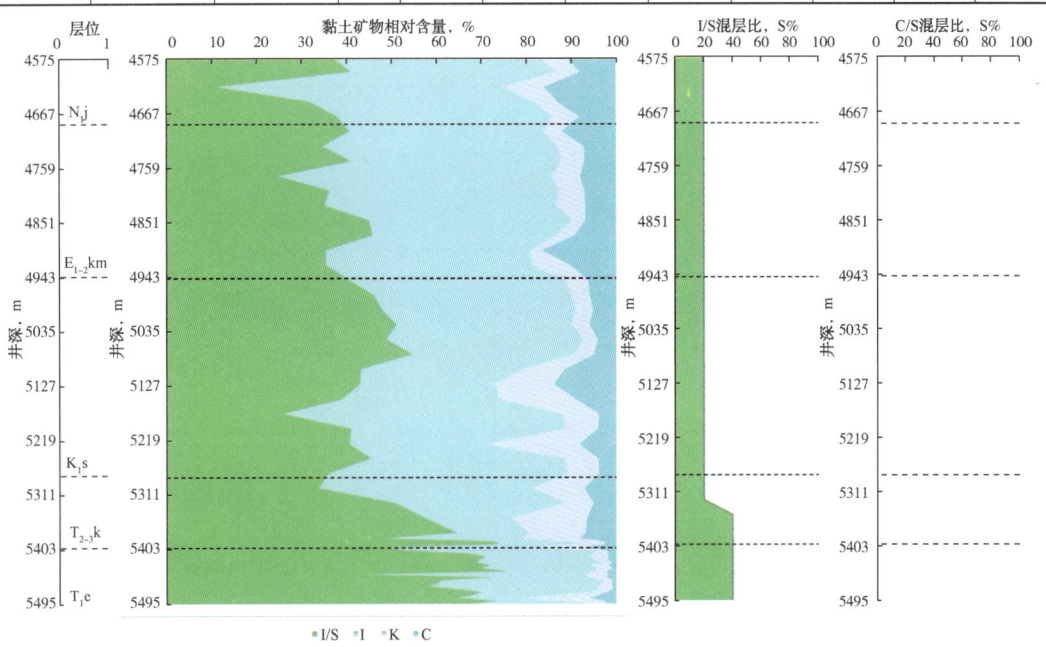

图 2-3-16　神木 1 井地层黏土矿物组分纵向分布

2) 神木构造带矿物组分分布规律

神木 1 井各层位矿物组分含量见表 2-3-24 与图 2-3-17。该井矿物组分以石英和方解石为主,其次为长石和白云石。随着井深增加,石英含量在 $E_{1-2}km$ 底部迅速降低,至 K_1s 又迅速上升,到 K_1s 中部达到最高,从 K_1s 下部又逐渐下降;长石主要分布在上部地层,从巴什基奇克组开始明显降低;方解石含量变化不大,有随井深增加而增大的趋势;白云石含量较低,集中分布在 $E_{1-2}km$ 和 K_1s,其他层位含量相对较少。

表 2-3-24　神木构造带地层矿物组分含量

层位	井数口	样品数	晶态非黏土矿物含量,%					晶态黏土矿物含量%	非晶态黏土矿物含量%
			石英	长石	方解石	白云石	总量		
N_1j	1	5	38.42	12.88	22.95	2.92	72.58	24.98	2.43
$E_{1-2}km$	1	10	37.62	13.89	17.90	12.85	82.26	15.52	2.22

续表

层位	井数口	样品数	晶态非黏土矿物含量,%					晶态黏土矿物含量 %	非晶态黏土矿物含量 %
			石英	长石	方解石	白云石	总量		
K_1bx	1	10	27.47	11.52	21.85	2.30	61.53	35.99	2.47
K_1s	1	14	44.82	5.99	23.13	6.57	75.35	21.91	2.72
$T_{2-3}k$	1	8	41.71	3.40	34.65	2.12	81.35	15.76	2.88
T_1e	1	19	36.34	4.01	33.01	3.08	74.17	22.41	3.41

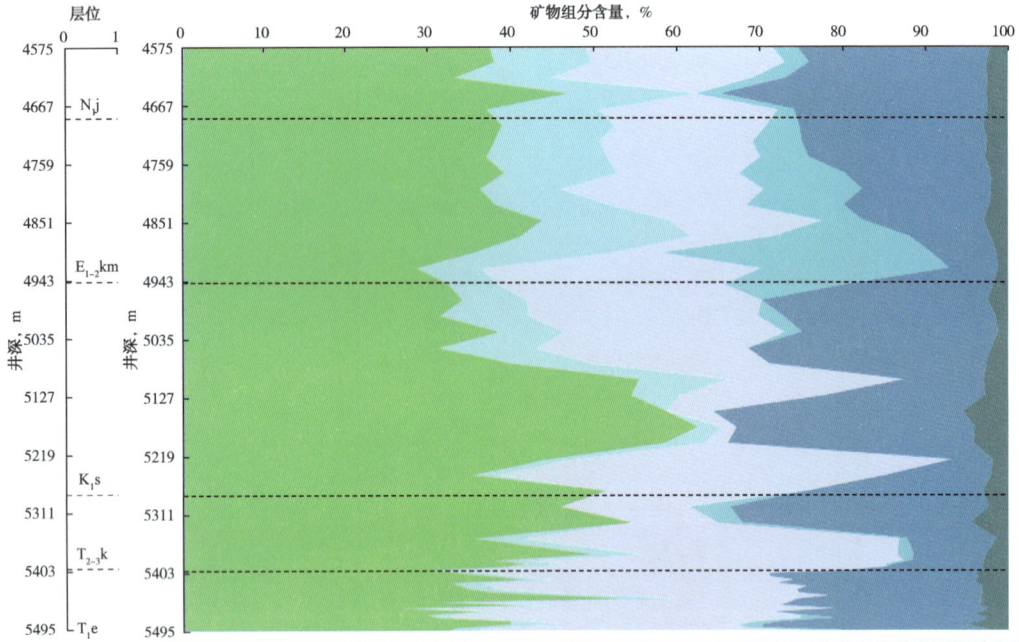

图 2-3-17 神木 1 井地层矿物组分纵向分布

3) 神木构造带理化性能分布规律

神木 1 井地层理化性能测试结果见表 2-3-25 和图 2-3-18。该井全井段岩石密度均较高，平均为 2.73~2.76g/cm³；回收率低至中等，平均值为 14.66%~38.13%，为强分散；膨胀率以低—中等为主，平均值在 3.86%~8.08%，为低膨胀型；阳离子交换容量较低，平均值为 4.65~6.68mmol/100g。

表 2-3-25 神木 1 井地层理化性能

层位	井数口	样品数	密度 g/cm³	回收率 %	膨胀率(16h) %	CEC mmol/100g
N_1j	1	5	2.76	14.66	8.08	6.00
$E_{1-2}km$	1	10	2.73	23.31	4.73	4.65
K_1bx	1	10	2.74	8.90	12.70	54.98

续表

层位	井数口	样品数	密度 g/cm³	回收率 %	膨胀率(16h) %	CEC mmol/100g
K₁s	1	14	2.75	37.64	5.99	5.36
T₂₋₃k	1	8	2.74	38.13	3.86	4.94
T₁e	1	19	2.74	25.95	6.35	6.68

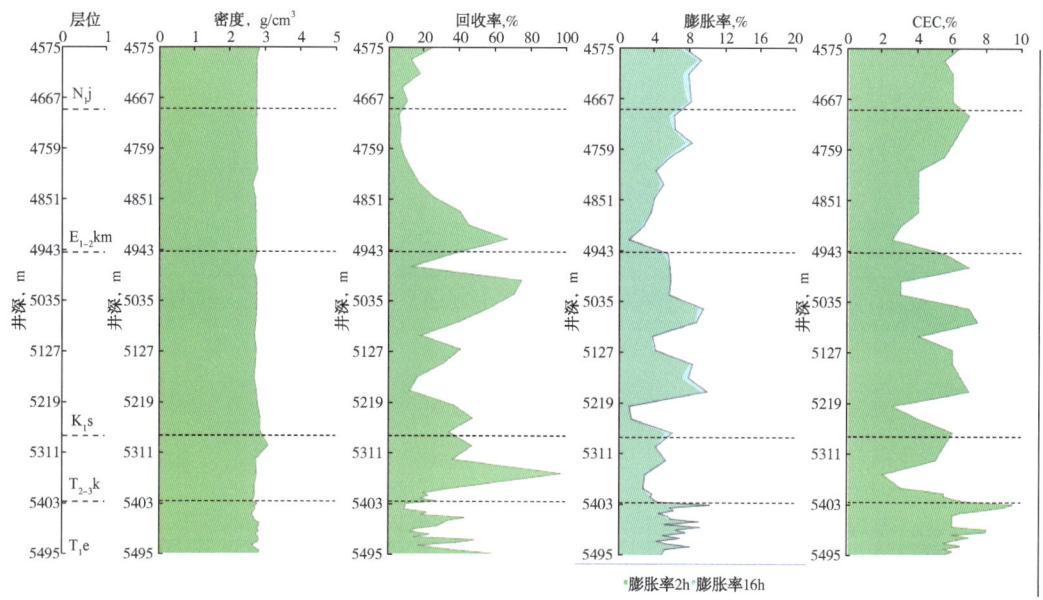

图 2-3-18　神木 1 井地层理化性能纵向分布

三、北部构造带

1. 北部构造带地层矿物组分与理化性能分布规律

1）北部构造带地层黏土矿物分布规律

北部构造带地层黏土矿物相对含量测试结果见表 2-3-26。该构造带黏土矿物主要以伊利石和伊/蒙混层为主，混层比大多在 20%，伊/蒙无序混层主要分布在迪克组、$E_{1-2}km^1$ 及 $K_1s—J_2q$；其次为绿泥石和高岭石，绿蒙混层只出现在 N_1j 组，高岭石主要分布在 J_2q 以下地层。

表 2-3-26　北部构造带地层黏土矿物相对含量

区块	层位	井数口	样品数	晶态黏土矿物相对含量,%						混层比, S%	
				S	I/S 混层	C/S 混层	I	K	C	I/S	C/S
巴什	K₁s	1	3	0.00	20.07	0.00	60.62	6.98	12.33	20.00	
	K₁y	1	3	0.00	13.04	0.00	67.07	6.62	13.26	20.00	

续表

区块	层位	井数口	样品数	晶态黏土矿物相对含量,%						混层比,S%	
				S	I/S混层	C/S混层	I	K	C	I/S	C/S
迪北	$N_{1-2}k$	1	12	0.00	15.07	0.00	51.66	21.57	11.70	33.33	
	N_1j	1	48	0.00	32.50	2.67	43.10	0.00	21.73	40.94	15.63
	N_1j^2	1	2	0.00	32.00	0.00	47.50	0.00	20.50	20.00	
	N_1j^3	1	2	0.00	34.50	0.00	43.00	0.00	22.50	20.00	
	N_1j^4	1	2	0.00	26.00	0.00	49.00	0.00	25.00	20.00	
	N_1j^5	1	1	0.00	27.00	0.00	46.00	0.00	27.00	20.00	
	$E_{2-3}s$	2	13	0.00	31.48	0.00	49.12	0.00	19.41	20.00	
	$E_{1-2}km^1$	2	6	0.00	44.00	0.00	41.00	0.00	15.00	20.00	
	$E_{1-2}km^2$	1	1	0.00	12.00	0.00	78.00	0.00	10.00	65.00	
	K_1s	2	9	0.00	44.90	0.00	44.13	0.00	10.98	22.00	
	K_1y	2	4	0.00	48.34	0.00	41.84	0.00	9.84	20.00	
	J_3q	2	16	0.00	44.99	0.00	42.20	0.00	12.82	20.00	
	J_2q	2	14	0.00	45.79	0.00	37.50	7.86	8.86	20.00	
	J_2kz	1	10	0.00	7.80	0.00	60.52	19.00	14.24	15.00	
	J_2kz^1	2	31	0.00	34.78	0.00	35.22	17.19	12.82	20.00	
	J_2kz^4	1	9	0.00	12.46	0.00	44.34	29.18	14.04	15.00	
	J_1y	2	23	0.00	13.01	0.00	49.21	24.60	13.18	18.06	
	J_1y^1	2	7	0.00	17.57	0.00	40.11	27.91	14.41	16.11	
	J_1y^2	1	4	0.00	20.38	0.00	47.34	23.12	9.17	20.00	
	J_1y^3	1	3	0.00	18.70	0.00	52.73	17.97	10.60	20.00	
	J_1y^4	2	10	0.00	14.70	0.00	47.92	23.50	13.88	17.50	
	J_1a	3	40	0.00	11.87	0.00	56.79	16.84	15.26	17.50	
	T_3t	1	1	0.00	16.08	0.00	37.06	26.92	19.93	15.00	
黑英山	T_3h	1	66	0.00	11.55	0.00	40.42	6.64	41.39	15.00	

2）北部构造带地层矿物组分分布规律

北部构造带矿物组分分布情况见表2-3-27。该构造带非盐膏层段以石英为主，其次为长石、方解石，部分层段还有少量白云石、铁白云石、黄铁矿、菱铁矿、文石。盐膏层段还存在盐岩与硬石膏。

表2-3-27 北部构造带矿物组分分布情况

构造带	区块	层位	井数口	样品数	石英	长石	方解石	白云石	铁白云石	方沸石	硬石膏	烧石膏	石膏	石盐	菱铁矿	黄铁矿	文石	总量	晶态黏土矿物含量 %	非晶态黏土矿物含量 %
北部构造带	巴什	K_1s	1	3	27.97	12.00	9.90	0.00	0.00	0.00	0.00	0.00	0.00	0.00	0.00	3.25	0.00	52.03	43.47	4.47
		K_1y	1	3	30.47	13.67	15.63	0.00	0.00	0.00	0.00	0.00	0.00	0.00	0.00	3.07	0.00	62.83	34.17	2.99
		$N_{1-2}k$	1	12	48.63	5.43	1.75	0.00	0.00	0.00	0.00	0.00	0.00	2.05	0.00	0.00	0.00	54.93	41.07	4.01
		N_1j	1	48	25.18	17.19	13.44	0.00	6.56	3.03	15.32	2.00	3.90	4.40	0.29	0.50	0.95	83.72	14.31	1.96
		N_1j^2	2	2	20.15	14.20	16.25	1.50	2.50	3.95	19.70	0.00	0.00	2.00	0.00	0.00	0.00	82.65	15.75	1.59
		N_1j^3	2	2	39.05	19.10	19.60	1.50	1.00	4.90	3.45	0.00	0.00	2.00	0.00	0.00	0.00	86.65	11.25	2.10
		N_1j^4	2	2	37.55	21.00	14.20	2.90	0.00	3.40	5.90	0.00	0.00	2.00	0.00	0.00	0.00	85.50	12.25	2.24
		N_1j^5	1	1	35.20	18.50	24.40	2.00	0.00	2.90	2.90	0.00	0.00	2.90	0.00	0.00	0.00	88.80	8.80	2.38
		$E_{2-3}s$	2	13	40.18	17.15	23.25	1.00	0.70	1.47	1.22	0.00	0.00	1.27	0.00	0.00	0.00	85.13	11.85	3.01
		$E_{1-2}km^1$	2	6	39.60	18.22	20.67	0.00	0.58	0.00	2.53	0.00	0.00	1.10	0.00	0.00	0.00	82.41	15.12	2.47
		$E_{1-2}km^2$	1	1	4.00	1.00	92.00	0.00	0.00	0.00	0.00	0.00	0.00	0.00	0.00	0.00	0.00	97.00	2.00	0.96
	迪北	K_1s	2	9	35.60	16.91	15.43	1.00	0.60	0.50	1.15	0.00	0.00	1.49	0.00	0.95	0.00	70.41	26.82	2.79
		K_1y	2	4	35.32	16.00	16.00	0.00	0.00	0.97	0.00	0.00	0.00	1.45	1.65	0.00	0.00	69.25	27.85	2.89
		J_3q	2	16	40.96	18.23	12.29	1.90	0.50	1.36	0.39	0.00	0.00	0.85	2.66	0.00	0.00	73.28	23.33	3.39
		J_2q	2	14	37.20	13.00	13.87	3.20	3.41	0.00	1.77	0.00	0.00	0.77	3.58	0.00	0.00	67.64	28.71	3.64
		J_2kz	1	10	38.54	8.94	3.35	1.90	0.00	0.50	0.00	0.00	0.00	0.50	5.94	0.00	0.00	52.41	42.65	4.93
		J_2kz^1	2	31	52.44	17.14	2.93	2.75	0.53	0.66	0.00	0.00	0.00	0.00	1.30	0.00	0.00	73.57	22.05	4.38
		J_2kz^4	1	9	39.12	5.90	3.54	1.40	0.00	0.00	0.00	0.00	0.00	0.00	1.00	0.95	0.00	51.37	43.43	5.24
		J_1y	2	23	42.21	2.06	10.85	1.00	0.00	0.00	0.66	0.00	0.00	0.00	1.00	0.00	0.00	54.68	40.54	4.78
		J_1y^1	2	7	34.92	3.87	5.44	1.30	0.00	0.00	2.55	0.00	0.00	0.00	1.60	0.00	0.00	48.42	45.68	5.89
		J_1y^2	1	4	64.55	0.50	2.55	2.17	0.00	0.00	4.60	0.00	0.00	0.00	1.30	0.00	0.00	67.63	28.78	3.58
		J_1y^3	1	3	41.23	0.33	8.43	8.63	0.00	1.77	0.00	0.00	0.00	0.00	1.00	0.00	0.00	48.67	49.77	1.58
		J_1y^4	2	10	27.12	2.36	5.85	1.70	0.00	0.00	0.00	0.00	0.00	0.00	1.60	0.00	0.00	40.75	56.79	2.46
		J_1a	3	40	55.20	10.63	2.20	0.00	0.00	0.00	0.00	0.00	0.00	0.00	4.00	0.00	0.00	71.74	25.80	2.45
		T_3t	1	1	56.10	10.40	1.99	0.00	0.00	0.00	0.00	0.00	0.00	0.00	4.00	0.00	0.00	68.70	28.60	2.68
	黑英山	T_3h	1	66	49.61	25.82		0.00	0.00	0.00	0.00	0.00	0.00	0.00	0.00	0.00	0.00	77.43	20.73	1.84

3)北部构造带地层理化性能分布规律

北部构造带地层理化性能见表2-3-28。该构造带大部分地层密度在2.7g/cm³以下，J_1y^3和J_1y^4密度在2.9g/cm³以上；上部地层分散性多为中—强，至J_2kz^2层以后多为弱分散性；大部分地层膨胀性为中—低；全井段CEC含量较低。

表2-3-28 北部构造带地层理化性能

区块	层位	井数口	样品数	密度 g/cm³	回收率 %	膨胀率(16h) %	CEC mmol/100g
巴什	K_1s	1	3	2.69	7.73	21.63	11.33
	K_1y	1	3	2.64	11.50	24.19	11.67
迪北	$N_{1-2}k$	1	39	2.48	53.10	5.10	4.18
	N_1j	1	48	2.73	10.61	10.51	6.73
	N_1j^2	1	2	2.65	55.95	10.25	6.50
	N_1j^3	1	2	2.65	53.00	6.53	6.00
	N_1j^4	1	2	2.69	19.25	8.84	5.50
	N_1j^5	1	1	2.58	27.70	3.73	5.00
	$E_{2-3}s$	3	16	2.64	37.02	7.04	5.05
	$E_{1-2}km$	1	21	2.63	6.08	17.49	5.53
	$E_{1-2}km^1$	2	6	2.63	20.14	12.41	8.80
	$E_{1-2}km^2$	1	1	2.68	33.10	4.70	5.00
	K_1s	2	9	2.65	7.69	11.92	12.33
	K_1y	3	6	2.64	39.60	12.34	7.38
	J_3q	3	24	2.59	21.15	12.55	7.63
	J_2q	4	20	2.62	36.72	9.80	6.36
	J_2kz	2	42	2.59	48.05	8.59	2.54
	J_2kz^1	2	31	2.62	27.83	7.76	6.68
	J_2kz^2	1	6	2.66	67.18	9.52	1.75
	J_2kz^3	1	6	2.57	64.30	8.67	2.25
	J_2kz^4	2	15	2.33	62.04	6.10	2.14
	J_1y	2	35	2.53	48.33	10.53	3.01
	J_1y^1	2	8	2.61	44.10	10.53	2.25
	J_1y^2	1	4	2.65	72.00	6.76	2.13
	J_1y^3	1	3	2.98	97.57	1.47	1.17
	J_1y^4	2	10	2.89	76.88	4.82	1.70
	J_1a	3	41	2.61	75.64	4.56	2.19
	T_3t	1	1	2.46	90.80	5.56	5.00
黑英山	T_3h	1	66	2.68	93.39	2.10	2.21

2. 北部构造带地层矿物组分与理化性能纵向变化情况

以迪西 1 井为例说明北部构造带地层矿物分布情况，该井岩样分析井段 1400~4000m。地层历经新近系 N_1j，古近系 $E_{2-3}s$ 和 $E_{1-2}km$，白垩系 K_1s 和 K_1y，侏罗系 J_3q，J_2q 和 J_2kz^1。

1）迪西 1 井地层黏土矿物

迪西 1 井黏土矿物相对含量分析结果见表 2-3-29 和图 2-3-19。黏土矿物整体以伊利石和伊/蒙混层为主，含绿泥石。伊利石含量为 29%~78%，伊/蒙混层含量为 12%~57%，绿泥石含量为 4%~34%。进入 N_1j 中部，伊/蒙混层逐渐由无序转化为有序，混层比多在 20%，出现绿/蒙混层，绿/蒙混层含量不高，最高为 12%；进入 $E_{2-3}s$，绿/蒙混层消失，绿泥石含量逐渐降低，伊/蒙混层含量有所上升；至 $E_{1-2}km$，伊利石含量突然增加后又恢复；至 J_2q，煤层地层，出现高岭石，其含量逐渐升高，伊/蒙混层含量有所减少。

表 2-3-29　迪西 1 井黏土矿物相对含量

层位	井段 m	统计类型	样品数	相对含量,%						混层比, S%	
				S	I/S 混层	C/S 混层	I	K	C	I/S 混层比	C/S 混层比
N_1j	1400~2600	最大值	48	0	52	12	55	0	32	85	60
		最小值		0	13	0	30	0	17	5	0
		平均值		0	32.5	2.67	43.1	0	21.73	40.94	15.63
$E_{2-3}s$	2625~2875	最大值	11	0	50	0	54	0	34	20	0
		最小值		0	16	0	41	0	9	20	0
		平均值		0	34.45	0	47.73	0	17.82	20	0
$E_{1-2}km^1$	2900~3000	最大值	5	0	57	0	46	0	12	20	0
		最小值		0	44	0	34	0	9	20	0
		平均值		0	50	0	39	0	11	20	0
$E_{1-2}km^2$	3025	最大值	1	0	12	0	78	0	10	65	0
		最小值		0	12	0	78	0	10	65	0
		平均值		0	12	0	78	0	10	65	0
K_1s	3050~3150	最大值	5	0	57	0	45	0	14	40	0
		最小值		0	43	0	29	0	8	20	0
		平均值		0	52.8	0	36	0	11.2	24	0
K_1y	3175~3250	最大值	3	0	55	0	44	0	11	20	0
		最小值		0	45	0	34	0	7	20	0
		平均值		0	50.67	0	39.67	0	9.67	20	0

续表

层位	井段 m	统计类型	样品数	相对含量,%						混层比,S%	
				S	I/S 混层	C/S 混层	I	K	C	I/S 混层比	C/S 混层比
J_3q	3275~3500	最大值	10	0	56	0	49	0	11	20	0
		最小值		0	41	0	34	0	9	20	0
		平均值		0	50.8	0	39.4	0	9.8	20	0
J_2q	3525~3675	最大值	7	0	55	0	52	12	12	20	0
		最小值		0	35	0	29	0	4	20	0
		平均值		0	48.29	0	37.57	6.43	7.71	20	0
J_2kz^1	3700~4000	最大值	13	0	46	0	42	19	14	20	0
		最小值		0	27	0	33	11	9	20	0
		平均值		0	36.77	0	37	15.15	11.08	20	0

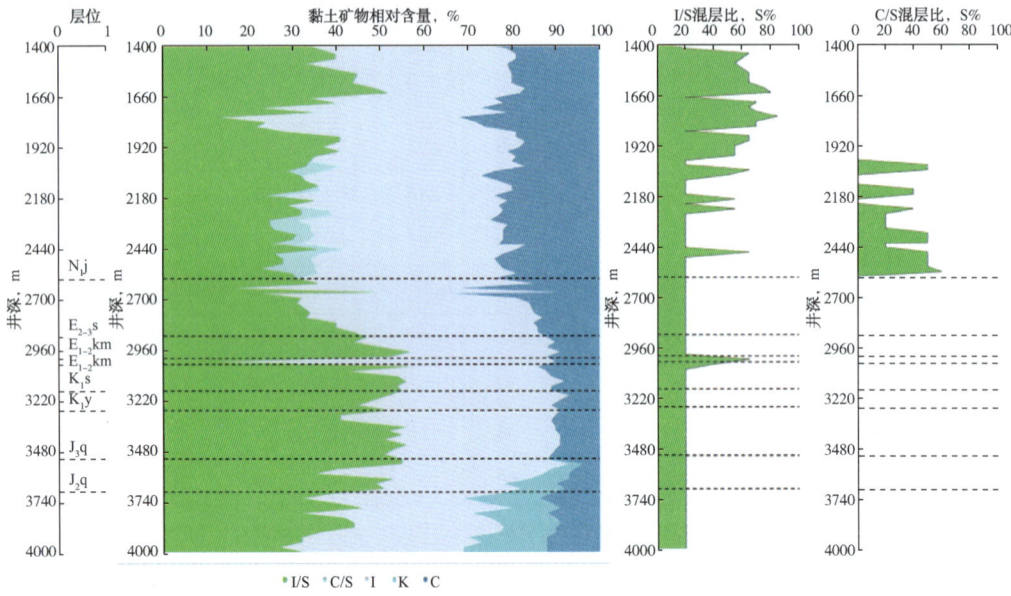

图 2-3-19 迪西 1 井黏土矿物组分纵向分布

2) 迪西 1 井矿物组分

迪西 1 井矿物组分分析结果见表 2-3-30 和图 2-3-20。不同层位矿物组分差异很大，N_1j 层以石英和硬石膏为主，石英含量为 15.8%~47.4%，硬石膏含量为 1.9%~43.4%，其次为方解石、长石和铁白云石，方解石含为 3.9%~35.2%，长石含量为 9.9%~22.6%，还有少量烧石膏、石盐、菱铁矿和文石；石英含量自上而下逐渐增加，硬石膏和铁白云石逐渐减少。下部地层以石英和方解石为主，$E_{1-2}km$ 层段比较特殊，方解石含量高达 90% 以上，部分井段含硬石膏和石盐，呈不连续分布且含量较低，硬石膏不超过 2.9%，石盐不超过 1%。

表 2-3-30 迪西 1 井矿物组分含量

层位	井段 m	统计类型	样品数	组分含量,%												
				石英	长石	方解石	铁白云石	方沸石	硬石膏	烧石膏	石膏	石盐	菱铁矿	黄铁矿	文石	黏土矿物总量
N_1j	1400~2600	最大值	48	47.4	22.6	35.2	21.6	5.9	43.4	2	3.9	4.9	4.9	2	1.9	20.6
		最小值		15.8	9.9	3.9	0	0	1.9	2	3.9	0	0	0	0	6.8
		平均值		25.18	17.19	13.44	6.56	3.03	15.32	2	3.9	2.05	0.29	0.5	0.95	14.31
$E_{2-3}s$	2625~2875	最大值	11	48.3	27.1	46.9	2.9	2.9	1.9	0	0	1.9	0	0	0	29.1
		最小值		26.4	12.6	11.7	0	0	0	0	0	0	0	0	0	3.9
		平均值		39.05	18.75	23.69	0.7	1.49	0.98	0	0	0.63	0	0	0	11.54
$E_{1-2}km^1$	2900~3000	最大值	5	41.7	24.4	27.1	1.9	0	6.9	0	0	1	0	0	0	20.6
		最小值		35.8	12.6	16.5	0	0	0	0	0	0	0	0	0	12.6
		平均值		39.1	18.84	19.84	0.58	0	2.16	0	0	0.2	0	0	0	16.54
$E_{1-2}km^2$	3025	平均值	1	4	1	92	0	0	0	0	0	0	0	0	0	2
K_1s	3050~3150	最大值	5	50.8	28.3	25.2	2	0	1	0	0	1	0	0	0	31.1
		最小值		24.4	13.7	8.8	0	0	0	0	0	0	0	0	0	15.6
		平均值		37.22	18.32	16.52	0.6	0	0.4	0	0	0.8	0	0	0	23.58
K_1y	3175~3250	最大值	3	39.9	17.5	18.4	0	2.9	0	0	0	1	0	0	0	35
		最小值		30.1	14.6	11.6	0	0	0	0	0	1	0	0	0	23.3
		平均值		34.63	16.5	15.5	0	0.97	0	0	0	1	0	0	0	28.5
J_3q	3275~3500	最大值	10	49.1	26.1	20.3	0	3.9	1.9	0	0	1	0	0	0	34.9
		最小值		31	16.4	9.7	0	0	0	0	0	0	0	0	0	13.4
		平均值		40.36	18.76	13.62	0	1.36	0.39	0	0	0.1	0	0	0	22.03
J_2q	3525~3675	最大值	7	48	20.1	22.4	6.8	0	2.9	0	0	0	0	0	0	37.6
		最小值		24.3	9.7	5.8	0	0	0	0	0	0	0	0	0	13.4
		平均值		37.09	13.87	14.47	1.94	0	1.77	0	0	0	0	0	0	27.07
J_2kz^1	3700~4000	最大值	13	61.5	30.9	11.6	1.9	0	2.9	0	0	0	0	0	0	29.6
		最小值		46.7	8.5	0	0	0	0	0	0	0	0	0	0	9.7
		平均值		53.11	18.95	2.59	0.15	0	0.66	0	0	0	0	0	0	20.42

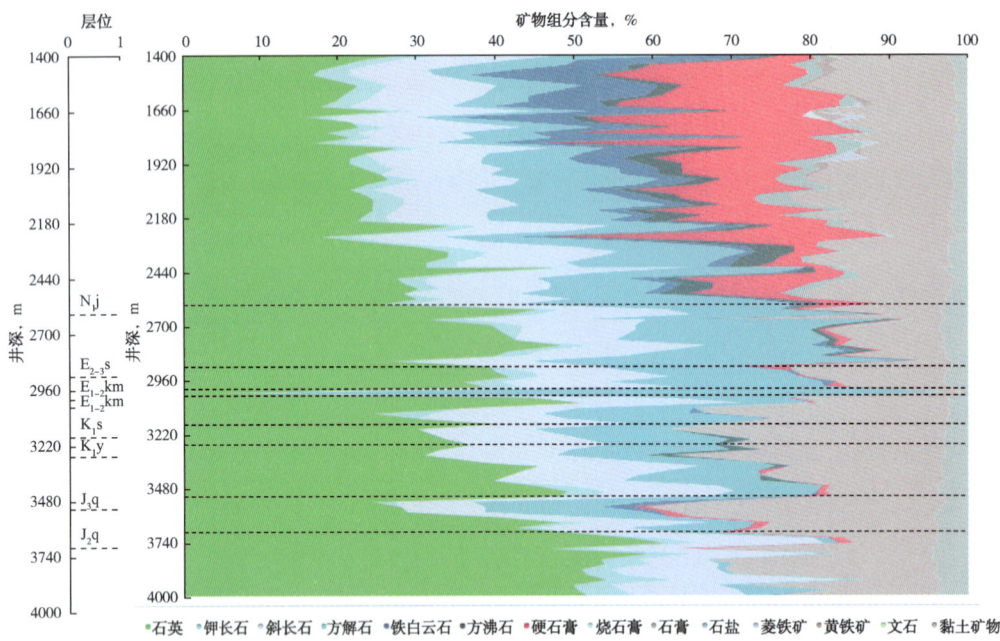

图 2-3-20　迪西 1 井地层黏土矿物组分纵向分布

3) 迪西 1 井理化性能

迪西 1 井理化性能分析结果见表 2-3-31 和图 2-3-21。分析井段密度为 2.65～2.78g/cm³；大部分层段回收率小于 30%，整体为强分散，仅 N_1j，E_1km^2 和 J_2kz^1 少数层回收率在 31.8%～58.4，为中等分散；膨胀率大多在 3.89%～15.72%，以中—弱膨胀为主，N_1j 顶部膨胀率最高可达到 20.6%，为高膨胀，全井段阳离子交换容量较低。

表 2-3-31　迪西 1 井理化性能

层位	井段 m	样品数	统计类型	密度 g/cm³	回收率 %	膨胀率 %	CEC mmol/100g
N_1j	1400～2600	48	最大值	2.78	31.8	20.66	9
			最小值	2.68	1.2	5.11	3
			平均值	2.73	10.61	10.51	6.73
$E_{2-3}s$	2625～2875	11	最大值	2.7	25.4	15.03	13
			最小值	2.66	1.6	3.89	4
			平均值	2.68	8	6.85	7.64
$E_{1-2}km^1$	2900～3000	5	最大值	2.7	42.8	11.48	12
			最小值	2.67	1.6	4.48	6
			平均值	2.68	14.08	7.77	9.6
$E_{1-2}km^2$	3025	1	平均值	2.68	33.1	4.7	5
K_1s	3050～3150	5	最大值	2.71	3.1	15.72	15
			最小值	2.65	1	8.16	10
			平均值	2.68	2.18	12.15	12.4

续表

层位	井段 m	样品数	统计类型	密度 g/cm³	回收率 %	膨胀率 %	CEC mmol/100g
K₁y	3175~3250	3	最大值	2.7	2.8	15.25	15
			最小值	2.69	0.6	15.21	13
			平均值	2.69	2	15.23	14
J₃q	3275~3500	10	最大值	2.74	5.2	14.65	15
			最小值	2.66	1.4	6.92	10
			平均值	2.69	3.4	11.05	12
J₂q	3525~3675	7	最大值	2.74	27.4	15.01	13
			最小值	2.67	4.6	6.68	7
			平均值	2.7	13.93	9.8	9.86
J_2kz^1	3700~4000	13	最大值	2.7	58.4	11.49	8
			最小值	2.65	6.2	5	5
			平均值	2.67	18.72	8.05	6.85

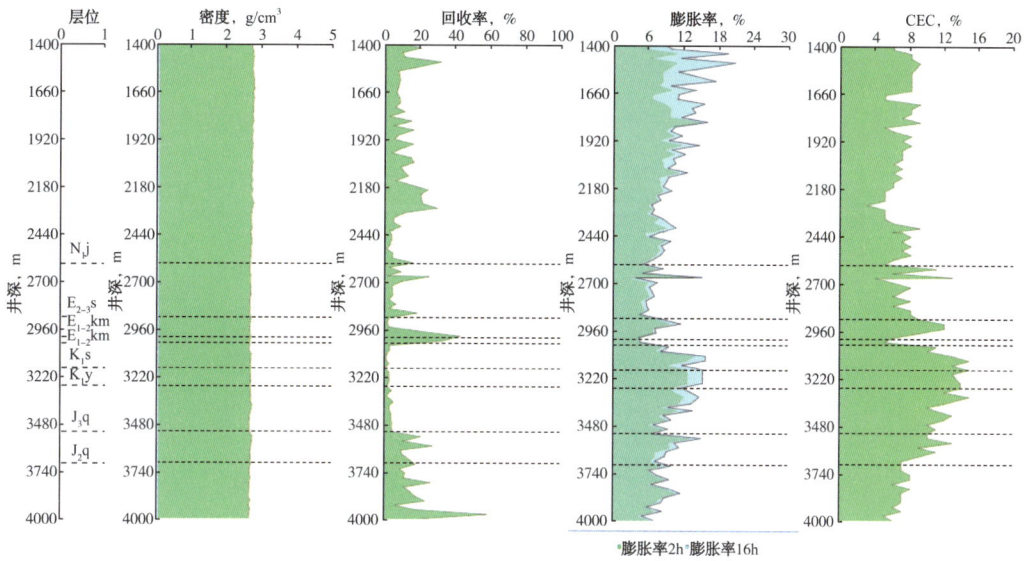

图 2-3-21 迪西 1 井理化性能纵向分布

四、秋里塔格冲断带

1. 东秋构造带地层矿物组分与理化性能分布规律

1）东秋构造带地层黏土矿物分布规律

东秋构造带只分析了东秋 8 井，该 8 井地层黏土矿物分布见表 2-3-32 和图 2-3-22。黏土矿物以伊利石为主，其次为伊/蒙混层、绿泥石和和高岭石。伊利石含量随井深增加呈增加趋势。伊/蒙无序混层随井深增加逐渐减少，至 N_1j^5 顶部转为伊/蒙有序混层，混层比为 40%，至在 N_1j^5 底部消失，至 $E_{1-2}km$ 又开始出现。绿泥石含量随井深增加而逐渐降低，高岭石含量不高，且随井深增加有下降趋势。

表 2-3-32 东秋 8 井地层黏土矿物相对含量

层位	井数口	样品数	晶态黏土矿物相对含量,%						混层比,S%	
			S	I/S 混层	C/S 混层	I	K	C	I/S	C/S
N_1j^2	1	76	0.00	17.45	0.00	55.43	9.47	17.65	52.96	
N_1j^5	1	28	0.00	12.69	0.00	67.02	10.05	15.22	42.94	
$E_{1-2}km$	1	37	0.00	11.74	0.00	66.65	8.90	13.98	40.00	
$E_{1-2}km^2$	1	8	0.00	14.01	0.00	67.25	7.84	10.91	40.00	

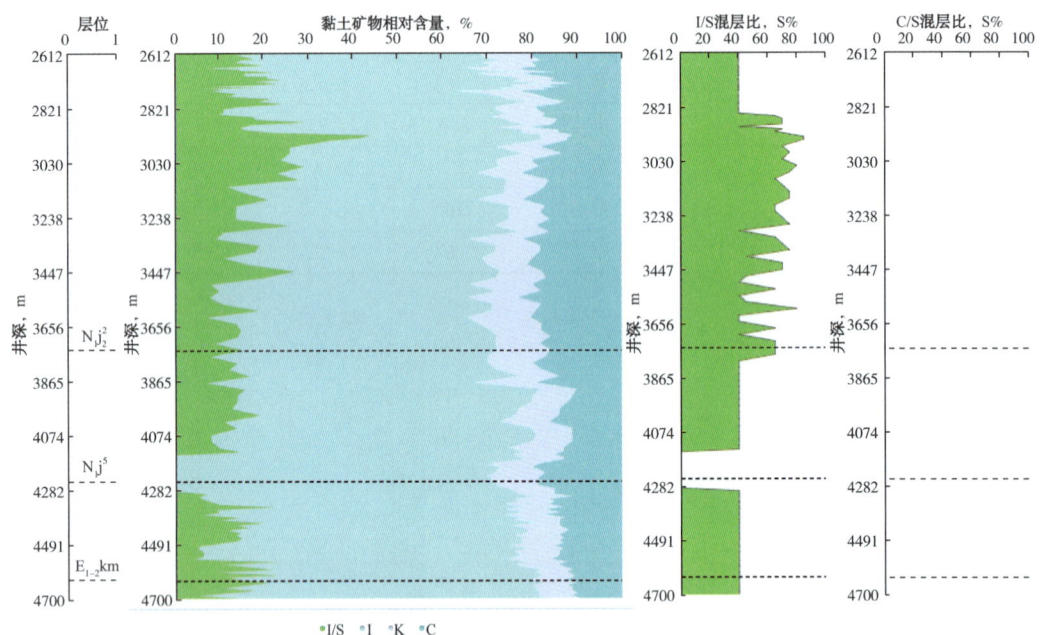

图 2-3-22 东秋 8 井地层黏土矿物组分纵向分布

2）东秋构造带地层矿物组分分布规律

东秋 8 井地层矿物组分组成见表 2-3-33 和图 2-3-23。该井岩样分析层段矿物组分主要为石英，其次为长石、方解石、硬石膏、石盐、白云石和方沸石。硬石膏存在整个分析层位，自上而下先减少后增多，石盐只存在克迪克组。

表 2-3-33 东秋 8 井地层矿物组分含量

层位	井数口	样品数	晶态非黏土矿物组分含量,%								晶态黏土矿物 %	非晶态黏土矿物 %
			石英	长石	方解石	白云石	方沸石	硬石膏	石盐	赤铁矿	总量		
N_1j^2	1	76	22.29	9.53	8.90	4.36	3.42	15.31	9.27	0.00	70.84	27.25	1.91
N_1j^5	1	28	32.64	11.94	13.78	3.92	3.83	8.83	3.80	0.00	68.65	28.01	3.33
$E_{1-2}km$	1	37	33.32	11.31	13.85	3.04	1.95	11.20	0.00	0.00	70.66	26.21	3.12
$E_{1-2}km^2$	1	8	32.91	10.16	12.79	0.00	0.00	15.63	0.00	0.00	71.49	26.79	1.71

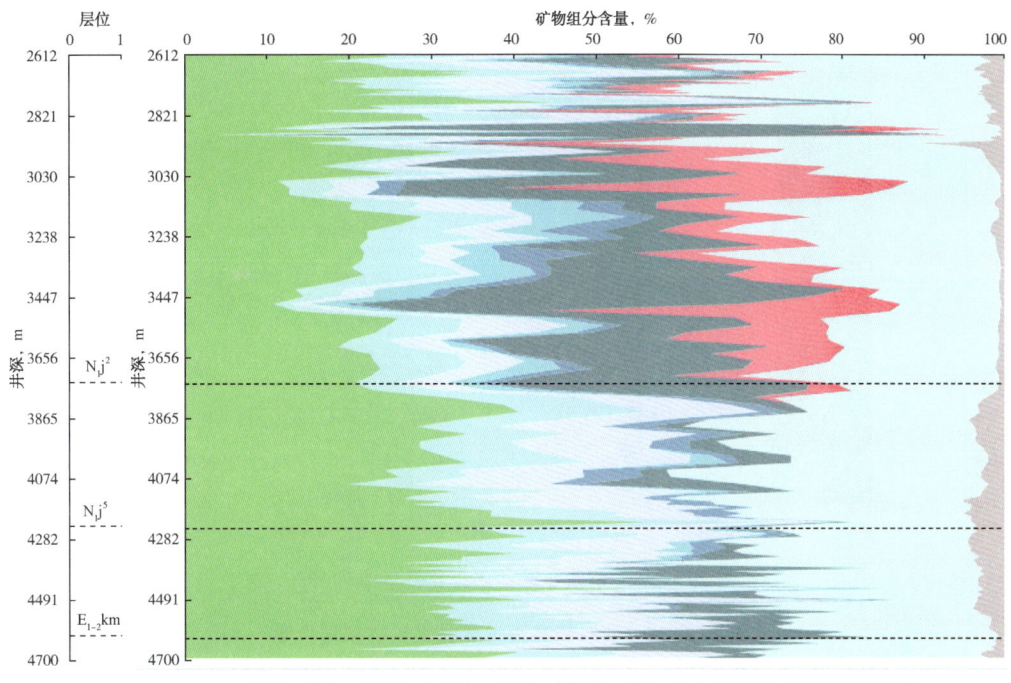

图 2-3-23 东秋 8 井地层矿物组分纵向分布

3）东秋构造带地层理化性能分布规律

东秋 8 井理化性能测试结果见表 2-3-34 和图 2-3-24。该井所分析层段岩样密度较高，平均密度为 2.75~2.80g/cm³；回收率平均值在 9.03%~10.42%，为强分散；膨胀率平均值在 11.12%~12.33%，为中膨胀；阳离子交换容量较低，平均值 4.42~5.63mmol/100g。

表 2-3-34 东秋构造带地层理化性能

层位	井数口	样品数	密度 g/cm³	回收率 %	膨胀率（16h） %	CEC mmol/100g
N_1j^2	1	76	2.80	9.03	12.33	5.63
N_1j^5	1	28	2.75	10.42	11.75	5.16
$E_{1-2}km$	1	45	2.76	9.15	11.12	4.42

2. 西秋构造带地层矿物组分与理化性能分布规律

1）西秋构造带地层黏土矿物分布规律

西秋构造带黏土矿物分析结果见表 2-3-35。该井地层黏土矿物以伊利石为主，其次为伊/蒙混层、绿泥石，还含有少量高岭石。伊/蒙混层在大多数层位均为无序伊/蒙混层，且不同层位其混层比差异较大。绿泥石含量整体上呈现出随井深增加而下降的趋势。高岭石含量随井深增加小幅上升。

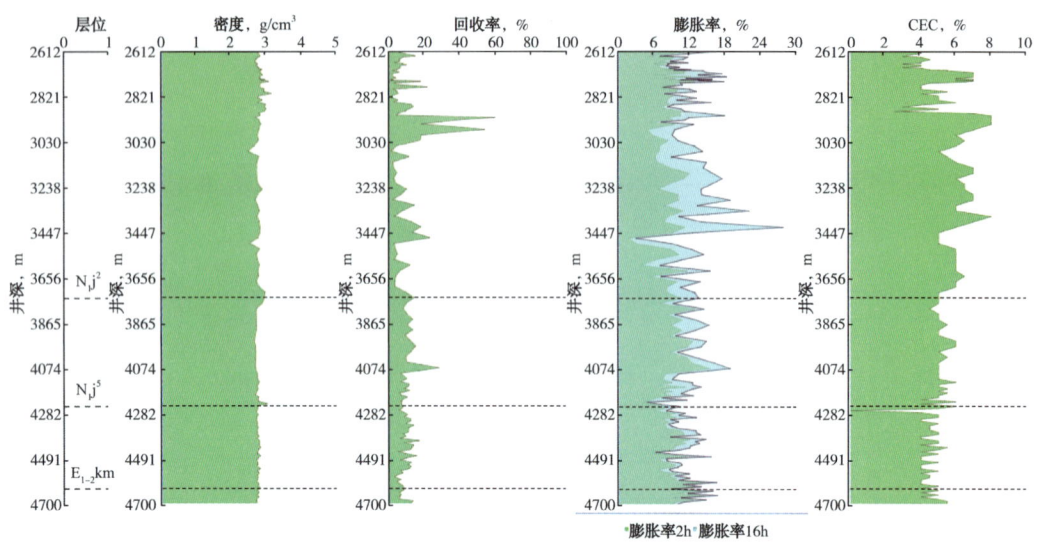

图 2-3-24 东秋 8 井地层理化性能纵向分布

表 2-3-35 西秋构造带地层黏土矿物相对含量

构造带	层位	井数口	样品数	晶态黏土矿物相对含量,%							混层比,S%	
				S	I/S 混层	C/S 混层	I	K	C	I/S	C/S
西秋构造带	N_2k	1	9	0.00	26.22	0.00	49.50	7.06	17.22	47.22	
	$N_{1-2}k$	1	17	0.00	22.35	0.00	52.75	6.53	18.38	55.29	
	N_1j	3	18	0.00	13.72	0.00	60.42	6.53	19.32	38.33	
	$E_{2-3}s$	2	22	0.00	15.17	0.00	57.25	7.73	19.87	53.63	
	$E_{1-2}km^1$	1	2	0.00	8.67	0.00	66.51	8.40	16.44	40.00	
	$E_{1-2}km^2$	1	2	0.00	18.16	0.00	59.81	9.31	12.73	55.00	
	$E_{1-2}km^3$	1	1	0.00	18.80	0.00	57.26	10.26	13.68	75.00	

2) 西秋构造带地层矿物组分分布规律

西秋构造带地层中矿物组分分布情况见表 2-3-36。该井上部地层(库车组和康村组)以方解石和石英为主,含长石和白云石。随着井深增加,方解石含量逐渐下降,在吉迪克组出现硬石膏且含量随井深呈上升趋势,中部地层以石英为主,其次为方解石和硬石膏,含长石、白云石。$E_{1-2}km$ 地层为盐膏层,以硬石膏和盐岩为主,其次为石英,含长石和方解石。整体上长石和白云石也呈现出含量随井深增加而降低的趋势。在吉迪克组出现少量方沸石和赤铁矿,苏维依组也含有少量方沸石。黏土矿物含量在不同层位差异较大,含量为 12%~28%,大部分层位黏土矿物含量超过 20%。

表 2-3-36 西秋构造带地层矿物组分

层位	井数口	样品数	晶态非黏土矿物,%									晶态黏土矿物 %	非晶态黏土矿物 %
			石英	长石	方解石	白云石	方沸石	硬石膏	石盐	赤铁矿	总量		
N_2k	1	9	23.46	10.52	35.63	9.73	0.00	0.00	0.00	0.00	79.34	18.63	2.01
$N_{1-2}k$	1	17	24.86	11.01	36.66	8.11	0.00	0.00	0.00	0.00	80.64	16.79	2.56
N_1j	3	18	22.09	9.12	18.20	5.47	5.78	12.68	0.00	2.00	72.57	25.60	1.81
$E_{2-3}s$	2	22	26.38	10.39	14.29	4.69	2.63	16.84	0.00	0.00	73.77	24.83	1.41
$E_{1-2}km^1$	1	2	29.05	8.15	11.30	2.30	0.00	23.80	0.00	0.00	74.60	24.50	0.90
$E_{1-2}km^2$	1	2	18.60	7.20	9.75	3.40	0.00	12.95	63.10	0.00	81.75	17.60	0.66
$E_{1-2}km^3$	1	1	14.90	5.70	3.50	0.00	0.00	58.80	5.00	0.00	87.90	11.70	0.35

3) 西秋构造带理化性能分布规律

西秋构造带理化性能分析结果见表 2-3-37。该井地层密度较高,平均密度为 2.55~2.81g/cm³,总体上密度随井深增加增大,$E_{1-2}km^2$ 为盐岩段,密度较低为 2.55g/cm³。回收率远小于 30%,所有地层均为强分散。膨胀率为 1.43%~17%,大部分层位均为弱膨胀,$N_{1-2}k$ 为中膨胀。全井段阳离子交换容量均较低。

表 2-3-37 西秋构造带理化性能

层位	井数口	样品数	密度 g/cm³	回收率 %	膨胀率(16h) %	CEC mmol/100g
N_2k	1	9	2.72	4.99	10.99	6.50
$N_{1-2}k$	1	17	2.72	11.56	17.00	5.12
N_1j	3	18	2.76	7.31	11.78	5.83
$E_{2-3}s$	2	22	2.77	11.95	8.88	5.27
$E_{1-2}km^1$	1	2	2.81	10.35	10.16	5.00
$E_{1-2}km^2$	1	2	2.55	17.85	5.41	4.50
$E_{1-2}km^3$	1	1	2.80	19.00	1.43	4.00

3. 西秋构造带却勒 6 井地层矿物组分与理化性能纵向变化情况

以却勒 6 井为例来说明西秋构造带地层矿物组分与理化性能纵向变化情况,分析井段 2600~4950m。历经新近系 N_2k,$N_{1-2}k$ 和 N_1j,古近系 $E_{2-3}s$。

1) 却勒 6 井地层黏土矿物

却勒 6 井地层黏土矿物分布情况见表 2-3-38 和图 2-3-25,该井黏土矿物主要以伊利石和伊/蒙无序混层组成,伊利石含量为 45%~70%,伊/蒙无序混层为 10%~33%,混层比多在 40%~60%,测试井段自上而下相对含量没有明显变化。

表 2-3-38　却勒 6 井黏土矿物分布情况

层位	井段 m	统计类型	样品数	相对含量,% S	I/S 混层	C/S 混层	I	K	C	混层比, S% I/S 混层比	C/S 混层比
N₂k	2600~3000	最大值	9	0.00	30.92	0.00	52.27	8.19	18.18	55	
		最小值		0.00	22.73	0.00	45.89	6	15.94	45	
		平均值		0.00	26.22	0.00	49.5	7.06	17.22	47.22	
N₁₋₂k	3050~3850	最大值	17	0.00	32.09	0.00	56.13	9.03	24.14	65	
		最小值		0.00	10.97	0.00	48.79	4.81	13.9	40	
		平均值		0.00	22.35	0.00	52.75	6.53	18.38	55.29	
N₁j	3950~4350	最大值	10	0.00	28.02	0.00	58.02	7.14	20.09	60	
		最小值		0.00	19.81	0.00	46.12	4.92	14.9	40	
		平均值		0.00	23.7	0.00	53.29	5.87	17.14	45	
E₂₋₃s	4400~4950	最大值	13	0.00	25.87	0.00	69.83	8.06	26.13	70	
		最小值		0.00	10.06	0.00	47.81	5	13.85	40	
		平均值		0.00	18.69	0.00	55.47	6.72	19.13	61.15	

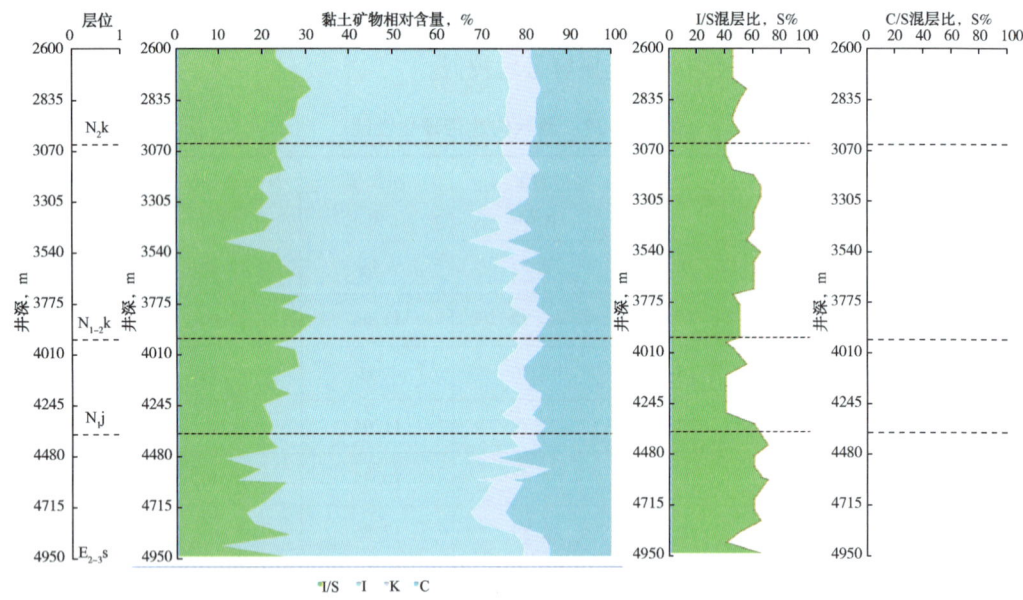

图 2-3-25　却勒 6 井地层黏土矿物组分纵向分布

2) 却勒 6 井地层矿物组分

却勒 6 井地层矿物组分分析结果见表 2-3-39 和图 2-3-26，该井测试井段以方解石和石英为主，含长石、白云石、方沸石和硬石膏。方解石含量为 12.6%~41.8%，石英含量为 19.2%~30.5%。进入 N₁j 后开始出现硬石膏，进入 E₂₋₃s 硬石膏含量迅速增加，方解石含量降低到最低只有 19.2%。

表 2-3-39 却勒 6 井矿物组分分析结果   单位:%

层位	井段 m	统计类型	样品数	石英	长石	方解石	白云石	方沸石	硬石膏	黏土矿物总量
N₂k	2600~3000	最大值	9	25.1	12.5	41.8	12.3	0.00	0.00	23.2
		最小值		20.6	9.2	30	7.8	0.00	0.00	13.9
		平均值		23.46	10.52	35.63	9.73	0.00	0.00	18.63
N₁₋₂k	3050~3850	最大值	17	29	12.2	41.5	11.9	0.00	0.00	20.7
		最小值		19.2	9.2	33.3	6	0.00	0.00	13
		平均值		24.86	11.01	36.66	8.11	0.00	0.00	16.79
N₁j	3950~4350	最大值	10	28.8	14	36.8	8.6	2.2	3.1	25.5
		最小值		19.3	9	19.2	5	2.1	3.1	17.1
		平均值		24.34	11.05	32.97	6.24	2.17	3.1	21.8
E₂₋₃s	4400~4950	最大值	13	30.5	16	20.2	13.3	3.5	28.5	34.8
		最小值		23.1	8.5	12.6	1	1	2.3	22.8
		平均值		27.36	11.51	15.62	5.43	2.58	8.2	27.98

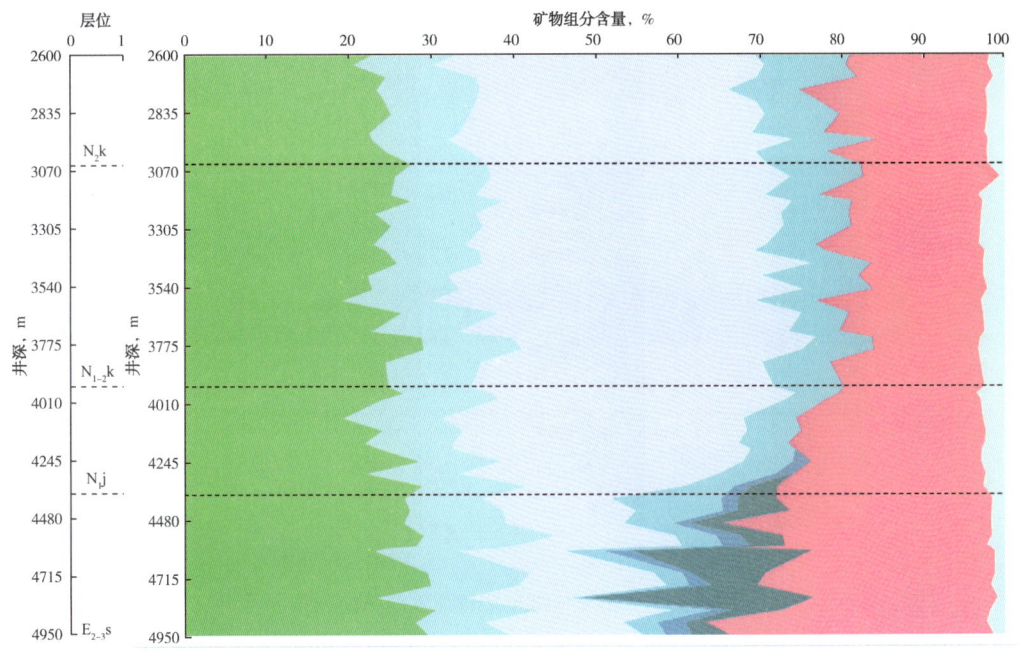

图 2-3-26 却勒 6 井地层矿物组分纵向分布

3) 却勒 6 井地层理化性能

却勒 6 井理化性能见表 2-3-40 和图 2-3-37,该井大部分地层密度为 2.69~2.72g/cm³,N₁j 密度较高,为 2.71~3.02g/cm³;全井段回收率较低,为 3.4%~11.56%,为强分散;膨胀率为 1.43%~19.92%,以弱—中膨胀为主,少数样品为高膨胀,分布在 N₁j 以上地层;全井段阳离子交换容量较低,为 4~8mmol/100g。

表 2-3-40 却勒 6 井理化性能

层位	井段 m	统计类型	样品数	密度 g/cm³	回收率 %	膨胀率 %	CEC mmol/100g
N₂k	2600~3000	最大值	9	2.73	7.3	19.92	7.5
		最小值		2.71	3.5	1.79	5
		平均值		2.72	4.99	10.99	6.5
N₁₋₂k	3050~3850	最大值	17	2.73	22.6	22.38	6
		最小值		2.7	5.1	13.65	4
		平均值		2.72	11.56	17	5.12
N₁j	3950~4350	最大值	10	3.02	25.7	18.7	6
		最小值		2.71	3.8	11.55	5
		平均值		2.75	9.5	16.31	5.55
E₂₋₃s	4400~4950	最大值	13	2.76	18.8	15.44	8
		最小值		2.69	3.4	1.43	6
		平均值		2.72	10.32	9.19	6.54

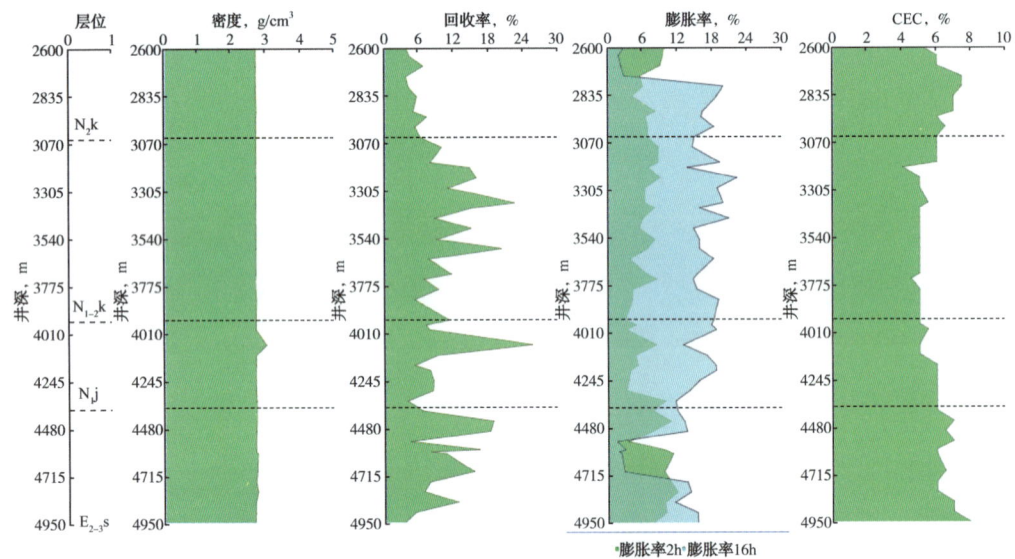

图 2-3-27 却勒 6 井地层理化性能纵向分布

五、阳霞凹陷

1. 阳霞凹陷地层黏土矿物组分分布规律

阳霞凹陷只分析了阳北 1 井，阳北 1 井地层黏土矿物分析结果见表 2-3-41 与图 2-3-28。该井地层黏土矿物以伊利石和伊/蒙有序混层为主，其次是绿泥石，高岭石含量较低。伊/蒙有序混层比大部分为 20%~30%，伊/蒙有序混层含量随井深增加先下降再上升，N₂k 含量接近 40%，到 E₂₋₃s 下降至 20%，然后含量开始上升，K₁y 含量上升至 48%。绿泥石含量不高，且含量随井深增加而下降。高岭石含量较低，只分布在 N₂k、N₁j、E₂₋₃s 和 E₁₋₂ km。绿/蒙有序混层只存在于吉迪克组和苏维依组，含量接近20%。在吉迪克组出现蒙皂石，含量为50%。

表 2-3-41　阳北1井地层黏土矿物相对含量

凹陷	构造带	层位	井数口	样品数	晶态黏土矿物相对含量,%						混层比,S%	
					S	I/S混层	C/S混层	I	K	C	I/S	C/S
阳霞凹陷	阳北1	N_2k	1	114	0.00	32.53	0.00	44.17	5.47	20.61	43.86	
		$N_{1-2}k$	1	27	0.00	31.48	0.00	47.61	0.00	22.07	20.00	
		N_1j	1	54	49.69	25.85	19.64	44.16	5.55	19.46	33.80	21.33
		$E_{2-3}s$	1	5	0.00	19.73	18.97	51.99	5.95	18.32	24.00	30.00
		$E_{1-2}km$	1	17	0.00	32.97	0.00	47.03	9.73	15.65	20.00	
		K_1y	1	1	0.00	47.88	0.00	43.03	0.00	9.09	20.00	

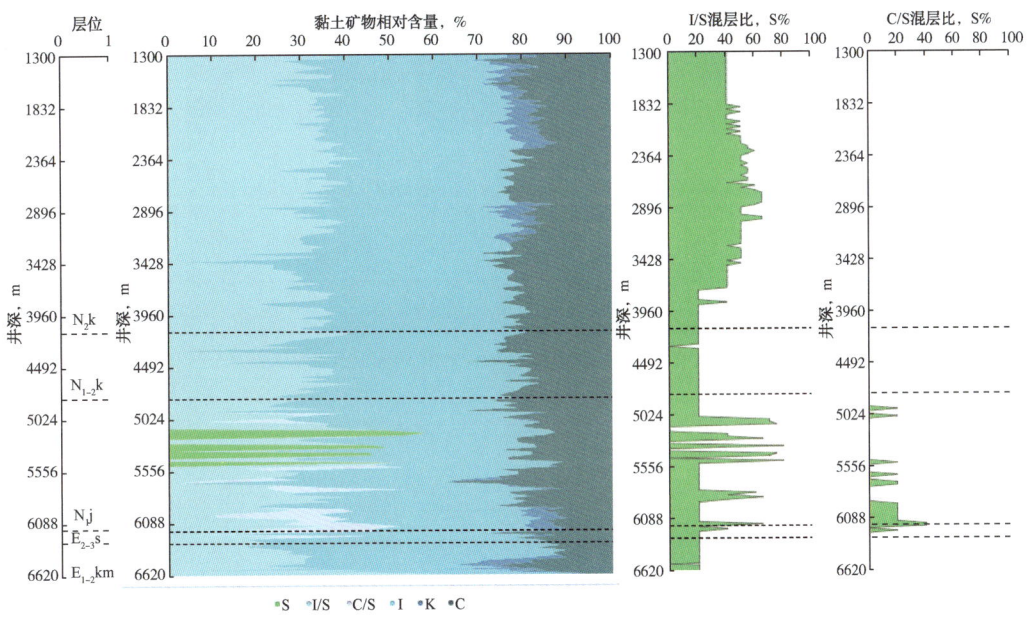

图 2-3-28　阳北1井地层黏土矿物组分纵向分布

2. 阳霞凹陷地层矿物组分分布规律

阳北1井地层矿物组分分布情况见表2-3-42与图2-3-29。该井全井段均以石英为主，其次为长石、方解石，白云石和硬石膏含量较低。在吉迪克组出现盐岩，且硬石膏含量达到最高值12%，石英含量则出现最低值30%。在亚格列木组，石英含量急增至54%，且无硬石膏。黏土矿物含量较低，大部分层位均低于16%，苏维依组和亚格列木组含量接近20%。

表 2-3-42 阳北 1 井地层矿组组分分布情况

| 凹陷 | 构造带 | 层位 | 井数口 | 样品数 | 晶态非黏土矿物组分含量,% |||||| 晶态黏土矿物含量 % | 非晶态黏土矿物含量 % |
					石英	长石	方解石	白云石	硬石膏	石盐	总量		
阳霞凹陷	阳北 1	N_2k	1	114	34.77	22.91	22.62	3.24	3.12	0.00	84.65	13.11	2.24
		$N_{1-2}k$	1	27	35.83	25.07	19.51	2.79	2.91	0.00	86.11	11.52	2.36
		N_1j	1	54	29.96	22.34	13.93	7.51	11.52	5.39	85.18	12.78	2.03
		$E_{2-3}s$	1	5	35.90	20.22	13.42	1.86	9.68	0.00	81.08	17.08	1.85
		$E_{1-2}km$	1	17	32.84	25.09	24.76	11.69	1.73	0.00	92.04	6.28	1.67
		K_1y	1	1	54.20	10.60	11.70	3.90	0.00	0.00	80.40	16.50	3.13

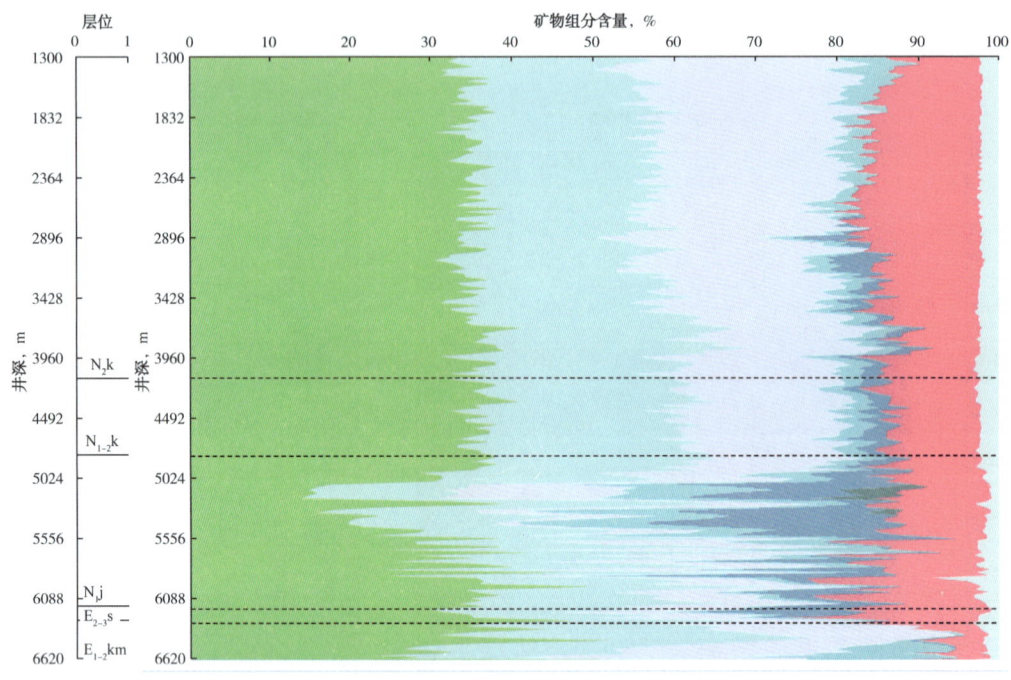

图 2-3-29 阳北 1 井地层矿物组分纵向分布

3. 阳霞凹陷地层理化性能分布规律

阳霞凹陷阳北 1 井理化性能分析结果见表 2-3-43 与图 2-3-30。该井地层密度为 2.48~2.68g/cm³。回收率在不同层位差异较大，$E_{1-2}km$ 弱分散，回收率高达 81.54%，其余层位为中至强分散。膨胀率为 1.81%~9.5%，为弱膨。全井段阳离子交换容量都较低。

表 2-3-43　阳北 1 井理化性能

凹陷	构造带	层位	井数口	样品数	密度 g/cm³	回收率 %	膨胀率(16h) %	CEC mmol/100g
阳霞凹陷	阳北 1	N_2k	1	114	2.58	4.55	9.50	8.29
		$N_{1-2}k$	1	39	2.48	53.10	5.10	4.18
		N_1j	1	54	2.53	29.38	4.69	5.63
		$E_{2-3}s$	1	5	2.68	29.05	4.44	6.40
		$E_{1-2}km$	1	17	2.59	81.54	1.81	3.41
		K_1y	1	1	2.52	23.30	5.84	8.00

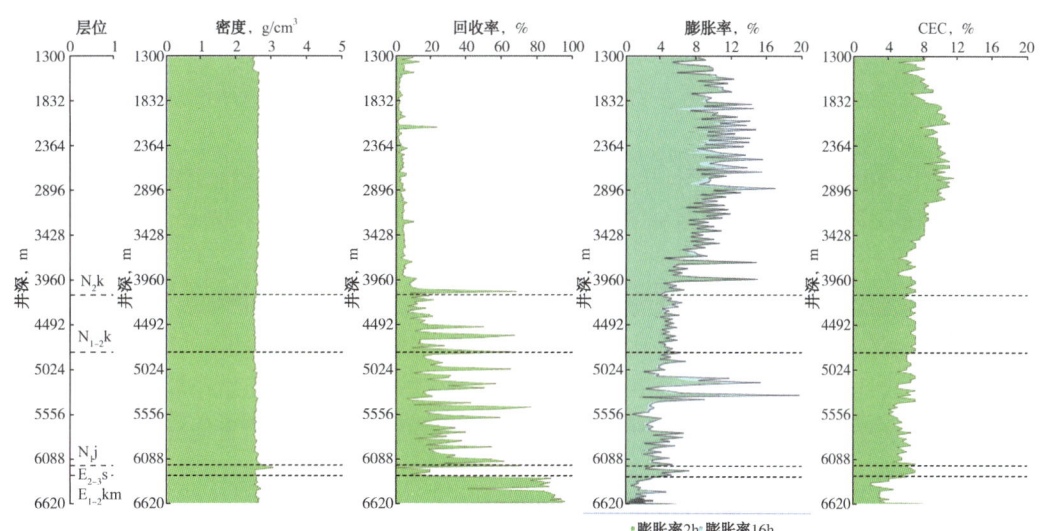

图 2-3-30　阳北 1 井地层理化性能分布

第四节　克深区带地层矿物组分理化性能影响因素

一、影响克深区带地层矿物组分与理化性能分布的因素

影响克深区带地层矿物组分与理化性能分布的因素有：

（1）沉积物源来源于老地层，不同构造物源有所不同。

（2）克深段与大北段属于快速沉积、快速埋藏，低温弱成岩，固结程度普遍较低；物源来自老地层，成岩过程深部中，地层受强构造挤压，微裂缝发育；库姆格列木群存在盐膏；白垩系受强构造运动作用，地层裂隙发育。基于上述地层特点，所钻地层分散性强，回收率低。

（3）库姆格列木群为盐膏地层，砂泥岩中普遍含盐膏，遇水盐膏溶解，引发岩屑分散，初始地层膨胀率稍高，后期膨胀率大幅下降。

（4）库姆格列木群 $E_{1-2}km^2$ 存在欠压实软泥岩，此类泥岩含水高，未成岩，钻开后，分散性强。

（5）克深段与大北段所钻井，盐膏层段与储层段埋深比较深，至6000m之后井段由于压实作用，岩石强度增大，地层分散性变差，膨胀性减弱，受构造挤压作用的影响，各构造砂泥岩分散性从强变为中至弱，膨胀性能从中至弱变为弱膨胀的深度不相同；例如克深21井为7600m（库姆格列木群$E_{1-2}km^1$），而克深243井为6000m（库姆格列木群$E_{1-2}km^4$）。

二、克深大北区带钻井过程与地层矿物组分相关的潜在复杂情况

通过对克深大北区带矿物组分与理化性能分析，可以得出在钻井过程潜在以下复杂情况：

（1）大部分井段地层岩屑分散性强，潜在地层造浆严重，含砂量高，滤失量大，滤饼虚而厚，摩擦系数大，易诱发黏卡。

（2）盐上地层大部分地层为中等膨胀，钻井过程潜在缩径、起下钻阻卡，井塌。

（3）盐上地层为未成岩，潜在蠕变缩径，引发起下钻阻卡、缩径卡钻。

（4）盐上地层碳酸盐含量高，吉迪克组和苏维依组含石膏，潜在钙侵引起钻井液性能恶化。

（5）克深10上盘库姆格列木群上泥岩段出现蒙皂石，潜在水化膨胀缩径、井塌。

（6）盐膏层段含盐膏，潜在钻井液遭受盐膏侵，引发钻井液性能恶化，诱发黏卡、井塌。

（7）盐膏层段泥岩、砂岩为强分散，初始膨胀率高，长时间膨胀率低，潜在因岩屑分散盐与石膏溶解引发钻井液性能恶化、井眼先缩后塌等复杂情况。

（8）盐膏层段中盐岩、无水石膏与软泥岩，在钻井过程潜在蠕变缩径等复杂情况。

（9）白垩系泥岩、砂岩分散性强，部分泥岩为中等膨胀，潜在因岩屑分散引发钻井液性能恶化与缩径等井下复杂情况。

参 考 文 献

[1] 徐同台，等．中国含油气盆地黏土矿物[M]．北京：石油工业出版社，2003．
[2] 徐同台，等．油气田地层特性与钻井液技术[M]．北京：石油工业出版社，1998．
[3] 赵杏媛，等．2000塔里木盆地黏土矿物[M]．武汉：中国地质大学出版社，2001．

第三章　库车山前水基钻井液技术

水基钻井液是以水为连续相，加入膨润土、抑制剂、各种处理剂、可溶性盐和加重剂所组配而成的。为了实现勘探开发目的，满足库车山前优质、安全、快速、低耗钻井工程的需求，从1993年以来，库车山前钻井过程共使用膨润土—聚合物钻井液、正电胶钻井液、KCl 聚合物钻井液、KCl 聚磺钻井液、正电胶聚磺钻井液、多元醇氯化钾磺化钻井液、有机盐钻井液、聚磺钻井液、硅酸盐饱和盐水钻井液、欠饱和/饱和盐水钻井液、高性能环保钻井液、氯化钾磺化钻井液、柴油基钻井液、空气/氮气流体等14类钻井液，前面12类为水基钻井液。本章着重论述膨润土—聚合物钻井液、氯化钾聚合物钻井液、氯化钾聚磺钻井液、有机盐钻井液、高性能环保钻井液、欠饱和/饱和盐水钻井液及氯化钾磺化钻井液等7类水基钻井液。由于库车山前大部分井深超过5000m，井温高达120~190℃，地层孔隙压力较高；因而本章先论述抗高温高密度钻井液作用机理，再针对库车山前所钻地层特点，论述各类钻井液机理、配方、性能、维护处理方法与典型应用实例。

第一节　抗高温高密度水基钻井液作用机理

一、温度对钻井液基液水性能的影响

1. 水的分子结构特点

虽然水的特性随各种外在条件千变万化，但是水分子的结构却是又小又简单。水分子结构如图3-1-1所示。

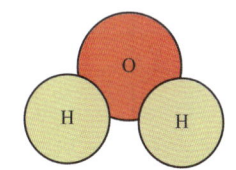

图3-1-1　水分子结构图

水分子的三个原子夹角为104.5°。在水分子内部，氢原子与氧原子通过共用一对电子形成共价键。由元素的电负性可知，氧原子比氢原子对电子的吸引能力更强。所以，电子对的共用程度并不是均衡的。这就导致共价电子主要在带有负电的氧原子周围运动，使得氧对外表现为带负电，而氢原子带的是正电。如果水分子为线性分子，这些电荷的分布无关紧要，只会形成一个电荷中心。但是水为非线性分子，其空间构型为V形，导致正电荷在负电荷周围不均匀分布，在作用力不能相互抵消的情况下，每个电荷都有自己的电荷中心，造成分子具有正负极，就形成了所谓的极性分子。

极性分子最显著的特点就是可以吸引临近分子，产生一种特殊的分子间或分子内相互作用力，作用力因为涉及氢元素，因而称作"氢键"（图3-1-2）。氢键的作用，对水分子的表面张力和黏性产生巨大影响。表面分子因为氢键作用会黏在一起，形成一个不容易透过的覆盖层，叫做表面张力层。18℃时水的表面张力是73.05×10^3N/m，这个数值是很高的，在所有液体中，水的表面张力仅次于水银。

2. 温度对水分子的影响

高温条件下的水，简称高温水（HTW），一般指温度为 100~300℃ 的液态压缩水。当水的沸点是100℃，温度升高必然会变为气态，所以还有一个特殊条件就是高压，从而使其继续保持流体状态。如同超临界流体 CO_2 一样，高温水的物理性质和化学性质都会发生巨大改变，包括极性、密度、黏度、氢键、介电常数等。Naoko Akiya 和 Phillip Savage 等深入研究并得到了水的一些理化性质，如图 3-1-3 所示。

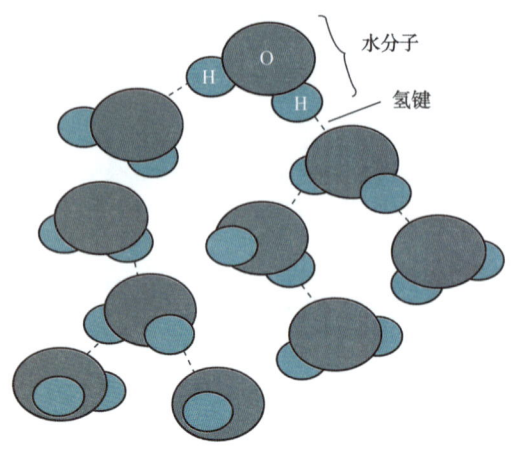

图 3-1-2 水分子氢键

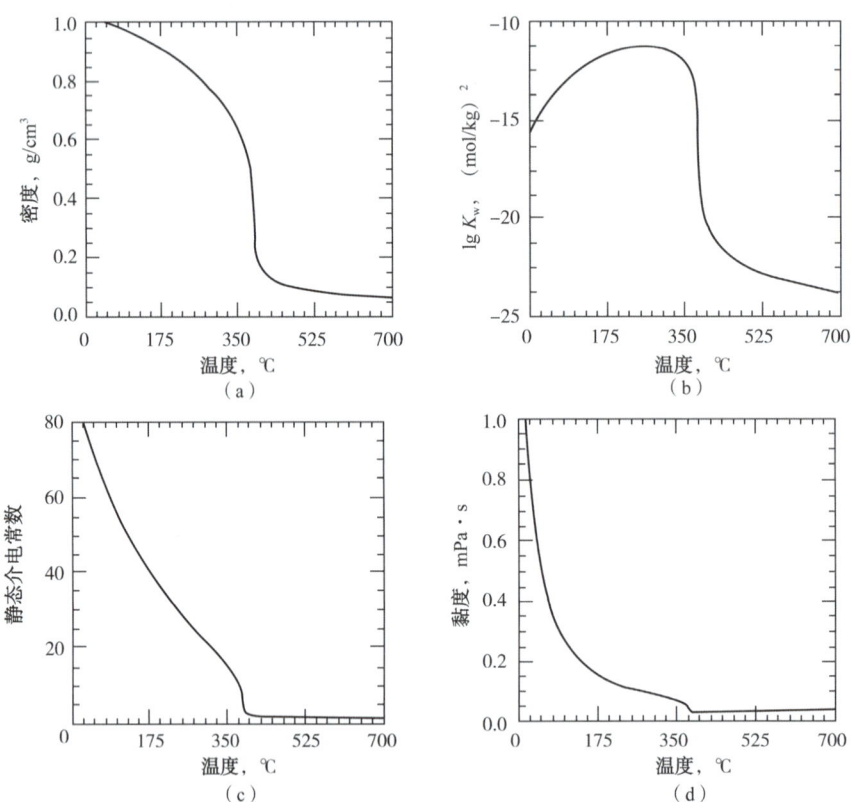

图 3-1-3 水的理化性质随温度的变化关系曲线
K_w—离子积常数

在高温和高压的条件下，水的各种理化性质均发生了相应的改变，水在这种状态时作为有机化学反应的媒介受到了科研人员的持续关注和研究。关于水在不同温度时的性质比较见表 3-1-1。从表 3-1-1 中可以看出，过热水在 100~375℃ 的物理常数更适合有机氧化反应，特别是较大的电离常数使其具有自身酸碱催化作用，较小的介电常数使过热水能同时溶解有机物和无机物。

表 3-1-1　水在不同温度时的物理性质比较

物理性质	超临界状态	中间态	常温水
温度，℃	375~650	100~375	20
压力，MPa	25~35	5~15	0.128~56
密度，kg/m³	65~475	500~800	998
黏度，μPa·s	28~56	66~109	1000
扩散系数，cm²/s	10^{-3}	10^{-4}	10^{-5}
介电常数	1~9	13~28	80
离子积常数，(mol/kg)²	较小	接近270℃处有一极大值，约为10^{-11}(mol/kg)²，且与压力呈正相关	10^{-14}

高温水在结构上不同于普通环境下的水，特别是在温度和压力达到临界状态时。这些不同给与了过热水独一无二的特性。纯水在升高温度和压力后的结构以及物理性质已经通过各种实验和计算机技术所确定。这些数据为理解在过热水中发生化学反应时，水作为溶剂所起到的作用提供了重要的线索。理解这些将对过热水的应用开发产生重要的推动作用。水的氢键、极性、密度、相对介电常数、黏度随着温度的升高都发生了改变。

1）温度对水分子氢键的影响

由电负性理论，临近水分子之间会通过氢键作用，形成四方有序结构，如图3-1-4所示。水的许多独特特性与氢键有关，温度升高，会破坏水中氢键总数，从而破坏水分子通过氢键所形成的四方有序结构。高压对氢键的数目影响微弱，增加压力只能稍微增加氢键的数目，并且稍微降低氢键的线性长度。

Gorbuty等利用IR光谱，研究了水中氢键与温度的关系，随着温度的升高，氢键度呈现出减小的趋势，这代表着水中氢键的数目、强度都在减少。

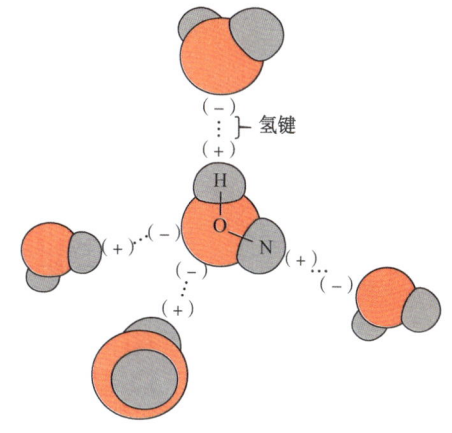

图 3-1-4　氢键示意图

由水的分子结构可知，水分子的正负电荷中心不重合，这是导致水分子产生极性的根本原因，几乎水分子所有的物理化学性质都与其分子极性密切相关。由上一小节可知，当温度升高时，分子运动加剧，破坏了分子间形成的氢键，正是因为氢键的存在，使分子各向运动会造成影响，因此，升高温度，氢键的作用减弱使水分子的极性呈现下降趋势。

极性的改变，极大地影响着水分子对其他物质，尤其是非极性物质的溶解度。由相似相溶的规律：极性分子间的电性作用，使得极性分子组成的溶质易溶于极性分子组成的溶剂，难溶于非极性分子组成的溶剂；非极性分子组成的溶质易溶于非极性分子组成的溶剂，难溶于极性分子组成的溶剂。虽然常温常压下的水极性很强，但是保持在一定的压力条件下（保持水为液体状态），当温度升高时，水的极性减弱，非极性相对增强，从而对石油中多种非极性物质的溶解度会大大增强。

2）温度对水分子介电常数的影响

水的相对介电常数值很高，一般在 80 左右，水分子相对介电常数高是因为其分子极性强所造成的，这种性质使水成为一种很好的溶剂。水分子级相对介电常数随着温度变化而做出相应的改变，并且随着温度的升高随之变小。

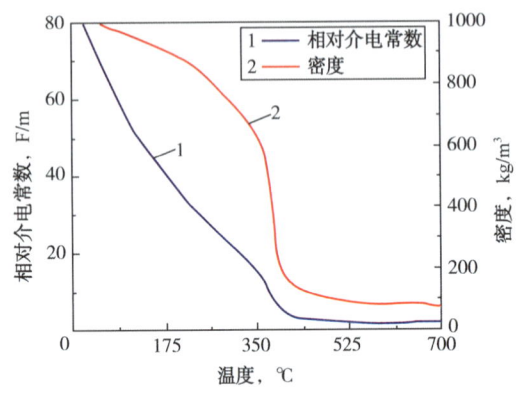

图 3-1-5　水的相对介电常数与温度关系曲线

在常温常压 20℃下水的相对介电常数为 80.1，在密闭条件下加热到 275℃，其相对介电常数仅为 25.5，水的相对介电常数随着温度的变化如图 3-1-5 所示。石油是由多种有机物混合而成，有机物大多为非极性物质，其相对介电常数是很低的，升高温度，油水的相对介电常数差值在很大程度上缩小，一些非极性物质与水在不同温度下的相对介电常数数据见表 3-1-2。在这样的条件下，可以使得石油与水达到互溶，消除油水界面的目的。

表 3-1-2　水和有机溶剂的介电常数

溶剂	溶剂的相对介电常数（常温常压）	水的温度,℃	水的介电常数
正己烷	1.89	50	71
环己烷	2.02	100	56
苯	2.27	150	45
二氯甲烷	8.93	200	35
甲基乙基酮	18.51	250	27
丙酮	20.7	300	22
乙醇	24	400	8
甲醇	33	超临界水（$T>374℃$，$p>22.1MPa$）	5~15

3）温度对水分子密度的影响

在常温常压条件下，水的密度为 $1.00g/cm^3$。水的密度对温度和压力的变化非常敏感，在高温高压条件下，水的密度会随着温度的升高而减小。水的密度与温度的关系曲线如图 3-1-6 所示。

水的密度一旦降低到一定的程度，其扩散性质将会发生巨大改变。此时的水虽然仍然为流体，但是扩散系数在高温条件下急剧增加，扩散动力学特性与气体相似。我们知道，与油水两相界面相比较，与油水界面张力而言，油气的界面张力要低很多。关于这方面的研究没有相关的文献，但是可以预测，油水界面张力在高温条件下下降幅度会很大。

4）温度对水分子黏度和表面张力的影响

NaokoAkiya 和 PhillipSavage 等研究了不同温度下水黏度的变化规律，如图 3-1-7 所示，显示的是水的黏度与温度的关系曲线，可以看出，水的黏度随温度升高时会呈下降趋势。这是由于液体随着温度升高分子活性增强，分子之间作用力减少，并且在处于高温时，水的黏度呈数量级的速率在下降。

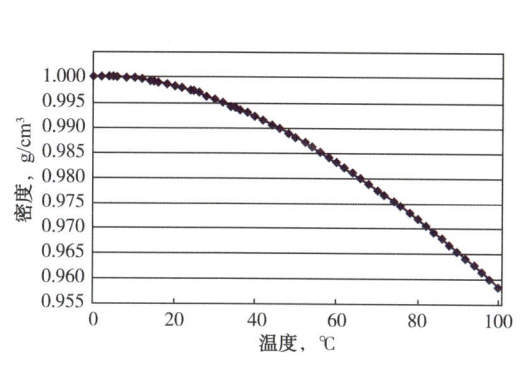

图 3-1-6　水的密度与温度关系曲线

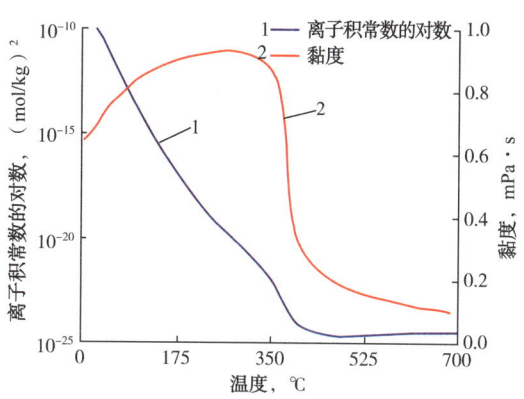

图 3-1-7　水的黏度与温度关系曲线

表面张力系数随温度的变化与液体黏度的改变有关。Pelofsky 和 Pederson 等通过实验观察到黏度 η 的倒数与表面张力系数 σ 的对数呈线性关系：

$$\sigma = Ae^{B/\eta} \tag{3-1-1}$$

其中，A 为正数，B 为负数。由式(3-1-1)知，σ 是 η 的单调递增函数，温度升高之后，表面张力会呈下降趋势。

5）温度对离子积常数的影响

离子积常数是水随着温度和密度变化而改变的又一个物理参数。如图 3-1-8 所示，离子积常数的值随着温度升高而增大并在 270℃ 处有一极大值，约为 $10^{-11}(mol/kg)^2$，这要比常规状态水高大约 3 个数量级，更高的离子积常数意味着更高浓度的氢离子和氢氧根离子，这时，过热水不仅仅是一种优良的有机化合物溶剂，在需要酸碱催化的反应中可以不加酸碱试剂而产生催化作用，这样的特性对于减少化学试剂的使用和减少污染有着重要的社会和经济上的意义。

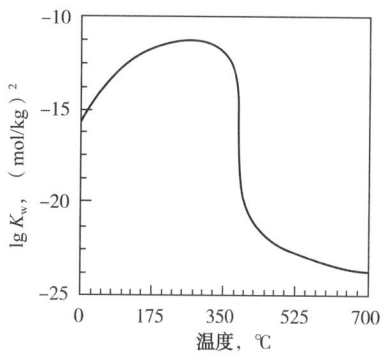

图 3-1-8　在 250bar 时温度对水离子积常数的影响

3. 高温水的特性优势

1）亚临界水（NCW）的特性优势

亚临界水指的是在一定压力条件下（≤22.05MPa），从常压沸点温度（100℃）加热到它的超临界点（374℃）时仍保持液体状态的水，也称过热水、高温水或高压水。实际应用的过程中，高温水的温度一般在 200℃ 左右。近年来，对环境友好型物质应用要求越来越高，亚临界水以其无毒、方便、高效等优势引起了注意。虽然众多学者侧重利用亚临界水对各种化学物质的提取上、垃圾处理以及食品行业中，但是亚临界水在石油领域同样有着巨大的适用空间。在常温常压下，水是极性很大的溶剂，介电常数高达 80，对极性物质的溶解性很大，对中极性和非极性物质的溶解度却非常小。但是亚临界水的介电常数很低，并且随着温度的升高而降低，在250℃时只有27，介于甲醇和乙醇之间，产生这种现象的原因主要是氢键大量断裂以及氢键的键能减小。

亚临界态水极性的减弱，使得它对中极性和非极性物质的溶解度大大增加，可以溶解并提取很多的多环烃化合物。例如，在常温时，它能很好地溶解极性有机化合物，对酚的溶解度高于80g/L，而对石油里富含的多环芳烃来说，溶解度都非常的小。萘的溶解度为32mg/L，菲为1.3mg/L，芘为0.41mg/L，然而水在亚临界状态下极性急剧下降。介电常数降低为5~15，对中极性和非极性物质的溶解度大大增加，成为有效的有机物萃取剂。因此，亚临界水已经被提出作为弱极性有机溶剂的替代品。亚临界状态下水的性质参数见表3-1-3（表中pK_w是水的离子积常数负对数），根据数据显示，随着温度的升高，高温水对有机物萃取能力也显著增强，具体的数据见表3-1-4，其中保留因子代表尚未被高温水萃取出来的有机物。在不同温度下不同非极性物质与水的溶解度见表3-1-5。

表3-1-3　不同条件下水的性质参数

项目	普通水	亚临界水	
温度，℃	25	250	350
压力，MPa	0.1	5	25
密度，g/cm³	1.0	0.8	0.6
介电常数，°F/m	78.5	27.1	14.07
pK_w	14.0	11.2	12
比热容，kJ/(kg·K)	4.22	4.86	10.1
黏度，mPa·s	0.89	0.11	0.064

表3-1-4　高温水溶解保留因子

化合物	保留因子			
	150℃	160℃	170℃	180℃
酚	3.20	2.59	2.01	1.68
间—甲氧基酚	5.15	3.98	2.98	2.39
间—甲酚	9.32	7.09	5.33	4.21

表3-1-5　不同非极性物质与水的溶解度

温度，℃	溶解度，10^2mg/L		
	苯并[a]芘	百菌清	丙唑嗪
25	0.004	0.18±0.01	6.3±0.15
50		0.80±0.06	13.7±0.8
100	0.004±0.01	28±2	106±3
150	6.5±0.4	950±23	2560±11
200	63.1±1.0	23400±720	26800±3600
250	1095±41		

水作为天然的绿色介质,已经在各种化学反应中得到了广泛的应用,相信在未来,亚临界水的功用不仅仅局限在降解、合成、催化领域,在油水界面张力方面也将发挥很大的作用。

2) 超临界水(SCW)的特性优势

水的临界温度是 $T_c = 370℃$,临界压力 $p_c = 22.11MPa$,临界密度 $\rho_c = 0.32g/dm$。当体系的温度和压力超过临界点时,称为超临界水。与普通状态的水相比,超临界水有许多特殊的性质。图 3-1-9 是超临界水的黏度—密度—温度三维曲线关系图。

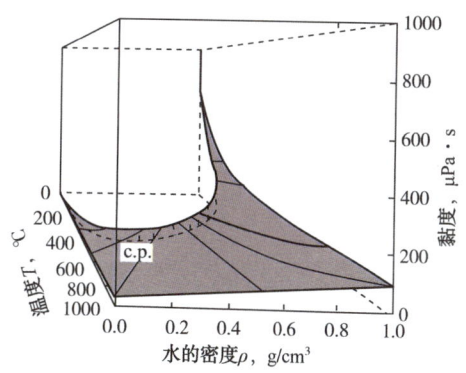

图 3-1-9 超临界水的黏度—密度—温度三维曲线关系图

超临界水的密度值能在很大的区间内变动,从接近于气体密度值到类似于液体,能随着压力和温度发生很大的变化。此外,超临界水的黏度值仅为常温常压下黏度值得 1/10。Lamb 等利用核磁共振技术测量了直到 700℃时超临界水自扩散时的高迁移率,结果表明其超临界时具有超高的迁移与扩散速率,表明其黏度值处于很低的状态。超临界水的黏度—密度—温度三维曲线关系图,可以明确地表明温度对于两者的影响。

Hawthorne 等通过高温水进行与有机物的互溶、提纯等操作,结果表明通过升高温度来降低水的介电常数,能达到很好的效果。Biswas 等研究了三种环状有机物在高温下与水的混溶情况,结果表明,在温度高于 550K 时,这三种有机物可以与水互溶。图 3-1-10 和图 3-1-11 表示了其一些实验数据结果。

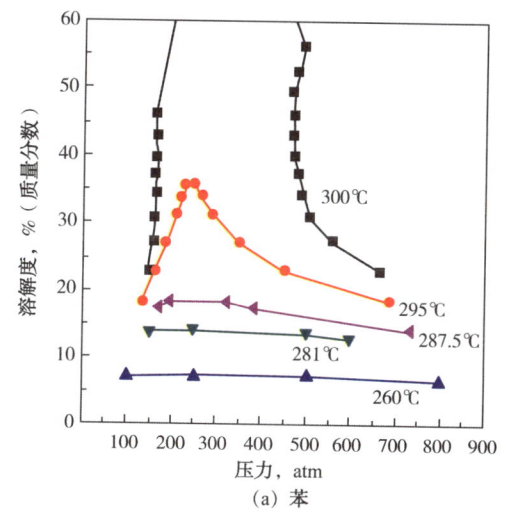
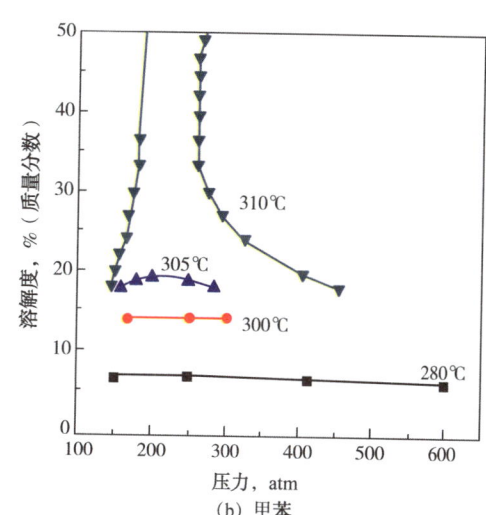

图 3-1-10 高温下油水混溶情况

实验结果表明,烃类物质在水中的溶解度通常在较低的温度下表现正常,在近临界溶液温度下有最大值。

4. 水随温度性能的变化对钻井液性能的影响

1) 水的极性随温度的变化对钻井液处理剂溶解性的影响

水的相对介电常数随密度的增大而增大,随温度的升高而减小,但温度的影响更为突出。在低温高密度的有限区域内,水的相对介电常数很高,接近80,此时水对离子电荷有

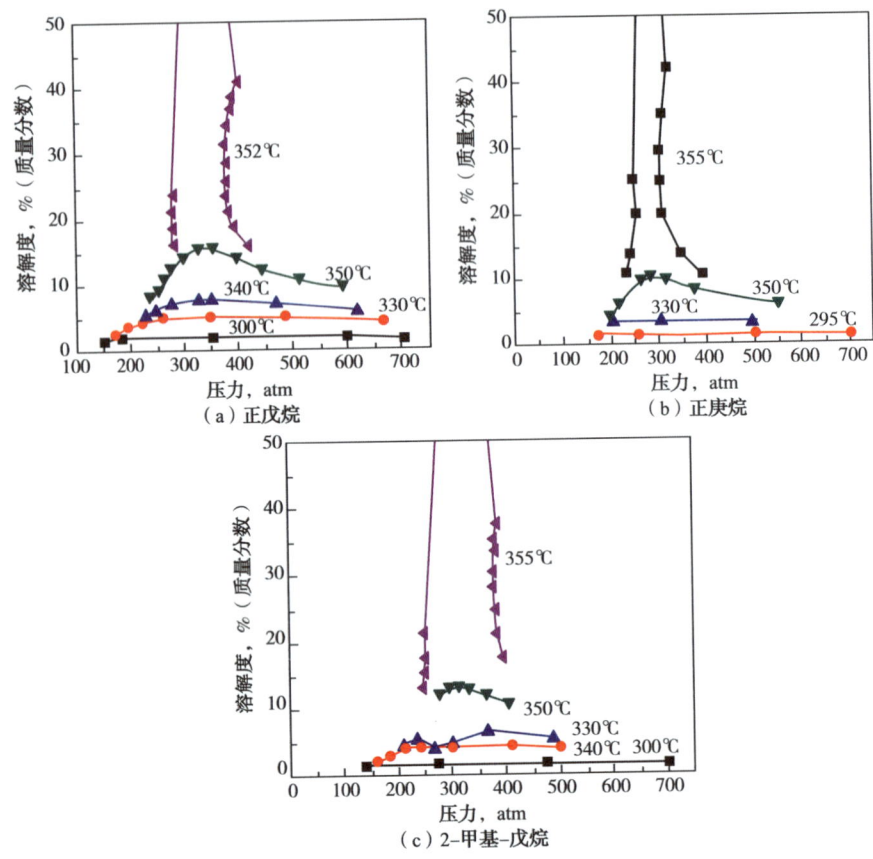

图 3-1-11 链状烃的溶解度曲线

较好的屏蔽作用,使得离子化合物易于解离。在高密度的超临界高温区域内,其相对介电常数相当于极性溶剂在常态下的相对介电常数的值,为中等极性 10~25。由水的相对介电常数随温度变化,地层温度为 150~200℃时,相对介电常数处于 30~50,根据相似相溶原理,水的极性降低,有机物在水中的溶解度会大幅度增加,而无机物在水中的溶解度则迅速降低,强电解质变成了弱电解质。

水基钻井液中添加剂大部分为亲水材料,有较高的极性,温度升高,水的极性下降较为明显,亲水材料在水中的溶解度下降。以聚合物降滤失剂 HPAM 为例,根据相似相溶原理,在温度较低的情况下,水的相对介电常数数值比较大,可以是良好的溶剂,在聚合物溶液中,聚合物分子可以充分伸展,黏度比较高。随着温度上升,水的相对介电常数下降,水变成较差的溶剂,在水中,聚合物分子无法充分伸展,导致了聚合物溶解度降低。

当温度继续上升,达到超临界状态时,水的相对介电常数小于 15,超临界水对电荷的屏蔽作用很低,水中溶解的溶质发生大规模的缔合作用。在 355~450℃ 的温度区域内,有机物和无机物的溶解情况完全颠倒过来了。

2) 水的黏度随温度的变化对钻井液滤失性能的影响

钻井液静滤失方程:

$$V_f = A\sqrt{2K\Delta p\left(\frac{f_{sc}}{f_{sm}} - 1\right)}\frac{\sqrt{t}}{\sqrt{\mu}} \tag{3-1-2}$$

式中　V_f——滤失体积，cm^3；

　　　K——滤饼渗透率，D；

　　　Δp——渗滤压力，$10^5 Pa$；

　　　f_{sc}——钻井液中的固相体积分数；

　　　f_{sm}——泥饼中固相体积分数；

　　　t——滤失时间，s；

　　　μ——滤液的黏度，$0.1 mPa \cdot s$。

由式(3-1-2)可知，钻井液的滤失量与滤液黏度的平方根成反比。

温度对淡水基钻井液的黏度有较大的影响。钻井液表观黏度与温度呈指数函数关系，随着温度的升高，淡水基钻井液的表观黏度和塑性黏度都出现降低趋势；盐水基钻井液的塑性黏度在150℃达到最低值，然后稍有升高，表观黏度总体上呈降低趋势。

聚丙烯酰胺作为钻井液一种增黏剂，其黏度随温度的变化规律如图3-1-12所示。

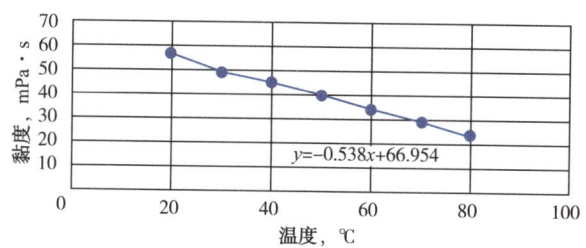

图3-1-12　部分水解聚丙烯酰胺[0.2%HPAM(分子量900万)]黏温关系曲线

从图3-1-12可以看出，随着温度的升高，部分水解聚丙烯酰胺(HPAM)溶液的黏度随着温度的升高而线性下降；根据极性相近易于相互溶解的原理，随着温度的上升，水的介电常数下降，极性变小，从良好溶剂变为不良溶剂，聚合物分子在溶剂中的延展受到了影响，黏度下降，进而影响了钻井液的滤失量。

所以，在一定范围内，随着温度的升高，水的黏度降低，钻井液的滤失量升高。

3) 水界面张力随温度的变化对钻井液乳化性能的影响

高温水的界面张力下降很多，因此缩小了水相与油相的表面张力差值，界面张力变小，甚至小于油相的界面张力。根据Antonoff法则，有机液体与水形成的界面，两相相互饱和的液体和所形成的界面张力是两液体表面张力之差。所以，此时油水界面张力随温度升高而变小。此外，根据相似相溶原理，非极性分子更容易溶解于非极性分子，溶解度越大，则饱和水溶液的表面张力降低值越大。水的极性降低后，高温水对油的溶解度也以数量级的倍数增加，因此油水界面张力在高温高压条件下将会减小。所以，油水两者界面张力不仅与两相的表面张力有关，而且受溶解性两方面共同作用的影响。而钻井液的乳化性能与油水两相的界面张力有关，界面张力越小形成的乳状液越稳定。

以苯为例，将介电常数和两相界面张力值这两个参数随着温度的变化如图3-1-13所示。

表面活性剂在乳化过程中发挥重要的作用，温度对表面活性剂的性质有一定的影响，不同的

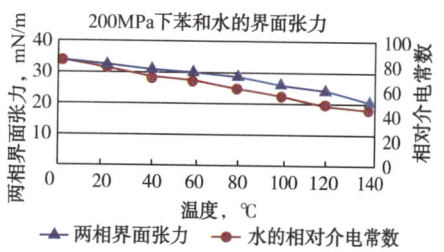

图3-1-13　苯和水的界面张力和相对介电常数随温度变化曲线

表面活性剂降低油水界面张力的能力不同,最佳的作用温度也不同,温度的改变势必会影响钻井液的乳化性质。

二、温度对黏土颗粒的影响

1. 黏土的高温分散作用

钻井液中的黏土粒子在高温作用下,自动分散的现象为黏土粒子的高温分散作用。实践发现水基膨润土悬浮体经高温后,膨润土粒子分散度增加,比表面增大,粒子浓度增大,表观黏度和切力(静切力、动切力)也随着变大。高温加剧了钻井液中各种粒子的热运动,可导致以下结果:

(1) 高温增加了水分子渗入未分散的黏土粒子晶层表面的能力,从而促进原本未被水化的晶层表面水化和膨胀。

(2) 随着水分子渗入晶层内表面,则 CO_3^{2-},OH^- 和 Na^+ 等有利于黏土表面水化的离子随之进入,增强原来被水化表面的水化能力,促进了进一步的水化分散。因此,随着高温分散的发生,钻井液中 CO_3^{2-} 和 OH^- 含量及钻井液 pH 值都下降。

(3) 高温不影响黏土的晶格取代,但却促进了八面体中 Al 的解离(pH 值越高促进解离作用越大),使黏土所带负电荷增加,同时补偿了因高温而解吸的阴离子,促进黏土粒子 Zeta 电位的增加,从而有利于渗透水化分散。

(4) 高温使黏土矿物晶格中片状微粒热运动加剧,从而增强了水化膨胀后的片状粒子彼此分离的能力。

影响高温分散作用与黏土种类、温度及作用时间、pH 值、抑制剂等有关。黏土种类是高温水化分散的决定因素。依其水化能力,钠膨润土高温分散能力强,而高岭石则弱;所经受的温度越高,作用时间越长,黏土高温分散越强,但有一定限度;介质的化学环境为分散者,则对高温分散有利,反之则不利。无机高价正离子如 Ca^{2+},Al^{3+},Fe^{3+} 和 Cr^{3+} 等的存在对黏土高温分散有一定的抑制作用,其作用大小与正离子价数和浓度有关。高温分散作用使钻井液中黏土颗粒浓度增加,易使钻井液高温增稠,因此,对钻井液高温下的性能和热稳定性都有影响,而对流变性的影响最大,且其影响是不可逆和不可恢复的。

在其他条件相同时,钻井液中黏土越多则高温后钻井液黏土粒子浓度的绝对值增加越多,使钻井液黏度类似指数关系急剧上升。当黏土的含量大到某一数值时,则钻井液高温作用后丧失流动性形成凝胶即产生了高温(后)胶凝。凡高温胶凝的钻井液,必然丧失其热稳定性,性能破坏。因此,在深井超深井钻井液中要防止钻井液高温胶凝及严重增稠,保持钻井液良好的热稳定性,除了选用抗高温处理剂有效地抑制和减少黏土粒子的高温分散,还必须控制钻井液中的活性膨润土的含量,钻井液中黏土含量不能过高,也不能过低。

2. 黏土的高温聚结作用

高温加剧水分子的热运动,从而降低了水分子在黏土表面或离子极性基团周围定向的趋势,即减弱了它们的水化能力,减薄了它们的外层水化膜。高温降低水化粒子及水化基团的水化能力,减薄其水化膜的作用称为高温去水化作用。同时温度升高,一般可促进处理剂在黏土表面的解吸附,这种作用可称为处理剂在黏土表面的高温解吸。高温也引起黏土胶粒碰撞频率增加。以上三种因素的综合结果使黏土粒子的聚结稳定性下降,从而产生程度不同的聚结现象,这种现象即为钻井液中黏土粒子的高温聚结作用。由于高温去水化和解吸作用随温度可逆变化，故钻井液中黏土粒子的高温聚结作用和由它引起的钻井液性能的变化也可能随温度而可逆变化。

黏土颗粒高温聚结增大了滤饼的渗透率，使滤饼质量降低，增加钻井液滤失量，在高矿化度钻井液中更是如此。高温聚结作用与黏土表面的水化能力、温度的高低、电解质浓度与种类、处理剂用量等有关。

3. 钻井液中黏土颗粒的高温钝化（去水化）

黏土悬浮体经高温（一般高于130℃）作用后，黏土粒子表面活性降低，这种现象为黏土粒子表面高温钝化，通过中子衍射实验研究了高温高压条件下黏土/水的相互作用，实验结果见表3-1-6。

表3-1-6　Na-蛭石—H_2O/D_2O 相互作用的高温高压状态点及其黏土平衡层间距

模拟井深，km	压力，bar	温度，K	层间距 d，Å
0	1	280	14.90
1.5	225	319	14.92
3.0	250	364	14.96
4.5	675	409	14.96+13.37
5.25	787	431	14.96+13.37+12.35
6.0	900	454	13.37+12.35
7.5	1125	491	12.35
9.0	1350	544	12.38
10.0	1500	574	12.38

影响表面钝化的因素首先是温度，温度愈高，钝化反应愈厉害。钻井液中的 OH^-，Ca^{2+}，Fe^{3+} 和 Al^{3+} 的含量越大越有利于钝化反应，以 OH^- 和 Ca^{2+} 影响最大，钝化反应的结果必然使钻井液pH值下降。这是不随温度而可逆的永久性变化，主要影响钻井液的热稳定性。表现为钻井液黏度增加，动切力和静切力却增加不多，有时甚至下降。在钻井液中表现为高温减稠、高温固化两个方面。

若钻井液中黏土含量降低，黏土高温分散较弱，则黏土粒子的表面高温钝化降低了黏土粒子形成结构的能力以及强度，这是引起钻井液高温后减稠的重要因素，以钻井液动切力的下降为特征，高温减稠的同时经常伴随着钻井液pH值的下降。

钻井液经高温作用后成型具有一定强度的现象称为高温固化成型，简称固化。当钻井液中黏土含量超过其高温容量限，则高温分散作用使钻井液黏土粒子浓度剧增到足以使钻井液胶凝的程度，结果使网架结构的连接部分"固结"起来而具有一定强度，从而产生高温固化。高温固化是钻井液中黏土粒子的高温分散、高温聚结以及高温表面钝化在黏土含量达到一定值（高温容量限）后的综合结果。高温固化影响钻井液造壁性，滤失量大增。防止高温固化的办法首先是把钻井液中黏土含量控制在上限（防止胶凝、防止固化）和下限（防止严重减稠）之间，其次是用处理剂（包括表面活性剂）有效地防止和抑制黏土粒子的高温分散、高温聚结和高温钝化。

4. 高温影响黏土活性的实验研究

为了证实在高温条件下黏土活性降低，设计并完成如下试验。将适量新疆钠膨润土置于202型电热恒温干燥箱中，在240℃±2℃温度下烘烤12h，然后移至干燥器中冷却至室温，作为干样备用。按照 API 标准，将 22.5g 土样加入 350mL 的蒸馏水中，分别使用干样与未经热处理的钠土(以下简称湿样)配制成两种黏土/水悬浮液。在静置 16h 后，测定两种悬浮液的流变性能。以黏度与动切力作为评价指标，确定高温对黏土水化能力的影响。实验结果见表 3-1-7。

表 3-1-7　两种悬浮液的流变性对比

名称	旋转黏度计读数						Gel$_{10s}$ Pa	AV mPa·s	YP Pa
	Φ_{600}	Φ_{300}	Φ_{200}	Φ_{100}	Φ_{6}	Φ_{3}			
湿样	16	11	9	7	4	3	2.5	8	3
干样	27	21	18.5	16	12	11	6.5	13.5	7.5

实验结果表明，干样土浆的表观黏度和动切力明显高于湿样土浆，干样经过 240℃ 高温热处理后，显著降低了黏土矿物的水化能力。

5. 温度对膨润土浆性能影响实验

为了进一步论述上述作用机理，对不同浓度的钠膨润土浆在不同温度下热滚 24h 后，在常温下测定其流变性能、颗粒度、比表面积与 Zeta 电位。

1) 温度对钠膨润土浆流变性能的影响

温度对钠膨润土浆流变性能的影响如图 3-1-14 至图 3-1-17 所示。得出以下认识：

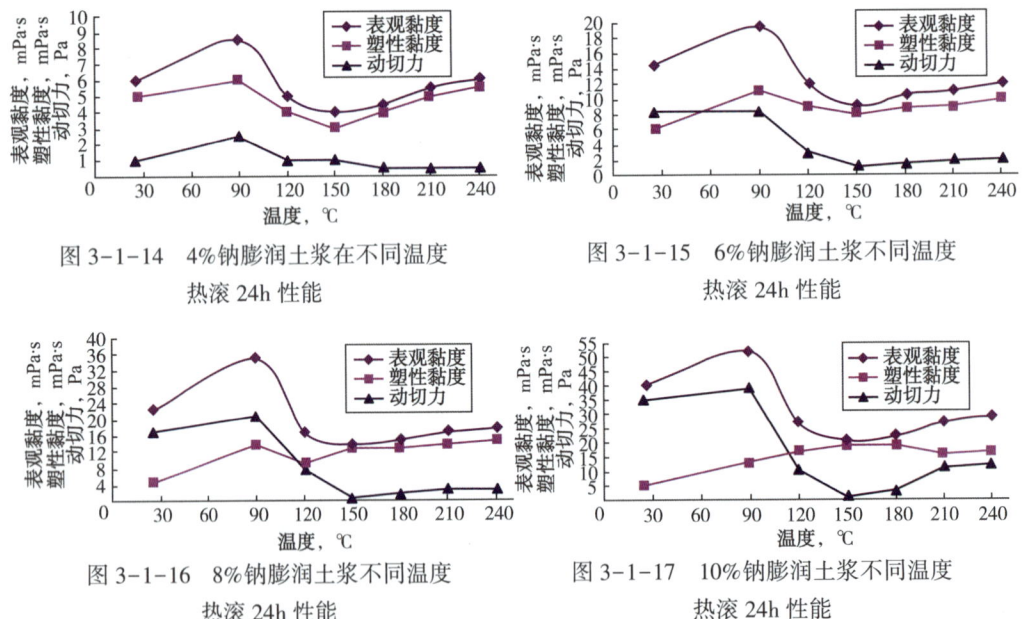

图 3-1-14　4%钠膨润土浆在不同温度热滚 24h 性能

图 3-1-15　6%钠膨润土浆不同温度热滚 24h 性能

图 3-1-16　8%钠膨润土浆不同温度热滚 24h 性能

图 3-1-17　10%钠膨润土浆不同温度热滚 24h 性能

(1) 随温度从常温增到 90℃，表观黏度呈递增状态，且在 90℃ 时为最大值；塑性黏度随温度升高而增大，钠膨润土含量分别为 4%，6% 和 8% 的膨润土浆在 90℃ 时亦达到最大值；动切力均稍有增大，且在 90℃ 时为最大值。

(2) 温度继续升高，不同膨润土含量的钻井液表现出不同的性能。膨润土含量为 4% 和 6% 的钻井液，表观黏度、塑性黏度随温度升高急剧减小，且在 150℃ 时为最小值。从 150℃ 至 200℃，钻井液表观黏度及动切力随温度升高略有增大；塑性黏度随温度升高而减小，之后随温度升高又稍有增大。

膨润土含量为10%的钻井液，表观黏度及动切力亦随温度升高急剧减小，且在150℃时出现最小值，150℃到200℃，随温度升高略增大；塑性黏度随温度升高而增大，且在150℃时为最大，150℃到200℃，塑性黏度随温度升高而略有减小。

2）温度对钠膨润土浆性能影响作用机理探讨

在不同温度下，黏土颗粒的高温分散、高温聚结或高温钝化作用占主导地位的情况不同。膨润土基浆在不同温度下热滚24h后对黏土粒子的影响如图3-1-18至图3-1-20所示。对实验结果研究表明：

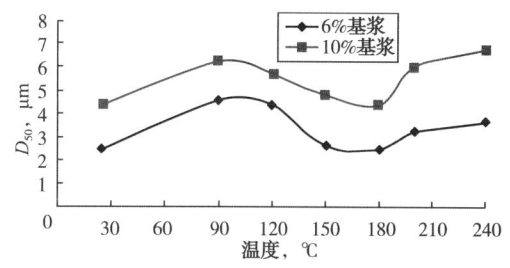

图3-1-18　钠膨润土浆在不同温度下热滚24h后对黏土粒子颗粒度 d_{50} 的影响

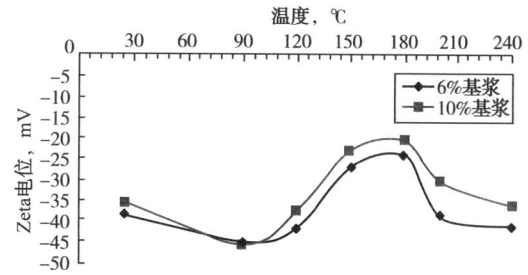

图3-1-19　钠膨润土浆在不同温度下热滚24h对黏土粒子Zeta电位的影响

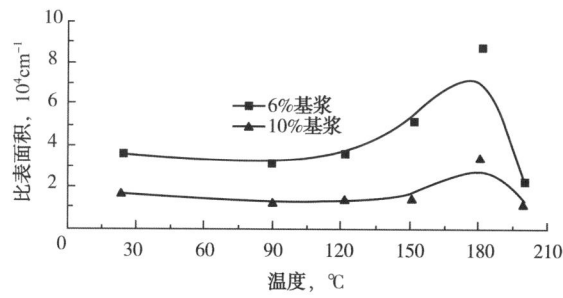

图3-1-20　钠膨润土在不同温度下热滚24h后对黏土粒子比表面积的影响

（1）在常温至90℃范围内，随着温度增加，黏土颗粒聚结作用占据主导地位。温度增高引起黏土胶粒碰撞频率的增加，使黏土粒子的聚结稳定性下降，从而产生不同程度的聚结现象，使膨润土浆中黏土粒子颗粒度增大，比表面积减小。6%的膨润土浆比表面积从35168cm^{-1}减小到29641cm^{-1}；10%的膨润土浆比表面积从15168cm^{-1}；减小到10970cm^{-1}。水分子随着温度的升高，其热运动得到极大的加强，增强了渗入未分散的黏土粒子晶层表面的能力，促使未水化的晶层表面水化和膨胀，同时促进了黏土颗粒晶格中 Al^{3+} 的离解，使黏土所带负电荷增加，同时补偿了因高温而解吸的阴离子，促进黏土粒子Zeta电位的增加，6%的膨润土浆从-38.4mV增加到-45.1mV；10%的膨润土浆从-35.6mV增加到-45.8mV。

（2）从90℃到180℃，高温钝化作用占主导地位，且高温分散作用也同时存在。①温度的进一步升高，不仅加剧了钻井液中各种粒子的热运动，也使黏土矿物晶格中的片状微粒热运动加剧，增强了水化膨胀后的片状粒子彼此分离的能力，使钻井液中粒子的颗粒度减小，比表面积随之增大。6%的膨润土浆比表面积从29641cm^{-1}增大到85847cm^{-1}，10%的膨润土浆比表面积从10970cm^{-1}增大到33284cm^{-1}；黏土粒子Zeta电位，6%的膨润土浆

从 −45.1mV 变为 −24.2mV，10%的基浆从 −45.8mV 变为 −20.5mV。②高温使黏土粒子的表面活性降低，外层水化膜减薄，黏土粒子的 Zeta 电位减少。黏土粒子形成卡片房子结构的能力和所形成结构的强度从而降低，引起钻井液高温后减稠。③钻井液中高温分散作用的同时发生，由其引发的钻井液高温增稠效应，必然将部分抵消由高温钝化作用引起的钻井液动切力及塑性黏度下降。

（3）当温度为 180~200℃时，黏土颗粒的高温聚结作用占据主导地位。高温去水化作用引起黏土粒子的聚结稳定性下降，从而产生不同程度的聚结现象，使钻井液中黏土粒子的颗粒度增大，比表面积减小，6%膨润土浆比表面积从 85847cm⁻¹ 减小到 29641cm⁻¹，10%的膨润土浆比表面积从 33284cm⁻¹ 减小到 11662cm⁻¹。

6. 温度对欠饱和/饱和盐水膨润土浆性能影响实验

库车山前使用欠饱和/饱和盐水基钻井液钻进深层盐膏地层，因而有必要研究温度对该钻井液性能影响。为了研究其作用机理，开展温度对欠饱和/饱和盐水膨润土浆性能影响实验。

1）不同温度对欠饱和/饱和盐水膨润土浆性能的影响

实验采用钠膨润土含量分别为 5%，8% 和 10%饱和盐水基浆，分别经 25℃，90℃，120℃，150℃，180℃，210℃和 240℃热滚 24h 后常温测其基本性能，如图 3-1-21 至图 3-1-23 所示。

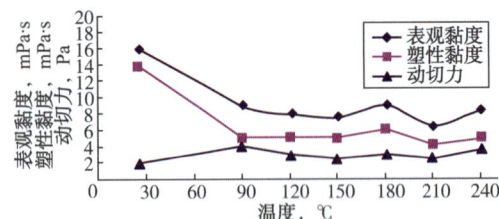

图 3-1-21　5%钠膨润土饱和盐水浆在不同温度热滚 24h 后流变性能　　图 3-1-22　8%钠膨润土饱和盐水浆在不同温度热滚 24h 后流变性能

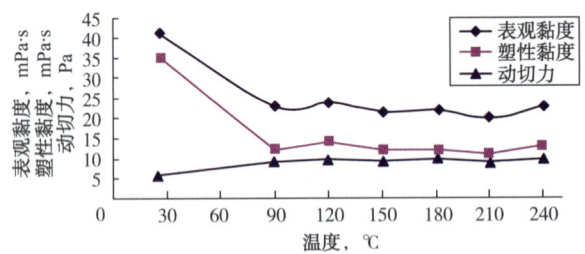

图 3-1-23　10%钠膨润土饱和盐水浆在不同温度热滚 24h 后流变性能

从图 3-1-21 至图 3-1-23 可以看出，黏土含量 5%，8% 和 10%饱和盐水基浆表观黏度及塑性黏度随温度升高急剧减小，90℃后趋于稳定。表明无机盐对黏土颗粒的水化分散和膨胀等高温作用具有较强的抑制效果。

2）高温对欠饱和/饱和盐水膨润土浆中黏土颗粒作用机理分析

欠饱和/饱和盐水钻井液中黏土颗粒的抗盐性能与高温作用具有协同效应，不同结构类型的黏土颗粒矿物因其层间阳离子活性不同，而表现出不同的抗盐能力。钠膨润土属二个硅氧四面体夹一个铝氧八面体结构，层间阳离子是水化度较高的钙、镁、钠等离子，层间能够吸附大量水或其他极性分子，导致阳离子交换容量较大。凹凸棒石、海泡石等因其结构单元由四个四面体配位，中间夹一层八面体的硅酸盐所组成，四面体中仅有少量同晶置换，因此，阳离子交换容量低，受电解质影响较小，能够表现出较好的抗盐性。

通过对黏土含量5%和10%的饱和盐水膨润土浆经不同温度热滚后的黏土颗粒表面Zata电位研究(图3-1-24)得出：在35%含盐量的钠膨润土浆中，在高温下，电解质对黏土颗粒的高温抑制作用增强，使黏土颗粒表面水化膜急剧减弱，随着温度的进一步升高，使黏土颗粒水化吸附能力保持微弱状态，表现为高温去水化失稳现象。

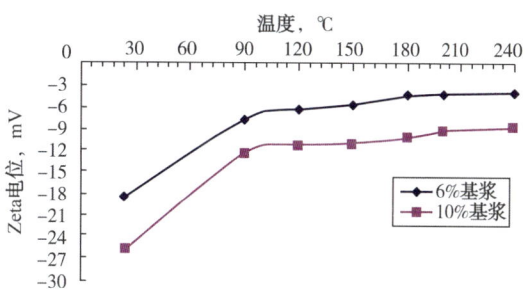

图3-1-24 不同温度热滚24h后对黏土粒子Zeta电位的影响

在高温、高含盐条件下，盐对黏土颗粒的抑制作用具有协同效应。黏土颗粒高温作用的实质是水基钻井液黏土高温去水化失稳；高温抗盐的实质即高温条件下无机盐对黏土水化活性的抑制作用。因此，保持和增强高温、高盐条件下黏土表面束缚水的能力，提高黏土胶体颗粒的水化活性，是解决水基钻井液抗高温、抗盐技术难题的关键。为了获得盐水/饱和盐水钻井液良好性能，在钻井液中必须加入能在高温条件下稳定和提高黏土水化能力，防止黏土高温聚结、钝化作用的处理剂，提高处理剂在高温下对黏土的护胶能力。这些处理剂应能抗高温，分子结构应具有高电荷、高温下易与黏土吸附的磺酸基等强水化基团。

三、温度对处理剂的影响

高温对无机处理剂的作用主要是加剧了无机离子的热运动从而增强穿透能力。对于有机处理剂的影响主要有高温降解、高温交联。

高温下由于处理剂大量解吸，使黏土大量或全部失去处理剂的保护，而使黏土的高温分散、聚结、钝化等作用无阻碍地发生，从而使钻井液高温滤失量猛增，流变性变差，严重影响钻井液的热稳定性。温度升高，处理剂在黏土表面的吸附平衡向解吸方向移动，则吸附量降低。虽然这种变化为可逆的，但处理剂高温下的解吸作用必然大大影响钻井液高温下的性能。

处理剂在高温下的吸附能力主要是由处理剂的吸附基团的本性和数量决定的，保证处理剂在高温下的吸附能力是深井钻井液必须考虑的重要问题。

1. 处理剂高温降解

有机处理剂在高温作用下产生分子链断裂，使分子量减小的现象称为高温降解；高温降解也包括官能团的水解或脱落。高温降解使处理剂功能丧失，其类型包含热降解与热氧化降解两种类型。

钻井液处理剂高温降解包括高分子主链断裂，取代基与主链断裂两个方面。主链断裂会降低处理剂分子量，失去高分子化合物特性，导致部分或全部失效；取代基与主链断裂降低处理剂吸附性与亲水性，从而减弱其效能。

高温降解与处理剂的分子结构、温度的高低及作用时间的长短、pH值及矿化条件等有关。首要因素是处理剂的分子结构，由处理剂分子的各种键在水溶液中高温热稳定性所决定，抗高温处理剂分子的主链、亲水基和吸附基与主链联接键应尽量采用"C—C""C—N""C—S"等键，而避免采用"—O—"键等。其次是温度的高低及作用时间的长短，各种高分子在不同的条件下，发生明显降解的温度彼此不同，常用处理剂在其溶液中发生明显降解的温度来表示该处理剂的抗温能力。溶液中的pH值及矿化度条件对降解也有影响，pH值高促进降解的发生，强烈的剪切作用也会加剧分子链的断裂。

处理剂的抗温能力与钻井液的抗温能力紧密相关，常用钻井液的抗温能力来检验处理剂的抗温能力。实践证明，一方面高温降解可以使用抗氧剂缓解，如酚及其衍生物、苯胺及其衍生物、亚硫酸盐、硫化物等，可将纤维素类处理剂的抗温能力从120~140℃提高到180~200℃；另一方面，也可巧妙地应用高温降解以更好地调整和维护钻井液性能。

另一个值得探讨的现象，文献曾对PAM衍生物、生物聚合物、CMC等10种样品测定了其水溶液的黏温曲线，采用高温高压流变仪而不经老化，即不给热氧化过程的时间，试验结果表明，达到116℃时黏度已降低80%以上。所有试验事实表明，黏度的降低不一定是分子断链降解所致。

$[\eta]$是表征高分子在溶液中的尺寸，影响高分子尺寸大小的因素有两个方面：一方面是它的分子量；另一方面是它的形态。高温老化对这两个因素都会起作用，热氧化降解造成断链使分子量降低，而高温还会破坏高分子的溶剂化膜，使体系的熵增加，其结果会使高分子卷曲，如果在高分子内部形成氢键，而这种卷曲具有不可逆性，当温度降下来之后，$[\eta]$却不能恢复。

2. 处理剂高温交联

高温交联是处理剂分子中的各种不饱和键或活性基团在高温作用下互相联结导致分子量增大。一般的有机高分子处理剂(特别是天然高分子)都能发生高温交联，而高温交联可能产生两个结果：

（1）高分子交联过度，形成三维的空间网状结构，处理剂水溶性变差，甚至失去水溶性而完全失效，这种情况的发生必然破坏钻井液性能，严重时整个体系成为凝胶，丧失流动性。

（2）处理剂交联适当，一方面，增大分子量，抵消了降解的破坏作用，从而保持以至增大处理剂的效能；另一方面，两种处理剂适当交联可使它们的亲水能力和吸附能力互为补充，其结果相当于处理剂进一步改善增效。此时钻井液在高温作用下性能越来越稳定。

3. 处理剂分子在黏土表面的高温解吸附

高温下由于处理剂大量解吸，使黏土大量或全部失去处理剂的保护而使黏土的高温分散、聚结、钝化等作用无阻碍地发生，从而使钻井液高温滤失量猛增，流变性变坏，严重影响钻井液的热稳定性。温度升高，处理剂在黏土表面的吸附平衡向解吸方向移动，则吸附量降低。虽然这种变化为可逆的，但处理剂高温下的解吸作用必然大大影响钻井液高温下的性能。

处理剂在高温下的吸附能力主要是由处理剂的吸附基团的本性和数量决定的，保证处理剂在高温下的吸附能力是深井钻井液必须考虑的重要问题。

4. 高温对处理剂的去水化作用

处理剂的亲水基去水化作用也会在高温下发生，因此，即使黏土颗粒在高温下不分散、不破坏，由于处理剂的亲水基去水化作用，黏土颗粒水化膜减薄，促进了高温下黏土颗粒发生聚结作用，使钻井液滤失量上升，流变性变差。影响高温去水化的因素，除温度高低外，还有亲水基团本性，凡靠极性或氢键水化的基团，一般高温去水化作用比离子基团强，而电解质浓度越大，高温去水化作用表现越强。对阴离子基团，pH 值高，高温去水化影响减少。

高温去水化的原因是温度对水分子与处理剂的亲水基团之间氢键的破坏，导致处理剂分子水溶性下降，分子卷曲，或形成分子内/分子间的结合。

室内配制充分水化4%膨润土浆，加入 3%SMP-1，调节 pH 值到 9~10，在 150℃和 180℃下热滚 16h，测得热滚前和高温热滚后的粒径分布如图 3-1-25 至图 3-1-27 所示。

对比分析以上图中粒径分布变化可以证实，高温影响了 SMP-1 处理剂在黏土颗粒表面的吸附。当温度在 150℃时，由于在 SMP-1 的水化吸附作用范围内，膨润土浆的粒径分布并未发生显著变化，而且粒径分布的 d_{90} 值比热滚前变小，说明 SMP-1 在黏土颗粒上的吸附保护了黏土的水化，但当温度增加到 180℃时，SMP-1 发生了部分解吸附，黏土颗粒水化层变薄，表现为粒径分布的峰值明显变大，粒径分布宽度变窄，d_{90} 值从 26μm 增加到 80μm 左右，说明随着温度的增加，部分黏土颗粒失去处理剂保护后发生了高温聚结。

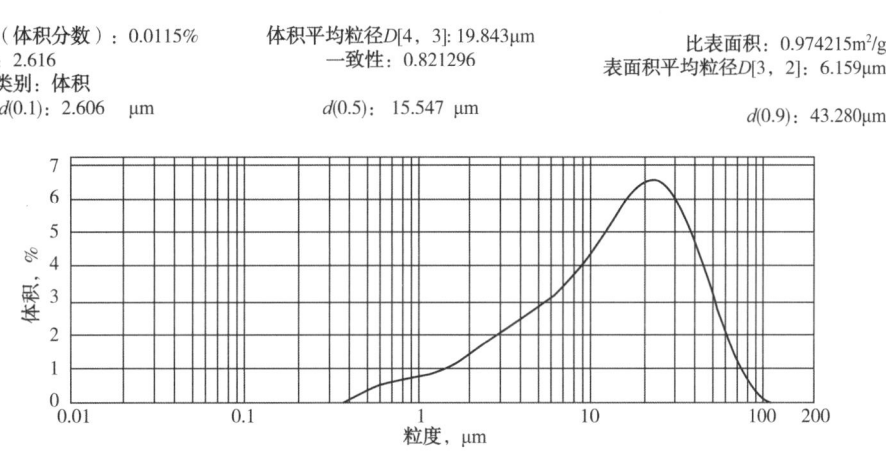

图 3-1-25　4%膨润土浆+3%SMP-1 热滚前的粒径分布

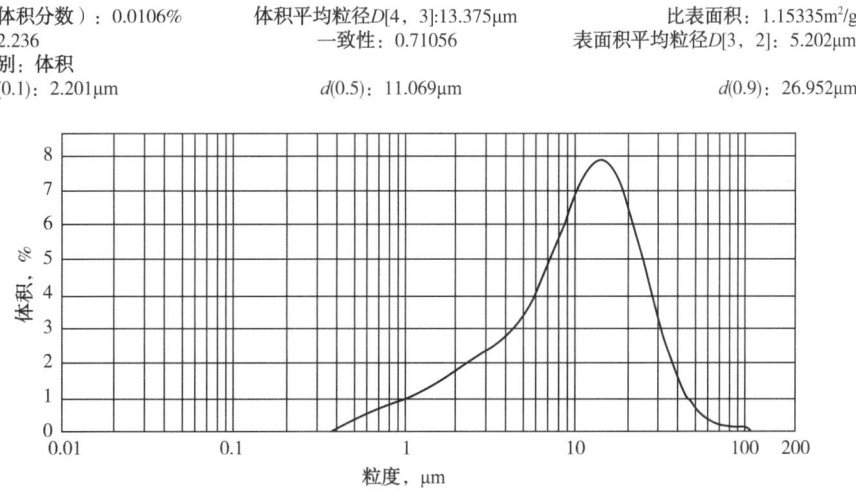

图 3-1-26　4%膨润土浆+3%SMP-1 热滚 150℃×16h 后的粒径分布

浓度（体积分数）：0.0397%　　体积平均粒径D[4,3]：41.620μm　　比表面积：0.322752m²/g
径距：1.844　　　　　　　　　一致性：0.561648　　　　　　　　表面积平均粒径D[3,2]：18.590μm
结果类别：体积
d(0.1)：12.880μm　　　　　　d(0.5)：36.457μm　　　　　　　　d(0.9)：80.098μm

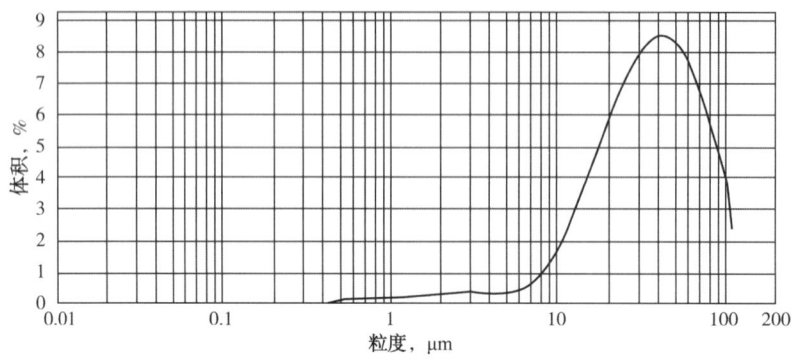

图3-1-27　4%膨润土浆+3%SMP-1热滚180℃×16h后的粒径分布

5. 处理剂的抗盐性能与热稳定性

聚磺钻井液所使用的主要处理剂可大致分成两大类：一类是抑制剂类，包括各种聚合物处理剂及氯化钾等无机盐，主要是抑制岩屑分散，稳定井壁；另一类是分散剂，包括各种磺化类、褐煤类处理剂以及纤维素、淀粉类处理剂等，其作用主要是降低钻井液滤失量、改善流变性，从而有利于钻井液性能的稳定。

一般降滤失剂的作用机理是，多功能大分子吸附在黏土颗粒表面上，形成吸附水化层，同时提高黏土颗粒的电动电位，从而增大黏土颗粒聚结的机械阻力和静电斥力，提高了黏土颗粒的聚结稳定性，使多级分散的钻井液易于保持和增加细小颗粒的含量，以便形成致密的滤饼，特别是黏土颗粒吸附水化膜的高黏度和弹性带来的堵孔作用，使滤饼更加致密，从而降低钻井液的滤失量。而对于抗盐抗钙的降滤失剂，还要求其在含有较高盐、钙的情况下，能吸附在黏土颗粒表面，带来足够的水化膜，并提高黏土颗粒的电动电位。对于塔里木油田山前构造超深井的深部复合盐层，要求处理剂不但要具有良好的高温稳定性，更需要有优良的抗盐、抗钙能力。

处理剂的抗盐、抗钙能力就是指处理剂在多大盐度水溶液中，不发生盐析成为不溶物。若处理剂在钻井液中发生盐析，则会失去效能。复合盐层中的可溶性盐类有氯化钠、芒硝和石膏，溶于水电离产生大量Ca^{2+}和Na^+等离子，打破黏土颗粒表面原有双电层的电化学平衡，降低了土粒表面的Zeta电位，减少了黏土颗粒间的电性斥力，破坏了钻井液中黏土颗粒的胶体稳定性，致使多级分散的黏土颗粒趋向于聚结，颗粒变粗，有效浓度大大降低。同时，盐对聚合物有去水化作用，盐电离产生的反离子可以和聚合物分子中离解的基团作用，不同程度地释放出聚离子的水化水分子，而降低它们的水化能力和溶解性，严重时分子链从溶液中析出或沉淀。此外，盐使聚合物溶解性和水化性下降，盐析效应使聚合物在溶液中的化学位提高，向溶液逃逸的倾向增大。盐还可中和聚合物分子链上的电荷，使得静电斥力作用减弱，也使高聚物分子的溶剂化(破坏水化膜)作用减弱，因此使聚合物分子链形态发生卷曲、变形，线团尺寸急剧收缩，进而影响聚合物对钻井液性能的调控。

处理剂抗盐是盐水/饱和盐水钻井液抗盐的必要条件，它取决于处理剂的分子结构，首先是水化基团的种类和比例,水化基团水化能力越强,则抗盐析越强,一般离子基抗盐析能力大于非离子基,而且水化基团越多,抗盐析能力越强,例如磺化度75%的SMP只能抗盐11×10^4mg/L,而磺化度达100%时能抗盐达到饱和。由于高温使处理剂发生降解,若降解使水化基团脱落,则处理剂的抗盐能力下降。若发生适当的高温交联,则可能使某种处理剂的抗盐析能力提高。因此,常将磺化酚醛树脂与磺化褐煤等复配使用:一方面增加磺化酚醛树脂在黏土表面的吸附量5~6倍,从而使黏土颗粒表面的Zeta电位明显增大,水化膜明显增厚,最终导致处理剂护胶能力增强,滤饼质量改善,滤失量下降;另一方面,在高温和碱性条件下,两种处理剂发生适度交联,强化了降滤失效果。

从磺化处理剂的分子结构分析,其抗温能力能高于150℃,但是在矿化度趋于饱和的高温条件下,盐对黏土颗粒及有机处理剂效能长时间地持续影响和消耗作用不容忽视。高密度饱和盐水钻井液用来钻高井温井时,由于高温长时间的作用,一方面会促进黏土和岩屑分散,减少自由水含量;另一方面,处理剂会因高温作用而降解或脱附减效,增加钻井液流变性调控难度。当处理剂或体系抗温能力强时,会削弱或减缓这种影响。

综合所述,抗高温处理剂的基本要求:

(1) 热稳定性强,在高温条件下不易降解,且交联易控制,要求在分子结构中,主链或亲水基与主链连接键尽量采用"C—C""C—N""C—S"键而避免"—O—"键。

(2) 对黏土表面有较强的吸附能力,且受高温影响小。

(3) 亲水性强,且受高温去水化作用影响小。处理剂尽量选用离子基如—COO$^-$、—CH$_2$SO$_3^-$和—SO$_3^-$等作为亲水基,且处理剂的取代度、磺化度应和温度和钻井液矿化度相适应。

(4) 在较低的pH值下(7~10)也能发挥作用,有利于控制高温分散,防止高温胶凝和高温固化现象的发生。为此最好采用带磺酸基如—SO$_3^-$。

(5) 作为降滤失剂时,最好要求处理剂分子量不要过高,不引起钻井液严重增稠。

四、pH值对钻井液性能的影响

钻井液性能是否稳定直接影响井眼的质量,而钻井液的pH值是决定钻井液稳定性的一项重要因素。因此,了解当前钻井液的维护现状,分析钻井液pH值产生波动的原因,掌握不同处理剂的最佳pH值适用范围,是保证处理剂充分发挥功效、保障钻井液性能稳定的关键。

通常用钻井液滤液的pH值表示钻井液的酸碱性。由于酸碱性的强弱直接与钻井液中黏土颗粒的分散程度有关,因此会在很大程度上影响钻井液的黏度、切力和其他性能参数。

图3-1-28表示经预水化的膨润土基浆(膨润土含量为57.1kg/m³)的表观黏度随pH值的变化。由图可知,当pH值大于9时,表观黏度随pH值升高而剧增。其原因是当pH值升高时,会有更多OH$^-$被吸附在黏土晶层的表面,进一步增强表面所带的负电性,从而在剪切作用下使黏土更容易水化分散。在实际应用中,

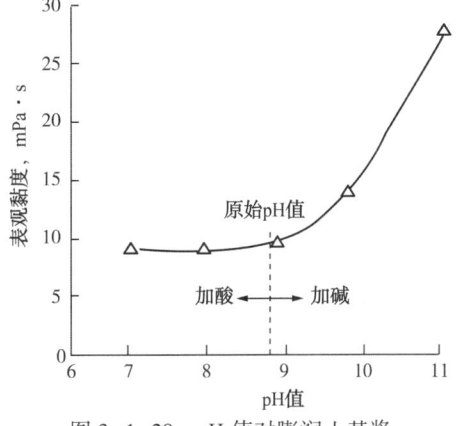

图3-1-28 pH值对膨润土基浆表观黏度的影响

大多数钻井液的pH值要求控制在8~11,即维持一个较弱的碱性环境。这主要是由于有以下几方面的原因:

(1) 可减轻对钻具的腐蚀;

(2) 可预防因氢脆而引起的钻具和套管的损坏;

(3) 可以充分发挥处理剂效能,如丹宁类、褐煤类和木质素磺酸盐类处理剂等。

对不同类型的钻井液,所要求的pH值范围也有所不同。例如,一般要求分散钻井液的pH值在10以上,含石灰的钙处理钻井液的pH值多控制在11~12,含石膏的钙处理钻井液的pH值多控制在9.5~10.5,而在许多情况下聚合物钻井液的pH值只要求控制在7.5~8.5。

烧碱(NaOH)是调节钻井液pH值的主要处理剂,有时也使用纯碱(Na_2CO_3)和石灰。在常温下它们的水溶液具有以下pH值:10% NaOH溶液,pH值为12.9;10% Na_2CO_3溶液,pH值为11.1;$Ca(OH)_2$饱和溶液,pH值为12.1。

通常使用pH试纸测量钻井液的pH值。如要求的精度较高时,可使用pH计。

1. 钻井液pH值维护现状分析

在钻井过程中,为了有效抑制黏土的水化分散、提高钻井液的防塌效果,常用的维护方法是加入具有防塌、抑制性强的处理剂。而该类处理剂在钻井液pH值小于8时,水溶性较差,防塌及抑制效果不明显。因此需要加入NaOH来提高钻井液的pH值。NaOH的加入对钻井液的抑制性存在两方面的负面影响,由于受钻井液循环的影响,NaOH不可能瞬间均匀地分散于钻井液中,必然存在局部的高碱性,从而引起局部黏土颗粒的强分散及处理剂在高碱性下发生化学反应而失效,导致处理剂的维护周期缩短,形成恶性循环。

2. 钻井液pH值变化原因分析

1) 钻井液pH值升高的影响因素

(1) 钻井液中加入碱性处理剂,如NaOH、KOH、纯碱、水玻璃(硅酸盐钻井液)等。

(2) 钻水泥塞,水泥石中的$Ca(OH)_2$微溶于水,在水中电离产生OH^-,从而使钻井液pH值提高。

(3) 加入的处理剂中含有过量的碱性物质,如:为提高水溶性,褐煤类处理剂中含有过量的碱;干法生产的腐殖酸钾局部存在大量的未反应NaOH;以NaOH作催化剂生产的表面活性剂中含有过量的碱。

2) 钻井液pH值降低的影响因素

(1) 加入钠盐类处理剂。

大量人为将氯化钠加入钻井液或地层中氯化钠溶进钻井液后,由于Na^+的吸附能力远大于其他阳离子,当钻井液pH值大于8时,黏土晶格中的Ca^{2+}和H^+易被Na^+置换,进入钻井液液相中,与其中的OH^-结合,随着OH^-的不断被消耗,致使钻井液pH值降低;同理置换出的H^+,也使钻井液pH值下降。在使用高矿化度或含有高价金属离子的钻井液时,时常出现滤液pH值在6~8间的现象即是最有力的证明。

(2) 有机处理剂的高温裂解。

有机处理剂中常含有—NH、—COOH、—OH、—SOH、醚键结构的物质等,它们在高温条件下易发生氧化、裂解等反应并分解出CO_2、H_2S等酸性物质,使钻井液的pH值下降。

(3) 外来酸性物质的侵入。

钻井液在地面循环、被搅拌时吸收空气中的 CO_2 形成碳酸,或者地下油气藏中含有的 CO_2、H_2S、环烷酸等酸性物质侵入钻井液中,而使钻井液的 pH 值降低。

(4) 地层中盐、石膏、芒硝等盐类溶入钻井液,造成钻井液的 pH 值降低。

3. 钻井液 pH 值超出 8~12 的危害

1) pH 值大于 12 的危害

(1) 丙烯酰胺类高分子量聚合物保持其分子中含有 20%~30%的—$CONH_2$ 吸附基团是不可缺的,因为高分子量聚合物只有吸附到黏土颗粒上才能实现架桥作用。钻井液的 pH 值高时,部分的—$CONH_2$ 会发生水解作用而转变为—COO 水化基团,从而失去对黏土颗粒的吸附。

(2) 大部分脂肪醇类润滑剂产品是由不同的低分子量醇与油酸结合的产物,这类产品在高 pH 值环境下会发生水解反应,形成易发泡的表面活性剂油酸盐。水解出的油酸遇到钙离子或镁离子(如海水)会形成不溶于水的黏弹性胶,易使钻井液发生糊筛(筛布孔径小于 0.154mm)现象。

(3) SMP 酚醛树脂类处理剂在高碱性环境中,分子中的酚羟基形成酚钠基,减少了 SMP 对黏土颗粒的吸附基团,而增加了它的水化基团,使得 SMP 的抗盐、降滤失效果降低。

(4) 聚磷酸盐类处理剂在 pH 值大于 10 后,会因水解而丧失降黏效果。

(5) 钻井液中 Mg^{2+} 在 pH 值大于 10.5 时沉淀下来,$CaCl_2$、$FeCl_3$ 和 $AlCl_3$ 等在高碱性环境中形成不溶于水的沉淀物而失效。

2) pH 值小于 8 的危害

(1) 硅类产品(硅酸盐或有机硅)在 pH 值小于 9 时,分子与分子之间交联形成不溶于水的体型大分子而失效。

(2) 葡萄糖类纤维素类处理剂在低 pH 值环境中,产生发酵酸败,即分解失效,提高钻井液黏度和切力,降滤失功能大大削弱。在 6%膨润土浆中加入 0.3%XC,用 NaOH 调整钻井液的 pH 值,测定钻井液黏度与滤失量随 pH 值的变化。由实验结果可以看出:在 XC 加量不变的情况下,pH 值从 8 升到 10,钻井液切力提高 40%,滤失量降低 3%,Φ_3 转读值提高 32%,pH 值对该体系的黏度、切力及滤失量的影响非常大。

(3) 在 pH 值小于 8 时,腐殖酸类处理剂中的棕腐酸、黑腐酸在水中不溶而失去活性,降低其使用效果。

(4) 在钻井液中应用木质素类处理剂时,必须保证体系 pH 值大于 9,否则木质素类处理剂不但不降黏,反而会增稠。

(5) 在钻井液 pH 值小于 8 时,由于石灰石在水中的溶解度增大,钻井液发生钙侵,使膨润土的降滤失、增黏效果降低。

五、高密度钻井液流变性能影响因素与调控

1. 高密度钻井液流变性影响因素

在中深井、深井钻井中,高密度($\rho>2.0g/cm^3$)水基钻井液流变性的稳定性一直是钻井液技术中重点攻关的难题之一。它包含了两层意思:一是难以优化配制成具有良好流变性能的高密度水基钻井液体系;二是难以维持钻进过程中高密度水基钻井液流变性能的稳定。实践表明,维护一种高密度水基钻井液流变性能的稳定比配成这种钻井液体系更加困

难。由于室内配制的影响因素与现场维护的影响和控制因素不完全相同，因此，分析研究各种因素对高密度水基钻井液流变性稳定性的影响，找出影响规律，对于提高深井钻井成功率具有十分重要的意义。

钻井液流变性能的稳定性概念是指该钻井液能够较大程度地经受环境条件（温度、压力）和外来物质（钻屑、化学物）等的影响，其宏观流变性能不发生明显改变的特性。由于高密度水基钻井液自身的特点，并且不可避免地要受到外来物质的侵污，维护其流变性能的稳定性比维护普通低密度钻井液流变性能的稳定性更加困难，主要体现在几方面：（1）高固相含量带来的黏度高；（2）高固相粒子分散带来的黏度高；（3）固相粒子间相互作用产生的黏度高；（4）对外来物质的侵污敏感性更强。

影响高密度钻井液流变性的因素有钻井液中的固相（膨润土、钻屑、加重剂等）含量、粒度分布、固相颗粒的表面性质、游离水量、处理剂、电解质、温度、固控设备使用效率等。

（1）膨润土。

膨润土是配制优质钻井液的基本材料，膨润土含量是影响钻井液流变性、失水造壁性、稳定性的重要因素，膨润土含量高，由于其表面亲水性强，吸附水量多，加之高温作用会加剧膨润土水化分散，形成胶体微细颗粒，使其具有很高的表面积，进一步吸水，使自由水减少，钻井液流动性变差，严重时会丧失流动性；若膨润土含量太低，不但满足不了钻井液性能要求，而且在高温作用下会发生减稠现象，因此钻井液尤其是深井钻井液都有一个"黏土容量限"，如果膨润土含量在这一范围内，钻井液流变性和热稳定性均可很好地调控，当然，不同的水基钻井液，其"黏土容量限"是不同的，同一类钻井液在不同的温度下的"黏土容量限"也不同。实践表明，深井高密度钻井液的膨润土含量应控制在最低量限，其流变性和热稳定性才能得到很好控制，处理剂的效能才能得到充分发挥。一般而言，钻井液密度越高，膨润土含量应越低，见表3-1-8。

表3-1-8 钻井液密度与膨润土含量对照

钻井液密度，g/cm^3	1.2~1.4	1.4~1.6	1.6~1.8	1.8~2.0	2.0~2.4
膨润土含量，g/L	70~45	60~40	50~35	45~30	35~10

（2）钻屑。

钻井过程中产生的钻屑始终是钻井液的"大敌"，它的混入会给钻井液性能尤其是流变性带来很大影响。在钻井中因钻屑重复切削、破碎和水化分散，将产生大量的细小颗粒，有一部分会以胶体微粒形式存在于钻井液中，特别是蒙脱石含量高的钻屑，更易分散为微细颗粒，由于其活性很强，颗粒表面亲水性强，会吸附大量水，降低游离水含量，同时由于颗粒间的相互作用，致使钻井液流变性变差，严重时会丧失流变性。可见，想方设法清除钻井液中外来钻屑，是高密度钻井液流变性控制的关键。

（3）加重剂。

现场用加重剂一般是重晶石、铁矿粉或钛铁矿粉，它们在钻井液中呈电中性、惰性、不溶于水，属非活性固体，是钻井液中的有用固相。加入加重剂后引起的黏度变化，是由于固—固和固—液摩擦引起的。钻井液中混入加重剂越多，加重剂粒度越小，钻井液黏度效应越大。可见，改变加重材料表面性质（如有原来亲水性差改变成亲水性好，利用其水化膜的减阻润滑作用降低摩擦阻力），并使其颗粒处在动力稳定性很好的粒级范围内，就可适当减少加重剂带来的黏度效应。

（4）游离水。

对于任一水基钻井液来说，体系的流变性实际上是由水系的流变性来体现的，水的活性强弱、结构变化、物理化学性质都会影响水系的流变性。钻井液中的固相、处理剂、电解质的存在都是水系的污染物、杂质，高温作用和延长作用时间均会加剧这些杂质的影响。因此，钻井液中处理剂多而杂、高矿化度、高固相含量都将降低体系中游离水含量，使水系流动性变差，严重时，高密度体系会丧失流动性。

（5）处理剂。

任何处理剂加入钻井液中，都会溶解（或溶胀、分散），会有大量水吸附（转移）到处理剂上，形成水化膜，使钻井液中游离水减少。同时，有的处理剂还会与膨润土颗粒、钻屑相互作用形成空间网状结构，加之黏土颗粒本身之间形成的片架结构，有一部分水被"固定"在网架结构中而不易"逃脱"，进一步减少了体系中的游离水。钻井液中处理剂多而杂时，游离水的活性、结构、物理化学性质会发生严重变化，所有这些情况均会削弱高密度钻井液的流动性。

另外，如果钻井液中固相含量高，处理剂本身抗温能力和抗盐钙能力差，处理剂会丧失作用效能，其结果无法控制高密度钻井液的流变性。

（6）电解质。

当钻井液遇到盐侵、盐水侵或钙侵时，或者因性能要求而被迫在钻井液中加入电解质时，一方面电解质本身压缩双电层作用，使黏土颗粒的电动电位发生变化；另一方面，电解质的存在影响了水系的结构、活性、物理化学性质，同时，电解质会降低处理剂的作用效能，有时，钻井液黏度会因电解质含量高而大幅度降低，又被迫补充膨润土，所有这些情况，均会严重影响高密度钻井液的流变性。

（7）温度、作用时间。

以上任何一种情况，均会因温度高、作用时间长而加剧对高密度钻井液流变性的影响。当然，对磺化钻井液来说，可做到温度越高、作用时间越长、矿化度越高，其性能越好，这就是利用高温适度交联作用来改善钻井液性能的实例。不过要做到这点也需要对钻井液精心调配和维护。如膨润土含量和固相含量控制不好也会导致高密度钻井液流变性恶化。

（8）净化（固控）工作。

一般情况下，固控设备是否配套、固控设备使用效果、运转率高低等均会影响对钻井液体系中有害固相的清除，当然，固控效果还与处理剂对黏土、钻屑的包被、抑制能力有关。通过优选处理剂、精心维护使用固控设备可较好地清除钻井液中的有害固相，但钻屑在钻井液体系中的分散、累积是不可避免的。固控效果直接影响高密度钻井液的固含和自由水含量，进而影响流变性。

（9）其他。

在加重钻井液中一般需加入润滑剂和表面活性剂或混油以防压差卡钻及降低摩阻，它们可产生乳状液，相当于增加了体系中的固相颗粒，也会对体系流变性产生一定影响。

2. 高密度钻井液流变性调控方面存在的问题

（1）认识不足。对高密度钻井液流变性的重要性认识不够，对其影响因素认识不清，调控时缺乏针对性，虽然也可通过大量的处理和维护保证把井打成，但费时费力且不经济，没有从根本上解决流变性调控难的问题。

（2）处理剂多而杂。为了满足钻井液的密度、流变性、抑制性、润滑性、失水造壁性、热稳定性等各方面工艺性能，高密度钻井液中使用的处理剂往往品种较多、加量较大。结果是体系中自由水含量少，体系流动性差。

（3）净化（固控）工作不完善。为了消除钻屑污染，确保钻井液性能优良，就必须有效清除有害固相，把钻井液中的固含控制在要求范围内或最低量限。常规的固控方法有冲稀、替换、化学沉淀和机械固控等4种，但对加重钻井液体系而言，冲稀和替换法是不可取的，通常加入化学抑制剂（包被剂或絮凝剂）以包被钻屑，抑制分散，配合机械设备来清除有害固相。但现场使用情况上存在两方面问题：

其一，抑制剂加量不足，配浆时，按设计加入抑制剂一般能有效抑制钻屑分散，但随钻井的进行，抑制剂逐渐消耗，没有及时补充，或因钻井液密度和黏切的增加而无法加入大分子的抑制剂，因此，钻井液中抑制剂实际量较少，不能很好地起到抑制钻屑分散的效果，钻屑进一步分散累积，使流变性难以控制。

其二，固控设备使用不力。井队一般配备有振动筛、除砂器和清洁器，也能有效运转，但没有配备除泥器和离心机，即使有，也不一定能有效利用，因此，钻井液中的细微颗粒常常难以除去，这就增加了高密度钻井液流变性调控的难度。

（4）高密度钻井液加重材料需要改进。高密度钻井液加重剂用量大，加入后一般使钻井液塑性黏度、动切力和静切力大幅上升，为了改善其流变性又需加入降黏剂或加水，常陷入"加重—增稠—降黏处理—加重剂沉淀—密度下降—再次加重"的恶性循环，影响钻井的顺利进行。因此需要使自身密度高、耐磨、在水中分散好、黏度效应低的加重材料。实验表明，活化加重剂适于配制高密度钻井液。

3. 改善高密度钻井液流变性的途径

高密度钻井液有本身固相含量高、固相颗粒分散度高、固相粒子间相互作用产生的黏度高、对外来物质侵污敏感性强、钻井液中自由水少、钻屑侵入和积累不易清除等特点，流变性调控难度极大。因此要求钻井液体系所含固相（低密度固相）为最低量限、固相粒级合理、处理剂品种少而高效、自由水量相对较多，同时要求钻井液抗温、抗盐、抗钙污染能力强，从而实现高密度钻井液的优良流变性。

为了使高密度钻井液具有优良流变性，应遵循以下技术原则（改善体系流变性的途径）：

（1）严格控制低密度固相含量，将膨润土含量控制在最低量限，加重前尽可能清除钻井液中的有害固相。

（2）处理剂品种少而高效，避免由于处理剂多而杂带来的副作用，同时要求处理剂抗盐、抗钙、抗岩屑污染能力强（通过加入适量的聚合物包被剂和无机盐等有效地抑制钻屑的分散），就可以有较多自由水，并且性能稳定，流变性调控就容易。

（3）处理剂及钻井液体系抗温能力强、热稳定性好。一般高密度钻井液应用井深较深、井温较高，高温和长时间的作用一方面会促进黏土和钻屑分散，减少自由水含量，另一方面处理剂会因高温作用而降解或脱附减效，增加钻井液流变性调控难度。当处理剂或体系抗温能力强时，体系热稳定性好，会削弱或减缓这种影响，稳定体系的流变性。

（4）固控设备应能满足高密度钻井液的要求。应配备振动筛、清洁器、除泥器及离心机等固控设备并能有效运转,及时清除钻井液中的有害固相,保证钻井液的膨润土含量、固相含量在最低量限,确保其良好流变性。

(5)增强钻井液的润滑性。在高密度钻井液体系中所加高分子聚合物遇水溶胀、溶解后,连同水一起吸附在固相颗粒表面,其水化膜可降低固相颗粒间的摩擦,改善体系润滑性和流动性;其他固相或液相润滑剂的加入也能起到改善体系流动性的作用。因此好的润滑性有助于改善体系流变性。

(6)使用优质加重材料。选用自身密度高、耐磨性好的材料,通过对加重剂表面改性,提高其动力稳定性,减少自身颗粒间的黏滞力,使其在水中分散好、黏度效应低。实验表明,活化铁矿粉或活化重晶石粉适于配制高密度钻井液。

第二节 膨润土/聚合物/KCl 聚合物钻井液

库车山前第四系与库车组中上部地层存在大量砾石层,地层中黏土矿物以伊/蒙无序混层与伊利石为主,属于强分散、弱—中等膨胀地层。钻进该段地层要求钻井液具备高黏切、强包被、强抑制和低滤失等性能,以有效携带砾石,抑制地层水化分散、膨胀。

膨润土钻井液由钠膨润土配制,为了提高其携带砾石的需要,往往加入一些增黏提切剂。聚合物钻井液主要由膨润土、大分子聚合物包被剂、中分子降滤失剂组成。为了携岩,必要时加入增黏提切剂以提高黏度与切力,加入加重剂以提高密度。当所钻遇地层以砂泥岩地层为主时,砾石占的比例小,而砂泥岩中黏土矿物以无序伊/蒙混层、伊利石为主,为了更有效提高钻井液的抑制岩屑分散性能,采用 KCl 聚合物钻井液。采用此钻井液的另一目的,是为钻进下部地层时顺利转化为氯化钾聚磺钻井液创造条件。

一、膨润土钻井液

膨润土钻井液主要用于表层钻井,库车山前表层为第四系,以块状杂色砾岩、细砾岩为主,要求钻井液具备高黏切,便于携带砾石及掉块。现场通常采用钠膨润土配浆。不同膨润土加量的钻井液性能见表3-2-1,由表可知,当膨润土加量达到8%~10%时,具备较高的黏切性能,能满足表层钻井要求。若第四系钻遇砾石层时,可加入适量高黏CMC、生物聚合物XC、正电胶等,进一步提高钻井液的黏度与切力,达到更有效携带砾石或掉块。

表 3-2-1 不同加量膨润土的钻井液性能

膨润土 %	密度 g/cm³	AV mPa·s	PV mPa·s	YP Pa	Gel_{10s} Pa	Gel_{10min} Pa	FL_{API} mL	pH 值
4	1.03	6	4	2	2.5	3	40.5	8
6	1.04	8.5	4	4.5	3	4.5	32.5	8
8	1.05	16	5	11	9	22	25.5	8
10	1.065	32	5	27	22	32	21	8

二、聚合物钻井液

聚合物钻井液是以聚合物为主要处理剂的钻井液。库车山前聚合物钻井液主要用于钻进库车组、康村组上部地层，该段地层黏土矿物以伊利石、无序伊/蒙混层为主，未成岩，属于强分散、中等膨胀地层。为了有效抑制岩屑分散，采用聚合物钻井液钻进，抑制地层造浆、抑制井眼缩径、坍塌。

聚合物钻井液以大分子聚合物为包被剂、中分子聚合物为降滤失剂。库车山前现场所使用的大分子聚合物有水解聚丙烯酰胺、聚丙烯酸钾、80A51、PAC141、阳离子聚合物、IND30 等；中分子聚合物有 Na-HPAN、NH4-HPAN、LV-CMC、LV-PAC 等。

1. 大分子聚合物

1) 大分子聚合物抑制性

大分子聚合物在钻井液中主要起包被抑制作用，抑制钻屑水化分散。实验选取大北、克深库车组泥岩，对大分子聚合物 80A51 和 IND30 的抑制性进行评价，实验结果见表 3-2-2 及图 3-2-1。从表中数据可以看出，大分子聚合物的抑制性随着其浓度增加而增强，回收率逐渐增高。

表 3-2-2 大分子聚合物不同胶液浓度的抑制性评价

大分子聚合物	胶液浓度 %	回收率 %	AV mPa·s	PV mPa·s	YP Pa	测试条件
IND30	0.1	65.86	4.5	3	1.5	热滚前常温
			4.5	3	1.5	热滚 50℃×16h
	0.5	76.76	13	6	7	热滚前常温
			15.5	7	8.5	热滚 50℃×16h
	0.8	87.46	20.5	9	11.5	热滚前常温
			25	11	14	热滚 50℃×16h
80A51	0.1	68.56	3.5	2	1.5	热滚前常温
			4	3	1	热滚 50℃×16h
	0.5	88.74	18	8	10	热滚前常温
			16.5	9	7.5	热滚 50℃×16h
	0.8	89.54	32	12	20	热滚前常温
			32.5	14	18.5	热滚 50℃×16h

注：钻屑取自大北 1102 井 N_2k。

2) 大分子聚合物在膨润土浆中的抑制性

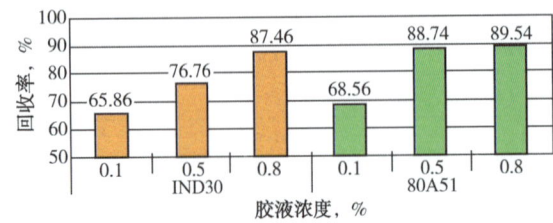

图 3-2-1 不同浓度大分子聚合物的滚动回收率

在已充分溶解好的不同浓度的大分子聚合物胶液中，分别加入已水化 48h 的膨润土浆，在高速搅拌器上搅拌 20min，使胶液与膨润土浆混合均匀，然后加入大北 1102 井库车组泥岩颗粒，进行抑制性和流变性能评价，实验数据见表 3-2-3 与图 3-2-2 至图 3-2-4。

表 3-2-3　大分子聚合物在5%膨润土浆中的抑制性及流变性

大分子聚合物	胶液浓度 %	回收率 %	AV mPa·s	PV mPa·s	YP Pa	Gel_{10s} Pa	Gel_{10min} Pa	FL_{API} mL	pH 值	测试条件
IND30	0.1	44.12	15.5	8	7.5	3.5	7.5	11	9	热滚前常温
			24.5	13	11.5	7.5	19.5	10.6	9	热滚50℃×16h
	0.3	70.4	22	12	10	3	5	9.4		热滚前常温
			28	13	15	4.5	7	9	9	热滚50℃×16h
	0.5	90.32	27	12	15	3.5	5	9		热滚前常温
			31.5	15	16.5	4.5	5.5	7.8	10	热滚50℃×16h
	0.8	95.06	38	16	22	9	11.5	8.8		热滚前常温
			45	21	24	9.5	13	7.6	10	热滚50℃×16h
80A51	0.1	47.1	16	7	9	3.5	7.5	11		热滚前常温
			26	12	14	6.5	16	10.5	9	热滚50℃×16h
	0.3	71.16	24.5	13	11.5	3	6	10		热滚前常温
			28	14	14	4	6.5	7.8	9	热滚50℃×16h
	0.5	91.78	30.5	15	15.5	4	6	9.8		热滚前常温
			35.5	17	18.5	5	6.5	7.4	9	热滚50℃×16h
	0.8	95.9	44.5	19	25.5	9	12	10		热滚前常温
			50.5	24	26.5	9.5	13	7.2	9	热滚50℃×16

注：基浆为5%膨润土+0.4%Na_2CO_3+大分子聚合物。

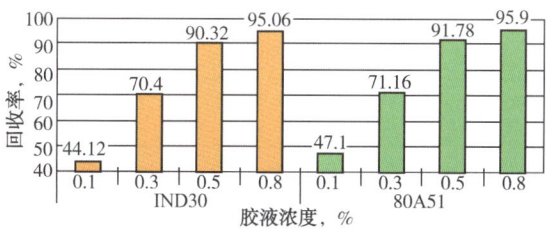

图 3-2-2　大分子聚合物在5%膨润土浆中的滚动回收率

图 3-2-3　0.1%IND30 在5%膨润土浆中的滚动回收泥岩岩屑(烘干前)

图 3-2-4　不同浓度大分子在5%膨润土浆中的滚动回收泥岩岩屑(烘干后)

从表和图中数据可以看出，随着大分子聚合物浓度的增加，岩屑回收率逐渐提高，说明抑制性逐渐增强；当大分子浓度为0.1%时，其滚动回收后的泥岩呈现水化分散发泡的状态(图3-2-4)，无硬度(易被水冲洗分散开)，回收率低；当大分子聚合物胶液浓度为

0.5%以上时,其泥岩呈现发泡状态,但有一定硬度,回收率均在90%以上。为了有效抑制泥岩水化分散,选用大分子聚合物加量为0.5%~0.8%。

2. 聚合物降滤失剂

1)聚合物降滤失剂对钻井液性能的影响

选用塔里木现场常用的聚合物降滤失剂 NH_4-HPAN 和 PAC-LV 进行实验,实验数据见表3-2-4。从表中数据可知,NH_4-HPAN 与 PAC-LV 均能降低钻井液滤失量,处理剂加量相同时,PAC-LV 降滤失效果好,抑制性好,但钻井液黏度切力高于 NH_4-HPAN 处理的钻井液。

表3-2-4 不同降滤失剂对钻井液的性能数据

聚合物降滤失剂	IND30 %	回收率 %	密度 g/cm³	AV mPa·s	PV mPa·s	YP Pa	Gel_{10s} Pa	Gel_{10min} Pa	FL_{API} mL	pH 值	实验条件
NH_4-HPAN	0.6	44	1.15	31	17	14	4.5	8.5	8	9	热滚前常温测
			1.15	37	21	16	5	9.5	6.2	9	热滚 50℃×16h
	0.8	74.94	1.15	43	19	24	9	13	8.2	9	热滚前常温测
			1.15	46	18	28	9.5	12.5	5.8	9	热滚 50℃×16h
PAC-LV	0.6	87.02	1.15	43	23	20	6	9.5	7.6	9	热滚前常温测
			1.15	50	26	24	7	12.5	5.8	9	热滚 50℃×16h
	0.8	98	1.15	65	27	38	13.5	19.5	6.8	9	热滚前常温测
			1.15	80.5	34	46.5	17	20	6	9	热滚 50℃×16h

注:实验配方为4%膨润土+0.4%Na_2CO_3+IND30+0.4%聚合物降滤失剂+重晶石。

2)聚合物钻井液配方优化

为了增强钻井液的抑制性,大分子聚合物的加量必须高于0.5%,这会导致钻井液黏切增大;而聚合物降滤失剂为0.4%时,钻井液黏切随着大分子聚合物浓度增加而增大。为了满足钻井需要,通过适当降低降滤失剂的加量与膨润土加量,用以改善钻井液的流变性。实验结果见表3-2-5与图3-2-5。

表3-2-5 降滤失剂加量优化

PAC-LV %	回收率 %	密度 g/cm³	AV mPa·s	PV mPa·s	YP Pa	Gel_{10s} Pa	Gel_{10min} Pa	FL_{API} mL	pH 值	实验条件
0.4	87.02	1.15	43	23	20	6	9.5	7.6	9	热滚前常温测
		1.15	50	26	24	7	12.5	5.8	9	热滚 50℃×16h
0.2	79	1.15	32.5	17	15.5	4.5	7.5	8.8	9	热滚前常温测
		1.15	36.5	19	17.5	5	10	7.2	9	热滚 50℃×16h

注:实验配方为3%膨润土+0.4%Na_2CO_3+0.6%IND30+PAC-LV+重晶石。

从表 3-2-5 和图 3-2-5 中数据可知，降低膨润土和聚合物降滤失剂的加量后，钻井液黏切降低，泥岩回收率稍降至 79%，滤失量稍增加，但滤失量仍低于 9mL。因此可以通过以上配方调整来满足钻井工程的需求。

3. 聚合物钻井液性能评价

1）加重对钻井液性能影响

库车山前库车组受挤压构造作用，孔隙压力随井深增加，因面钻井液密度随井深增加需逐渐提高。因而对聚合物钻井液进行加重实验。在钻井液密度 1.15g/cm³ 的配方基础上，通过直接加重，提高钻井液密度至 1.30g/cm³，其性能见表 3-2-6。从表中实验数据可知，加重后的钻井液黏度与切力略微增加，滤失量降低，回收率进一步提高至 80.6%，能够满足钻井要求。

图 3-2-5　聚合物钻井液滚动回收泥岩岩屑（烘干后）

表 3-2-6　加重对聚合物钻井液性能影响

回收率 %	密度 g/cm³	AV mPa·s	PV mPa·s	YP Pa	Gel_{10s} Pa	Gel_{10min} Pa	FL_{API} mL	pH 值	实验条件
79	1.15	32.5	17	15.5	4.5	7.5	8.8	9	热滚前常温测
	1.15	36.5	19	17.5	5	10	7.2	9	热滚 50℃×16h
80.6	1.30	38.5	20	18.5	6	9.5	6.8	9	热滚前常温测
	1.30	43	22	21	6.5	11.5	6	9	热滚 50℃×16h

注：实验配方为 3%膨润土+0.4%Na₂CO₃+0.6%IND30+0.2%PAC-LV+重晶石。

2）抗岩屑污染

将盐上地层库车组（N₂k）泥岩粉末（过100目筛）加入到已配制好的密度为 1.30g/cm³ 的聚合物钻井液中，高速（12000r/min）搅拌 40min，使泥岩粉末均匀分散在聚合物钻井液中，测定其热滚前后钻井液黏切和滤失量变化。实验数据见表 3-2-7。从表中实验数据可知，钻井液中加入岩屑粉，黏度增大，但切力增加变化不大，热滚前后的黏度切力变化不大，滤失量稍降，说明聚合物钻井液具有较强包被抑制性。

表 3-2-7　聚合物钻井液抗岩屑污染

泥岩粉末（N₂k） %	密度 g/cm³	AV mPa·s	PV mPa·s	YP Pa	Gel_{10s} Pa	Gel_{10min} Pa	FL_{API} mL	pH 值	实验条件
0	1.3	38.5	20	18.5	6	9.5	6.8	9	热滚前常温测
	1.3	43	22	21	6.5	11.5	6	9	热滚 50℃×16h
10	1.35	57	24	33	7.5	13	5	9	热滚前常温测
	1.35	56	24	32	6.5	14.5	5	9	热滚 50℃×16h

续表

泥岩粉末(N_2k) %	密度 g/cm³	AV mPa·s	PV mPa·s	YP Pa	Gel_{10s} Pa	Gel_{10min} Pa	FL_{API} mL	pH 值	实验条件
20	1.4	60	25	35	8.5	14	5.6	9	热滚前常温测
	1.4	60	25	35	9	14.5	4.8	9	热滚50℃×16h
30	1.44	75	22	53	13	19	5.6	9	热滚前常温测
	1.44	73	24	49	13	18	5.2	9	热滚50℃×16h

注：实验配方为3%膨润土+0.4%Na_2CO_3+0.6%IND30+0.2%PAC-LV+重晶石。

4. 聚合物钻井液配制与维护

现场聚合物钻井液采用钻表层的膨润土钻井液加水稀释，降低膨润土含量，再加入聚合物，转化为聚合物钻井液。转化时，大分子聚合物加量一定要超过0.5%，以有效抑制地层造浆。降滤失剂加量根据具体情况决定。

推荐配方：3%膨润土浆+0.5%~0.8%大分子聚合物+0.2%~0.4%LV-PAC(LV-CMC)或1%~1.5%NH_4-HPAN+加重剂等。如钻遇大段砾石，需提高钻井液携岩能力，可加入XC或HV-PAC或HV-CMC。

钻井过程中，及时补充大分子聚合物胶液，保持钻井液中包被剂含量。

三、氯化钾聚合物钻井液

库车山前随着井深的增加，所钻遇地层黏土矿物中伊/蒙混层从无序转为有序，混层比从大于40%降为20%，其相对含量下降，伊利石含量增加，泥岩硬脆性增强；由于泥岩与砂岩为泥灰、灰泥、灰质胶结，吸水性强，岩屑仍为强分散、中等膨胀。所钻地层孔隙压力增高，聚合物钻井液在密度超过1.30g/cm³时，钻井液黏度不易控制，为了进一步提高钻井液的抑制性，在上部地层所使用的聚合物钻井液中加入KCl，直接转化为氯化钾聚合物钻井液。

1. 氯化钾加量对岩屑抑制性影响

1）氯化钾溶液对岩屑抑制性影响

不同浓度的氯化钾溶液对库车组N_2k泥岩回收率和膨胀率的影响实验数据见表3-2-8，由表中数据可知，不同浓度的KCl溶液对回收率影响不大，对膨胀率稍有下降。

表3-2-8 不同浓度的氯化钾溶液抑制性评价

序号	KCl 浓度 %	回收率 %	2h 膨胀率 %	16h 膨胀率 %
1	1	6.06	14.70	14.90
2	3	6.56	13.30	13.50
3	5	6.6	12.80	13.00
4	7	6.14	13.20	13.40

注：钻屑取自大北1102井N_2k。

2）氯化钾对聚合物钻井液抑制性影响

在聚合物钻井液中加入不同加量的KCl，评价其对钻井液性能影响和泥岩抑制性，其实验数据见表3-2-9。由表中实验数据可知，随着KCl加量的增加，钻井液黏切逐渐降低，滤失量稍增，泥岩滚动回收率逐渐提高。当氯化钾加量为5%时，钻井液黏切趋于稳定；当氯化钾加量为7%时，抑制性最好，泥岩滚动回收率达到95.8%，且泥岩颗粒棱角分明，如图3-2-6所示。

表3-2-9 KCl加量对钻井液的性能影响

KCl加量 %	回收率 %	密度 g/cm³	AV mPa·s	PV mPa·s	YP Pa	Gel₁₀ₛ Pa	Gel₁₀ₘᵢₙ Pa	FL_API mL	pH值	实验条件
0	80.6	1.3	38.5	20	18.5	6	9.5	6.8	9	热滚前常温测
		1.3	43	22	21	6.5	11.5	6	9	热滚50℃×16h
1	87.6	1.32	34	15	19	5.5	6.5	8	9	热滚前常温测
		1.32	39	18	21	5.5	6.5	6.8	9	热滚50℃×16h
3	89.06	1.32	32	15	17	4.5	5.5	8.3	9	热滚前常温测
		1.32	35.5	18	17.5	4.5	5.5	7.4	9	热滚50℃×16h
5	94.06	1.32	32	15	17	4	5	8.6	9	热滚前常温测
		1.32	34.5	17	17.5	3.5	4.5	7.8	9	热滚50℃×16h
7	95.8	1.32	31	15	16	3.5	5	9	9	热滚前常温测
		1.32	34	17	17	3	4.5	8.2	9	热滚50℃×16h
10	93.84	1.32	31	15	16	3.5	4.5	10.4	9	热滚前常温测
		1.32	34	18	16	3	4.5	9.6	9	热滚50℃×16h

注：实验配方：3%膨润土+0.4%Na₂CO₃+0.6%IND30+0.2%PAC-LV+KCl+重晶石。

通过以上实验，推荐氯化钾聚合物钻井液配方：3%膨润土+0.4%Na₂CO₃+0.5%~0.8%大分子聚合物+0.2%~0.4%PAC-LV（或其他中分子降滤失剂）+5%~7%氯化钾+重晶石（密度4.2g/cm³）。

2. 氯化钾聚合物钻井液性能评价

1）抑制性

不同密度氯化钾聚合物钻井液的性能与抑制性实验结果见表3-2-10。从表中数据可知，随着钻井液密度增加，钻井液黏切稍增，泥岩滚动回收率增大。

图3-2-6 KCl聚合物钻井液的滚动回收泥岩（烘干后）

表3-2-10 不同密度钻井液性能

回收率 %	密度 g/cm³	AV mPa·s	PV mPa·s	YP Pa	Gel₁₀ₛ Pa	Gel₁₀ₘᵢₙ Pa	FL_API mL	pH值	实验条件
93.5	1.2	26	12	14	2.5	4	8.6	9	热滚前常温测
	1.2	28	15	13	2.5	4	7.6	9	热滚50℃×16h

续表

回收率 %	密度 g/cm³	AV mPa·s	PV mPa·s	YP Pa	Gel₁₀ₛ Pa	Gel₁₀ₘᵢₙ Pa	FL_API mL	pH值	实验条件
97.1	1.35	33	15	18	3	5	9.4	9	热滚前常温测
	1.35	36	18	18	3	5	8.6	9	热滚50℃×16h

2）抗岩屑污染

在配制好的氯化钾聚合物钻井液中加不同加量的库车组岩屑粉（泥岩），评价岩屑粉对氯化钾聚合物钻井液抑制性。岩屑污染实验数据见表3-2-11，由表中实验数据可知，岩屑污染后的钻井液密度增加，黏切增大，热滚后动切力略微增加，静切力降低，滤失量热滚前增大，热滚后降低，且漏失量均未超过14mL。

表3-2-11 抗岩屑污染

岩屑 %	密度 g/cm³	AV mPa·s	PV mPa·s	YP Pa	Gel₁₀ₛ Pa	Gel₁₀ₘᵢₙ Pa	FL_API mL	pH值	实验条件
0	1.35	33	15	18	3	5	9.4	9	热滚前常温测
	1.35	36	18	18	3	5	8.6	9	热滚50℃×16h
10	1.38	42	16	26	9	10.5	11.5	9	热滚前常温测
	1.38	45	16	29	7.5	9	9	9	热滚50℃×16h
20	1.43	52	24	28	13	15	13	9	热滚前常温测
	1.43	50.5	22	28.5	8	10	11	9	热滚50℃×16h

注：实验配方为3%膨润土+0.4%Na₂CO₃+0.6%IND30+0.2%PAC-LV+5%氯化钾+重晶石；岩屑选自大北1102井N₂k。

3. 氯化钾聚合物钻井液配制与维护

现场氯化钾聚合物钻井液是采用现场所使用聚合物钻井液直接加氯化钾转为氯化钾聚合物钻井液。转化时要先控制钻井液中膨润土含量至30~35mg/L，再加入氯化钾5%~7%，并适当补充降滤失剂控制滤失量，依据地层坍塌压力，加重晶石提高钻井液密度。

第三节 氯化钾聚磺钻井液

库车山前钻至库车组下部时，其孔隙压力偏离正常趋势线，随井深的增加，井底温度升高，地层孔隙、坍塌压力增大，至库姆格列木群上泥岩段，其压力系数增至1.7~1.8，康村组和吉迪克组地层层理裂隙发育，潜在井壁失稳。KCl聚合物钻井液在高温、高密度条件下，其流变性能难以控制，滤饼质量与封堵性均难以满足稳定井壁的需要。为了满足安全、快速钻井的需要，转为氯化钾聚磺钻井液。

氯化钾聚磺钻井液由膨润土、氯化钾、聚合物、磺化酚醛树脂类与中分子聚合物降滤失剂、沥青类封堵剂、加重剂等组成，该钻井液在高温高密度条件下，具有良好的流变性与热稳定性、低的高温高压滤失量与薄而韧的滤饼、良好的封堵性。

一、KCl 对盐上地层分散性与膨胀性能的影响

1. 清水中 KCl 加量对盐上地层泥岩抑制性能的影响

在清水中加入不同加量的 KCl，充分溶解，再分别加入盐上地层不同层位的泥岩岩屑颗粒和岩屑粉进行抑制性评价。从表 3-3-1 可以看出，KCl 水溶液对大北、克深盐上地层抑制岩屑分散与膨胀效果不明显。

表 3-3-1　不同浓度的 KCl 溶液对盐上地层的泥岩回收率和膨胀率的影响

序号	KCl 加量 %	回收率,% N_2k	回收率,% $N_{1-2}k$	回收率,% N_1j	膨胀率,% N_2k	膨胀率,% $N_{1-2}k$	膨胀率,% N_1j
1	0	2.41	2.23	2.23	16.83	14.18	14.09
2	1	2.73	3.23	2.13	17.51	13.37	15.27
3	3	2.71	3.12	2.56	18.81	16.97	16.24
4	5	2.38	2.8	2.54	16.13	16.58	15.54
5	8	3.00	2.98	2.38	15.59	18.13	15.84
6	0	16.28	26.24	26.23	15.83	11.15	9.19
7	1	15.78	23.23	24.13	15.61	13.37	11.47
8	3	17.26	26.12	24.56	16.92	12.96	12.34
9	5	16.36	25.8	25.54	16.13	11.56	12.54
10	8	15.48	22.98	26.38	15.58	13.18	12.84

注：序号 1—序号 5 为大北 1102 井钻屑，序号 5—序号 10 为克深 19 井钻屑。

2. KCl 加量对氯化钾聚磺钻井液性能的影响

KCl 加量对没有加沥青类封堵剂的氯化钾聚磺钻井液性能的影响实验结果见表 3-3-2。从表中数据可以得出，KCl 加量从 5% 增至 10%，塑性黏度稍降，动切力先增后降，高温高压滤失量先降后增，当氯化钾加量为 10% 时，高温高压滤失量从 12.8mL 增至 16.4mL。以上实验数据表明，从综合考虑，氯化钾加量选用 7%。

表 3-3-2　不同含量氯化钾钻井液性能

KCl 加量 %	密度 g/cm³	AV mPa·s	PV mPa·s	YP Pa	Gel_{10s} Pa	Gel_{10min} Pa	FL_{API} mL	pH 值	FL_{HTHP} mL	pH 值	滤饼厚度 mm
5	1.30	26	19	7	1.5	5	2.6	9	13.6	9	1.5
7	1.30	28.5	18	10.5	3	7	2	9	12.8	9	1.5
10	1.30	23.5	15	8.5	2	6	2.4	9	16.4	9	2.5

注：钻井液配方为 5%膨润土+0.2%NaOH+0.1%IND30+0.5%PAC-LV+4%SPNH+4%SMP-1+KCl+重晶石。

KCl 加量对加有沥青类氯化钾聚磺钻井液常规性能及抑制性能的影响，实验数据见表 3-3-3。由表中数据可知，氯化钾在加量从 3% 增为 5%，回收率从 85.52% 增加至 95.04%，钻井液塑性黏度稍增，动切力下降，高温高压滤失量下降；氯化钾加量继续从 5%增至 10%，回收率稍增，钻井液塑性黏度稍增，动切力下降，高温高压滤失量继续下降；但当氯化钾加量从 7%增至 10%时，高温高压滤失量从 9.6mL 增为 12mL。

表 3-3-3　不同氯化钾加量对钻井液性能的影响

KCl加量 %	回收率 %	膨胀率,% 2h	膨胀率,% 16h	密度 g/cm³	AV mPa·s	PV mPa·s	YP Pa	Gel_{10s} Pa	Gel_{10min} Pa	FL_{API} mL	pH值	FL_{HTHP} mL	pH值	滤饼厚度 mm
3	85.52			1.50	32	22	10	2	9	2.6	9	12.8	9	3
5	95.04	1.05	1.49	1.50	35.5	29	6.5	1.5	6.5	2.3	9	9.8	9	1
7	95.62	1.34	2.06	1.50	33	24	9	1.5	8	2.4	9	9.6	9	1
10	96.52			1.50	21	18	3	0.5	4.5	2.4	9	12	9	2

注：钻井液配方为5%膨润土+0.2%NaOH+0.1%IND30+0.5%PAC-LV+4%SPNH+4%SMP-1+4%FT-2(1#)+氯化钾+重晶石。

通过以上实验，选用氯化钾加量为5%~8%，以确保钻井液具有良好的抑制性。

二、抗120℃氯化钾聚磺钻井液

1. 抗120℃氯化钾聚磺钻井液（聚合物加量为0.1%）配方优选

1）磺化酚醛树脂类降滤失剂

库车山前使用的磺化酚醛树脂类处理剂有褐煤树脂SPNH、磺化酚醛树脂等，大多采用两种处理剂复配。采用SPNH与SMP-1按1:1复配，优选其加量，实验结果见表3-3-4，由表中实验数据可知，随着SPNH与SMP-1加量的增加，热滚后钻井液黏度切力稍增，滤失量下降；当钻井液中加入4%SPNH+4%SMP-1，滤失量降到1.8mL。

表 3-3-4　优选磺化处理剂配比与加量

序号	SMP-1加量 %	SPNH加量 %	密度 g/cm³	AV mPa·s	PV mPa·s	YP Pa	Gel_{10s} Pa	Gel_{10min} Pa	FL_{API} mL	pH值
1	1	1	1.36	14	9	5	1	3.5	5	8
2	2	2	1.36	15	8	7	1.5	4	3.6	8
3	3	3	1.36	15	10	5	1.5	4	2.8	8
4	4	4	1.36	16	11	5	1.5	4	1.8	8

注：钻井液配方为3%膨润土+0.1%NaOH+0.1%~0.3%IND30+0.3%~0.4%PAC-LV+SPNH+SMP-1+5%KCl+重晶石（密度4.2g/cm³）。

2）PAC-LV降滤失剂

随着钻井液中PAC-LV加量从0.3%增加至0.8%，钻井液黏度和切力增加，高温高压滤失量下降至12.6mL，见表3-3-5。

表 3-3-5　不同含量PAC-LV的钻井液性能数据

序号	PAC-LV加量 %	密度 g/cm³	AV mPa·s	PV mPa·s	YP Pa	Gel_{10s} Pa	Gel_{10min} Pa	FL_{API} mL	FL_{HTHP} mL	pH值	滤饼厚度 mm
1	0.3	1.27	21.5	15	6.5	1.5	4	2.8	14	9	2
2	0.5	1.29	26	20	6	2	5	2.4	13.8	9	2
3	0.8	1.30	36	23	13	4	1.8	12.6		9	2

注：钻井液配方为4%+0.2%NaOH+0.1%IND30+PAC-LV+5%KCl+4%SPNH+4%SMP-1重晶石。

3）膨润土

不同密度（1.30g/cm³、1.49g/cm³、1.80g/cm³）钻井液中膨润土加量对钻井液性能的影响实验数据见表 3-3-6 和表 3-3-7，由表可知在 4%和 5%的膨润土含量下，钻井液均具有很好的黏度来悬浮重晶石，膨润土含量为 5%时，钻井液的初终切力、高温高压滤失量和滤饼质量都要比 4%膨润土含量钻井液好。

表 3-3-6　4%膨润土含量抗 120℃氯化钾聚磺钻井液不同密度钻井液的性能

序号	密度 g/cm³	AV mPa·s	PV mPa·s	YP Pa	Gel_{10s} Pa	Gel_{10min} Pa	FL_{API} mL	FL_{HTHP} mL	pH 值	滤饼厚度 mm
1	1.30	21.5	15	6.5	2.5	5	2.8	14	9	2
2	1.49	26	20	6	1.5	4	2.4	13.8	9	2
3	1.80	36	23	13	4	8	1.8	12.6	9	3

注：配方为 5%膨润土+0.2%NaOH+0.1%IND30+0.5%PAC-LV+4%SPNH+4%SMP-1+5%KCl+重晶石。

表 3-3-7　5%膨润土含量抗 120℃氯化钾聚磺钻井液不同密度钻井液的性能

序号	密度 g/cm³	AV mPa·s	PV mPa·s	YP Pa	Gel_{10s} Pa	Gel_{10min} Pa	FL_{API} mL	FL_{HTHP} mL	pH 值	滤饼厚度 mm
1	1.30	26.5	17	9.5	2.5	7	3	14.2	9	1.5
2	1.50	33.5	27	6.5	2	6	2	12.8	9	2
3	1.81	36	31	5	2	6	1.6	12	9	2

注：配方为 5%膨润土+0.2%NaOH+0.1%IND30+0.5%PAC-LV+4%SPNH+4%SMP-1+5%KCl+重晶石。

4）封堵剂

采用沥青类产品作为封堵剂，由于不同沥青类产品对钻井液性能与封堵效果不一样。选用 4 种产品进行实验，实验结果见表 3-3-8。由表可知，各种沥青类封堵剂对钻井液流变性能的影响与降高温高压滤失量效果是不同的，加入 FT 的钻井液，流变性能最低；加入 FT-2 的钻井液，流变性能最高；但降高温高压滤失量效果，FT-2 效果最好，可降至 8.4mL，高温高压渗透失水为 4mL。

表 3-3-8　不同沥青类封堵剂对钻井液性能的影响

序号	封堵剂种类与加量	密度 g/cm³	AV mPa·s	PV mPa·s	YP Pa	Gel_{10s} Pa	Gel_{10min} Pa	FL_{API} mL	FL_{HTHP} mL	pH 值	$FL_{渗透}$ mL
1	4%FT	1.50	23	18	5	0.5	4.5	2.6	11.2	9	4.4
2	4%FT-2	1.50	35.5	29	6.5	0.5	6.5	2	8.4	9	4
3	4%RLQ-2	1.50	30	21	9	0.5	5	2.4	9.6	9	4.8
4	4%FT-1A	1.50	29	26	7	0.5	4.5	2.4	12	9	4.6

注：钻井液配方为 5%膨润土+0.2%NaOH+0.1%IND30+0.5%PAC-LV+4%SPNH+4%SMP-1+5%KCl+重晶石。

5）抗 120℃氯化钾聚磺钻井液（聚合物加量为 0.1%）抗岩屑污染性能评价

通过以上处理剂优选，得出抗 120℃氯化钾聚磺钻井液（聚合物加量为 0.1%）配方：5%膨润土+0.2%NaOH+0.1%IND30+0.5%PAC-LV+4%SPNH+4%SMP-1+4%FT-2+5%KCl+重晶石。

为了评价氯化钾聚磺钻井液抗岩屑污染能力，向已配制好的密度 1.50g/cm³ 的钻井液中分别加入 5%和 10%钻屑粉末，实验数据见表 3-3-9。由表可知该钻井液有很好的抗岩屑污染能力。

表 3-3-9　氯化钾聚磺钻井液抗岩屑污染实验数据

序号	岩屑含量 %	密度 g/cm³	AV mPa·s	PV mPa·s	YP Pa	Gel_{10s} Pa	Gel_{10min} Pa	FL_{API} mL	FL_{HTHP} mL	pH值	滤饼厚度 mm
1	0	1.50	35.5	29	6.5	1.5	6.5	2.3	9.8	9	1
2	5	1.52	43	23	20	6	13	2.3	12.4	9	2
3	10	1.56	46.5	26	20.5	5	12	2.4	11.6	9	3

注：钻屑选自大北 1102 井 $N_{1-2}k$。

2. 氯化钾聚磺钻井液(聚合物加量为 0.3%)配方优选

库车山前部分构造盐上地层库车组、康村组和吉迪克组地层矿物组分与理化性能有所差异。部分构造上部地层无序伊蒙混层含量高，分布井段长，岩屑易水化分散、膨胀，导致井眼缩径、坍塌，对于此类地层，在 KCl 聚合物钻井液转化为 KCl 聚磺钻井液时，仍需保持适量的大分子聚合物，以抑制岩屑的水化分散，提高钻井液的抑制性。此研究在前面已优化出的密度 1.88g/cm³ 配方基础上，增加大分子聚合物的加量至 0.3%。

1) 配方优选

提高钻井液中大分子聚合物加量，会引起钻井液黏度切力增高。为控制钻井液流变性能，采用降低钻井液中膨润土加量，实验数据见表 3-3-10。从表中实验数据可以看出，在前面优化出的配方基础上增加 0.2%IND30，减少 2%的膨润土加量，钻井液黏切变化不大。

表 3-3-10　氯化钾聚磺钻井液(聚合物加量为 0.3%)配方优选

膨润土 %	IND30 %	密度 g/cm³	AV mPa·s	PV mPa·s	YP Pa	Gel_{10s} Pa	Gel_{10min} Pa	FL_{API} mL	FL_{HTHP} mL	pH值	热滚条件
5	0.1	1.85	32	27	5	0.5	5	2.6	10.2	9	120℃×16h
3	0.3	1.88	38	31	7	1.5	8		10	9	120℃×24h

注：钻井液配方为 x%膨润土+y%IND30+0.5%PAC-LV+4%SPNH+4%SMP-1+4%FT-2+0.3%NaOH+5%KCl+重晶石。

2) 抗 120℃氯化钾聚磺钻井液(聚合物加量为 0.3%)性能评价

通过以上实验得出抗 120℃氯化钾聚磺钻井液(聚合物加量为 0.3%)配方：3%膨润土+0.3%IND30+0.5%PAC-LV+4%SPNH+4%SMP-1+4%FT-2+0.3%NaOH+5%KCl+重晶石。

(1) 热稳定性。

抗 120℃氯化钾聚磺钻井液(聚合物加量为 0.3%)热稳定性实验结果见表 3-3-11。从表中实验数据可以看出，随着时间的延长，钻井液黏度逐渐降低，但切力与高温高压滤失量变化不大，说明钻井液具有良好的热稳定性。

表 3-3-11　抗 120℃氯化钾聚磺钻井液(聚合物加量为 0.3%)热稳定性

密度 g/cm³	AV mPa·s	PV mPa·s	YP Pa	Gel_{10s} Pa	Gel_{10min} Pa	FL_{HTHP} mL	pH值	测试条件
1.88	38	31	7	1.5	8	10	9	120℃×24h
1.89	37.5	30	7.5	1	7.5	10.6	9	120℃×48h
1.90	31	25	6	1	5	11	9	120℃×72h

（2）抑制性。

向热滚16h后的钻井液中分别加入盐上地层不同层段的泥岩岩屑，然后继续热滚16h，通过滚动回收率和膨胀率实验来评价钻井液的抑制性，实验数据见表3-3-12。

表3-3-12　抗120℃氯化钾聚磺钻井液（聚合物加量为0.3%）抑制性

回收率 %	密度 g/cm³	AV mPa·s	PV mPa·s	YP Pa	Gel₁₀ₛ Pa	Gel₁₀ₘᵢₙ Pa	FL_API mL	pH值	实验条件
92.56	1.88	40	32	8	2	8	9	9	热滚120℃×24h

从表3-3-12中实验数据可以看出，盐上地层吉迪克组地层易水化分散、膨胀，但对钻井液黏切性能影响不大，高温高压滤失量降低至9mL，吉迪克组岩屑24h滚动回收率可达90%以上，说明钻井液具有较强的抑制性。

（3）抗岩屑污染。

在配制好的氯化钾聚磺钻井液中加不同加量的吉迪克组岩屑粉（泥岩），评价岩屑粉对氯化钾聚磺钻井液抑制性，岩屑污染实验数据见表3-3-13，由表中实验数据可知，岩屑污染后的钻井液密度增加，黏切增大，高温高压滤失量降低至8mL。

表3-3-13　抗岩屑污染实验数据

岩屑粉 %	密度 g/cm³	AV mPa·s	PV mPa·s	YP Pa	Gel₁₀ₛ Pa	Gel₁₀ₘᵢₙ Pa	FL_HTHP mL	pH值	测试条件
0	1.88	38	31	7	1.5	8	10	9	120℃×24h
10	1.9	45	36	9	4	10	7.8	9	120℃×24h
20	1.92	53	42	11	6	13	8	9	120℃×24h

注：钻屑取自大北1102井N_1j泥岩屑。

三、抗150℃氯化钾聚磺钻井液

采用抗120℃密度1.8g/cm³氯化钾聚磺钻井液配方所配的钻井液，进行抗150℃实验，实验结果见表3-3-14。由表中数据可知，抗温120℃的氯化钾聚磺钻井液在150℃下热滚16h后，钻井液黏度切力下降，重晶石发生沉淀，钻井液失去沉降稳定性。为了提高钻井液在150℃下热稳定性，必须调整其配方。

表3-3-14　抗150℃氯化钾聚磺钻井液性能实验数据

序号	KCl加量 %	密度 g/cm³	AV mPa·s	PV mPa·s	YP Pa	Gel₁₀ₛ Pa	Gel₁₀ₘᵢₙ Pa	FL_API mL	FL_HTHP mL	pH值	滤饼厚度 mm
1	5	1.80				重晶石沉淀					
2	7	1.80				重晶石沉淀					

注：配方为5%膨润土+0.2%NaOH+0.1%IND30+0.5%PAC-LV+4%SPNH+4%SMP-1+4%FT-2+5%KCl+重晶石。150℃热滚16h后，55℃测流变性能。

1. 抗150℃氯化钾聚磺钻井液配方优化

1）优选降滤失剂

（1）采用含磺酸基中分子聚合物降滤失剂与磺化类处理剂复配。

为了改善钻井液流变参数,采用含磺酸基中分子聚合物降滤失剂与磺化类处理剂复配。在钻井液中,分别加入0.8%、1%、1.2%和1.5%DSP-2,实验数据见表3-3-15。由表可知,加入0.8%DSP-2,钻井液塑性黏度从71mPa·s降为46mPa·s,动切力从7Pa降为2Pa;继续增加该剂加量,塑性黏度稍增,高温高压滤失量下降;其DSP-2加量为1.5%时,高温高压滤失量降至8.4mL。

表3-3-15　DSP-2不同加量对钻井液性能的影响

序号	DSP-2加量 %	密度 g/cm³	AV mPa·s	PV mPa·s	YP Pa	Gel_{10s} Pa	Gel_{10min} Pa	FL_{API} mL	FL_{HTHP} mL	pH值	滤饼厚度 mm
1	0	1.8	78	71	7	2	6	1.4	8.8	9	2
3	1.0	1.80	48	46	2	1.5	5	3.2	14.8	9	3
4	1.2	1.80	63	47	16	1.5	8	2.8	12.8	9	3
5	1.5	1.80	71	52	19	5	9	2.8	8.4	9	2

注:配方为5%膨润土+DSP-2+6%SPNH+6%SMP-3+0.4%NaOH+7%KCl+3%RLQ-2+重晶石。

(2)优选磺化酚醛树脂SMP类型。

优选SMP-1、SMP-2和SMP-3三种磺化酚醛树脂类降滤失剂,实验数据见表3-3-16。由表可知,采用SMP-1作为降滤失剂,塑性黏度低,但动切力高,高温高压滤失量为13.2mL;采用SMP-2作为降滤失剂,塑性黏度高,但动切力稍低,高温高压滤失量为11.6mL;采用SMP-3作为降滤失剂,塑性黏度高达71mPa·s,但动切力低至7Pa,高温高压滤失量最低8.8mL。

表3-3-16　不同型号SMP对钻井液性能的影响

序号	名称	密度 g/cm³	AV mPa·s	PV mPa·s	YP Pa	Gel_{10s} Pa	Gel_{10min} Pa	FL_{API} mL	FL_{HTHP} mL	pH值	滤饼厚度 mm
1	SMP-1	1.8	64.5	37	27.5	10	12	1.4	13.2	9	3
2	SMP-2	1.8	64	49	15	1	6.5	2	11.6	9	2
3	SMP-3	1.8	78	71	7	2	6	1.4	8.8	9	2

注:配方为5%膨润土+2%DSP-2+6%SPNH+6%SMP+0.4%NaOH+7%KCl+3%RLQ-2+重晶石。

(3)不同生产厂家的SMP-3对钻井液性能的影响。

分别对4个厂家的SMP-3进行评价,实验数据见表3-3-17。C厂家的SMP-3,降高温高压滤失量效果最好,但黏度、切力也最高。A厂家的SMP-3降高温高压滤失量效果不及C厂家,但其流变性能好。因此现场使用之前,应做小型实验。

表3-3-17　不同厂家的SMP-3对钻井液性能的影响

序号	SMP-3加量 生产厂	密度 g/cm³	AV mPa·s	PV mPa·s	YP Pa	Gel_{10s} Pa	Gel_{10min} Pa	FL_{API} mL	FL_{HTHP} mL	pH值	滤饼厚度 mm
1	A	1.80	64.5	49	15.5	2	7	2.4	14	9	2
2	B	1.80	71	50	21	5	9.5	3.2	14.8	9	2
3	C	1.80	86	56	30	3	9	2.8	8.4	9	2
4	D	1.80	81	47	34	6	10	2.8	9.6	9	2

注:配方为5%膨润土+2%DSP-2+6%SPNH+6%SMP-3+0.4%NaOH+7%KCl+3%RLQ-2+重晶石。

（4）磺化降滤失剂加量优化。

为了调控钻井液黏度、切力和高温高压滤失量，可调整 SPNH 与 SMP-3 复配比例与加量。实验结果见表 3-3-21。由表可知，采用 4%SPNH+6%SMP-3 作为降滤失剂，高温高压滤失量为 10.5mL，钻井液具有良好流变性能；SPNH 与 SMP-3 总量均为 10% 时，增加 SPNH 加量，钻井液表观黏度与塑性黏度均增加，动切力下降，高温高压滤失量稍增。

表 3-3-18　SPNH 与 SMP-3 不同加量对钻井液性能的影响

序号	SPNH 加量 %	SMP-3 加量 %	密度 g/cm³	AV mPa·s	PV mPa·s	YP Pa	Gel_{10s} Pa	Gel_{10min} Pa	FL_{API} mL	FL_{HTHP} mL	pH 值	滤饼厚度 mm
1	4	5	1.80	62	42	20	2.5	8	2.4	15.6	9	4
2	4	6	1.80	71	47	24	4.5	11	2.4	10.5	9	2
3	5	5	1.80	82.5	63	19.5	2.5	7.5	1.6	12.2	9	2
4	6	5	1.80	74.5	63	11.5	0.5	6.5	2.8	13.6	9	4

注：配方为 5%膨润土+1.5%DSP-2+SPNH+SMP-3+3%RLQ-2+0.4%NaOH+7%KCl+重晶石。

2）优选沥青类封堵剂

对 5 个厂家的沥青类封堵剂进行优选，实验数据见表 3-3-19。由表可知，在氯化钾聚磺钻井液中加入不同厂家生产的沥青类封堵剂，钻井液流变性能与高温高压滤失量有所不同，因而现场使用前需进行优选。

表 3-3-19　不同厂家的沥青类封堵剂对钻井液性能的影响

序号	名称	密度 g/cm³	AV mPa·s	PV mPa·s	YP Pa	Gel_{10s} Pa	Gel_{10min} Pa	FL_{API} mL	FL_{HTHP} mL	pH 值	滤饼厚度 mm
1	3%FT	1.90	63	59	4	1	6.5	2.4	9.6	9	2
2	3%FH-1	1.90	67	58	9	1	4	2.8	20	9	5
3	3%FT-2	1.90	69	56	13	1	6	2.0	10	9	3
4	3%RLQ-2	1.90	69.5	51	18.5	1	6.5	2.0	10.6	9	2
5	3%FT-1A	1.90	42.5	37	5.5	1	4	2.8	36	9	5

注：配方为 5%膨润土+1.5%DSP-2+4%SPNH+6%SMP-3（C）+0.4%NaOH+7%KCl+重晶石。

3）优化膨润土加量与降滤失剂，改善钻井液流变性能

以上优选出的含磺酸基聚合物降滤失剂与部分沥青类封堵剂无法供应塔里木油田市场。因而继续进行对钻井液膨润土、降滤失剂、封堵剂等品种与加量进行优化，通过大量实验，最终优化出的抗 150℃氯化钾聚磺钻井液配方为：3%膨润土+0.5%PAC-LV+0.2%PAC-HV+6%SMP-1+6%SPNH+0.4NaOH+0.5%SP-80+2%白油+7%KCl+3%FT-1A+重晶石，其性能见表 3-3-20。该钻井液热滚前后的性能稳定，流变性能好，高温高压滤失量降低至 10mL 以下。

表 3-3-20 抗 150℃氯化钾聚磺钻井液性能

PAC-HV 加量 %	PAC-LV 加量 %	NaOH 加量 %	密度 g/cm³	AV mPa·s	PV mPa·s	YP Pa	Gel₁₀ₛ Pa	Gel₁₀ₘᵢₙ Pa	FL_HTHP mL	pH 值
0.2	0.4	0.4	1.80	23	22	1	0	2		
			1.80	19	16	3	2	2.5	9.8	8
0.3	0.5	0.6	1.80	27.5	25	2.5	0.5	3.5		
			1.80	26	24	2	0.5	3.5	9.2	9

注：配方为 3%膨润土+6%SMP-1+6%SPNH+0.5%SP-80+X% PAC-HV+Y% PAC-LV+%NaOH+2%白油+7%KCl+3%FT-1A+重晶石。

2. 抗 150℃氯化钾聚磺钻井液性能评价

1）热稳定性

钻井液在 150℃下连续热滚 24h，48h 和 72h 后的性能见表 3-3-21。该钻井液随热滚时间增加，钻井液黏度切力稍降，高温高压滤失量稍增，钻井液能抗 150℃，热稳定性好。

表 3-3-21 钻井液在不同测试条件下的热稳定性

密度 g/cm³	AV mPa·s	PV mPa·s	YP Pa	Gel₁₀ₛ Pa	Gel₁₀ₘᵢₙ Pa	FL_HTHP mL	pH 值	测试条件
1.80	26	24	2	0.5	3.5	9.2	9	150℃×24h
1.80	24.5	19	5.5	5	10	10.8	9	150℃×48h
1.80	22	17	5	5	10	14	9	150℃×72h

2）抑制性

向热滚 150℃ 16h 后的钻井液中分别加入盐上地层不同层段的泥岩岩屑，进行滚动回收率和膨胀率实验，来评价钻井液的抑制性，实验数据见表 3-3-22 与图 3-3-1。从表与图中可以看出，该钻井液能有效抑制盐上地层水化分散、膨胀。

表 3-3-22 钻井液抑制性实验数据

地层	回收率 %	膨胀率,% 2h	膨胀率,% 16h	密度 g/cm³	AV mPa·s	PV mPa·s	YP Pa	Gel₁₀ₛ Pa	Gel₁₀ₘᵢₙ Pa	FL_HTHP mL	pH 值
				1.80	27.5	26	1.5	0.5	3.5	12.8	9
N₂k	92.92	1.47	2.29	1.80	27	20	7	5	8	10	9
N₁j	90.98	1.34	2.06	1.80	25	24	1	1	3.5	10.4	9

3）抗岩屑污染

向经 150℃热滚 16h 后的氯化钾聚磺钻井液中，分别加入 10%和 20%过 100 目泥岩岩屑，高速搅拌 20min，使其均匀分散在钻井液中，进行抗污染实验，实验数据见表 3-3-23。由表中数据可知，该钻井液受到 20%泥岩岩屑粉污染后，仍具有良好的流变性，高温高压滤失量变化不大，说明钻井液具有较强的抗岩屑污染能力。

(a) 库车组　　　　　　　　　　　　(b) 吉迪克组

图 3-3-1　大北 1102 井盐上地层泥岩颗粒滚动回收率

表 3-3-23　钻井液抗岩屑污染实验数据

岩屑粉末 %	密度 g/cm³	AV mPa·s	PV mPa·s	YP Pa	Gel₁₀ₛ Pa	Gel₁₀ₘᵢₙ Pa	FL_HTHP mL	pH 值	滤饼厚度 mm	测试条件
0	1.80	27.5	25	2.5	0.5	3.5				55℃测
	1.80	26	24	2	0.5	3.5	9.2	9	2	150℃×16h
10	1.83	28	24	4	1	5				55℃测
	1.83	27	24	3	1.5	6	10.4	9	2	150℃×16h
20	1.85	37	32	5	1	7.5				55℃测
	1.85	39	34	5	1.5	7.5	10	9	2	150℃×16h

注：钻屑取自大北 1102 井 N_1j。

四、抗 180℃氯化钾聚磺钻井液

采用抗 150℃氯化钾聚磺钻井液配方（5%膨润土+1.5%DSP-2+4%SPNH+6%SMP-3+0.4%NaOH+7%KCl+3%FT+重晶石至密度 1.90g/cm³）配制的氯化钾聚磺钻井液，该钻井液在 180℃下热滚 16h 后，钻井液黏度下降，重晶石发生沉淀。因而必须继续优化该钻井液配方，提高氯化钾聚磺钻井液抗 180℃热稳定性。

1. 抗 180℃氯化钾聚磺钻井液配方优化

1）优选降滤失剂

通过优选降滤失剂品种与加量，来提高氯化钾聚磺钻井液热稳定性，达到该钻井液在抗 180℃高温下，保持良好性能。

（1）采用 SMC 与 SPM-3 复配。

为了提高抗 180℃氯化钾聚磺钻井液热稳定性，采用 SMC 与 SMP-3 复配降低氯化钾聚磺钻井液在 180℃高温高压下滤失量，实验数据见表 3-3-24。由表可知，加入 5%SMC 与 10%SMP-3 复配，高温高压滤失量降为 9.2mL。此实验证实了磺化树脂类必须与磺化褐煤（SMC）复配，才能有效控制氯化钾聚磺钻井液在 180℃下的高温高压滤失量，但钻井液黏度、切力偏低，影响钻井液沉降稳定性。

表3-3-24 SMC与SMP-3复配对抗180℃氯化钾聚磺钻井液性能的影响

降滤失剂	密度 g/cm³	AV mPa·s	PV mPa·s	YP Pa	Gel_{10s} Pa	Gel_{10min} Pa	FL_{API} mL	FL_{HTHP} mL	pH值	滤饼厚度 mm
5%SMC	1.90	10	8	2	1	2.5	1.6	9.2	9	3

注：配方为5%膨润土+%SMC+10%SMP-3+0.4%NaOH+7%KCl+5%FT+重晶石。

（2）优选DSP-1、磺化褐煤、SMP-3加量。

继续优化抗180℃氯化钾聚磺钻井液，引入含磺酸根基团的共聚聚合物高分子降滤失剂DSP-1，优选DSP-1，SMC，SMP-3和膨润土加量与配比，实验数据见表3-3-25至表3-3-27。由表可知，当8%SMC，8%SMP-3和1.5%DSP-1复配时，钻井液高温高压滤失量降为10mL；在该钻井液中加入封堵剂，钻井液黏度、切力增高，DSP-1加量降低至0.8%，钻井液黏度切力有所降低，但仍偏高；降低膨润土加量4%时，钻井液具有良好的流变性能，高温高压滤失量降到8mL，此钻井液可以满足钻井需求。

表3-3-25 SMC+SMP-3配比与加量抗180℃氯化钾聚磺钻井液性能的影响

序号	SMC %	密度 g/cm³	AV mPa·s	PV mPa·s	YP Pa	Gel_{10s} Pa	Gel_{10min} Pa	FL_{API} mL	FL_{HTHP} mL	pH值	滤饼厚度 mm
1	6	1.90	50.5	51	-0.5	1	3	1.6	14	9	2
2	7	1.90	54	53	1	1.5	4	1.4	12	9	2
3	8	1.90	57.5	52	5.5	2	5	1.4	10	9	2

注：配方为5%膨润土+1.5%DSP-1+%XSMC+8%SMP-3+0.4%NaOH+7%KCl+重晶石。

表3-3-26 DSP-1加量对抗180℃氯化钾聚磺钻井液的性能的影响

序号	名称	密度 g/cm³	AV mPa·s	PV mPa·s	YP Pa	Gel_{10s} Pa	Gel_{10min} Pa	FL_{API} mL	FL_{HTHP} mL	pH值	滤饼厚度 mm
1	1.5%DSP-1	1.90	79.5	48	31.5	8.5	29	1.6	8.6	9	2
2	1.0%DSP-1	1.90	75	42	33	10	30	2	7.6	9	2
3	0.8%DSP-1	1.90	68.5	52	16.5	3.5	18	2	8.8	9	2

注：配方为5%膨润土+XDSP-1+8%SMC+8%SMP-3+0.4%NaOH+7%KCl+5%RLQ-2+重晶石。

表3-3-27 膨润土加量的对抗180℃氯化钾聚磺钻井液性能的影响

序号	膨润土加量 %	密度 g/cm³	AV mPa·s	PV mPa·s	YP Pa	Gel_{10s} Pa	Gel_{10min} Pa	FL_{API} mL	FL_{HTHP} mL	pH值	滤饼厚度 mm
1	5	1.90	75	42	33	10	30	2	7.6	9	2
2	4.5	1.90	68.5	55	13.5	3.5	19	2	8	9	2
3	4	1.90	38.5	33	5.5	2	8.5	2	8	9	2

注：配方为膨润土+0.8%DSP-1+8%SMC+8%SMP-3+0.4%NaOH+7%KCl+5%RLQ-2+重晶石。

2）优选封堵剂

分别对RLQ-2、天然沥青1#、天然沥青2#三种沥青类封堵剂进行钻井液性能实验，具体数据见表3-3-28。由表可知三种封堵材料中，三种封堵剂，天然沥青1#可将钻井液的高温高压滤失量降到6.6mL，并具有良好的流变性能。

表 3-3-28　封堵剂种类对钻井液性能的影响

序号	名称	密度 g/cm³	AV mPa·s	PV mPa·s	YP Pa	Gel₁₀s Pa	Gel₁₀min Pa	FL_API mL	FL_HTHP mL	pH 值	滤饼厚度 mm
1	5%RLQ-2	1.90	38.5	33	5.5	2	8.5	2	8	9	2
2	5%天然沥青1#	1.90	42	38	4	0.5	4.5	1.6	6.6	9	2
3	5%天然沥青2#	1.90	49.5	47	2.5	1.5	8	1.9	8	9	2

注：配方为 4%膨润土+0.8%DSP-1+8%SMC+8%SMP-3+0.4%NaOH+7%KCl++5%封堵剂+重晶石。

为了提高钻井液的封堵效果，加入具有颗粒与纤维状的天然封堵剂%H-2，具体数据见表3-3-29。由表可知，钻井液具有良好的流变性能与低的高温高压滤失量。

表 3-3-29　不同沥青与 H-2 的钻井液性能

名称	密度 g/cm³	AV mPa·s	PV mPa·s	YP Pa	Gel₁₀s Pa	Gel₁₀min Pa	FL_API mL	FL_HTHP mL	pH 值	滤饼厚度 mm
5%天然沥青1#	1.90	42	38	4	0.5	4.5	1.6	6.6	9	2
5%天然沥青1#+1%H-2	1.90	39.5	34	5.5	0.5	2	1.8	6.4	9	2
5%天然沥青1#+2%H-2	1.90	48	36	12	2	6	1.6	7.2	9	2
5%天然沥青2#	1.90	49.5	47	2.5	1.5	8	1.9	8	9	2
5%天然沥青2#+1%H-2	1.90	42	37	5	0.5	3.5	1.8	6.4	9	2
5%天然沥青2#+2%H-2	1.90	47.5	37	10.5	3	8	1.8	6.4	9	2

注：配方为 4%膨润土+0.8%DSP-1+8%SMC+8%SMP-3+0.4%NaOH+7%KCl+5%天然沥青封堵剂+X%H-2+重晶石。

3）钻井液配方再次优化

因有以上实验所用的SMC含铬，此剂不再生产。改用无铬SMC1#，该钻井液热滚前后黏切变化较大。因此，在原优化出的配方基础上再次进行调整。采用DSP-1，6%SMP-3，3%SMC1#和3%SPNH复配作为降滤失剂，加入SP-80与聚胺提高钻井液热稳定性，加入细目钙YX-2提高钻井液封堵性，加入白油改善钻井液润滑性与封堵性，并用密度为4.3g/cm³的重晶石加重，其配方：2%膨润土+0.5%DSP-1+6%SMP-3+3%SMC1#+3%SPNH+4%天然沥青3#+0.5%SP-80+2%白油+0.8%NaOH+7%KCl+3%YX-2+0.5%聚胺+重晶石，性能见表3-3-30。该钻井液连续热滚48h后的流变性能稳定，高温高压滤失量降低至8.8mL。

表 3-3-30　再次优化后的抗 180℃氯化钾聚磺钻井液性能

加重剂密度 g/cm³	密度 g/cm³	AV mPa·s	PV mPa·s	YP Pa	Gel₁₀s Pa	Gel₁₀min Pa	FL_HTHP mL	pH 值	滤饼厚度 mm	测试条件
4.2	1.89	34.5	30	4.5	3.5	10.5				60℃测
	1.89	37	24	13	5	12	9.8	9	2	180℃×16h
4.3	1.89	36	30	6	4	13				60℃测
	1.89	34	27	7	3	14	8.8	9	2	180℃×48h

2. 钻井液性能评价

1）热稳定性

抗180℃氯化钾聚磺钻井液在180℃下连续热滚48h和72h后的钻井液性能见表3-3-31。从表中实验数据可以看出，热滚48h的钻井液黏切变化不大，高温高压滤失量降低至8.8mL。热滚72h的钻井液黏度、切力、高温高压滤失量稍有增大，但幅度不大，能满足钻井需求。

表3-3-31 抗180℃氯化钾聚磺钻井液热稳定性

密度 g/cm³	AV mPa·s	PV mPa·s	YP Pa	Gel_{10s} Pa	Gel_{10min} Pa	FL_{HTHP} mL	pH值	测试条件
1.89	36	30	6	4	13			60℃测
1.89	34	27	7	3	14	8.8	9	180℃×48h
1.89	42.5	35	7.5	8	18	11.6	9	180℃×72h

2）抑制性

向热滚16h后的钻井液中分别加入盐上地层吉迪克组的泥岩颗粒，然后继续热滚16h，通过滚动回收率和膨胀率实验来评价钻井液的抑制性，实验数据见表3-3-32，该钻井液对强分散弱膨胀性地层，回收率从6.48%增加到85%以上，膨胀率从14.48%降到1.54%。说明该钻井液有较强的抑制性。

表3-3-32 抗180℃氯化钾聚磺钻井液岩屑污染实验

名称	密度 g/cm³	回收率 %	2h膨胀率 %	16h膨胀率 %
清水		6.48	14.38	14.48
钻井液	1.90	85.6	0.77	1.54

3）抗岩屑污染

抗180℃氯化钾聚磺钻井液热滚16h后，向其中分别加入10%和20%泥岩岩屑，高速搅拌20min，使其均匀分散在钻井液中，进行抗污染实验，实验数据见表3-3-33。由表中数据可知，该钻井液受到20%泥岩岩屑粉污染后，仍具有良好的流变性，高温高压滤失量降低至7.4mL，说明钻井液具有较强的抗岩屑污染能力。

表3-3-33 抗180℃氯化钾聚磺钻井液岩屑污染

岩屑粉末 %	密度 g/cm³	AV mPa·s	PV mPa·s	YP Pa	Gel_{10s} Pa	Gel_{10min} Pa	FL_{HTHP} mL	pH值	滤饼厚度 mm	测试条件
0	1.89	34.5	30	4.5	3.5	10.5				60℃测
	1.89	37	24	13	5	12	9.8	9	2	180℃×16h
10	1.92	38	28	10	4	13.5				60℃测
	1.92	43	28	15	5	15.5	7.6	9	2	180℃×16h
20	1.94	48	34	14	4.5	20				60℃测
	1.94	50	35	15	5	20.5	7.4	9	2	180℃×16h

注：钻屑取自大北1102井 N_1j。

4）抗石膏污染

抗180℃KCl聚磺钻井液热滚16h后，向其中分别加入1%和3%石膏，高速搅拌20min，使其均匀分散在钻井液中，进行抗污染实验，实验数据见表3-3-34。由表中数据可知，该钻井液受到3%石膏污染后，仍具有良好的流变性，高温高压滤失量11.8mL，该钻井液具有较强的抗石膏污染能力。

表3-3-34 抗180℃氯化钾聚磺钻井液抗石膏污染实验

CaSO$_4$加量 %	密度 g/cm^3	AV mPa·s	PV mPa·s	YP Pa	Gel$_{10s}$ Pa	Gel$_{10min}$ Pa	FL$_{HTHP}$ mL	pH值	滤饼厚度 mm	测试条件
0	1.89	34.5	30	4.5	3.5	10.5				60℃测
	1.89	37	24	13	5	12	9.8	9	2	180℃×16h
1	1.93	42	30	12.5	6	13				60℃测
	1.93	38	23	15	6	14	10.4	9	2	180℃×16h
3	1.94	49	35	14	7	15.5				60℃测
	1.94	44	20	24	7	16	11.8	9	2	180℃×16h

注：钻屑取自大北1102井N$_1$j。

五、氯化钾聚磺钻井液渗透性封堵性（PPT）评价

针对克深大北盐上地层尤其是N$_{1-2}$k和N$_1$j地质构造复杂，地层以泥质砂岩、砂质泥岩、硬脆性泥页岩为主，地质构造的因素导致地层倾角变化很大，钻遇该地层经常出现井塌、卡钻等事故复杂，部分井可能出现井漏。因而必须提高钻井液封堵性能。使用高温高压渗透性封堵仪（PPT），在120℃和150℃条件下，测定所优选的密度为1.90g/cm^{3}氯化钾聚磺钻井液封堵性能，采用渗透性封堵试仪进行评价。PPT封堵实验渗滤介质陶瓷滤盘的孔喉数据见表3-3-35。

表3-3-35 PPT封堵实验渗滤介质陶瓷滤盘的孔喉数据

编号	平均孔喉直径，μm		渗透率，D	
	新（压汞）	旧（空气）	新（压汞）	旧（空气）
170-55	10	3	0.755	0.400
170-53-2	12	5	0.850	0.750
170-53-3	20	10	3	2
170-51	40	20	8	5
170-53	50	35	15	10
170-53-1	55	60	20	20
170-53-4	120	90	40	100
170-53-5	160	150	—	180

1. 抗120℃氯化钾聚磺钻井液渗透性封堵性评价

在120℃优化配方的基础下分别采用750mD，5D，100D和180D陶瓷盘在120℃下进行渗透性封堵实验。

— 141 —

1）钻井液对750mD陶瓷盘渗透性封堵评价

在优选配方中加入不同封堵材料的钻井液性能见表3-3-36。由表可知，加入封堵材料对钻井液性能没有大的影响，可以在钻井液中加封堵剂来确保钻井液有良好的封堵能力。

表3-3-36　不同封堵材料对抗120℃氯化钾聚磺钻井液性能的影响

配方	AV mPa·s	PV mPa·s	YP Pa	Gel_{10s} Pa	Gel_{10min} Pa	FL_{HTHP} mL	pH值	滤饼厚度 mm
基浆	30	18	12	1	6.5	14.8	9	3
4%FT-2	32	24	8	1.5	6.5	11	9	3
4%FT-2+2%H-2	35.5	29	6.5	0.5	6.5	8.4	9	2

注：配方为5%膨润土浆+0.2%NaOH+0.1%IND30+0.5%PAC-LV+4%SPNH+4%SMP-1+4%FT-2+5%KCl+重晶石。

通过对加入封堵剂的钻井液进行渗透性封堵实验，其数据见表3-3-37和图3-3-2。由图表可知，加入2%H-2后，钻井液的失液量在60~90min之内没有再滤失，且失液量仅为3.9mL。说明加入2%H-2后对750mD的陶瓷盘具有良好的封堵能力。

表3-3-37　不同封堵材料对抗120℃氯化钾聚磺钻井液封堵性能的影响

配方	失液量，mL											
	1min	5min	7.5min	15min	25min	30min	40min	50min	60min	70min	80min	90min
基浆	8	9	9.5	11	13	13.8	15.5	16.5	17	17.5	18	18.5
4%FT-2	2.5	3.5	4.5	5.5	6	6.5	7	7.5	8	8.4	8.8	9.2
4%FT-2+2%H-2	2	2.4	2.4	2.7	3	3	3.4	3.8	3.9	3.9	3.9	3.9

注：配方为5%膨润土浆+0.2%NaOH+0.1%IND30+0.5%PAC-LV+4%SPNH+4%SMP-1+4%FT-2（得顺源）+5%KCl+重晶石。

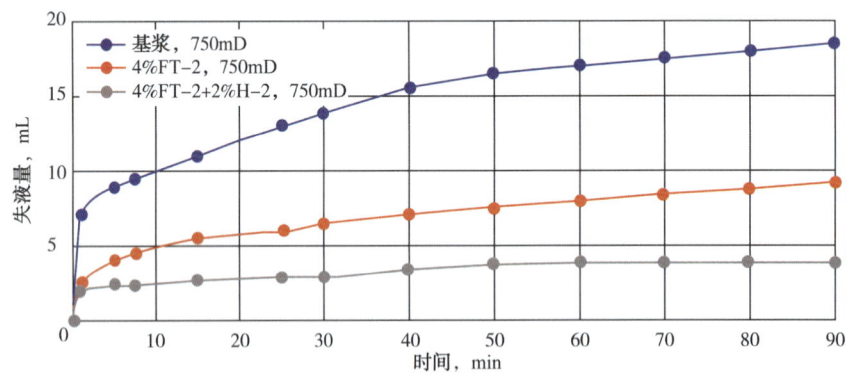

图3-3-2　不同封堵材料对抗120℃氯化钾聚磺钻井液封堵性能的影响

2）对5D陶瓷盘渗透性封堵评价

加入不同封堵材料的钻井液性能见表3-3-38。由表可知，加入封堵材料对钻井液性能没有大的影响，在钻井液中加入封堵剂来确保钻井液有良好的封堵能力。

表 3-3-38　不同封堵材料对抗 120℃氯化钾聚磺钻井液性能的影响

配方	AV mPa·s	PV mPa·s	YP Pa	Gel_{10s} Pa	Gel_{10min} Pa	FL_{HTHP} mL	pH 值	滤饼厚度 mm
基浆	30	18	12	1	6.5	14.8	9	3
4%FT-2+2%H-2+2%弹性石墨	29	25	4	0.4	4	10	9	2
4%FT-2+2%H-2+3%弹性石墨	31	24	7	1.5	6	10	9	2
4%FT-2+2%H-2+2%乳胶	40	35	5	1.5	10	10	9	2

注：配方为 5%膨润土浆+0.2%NaOH+0.1%IND30+0.5%PAC-LV+4%SPNH+4%SMP-1+4%FT-2（得顺源）+5%KCl+重晶石。

通过对加入封堵剂的钻井液在 120℃下进行渗透性封堵实验，具体数据见表 3-3-39 和图 3-3-3。由图表可知在配方中加入 2%H-2+2%乳胶后钻井液的失液量在 60~90min 之内没有再滤失，且失液量为 3.5mL，说明加入 2%H-2+2%乳胶后对 5D 的陶瓷盘有良好的封堵能力。

表 3-3-39　不同封堵材料对抗 120℃氯化钾聚磺钻井液封堵性能的影响

配方	失液量，mL										
	1min	5min	7.5min	15min	25min	30min	40min	50min	60min	70min	80min	90min
4%FT-2+2%H-2+2%弹性石墨	2.7	3.6	4	4.8	5.8	6.3	7	7.6	8	8.5	9	9.4
4%FT-2+2%H-2+2%%乳胶	4	5.8	6.2	6.9	7.8	8	8.8	9.4	9.7	9.7	9.7	9.7
4%FT-2+2%H-2+2%乳胶+2%弹性石墨	2	2.4	2.4	2.6	2.9	3.1	3.3	3.5	3.5	3.5	3.5	3.5

注：配方为 5%膨润土浆+0.2%NaOH+0.1%IND30+0.5%PAC-LV+4%SPNH+4%SMP-1+4%FT-2（得顺源）+5%KCl+重晶石。

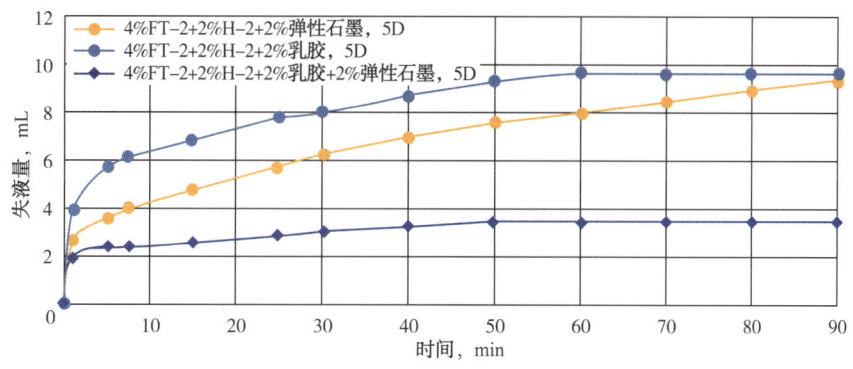

图 3-3-3　不同封堵材料对抗 120℃氯化钾聚磺钻井液封堵性能的影响

3）对 100D 陶瓷盘渗透性封堵评价

加入不同封堵材料的钻井液性能见表 3-3-40。由表可知在配方中加入封堵材料对钻井液性能没有大的影响，可以在钻井液中加下封堵剂来确保钻井液有良好的封堵能力。

表 3-3-40　不同封堵材料对抗 120℃氯化钾聚磺钻井液性能的影响

配方	AV mPa·s	PV mPa·s	YP Pa	Gel_{10s} Pa	Gel_{10min} Pa	FL_{HTHP} mL	pH 值	滤饼厚度 mm
基浆	30	18	12	1	6.5	14.8	9	3

续表

配方	AV mPa·s	PV mPa·s	YP Pa	Gel_{10s} Pa	Gel_{10min} Pa	FL_{HTHP} mL	pH值	滤饼厚度 mm
4%FT-2+2%H-2+2%乳胶+2%弹性石墨	35	24	11	1.5	7	9.8	9	2
4%FT-2+2%H-2+2%乳胶+2%SQD-98	38	26	12	2	8	9.6	9	2

注：配方为5%膨润土浆+0.2%NaOH+0.1%IND30+0.5%PAC-LV+4%SPNH+4%SMP-1+4%FT-2(得顺源)+5%KCl+重晶石。

对加入封堵剂的钻井液在120℃下进行渗透性封堵实验，具体数据见表3-3-41和图3-3-4。由图表可知，加入2%H-2+2%乳胶+2%弹性石墨后，钻井液的失液量在60~90min之内没有再滤失，且失液量为11.5mL，说明加入2%H-2+2%乳胶+2%弹性石墨后对100D的陶瓷盘有良好的封堵能力。

表3-3-41　不同封堵材料对对抗120℃氯化钾聚磺钻井液封堵性能的影响

配方	失液量，mL										
	1min	5min	7.5min	15min	25min	30min	40min	50min	60min	70min	80min	90min
4%FT-2+2%H-2+3%弹性石墨	4.5	6	7	8.5	10	10.5	11.5	12	12.5	13.5	14	14.5
4%FT-2+2%H-2+2%乳胶+2%弹性石墨	4.5	5.9	6.4	7.3	8.3	8.6	9.5	10	11	11.5	11.5	11.5

注：配方为5%膨润土浆+0.2%NaOH+0.1%IND30+0.5%PAC-LV+4%SPNH+4%SMP-1+4%FT-2(得顺源)+5%KCl+重晶石。

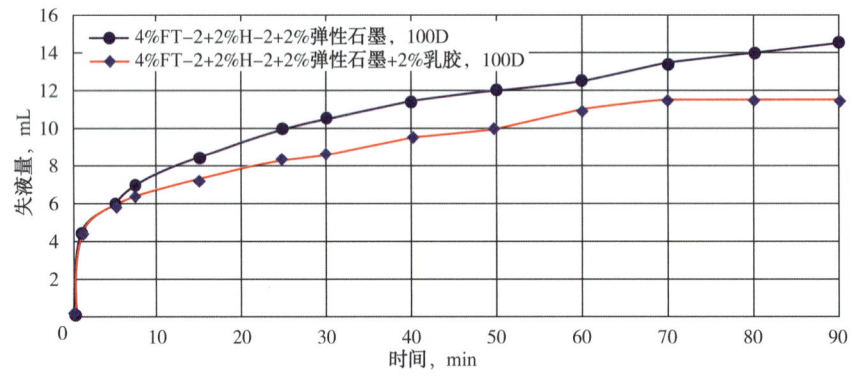

图3-3-4　不同封堵材料对抗120℃氯化钾聚磺钻井液封堵性能的影响

4）对180D陶瓷盘渗透性封堵评价

在优选配方中加入不同封堵材料的钻井液性能见表3-3-42。由表可知在配方中加入封堵材料对钻井液性能没有大的影响，可以在钻井液中加入封堵剂来确保钻井液有良好的封堵能力。

表3-3-42　不同封堵材料对抗120℃氯化钾聚磺钻井液性能的影响

配方	AV mPa·s	PV mPa·s	YP Pa	Gel_{10s} Pa	Gel_{10min} Pa	FL_{HTHP} mL	pH值	滤饼厚度 mm
基浆	30	18	12	1	6.5	14.8	9	3

续表

配方	AV mPa·s	PV mPa·s	YP Pa	Gel_{10s} Pa	Gel_{10min} Pa	FL_{HTHP} mL	pH 值	滤饼厚度 mm
4%FT-2+2%H-2+2%乳胶+2%弹性石墨	35	24	11	1.5	7	9.8	9	2
4%FT-2+2%H-2+2%乳胶+2%SQD-98	38	26	12	2	8	9.6	9	2

注：配方为5%膨润土浆+0.2%NaOH+0.1%IND30+0.5%PAC-LV+4%SPNH+4%SMP-1+4%FT-2(得顺源)+5%KCl+重晶石。

通过对加入封堵剂的钻井液在120℃下进行渗透性封堵实验具体数据见表3-3-43和图3-3-5。由图表可知在配方中加入2%H-2+2%乳胶+2%SQD-98(细)后钻井液的失液量在60~90min之内没有再滤失，且失液量为14.3mL，说明加入2%H-2+2%乳胶+2%SQD-98(细)后对180D的陶瓷盘有良好的封堵能力。

表3-3-43 不同封堵材料对抗120℃氯化钾聚磺钻井液封堵性能的影响

配方	失液量，mL										
	1min	5min	7.5min	15min	25min	30min	40min	50min	60min	70min	80min	90min
4%FT-2+2%H-2+2%乳胶+2%弹性石墨	5.4	10	11.4	12.5	14.2	16	17.5	18.6	19.8	20.4	20.8	21
4%FT-2+2%H-2+2%乳胶+2%SQD-98	10	12	12.5	13	13.5	13.5	14	14	14	14.3	14.3	14.3

注：配方为5%膨润土浆+0.2%NaOH+0.1%IND30+0.5%PAC-LV+4%SPNH+4%SMP-1+4%FT-2(得顺源)+5%KCl+重晶石。

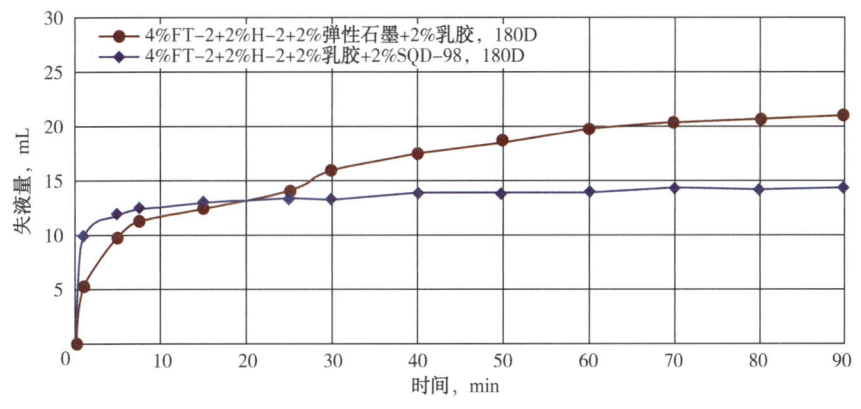

图3-3-5 不同封堵材料对抗120℃氯化钾聚磺钻井液封堵性能的影响

2. 抗150℃氯化钾聚磺钻井液渗透性封堵性(PPT)评价

采用抗150℃优化配方的氯化钾聚磺钻井液，使用分别对750mD，2D，100D和180D陶瓷盘进行渗透性封堵实验。

1）对750mD陶瓷盘渗透性封堵评价

在优选配方中加入不同封堵材料的钻井液性能见表3-3-44。由表可知在配方中加入封堵材料对钻井液性能没有大的影响，可以在钻井液中加入封堵剂来确保钻井液有良好的封堵能力。

表 3-3-44　不同封堵材料对抗 150℃氯化钾聚磺钻井液的性能的影响

配方	AV mPa·s	PV mPa·s	YP Pa	Gel_{10s} Pa	Gel_{10min} Pa	FL_{HTHP} mL	pH 值	滤饼厚度 mm
基浆	61	49	12	1	4	12	9	5
4%FT	69	54	15	1.5	6	8.6	9	3
3%FT+2%H-2+2%弹性石墨	72	55	17	2	6	10.4	9	2
4%FT+2%H-2	65	52	13	1.5	6	8.8	9	3
4%FT+2%H-2+2%弹性石墨	70	56	14	1.5	5	8.8	9	2

注：配方为 5%膨润土浆+1.5%DSP-2+4%SPNH+6%SMP-3+0.4%NaOH+7%KCl+重晶石。

通过对加入封堵剂的钻井液在 150℃下进行渗透性封堵实验，具体数据见表 3-3-45 和图 3-3-6。由图表可知在配方中加入 4%FT+2%H-2+2%弹性石墨后钻井液的失液量在 40~90min 之内没有再滤失，且失液量为 3.2mL，说明加入 4%FT+2%H-2+2%弹性石墨后对 750mD 的陶瓷盘有良好的封堵能力。

表 3-3-45　不同封堵材料的钻井液封堵数据

配方	失液量，mL											
	1min	5min	7.5min	15min	25min	30min	40min	50min	60min	70min	80min	90min
基浆	5.2	8.1	9.8	12	15.5	17.2	18	18.4	18.8	19.5	20	20.4
4%FT+2%H-2	1.8	2.8	2.9	3.1	3.7	3.9	4.2	4.6	4.8	5	5.2	5.4
3%FT+2%H-2+2%弹性石墨	0.8	1.9	2.2	2.8	3.3	3.5	3.8	4.2	4.5	4.8	5	5
4%FT+2%H-2+2%弹性石墨	0.6	1.6	2	2.4	2.8	3	3.2	3.2	3.2	3.2	3.2	3.2

注：配方为 5%膨润土浆+1.5%DSP-2+4%SPNH+6%SMP-3+0.4%NaOH+7%KCl+重晶石。

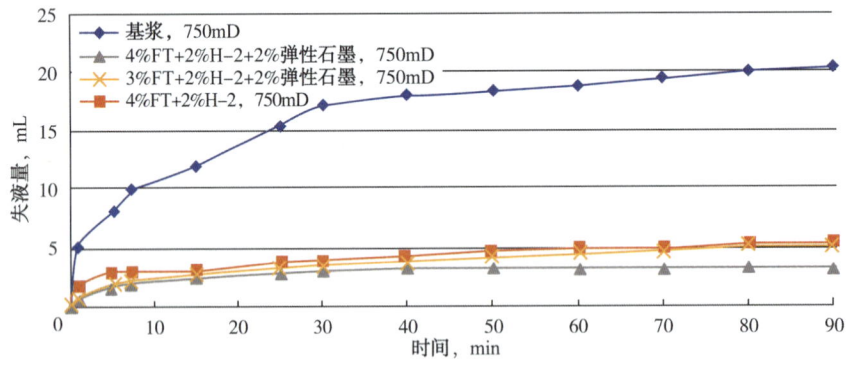

图 3-3-6　不同封堵材料对抗 150℃氯化钾聚磺钻井液封堵性能的影响

2）对 2D 陶瓷盘渗透性封堵评价

在优选配方中加入不同封堵材料的钻井液性能见表 3-3-46。由表可知在配方中加入封堵材料对钻井液性能没有大的影响，可以在钻井液中加下封堵剂来确保钻井液有良好的封堵能力。

表 3-3-46 不同封堵材料对抗 150℃氯化钾聚磺钻井液的性能的影响

配方	AV mPa·s	PV mPa·s	YP Pa	Gel$_{10s}$ Pa	Gel$_{10min}$ Pa	FL$_{HTHP}$ mL	pH 值	滤饼厚度 mm
基浆	61	49	12	1	4	12	9	5
4%FT+2%H-2+2%弹性石墨	70	56	14	1.5	5	8.8	9	2
5%FT+2%H-2+2%弹性石墨	75	58	17	1.5	7	8.4	9	2

注：配方为 5%膨润土浆+1.5%DSP-2+4%SPNH+6%SMP-3+0.4%NaOH+7%KCl+重晶石。

通过对加入封堵剂的钻井液在 150℃下进行渗透性封堵实验具体数据见表 3-3-47 和图 3-3-7。由图表可知在配方中加入 5%FT+2%H-2+2%弹性石墨后钻井液的失液量在 60~90min 之内没有再滤失，且失液量为 3mL，说明加入 5%FT+2%H-2+2%弹性石墨后对 2D 的陶瓷盘有良好的封堵能力。

表 3-3-47 不同封堵材料的钻井液封堵数据

配方	失液量，mL										
	1min	5min	7.5min	15min	25min	30min	40min	50min	60min	70min	80min	90min
4%FT+2%H-2+ 2%弹性石墨	2.5	3.8	4	5	5.5	5.7	6	6.3	6.8	7	7	7
5%FT+2%H-2+ 2%弹性石墨	1	1.5	1.5	1.9	2.2	2.4	2.6	2.8	3	3	3	3

注：配方为 5%膨润土浆+1.5%DSP-2+4%SPNH+6%SMP-3+0.4%NaOH+7%KCl+重晶石。

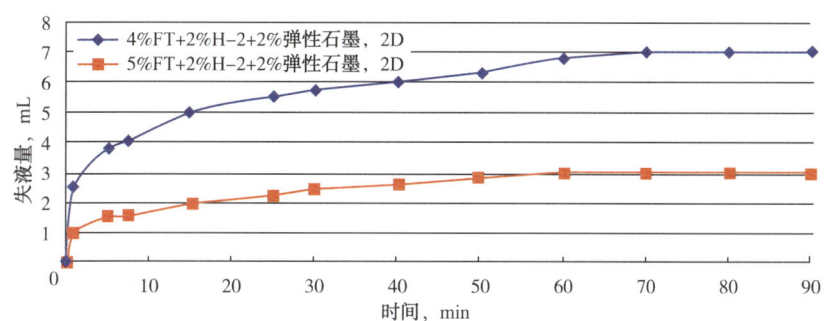

图 3-3-7 不同封堵材料对抗 150℃氯化钾聚磺钻井液封堵性能的影响

3) 对 100D 陶瓷盘渗透性封堵评价

在优选配方中加入不同封堵材料的钻井液性能见表 3-3-48。由表可知在配方中加入封堵材料，钻井液高温高压滤失量下降，流变性能稍增。钻遇 100D 孔喉时，可以通过打段塞能来封堵裂隙破碎带，来防塌、防微漏。

表 3-3-48 不同封堵材料对抗 150℃氯化钾聚磺钻井液的性能的影响

配方	AV mPa·s	PV mPa·s	YP Pa	Gel$_{10s}$ Pa	Gel$_{10min}$ Pa	FL$_{HTHP}$ mL	pH 值	滤饼厚度 mm
基浆	61	49	12	1	4	12	9	5
4%FT+2%H-2+2%弹性石墨+2%乳胶	79.5	61	18.5	1.5	7	8.6	9	2

续表

配方	AV mPa·s	PV mPa·s	YP Pa	Gel_{10s} Pa	Gel_{10min} Pa	FL_{HTHP} mL	pH 值	滤饼厚度 mm
5%FT+2%H-2+2%弹性石墨+2%乳胶	79	64	15	1.5	7	9.4	9	2

注：配方为5%膨润土浆+1.5%DSP-2+4%SPNH+6%SMP-3+0.4%NaOH+7%KCl+重晶石。

通过对加入封堵剂的钻井液在150℃下进行渗透性封堵实验，具体数据见表3-3-49和图3-3-8。由图表可知在配方中加入4%FT+2%H-2+2%弹性石墨+2%乳胶后钻井液的失液量在60~90min之内没有再增加，且失液量为12mL，说明加入4%FT+2%H-2+2%弹性石墨+2%乳胶后，对100D的陶瓷盘有良好的封堵能力。

表3-3-49 不同封堵材料的钻井液封堵数据

配方	失液量, mL										
	1min	5min	7.5min	15min	25min	30min	40min	50min	60min	70min	80min	90min
4%FT+2%H-2+2%弹性石墨+2%乳胶	5	6.4	7	7.5	8.3	8.6	9.5	10	11	12	12	12
5%FT+2%H-2+2%弹性石墨+2%乳胶	6	8	9	12	13.5	14	15.5	16.5	17.5	18.5	20	21

注：配方为5%膨润土浆+1.5%DSP-2+4%SPNH+6%SMP-3+0.4%NaOH+7%KCl+重晶石。

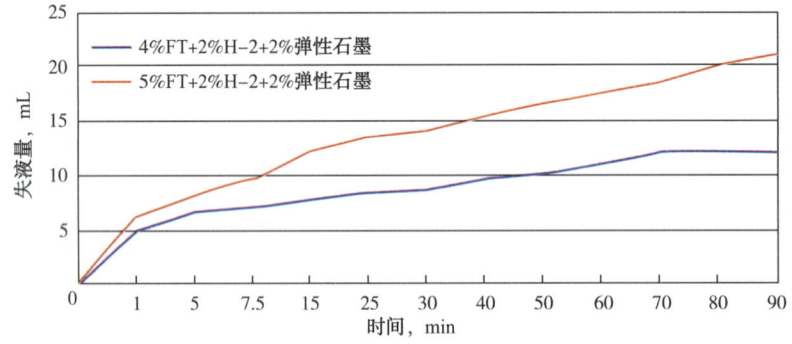

图3-3-8 不同封堵材料对抗150℃氯化钾聚磺钻井液封堵性能的影响

4）对180D陶瓷盘渗透性封堵评价

加入不同封堵材料的钻井液性能见表3-3-50。由表可知，加入封堵材料对钻井液性对流变性能影响较大。钻遇180D孔喉裂隙破碎带时，可以通过打段塞能防塌、防微漏。

表3-3-50 不同封堵材料对抗150℃氯化钾聚磺钻井液的性能的影响

配方	AV mPa·s	PV mPa·s	YP Pa	Gel_{10s} Pa	Gel_{10min} Pa	FL_{HTHP} mL	pH 值	滤饼厚度 mm
基浆	61	49	12	1	4	12	9	5
5%FT+2%H-2+2%乳胶+2%SQD-98(细)	117	91	26	2.5	9	8.4	9	2
5%FT+2%H-2+2%乳胶+2%SQD-98(细)	114	95	19	2.5	9	7.6	9	2

注：配方为5%膨润土浆+1.5%DSP-2+4%SPNH+6%SMP-3+0.4%NaOH+7%KCl+重晶石。

通过对加入封堵剂的钻井液在150℃下进行渗透性封堵实验,具体数据见表3-3-51和图3-3-9。由图表可知在配方中加入5%FT+3%H-2+2%乳胶+2%SQD-98(细)后钻井液的失液量在60~90min之内没有再滤失,且失液量为35mL,说明加入5%FT+3%H-2+2%乳胶+2%SQD-98(细)后对180D的陶瓷盘有良好的封堵能力。

表3-3-51 不同封堵材料的钻井液封堵数据失液量

配方	失液量,mL											
	1min	5min	7.5min	15min	25min	30min	40min	50min	60min	70min	80min	90min
5%FT+2%H-2+2%乳胶+2%SQD-98(细)	25	29	30	33	36	37.5	39	40	41	42	42.5	43
5%FT+3%H-2+2%乳胶+2%SQD-98(细)	5.5	11	14	18	24	27	30	33	35	35	35	35

注:配方为5%膨润土浆+1.5%DSP-2+4%SPNH+6%SMP-3+0.4%NaOH+7%KCl+重晶石。

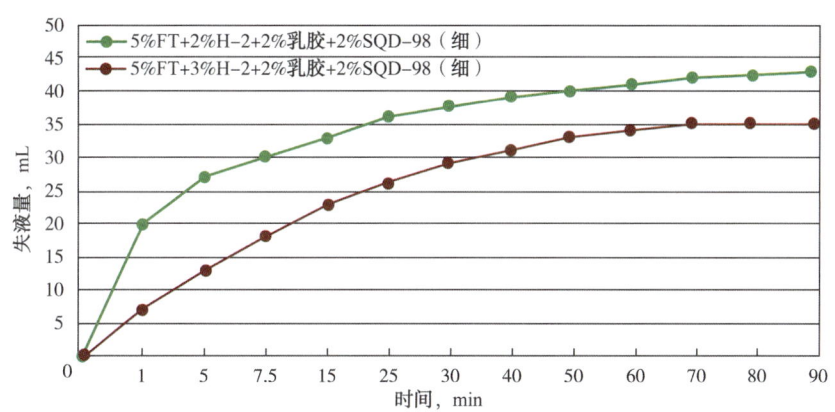

图3-3-9 不同封堵材料对抗150℃氯化钾聚磺钻井液封堵性能的影响

六、氯化钾聚磺钻井液配制与维护处理

1. 配制及转化工艺

(1) 氯化钾聚磺钻井液可在上部地层所使用的氯化钾聚合物钻井液中,按小型实验所确定的配方进行转化;

(2) 转化前将磺化类/聚合物类的降滤失剂、封堵剂、抗高温热稳定剂等处理剂配成胶液,分多个循环周加入;

(3) 补充氯化钾含量至5%~10%;

(4) 如性能没达到设计要求,可继续补充配方中各种处理剂加量;

(5) 加入润滑剂,钻井过程中按设计要求密度,加入重晶石。

注意:上述程序尽可能均在技术套管内进行转化。

2. 维护处理应注意的问题

(1) 本钻井液对基浆中的黏土含量十分敏感。黏土含量过高,转化配制将很困难(增稠严重）；黏土含量太低，悬浮加重料困难。一般要求在配制和转化时，尽量将基浆黏土含量降低。在维护时，增加聚合物浓度不足以提高悬浮加重料能力时，可补充预水化膨润土浆来解决。

（2）尽量采用固控设备来降低钻井液中的固相和含砂量，确保性能稳定。固控效果不好时，可采用等浓度稀释或替换的办法来保证井内钻井液性能。但必须保持各组分的含量不能降低。

（3）严格控制 pH 值。pH 值过高，聚合物在井内容易进一步水解，效能降低（尤其使用水解聚丙烯酰胺的钻井液）。

（4）应将磺化类处理剂、氯化钾及其他处理剂按比例配成胶液，做到定时、定量地补充，保持性能优质稳定。

（5）在维护钻井液过程中，应随时掌握钻井液中 K^+ 浓度。保持稳定的 K^+ 浓度是钻井液能否使用成功的关键。

（6）高密度钻井液不准加入清水，必须用胶液维护。

第四节　有机盐钻井液

有机盐钻井液主要由复合有机盐（Weigh2，Weigh3，Weigh4），抗盐抗高温降滤失剂（Redu1，Redu2，Redu200，ReduSH），抗盐提切剂 Visco1，抗盐抗高温抑制防塌剂 NFA-25 和抗盐抗高温抑制润滑剂 PGCS-1 等组成。有机盐钻井液可抗温 220℃、抗盐达到饱和，采用重晶石加重最高密度达 2.60g/cm³。该钻井液具有低黏、低切、低固相、强抑制、强封堵等特点，循环当量钻井液密度（ECD）低，有利于提高钻井速度，有利于解决窄密度窗口"溢—漏"同层技术难题。

一、有机盐钻井液作用机理及技术特点

1. 抗高温机理

1）复合有机盐 Weigh2，Weigh3 和 Weigh4 的抗温机理

有机盐体系中所使用的复合有机盐 Weigh2，Weigh3 和 Weigh4 是低碳有机酸碱金属（钾、钠）盐、低碳有机酸铵盐、低碳有机酸有机铵盐复合物，它们的分子通式是：$X_m R_n (COO)_l M_q$，其中 M：单价金属阳离子、铵离子或有机铵离子；X：杂原子或基团；R：烃基；COO^-：羧基。复合有机盐基液中含有大量的有机酸根 $X_m R_n (COO)_l^{q-}$ 阴离子，该阴离子含有较多的还原性基团，可除掉钻井液中大部分溶解氧。而钻井液处理剂高温失效的主要原因是处理剂在高温下氧化降解，降解反应为：

$$R\cdots\overset{R_1}{\underset{|}{C}}\cdots\overset{R_2}{\underset{|}{C}}\cdots R' + O_2 + H_2O \xrightarrow{高温} R\cdots\overset{R_1}{\underset{|}{C}}—OH + OH—\overset{R_2}{\underset{|}{C}}\cdots R'$$

由于有机盐基液中溶解氧大部分被除掉，处理剂得到保护，缓解了处理剂降解，钻井液性能稳定。室内实验测定了不同浓度下，有机盐基液中 200℃ 热滚后的溶解氧浓度，见表 3-4-1。

表 3-4-1　清水与不同浓度的有机盐溶液中的溶解氧浓度　　　　单位：mg/L

液体	200℃热滚16h，冷却至室温后溶解氧浓度	液体	200℃热滚16h，冷却至室温后溶解氧浓度
清水	9.603	120% Weigh3	0.0935
50% Weigh2	0.0940	150% Weigh3	0.0933
70% Weigh2	0.0939	200% Weigh4	0.0931
90% Weigh2	0.0937	250% Weigh4	0.0930
100% Weigh3	0.0936	260% Weigh4	0.0929

可见，有机盐基液在有机盐加量为 50% 以上时，在一定温度下，其中的还原性基团与溶解氧反应，使溶解氧浓度均降低了 99.9% 以上，这就能较好地保护处理剂，使处理剂不易降解。有机盐基液为各种处理剂提供了较好的保护环境。通过其协同增效的作用，有效地提高了其他处理剂的抗温能力，从而保证了钻井液体系的抗温能力。

2）抗盐抗高温降滤失剂 Redu1，Redu2，Redu200 和 ReduSH 的抗温机理

Redu1，Redu2，Redu200 和 ReduSH 是由含烷烃支链的丙烯类单体与含羧羟基的丙烯类单体共聚合成的中等分子量的线型分子。其分子中亲水基团多，与水、黏土结合能力强，护胶能力强，有利于保持钻井液中的相对细颗粒含量，形成致密滤饼，降低滤失量。由于其分子量不高（50万以下），该降滤失剂不会引起钻井液过度增稠。由于分子链为 C—C 键联结，其分子在高温下不易断链，抗温能力较强，抗温可达 200℃ 以上。

3）抗盐提切剂 Visco1 的抗温机理

抗盐提切剂是把硅酸盐改性成电荷密度接近于零的非离子水溶性物质，其溶于水后可形成空间网状结构。在高浓度盐溶液中，由于其所带电荷接近于零，不受盐电离生成的阴离子和阳离子的影响。其抗盐能力强；抗温能力强，抗温可达 200℃。

4）抗盐抗高温抑制防塌剂 NFA-25 的抗温机理

抑制防塌剂 NFA-25 为不同软化点（50~150℃）改性高碳醇酸酯类物质，高温下能有效封堵井壁地层裂缝，有利于深井防塌和储层保护，降低滤饼的渗透性、摩阻系数，在常规钻井液中防塌抑制剂 NFA-25 可抗 150℃ 高温，由于有机盐的高温保护能力强，NFA-25 在有机盐钻井液中可抗 200℃ 以上高温。

2. 抗盐作用机理

根据溶液理论，饱和无机盐水（NaCl 水溶液）中的水活度为 0.755，只有水的活度大于 0.755 时，NaCl 才能够溶解。大于 50% 浓度的有机盐水溶液活度均小于 0.70。通过控制有机盐基液的浓度，可以做到氯化钠在有机盐钻井液中既不溶解也不分散，保持原状，也可以做到小部分溶解。石膏（硫酸钙 $CaSO_4$）在水中溶解趋势更小，在纯水中溶解度小于 1g/100mL。在有机盐钻井液中石膏钻屑也将会保持原状。

3. 低固相高密度机理

复合有机盐水溶液密度可控制在 $1.00 \sim 1.8 g/cm^3$，通过大量的实验得出有机盐加量—密度图表，具体实验数据见表 3-4-2 至表 3-4-4。

表 3-4-2　复合有机盐 Weigh2、Weigh3、Weigh4 加量和密度的关系

Weigh2 加量(W/V水)%	密度 g/cm³	Weigh3 加量(W/V水)%	密度 g/cm³	Weigh4 加量(W/V水)%	密度 g/cm³
10	1.05	10	1.06	10	1.072
20	1.10	20	1.12	20	1.123
30	1.15	30	1.16	30	1.195
40	1.18	40	1.23	40	1.240
50	1.20	50	1.26	50	1.306
60	1.25	60	1.33	60	1.342
70	1.27	70	1.35	70	1.392
80	1.29	80	1.37	80	1.434
90	1.32	90	1.40	90	1.455
95	1.35	100	1.43	100	1.479
		110	1.45	110	1.520
		120	1.47	120	1.562
		130	1.50	130	1.581
		140	1.53	140	1.593
		150	1.55	150	1.616
				160	1.635
				170	1.653
				180	1.675
				190	1.689
				200	1.701
				210	1.713
				220	1.731
				230	1.750
				240	1.773
				250	1.786
				260	1.802

表 3-4-3　Weigh2 和 Weigh3 混合加量和密度的关系　　　　　　　　单位：g/cm³

Weigh3 加量(W/V水) \ Weigh2 加量(W/V水)	10%	20%	30%	40%	50%	60%	70%	80%	90%
10%	1.10	1.14	1.18	1.21	1.23	1.26	1.29	1.32	1.34
20%	1.15	1.18	1.21	1.24	1.26	1.29	1.32	1.34	1.34
30%	1.19	1.22	1.25	1.27	1.30	1.32	1.34	1.36	1.36
40%	1.24	1.26	1.28	1.30	1.33	1.35	1.37	1.39	1.40

续表

Weigh3 加量 (W/V$_水$) \ Weigh2 加量 (W/V$_水$)	10%	20%	30%	40%	50%	60%	70%	80%	90%
50%	1.265	1.29	1.32	1.345	1.365	1.38	1.40	1.40	1.40
60%	1.30	1.32	1.35	1.365	1.38	1.40	1.40	※	※
70%	1.32	1.35	1.365	1.39	1.41	1.42	1.42	※	※
80%	1.37	1.38	1.40	1.43	1.44	1.44	1.44	※	※
90%	1.39	1.42	1.43	1.443	1.446	1.454	1.463	※	※
100%	1.423	1.44	1.45	1.463	1.475	1.481	※	※	※
110%	1.44	1.457	1.464	1.487	1.485	※	※	※	※
120%	1.47	1.479	1.49	1.50	※	※	※	※	※
130%	1.49	1.495	1.50	1.508	※	※	※	※	※
140%	1.51	1.52	1.52	※	※	※	※	※	※

注：※表示配不成溶液，无法测出。

表 3-4-4　Weigh2 和 Weigh4 混合加量和密度的关系　　　　单位：g/cm³

Weigh4 加量 (W/V$_水$) \ Weigh2 加量 (W/V$_水$)	10%	20%	30%	40%	50%	60%	70%	80%	90%
10%	1.102	1.155	1.187	1.207	1.248	1.287	1.307	1.320	1.336
20%	1.162	1.206	1.235	1.251	1.295	1.321	1.343	1.354	1.370
30%	1.218	1.241	1.271	1.316	1.337	1.356	1.368	1.387	1.408
40%	1.263	1.306	1.335	1.344	1.354	1.370	1.403	1.430	1.440
50%	1.296	1.342	1.356	1.367	1.400	1.416	1.435	1.444	1.453
60%	1.354	1.373	1.402	1.411	1.426	1.437	1.450	1.467	1.482
70%	1.397	1.407	1.440	1.447	1.461	1.468	1.476	1.483	※
80%	1.436	1.440	1.455	1.475	1.494	1.503	1.508	1.512	※
90%	1.463	1.478	1.485	1.493	1.509	1.517	1.528	1.533	※
100%	1.482	1.492	1.509	1.523	1.527	1.548	1.553	1.563	※
110%	1.528	1.535	1.538	1.550	1.559	1.572	1.579	1.578	※
120%	1.542	1.553	1.563	1.572	1.581	1.590	1.599	※	※
130%	1.571	1.582	1.590	1.597	1.603	1.617	1.620	※	※
140%	1.590	1.602	1.609	1.614	1.620	1.628	1.637	※	※
150%	1.615	1.625	1.632	1.640	1.648	1.652	1.658	※	※
160%	1.641	1.648	1.653	1.659	1.663	1.670	※	※	※
170%	1.653	1.671	1.673	1.677	1.682	※	※	※	※
180%	1.678	1.687	1.690	1.694	1.701	※	※	※	※
190%	1.700	1.712	1.715	※	※	※	※	※	※

续表

Weigh4 加量 （W/V$_水$）	Weigh2 加量 （W/V$_水$） 10%	20%	30%	40%	50%	60%	70%	80%	90%
200%	1.713	1.719	※	※	※	※	※	※	※
210%	1.725	1.728	※	※	※	※	※	※	※
220%	1.731	1.736	※	※	※	※	※	※	※
230%	1.739	1.746	※	※	※	※	※	※	※
240%	1.755	1.759	※	※	※	※	※	※	※
250%	1.778	1.781	※	※	※	※	※	※	※

注：※表示配不成溶液，无法测出。

由表 3-4-2 至表 3-4-4 中数据进一步说明了复合有机盐水溶液的密度可以达到较高数值，在配制高密度钻井液时，大大减少了加重材料的加入量，降低高密度钻井液总固相。

二、有机盐钻井液配方与性能

1. 有机盐钻井液配方

1）提切剂 Visco1 加量

通过对比提切剂 Visco1 不同加量时复合有机盐溶液动切力、静切力及稳定性来优选其加量，见表 3-4-5。

表 3-4-5　提切剂 Visco1 不同加量时复合有机盐溶液动、静切力的数值

配　方	AV mPa·s	PV mPa·s	YP Pa	Gel(10s/10min) Pa/Pa	备注
水+1%Visco1+100%Weigh3	8	6	2	0/0.5	
	8	7	1	0/0.5	200℃×16h
水+2%Visco1+100%Weigh3	10	7	3	0.5/1.0	
	9	7	2	0.5/1.0	200℃×16h
水+3%Visco1+100%Weigh3	11	6	5	0.5/1.5	
	10	5	5	0.5/1.5	200℃×16h
水+5%Visco1+100%Weigh3	15	8	7	1.0/3.0	
	14	8	6	1.0/2.5	200℃×16h

从表 3-4-5 可以看出，提切剂 Visco1 加入复合有机盐溶液后，有一定的提高动静切力的能力，且提高后的动静切力在高温下可保持稳定。当 Visco1 加量为 1% 时，所提切力偏低；当 Visco1 加量为 2% 和 3% 时，所提切力较合适，但此时塑性黏度较低；当 Visco1 加量为 5% 时，所提切力及黏度有些偏高；当溶液中加入其他处理剂时，尤其是加入惰性加重剂时，黏度与切力还会进一步增加。综合考虑以上数据，确定 Visco1 的最优加量为 2%~3%。

2）降滤失剂 Redu 加量

通过对比降滤失剂 Redu 系列不同加量时复合有机盐钻井液滤失量的数值及稳定性，选择其合适加量（表 3-4-6）。

表 3-4-6　高温热滚前后的滤失量（注：基浆 FL_{HTHP} = 200mL±20mL）

配方	FL_{HTHP}，mL	备注
2%Visco1+0.8%Redu1+100%Weigh3	28.0	
	27.0	140℃×16h
	35.0	160℃×16h
2%Visco1+1.0%Redu1+100%Weigh3	22.0	
	21.0	140℃×16h
	26	160℃×16h
2%Visco1+2.0%Redu200+100%Weigh3	29	
	28	180℃×16h
	33	200℃×16h
2%Visco1+2.2%Redu200+100%Weigh3	27	
	27	200℃×16h
	30	220℃×16h
2%Visco1+2.6%Redu200+100%Weigh3	25	
	26	200℃×16h
	25	220℃×16h

注：基浆高温高压滤失量为 200mL+20mL。

由以上数据可见，Redu1 系列在复合有机盐钻井液中可抗 160℃，但抗不了 180℃高温。Redu200 可抗 220℃高温，且高温高压滤失量稳定。

以上数据只能说明：Redu1 和 Redu200 两种降滤失剂所能抗的最高温度分别为 160℃与 220℃。如何确定 Redu 系列产品的最优加量，还需要改变 Redu1 和 Redu200 的加量，测定其性能（表 3-4-7）。

表 3-4-7　改变 Redu1 加量测定的表观黏度与高温高压滤失量

配方	AV，mPa·s	FL_{HTHP}，mL	备注
2%Visco1+0.2%Redu1+100%Weigh3	5	48.0	
	5	49.0	140℃×16h
	4	55.0	160℃×16h
2%Visco1+0.4%Redu1+100%Weigh3	7	39.0	
	7	41.0	140℃×16h
	6	43.0	160℃×16h
2%Visco1+0.6%Redu1+100%Weigh3	8	28	
	8	28	140℃×16h
	7	38	160℃×16h

续表

配方	AV，mPa·s	FL_{HTHP}，mL	备注
2%Visco1+0.8%Redu1+100%Weigh3	10	28.0	
	10	27.0	140℃×16h
	10	35.0	160℃×16h
2%Visco1+1.0%Redu1+100%Weigh3	12	22.0	
	12	21.0	140℃×16h
	11	26	160℃×16h
2%Visco1+1.2%Redu1+100%Weigh3	14	20	
	14	19	140℃×16h
	14	23	160℃×16h
2%Visco1+1.5%Redu1+100%Weigh3	16	19	
	16	18	140℃×16h
	15	20	160℃×16h
2%Visco1+1.8%Redu1+100%Weigh3	20	17	
	18	16	140℃×16h
	18	18	160℃×16h
2%Visco1+2.0%Redu1+100%Weigh3	25	15	
	24	14	140℃×16h
	24	16	160℃×16h

注：基浆高温高压滤失量为 200mL+20mL。

随着 Redu1 加量的增加，复合有机盐钻井液的滤失量逐步下降，且下降幅度较大，但黏度增加也较多。尤其是当其加量≥1.0%时，黏度增加幅度更大，因此选择 Redu1 的加量为 0.8%~1.2%。

表 3-4-8　改变 Redu200 加量测定的表观黏度与高温高压滤失量

配方	AV，mPa·s	FL_{HTHP}，mL	备注
2%Visco1+0.6%Redu200+100%Weigh3	7	48.0	
	6	49.0	180℃×16h
	7	55.0	200℃×16h
2%Visco1+1.0%Redu200+100% Weigh3	8	39.0	
	7	41.0	180℃×16h
	6	43.0	200℃×16h
2%Visco1+1.4%Redu200+100%Weigh3	8	28	
	7	28	180℃×16h
	7	38	200℃×16h
2%Visco1+2.0%Redu200+100%Weigh3	9	29.0	
	8	28.0	180℃×16h
	8	33.0	200℃×16h

续表

配方	AV, mPa·s	FL_{HTHP}, mL	备注
2%Visco1+2.2%Redu200+ 100%Weigh3	9	22.0	
	9	27.0	200℃×16h
	8	30.0	220℃×16h
2%Visco1+2.6%Redu 200+ 100%Weigh3	9	25	
	9	26	180℃×16h
	8	25	200℃×16h
2%Visco1+2.8%Redu200+ 100%Weigh3	9	29	
	8	28	180℃×16h
	9	30	200℃×16h
2%Visco1+3.2%Redu200+ 100%Weigh3	10	31	
	8	32	180℃×16h
	10	33	200℃×16h
2%Visco1+3.5%Redu200+ 100%Weigh3	10	35	
	12	34	180℃×16h
	11	34	200℃×16h

注：基浆高温高压滤失量为200mL+20mL。

Redu200加入复合有机盐钻井液后，降滤失效果明显，2.2%~2.6%为最佳加量，随着加量的增加，黏度变化不大。但是当加量≥2.6%时，滤失量逐步增加。主要原因是：随着Redu200加量的增加，由于Redu200具有一定的抑制性，使得钻井液中出现一部分絮凝与聚沉大颗粒，使体系中的细颗粒固相含量降低了，使得粗颗粒含量增加了一些，而使滤失量有所上升。

3）抗温140℃，密度1.80~2.50g/cm³的钻井液配方及性能

配方：水+0.3%Na$_2$CO$_3$+3%Visco1+0.05%黄原胶XC+0.8%Redu1+2%NFA-25+1%PGCS-1+30%Weigh2+50%Weigh3+重晶石。抗温140℃，密度1.80~2.50g/cm³的钻井液体系基本性能见表3-4-9。

表3-4-9 抗温140℃，密度1.80~2.50g/cm³的钻井液体系基本性能

流变性测温 ℃	密度 g/cm³	AV mPa·s	PV mPa·s	YP Pa	Gel(10s/10min) Pa/Pa	FL_{API} mL	FL_{HTHP} mL	pH值	备注
50	1.80	57.0	51.0	6.0	1.0/1.5	3.6	11.6	8.0	140℃×16h
50	2.10	64.0	57.0	7.0	1.0/1.5	4.0	12.5	8.0	140℃×16h
50	2.50	72.0	65.0	7.0	1.0/1.5	4.5	13.8	8.0	140℃×16h

由以上数据可以看出，抗温140℃，密度1.80~2.50g/cm³有机盐钻井液抗温性能良好。

4）抗温160℃，密度1.80~2.50g/cm³的钻井液配方及性能

配方：水+0.3%Na$_2$CO$_3$+3%Visco1+0.05%黄原胶XC+1%Redu1+3%NFA-25+2%PGCS-1+30%Weigh2+50%Weigh3+重晶石。抗温160℃，密度1.80~2.50g/cm³的有机盐

钻井液性能见表3-4-10。

表3-4-10 抗温160℃，密度1.80~2.50g/cm³的有机盐钻井液性能

流变性测温,℃	密度 g/cm³	AV mPa·s	PV mPa·s	YP Pa	Gel(10s/10min) Pa/Pa	FL_{API} mL	FL_{HTHP} mL	pH值	备注
60	1.80	66.0	60.0	6.0	1/2	4.0	13.0	8.0	160℃×16h
60	2.10	70.0	63.0	7.0	1/2	4.6	12.5	8.0	160℃×16h
60	2.50	77.0	69.0	8.0	1/2.5	5.0	13.5	8.0	160℃×16h

由以上数据可以看出，抗温160℃，密度1.80~2.50g/cm³有机盐钻井液抗温性能良好。

5）抗温180℃，密度1.80~2.50g/cm³的钻井液配方及性能

配方：水+0.3%Na₂CO₃+3%Visco1+0.05%黄原胶XC+1.0%Redu1+2%Redu200+5%NFA-25+4%PGCS-1+50%Weigh2+50%Weigh3+重晶石。抗温180℃，密度1.80~2.50g/cm³的有机盐钻井液性能见表3-4-11。

表3-4-11 抗温180℃，密度1.80~2.50g/cm³有机盐钻井液性能

流变性测温,℃	密度 g/cm³	AV mPa·s	PV mPa·s	YP Pa	Gel(10s/10min) Pa/Pa	FL_{API} mL	FL_{HTHP} mL	pH值	备注
70	1.80	60.0	54.0	6.0	1.0/1.5	3.0	15.0	8.5	180℃×16h
70	2.10	68.0	62.0	6.0	1.0/1.5	3.6	14.8	8.5	180℃×16h
70	2.50	82.0	75.0	7.0	1.0/1.5	4.5	13.0	8.5	180℃×16h
70	2.50	79.0	72.0	7.0	1.5/2.5	4.8	15.2	8.5	180℃×100h

由以上数据可以看出，抗温180℃，密度1.80~2.50g/cm³的钻井液体系抗温性能良好。

6）抗温200℃，密度1.80~2.50g/cm³的钻井液配方及性能

配方：水+0.3%Na₂CO₃+3%Visco1+0.05%黄原胶XC+2.2%Redu200+8%Redu2+8%NFA-25+6%PGCS-1+50%Weigh2+50%Weigh3+重晶石。抗温200℃，密度1.80~2.50g/cm³的有机盐钻井液性能见表3-4-12。

表3-4-12 抗温200℃，密度1.80~2.50g/cm³有机盐钻井液性能

流变性测温,℃	密度 g/cm³	AV mPa·s	PV mPa·s	YP Pa	Gel(10s/10min) Pa/Pa	FL_{API} mL	FL_{HTHP} mL	pH值	备注
70	1.80	55.0	50.0	6.0	0.5/2.5	2.4	13.0	8.5	200℃×16h
70	2.10	62.5	55.0	7.5	1.5/3.5	3.5	15.0	8.5	200℃×16h
70	2.50	75.0	67.0	8.0	2.0/3.0	4.8	16.3	8.5	200℃×16h
70	2.50	80.0	72.0	8.0	2.0/3.5	4.6	16.8	8.5	200℃×100h

由以上数据可以看出，抗温200℃，密度1.80~2.50g/cm³有机盐钻井液抗温性能良好。

7）抗温220℃，密度1.80~2.60g/cm³的钻井液配方及性能

配方：水+0.3%Na₂CO₃+3%Visco1+0.05%黄原胶 XC+2.6%Redu200+10%Redu2+11%NFA-25+8%PGCS-1+50%Weigh2+50%Weigh3+重晶石。抗温220℃，密度1.80~2.60g/cm³的钻井液体系基本性能见3-4-13。

表3-4-13 抗温220℃，密度1.80~2.60g/cm³的钻井液体系基本性能

流变性测温，℃	密度 g/cm³	AV mPa·s	PV mPa·s	YP Pa	Gel(10s/10min) Pa/Pa	FL_API mL	FL_HTHP mL	pH值	备注
70	1.80	66.0	59.0	7.0	0.5/1.5	3.4	15.0	8.5	220℃×16h
70	2.10	76.0	67.0	9.0	0.5/1.5	4.0	18.0	8.5	220℃×16h
70	2.50	83	74	9	0.5/1.5	3.6	17.6	8.5	220℃×16h
70	2.60	99	88.5	10.5	0.5/1.5	3.8	17.0	8.5	220℃×16h

由以上数据可以看出，抗温220℃，密度1.80~2.60g/cm³的有机盐钻井液体抗温性能良好。

2．有机盐钻井液抑制性评价

1）从活度因素角度评价

井壁、钻屑、黏土颗粒在有机盐钻井液中浸泡时的水化应力为：

$$\tau = 4.61T\ln(a_d/a_r) \quad (3-4-1)$$

式中 T——绝对温度；

a_d——钻井液中水的活度；

a_r——为岩石(钻屑、井壁、黏土颗粒)中水的活度。

由式(3-4-1)可见 a_d 越小，τ 越小。

试验采用吸附等温曲线法准确测定了不同浓度的有机盐钻井液中水的活度，具体数据见表3-4-14。

表3-4-14 不同浓度的有机盐钻井液中水的活度

体系	水	50%Weigh2 钻井液	50%Weigh2+70%Weigh3 钻井液	100%Weigh3 钻井液	260%Weigh4 钻井液
水活度	1.00	0.63	0.37	0.40	0.19

由以上数据可见，有机盐钻井液中水的活度极低，对易水化泥岩抑制能力极强，由其所配的钻井液性能较稳定，保护油气层效果较好。

2）从离子交换晶格嵌入因素角度评价

实验测定了不同浓度的有机盐钻井液和完井液与黏土接触时，黏土晶格的变化。不同浓度的有机盐钻井液作用蒙脱石后，蒙脱石晶层层间距数据见表3-4-15。用X光衍射法准确测定了有机盐钻井液体系与黏土作用后的黏土晶层层间距。

表3-4-15 有机盐钻井液作用后，蒙脱石晶层层间距

体系	50%Weigh2 钻井液	100%Weigh3 钻井液	200%Weigh4 钻井液
层间距，Å	14.8177	9.9610	10.0631

测定的X光衍射光谱如图3-4-1至图3-4-3所示。

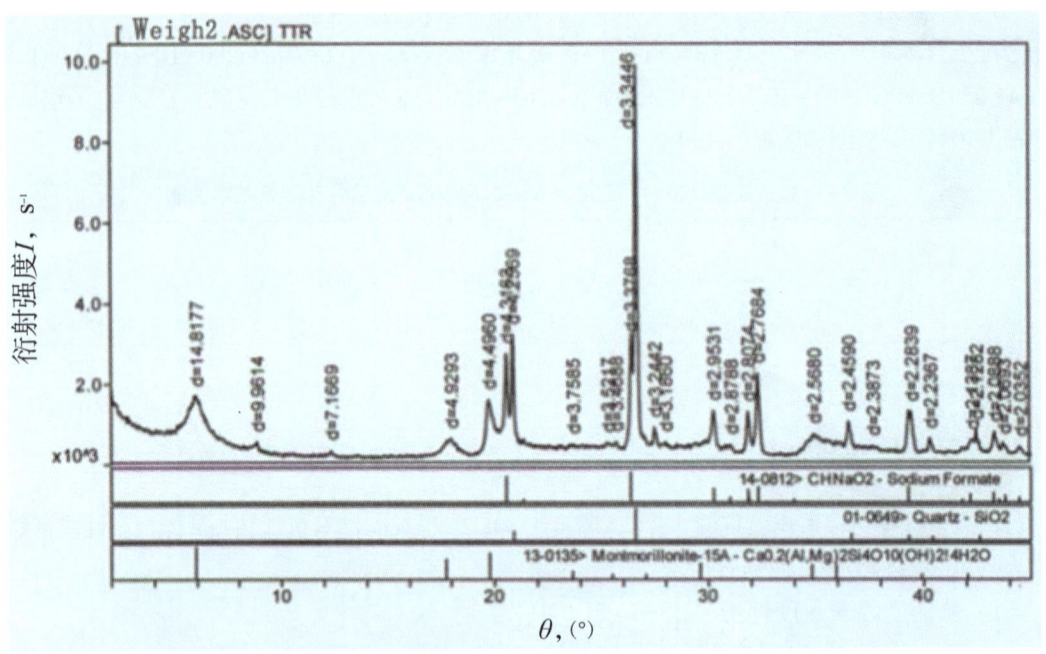

图 3-4-1 蒙脱石经 50%Weigh2 钻井液作用后的 X 光衍射光谱

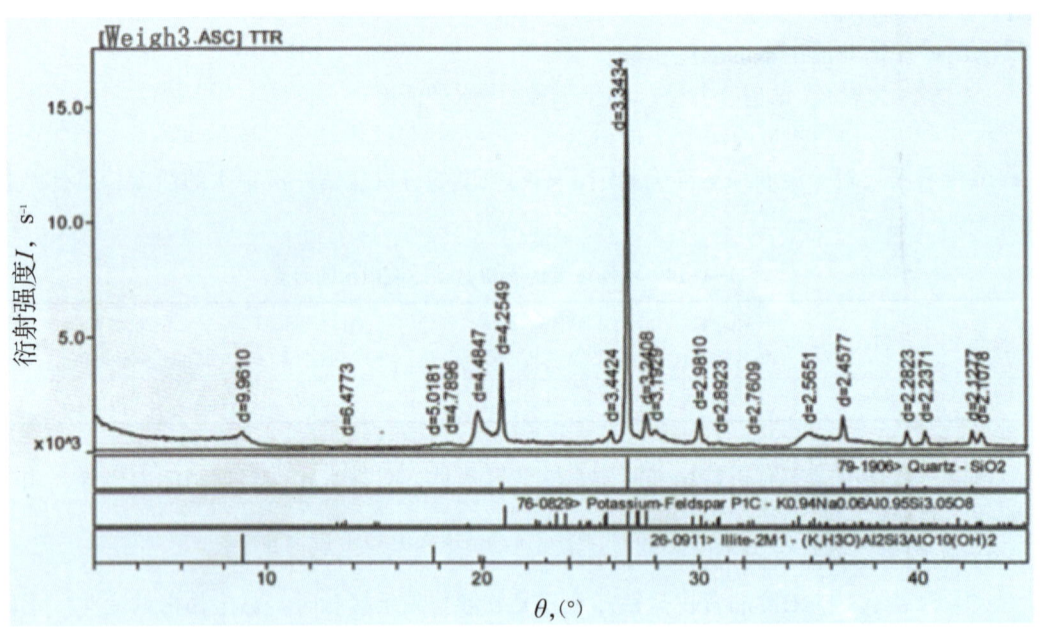

图 3-4-2 蒙脱石经 100% Weigh3 钻井液作用后的 X 光衍射光谱

原蒙脱石晶层层间距为 15Å，由以上数据可见，有机盐钻井液与蒙脱石黏土矿物作用后，蒙脱石黏土矿物晶层层间距都有不同程度的缩小，有机盐钻井液与蒙脱石接触进行离子交换后嵌入黏土晶格，通过较强的化学键力与静电引力把蒙脱石层间距拉得比常规蒙脱石晶格层间距小多了，使黏土更不易水化了。

3) 从双电层因素角度评价

有机盐钻井液中阴离子和阳离子对黏土颗粒的吸附扩散双电层有较强的压缩作用，压

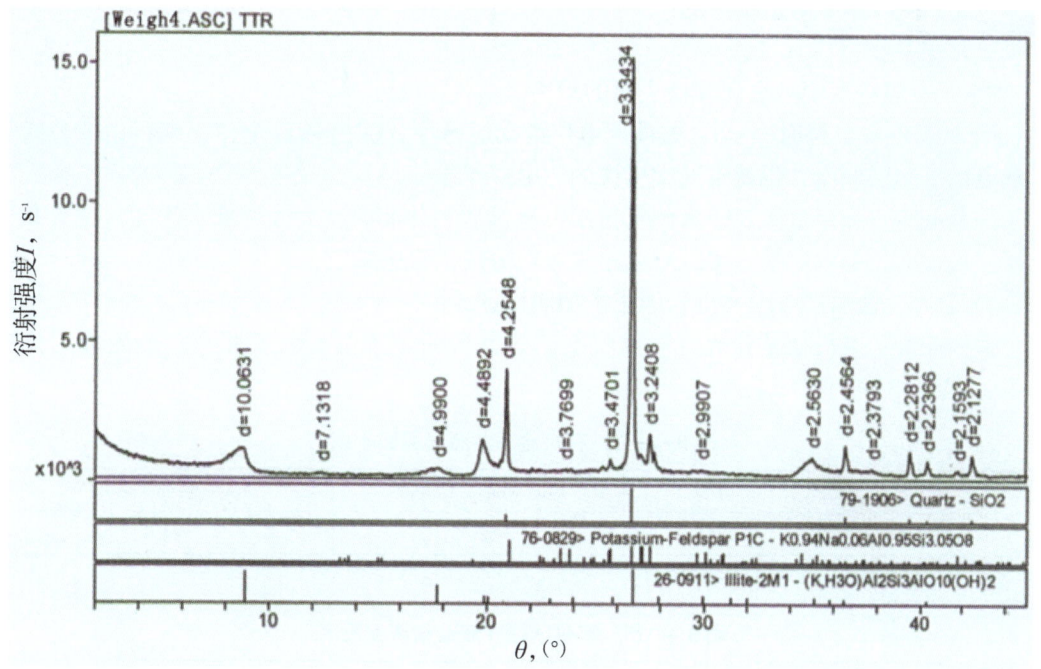

图 3-4-3　蒙脱石经 200%Weigh4 钻井液作用后的 X 光衍射光谱

缩后使其变薄，加速聚沉，从而抑制黏土分散。

黏土颗粒的吸附扩散双电层经有机盐钻井液压缩作用后，蒙脱石黏土颗粒吸附扩散双电层的厚度见表 3-4-16，采用电泳法准确定量测定了有机盐钻井液体系作用后的黏土胶体颗粒吸附扩散双电层的厚度。

表 3-4-16　有机盐钻井液中蒙脱石黏土颗粒的吸附扩散双电层厚度

体系	水	5%Weigh2 钻井液	50%Weigh2 钻井液	100%Weigh3 钻井液	50% Weigh2+ 70%Weigh3 钻井液	260%Weigh4 钻井液
双电层厚度, nm	98	1.302	0.461	0.182	0.152	0.024

由以上数据可见，有机盐钻井液对黏土胶体颗粒的吸附扩散双电层的压缩能力极强，可把此双电层厚度压缩至淡水中的万分之三以下，这样就极强地抑制了黏土颗粒的分散。

注：双电层厚度的测定方法

先用电泳仪测出 Zeta 电位，再用式(3-4-2)计算出双电层厚度。

$$\psi = 2K_B T/Ze \ln[(1 + e^{-\kappa x})/(1 - e^{-\kappa x})] \text{sign}(\psi_0) \quad (3-4-2)$$

其中

$$\kappa = (n_0 Z^2 e^2 / \varepsilon K_B T)^{1/2} \quad (3-4-3)$$

$\psi_0 > 0$ 时，$\text{sign}(\psi_0) = 1$；$\psi_0 < 0$ 时，$\text{sign}(\psi_0) = -1$。

式中　ψ——电位；

K_B——玻尔兹曼常数($K_B = 1.3806 \times 10^{-23}$ J/K)；

Z——离子价数；

e——自然对数的底(e = 2.71828…)；

ε——液体的介电常数，可以用介电常数测量仪测定；

n_0——液体中电解质浓度；

T——绝对温度；

x——双电层中一点到胶核表面的距离。

当 ψ 为 Zeta 电位时，$x=\delta$，δ 即双电层滑动层厚度。测出 Zeta 电位，即可由此公式算出双电层滑动层厚度，也就是通常所说的双电层厚度。

综合上述三类定量微观因素测定得出：有机盐钻井液通过大大降低水活度，拉紧黏土晶层、大幅度压缩双电层，实现对黏土膨胀与分散的极强抑制。

4）岩屑、盐屑回收率及页岩膨胀率抑制性评价

室内评价了有机盐钻井液岩屑回收率、盐钻屑回收率及页岩膨胀率，所测数据见表3-4-17至表3-4-19。

表3-4-17 有机盐钻井液岩屑回收率

体系	清水	50%Weigh2 钻井液	100%Weigh3 钻井液
岩屑回收率,%	7.41	88.1	93.4

注：该岩屑为国内某油田易水化泥岩岩屑。

表3-4-18 有机盐钻井液盐钻屑回收率

体系	清水	40%Weigh2+40%Weigh3 钻井液	50%Weigh2+70%Weigh3 钻井液	260%Weigh4 钻井液
盐钻屑回收率,%	0	98.6	99.3	100

表3-4-19 岩心在不同浓度有机盐钻井液中的线性膨胀率

体系	清水	10%KCl	柴油	50%weigh2 钻井液	100%weigh3 钻井液	260%weigh4 钻井液
线性膨胀率,%	76	29.7	2.3	21.2	13.7	5.6

注：岩心为各含50%高岭土与膨润土的岩心。

由以上数据可见，有机盐钻井液抑制性极强，不仅能有效抑制易水化黏土颗粒的分散与膨胀，而且可有效抑制盐颗粒的分散，其抑制性大大高于常规水基钻井液与完井液，与油基钻井液及完井液相当。

3. 有机盐钻井液润滑性评价

有机盐钻井液有非常好的润滑性。其作用机理：一是有机盐中有机酸根具有很强的表面活性，本身就是很好的润滑剂，并能吸附在金属或黏土表面，形成润滑膜；二是该钻井液固相含量低，能有效降低滤饼摩擦系数。有机盐钻井液润滑性能见表3-4-20。

表3-4-20 有机盐钻井液润滑性评价

有机盐钻井液配方	密度，g/cm³	润滑系数
水+2%Visco1+0.2%黄原胶 XC+2%Redu200+2%NFA-25+100%Weigh2+重晶石	1.60	0.053
水+2%Visco1+0.2%黄原胶 XC+2%Redu200+2%NFA-25+2%PGCS-1+100%Weigh2+重晶石	2.50	0.059

4. 有机盐钻井液抗污染性能评价

有机盐钻井液抗污染能力取决于其抑制性，其水活度低、离子嵌入、压缩双电层等决定了其抑制性极强。强抑制性使得侵入钻井液的黏土、盐、石膏、水泥变成惰性，对性能

没有太大的不良影响。由于不同温度、不同密度有机盐钻井液配方基本相同,所以,只要选择一套典型的钻井液配方进行抗污染试验,其他基本相同。室内选择抗温200℃、密度2.50g/cm³的配方进行各种污染试验:水+0.3%Na$_2$CO$_3$+3%Viscol+0.05%黄原胶XC+2.2%Redu200+8%Redu2+8%NFA-25+6%PGCS-1+100%Weigh3+重晶石。

1)抗土污染性能评价

在有机盐钻井液体系中加入5%土进行污染试验,实验数据见表3-4-21。由表中数据得知,有机盐钻井液被土污染后,性能变化很小,说明其抗土污染能力很强。

表3-4-21 有机盐钻井液抗土污染性能评价

体系	密度 g/cm³	AV mPa·s	PV mPa·s	YP Pa	Gel(10s/10min) Pa/Pa	FL$_{API}$ mL	FL$_{HTHP}$ mL	pH 值
有机盐钻井液	2.50	74	60	14	1.5/4.5	4.8	16.0	8.0
加5%土[①]污染后	2.50	78	62	16	1.5/5.5	5.2	18.0	8.0

① 5%土——2%膨润土+3%高岭土,性能均为200℃热滚后测定。

2)抗盐和抗石膏污染性能评价

在有机盐钻井液中加入5%NaCl、1%石膏进行抗污染试验,实验数据见表3-4-22和表3-4-23。

表3-4-22 有机盐钻井液抗盐污染实验

体系	密度 g/cm³	AV mPa·s	PV mPa·s	YP Pa	Gel(10s/10min) Pa/Pa	FL$_{API}$ mL	FL$_{HTHP}$ mL	pH 值
有机盐钻井液	2.50	74	60	14	1.5/4.5	4.8	16.0	8.0
加5%NaCl后	2.50	69	59	10	1.5/4.5	4.4	17.0	8.0

表3-4-23 有机盐钻井液抗石膏污染实验

体系	密度 g/cm³	AV mPa·s	PV mPa·s	YP Pa	Gel(10s/10min) Pa/Pa	FL$_{API}$ mL	FL$_{HTHP}$ mL	pH 值
有机盐钻井液	2.50	74	60	14	1.5/4.5	4.8	16.0	8.0
加1%石膏后	2.50	70	58	12	2/4	4.6	17.0	8.0

注:性能均为200℃热滚后测定。

由表3-4-22及表3-4-23中的试验数据可以得出:有机盐钻井液加入了5%NaCl和1%石膏后,其性能变化不大,说明该钻井液具有较强的抗盐和抗石膏污染能力。

3)抗水泥污染评价

在有机盐钻井液中加入5%G级水泥进行抗水泥污染实验,具体数据见表3-4-24。由表中的实验数据可以看出,有机盐钻井液中加入了5%G级水泥,其性能变化不大,说明有机盐钻井液具有良好的抗水泥污染性能。

表3-4-24 有机盐钻井液抗水泥污染性能实验

体系	密度 g/cm³	AV mPa·s	PV mPa·s	YP Pa	Gel(10s/10min) Pa/Pa	FL$_{API}$ mL	FL$_{HTHP}$ mL	pH 值
有机盐钻井液	2.50	74	60	14	1.5/4.5	4.8	16.0	8.0

续表

体系	密度 g/cm³	AV mPa·s	PV mPa·s	YP Pa	Gel(10s/10min) Pa/Pa	FL_{API} mL	FL_{HTHP} mL	pH 值
加5%G级水泥污染后	2.50	72	59	13.0	1.5/5	4.6	17.5	8.0

注：表中均为200℃热滚后性能。

三、有机盐钻井液常见问题及对策

1. 钻进盐膏层过程中含盐量控制

库车山前钻井过程中钻遇大段块盐膏层，其厚度为200~2000m不等，部分井盐膏层厚度见表3-4-25。钻进盐膏层施工作业过程中，存在盐结晶问题，尤其是钻遇盐膏层较厚时。盐膏层埋深较深，井底温度高，钻井液在井底对盐溶解度高，钻井液上返过程中，钻井液温度随着井温降低而下降，钻井液含盐量变为过饱和，盐重结晶而析出，粘在钻杆壁、套管壁、井壁上，引发起下钻阻卡等井下复杂情况。岩屑中结晶盐如图3-4-4和图3-4-5所示。

表3-4-25 库车山前井盐膏层厚度统计

井号	盐膏层井段，m	盐膏层厚度，m
克深15	3196.5~5474.0	2277.5
克深208	4955.5~6517.5	1562
克深8-6	6420.5~6693.0	272.5
克深8-8	6410.5~6723.0	312.5
克深2-1-14	4841.5~5299	457.5

图3-4-4 克深15井结晶盐析出照片

图3-4-5 克深208井结晶盐析出照片

2. 防止盐重结晶技术措施

通过现场多口井施工经验的总结，为解决巨厚盐膏层盐重结晶问题，可采取以下预防措施：

（1）根据不同盐层厚度，调整新配浆中Weigh2和Weigh3配比，利用Weigh3高溶解度的特性抑制地层盐溶解，减少重结晶盐产生。库车山前钻进盐膏层时，配制有机盐钻井液有机盐量总量一般控制在80%~120%，其中Weigh2含量为50%~0%、Weigh3含量为30%~50%。施工井盐膏层厚度大于500m的井，可适当增加Weigh3用量，通过提高钻井液中有机盐加量，从而提高抑制性，减少地层盐溶以及结晶盐产生。

(2) 钻井液维护过程中，根据氯离子含量变化，及时补充胶液，保持钻井液欠饱和状态。使用有机盐钻井液钻进盐层时，虽然具有很强的抑制性，但地层盐仍会有部分溶解。由于有机盐不含氯离子，但是按常规测氯离子方法仍能测出氯离子含量（实际不是氯离子真实含量），通过现场施工经验总结，可以按照检测出氯离子含量作为参考，一般控制在 45000~50000mg/L，根据氯离子变化情况需及时补充盐水胶液进行稀释调整，确保钻井液欠饱和状态，减少结晶盐产生。发现有盐结晶现象，将胶液中的总含盐量降低，同时调整两种有机盐用量，降低 Weigh2 浓度，提高 Weigh3 浓度，降低盐结晶程度。

(3) 加入盐重结晶抑制剂 NTA-2。根据室内实验及现场应用经验，加入盐重结晶抑制剂 NTA-2 对有机盐体系整体性能影响不大，且能够起到对盐重结晶起抑制作用，一般推荐加量 0.2%~0.5%。

四、有机盐钻井液现场使用规范

1. 现场配制

1）预水化 Visco1 基浆配制

(1) 检验现场生产水矿化度，做好水分析，配制预水化 Visco1 所用水最好为淡水。

(2) 根据所需配制的钻井液密度确定 Visco1 加量。密度低于 1.5g/cm³ 的钻井液，一般 Visco1 加量在 5%~7%；密度在 1.50~2.0g/cm³ 的钻井液，一般 Visco1 加量在 3%~5%；密度在 2.0g/cm³ 以上的钻井液，一般 Visco1 加量在 2%~3%。现场配制 Visco1 基浆以室内实验为准，根据所需密度要求，取现场配浆用水 3 份，加入 0.5%Na$_2$CO$_3$ 预处理，按不同浓度（如 3%，4%，5%）加入 Visco1，加入 Visco1 时需高速搅拌，使其充分溶解，预水化 24h 后测其流变性，在该基浆基础上加重至所需密度，测其流变性，根据性能要求，选取最合适的配方浓度作为现场大样配方。

(3) 现场配制 Visco1 基浆时，配浆罐、配浆管线必须使用生产水清洗干净，根据配方加入纯碱，充分搅拌溶解 10~15min 后，使用剪切泵加入所需 Visco1。

(4) 配制完成后应持续搅拌水化 24h 以上。

(5) 在盐水钻井液中加入预水化 Visco1 基浆前必须进行护胶处理，即在预水化好的 Visco1 基浆中加入适量护胶剂，再混入钻井液中。

2）混合胶液配制

(1) 该钻井液中抑制防塌剂 NFA-25、抑制润滑剂 PGCS-1、抗盐降滤失剂 Redu 系列处理剂均需要配制成胶液，并充分水化溶解后，才能加入钻井液中，一般不直接加入干粉。

(2) 现场一般将 NFA-25，PGCS-1 和 Redu 系列处理剂按所需浓度（或加量）通过剪切泵加入水中，持续充分搅拌至少 4h 以上。

(3) 将配制好的混合胶液，通过细水长流的方式，按循环周均匀加入到钻井液中。

3）复合有机盐溶液的配制

(1) 该钻井液中复合有机盐（Weigh2，Weigh3，Weigh4）易溶于水，可单独配制，但受溶解度影响，作为高密度钻井液时，单相或混合盐浓度一般不超过 120%。

(2) 复合盐溶液抑制性强，严禁将复合盐溶液或复合盐直接加入 Visco1 基浆中，如需加入复合盐，必须提前加入混合胶液对 Visco1 护胶。

(3) 配制盐水胶液时，先配制高浓度的混合胶液，再加入复合盐或复合盐溶液，充分搅拌后即可加入循环钻井液或作为基浆。

4) 钻井液配制方法

(1) 根据不同工况按推荐配方提前在现场室内做好小型实验,根据实验结果对配方进行微调。

(2) 提前配制预水化 Visco1。

(3) 配制混合胶液,或者将计算好的处理剂直接加入水化好的 Visco1 基浆中,如果配制混合胶液,则将溶解好的胶液与预水化 Visco1 混合。

(4) 在护好胶的 Visco1 胶液中加入所需量的复合有机盐。

(5) 加重至需求密度。

(6) 如在低密度有机盐钻井液的基础上进行改造,需要测试各处理剂的含量和全套性能,以便在井浆改造的过程中,根据该井钻井液性能要求,添加各种处理剂,并根据室内配浆实验调整各处理剂的用量。

(7) 新浆配制完成或原老井浆转换完成后,要及时进行老化实验,再根据性能情况进行调整,直到性能达到设计指标要求,方可开钻。

(8) 正常作业期间,有机盐含量不得低于 80%,滤液密度不得小于 $1.25g/cm^3$,抑制防塌剂 NFA-25 含量不得低于 4%,抑制润滑剂 PGCS-1 含量不得低于 2%。

2. 现场维护处理

1) 常规维护

(1) 维护时,配制等浓度的混合胶液,细水长流地加入钻井液中,混合胶液配方:水+纯碱(0.3%~0.5%)+Redu1(0.5%~1%)+Redu2(2%~3%)+PGCS-1(2%~3%)+NFA-25(2%~5%)+复合盐(Weigh2、Weigh3、Weigh4)(80%~120%)。

(2) 黏切高时,可在井浆中加入 1%~1.5% 的 DEVIS,该处理剂一般配成胶液,也可以直接加干粉。

(3) 黏切低时,可在井浆中加入 0.1%~0.4% 的黄原胶 XC,或者向井浆中补充适量水化好的 Visco1 胶液。

2) 滤失量的控制

日常维护时,宜采用胶液的方式控制滤失量,滤失量有增大趋势时,增加混合胶液中 Redu 系列和 NFA-25 的含量。

3) 防塌润滑能力的控制

该钻井液的润滑剂是 PGCS-1,通过调整 PGCS-1 的浓度,能很好地满足井下对钻井液润滑性的要求。

4) 劣质固相含量的控制

(1) 使用好四级固控设备,尤其是振动筛的使用率必须是 100%,其筛布目数不小于 120 目,并随时检查有无损坏,连接处是否密封。进行钻井液类型转化时,必须用离心机加强钻井液净化后,再进行转化。

(2) 定期清理沉砂罐,控制钻井液中劣质固相。

5) 碱度的调整

(1) 有机盐钻井液各种处理剂在弱碱性条件下,效能更好,而且复合盐本身偏弱碱性,因此该钻井液不需要刻意添加 NaOH 提高钻井液的碱度。

(2) 在钻进至盐膏层时,因为盐膏侵消耗碱度,可适当补充少量烧碱水,但不能过量。

6）其他性能的控制

（1）钻进盐膏层时，因钻井液的盐溶率较低，为防止出现盐重结晶现象，配制胶液时，可适当降低复合有机盐的含量。

（2）特殊施工作业时，提前与相关施工单位沟通，使钻井液性能满足施工要求。

（3）钻井液处理剂应遵循均匀、稳定的原则。宜在套管或稳定井段内，对钻井液实施钻井液类型转换或大型处理。实施前应做小型实验，避免处理不当造成井下复杂或成本上升。

五、应用实例

有机盐钻井液体系在塔里木油田库车山前克深区块、大北区块、玉东区块和迪那区块等先后应用28口井，取得了良好的现场应用效果。

1. KS208井现场应用

KS208是塔里木盆地库车坳陷克拉苏构造带KS2号构造高部位的一口开发评价井。该区块古近系盐膏层厚度大、分布广、压力高，从KS2号构造所钻的9口井钻进过程中，曾造成多次井漏及卡钻等井下事故复杂，使侧钻次数大大增多。

通过该区块9口井的实钻资料分析认为，在该区块，地层复杂是客观存在的，二开井段的阻卡从来就没有解决，经常下钻遇阻，憋泵憋转盘；下部井段，除KS207井外，均使用欠饱和/饱和盐水钻井液，但没有很好地解决该井段的阻卡和盐层蠕变缩径等井下复杂情况。

为了解决上述钻井过程中技术难题，在KS208井应用有机盐钻井液，取得了良好的应用效果：

（1）有机盐钻井液抑制性强，处理剂复配合理，性能稳定，维护简单，且抗污染能力强，适合该井三开以泥岩为主地层的钻进。井壁稳定，包被抑制性强，返出岩屑切屑整齐，代表性较好。三开返出岩屑如图3-4-6所示。

图3-4-6 KS208井三开各井段岩屑照片

（2）该井四开古近系库姆格列木组全部井段使用有机盐钻井液钻进，直至中完3012.6m，钻井液性能稳定，机械钻速高，钻进期间未发生任何井下事故复杂，起下钻顺利通畅，盐底卡层准确，后续电测、下套管固井施工顺利。四开膏盐层岩屑照片如图3-4-7所示。该构造各井四开井段钻进情况对比见表3-4-26。

图3-4-7 KS208井膏盐层段地层岩屑

表 3-4-26　KS2 号构造各井四开钻进情况

项目	KS203 井	KS204 井	KS205 井	KS206 井	KS207 井	KS208 井
四开井段，m	4466~6546.8	4493~6421	5576~6843	5225.66~6486.47	5543.63~6737.7	4929~6585
地层厚度，m	2080.8	1928	1267	1242.81	1194.07	1656
四开完井周期，d	160.1	109.3	106	24.6	37.7	37.8
纯钻时间，h	1278.75	1069	730.75	439.17	460	579
平均机械钻速，m/h	1.63	1.80	1.73	2.83	2.60	2.86
钻井液密度，g/cm³	2.33	2.3	2.3	2.28	2.25	2.23
卡钻次数	5	4	2	0	0	0

KS208 井完钻井深 6095.5m，揭开巴西改组 38.5m。

2. KS2-1-14 井现场应用

KS2-1-14 井是位于 KS2 号构造上的一口开发井，与同期开钻的邻井 KS2-1-12 井均采用塔标 1 井身结构。

该井全井采用有机盐钻井液，采取以下措施：

（1）以补充胶液的方式，保持有机盐有效含量，保证上部井段有机盐含量达到 30% 以上，下部井段（3000m 以下）有机盐含量达到 50% 以上。

（2）调整钻井液流变性，提高对井壁的冲刷能力，提高钻井液的润滑性能和强包被抑制性。

（3）加入细目碳酸钙 YX-1，提高地层承压能力，封堵微小裂缝，改善滤饼质量。

（4）针对吉迪克组含膏泥岩易缩径，易污染钻井液，提前做好有机盐钻井液抗污染室内小型实验，采用 NFA-25，PGCS-1 和 Redu 系列复配使用。

（5）三开钻进盐膏层井段，采用以胶液方式补充新浆：一方面增加有机盐的含量至 100%，采用 Weigh2 和 Weigh3 及 NFA-25 相复配，有效提高钻井液的抑制性和防塌性；另一方面将 NFA-25，PGCS-1 和 Redu 系列配成胶液，细水长流补充，保证钻井液中各种处理剂的有效含量达到 5%NFA-25，4%PGCS-1 以及 3%Redu。盐膏层的钻进过程中，钻井液密度控制在 2.25~2.27g/cm³，及时的补充纯碱和烧碱，防止石膏污染钻井液，保持 pH 值。

有机盐钻井液在 KS2-1-14 井体系的成功应用，提高了二开井段钻井速度。ϕ444.5mm 钻头日进尺达到 853m；仅用 90 天钻至盐顶 5541m，与同区块 KS2-1-6 井（相同井深）进度提前 33.65 天；该井完钻井深 6948m，199 天完钻，235 天交井，是该构造所钻井钻井速度最快的一口井。KS2 号构造已钻井钻井周期对比见表 3-4-27 与表 3-4-28。

表 3-4-27　KS2 号构造已钻井二开井段施工周期对比

井号	二开井段，m	段长，m	二开完钻周期，d	平均日进尺，m
KES2-1-6	496-4816	4320	111.33	47.97
KES2-1-7	498-4960	4462	156.16	28.57

续表

井号	二开井段，m	段长，m	二开完钻周期，d	平均日进尺，m
KES2-1-8	505-4450	3945	120	32.88
KES2-1-11	496-4438	3942	133	29.63
KES2-1-12	503.5-5199	4695.5	123.58	37.99
KES2-1-14	506.68-5541	5034.32	88.93	56.6

表 3-4-28 KS2 号构造已钻井完钻周期对比

井号	完钻井深，m	完钻周期，d	平均日进尺，m	事故
KES2-1-6	6822	255.94	26.65	无
KES2-1-7	6793	340.60	19.94	3040m，卡钻
KES2-1-8	6767	291.25	23.23	4445.69m，卡钻
KES2-1-11	6802	364.64	18.65	6802m，卡钻
KES2-1-12	6855	312.5	21.94	无
KES2-1-14	6948	200.38	34.67	无

3. YD106 井和 YD101 井现场应用

YD106 井三开盐膏层井段，使用氯化钾聚磺欠饱和盐水钻井液钻进至井深 5215.45m 发生卡钻，侧钻至井深 4999m 后再次发生卡钻，换了两套钻井液，处理事故复杂达 5 个月无效果。再次侧钻替换为有机盐钻井液，顺利钻进至中完井深，无事故复杂。

YD101 井使用有机盐钻井液钻进盐膏层段，在钻井期间基本无阻卡，无复杂事故情况发生。与同区块完井的 8 口井相比，钻进盐膏层段施工周期最短，该井仅用 41 天。而同一区块其他井平均钻盐膏层段施工周期为 91 天，周期对比见表 3-4-29。

表 3-4-29 玉东区块钻盐膏层名井钻井周期对比

井号	三开（钻完古近系盐膏层）			
	钻头外径，mm	井段，m	进尺，m	钻井液类型	钻进周期，d
YD2-1	215.9	3800~4701	901	氯化钾聚磺欠饱和盐水	43
YD4	215.9	2602~4950	2348	氯化钾聚磺欠饱和盐水	124
YD5	215.9	2602~5088	2476	氯化钾聚磺欠饱和盐水	125
YD6	215.9	2602~4667	2065	氯化钾聚磺欠饱和盐水	50
YD101	215.9	2600~4890	2290	有机盐钻井液体系	41
YD102	215.9	2610~5178	2568	氯化钾聚磺欠饱和盐水	55

4. WL1 井现场应用

WL1 井位于北部坳陷阿瓦提凹陷乌鲁桥构造带。该井设计全井使用氯化钾聚磺钻井液，由于二叠系井塌严重，5080m 后转为有机盐钻井液，全井钻井液密度最高达到 2.43g/cm³，后续钻井作业顺利。

第五节　高性能环保钻井液

一、概述

1. 应用背景

随着全世界各油田的开发逐渐进入中后期，钻井作业的难度和油气井开发成本都在急剧地增加。典型的高难度井有超深井、高温井、高压井、大位移井和深水井，在多数情况下，井身剖面设计越复杂，在钻井中遇到的井下复杂情况也越多，经常遇到的问题有扭矩过大、起下钻遇阻、卡钻、机械钻速低、井眼失稳、井漏和地层伤害等。在国外，解决这些问题的传统方法是采用油基钻井液和合成基钻井液。同时，随着国家对环境保护越来越严格的要求及环保意识的提高，环保部门对钻井液和钻屑毒性的控制日益严格，油基钻井液和合成基钻井液的使用受到了很大程度的限制。为了减轻对环境的危害和降低成本，各国石油工作者做了大量的工作，各油田公司和服务公司也在不断引进高效、低成本和无毒的环保型钻井液。它们在解决世界各油田的复杂钻井过程中发挥了各自的作用。

2. 研究现状与趋势

国内现有的高性能环保型钻井液处理剂和钻井液普遍存在成本较高、性能单一、应用结果不够理想等缺陷。很多新型环保型处理剂合成工艺比较复杂，现场大量应用受到限制。环保型处理剂生物降解性和性能稳定性的矛盾问题还未能完好解决。

1）环保型钻井液研究方向

目前环保型钻井液处理剂和体系的研究方向大致有以下几个方面：

（1）利用来源丰富价格低廉的天然材料进行改性，简化合成工艺，提高其综合性能，降低成本。

（2）开展钻井液处理剂作用机理的基础研究，为环保型钻井液的开发提供理论支持，并尽快将已经研究成功的科研成果投入到批量生产和实际应用中。

（3）将先进的化学、生物技术和纳米技术应用到钻井液处理剂的研制开发上来，有针对性地开发高效高性能的环保型钻井液处理剂。

（4）综合开发利用工业废物，变废为宝，既有利于环境保护，又能降低钻井液成本。一般认为，环保钻井液应具有与油基钻井液接近的抑制性能；配制和维护成本与普通水基钻井液相近；满足于施工地区的环保排放标准；对生产无害、最好是有益于当地的生态环境；利于保证施工人员的健康和安全；适应于各种复杂井和深井钻探需要等。

2）环保型钻井液技术开发影响因素

国内环保型钻井液技术开发有如下一些影响因素：

（1）国外开发的合成基、甲基葡萄糖苷等环保钻井液，尽管具有无毒、可生物降解的性能，但成本高无法广泛推广使用，因此，处理剂成本关系到环保钻井液开发的成败。

（2）目前所开发的环保钻井液多数要与其他环保性能较差的处理剂复配才能达到好的性能，这使体系的环保优势受到不同程度的影响。

（3）钻井液的抑制性能、抗温和抗污染性能是制约环保钻井液开发运用的主要因素，同时也是环保处理剂和体系研究攻关的重点。

3）环保钻井液技术发展趋势和研究重点

在今后的环保钻井液技术研究中应该重视以下发展趋势和研究重点：

（1）近年来发展起来的低毒性油基钻井液和新型合成基钻井液在使用过程中也出现了与环保相冲突的种种问题，国外以纯天然材料为基础开发环保型钻井液已经达到真正意义上的环保钻井液标准，因此国内环保钻井液的研究应建立在天然高分子材料改性、完善各种环保处理剂自身性能的基础上。

（2）环保钻井液中无机盐的使用应与周围环境的矿化度及盐类一致，选择有利于环境安全无毒的无机盐类，并研究它们对环保钻井液整体性能改善的技术和方法，环保钻井液应以低盐度为原则。

（3）生物降解性能好的无毒纯天然的油膜形成剂能提高环保钻井液的抗温性能和抑制性能。

（4）重视纳米技术在天然高分子材料改性方面的运用，通过选用特定的纳米材料，提高天然高分子材料抗温稳定性和抗降解能力如纳米抗菌材料和纳米憎水性材料对天然高分子材料的表面处理。

（5）硅酸盐钻井液是一种环保体系，成本与水基钻井液接近，是重点开发方向。硅酸盐材料是重要的无机环保钻井液材料。如果能够通过特定的工艺对该材料进行改性，以改善其抑制性、润滑性和配伍性能等，并在此基础上发展硅酸盐体系，可以开发出环保性能好、适应各种复杂钻井条件的新型硅酸盐钻井液体系，硅酸盐材料的改进，应该是环保钻井液技术发展的一个重要方向。

二、钻井液环保性能评价

1. 评价方法的选择

如何评价钻井液的环保性能，并对新型环保钻井液的使用成本进行评价，以及判断钻井液对环境的危害性等，目前国内外尚没有统一的标准来判定。

钻井液的环保性能主要指毒性和生物降解性。毒性又称生物有害性，一般是指外源化学物质与生命机体接触或进入生物活体体内后，能引起直接或间接损害作用的相对能力，也可简单表述为，外源化学物在一定条件下损伤生物体的能力。通过毒性评价可以判断化学物质对生物体尤其是人体的损伤大小。

生物降解性指的是有机物进入自然界后能够被微生物降解的可能性，按照降解程度难易，可以分为可生物降解物质（如单糖、淀粉、蛋白质等），难生物降解物质（如纤维素、农药、烃类等）和不可生物降解物质（如塑料、尼龙等），可降解性是从时间的持久性判断化学物质对环境的影响程度，越容易降解的有机物进入环境后，越容易被微生物分解，从而在短时间内其危害性就会大大降低。

对化学物质的毒性评价可以从两个方面入手：首先是直接检测毒性化学物质的含量，即采用各种仪器分析方法，直接分析测定有害物质的种类和它们的浓度，以及与之有关的参数，这类方法执法依据充分、管理界限明确，不仅能确定有害物质的种类，对其中部分污染物还能准确地测定它们的浓度或含量，通过含量大小与相应的标准进行对比，能够判断出物质的毒性大小，因此是普遍采用的方法，在污染物成分比较明确的情况下，宜采用该种方法。但是，化学方法也存在许多不足，即已经发现具有明显生物和生态效应的污染物种类繁多，数量巨大，而现有的化学分析手段十分有限，环境样品中能够被鉴定的污染物仅占实际存在污染物的很少部分。由于大多数污染物不能被鉴定，因此不能根据浓度数据推测它们的毒性效应,从而不能排除样品中未被检测出的污染物的潜在毒性效应。

其次是通过毒性试验判断化学物质的危害性,该种方法的优势是不必知道化学物质的成分,可以直接根据受试基质的反应判断出化学物质的危害大小,但缺点是化学物质的毒性可以有很多方面的表现,包括急性毒性、慢性毒性、遗传毒性、致癌性、致畸性、致突变性等,对每一方面毒性均进行试验成本高、时间长,难以进行全面系统的开展毒性试验。虽然钻井液的主要有害成分未知,但可以通过常见钻井液中的有害成分,对可能含有的有机及重金属污染物进行监测,因此可从化学毒性物质含量和生物毒性两个方面综合对钻井液毒性进行评价。

综上所述,钻井液环保性能评价可以从生物毒性、化学毒性物质和生物降解性三个方面进行。

2. 评价因子筛选

1) 生物毒性评价

生物毒性评价是用于评估某种化学物质或混合物对环境潜在污染和毒性危害的一种手段,是环境保护的有效途径之生物毒性评价包括急性毒性评价、亚急性毒性评价、慢性毒性评价和特殊毒性评价,如致畸性、致癌性、致突变性、生殖毒性等。

急性毒性评价是根据在高浓度、短时期待测物能引起一定数量的受试生物死亡或产生其他效应的毒性试验,评价毒物对生物的半致死浓度和安全浓度的影响;亚急性毒性评价是测定低浓度污染物在较长时期(一般不超过3个月)内对生物所产生的毒性作用,其目的是研究污染物对生物的作用方式和致毒机理,通过这种试验可以利用生物对污染物的反应预报污染物的慢性毒性;慢性毒性评价是测定低浓度污染物对生物生活周期的毒性作用,由这种测试方法可求出污染物的最大容许浓度;特殊毒性试验是分别从不同损害角度评价污染物对生物体造成的危害。

目前生物毒性评价的方法较多,经济合作与发展组织(Organization for Economic Cooperation and Development,OECD)等已经推荐了一系列的生物毒性评价标准,国内外许多国家和地区都在使用,所采用的受试生物也多种多样。

钻井液是一种由水以及各种化学处理剂组成的极其复杂的多相稳定胶态悬浮体,其生物毒性主要来源于钻井液各组分。目前国内尚无统一的钻井液生物毒性评价方法。针对钻井液国内外主要进行急性毒性试验,生物急性毒性试验方法包括糠虾试验法、发光细菌法、藻类生长抑制试验、蚤类活动抑制试验、鱼类急性毒性试验和小鼠急性毒性试验等,其中钻井液毒性应用最多的是糠虾试验法和发光细菌法。糠虾试验法和发光细菌法在美国EPA和API都已得到认可,加拿大阿尔伯塔能源和公用事业委员会指南50中指出:钻井废物管理采用Microtox发光细菌法评价钻井废物的生物毒性。

发光细菌法的基本原理是采用发光细菌作为检测活体,利用毒性物质可影响发光细菌的新陈代谢,从而影响其发光强度,通过对发光强度减弱的测定,可快速准确地测定出样品的毒性。其可测出水体中2000多种有毒有害物质。其准确性和可靠性与用标准小白鼠或鲤鱼来进行毒性实验的传统毒性实验方法的结果有显著的相关性,并已获得广泛认同。

该方法已通过了工业界、研究单位和政府的测验和验证被证实有效,其中具有代表性的典型文献有《明亮发光杆菌毒性数据索引》等。

同时,国际标准组织颁布了利用该方法作为水中毒性物质的标准方法(ISO 11348—3《水质测定—水样对于发光细菌的抑制效应测定》)。美国也颁布了利用该方法作为水和土壤中化学和生物污染毒性的标准方法(ASTM-D-5660:《通过对海洋发光细菌进行毒性试验而对遭化学污染的水和土壤进行微生物解毒予以评估的标准试验方法1》)。加拿大已经批准该方法为常规的测试应用于石油钻井中的排水监测和石油钻井过程中固体废物的生态风险评估标准方法(GUIDE 50)。在我国相关技术也已列为国家标准,为 GB/T 15441—1995《水质急性毒性的测定发光细菌法》。

国内对发光细菌法有较多研究,由于糠虾在我国没有分布,因此不适合作为受试生物,而且大量研究结果表明,发光细菌法比糠虾试验法等更灵敏,检测精度更高,检测时间短,因此采用发光细菌法进行钻井液体系的生物毒性评价较为合适。

GB 18420.1—2001《海洋石油勘探开发污染物生物毒性第1部分:分级》和 GB/T 18420.2—2001《海洋石油勘探开发污染物生物毒性第2部分:检验方法》采用对虾仔虾、卤虫幼体进行试验。

2) 化学毒性物质含量检测因子

钻井过程中主要污染物来源于钻井液和地层中挟带的污染物。钻井液中的污染物主要为加入的各化学处理剂及少量矿物油等,还有地层中挟带出的污染物,主要为岩屑和钻到目的层后挟带出的少量矿物油。下面按照其来源分别进行分析。

(1) 岩屑中可能含有的物质。

土壤及岩石中主要物质为 SiO_2,Mgo 和 CaO 等,这些物质作为土壤和岩石的主要成分,基本无毒,其对人体的危害主要是通过呼吸道吸入而影响人体健康,由于钻井废弃物中颗粒物粒径较大,通过空气进入人体的颗粒物很少,因此对人体健康的危害也很小。

除了这些主要成分外,还含有 Ba,Co,Cr,Cu,Zn 和 Mn 等元素含量较小的众多金属物质及无机物。这些含量较小的众多物质中有的物质毒性小,有的物质毒性较大,有的物质容易溶于水,更容易进入地下水或地表水体,有的则难溶于水不易迁移,还有的物质容易挥发到空气中从而易通过呼吸道进入人体。

由于金属及无机物种类众多,不可能将全部指标进行监测,因此参照国内外现有标准及研究成果,筛选毒性较大的指标进行监测,对国内《土壤环境质量农用地土壤环境质量标准(试行)》(GB 15618—2018)、《土壤环境质量建设用地土壤污染管控标准(试行)》(GB 36600—2018)、《危险废物鉴别标准浸出毒性鉴别》(GB 5085.3—2007)、《危险废物鉴别标准毒性物质含量鉴别》(GB 5085.6—2013)、《建设用地土壤污染风险筛选指导值》(三次征求意见稿)中包含的重金属及无机物全部作为监测因子,金属离子中将六价铬作为监测指标;由于硼对人体及农作物均有较大危害,加拿大在《土壤重金属允许最高值—指导值》将硼作为控制指标,美国在制定《石油和天然气勘探和生产废料联邦危险废物豁免条例》的评估研究中也将硼作为重要的风险评估因子。

综上所述,针对土壤和岩石选择的监测指标可以确定如下一些选择:铜、锰、锌、铅、镉、镍、汞、砷、铍、钡、银、硒、硼、锡、铊、钒、总钴、钼、总锑、氟化物。

(2) 钻井液中可能含有的污染物。

钻井液中主要材料为膨润土、重晶石,同时还加入氢氧化钠、氢氧化钙、氢氧化钾、碳酸钠、碳酸氢钠、碱式碳酸锌、氯化钠、氯化钙、氯化铁、硫酸钠、硫酸钙、硫酸铁、磷酸钠玻璃、硅酸钠等无机处理剂及丙烯类聚合物、淀粉类、纤维素、木质素等有机处理剂。

无机处理剂中加入的碱性物质可以通过 pH 值来反映其危害性,其他无机处理剂中很可能还含有铬、六价铬、锌、钡、氟化物等物质或杂质,由于铬、六价铬、锌、钡、氟化物在岩屑中已经作为监测指标,因此钻井液中针对无机处理剂增加铬、六价铬、氰化物指标。

有机处理剂种类繁多,据研究表明,各种有机物中聚磺类有机物对环境的影响较其他类有机物大,聚磺类有机物一般属于低毒物质,且不易分解,由于有机物种类繁多,分析测试手段复杂,因此不可能对每一种有机物都进行检测,主要采用生物毒性测试的手段进行分析,同时针对常用钻井液有机处理剂中可能含有的毒性较大物质对照《危险废物鉴别标准 毒性物质含量鉴别》(GB 5085.6—2007),筛选丙烯酸、丙烯腈、环氧乙烷、环氧丙烷、甲醛、丙烯酰胺作为监测指标。

(3) 石油烃。

石油烃类成分主要以烷烃、环烷烃为主,芳香烃(包括单环芳烃和多环芳烃)占石油烃组成的比例很小(5%~10%),但烷烃类物质毒性较小,而芳香烃类物质毒性较大,其中有些物质具有致癌性(如苯及其苯系物和以苯并(a)芘为代表的多环芳烃),且有些物质具有持久性污染的特征,故一般石油烃的污染评价指标中主要考虑苯系物和多环芳烃。

苯系物主要为苯、甲苯、乙苯和二甲苯,GB 5085.3—2007《危险废物鉴别标准 浸出毒性鉴别》、《建设用地土壤污染风险筛选指导值》(二次征求意见稿)和《土壤环境质量建设用地土壤污染管控标准(试行)》(GB 36600—2018)中都将其列入控制指标,因此苯、甲苯、乙苯和二甲苯也作为监测指标。

多环芳烃种类众多,国内外关于多环芳烃的研究也较多,但各个国家对多环芳烃的控制指标各有不同,美国从毒性、可降解性、生物累积性、进入环境的容易程度等多因素综合考虑,筛选出16种优先控制污染物,分别为萘、苊烯(二氢苊)、苊、芴、菲、蒽、荧蒽、芘、苯并(a)蒽、䓛、苯并(b)荧蒽、苯并(k)荧蒽、苯并(a)芘、二苯并(a,h)蒽、苯并(gh)芘、茚苯(12,3cd)芘和苯并(j)荧蒽,其他国家也设定了相应的控制指标,但多以美国优先控制的16种多环芳烃为依据。同时我国(GB 5085.6—2007)《危险废物鉴别标准 毒性物质含量鉴别》中将苯并(j)荧蒽也列入控制指标,为了与国家标准进行对比,增加苯并(j)荧蒽指标。除了这些毒性较大的指标外,其他烃类物质也有一定的危害,因此还应检测综合性指标以反映石油类物质的综合危害。

3) 生物可降解性评价

生物降解指微生物对化学剂(有机物、高分子化合物)的分解和矿化作用。生物降解可在氧存在条件下进行,称为需氧生物降解;也可在缺氧条件下进行,称为厌氧生物降解。有机物生物降解试验通常采用需氧生物降解方法。

需氧生物降解是一个氧化过程。这个过程有两个主要特点:一是化学剂的浓度减少或消失;另一个是溶解氧的减少。评定有机物生物降解性的方法很多,主要有生化需氧量(BOD)/化学需氧量(COD)比值评定方法(包含五日生化需氧量(BOD_5)/采用重铬酸钾作为氧化剂测定出的化学耗氧量(COD_{cr})的比值评定法、BOD/水中某一种有机物的理论需氧量(THOD)的比值评定法、总有机碳(TOC)和总需氧量(TOD)的评定法、三角瓶静培养筛选技术评定方法、生化呼吸线评定方法、利用脱氢酶活性的测定和三磷酸腺苷(ATP)量的测定、目标物浓度变化等方法来评价生物降解性。BOD/THOD的比值评定法和目标物浓度变化法需要知道被测物成分,而钻井液成分复杂,因此不适合作为钻井液生物降解性评价方法,三角瓶静培养筛选技术评定方法和生化呼吸线评定方法评价周期过长,利用脱氢酶活性的测定和三磷酸腺苷（ATP）量的测定法对仪器要求高的缺点，生物降解性评价采用 BOD_5/COD 法，具有以下优点：

（1）BOD_5/COD_{cr} 是重要的水质指标，在我国已经制定标准分析方法并普遍应用，测定结果的准确度、精密度较高，可靠性和可比性强。

（2）BOD_5 和 COD_{cr} 的测定方法容易掌握，实验条件不苛刻，一般实验室和操作人员均可进行测定。

（3）钻井液化学剂大多是天然的或人工合成的高分子化合物，或者是混合物，要准确测定其化学结构及浓度比较难。而 BOD_5 和 COD_{cr} 的测定不要求弄清试验物质的化学结构及浓度，因而优于其他方法。

（4）用 BOD_5 和 COD_{cr} 的比值评定生物降解性，易于建立定量的评定标准。根据 BOD_5/COD_{cr} 的比值可将钻井液处理剂按可生物降解性分成较易、较难、难，为筛选和应用钻井液处理剂提供依据。

3. 评价标准的确定

1）生物急性毒性评价标准

目前国内外尚无统一的油田用化学剂及钻井液生物毒性分级标准。美国发光细菌法根据相对发光度将毒性等级分为五个等级，相对发光度越低表明发光细菌受抑制越显著，说明测试的样品毒性越大。相对发光度小于25%属于Ⅰ级（剧毒），相对发光度在25%至50%之间属于Ⅱ级（重毒），相对发光度在50%至75%之间属于Ⅲ级（中毒），相对发光度大于75%属于Ⅳ级（微毒），相对发光度100%属于Ⅴ级（无毒）。

我国中国科学院南京土壤所也提五级毒性等级划分方法。相对发光度为0%属于Ⅰ级（剧毒），相对发光度在0%至30%之间属于Ⅱ级（高毒），相对发光度在30%至50%之间属于Ⅲ级（重毒），相对发光度在50%至70%之间属于Ⅳ级（中毒），相对发光度大于70%属于Ⅴ级（微毒）。

此外，中国石油环境监测总站李秀珍在《油田化学剂和钻井液生物毒性检测新方法及毒性分级标准研究》中，采用标准毒剂十二烷基硫酸钠（SDS）和 $CdCl_2$ 对实验生物的毒性做校正实验，确定了油田化学剂及钻井液的毒性等级标准，该分级标准采用 EC_{50} 值对毒性等级进行划分，共分为五个等级：剧毒、重毒、中毒、微毒和无毒，对应的 EC_{50} 值为小于 1mg/L、1~100 mg/L、101~1000 mg/L、1001~25000 mg/L、大于 25000 mg/L。

同时中国石油天然气集团公司也制订了《油田化学剂、钻井液生物毒性分级及检测方法发光细菌法》（Q/SY 11—2007）企业标准。

2）化学毒性物质评价标准

化学毒性物质评价可以从环境质量标准和污染控制标准两个角度进行分析。

环境质量标准作为环境质量基准值，是以保障人体健康、维护生态环境质量为目标，其指标值要求严格，当监测的污染物指标值低于环境质量标准值时，可以认为该指标对环境及人体无害；污染控制标准是为了实现环境质量目标，结合技术经济条件和环境特点，对排入环境的有害物质或有害因素进行的控制，因此其指标值相对宽松。当监测的指标值高于污染控制标准值时，说明该指标环境风险较大。

3）生物降解性评价标准

采用 BOD_5/COD_{cr} 比值法评价生物降解性没有相应的评价标准，一般认为 BOD_5 能相对表示微生物可分解的有机物量，以重铬酸钾为氧化剂时测得的 COD_{cr} 值被近似地当作水中有机物总量。因此可以根据 BOD_5/COD_{cr} 比值大小评定有机物的可降解性，其比值越大，表明越容易生物降解。目前普遍接受的结果为，$BOD_5/COD_{cr}>0.45$，易生物降解；$0.30<BOD_5/COD_{cr}<0.45$，可生物降解；$0.20<BOD_5/COD_{cr}<0.30$，生物降解速度慢，难生物降解；$BOD_5/COD_{cr}<0.20$，生物难降解。

三、高性能环保钻井液特点及作用机理

高性能水基钻井液具有非水基钻井液的许多优良性能，如页岩稳定性、黏土和钻屑抑制性、提高了机械钻速、减了钻头泥包、减少扭矩和摩阻、高温稳定性、抑制天然气水合物的生成、减少储层伤害等。同时，还具有保护环境和配浆成本较低的优点。

1. 页岩稳定性

在钻井过程中，大约有占总数75%的地层为泥页岩层，而且超过90%的井眼失稳问题是泥页岩不稳定所引起的，所以提高泥页岩稳定性是高性能钻井液的重要指标之一。保持泥页岩稳定最重要的方法是防止压力传递入泥页岩中，这是一个依时性的过程。并且泥页岩在钻井液中的浸泡时间比钻屑在钻井液中的浸泡时间高出许多倍。泥页岩自身实际上扮演了半透膜的作用，因为其富含黏土矿物的基质能够抑制溶质的移动。滤液的侵入改变了近井壁地层的压力分布情况，并促使泥页岩失稳。当滤液侵入减少，支撑压力稳定时，便可实现泥页岩稳定。目前已发现聚合醇、硅酸盐和铝盐络合物等几种处理剂可降低孔隙压力传递。据报道，聚合醇主要通过浊点效应降低孔隙压力传递，而硅酸盐和铝络合物是通过其沉淀过程来控制孔隙压力传递。

从力学角度分析：高性能水基钻井液中的一种微细且可变形的聚合物来封堵泥页岩孔隙、喉道和微裂缝。该聚合物即使在高浓度的盐溶液中依然能保持稳定的颗粒尺寸分布。特殊的颗粒尺寸分布再加上它的可变形特点，使其可以与页岩上的微孔隙相匹配，并沿着裂缝架桥同时紧密充填，从而提高钻井液的封堵效率。对于常规的封堵剂，如碳酸钙等超细颗粒，其粒度经常不能与这些微孔隙和微裂缝很好匹配，因此不能实现有效的封堵。

从化学角度分析：高性能水基钻井液中还会有一种铝酸盐的络合物。这种络合物在强酸性水溶液中以$[Al(OH_2)_6]^{3+}$的形式存在；当pH值为4.6时，两个羟桥又连接形成双核的铝离子的络合物$[Al(OH)(OH_2)]^{2+}$；当溶液碱浓度继续升高时，铝的羟化络合物又转化成白色羟化铝沉淀。根据铝络合物的这一原理：其在钻井液中是可溶的，但当它进入页岩内部后，由于碱浓度的升高以及与多价阳离子的反应，则会生成沉淀，从而进行有效的封堵。

采用铝化学方法增强井壁稳定性，其依据是改变岩石的物理和化学性质，与目前研究的钻井液与页岩之间发生离子交换的方法不同，该方法根据铝化学原理，通过生成氢氧化铝沉淀最终与地层矿物的基质结合成一体。这种铝的沉淀物能显著增强井壁稳定性，提高敏感性页岩的物理强度，并形成一种物理的屏蔽带，阻止钻井液滤液进一步侵入页岩。这也就是高性能水基钻井液之所以比常规聚合物钻井液具有更高的页岩稳定性的原因。采用这种独特的新方法来获得选择性半透膜，其中既用到了力学方法，也用到了化学方法。而普通水基钻井液的膜效率极低，使钻井液中的自由水只能单向流入泥页岩中，使地层孔隙压力增高，导致泥页岩不稳定。

2. 对黏土颗粒的抑制性

钻井过程中若钻井液不能有效地抑制黏土矿物的水化分散，钻井就会出现一系列的问

题，如钻头泥包、钻井液净化不良、很高的稀释效率以及流变参数和滤失量难以控制等。高性能钻井液可以通过以下途径使钻屑变得稳定：抑制黏土膨胀；减小膨胀压力；堵塞孔隙防止逆向渗透，使水流入钻屑内部的趋势减弱；利用聚合物的包被作用，防止钻屑分散。

高性能水基钻井液使用了一种具有保持性、易溶于水的聚胺类衍生物的混合物来抑制黏土的水化分散，主要通过阳离子交换，抑制黏土和钻屑的水化分散，但是不存在像 KCl 那样潜在的环境保护问题。在有效地抑制黏土和黏性页岩地层的水化和塑化作用的同时，还具有防止钻头泥包的作用。低分子量聚胺类处理剂与黏土的反应机理包括：氢键力、偶极作用和离子交换作用，此外还有与低分子量的铵所发生的相互作用。

此类泥页岩抑制剂独特的分子结构，使其分子能很好地镶嵌在黏土层间，并使黏土层紧密结合在一起，从而降低黏土吸收水分的趋势。结合用蒙特卡洛方法和分子动态学方法，采用页岩抑制剂的水溶液和蒙脱土片对新型抑制剂进行分子设计和 X 射线衍射研究结果表明，这类新型泥页岩抑制剂抑制泥页岩膨胀的机理不同于聚乙二醇类，它主要是通过胺基特有的吸附而起作用，而不是通过驱除页岩层空间内的水起作用。

这种作用机理是中性的胺类化合物分子通过金属离子吸附在黏土上，或者是质子态的胺分子通过离子交换作用替代金属离子。对浸泡在泥页岩抑制剂溶液中的蒙脱石样品进行 X 射线衍射实验，结果表明，随着泥页岩抑制剂浓度的增加，黏土层间距减小，这种变化趋势与观测到的聚乙二醇正好相反，同时印证了对其抑制机理作出的推断。

测量结果表明，泥页岩抑制剂的质子化程度对吸附机理至关重要，同时也表明黏土层间确实存在泥页岩抑制剂。此外，用不同分子量的中性胺类页岩抑制剂进行分子建模研究，结果表明某种分子量的胺类化合物以桥联方式复合吸附在黏土层间这种化合物抑制效率优于其他类型化合物。

高性能水基钻井液还使用了一种高分子量的部分水解聚丙烯酰胺来包被钻井过程中产生的钻屑，防止钻屑在环空中循环时发生破裂。这是一种高分子量的阴离子型聚合物，它吸附钻屑带正电荷的部位后可以起包被作用，从而使钻屑的分散程度尽可能降低，提高固控设备的清除效率。

高性能水基钻井液通过加入部分水解聚丙烯酰胺和聚胺类，使固相清除效率和所钻地层稀释效率的效果比常规水基钻井液高许多，在不少情况下能达到油基钻井液的效果。

3. 提高时效和防钻头泥包特性

钻头泥包和机械钻速的提高受许多因素的影响，如钻井液的类型、水力冲击压力和钻头类型，钻屑的尺寸和黏附性也影响钻头泥包的趋势。提高钻速的最有效添加剂是能够在金属和岩石表面产生润湿性反转并形成亲油膜的处理剂，这样就可以减弱甚至在多数情况下可完全消除水化黏土和钻屑对金属表面的黏附作用。

在高性能水基钻井液中使用了一种获得了专利的抗泥包添加剂，该处理剂可覆盖在金属和岩石表面，而且其所用基液和表面活性剂都具有良好的环保特性。该处理剂还具有防止钻屑聚结的能力，因而可以提高井眼净化效率。

该处理剂是由表面活性剂和润滑剂组成的特殊混合物，能覆盖在钻屑和金属表面，从而降低黏土水化和在金属表面黏结的趋势，防止水化颗粒聚结，阻止钻头泥包。使发生水化的黏土不易在金属表面黏附，从而有利于提高机械钻速，可确保起下钻顺利。该处理剂的化学作用还可防止井底钻屑累积，使钻头牙轮不断地与新地层接触而提高钻速。这种特殊的表面活性剂和润滑剂的混合物在钻井过程中不仅可减轻钻头和井底钻具的泥包,而且还通过降低摩擦系数来增强钻井液润滑性,降低钻柱的扭矩和拉力。

聚结试验是评价高性能水基钻井液重要实验之一。实验时将一个钢制金属棒插入盛有钻井液和钻屑的罐中,钻屑分布在棒的周围。将罐密封后在室温下滚动一定时间,取出棒子拍照。刮下棒子上的钻屑,然后干燥称重,计算聚结在棒上钻屑的质量分数。其他几种水基钻井液的聚结百分数最大为80%,而在高性能水基钻井液中几乎没有聚结物出现。

4. 高温稳定性

当钻井液达到更深地层的时候,由于地层处于高温高压条件下,钻井液要求更高的性能以维持在高温条件下的稳定。目前油基钻井液已经能在200多摄氏度的高温条件下保持较好的钻井性能并进行正常钻进。但是高性能钻井液还不能与油基钻井液相媲美。

水基钻井液不抗高温主要是由于含有水溶性聚合物所造成的,在水基体系中水溶性聚合物主要用来作为降滤失剂和黏度控制剂。因此将来的工作需要扩大钻井液在高温下维持钻井液的稳定和保证钻井液性能。

5. 环境保护

目前,处理钻屑和废弃钻井液的方法主要有3种:直接排放、回注井下和陆上处理。在美国、英国、挪威和黑海等地区,对控制环境污染的要求更为严厉,现场操作人员使用多种方法处理钻井废弃物,因为管理钻井废物的总成本大大高于收集和排放钻井废物的理论成本。

在许多地方,操作人员必须考虑钻井液对环境的长期潜在的危害和当今对钻井废弃物管理的法令。英国北海的环保部门规定,如果油基钻井液和合成基钻井液在钻屑上的滞留质量超过了总量的1%,那么就不能向环境排放。因此油基钻井液和合成基钻井液必须经过处理,做到"零排放"。

而高性能水基钻井液在环保性方面有了很大的改进,其生物毒性和自然降解性能都有了大幅度提升,大大缓解和降低了后期的废弃物处理成本。

高性能水基钻井液已在克深8-5井等井上使用。

第六节 抗高温高密度饱和盐水钻井液

库车山前绝大部分构造均会钻遇盐膏地层,为了阻止盐的溶解,控制盐与软泥岩蠕变,抑制岩屑分散、稳定井壁,必须采用抗高温高密度饱和盐水钻井液钻进。经多年的研究与实践,对其配方不断优化,目前库车山前对于盐膏层段井温低于130℃的井段,现场大多采用抗高温高密度氯化钾磺化饱和盐水钻井液。该钻井液采用氯化钾为抑制剂,磺化酚醛树脂、褐煤树脂类产品作为降滤失剂,沥青类产品为封堵剂,采用密度为4.3g/cm^{3}重晶石/氧化铁粉作为加重剂,加氯化钠至所需含盐量,为了防止漏失,有时加入随钻堵漏剂。

一、抗高温高密度饱和盐水钻井液处理剂

1. 抑制剂

为了了解KCl和NaCl复合配比所配的饱和盐水对库姆格列木群盐膏地层的泥岩抑制

性的影响，进行泥岩回收率实验。首先在蒸馏水中，配制不同比例氯化钾、氯化钠饱和盐水，然后加入盐膏地层的泥岩进行滚动回收率实验，实验结果见表3-6-1与图3-6-1。

表 3-6-1 KCl 和 NaCl 复合配比饱和盐水对泥岩的影响

KCl 含量 %	NaCl 含量 %	120℃热滚 16h 回收率 %	150℃热滚 16h 回收率 %
0	0	11.67	2.80
0	38	16.97	12.57
3	35	19.87	14.20
6	32	23.80	14.43
9	29	24.53	14.53
12	26	24.93	14.63
16	22	25.87	15.50
19	19	26.03	15.57

通过实验可知，盐膏地层中清水在120℃与150℃下其泥岩回收率分别为11.67%与2.8%，为强分散。随着在饱和盐水中氯化钾含量的增加，泥岩回收率增高，但泥岩分散性仍然为强分散；当氯化钾加量为16%时，120℃下泥岩回收率仍然低于26%，150℃下泥岩回收率仍然低于15%，泥岩分散性受温度影响较大。热滚温度越高，泥岩越容易分散，回收率越低。

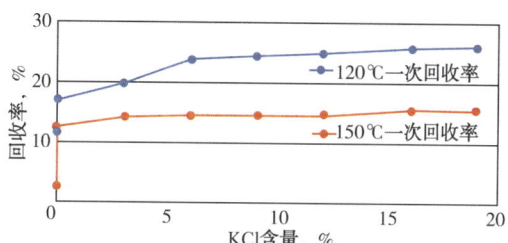

图 3-6-1 KCl 和 NaCl 复合配比饱和盐水对泥岩回收率影响

以上实验表明，尽管在饱和盐水中加入氯化钾，能稍提高泥岩回收率，但不能十分有效抑制库姆格列木群盐膏地层的泥岩分散。

为了进一步研讨饱和盐水钻井液中氯化钾含量对库姆格列木群泥岩的抑制作用进行实验，实验结果见表3-6-2和表3-6-3及图3-6-2，数据表明，在饱和盐水钻井液中，随着氯化钾含量增加，泥岩回收率增高，当氯化钾含量达到16%时，在120℃与150℃下泥岩回收率分别高达为91.33%与85.23%，回收的泥岩颗粒棱角分明，如图3-6-3和图3-6-4所示，棱角分明。

表 3-6-2 KCl 和 NaCl 复合配比饱和盐水钻井液对泥岩回收率影响

KCl 含量 %	NaCl 含量 %	120℃热滚 16h 回收率 %	150℃热滚 16h 回收率 %
6	32	82.80	70.73
9	29	83.83	71.63
12	26	85.43	80.87
16	22	91.33	85.23

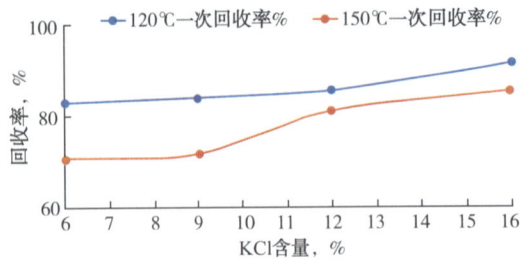

氯化钾加量对氯化钾磺化饱和盐水钻井液性能的影响，见表3-6-3，数据表明，随着氯化钾加量的增加，钻井液塑性黏度变化不大，动切力和静切力稍下降，高温高压滤失量逐渐降低。

图 3-6-2　KCl 和 NaCl 复合配比饱和盐水钻井液对泥岩回收率影响

图 3-6-3　不同 KCl 含量饱和盐水钻井液在 120℃下的泥岩回收颗粒

图 3-6-4　不同 KCl 含量饱和盐水钻井液在 150℃下的泥岩回收颗粒

表 3-6-3　KCl 和 NaCl 复合配比饱和盐水对钻井液性能的影响

KCl 加量 %	NaCl 加量 %	测试条件	密度 g/cm³	PV mPa·s	YP Pa	Gel_{10s} Pa	Gel_{10min} Pa	FL_{API} mL	FL_{HTHP} mL	pH 值
6	32	热滚前 50℃	1.8	25	26	12	25	1		10
		120℃×16h	1.8	27	5.5	5	11	1.4	8.8	9
9	29	热滚前 50℃	1.8	33	19.5	13	42	1.4		10
		120℃×16h	1.8	27	5	1.5	10	1.6	7	9
12	26	热滚前 50℃	1.8	20	21	9	36.5	1.4		10
		120℃×16h	1.8	27	3	1	10	1.6	6.8	9
16	22	热滚前 50℃	1.8	32	18	15	44	1.2		10
		120℃×16h	1.8	29	2.5	1	10	1.6	5.6	9

注：基浆配方为6%膨润土+6%SMP-3(A)+4.5%SPNH+4.5%FT-1A(B)+0.75%NaOH+0.45%SP-80+4.5%LU-99+重晶石。

以上实验表明，在高密度饱和盐水钻井液中，加入氯化钾能有效提高钻井液抑制性，而对钻井液性能影响不大。

2. 降滤失剂

库车山前饱和盐水钻井液所用的降滤失剂主要有 SMP-1，SMP-2 和 SMP-3。磺化酚醛树脂系列、磺化褐煤、磺化褐煤树脂（例如 SPNH）、磺化木质素树脂等。其中 SMP-3 是复合饱和盐水的主要的降滤失剂之一，它是一种低分子类有机处理剂，其官能团主要以苯环、亚甲基桥和 C—S 键等组成，热稳定性强，其分子量较低，且分子为支链型，对黏土无絮凝作用，不会严重增稠。其亲水基为磺甲基—CH_2SO_3 比例较高，故其亲水性强，抗盐析能力强。该剂需与磺化褐煤、SPNH 和 SPC……等复配应用，可相互增效，取得较好的降低高温高压滤失量效果，两者配比需根据所采用生产厂产品通过实验确定。

SMP-3 是抗高温高密度氯化钾磺化饱和盐水钻井液主要降滤失剂。库车山前所使用的 SMP 由多个厂家供货，由于各生产厂生产工艺不同，由其配制的钻井液性能及抗温性能有所差异，因而现场使用时，需根据钻井液使用温度、密度和所匹配的处理剂性能，通过实验来确定其配方与加量。

表 3-6-4 列举 4 个厂家生产的 SMP-3 产品所配制的抗高温高密度饱和盐水钻井液性能。从表中实验数据可知，A，B，C 和 D 等 4 个生产厂生产的 SMP-3 所配制的高密度饱和盐水钻井液在 150℃高温下热滚 16h 后，具有良好性能。但在 180℃高温下热滚 16h 后，前 3 个生产厂生产的 SMP-3 所配制的高密度饱和盐水钻井液，动切力与高温高压滤失量均增大；而 D 生产厂生产的 SMP-3 所配的钻井液在 180℃高温下保持具有良好的流变性与较低的高温高压滤失量，但该钻井液在 200℃高温下热滚 16h 后，钻井液严重增稠，动切力亦急剧增大，但高温高压滤失量仍低于 20mL。

表 3-6-4 不同厂家的 SMP-3 性能评价

SMP-3 生产厂家	测试条件	密度 g/cm³	PV mPa·s	YP Pa	YP/PV	Gel_{10s} Pa	Gel_{10min} Pa	FL_{HTHP} mL	pH 值
A	热滚前 55℃	1.8	21	5	0.24	2	18.5		
	150℃×16h	1.8	40	37.5	0.94	19	66.5	7.2	9
	180℃×16h	1.8	40	75	1.88	55	84	12.4	9
B	热滚前 55℃	1.8	15	22	1.47	10	41		
	150℃×16h	1.8	33	25.5	0.77	15	52	10	9
	180℃×16h	1.8	30	81	2.70	59	86	14.8	9
C	热滚前 55℃	1.8	28	9	0.32	3	13.5		
	150℃×16h	1.8	28	20	0.71	10	30	8.8	9
	180℃×16h	1.8	38	28.5	0.75	17	39	13.2	9
D	热滚前 55℃	1.8	17	3	0.18	0	1		
	150℃×16h	1.8	16	4	0.25	1.5	2	8	9
	180℃×16h	1.8	16	2.5	0.16	1	9	9.6	9
	200℃×16h	1.8	31	39.5	13.25	38	47	19	9

注：基浆配方为 3%膨润土 + 8% SMP-3 + 6.5% SPNH + 0.8% NaOH + 0.5% SP-80 + 16% KCl + 22% NaCl + 重晶石（4.2g/cm³）。

3. 润滑剂

钻井液和滤饼的摩阻系数是常用的两个评价钻井液润滑性能的技术指标。由于摩阻的大小不仅与钻井液的润滑性能有关，而且还与钻具和地层接触面的粗糙程度、接触面的塑性变形、钻柱侧向力的大小和分布情况、钻柱的尺寸和旋转速度等因素有关。要全面、客观地评价和测定钻井过程中钻井液和滤饼摩阻系数，正确地评选钻井液和润滑剂是很难的。因此，只能使用极压润滑仪与摩擦系数测定仪来评选适用于抗高温高密度饱和盐水钻井液基润滑剂，实验结果见表3-6-5。

从表中实验数据表明，库车山前现场所使用的4种润滑剂，在120℃热滚温度下，对钻井液性能影响不大，其润滑系数相差不大。

表3-6-5　不同厂家的润滑剂性能评价

润滑剂	测试条件	密度 g/cm³	PV mPa·s	YP Pa	Gel_{10s} Pa	Gel_{10min} Pa	FL_{API} mL	FL_{HTHP} mL	pH值	润滑系数 极压	润滑系数 滑块
PRH-1	热滚前50℃	1.8	29	18	8	32			10		
	120℃×16h	1.8	31	8	1	10	1.8	8	9	0.1577	0.1495
	150℃×16h	1.8	23	4	1	8.5	2.4	9.2	9		
	180℃×16h	1.8	24	16.5	8.5	20	3.2	10	9		
JH-3	热滚前50℃	1.8	27	20.5	10	24			10		
	120℃×16h	1.8	32	3	1	8	1.9	8.8	9	0.1558	0.0524
TRH-1	热滚前50℃	1.8	34	18.5	13	34			10		
	120℃×16h	1.8	28	4.5	1.5	10	1.9	8	9	0.1482	0.0612
LU-99	热滚前50℃	1.8	32	15	11	34			10		
	120℃×16h	1.8	29	3.5	1	9	2	8	9	0.1453	0.1228

注：基浆压方为6%膨润土+6%SMP-3(油建)+4.5%SPNH+4.5%FT-1A+0.8%NaOH+0.45%SP-80+4.5%润滑剂+16%KCl+22%NaCl+重晶石。

4. 沥青类封堵剂

大北段、克深段盐膏层段地层构造存在不同孔隙和微裂缝，钻井过程中易发生井塌与井漏。为了防止井塌与井漏，加入沥青类的封堵剂，对孔隙与微裂缝进行封堵。

沥青类封堵剂具有其特殊性能，当所处温度低于其软化点时呈固态，而接近其软化点温度时变得有韧性，能发生塑性变形。在压差作用下，被挤入地层中的层理、裂缝、孔喉中，在近井壁形成一个封堵带。沥青具有疏水特性，可有效地阻止钻井液滤液进入地层，此外与其他封堵剂一起在近井壁形成具有一定承压能力的封堵层，阻止井眼中液体压力向地层传递，控制地层坍塌压力的增高。

评价沥青类产品封堵效果的方法主要有：高温高压滤失量、高温高压滤饼渗透失水量、高温高压渗透滤失量及滤失速率、压力传递等。各种沥青类产品用作钻井液封堵剂时，必须依据其软化点选择其最佳使用温度。

库车山前钻井过程中，目前所使用的沥青类封堵剂有乳化沥青、阳离子乳化沥青、磺化沥青、氧化沥青、天然沥青等十多种。下面对这些沥青类产品对不同密度的氯化钾饱和盐水常规性能与封堵性能进行评价。

1) 沥青类封堵剂对抗120℃密度1.80g/cm³氯化钾磺化饱和盐水钻井液性能的影响

对库车山前现场所使用10种沥青封堵剂进行评价，实验结果见表3-6-6。从表中数据可以看出，上述10种沥青封堵剂加到抗120℃密度1.80g/cm³氯化钾磺化饱和盐水钻井液中，热滚16h后性能，高温高压滤失量均较低，其中5个生产厂的沥青封堵剂加入对钻井液流变性能影响不大，加入另外5个生产厂的沥青封堵剂，使钻井液流变性能参数显著增高。此外，SY-A01在钻井液中分散性不够好，在钻井液中加入0.5%乳化剂ABSN，其分散性能得到改善。

因而在现场使用时，必须对所使用的沥青类封堵剂对所配制钻井液流变性能进行评价。

表3-6-6　不同厂家的沥青封堵剂性能评价

沥青类封堵剂	密度 g/cm³	PV mPa·s	YP Pa	YP/PV	Gel_{10s} Pa	Gel_{10min} Pa	FL_{API} mL	FL_{HTHP} mL	pH值	实验现象
1#	1.8	22	7.5	0.34	4	14	1.8		10	
	1.8	31	15.5	0.50	5.5	16	3.2	8.8	9	
2#	1.8	53	15.5	0.29	6.5	17.5	1.4		10	
	1.8	36	20	0.56	15	28.5	2.4	6.8	9	
3#	1.8	25	13	0.52	9.5	18	1.2		10	析出片状、条状沥青
	1.8	28	17	0.61	10	21	2.8	6.4	9	
4#	1.8	22	12.5	0.57	6	12	1.6		10	
	1.8	30	12.5	0.42	8	20	3.2	7.2	9	
5#	1.8	21	9	0.43	5	13	1.4		10	
	1.8	22	13	0.59	6	20	2.8	8	9	
6#	1.8	24	9	0.38	6	12.5	2.4		10	析出片状、条状沥青
	1.8	23	12	0.52	5.5	17	3	8	9	
7#	1.8	23	14.5	0.63	9	17	1.2		10	
	1.8	25	1	0.04	1.5	6.5	2	7.8	9	
8#	1.8	32	17	0.53	8	16	2.2		10	
	1.8	34	10.5	0.31	8	19	2.6	7.6	9	
9#	1.8	20	12.5	0.63	7	14	2.6		10	
	1.8	25	8	0.32	4	15	2.6	7.6	9	
10#	1.8	18	0	0.00	0.5	3			9	沥青粘老化罐壁
	1.8	19	1.5	0.08	1	4.5		5.6	9	
10#+0.5% ABSN	1.8	20	1	0.05	0.5	3			9	沥青分散好不再粘壁
	1.8	21	6	0.29	5	9.5		5.6	9	

注：基浆配方为6%膨润土浆+6%SMP-3(A)+4.5%SPNH+4.5%沥青类封堵剂+0.8%NaOH+0.45%SP-80+4.5%JH-3+12%KCl+24%NaCl+重晶石；测试条件：测试温度50℃，热滚120℃×16h。

此外，现场使用阳离子乳化沥青、乳化沥青时须了解其储存时间，生产后储存时间过长会影响其效果，见表3-6-7。从表3-6-7中数据可知，乳化沥青SY-A01保存时间超过120天后，对钻井液的流变性及高温滤失性都有影响，热滚16h后开罐，重晶石下沉，沥青聚集漂浮于钻井液液面上，并影响其封堵性能，对此产品使用时，需在钻井液中再加少量乳化剂。

表 3-6-7　乳化沥青储存时间对钻井液性能的影响

沥青封堵剂	密度 g/cm³	PV mPa·s	YP Pa	YP/PV	Gel_{10s} Pa	Gel_{10min} Pa	FL_{HTHP} mL	pH 值
SY-A01	2.4	52	3	0.00	1	4		
	2.4	51	4	0.08	4	9	4	9
SY-A01 放置 120d 后	2.4	43	1	0.02	1	4.5		
	2.39	36	6.5	0.18	1	3	5.2	9

注：基浆配方为 2%膨润土+0.5%PAC-LV+6%SMP-3(D)+4%SPNH+5% SY-A01+0.8%NaOH+0.5%SP-80+5%白油+16%KCl+22%NaCl+重晶石。

采用高温高压渗透性封堵仪（PPT）评价沥青类封堵剂封堵效果，实验结果见表 3-6-8 与图 3-6-5。从表与图中数据可知，DYFT-11 与 ZK-A01 与具有良好的封堵性能，其高温高压渗透滤失量分别为 9.6mL 与 6.8mL。但 ZK-A01 封堵性能优于 DYFT-11，其瞬时滤失量为 0mL，静态滤失速率为 1.24mL/min²。

表 3-6-8　PPT 封堵性（120℃）评价

封堵剂	失液量, min						PPT 滤失量 mL	瞬时滤失量 mL	静态滤失速率 mL/min²
	1	5	7.5	15	25	30			
DYFT-11	2	2.7	3	3.7	4.5	4.8	9.6	1.2	1.53
ZK-A01	1	1.7	2	2.6	3.2	3.4	6.8	0	1.24

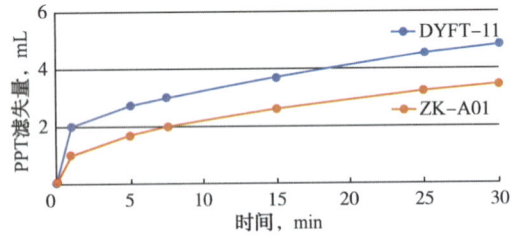

图 3-6-5　两种沥青 PPT 封堵性评价

2）沥青类封堵剂对抗 120℃密度 2.4g/cm³ 氯化钾磺化饱和盐水钻井液性能的影响

沥青类封堵剂对抗 120℃密度 2.4g/cm³ 氯化钾磺化饱和盐水钻井液性能的影响实验结果见表 3-6-9。

从表 3-6-9 中实验数据可知，不同的沥青类产品对饱和盐水钻井液的性能影响差别较大。DYFT-11 热滚前后的塑性黏度较大，切力没有变化；FT-1A(B) 热滚前黏切高，热滚后黏切大幅度下降，重晶石部分粗颗粒沉降；FT-2 黏切较高，高温高压滤失量稍大，且在饱和盐水钻井液中，部分沥青粉聚集成颗粒状；XFL1#热滚前后的终切较大，XFL2#热滚前后黏切均出现下降，开罐重晶石颗粒部分下沉，钻井液悬浮性差。

表 3-6-9　不同沥青的钻井液性能评价（一）

沥青封堵剂	密度 g/cm³	PV mPa·s	YP Pa	YP/PV	Gel_{10s} Pa	Gel_{10min} Pa	FL_{HTHP}/滤饼厚度 mL/mm	pH 值
DYFT-11	2.43	51	7.5	0.15	1.5	12.5		
	2.42	58	11	0.19	2	13	5/6	9
FT-1A(B)	2.43	49	11	0.22	1.5	24		
	2.45	38	2	0.05	1	2	4.8/7	9

续表

沥青封堵剂	密度 g/cm³	PV mPa·s	YP Pa	YP/PV	Gel_{10s} Pa	Gel_{10min} Pa	FL_{HTHP}/滤饼厚度 mL/mm	pH 值
FT-2	2.43	50	10	0.20	2	25		
	2.43	47	10	0.21	2	16	6.8/5	8.5
XFL1#	2.43	52	15.5	0.30	4.5	37		
	2.44	42	9	0.21	3	21	3.2/5	9
XFL2#	2.43	45	7.5	0.17	1.5	24		
	2.44	37	3	0.08	1	4.5		9

注：基浆配方为2%膨润土+6%SMP-3(D)+4%SPNH+3%沥青类封堵剂+0.8%NaOH+0.5%SP-80+5%白油+16%KCl+22%NaCl+重晶石。

对上述加有不同沥青类封堵剂的氯化钾饱和盐水钻井液进行封堵性评价。从表3-6-10及图3-6-6实验数据可以得出，5种沥青类封堵剂均具有较好的封堵效果，其高温高压渗透滤失量均小于7mL，从控制滤失速率与承压能力来看，XFL1#封堵性最好，压差15MPa下，滤失速率为0；FT-2与FT-1A(B)滤失速率为0.02mL/min，DYFT-11滤失速率为0.013mL/min，SY-A01滤失速率为0.007mL/min。

表3-6-10 不同沥青PPT封堵性评价（一）

沥青封堵剂	失液量，mL													
	压差7MPa									压差10MPa			压差15MPa		
	1min	5min	7.5min	15min	25min	30min	40min	50min	60min	70min	80min	90min	100min	110min	120min
DYFT-11	0.6	1.4	1.5	1.6	2.1	2.3	2.4	3	3.3	4	4.2	4.4	4.6	4.8	5
FT-1A(B)	0	0.5	0.6	1	1.6	2	2.4	2.8	3	3.4	3.6	4	4.8	5.2	5.5
FT-2	0.4	0.6	0.8	1.2	1.3	1.4	1.4	1.5	1.6	1.9	2.2	2.3	2.7	2.8	3.1
XFL1#	0.8	1.3	1.7	1.7	1.7	1.8	1.8	1.9	2	2.2	2.2	2.3	2.3	2.4	2.4
SY-A01	1.7	2.7	2.8	3.2	3.6	3.7	3.9	4	4.4	4.8	4.9	5.1	5.4	5.8	5.9

注：陶瓷盘为750mD。

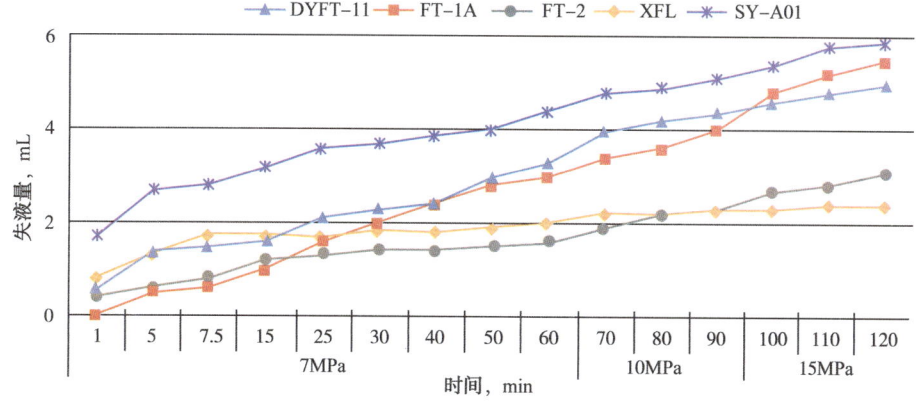

图3-6-6 不同沥青类产品PPT封堵性评价（一）

调整氯化钾磺化饱和盐水钻井液配方，继续对XFL1#与FT-1A(E)沥青类封堵剂性能进行评价。实验结果见表3-6-11与图3-6-7。从表与图中实验数据可知，XFL1热滚前的切刀较高,热滚后又大幅下降,导致饱和盐水钻井液热滚前后的流变性不稳定;FT-1A(E)沥青在饱和盐水中的性能稳定,热滚前后的钻井液黏切没有太大变化,热滚后的重晶石粗颗粒有轻微下沉,在此基础上加入0.1% XC(黄原胶)调整钻井液的悬浮性,调整后的钻井液切力增加,消除了重晶石粗颗粒下沉。

对上述钻井液进行封堵实验,在7MPa下,XFL1的PPT失液量较小。但当压力增加到15MPa时,FT-1A滤失速率为0.015mL/min,XFL1为0.04m/min L,说明FT-1A在高压差下快速形变填充孔喉,封死孔喉通道。

表 3-6-11 不同沥青的钻井液性能评价(二)

沥青封堵剂	XC加量 %	密度 g/cm³	PV mPa·s	YP Pa	YP/PV	Gel₁₀ₛ Pa	Gel₁₀ₘᵢₙ Pa	FL_HTHP/滤饼厚度 mL/mm	pH值
XFL1(F)	0	2.43	45	16	0.36	10	42.5		
		2.44	47	6.5	0.14	1.5	13	3.8	9
FT-1A(E)	0	2.43	34	4	0.12	1	9		
		2.44	31	3.5	0.11	1	10.5	8	9
FT-1A(E)	0.1	2.44	35	7	0.20	4	14		
		2.45	38	9	0.24	5.5	11.5		

注:基浆配方为2%膨润土+5%SMP-3(D)+5%SPNH+4%沥青类封堵剂+0.8%NaOH+0.5%SP-80+4%白油+16%KCl+22%NaCl+重晶石(4.3g/cm³)。

表 3-6-12 不同沥青PPT封堵性评价(二)

沥青封堵剂	失液量,mL 压差7MPa									压差10MPa			压差15MPa		
	1min	5min	7.5min	15min	25min	30min	40min	50min	60min	70min	80min	90min	100min	110min	120min
XFL1(F)	1.4	2	2.2	3	3.6	3.8	4.2	4.6	5	5.6	6	6.8	7.4	7.8	8.2
FT-1A(E)	1.4	2.6	3	4.4	4.6	5.2	5.8	6	6.4	6.6	7	7.2	7.6	7.8	7.9
FT-1A(E)+XC0.1%	3	4.2	4.8	5.2	5.6	5.8	6.2	6.6	6.8	7.2	7.4	7.6	7.8	8	8.2

注:陶瓷盘为750mD。

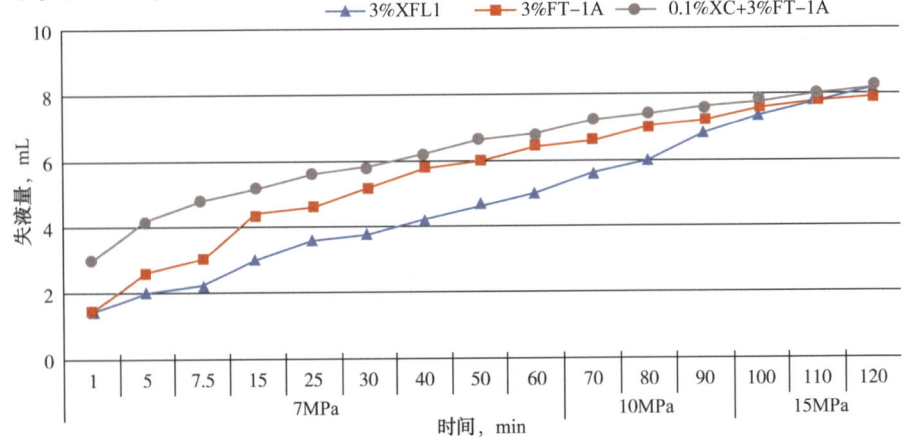

图 3-6-7 不同沥青类产品PPT封堵性评价(二)

通过大量实验得出，目前库车山前所使用的沥青类封堵剂品种较多，其原料、配方、生产工艺差别较大，尽管这些封堵剂均能起到封堵作用，但对钻井液封堵效果、流变性能影响差别很大。因此必须了解这些封堵剂组分、特性、与各种处理剂的配伍性等，针对钻井液所使用温度与地层特性，通过实验来优选。对于同一生产厂不同批号产品均需进行室内评价实验。

5. 膨润土

配制高密度/超高密度氯化钾磺化饱和盐水钻井液时，钻井液中膨润土加量应随密度的增高而降低，才能获得良好性能，见表3-6-13。

表3-6-13 配制不同密度钻井液密度时膨润土加量

配方①	膨润土加量 %	PAC-LV加量 %	SMP-3加量 %	SPNH加量 %	重晶石密度 g/cm³	密度 g/cm³	PV mPa·s	YP Pa	Gel_{10s} Pa	Gel_{10min} Pa	FL_{HTHP} mL
配方1	4	0.5	5	5	4.2	1.8	20	1	0.5	3	
						1.8	21	6	5	9.5	5.6
	3.5	0.5	5	5	4.3	2.2	34	3	1	10	
						2.2	40	4	2	8	4.4
配方2	2	0.5	6	4	4.3	2.4	52	3	1	4	
						2.4	51	4	4	9	4
	1	0.3	6	4	4.3	2.62	>150		15	56	
						2.62	105	12.5	4	23	4.6

①配方1：X%膨润土浆+PAC-LVX%+SMP-3X%+SPNH X%+0.5%ABSN+5%SY-A01+0.8%NaOH+0.5%SP-80+5%JH-3+16%KCl+22%NaCl+重晶石。

配方2：X%膨润土浆+PAC-LVX%+SMP-3X%+SPNH X%5%FT-1A（B）+0.8%NaOH+0.5%SP-80+5%JH-3+16%KCl+22%NaCl+重晶石。

6. 加重剂

从表3-6-13中实验数据可以得出，配制密度低于2.2g/cm³抗120℃高密度饱和盐水钻井液时，可以采用密度4.2g/cm³的重晶石。配制密度2.4g/cm³钻井液时，建议使用密度高于4.3g/cm³的重晶石。但配制2.6g/cm³超高密度氯化钾饱和盐水钻井液时，尽管膨润土加量已降至1%，所配钻井液热滚前黏度超出流变仪测试量程，热滚后黏切虽有所下降，但仍然过高。

为了配制流变性能良好的超高密度氯化钾饱和盐水钻井液，可采用超细重晶石或微锰与密度4.3g/cm³重晶石按3:7复配，实验结果见表3-6-14。采用3000目重晶石与密度4.3g/cm³的重晶石复配，钻井液流变性能得到改善，但微锰与重晶石复配，钻井液具有更好的流变性能。

表 3-6-14　加重剂对 2.6g/cm³ 超高密度氯化钾饱和盐水钻井液性能的影响

重晶石(4.3g/cm³)加量,% 国标	重晶石(4.3g/cm³)加量,% 3000目	微锰(4.8g/cm³)加量,%	密度 g/cm³	PV mPa·s	YP Pa	YP/PV	Gel_{10s} Pa	Gel_{10min} Pa	FL_{HTHP} mL
100	0	0	2.62	>150					
100	0	0	2.62	80	9	0.11	3	22	5.6
70	30	0	2.62	55	25	0.45	7	42.5	
70	30	0	2.62	50	3	0.06	2	14	4.4
70	0	30	2.62	58	20	0.34	8	44	
70	0	30	2.62	35	5	0.14	1.5	10	6

注：基浆配方为1%膨润土浆+6%SMP-3+4.5%SPNH+5%FT-1A(B)+0.8%NaOH+0.5%SP-80+5%JH-3+16%KCl+22%NaCl+加重剂。

二、抗 120℃ 高密度氯化钾磺化饱和盐水钻井液性能评价

通过对处理剂的优选得出不同密度抗120℃高密度饱和盐水钻井液。

（1）抗120℃密度2.2g/cm³氯化钾磺化饱和/欠饱和盐水钻井液配方：3.5%膨润土浆+0.5%PAC-LV+5%SMP-3+5%SPNH+0.5%ABSN+5%SY-A01+0.8%NaOH+0.5%SP-80+5%JH-3+16%KCl+22%NaCl+重晶石。

（2）抗120℃密度2.4g/cm³氯化钾磺化饱和/欠饱和盐水钻井液配方：2%膨润土+0.1%XC+0.5%PAC-LV+6%SMP-3(D)+4%SPNH+4%FT-1A(E)+0.8%NaOH+0.5%SP-80+2%白油+16%KCl+22%NaCl+重晶石。

（3）抗120℃密度2.6g/cm³氯化钾磺化饱和/欠饱和盐水钻井液配方：1%膨润土浆+6%SMP-3+4.5%SPNH+5%FT-1A(B)+0.8%NaOH+0.5%SP-80+5%JH-3+16%KCl+22%NaCl+加重剂(密度4.3g/cm³重晶石：3000目重晶石或微锰7:3)。

对该钻井液性能进行评价。

1. 热稳定性

实际钻井过程中，因各种施工原因造成钻井液长时间停留在井筒中，要求钻井液在高温长时间作用下保持良好性能，因此必须评价钻井液的热稳定性。密度2.2g/cm³氯化钾磺化饱和盐水钻井液热稳定性实验结果见表3-6-15。从表中实验数据可得出得出，该钻井液随着热滚时间从24h增至72h，钻井液塑性黏度变化不大，动切力与静切力稍有增大，高温高压滤失量稳定。

表 3-6-15　密度 2.2g/cm³ 氯化钾磺化饱和盐水钻井液热稳定性实验

测试条件	密度 g/cm³	PV mPa·s	YP Pa	YP/PV	Gel_{10s} Pa	Gel_{10min} Pa	FL_{HTHP} mL	pH 值
热滚前 50℃	2.2	32	2	0.06	0.5	10		
120℃×24h 后	2.2	32	2	0.06	1	5	4.6	9
120℃×48h 后	2.2	33	8.5	0.26	3.5	12	5.2	9
120℃×72h 后	2.2	30	13	0.43	7.5	15	5.6	9

密度2.4g/cm³氯化钾磺化饱和盐水钻井液热稳定性实验结果见表3-6-16。从表中实验数据可得出得出，该钻井液随着热滚时间从16h增至72h，钻井液塑性黏度、动切力、静切力稍增，高温高压滤失量稳定。

表3-6-16 密度2.4g/cm³氯化钾磺化饱和盐水钻井液热稳定性实验

测试条件	密度 g/cm³	PV mPa·s	YP Pa	Gel₁₀ₛ Pa	Gel₁₀ₘᵢₙ Pa	FL_HTHP mL	pH值	Δρ_动态 g/cm³
热滚前加热50℃	2.42	44	2	1	11			
热滚120℃×16h后	2.42	45	4	1.5	9	4	9	0.31
热滚120℃×48h后	2.42	52	7.5	4.5	13.5	4.2	9	
热滚120℃×72h后	2.42	50	11	7	16	4	9	

2. 抑制性

向热滚16h后的钻井液中加入库姆格里姆群$E_{1-2}km_3$泥岩岩屑，再热滚16h，测定其岩屑回收率与膨胀率，实验结果见表3-6-17与图3-6-8。实验数据表明，该钻井液具有很强的抑制性，其岩屑回收率为88%，膨胀率为1.18%，热滚后的岩屑颗粒棱角分明。

表3-6-17 $E_{1-2}km_3$泥岩岩屑抑制性评价

测试条件	密度 g/cm³	PV mPa·s	YP Pa	Gel₁₀ₛ Pa	Gel₁₀ₘᵢₙ Pa	FL_HTHP mL	pH值	回收率 %	膨胀率,% 2h	16h
加热50℃	2.41	50	6	1.5	10					
120℃×16h	2.41	52	6	1.5	8	4	9			
120℃×16h	2.41	55	10	2	9	3.8	9	88	0.36	1.18

3. 抗岩屑粉污染

密度为2.2g/cm³氯化钾磺化饱和盐水钻井液能抗20%岩屑粉(100目)污染，钻井液流变性变化不大；当岩屑含量超过30%时，钻井液黏切大幅增加，但高温高压滤失量变化不大。对于密度为2.6g/cm³氯化钾磺化饱和盐水钻井液，当岩屑粉(100目)加量10%时，对其流变性能影响不大；当岩屑粉达到20%时，钻井液黏切增大，但高温高压滤失量仍较低；实验数据见表3-6-18。

图3-6-8 120℃下热滚16h后的回收泥岩颗粒

表3-6-18 抗120℃不同密度氯化钾磺化饱和盐水钻井液抗岩屑污染实验结果

密度 g/cm³	钻屑含量 %	测试条件	PV mPa·s	YP Pa	YP/PV	Gel₁₀ₛ Pa	Gel₁₀ₘᵢₙ Pa	FL_HTHP mL	pH值
2.2	0	加热50℃	32	2	0.06	0.5	10		10
		120℃×16h	32	2	0.06	1	5	4.6	9

续表

密度 g/cm³	钻屑含量 %	测试条件	PV mPa·s	YP Pa	YP/PV	Gel₁₀ₛ Pa	Gel₁₀ₘᵢₙ Pa	FL_HTHP mL	pH 值
2.23	20	120℃×16h	46	10	0.22	3	26	5.6	
2.24	30	120℃×16h	50	40	0.80	16	77.5	6	9
2.62	0	加热50℃	72	2	0.03	1.5	12.5		
		120℃×16h	65	44	0.68	2.5	30	4.6	9
2.63	10	后加热50℃	87	20	0.23	3	42.5		
		120℃×16h	98	12	0.12	4.5	25	6	9
	20	加热50℃				22	87.5		
		120℃×16h				19	76	4.6	9

4. 抗石膏污染

向热滚 24h 后不同密度的钻井液中加入 3%CaSO₄，在高速搅拌器中搅拌均匀后，在 120℃下继续热滚 16h，取出冷却至 50℃测性能，实验结果见表 3-6-19。从表中实验数据分析表明，该钻井液能抗 3%石膏。

表 3-6-19　抗 120℃不同密度氯化钾磺化饱和盐水钻井液抗石膏污染实验结果

CaSO₄浓度 %	测试条件	密度 g/cm³	PV mPa·s	YP Pa	Gel₁₀ₛ Pa	Gel₁₀ₘᵢₙ Pa	FL_HTHP mL	pH 值
3	120℃×16h 后	2.2	45	2.5	1.5	15	6.4	8
3	120℃×16h 后	2.4	72	5.5	10	26	7	8

5. 抗地层水污染

大北区块和克深区块的盐膏地层存在高压盐水，属于氯化钙型高矿化度盐水。通过在热滚后的钻井液中加入地层水，分析钻井液的抗地层水污染能力。从表 3-6-20 中实验数据可知，该钻井液能抗 20%地层水污染，当地层水达到 30%时，高温高压滤失量大幅度上升。

表 3-6-20　抗 120℃高密度氯化钾磺化饱和盐水钻井液抗地层水污染实验结果

密度 g/cm³	地层水 %	测试条件	PV mPa·s	YP Pa	YP/PV	Gel₁₀ₛ Pa	Gel₁₀ₘᵢₙ Pa	FL_HTHP mL	pH 值
1.8	0	热滚前	20	1	0.05	0.5	3		10
		热滚后	21	6	0.29	5	9.5	5.6	9
1.61	30	污染后	21	6	0.29	0.5	8.5	11.2	8.5
1.57	40	污染后	11	3	0.27	1	6	40	8
2.62	0	热滚前	63	4	0.06	1	15		10
		热滚后	75	10	0.13	8	27	6	9
2.24	30	污染后	32	0.5	0.02	1	10	10	8.5

注：地层水 1：NaHCO₃ 0.29g/L；NaCl 79.98g/L；Na₂SO₄ 3.82g/L；CaCl₂ 30.47g/L；MgCl₂ 8.32g/L。

6. 随钻提高地层承压能力预防井漏的研究

井漏是克深区块和大北区块钻井过程中所发生的最多、损失最大的井下复杂情况之一。其发生概率接近100%，漏失主要发生在库姆格列木群与白垩系储层段。漏失大多发生在钻井、下套管固井、压井等作业过程，而漏失类型中微漏与小漏居多。为了有效防止微漏与小漏，可在钻井、下套管固井、压井、起下钻等作业过程中，采用随钻防止井漏，降低井下复杂情况损失时间，提高钻井速度，降低钻井成本。

1）随钻提高地层承压能力钻井液防漏/堵漏技术思路

（1）所选用防漏堵漏材料分为两类：一类是随钻防漏封堵剂，用于随钻循环防漏，其颗粒直径能通过100目振动筛；另一类是随钻堵漏剂，用于在钻井过程中已发生微漏与小漏，采用不停钻，打段塞来堵漏，其颗粒直径可以根据所发生井漏具体情况而定。

（2）自匹配随钻提高地层承压能力防漏钻井液，能封住孔喉直径为10~160μm的陶瓷盘，随钻打段塞堵漏钻井液能同时封住不大于0.5mm的缝板与孔喉直径为10~160μm的陶瓷盘。

（3）随钻防漏剂加入钻井液后，对钻井液性能影响不大，相互配伍性好，在高温下不引起加重剂絮凝（不形成类似重晶石塞滤饼），能有效封堵不同孔隙与微/小裂缝地层。

（4）各种随钻防漏/堵漏剂在高温下均能保持其强度。

（5）承压能力达15MPa。

2）随钻提高地层承压能力钻井液防漏/堵漏实验方法

克深大北井漏主要发生在钻进库姆格力木群与白垩系钻井过程与下套管固井过程。通过对漏失地层漏失特征的研究，其漏失通道主要为小于0.5mm微裂缝或诱导裂缝，钻井液的当量密度与地层漏失压力系数所产生的压差，大多均小于15MPa。实验采用高温高压渗透性封堵仪（PPT），按照GB/T 16783.2—2012《石油天然气工业 钻井液现场测试 第2部分：油基钻井液》操作方法进行实验。实验中采用400mD，750mD，2D，5D，10D，20D，100D和180D（其孔喉平均直径分别为10μm，12μm，20μm，40μm，50μm，55μm，120μm，160μm）陶瓷盘以及0.3mm和0.5mm缝板作为模拟漏失地层，承压压差采用7MPa、10MPa和15MPa，时间分别为60min，30min和30min，温度根据所钻漏失地层井温来确定。

3）抗120℃随钻提高地层承压能力钻井液防漏/堵漏实验

克深段、大北段钻进盐膏地层的钻井液密度范围多数分布在2.4~2.5g/cm³，钻进过程中漏失类型以微、小漏为主。前面对120℃的钻井液配方进行优化及评价，钻井液具有良好的热稳定性、流变性和抗污染能力，但还需对其封堵承压性能进行评价。选择密度2.4g/cm³氯化钾磺化饱和盐水钻井液配方作为基础配方，加入随钻防漏堵漏剂，进行封堵承压性实验。

（1）采用细目钙与纤维与沥青类封堵剂FT-1A复配。

使用FT-1A配制的氯化钾磺化饱和盐水钻井液具有较好的流变性能与低的高温高压滤失量，但采用孔喉直径为10μm陶瓷盘测定其高温高压渗透滤失量为13.6mL，压差15MPa下滤失速率为0.013mL/min。为了进一步提高其封堵性能，在该钻井液中加入细目钙与纤维，高温高压渗透滤失量降为6.4mL，压差15MPa下滤失速率仍为0.013mL/min。实验数据见表3-6-21、表3-6-22与图3-6-9。

表3-6-21　细目钙与纤维封堵剂对抗120℃高密度氯化钾磺化饱和盐水钻井液性能的影响

配方号	配方	密度 g/cm³	PV mPa·s	YP Pa	YP/PV	Gel₁₀ₛ Pa	Gel₁₀ₘᵢₙ Pa
44	基浆+4%白油	2.44	35	7	0.20	4	14
		2.45	38	9	0.24	5.5	11.5
54	基浆+2%白油+2%CaCO₃+1%纤维（220目）	2.43	46	6.5	0.14	3.5	19
		2.44	55	8.5	0.15	2	24
55	基浆+0.5%PAC-LV+2%白油	2.49	70	8.5	0.12	2	19.5
		2.49	80	15	0.19	4.5	28

注：基浆配方为2%膨润土+0.1%XC+5%SMP-3+5%SPNH+4%FT-1A+0.8%NaOH+0.5%SP-80+16%KCl+22%NaCl+重晶石。

表3-6-22　细目钙与纤维封堵剂对抗120℃高密度氯化钾磺化饱和盐水钻井液封堵性能的影响

配方号	失液量，mL												
	压差7MPa									压差10MPa			压差15MPa		
	1min	5min	7.5min	15min	25min	30min	40min	50min	60min	70min	80min	90min	100min	110min	120min
44	3	4.2	4.8	5.2	5.6	5.8	6.2	6.6	6.8	7.2	7.4	7.6	7.8	8	8.2
54	0.6	1.6	1.8	2.4	3	3.2	3.6	3.7	3.8	4.3	4.6	4.8		5.2	5.4
55	1.8	2.6	2.8	3	3.4	3.5	3.7	3.8	4	4.4	4.5	4.6	5	5.2	5.4

注：陶瓷盘为750mD。

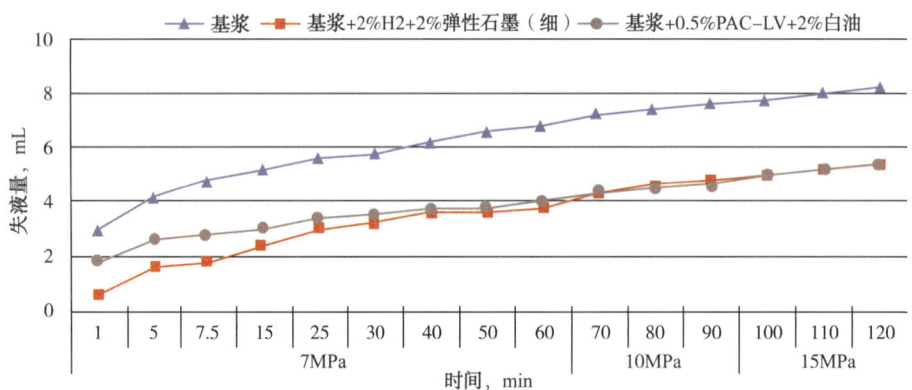

图3-6-9　细目钙与纤维封堵剂对抗120℃高密度氯化钾磺化饱和盐水钻井液封堵性能的影响

为了达到更好的封堵效果，调整基浆配方中降滤失剂SMP-3与SPNH配比，实验结果见表3-6-23、表3-6-24与图3-6-10。将SMP-3与SPNH配比从1∶1调为3∶2，高温高压滤失量降至4.8mL，PPT封堵压力加到15MPa后滤失速率降为0.007mL/min。

表3-6-23　降滤失剂对抗120℃高密度氯化钾磺化饱和盐水钻井液性能的影响

配方号	配方	密度 g/cm³	PV mPa·s	YP Pa	YP/PV	Gel₁₀ₛ Pa	Gel₁₀ₘᵢₙ Pa
59	基浆+5%SMP-3+5%SPNH+2%纤维（220目）	2.46	55	5.5	0.10	2	15.5
		2.48	62	9.5	0.15	3	19

续表

配方号	配方	密度 g/cm³	PV mPa·s	YP Pa	YP/PV	Gel₁₀ₛ Pa	Gel₁₀ₘᵢₙ Pa
60	基浆+6%SMP-3+4%SPNH+1%纤维（220目）	2.46	51	4	0.08	1.5	12
		2.47	56	6	0.11	2	12

注：基浆配方为2%膨润土+X%SMP-3+Y%SPNH+0.1%XC+0.5%PAC-LV+5%FT-1A+0.8%NaOH+0.5%SP-80+2%白油+16%KCl+22%NaCl+重晶石+2%CaCO₃。

表 3-6-24　降滤失剂对抗120℃高密度氯化钾磺化饱和盐水钻井液封堵性能的影响

配方号	失液量，mL														
	压差 7MPa									压差 10MPa			压差 15MPa		
	1min	5min	7.5min	15min	25min	30min	40min	50min	60min	70min	80min	90min	100min	110min	120min
59	0.6	1.4	1.6	2	2.4	2.4	2.8	3	3.2	3.6	3.8	4	4.2	4.4	4.6
60	0.8	1.4	1.6	1.8	2.2	2.4	2.6	2.8	3	3.4	3.6	3.8	4	4.1	4.2

注：陶瓷盘为750mD。

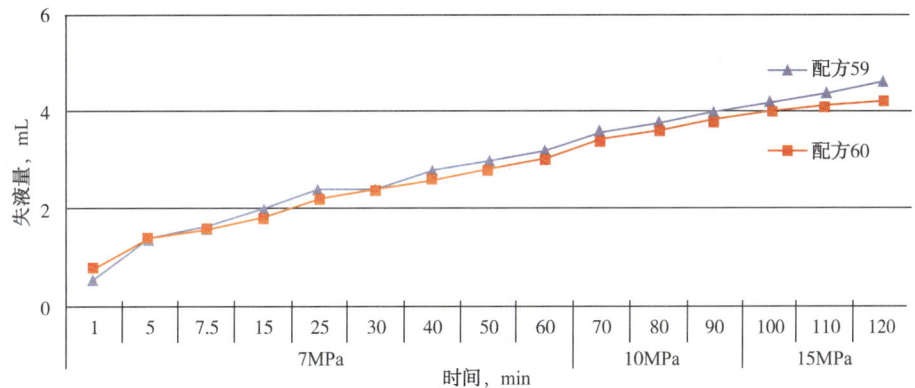

图 3-6-10　降滤失剂对抗120℃高密度氯化钾磺化饱和盐水钻井液封堵性能的影响

（2）随钻提高地层承压能力随钻防漏堵漏剂优选。

为了采用氯化钾磺化饱和盐水钻井液钻进盐膏井段过程中随钻提高地层承压能力特性。采用在钻井液中加入弹性石墨、SQD98 和 AT-RPH 等随钻防漏堵漏剂，实验结果见表 3-6-25 至表 3-6-27 以及图 3-6-11 与图 3-6-12。表与图中数据表明，钻井液中加入弹性石墨、SQD98 和 AT-RPH 对其常规性能影响不大。钻井液中加入弹性石墨，能有效封堵孔喉直径等于或小于160μm孔喉，承压15MPa；钻井液中加入弹性石墨与SQD98，能有效封堵孔喉直径等于或小于160μm孔喉与0.3mm裂缝，承压15MPa；钻井液中加入弹性石墨、SQD98 与 AT-RPH（0.5mm），能有效封堵0.5mm裂缝，承压15MPa。

表 3-6-25　随钻防漏堵漏剂对抗120℃高密度氯化钾磺化饱和盐水钻井液性能的影响

配方号	配方	密度 g/cm³	PV mPa·s	YP Pa	Gel₁₀ₛ Pa	Gel₁₀ₘᵢₙ Pa	FL_{HTHP}/滤饼厚度 mL/mm	pH值
60	基浆	2.46	51	4	1.5	12		
		2.47	56	6	2	12	4.2/2	9

续表

配方号	配方	密度 g/cm³	PV mPa·s	YP Pa	Gel₁₀ₛ Pa	Gel₁₀ₘᵢₙ Pa	FL_{HTHP}/滤饼厚度 mL/mm	pH值
61	基浆+2%弹性石墨(细)	2.43	58	5.5	1.5	14.5		
		2.46	71	7.5	2	12.5	3.8/2	9
62	基浆+2%弹性石墨(细)+ 2%SQD98(细)	2.44	63	9.5	2	17		
		2.45	67	8	3	12.5	4/3	9
63	基浆+2%弹性石墨(细)+2% SQD98(细)+2%AT-RPH(0.5mm)	2.46	57	5.5	2	16		
		2.46	60	7	3	12.5	4.6/4	9

注：基浆配方为2%膨润土+0.1%XC+0.5%PAC-LV+6%SMP-3+4%SPNH+4%FT-1A+0.8%NaOH+0.5%SP-80+2%白油+16%KCl+22%NaCl+重晶石+2%CaCO₃+1%纤维(220目)。

从表3-6-26、表3-6-27和图3-6-11、图3-6-12可知，通过在基浆中加入不同粒径的随钻防漏堵漏剂，在钻进过程中有效封堵盐膏地层小于0.3mm的孔喉和微裂缝，达到自匹配随钻提高地层承压能力的目的，减少井漏和溢流压井过程井漏的发生。

表3-6-26 随钻防漏堵漏剂对抗120℃高密度氯化钾磺化饱和盐水钻井液封堵性能的影响

配方号		失液量, mL													
		压差7MPa									压差10MPa			压差15MPa		
		1min	5min	7.5min	15min	25min	30min	40min	50min	60min	70min	80min	90min	100min	110min	120min
60	渗透率为750mD陶瓷盘	0.8	1.4	1.6	1.8	2.2	2.4	2.6	2.8	3	3.4	3.6	3.8	4	4.1	4.2
	渗透率为2D陶瓷盘	1.2	2.2	2.4	2.6	3	3	3.4	3.6	3.9	4.2	4.4	4.8	5	5.2	5.4
61	渗透率为20D陶瓷盘	0.8	1.5	1.8	2.6	2.8	3	3.3	3.6	3.8	4.2	4.4	4.6	4.8	5	5.2
	渗透率为100D陶瓷盘	1	2	2.4	3	3.6	3.8	4	4.2	4.4	4.8	5.2	5.4	5.8	6	6.2
	渗透率为180D陶瓷盘	0	0.2	0.2	0.5	0.8	1	1.2	1.2	1.4	1.8	2	2	2.4	2.8	3
62	渗透率为180D陶瓷盘	1.8	2.2	2.3	2.4	2.6	2.8	3	3.2	3.4	3.8	4	4.2	4.6	4.8	5
	0.3mm缝板	0	0.5	0.8	0.8	1	1	1	1	1	1	1	1	2	2	2

表 3-6-27 随钻防漏堵漏剂对抗 120℃高密度氯化钾磺化饱和盐水钻井液封堵性能的影响

配方号		失液量，mL												
		压差7MPa								压差10MPa			压差15MPa	
		1min	5min	7.5min	15min	25min	30min	40min	50min	60min	70min	80min	90min	100min	110min	120min
62	0.5mm 缝板	60	65	65	65	65	65	65	65	65	65	65	65	100	100	100
63		28	30	30	30	30	30	30	30	30	35	35	35	48	48	48

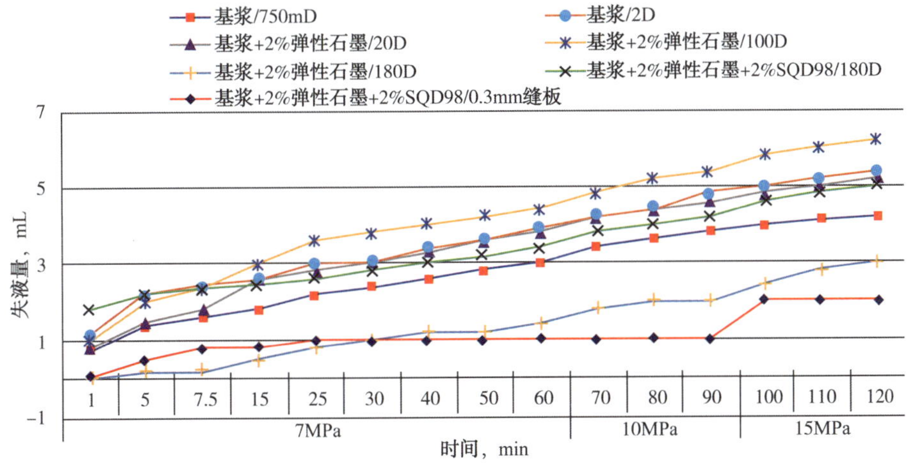

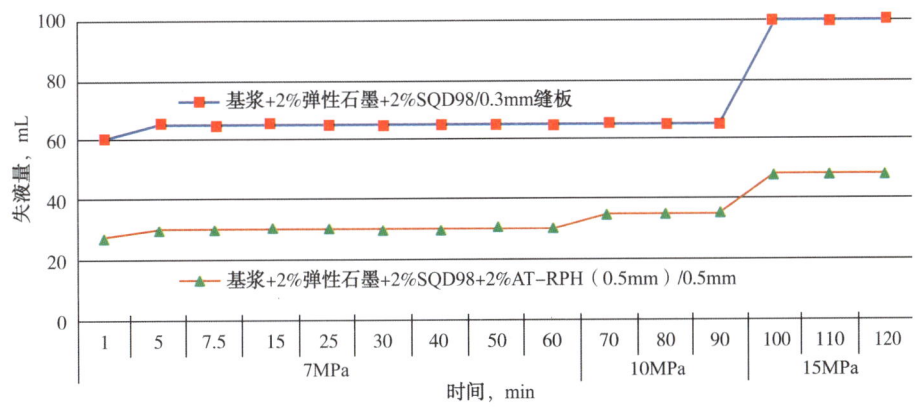

图 3-6-11 随钻防漏堵漏剂对抗 120℃高密度氯化钾磺化饱和盐水钻井液封堵性能的影响

图 3-6-12 随钻防漏堵漏剂对抗 120℃高密度氯化钾磺化饱和盐水钻井液封堵性能的影响

三、抗 150℃高密度氯化钾磺化饱和盐水钻井液性能评价

在抗 120℃钻井液配方基础上，通过优化降滤失剂配比，形成抗 150℃密度 2.4g/cm³ 氯化钾磺化饱和盐水钻井液配方：2%膨润土+0.1%XC+0.5%PAC-LV+8%SMP-3(D)+4%SPNH+4%FT-1A(E)+0.8%NaOH+0.5%SP-80+2%白油+16%KCl+22%NaCl+密度 4.3g/cm³ 重晶石。对其性能进行评价。

1. 热稳定性评价

抗 150℃密度 2.4g/cm³ 氯化钾磺化饱和盐水钻井液热稳定性能实验结果见表 3-6-28。实验数据表明，该钻井液在 150℃下热滚 16h 后黏度切力变化不大，并具有良好的动态沉降稳定性，$\Delta\rho_{动态}$为0.04g/cm³。该钻井液在150℃下热滚72h后，钻井液黏切稍有增大，高温滤失量稍降，说明钻井液具有良好的热稳定性。

表3-6-28 抗150℃高密度氯化钾磺化饱和盐水钻井液热稳定性评价

测试条件	密度 g/cm³	PV mPa·s	YP Pa	YP/PV	Gel_{10s} Pa	Gel_{10min} Pa	FL_{HTHP} mL	pH值	$\Delta\rho_{动态}$ g/cm³
热滚前55℃	2.4	49	4.5	0.09	1.5	9			
150℃×16h	2.41	48	6	0.13	1.5	8.5	4.4	9	0.04
150℃×24h	2.41	44	6	0.14	2	9	5.8	9	
150℃×48h	2.41	54	7.5	0.14	2	11	5.8	9	
150℃×72h	2.41	56	18.5	0.33	7	29	4.8	9	

2. 抑制性评价

向热滚16h后的钻井液中加入泥岩岩屑（库姆格列木群组中泥岩段$E_{1-2}km_3$岩屑），再次热滚16h，测定其岩屑回收率与膨胀率，实验数据见表3-6-29。实验数据表明，该钻井液具有很好的抑制性，泥岩岩屑滚动回收率为85.22%，膨胀率为1.85%，热滚后的岩屑颗粒棱角分明，如图3-6-13所示。

表3-6-29 抗150℃高密度氯化钾磺化饱和盐水钻井液抑制性评价

测试条件	密度 g/cm³	PV mPa·s	YP Pa	Gel_{10s} Pa	Gel_{10min} Pa	FL_{HTHP} mL	pH值	回收率 %	膨胀率,% 2h	膨胀率,% 16h
加热55℃	2.41	49	6	1.5	12.5					
150℃×16h	2.41	48	5	1.5	8.5	4.4	9			
150℃×16h	2.41	46	9	2	14	4.4	9	85.22	1.13	1.85

图3-6-13 150℃下热滚16h后的回收岩屑颗粒

3. 抗岩屑粉污染

从表3-6-30中实验数据表明，该钻井液中加入20%岩屑粉，流变性能与高温高压滤失量变化不大。岩屑粉加量达到30%时，钻井液的黏切增大，尤其是切力增加最严重，但高温高压滤失量从5.6mL降低至3.6mL。因此，钻井液中的岩屑颗粒应及时通过除砂、除泥器、离心机清除。

表3-6-30 抗150℃高密度氯化钾磺化饱和盐水钻井液抗钻屑粉（$E_{1-2}km$）污染实验

钻屑加量 %	测试条件	密度 g/cm³	PV mPa·s	YP Pa	YP/PV	Gel_{10s} Pa	Gel_{10min} Pa	FL_{HTHP} mL	pH值
0	加热55℃	2.4	57	4	0.07	1.5	8		
	150℃×16h	2.4	48	6	0.13	1.5	8.5	5.6	9

续表

钻屑加量 %	测试条件	密度 g/cm³	PV mPa·s	YP Pa	YP/PV	Gel₁₀s Pa	Gel₁₀min Pa	FL_HTHP mL	pH 值
20	加热 55℃	2.41	67	10.5	0.16	3.5	33		
	150℃×16h	2.41	58	12.5	0.22	4	32	5.6	9
30	加热 55℃	2.41	94	35	0.37	16	71		
	150℃×16h	2.41	72	60.5	0.84	42	70		9

4. 抗石膏污染

向热滚 16h 后的钻井液中加入 3%CaSO₄，高速搅拌 10min，再次热滚 16h，实验数据见表 3-6-31。从表 3-6-31 中实验数据分析表明，热滚前后钻井液黏切增大，但高温高压滤失量变化不大，滤失量仅 5.8mL。

表 3-6-31　抗 150℃高密度氯化钾磺化饱和盐水钻井液抗石膏污染实验

CaSO₄加量 %	测试条件	密度 g/cm³	PV mPa·s	YP Pa	Gel₁₀s Pa	Gel₁₀min Pa	FL_HTHP mL	pH 值
0	加热 55℃	2.4	49	4.5	0.09	1.5	9	
	150℃×16h	2.4	37	5.5	1.5	8	5.6	9
3	加热 55℃	2.41	57	18	17	49		
	150℃×16h	2.41	72	20.5	10	44	5.8	9

5. 抗地层水污染

大北区块和克深区块的盐膏地层存在盐间高压盐水层，属于高矿化度氯化钙型水。在热滚后的钻井液中加入地层水进行钻井液抗地层水污染能力实验，实验结果见表 3-6-32。从实验数据可知，热滚 72h 后的钻井液，能抗 20% 地层水。地层水污染后的钻井液高温高压滤失量 10mL，终切力降为 8MPa，未出现重晶石沉降现象。

表 3-6-32　抗 150℃高密度氯化钾磺化饱和盐水钻井液抗地层水污染实验

地层水 %	测试条件	密度 g/cm³	PV mPa·s	YP Pa	YP/PV	Gel₁₀s Pa	Gel₁₀min Pa	FL_HTHP mL	pH 值
0	加热 55℃	2.4	57	4	0.07	1.5	8		
	150℃×72h	2.41	56	18.5	0.33	7	29	4.8	9
20	加热 55℃	2.22	31	3	0.1	2	14.5	8	8
30	加热 55℃	2.07	25	2.5	0.1	1	11.5	10	8
40	加热 55℃	2.02	15	6.5	0.43	0.5	8	10	8

注：地层水：NaCl 298g/L；Na₂SO₄ 0.38g/L；CaCl₂ 6.6g/L；MgCl₂ 0.22g/L；KCl 7.46g/L。

6. 封堵性

以密度 2.4g/cm³ 氯化钾磺化饱和盐水钻井液配方作为基础配方，加入随钻防漏堵漏剂，进行封堵承压性实验。

1）采用弹性石墨、纤维与沥青类封堵剂 FT-1A 复配

在 FT-1A 配制的氯化钾磺化饱和盐水钻井液中加入弹性石墨和纤维，高温高压渗透滤失量 5mL，压差 15MPa 下滤失速率为 0.013mL/min。实验数据见表 3-6-33、表 3-6-34 与图 3-6-14。

表 3-6-33　弹性石墨、纤维对抗 150℃高密度氯化钾磺化饱和盐水钻井液性能的影响

配方号	配方	密度 g/cm³	PV mPa·s	YP Pa	Gel$_{10s}$ Pa	Gel$_{10min}$ Pa	FL$_{HTHP}$ mL	pH 值
	基浆	2.4	48	6	1.5	8.5	5.6	9
4	基浆+1%纤维（220目）	2.46	89	16.5	5.5	29		
5	基浆+2%弹性石墨（细）+1%纤维 220 目	2.46	80	12.5	3.5	14.5		

注：基浆配方为 2%膨润土+0.1%XC+0.5%PAC-LV+8%SMP-3(D)+4%SPNH+4%FT-1A(E)+0.8%NaOH+0.5%SP-80+2%白油+16%KCl+22%NaCl+重晶石+2%CaCO₃。

表 3-6-34　弹性石墨、纤维对抗 150℃高密度氯化钾磺化饱和盐水钻井液封堵性能的影响

配方号	失液量，mL												
	压差 7MPa									压差 10MPa			压差 15MPa
	1min	5min	7.5min	15min	25min	30min	40min	50min	60min	70min	80min	90min	100min	110min	120min
4	1.2	2	2.4	2.8	3	3.2	3.4	3.6	3.8	4.2	4.4	4.6	4.8	5	5.2
5	1	1.4	1.6	1.8	2	2.2	2.4	2.6	2.8	3	3.4	3.6	4	4.2	4.4
	1.2	1.4	1.6	2	2.4	2.5	2.6	2.8	3	3.2	3.4	3.6	3.8	4	4.2

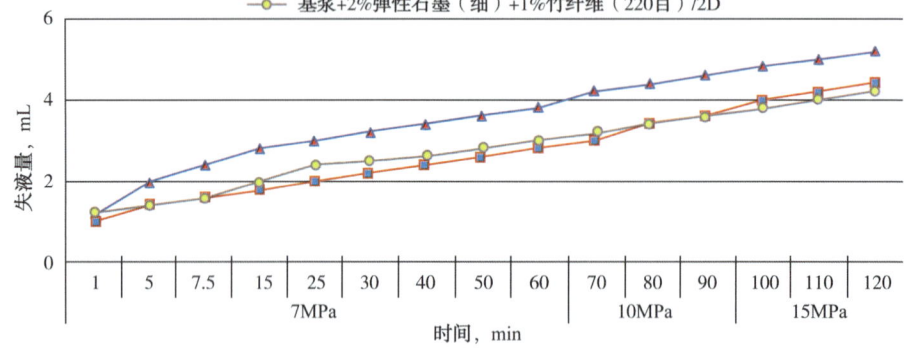

图 3-6-14　弹性石墨、纤维对抗 150℃高密度氯化钾磺化饱和盐水钻井液封堵性能的影响

2）随钻提高地层承压能力随钻防漏堵漏剂优选

为了采用氯化钾磺化饱和盐水钻井液钻进盐膏井段过程中随钻提高地层承压能力特性，采用在钻井液中加入弹性石墨、纤维、细目钙、SQD98、AT-RPH（0.1mm）、AT-MUP（井眼强化封堵剂）等随钻防漏堵漏剂，实验结果见表 3-6-35 和表 3-6-36 以及图 3-6-15 和图 3-6-16，由表与图中数据表明，钻井液中加入弹性石墨、纤维、细目钙（基浆 1），封堵孔喉直径为 12μm 与 20μm 陶瓷盘时，其 150℃、压差 7MPa 下渗透滤失量

分别为4.4mL与5mL,压差15MPa下滤失速率均为0.013mL/min。

表3-6-35 封堵剂对抗150℃高密度氯化钾磺化饱和盐水钻井液性能的影响

配方号	配方	密度 g/cm³	PV mPa·s	YP Pa	Gel₁₀ₛ Pa	Gel₁₀ₘᵢₙ Pa	FL_{HTHP}/滤饼厚度 mL/mm	pH 值
5	基浆1①	2.45	70	4	1.5	14		
		2.46	80	12.5	3.5	14.5	5.4	9
8	基浆1+2%SQD98(细)	2.41	64	9	2	12		
		2.41	78	16	3.5	20	3.6	9
12	基浆2②+2%AT-MUP（井眼强化封堵剂）	2.41	72	6.5	2	14		
		2.41	77	9.5	2	14	4/2	9

① 基浆1配方：2%膨润土+0.1%XC+0.5%PAC-LV+8%SMP-3+4%SPNH+4%FT-1A+0.8%NaOH+0.5%SP-80+2%白油+16%KCl+22%NaCl+重晶石+2%CaCO₃+2%弹性石墨(细)+1%竹纤维(220目)。

② 基浆2配方：2%膨润土+0.1%XC+0.5%PAC-LV+8%SMP-3+4%SPNH+4%FT-1A+0.8%NaOH+0.5%SP-80+2%白油+16%KCl+22%NaCl+重晶石+2%CaCO₃+2%弹性石墨(细)+2%SQD98(细)+2%AT-RPH(0.1mm)。

表3-6-36 封堵剂对抗150℃高密度氯化钾磺化饱和盐水钻井液封堵性能评价

配方号		失液量, mL													
		压差7MPa								压差10MPa			压差15MPa		
		1min	5min	7.5min	15min	25min	30min	40min	50min	60min	70min	80min	90min	100min	110min	120min
5	渗透率为750mD陶瓷盘	1	1.4	1.6	1.8	2	2.2	2.4	2.6	2.8	3	3.4	3.6	4	4.2	4.4
	渗透率为2D陶瓷盘	1.2	1.4	1.6	2	2.4	2.5	2.6	2.8	3	3.2	3.4	3.6	3.8	4	4.2
8	渗透率为20D陶瓷盘	0.4	3	3.4	4	4.2	4.3	4.4	4.4	4.6	4.8	5	5.2	5.4	5.6	
	渗透率为100D陶瓷盘	5.4	6.6	7	8	9	9.2	10	11	11.5	12.4	13	13.6	15.2	15.6	16
12	渗透率为2D陶瓷盘	2.3	3.5	4	4.8	5.5	6	7	7	7.4	7.5	8	8.5	9	9.5	9.8
	渗透率为20D陶瓷盘	6	7	7.2	7.4	7.4	7.5	8	8	8	8.5	8.8	9	9.7	9.8	10
	渗透率为180D陶瓷盘	1.2	1.3	1.4	1.5	1.5	1.5	1.5	1.5	1.5	5.5	5.7	6	6	6.5	6.5

续表

配方号		失液量，mL												
		压差 7MPa								压差 10MPa			压差 15MPa	
		1min	5min	7.5min	15min	25min	30min	40min	50min	60min	70min	80min	90min	100min	110min	120min
12	0.3mm 缝板	6	6	6	6	6	6	6	6	6	6	6	6	6	6	6
	0.5mm 缝板	16.5	17.5	22.5	22.5	22.5	22.5	22.5	22.5	22.5	33.5	33.5	33.5	33.5	33.5	33.5

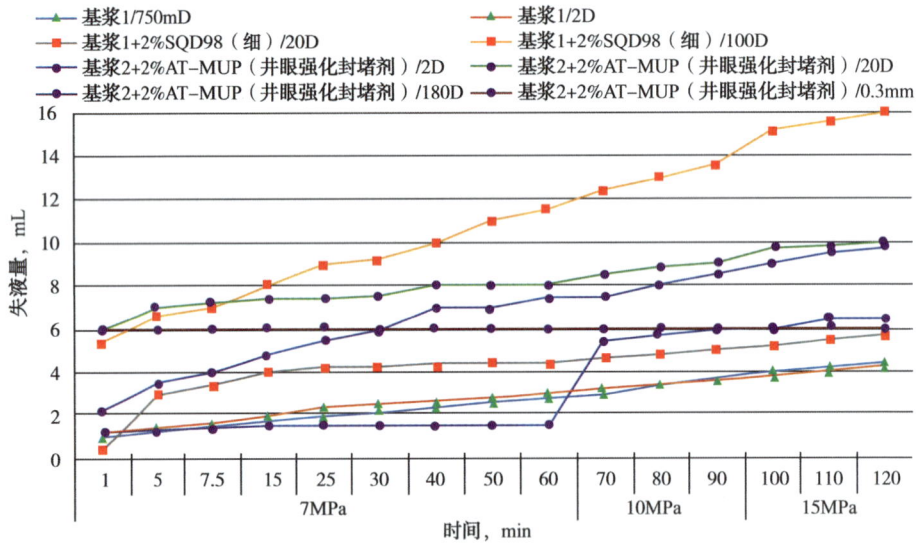

图 3-6-15　封堵剂对抗 150℃高密度氯化钾磺化饱和盐水钻井液封堵性能评价

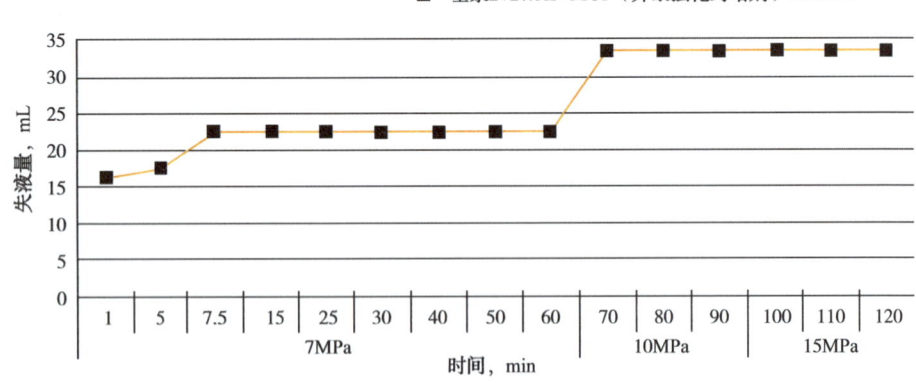

图 3-6-16　加入封堵剂对抗 150℃高密度氯化钾磺化饱和盐水钻井液封堵 0.5mm 缝板性能评价

在上述钻井液中再加入 SQD98，封堵孔喉直径为 55μm 和 120μm 陶瓷盘时，其 150℃压差 7MPa 下，渗透滤失量分别为 8.6mL 与 18.4mL，压差 15MPa 下滤失速率分别为 0.013mL/min 与 0.025mL/min。

采用 FT-1A、细目钙、弹性石墨、SQD98（细）%AT-RPH（0.1mm）、AT-MUP 作为随钻防漏堵漏剂时，钻井液具有较好的流变性能与低的高温高压滤失量，能有效封堵直径为 12μm~160μm 孔喉与 0.3mm 裂缝，在 150℃、压差 7MPa 下渗透滤失量小于 15mL，压差 15MPa 下滤失速率为 0~0.02mL/min。该浆亦能有效封堵 0.5mm 裂缝，尽管其初始失液量较大，为 15mL，但该浆很快封死 0.5mm 裂缝，压差 15MPa 下，滤失速率为零。

第七节 抗高温高密度氯化钾磺化钻井液

库车山前所钻部分井，所钻遇盐膏层比较薄，或不存在盐膏层，通常采用氯化钾磺化钻井液钻进库姆格列木群下泥岩段与白垩系地层。例如大北 1102 等井，采用欠饱和盐水钻进盐膏层，进入下泥岩段，下技术套管中完后，继续钻进过程中，通过补充胶液和处理剂，降低钻井液密度和含盐量，转为氯化钾磺化钻井液。

氯化钾磺化钻井液以氯化钾作为抑制剂，磺化酚醛树脂类、褐煤树脂类、磺化褐煤类、羧甲基纤维素或聚阴离子纤维素类等用作降滤失剂，沥青类、细目钙类、纤维类、方解石粉等作为封堵剂、随钻防漏堵漏剂与储层保护剂。库车山前储层段井温变化幅度较大，为 110~180℃。为了满足钻井工程对钻井液热稳定性的需求，分别研讨抗 120℃，150℃ 和 180℃ 氯化钾磺化钻井液。

一、氯化钾加量优选

库车山前白垩系储层属于中等分散、弱膨胀，为了抑制岩屑水化膨胀、分散，采用氯化钾作为抑制剂。

采用试管沉降法评价氯化钾水溶液对库车山前白垩系岩屑抑制性。使用克深 21 井 K_1bs 岩屑进行实验。在清水 10mL 中，加入 3g 岩屑粉，摇动后，测定其浑浊液体积来评价 KCl 的抑制性，实验结果见表 3-7-1 和图 3-7-1。从表和图中数据可以得出，在清水中未加入 KCl，岩屑分散在水中成为浑浊液；加入 KCl 岩屑粉沉淀，KCl 加量超过 5%，继续增加 KCl，沉淀高度变化不大。此实验结果表明，KCl 加量应大于 5%，能有效抑制岩屑分散。

表 3-7-1 沉降法 KCl 抑制性评价

编号	溶液	岩屑粉形成浆液体积，mL	
		静止 4h	静止 20h
1	清水	11	11
2	3%KCl	4.2	4.2
3	5%KCl	3.0	3.0
4	7%KCl	3.4	3.4
5	10%KCl	3.4	3.4

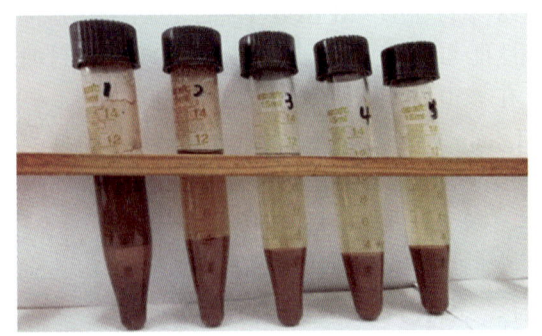

图 3-7-1 沉降法评价 KCl 抑制性

采用在 5%KCl 未加重的磺化钻井液中再加入 KCl，测定钻井液岩屑的回收率与膨胀率，实验结果见表 3-7-2 以及图 3-7-2 和图 3-7-3。克深 21 井 7478m 白垩系岩屑在清水中回收率为 37%，膨胀率为 11%；在磺化钻井液中，回收率为 56.94%，膨胀率为 2.23%；随着磺化钻井液中 KCl 加量增至 10%，回收率增加至 83.5%。含有 5%KCl 的磺化钻井液的膨胀率为 2.23%，加入 KCl 至 10%，膨胀率降至 1.79%。

通过以上实验得出在磺化钻井液中加入 5%~10%KCl，可有效提高钻井液抑制性。

表 3-7-2 KCl 加量对磺化钻井液抑制性的影响

钻井液中 KCl 加量,%	回收率,%	膨胀率,%
清水	37.12	11.04
0	56.94	2.23
3	69.26	1.15
5	80.02	1.09
10	83.5	1.79

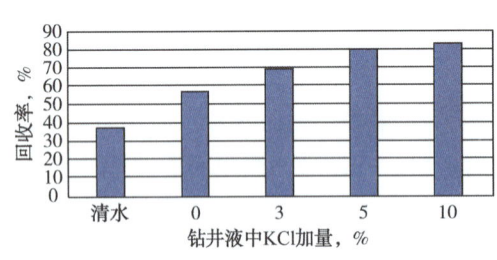

图 3-7-2 KCl 加量对回收率影响

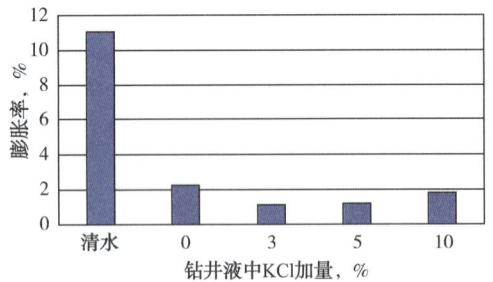

图 3-7-3 KCl 加量对钻井液膨胀率的影响

二、抗 120℃ 氯化钾磺化钻井液

通过对膨润土加量、降滤失剂种类与加量的优选，得出抗 120℃ 氯化钾密度 1.9g/cm³ 磺化钻井液配方：5%膨润土浆（加入 0.5%Na$_2$CO$_3$ 水化后）+0.6%NaOH+0.6%PAC-LV+3%SMP-3+2%SMC+4%SPNH+2%乳化沥青+2%白油+2%细目钙（1000 目）+0.5%ABSN+0.5%SP-80+5%KCl+5%NaCl+重晶石（密度 4.2g/cm³）至 1.90g/cm³。该钻井液热滚 16h 后性能见表 3-7-3，该钻井液具有良好的流变性能与低的高温高压滤失量。

表 3-7-3 120℃氯化钾磺化钻井液性能

处理剂,%						密度	AV	PV	YP	Gel$_{10s}$	Gel$_{10min}$	FL$_{HTHP}$	滤饼厚度
膨润土	NaOH	PAV-LV	SMP-3	SMC	SPNH	g/cm³	mPa·s	mPa·s	Pa	Pa	Pa	mL	mm
4	0.6	0.6	4	4	4	1.9	21	16	5	1.5	4	5.2	1.5
5	0.8	0.5	5	5	5	1.9	43	33	10	5.5	14	7	2

续表

| 处理剂,% ||||| 密度 | AV | PV | YP | Gel_{10s} | Gel_{10min} | FL_{HTHP} | 滤饼厚度 |
膨润土	NaOH	PAV-LV	SMP-3	SMC	SPNH	g/cm³	mPa·s	mPa·s	Pa	Pa	Pa	mL	mm
5	0.6	0.6	3	2	5	1.9	37	29	8	2.5	10	6.8	2

注：钻井液配方为%膨润土(含 0.5%Na$_2$CO$_3$)+%NaOH+%PAV-LV+%SMP-3+%SMC+%SPNH+2%乳化沥青+2%白油+2% YX-2+0.5%ABSN+0.5%SP-80+5%KCl+5%NaCl+BaSO$_4$(密度 4.2g/cm³)至 1.90g/cm³。

上述配方中磺化褐煤含铬，此产品不再生产，因而需重新优选处理剂，得出最佳配方：3%膨润土(含 0.5%Na$_2$CO$_3$)+0.8%NaOH+0.1%~0.15%XC+0.6%PAV-LV+4%SMP-1+4%SPNH+3%FT-1A+2%白油+3%YX-2+0.5%SP-80+5%KCl+5%NaCl+BaSO$_4$(密度 4.2g/cm³)至 1.90g/cm³。该钻井液性能见表 3-7-4。实验结果表明该钻井液具有良好常规性能，继而对其全面性能进行评价。

表 3-7-4 抗 120℃氯化钾磺化钻井液配方

XC %	密度 g/cm³	AV mPa·s	PV mPa·s	YP Pa	Gel_{10s} Pa	Gel_{10min} Pa	FL_{HTHP} mL	pH 值
0.1	1.9	24	21	3	3	8.5	7.8	9
0.15	1.9	32	28	4	5	10	7.8	9

1. 热稳定性

抗 120℃氯化钾磺化钻井液热稳定性评价结果见表 3-7-5。该钻井液热滚 72h 后，仍具有有良好的流变性能与低的高温高压滤失量。

表 3-7-5 抗 120℃氯化钾磺化钻井液热稳定性实验结果

条件	pH 值	密度 g/cm³	AV mPa·s	PV mPa·s	YP Pa	YP/PV	Gel_{10s} Pa	Gel_{10min} Pa	FL_{HT} mL	FL_{HTHP} mL	滤饼摩擦系数
滚前 50℃		1.90	31.5	28	3.5	0.125	1.5	11			
120℃×16h	9	1.90	32	28	4	0.143	5	10	1.8	7.8	0.0623
120℃×48h	9	1.90	28.5	25	3.5	0.140	4.5	10.5	2.0	6.8	
120℃×72h	9	1.90	27.5	22	5.5	0.250	5.5	9	1.9	7.0	

2. 抑制性与抗石膏污染

该钻井液抑制性与抗石膏污染实验结果见表 3-7-6。表中数据表明，该钻井液能抗 20%岩屑与 3%石膏污染，但抑制岩屑分散性能还不够好，岩屑滚动回收只有 72.9%。为了提高钻井液抑制性，在该钻井液中再加入高黏聚阴离子纤维素，钻井液滚动回收率提高至 89.5%，见表 3-7-7。

表 3-7-6 抗 120℃氯化钾磺化钻井液抑制性与抗石膏污染实验结果

配方	密度 g/cm³	AV mPa·s	PV mPa·s	YP Pa	Gel_{10s} Pa	Gel_{10min} Pa	FL_{HTHP} mL
0%岩屑	1.90	24	21	3	3	8.5	7.8
10%岩屑	1.91	30	22	8	6.5	12.5	9.0

续表

配方	密度 g/cm³	AV mPa·s	PV mPa·s	YP Pa	Gel₁₀ₛ Pa	Gel₁₀ₘᵢₙ Pa	FL_HTHP mL
20%岩屑	1.92	46	28	18	10.5	24.5	4.8
1%CaSO₄	1.90	24	19	5	2.5	8	4.6
3%CaSO₄	1.90	22	21	1	0.5	1.5	5.8

注：岩屑采用大北10井5280m岩屑，石膏为分析纯。

表 3-7-7　抗120℃氯化钾磺化钻井液抑制性实验结果

配方	条件	回收率,%	膨胀率,%
清水	120℃×16h	5.3	13.11
10#	120℃×16h	72.9	1.96
10#+0.2%PAC-HV	120℃×16h	89.5	

三、抗150℃氯化钾磺化钻井液

通过对膨润土、降滤失剂、增黏剂、封堵剂等处理剂优选，得出抗150℃氯化钾磺化钻井液配方：3.5%膨润土(含0.5%Na₂CO₃)+0.8%NaOH+0.6%PAV-LV+5%SMP-1+5%SPNH+0.35%PAC-HV+3%3#天然沥青+3%YX-2+2%白油+0.5%SP-80+5%KCl+5%NaCl+BaSO₄(密度4.3g/cm³)至1.90g/cm³。对该钻井液性能进行评价。

1. 常规性能、抑制性与热稳定性

从表3-7-8可以得出，该钻井液具很好流变性能，低的高温高压滤失量、润滑性能与热稳定性。热滚72h后仍具有良好性能。并具有强的抑制性，岩屑回收率为89.9%，膨胀率为1.42%。

表 3-7-8　抗150℃氯化钾磺化钻井液性能实验

热滚条件	密度 g/cm³	AV mPa·s	PV mPa·s	YP Pa	Gel₁₀ₛ Pa	Gel₁₀ₘᵢₙ Pa	FL_HTHP mL	回收率 %	膨胀率 %	滤饼摩擦系数
150℃×16h	1.90	44.5	36	8.5	2	8	4.2	89.9	1.42	0.035
150℃×72h	1.9	27.5	20	7.5	3.5	8.5	9.6			

注：钻屑清水回收率5.3%；膨胀率13.11%。

2. 抗石膏与岩屑粉污染

该钻井液能抗10%岩屑、3%石膏污染，实验结果见表3-7-9。

表 3-7-9　抗150℃氯化钾磺化钻井液抗污染实验

污染	密度 g/cm³	AV mPa·s	PV mPa·s	YP Pa	Gel₁₀ₛ Pa	Gel₁₀ₘᵢₙ Pa	FL_HTHP mL
基浆	1.90	44.5	36	8.5	2	8	4.2
10%钻屑粉	1.91	45	38	7	2	9	7.6
1%CaSO₄	1.90	22.5	21	1.5	0	0.5	3.2
3%CaSO₄	1.90	18	15	3	0	4.5	9

四、抗180℃氯化钾磺化钻井液

采用抗150℃氯化钾磺化钻井液配方配浆，在180℃下热滚16h，钻井液上部出现大量清液，重晶石沉淀。因此必须调整钻井液配方，提高钻井液抗温性能。

1. 抗180℃氯化钾磺化钻井液配方一

1）配方优选

为了提高钻井液抗温性能。采用磺化褐煤、具有磺酸基团的聚合物降滤失剂DSP-1与SMP-3复配作为降滤失剂，并提高降滤失剂加量进行配方优选。实验数据如图3-7-4所示。从图中数据可知，采用1%DSP-1、8%SMP-3与8%磺化褐煤SMC复配或采用1%DSP-1、8%SMP-3与8%SPNH复配作为降滤失剂，后者所配钻井液流变性能明显得到改善，高温高压滤失量降至6.4mL。

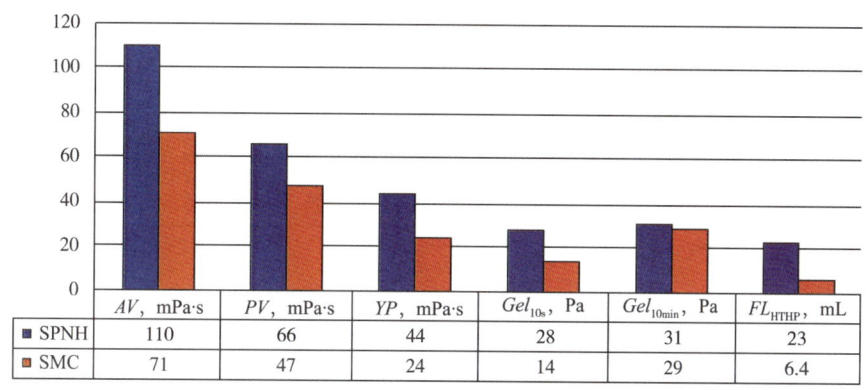

图3-7-4　SPNH与SMC加量对抗180℃氯化钾磺化钻井液性能的影响

钻井液配方为3%膨润土浆+0.8%NaOH+1%DSP-I+8%SMP-3+8%SPNH（或SMC）+3%NRH+3%YX-2+2%润滑剂+0.5%SP-80+5%KCl+5%NaCl+BaSO$_4$（密度4.2g/cm^3）至1.90g/cm^3。

调整钻井液中SMP-3与SMC的复配比例，对钻井液性能影响较大，随着SMC加量增加，钻井液黏度为切力增大，高温高压滤失量明显降低，如图3-7-5所示。

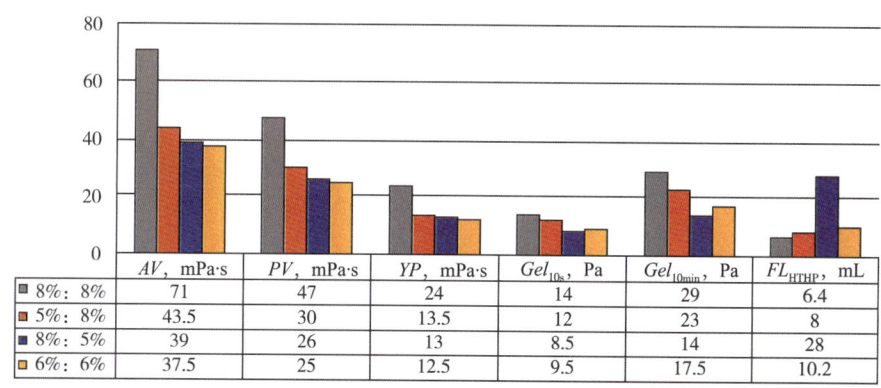

图3-7-5　SMP-3与SMC比例对抗180℃氯化钾磺化钻井液性能的影响

DSP-1加量对钻井液性能的影响实验数据见表3-7-11及图3-7-6。不加DSP-1，钻井液在180℃热滚后失去稳定性，重晶石沉淀；DSP-1加量为0.5%时，钻井液具有较好的性能；继续增加DSP-1加量，钻井液黏度、切力稍有上升，高温高压滤失量下降；加量大于1.2%后，切力增高。建议DSP-1加量0.5%~1.0%。

表3-7-10　DSP-1加量对抗180℃氯化钾磺化钻井液性能的影响

DSP-I加量 %	密度 g/cm³	AV mPa·s	PV mPa·s	YP Pa	Gel_{10s} Pa	Gel_{10min} Pa	FL_{HTHP} mL	滤饼厚度 mm
0	1.90	分层						
0.5	1.90	47	34	13	9	17.5	7.2	2
0.8	1.90	58.5	41	17.5	11	20	7.2	2
1	1.90	62.5	43	19.5	12	17.5	6.4	2
1.2	1.90	67.5	47	20.5	12.5	27	8	2
1.5	1.90	71	47	24	14	29	6.4	

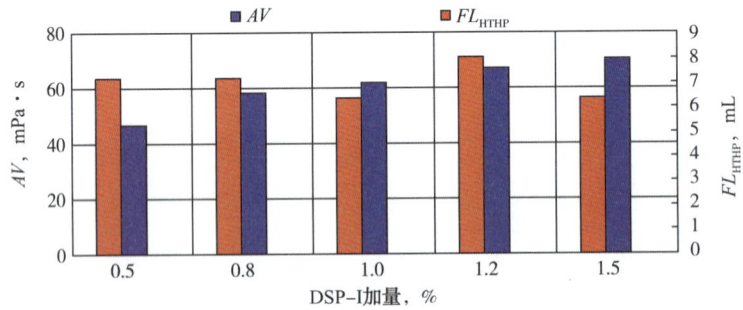

图3-7-6　DSP-I加量对抗180℃氯化钾磺化钻井液性能的影响

通过以上实验得出抗180℃氯化钾磺化钻井液配方一：5%膨润土+0.8%NaOH+0.5%DSP-1+8%SMP-3+8%SMC+5%细目钙(1000目)+2%FT-1+2%润滑剂+0.5%SP-80+5%KCl+5%NaCl+0.3%亚硫酸钠+$BaSO_4$。

该钻井液能抗30%钻屑粉及1%$CaCl_2$污染，实验数据见表3-7-11。

表3-7-11　抗180℃氯化钾磺化钻井液抗污染实验数据

配方	密度 g/cm³	AV mPa·s	PV mPa·s	YP Pa	Gel_{10s} Pa	Gel_{10min} Pa	FL_{HTHP} mL
0%钻屑粉	1.90	47	34	13	9	17.5	7.2
10%钻屑粉	1.91	57	40	17	6	23	6.8
20%钻屑粉	1.92	60	44	16	5	21	6.4
30%钻屑粉	1.94	77.5	55	22.5	7	30	6
1%$CaCl_2$	1.90	56	40	16.5	4	15	9.0

2）钻井液封堵性能

由于巴什基奇克组存在大量裂缝，钻井过程中井漏、井塌成为主要井下复杂情况。采用抗180℃氯化钾磺化钻井液钻进巴什基奇克组时，需在钻井液中加入封堵剂与随钻防漏堵漏剂，钻遇微裂缝与裂缝时，在压差作用下，封堵剂与随钻防漏堵漏剂进入近井壁，能有效提高地层承压能力。

采用高温高压渗透封堵仪(PPT)，对加入不同封堵剂与随钻防漏堵漏剂的抗180℃氯化钾磺化钻井液，进行封堵、提高地层承压能力实验。实验结果见表3-7-12与图3-7-7。

表 3-7-12 抗 180℃氯化钾磺化钻井液钻提高地层承压能力实验

失液量, mL

配方		7MPa									10MPa				15MPa		
		1min	5min	7.5min	15min	25min	30min	40min	50min	60min	70min	80min	90min	100min	110min	120min
配方 1（基础配方）	渗透率为 750mD 陶瓷盘	10.0	10.5	11.0	11.5	12.0	12.5	12.8	13.3	13.5	13.8	14.0	14.5	15	15	15
配方 2（基础配方+3%H2+3%天然沥青粉）	渗透率为 750mD 陶瓷盘	8.5	8.5	8.5	8.5	9.0	9.5	9.5	9.5	9.5	9.5	9.5	9.5	10.5	11.0	11.0
	渗透率为 10D 陶瓷盘	5.0	5.5	6.0	7.0	7.0	7.5	8.0	8.5	9.5	10.0	10.0	10.0	10.0	10.0	10.0
	渗透率为 100D 陶瓷盘	5.0	5.0	5.0	5.0	6.0	6.5	7.0	7.0	7.0	7.0	7.0	7.0	7.5	7.5	7.5
	渗透率为 180D 陶瓷盘	9.0	9.0	9.0	13.0	14.0	16.0	16.5	17.0	17.9	20.0	21.0	21.5	22.0	22.5	23.0
配方 3（配方 2+3%乳胶）	渗透率为 180D 陶瓷盘	6.5	8.5	10.5	11.0	11.5	11.6	12.0	12.5	12.6	12.9	12.9	13.1	13.3	13.3	13.3
配方 4（配方 2+3%Greenseal）	渗透率为 180D 陶瓷盘	9.0	10.0	10.5	11.0	11.5	12.0	12.5	12.5	13.0	13.5	13.5	14.0	14.0	14.0	14.0
配方 5	0.3mm 缝板	9.5	10.0	10.5	10.7	10.7	10.7	10.7	10.7	10.7	10.7	10.7	10.7	10.7	10.7	10.7
（配方 4+2%AT-RPH）	0.5mm 缝板	3	3.5	3.5	3.5	3.5	3.5	3.5	3.5	3.5	3.5	3.5	3.5	4.0	4.0	4.0

由图和表中数据可以得出：该钻井液加入 3%H2+3%天然沥青粉，能有效封堵孔喉直径小于 120μm 孔喉，在 15MPa 下，滤失速率为零。该钻井液加入 3%H2+3%天然沥青粉+3%乳胶或 3%Greenseal，能有效封堵孔喉直径 160μm 孔喉，在 15MPa 下，滤失速率为零。该钻井液加入 3%H2+3%天然沥青粉+3%Greenseal+2%AT-RPH，能有效封堵小于等于 0.5mm 裂缝，在 15MPa 下，滤失速率为零。

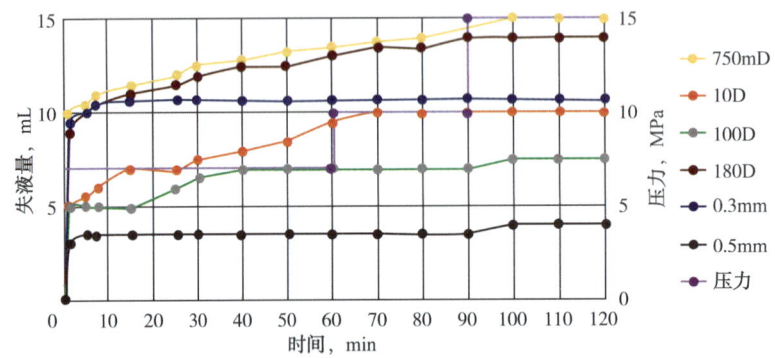

图 3-7-7　抗 180℃氯化钾磺化钻井液随钻提高地层承压能力实验

上述各种封堵剂与随钻防漏堵漏剂加入钻井液，其性能影响不大，见表 3-7-13。

表 3-7-13　封堵剂对钻井液性能影响

配方	密度 g/cm³	AV mPa·s	PV mPa·s	YP Pa	Gel$_{10s}$ Pa	Gel$_{10min}$ Pa	FL$_{HTHP}$ mL	滤饼厚度 mm
基浆	1.90	47	34	13	9	17.5	7.2	2
基浆+3%H2	1.90	39	24	15	9	13	8.0	3
基浆+3%H2+3%沥青粉	1.90	46.5	33	13.5	5.5	15	7.2	3
基浆+3%H2+3%沥青粉+3%乳胶	1.89	54	48	6	2	5	9.6	2
基浆+3%H2+3%沥青粉+3%乳胶+3%Greenseal+2%AT-RPH	1.90	42	38	4	1	6	9.6	2

2. 抗 180℃氯化钾磺化钻井液配方二

抗 180℃氯化钾磺化钻井液配方一中所用的磺化褐煤（含铬），该产品已停产。改用无铬磺化褐煤进行实验，钻井液在 180℃热滚 16h 后，黏度与切力急剧增大，动塑比高达 1.5。实验结果见表 3-7-14。因此必须对此钻井液配方进行再优化。

表 3-7-14　抗 180℃氯化钾磺化钻井液实验（更换磺化褐煤）

配方	密度 g/cm³	AV mPa·s	PV mPa·s	YP Pa	YP/PV	Gel$_{10s}$ Pa	Gel$_{10min}$ Pa	FL$_{HTHP}$ mL
热滚前 55℃	1.90	42	23	19	0.07	10	21	
180℃×16h	1.90	87.5	35	52.5	1.5	29	74	8

注：钻井液配方为 3%土浆+0.8%NaOH+0.5%DSP-I+8%SMP-3+8%SMC+3%RLQ-2+3%YX-2+2%润滑剂+0.5%SP-80+5%KCl+5%NaCl+BaSO$_4$（密度 4.2g/cm³）。

1）调整抗 180℃氯化钾磺化钻井液配方

（1）优选降滤失剂。

采用 6%SPNH 与 3%SMP-3 和 3%SMC 复配作为降滤失剂，钻井液塑性黏度得到降低，但动切力仍然偏高，见表 3-7-15。

表 3-7-15 抗 180℃氯化钾磺化钻井液配方调整后性能

条件	密度 g/cm³	AV mPa·s	PV mPa·s	YP Pa	YP/PV	Gel_{10s} Pa	Gel_{10min} Pa	FL_{HTHP} mL
热滚前 55℃	1.90	36.5	23	13.5	0.59	10	23	
180℃×32h	1.90	51	32	19	0.59	11	30	8

注：钻井液配方为 3%膨润土浆+6%SMP-3+3%SMC+3%SPNH+0.5%DSP-I+3%天然沥青粉 1#+0.8%NaOH+3%YX-2+2%润滑剂+0.5%SP-80+5%~7%KCl+5%NaCl+BaSO₄（4.2g/cm³）。

（2）采用聚胺提高钻井液热稳定性。

为了提高钻井液热稳定性，加入聚胺。随着聚胺的加入，钻井液流变性能得到显著改善，见表 3-7-16。

表 3-7-16 聚胺对抗 180℃氯化钾磺化钻井液性能的影响

聚胺加量	密度 g/cm³	AV mPa·s	PV mPa·s	YP Pa	Gel_{10s} Pa	Gel_{10min} Pa	FL_{HTHP} mL	滤饼厚度 mm
0	1.90	59.5	38	21.5	12	31	8	2
0.5	1.90	39	31	8	2.5	11	8	2
0.8	1.90	41	32	9	3.5	14	9	2

注：钻井液配方为 2%土浆+0.6%NaOH+6%SMP-3+3%SMC+3%SPNH+0.5%DSP-I+3%固安沥青+3%YX-2+2%润滑剂+0.5%SP-80+5% NaCl+5% KCl+X%聚胺+BaSO₄。

（3）优选重晶石密度。

采用密度为 4.3g/cm³ 的重晶石取代密度为 4.2g/cm³ 的重晶石进行加重，钻井液流变性能没有得到改善，见表 3-7-17。

表 3-7-17 重晶石密度对抗 180℃氯化钾磺化钻井液流变性的影响

重晶石密度 g/cm³	条件	密度 g/cm³	AV mPa·s	PV mPa·s	YP Pa	YP/PV	Gel_{10s} Pa	Gel_{10min} Pa
4.2	180℃×16h	1.90	59.5	38	21.5	0.57	12	31
4.3	180℃×16h	1.90	64.5	47	17.5	0.37	5.5	24

注：钻井液配方为 2%土浆+0.6%NaOH+6%SMP-3+3%SMC+3%SPNH+0.5%DSP-I+3%固安沥青+3%YX-2+2%润滑剂+0.5%SP-80+5%NaCl+5% KCl+0.5%聚胺+BaSO₄。

（4）沥青封堵剂。

不同品种沥青类封堵剂，对钻井液的黏度、切力会产生影响。对三种天然沥青粉进行实验，2#天然沥青粉对钻井液切力影响较小，见表 3-7-18。

表 3-7-18　天然沥青粉种类对抗 180℃氯化钾磺化钻井液性能的影响

沥青	密度 g/cm³	AV mPa·s	PV mPa·s	YP Pa	YP/PV	Gel_{10s} Pa	Gel_{10min} Pa	FL_{HTHP} mL	滤饼厚度 mm
1#天然沥青粉	1.90	59.5	38	21.5	0.57	12	31	8	2
2#天然沥青粉	1.90	39	31	8	0.28	2.5	11	8	2
3#天然沥青粉	1.90	46	34	12	0.35	9	17.5	9	2

注：钻井液配方为 2%土浆+6%SMP-3+3%SMC+3%SPNH+0.5%DSP-I+3.5%沥青+0.8%NaOH+3%YX-2+2%润滑剂+0.5%SP-80+5%KCl+5%NaCl+0.5%聚胺+BaSO₄(4.3g/cm³)。

(5) 氯化钾加量。

氯化钾加量对抗 180℃氯化钾磺化钻井液热稳定性影响见表 3-7-19。将钻井液中氯化钾加量从 5%提高到 7%，提高了钻井液热定性。该钻井液在 180℃下热滚 72h，钻井液流变性能稳定。

表 3-7-19　抗 180℃再优化氯化钾磺化钻井液热稳定实验

KCl 加量 %	条件	密度 g/cm³	AV mPa·s	PV mPa·s	YP Pa	YP/PV	Gel_{10s} Pa	Gel_{10min} Pa	FL_{HTHP} mL
5	180℃×16h	1.90	39	31	8	0.26	3	8.5	8
5	180℃×72h	1.89	52	31	21	0.68	13	27	10
7	180℃×24h	1.90	39.5	29	10.5	0.23	4	18	10
7	180℃×72h	1.90	42	32	10	0.31	3	11.5	10

通过以上实验，得出抗 180℃氯化钾磺化钻井液配方二：2%膨润土浆+6%SMP-3+3%SMC+3%SPNH+0.5%DSP-I+3%2#沥青+0.8%NaOH+3%YX-2+2%润滑剂+0.5%SP-80+7%KCl+5%NaCl+0.5%聚胺+BaSO₄(4.3g/cm³)。

2) 抗 180℃氯化钾磺化钻井液配方二性能评价

对按抗 180℃氯化钾磺化钻井液配方二所配的钻井液，进行抑制性、抗污染等性能评价，实验结果见表 3-7-20。从表中数据得出：该钻井液具有强的抑制性，岩屑回收率高达 92.4%，能抗 10%岩屑与 1%石膏污染。

表 3-7-20　抗 180℃再优化氯化钾磺化钻井液性能及抗污染实验

污染物	条件	密度 g/cm³	PV mPa·s	YP Pa	Gel_{10s} Pa	Gel_{10min} Pa	FL_{HTHP} mL	回收率 %	摩擦系数
0	180℃×16h	1.90	39	31	8	2.5	11	92.4	0.052
10%岩心粉	180℃×16h	1.91	28	14	13	33	7.0		
1%CaSO₄	180℃×16h	1.90	30	7	4	18	10		

注：回收率与膨胀率选用克深 19 井 7891m 岩屑，清水回收率 61.6%，膨胀率 11.6%。岩粉采用大北 10 井 5280m 岩心。

参 考 文 献

[1] 尹达,等.塔里木油田钻井液技术手册[M].北京:石油工业出版社,2016.
[2] 王晓东,杨秋华,刘宇.超临界水氧化法处理有机废水的研究进展[J].工业水处理,2001(07):1-3.
[3] 郑晓鹏,翁丽梅,李林鸿,等.超临界水氧化技术及其应用[J].辽宁化工,2010,39(08):833-836.
[4] 江涛,张建,李方圆.环境友好型新技术——超临界水氧化法[J].污染防治技术,2008(01):69-71,93.
[5] 赵朝成,赵东风.超临界水氧化技术处理含油污水研究[J].干旱环境监测,2001(01):25-28.
[6] 张丽莉,陈丽,赵雪峰,等.超临界水的特性及应用[J].化学工业与工程,2003(01):33-38+54.
[7] 杨酒,徐明仙,林春绵.超临界水的物理化学性质[J].浙江工业大学学报,2001(04):66-70.
[8] 吴仁铭.亚临界水萃取在分析化学中的应用[J].化学进展,2002(01):32-36.
[9] 徐广.高温水中有机合成反应的研究[D].重庆:重庆大学,2015.
[10] 王荣春,卢卫红,马莺.亚临界水的特性及其技术应用[J].食品工业科技,2013(08):373-377.
[11] Akiya Naoko, Savage Phillip E. Roles of water for chemical reactions in high-temperature water.[J]. Chemical Reviews, 2002, 102(8).
[12] 徐同台,等.深井泥浆[M].北京:石油工业出版社,2016.
[13] 卜海,徐同台,孙金声,等.高温对钻井液中黏土的作用及作用机理[J].钻井液与完井液,2010(02):23-25,88.
[14] 许根,等.BH-WEI钻井液在迪北1井的应用[J].石油天然气学报,2014,36(9):98-101.
[15] 王信,等.高密度水基钻井液在小井眼水平井中的应用[J].钻井液与完井液,2019,36(1):65-69.
[16] 董殿彬.适用于伊拉克Halfaya油田高压盐膏层的钻井液技术[D].荆州:长江大学,2013.
[17] 张民立,等.BH-ATH"三高"钻井液体系研究与应用[C]//钻井液完井液技术研讨会论文集[M].北京:石油工业出版社,2014.
[18] 姚少全,汪世国,张毅,等.有机盐钻井液技术[J].西部钻探工程,2003(07):73-76.
[19] 徐同台,等.21世纪初国外钻井液和完井液技术[M].北京:石油工业出版社,2004.
[20] 褚祖礼.有机盐钻井液[J].化工之友,2007(03):42-43.
[21] 张民立,穆剑雷,尹达,等.BH-ATH"三高"钻井液的研究与应用[J].钻井液与完井液,2011,28(04):14-18.
[22] 郑力会,张莉,张广清,等.低碳有机酸盐水溶液成本数学模型及其应用[J].江汉石油学院学报,2004,26(01):71-73.
[23] 郑力会.基于密度粘度活度的有机盐水溶液研究[J].钻采工艺,2007,30(03):125-127.
[24] 陈江华,赵宝祥,徐一龙,等.北部湾盆地防塌型无固相有机盐钻井液技术[J].探矿工程,2014,41(02):4-9.
[25] 张万栋,李炎军,孙东征,等.Weigh系列有机盐钻井液抑制性机理[J].石油钻采工艺,2016,38(06):805-807.
[26] 屈胜元,章浩炯,陈勇,等.高温超压有机盐钻完井液抑制性研究[J].科学管理,2016(04):256,262.
[27] 鄢捷年.钻井液工艺学[M].东营:中国石油大学出版社,2006.
[28] 周长虹,冯京海,徐同台,等.无黏土低固相新型有机盐钻井液的室内研究[J].钻井液与完井液,2007,24(06):22-24.
[29] 梁大川,张英.盐层的特殊性及其钻井液技术[J].西部探矿工程,2004(08):74-75.

[30] 张民立, 艾正青, 王威, 等. 高陡构造"三高窄窗口"地层克深15井钻井液技术[J]. 钻井液与完井液, 2016, 33(05): 25-29.

[31] 张民立, 尹达, 何勇波, 等. BH-WEI抗"三高"钻井液技术在克深208井的应用[J]. 钻井液与完井液, 2014, 31(01): 32-36.

[32] 李悦, 李玮, 谢天, 等. BH-WEI抗三高钻井液技术在克深2-1-14井的应用[J]. 2016, 45(04): 773-775.

[33] 张欢庆, 周志世, 等. 有机盐钾磺化钻井液在玉东106井的应用[J]. 钻采工艺, 2016, 30(02): 102-104.

第四章　柴油基油包水乳化钻井液

油基钻井液是以油为连续相的钻井液。它又分为两类：一类是以水作为分散相，其油水比在(50~95)∶(50~5)，称为油包水乳化钻井液；另一类含水量少于5%，称为全油基钻井液。油基钻井液中的油相有柴油、矿物油、合成基和气制油等。水相中的盐有氯化钠、氯化钾、氯化钙、甲酸钠、甲酸钾和甲酸铯等。

油基钻井液具有强的抑制性，能有效抑制泥页岩水化膨胀、分散，稳定井壁，抗岩屑侵能力强；热定性好，抗温达260℃以上；在高密度、高温下仍具有良好流变性能，易控制；良好的润滑性能，防止压差卡钻；抗盐、石膏、盐水、高钙盐水污染能力强；对油气层伤害程度低；维护简单，工作量小，可回收再利用等特点。但油基钻井液存在成本高、对环境有污染等问题。

基于以上特点，油基钻井液适合用于复杂深井/超深井、高温高压井、水平井和大位移井等井；适用于强水敏性泥岩、大段含盐膏地层和高压力系数等地层。国外在钻完井作业中已大量使用。近年来，国内在页岩油气井、复杂地层开始使用。

在第一章中已分析，库车山前地层极为复杂，钻井过程存在井漏、井壁失稳、起下钻阻卡划眼、卡钻、油气与高浓度氯化钠盐水溢流等潜在井下复杂情况，近年来，库车山前钻遇的井大多已超过7000m，少部分井已超过8000m，井底温度高达190℃、高压盐水层压力系数超过2.6，盐膏层埋深超过7000m，部分井盐膏层厚度超过4000m；水基钻井液难以对付如此复杂地层的钻完井作业。2010年4月，开始在克深7井试用柴油基油包水乳化钻井液(为了简化，在下面论述中均简称为柴油基钻井液)钻进盐膏层与储层段，大大减少井下复杂情况，缩短钻完井周期。自此柴油基钻井液在库车山前超深井推广应用，至2019年7月，已在库车山前使用138口井，取得了良好的使用效果，已积累了丰富的应用经验。

第一节　柴油基钻井液组分及作用机理

柴油基钻井液是以柴油为连续相、盐水为分散相，并添加主乳化剂、辅乳化剂、润湿剂、有机土、增黏剂、提切剂、氧化钙和加重剂等所形成的稳定的乳状液体系。

一、柴油

柴油在油包水乳化钻井液中作为连续相。柴油是一种石油提炼后的油质产物，它由不同的碳氢化合物混合组成。主要成分是C_9—C_{22}的石蜡烃、芳香烃，也含有一定的硫氧化合物。芳香烃溶解沥青质，而石蜡烃不溶解沥青质。柴油中芳香烃含量以苯胺点表示；芳香烃含量过高，由于其溶解沥青质而不能形成沥青悬浮体，另会引起橡胶配件破坏，故配制柴油基钻井液应选用芳香烃含量小于20%的柴油，一般苯胺点在68℃左右。柴油的密度一般为 0.82~0.86g/cm³，其运动黏度（20℃）为 3.0~8.0mm²/s，酸度表示柴油中所含酸性物质的多少，酸度过高，会腐蚀设备，因此要求酸度不大于 7mg(KOH)/100mL。柴油按凝固点分为 10#，0#，-10#，-20# 和 -35# 等 5 个牌号，在库车山前油基钻井液中所使用的柴油为 0# 柴油。

柴油中非极性物质和亲油性乳化剂的非极性基团由于分子间作用力能很好地结合，从而使得柴油能够更好地被乳化，形成的乳状液的稳定性也较高。为了保证作业安全，要求柴油的闪点和燃点分别在 55℃ 和 220℃ 以上。

柴油基钻井液中，如采用沥青类作为降滤失剂与增黏剂，柴油中芳香烃溶解沥青质，成为小分子溶液，沥青质不能在芳香烃含量高的柴油中形成悬浮胶体，难以形成薄而致密的滤饼，造成油基钻井液滤失量高；而石蜡烃不溶解沥青质，沥青质在石蜡烃含量高的柴油中成为悬浮胶体；因而必须控制柴油中芳香烃含量。

二、水相

淡水、盐水或海水均可用作油包水钻井液的水相。但通常使用含一定量 $CaCl_2/NaCl$，其主要目的在于控制水相的活度，以防止或减弱泥页岩地层的水化膨胀，保证井壁稳定；降低水相的表面张力，对乳状物起稳定作用；增加抗地下水或盐类的污染能力；可增加乳状液的密度，用 $CaCl_2$ 配制的盐水，最大的加量可达 40%。

油包水乳化钻井液的水相含量通常用油水比来表示。在一定的含水量范围内，随着水所占比例的增加，油基钻井液的黏度、切力逐渐增大。因此，人们通常用它作为调控油基钻井液流变参数的一种方法。对高密度油基钻井液而言，水相含量应尽可能小些。调整油水比的一般原则是，以尽可能低的成本配制成具有良好乳化稳定性和其他性能的油包水乳化钻井液。

水相的活度由内相水中盐的浓度确定。淡水理论上的活度值为 1.0，而地层中泥页岩的活度一般小于 1.0。要使钻井液和页岩达到活度平衡的理想状态，就必须降低钻井液中水相的活度，常用的方法是向水相中加入无机盐（通常为 NaCl 或 $CaCl_2$）。油基钻井液水中的 $CaCl_2$ 达到 40% 时，大约可以产生 16110psi 的渗透压；当油基钻井液水中的 $CaCl_2$ 为 22%~31% 时，渗透压为 5000~10000psi，因此多数油基钻井液选用 $CaCl_2$ 作为活度调节剂。

三、乳化剂

油包水乳状液是一种热力学不稳定体系，具有大的表面自由能，有一种自动聚结并降低其表面自由能的倾向。油水有分离趋势，最终必然也会失去沉降稳定性。为了形成稳定的油包水乳化钻井液，必须使用乳化剂。在油包水乳化钻井液中加入乳化剂，具有两亲结构的乳化剂分子吸附于油水界面，降低了表面自由能并形成具有一定强度的界面膜，从而对分散相起保护作用，避免了分散相液滴在运动中相互碰撞而聚结在一起。这也是保证该钻井液具有沉降稳定性的前提条件。

为了获得良好的乳状液稳定性，通常采用两种乳化剂（主乳化剂和辅乳化剂）复配。主乳化剂的关键作用是形成膜的骨架；辅乳化剂的作用主要是巩固主乳化剂，使乳状液更加稳定。主乳化剂与辅乳化剂复配可以调节乳化剂混合物的亲油亲水平衡值在 4 左右，以达到较好的乳化效果。同时，辅乳化剂可以弥补主乳化剂亲油性过强的不足，使乳化水滴一辅乳化剂亲水头基、辅乳化剂亲油链—主乳化剂亲油链—油相，四者之间由于极性相同而相吸，结构相似而相亲，从而形成较为稳定的乳状液滴。

1. 乳状液稳定机理

乳状液的形成理论包括定向楔形理论、界面张力理论、界面膜理论、相似相溶原理和电效应理论等。从乳状液的形成理论分析可知：在油—水体系中加入复合乳化剂，乳化剂在油—水界面作定向吸附，可以降低油水两相液体之间的界面张力。由于乳化剂分子结构中同时具有亲油和亲水两个基团，可存在于油—水界面上，亲油基团一端伸向油相，而亲水基团一端伸入水相中。故降低油水界面张力，抵消界面上的剩余表面自由能，阻碍并减少聚结的趋势。而且可以形成致密的界面复合膜，对水相液滴起保护作用。另外，由于吸附和摩擦等作用使得液滴带电，带电液滴在界面两侧形成双电层结构，液滴间双电层的排斥作用使液滴难以聚集，因而提高乳液的稳定性。

乳状液界面膜理论表明，表面活性剂在乳液两相界面上形成界面膜，其紧密程度和强度是影响乳状液稳定的重要因素。当界面膜由复合乳化剂形成时，进一步降低界面张力而有利于乳化；按照吉布斯函数，界面张力减低就会引起表面吉布斯自由能的减少，体系就会趋于稳定，就可形成更为紧密的分子排列，从而大大增加界面膜的强度，不易破裂，分散相不易聚结。此外，两种乳化剂复配，增加液滴所带的电荷，加大乳状液滴之间的排斥力，使其在体系分散相液珠在做无休止的布朗运动时，受到碰撞而不易于破裂，因此避免水珠变大而降低乳状液的稳定性。

综上所述，采用亲油性强及亲水性强的两种表面活性剂复配，在界面上形成"复合界面膜"提高乳化效果，增加乳状液稳定性。这种复合膜比单一的表面活性剂所形成的界面膜紧密、强度高。故采用主乳化剂与辅乳化剂复配要比采用单一表面活性剂时乳状液乳化稳定性好。

此外，乳化剂还可能增加外相黏度。因为用于油包水钻井液的乳化剂大多具有两亲结构，主乳化剂的亲水亲油平衡值（HLB）一般小于6，故属于亲油表面活性剂，其亲油（非极性）基团的截面直径大于亲水（极性）基团的截面直径。当主乳化剂在油相中的浓度超过临界胶束浓度（CMC）时，主乳化剂在油基钻井液中的油水界面层上（吸附状态）与在油相内（溶解状态）处于近似的动态平衡中。而主乳的加量一般都会远大于其本身在油相中的临界胶束浓度，因此有相当多的主乳化剂会进入外相中，这样就会增加外相黏度，在一定程度上会影响油基钻井液的流变性能。

2. 乳化剂的复配方式

乳化剂的复配方式有：

（1）采用2个HLB值相差较大的非离子乳化剂复配。

（2）采用阴离子和非离子乳化剂复配。

3. 选择乳化剂时可遵循规则

总结国内外油包水乳化剂的研究现状，选择乳化剂时可遵循以下规则：

（1）乳化剂应为两亲性的表面活性剂，其HLB值为3~8。主乳化剂的亲油性强（HLB值为3~6），辅助乳化剂亲水（HLB值为7~9）。

（2）乳化剂亲油基的亲油性要强于亲水基的亲水性，非极性基团的截面直径必须大于极性基团的截面直径。

（3）盐类或皂类，应选用高价金属盐。

(4) 能较大幅度地降低油水界面张力。

(5) 可以形成具有一定强度的界面膜。

(6) 抗温性能好,在高温下不降解,解吸不明显。这就要求在乳化剂的分子结构中:支链的数量尽量少;主链上尽量不含酯键、醚键,最好含有酯环和芳环;分子中含强的水化基团,如磺酸基、酰胺基等,因为水化基团的稳定性在很大程度上决定了处理剂分子的抗高温性。

4. 乳化剂的类型

经过资料调研并初步统计,在石油钻井工业中,常用于油基钻井液中的乳化剂有:(1)阴离子表面活性剂,如高级脂肪酸的二价金属皂(硬脂酸钙、烷基磺酸钙、烷基苯环酸钙),石油磺酸盐,环烷酸钙,油酸钙,松香酸钙等;(2)非离子表面活性剂,如斯盘-80(Span-80)、斯盘-85(Span-85)、吐温65(Tween-65)、环烷酸酰胺、腐殖酸酰胺等。

近年来,国内外又研发出聚酰胺乳化剂、烷醇酰胺乳化剂、聚酯酰胺乳化剂、聚氧乙烯脂肪胺、脂肪酸酰胺、氧化脂肪酸、聚氧乙烯烷等乳化剂。

1) 聚酰胺乳化剂

Jeff Miller开发了一种聚酰胺类乳化剂。其乳化剂包括末端羧酸聚酰胺和妥尔油脂肪酸和松香酸以及其与亲双烯体反应产物的混合物。其特点是:(1)降低了乳化剂的黏度,能够提高钻井液的降滤失性能和高温下的乳化稳定性;(2)粗妥尔油存放时容易变质,而处理过的妥尔油稳定性有了很大提高,消除了原先存放的问题。

2) 烷醇酰胺乳化剂

2001年,法国的Christine用菜籽油甲酯与单乙醇胺为原料进行转胺基化反应,制备了酰胺含量达90%的"超酰胺"。由"超酰胺"与妥尔油脂肪酸按1:1配比组成的复合乳化剂在钻井液中使用,抗温性可达200℃。

3) 聚酰胺脂肪酸皂固体乳化剂

Phillip Hurd将聚酰胺脂肪酸阴离子乳化剂与金属氢氧化物(固体或25%~75%的溶液)进行中和反应,制备相应的脂肪酸金属皂,然后将一定含水量的脂肪酸皂进行喷雾干燥,得到了固体状的乳化剂。

4) 聚酯酰胺乳化剂

MI公司开发了一种支链状的聚酯酰胺乳化剂。一般情况下,聚酯酰胺乳化剂亲水基团的半径比常规乳化剂的亲水基团半径大,具有较强的吸附力而不易解吸。使用该类乳化剂配制的油基钻井液能够迅速去除滤饼,提高钻速,可用于钻进水平井段。

5) 烷醇酰胺乳化剂

法国的Christine用菜籽油甲酯与单乙醇胺为原料进行转胺基化反应,制备了酰胺含量达90%的"超酰胺"。由"超酰胺"与妥尔油脂肪酸按1:1配比组成的复合乳化剂在钻井液中使用,抗温性可达200℃。

6) 烷基伯胺可逆转乳化剂

该乳化剂主要由烷基伯胺表面活性剂组成,其分子中含有8~12个碳原子的亲油基和一个亲水的胺基。通过调节HLB值,可以使乳化剂的润湿性由亲油性转变为亲水性。在酸性条件下,烷基伯胺通过质子化生成阳离子表面活性剂,HLB值增加为6~7,乳化剂的润湿性由亲油性变成了亲水性,该乳化剂质子化和去质子化过程是可逆的。在碱性条件下,可逆转乳化剂属于非离子型结构,受盐水的影响较小,能有效地抵抗海水等污染物。

由于不存在易水解的基团，在高温、高碱度条件下能保持稳定。

四、润湿剂

大多数天然矿物是亲水的。当重晶石粉和钻屑等亲水的固体颗粒进入油包水型钻井液时，它们趋于与水结合并发生聚结，引起黏度提高和沉降，从而破坏乳状液的稳定性。与水基钻井液相比，油包水钻井液一般切力较低，如果重晶石和钻屑维持其亲水性，则它们在钻井液中的悬浮会成为问题。为了避免以上情况的发生，有必要在油相中添加润湿控制剂，简称润湿剂。润湿剂是具有两亲结构的表面活性剂，分子中亲水的一端与固体表面有很强的亲和力。当这些分子聚集在油和固体的界面并将亲油端指向油相时，原来亲水的固体表面会转变为亲油，这一过程常称为润湿反转，如图4-1-1所示。

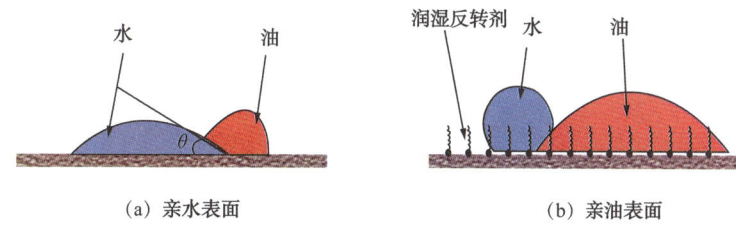

(a) 亲水表面　　　　　　(b) 亲油表面

图4-1-1　润湿反转示意图

油包水乳化钻井液加入润湿剂，润湿剂吸附在颗粒表面，将亲油一端伸向油相，亲水的加重剂与钻屑颗粒表面迅速转变为亲油颗粒，从而保证它们能较好地悬浮在油相中。若油包水体系的润湿剂的性能较差，不能很好地将岩屑润湿悬浮住，造成岩屑下沉，在压持作用下重复的切屑岩石，不仅极大地减少了钻头的寿命，还会严重影响钻速。对于加重材料来说，若其固体颗粒表面没能形成较好的油湿性，则在油相中的悬浮性能不会很好，钻井液体系的稳定性都会遭到破坏。若固相过于油湿，故悬浮性会有所降低，固相也可能沉淀为十分坚硬的沉淀物，此时需加入提切剂来增加体系的切力，因此加入润湿剂保持固相适当的油湿状态是维持稳定乳状液的保证。

评价润湿剂性能的方法主要是观察钻井液体系的滤液在不同固体表面的润湿情况，即观察界面张力的变化。

牛晓磊等在室内将三种润湿剂CTAS，CQ-QBP和CQ-WZB配成水溶液，室温下进行界面张力测定，如图4-1-2所示。从图中数据可以得出，随着润湿剂加量增加，界面张力下降，当加量超过一定值，界面张力几乎保持恒定。当润湿剂加量相同时，各种润湿剂降低界面张力效果不同。

油包水乳化钻井液常用的润湿剂有季铵盐（如十二烷基三甲基溴化铵）、卵磷脂和石油磺酸盐等。国外常用的润湿剂有DV-33，DWA和EZ-Mul等，其中DWA和EZ-Mul可同时兼做乳化剂。一般要求油包水乳化钻井液的HLB值在7~9。

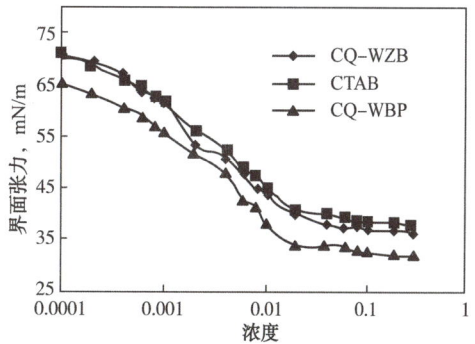

图4-1-2　润湿剂浓度对界面张力的影响

部分用作辅乳化剂的表面活性剂也在一定程度上具有润湿反转的作用，因而部分油基钻井液可以不使用润湿剂。

五、降滤失剂

油基钻井液必须严格控制其滤失量，要求其滤液必须是油。降滤失剂在油基钻井液中起到降滤失作用。在油基钻井液中起降滤失作用的主要组分为微细固体颗粒、乳化液滴和胶体处理剂。首先，钻井瞬时滤失时，钻井液中细小固体颗粒伴随着钻井液侵入井壁外层形成内桥堵(细小固体颗粒要有适合的尺寸，颗粒尺寸为孔隙尺寸的 1/3 或 2/3 比较合适，容易形成桥堵)，桥堵形成一层薄滤饼(内滤饼)；其后，乳化液滴侵入在固体颗粒之间的孔隙并在压差下产生变形，密封固体颗粒之间的空隙，但空隙还是具有渗透性；最后，分散/溶解在油中的降滤失剂等颗粒/胶体充填在乳化液滴和固体之间的界面区域，阻止油相通过滤饼流入地层，随着滤液的侵入，越积越多的胶体吸附沉积在井壁表面，形成一层致密的滤饼(外滤饼)。以上 3 种钻井液组分共同作用，以达到降滤失的目的。

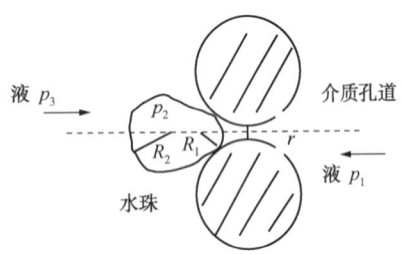

图 4-1-3　液珠的贾敏效应示意图
p_1—孔隙压力；p_2—液滴内部压力；
p_3—井筒压力；R_1—液滴右侧半径；
R_2—液滴左侧半径；r—孔喉半径

在滤饼或者岩石的毛细孔处，由于液体的贾敏效应而使钻井液中的乳化小液滴阻塞在孔喉处，而贾敏效应具有叠加性，则逐渐增加的微小水滴能在滤饼表面形成液阻作用，这种贾敏效应有助于阻止油性滤液继续向地层中渗滤，这是油基钻井液能显著降低滤失量的一个很重要的一个因素。

油基钻井液中所需的降滤失剂应具有以下基本特点：(1)在油中具有良好的分散性，大部分以胶体形式存在最好；(2)具有良好的配伍性，不会对钻井液流变性产生较大的影响；(3)具有一定的抗温能力；(4)原料来源广，产品价格便宜，制备工艺简单，便于加工生产。

油基钻井液所使用的降滤失剂可分为：沥青类、有机褐煤类、聚合物类等，其作用机理如下。

1. 沥青类降滤失剂

沥青中主要含沥青质与胶质，当沥青中胶质含量越高，其软化点越低，在空气中加热氧化可使胶质转化成沥青质，提高沥青的软化点和沥青质含量。软化点低，氧化程度低的沥青，其中焦油含量大。焦油可溶解沥青，因而很难得到胶态沥青质分散物。所以，低软化点或氧化程度低的沥青在油包水乳化钻井液中难以起到良好的降滤失作用。提高沥青软化点，即提高其沥青质含量，也就是提高沥青质在油相中分散颗粒浓度，从而起到降滤失作用。一般选用软化点为 150℃ 以上的氧化沥青或天然沥青用作降滤失剂。

在油基钻井液中，沥青质在界面的吸附对界面膜强度起重要作用，并影响乳状液的稳定性。Shue 等测得沥青质甲苯溶液—水的界面张力随时间延长而下降，油—水界面张力随沥青质在界面上吸附量的增加而显著降低而最终达到平衡。将沥青类处理剂用于油包水乳状液中，电稳定性会有所上升，分散的沥青质能充分吸附在油—水界面膜中，此时沥青质也能堆砌形成另一界面膜层覆盖在油水界面层之上，在一定程度上增加了体系中液珠界面膜厚度、强度和黏弹性，使水珠更不易聚结，因而，沥青类物质起到了一种辅助乳化分散液珠的作用，体系稳定性随之有所提升。

沥青类降滤失剂在油基钻井液中还可起到增黏剂作用。

2. 有机褐煤类降滤失剂

褐煤含有大量腐殖酸，腐殖酸(HA)是一类呈黑色或棕色的无定型大分子天然化合物，因其自身结构中含有多种官能基团，具有亲水性、络合能力以及较强的吸附分散能力；但腐殖酸通常是水溶性的，不能直接用于油基钻井液中，需要对其亲油改性，才能分散在油基钻井液中。主要使用有机胺对其改性，有机胺包括季铵盐和其他类型胺类。

钻井液瞬时失水期间有机褐煤在油相中分布的微细颗粒进入地层形成桥堵。微细颗粒必须有合适的颗粒尺寸，颗粒尺寸为孔隙尺寸的1/3或2/3比较合适，容易形成桥堵。其次，桥堵形成后，较小的颗粒和细的胶体颗粒都会被滞留住，这些颗粒在地层内以一定的方式相互吸附交联，形成一层薄而韧的内滤饼，达到降低滤失量的作用。最后，在井壁上形成一个外层，即表面滤饼。随着滤液侵入地层，亲油胶体的胶体颗粒进一步吸附和沉积在井壁表面，形成一层致密的滤饼，井壁表面的渗透率大大降低，几乎接近于零。

滤饼的渗透率随颗粒的平均直径降低而降低；随颗粒尺寸范围的加宽而降低，也就是说合理的颗粒分配能够大大降低滤失量。滤饼的最小渗透率只有在超过一定比例的宽窄粒径过量时才能获得，而不是在尺寸成直线关系时获得。因此，颗粒尺寸的均匀分级相对来说是第二位重要的。显然颗粒尺寸分布不能有较大的间隙，否则较小颗粒就会通过较大颗粒之间的孔隙。

3. 聚合物类降滤失剂

高分子聚合物降滤失剂是20世纪90年代才发展起来的，在抗高温、易分散、辅助调节流型等方面具有突出的优势，因而近年来逐渐得到关注。优良的降滤失剂应具有如下性质：(1)具有很高的抗温能力(>210℃)，降滤失剂支链要少，主链上尽量不含有酯键、醚键等；(2)降滤失剂应该有很好的油溶性，在油中能够很好地分散；(3)降滤失剂应该与油基钻井液的其他处理剂有很好的配伍性，至少不会对钻井液的乳化性能和流变性造成较大的影响；(4)降滤失剂应该具有无毒或低毒特性，不会对环境造成损害；(5)降滤失剂的原料应该具有广泛的来源，价格便宜，易于加工生产。

国内外油基钻井液聚合物降滤失剂：

Cowan等以阴离子或阳离子水溶聚合物和磷脂为原料，研发了一种聚合物降滤失剂，比腐殖酸类降滤失剂价格便宜，在油基工作液中分散性好，不需要另加分散剂，对钻井液的流变性影响小，同时也是良好的乳化剂。其后Cowan以单宁化合物、聚酰胺、商业卵磷脂和硫酸为原料，合成了一种亲油性的含单宁化合物降滤失剂，特点是在高温下滤失量低，克服了腐殖酸胺降滤失剂在油基钻井液中(特别是低毒环保型基油中)分散性不好的缺点。

M-I公司使用亲脂环氧改性剂和环氧活性聚合物合成一种聚合物油基降滤失剂。与M-I公司常用的降滤失剂VenChem 222相比，该降滤失剂高温高压滤失量低，同时还可以调节钻井液的流变性能，润滑性能好。

Rud等使用氟化丙烯酸酯单体聚合物成氟化兵西段聚合物降滤失剂。能直接加入到钻井液溶剂中聚合，粒子尺寸在95nm以下，抗温达180℃，降滤失效果很好，对流变性影响小，最佳加量为3%。

Peer等研发了一种在水基钻井液和油基钻井液中都可以使用的聚合物微球树脂降滤失剂，该剂由烷基丙烯酸酯或者甲基丙烯酸酯悬浮聚合而成。该微球是丙烯酸酯非凝聚的弹性体聚合物微球，具有较低玻璃化温度，保证在井下微球具有弹性，这种微球的加入不会对钻井液体系的流变性产生显著的影响。由于具有弹性，微球可以填充滤饼中的空隙，尤其是外滤饼，不会侵入地层内部的孔隙、裂缝，微球在井下不会融化形成大的聚丙烯酸酯大块；抗温可以高达200℃，加入抗氧化剂，还可以进一步提高其抗温性。

此外，还有橡胶及改性物、聚苯乙烯及改性物、丙烯酸酯类改性物、聚合物微球等类油基钻井液聚合物类降滤失剂。

六、有机膨润土（简称有机土）

有机膨润土是由有机离子或中性分子以共价键、离子键、氢键、偶极键以及范德华力和库仑力与蒙脱石结合而成的蒙脱石有机复合物。作为油基钻井液中最基本的亲油胶体，有机膨润土主要用来提高油基钻井液的黏度和切力，同时降低滤失量，其性能的好坏直接影响钻井液的流变性和滤失性。

膨润土是一种以层状硅铝酸盐蒙脱石为主的黏土颗粒，具有很强的吸附能力和膨胀性等性质，但是由于其表面的强亲水性，使其与有机溶剂的亲和力有限，从而限制了在油基钻井液中的应用。在适当条件下采用有机阳离子将膨润土层间无机阳离子交换出来，或者直接在膨润土层间插入有机分子，降低硅酸盐片层的表面能，撑大膨润土层间距，改善膨润土层间的界面极性和化学微环境，所得产物即为有机膨润土。

制备有机土通常选用钠蒙脱石与锂蒙脱石，锂蒙脱土具有良好的悬浮和增稠性能。采用季铵盐（$R_4N)^+Cl^-$]阳离子表面活性剂、磷脂衍生物、苯甲酸和葡萄糖酸等有机酸化合物、非离子表面活性剂等进行阳离子交换作用，用静电吸引的方式来紧密连接，N^+所带烷基是亲油性较强的长链烃基，当与带有适当长度的链状烃基阳离子表面活性剂反应后，其烃基能覆盖在膨润土表面，这样膨润土的极性基就被覆盖住，从而使改性后的膨润土显示了良好的亲油性能，改性后的膨润土称为有机土。

另外，还可采用二次插层法制备有机膨润土。该法的制备步骤为，首先将极性小分子或有机阳离子（插层剂）插入蒙脱石层间形成前驱体，将无机阳离子交换出来，使层间距增大，并改善层间的微环境，使蒙脱石内外表面由亲水转变为疏水，降低硅酸盐表面能，有利于有机分子的进入，然后根据不同的应用目的选取合适的有机基团取代极性小分子前驱体形成新的蒙脱石油基复合物。

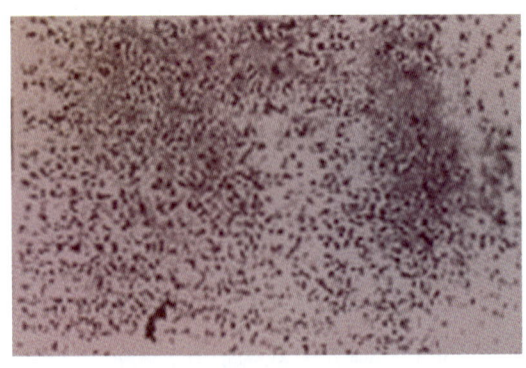

图4-1-4 有机土在油相中显微分布

有机土易于在油相中分散，不仅起到给体系增加黏度和提高悬浮加重材料的能力，还有降低油包水乳化钻井液的滤失量的作用。其表面为油湿，在油基钻井液中的分散溶解、膨胀，在高速搅拌下呈胶体形式存在于油相之中，其作用原理如同膨润土浆在水中形成的空间网架结构，它能包裹和黏附大量的处理剂，构建油基钻井液体系的黏度和切力。图4-1-4为光学显微镜下的有机土在油相中的分散状态。

在油包水乳化钻井液体系中，乳化液滴、有机土和降滤失剂等在油相中高度分散，有机土等处理剂相互黏附聚集成一种具有空间网状结构的胶体分子，这种胶体构建了油基钻井液体系的黏度和切力。由于膨润土颗粒不可能百分之百地完全改性，在晶体层面上可能还会显示出亲水性，所以黏土颗粒还能和乳化液滴有一定程度上的结合力，这样使得空间网架结构更加稳固，体系的黏度和动切力因此也会增加。有机土在油基钻井液中还可用作颗粒型乳化剂，能够有效增强乳液的稳定性。此外，有机土颗粒也可增加连续相（油相）黏度，从而增强油包水乳状液的稳定性。

七、有机膨润土激活剂

由于不同地区油基钻井液所用油品有所差异以及有机膨润土的品质也有所不同。当有机膨润土的造浆能力达不到油基钻井液所需的黏度和切力要求时，为增强有机土在油中的胶凝性能，常需借助极性活化剂，该剂一般使用小分子极性物质作为有机膨润土增效剂，以促进有机膨润土在油基钻井液中的分散、活化，如丙酮、甲醇/水、乙醇/水、己二酮、丙烯碳酸酯、二甲基甲酰胺等。有机膨润土激活剂特点为：在较短时间内能使有机土在油相中迅速润湿、分散、溶胀成胶，从而改善和提高有机土的成胶率和造浆能力。关于其作用机理，推测可能是此类极性分子的加入改变了非极性溶剂的介电常数，使得有机土与分散介质间溶度参数相近，从而有助于有机土一定程度上的膨胀与分散。同时，极性活化剂分子可吸附于黏土片层上，也可在一定程度上改善其疏水性及促进其膨胀与分散。较多研究指出，介质内少量水分的存在对于油基钻井液黏切的提升具有重要的作用，推测可能是水分子吸附于有机土中极性黏土表面处，产生较大的偶极使得颗粒间极性相互作用（范德华力）增强，同时少量水的存在有助于黏土片层间的氢键结合，从而有助于体系内三维网架结构的形成，进一步提升有机土的胶凝效率。

八、碱度调节剂

氧化钙（俗称石灰，分子式CaO）是油基钻井液中使用的碱度调节剂，也是油基钻井液的必要组分，其主要作用有以下方面：(1)提供的Ca^{2+}有利于二元金属皂的生成，从而保证所添加的乳化剂可充分发挥其效能；(2)维持油基钻井液pH值在9~11范围内，以利于防止钻具腐蚀。

随着井底温度的增加，钻井液体系碱度的调节变得更加关键，CaO的加入使体系表现出以下几个特点：(1)保持分散相水相的pH值在碱性范围内，使乳化剂和各处理剂在碱性范围内获得最佳性能，还能有利于防止钻具受到腐蚀侵害。(2)钻井液若维持合适碱度的结果，能够实现油基钻井液的高温稳定性。(3)油基钻井液钻井时可能碰到的酸性气体H_2S和CO_2会降低水相的pH值而污染油基钻井液，改变乳化剂在钻井液中的溶解度，乳化稳定性易遭到破坏，导致钻井液流变性变差。通过测量体系的碱度变化来判断酸化气体污染钻井液的程度，还可作为消除酸性气体污染的方法。(4)由于使用的$CaCl_2$这种电解质具有电离性质，CaO加到体系中可保持碱度以防止电离的发生。

石灰有促进水润湿作用的趋势，因此过量的石灰是有害的，过高的碱度也会引起流变性数值的增加。石灰随着循环时间和温度而消耗，在新的和不稳定的体系中消耗十分迅速，钻井液稳定时消耗趋于减缓。因而进行碱度测定并维持在合适范围是非常必要和重要的。一般要求钻井液中碱度P_{OM}值须保持在1.5~2.5范围内。

九、加重材料

加重材料应具备的条件是自身的密度大，磨损性小，易粉碎；并且应属于惰性物质，既不溶于钻井液,也不与钻井液中的其他组分发生相互作用。库车山前油基钻井液常用加重材料有重晶石粉、铁矿粉、微锰(Micromax)、铁粉等。

1. 重晶石粉

重晶石粉是一种以 $BaSO_4$ 为主要成分的天然矿石,其密度为 $4.20\sim4.40g/cm^3$,经过机械加工后而制成的灰白色粉末状产品。按照 API 标准,其密度应达到 $4.20g/cm^3$,粉末细度要求通过 200 目筛网时的筛余量小于 3.0%。它是目前应用最广泛的一种钻井液加重剂。

2. 铁矿粉和钛铁矿粉

铁矿粉的主要成分是 Fe_2O_3,密度是 $4.9\sim5.3g/cm^3$;钛铁矿粉的主要成分是 $TiO_2\cdot Fe_2O_3$,密度为 $4.5\sim5.1g/cm^3$。均为棕色或黑褐色粉末。因为它们的密度均大于重晶石,故可用于配制密度更高的钻井液。

3. 微锰

微锰的主要成分是 Mn_3O_4。颗粒大小和形状因其制备工艺不同差别很大。其密度($4.8g/cm^3$)比重晶石($4.2g/cm^3$)高,加重同等密度条件下钻井液固相含量小。材料的粒径在 $1\mu m$ 左右,粒度分布窄。颗粒呈规则球体,比表面积高达到 $2\sim4m^2/g$,拥有良好的自悬浮特性,悬浊液稳定性好。该材料的莫氏硬度高,颗粒不易磨蚀分散,同时圆球度高,颗粒间摩擦小。材料不含高价锰,无毒,不与甲酸盐反应,不溶于甲酸盐,可溶于低浓度有机酸和无机酸。

1)化学性质

利用 X 射线荧光元素分析仪器分析微锰化学组分,其结果见表 4-1-1。分析结果说明了微锰加重剂主要成分是 Mn_3O_4。

表 4-1-1 Mn_3O_4 颗粒的 X 射线荧光元素分析(XRF)

成分	Mn_3O_4	Fe_2O_3	SiO_2	ZnO	MgO	P_2O_5	Na_2O
含量,%(质量分数)	96.12	2.75	0.027	0.1	0.21	0.077	0.02

2)理化性能

微锰的理化性能包括:密度、磁性、酸溶性和硬度。微锰密度比重晶石大、比铁矿粉小。纯 Mn_3O_4 是不会有磁性的,锰矿有无磁性与杂质有关。虽然微锰的莫氏硬度要高于重晶石,但对钻具的磨损要低于重晶石,主要是因为微锰是球形颗粒,而重晶石是无规则颗粒。微锰溶于有机酸和无机酸,而重晶石不溶于酸。

3)颗粒形状及粒度分布

微锰形状通过扫描电镜可观察,如图 4-1-5 所示,Mn_3O_4 颗粒形状呈球形。微锰的粒度分布可通过 Mastersizer 2000 激光粒度分布仪进行测定,结果如图 4-1-6 所示,微锰的粒径 D_{50} 为 $1.09\mu m$,D_{10} 为 $0.40\mu m$ 和 D_{90} 为 $2.87\mu m$,微锰粒径小,粒度分布窄,而重晶石粒径大,粒度分布宽。

4)Zeta 电位

悬浮液中加重剂颗粒 Zeta 电位可通过 zetasize 电位仪测量,结果如图 4-1-7 所示。由图 4-1-7 可知,微锰颗粒表面的 Zeta 电位小于-30mV,而重晶石颗粒表面的 Zeta 电位大于-30mV,说明微锰容易悬浮。

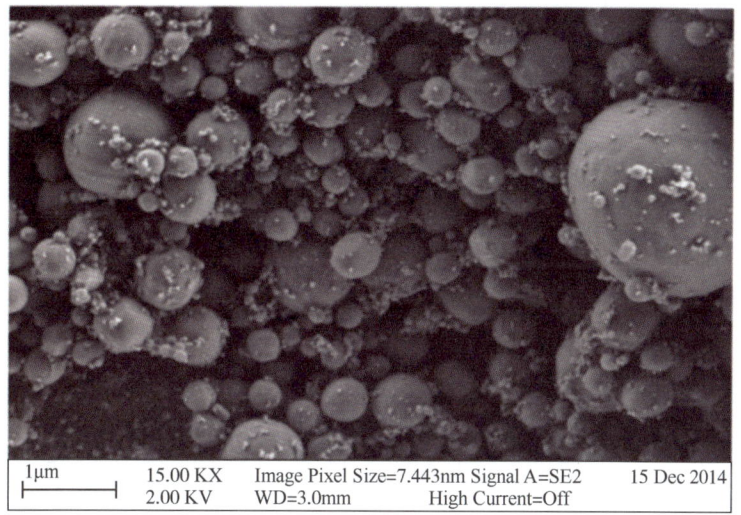

图 4-1-5 微锰的扫描电镜(SEM)微观结构

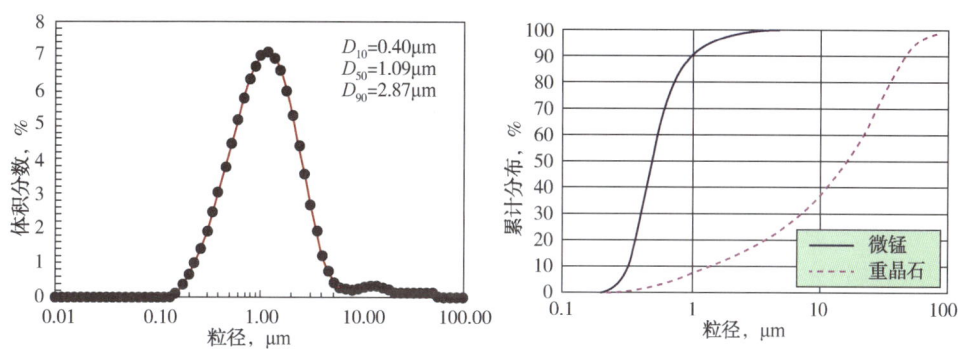

图 4-1-6 微锰的粒径分布

5) 沉降动力稳定性

MA2000 型红外扫描动态稳定测试仪(Turbiscan)利用光散射原理,重力静置垂直扫描模式,通过光的透射率,定性定量地反映颗粒的稳定性程度,透过率越高,动力沉降稳定性越差,结果如图 4-1-8 所示。铁矿粉颗粒在几分钟内就已经完全沉降,重晶石在 200min 左右完全沉降,而微锰在 400min 后仍然没有完全沉降,说明微锰颗粒沉降稳定性较好,原因是微锰颗粒小且呈球状,而重晶石和铁矿粉颗粒大且外形不规则。

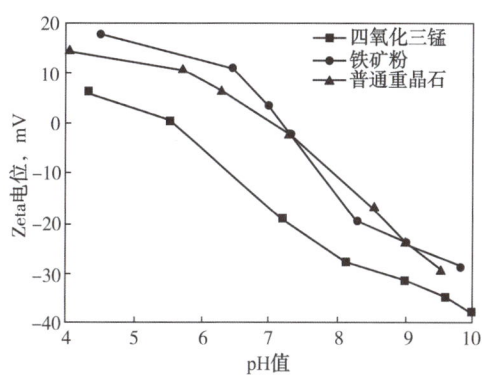

图 4-1-7 不同 pH 值下加重材料的 Zeta 电位

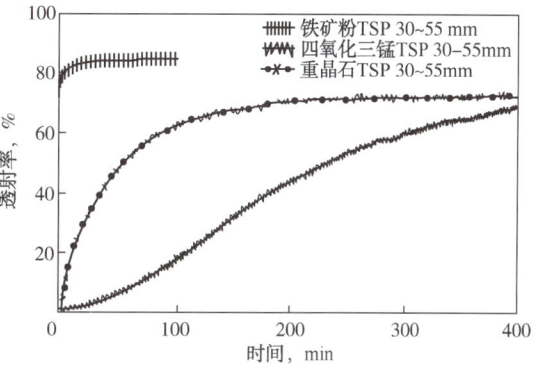

图 4-1-8 不同加重材料在水中的动力稳定性

— 223 —

6) 密度、酸溶性和莫氏硬度

依据钻井液材料规范测试重晶石、微锰、铁矿粉的密度、酸溶解度和莫氏硬度，结果见表4-1-2。微锰的莫氏硬度要高于重晶石，可溶于有机和无机酸，密度要高于重晶石。

表4-1-2 不同加重剂的密度、酸溶性和莫氏硬度

加重剂	化学组成	密度，g/cm³	D_{50}，μm	酸溶性	莫氏硬度
重晶石	$BaSO_4$	>4.2	15~20	不溶	2.5~3.5
超细重晶石	$BaSO_4$	>4.2	10	不溶	2.5~3.5
微锰	Mn_3O_4	4.7~4.9	1	可溶无机酸和有机酸	5.5
铁矿粉	Fe_2O_3	4.9~5.2	40~50	可溶无机酸和有机酸	5.5~6.5

根据资料显示，使用微锰加重的油基钻完井液具有如下优点：(1)良好的沉降稳定性。在相同流变性条件下与重晶石加重相比，拥有非常好的动/静沉降稳定性，特别是对于完井液中的应用，可实现15天甚至数月的长效静沉降系数小于0.51。(2)良好的流变性。使用微锰加重后，明显区别于其他微粉加重材料，可显著降低钻完井液的塑性黏度，进一步降低当量循环密度(ECD)，特别是针对高密度钻井液效果更为明显，可配制出密度高达3.0g/cm³的超高密度钻完井液。(3)良好的润滑性。颗粒为微细均匀球状，可显著改善钻井液的润滑性，复配30%~40%加重时，可显著降低摩阻和扭矩，解决水平井钻井的一大难题。(4)良好的储层保护特性。颗粒为球状，污染后非常容易实现返排，渗透率恢复值可达90%以上，且材料可100%酸溶，酸化后渗透率将得到进一步提升。(5)无毒无害。可用作甲酸盐钻完井液的加重剂，不会释放出重金属离子，环境友好。(6)降低作业风险和非生产时间。使用微锰加重的钻井液可保证低黏切下的沉降稳定性，可更高效地传递水动力，净化井眼的同时还可降低摩阻和扭矩，从而实现高效安全的钻进。用于完井液时，可保证长效沉降稳定性，保证完井管柱顺利坐封和解封及射孔压裂等作业的顺利进行。

4. 微细钛铁粉

早在20世纪70年代左右，由于钛铁粉的密度为4.6g/cm³，相比于API度重晶石而言，采用钛铁粉加重到相同密度的钻井液时，总固相含量低；钛铁粉的酸溶性比较好，因此用钛铁粉作为加重剂可以减轻对地层的伤害，因而钛铁粉开始用作钻井液加重剂。但是由于钛铁粉莫氏硬度为5.0~5.5，粒度较大的钛铁粉颗粒会对钻柱以及地面设备造成一定的磨蚀；另外，钛铁矿中常伴生的赤铁矿具有一定的磁性，这会干扰测井作业，使作业的准确性下降，加之钛铁粉成本相对较高，对其大规模的推广应用遭到了搁浅。

为了克服钛铁矿上述弱点，研究人员通过研究钛铁粉细度对设备以及管柱的磨蚀的影响，从而得出以下认识：如果将其细化处理后，其磨蚀性会大大降低，当钛铁粉粒径大于45μm的颗粒含量不超过2.5%时，其磨蚀性会很小，甚至比API重晶石低60%；钛铁粉磁性可通过降低其中赤铁矿的含量达到消磁的目的；由于钛铁粉具有一定的硬度，再循环过程中不会被磨细，可以重复使用，增加了其可重复利用性；此外，在高密度钻井液中，当微细钛铁粉的D_{50}值在5μm左右时，可以提高高密度钻井液沉降稳定性，尤其是钻遇水平井、大压差井、深水井和小井眼井过程中优势尤为突出。钻完井液研究人员通过研究，得出微细钛铁粉在钻井液中的应用前景非常大。

微细钛铁粉密度为4.6g/cm³上下，其莫氏硬度为5.0~5.5，磁性物质含量小于0.3%

(质量分数)以防止磁性阻尼。

1) 钛铁粉矿物成分

通过 X 射线衍射分析(XRD)得出钛铁粉样品的矿物组分主要是 Fe_2O_3 与 TiO_2，还含少量 MgO 与 SiO_2 及微量的 MnO，CaO 和 Al_2O_3 等，见表 4-1-3。

表 4-1-3　钛铁粉 X 射线衍射矿物组分

金属氧化物	TiO_2	Fe_2O_3	SiO_2	MgO	MnO	CaO	Al_2O_3	SO_4	V_2O_3	CO_2	H_2O
含量,%	44.42	46.08	2.88	4.39	0.30	0.35	0.72	0.19	0.16	0.33	0.20

2) 微细钛铁粉颗粒形状及粒度分布

加重剂的颗粒形状及粒度分布对其加重的钻井液性能有较大影响。

(1) 微细钛铁粉颗粒形状。

微细钛铁粉颗粒形状通常可用圆球度或圆形度来表示。圆形度等于(4π×颗粒面积)/(周长×周长)，圆形度越高说明越接近规则球形。

$$圆形度 = 4\pi A/P^2$$

其中：A 是颗粒面积；P 是颗粒周长。

通过分析得出微钛铁粉颗粒形态为圆弧钝化，其圆形度为 0.9，如图 4-1-9 所示。

(2) 微细钛铁粉颗粒大小与分布。

对质量分数 10% 的微细钛铁粉悬浮液，在 100 振幅下超声处理 120s。采用折射率为 2.8 激光衍射仪器对此样品进行粒度分析，实验结果如图 4-1-10 所示。由图 4-1-10 可见，微细钛铁粉粒度分布很集中，峰值为 6μm 左右，$D_{10} = 1.7\mu m$，$D_{50} = 5\mu m$，$D_{90} = 12.6\mu m$；BET 比表面积为 $1.5m^2/g$。

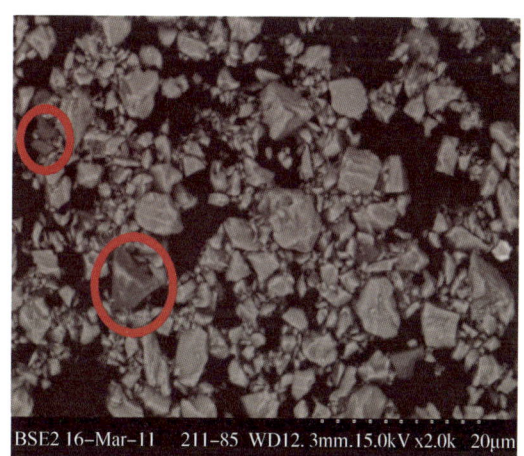

图 4-1-9　微钛铁粉扫描电镜图

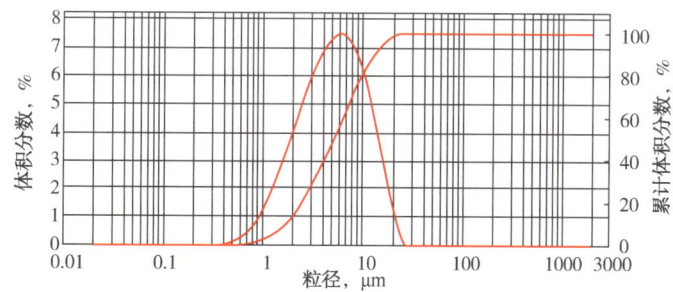

图 4-1-10　微细钛铁粉激光衍射粒度分布

3) 磨蚀性

钛铁粉的莫氏硬度为 5.0~5.5，比 API 重晶石(3.3~3.5)大，因此直接使用符合国标的钛铁粉作加重剂时，可能会对设备以及管柱造成的磨蚀会更大。如将钛铁粉磨细，可降低它对设备的磨蚀性。

采用两种方法来评价各种加重剂粉对设备以及管柱的磨蚀性的影响。

(1) API RP 13I/ISO 10416 叶片法。

测量旋转过程中悬浮在加重后钻井液中叶片质量的损失量。具体测量结果如图 4-1-11 所示。

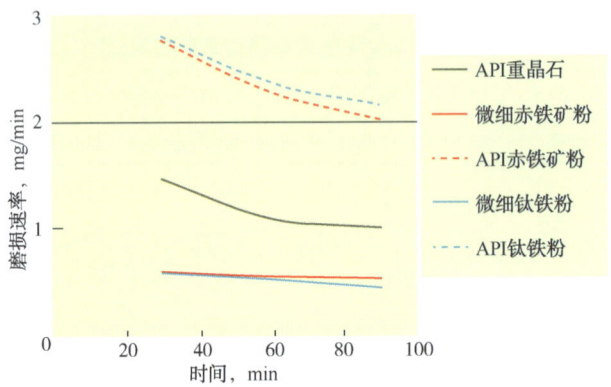

图 4-1-11　API RP 13I/ISO 10416 叶片法测不同加重剂磨蚀性

由图 4-1-11 可以看出，对于 API 赤铁矿粉和钛铁粉，随着实验时间的增加磨蚀速率逐渐减小，其叶片质量减小速率均大于 2mg/min；对于 API 重晶石，其磨蚀速率先减小 1h 以后基本保持不变，此时叶片质量减小速率在 1mg/min 左右；而对于微细处理过的赤铁矿粉和钛铁粉，其磨蚀率都远远低于 API 重晶石的磨蚀速率。上述实验结果表明，对赤铁矿粉和钛铁粉进行微细处理，其磨蚀性急剧降低，可低于 API 重晶石的磨蚀性。

(2) Multi-Media 磨蚀测试法。

此方法主要是测量金属销的质量损失量。因为钻井液在整个容器中是随着转盘旋转的，因此固定的金属销与钻井液会有相对摩擦。旋转托盘的转速在 60～2000r/min 之间可调。

Multi-Media 磨蚀测试仪如图 4-1-12 所示，实验结果如图 4-1-13 所示。

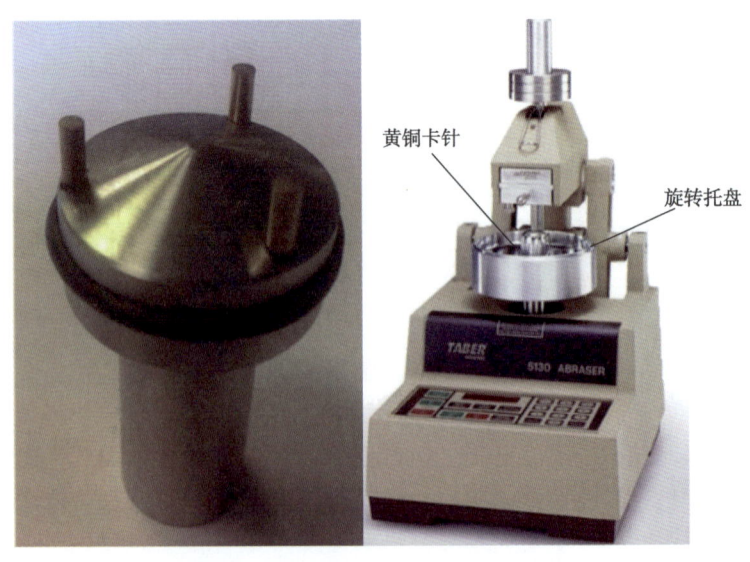

图 4-1-12　Multi-Media 磨蚀测试仪

实验结果表明，在整个实验过程中，无论是 API 度重晶石还是微细重晶石，其叶片质量损耗基本相等；但采用 API 度钛铁粉加重的钻井液中，叶片质量损耗比微细钛铁粉加重的钻井液中大很多；用 API 度赤铁矿加重的钻井液中叶片质量损耗最大。此实验结果同样得出，API 颗粒度的钛铁粉、氧化铁粉对设备的磨蚀性均比 API 度重晶石大，尤其是赤铁矿粉的磨蚀最大；但是经过微细处理后钛铁粉和赤铁矿，其磨蚀量大大减小，微细钛铁粉的磨蚀性还低于微细重晶石的磨蚀性。

4）Zeta 电位分析

采用 45g 去离子水和 0.05g 微细钛铁粉的配制成微细钛铁粉悬浮液，测定其在 pH 值为 3~11 时的 Zeta 电位值，见表 4-1-4 与图 4-1-14。

表 4-1-4　不同 pH 值下微细钛铁粉悬浮液的 Zeta 电位

溶液编号	pH 值	Zeta 电位，mV	溶液编号	pH 值	Zeta 电位，mV
1	4.23	2.51	5	8.44	-28.51
2	5.07	-3.38	6	9.12	-31.36
3	6.17	-9.72	7	10.08	-34.32
4	7.3	-29.44	8	10.87	-29.01

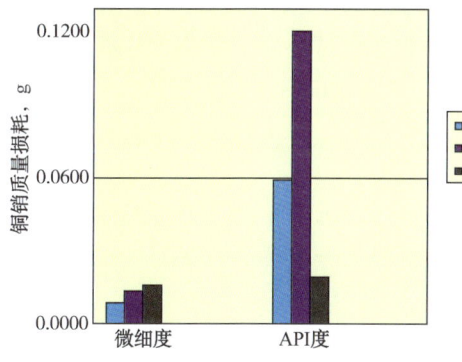

图 4-1-13　Multi-Media 磨蚀测试仪对加重剂磨蚀性实验结果

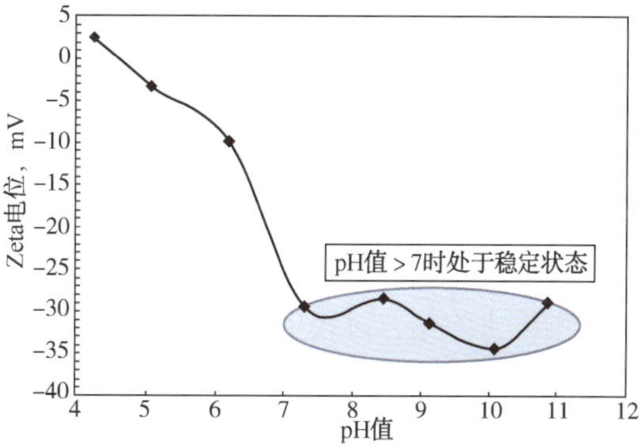

图 4-1-14　不同 pH 值下微细钛铁粉胶体的 Zeta 电位

由表 4-1-4 中数据可知，随着悬浮液 pH 值从 4.23 增加至 7.3，Zeta 电位从正变为负，绝对值从 2.5mV 增加至 29.44mV，负电性急剧增加。继续提高悬浮液 pH 值，Zeta 电位趋于稳定在 -30mV 左右，悬浮液趋于稳定。

5）酸溶性

钛铁矿可溶于盐酸、硫酸、磷酸和大部分有机酸。钛铁粉在盐酸中溶解反应式见表 4-1-5。

表 4-1-5　钛铁粉在盐酸中溶解反应式

$FeTiO_3 + HCl \longrightarrow TiOCl_2 + FeO + H_2O$	$\frac{1}{2}Fe_2O_3 + 3HCl \longrightarrow FeCl_3 + \frac{3}{2}H_2O$
$FeO + 2HCl \longrightarrow FeCl_2 + H_2O$	$FeTiO_3 + 4HCl \longrightarrow TiOCl_2 + FeCl_2 + 2H_2O$

钛铁矿在酸中的溶解率与酸浓度、钛铁粉浓度、钛铁粉颗粒大小和温度等因素有关。

（1）不同类型酸溶液对溶解速率的影响。

采用质量分数 10% 的 HCl、20% 的 HEDTA 和 20% 的 EDTA 酸溶液，在 149℃ 和 2.1MPa 下，与钛铁粉反应 16h，测溶液中铁和钛的含量，如图 4-1-15 所示。

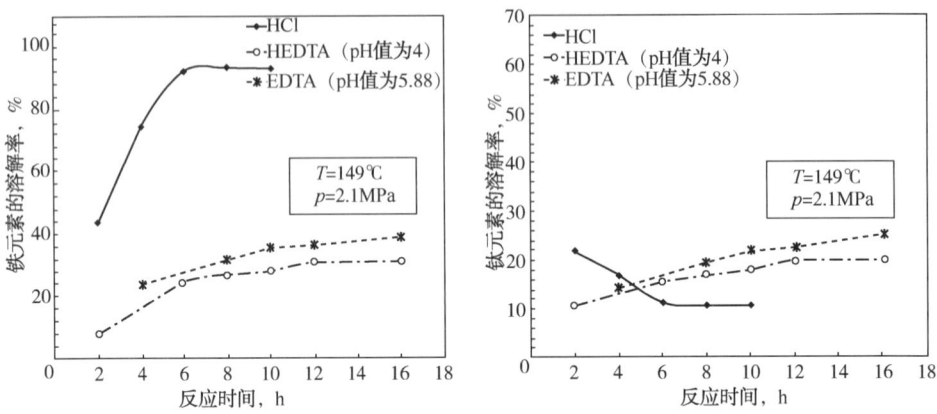

图 4-1-15　钛铁粉中在不同类型酸中的溶解率

由图 4-1-15 可知，在质量分数 10% 的盐酸溶液中，在反应到 6h，溶液中铁含量为 93% 左右，随着反应时间的增加，铁的含量基本保持不变。同样反应到 6h 时，溶液中钛的含量从 20% 降低到 10% 左右，随着反应时间的增加其含量保持不变。在质量分数 20% 的 HEDTA 和 20% 的 EDTA 溶液中，随着反应时间的增加，铁和钛的含量均在增加。EDTA 溶液中反应到 16h 时，铁含量为 39% 左右，钛含量为 20% 左右。在 HEDTA 溶液中反应到 16h，铁含量为 31% 左右，钛含量为 20% 左右。

上述实验表明，钛铁粉在盐酸中的溶解速率与溶解率比 HEDTA 和 EDTA 大很多。采用盐酸来去除钻井过程中形成的滤饼及进入地层中的钛铁粉是一种有效的方法。

（2）盐酸浓度对溶解速率的影响。

在同一颗粒尺寸下，随着盐酸浓度的增加，钛铁粉中铁的溶解量增加，如图 4-1-16 所示。

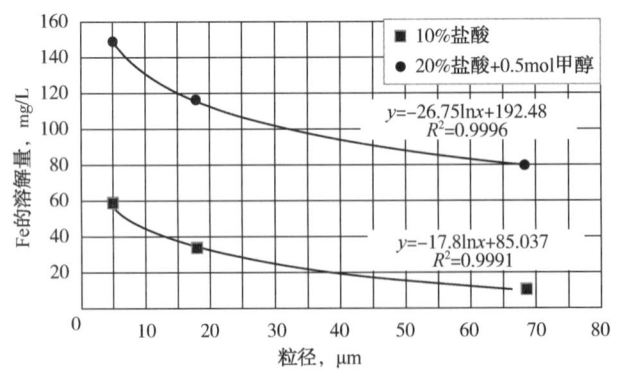

图 4-1-16　酸浓度对钛铁粉溶解速率的影响

（3）粒径对酸溶速率的影响。

钛铁粉粒径对酸溶速率的影响如图 4-1-17 所示，由图中数据可得出以下认识：

① 当钛铁粉粒径为 70μm 时，随着反应时间的增加，铁的溶解速率呈直线上升趋势。

② 当钛铁粉粒径为 18μm 时，随着反应时间从 0 增到 80min，钛铁粉中铁的溶解速率急剧上升，溶解率达到 60% 左右；随着时间继续增加，铁的溶解率变化不大。

③ 当钛铁粉粒径为 5μm 时，随着反应时间从 0 增到 60min，钛铁粉的溶解量急剧上升，增到 60% 以上；随着反应时间的继续增加，铁的溶解率呈直线增加，当反应达 240min 时，铁的溶解率达到了 90% 以上。

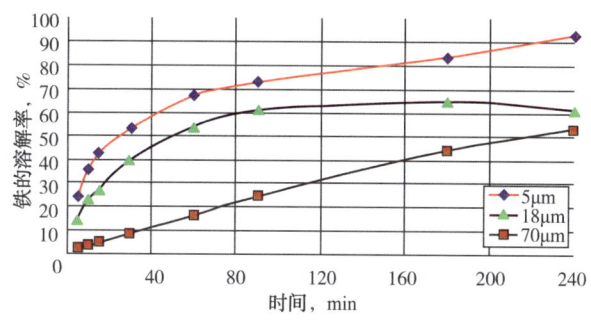

图 4-1-17　钛铁粉粒径对酸溶速率的影响

6）生物毒性

钛铁粉生物毒性低，不流动，无生物聚集和毒性，在北海地区可安全使用。研究表明：(1) 钛铁粉的重金属含量比重晶石更低，并且具有更好的生物可用性；(2) 比目鱼在含有钛铁粉的环境中饲养时不会影响比目鱼的死亡率或出生率；(3) 当比目鱼暴露在含有重晶石的环境中，其肝脏和血液中铅和钡的浓度会增加，而在含有钛铁矿的环境中没有观察到这一现象的出现。

5. 铁粉

铁粉的密度（7.8g/cm³）比重晶石（4.2g/cm³）高，加重同等密度条件下钻井液固相含量小。材料的粒径大于 300 目，可溶于低浓度有机酸和无机酸。因表面被钝化，为黑色粉末。因为它们的密度均大于重晶石，故可用于配制密度更高的钻井液或压井液。

第二节　库车山前抗高温高密度柴油基钻井液配方与性能

库车山前采用油基钻井液钻进库姆格列木群盐膏层与白垩系巴什基奇克组储层段，为了保证安全钻井，要求所使用的油基钻井液在高密度/超高密度下具有良好的流变性能、低的高温高压滤失量、良好的热稳定性（抗 150~190℃）、强的封堵性、抑制岩屑分散、良好润滑性、抗盐水侵能力强、与地层水活度平衡、良好的动/静沉降稳定性等性能。

近年来，库车山前油基钻井液作业由 4 个钻井液公司承担，各钻井液公司均采用柴油基乳化钻井液，但其配方与性能有所不同，下面分别进行论述。

一、油基钻井液性能及测定方法

油基钻井液性能包括密度、流变性能、滤失性能、破乳电压、油水比、含油量、含水量、固相含量、过量石灰、碱度、氯离子含量、静/动沉降稳定性等。

1. 常规性能

常规性能按照 GB/T 16783.2—2012《石油天然气工业　钻井液现场测试　第 2 部分：

油基钻井液》测定密度、流变性能、滤失量、电稳定性、油、水和固相含量、碱度、氯离子含量、钙含量、石灰等性能。流变性能全部采用65℃下测定。下面论述静动沉降稳定性测定方法。

2. 动沉降稳定性测定方法

油基钻井液动态沉降稳定性测定采用改进的 The Viscometer Sag Shoe Test(Vsst)沉降测试方法在65℃下进行测定。使用旋转黏度计、沉降鞋、针管、天平。测量步骤：

（1）将旋转黏度计转速调为600r/min，用注射器抽取杯底钻井液样品并测量其密度 ρ_1。

（2）再将旋转黏度计度转速调整为100r/min，30min后，再次在杯底取样和测量密度 ρ_2，计算30min前后测量杯底部的密度差 $\Delta\rho$。

沉降趋势 SR 表示为：

$$SR = \exp(-k\Delta\rho/\rho) \tag{4-2-1}$$

式中 k——系数，使用VST沉降测试方法时 k 为10.9。

3. 静沉降稳定性测定方法

油基钻井液静沉降稳定性采用测定静态沉降稳定分层指数(SSSI)值。

SSSI 值表示油基钻井液静沉降稳定性好坏，其值越大，油基钻井液静沉降稳定性越差。此方法测定步骤如下：

(1) 测量静恒前钻井液的密度。

(2) 将钻井液装入老化罐。

(3) 检查老化罐盖的密封胶圈，拧紧老化罐盖上。

(4) 用高压氮气瓶给老化罐中完井液加预压1.0MPa。

(5) 将老化罐置于恒温烘箱中，加温至静恒温度，进行静恒实验。

(6) 静恒到一定时间(1d、3d、7d和15d)后，取出老化罐，冷却至65℃以下，泄压并打开两个老化罐，其中一个老化罐中完井液进行常规性能测试，其中包括密度、流变性、滤失性能等；另一个老化罐进行静态沉降稳定性测试，其测定方法：

① 使用标准尺确定上层液体占总体的比例，使用注射器将钻井液上部清液抽出，放置在天平上去过毛重的量筒中，测清液体积($V_{清液}$)，称其质量，计算清液的密度(记为 $\rho_{清液}$)；

② 使用勺子取2.5cm以上的钻井液(清液部分不计入上层体积)，放到100mL烧杯中，搅拌均匀，量其体积(记为 $V_{上部}$)，取20mL称取重量，算出密度($\rho_{上部}$)，提前称量好空容器重量，称取过程中注意不要有气泡；

③ 将取出底部2.5cm以上中间部分完井液，放置于200mL的烧杯中，测量体积(记为 $V_{中部}$)，取20mL称取重量，计算密度($\rho_{中部}$)；取出后的中间部分钻井液按照SY/T 29170—2012测流变性能；

④ 测定底部钻井液密度；

⑤ 依据式(4-2-2)计算静态分层指数(SSSI)：

$$SSSI = \sum_{i=0}^{3} \left| (\rho_{原始} - \rho_i) \cdot \frac{V_i}{V_{清液} + V_{上部} + V_{中部} + V_{下部}} \right| \tag{4-2-2}$$

其中：$i=0$，代表清液；$i=1$，代表上部；$i=2$，代表中部；$i=3$，代表下部；$\rho_{原始}$ 指井浆在未进行静恒之前的平均密度，g/cm^3。

二、A 公司柴油基钻井液配方与性能

1. 处理剂

（1）基油：0号柴油。

（2）水相：25%氯化钙水。

（3）主乳化剂：INVERMUL NT，该剂主要组分为氧化妥尔油与聚胺脂肪酸混合物，外观为深色液体，闪点69℃，密度0.94g/cm³；该剂与石灰配合使用，可原位反应生成脂肪酸钙，用作为主乳化剂；该剂一般用量为11.41~34.24kg/m³，当用于高温环境（>170℃）时用量为28.53~71.33kg/m³。

（4）辅乳化剂：EZ-MUL NT，该剂主要组分为聚胺脂肪酸；外观为黏稠红色至琥珀色液体，闪点65℃，密度0.96g/cm³，抗温260℃；用于ENVIROMUL和INVERMUL RF体系，直接加入11.4~34.2kg/m³，用于INVERMUL体系，直接加入5.7~17.1kg/m³。

（5）降滤失剂：DURATONE HT，该剂主要组分为亲有机质风化褐煤，可提高钻井液热稳定性至260℃以上；外观灰色至黑色粉末，堆密度（压实）705kg/m³ 堆密度（未压实）497kg/m³，密度0.96g/cm³；用量为5.7~57.1kg/m³。

（6）降滤失剂：ENEDRIM-O-201FHT。

（7）润湿剂：DRILTREAT，该剂主要组分为分散性磷脂酰胆碱，亦可用作辅乳化剂；外观纯净黏稠琥珀色液体，闪点93℃，pH值（10%水溶液）为6.5，密度1g/cm³；用量为0.71~5.71kg/m³。

（8）有机土：GELTONE V，该剂为胺化合物处理过的蒙脱土，热稳定性达205℃；外观灰色至棕色粉末，密度为1.6g/cm³；用量为2.86~42.8kg/m³。

（9）有机土：VG-PLUS，该剂为膨润土与阳离子表面活性剂进行交换后的产物，用量为14.3kg/m³。

（10）有机土：ENEDRIM-O-301。

（11）流变性调节剂：RM-63，该剂为脂肪酸的二元和三元聚合混合物，可提高低剪切速率下的流变参数、提高加重剂悬浮能力，热稳定性接近232℃；外观深色液体，闪点为246℃，密度为0.95g/cm³；用量为0.7~4.2kg/m³。

（12）高温降黏剂：OMC，该剂为石油磺酸钠，用于降低油基钻井液的动切力和静切力；外观黑色液体，密度为0.976g/cm³；用量为0.71~4.28kg/m³。

（13）悬浮剂：SUSPENTONE。

（14）防塌封堵剂：ENEDRIM-O-205FHT。

（15）碱度调节剂：氧化钙。

（16）活度调节剂：氯化钙。

2. 配方与性能

1）钻库姆格列木群钻井液配方与性能

库姆格列木群使用的钻井液配方与性能见表4-2-1至表4-2-4。

表4-2-1 库姆格列木群每立方米2.40kg油基钻井液标准配方

序号	材料名称	功能作用	浓度，kg/m³
1	0号柴油	基础油	430~500L
2	INVERMUL-NT	主乳化剂	20~30

续表

序号	材料名称	功能作用	浓度,kg/m³
3	EZ-MUL NT	辅助乳化剂	20~30
4	氯化钙 CaCl$_2$	调矿化度	30~45
5	石灰	皂化、调减度	20~45
6	DURATONE HT/ENEDRIM-O-201FHT	降失水剂	15~25
7	GELTONE V/ENEDRIM-O-301	增粘剂	5~8
8	SUSPENTONE	悬浮剂	3~6
9	RM 63	流型调节剂/提切	2~5
10	DRILTREAT	润湿剂	2~5

表 4-2-2　库姆格列木群 12$\frac{1}{4}$in 井段钻井液性能要求

性能	要求	性能	要求	性能	要求	性能	要求
地层		密度 g/cm³	2.3~2.5	漏斗黏度,s	80~130	油水比	80:20~95:5
塑性黏度 mPa·s	≤110	动切力 Pa	3~15	静切力(10s/10min) Pa/Pa	2~8/4~18	HTHP 滤失量 mL	≤12
碱度	≥1.5	破乳电压 V	≥400	固相含量 %	≤55	水相盐浓度,%	20~35
含砂 %	≤0.3	过量石灰 kg/m³	≥5	低密度固相含量,%	—		

表 4-2-3　库姆格列木群每立方米 2.30kg 油基钻井液配方

序号	材料名称	功能作用	浓度,kg/m³
1	0 号柴油	基础油	430~500L
2	INVERMUL-NT	主乳化剂	20~30
3	EZ-MUL NT	辅助乳化剂	20~30
4	氯化钙 CaCl$_2$	调矿化度	30~45
5	石灰	皂化、调减度	20~45
6	DURATONE HT/ENEDRIM-O-201FHT	降失水剂	15~25
7	GELTONE V	增黏剂	5~8
8	SUSPENTONE	悬浮剂	3~6
9	RM 63	流型调节剂/提切	2~5
10	DRILTREAT	润湿剂	2~5
11	ENEDRIM-O-205FHT	防塌封堵剂	8~20
12	高密度重晶石粉	加重剂	—

表 4-2-4　库姆格列木群 8½in 井段油基钻井液性能要求

性能	要求	性能	要求	性能	要求	性能	要求
地层		密度 g/cm³	2.2~2.4	漏斗黏度，s	80~120	油水比	80:20~95:5
塑性黏度 mPa·s	≤90	动切力 Pa	3~15	静切力 (10s/10min) Pa/Pa	2~8/4~18	HTHP 滤失量 mL	≤12
碱度	≥1.5	破乳电压 V	≥400	固相含量 %	≤50	水相盐浓度 %	20~35
含砂量,%	≤0.3	过量石灰 kg/m³	≥5	低密度固相含量,%	—		

2）钻储层段配方

钻储层段使用的钻井液配方及性能要求见表 4-2-5 和表 4-2-6。

表 4-2-5　储层段每立方米 1.85kg 油基钻井液配方

序号	材料名称	功能作用	浓度，kg/m³
1	0 号柴油	基础油	420~480L
2	INVERMUL-NT	主乳化剂	20~30
3	EZ-MUL NT	辅助乳化剂	20~30
4	氯化钙 CaCl₂	调矿化度	30~45
5	石灰	皂化、调减度	20~45
6	DURATONE HT/ENEDRIM-O-201FHT	降失水剂	20~25
7	GELTONE V	增黏剂	5~8
8	SUSPENTONE	悬浮剂	3~6
9	RM 63	流型调节剂/提切	2~5
10	DRILTREAT	润湿剂	2~5
11	ENEDRIM-O-205FHT	防塌封堵剂	12~20
12	高密度重晶石粉	加重剂	—

表 4-2-6　储层段油基钻井液性能要求

性能	要求	性能	要求	性能	要求	性能	要求
地层		密度 g/cm³	1.7~1.98	漏斗黏度，s	55~110	油水比	75:25~90:10
塑性黏度 mPa·s	≤70	动切力 Pa	3~15	静切力 (10s/10min) Pa/Pa	1~8/4~15	HTHP 滤失量 mL	≤8

续表

性能	要求	性能	要求	性能	要求	性能	要求
碱度	≥1.5	破乳电压 V	≥400	固相含量 %	≤40	水相盐浓度 %	20~35
含砂,%	≤0.3	过量石灰 kg/m³	≥5	低密度固相含量,%	—		

三、B公司柴油基钻井液配方与性能

1. 处理剂

（1）基油：0号柴油。

（2）水相：25%氯化钙盐水。

（3）主乳化剂：VERSAMUL。

VERSAMUL多功能乳化剂是精选乳化剂、润湿剂、胶凝剂和液体稳定剂在矿物油基础上混合而成的液体。为深色黏性液体，相对密度0.84~0.96，闪点91.7℃。一般初始加量11.4~28.5kg/m³。

（4）辅乳化剂：VERSACOAT；VERSACOAT HF(兼起润湿剂作用)。

VERSACOAT HF有机表面活性剂是一种多功能添加剂，在油基钻井液体系中起乳化剂和润湿剂的作用。为深色黏性液体，相对密度0.90~1.00，闪点76.7℃。一般初始加量2.85~8.6kg/m³。

（5）降滤失剂：ECOTROL RD；VERSATROL M；SOLTEX。

ECOTROL RD聚合物类油基钻井液降失水剂。较少的加量可有效控制高温高压失水。为白色粉末，相对密度1.03。

VERSATROL M是一种沥青质降失水剂，提供高温稳定性。为黑色粉末，相对密度为1.04~1.06，闪点为316℃，加量5.7~23kg/m³。

SOLTEX添加剂是一种沥青，多功能钻井液调节剂，可以稳定泥岩地层，显著增加润滑性，降低高温高压失水。有效改善滤饼质量。

（6）流变性调节剂：VERSAGEL HT。

VERSAGEL HT是抗高温有机黏土，主要提供油基钻井液流变性调节作用，为细乳白色粉末，相对密度1.70。初始一般加量8~28kg/m³。

（7）高温乳化剂 MUL XT。

MUL XT作为高温乳化剂可在高温井或高温井段作为补充乳化剂，提供良好的抗温能力。相对密度0.93~0.96，为黄色至棕色液体，一般加量22.8~34.2kg/m³。

（8）碱度调节剂：氧化钙。

2. 配方与性能

1）钻库姆格列木群钻井液配方与性能

井底温度150~170℃，密度2.05~2.40g/cm³，柴油基乳化钻井液配方：0号柴油45%~50%+VERSAMUL(主乳化剂)3%~5%+VERSACOAT HF(辅乳化剂)2.5%~4%+25% $CaCl_2$ 盐水8%~12%+VERSAGEL(有机土)0.7%~1.2%+氧化钙2%~3%+VERSATROL(降滤失剂)3%~5%+重晶石(加至设计要求密度)。

井底温度 180~190℃，密度 2.05~2.40g/cm³，柴油基乳化钻井液配方：0 号柴油 45%~50%+VERSAMUL（主乳化剂）3%~5%+VERSACOAT（辅乳化剂）3%~6%+25%CaCl₂ 溶液 8%~12%+VERSAGEL HT（有机土）0.5%~1.2%+石灰 2%~3%+VERSATROL（降滤失剂）3%~5%+ECOTROL RD 0.5%~1%+MUL XT+2%~5%重晶石（加至设计要求密度）。

B 公司钻库姆格列木群钻井液配方与性能见表 4-2-7 至表 4-2-10。

表 4-2-7　B 公司钻盐膏层钻井液性能

密度 g/cm³	油水比	黏滞系数 K_f	PV mPa·s	YP Pa	Gel_{10s}/Gel_{10min} Pa/Pa	FL_{HTHP} mL	ES V	固含 %	过量石灰 kg/m³
2.05~2.40	83:17~90:10	≤0.1	≤85	6~18	2~5/5~18	≤6	≥500	31~47	5~9

表 4-2-8　B 公司 VERSACLEAN 油基钻井液基本配方

材料	作用	浓度
柴油	基液	0.436m³
淡水	水相	0.076m³
Calcium Chloride 氯化钙	控制水相活度	25.6kg/m³
VERSAMUL	高温主乳化剂	20~50kg/m³
VERSACOAT HF	辅乳化剂，兼润湿剂	20~60kg/m³
VERSAGEL HT	黏度调节剂	5~12kg/m³
VERSATROL	降失水剂	30~50kg/m³
ECOTROL RD	降失水剂	5~10kg/m³
SOLTEX	抗高温降失水剂	2.85~5.7kg/m³
Lime 石灰	碱度控制	22.8~28.5kg/m³
Barite 重晶石	加重剂	根据需要
Hematite 铁矿粉	加重剂	根据需要

注：配方密度 2.3g/cm³，油水比 85/15。

表 4-2-9　B 公司密度 2.30g/cm³ 的 VERSACLEAN 油基钻井液性能参数

钻井液性能	单位	范围
相对密度		2.30
塑性黏度（PV）	mPa·s	<55
动切力（YP）	lb/100ft²	10~20
旋转黏度计 6r/min 读值	—	8~12
10s 静切力	lbf/100ft²	8~15
10m 静切力	lbf/100ft²	15~35
高温高压失水量	mL/30min	<4
油水比	—	80/20~90/10
电稳定性	V	>600

续表

钻井液性能	单位	范围
剩余氧化钙	kg/m³	5~9
氯离子含量	g/L	180~220
低相对密度固相含量(体积分数)	%	<5

表 4-2-10　B 公司油基钻井液 Fan70 高温高压流变性

温度 ℃	压力 psi	Φ_{600}	Φ_{300}	静切力(10s) Pa	静切力(10min) Pa	AV mPa·s	PV mPa·s	YP Pa
66.0	0	133	73	14	16	66.5	60	7
66.0	1000	144	78	14	17	72.0	66	6
66.0	2000	155	84	16	20	77.5	71	7
93.0	2000	103	56	8	10	51.5	47	5
93.0	3000	110	60	9	12	55.0	50	5
93.0	4000	118	64	10	14	59.0	54	5
121.0	4000	87	47	6	7	43.5	40	4
121.0	5000	93	50	7	9	46.5	43	4
121.0	6000	99	54	9	11	49.5	45	5
149.0	6000	78	42	5	7	39.0	36	3
149.0	7000	83	45	6	8	41.5	38	4
149.0	8000	88	48	7	11	44.0	40	4
177.0	8000	73	40	5	7	36.5	33	4
177.0	9000	77	42	6	7	38.5	35	4
177.0	10000	81	44	6	8	40.5	37	4
200.0	10000	71	39	5	7	35.5	32	4
200.0	11000	75	41	5	8	37.5	34	4
200.0	12000	80	44	6	9	40.0	36	4

2) 储层段油基钻井液配方与性能

钻进储层段需降低油基钻井液密度至 1.80~1.95g/cm³。基液/胶液配方：0 号柴油 45%~50%+VERSAMUL(主乳化剂)3%~4%+VERSACOAT(辅乳化剂)2.5%~4%+25% CaCl₂ 水溶液 8%~12%+石灰 2%~3%+VESATROL(降滤失剂)2%~4%+VESAGEL HT(增黏剂)0.7%~1.2%。

B 公司储层段钻井液性能见表 4-2-11。

表 4-2-11　B 公司储层段钻井液性能

密度 g/cm³	油水比	K_f	PV mPa·s	YP Pa	Gel(10s/10min) Pa/Pa	FL_{HTHP} mL	ES V	固相含量,%	过量石灰 kg/m³
1.80~1.95	80:20~85:15	≤0.1	≤65	5~12	4~8/5~15	≤5	≥500	25~36	5~9

3）钻井液维护处理要点

（1）用 VERAMUL 和 VERSACOAT HF 控制钻井液的乳化稳定性，钻井作业时，乳化剂会有明显的消耗，有必要补充加入乳化剂，乳化剂切忌处理过量，因为这样会增加岩屑的油含量。

（2）维持钻井液中有适量的多余石灰对保持乳状液的高温稳定性和防止电解质发生电离有着决定性的作用，并为乳化剂和其他处理剂提供适当的碱性环境以获得较佳的效果。同时在储层钻进，保持适量的过量石灰有助于降低酸性气体（CO_2 和 H_2S 等）对钻井液的影响。

（3）用 VERSATROL 控制高温高压滤失量，如果滤液中有水，同样需加乳化剂处理。在储层钻进，必须严格控制钻井液滤失量，保证滤饼质量，依靠适度的粒度分布来达到暂堵的目的。

（4）维护稳定的破乳电压值。高温高压的滤液中不应该含有自由水，若高温高压滤失有增大趋势或滤液中有自由水，应立即将 VERSAMUL 和 VERSACOAT 直接加入体系或预混合后加入体系。如果因提高密度需要在钻井液中直接加入重晶石，应随时补充乳化剂和润湿剂以保持重晶石的润湿性。

（5）根据需要调整钻井液密度，维持油水比在适当的范围，防止盐水污染钻井液性能，加强钻井液氯离子监测工作，调整好钻井液密度及黏切、失水等性能。

四、C公司柴油基钻井液配方与性能

1. 处理剂

（1）基油：0号柴油。

（2）水相：25%氯化钙水。

（3）有机土：该产品主要含有伊利石、蒙脱石、十二碳、十六碳、十八碳、山梨糖醇等阳离子和非离子表面活性剂进行反应而成，能改变钻井液的悬浮能力和流变性，降低钻井液滤失。

（4）主乳化剂 DR-EM：该产品主要由乙烯基单元化合物及脂肪酸等化合物聚合改性复配而成，该产品属非离子型乳化剂，可与其他阴离子和阳离子产品配合使用，并且乳化率高、破乳电压值大、抗温、抗盐。

（5）辅乳化剂 DR-CO：主要由脂肪酸、脂肪酸酰胺、聚醚等化合物，反应后复配而成，对主乳化剂有活化和辅助作用，可提高油基钻井液的乳化稳定性及破乳电压。

（6）润湿剂：由山梨糖醇、聚氧乙烯醚等材料，经聚合反应，复配而成，该产品加量低、润湿率高，尤其是在油基钻井液中对重晶石等固体加重材料，有优秀的润湿功能，并且对破乳电压值的稳定有一定的贡献作用。

（7）降滤失剂：主要成分为高软化点沥青经高温氧化而成，该产品可有效地降低滤失量，在高温下的降滤失效果尤为明显，并且对井壁稳定，增加油基钻井液的黏度切力有一定作用。

2. 配方与性能

典型配方：0号柴油 45%~50%+DR-EM（主乳化剂）3%~4%+DR-CO（辅乳化剂）3%~4%+25%$CaCl_2$ 水溶液 8%~12%+石灰 3%~5%+VESATROL（降滤失剂）2%~4%+有机土（增黏剂）0.8%~2%。

C公司油基钻井液基本配方及性能见表4-2-12。

表4-2-12 C公司油基钻井液基本配方及性能

优选配方		性能评价	
材 料	数 据	性能指标	数 据
基础油加量，m^3	0.32~0.36	密度，g/cm^3	1.5~2.6
水加量，m^3	0.08~0.04	温度，℃	150~200
主乳化剂加量，kg/m^3	15~25	塑性黏度，$mPa·s$	20~65
辅乳化剂加量，kg/m^3	15~25	动切力，Pa	5~20
有机土加量，kg/m^3	6~12	初/终切，Pa	3~20
降滤失剂加量，kg/m^3	20~25	油水比	80/20~95/5
氯化钙加量，kg/m^3	18~40	高温高压滤失量，mL	≤10
石灰加量，kg/m^3	12	电稳定性，V	≥1000

C公司油基钻井液Fan70高温高压流变性见表4-2-13。

表4-2-13 C公司油基钻井液Fan70高温高压流变性

温度 ℃	压力 psi	Φ_{600}	Φ_{300}	Gel_{10s} Pa	Gel_{10min} Pa	AV mPa·s	PV mPa·s	YP Pa
66.0	0	135	75	13	17	67.5	60	8
66.0	1000	147	79	15	17	73.5	68	6
66.0	2000	157	86	16	20	78.5	71	8
93.0	2000	109	58	9	10	54.5	51	4
93.0	3000	110	62	8	13	55.0	48	7
93.0	4000	120	66	10	14	60.0	54	6
121.0	4000	89	49	7	7	44.5	40	5
121.0	5000	95	52	8	10	47.5	43	5
121.0	6000	101	56	10	11	50.5	45	6
149.0	6000	80	44	6	7	40.0	36	4
149.0	7000	85	47	6	9	42.5	38	5
149.0	8000	90	50	7	11	45.0	40	5
177.0	8000	75	42	5	7	37.5	33	5
177.0	9000	78	43	6	7	39.0	35	4
177.0	10000	83	45	6	9	41.5	38	4
200.0	10000	74	41	5	7	37.0	33	4
200.0	11000	77	42	5	8	38.5	35	4
200.0	12000	82	45	6	9	41.0	37	4

评价油基钻井液体系在 1.8g/cm³、1.9g/cm³、2.0g/cm³、2.2g/cm³、2.35g/cm³ 和 2.45g/cm³ 等高密度下流变性能、抗高温能力及其稳定性，实验数据见表 4-2-14。

油基钻井液配方：4%主乳化剂+4%辅乳化剂+1.5%有机土+20%CaCl₂溶液+4%降滤失剂+5%CaO+重晶石，油水比85:15。

表 4-2-14　C公司不同密度钻井液性能评价

密度 g/cm³		AV mPa·s	PV mPa·s	YP Pa	Φ_6/Φ_3	Gel Pa/Pa	FL_{HTHP} mL	ES V
1.8	热滚前	34	29	5	5/4	2.5/3	7.4	845
	热滚后	35	30	5	6/4	3/4		1020
1.9	热滚前	43.5	38	5.5	6/5	2.5/3.5	7.5	1012
	热滚后	43	37	6	7/5	3/3.5		937
2.0	热滚前	49	42	7	7/6	3/4	8.2	1066
	热滚后	47	41	6	6/5	3/3.5		1149
2.2	热滚前	56	49	7	8/6	3/4	8.3	1271
	热滚后	58	50	8	8/7	3.5/4.5		1199
2.35	热滚前	63.5	56	7.5	9/7	3.5/4	8.9	1405
	热滚后	65	57	8	8/7	4/4.5		1327
2.45	热滚前	74	67	7	9/6	4/5	9.4	1358
	热滚后	79	69	10	11/9	5/5.5		1488

注：热滚条件200℃×16h，50℃测流变性。

由表 4-2-14 中的数据可以看出，在高密度下钻井液始终保持着良好的热稳定性和沉降稳定性，随着密度的上升，破乳电压值也随之上升，当密度达到 2.45g/cm³ 时，热滚后的破乳电压值达到1488V，高温高压滤失量小于10mL，且热滚前后的流变性能稳定，表观黏度、塑性黏度以及切力变化不大，乳化剂的润湿性好。

根据上述配方，全部采用重晶石逐渐加重，油基钻井液的密度容量限最高可达 2.60g/cm³，实验数据见表 4-2-15。

表 4-2-15　C公司油基钻井液密度极限

密度 g/cm³	Φ_{600}/Φ_{300}	Φ_{200}/Φ_{100}	Φ_6/Φ_3	AV mPa·s	PV mPa·s	YP Pa	ES V
2.45	145/78	52/28	7/5	72.5	67	5.5	1223
2.50	164/89	57/32	8/6	82	75	7	1289
2.55	211/116	79/45	9/6	105.5	95	10.5	1402
2.60	266/147	92/54	13/9	133	119	14	1620
2.65	300+/191	118/70	14/10	—	—	—	1698
2.70	300+/265	131/90	15/12	—	—	—	1765

续表

密度 g/cm³	Φ_{600}/Φ_{300}	Φ_{200}/Φ_{100}	Φ_6/Φ_3	AV mPa·s	PV mPa·s	YP Pa	ES V
2.75	300+/298	153/102	17/14	—	—	—	1899
2.80	300+/300+	189/120	19/15	—	—	—	1987
2.85	300+/300+	233/157	20/17	—	—	—	2000+
2.90	300+/300+	289/230	28/20	—	—	—	2000+
2.95	300+/300+	300+/300+	40/27	—	—	—	2000+
3.0	300+/300+	300+/300+	63/42	—	—	—	2000+

注：65℃测流变性。

油基钻井液中的油水比指的是体系中油相和水相的体积比，当油相的体积大于水相的体积时，称为油包水型油基钻井液。由于这种油包水型油基钻井液中的油相含量高，整个体系比较稳定，且滤失量也较少，有利于钻井液性能的发挥和储层保护，但是也有不足之处，油相高导致体系的整体黏度小，不利于悬浮岩屑和重晶石等。通过配制不同油水比的油基钻井液，来测定其流变性能、破乳电压值等来优选出最佳的油水比，实验数据见表4-2-16。

表4-2-16 不同油水比钻井液性能评价

油水比		AV mPa·s	PV mPa·s	YP Pa	Φ_6/Φ_3	Gel(10s/10min) Pa/Pa	ES V
95:5	热滚前	64	61	3	4/3	1/2	1626
	热滚后	65.5	61	4.5	5/4	2/2.5	1703
90:10	热滚前	72	68	4	5/3	2/2.5	1528
	热滚后	70	65	5	6/4	2/3	1487
85:15	热滚前	77	70	7	8/6	3/3.5	1264
	热滚后	80	71	9	10/8	5/6	1086
80:20	热滚前	82.5	73	9.5	10/9	3/4	1125
	热滚后	89	78	11	12/9	5/5.5	1203

注：热滚条件200℃×16h，50℃测流变性。

由表4-2-16中的数据可以看出，随着油水比的下降，钻井液体系的表观黏度、塑性黏度、动切力也随之增大，破乳电压值略有下降，不同油水比的钻井液热滚前后流变性能变化不大，重晶石悬浮良好，热稳定性强。

分别用体积比为10%，20%，30%，40%，50%，60%和70%的盐水对密度为2.45g/cm³油基钻井液进行了污染实验，测试盐水侵对流变性的影响，实验数据见表4-2-17。

由表4-2-17的数据可以看出，随着盐水加量的增加，破乳电压值逐渐下降，黏度逐渐增加，当盐水侵比例大于60%时，破乳电压值降至400V以下，体系逐渐失去流动性。

表 4-2-17 C公司钻井液抗饱和盐水污染性能评价

饱和盐水加量,%	密度 g/cm³	AV mPa·s	PV mPa·s	YP Pa	Φ_6/Φ_3	Gel(10s/10min) Pa/Pa	ES V
0	2.45	71	66	5	5/4	2/3	1399
10	2.34	66	59	7	8/6	3/4	1321
20	2.22	71	60	11	10/8	4/5.5	1131
30	2.10	79	65	14	12/10	5.5/7	917
40	1.99	89	71	18	14/11	7/8	741
50	1.88	102.5	81	21.5	16/13	8/9.5	662
60	1.76	123.5	97	26.5	19/14	9/10	484
70	1.64	—	—	—	25/20	11/12.5	322

注：65℃测流变性。

五、高温高压对油基钻井液性能的影响

与水基钻井液相比，油基钻井液抗高温能力强，但其性能受高压效应的影响较大。高温高压对油基钻井液性能的影响主要表现在对其流变性和密度两个方面。

1. 高温对油基钻井液流变性的影响

高温对油基钻井液流变性的影响主要表现在黏度上。在常压下，油基钻井液黏度受温度的影响较大。由于油基钻井液以油为外相，因此，外相油黏度的高低决定了油基钻井液黏度的大小，可见油基钻井液在常压下受温度的影响来源于配制的基础油类。

实验表明，温度对油基钻井液黏度的影响主要体现在以下几个方面：（1）在常压下，随着温度升高，油基钻井液的流变性（表观黏度、塑性黏度及动切力）均大幅度地降低，其降幅将随着温度的升高而逐步减缓下来。（2）不同基础油类（如柴油与白油）配成的油基钻井液流变性在常压下受温度的影响程度也不尽相同。而其变化规律与配浆的基础油相似，其中以柴油配制者降幅最大。因此选用受温度影响幅度较小的基础油类配制的油浆更能适应深井钻井的需求。（3）在常压下，即使选用温度效应较小的油基加重钻井液，也会因在150℃以上出现加重剂沉淀现象，故对加重油基钻井液的使用应特别注意。（4）在常压下，温度对油基钻井液宾汉模式的相关数值影响甚微，即使在200℃高温下亦不会降到临界应用值0.917以下，而不能使用。

2. 压力对油基钻井液流变性的影响

在常温下，压力对水基钻井液的流变性的影响基本不大，而对油基钻井液却产生了较大的影响，主要体现在以下几个方面：

（1）在定温下，随着压力的上升，无论哪种基础油配制的油基钻井液流变性包括表观黏度、塑性黏度及动切力都随之逐步增加，渐渐变稠。

（2）基础油性质不同，受压力的影响程度也不尽相同。柴油的增黏幅度最大，每100MPa可高达平均3.11倍。

（3）油基钻井液受压力的影响亦表现出与基础油相似的规律。其流变性的增幅每100MPa分别为：动切力最大达3.30%、塑性黏度215%、表观黏度147.6%。

3. 高温高压对油基钻井液密度的影响

由于流体受"热胀压缩"特性所控制，因此，在高温和高压下，油基钻井液除了流变性

受到影响外，其密度同样也会发生某些变化。这种变化所引起的井下油基钻井液液柱压力的变化更可能会造成井下复杂情况，例如井喷、井漏等。为了掌握这一变化规律，确保井下的安全，国内外许多学者对此问题做了许多实验研究，得出了如下重要结论：

（1）不管采用什么样的基油配制的油基钻井液，其密度越大，则受温度或压力的影响也越大。

（2）在恒温下，压力对油基钻井液密度的影响程度与恒温的高低而不同，恒温高者其影响越大，压力所引起的密度增值幅度也越大。

（3）在恒压下，温度对油基钻井液密度的影响程度与恒压的大小而不同，恒压值越大，其温度引起的密度降幅也越大。

（4）对油基钻井液密度的影响，压力的增幅小于温度的降幅，在相当的温度与压力条件下，油基钻井液的密度不会保持不变。

（5）矿物油油基钻井液比柴油油基钻井液的密度受温度和压力的影响都大。

第三节 库车山前抗高温超高密度柴油基钻井液

库车山前，钻遇库姆格列木群盐膏地层时，井底温度大多为120~180℃，高压盐水层压力系数高达2.4C~2.6，需采用抗高温超高密度钻井液钻进。此外，该井段高压盐水层与易漏地层两者同处于一个裸眼，前者孔隙压力与后者漏失压力十分接近。采用柴油基钻井液钻遇高压盐水层发生溢流时，需采用超高密度2.4~3.0g/cm³钻井液压井。为了安全钻井，防止发生井漏、溢流、卡钻等井下复杂情况与事故，要求超高密度油基钻井液抗温160~180℃，具有良好流变性、低的高温高压滤失量、良好的封堵性与动/静沉降稳定性。

良好的抗高温超高密度柴油基钻井液的性能与加重剂、油水比有关，还与油基钻井液的组分：有机土、主乳化剂、辅乳化剂、润湿剂、降滤失剂、CaO等品种和加量有关。因而需研究上述因素对不同超高密度柴油基钻井液性能的影响规律，优化抗高温、超高密度柴油基钻井液配方，以求获得能满足库车山前钻进库姆格列木群所需求的钻井液最佳性能。

所有钻井液实验所用的处理剂均采用能抗200℃高温的柴油基钻井液处理剂。钻井液均在常温配浆，在160℃热滚16h后冷却至室温，高搅20min测性能，按照GB/T 16783.2—2012《石油天然气工业 钻井液现场测试 第2部分：油基钻井液》性能测试操作规程进行测试，流变性能、与动沉降稳定性在65℃下测定，高温高压滤失量在160℃、压差3.5MPa下测定，动沉降稳定性使用六速黏度计，测定600r/min底部密度与在100r/min下搅拌30min后底部密度差$\Delta\rho$（g/cm³）表示。

一、加重剂与油水比对抗高温超高密度柴油基钻井液性能的影响

超高密度钻井液中，加重剂已占其体积50%已上，该钻井液在流动时，加重剂颗粒间紧密接触的摩擦力随之急剧增加，因而超高密度钻井液的表观黏度不再由"结构黏度"和"非结构黏度"两部分构成，而增加了颗粒紧密接触摩擦而引起的黏度，因而加重剂特性对超高密度钻井液性能起到极其重要的作用。

1. 单一加重剂与油水比对抗高温超高密度柴油基钻井液性能的影响

1) 加重剂性能

采用不同密度、不同粒径的重晶石（4.2g/cm³，4.3g/cm³）、氧化铁粉、微细钛铁粉

（Microdense）、微锰（Micromax）等加重剂配制超高密度柴油基钻井液,研究其对超高密度柴油基钻井液性能的影响。所采用的加重剂性能见表 4-3-1。

表 4-3-1 加重剂性能

加重剂	成分	密度 g/cm³	加重剂颗粒度,μm					
			D_{90}	D_{75}	D_{50}	D_{25}	D_{10}
重晶石(4.2g/cm³)	硫酸钡	4.2	29.82	14.41	8.01	3.79	1.01
重晶石(4.3g/cm³)	硫酸钡	4.3	30.3	15.84	9.05	4.88	1.38
氧化铁粉	Fe₃O₄	4.6	—	—	—	—	—
微细钛铁粉	FeTiO₃	4.7	8.22	6.71	4.91	3.15	2.15
微锰	Mn₃O₄	4.8	1.38	0.47	0.19	0.08	0.04

注：由于氧化铁粉含磁性,激光粒度仪无法测定颗粒分布情况。

2) 采用国标重晶石作为加重剂配制油水比 80∶20 超高密度柴油基钻井液性能

采用国标重晶石作为加重剂,配制油水比 80∶20 超高密度柴油基钻井液,实验结果见表 4-3-2。从表中数据可以得出：采用重晶石加重的油水比为 80∶20 的柴油基钻井液,随着钻井液密度从 1.8g/cm³ 增加至 2.0g/cm³,钻井液流变性能表观黏度（AV）、塑性黏度（PV）和动切力（YP）稍增,钻井液密度超过 2.0g/cm³,流变性能急剧增大,当密度达 2.4g/cm³,塑性黏度已高达 83mPa·s,钻井液密度达 2.6g/cm³,塑性黏度已无法测定。

表 4-3-2 重晶石(4.2g/cm³)加重油水比为 80∶20 柴油基钻井液性能

密度 g/cm³	AV mPa·s	PV mPa·s	YP Pa	YP/PV	Gel_{10s} Pa	Gel_{10min} Pa	FL_{HTHP} mL	ES V	动沉降密度差 g/cm³
1.8	35	31	4	0.129	3.5	4.5	4.8	595	0.38
2.0	46.5	38	8.5	0.224	4	6.5	4	621	0.288
2.2	71.5	58	13.5	0.233	6	7	2.5	963	0.18
2.4	99.5	83	16.5	0.199	9	12	4	847	0.034
2.6	>150								

注：钻井液配方为柴油+主乳化剂 0.9%+辅乳化剂 1.2%+润湿剂 1.2%+有机土 2%+降滤失剂 3%+CaO 3%,油水比 80∶20。

实验结果表明,当油基钻井液油水比为 80∶20 时,采用国标重晶石加重,钻井液密度超过 2.4g/cm³,其流变性能已无法满足现场需求。

3) 油水比对超高密度柴油基钻井液性能的影响

为了改善重晶石加重的超高密度油基钻井液流变性,试图通过调整油水比来实现。实验结果见表 4-3-3。从表中数据可以得出：随着油水比的降低,采用重晶石加重的柴油基钻井液流变性能得到改善。在保持良好流变性前提下,油水比为 80∶20 时,采用重晶石加重柴油基钻井液密度最高可以加至 2.2g/cm³；油水比为 90∶10 时,采用重晶石加重柴油基钻井液密度可以加至 2.4g/cm³；油水比为 95∶5 时,采用重晶石加重柴油基钻井液密度可以加至 2.5g/cm³。对于密度超过 2.5g/cm³ 的柴油基钻井液，采用重晶石加重难以获得良好的流变性能，必须采用其他类型密度更高的加重剂进行加重。

表 4-3-3　重晶石(4.2g/cm³)加重油水比为 90∶10 柴油基钻井液性能

密度 g/cm³	AV mPa·s	PV mPa·s	YP Pa	YP/PV	Gel_{10s} Pa	Gel_{10min} Pa	FL_{HTHP} mL	ES V	动沉降密度差 g/cm³
2.4	71.5	57	14.5	0.254	7.5	10	4	1270	0.06
2.46	83	70	13	0.186	8.5	11	3.8	1683	0.02
2.5	100.5	84	16.5	0.196	10	13	4	916	0043
2.6	130	113	17	0.154	11	16	4.1	1002	0.081
2.8	>150	—	—	—	—	—	4	1528	0.024

注：钻井液配方为柴油+主乳化剂 0.8%+辅乳 1.0%+润湿剂 1.2%+有机土 2%+降滤失剂 4%+CaO 3%。

表 4-3-4　重晶石(4.2g/cm³)加重油水比为 95∶5 油基钻井液性能

密度 g/cm³	AV mPa·s	PV mPa·s	YP Pa	YP/PV	Gel_{10s} Pa	Gel_{10min} Pa	FL_{HTHP} mL	ES V	动沉降密度差 g/cm³
2.5	66	58	8	0.138	4.5	6	5	2048	0.082
2.6	94.5	84	10.5	0.125	6	9.5	4	2252	0.098
2.8	>150	—	—	—	—	—	4	1865	0.121

注：钻井液配方为柴油+主乳化剂 0.8%+辅乳化剂 1.0%+润湿剂 1.2%+有机土 1.2%+降滤失剂 5%+CaO 3%。

4）加重剂种类对柴油基钻井液流变性能影响

加重剂种类对油水比 90∶10 柴油基钻井液流变性能影响实验数据见表 4-3-5。从表中数据可以得出以下认识。采用重晶石(4.2g/cm³)加重柴油基钻井液，钻井液密度至 2.4g/cm³ 仍具有较好流变性能；钻井液密度超过 2.4g/cm³，表观黏度增高，无法满足要求。使用重晶石(4.3g/cm³)、氧化铁粉或微细钛铁粉加重柴油基钻井液密度至 2.5g/cm³ 时，其流变性能稍有改善，但仍然偏高，无法满足要求。采用密度为4.8g/cm³ 微锰、颗粒度 D_{90} 为 1.38μm 球形的微锰加重的超高密度油基钻井液，具有较好的流变性能。

表 4-3-5　加重剂种类对油水比 90∶10 柴油基钻井液流变性能影响

加重剂类型	密度 g/cm³	AV mPa·s	PV mPa·s	YP Pa	YP/PV	Gel_{10s} Pa	Gel_{10min} Pa
重晶石 (4.2g/cm³)	2.4	71.5	57	14.5	0.254	7.5	10
	2.5	100.5	84	16.5	0.196	10	13
	2.6	120	113	17	0.154	11	16
	2.8	>150	—	—	—	—	—

续表

加重剂类型	密度 g/cm³	AV mPa·s	PV mPa·s	YP Pa	YP/PV	Gel₁₀ₛ Pa	Gel₁₀ₘᵢₙ Pa
重晶石 (4.3g/cm³)	2.4	67	58	9	0.155	5.2	7
	2.5	86.5	75	11.5	0.153	6	7
	2.6	127.5	110	17.5	0.159	10	12
	2.8	>150	—	—	—	—	—
氧化铁粉	2.4	85	78	7	0.090	6	7.5
	2.5	105	90	15	0.170	7.5	11
	2.6	147.5	130	17.5	0.135	15	21
	2.8	>150	—	—	—	—	—
微细钛铁数 (Microdense)	2.36	78	60	18	0.300	8.5	10.5
	2.5	110	97	13	0.134	7.5	8
	2.6	>150	—	—	—	—	—
	2.8	>150	—	—	—	—	—
微锰 (Micromax)	2.4	49.5	29	20.5	0.707	11.5	12
	2.5	58	36	22	0.611	11.5	12
	2.6	90	60	30	0.500	16	17.5
	2.8	115.5	72	43.5	0.604	22	22.5

注：钻井液配方为柴油+主乳化剂0.8%+辅乳化剂1.0%+润湿剂1.2%+有机土2%+降滤失剂4%+CaO 3%，油水比90∶10。

5）加重剂种类对柴油基钻井液滤失量的影响

加重剂对柴油基钻井液滤失量影响实验结果见表4-3-6。从表中数据可以得出：采用重晶石（密度4.2g/cm³或4.3g/cm³）加重，钻井液具有较低的高温高压滤失量，钻井液密度从2.4g/cm³增至2.8g/cm³，高温高压滤失量保持稳定；采用氧化铁粉与微细钛铁粉加重，高温高压滤失量稍高，分别为4.2~5mL与4.5~8.6mL；而采用超细的微锰加重柴油基钻井液的高温高压滤失量高达82~100mL。

表4-3-6 加重剂种类对油水比90∶10油基钻井液滤失量的影响

加重剂类型	重晶石(4.2g/cm³)				重晶石(4.3g/cm³)				氧化铁粉				微细钛铁粉				微锰			
密度，g/cm³	2.4	2.5	2.6	2.8	2.4	2.5	2.6	2.8	2.4	2.5	2.6	2.8	2.4	2.5	2.6	2.8	2.4	2.5	2.6	2.8
FL_{HTHP}, mL	4	4	4.1	4	3.6	4	3.6	3.8	5.4	4.2	4.5	5	4.5	9.2	8.6	7.4	96	100	82	85
滤饼厚度, mm	3	3	3	3	3	3	3	3	3	3	3	3	3	6	7	5	60	60	57	58

注：钻井液配方为柴油+主乳化剂0.8%+辅乳化剂1.8%+润湿剂1.2%+有机土2%+降滤失剂4%+CaO 3%，油水比90∶10。

6）加重剂种类对柴油基钻井液破乳电压的影响

加重剂种类对柴油基钻井液破乳电压的影响实验结果如图4-3-1所示。从图4-3-1中数据可以得出，采用重晶石、微锰加重柴油基钻井液，钻井液具有较高的破乳电压；采用微细钛铁粉加重，柴油基钻井液乳化性能一般，破乳电压基本能达到要求；采用氧化铁粉加重，柴油基钻井液乳化性能不好，破乳电压不足400V；各类加重剂加重时，钻井液密度从2.4g/cm³增至2.5g/cm³，破乳电压均下降，钻井液密度继续增高，破乳电压增高。

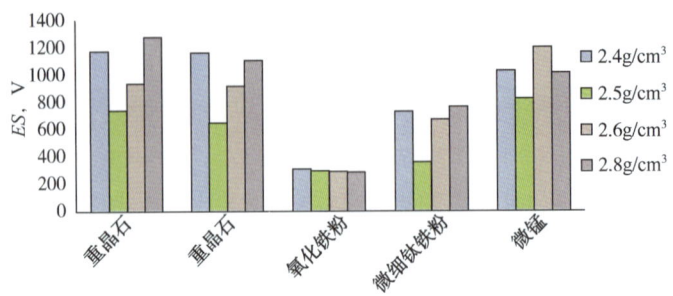

图4-3-1　加重剂种类对油水比90∶10
柴油基钻井液破乳电压的影响

钻井液配方为柴油+主乳化剂0.8%+辅乳化剂1.8%+润湿剂
1.2%+有机土2%+降滤失剂4%+CaO 3%，油水比90∶10

7）加重剂种类对柴油基钻井液对动态沉降稳定性的影响

采用微细钛铁粉与微锰加重油基钻井液，钻井液密度从2.4g/cm³至2.8g/cm³，由于其颗粒度小，钻井液均具有良好的动沉降稳定性，其中微锰在低塑性黏度条件下可以保持与微细钛铁粉相当的稳定性。而采用重晶石与氧化铁粉加重的密度为2.4g/cm³油基钻井液，虽然其塑性黏度非常高，但是其沉降稳定性还是不如两种超微加重剂好，如图4-3-2和图4-3-3所示。

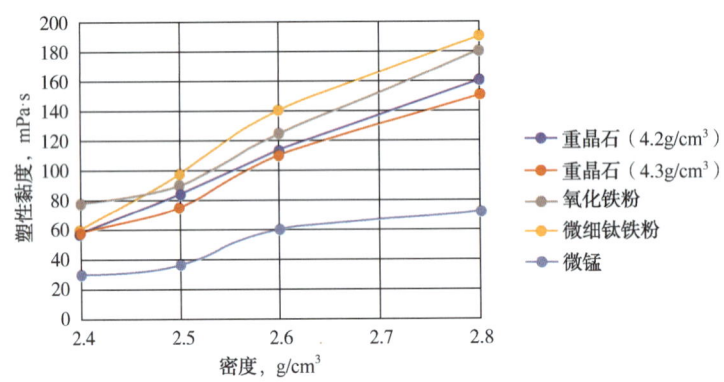

图4-3-2　加重剂种类对油水比90∶10油基钻井液塑性
黏度的影响曲线

通过以上实验，单独使用各种类型加重剂加重超高密度柴油基钻井液，其性能均无法全面满足钻井作业的需求。

2. 加重剂复配对超高密度柴油基钻井液性能的影响

1）采用高密度氧化铁矿粉与重晶石复配

A钻井液公司采用氧化铁矿粉与重晶石复配制超高密度柴油基钻井液，其配方为：0号柴油212.6mL+主乳14.3mL+辅乳21.2mL+润湿剂2.8mL+有机土3g+降滤失剂17.9g+流变性调节剂1.53mL+悬浮剂1.43g+CaO14.3g+水13.5mL+氯化钙7.6g+重晶石850g+氧化铁矿粉至所需密度。

采用高密度氧化铁矿粉与重晶石所配制的最高密度为2.6g/cm³，钻井液塑性黏度高，

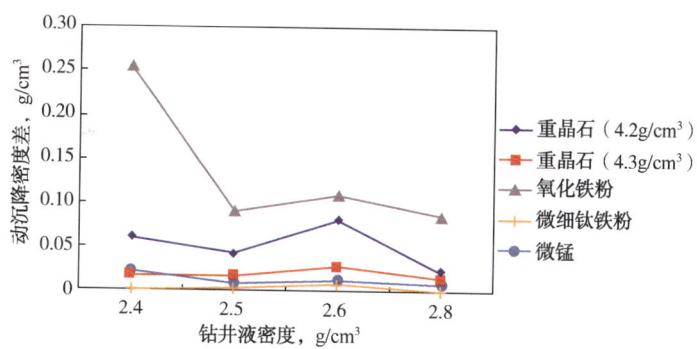

图 4-3-3　加重剂种类对油水比 90∶10 油基钻井液动态
沉降的影响曲线

钻井液配方为：柴油+主乳化剂 0.8%+辅乳化剂 1.0%+润湿剂 1.2%+
有机土 2%+降滤失剂 4%+CaO 3%，油水比 90∶10

较低的动切力与静切力，低的动塑比，见表 4-3-7。氧化铁矿粉与重晶石复配无法配出密度超过 2.6g/cm³ 性能良好的超高密度柴油基钻井液。

表 4-3-7　采用氧化铁矿粉与重晶石复配制超高密度柴油基钻井液

密度 g/cm³	AV mPa·s	PV mPa·s	YP Pa	YP/PV	Gel_{10s} Pa	Gel_{10min} Pa	ES V
2.35	87	79	8	0.101	4.5	6.5	1450
2.52	144	135	9	0.067	6.5	9	1350
2.6	145	136	9	0.066	6.5	9.5	1830

2）采用 Micromax 与重晶石复配

根据 Farris 效应，采用粒径不同颗粒进行复配。在不同粒径固相体系中，小粒径颗粒可以填充在大粒子间空隙中。对双组分体系，黏度与两组分浓度比和体系总浓度间存在一定关系，如图 4-3-4 所示。从图 4-3-4 中可以看出，当向大颗粒体系中逐渐加入小颗粒时，体系黏度随之降低，小颗粒浓度达到 0.4 左右时，体系黏度最低，此现象称为 Farris 效应。

由上述实验可知，微锰在超高密度油基钻井液中有着独特的优势，因此选择微锰与重晶石进行复配。

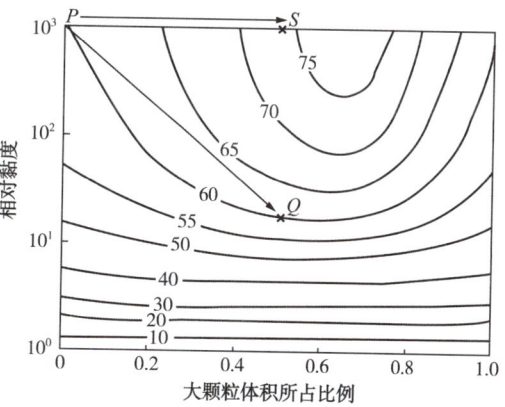

图 4-3-4　双组分体系相对黏度随两组分
（粒径比 1∶5）浓度比与体系总浓度的关系

（1）重晶石与微锰复配对颗粒度的影响。

采用重晶石与微锰复配产物的颗粒度见表 4-3-8。从表 4-3-8 中数据可以看出，随着微锰加量增加，D_{90} 和 D_{50} 均逐渐增大，重晶石∶微锰为 50∶50 时颗粒度变化明显。

表 4-3-8　重晶石与微锰复配产物颗粒度　　　　　　　　单位：μm

重晶石：微锰	D_{90}	D_{75}	D_{50}	D_{25}	D_{10}
微锰	1.38	0.47	0.19	0.08	0.04
30：70	4.04	2.97	1.27	0.41	0.26
40：60	5.49	3.81	2.46	1.12	0.71
50：50	6.27	3.90	2.25	0.98	0.35
60：40	9.16	4.86	2.76	1.07	0.40
70：30	10.52	5.99	2.78	0.92	0.31
80：20	13.17	7.82	3.06	0.68	0.25
90：10	17.97	10.42	3.69	0.90	0.25
重晶石(4.2g/cm³)	29.82	14.41	8.01	3.79	1.01

（2）不同复配比例对柴油基钻井液性能的影响。

重晶石与微猛复配对超高密度柴油基钻井液性能的影响实验结果见表 4-3-9、图 4-3-5 与图 4-3-6。从表中数据可以看出，重晶石与微猛复配，随着微猛所占的比例增大，钻井液塑性黏度、动切力、静切力均下降，重晶石与微猛比例为 30：70，继续增加微猛，钻井液黏度、动切力、静切力增大。重晶石与微猛复配，随着微猛所占的比例增大，高温高压滤失量变化不大，但是，当重晶石与微猛比例超过 50：50 时，则高温高压滤失量随着加重剂中微猛的增加而急剧增大。随微猛增加动沉降稳定性而得到改善，破乳电压稍有下降。上述实验表明，重晶石与微猛复配比例为 60：40，超高密度钻井液获得良好性能。此复配比例符合 Farris 效应。

表 4-3-9　重晶石与微锰复配对超高密度 2.8g/cm³ 油基钻井液性能的影响

重晶石：微锰	AV mPa·s	PV mPa·s	YP Pa	YP/PV	Gel_{10s} Pa	Gel_{10min} Pa	FL_{HTHP} mL	滤饼厚度 mm	ES V	动沉降密度差 g/cm³
微锰	86.5	56	30.5	0.545	14	15	93	88	1599	0.061
30：70	65.5	41	24.5	0.598	12	12.5	58	50	1589	0.043
40：60	72	46	26	0.565	13	13.5	23	19	1609	0.059
50：50	72.5	49	23.5	0.480	11.5	12	12	8	1719	0.062
60：40	81	57	24	0.411	11.5	13.5	5.4	4	1613	0.060
70：30	92	70	22	0.314	11	13	5.2	4	1725	0.089
重晶石	>150	—	—	—	—	—	4	3	1865	0.121

注：钻井液配方为柴油+主乳化剂 0.8%+辅乳化剂 1.0%+润湿剂 1.6%+有机土 0.6%+降滤失剂 5%+CaO 3%，油水比 90：10。

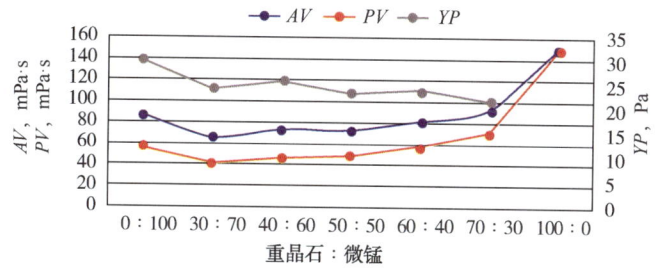

图 4-3-5 不同复配比例对流变性的影响曲线

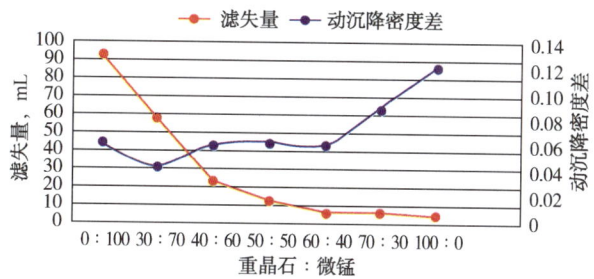

图 4-3-6 不同复配比例滤失量和沉降稳定性对比曲线

(3) 复配与单一加重剂加重柴油基钻井液性能对比。

采用重晶石与微锰复配加重超高密度钻井液，其流变性、破乳电压均优于其他类别单一加重剂加重的超高密度油基钻井液，并具有较低的高温高压滤失量，详见表 4-3-10 与表 4-3-11。

表 4-3-10 重晶石与微锰复配与其他加重剂加重钻井液（油水比 80∶20）性能对比

加重剂类型	密度 g/cm³	AV mPa·s	PV mPa·s	YP Pa	YP/PV	Gel$_{10s}$ Pa	Gel$_{10min}$ Pa	FL$_{HTHP}$ mL	ES V	动沉降密度差 g/cm³
重晶石（4.2g/cm³）	2.4	99.5	83	16.5	0.199	9	12	4	847	0.034
重晶石（4.3g/cm³）	2.4	84	80	14	0.175	7	8.5	4	594	0.057
氧化铁粉	2.4	112.5	93	18.5	0.199	9	12	5.6	801	0.082
微细钛铁粉	2.4	110	88	22	0.250	10	11	7.8	439	0.016
微锰	2.4	72.5	40	32.5	0.813	17	17.5	72	717	0.015
重晶石∶微锰（60∶40）	2.4	78	57	21	0.368	13	13	6	1086	0.002

注：钻井液配方为柴油+主乳化剂 0.9%+辅乳化剂 1.2%+润湿剂 1.2%+有机土 2%+降滤失剂 3%+CaO 3%，油水比 80∶20。

表 4-3-11 重晶石与微锰复配与其他加重剂加重钻井液(油水比 90:10)性能对比

加重剂类型	密度 g/cm³	AV mPa·s	PV mPa·s	YP Pa	YP/PV	Gel_{10s} Pa	Gel_{10min} Pa	FL_{HTHP} mL	ES V	动沉降密度差 g/cm³
重晶石(4.2g/cm³)	2.6	130	113	17	0.154	11	16	4.1	934	0.081
	2.8	>150	—	—	—	—	—	4	1282	0.024
重晶石(4.3g/cm³)	2.6	127.5	110	17.5	0.159	10	12	3.6	915	0.028
	2.8	>150	—	—	—	—	—	3.8	1105	0.016
氧化铁粉	2.6	147.5	130	17.5	0.135	15	21	4.5	291	0.11
	2.8	>150	—	—	—	—	—	5	287	0.086
微细钛铁粉	2.6	>150	—	—	—	—	—	8.6	673	0.009
	2.8	>150	—	—	—	—	—	7.4	762	0.001
微锰	2.6	90	60	30	0.500	16	17.5	82	1202	0.012
	2.8	115.5	72	43.5	0.604	22	22.5	85	1008	0.009
重晶石:微锰(60:40)	2.6	66.5	51	15.5	0.304	10	11	2	1152	0.038
	2.81	95.5	65	30	0.462	14	15.5	4	1119	0.022

注：钻井液配方为柴油+主乳化剂 0.9%+辅乳化剂 1.2%+润湿剂 1.2%+有机土 2%+降滤失剂 3%+CaO 3%，油水比 90:10。

3. 小结

(1) 在超高密度油基钻井液中，油水比对钻井液流变性能的影响非常显著，随着油水比的增高，钻井液流变性能会有明显的改善。

(2) 符合国家标准的重晶石加重时，即使在高油水比的条件下，油基钻井液最高仅能加重至 2.5g/cm³，继续升高则无法保证良好的流变性。

(3) 采用高密度重晶石、氧化铁粉、微细钛铁粉等类加重剂单独加重超高密度柴油基钻井液，不能获得良好流变性能与动沉降稳定性；而单独采用微锰加重超高密度油基钻井液，尽管能获得良好流变性能与动沉降稳定性，但高温高压滤失量急剧增加，配方需进一步调整，寻找合适的降滤失剂。

(4) 采用重晶石与氧化铁矿粉复配加重超高密度柴油基钻井液，最高密度达 2.6g/cm³，其塑性黏度已高达 146mPa·s，动切力很低，动塑比仅为 0.066。

(5) 采用符合国家标准的重晶石与颗粒度 D_{90} 为 1.38μm 球形的微锰复配加重，其比例为 60:40 时，最高密度可达 2.8g/cm³，钻井液既具有良好的流变性能和沉降稳定性，还能获得低的高温高压滤失量，滤饼质量好。

二、抗 160℃ 超高密度柴油基钻井液组分对其性能的影响

1. 主乳化剂加量的影响

乳化剂是油包水乳状液是否稳定的决定因素，它在乳状液中的主要作用是在油—水界面形成一层坚固的膜。乳化剂分为主乳化剂和辅乳化剂。主乳化剂又称第一乳化剂，是用于油包水钻井液的主要乳化剂，它的主要作用是形成膜的骨架，适宜做主乳化剂的 HLB 值是 3~6。

主乳化剂加量对柴油基钻井液性能影响实验结果见表4-3-12以及图4-3-7与图4-3-8,从表和图中数据可以得出:(1)在柴油基钻井液中不加主乳化剂,油水无法乳化,配制不出柴油基钻井液;(2)当主乳化剂加量增到为0.50%时,钻井液具有很好流变性能,高温高压滤失量为7.2mL,破乳电压较高达1659V,具有较好的动沉降稳定性,动沉降密度差为0.036g/cm³;(3)主乳化剂加量增到0.80%,钻井液流变性能稍增,高温高压滤失量下降至5.2mL,并具有很好动沉降稳定性,动沉降密度差降至0.008g/cm³,破乳电压增大至1740V;(4)继续增加主乳化剂加量增到1.20%,钻井液流变性能稍降、高温高压滤失量降至4.1mL、动沉降密度差增大;(5)继续增加主乳化剂加量增到2.00%,钻井液流变性能、高温高压滤失量、破乳电压均增大,动沉降稳定性变差,动沉降密度差增至0.085g/cm³。

表4-3-12 主乳化剂加量对密度2.8g/cm³柴油基钻井液性能的影响

主乳化剂加量,%	密度 g/cm³	AV mPa·s	PV mPa·s	YP Pa	YP/PV	Gel₁₀s Pa	Gel₁₀min Pa	FL_HTHP mL	ES V	动沉降密度差 g/cm³
0.50	2.8	86	63	23	0.37	11	15	7.2	1659	0.036
0.80	2.8	103	77	26	0.34	11.5	13	5.2	1740	0.008
1.20	2.8	81.5	65	16.5	0.25	10	15	4.1	1232	0.026
1.50	2.8	112.5	84	28.5	0.34	12.5	18	5.2	1870	0.064
2.00	2.8	150	114	36	0.32	16	27	5.8	2048	0.085

注:钻井液配方为0号柴油+2号主乳化剂X%+辅乳化剂1%+润湿剂1%+有机土0.3%+降滤失剂5%+CaO 3%,加重剂为重晶石(ρ=4.2g/cm³):微锰=6:4复配,油水比为90:10。

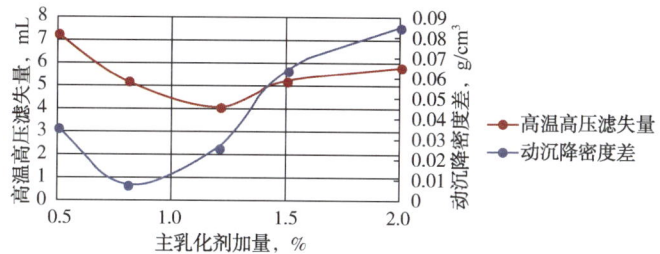

图4-3-7 主乳化剂加量对密度2.8g/cm³柴油基钻井液动沉降密度差与高温高压滤失量的影响曲线

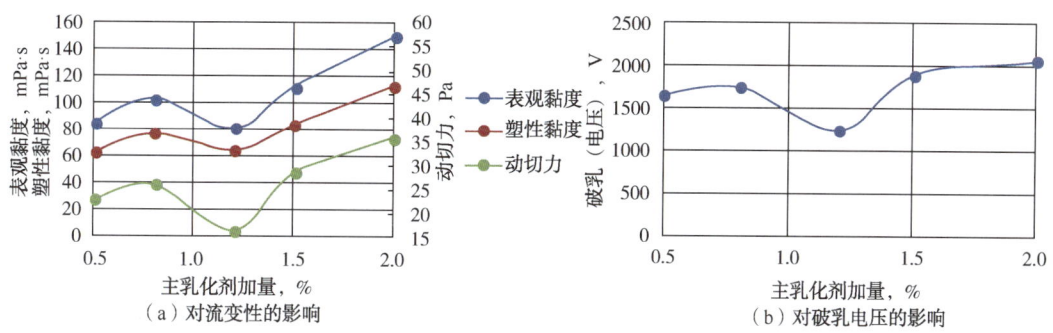

(a) 对流变性的影响　　(b) 对破乳电压的影响

图4-3-8 主乳化剂加量对密度2.8g/cm³柴油基钻井液流变性与破乳电压的影响曲线

以上实验结果表明,对于密度 2.8g/cm³ 的柴油基钻井液,主乳化剂最佳加量为 0.8%。

2. 辅乳化剂加量的影响

辅乳化剂也称第二乳化剂或乳化稳定剂。它的主要作用是使主乳化剂形成的乳状液更稳定,适宜做辅乳化剂的 HLB 值是 8~18。

辅乳化剂加量对柴油基钻井液性能影响实验结果见表 4-3-13 以及图 4-3-9 与图 4-3-10,从表和图中数据可以得出:(1)在柴油基钻井液中不加辅化剂,加重剂发生絮聚,钻井液塑性黏度、动切力高达测不出,高温高压滤失量达到 59.4mL;(2)当辅乳化剂加量增到 0.50%时,钻井液具有很好的流变性能,但高温高压滤失量仍高达 50mL;(3)辅乳化剂加量增到 1.00%,钻井液流变性能变化不大,高温高压滤失量急剧下降至 5.2mL,并具有很好动沉降稳定性,动沉降密度差降至 0.008g/cm³;(4)继续增加辅乳化剂加量至 2.00%,钻井液动切力、高温高压滤失量、动沉降密度差均增大。

表 4-3-13　辅乳化剂加量对密度 2.8g/cm³ 柴油基钻井液性能的影响

辅乳化剂加量,%	密度 g/cm³	AV mPa·s	PV mPa·s	YP Pa	YP/PV	Gel₁₀ₛ Pa	Gel₁₀ₘᵢₙ Pa	FL_HTHP mL	ES V	动沉降密度差 g/cm³
0.00	2.8	>150				39	53	59.4	1633	0.04
0.50	2.8	107	86	21	0.24	13.5	20	50	1633	0.022
1.00	2.8	103	77	26	0.34	11.5	13	5.2	1740	0.008
1.50	2.8	111	76	35	0.46	15.5	16	4.8	1906	0.012
2.00	2.8	94	62	32	0.52	14.5	16	10.8	1752	0.015

注:钻井液配方为 0 号柴油+主乳化剂 0.8%+辅乳化剂 X%+润湿剂 1%+有机土 0.3%+降滤失剂 5%+CaO 3%,加重剂为重晶石(ρ=4.2g/cm³):微锰=6:4 复配,油水比为 90:10。

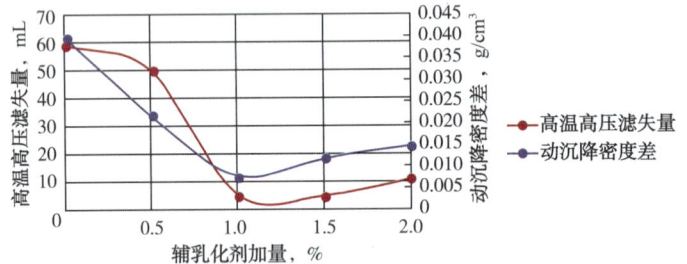

图 4-3-9　辅乳化剂对密度 2.8g/cm³ 柴油基钻井液动沉降密度差与高温高压滤失量的影响曲线

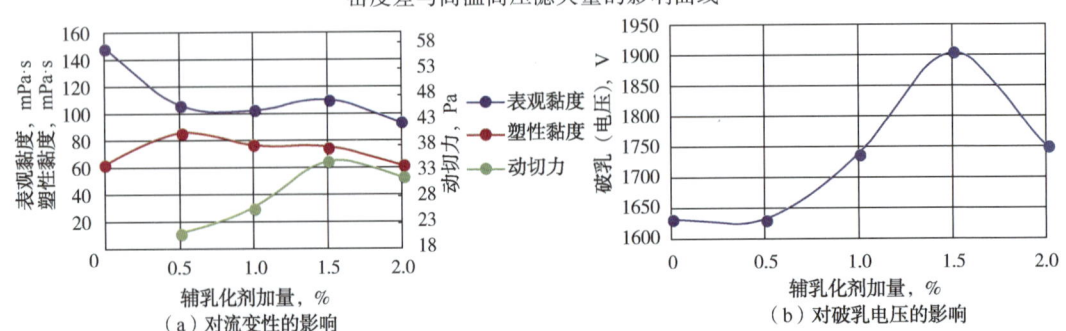

(a)对流变性的影响　　(b)对破乳电压的影响

图 4-3-10　辅乳化剂加量对密度 2.8g/cm³ 柴油基钻井液流变性与破乳电压的影响曲线

以上实验结果表明,对于密度2.8g/cm³柴油基钻井液,辅乳化剂最佳加量为1%。

3. 降滤失剂加量的影响

降滤失剂为亲油胶体,在油基钻井液中降低滤失量。国内外油基钻井液所使用的降滤失剂可归为三类:沥青类、有机褐煤类、聚合物类。

采用高软化点沥青类降滤失剂进行实验,优选其在密度2.8.g/cm³柴油基钻井液降滤失剂最佳加量,实验结果见表4-3-14以及图4-3-11与图4-3-12。

表4-3-14 密度2.8g/cm³不同降滤失剂加量性能对比

降滤失剂加量,%	密度 g/cm³	AV mPa·s	PV mPa·s	YP Pa	YP/PV	Gel_{10s} Pa	Gel_{10min} Pa	FL_{HTHP} mL	ES V	动沉降密度差 g/cm³
3.00	2.8	66	50	16	0.32	7	9.5	8.8	1209	0.064
3.50	2.8	71.5	54	17.5	0.32	8	12	6.8	1127	0.021
4.00	2.8	71.5	55	16.5	0.3	7	10	6.2	1395	0.014
4.50	2.8	66	52	14	0.27	6	7.5	5.8	1233	0.01
5.00	2.8	81.5	69	12.5	0.18	7.5	10.5	5.6	1063	0.003

注:钻井液配方为0号柴油+主乳化剂0.8%+辅乳化剂1%+润湿剂1%+有机土0.3%+降滤失剂X%+CaO 3%,加重剂为重晶石(ρ=4.2g/cm³):微锰=6:4复配,油水比90:10。

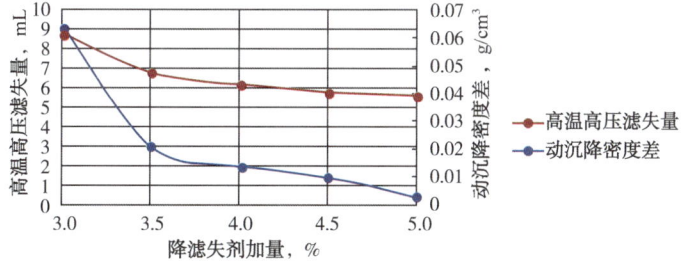

图4-3-11 降滤失剂加量对密度2.8g/cm³柴油基钻井液动沉降密度差与高温高压滤失量的影响曲线

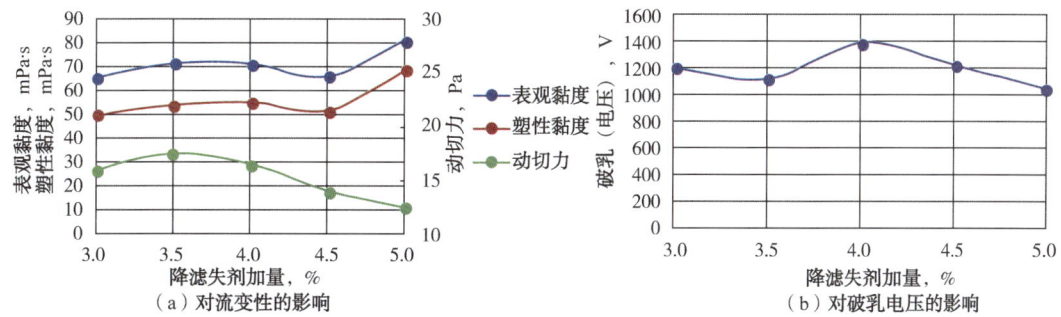

(a)对流变性的影响　　　　　(b)对破乳电压的影响

图4-3-12 降滤失剂加量对密度2.8g/cm³柴油基钻井液流变性与破乳电压的影响曲线

从图和表中数据可以得出,降滤失剂加量为3.00%时,钻井液具有良好的流变性能,高温高压滤失量可降到8.8mL。随着降滤失剂加量从3.00%增加至5.00%,柴油基钻井液中塑性黏度稍增,动切力稍降,高温高压滤失量下降,动沉降稳定性改善,动沉降密度差降至 0.003g/cm³。以上实验表明，降滤失剂最佳加量为 5%。

4. CaO 加量的影响

CaO 在柴油基钻井液中用作碱度控制剂，稳定油基钻井液碱度，可提供钙离子，与离子型表面活性剂生成钙盐型表面活性剂，从而保证所加入乳化剂充分发挥作用。柴油基钻井液不加 CaO，无法配制出良好性能的油浆，钻井液破乳电压低、滤失量高；只有当 CaO 达到 1% 时，才能配制出乳化性能较好的油基钻井液。

CaO 加量对密度 2.8g/cm³ 柴油基钻井液性能影响实验结果见表 4-3-15 以及图 4-3-13 与图 4-3-14。从表与图中数据可以得出：随着 CaO 加量从 1.00% 增加至 3.50%，柴油基钻井液中塑性黏度稍增，动切力稍降，高温高压滤失量下降，动沉降稳定性改善，当 CaO 加量为 3.00% 时，动沉降密度差降至 0.008g/cm³，继续增加 CaO 加量为 3.50%，动沉降稳定性稍变差，动沉降密度差增至 0.036g/cm³。以上实验表明，CaO 加量最佳加量为 3%。

表 4-3-15　CaO 加量对密度 2.8g/cm³ 柴油基钻井液性能影响

CaO 含量 %	密度 g/cm³	AV mPa·s	PV mPa·s	YP Pa	YP/PV	Gel_{10s} Pa	Gel_{10min} Pa	FL_{HTHP} mL	ES V	动沉降密度差 g/cm³
1.00	2.8	95.5	60	35.5	0.59	12	16	9.2	2048	0.076
2.00	2.8	93	58	35	0.60	11	15	5.6	1960	0.042
2.50	2.8	86	64	22	0.34	10	12.5	4.1	1783	0.029
3.00	2.8	103	77	26	0.34	11.5	13	5.2	1740	0.008
3.50	2.8	98.5	74	24.5	0.33	11	15	7.2	1676	0.036

注：钻井液配方为 0 号柴油+主乳化剂 0.8%+辅乳化剂 1%+润湿剂 1%+有机土 0.3%+降滤失剂 5%+CaO X%，加重剂为重晶石（ρ=4.2g/cm³）：微锰=6:4 复配，油水比 90:10。

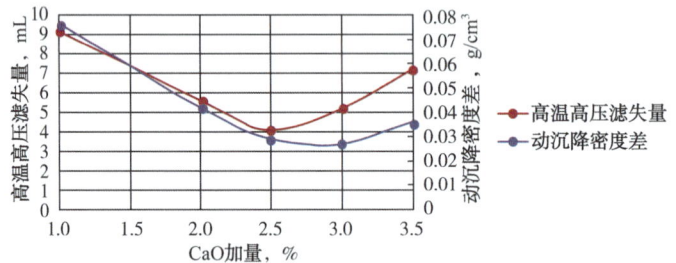

图 4-3-13　CaO 加量对密度 2.8g/cm³ 油基钻井液动沉降密度差与高温高压滤失量的影响曲线

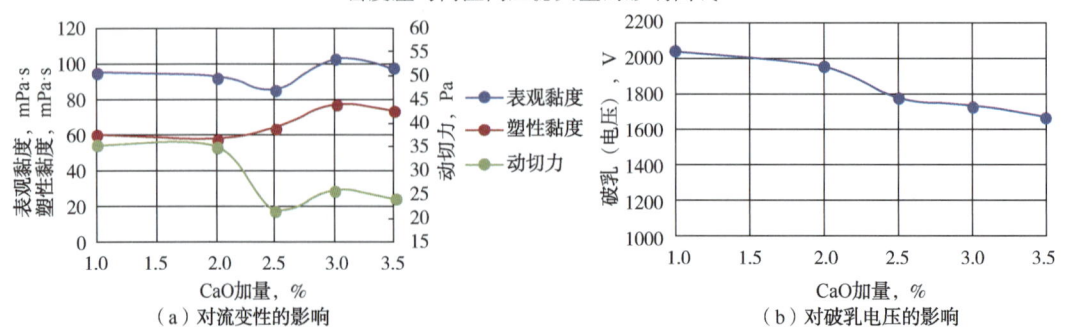

（a）对流变性的影响　　　　　　　　　　（b）对破乳电压的影响

图 4-3-14　CaO 加量对密度 2.8g/cm³ 柴油基钻井液流变性与破乳电压的影响曲线

5. 有机土加量的影响

有机土是亲油性膨润土，在油基钻井液中主要作为增黏剂与降滤失剂。在不同密度的柴油基钻井液中，有机土最佳加量是不相同。

1) 有机土加量对抗 160℃ 密度 2.4g/cm³ 柴油基钻井液性能的影响

有机土加量对密度 2.4g/cm³ 柴油基钻井液性能影响实验结果见表 4-3-16 以及图 4-3-15 与图 4-3-16。从表和图中数据可以得出以下认识：(1) 随着有机土加量从 0.3% 增至 2.0%，钻井液塑性黏度、动切力、动塑比、切力增大；(2) 高温高压滤失量则随有机土加量从 0.3% 增至 1.0%，从 39.4mL 下降至 5.6mL，动态沉降稳定性变好，动沉降密度差从 0.214g/cm³ 下降至 0.022g/cm³；(3) 继续增加有机土加量，高温高压滤失量增大，动沉降稳定性变差，当有机土含量增为 2.0% 时，高温高压滤失量增至 36mL，动沉降稳定性动沉降密度差增至 0.125g/cm³。

表 4-3-16 有机土加量对密度 2.4g/cm³ 柴油基钻井液性能的影响

有机土加量, %	密度 g/cm³	AV mPa·s	PV mPa·s	YP Pa	YP/PV	Gel$_{10s}$ Pa	Gel$_{10min}$ Pa	FL$_{HTHP}$ mL	ES V	动沉降密度差 g/cm³
0.3	2.4	37.5	28	9.5	0.34	4.5	5.5	39.4	1181	0.214
0.5	2.4	38.5	28	10.5	0.38	5.5	6	10	1330	0.063
1.0	2.4	38	27	11	0.41	6	6.5	5.6	1115	0.022
1.5	2.4	44	31	13	0.42	6.5	7	31.8	1178	0.079
2.0	2.4	51	35	16	0.46	7.5	8	36	1442	0.125

注：钻井液配方为 0 号柴油+主乳化剂 0.8%+辅乳化剂 1%+润湿剂 1%+有机土 X%+降滤失剂 5%+CaO 3%，加重剂为重晶石 (ρ=4.2g/cm³)：微锰=6∶4 复配，油水比为 90∶10。

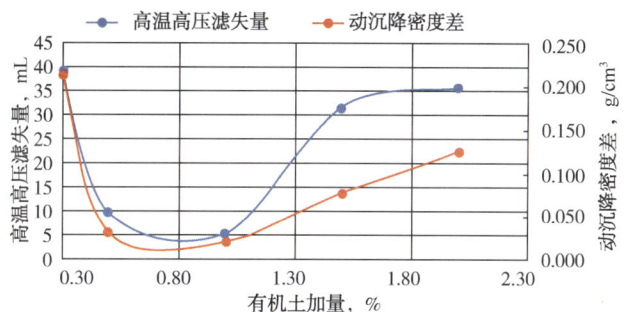

图 4-3-15 有机土加量对密度 2.4g/cm³ 柴油基钻井液沉降稳定性与高温高压滤失量的影响曲线

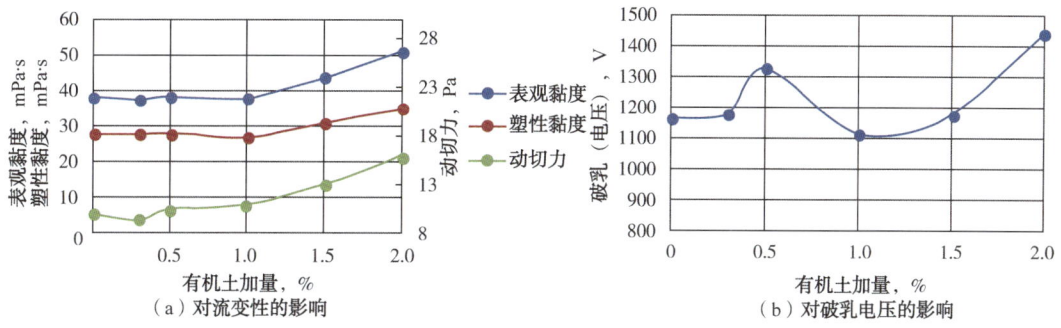

(a) 对流变性的影响　　(b) 对破乳电压的影响

图 4-3-16 有机土加量对密度 2.4g/cm³ 柴油基钻井液流变性与破乳电压的影响曲线

实验结果表明，对于密度 2.4g/cm³ 柴油基钻井液，有机土最佳加量为 1%。

2）有机土加量对抗 160℃ 密度 2.6g/cm³ 柴油基钻井液性能的影响

有机土加量对密度 2.6g/cm³ 柴油基钻井液性能影响实验结果见表 4-3-17 以及图 4-3-17 与图 4-3-18。从表和图中数据可以得出以下认识：(1) 随着有机土加量从 0.3% 增至 1.0%，钻井液塑性黏度、动切力、动塑比、切力增大；(2) 高温高压滤失量则随有机土加量从 0.3% 增至 0.5%，从 13.2mL 下降至 7.6mL，动态沉降稳定性变好，动沉降密度差从 0.144g/cm³ 下降至 0.039g/cm³；(3) 继续增加有机土加量至 1.0%，高温高压滤失量增大至 9mL，动沉降稳定性变差，动沉降密度差增至 0.073g/cm³。

实验结果表明，对于密度 2.6g/cm³ 柴油基钻井液，有机土最佳加量为 0.5%。

表 4-3-17 有机土加量对密度 2.6g/cm³ 柴油基钻井液性能的影响

有机土加量,%	密度 g/cm³	AV mPa·s	PV mPa·s	YP Pa	YP/PV	Gel_{10s} Pa	Gel_{10min} Pa	FL_{HTHP} mL	ES V	动沉降密度差 g/cm³
0.3	2.6	49.5	38	11.5	0.3	5	6	13.2	1175	0.144
0.5	2.6	54	40	14	0.35	6.5	8	7.6	1896	0.039
1.0	2.6	55.5	35	20.5	0.59	7	9	9	1423	0.073

注：钻井液配方为 0 号柴油+主乳化剂 0.8%+辅乳化剂 1%+润湿剂 1%+有机土 X%+降滤失剂 5%+CaO 3%，加重剂为重晶石（ρ=4.2g/cm³）：微锰=6:4 复配，油水比 90:10。

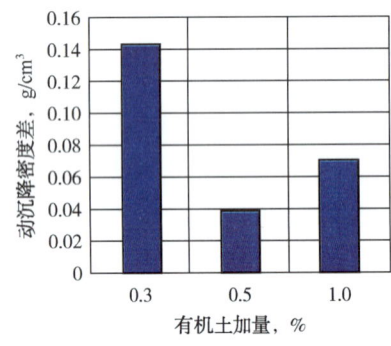
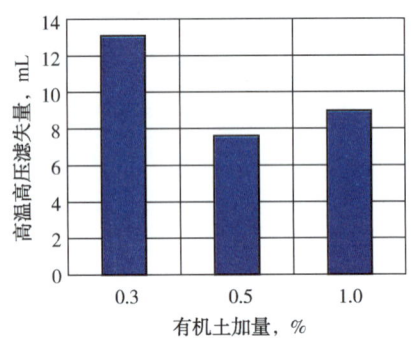

图 4-3-17 有机土加量对密度 2.6g/cm³ 柴油基钻井液沉降密度差与高温高压滤失量影响

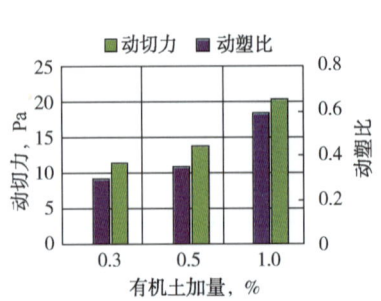
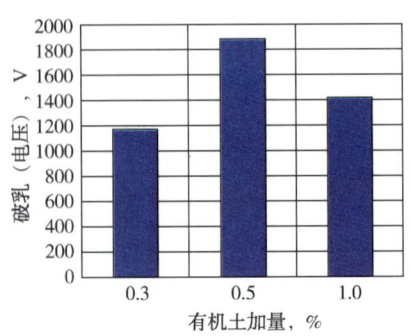

图 4-3-18 有机土加量对密度 2.6g/cm³ 柴油基钻井液流变性与破乳电压的影响

3）有机土加量对抗160℃密度2.8g/cm³柴油基钻井液性能的影响

有机土加量对密度2.8g/cm³柴油基钻井液性能影响实验结果见表4-3-18以及图4-3-19与图4-3-20。从表和图中数据可以得出以下认识：（1）随着有机土加量从0.30%增至1.00%，钻井液塑性黏度、动切力、动塑比、切力增大；（2）则随有机土加量从0.30%增至1.00%，高温高压滤失量从3.8mL稍增至5.8mL，动态沉降稳定性稍变差，动沉降密度差从0.015g/cm³增至0.056g/cm³；（3）破乳电压随有机土加量从0.3%至0.8%而下降至1470V，继续增加有机土加量至1.00%，破乳电压增至1745V。

实验结果表明，对于密度2.8g/cm³柴油基钻井液，有机土最佳加量为0.3%。

表4-3-18 有机土加量对密度2.8g/cm³柴油基钻井液性能的影响

有机土加量,%	密度 g/cm³	AV mPa·s	PV mPa·s	YP Pa	YP/PV	Gel₁₀ₛ Pa	Gel₁₀ₘᵢₙ Pa	FL_HTHP mL	ES V	动沉降密度差 g/cm³
0.0	2.8	75.5	54	21.5	0.40	9.5	10	4.4	1518	0.005
0.30	2.8	76.5	55	21.5	0.39	9.5	10	3.8	2048	0.015
0.50	2.8	87.5	56	31.5	0.56	11.5	13.5	5	2048	0.021
0.80	2.8	91	58	33	0.57	12.5	13	5.2	1470	0.045
1.00	2.8	94.5	65	29.5	0.45	13.5	15.5	5.8	1745	0.056

注：钻井液配方为0号柴油+主乳化剂0.8%+辅乳化剂1%+润湿剂2%+有机土X%+降滤失剂5%+CaO 3%，加重剂为重晶石（ρ=4.2g/cm³）：微锰=6∶4复配，油水比90∶10。

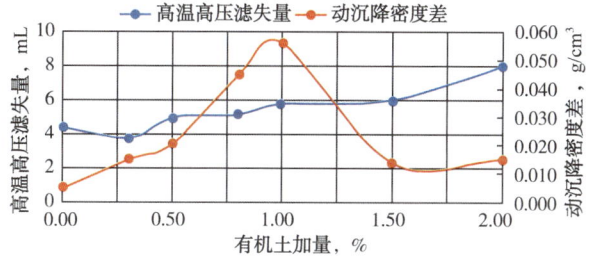

图4-3-19 有机土加量对密度2.8g/cm³柴油基钻井液
动沉降密度差与高温高压滤失量影响曲线

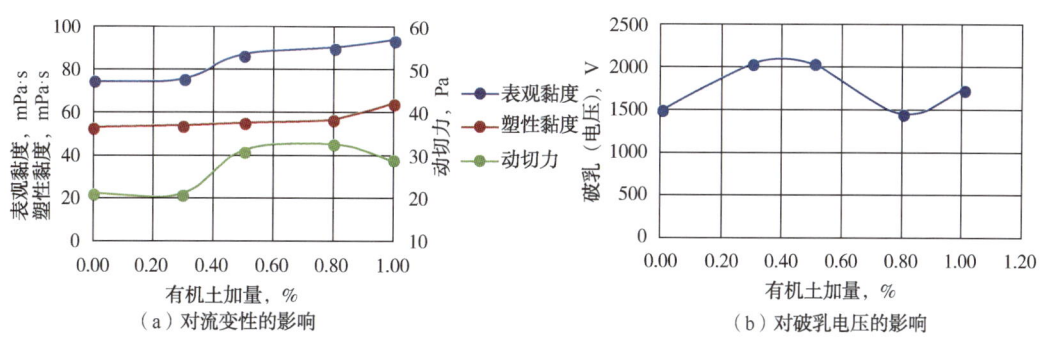

图4-3-20 有机土加量对密度2.8g/cm³柴油基钻井液流变性与破乳电压的影响曲线

4) 有机土加量对密度 3.0g/cm³ 柴油基钻井液性能的影响

有机土加量对密度 3.0g/cm³ 柴油基钻井液性能影响实验结果见表 4-3-19 以及图 4-3-21 与图 4-3-22。从表和图中数据可以得出以下认识：(1) 随着有机土加量从 0 增至 0.30%，钻井液流变性能变化不大，继续增加有机土加量至 0.50%，钻井液流变性能急剧增加，表观黏度已无法测量；(2) 随有机土加量从 0 增至 1.00%，高温高压滤失量从 5mL 稍增至 6mL；(3) 随有机土加量从 0 增至 0.50%，均具有良好的动态沉降稳定性，动沉降密度差保持在 0.024~0.018g/cm³，有机土加量继续增至 1%，动态沉降稳定性变差，动沉降密度差增至 0.091g/cm³。

实验结果表明，对于密度 3.0g/cm³ 柴油基钻井液，有机土最佳加量为 0。

表 4-3-19　有机土加量对密度 3.0g/cm³ 柴油基钻井液性能的影响

有机土加量,%	密度 g/cm³	AV mPa·s	PV mPa·s	YP Pa	YP/PV	Gel_{10s} Pa	Gel_{10min} Pa	FL_{HTHP} mL	ES V	动沉降密度差 g/cm³
0.00	3.0	134	101	33	0.33	16	21	5	1673	0.024
0.30	3.0	133	95	38	0.4	17	21.5	5	1594	0.019
0.50	3.0	>150				20.5	27	7	1613	0.018
1.00	3.0	>150				18	23	6	1515	0.091

注：钻井液配方为 0 号柴油+主乳化剂 0.8%+辅乳化剂 1%+润湿剂 1.3%+有机土 0.5%+降滤失剂 0.5%+CaO 3%，加重剂为重晶石(ρ=4.2g/cm³)：微锰=6：4 复配，油水比 90：10。

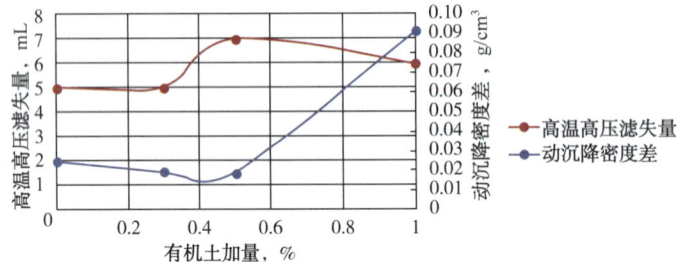

图 4-3-21　有机土加量对密度 3.0g/cm³ 柴油基钻井液动沉降密度差与高温高压滤失量影响曲线

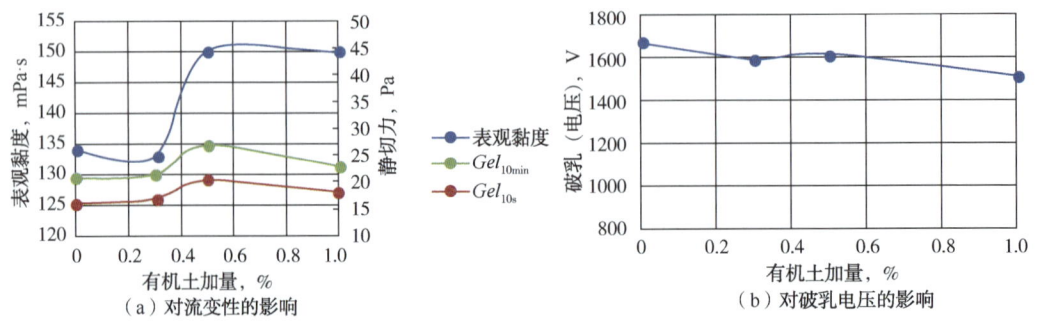

(a) 对流变性的影响　　(b) 对破乳电压的影响

图 4-3-22　有机土加量对密度 3.0g/cm³ 柴油基钻井液流变性与破乳电压的影响曲线

6. 润湿剂加量的影响

加重剂表面是亲水的,将加重剂加至柴油基钻井液中,加重剂会发生聚结,使得钻井液黏度增高和加重剂沉降。润湿剂主要是降低液体和固相之间的界面张力以及润湿角的表面活性剂。在柴油基钻井液中加入润湿剂,使加重剂与钻屑表面由亲水性而迅速转为亲油性,从而保证它们在油相中具有良好的悬浮性。该剂在油基钻井液中的也可用作辅乳化剂,起到一定润湿作用。故在油基钻井液中,润湿剂的最佳加量与所采用的辅乳化剂性能与加量有关。

1) 润湿剂加量对抗 160℃ 密度 2.4g/cm³ 柴油基钻井液性能影响

在 2.4g/cm³ 高密度柴油基钻井液中,不加入润湿剂,黏度极高,无法配浆。当润湿剂加量至 1.0% 时,可配制出流变性能良好的油基钻井液;继续增加润湿剂至 2.0%,钻井液流变性能变化不大;高温高压滤失量从 5.6mL 增加至 8.8mL,动沉降稳定性变差,动沉降密度差从 0.022g/cm³ 增加到 0.158g/cm³。详见表 4-3-20 以及图 4-3-23 与图 4-3-24。

以上实验结果表明,对于密度 2.4g/cm³ 柴油基钻井液,润湿剂最佳加量为 1%。

表 4-3-20 润湿剂加量对密度 2.4g/cm³ 柴油基钻井液性能的影响

润湿剂加量,%	密度 g/cm³	AV mPa·s	PV mPa·s	YP Pa	YP/PV	Gel_{10s} Pa	Gel_{10min} Pa	FL_{HTHP} mL	ES V	动沉降密度差 g/cm³
1.0	2.4	38	27	11	0.41	6	6.5	5.6	1115	0.022
1.5	2.4	41	30	11	0.37	5.5	6	6.8	1109	0.132
2.0	2.4	43	31	12	0.39	6	7	8.8	1262	0.158

注:钻井液配方为 0 号柴油+主乳化剂 0.8%+辅乳化剂 1%+润湿剂 X%+有机土 1%+降滤失剂 5%+CaO 3%,加重剂为重晶石(ρ=4.2g/cm³):微锰=6:4 复配,油水比 90:10。

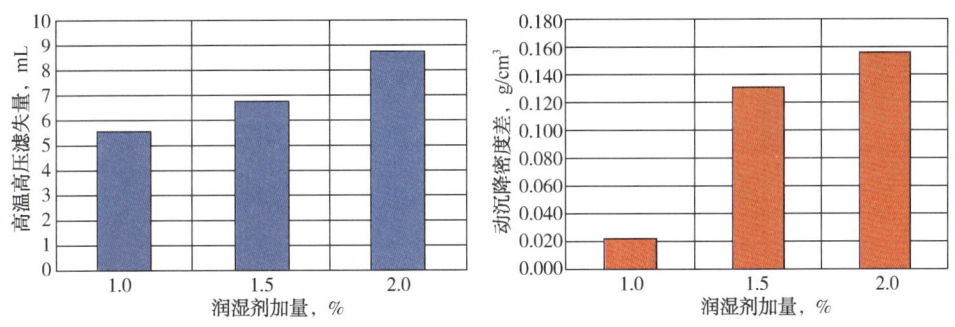

图 4-3-23 润湿剂加量对密度 2.4g/cm³ 柴油基钻井液动沉降密度差与高温高压滤失量影响

2) 润湿剂加量对抗 160℃ 密度 2.6g/cm³ 柴油基钻井液性能影响

在 2.6g/cm³ 高密度柴油基钻井液中,不加入润湿剂,黏度极高,无法配浆。当润湿剂加量至 1% 时,可配制出良好流变性能的油基钻井液;继续增加润湿剂至 2.0%,钻井液流变性能稍增;高温高压滤失量从 7.6mL 稍降至 5.2mL,动沉降稳定性稍变差动沉降密度差从 0.039g/cm³ 增加到 0.066g/cm³。详见表 4-3-21 以及图 4-3-25 与图 4-3-26。

以上实验结果表明,对于密度 2.6g/cm³ 柴油基钻井液,润湿剂最佳加量为 1%。

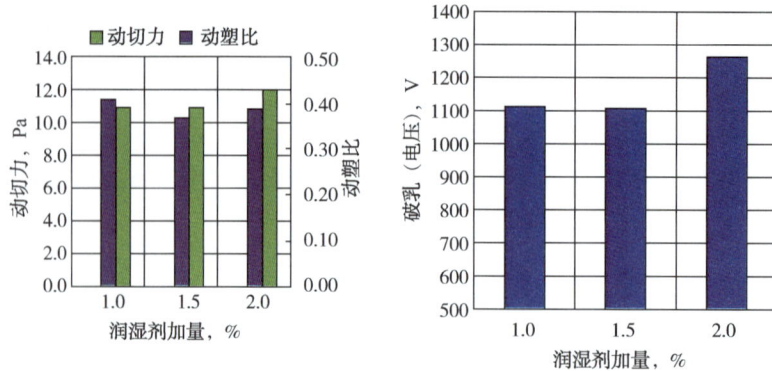

图 4-3-24　润湿剂加量对密度 2.4g/cm³ 柴油基钻井液流变性与破乳电压的影响

表 4-3-21　润湿剂加量对密度 2.6g/cm³ 柴油基钻井液性能的影响

润湿剂加量,%	密度 g/cm³	AV mPa·s	PV mPa·s	YP Pa	YP/PV	Gel_{10s} Pa	Gel_{10min} Pa	FL_{HTHP} mL	ES V	动沉降密度差 g/cm³
1.0	2.6	54	40	14	0.35	6.5	8	7.6	1896	0.039
1.5	2.6	64.5	46	18.5	0.4	8	8.5	7.2	1681	0.079
2.0	2.6	59	42	17	0.4	7.5	8	5.2	1016	0.066

注：钻井液配方为 0 号柴油+主乳化剂 0.8%+辅乳化剂 1%+润湿剂 X%+有机土 0.5%+降滤失剂 5%+CaO 3%，加重剂为重晶石(ρ=4.2g/cm³)：微锰=6:4 复配，油水 90:10。

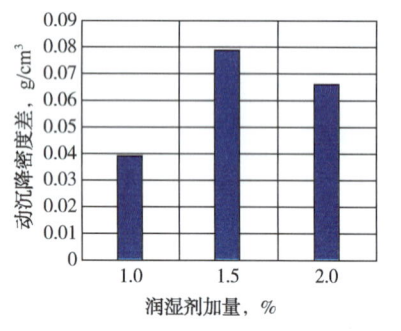
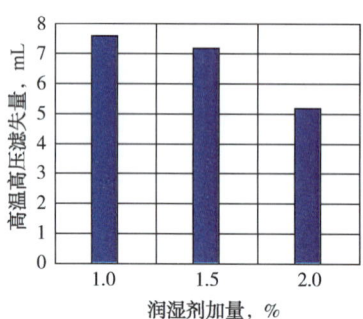

图 4-3-25　润湿剂加量对密度 2.6g/cm³ 油基钻井液动沉降密度差与高温高压滤失量影响

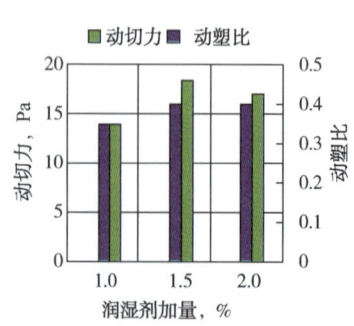
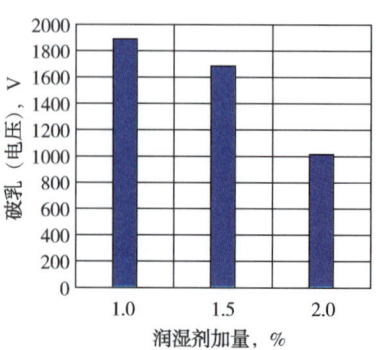

图 4-3-26　润湿剂加量对密度 2.6g/cm³ 油基钻井液流变性与破乳电压的影响

3) 润湿剂加量对抗 160℃ 密度 2.8g/cm³ 柴油基钻井液性能影响

在 2.8g/cm³ 高密度柴油基钻井液中，不加入润湿剂，黏度极高，成固态。随着润湿剂加量增至 0.5% 时，可配制出良好流变性能的油基钻井液，但高温高压滤失量极大，高达 54mL，动沉降密度差为 0.053g/cm³；继续增加润湿剂至 1%，钻井液流变性能稍降；高温高压滤失量降至 5.6mL，动沉降稳定性变好，动沉降密度差降到 0.003g/cm³；再增加润湿剂加量到 2%，钻井液流变性能稍降；高温高压滤失量变化不大，动沉降稳定性变差，动沉降密度差增到 0.043g/cm³。详见表 4-3-21 以及图 4-3-27 与图 4-3-28。

以上实验结果表明，对于密度 2.8g/cm³ 柴油基钻井液，润湿剂最佳加量为 1%。

表 4-3-22　润湿剂加量对密度 2.8g/cm³ 柴油基钻井液性能的影响

润湿剂加量,%	密度 g/cm³	AV mPa·s	PV mPa·s	YP Pa	YP/PV	Gel₁₀ₛ Pa	Gel₁₀ₘᵢₙ Pa	FL_HTHP mL	ES V	动沉降密度差 g/cm³
0.0	2.8	已成固态，无数据									
0.5	2.8	96.5	78	18.5	0.24	9.5	15	54	2012	0.053
1.0	2.8	81.5	69	12.5	0.18	7.5	10.5	5.6	1063	0.003
1.5	2.8	88	68	20	0.29	9.5	15	6.8	1634	0.013
2.0	2.8	79.5	64	15.5	0.24	8.5	14	4.6	1927	0.043

注：钻井液配方为 0 号柴油+主乳化剂 0.8%+辅乳化剂 1%+润湿剂 X%+有机土 0.3%+降滤失剂 5%+CaO 3%，加重剂为重晶石(ρ=4.2g/cm³)：微锰=6∶4 复配，油水比 90∶10。

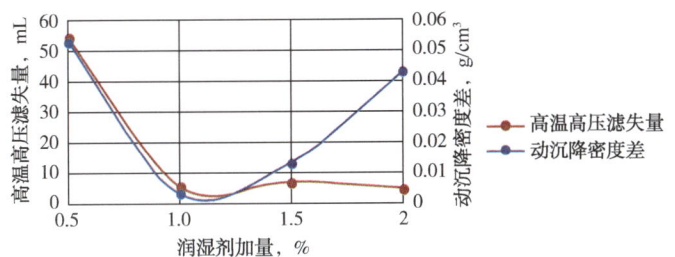

图 4-3-27　润湿剂加量对密度 2.8g/cm³ 柴油基钻井液动沉降密度差与高温高压滤失量影响曲线

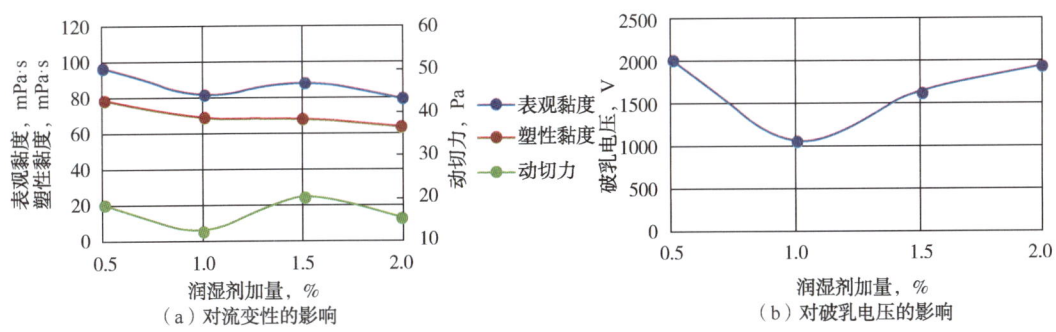

（a）对流变性的影响　　　　（b）对破乳电压的影响

图 4-3-28　润湿剂加量对密度 2.8g/cm³ 柴油基钻井液流变性与破乳电压的影响曲线

7. 抗160℃超高密度柴油基钻井液配方与性能

通过实验研究，优选出抗160℃密度2.4~3.0g/cm³的柴油基钻井液配方：0号柴油与25%氯化钙盐水比例为90:10为基液，加入X%有机土+0.8%主乳化剂+1%辅乳化剂+1%润湿剂+5%降滤失剂+3%CaO+加重剂，加重剂采用重晶石与微锰按6:4复配。

超高密度柴油基钻井液中有机土加量随钻井液密度增加而下降，密度为2.4g/cm³，2.6g/cm³，2.8g/cm³和3.0g/cm³的柴油基钻井液，最佳有机土加量分别为1%，0.5%，0.3%和0。详见表4-3-23。

表4-3-23 抗160℃超高密度柴油基钻井液配方

密度 g/cm³	抗160℃超高密度柴油基钻井液配方							
	油水比	有机土,%	主乳化剂,%	辅乳化剂,%	润湿剂,%	降滤失剂,%	CaO,%
2.4	90:10	1	0.8	1	1	5	3
2.6	90:10	0.5	0.8	1	1	5	3
2.8	90:10	0.3	0.8	1	1	5	3
3.0	90:10或95:5	0.0	0.8	1	1	5	3

密度为3.0g/cm³的柴油基钻井液，如需降低其流变性能，可采用油水比为95:5。

现场配制超高密度柴油基钻井液，可采用现场所使用的重晶石加重的柴油基钻井液，加入柴油基钻井液基浆(不加重)稀释至2.0g/cm³，再用微锰加重至所需密度；配制柴油基钻井液基浆时，有机土加量应依据所需配制的超高密度柴油基钻井液密度而定。

抗160℃超高密度柴油基钻井液性能见表4-3-24，从表中数据可以得出，抗160℃高温超高密度(2.4~3.0g/cm³)柴油基钻井液(所采用的处理剂必须能抗180℃以上高温)具有良好的流变性，低的高温高压滤失量，高的破乳电压，极好的动沉降稳定性，动沉降密度差均低于0.04g/cm³。

表4-3-24 抗160℃超高密度柴油基钻井液性能

密度 g/cm³	AV mPa·s	PV mPa·s	YP Pa	YP/PV	Gel_{10s} Pa	Gel_{10min} Pa	FL_{HTHP} mL	ES V	动沉降密度差 g/cm³
2.4	38	27	11	0.41	6	6.5	5.6	1115	0.022
2.6	54	40	14	0.35	6.5	8	7.6	1896	0.039
2.8	103	77	26	0.34	11.5	13	5.2	1740	0.008
3.0	134	101	33	0.33	16	21	5	1673	0.024

三、抗180℃超高密度柴油基钻井液配方与性能

由于实验所用钻井液乳化剂等主要处理剂抗温均可达到200℃，因此可参照抗160℃柴油基钻井液配方，针对不同超高密度柴油基钻井液进行局部调整，使其满足抗180℃超高密度柴油基钻井液性能要求。

1. 密度2.4g/cm³柴油基钻井液配方优化

原始配方：0号柴油+主乳化剂0.8%+辅乳化剂1%+润湿剂1%+有机土1%+降滤失剂

5%+CaO 3%,加重剂为重晶石(ρ=4.3g/cm³):微锰=6:4复配,油水比90:10。

180℃滚动老化16h后测试性能见表4-3-25。实验结果表明,采用100%重晶石加重时,可以配制出密度2.4g/cm³抗180℃柴油基钻井液,但黏度较高,同时沉降稳定性较差,而复配40%微锰,虽然能在降低黏度,提高动沉降稳定性,但经过180℃高温老化后,高温高压滤失量大幅度上升。

表4-3-25 密度2.4g/cm³钻井液抗180℃性能评价

组别	AV mPa·s	PV mPa·s	YP Pa	YP/PV	Gel_{10s} Pa	Gel_{10min} Pa	FL_{HTHP} mL	ES V	动沉降密度差 g/cm³
100%重晶石	47	45	2	0.04	3	3.5	5.00	947	0.188
重晶石:微锰=6:4	37	28	9	0.32	5	5	22.00	1214	0.139

1)重晶石与微锰复配比例及有机土加量对钻井液性能的影响

为了保持钻井液具有良好流变性能与动沉降稳定性,并具有低的高温高压滤失量,采用增加有机土加量、降低微锰加量。实验结果见表4-3-26与表4-3-27,从表中数据可以得出,将重晶石与微锰的比例从6:4降至8:2,同时增加有机土加量至1.5%,油基钻井液具有良好的流变性能,高温高压滤失量从22.00mL降为5.20mL,动沉降密度差降为0.028g/cm³。该钻井液具有良好性能。

表4-3-26 有机土与微锰加量对抗180℃密度2.4g/cm³柴油基钻井液性能的影响

重晶石:微锰	有机土加量,%	AV mPa·s	PV mPa·s	YP Pa	YP/PV	Gel_{10s} Pa	Gel_{10min} Pa	FL_{HTHP} mL	ES V	动沉降密度差 g/cm³
6:4	1.0	37	28	9	0.32	5	5	22.00	1214	0.139
8:2	1.5	40.5	34	6.5	0.19	3.5	4.5	5.20	1199	0.028
	1.8	41	35	6	0.17	3.5	4.5	10.00	1155	0.090

注:钻井液配方为0号柴油+主乳化剂0.8%+辅乳化剂1%+润湿剂1%+有机土X%+降滤失剂5%+CaO 3%,加重剂为重晶石(ρ=4.3g/cm³):微锰=8:2复配,油水比90:10。

表4-3-27 重晶石与微锰复配加重对抗180℃钻井液性能的影响

重晶石:微锰	AV mPa·s	PV mPa·s	YP Pa	YP/PV	Gel_{10s} Pa	Gel_{10min} Pa	FL_{HTHP} mL	ES V	动沉降密度差 g/cm³
100:0	47	45	2	0.04	3	3.5	5.00	947	0.245
80:20	40.5	34	6.5	0.19	3.5	4.5	5.20	1199	0.028
70:30	39.5	32	7.5	0.23	4	5.5	3.00	1093	0.035
60:40	37	26	11	0.42	6	6.5	18.80	1374	0.091

2)国标重晶石与3000目重晶石复配对抗180℃密度2.4g/cm³柴油基钻井液性能的影响

为了控制钻井液成本,采用国标重晶石与3000目重晶石复配,实验结果见表4-3-28。

从表中数据得知：采用国标重晶石与3000目重晶石复配，可以改善密度2.4g/cm³的柴油基钻井液流变性能，高温高压滤失量变化不大，动沉降稳定性得到改善。当其配比为80∶20时，动沉降密度差从0.245g/cm³降至0.113g/cm³。继续增加3000目重晶石的配比，钻井液流变性能，高温高压滤失量变化不大，动沉降稳定性稍变差；当两者配比达到60∶40时，动沉降稳定性继续变差，动沉降密度差增至0.188g/cm³，其他性能变化不大。

表4-3-28 3000目重晶石复配加重对抗180℃钻井液性能的影响

国标重晶石：3000目重晶石	AV mPa·s	PV mPa·s	YP Pa	YP/PV	Gel_{10s} Pa	Gel_{10min} Pa	FL_{HTHP} mL	ES V	动沉降密度差 g/cm³
100	47	45	2	0.04	3	3.5	5.00	947	0.245
80∶20	41	38	3	0.08	3	4	4.00	969	0.113
70∶30	42	39	3	0.08	3	4	3.80	1000	0.125
60∶40	44	40	4	0.10	3	4	5.00	1034	0.188

3）采用3000目重晶石、微锰与国标重晶石复配对油基钻井液性能对比

采用3000目重晶石或微锰与国标重晶石复配作为抗180℃密度2.4g/cm³柴油基钻井液加重剂，随其复配比例增加，塑性黏度下降，动切力、动塑比均增大，动沉降稳定性改善，高温高压滤失量稳定；当两者比例为80∶20~70∶30时，性能最佳，继续增加超细加重剂比例，其各种性能均稍变差，如图4-3-29至图4-3-31所示。

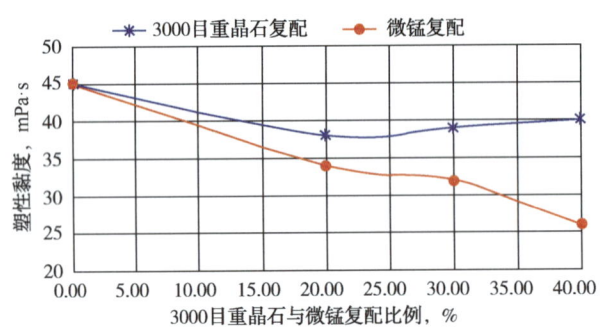

图4-3-29 3000目重晶石与微锰复配比例对
钻井液塑性黏度的影响曲线

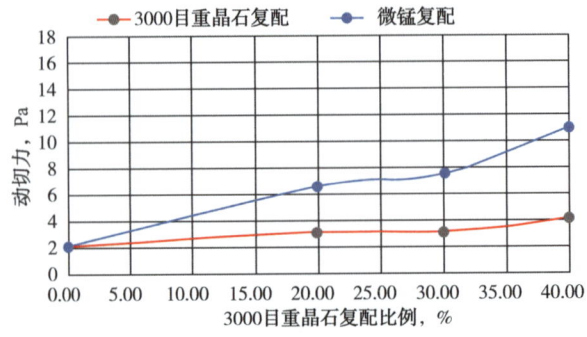

图4-3-30 3000目重晶石与微锰复配比例对
钻井液动切力的影响曲线

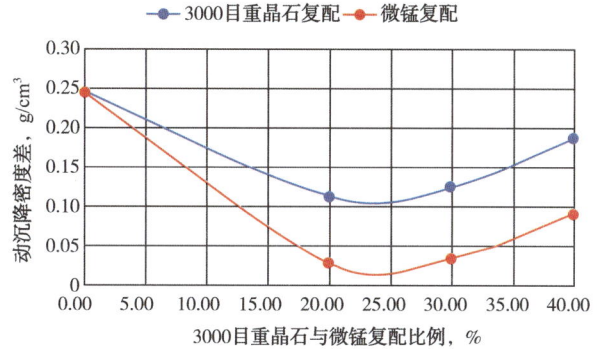

图 4-3-31 3000目重晶石与微锰对钻井液
沉降稳定性的影响曲线

采用3000目重晶石与国标重晶石复配加重的抗180℃密度2.4g/cm³柴油基钻井液流变性能、动沉降稳定性均比微锰与国标重晶石复配此油基钻井液差,高温高压滤失量两者相差不大。

综上所述,从获得最佳性能出发,建议采用微锰与国标重晶石复配作为抗180℃密度2.4g/cm³柴油基钻井液加重剂。对于漏失不严重的区块,从控制成本出发,可采用3000目重晶石与国标重晶石复配作为加重剂。

抗180密度2.4g/cm³柴油基钻井液推荐配方为:0号柴油+主乳化剂0.8%+辅乳化剂1%+润湿剂1%+有机土1.5%+降滤失剂5%+CaO 3%,加重剂为重晶石(ρ=4.3g/cm³):微锰或3000目重晶石复配,其比例为80:20~70:30,油水比为90:10。

2. 抗180℃密度2.6g/cm³柴油基钻井液配方优化

采用抗160℃密度2.6g/cm³柴油基钻井液作为初始配方配制钻井液。其配方为:0号柴油+主乳化剂0.8%+辅乳化剂1%+润湿剂1%+有机土0.5%+降滤失剂5%+CaO 3%,加重剂为重晶石(ρ=4.3g/cm³):微锰复配比例为60:40,油水比90:10。

该钻井液在180℃滚动16h后性能见表4-3-29,实验结果表明,100%重晶石加重至2.6g/cm³时,钻井液塑性黏度已增为95mPa·s,过高,无法满足钻井工程的需求。而采用重晶石与微锰按60:40复配作为加重剂的柴油基钻井液,在180℃下滚动16h后,依然可以保持良好塑性黏度(40mPa·s)与动切力(14.5 Pa),高温高压滤失量仅为3.8mL,但动沉降密度差为0.12g/cm³,稍偏大。

表4-3-29 抗180℃密度2.6g/cm³柴油基钻井液性能

组别	AV mPa·s	PV mPa·s	YP Pa	YP/PV	Gel_{10s} Pa	Gel_{10min} Pa	FL_{HTHP} mL	ES V	动沉降密度差 g/cm³
100%重晶石	101	95	6	0.06	5	9.5	3.60	1106	0.113
重晶石:微锰=6:4	54.5	40	14.5	0.36	7	7	3.80	1255	0.120

通过增加有机土与润湿剂加量,来提高钻井液动沉降稳定性能,实验结果见表4-3-30。从表中数据可以得出,当有机土加量增为1%,润湿剂加量增为2%时,钻

井液塑性黏度与动切力分别提高至45mPa·s与17 Pa，钻井液动沉降稳定性得至显著的改善，动沉降密度差降为0.039g/cm³，高温高压滤失量仍为3.8mL。该钻井液能满足钻井工程的需要。

表4-3-30　有机土与润湿剂加量对抗180℃密度2.6g/cm³钻井液性能的影响

有机土加量,%	润湿剂加量,%	AV mPa·s	PV mPa·s	YP Pa	YP/PV	Gel_{10s} Pa	Gel_{10min} Pa	FL_{HTHP} mL	ES V	动沉降密度差 g/cm³
0.5	1	54.5	40	14.5	0.36	7	7	3.80	1255	0.120
1	1.5	53.5	39	14.5	0.37	7	7	68.00	1113	0.031
1	2	62	45	17	0.38	8	9	3.80	1268	0.039
1	2.5	67	48	19	0.40	8.5	12	3.60	1188	0.031

注：钻井液配方为0号柴油+主乳化剂0.8%+辅乳化剂1%+润湿剂X%+有机土X%+降滤失剂5%+CaO 3%，加重剂为重晶石($\rho=4.3$g/cm³)：微锰=60：40复配，油水比90：10。

抗180℃密度2.6g/cm³钻井液推荐配方为：0号柴油+主乳化剂0.8%+辅乳化剂1%+润湿剂2%+有机土1%+降滤失剂5%+CaO 3%，加重剂为重晶石($\rho=4.3$g/cm³)：微锰=6：4复配，油水比为90：10。

3. 抗180℃密度2.8g/cm³柴油基钻井液配方优化

采用抗160℃密度2.8g/cm³柴油基钻井液作为初始配方（0号柴油+主乳化剂0.8%+辅乳化剂1%+润湿剂1%+有机土0.3%+降滤失剂5%+CaO 3%，加重剂为重晶石($\rho=4.3$g/cm³)：微锰=6：4复配，油水比90：10)配制钻井液，在180℃下热滚16h后实验结果见表4-3-31。该钻井具有良好的流变性能与动沉降稳定性，动沉降密度差为0.069g/cm³，但高温高压滤失量不稳定，重复性差。

为了在保持良好流变性与动沉降稳定性前提下，降低高温高压滤失量，调整有机土、润湿剂加量与加重剂复配比例，实验结果见表4-3-31。

表4-3-31　有机土、润湿剂加量对抗180℃密度2.8g/cm³钻井液性能影响

有机土加量,%	润湿剂加量,%	加重剂复配比例	AV mPa·s	PV mPa·s	YP Pa	YP/PV	Gel_{10s} Pa	Gel_{10min} Pa	FL_{HTHP} mL	ES V	动沉降密度差 g/cm³
0.3	1	60：40	81	60	21	0.35	10	15	不稳定	1371	0.069
0.5	1.5	60：40	90	64	26	0.41	12	14	4.60	1259	0.023
0.5	2.0	60：40	98.5	70	28.5	0.41	13	15	3.60	1606	0.040
0.3	1	70：30	102	79	23	0.29	10	14.5	3.50	1276	0.039
0.5	1	70：30	101	78	23	0.29	10	14	4.00	1287	0.030

注：钻井液配方为0号柴油+主乳化剂0.8%+辅乳化剂1%+润湿剂X%+有机土X%+降滤失剂5%+CaO 3%，加重剂为重晶石($\rho=4.3$g/cm³)与微锰复配，油水比90：10。

从表中实验数据得出，降低重晶石与微锰复配比例至70：30，钻井液高温高压滤失量

降为3.5mL，但塑性黏度增至79mPa·s。继续采用重晶石与微锰复配比例为60∶40加重，同时提高钻井液中有机土与润湿剂加量至0.5%与1.5%，该钻井液在180℃下热滚16h后，性能良好，塑性黏度64mPa·s，动切力26 Pa，高温高压滤失量降为4.6mL，动沉降密度差为0.023g/cm³。

抗180℃密度2.8g/cm³钻井液，推荐配方为：0号柴油+主乳化剂0.8%+辅乳化剂1%+润湿剂1.5%～2%+有机土0.3%～0.5%+降滤失剂5%+CaO 3%，加重剂为重晶石(ρ=4.3g/cm³)：微锰=6∶4复配，油水比90∶10。

4. 抗180℃密度3.0g/cm³柴油基钻井液配方优化

采用抗160℃密度3.0g/cm³柴油基钻井液配方作为初始配方(0号柴油+主乳化剂0.8%+辅乳化剂1%+润湿剂1%+有机土0%+降滤失剂5%+CaO 3%，加重剂为重晶石(ρ=4.3g/cm³)：微锰=6∶4复配，油水比95∶5)配制钻井液，在180℃下热滚16h后测定的性能见表4-3-32。该钻井具有良好的流变性能与动沉降稳定性，动沉降密度差为0.022g/cm³，但高温高压滤失量高，重复性差。在实验过程中还发现，老化后钻井液搅拌时间的长短对滤失量有明显的影响。

为了改善提高抗160℃密度3.0g/cm³柴油基钻井液的抗温性能，调整润湿剂与降滤失剂加量，实验结果见表4-3-32。

表4-3-32　润湿剂及降滤失剂加量对抗180℃密度3.0g/cm³柴油基钻井液性能的影响

润湿剂加量,%	降滤失剂加量,%	AV mPa·s	PV mPa·s	YP Pa	YP/PV	Gel_{10s} Pa	Gel_{10min} Pa	FL_{HTHP} mL	ES V	动沉降密度差 g/cm³
1	5	125.5	89	36.5	0.41	15.5	22	33.00	2048	0.022
2	5.5	124.5	91	33.5	0.37	14.5	17.5	4.20	2048	0.038
1.3	6	141.5	109	32.5	0.30	15.5	30	14.00	2048	0.044
1.6	6	145.5	107	38.5	0.36	17	19	4.00	2048	0.030
2.5	6	144	104	40	0.38	17.5	19	2.50	1793	0.021

注：钻井液配方为0号柴油+主乳化剂0.8%+辅乳化剂1%+润湿剂X%+有机土0%+降滤失剂X%+CaO 3%，加重剂为重晶石(ρ=4.3g/cm³)：微锰=6∶4复配，油水比95∶5。

实验结果表明，单纯增加降滤失剂并不能有效地控制滤失量，并且造成钻井液黏度上升明显；增加润湿剂后，高温高压滤失量迅速低，钻井液具有良好的流变性能，低的高温高压滤失量，良好的动沉降稳定。

抗180℃密度3.0g/cm³柴油基钻井液，推荐配方为：0号柴油+主乳化剂0.8%+辅乳化剂1%+润湿剂2%+有机土0%+降滤失剂5.5%+CaO 3%，加重剂为重晶石(ρ=4.3g/cm³)：微锰=6∶4复配，油水比95∶5。

5. 小结

通过实验研究，优选出抗180℃密度2.4～3.0g/cm³的柴油基钻井液配方见表4-3-33。0号柴油与25%氯化钙盐水比例为90∶10为基液，加入X%有机土+0.8%主乳化剂+1%辅乳化剂+1%～2%润湿剂+5%～5.5%降滤失剂+3% CaO+加重剂，加重剂采用重晶石与微锰按8∶2～6∶4复配。

超高密度柴油基钻井液中有机土加量随钻井液密度增加而下降；密度为 3.0g/cm³ 柴油基钻井液，采用油水比为 95∶5。

表 4-3-33　抗 180℃ 超高密度 2.4~3.0g/cm³ 柴油基钻井液配方

密度 g/cm³	抗 180℃ 超高密度柴油基钻井液配方							
	油水比	有机土加量，%	主乳化剂加量，%	辅乳化剂加量，%	润湿剂加量，%	降滤失剂加量，%	CaO 加量 %	重晶石∶微锰
2.4	90∶10	1.5	0.8	1	1	5	3	80∶20
2.6	90∶10	1	0.8	1	2	5	3	60∶40
2.8	90∶10	0.5	0.8	1	2	5	3	60∶40
3.0	95∶5	0.0	0.8	1	2	5.5	3	60∶40

抗 180℃ 高温超高密度 (2.4~3.0g/cm³) 柴油基钻井液性能见表 4-3-34。该钻井液具有良好的流变性，低的高温高压滤失量，高的破乳电压，极好的动沉降稳定性，动沉降密度差均低于 0.040g/cm³。

表 4-3-34　抗 180℃ 超高密度 2.4~3.0g/cm³ 柴油基钻井液性能

密度 g/cm³	AV mPa·s	PV mPa·s	YP Pa	YP/PV	Gel_{10s} Pa	Gel_{10min} Pa	FL_{HTHP} mL	ES V	动沉降密度差 g/cm³
2.4	39.5	32	7.5	0.23	4	5.5	3.00	1093	0.035
2.6	62	45	17	0.38	8	9	3.80	1268	0.039
2.8	98.5	70	28.5	0.41	13	15	3.60	1606	0.040
3.0	124.5	91	33.5	0.37	14.5	17.5	4.20	2048	0.038

第四节　库车山前油基钻井液配制、替浆、维护

一、油基钻井液配制

库车山前油基钻井液配制有两种方法：一是在现场直接配制高密度油基钻井液；二是采用回收转井的油基钻井液现场调整性能。

1. 配制油基钻井液设备

（1）试用循环、加重系统及固控设备，确保处于正常工作状态。重点关注并更换高频振动筛，保证振动筛能正常工作使用，配备高频适合高密度钻井液体系的离心机。

（2）准备好储备罐到循环罐的转钻井液泵与管线，必要时配置 4~5 个大功率的螺杆泵，螺纹管需要备足 50~80m。保证倒钻井液和替浆作业连贯。

（3）罐区配置阀门、电源开关要防火防爆及排气通风。

（4）所有的阀门等的橡胶件应耐油和耐腐蚀，以保证使用时的密封性。

（5）提供从储油罐到钻井液罐的安全的供油管线。

2. 现场配制高密度油基钻井液新浆

把所需的柴油先加入配浆罐中，按配方，把计算好数量的材料数量，依次加入主乳化剂、辅乳化剂、润湿剂、石灰，经过充分的搅拌和剪切，离心泵不停，如有钻井液枪最好开钻井液枪，每种材料加入后都要搅拌 10~20min，全部加完后至少循环并剪切 30min。直到全部加入材料溶解/分散为止，完全混合均匀后就可得到稳定的体系。

然后将配制好的 25%浓度的 $CaCl_2$ 盐水（配制 25%质量分数的 $CaCl_2$ 盐水，单独使用一个配浆罐，按需要加入钻井水，然后加入 $CaCl_2$（$323kg/m^3$），持续搅拌让其完全溶解。加入柴油乳化液中，一开始就应进行充分地搅拌混合以便尽快地形成乳化液（最好在钻井液枪等专门设备强有力的搅拌下，将 $CaCl_2$ 盐水缓慢加入油相。尽可能在 3.45MPa 以上泵压下，通过 1.27cm 的钻井液枪喷嘴对钻井液进行搅拌。若泵压达不到 3.45MPa，则应选用更小喷嘴，并降低加水速度），其所需的剪切能量的大小与加入的盐水量和速度成正比。所有的盐水乳化后，体系的表面应有光泽，很光滑并发光。

在继续搅拌下加入降滤失剂、石灰和有机土，待乳状液稳定形成后，在加重前，应进行全套性能检测。

如性能满足要求，通过加重漏斗和剪切泵加入重晶石以达到所要求的密度。控制合适的加重速度，如重晶石被水润湿，会使钻井液中出现粒状固体，这时应降低加入重晶石的速度，并适当增加润湿剂的用量。

3. 回收油基钻井液转换为高密度油基钻井液

回收的油基钻井液送至现场转换为高密度钻井液方法有两种：第一种是配制新浆与老浆混合，达到设计性能要求；第二种方法是在回收的油基钻井液中加入各种处理剂，达到设计性能要求。

回收的油基钻井液必须充分使用离心机来降低其无用固相含量和密度，取样并对钻井液性能做全面检测，根据实际测得的性能，通过计算首先调节油水比，然后根据小型实验结果，补充主乳化剂、辅乳化剂、有机土、润湿剂、降滤失剂、石灰等处理剂，最后使用高密度重晶石调节密度，充分循环剪切转换为高密度油基钻井液。

4. 用现场高密度油基钻井液降密度转换为钻储层段中高密度钻井液

钻进储层段油基钻井液密度一般为 1.80~1.95g/cm³，用钻盐膏层高密度钻井液加基液降密度转化而成。

先对高密度钻井液用离心机清除无用固相，配制基液进行稀释。

配制油基钻井液胶液时，遵循以下步骤：在柴油中缓慢加入有机土、石灰、主乳化剂、辅乳化剂、$CaCl_2$ 盐水（用另一个池子提前配好）、降滤失剂、胶液，配好后让其循环剪切 1~2h。

现场作业期间至少保证有两个钻井液罐参与配制基液，降密度期间保持一个钻井液罐打油基钻井液基液，另一个罐向循环罐补充基液降密度。按照循环周均匀地通过螺杆泵向循环罐中补充胶液，降低钻井液密度至钻进储层要求的设计密度，一般需要多个循环周，保证密度均匀。

二、替浆

配制好的油基钻井液替换原井浆中水基钻井液流程。

1. 替浆前检查

根据井身结构，确保有充足的油基钻井液量，确保替完浆后能迅速建立循环或钻进；确保所有在替浆过程中所需要的设备能正常工作，如螺杆泵、加重泵、管线等；确保所有钻井液罐、闸板、振动筛、出口管线和阀门可操作并按计划处于开/关位置；确保所有人（包括钻台人员、泵工、振动筛人员、钻井液工程师、录井人员）到岗；注意钻井液罐的调整和体积变化。

2. 替浆作业

（1）确保水基钻井液循环充分后，停泵，迅速放空钻井液泵上水管线的水基钻井液，清理上水管线，连接好管线后，排空气和试压。

（2）隔离液罐上水，打入隔离液 $2\sim4m^3$。

（3）将钻井液泵上水管调至油基钻井液罐，将油基钻井液替入井内；替浆时，用其他钻井液罐往上水罐补充体积。返出的水基钻井液进回收罐。实际替浆量由钻井液工程师同录井人员核对，录井人员需要在罐面记录替浆量。替浆时，钻井液泵的排量可根据井身结构和使用水基钻井液时的排量决定。

（4）钻井液工程师确认返出井浆破乳电压>150V 后停泵，关闭所有闸板和阀门，将锥形罐中的水基钻井液清理干净，封好挡板。清理钻井液循环槽，经钻井液工程师确认钻井液罐及钻井液槽管线清洁后，开启振动筛（筛布换为 100 目），返回的钻井液经锥形罐—钻井液槽—流入循环罐内建立循环。

（5）开始慢慢开泵，按照钻井液工程师的建议逐渐增加泵速，防止跑浆。充分循环剪切油基钻井液，测定钻井液性能，做出及时调整。

3. 注意事宜

（1）替浆排量在设备的额定工作范围内尽可能地大，以保证顶替效果。

（2）钻井液工程师负责观察油基钻井液和水基钻井液界面。录井人员协助计量替入的钻井液体积和返出的时间。

（3）根据现场实际情况，可作出及时调整。

（4）听从监督指挥，保持及时沟通。

三、维护处理措施

1. 油基钻井液日常维护处理

（1）密度的调整：根据地层压力系数调整初始钻井液密度开始钻进。在钻进过程中，根据井下情况、气测值的大小、后效气测值的大小、单根气的大小、起下钻阻卡和漏失与溢流情况，逐步调整钻井液密度。

温度和压力对钻井液密度的影响将会很明显。而超深井段温度可达180℃以上，对井下钻井液密度会有显著影响，现场工程师使用软件计算井筒内的实际液柱静压力、钻井液当量循环密度（ECD）和循环池内钻井液的体积，并以此为依据调整钻井液密度和判断是否存在溢流或井漏等。

（2）流变性的调整。

① 油基钻井液体系黏切高的原因是体系内劣质固相含量增加，处理方法：降低固相含量；提高油水比，直接向钻井液内加柴油。辅助加入乳化剂 EZ MUL NT 和润湿剂 DRIL-TREAT，提高乳化稳定性和固相的亲油性。

② 油基钻井液体系黏切低处理方法：加入有机土、悬浮剂、流变性调节剂。提高体系整体黏切，辅助使用增黏剂，重点提高体系悬浮力。特殊情况可降低油水比，直接向钻井液内加入盐水，辅助加入乳化剂和润湿剂，提高乳化稳定性和固相的亲油润湿性。

（3）滤失量的控制。日常维护时直接向钻井液内加入降滤失剂，提高滤饼质量。

（4）油水比的控制。根据性能需要，适当调控保持油水比。

（5）乳液稳定性的控制。电稳定性是衡量油基钻井液稳定性的一个重要参数。通常其破乳电压大于500V。破乳电压的大小通常跟油水比、电解质的浓度、水润湿固体、处理剂、剪切状况、温度等有关。在现场防止地层水的侵入，加入柴油，提高油水比，再加入乳化剂、润湿剂、氯化钙、石灰来处理，使电稳定性逐步上升。

高温高压的滤液中不应该含有自由水。若高温高压滤失有增大趋势或滤液中有自由水，应立即将主辅乳化剂直接加入体系或预混合后加入体系。如果因提高密度需要而在钻井液中直接加入重晶石，应随时补充乳化剂以保持重晶石的湿润性。保持一定量的未溶石灰（14~17kg/m³）。体系的电稳定性在65℃时，应保持在500~800V。

（6）劣质固相含量的控制。劣质固相是导致油基钻井液体系性能变差的最重要原因，因此要想保证油基钻井液体系性能稳定良好，必须严格控制劣质固相含量，提高固控设备使用率，换高目数筛布，充分使用离心机。

（7）控制水相氯化钙浓度。水相氯化钙浓度控制在25%左右。

（8）碱度控制。油基钻井液体系中过量石灰体现出碱度及乳化稳定性。必须保证体系中过量石灰在3mg/L以上。钻井过程中，石灰含量会有消耗，应每天检测碱度并根据其需要添加石灰。

（9）其他性能的控制。

① 破乳通常是因为乳化剂不足、剪切不够或水湿性固体增多导致。此时体系的电稳定性降低，滤液中有自由水出现。在钻井液罐的液面上有时可以看到油带，钻井液暗淡粗糙。常用补救方法为添加乳化剂和石灰，并伴随长时间搅拌。

② 固相的大量沉降和振动筛上糊状泥团表明钻井液中的固体或井眼已反转为水湿性，此时应添加强效油湿表面活性剂，以解决问题。

2. 油基钻井液复杂预防与处理

1）高压盐水污染的预防与处理

（1）钻遇高压盐水层前。

① 注意观察并记录钻井液罐液面、回流速度以及钻井液的入口与出口密度。确保钻进和起下钻时井内钻井液量正常。

② 井控工程师与井场地质专家准确预测所需钻井液密度。

③ 适当提高钻井液油水比和破乳电压，保证体系性能良好。

④ 当钻井参数或地质条件变化时，采用低泵冲循环。

（2）钻遇高压盐水层后。

回收返出钻井液至别的钻井液罐，测量并记录返回钻井液性能。钻井液如遇盐水染污，应首先进行盐水污染监测判断，然后根据污染的程度进行分别处理。

① 少量的小型污染，控制进口密度恒定，以保证井下不会进一步出盐水，可考虑适当加重钻井液。

② 根据关井压力或钻井液受污染的情况决定加重钻井液的密度。控制入口钻井液的密度至设定的范围内，加柴油和乳化剂恢复油水比和乳化稳定性。

③ 对已经受到严重污染的油基钻井液，倒入其他罐内进行恢复处理，恢复油水比和钻井液的其他性能。

2）钻井液污染的预防与处理

钻井液污染主要来自替浆作业及固井水泥浆。预防措施：严格参照替浆及固井作业流程操作。

处理措施：监测混浆性能，排放掉破乳电压小于100V的被污染油基钻井液。对已受污染的油基钻井液，倒入其他罐内进行恢复处理，恢复油水比和钻井液的其他性能。

3）油气侵的预防与处理

油气侵会使油基钻井液黏度和密度下降。

预防及处理措施：选择合适的钻井液密度，适当降低油水比，提高破乳电压，保证钻井液内有过量的乳化剂，及时补充增黏剂。

4）酸性气体侵的处理

（1）发生二氧化碳气体侵入时，应及时加入生石灰处理，控制钻井液体系中过量石灰在12mg/L以上，并提高钻井液密度。

（2）进入含硫化氢地层前，应及时加入生石灰处理，保持钻井液体系中石灰在12mg/L以上，并加入除硫剂进行预处理。

5）井漏的预防与处理

见第六章相关内容。

四、常见问题及对策

油基钻井液常见问题及对策见表4-4-1。

表4-4-1 油基钻井液常见问题及对策

问题	原因	对策
表面无光泽，粗糙，有颗粒状结构，甚至液面有自由水	（1）乳化剂不足； （2）存在水污染； （3）水相内$CaCl_2$过饱和或钻盐层造成盐污染； （4）加重晶石速度太快； （5）大量钻屑侵入； （6）天气太冷； （7）受到水基钻井液污染	（1）补充乳化剂及必要的石灰； （2）恢复正常的油水比，切断水污染源； （3）增加机械剪切； （4）减慢加入重晶石速度，加强剪切强度，并加润湿剂； （5）加强固控，降低钻进速度； （6）控制污染源，放弃严重污染的部分
黏度太高，表观黏度、塑性黏度和动切力及静切力都较高	（1）油水比太低，或含水量上升； （2）固相大量侵入，甚至引起固相水湿； （3）酸性气体（主要是CO_2）污染； （4）化学处理过度； （5）井下温度升高	（1）加油并制止水侵入，添加乳化剂及润湿剂； （2）加强固相控制，加油或加润湿剂； （3）添加石灰维护碱度

续表

问题	原因	对策
黏度低，动切力和静切力也低	（1）油水比太高，缺少可乳化的水； （2）缺少增黏剂； （3）新配油基体系未达稳定状态； （4）加入电解质速度太快； （5）井下气体侵入造成稀释	（1）补加水和水相电解质； （2）添加增黏剂； （3）减慢加入电解质速度，严密注意水润湿现象； （4）添加润湿剂、主乳化剂及石灰，控制气侵
重晶石沉淀	（1）加重晶石速度过快或缺乏润湿剂； （2）切力小，悬浮能力低； （3）电稳定性不足； （4）较多水侵入使重晶石水润湿	（1）添加乳化剂和润湿剂并放慢重晶石加入速度； （2）添加有机土等增粘剂； （3）加强搅拌并延长时间
电稳定性连续增大	（1）侵入较多原油或加入柴油； （2）水相因蒸发而减少； （3）对新浆增加机械剪切和提高温度促进乳化	（1）应维持适合的油水比添加乳化剂和必要的石灰； （2）补加水或盐水，保持水相电解质浓度； （3）维持正常搅拌即可，适当控制碱度
电稳定性连续下降	（1）水侵入较大； （2）加入大量电解质使固相水润湿； （3）长期静止； （4）化学处理不足； （5）正在发生水润湿固相； （6）在测性能时，样品的温度偏高	（1）加油或新浆，添加乳化剂和必要的石灰； （2）减慢加入电解质速度，添加乳化剂和润湿剂，适当加水以降低电解质浓度； （3）恢复循环和加强搅拌； （4）每次测试样品的温度应统一

第五节　库车山前柴油基钻井液现场应用典型案例

柴油基钻井液于2010年开始在库车山前使用，至2019年，已在克深、大北、博孜、东秋中秋、西秋、迪北、佳木等构造钻进库姆格列木群、白垩系巴什基奇克组使用，证实该钻井液具有以下特点：

（1）高温（≥200℃）条件下乳化剂稳定性强，确保体系仍表现良好的流变性能、滤失性能和滤饼质量；
（2）高油水比能抗较大量的水或盐水浸污，优良的抗污染性；
（3）超强抑制，井壁稳定性更好，井眼更规则；
（4）稳定井壁；
（5）优良的润滑性；
（6）防腐抗磨性能好，对井下工具、泵和管线的伤害降到最低；
（7）对油气层保护效果好；
（8）维护简单，维护量小；
（9）可回收重复利用，降低综合成本。
（10）主要问题是价格昂贵、井漏成本高，且存在难处理的环保问题。

柴油基钻井液有效解决了山前超深井的巨厚膏盐层、高压盐水层和井下高温、高压等复杂地层钻井问题。下面列举两口典型井案例。

一、克深 7 井

克深 7 井位于塔里木盆地库车坳陷克拉苏构造带克深南区带克深 7 号断背斜西高点上，是一口以古近系底砂岩段和白垩系巴什基奇克组为目的层的预探井。原设计井深为 7598m，后加深设计为 8100m。

该井于 2008 年 12 月 25 日开钻，2011 年 1 月 14 日钻至井深 8023m 完钻，井底层位为白垩系巴什基奇克组二段（未穿），历时 801 天。该井钻遇地层见表 4-5-1。该井井身结构如图 4-5-1 所示。

表 4-5-1 克深 7 井地质分层（老标准）

层位			深度，m	
地质			底深	底界海拔
系	组（群）	段		
第四系	西域组		905.0	494.82
新近系	库车组		5160.0	-3760.18
	康村组		6140.5	-4740.68
	吉迪克组		6894.5	-5494.68
古近系	苏维依组		7113.5	-5713.68
	库姆格列木群	泥岩段	7224.0	-5824.18
		膏盐岩段	7854.5	-6454.68
		白云岩段	7863.0	-6463.18
		膏泥岩段	7947.5	-6547.68
		底砂岩段	7955.0	-6555.18
白垩系	巴什基奇克组		8023.0 ▼	-6623.18
	巴西改组			

克深 7 井几乎会集了山前构造的所有复杂地层：上部地层倾角 60°~70°、含砾地层段长 2575m、漏斗复合盐层埋深 7945m、盐水层压力系数 2.42、井底温度 178℃（电测）、钻井液最高静液柱压力 198 MPa 等。

该井该井从四开井段 7179.52m 开始采用柴油基钻井液钻进，柴油基钻井液具有很好的流变性与乳化稳定性，地面基液经充分循环剪切后，加重到 2.25g/cm³ 时，漏斗黏度为 60~80s，初终切为 5~8Pa/9~12Pa，破乳电压为 900~1000V，转化和后续钻进的安全顺利。在井底温度 178℃、密度 2.34g/cm³ 情况下，高温高压失水始终控制在 4mL 以下，滤饼厚度在 1.5mm 以下，滤饼坚韧而薄，抑制性强，抑制泥岩造浆、膏盐溶解，钻井液保持较低的固相含量和良好的流变性能与携岩效果，在盐层钻进时返出钻屑情况如图 4-5-2 和图 4-5-3 所示，岩屑上可见 PDC 钻头切削痕迹清楚，棱角分明，完整性好。

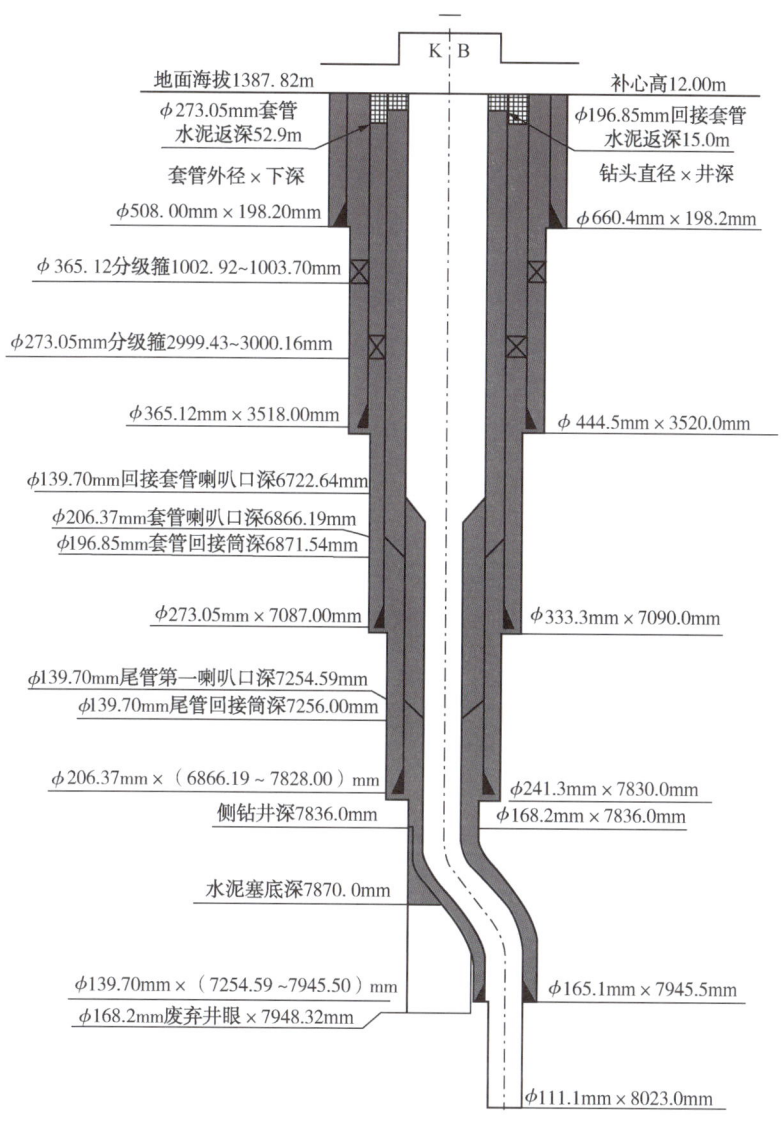

图 4-5-1 克深 7 井井身结构图

图 4-5-2 7220m 泥岩返出钻屑

图 4-5-3 7443m 盐层返出岩屑

克深 7 井采用密度 2.34g/cm³ 柴油基钻井液钻至 7764m，遇高压盐水层，强行起钻到 7584m 进行关井压井，压井钻井液密度为 2.55g/cm³，压井一次成功。由于上部地层存在薄弱地层，漏失压力低，压井过程，引发上部裸眼段地层井漏，造成上漏下喷的局面。现场采用水基钻井液封堵下部高压层，处理上部井漏(详见第六章)。当井漏得到控制后，现场逐步提高油水比，只用了 3 天时间就调整好柴油基钻井液性能，下钻到井底，恢复钻进。

克深 7 井使用柴油基钻井液顺利钻穿 500 多米巨厚膏盐层的，井壁稳定、井眼规则，起下钻以及下套管等一系列施工过程中，没有出现遇阻、卡钻等复杂情况，顺利完成四开作业。五开小井眼 φ111.1mm 井段继续使用柴油基钻井液钻进，顺利钻达 8023m、测井、完井作业顺利。该钻井液四开与五开实钻时性能分别见表 4-5-2 与表 4-5-3。

表 4-5-2 克深 7 井四开与五开井段所使用柴油基钻井液性能

井段 m	岩性	密度 g/cm³	FV s	PV mPa·s	YP Pa	Gel(10s/10min) Pa/Pa	FL_{HTHP} mL
7202~7211	褐色泥岩	2.33	76	67	9	6.5/8	4.0
7211~7311	盐岩泥岩夹层	2.34	80	70	10	6/8	3.8
7312~7412	盐质泥盐	2.34	82	72	8	5/7	3.8
7521~7637	白色盐岩	2.35	83	74	8	5.5/8.5	4.0
7839~7850	盐岩泥岩夹层	2.31	65	49	3.5	3.5/9	2.8
7870~7890	白色盐岩	2.25~2.28	70	57	6	6/13.5	2.6
7920~7940	褐色泥岩	2.27~2.22	82	64	7	5.5/12.5	2.8
7960~7989	褐灰色泥岩	1.81	93	48	4	3/6	1.0
8000~8010	灰色泥岩	1.84	101	50	3.5	3.5/6.5	1.0
8010~8023	褐色泥岩	1.82	91	47	4	3/7	1.0

表 4-5-3 五开井段柴油基钻井液的流变性能

流变性能参数	钻井液性能数据	
	2.5g/cm³ 性能	2.1g/cm³ 性能
PV, mPa·s	73	41
YP, Pa	11	8
静切力(10s/10min), Pa/Pa	5/6.5	3/4
破乳电压, V	402	352
HPHT 滤失量, mL/30min	2.1	2.9
HPHT 滤饼厚度, mm	1	1
Φ_{600}/Φ_{300}	168/95	98/57
Φ_{200}/Φ_{100}	67/41	31/23
Φ_6/Φ_3	12/10	6/5

克深 7 井的应用表明，UDM-2 钻井液体系具有配浆工艺简洁、性能稳定、抗高温和抗污染能力强、现场施工维护简单、维护量小等优点。有效解决了山前超深井的巨厚膏盐层、高压盐水层和井下高温、高压等复杂问题。

二、克深 1101 井

克深 1101 井为库车山前克深 11 构造上的一口评价井，设计井深 6460m，目的层为白垩系巴什基奇克组。该井分层数据与井身结构如图 4-5-4 所示。因库姆格列木群存在大段盐膏层和高压盐水层，三开至五开使用高密度柴油基钻井液来减少井下复杂情况。

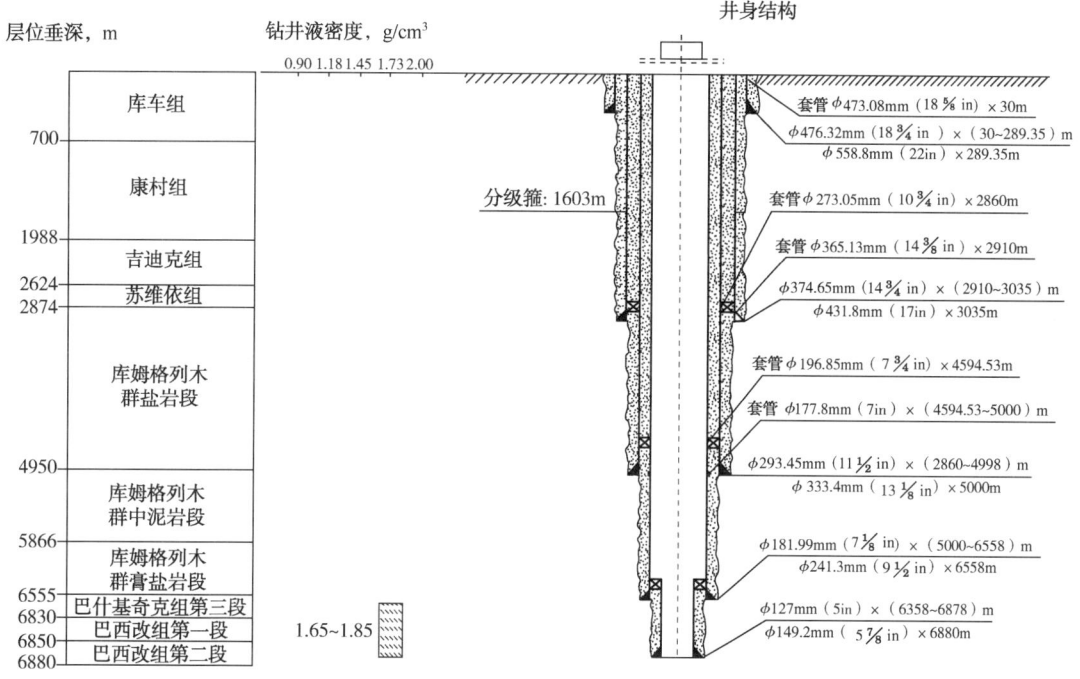

149.20mm 井眼：127mm 尾管封固目的层。

图 4-5-4　克深 1101 井井身结构图

该井于 2016 年 9 月 16 日开钻，完钻井深 6700m。三开至五开（3050~6700m 井段）均采用柴油基钻井液钻进，共钻进 3650m。三开 3050~5000m 井段钻穿 1950m 盐膏层，四开井段为漏失、溢流共处于同一裸眼井段，密度窗口窄。采用柴油基钻井液钻进，采用排水降压技术，钻井液密度从 2.32g/cm³ 降至 2.19g/cm³ 恢复钻进，井下情况正常。该井段井径规则、电测一次成功、下套管顺利。

克深 1101 井于 2017 年 1 月 27 日四开钻进到 5879.63m 时，发现液面上涨。关井后发现套管压力为 1.3MPa，并上升到 4.9MPa，判断在 5869~5872m 发生高压盐水侵，地层岩性为灰色泥灰岩，且伴有上部地层堵漏剂反吐。若采取常规提密度压井，上部井段 5200~5300m 会发生漏失，将形成井漏、溢流、压井和井漏的恶性循环。

通过对已钻资料分析，四开为漏—溢—漏同层，通过三个阶段排水降压，通过 64 次排出 1129.98m³ 高压盐水，密度从 2.32g/cm³ 分阶段降至 2.19g/cm³ 后，克服漏失风险顺利完钻。

第一阶段排水降压：该井钻进至 5335m 时发生漏失，钻井液密度从 2.32g/cm³ 降至 2.28g/cm³ 后继续钻进；当钻至 5879.63m 时发生高压盐水侵，共节流排污 19 次，共放水 19 次，累计放水 105.38m³，用时 9.2 天，关井套管压力为 4.9MPa 降至 1MPa，钻井液密度由 2.32g/cm³ 降至 2.28g/cm³ 恢复钻进。

第二阶段排水降压：钻至 6055.5m 时，发生失返性漏失，通过 15 次以上排污降压，累计排出盐水量为 353.65m³，钻井液密度由 2.28g/cm³ 降至 2.19g/cm³ 后恢复钻进。

第三阶段排水降压：因四开底部存在已缩径泥岩，每次停泵都有大量盐水侵入，通过 30 次排水，累计盐水侵入 670.95m³。

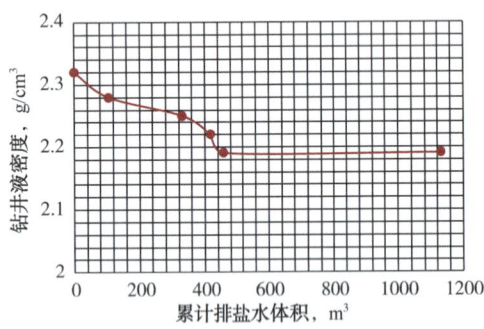

图 4-5-5 克深 1101 井排水降压期间钻井液密度变化

克深 1101 井排水降压期间钻井液密度变化如图 4-5-5 所示。

该井钻井过程发生盐水侵时，所使用的柴油基钻井液总体表现为密度和破乳电压降低、黏度增加，振动筛上有明显结晶盐。第 39 次排污时，钻井液密度从 2.19g/cm³ 降至密度 1.63g/cm³，油水比为 12∶88，破乳电压 6V，Cl⁻ 含量最高 117000mg/L，钻井液仍保持良好的流变性，没有引起井下复杂情况发生。

克深 1101 井油基钻井液盐水侵后密度最低点性能变化如图 4-5-6 所示。

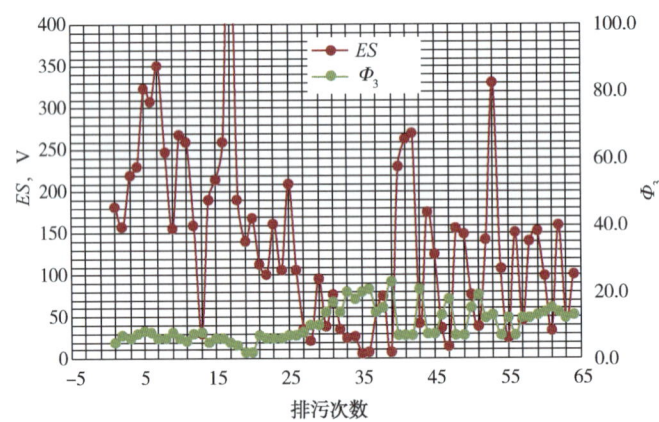

图 4-5-6 油基钻井液盐水侵后密度最低点性能变化

现场应用结果表明，高温高密度油基钻井液体系具有配浆工艺简单、抗高温和抗污染能力强、现场施工维护简单、维护量小等优点，有效地解决了山前深井的巨厚盐膏层、高压盐水层和井下高温、高压等复杂难题。该钻井液的黏切和固相含量始终保持在一个优良的范围内，提高了携砂效率，增大了井眼清洁度，保证了 1000 多米巨厚膏盐层的顺利穿越，且可保持井壁稳定、井眼规则，使得在起下钻以及下套管等一系列施工过程中，没有出现遇阻、卡钻等复杂，大大提高了钻井安全系数和时效，为钻井施工提供了有力的支持。

参 考 文 献

[1] 熊邦泰. 油基钻井液乳状液稳定性机理研究[D]. 荆州：长江大学，2012.
[2] 樊世忠. 钻井液完井液及保护油气层技术[M]. 东营：中国石油大学出版社，1996：218.
[3] 李春霞，黄进军，徐英. 一种新型高温稳定的油基钻井液润湿剂反转剂[J]. 西南石油学院学报，2002，24(05)：22-24.
[4] 何更生. 油层物理[M]. 北京：石油工业出版社，1994：219.
[5] 高海洋，黄进军，崔茂荣，等. 新型抗高温油基钻井液降滤失剂的研制[J]. 西南石油学院学报，2000，22(04)：61-64.
[6] 韩成，邱正松，黄维安，等. 新型高密度钻井液加重剂 Mn_3O_4 的研究及性能评价[J]. 西安石油大学学报(自然科学版)，2014(02)：89-93，1.
[7] 鄢捷年. 钻井液工艺学[M]. 东营：中国石油大学出版社，2001.
[8] Thoresen K M, Hinds A A. A Review of the Environmental Acceptability and the Toxicity of Diesel Oil Substitutes in Drilling Fluid Systems[R]. IADC/SPE 11401, 1983.
[9] Nigel Evans, Bruno Langlois, Rhodia HPCII Annie Audibert-Hayet Christine Dalmzzone and Eric Deballe. High Performance Emulsifier for Synthetic Based Muds [R]. SPE 63101, 2000.
[10] Shue E Y et al. J Fuel, 1992, 1(11)：1277.
[11] Schmidt D D, Roos A F, Cline J T. Interaction of Water With Organophilic Clay in Based Oils To Build Viscosity[R]. SPE 16683, 1987.
[12] Jeffrey Miller. Biodegradable Surfactants Aid the Development of Environmentally Acceptable Drilling-Fluid Additives[R]. SPE 106506, 2007.
[13] Ghalambor A, Ashrafizadeh S N, Nasiri M. Effect of Basic Parameters on the Viscosity of Synthetic-Based Drilling Fluids[R]. SPE112276, 2008.
[14] Mohamed Al-Bagouryand Chris Steele. A New, Alternative Weighting Material for Drilling Fluids [J]. IADC/SPE 151331.
[15] Mohamed Al-Bagoury and Christopher Steele, Elkem. Liquid Weight Material for Drilling & Completion Fluids [J]. SPE/IADC-178157.
[16] Abdullah M. Al Moajil, Saudi Aramco, Ahmed I. Rabie, Solvay, et al. Effective Dispersants for Mn_3O_4 Water-Based Drilling Fluids：Influence of Clay and Salt [J]. OTC-26600.
[17] Todd Franks, David S Marshall. Novel Drilling Fluid for Through-Tubing Rotary Drilling [J]. IADC/SPE 87127.
[18] James Stark. Extending API-Grade Barite. AADE-14-FTCE-58.
[19] Christopher Steele. Micronised Ilmenite-A New, Intermediate Weight Material for Drilling Fluids. AADE-12-FTCE-12.

第五章　库车山前完井液技术

从广义上讲,从钻开油气层到采油气及各种增产措施过程中的每一个作业环节,与产层接触的工作液统称为完井液。库车山前所使用的该工作液主要由两阶段组成:第一阶段为射孔至试油过程中的射孔压井液;第二阶段为采油气过程中存在于套管与油管环空的保护液。试油阶段根据作业工艺及地层压力的不同,可采用射孔压井液试油,也可替换为环空保护液作业,其中射孔压井液中试油是普遍采用的方式。在射孔压井液中试油时,管柱将长期静置于射孔压井液中,此时射孔压井液的性能是保证安全施工的关键所在,本章内容主要针对该部分进行着重探讨。

第一节　库车山前完井液概述

一、完井液在库车山前试油作业中应用流程

(1) 先射孔、后下完井—改造一体化管柱。

① 井筒准备:刮壁、测固井质量、通井、改造钻井液为射孔压井液,或替换为专用的射孔压井液;

② 传输射孔(射孔压井液中);

③ 通井、循环射孔压井液;

④ 下改造—完井一体化管柱:7~10天;

⑤ 替液、投球、坐封封隔器:用高黏隔离液+环空保护液反替出井内高密度射孔压井液;

⑥ 测试放喷;

⑦ 储层改造:低产时酸液、压裂液可能要与射孔压井液、有机盐环空保护液在地层混合;

⑧ 求产。

(2) 先射孔、后下测试管柱进行地层测试,再完井—改造一体化管柱。

① 井筒准备:刮壁、测固井质量、通井、改造钻井液(性能)为射孔压井液性能,或替换为专用的射孔压井液;

② 传输射孔(射孔压井液中)、通井、循环射孔压井液;

③ 下测试管柱;

④ 坐封、装井口;

⑤ 替液:用环空保护液反替出井内射孔压井液,关闭替液通道、验封,如果直接在射孔压井液中作业,无此工序;

⑥ 测试放喷;

⑦ 关井、用射孔压井液反循环压井；
⑧ 解封、起测试管柱、结束测试；
⑨ 下改造—完井一体化管柱、替有机盐环空保护液、放喷求产。

二、库车山前完井液技术要求

1. 射孔压井液技术要求

与钻井阶段不同，在试油测试期间，由于下管柱期间井筒内试油作业工作液不能循环，无法调整性能，工作液在高温条件下长时间静置，对于高密度射孔压井液是较大的挑战，必须一次性调配好性能，否则，可能导致管柱被埋卡，无法解封，酿成井下事故、复杂。

塔里木油田库车山前均为超深、超高温、超高压井，施工深度普遍6000~8000m、井温120~190℃，因气层压力大，井下温度高，试油完井工序复杂，且下完井管柱周期较长，射孔压井液在高密度、高温条件下，必须具有良好的沉降稳定性和流变稳定性，是保障安全试油完井、减少对油气层伤害的关键环节之一。因此对所使用的射孔压井液必须达到以下技术要求：

（1）复杂深井特殊工艺对试油射孔压井液的技术要求。考虑到库车山前克深、博孜、大北地区其井温多在120~190℃，油气层压力系数高，射孔压井液所需密度多数在1.8g/cm³左右，矿化度在16×10^4mg/L左右等多方面因素的影响，要求射孔压井液性能稳定，能有效平衡套管内外、油管内外的压力，维持井眼的稳定。

（2）完井技术方案对射孔压井液的技术要求。由于封隔器位置较深，在高温、高压和长时间测试时，上部钻井液的加重材料易沉降埋住封隔器，引发井下复杂事故。射孔压井液不仅要平衡套管内外、油管内外的压力，还要平衡封隔器上下压力，保证封隔器及井下工具性能稳定。

（3）在高温、高压长时间测试环境下，对射孔压井液稳定性要求。射孔压井液如果黏度、切力低，所选用的提黏提切剂抗温能力差，在高温下极易降解，在长时间测试情况下，射孔压井液悬浮能力变差，射孔压井液胶化和加重材料下沉，引起封隔器解封失败等事故。

（4）测试、射孔压井液应毒性低，对套管、油管腐蚀性小，具有良好的保护油气层功能。

根据库车山前超深井的试油完井技术要求，对射孔压井液的性能指标要求可归结为以下几方面：高密度（1.7~2.4g/cm³）、抗高温（120~190℃）、井下高温条件下静止15天，保持良好的沉降稳定性，高温流变性良好，抗污染能力强，对储层伤害程度低。

2. 环空保护液技术要求

环空保护液主要用于在生产过程中平衡地层压力，减小地层压力对套管及井筒的损伤，保证生产过程中井下管柱的安全。要求环空保护液具有高密度，尽可能平衡较高的地层压力，且对井下管柱腐蚀小，同时在整口井的生命周期内性能保持稳定，可长达数十年之久，任何含固相的工作液均无法抵抗如此长久的高温稳定性，因此一般采用有机盐盐水通过添加缓蚀剂等来满足要求。

三、库车山前高密度射孔压井液技术难点

库车山前抗高温高密度射孔压井液必须解决以下技术难点：

（1）射孔压井液按油气层孔隙压力，如何确定合理的密度，防止溢流与井漏，以保试油安全作业；

（2）高密度射孔压井液在高温长期作用下，保持其流变性能、滤失等性能稳定，变化幅度小；

（3）在井下高温长时间作用下保持良好流变性与沉降稳定性；

（4）对油气层伤害程度小；

（5）对油管与套管腐蚀程度低；

（6）射孔压井液必须与环空保护液、隔离液配伍性好。

四、库车山前射孔压井液技术现状

历年来，通过调研、引进、研发、优化，形成了4类射孔压井液，即氯化钾磺化射孔压井液、油基射孔压井液、有机盐射孔压井液、超微重晶石射孔压井液。结合现场工艺的逐步完善，攻克山前复杂条件下射孔压井液技术瓶颈，为试油安全生产奠定了技术基础。4类射孔压井液使用情况见表5-1-1。

表5-1-1 库车山前射孔压井液使用情况

序号	技术方案	情况简介	应用井
1	氯化钾磺化射孔压井液	应用完钻所使用的氯化钾磺化钻井液改造为氯化钾磺化射孔压井液，用于储层温度低于120℃、密度低于1.79g/cm^{3}试油作业井	DB301井、KS202井、BZ1井等
2	油基射孔压井液	应用完钻所使用的油基钻井液改造为油基射孔压井液，用于储层温度120~180℃试油作业井	KS7井、KS101井等80井次
3	有机盐射孔压井液	应用完钻井所使用的有机盐钻井液改造为有机盐射孔压井液，用于储层温度低于160℃试油作业井	KS8井、DA1井等22井次
4	超微重晶石射孔压井液	超微重晶石射孔压井液用于120~220℃试油作业井	DB302井、SM2井、KS16井、BZ3井等35井次

第二节 射孔压井液性能测试方法

一、射孔压井液性能测试要求

1. 射孔压井液测试性能

为满足试油作业对射孔压井液的技术要求，库车山前所使用的射孔压井液需测试以下性能：

（1）射孔压井液密度、流变性能、高温高压滤失量，油基射孔压井液增加破乳电压、

碱度、油水比等；

(2) 热稳定性；

(3) 静沉降稳定性；

(4) 射孔压井液与环空保护液、隔离液配伍性；

(5) 油气层渗透率恢复值；

(6) 对油管与套管腐蚀性能；

(6) 防漏效果。

2. 射孔压井液性能测试实验条件

射孔压井液性能测试实验条件：

(1) 射孔压井液进行热滚与静放温度，依据测井油气层温度再附加 5~10℃；

(2) 流变性能测试温度：65℃；

(3) 高温高压滤失量测试温度，依据测井油气层温度进行实验，如果此温度高于 180℃，则只测 180℃下高温高压滤失量；

(4) 热滚时间：在测井油气层温度下，热滚 24h，48h 和 72h 冷却后，测全性能；

(5) 静放时间：根据施工作业时间长短，分别进行 1 天、3 天、5 天、7 天、10 天、12 天和 15 天静恒温后，测全性能与静沉降稳定性；

(6) 渗透率恢复值与腐蚀实验温度：在油气层温度下，采用油气层岩心，进行渗透率恢复值实验；采用油层套管与油管制成的挂片进行腐蚀性能实验；

(7) 配伍性实验：进行射孔压井液与环空保护液、隔离液配伍性实验。

3. 射孔压井液常规性能测试方法

射孔压井液常规性能测试方法按照 GB/T 16783.1—2014《石油天然气工业　钻井液现场测试　第 1 部分：水基钻井液》和 GB/T 16783.2—2012《石油天然气工业　钻井液现场测试　第 2 部分：油基钻井液》性能测试操作规程进行。

二、库车山前射孔压井液静沉降稳定性评价方法

1. 沉降稳定性评价方法调研

射孔压井液静沉降稳定性的评价方法及评价指标在国内外还没有一个统一的规范与标准。为此调研了国内外关于沉降稳定性评价方法文献，收集了塔里木油田、川庆钻探工程有限公司钻井液公司、中国石油集团钻井工程技术研究院、中海油田服务股份有限公司油田化学院、中国石油大学(北京)、中国石油大学(华东)、中国地质大学(北京)、湖北江汉石油技术有限公司等单位进行射孔压井液静态沉降稳定性评价方法，通过分析研究，将其归纳出静态分层指数法(SSI)、针入式沉实度测定法、沉降因子法(SF)、动态沉降系统(DSS)测定法、静沉降稳定性测定仪测定法、重晶石沉降稳定仪测定法、TURBISCAN 全能稳定性分析仪测定法、室内循环模拟装置(Large Indoor Flow Loop)测定法、LUM-L Y-SEPView 热稳定仪测定法、玻璃棒法等 10 种射孔压井液静态沉降稳定性评价方法。针对库车山前情况，现介绍其中 5 种静态沉降稳定性评价方法。

1) 静态分层指数法(*SSI*)

该评价方法是由 M-I SWACO 公司(M-I 公司)的 Wenqiang Zeng 和 Mario Bouguetta 等为了评价静恒后老化罐中射孔压井液分层以及沉降后的密度变化情况，形成的一套评价静态沉降稳定性的方法。

(1) 评价指标。

通过该评价方法可以计算出一个评价指标，定义为静态分层指数(Static Stratification Index)。通过对老化罐中冷却后的射孔压井液进行分层处理，并且测量其不同分段的密度与体积，最终计算得到静态分层指数(SSI)。

为了研究在不同剪切速率下黏度与静态沉降趋势之间的关系，M-I公司进行了一系列实验，该实验是在钻井液老化一段时间以后进行的，主要目的是探索静态沉降稳定性与流变性，包括六速旋转黏度计读数、表观黏度、塑性黏度、静切力以及动切力之间的关系。图 5-2-1 表明了静态沉降之后老化罐罐底密度与流变性、低剪切速率黏度、破乳电压以及动切力之间的相关系数 R^2 值(幂律模式)。

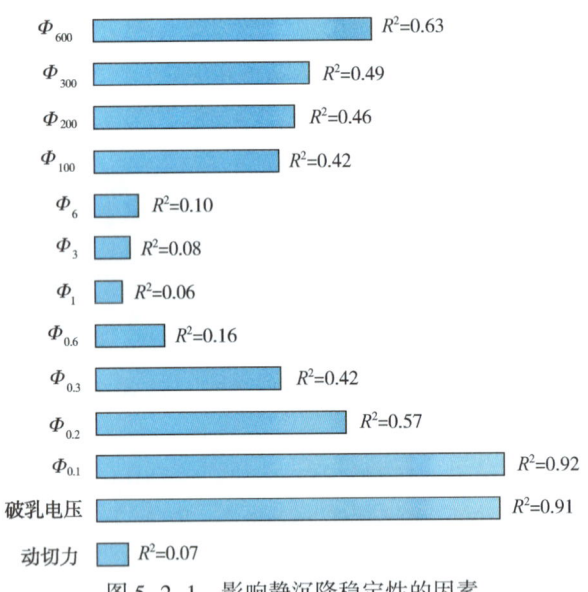

图 5-2-1 影响静沉降稳定性的因素

图 5-2-1 为静态沉降后底部钻井液密度与因素(不同转速、破乳电压和动切力)之间的加权相关系数 R^2 相关值。由图 5-2-1 可知，在幂律模式下，静态沉降稳定性与超低剪切速率黏度以及破乳电压相关性比较大，而与高剪切速率黏度以及动切力相关性不大。其中 R^2(R^2=0.92)最大的是用 Couette 型黏度计测得的 0.1 转速下的读数。

众所周知，在一定的 SWR(合成基油与水之比)下，破乳电压和低剪切速率以及超低剪切速率下黏度相关性很高。通过静态沉降系数可知，老化后在静态条件下随着流体超低剪切速率下的黏度的增加，沉降趋势减小。

(2) 评价方法的建立。

该评价方法建立的基础是研究在恒温静止过程中密度的变化情况。在静态条件下，为了评价射孔压井液分层情况以及沉降密度，老化罐至少分成 4 层，最上面为清液，其余部分分成三层或是更多层。静态分层指数(SSI)可以按照式(5-2-1)进行计算：

$$SSI = \sum (\text{ABS}[V_i \times \Delta\rho_i]) \quad (5\text{-}2\text{-}1)$$

式中 V_i——每一层在老化罐内所占的体积分数，%；

$\Delta\rho_i$——每一层射孔压井液与初始射孔压井液的密度差，g/cm³；

i——总分层数中第 i 分层；

ABS——求绝对值。

该方法主要是考察射孔压井液发生沉降形成的密度重新分布与沉降之前密度的偏差程度。该值越大说明沉降越严重，该值越小说明射孔压井液越稳定。

(3) 评价方法使用案例。

为了验证该方法的可行性，现场工程师进行实际测量，对不同作业前后 SSI 进行了分析，具体数据见表 5-2-1。

表 5-2-1　初始状态以及处理过后射孔压井液的 SSI 值以及表层清液

处理过程	SSI	表层清液[①]，%
初始阶段	1.56	7.0
第一次处理过程	1.44	8.4
第二次处理过程	0.92	4.7
测井前第三次处理过程	0.53	3.2

① 指完井液在高温下静放后表面所出现的清液。

从表 5-2-1 中数据可知，第一次处理和第二次处理导致了在井底类似的密度差。但是静沉降分层指数为 1.44 与 0.92 的，这说明用静沉降分层来评价静沉降稳定性比用井底密度差来评价精度更高。此外，静态分层指数(SSI)可以度量给定高度下上层清液的量。这与作用于裸眼段静力学压力有关。

进一步分析了静态分层指数(SSI)与颗粒度以及流变性之间的关系。该数据来源于用不同粒径的重晶石加重的油基钻井液，其中油水比有微调。钻井液在特定温度下静态老化并且测定了静态分层指数(SSI)与黏度和粒径之间的关系，如图 5-2-2 所示。图中：$D_{50}^2/\Phi_{100}/Gel_{10min}$ 为加重剂的 D_{50} 的平方、$\Phi 100$（100 转读数）与静切值共同加权影响 SSI 相关系数 R^2 为 0.698；$D_{90}^2/\Phi_{100}/Gel_{10min}$ 为加重剂的 D_{90} 的平方、Φ_{100}（100 转读数）与静切值共同加权影响 SSI 相关系数 R^2 为 0.820。

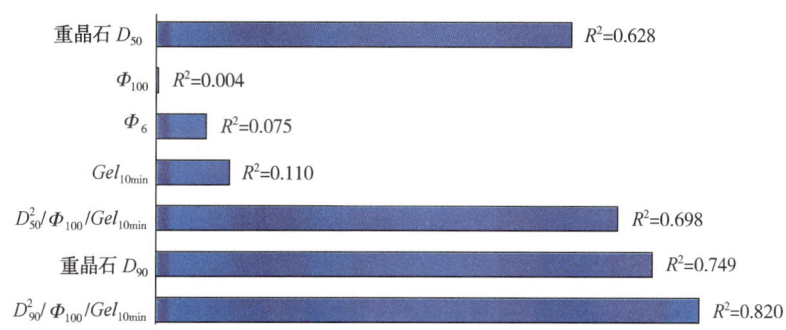

图 5-2-2　黏度、静切力、粒径以及黏度、静切力和粒径加权与 SSI 的相关性(幂律模式)

上述实验表明，静态分层指数(SSI)与钻井液黏度以及静切力相关性不大，但是与颗粒的粒径相关性很高，因此加重剂颗粒度越大沉降稳定性越差，根据斯托克斯定律得知，沉降速度(v)与粒径平方成正比，与流体黏度成反比。

斯托克斯定律为：$v = \dfrac{2}{9} \dfrac{(\rho_p - \rho_f)}{\mu} g R^2$，下角 p 表示颗粒，f 表示钻井液；$\rho$ 为密度；g 为常数；R 为颗粒直径；μ 为泥浆黏滞系数，用黏度来表示。

(4) 静态沉降指数法存在的优缺点。

① 该方法能反映整个老化罐中射孔压井液密度的变化情况；

② 该评价方法只能在常温常压下进行,不能够很好地模拟井筒状态;

③ 该评价方法没有涉及射孔压井液流变性的测量,因此无法判断流变性与沉降稳定性之间的关系;

④ 所涉及的分层体积没有统一的规定,不同操作的人做出的结果不同。

(5) 小结。

① 通过静态指数法可以评价静恒前后老化罐中射孔压井液密度变化程度,其中静态分层指数(SSI)数值越大,说明该体系射孔压井液静沉降稳定性越差;数值越小,说明该体系射孔压井液静沉降稳定性越好;当静态分层指数(SSI)数值为零时,说明该体系射孔压井液完全没有发生沉降。

② 表层析出的清液的量对其静态分层指数(SSI)影响很大,因为析出的清液密度近似 1.05g/cm³ 左右,如果控制清液析出量,可以有效地缓解沉降问题。

2) 针入式沉实度测定法

针入式沉实度测定法是一种基于针入式沉实度测定仪所建立的沉降稳定性评价方法。此仪器是由石大博诚石油科技发展有限公司研制的测量射孔压井液沉降阻力以及沉实度的仪器,该仪器是在老化罐高温静恒后将其冷却至室温进行测量。其评价指标有沉降阻力和沉实度。

(1) 仪器组成。

该测试仪器主要由三部分组成:第一部分为底座以及传感器支架;第二部分为传感器;第三部分为显示面板。其中底座部分有计时器,传感器下放电动机调速旋钮以及电源开关等操作界面和按钮;传感器为一个称重传感器,量程为5kg;显示面板显示的结果为传感器下放过程中所受阻力以及显示面板归零。具体实物如图 5-2-3 所示。

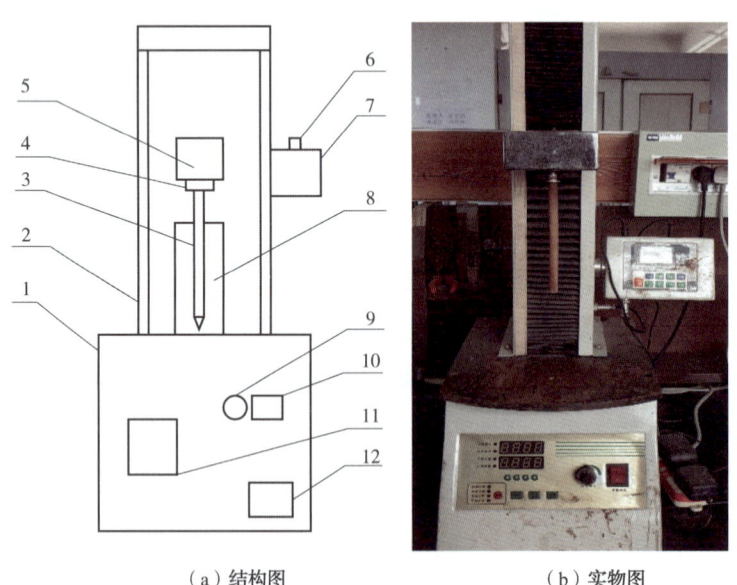

(a) 结构图　　(b) 实物图

图 5-2-3　针入式沉实度测定仪实物图

1—底座;2—电控箱和传感器支架;3—探棒;4—定位套;5—传感器探头;6—计算机接口;
7—传感器;8—老化罐;9—传感器探头升降调速按钮;10—电动机和电源开关;
11—数显屏;12—控速电动机

(2) 测试步骤。

① 取出仪器,检查各部件及电源插头是否安全可靠。

② 将待测的溶液放置到测试平台上,打开电动机电源开关,同时打开压力传感器的开关(ON,OFF),显示屏显示是 0.00N。

③ 固定好探棒,按"ZERO"键归零键,在液面上按照近罐点选取 3 个点,再在罐中心液面选取一个点,共计 4 个测量点(图 5-2-4)进行测试,分别保存数据。

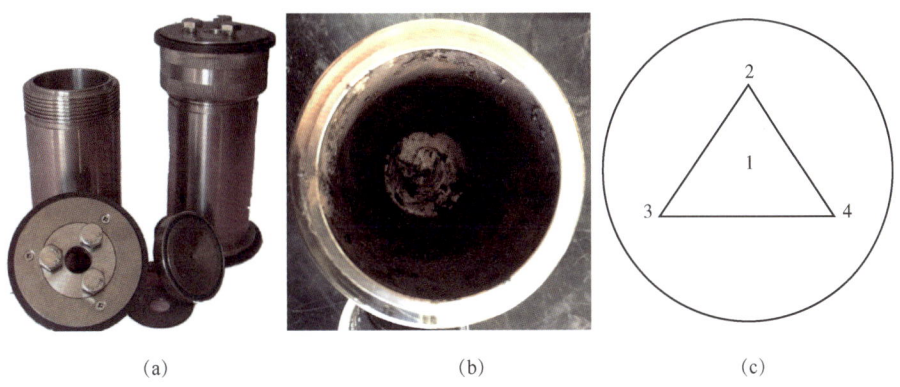

图 5-2-4　老化罐实物图(a)和老化罐内部结构(b)以及老化罐盛钻井液 4 个测试选取点示意图(c)

单次测试过程:首先按电动机控制箱的模式键,调到自动计时,然后将探棒对准其中一个测试点,按前进键进行测试,在下降过程中读取最大值及探棒到底停止后的稳定值;然后按后退键直至探棒离开被测液体,单个测试点测试结束。再选一个测试点进行第二个点的测试。测试中如有特别情况,可按停止键进行暂停。

④ 清洗探棒,实验结束。

⑤ 关闭电源,将仪器清理干净,备用。

(3) 测量参数。

针入式沉实度测定仪主要的工作原理为,通过匀速将带有传感器的探棒伸入射孔压井液中,触感器在匀速下放的过程中会遇到阻力,此时传感器输出面板上显示阻力值的大小,该值定义为沉降阻力;当传感器探棒下放至老化罐底部往上 0.5cm(预先设置安全值,防止在运行过程中传感器探棒接触到老化罐底部超过传感器最大量程而损坏传感器)处,此时电动机停止运行,随着电动机的停止,触感器面板上的数值会逐渐减小并趋于稳定,这时候的稳定值就代表底部射孔压井液的沉实情况,因此定义为沉实度。

(4) 针入式沉实度测定仪的优缺点。

① 由于是电动机式运行,因此消除了认为误差的影响;

② 该评价装置只能在射孔压井液高温静恒冷却后测量,不能带温带压测试;

③ 没有统一的标定规则,不具备可比性;

④ 误差大,精度不够,只能大概地看出密度以及黏度变化趋势;

⑤ 该仪器需要后期数据处理及优化。

(5) 小结。

① 该评价方法采用机械式运行以及电脑自动采集功能,从一定程度上减少了人为误差;

② 对沉实度的测量没有一个成熟或是可依据的参照物,后续应该在这方面进行改进;

③ 该仪器应该将测量黏度的触感器或是元器件整合到探棒中直接测出黏度的变化可能对后期数据处理以及寻求静态沉降稳定性与黏度之间的关系比较有利。

3）沉降因子法（SF）

沉降因子法（SF）来源于挪威石油公司 Tor H. OmLand 于 2007 年发表在 Annual Transactions of the Nordic Rheology Society 的第十五卷中的论文 "Detection Techniques Determining Weighting Material Sag in Drilling Fluid and Relationship to Rheology"。该方法主要评价在高温下静恒后老化罐中射孔压井液上下密度的变化值，该方法测量过程中除去了清液的量。

（1）评价指标。

该方法主要用老化罐作为载体，通过静放后冷却泄压过的射孔压井液进行测量。除去清液以后评价上部与下部密度的变化情况，具体公式为：

$$SF = \frac{\rho_{下部}}{\rho_{上部} + \rho_{下部}} \tag{5-2-2}$$

式中　SF——沉降因子；

$\rho_{上部}$——老化罐中除去清液后上部 3cm 左右的射孔压井液平均密度，g/cm³；

$\rho_{下部}$——老化罐中底部 3cm 左右的射孔压井液平均密度，g/cm³。

该测量方法示意图如图 5-2-5 所示。

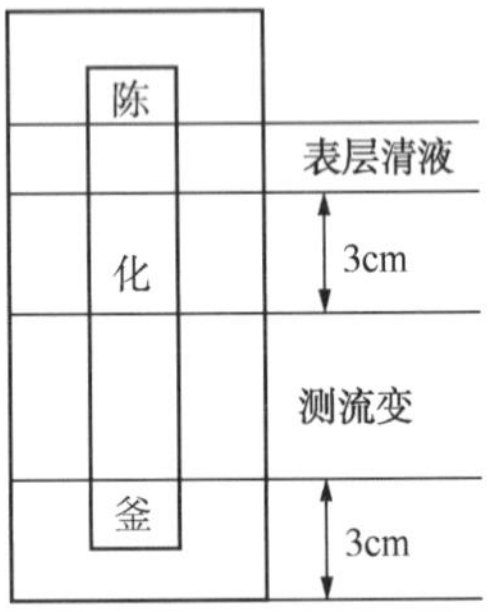

图 5-2-5　沉降因子（SF）测定法示意图

（2）测量步骤。

参照 MI 公司关于此仪器的操作，主要是确定钻井液在高温条件下的沉降趋势，实验仪器：老化罐、老化炉、扳手、冲压装置、天平、50mL 烧杯、勺子（取钻井液）、注射器（10mL，50mL）、量筒（10mL，25mL，50mL）、尺子。

具体步骤：

① 测量配制好的钻井液的实际密度；

② 将钻井液装入老化罐，体积为 350mL；

③ 检查老化盖密封胶圈，将老化罐盖盖上并旋紧，检查阀杆的密封胶圈，将阀盖旋紧；

④ 使用冲压装置对钻井液冲压（将阀杆逆时针回旋半圈），确保阀杆的密封性，使用水在此温度下的推荐饱和蒸汽压增压，冲压结束旋紧阀杆，并按照正确方法取下冲压装置；

⑤ 将老化罐直立在老化炉中，使用实验需要的温度进行老化，老化时间结束后，将老化罐直立于冷却池，避免倾斜；

⑥ 待老化罐温度低于 65℃后，取出老化罐，使用阀杆泄压并打开老化罐，对钻井液的状态进行简单描述（流体、胶凝、固化）；

⑦ 使用标准尺确定上层液体占总体的比例，使用注射器将钻井液上部清夜抽出，置于量筒中；

⑧ 使用勺子从上部取 3cm 深度的钻井液（清液部分计入上层体积），放到 100mL 烧杯中搅拌均匀，取 50mL 称取质量，算出密度（注：提前称量好空容器质量，称取过程中注意不要有气泡）；

⑨ 预留好老化罐底部 3cm 流体后，将中间部分钻井液全部取出，取出后的钻井液按照流变测试标准，进行流变性测试；

⑩ 底部的钻井液按照步骤⑧进行操作,求取密度。

(3)沉降因子法的优缺点。

① 只能测量待测射孔压井液发生沉降后的密度以及中间段的流变性,不能实时地表现沉降过程,因此没办法建立沉降因子与射孔压井液高温下的流变性之间的关系;

② 只能在常温常压下测量,无法还原实际情况;

③ 测量的是某一段的平均密度,人为操作误差大,精度低;

④ 测试射孔压井液只能使用一次,不能重复利用。

(4)小结。

用密度的变化衡量射孔压井液沉降稳定性是一个直观的评价方法,通过对沉降因子的测量,可以得出该射孔压井液静沉降稳定性的好坏。

4)静沉降稳定性测定仪测定法

该方法是由中国石油天然气集团有限公司塔里木油田分公司委托中国石油钻井工程技术研究院为其研制的,专门用来测量射孔压井液静态沉降稳定性,主要是用传感器测量加热钻井液杯中中部密度变化来反推整体的沉降稳定性。

(1)沉降稳定性测定仪。

① 仪器组成。该仪器主要由三部分组成:a. 温控及数据采集与传输控制系统;b. 加热系统;c. 测试系统,包括钻井液杯和传感器组成如图5-2-6所示。

② 工作原理。该仪器主要的工作原理是通过测量传感器附近区域的粒度分布与初始状态粒度分布的差异表征沉降稳定性。该仪器可以带温测量但在高温下传感器的抗温性以及精度是值得考虑的。

(2)沉降稳定性测定仪的优缺点。

① 该测定装置可进行加温,属于接触式测量但不取样测量。主要工作原理是在规定时间内测量传感器附近某一特定区域内的密度变化来衡量沉降速度以及沉实情况。

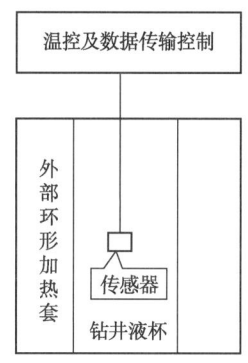

图5-2-6 沉降稳定性测定仪示意图

② 传感器精度以及抗温性直接影响最终测量结果。另外,用某一区域的密度变化来衡量整个体系的沉降稳定性数据的可靠性值得商榷。

5)玻璃棒法

玻璃棒法是一种借助于玻璃棒测量射孔压井液沉降稳定性的定性测定方法,其测试步骤:①取待测试样转入老化罐至规定刻度线;②在设定井底温度条件下,静置恒温一定时间;③待到静恒时间,取出,冷却打开,将玻璃棒插入老化罐中,让其自然落下,以下落的困难程度衡量沉降程度。

2. 库车山前射孔压井液静沉降稳定性评价方法选择

通过调研,针对库车山前实际情况,推荐以下4种在现场较为实用的评价方法:(1)玻璃棒法;(2)静态沉降稳定指数 $SSSI$ 法(改进的静态分层指数法);(3)沉降因子法;(4)针入式沉实度测定法。

玻璃棒法最简单,但只能定性评价,现在库车山前广泛使用;$SSSI$ 法能定量评价射孔压井液静态沉降稳定性,但此法不能测定射孔压井液在高温下静止后的管柱沉降阻力;针入式沉实度测定法不能定量评价射孔压井液静态沉降稳定性,但此法能测定射孔压井液在高温下静止后的管柱沉降阻力。玻璃棒法与针入式沉实度测定法上文已介绍测定方法，下文着重论述静态沉降稳定指数 SSSI 法与沉降因子法的测试步骤。

实验仪器：老化罐、台式干燥箱、固相含量测定仪样品杯（20mL）、玻璃棒、天平、80mL 与 250mL 烧杯。

实验步骤：

（1）按配方配制射孔压井液，倒入老化罐中，将其放在滚子炉中热滚 16h。

（2）16h 后将老化罐放在台式干燥箱中以井底测井温度附加 5~10℃ 静置 1 天、3 天、5 天、7 天、10 天、12 天和 15 天。

（3）到时间后，取出老化罐，注意保持直立，放入水中冷却。

（4）准备 4 个 80mL 烧杯，1 个 250mL 烧杯，编号 A、B、C、D，一个玻璃棒，称烧杯质量。

（5）待老化罐温度降下后，打开盖子。用针管抽取上面清液，注入 A 烧杯中，记录体积 V_1。

（6）用钢尺测量剩余浆高度，减去上层 2.5cm，底层 2.5cm，以所得到高度来计算中间部分射孔压井液体积 V_3。

（7）在上层用勺子挖取老化罐上层 2.5cm 体积射孔压井液到 B 烧杯，计算其体积为 V_2；再挖取底部 2.5cm 以上的射孔压井液到 C 烧杯，计算其体积为 V_3；剩余射孔压井液挖入 D 烧杯，计算其体积为 V_4。

（8）将 A 烧杯内清液倒入固相含量测定仪样品杯中，在桌面上轻颠，使气泡浮在上层，刮掉气泡，盖上盖子。放在天平上称量，记录数据。此数据除以样品杯的体积（20mL）计为清液密度 $\rho_{清}$。

（9）用玻璃棒分别将其他三个烧杯中、射孔压井液高速搅拌，直至看不到上层气泡出现。将烧杯中钻井液缓缓倒入固相含量仪测定样品杯，同第七步，分别测出每个烧杯中钻井液的密度 $\rho_{上}$、$\rho_{中}$、$\rho_{下}$。

（10）计算静态沉降分层指数（SSSI）与沉降因子 SF。

SSSI 值计算方法：

$$\begin{aligned} SSSI = & \left| (\rho_{清液} - \rho_{射孔压井液}) \frac{V_{清液}}{V_{清液} + V_{上部} + V_{中部} + V_{下部}} \right| + \\ & \left| (\rho_{上部} - \rho_{射孔压井液}) \frac{V_{上部}}{V_{清液} + V_{上部} + V_{中部} + V_{下部}} \right| + \\ & \left| (\rho_{中部} - \rho_{射孔压井液}) \frac{V_{中部}}{V_{清液} + V_{上部} + V_{中部} + V_{下部}} \right| + \\ & \left| (\rho_{下部} - \rho_{射孔压井液}) \frac{V_{下部}}{V_{清液} + V_{上部} + V_{中部} + V_{下部}} \right| \end{aligned} \quad (5-2-3)$$

SF 计算方法：

$$SF = \frac{\rho_{下}}{\rho_{上} + \rho_{下}} \quad (5-2-4)$$

3. 推荐射孔压井液静沉降评价指标

1）玻璃棒法

判定标准：(1)玻璃棒可在无外力条件下自由落体下降至釜底，用玻璃棒探至釜底，感知釜底无硬质沉淀则表明射孔压井液没有发生严重沉降;(2)若玻璃棒不能自由到底,需施加一定外力才可到底或无法到底,底部存在硬质沉淀,依据底部硬质沉质的多少来确定沉降程度。

2)SSSI 值

判定标准:根据室内实验及现场实际应用射孔压井液性能测试结果的总结归纳,将满足库车山前射孔压井液的静态沉降分层指数 $SSSI \leq 0.2$,$SF \leq 0.54$,清液量 $\leq 10\%$。

3)沉实度

判定标准:结合玻璃棒法的定性描述,将可接受的沉实度定为 $\leq 5N$。

三、抗污染能力评价方法

井筒内流体是连续存在的,从完井后井筒内钻井液调整(或替换)为射孔压井液时,一定会有不同流体之间的混合以及地层流体的侵入,所形成的混合流体性能的优劣是反应抗污染能力的直观表现。因此抗污染能力的评价主要是针对混浆性能的评价。

1. 射孔压井液与有机盐溶液配伍性试验

1)实验材料

实验材料包括射孔压井液、有机盐溶液。

2)实验方法与结果

取射孔压井液与有机盐溶液按 3:7,1:1 和 7:3 配三组(根据需求可加密混合比),分别搅拌观察并测其流变性;之后装入老化罐,在井底测井温度附加 5~10℃条件下热滚 16h 后,取出观察并测其结果。用相同方法配制混合浆体后,装入老化罐,井底测井温度附加 5~10℃条件下静置 4h 后,取出观察并测其结果。

2. 射孔压井液与隔离液配伍性试验

1)实验材料

实验材料包括射孔压井液、隔离液。

2)实验方法与结果

取射孔压井液与隔离液按 3:7,1:1 和 7:3 配三组(根据需求可加密混合比),分别搅拌观察并测其流变性;之后装入老化罐,井底测井温度附加 5~10℃条件下热滚 16h 后,取出观察并测其结果。用相同方法配制混合浆体后,装入老化罐,井底测井温度附加 5~10℃条件下静置 4h 后,取出观察并测其结果。

3. 射孔压井液与地层流体配伍性试验

1)实验材料

实验材料包括射孔压井液,模拟地层流体。

2)实验方法与结果

取射孔压井液分别以 10% 的比例逐渐向其中混入模拟地层流体,分别搅拌观察并测其流变性;之后装入老化罐,井底测井温度附加 5~10℃条件下热滚 16h 后,取出观察并测其结果,直至性能无法测试或出现转折点后,终止试验。

第三节 油基射孔压井液

本书第四章已论述库车山前超深井钻井中,已广泛使用抗高温高密度油基钻井液钻进，取得很好效果。由于试油作业中所使用的射孔压井液需长时间处于高温下，因而要求射孔压井液比钻井液具有更高的热稳定性和沉降稳定性等性能，故一般情况下，不直接使用完井时的钻井液用作射孔压井液，需加入各种处理剂其进行改造，使其性能达到射孔压井液的技术要求(见本章第一节)。

库车山前使用油基钻井液钻进的井，当油气层温度小于160℃时，钻塞后，按实验室确定的配方，直接在井浆中补充有机土、乳化剂、抗高温降滤失剂等处理剂，完成射孔压井液改造。当井底温度大于160℃时，不直接使用完井时的钻井液改造射孔压井液，需使用地面回收的未被污染的钻井液，按实验室确定的配方改造为射孔压井液，在钻水泥塞结束后替入井中。

近年来，库车山前使用抗高温高密油基钻井液钻进的超深井，大部分井在试油作业时，均在完井时使用油基钻井液直接改造为油基射孔压井液，均能很好满足试油作业效果。

一、油基钻井液改造为射孔压井液技术思路与现场改造方法

1. 技术思路

抗高温高密度油基钻井液改造为射孔压井液技术思路：

（1）尽可能清除钻井液中钻屑等无用固相含量；

（2）增加抗高温有机土/增黏剂/增切剂加量，适当提高油基射孔压井液黏度与切力，提高射孔压井液在高温长时间作用下热稳定性与静沉降稳定性；

（3）补充抗高温主乳化剂、辅乳化剂，提高油基射孔压井液在高温长时间作用下乳化稳定性；

（4）补充抗高温润湿剂，防止射孔压井液在高温长时间作用下加重剂颗粒发生聚结而沉降；

（5）提高油水比，提高油基射孔压井液热稳定性，在长时间高温作用下，保持良好的流变性能；

（6）补充氧化钙，调控碱度。

2. 现场油基钻井液改造为油基射孔压井液实验

1）现场油基钻井液性能评价

取现场A井完井时油基钻井液进行热稳定性与静沉降稳定性实验，实验结果见表5-3-1、表5-3-2与表5-3-3。从表中数据可以得出该钻井液在170℃静置10天，流变参数增加，破乳电压稍增，高温高压滤失量稍增；静沉降稳定性还不够好，玻璃棒需稍用力才能到底。静置15天后，流变参数降低，破乳电压稍降，高温高压滤失量稍增；静沉降稳定性不够好，玻璃棒需稍用力才能到底。

表5-3-1 现场A井完井时油基钻井液性能

测试温度 ℃	密度 g/cm³	Φ_{600}/Φ_{300}	Φ_{200}/Φ_{100}	Φ_6/Φ_3	PV mPa·s	YP Pa	Gel(10s/10min) Pa/Pa	FL_{HTHP} mL/30min	固相含量 %	油水比	ES V	Cl⁻含量 mg/L	碱度
65	1.95	109/56	38/31	4/2	53	3	3/12	1.8	40	88/12	789	12000	2.3

表 5-3-2 现场油基钻井液热稳定性实验结果

实验条件	性能	老化前	170℃热静置老化后		
			7d	10d	15d
测试温度65℃ 密度1.95g/cm³	Φ_{600}	109	136	198	112
	Φ_{300}	51	75	115	61
	Φ_{200}	38	53	85	43
	Φ_{100}	31	30	49	25
	Φ_6	4	5	9	5
	Φ_3	2	3	7	4
	PV，mPa·s	53	61	83	51
	YP，Pa	3	14	32	10
	Gel(10s/10min)，Pa	3/12	5/22	9/33	7/26
	ES，V	789	973	940	871
$FL_{\text{HTHP}(150℃)}$，mL/30min		1.8	4.2	5.6	6.1

表 5-3-3 现场油基钻井液静沉降稳定性实验结果

静置老化时间 d	浆体总高度 cm	清液高度 cm	密度(底层50~70mL) g/cm³	描述
7	11.3	1.1	2.21	玻璃棒稍微带力插到底
10	11.2	1.3	2.25	玻璃棒稍微用力插到底
15	11.2	1.3	2.25	玻璃棒稍微用力插到底

为了提高现场油基钻井液性能热稳定性，需对该钻井液进行改造，添加处理剂，使其性能达到射孔压井液技术要求。

2) 油基钻井液改造为油基射孔压井液配方一

在现场钻井液中加入0.6%主乳化剂(Versamul)、9.3%抗高温有机土(Versagel HT)、0.15%提切剂(Versamod)与0.6%氧化钙等处理剂，改造成油基射孔压井液。改造后的射孔压井液性能见表5-3-4与表5-3-5。从表中数据可以得出，油基钻井液改造为射孔压井液，具有良好的热稳定性，在170℃静止15天保持良好的流变性能与低的高温高压滤失量，破乳电压增高；静置7天，保持良好的静沉降稳定性，表面只0.6mL油，玻璃棒自由下到底；静置10天和15天，表面只0.8mL油，玻璃棒稍微用力插到底，底部射孔压井液密度为2.08g/cm³。改造后的射孔压井液可以满足试油下管柱施工作业的要求。

表 5-3-4 按配方一改造后油基射孔压井液性能

实验条件	性能	老化前	170℃热静置老化后					
			1d	3d	5d	7d	10d	15d
测试温度65℃ 密度 1.94g/cm³	Φ_{600}	131	144	149	148	176	201	188
	Φ_{300}	74	79	83	82	99	116	110
	Φ_{200}	53	56	61	58	72	84	80
	Φ_{100}	31	31	34	33	42	50	49
	Φ_6	8	5	6	6	9	10	9
	Φ_3	6	4	5	4	7	8	7
	PV, mPa·s	57	65	66	66	77	85	78
	YP, Pa	17	14	17	16	22	31	42
	Gel (10s/10min), Pa	12/35	6/25	8/30	7/28	9/32	11/38	10/29
	ES, V	969	1148	1168	1274	1437	1211	1625
$FL_{HTHP(150℃)}$, mL/30min						2.6	4.8	5.4

表 5-3-5 按配方一改造油基射孔压井液静沉降稳定性

静置老化时间 d	浆体总高度 cm	清液高度 cm	密度（底层50~70mL） g/cm³	描述
1	11.4	0.2	1.98	玻璃棒下放到底
3	11.3	0.3	2.0	玻璃棒下放到底
5	11.2	0.4	2.05	玻璃棒下放到底
7	11.3	0.6	2.07	玻璃棒下放至9cm
10	11.2	0.8	2.08	玻璃棒稍微用力插到底
15	11.2	0.8	2.08	玻璃棒稍微用力插到底

3）油基钻井液改造为油基射孔压井液配方二

在现场钻井液中加入0.3%主乳化剂（Versamul）、0.6%抗高温有机土（Versagel HT）、0.3%辅乳化剂（Versacoat HF）与0.6%氧化钙等处理剂，改造成油基射孔压井液。改造后的射孔压井液性能见表5-3-6与表5-3-7。从表中数据可以得出，油基钻井液改造为射孔压井液，具有良好的热稳定性，在170℃静置15天保持良好的流变性能与低的高温高压滤失量，破乳电压增高；静置5天，保持良好的静沉降稳定性，玻璃棒自由下到底；静置7~15天，玻璃棒稍微用力插到底，底部射孔压井液密度为2.04g/cm³。改造后的射孔压井液可以满足试油下管柱施工作业的要求。

表 5-3-6 按配方二改造后油基射孔压井液性能

实验条件	性能	老化前	170℃热静置老化后					
			1d	3d	5d	7d	10d	15d
测试温度65℃ 密度 1.95g/cm³	Φ_{600}	147	172	176	203	261	300+	264
	Φ_{300}	86	97	101	118	152	255	165
	Φ_{200}	64	71	73	86	111	192	115
	Φ_{100}	41	41	42	50	65	120	70
	Φ_6	13	8	8	9	13	32	14
	Φ_3	12	6	6	7	10	29	11
	PV, mPa·s	61	75	75	85	109		99
	YP, Pa	25	22	26	33	43		66
	Gel (10s/10min), Pa	19/41	9/32	8/32	12/38	15/46	37/78	18/45
	ES, V	1094	1227	1266	1332	1346	1562	1885
$FL_{HTHP(150℃)}$, mL/30min						2.4	3.6	4.2

表 5-3-7 按配方二改造油基射孔压井液静沉降稳定性

静置老化时间 d	浆体总高度 cm	清液高度 cm	密度(底层50~70mL) g/cm³	描述
1	11.4	0	1.96	下放到底
3	11.3	0	2.0	下放到底
5	11.2	0.2	2.0	下放到底
7	11.2	—	2.04	稍微用力插到底
10	11.2	—	2.04	稍微用力插到底
15	11.2	—	2.04	稍微用力插到底

3. 油基射孔压井液与隔离液和环空保护液配伍性实验

1) 低密度油基射孔压井液与隔离液、环空保护液配伍性试验

采用密度1.40g/cm³油基射孔压井液与密度1.20g/cm³隔离液分别按1:2,1:1和2:1混合搅拌，测流变性，然后装老化罐，在170℃高温静置4h，取出观察，并测其性能，测定数据见表5-3-8。从表中数据可以得出，油基射孔压井液与隔离液按2:1混合，仍具有良好的流变性能，随着隔离液比例的增大，混合浆液黏度、切力增高，但仍具有可泵性。

采用密度1.40g/cm³油基射孔压井液与密度1.20g/cm³隔离液、密度1.40g/cm³有机盐环空保护液按1:1:1混合，测其流变性：表观黏度为113.5mPa·s，塑性黏度为89mPa·s，动切力为24.5Pa；$\Phi_6=11$，$\Phi_3=8$。将此浆装老化罐，在170℃下高温静置4小时，取出观察，从外观上看，增稠，但没有固化。

表 5-3-8 油基过渡钻井液和隔离液配伍性实验结果

射孔压井液：隔离液	实验条件	旋转黏度计读数						Gel_{10s} Pa	Gel_{10min} Pa	ES V
		Φ_{600}	Φ_{300}	Φ_{200}	Φ_{100}	Φ_{6}	Φ_{3}			
1：2	65℃测试	252	189	134	92	20	12	12	19	45
	170℃静置4h	>300	298	212	143	28	15	15	23	2
1：1	65℃测试	140	95	54	35	5	4	5	9	54
	170℃静置4h	160	115	74	46	7	5	14	21	2
2：1	65℃测试	45	26	17	9	1	1	1	2	67
	170℃静置4h	47	27	19	11	2	1	1	2	35

2）高密度油基射孔压井液与隔离液、环空保护液配伍性试验

采用密度 1.90g/cm³ 油基射孔压井液与密度 1.20g/cm³ 隔离液分别按 1：2，1：1 和 2：1 混合搅拌，测流变性，然后装老化罐，在 170℃ 高温静置 4h，取出观察，测其性能，测定数据见表 5-3-9。从表中数据可以得出，随着隔离液比例的增大，混合浆液黏度、切力增高，但仍具有可泵性。

表 5-3-9 油基钻井液和隔离液配伍性实验结果

射孔压井液：隔离液	实验条件	旋转黏度计读数						Gel_{10s} Pa	Gel_{10min} Pa	ES V
		Φ_{600}	Φ_{300}	Φ_{200}	Φ_{100}	Φ_{6}	Φ_{3}			
1：2	65℃测试	>300	240	182	117	15	9	11	36	8
	170℃静置4h	>300	299	220	178	27	17	18	22	2
1：1	65℃测试	>300	205	155	97	13	8	12	38	35
	170℃静置4h	>300	223	168	105	17	13	14	20	29
2：1	65℃测试	235	140	101	59	10	7	12	36	47
	170℃静置4h	252	157	119	76	15	11	15	34	61

采用密度 1.90g/cm³ 油基射孔压井液与密度 1.20g/cm³ 隔离液、密度 1.40g/cm³ 有机盐环空保护液按 1：1：1 混合，测其流变性，表观黏度大于 150mPa·s，Φ_{6}＝50，Φ_{3}＝47。将此浆装老化罐，170℃ 高温静置 4h，取出观察，从外观上看，增稠但没有固化。

4. 现场油基钻井液改造为油基射孔压井液施工步骤

（1）固井作业结束后，运转四级固控设备，最大限度清除钻井液中的有害固相。

（2）套管回接结束，油气层温度高于 160℃ 的井，回收未用来钻水泥塞的钻井液至单独钻井液罐中。按照经实验验证的钻井液改造为射孔压井液配方，在地面进行处理，并及时取样进行性能测试；如性能达不到射孔压井液要求，则在实验室继续优化实验，按实验结果继续改造现场钻井液，直至满足射孔压井液性能要求为止。

（3）油气层温度低于 160℃ 的井，在钻完水泥塞后在井中按实验验证的钻井液改造为射孔压井液配方进行处理，达到射孔压井液性能要求。

（4）射孔压井液改造完成后，振动筛筛布换成 180~200 目，在通井、刮壁等施工作业过程中，充分循环，尽量去除其中的劣质固相，并继续调整射孔压井液性能。

(5) 现场取改造完成后的射孔压井液样品，进行热定性与静沉降稳定性实验。

(6) 钻水泥塞结束后将射孔压井液替入井内，利用刮壁、通井等施工充分循环剪切射孔压井液，并对其进行维护及微调，进行试油施工。

(7) 试油管柱下到井底后，需用有机盐水环空保护液将井筒内射孔压井液替出，因此施工过程中必须使用高黏隔离液；替浆前需进行射孔压井液、隔离液、环空保护液三者配伍实验。

二、微锰加重油基射孔压井液

1. 影响油基射孔压井液静态沉降稳定性的因素探讨

1）射孔压井液的流变性对沉降稳定性能的影响

沉降稳定性与射孔压井液的流变性存在密切关系，采用库车山前现场 X 井采用重晶石加重的油基钻井液，加入抗高温有机土改造为具有不同流变性能的射孔压井液，评价油基射孔压井液流变性能对静沉降稳定性能的影响。实验结果见表 5-3-10 以及图 5-3-1 至图 5-3-3。

表 5-3-10 不同流变性对油基射孔压井液静沉降稳定性（3天）的影响实验结果

性能		配方1	配方2	配方3
密度, g/cm³		1.8	1.8	1.8
旋转黏度计读数	Φ_{600}	42	98	122
	Φ_{300}	23	58	79
	Φ_{200}	16	43	61
	Φ_{100}	9	26	41
	Φ_6	2	5	16
	Φ_3	1	4	14
AV, mPa·s		21	49	61
PV, mPa·s		19	40	43
YP, Pa		2	9	18
YP/PV		0.11	0.23	0.42
初切力, Pa		1	3.5	19
终切力, Pa		7	20	28
FL_{HTHP}, mL		4.6	2	3.6
滤饼厚度, mm		3	3	3
ES, V		1547	1863	1882
老化罐上部钻井液密度, g/cm³		1.2	1.49	1.67
老化罐下部钻井液密度, g/cm³		2.49	1.88	1.878
沉降因子		0.675	0.558	0.529

注：油基钻井液在160℃下静置3天后测性能。

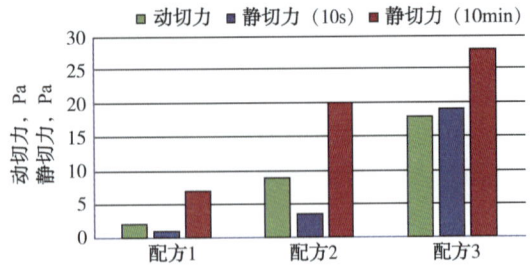

图 5-3-1 不同配方动/静切力对比

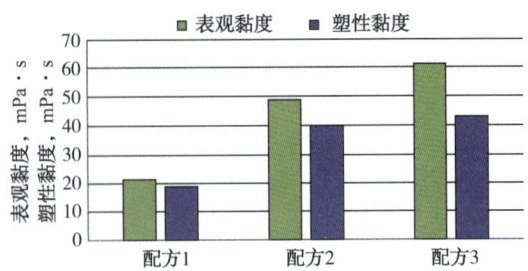

图 5-3-2 不同配方表观黏度和塑性黏度对比

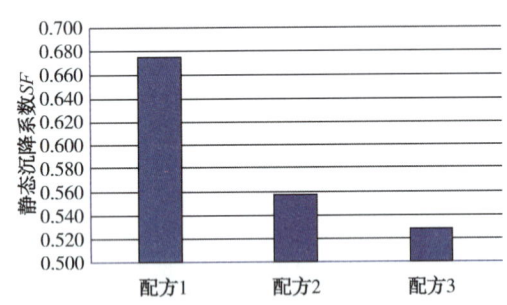

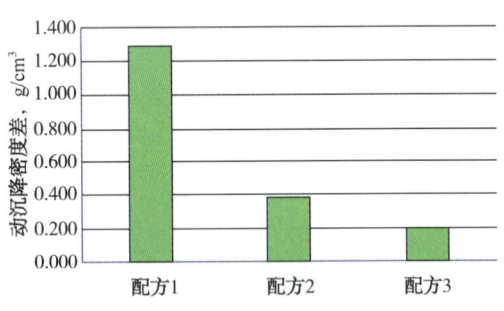

图 5-3-3 不同配方动/静沉降稳定性对比

从表 5-3-10 中数据可以得出，不同流变性能的油基射孔压井液静放 3 天后，随着油基射孔压井液黏度与切力的升高，沉降稳定性得到改善。初切力从 1 Pa 增到 19Pa，动沉降稳定性得到显著的提高，动沉降密度差从 1.29g/cm³ 降至 0.208g/cm³；静沉降稳定性只是稍有改善，沉降因子 SF 从 0.675 降为 0.529，仍不能达到射孔压井液的技术要求。继续提高射孔压井液的黏切，会影响试油作业顺利进行。因此，需调整油基射孔压井液配方，使其在较低的流变性能下，具有良好的静沉降稳定性。

2）加重剂对射孔压井液沉降稳定性能的影响

采用微锰与重晶石按不同比例复配，研讨对射孔压井液性能的影响实验结果见表 5-3-11 以及图 5-3-4 至图 5-3-6。实验结果表明，随着微锰复配量的增加，射孔压井液液的黏度与切力逐渐降低，而静沉降稳定性大幅度改善。当重晶石与微锰复配比例 R = 6∶4 时，流变性能得改善，射孔压井液在较低的流变性能下，可获得良好的静沉降稳定性，SF 降至 0.530。

表 5-3-11 加重剂对钻井液沉降稳定性的影响

性能		R=100∶0	R=80∶20	R=70∶30	R=60∶40
密度，g/cm³		1.8	1.8	1.8	1.8
旋转黏度计读数	Φ_{600}	98	91	80	62
	Φ_{300}	58	56	48	34
	Φ_{200}	43	42	35	24
	Φ_{100}	26	24	21	14
	Φ_{6}	5	5	6	5
	Φ_{3}	4	4	5	4

续表

性能	$R=100:0$	$R=80:20$	$R=70:30$	$R=60:40$
初切力, Pa	3.5	4	7	4
终切力, Pa	20	19	13	9.5
AV, mPa·s	49	45.5	40	31
PV, mPa·s	40	35	32	28
YP, Pa	9	10.5	8	3
YP/PV	0.23	0.30	0.25	0.11
FL_{HTHP}, mL	2	16	20	22
滤饼厚度, mm	3	6	4	4
ES, V	1863	1785	1813	1702
老化罐上部钻井液密度, g/cm³	1.49	1.503	1.662	1.674
老化罐下部钻井液密度, g/cm³	1.88	1.87	1.928	1.89
沉降因子	0.558	0.554	0.537	0.530

注：老化条件为在160℃下静置3天。

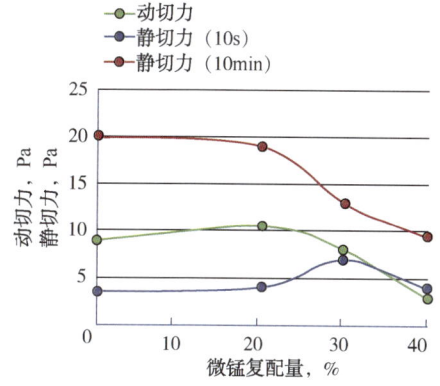

图 5-3-4 微锰复配量对动切力和静切力的影响

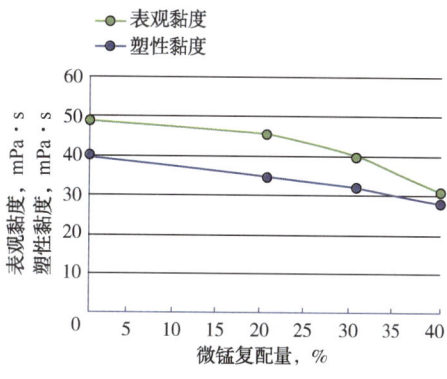

图 5-3-5 微锰复配量对表观黏度和塑性黏度的影响

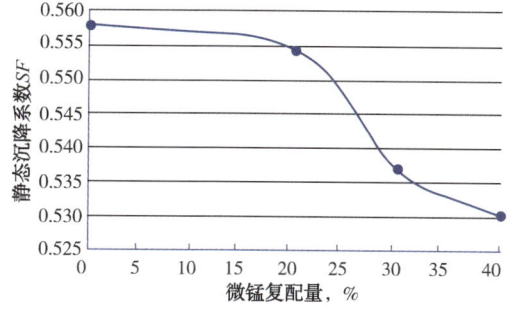

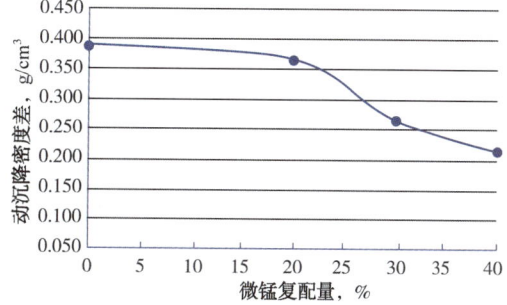

图 5-3-6 微锰与重晶石复配对动/静沉降稳定性的影响

2. 微锰与重晶石复配加重油基射孔压井液性能

1)微锰与重晶石复配加重抗160℃射孔压井液配方与性能评价

分别以100%重晶石加重及复配加重方式加重射孔压井液(表5-3-12),评价静置15天后的性能见表5-3-13和表5-3-14和图5-3-7。该射孔压井液配方:240mL柴油+1.2%主乳化剂+1.5%辅乳化剂+0.7%润湿剂+60mL(25%)氯化钙水+有机土[4.5%(ANJI4821)+1%(HMS42)]+3%CaO+5%有机褐煤+加重剂。

实验结果表明,使用微锰与重晶石按4:6复配加重后的油基射孔压井液,在160℃高温条件下静置15天后,沉降稳定性十分好,玻璃棒可自由到底,沉实度仅0.9N,$SSSI$仅为0.08,清液量小于3%,高温高压滤失量小于15mL。而采用相同配方,用100%重晶石加重的油基射孔压井液,沉实度高达8N。

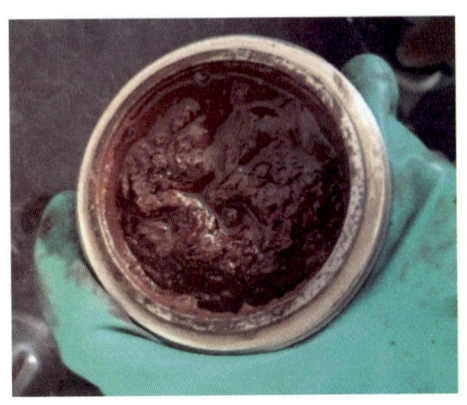

图 5-3-7 微锰复配加重油基射孔压井液静置15天后外观(未搅动)

表 5-3-12 微锰与重晶石复配抗160℃射孔压井液加重材料使用情况

配方	加重材料
配方1	100%API重晶石
配方2	60%API重晶石+40%微锰

表 5-3-13 射孔压井液流变性测试结果

性能		配方1		配方2	
		热滚前	160℃×15d	热滚前	160℃×15d
密度,g/cm³		1.8	1.8	1.8	1.8
旋转黏度计读数	Φ_{600}	126	135	115	150
	Φ_{300}	82	80	79	93
	Φ_{200}	67	59	64	73
	Φ_{100}	48	38	47	49
	Φ_{6}	21	11	21	18
	Φ_{3}	19	10	19	16
初切力,Pa		8.5	5	9.5	9.5
终切力,Pa		10.0	10.0	10.0	13.0
AV,mPa·s		63	67.5	57.5	75
PV,mPa·s		44	55	36	57
YP,Pa		19	12.5	21.5	18
YP/PV		0.43	0.23	0.60	0.32
FL_{HTHP},mL			13		14
滤饼厚度,mm			4		4
ES,V		1202	574	1202	844

表 5-3-14 射孔压井液静沉降稳定性测试

参数	160℃静置 15d 性能	
	配方 1	配方 2
$V_{清液}$，mL	20	10
$\rho_{清液}$，g/cm³	0.86	0.87
$V_{上部}$，mL	80	80
$\rho_{上部}$，g/cm³	1.754	1.779
$V_{中部}$，mL	230	230
$\rho_{中部}$，g/cm³	1.890	1.867
$V_{下部}$，mL	80	80
$\rho_{下部}$，g/cm³	1.97	1.885
沉降因子	0.529	0.514
静态沉降稳定指数	0.14	0.08
沉实度	8N 到底	0.9N 到底

2) 微锰与重晶石复配加重抗 180℃射孔压井液性能配方与性能评价

抗 180℃油基射孔压井液配方：240mL 柴油+2.0%主乳化剂+2.0%辅乳化剂+1%润湿剂+60mL(25%)氯化钙水+有机土[4.5%(ANJI4821)+1%(HMS42)]+3%CaO+6%氧化沥青+加重剂。

表 5-3-15 为微锰与重晶石复配抗 160℃射孔压井液加重材料使用情况。测定采用重晶石与微锰复配加重与采用 100%微锰加重的射孔压井液在 180℃静置 15 天后的性能(表 5-3-16)。

实验结果表明，使用重晶石与微锰复配加重的油基射孔压井液，在 180℃高温条件下静置 15 天后，静沉降稳定性依然相当好，沉实度仅 2N，$SSSI$ 为 0.12，清液量小于 10%。而采用 100%微锰加重的油基射孔压井液，具有更好的静沉降稳定性，沉实度仅 0.7N，玻璃棒可自由到底，长期老化后滤失量仅为 6mL，满足试油作业的需求(表 5-3-17)。

表 5-3-15 微锰与重晶石复配抗 160℃射孔压井液加重材料使用情况

配方	加重材料
配方 1	60%API 重晶石+40%微锰
配方 2	100%微锰

表 5-3-16 射孔压井液流变性测试结果

参数		180℃静置 15d 性能	
		配方 1	配方 2
密度，g/cm³		1.8	1.8
旋转黏度计读数	Φ_{600}	125	162
	Φ_{300}	76	106
	Φ_{200}	56	81
	Φ_{100}	36	52
	Φ_{6}	11	21
	Φ_{3}	9	20

续表

参数	180℃静置15d性能	
	配方1	配方2
初切力, Pa	6	10
终切力, Pa	14	19
AV, mPa·s	62.5	81
PV, mPa·s	49	56
YP, Pa	13.5	25
YP/PV	0.28	0.45
FL_{HTHP}, mL	14	6
滤饼厚度, mm	4	3
ES, V	1231	1028

表 5-3-17 射孔压井液沉降稳定性测试结果

参数	180℃静置15d性能	
	配方1	配方2
$V_{清液}$, mL	28	18
$\rho_{清液}$, g/cm³	0.99	1.2
$V_{上部}$, mL	80	80
$\rho_{上部}$, g/cm³	1.803	1.77
$V_{中部}$, mL	220	240
$\rho_{中部}$, g/cm³	1.856	1.798
$V_{下部}$, mL	80	80
$\rho_{下部}$, g/cm³	1.983	1.948
沉降因子	0.524	0.524
静态沉降稳定指数	0.12	0.06
沉实度	2N	0.7N

3. 影响微锰与重晶石复合加重油基射孔压井液性能的因素

1）主乳化剂加量对射孔压井液性能的影响

实验证明，钻井液改造为射孔压井液时，静态稳定性并不取决于主乳化剂的加量继续增加。随着主乳化剂加量的增加，射孔压井液热滚后黏度明显增加，但静沉降稳定性无明显变化。尽管增加主乳化剂加量，射孔压井液热滚老化后黏度增高；但是静置老化后，其黏度却大幅度下降，导致射孔压井液静态沉降稳定性达不到要求。因此不能只靠增加主乳化剂加量，通过提高黏度来改善射孔压井液静态稳定性，其次主乳化剂增加过多，还有可能会导致射孔压井液常温丧失流动性，因此应控制在合适的范围即可。实验数据见表 5-3-18 以及图 5-3-8 和图 5-3-9。

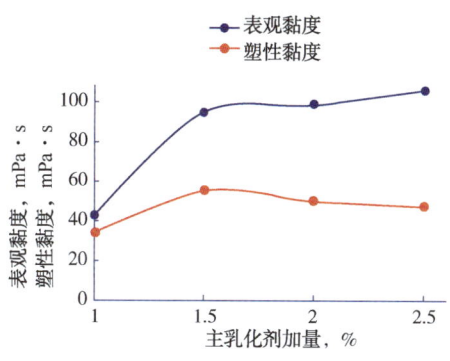

图 5-3-8 主乳化剂加量对表观黏度和
塑性黏度的影响（160℃热滚 16h 后）

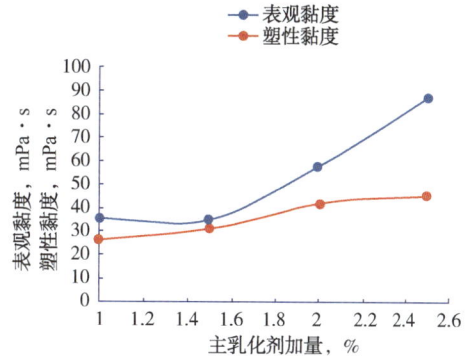

图 5-3-9 主乳化剂加量对表观黏度和塑性
黏度的影响（静置老化 3 天）

表 5-3-18 主乳化剂加量对沉降稳定性的影响

	主乳化剂加量,%	1	1.5	2	2.5
动沉降	Φ_{600}	1.836	1.887	1.862	1.703
	Φ_{100}	2.170	1.918	1.911	1.846
	$\Delta\rho$, g/cm³	0.334	0.031	0.049	0.143
静沉降	$V_{清液}$, mL	0	0	0	0
	$\rho_{清液}$, g/cm³	0	0	0	0
	$V_{上部}$, mL	80	80	80	80
	$\rho_{上部}$, g/cm³	1.706	1.611	1.716	1.75
	$V_{中部}$, mL	220	190	165	155
	$\rho_{中部}$, g/cm³	1.797	1.729	1.764	1.847
	$V_{下部}$, mL	80	70	85	85
	$\rho_{下部}$, g/cm³	2.017	2.309	2.051	2.018
	沉降因子	0.54	0.589	0.544	0.536
	静态沉降稳定指数	0.07	0.19	0.10	0.09

注：老化条件，160℃静置 3 天。

主乳化剂、辅乳化剂、润湿剂三者合理的配比是射孔压井液保持良好性能主要影响因素之一（表 5-3-19）。以抗 160℃射孔压井液配方为例，调整三者的配比，实验结果见表 5-3-20 与表 5-3-21，当主乳化剂∶辅乳化剂∶润湿剂比例为 1.2∶1.5∶0.7 时，射孔压井液的沉降稳定性结果最好，继续增加各种处理剂加量，导致黏度过高；常温下，射孔压井液浆体失去流动性，同时沉降稳定性无明显改善。

表 5-3-19 主乳化剂、辅乳化剂和润湿剂配比配方加量   单位：%

配方	主乳化剂	辅乳化剂	润湿剂
配方 1	1.00	1.0	0.5
配方 2	1.20	1.5	0.7
配方 3	1.50	1.5	0.7

注：配方为 240mL 柴油+X%主乳化剂+Y%辅乳化剂+Z%润湿剂+60mL(25%)氯化钙水+2.5%有机土+3%CaO+降滤失剂+加重剂（密度为 4.2g/cm³ 重晶石∶微锰=6∶4=280g∶186g）。

表 5-3-20　不同乳化剂和润湿剂配比对射孔压井液性能的影响

性能		配方 1 热滚 16h	配方 1 静置 3 天	配方 2 热滚 16h	配方 2 静置 3 天	配方 3 热滚 16h	配方 3 静置 3 天
密度，g/cm³		1.8	1.8	1.8	1.8	1.8	1.8
旋转黏度计读数	Φ_{600}	112	86	144	92	153	118
	Φ_{300}	73	55	96	56	112	69
	Φ_{200}	58	43	73	44	82	55
	Φ_{100}	41	30	54	32	63	39
	Φ_{6}	20	14	29	7	37	19
	Φ_{3}	19	13	27	6	35	18
初切力，Pa		9.5	7	13.5	6.5	19	10.5
终切力，Pa		17.0	9.5	25.5	12.0	23.0	17.5
AV，mPa·s		56	43	72	46	76.5	59
PV，mPa·s		39	31	48	36	41	49
YP，Pa		17	12	24	10	35.5	10
YP/PV		0.44	0.39	0.50	0.28	0.87	0.20
FL_{HTHP}，mL			7.2		4		6
滤饼厚度，mm			4		1.5		3
ES，V			600		1002		1032

表 5-3-21　不同乳化剂和润湿剂配比对沉降稳定性的影响

编号		配方 1	配方 2	配方 3
动沉降	Φ_{600}	1.822	1.825	1.854
	Φ_{100}	2.107	1.979	1.905
	$\Delta\rho$，g/cm³	0.285	0.154	0.051
静沉降	$V_{清液}$，mL	0	0	0
	$\rho_{清液}$，g/cm³	0	0	0
	$V_{上部}$，mL	80	80	80
	$\rho_{上部}$，g/cm³	1.708	1.74	1.72
	$V_{中部}$，mL	220	220	200
	$\rho_{中部}$，g/cm³	1.812	1.815	1.811
	$V_{下部}$，mL	80	85	85
	$\rho_{下部}$，g/cm³	2.056	1.946	1.994
	沉降因子	0.546	0.528	0.537
	静态沉降稳定指数	0.08	0.05	0.07

注：老化条件，在 160℃下静置 3 天。

2) 有机土对射孔压井液性能的影响

有机土的加量及性能是影响射孔压井液沉降稳定性的关键因素，有机土在油基射孔压井液中形成网架结构，经过超细的微锰颗粒架桥填充后，可显著提高网架结构的稳定性，阻止加重剂的沉降。采用不同类别的有机土配制的射孔压井液，长期高温老化后，性能有较大差别。有的有机土呈现出高温增稠现象（如 HMS42），严重者导致射孔压井液静置后呈冻胶状态丧失流动性；而有的有机土呈现出减稠现象（如 ANJI4821），高温老化后射孔压液黏度降低，网架结构破坏，清液大量析出，加重材料沉降严重。采用上述两种类型有机土合理比例复配，可提高射孔压井液保持长期良好的沉降稳定性。以抗 180℃ 油基射孔压井液配方进行实验，评价有机土复配及加量对射孔压井液性能的影响。实验数据见表 5-3-22 至表 5-3-24。

表 5-3-22　有机土复配配方加量

配方编号	有机土复配及加量	配方编号	有机土复配及加量
配方 1	2%ANJI4821+2%HMS42	配方 3	2.5%ANJI4821+1%HMS42
配方 2	4%ANJI4821	配方 4	4.5%ANJI4821+1%HMS42

注：配方为 240mL 柴油+60mL（25%）氯化钙水+降滤失剂+3%氧化钙+加重剂（重晶石：微锰 = 6：4 = 280g：186g）。

表 5-3-23　有机土加量对射孔压井液性能的影响

性能		配方 1	配方 2	配方 3	配方 4
		1.8	1.8	1.8	1.8
旋转黏度计读数	Φ_{600}	152	100	99	125
	Φ_{300}	92	60	72	76
	Φ_{200}	70	45	56	56
	Φ_{100}	46	30	43	36
	Φ_{6}	15	10	25	11
	Φ_{3}	13	9	23	9
初切力，Pa		7	5	12	6
终切力，Pa		14	8	20.5	14
AV，mPa·s		76	50	49.5	62.5
PV，mPa·s		60	40	27	49
YP，Pa		16	10	22.5	13.5
YP/PV		0.27	0.25	0.83	0.28

注：老化条件为在 180℃ 下静置 15 天。

表 5-3-24　有机土加量对射孔压井液沉降稳定性能的影响

静沉降稳定性能	配方 1	配方 2	配方 3	配方 4
$V_{清液}$，mL	38	70	120	28
$\rho_{清液}$，g/cm³	0.89	0.85	0.88	0.99
$V_{上部}$，mL	80	80	80	80

续表

静沉降稳定性能	配方1	配方2	配方3	配方4
$\rho_{上部}$，g/cm³	1.77	1.9	1.923	1.803
$V_{中部}$，mL	210	180	120	220
$\rho_{中部}$，g/cm³	1.850	2.005	2.000	1.856
$V_{下部}$，mL	80	80	80	80
$\rho_{下部}$，g/cm³	1.95	2.082	2.03	1.983
沉降因子	0.524	0.523	0.514	0.524
静态沉降稳定指数	0.15	0.33	0.41	0.12
沉实度	7.8N	7N	4N	2N

实验结果表明，增加HMS42有机土后，钻井液黏度增加明显，且由于其加量过多易导致静置老化后浆体丧失流动性，因此需控制较低的加量，通过调整ANJI4821有机土的使用量进行调整，大量实验证明，4.5%ANJI4821与1%HMS42复配时，射孔压井液获得良好的静态沉降稳定性能，$SSSI$值为0.12，沉实度为2N。

4. 微锰与重晶石复配加重与单用重晶石现场加重油基射孔压井液性能对比

1）密度1.8g/cm³射孔压井液性能对比

选择B井现场射孔压井液与微锰加重射孔压井液进行对比，井底温度为150℃。现场射孔压井液评价温度为150℃，加重剂采用重晶石与微锰复配，其比例为6∶4，加重射孔压井液评价温度为160℃，高于现场要求。实验结果见表5-3-25和表5-3-26及图5-3-10。实验结果表明，B井射孔压井液在静置15天后，罐底部浆体密度高达2.5g/cm³以上，玻璃棒很难插到底，而微锰加重射孔压井液具有较好的流变参数和静态沉降稳定性。

表5-3-25 现场射孔压井液与微锰加重射孔压井液流变性对比

性能		B井现场射孔压井液		微锰与重晶石复配加重射孔压井液	
		150℃×6h	静置15d	160℃×16h	静置15d
密度，g/cm³		1.724	1.724	1.8	1.8
旋转黏度计读数	Φ_{600}	76	114	92	91
	Φ_{300}	42	63	61	57
	Φ_{200}	29	44	49	42
	Φ_{100}	17	25	36	27
	Φ_{6}	4	4	16	7
	Φ_{3}	3	3	15	6
初切力，Pa		2.4	2	8	4
终切力，Pa		5.5	9	12.0	14.0
AV，mPa·s		38	57	46	45.5
PV，mPa·s		34	51	31	34
YP，Pa		4	6	15	11.5

续表

性能	B井现场射孔压井液 150℃×6h	静置15d	微锰与重晶石复配加重射孔压井液 160℃×16h	静置15d
YP/PV	0.12	0.12	0.48	0.34
FL_{HTHP}，mL	2.8	2.2		4.4
滤饼厚度，mm	1	1		2
ES，V	561	1113		1296

表5-3-26 现场射孔压井液与微锰加重射孔压井液沉降稳定性对比

静沉降性能	克深243井现场射孔压井液	微锰与重晶石复配加重射孔压井液
$V_{清液}$，mL	60	0
$\rho_{清液}$，g/cm³	0.870	0
$V_{上部}$，mL	80	80
$\rho_{上部}$，g/cm³	1.293	1.64
$V_{中部}$，mL	220	210
$\rho_{中部}$，g/cm³	1.726	1.716
$V_{下部}$，mL	80	80
$\rho_{下部}$，g/cm³	2.542	2.146
沉降因子	0.66	0.567
静态沉降稳定指数	0.34	0.16

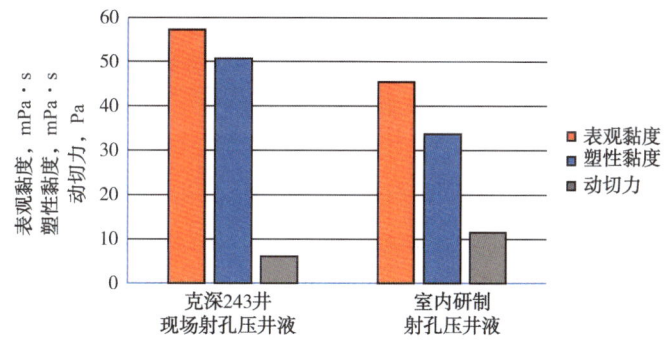

图5-3-10 现场射孔压井液与室内研制射孔压井液流变性对比

2) 密度2.0g/cm³射孔压井液性能对比

选择A1井现场射孔压井液与重晶石与微锰按6∶4复配加重射孔压井液进行对比，井底温度为150℃。现场射孔压井液评价温度为150℃，重晶石与微锰复配加重射孔压井液评价温度为160℃，高于现场要求。对比结果可以看出，A1井射孔压井液黏度非常高，65℃测定的塑性黏度高达87mPa·s左右，常温下很难流动；而微锰加重射孔压井液保持较低的塑性黏度(39mPa·s)，且沉降稳定性优于现场射孔压井液(表5-3-27，表5-3-28，图5-3-11)。

表 5-3-27　现场射孔压井液与微锰加重射孔压井液流变性对比

性能		A1井现场射孔压井液		重晶石与微锰复配加重射孔压井液	
		150℃×16h	静置15d	160℃×16h	静置15d
密度，g/cm³		2.076	2.076	2	2
旋转黏度计读数	Φ_{600}	228	188	116	132
	Φ_{300}	141	110	77	84
	Φ_{200}	110	82	61	64
	Φ_{100}	75	50	43	41
	Φ_{6}	28	11	18	12
	Φ_{3}	25	9	17	10
初切力，Pa		13	6	9.5	7.5
终切力，Pa		15.5	24.5	14.5	24.0
AV，mPa·s		114	94	58	66
PV，mPa·s		87	78	39	48
YP，Pa		27	16	19	18
YP/PV		0.31	0.21	0.49	0.38
FL_{HTHP}，mL		2.4	2.4		4
滤饼厚度，mm		1	1		2
ES，V		1100	745		1453

表 5-3-28　现场射孔压井液与微锰加重射孔压井液沉降稳定性对比

静沉降稳定性能	A1井现场射孔压井液	重晶石与微锰复配加重射孔压井液
$V_{清液}$，mL	30	0
$\rho_{清液}$，g/cm³	0.870	0
$V_{上部}$，mL	80	80
$\rho_{上部}$，g/cm³	1.718	1.841
$V_{中部}$，mL	275	210
$\rho_{中部}$，g/cm³	2.035	1.98
$V_{下部}$，mL	80	80
$\rho_{下部}$，g/cm³	2.398	2.31
沉降因子	0.58	0.556
静态沉降稳定指数	0.22	0.11

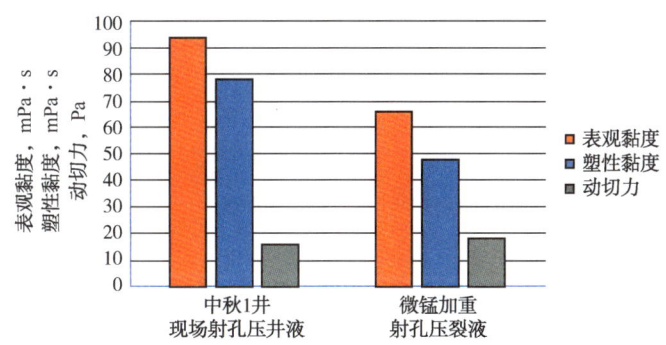

图 5-3-11　现场射孔压井液与微锰加重射孔压井液流变性对比

5. 认识

采用重晶石与微锰以 6:4 比例复配作为油基射孔压井液加重剂，可显著改善射孔压井液的静态沉降稳定性和流变性。该射孔压井液在 180℃静置老化 15 天后，滤失量依然可控在 15mL 以内，浆体稳定性依然较好，$SSSI$ 值为 0.12，玻璃棒可轻插到底，沉实度仅 2N，当采用 100%微锰加重时，玻璃棒可自由到底，完全满足塔里木油田射孔压井液技术要求，其性能优于现场使用的射孔压井液，该液体在较低的流变性下，具有非常好的静态沉降稳定性，有效避免了试油过程中由于射孔压井液所造成的各种复杂情况，从而有利井下安全作业，加快试油作业进度。根据文献资料可知，微锰具有良好的返排性能及可酸化特性，复配使用后还可有效提高射孔压井液的储层保护性能。

三、油基射孔压井液典型应用案例

库车山前从 2012 年以来，油基射孔压井液已先后在 80 余口井试油井上使用。其中，井深 7000m 左右的井 40 余口，井底温度 160~170℃。

1. KS206 井

1）工程简况

KS206 井是塔里木盆地库车坳陷克拉苏冲断带克深区带一口开发评价井。试气层位：白垩系巴什基奇克组；试气井段：6726.00~6800.00m，6663.00~6713.00m，6525.00~6659.00m。

该井试油施工方案：

在油基射孔压井液中进行钻杆传输射孔，然后下 5½in MHR 封隔器改造—完井一体化管柱，求取地层的产能、液性等资料，再进行储层改造，根据测试结果决定完井方式。

2）射孔压井液技术难点

该本井测井温度 167℃/6870.00m，根据测井温度与测试温度的关系预测测试段 6525.00~6800.00m 产层中部 6662.50m 地层温度在 172℃左右。该井下改造—完井一体化管柱，换装井口、接管线、试压计划工期 8 天时间，但为了防止意外情况的发生，要求钻井液在 175℃的情况下老化 15 天性能不发生大的变化，保证管柱能够顺利下到位正常开泵。

3）油基钻井液改造为油基射孔压井液配方与性能

KS206 井完井时钻井液性能见表 5-3-29。

表 5-3-29　KS206 井完井时钻井液性能

密度 g/cm³	AV mPa·s	PV mPa·s	YP Pa	Gel(10s/10min) Pa/Pa	碱度	油水比	FL_HTHP mL	ES V
1.9	57.5	50	7.5	2.5/6.5	2.5	82:18	3	410

采用该井完井时油基钻井液改造为油基射孔压井液，经室内实验确定其配方：井浆+1.0%高温有机土（VERSAGEL-HT）+2.0%VERSAMUL）+3.0%辅乳化剂（VERSACOAT-HF）+1.5.0%润湿剂（VERSAWET）+0.2%降滤失剂 ECOTROL-RD。

现场钻井液性能与改造后射孔压井液性能见表 5-3-30。从表中数据得出，该射孔压井液在 175℃下，静置老化 15 天后，良好的静沉降稳定性，老化罐底无硬性沉淀，玻璃棒轻插到底。高搅后具有良好的流变性能。与隔离液按不同比例混合后增稠，但流动性尚可，不影响泵送。

表 5-3-30　KS206 井钻井液改造为射孔压井液性能

编号	测试条件	密度 g/cm³	PV mPa·s	YP Pa	Gel(10s/10min) Pa/Pa	FL_HTHP mL/30min	固相含量%	油水比	ES V	Cl⁻含量 mg/L	碱度
1	改造前	1.85	53	3	3/12	1.8	40	88:12	387	12000	2.3
2	改造后，175℃老化15d	1.85	55	8	3.5/13	2.2	40	88:12	410	12000	2.3
3	钻井液:隔离液=1:1	1.85	78	29.5	5/10						
4	钻井液:隔离液=3:1	1.85	68	13	5/10						

4）效果分析

现场使用下改造—完井一体化管柱 6 天时间管柱顺利下到位，换装井口、接管线、试压等工序 1 天时间后轻松开泵，保证了试油作业顺利进行。

2. 克深 3 井

1）工程简况

克深 3 井是库车坳陷克拉苏构造深部区带中段克深 1-2 号构造上的一口预探井。试气层位：白垩系巴什基奇克组。该井具体施工方案如下：

（1）在密度 1.86~1.88g/cm³ 的射孔压井液中，下入两阀一封测试管柱，对 5in 套管喇叭口进行验窜作业；若喇叭口窜漏，则研究下步措施；

（2）在密度 1.86~1.88g/cm³ 的射孔压井液中对井段 6948.0~6982.0m 和 6994.0~7033.0m（测井深度）进行钻杆传输射孔；

（3）下入两阀一封测试管柱对射孔井段进行侦查性测试，取得温压资料后压井起钻；

（4）下入 5in THT 封隔器完井管柱，放喷测试，酸化后投产。

2）射孔压井液技术难点

邻井测得的白垩系气藏最高温度梯度 2.52℃/100m，该井测井温度 164℃/7065.00m，本次测试井段 6948.00~6982.00m 和 6994.00~7033.00m，根据白垩系气藏温度梯度及测井温度与地层温度关系预测产层中部 6990.50m 地层温度在 168℃左右。

该井下改造—完井一体化管柱，换装井口、接管线、试压计划工期 8 天时间，但为了防止意外情况的发生，要求钻井液在 175℃ 的情况下老化 15 天性能不发生大的变化，保证管柱能够顺利下到位正常开泵。

3) 油基钻井液改造为油基射孔压井液配方与性能

该井完井时钻井液性能见表 5-3-31。

表 5-3-31 KS3 井完井时钻井液性能

密度 g/cm³	AV mPa·s	PV mPa·s	YP Pa	Gel(10s/10min) Pa/Pa	碱度	油水比	FL_HTHP mL	ES V
1.86	53.5	50	7	7/15.5	2.1	86:14	3	834

采用该井完井时油基钻井液改造为油基射孔压井液，经室内实验确定其配方：现场钻井液+0.5%主乳化剂(VERSAMUL)+0.5%辅乳化剂(VERSACOAT)+0.5%抗高温有机土(VERSAGEL-HT)+0.4%CaO。

现场钻井液按上述配方改造后的射孔压井液射孔压井液在 175℃ 下，静止老化 15 天后，良好的静沉降稳定性，老化罐底无硬性沉淀，玻璃棒轻插到底。高搅后具有良好的流变性能。与隔离液按不同比例混合后增稠，但流动性尚可，不影响泵送。

4) 效果分析

KS3 井 2012 年 11 月 28 日原钻机转试油，现场使用钻井液按实验配方改造为射孔压井液，下改造—完井一体化管柱 7 天时间管柱顺利下到位，换装井口、接管线、试压等工序 1 天时间后轻松开泵。保证了试油作业顺利进行。

3. KS2-1-5 井

1) 工程简况

KS2-1-5 井是塔里木盆地库车坳陷克拉苏构造带克深区带 KS1—KS2 号构造上的一口开发井。该井于 2012 年 4 月 20 日开钻，2012 年 11 月 11 日钻至 6849.00m 完钻。试气层位：白垩系巴什基奇克组。该井具体施工方案如下：

(1) 下两阀一封测试管柱对 5½in 套管喇叭口进行验窜作业(用 1.35g/cm³ 的油基钻井液形成测试压差不小于 30MPa)；

(2) 在原井钻井液中对井段 6615.00~6748.00m(测井深度)进行钻杆传输射孔，然后下入 5½in THT 封隔器改造—完井一体化管柱，先放喷测试，酸压后投产。

2) 射孔压井液技术难点

KS2-1-5 井测得的白垩系气藏最高温度梯度 2.52℃/100m，该井测井温度 159℃/6849.00m，本次测试井段 6615.00~6748.00m，根据测井温度与地层温度关系预测产层中部 6681.5m 地层温度在 165℃ 左右。该井下改造—完井一体化管柱，换装井口、接管线、试压计划工期 8 天时间，但为了防止意外情况的发生，要求钻井液在 170℃ 的情况下老化 15 天性能不发生大的变化，保证管柱能够顺利下到位正常开泵。

3) 油基钻井液改造为油基射孔压井液配方与性能

该井完井时钻井液性能见表 5-3-32。

采用该井完井时油基钻井液改造为油基射孔压井液，经室内实验确定其配方：现场钻井液+0.3%主乳化剂(VERSAMUL)+0..3%辅乳化剂(VERSACOAT)+0.5%有机土(VG PLUS)+0.3%氧化钙。

表 5-3-32　KS2-1-5 井完井时钻井液性能

密度 g/cm³	AV mPa·s	PV mPa·s	YP Pa	Gel(10s/10min) Pa/Pa	碱度	油水比	FL_{HTHP} mL	ES V
1.86	48	44	4	3.5/6.5	2.5	84:16	2.4	660

现场钻井液性能与改造后射孔压井液性能见表 5-3-33。从表中数据得出，该井完井时钻井液具有较好的常规性能。经改造后射孔压井液具有更好的热稳定性与静沉降稳定性。在 170℃ 下，静置老化 15 天后，静沉降稳定性好，老化罐底无硬性沉淀，玻璃棒轻插到底。高搅后具有良好的流变性能。与隔离液按不同比例混合后增稠，但流动性尚可，不影响泵送。

表 5-3-33　KS2-1-5 井钻井液改造为射孔压井液性能

配方	试验条件	密度 g/cm³	AV mPa·s	PV mPa·s	YP Pa	Gel(10s/G10min) Pa/Pa	FL_{HTHP} mL	ES V
完井时钻井液	↑70℃↓65℃	1.86	45.5	42	3.5	3/6	0.8	508
	170℃×3 天	1.86	40	37	3	1/3	0.8	423.7
	170℃×5 天	1.86	52.5	50	2.5	1.25/3.5	1	429
	170℃×10 天	1.86	54.5	52	2.5	1.5/3.5	1.6	463.7
	170℃×15 天	1.86	54	51	3	1.5/4	1.5	487
改造后的射孔压井液	↑80℃↓65℃	1.86	59.5	49	10.5	7/12	2.0	929.3
	170℃×3 天	1.86	43.5	41	2.5	1.25/3.5	1.2	458.7
	170℃×5 天	1.86	61.5	61	0.5	1/3	1.6	441.3
	170℃×10 天	1.86	60	55	5	1/3.5	2.4	506.3
	170℃×15 天	1.86	61	55	6	1.5/4	2	522

4) 效果分析

现场使用：第一次下改造—完井一体化管柱，14 天时间管柱顺利下到位，换装井口、接管线、试压等工序 1 天时间后轻松开泵；第二次下改造—完井一体化管柱 8 天时间，管柱顺利下到位，换装井口、接管线、试压等工序，1 天时间后正常开泵。磨铣、打捞落鱼期间，射孔压井液性能稳定，悬浮稳定性好，保证了打捞作业的顺利进行。

现场应用充分证明了油基射孔压井液抗温能力强、悬浮稳定性好的特点。应用井中无一口井出现因钻井液稠化、固化或者沉淀造成的封隔器解不了封，管柱在井底开不了泵等情况。采用该井现场钻井液改造的射孔压井液，流变性好，漏斗黏度、塑性黏度及切力低，维护处理简单，较水基射孔压井液节省了大量的处理钻井液的时间。

4. BZ9 井

1) 工程简况

BZ9 井是位于塔里木盆地库车坳陷克拉苏构造带克深区带博孜 9 号构造的一口预探井。试油层位：白垩系巴什基奇克组，人工井底 7860.00m。该井试油作业需对 7830.00~7842.00m 段水层进行测试，判断清楚是底水还是封存水；对 7830.00~

7842.00m井段进行5½in RTTS封隔器"五阀一封"测试,以确定水层是底水还是封存水,测试后直接打水泥塞封堵测试井段;根据测试结果,上返7664.00~7760.00m段进行测试、完井投产。

试油施工方案:

(1)在射孔压井液中下入7⅝in RTTS封隔器,四阀一封引流测试管,对Φ139.70mm尾管喇叭口进行引流测试;

(2)在射孔压井液中,对井段7830.00~7842.00m(测井深度、射孔跨度12m、射厚12m/1段)进行钻杆传输射孔;

(3)在射孔压井液中,下入5½in RTTS封隔器测试管柱,对射孔井段7664.00~7760.00m进行测试、储层改造、放喷求产,求取地层流体性质、温压、产能及PVT等资料。

2)射孔压井液技术难点

BZ9井测试段7830.00~7842.00m温压预测:地层压力为139.00MPa,压力系数为1.81,地层温度149.59℃;要求射孔压井液抗温160℃。

该井下改造—完井一体化管柱,换装井口、接管线、试压计划工期8天时间,但为了防止意外情况的发生,要求钻井液在165℃的情况下老化15天性能不发生大的变化,保证管柱能够顺利下到位正常开泵。

而水层和打水泥塞后会对完井液造成极大的污染,同时循环排量小、温度低,都对后续调整造成极大的困难,要求射孔压井液能抗地层水与水泥块污染。

3)油基钻井液改造为油基射孔压井液配方与性能

(1)第一次射孔压井液改造。

原钻机转试油前,室内对该井现场钻井液进行了改造试验,根据实验结果,确定现场油基钻井液照如下配方进行改造:现场钻井液+1%主乳化剂(BDF-694)+1%辅乳化剂(BDF-685)+0.5%有机土(GELTONE V)+0.6%降滤失剂(BaraFLCIE-514)+0.3%流型调节剂(RM-63)+0.4%生石灰。

BZ9井钻井液改造后射孔压井液性能见表5-3-34。

表5-3-34　BZ9井钻井液改造为射孔压井液性能

编号	测试温度℃	测试条件	密度 g/cm³	PV mPa·s	YP Pa	Gel(10s/10min) Pa/Pa	FL_{HTHP} mL/30min	固相含量%	油水比	ES V	Cl⁻含量 mg/L	碱度
1	65	完井钻井液	1.85	42	4	2.5/5	1.8	32	78/22	446	30000	3.2
2	65	改造后,190℃老化10天	1.85	55	8	3.5/8	2.2	32	78/22	793	30000	3.3

(2)第二次射孔压井液处理。

第一次测试结束,打水泥塞封7830.00~7842.00m井段。钻塞期间,发现水泥塞胶结质量较差,钻塞时基本无钻压。钻塞过程中,射孔压井液有水泥浆与环空保护液混入,导致射孔压井液污染严重。钻塞结束后,射孔压井液用200目筛网大排量循环清除有害固相,同时按照以下配方对现场射孔压井液进行处理:现场射孔压井液+1.5%柴油+1.5%主乳化剂(BDF-694)+1.5%辅乳化剂(BDF-685)+0.5%有机土(GELTONE V)+0.8%降滤失剂(BaraFLCIE-514)+0.5%流型调节剂(RM-63)+0.4%生石灰(表5-3-35)。

表 5-3-35 BZ9井污染后射孔压井液处理后性能

编号	测试温度 ℃	测试条件	密度 g/cm³	PV mPa·s	YP Pa	Gel(10s/10min) Pa/Pa	FL_{HTHP} mL/30min	固相含量 %	油水比	ES V	Cl⁻含量 mg/L	碱度
1	65	处理前	1.85	43	4	3/5	2	40	82:18	446	30000	2
2	65	改造后，190℃老化10天	1.85	45	6	3.5/6.5	2	34	85:15	538	30000	3.2

4）效果分析

第一次射孔压井液改造后，射孔压井液与钻水泥塞污染后经处理的射孔压井液在190℃老化10天，老化罐底无硬性沉淀，玻璃棒轻插到底。高搅后黏切变化不明显。与隔离液按不同比例混合后增稠，但流动性尚可，不影响泵送。现场使用下改造—完井一体化管柱7天时间管柱顺利下到位，换装井口、接管线、试压等工序1天时间后轻松开泵。保证了试油作业顺利进行。

5. KS28井

1）工程简况

KS28井是库车坳陷克拉苏构造带拜城断裂构造带KS28号构造的一口预探井，完钻井深7232.50m，试油层位：白垩系巴什基奇克组，人工井底7100.00m。该井试油施工方案：下四阀—封验窜管柱对井段6433.47~7100.00m处进行验窜作业。

2）射孔压井液技术难点

该井实测白垩系气藏最高温度梯度2.49℃/100m，完井电测温度175℃，本次测试井段6433.47~7100.00m。该井下改造—完井一体化管柱，换装井口、接管线、试压计划工期8天时间，但为了防止意外情况的发生，要求钻井液在190℃的情况下老化10天性能不发生大的变化，保证管柱能够顺利下到位正常开泵。

3）施工过程

KS28井原钻机转试油前，室内对该井现场钻井液进行了改造试验，根据优选的实验结果，现场按照如下配方对现场钻井液进行了改造：现场钻井液20%柴油+3% BDF-694（主乳化剂）+3% BDF-685（辅乳化剂）+1 %GELTONE V（有机土）+1.5%BaraFLCIE-514%（降滤失剂）+0.3%RM-63（流型调节剂）+0.8%生石灰。

改造后射孔压井液性能见表5-3-36。

表 5-3-36 KS28井钻井液改造为射孔压井液性能

编号	测试温度 ℃	测试条件	密度 g/cm³	PV mPa·s	YP Pa	Gel(10s/10min) Pa/Pa	FL_{HTHP} mL/30min	固相含量 %	油水比	ES V	Cl⁻含量 mg/L	碱度
1	65	完井钻井液	1.87	39	4	2.5/3.5	1.8	32	78:22	438	26000	3.2
2	65	改造后，190℃老化10天	1.87	42	10	5.5/10	2.2	32	83:17	1050	26000	3.3

4)效果分析

现场油基钻井液改造后射孔压井液在190℃老化15天，老化罐底无硬性沉淀，玻璃棒轻插到底。高搅后黏切变化不明显。与隔离液按不同比例混合后增稠，但流动性尚可，不影响泵送。现场使用下改造—完井一体化管柱管柱顺利下到位，换装井口、接管线、试压等工序1天时间后轻松开泵。保证了试油作业顺利进行。

第四节　有机盐射孔压井液

一、技术原理

有机盐射孔压井液是以密度为 1.30～1.50g/cm³ 的无固相有机盐溶液为基液，配以其他处理剂及惰性加重材料而形成的具有较高密度、强抑制性的射孔压井液。

该射孔压井液无膨润土、无荧光、低腐蚀、可保持近中性（pH 值 7～8）。能够最大程度地保持产层原始状态，抑制防膨能力强，对油气孔喉影响小；不与地层水产生化学沉淀；固相少；无需酸洗；滤液界面张力低，可降低水锁。可实现无技术套管入窗情况下的无固相储层专打，筛管完井不用酸洗，可最大程度地保持储层。解决"三高一强一窄"复杂地层、大位移水平井以及储层保护、环境保护等难题，抗温220℃，抗盐膏达饱和，配浆可控密度达3.0g/cm³（仅重晶石加重）。满足"密度大于1.90g/cm³、温度170℃、老化15天以上"条件下沉降稳定性和钻磨流变性要求，有效解决了山前高密度试油、修井液技术难题。

二、有机盐钻井液改造为射孔压井液

有机盐射孔压井液可采用对有机盐钻井液进行改造。此方法是指在完钻的有机盐钻井液基础上直接进行处理，提高其抗温、悬浮能力，使射孔压井液在井底高温高压条件下长时间静止不沉淀、不稠化，保持良好的流动性，确保完井管柱顺利到位、开泵正常。适用于钻完井均采用有机盐体系的施工井。这里以 KS8-8 井现场钻井液作为改造的基础钻井液为例，论述有机盐钻井液改造成射孔液方法及性能。

1. 基础数据

KS8-8 井是 KS 气田 KS8 井区东部的一口开发井，位于塔里木盆地库车坳陷克拉苏构造带克深区带 KS8 号构造。该井完井井深6984m，层位巴什基奇克组，井底温度161.3℃，全井施工采用有机盐钻井液。

2. 原现场钻井液性能分析

对 KS8-8 井完井钻井液性能进行测试，实验结果见表 5-4-1 和表 5-4-2。测试结果表明，该钻井液在180℃静置老化3天，开罐后玻璃棒能够自由到底，性能基本保持稳定；静置老化7天有轻微稠化现象，玻璃棒轻插到底，底部有少量软沉；静置老化15天增稠现象明显，玻璃棒无法轻插到底，底部重晶石沉淀增多。

表 5-4-1　完井作业期间钻井液性能

井深 m	密度 g/cm³	FV s	AV mPa·s	PV mPa·s	YP Pa	Gel(10s/10min) Pa/Pa	FL_{API} mL	FL_{HTHP} mL	基液密度 g/cm³
6984	1.90	78	65	55	10	4/8	2.0	12.0	1.30

表 5-4-2　钻井液 180℃静止老化实验数据

老化时间	密度 g/cm³	AV mPa·s	PV mPa·s	YP Pa	Gel(10s/10min) Pa/Pa	描述
3d 出罐性能	1.90	69	60	9	3/7	上层有 1.5cm 析水，玻璃棒自由到底
7d 出罐性能	1.90	85	69	16	5.5/11	上层有 3.5cm 析水，玻璃棒轻插到底
15d 出罐性能	1.90	97	72	25	12/18	上层有 4.5cm 析水，玻璃棒稍用力到底

3. 有机盐钻井液改造为射孔压井液的处理方法

（1）确保射孔压井液中较高的有机盐含量。

射孔压井液有机盐含量不低于 100%（基液密度不低于 1.35g/cm³），射孔压井液密度 1.70g/cm³ 以内可全部使用 Weigh2 加重，射孔压井液密度高于 1.70g/cm³ 需使用 Weigh2 复配 Weigh3 加重，尽可能减少惰性加重材料用量。

（2）补充抗盐提切剂 Visco1 提高射孔压井液悬浮能力。

根据改造前钻井液性能及静止老化实验数据，适量补充预水化好的抗盐提切剂 Visco1 基浆，提高射孔压井液长时间静止状态下悬浮稳定性。通过小型实验确定抗盐提切剂 Visco1 加量，在保证静止老化不发生沉淀的情况下，黏切也不宜过高，避免压井液高温稠化造成开泵困难。

（3）补充抗盐抗高温降滤失剂 Redu2 提高抗温稳定性。

在钻井液基础上补充有机盐、提切剂等材料后，需加入抗盐抗高温降滤失剂 Redu2 进行护胶处理，Redu2 抗温能力强，其分子在高温下不易断链，抗温可达 180℃以上，且不会引起钻井液过度增稠。

4. 室内体系改造方案

用有机盐钻井液改造成射孔压井液，根据老化实验数据配制高浓度有机盐胶液，与钻井液进行 1∶1 混合后加重至原密度，通过补充高浓度胶液提高射孔压井液中提切剂、降滤失剂、有机盐等处理剂有效含量，从而提高悬浮能力及抗温稳定性（表 5-4-3）。

高浓度有机盐胶液配方：清水 + 0.4% Na_2CO_3 + 5% Visco1 + 10% Redu2 + 50% Weigh2 + 100% Weigh3。

表 5-4-3　有机盐钻井液改造后射孔压井液性能

密度 g/cm³	FV s	AV mPa·s	PV mPa·s	YP Pa	Gel(10s/10min) Pa/Pa	FL_{API} mL	FL_{HTHP} mL	基液密度 g/cm³
1.90	86	69	56	13	5/9	1.8.0	9.0	1.38

有机盐钻井液改造后射孔压井液 180℃静置老化 7 天，玻璃棒自由到底，性能稳定；静置老化 15 天，玻璃棒轻插到底，底部无沉淀，性能基本稳定。满足施工要求（表 5-4-4）。

现场施工，根据小型实验配方进行钻井液改造处理，循环调整射孔压井液性能稳定后，下改造—求产—完井一体化管柱顺利至井深 6833m，反循环开泵正常，期间静置时长 139h。

表 5-4-4 有机盐钻井液改造后射孔压井液 180℃静止老化实验数据

老化时间	密度 g/cm³	AV mPa·s	PV mPa·s	YP Pa	Gel(10s/10min) Pa/Pa	描述
3d 出罐性能	1.90	72	55	11	3/7	无析水，玻璃棒自由到底
7d 出罐性能	1.90	73	60	13	3.5/9	上层有 0.5cm 析水，玻璃棒自由到底
15d 出罐性能	1.90	83	68	15	4/10	上层有 1.0cm 析水，玻璃棒轻插到底

三、专用有机盐射孔压井液

以 KS802 井完井试油射孔压井液为例进行。

1. 基础数据

KS802 井是塔里木盆地库车坳陷克深区带 KS8 号构造上的一口评价井，完钻井深 7362m，井底温度 165℃。该井钻井施工采用聚磺钻井液，完井作业期间转换为有机盐射孔压井液体系，进行后期完井及试油施工作业。

2. 专用射孔压井液性能

有机盐射孔压井液配方：水+0.4%Na₂CO₃+3.5%Visco1+0.6%BZ-HXC+3%Redu2+50%Weigh2+80%Weigh3+高密度重晶石。克深 802 井有机盐射孔压井液 180℃静置老化数据和静置老化后现象描述见表 5-4-5 和表 5-4-6。

表 5-4-5 有机盐射孔压井液 180℃静置老化数据

温度,℃	密度 g/cm³	AV mPa·s	PV mPa·s	YP mPa·s	Gel(10s/10min) Pa/Pa	老化条件
60	1.82	40.5	34.0	6.5	2.5/7.0	常温
60	1.82	30.0	18.0	12.0	5.5/10.0	180℃×24h
60	1.82	31.5	20.0	11.5	6.0/10.0	180℃×72h
60	1.82	31.0	22.0	9.0	7.0/13.0	180℃×120h
60	1.82	35.5	23.5	12.0	8.0/14.0	180℃×168h
60	1.82	35.0	23.0	12.0	7.0/13.0	180℃×240h
60	1.82	34.5	22.5	12.0	7.5/13.5	180℃×288h
60	1.82	34.0	22.0	12.0	8.0/14.5	180℃×360h

表 5-4-6 有机盐射孔压井液静置老化后现象描述

老化后出罐的实验现象	老化条件
上层有无析水，玻棒自由到底，无沉淀	180℃×24h
上层有无析水，玻棒自由到底，无沉淀	180℃×72h
上层有无析水，玻棒自由到底，无沉淀	180℃×120h
上层有 0.5cm 析水，玻棒自由到底，无沉淀	180℃×168h
上层有 1.0cm 析水，玻棒自由到底，无沉淀	180℃×240h
上层有 1.5cm 析水，玻棒轻插到底，无沉淀	180℃×288h
上层有 2.0cm 析水，玻棒轻插到底，无沉淀	180℃×360h

通过以上实验数据表明，射孔压井液180℃静置老化15天期间，表观黏度、塑性黏度、动切力、初终切呈略微上涨趋势，性能变化不大，比较稳定。沉降稳定性完全能满足施工要求，静置老化10天，玻璃棒自由到底，无沉淀。

3. 应用效果

KS802井从中途测试有机盐射孔压井液入井至下入封隔器改造—求产—完井一体化管柱完，累计施工75天，整个施工过程中射孔压井液性能稳定，静置时间超过17天，未发生重晶石沉淀堵塞，开泵困难等现象，完井试油作业顺利完成。

四、微锰加重超高密度甲酸钾射孔压井液性能

1. 加重材料对甲酸钾射孔压井液性能的影响

配方：400mL甲酸钾盐水（1.5g/cm³）+0.1%碳酸钠+0.4%碳酸氢钾+0.6%碳酸钾+1.5%海泡石+1%EMS-D2+1%抗高温淀粉+1%PAC-LV+3%碳酸钙（500目）+3%碳酸钙（800目）+加重剂。

按照上述配方配制射孔压井液，180℃滚动老化16h后，再静置老化7天后测试性能见表5-4-7和表5-4-8。

表5-4-7 微锰加重超高密度甲酸钾射孔压井液性能测试结果

加重剂	清液量 mL	上部密度 g/cm³	下部密度 g/cm³	密度差 g/cm³	沉降因子	备注
重晶石	80	—	—	—	—	死沉降，无法搅开
微锰	35	2.080	2.147	0.053	0.508	无沉降

表5-4-8 微锰加重超高密度甲酸钾射孔压井液流变性测试结果

加重剂	条件	Φ_{600}	Φ_{300}	Φ_{200}	Φ_{100}	Φ_6	Φ_3	Gel(10s/10min) Pa	AV mPa·s	PV mPa·s	YP Pa	FL mL
重晶石	老化前	212	116	81	43	3	2	2/4	96	10	—	106
	老化后	—	—	—	—	—	—	—	—	—	—	—
微锰	老化前	174	104	76	45	10	8	5/12	70	17	—	87
	老化后	62	40	30	20	8	7	4/10	22	9	40	31

7天静止老化后，开罐时发现使用重晶石加重后，重晶石高温条件下与有机盐或射孔压井液处理剂发生反应，导致罐内压力急剧上升，开罐时外溢严重，同时浆体底部出现死沉降，罐壁结有一层硬性垢，强度高，很难清除，射孔压井液pH值降低至7左右，使用微锰加重组别无此现象，虽然老化后材料失效严重，流变性能变差，但浆体依然保持均一，无硬性沉降（图5-4-1）。

重晶石会在高温条件下溶解于高密度甲酸盐盐水，而采用100%微锰配制射孔压井液，可在低黏切条件下保持非常好的沉降稳定性，同时还不会在高温条件下发生溶解再沉淀伤害储层的现象，而且微锰为可酸化易返排的微球形颗粒材料，在确保完井试油作业顺利进行的同时更好地保护了储层。

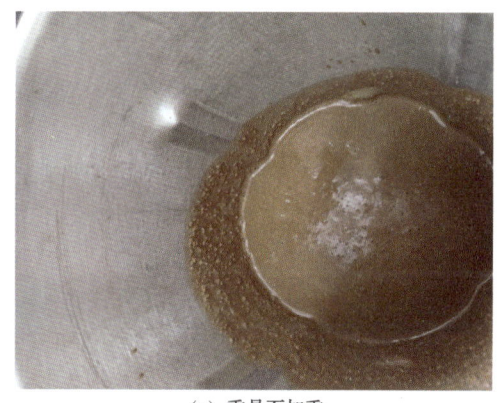 

（a）重晶石加重　　　　　　　　　　（b）微锰加重

图 5-4-1　静止老化后浆体外观

2. 100%微锰加重甲酸盐射孔压井液性能

1）高密度微锰加重甲酸盐完井液性能

甲酸盐射孔压井液配方和性能测试结果见表 5-4-9 和表 5-4-10。

表 5-4-9　甲酸盐射孔压井液配方

材料及加入顺序	加量，g	材料及加入顺序	加量，g
水	156.7	$CaCO_3$（50μm）	10
甲酸钾	250	消泡剂	1.5
抗高温聚合物降滤失剂	6.8	分散剂	10.9
PAC LV	3.5	K_2CO_3	2.5
甲酸钾	118.5	$KHCO_3$	1.5
微细海泡石	3	微锰	460
$CaCO_3$（20~25μm）	20		

表 5-4-10　甲酸盐射孔压井液性能测试结果

性能		老化前	200℃热滚24h	200℃静置老化5d
旋转黏度计读数	Φ_{600}	142	96	85
	Φ_{300}	86	58	60
	Φ_{200}	66	42	50
	Φ_{100}	43	25	40
	Φ_6	13	8	23
	Φ_3	12	7	22
AV（50℃），mPa·s		71	48	42.5
PV（50℃），mPa·s		56	38	25
YP，Pa		15	10	17.5
Gel，Pa	10s	10.5	9	13
	10min	22	15	19

续表

性能	老化前	200℃热滚24h	200℃静置老化5d
pH值	10	10	12
FL_{HTHP}，mL	—	22	20
清液量，mL	—	—	28
老化罐上部钻井液密度，g/cm³	—	—	2.169
老化罐下部钻井液密度，g/cm³	—	—	2.216
沉降因子	—	—	0.505

注：油基钻井液在160℃下静置3天后测性能。

经过优化后，使用微锰配制的射孔压井液即使在200℃高温条件下，依然可以保持长效的稳定性，沉降因子非常小，完全满足现场对射孔压井液稳定性的要求。

2）超高密度微锰加重甲酸盐完井液性能

从表5-4-11和表5-4-12数据可以看出，100%微锰加重的2.5g/cm³超高密度射孔压井液在200℃高温条件下依然可以保持良好的沉降稳定性，完全满足完井作业的需求，静置15天，沉实度仅0.89N，玻璃棒可直接自由到底，清液量仅20mL，上下密度均匀，沉降因子SF为0.517，静沉降分层指数$SSSI$仅0.11。

表5-4-11　超高密度微锰加重甲酸盐完井液流变性测试结果（50℃测试，密度2.5g/cm³）

条件		200℃热滚24h	200℃静置15d
旋转黏度计读数	Φ_{600}	84	280
	Φ_{300}	47	210
	Φ_{200}	31	185
	Φ_{100}	17	160
	Φ_{6}	3	105
	Φ_{3}	2	102
Gel，Pa	10s	2	45
	10min	24	52.5
AV，mPa·s		42	140
PV，mPa·s		37	70
YP，Pa		5	70
YP/PV，Pa/(mPa·s)		0.14	1.00
FL_{HTHP}(180℃)，mL		8	18

表5-4-12　超高密度微锰加重甲酸盐完井液沉降稳定性测试结果

沉实度	0.89N	沉实度	0.89N
ρ，g/cm³	2.47	$\rho_{中部}$，g/cm³	2.54
$V_{清液}$，mL	20	$V_{下部}$，mL	80
$\rho_{清液}$，g/cm³	1.67	$\rho_{下部}$，g/cm³	2.56
$V_{上部}$，mL	80	沉降因子	0.517
$\rho_{上部}$，g/cm³	2.396	静态沉降稳定指数	0.11
$V_{中部}$，mL	220		

由于分散剂在长期老化后发生缓慢失效，随着老化时间的延长，浆体黏度逐渐上涨，根据静置时间长短的需求，可在初期配制时补充合适的分散剂，作业完成后循环再补充分散剂，即可使浆体流变性恢复至良好状态。

配方：300mL 1.5%甲酸钾+2%Driscal-D+3%封堵剂+5%500目碳酸钙+5%800目碳酸钙+0.7%碳酸氢钾+1%碳酸钾+3%分散剂+1%消泡剂+微锰加重至2.5g/cm³。

五、有机盐射孔压井液典型案例（MJ4井现场应用）

1. 工程简况

MJ4井是塔里木盆地塔中隆起北斜坡Ⅰ号坡折带坡下MJ4井区的一口预探井，完钻井深7050m，根据邻井资料和评价结果，该井属异常高压压力系统，要求射孔压井液密度2.10g/cm³，抗温能力达到200℃，在套管内静置10天以上仍具备良好的流变性和沉降稳定性。该井钻井施工采用聚磺钻井液体系，完井及试油作业转为BH-WEI有机盐射孔压井液体系。

2. 现场小型实验

有机盐射孔压井液配方：水+0.4%Na₂CO₃+4%BZ-TQJ+3%BZ-KLS-Ⅱ+1%BZ-YRH+120% BZ-YJZ-Ⅱ+高密度重晶石。满加4井射孔压井液200℃静置老化数据见表5-4-13，静置老化后描述见表5-4-14。

表5-4-13 MJ4井射孔压井液200℃静置老化数据

老化时间，d	密度，g/cm³	Φ_{600}/Φ_{300}	Φ_{200}/Φ_{100}	Φ_6/Φ_3	Gel(10s/10min)，Pa/Pa
0	2.10	65/37	26/16	5/4	8/12
1	2.10	70/50	30/22	8/6	6/12
2	2.10	71/52	32/23	10/8	7/12
3	2.10	72/52	33/25	14/13	7/13
4	2.10	80/58	35/27	19/18	9.5/14
5	2.10	82/60	36/28	22/20	10/14
6	2.10	84/62	37/28	24/21	11/15
7	2.10	90/65	40/31	26/22	12/18
8	2.10	98/70	45/37	28/25	13.5/19
9	2.10	110/78	48/39	30/27	14/20
10	2.10	116/80	52/44	30/28	14/20

注：实验数据在70℃下测定。

表5-4-14 MJ4井射孔压井液静置老化后现象描述

老化后出罐的实验现象	老化时间，d
上层有无析水，玻棒自由到底，无沉淀	1
上层有0.5cm析水，玻棒自由到底，无沉淀	3
上层有1.0cm析水，玻棒自由到底，无沉淀	5
上层有1.5cm析水，玻棒轻插到底，无沉淀	7
上层有2.0cm析水，玻棒轻插到底，无沉淀	10

从实验数据可以看出，复合有机盐射孔压井液在 200℃静置老化 10 天后黏度有所上升，但整体流变性能仍在合理范围内。静置老化 10 天，玻璃棒轻插到底，底部无硬性沉淀，具备较好的悬浮稳定性。

替浆作业前，为防止有机盐射孔压井液与聚磺钻井液不配伍造成井下复杂，对现场井浆进行了配伍性实验，实验数据见表 5-4-15。

表 5-4-15　MJ4 井现场井浆配伍性试验数据

有机盐射孔压井液与聚磺钻井液比例	Φ_{600}/Φ_{300}	Φ_{200}/Φ_{100}	Φ_6/Φ_3	Gel(10s/10min) Pa/Pa
聚磺钻井液	123/77	58/42	13/12	8/18
复合有机盐射孔压井液	110/60	43/28	2/2	2/5
1:9	170/107	80/58	28/28	17/40
3:7	134/88	66/45	15/14	10/31
5:5	162/93	65/41	6/5	4/13
7:3	145/82	60/36	5/5	10/31
9:1	113/64	45/26	3/2	2/8
复合有机盐射孔压井液：聚磺钻井液：高黏隔离液=1:1:1	102/60	41/18	3/2	1.5/5

从实验结果可知，在复合有机盐射孔压井液中加入不同比例的聚磺钻井液，均会造成射孔压井液增稠，同时静切力增加较大。聚磺钻井液与复合有机盐射孔压井液之间加入高黏隔离液后射孔压井液流变性与射孔压井液原浆保持一致。根据上述结果，现场替浆时配制了高黏隔离液 20m³，泵入 12m³ 进行隔离，有效防止了射孔压井液混浆污染。

3. 施工效果分析

MJ4 井现场试油作业时间长达 66 天，期间的射孔压井液性能稳定，有效保障了现场试油安全。射孔压井液性能见表 5-4-16。

表 5-4-16　MJ4 井射孔压井液性能记录

性能记录日期	密度，g/cm³	Φ_{600}/Φ_{300}	Φ_{200}/Φ_{100}	Φ_6/Φ_3	Gel(10s/10min) Pa/Pa
2017.3.16	2.10	219/129	80/45	8/6	2.5/6
2017.3.22	2.10	224/130	97/61	12/8	3/6
2017.3.25	2.10	194/111	86/48	9/8	2.5/7
2017.3.29	2.10	166/98	70/47	10/8	3/6
2017.3.30	2.10	166/98	71/47	9/8	3/6
2017.4.1	2.10	164/96	71/45	10/7	3/8
2017.4.4	2.10	180/112	79/56	12/9	4/8
2017.4.7	2.10	180/112	79/56	12/9	3/8
2017.4.11	2.10	153/97	72/49	11/7	3.5/7.5
2017.4.14	2.10	166/100	74/49	10/7	2.5/7.5

续表

性能记录日期	密度，g/cm³	Φ_{600}/Φ_{300}	Φ_{200}/Φ_{100}	Φ_6/Φ_3	Gel(10s/10min) Pa/Pa
2017.4.19	2.10	144/88	67/45	13/9	3/7
2017.4.20	2.10	125/77	56/40	15/10	3/8
2017.4.22	2.10	123/79	58/42	14/9	3/8
2017.4.25	2.10	131/80	62/43	11/7	3/7.0
2017.5.5	2.10	133/84	62/45	12/9	3/7.0

第五节　超微射孔压井液

一、技术原理

高密度超微射孔压井液是基于超微分散化学和机械化学理论，采用新型高效纳米加工工艺，将加重材料颗粒研磨得更细（$D_{50} \approx 1\mu m$，$D_{90} < 3\mu m$），同时选用新型处理剂对微粒进行表面改性，提高微粒空间位阻效应，从而形成稳定的胶体体系。

在常规水基射孔压井液中，常用加重材料由于密度大，一旦静止很容易下沉，只有在外力（如搅动和增加钻井液切力）条件下才能减缓其下沉速度。新型超微射孔压井液中的固相粒径远小于常规加重材料的粒径，在密度和静切力相同的条件下，其沉降速率相对常规重晶石颗粒大幅减小，在钻井液中能够保持良好的悬浮性；另外，井下高温条件加剧了体系微粒的布朗运动，使超微射孔压井液体系的热力学稳定性和动力学稳定性进一步增加。但是，超细粒子的粒径小，比表面积大，表面能高，处于热力学不稳定状态，具有团聚倾向，为阻止超细粒子形成硬块状沉淀，需要减小粒子间的范德华引力或基团间的相互作用，该体系通过静电稳定作用（DLVO理论）、空间位阻稳定作用、静电位阻稳定等作用，阻止超细颗粒聚集，使初级粒子不易团聚生成二次粒子，从而避免进一步生成高密度的硬块状沉淀。

许多高分子聚合物也有很好的分散稳定效果，也是超微高密度射孔压井液体系稳定的空间位阻稳定作用机理。该稳定机制认为，高分子聚合物的憎水（憎油）基团吸附到颗粒表面，亲水（亲油）基团悬游于极性（非极性）液体介质中，使颗粒可以存在于液体介质中，形成微胞状态，使颗粒之间产生排斥，从而达到分散的目的。此外，吸附层重叠和相互穿透，也会使重叠区高分子浓度增高，并形成渗透压而产生斥力势能，从而使颗粒达到分散的目的。

静电位阻稳定机制是最近发展起来的一种稳定机制。在悬浮液中加入一定量的聚电解质，使粒子表面吸附聚电解质，带电的聚合物分子层既通过本身所带的电荷排斥周围的粒子，又利用位阻效应防止做布朗运动的纳米颗粒靠近，产生复合稳定作用。其中静电电荷来源主要为颗粒表面静电荷，外加电解质和聚电解质。颗粒在距离较远时，双电层产生斥力，静电稳定机制占主导地位；距离较近时，空间位阻阻止颗粒靠近，空间位阻稳定机制占主导地位。

图5-5-1所示为超细粒子的抗团聚作用机理示意图。

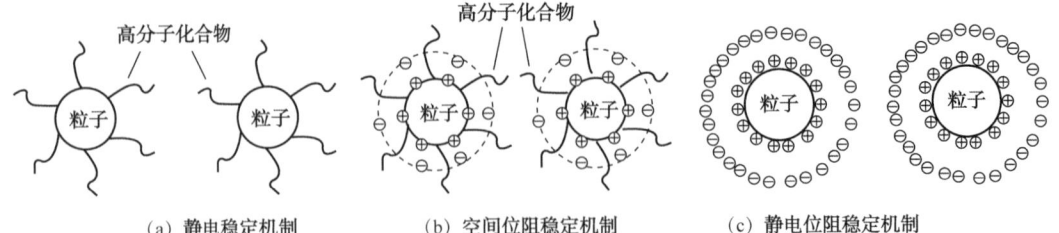

图 5-5-1　超细粒子的抗团聚作用机理示意图

超微射孔压井液体系中的微粒在静电斥力和布朗运动的双重作用下，形成了一个动力学稳定体系。由于不需要加入膨润土和增黏剂等添加剂，超微颗粒能够实现自悬浮，因此不容易产生高温固化和硬质沉淀现象。

与常规加重材料相比，使用表面改性超微粉体加重的水基超微射孔压井液，克服了常规水基射孔压井液的缺点，更加有效地保证了试油管柱的安全，但该体系尚需要仅有完善其配套的封堵降滤失材料，进一步控制体系滤失量，降低体系在较大压差存在时的地层侵入污染。

二、室内实验评价

1. 体系流变参数评价

1.98g/cm³ 超微试油射孔压井液室内实验数据见表 5-5-1。

表 5-5-1　1.98g/cm³ 超微射孔压井液室内实验数据

测定条件	AV mPa·s	PV mPa·s	YP Pa	初切力/终切力 Pa/Pa	现象描述
常温	27.5	18	9.5	12.5/36	
160℃/24h	17	7	10	6/26.5	上有2cm液体，玻棒缓下到底，仪器棒速下到底
160℃/72h	18	14	4	5/23	上稀液，玻棒缓下到底，仪器棒速下到底
160℃/120h	14.5	11	3.5	2.5/19	上稀液，玻棒缓下到底后倒，仪器棒速下到底
160℃/168h	18	13	5	4.5/18.5	上稀液，玻棒缓下到底后倒，仪器棒速下到底
160℃/240h	18.5	15	3.5	4.5/18.5	上稀液，玻棒缓下1/2，不倒，中号棒缓下到底，仪器棒速下到底，好搅
160℃/360h	17	13	4	4.5/17	上1cm液体，玻棒、中号棒不下，仪器棒速下到底，下部黏，好搅

超微射孔压井液在 160℃ 高温情况下，塑性黏度和表观黏度在高温条件下静止存放 1 天后基本稳定，动切力和初切力、终切力自 3 天后基本稳定。第 1 天和第 15 天的数值变化不大。由此说明该射孔压井液在流变性方面具有良好的抗高温稳定性。

2. 沉实度的测量

超微射孔压井液已经不再是常规意义上的重晶石加重体系射孔压井液，其特性已经发生了质的变化，因此常规钻井液流变参数仪器已经不能全面准确衡量其特点。为此，模拟现场的试油作业过程，采用评价射孔压井液体系沉降性的测量工具——针入式沉实度测定仪测量沉实度。大大缩短了在现场为评价沉实程度发生的等待时间，缩短了施工周期。

选取 1.85g/cm³ 和 2.3g/cm³ 两种高密度的射孔压井液，在160℃下静止老化1天、3天、5天、10天和15天，测试老化前后高密度超微射孔压井液的流变和沉实情况，见表5-5-2。

表5-5-2 高密度超微射孔压井液液老化前后的稳定性对比

样品编号	密度 g/cm³	老化时间 h	AV mPa·s	PV mPa·s	YP Pa	Gel(10s/10min) Pa/Pa	沉实程度,N 最大值	稳定值
1	1.85	0	19	11	7	7.0/16.0	—	—
		24	18	11	7	3.5/14.0	0.65	0.32
		72	18	10	8	5.0/14	0.83	0.53
		120	18	11	7	4.5/12	0.48	0.31
		240	17	9	8	2.5/9.0	0.45	0.31
		360	18	10	8	3.0/9.0	0.44	0.31
2	2.23	0	38	21	17	12/30	—	—
		24	38	20	16	11/28	0.63	0.33
		72	38	21	17	12/26	1.21	0.43
		120	37.5	18	19.5	13/27	2.41	0.62
		240	38	24	14	9.5/20	0.75	0.38
		360	36	20	17	11/25	0.73	0.35

由表5-5-2可知，对于1.85g/cm³和2.23g/cm³两种高密度射孔压井液，经高温老化360h后依然保持良好的流变性，说明其底部无硬性沉淀，在井下作业时，不会造成遇阻及泵压过高的情况。

3. 配伍性评价

1）高密度超微射孔压井液与有机盐配伍性实验

实验配方及条件：老化温度160℃（静置）；压井液：有机盐溶液=4:1（体积比）。压井液密度为1.75g/cm³；有机盐溶液密度（塔里木油田在用体系）为1.40g/cm³。混合密度为1.68g/cm³。

超微试油射孔压井液与有机盐溶液的配伍性见表5-5-3。

2）高密度超微射孔压井液与隔离液及有机盐的配伍实验

实验配方：

配方1为超微射孔压井液（密度1.95g/cm³）：隔离液：有机盐溶液（密度1.40g/cm³）=1:1:1（体积比）；

配方 2 为超微射孔压井液(密度 1.95g/cm³)：隔离液：有机盐溶液 = 2：1：2(体积比)；

配方 3 为超微射孔压井液(密度 1.95g/cm³)：隔离液：有机盐溶液 = 1：2：1(体积比)。

压井液与隔离液和有机盐的配伍性见表 5-5-4。

表 5-5-3　超微试油射孔压井液与有机盐溶液的配伍性

测定条件	AV mPa·s	PV mPa·s	YP Pa	初切力/终切力 Pa/Pa	备注
常温	47	24	23	23.5/25	混合后变稠，有泡沫
160℃/1d	47.5	41	6.5	7/12.5	上 1cm 液体，罐壁部较黏
160℃/7d	93.5	32	61.5	50.5/50	上 1/3 液体，2cm 硬质沉淀
160℃/15d	145	52	93	48.5/60	上 1/3 液体，沉淀有硬块

表 5-5-4　超微射孔压井液与隔离液和有机盐的配伍性

配方	老化时间 d	AV mPa·s	PV mPa·s	YP Pa	Gel(10s/10min) Pa/Pa	平均沉实程度，N 最大值	稳定值
配方 1	老化前	20	16	4	2.0/5.5	—	—
	1d	25.5	19	6.5	3.0/4.5	0.29	0.16
配方 2	老化前	12.5	10	2.5	1.5/3	—	—
	1d	14.5	11	3.5	2.0/3.0	0.19	0.15
配方 3	老化前	31.5	23	8.5	3.0/9.0	—	—
	1d	35	22	13	3.0/6.5	0.39	0.19

随着隔离液比例的增加，混合液体黏度和切力大幅度增加，但沉实度没有太大变化，说明隔离液性能对沉实度影响较小，老化一天的稳定值都小于 0.2N。

3) 高密度超微射孔压井液和酸化体系配伍实验

实验混合比例为超微射孔压井液：土酸(盐酸 6%+HF 酸 3%) = 10：1，其中超微射孔压井液密度为 1.75g/cm³。压井液与酸化体系配伍实验数据见表 5-5-5。

表 5-5-5　超微射孔压井液与酸化体系配伍实验数据

老化时间 h	AV mPa·s	PV mPa·s	YP Pa	Gel(10s/10min) Pa/Pa	平均沉实程度，N 最大值	稳定值
老化前	6.0	4.0	2.0	2.5/6.0		
老化 24h	5.0	3.0	2.0	1.5/2.0	0.29	0.16

混合液体的流变性和沉实度都没有太大变化，说明高密度超微射孔压井液和酸化用的酸液具有良好的匹配性，不会影响酸化效果。

4) 高密度超微射孔压井液和柴油配伍实验

实验混合比例为高密度超微射孔压井液：0 号普通柴油 = 10：1，其中高密度超微射孔压井液密度为 1.75g/cm³。

超微射孔压井液和柴油配伍性实验数据见表 5-5-6。

表 5-5-6　超微射孔压井液和柴油配伍实验数据

老化时间 h	AV mPa·s	PV mPa·s	YP Pa	Gel (10s/10min) Pa/Pa	平均沉实程度，N 最大值	稳定值
老化前	3.5	3.0	0.5	2.5/6.0		
老化 24h	4.0	4.0	0	1.5/2.0	0.19	0.09

表 5-5-6 测试数据显示，混合液流变性没有太大变化，沉实度却在变小，说明柴油的加入降低了沉实度，当高密度超微射孔压井液和少量油类混合时，有利于高密度超微射孔压井液的沉降稳定。

5）高密度超微射孔压井液和水泥粉的配伍实验

高密度超微试油射孔压井液（密度 1.75g/cm³）中分别添加 1%水泥粉、2%水泥粉、3%水泥粉污染实验。结果表明，随着凝固水泥粉的增多，射孔压井液黏度和切力略有上升，沉实度变化不大，说明凝固后的水泥粉对沉降稳定性影响不大，和射孔时产生的粉碎水泥接触时不会影响体系的沉降稳定。

表 5-5-7　超微射孔压井液和凝固后水泥粉的配伍性

配方	老化时间	AV mPa·s	PV mPa·s	YP Pa	Gel (10s/10min) Pa/Pa	平均沉实程度，N 最大值	稳定值
配方 1	老化前	6.5	5.0	1.5	2.0/5.0		
	24h	5.5	4.0	1.5	0.5/4.0	0.27	0.18
配方 2	老化前	8.0	5.0	3.0	3.0/4.5		
	24h	8.5	5.0	3.5	2.5/5.0	0.28	0.18
配方 3	老化前	8.0	5.0	3.0	2.0/4.0		
	24h	9.0	5.0	4.0	2.5/5.0	0.39	0.19

注：水泥粉为普通水泥凝固后研碎过 100 目筛。

4. 高温沉降稳定性评价

1）LAB 稳定性

TURBISCAN MA2000 近红外稳定性分析仪可用来测试分散体系的稳定性，该仪器是采用近红外光作为光源，有一个透射光器和一个背散射光检测器，测量探头从样品池的底部到样品池的顶部每 40μm 测量一次，完成样品池从底到顶的测量称为一次扫描。随着时间的变化，由于样品的不稳定性，透射光和背散射光都会发生变化，以此来说明样品的颗粒的粒径和（或）浓度的变化。根据透射/反射光强度测定体系中粒子的迁移速度和分层厚度，以此来计算体系整体的稳定指数，从微观方面验证其稳定性。该方法将样品管中的样品分为清液区、沉淀区和中间区。随静置时间的延长，样品管上部透射光逐渐增强的区域为清液区，表示样品上部出现了澄清液。继续静置从样品管底部散射光逐渐减弱的区域为沉淀区，表示样品固相浓度增加。清液区和沉淀区之间为中间区。

室内采用超微重晶石颗粒配制成水基射孔压井液和油基射孔压井液,并与 API 重晶石所配制的射孔压井液进行流变性和稳定性对比,三种射孔压井液配方见表 5-5-8,三种射孔压井液的近红外扫描所得曲线如图 5-5-2、图 5-5-3 和图 5-5-4 所示,配方 1 由于分层严重仅测试 2.5h,配方 2 和配方 3 稳定性好,测试时间为 7h。

表 5-5-8 三种射孔压井液体系 LAB 稳定性对比

体系	配方编号	体系	密度,g/cm³
水基	配方 1	API 重晶石射孔压井液	2.2
水基	配方 2	高密度超微射孔压井液	2.2
油基	配方 3	超微重晶石油基钻井液	2.5

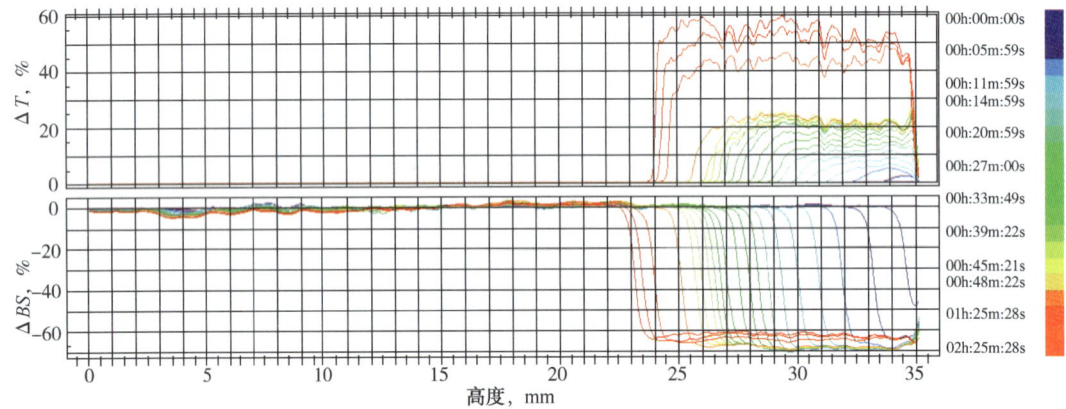

图 5-5-2 API 重晶石压井液(2.2g/cm³)近红外扫描曲线

ΔT—透射光变化值,%;ΔBS—背散射光变化值,%

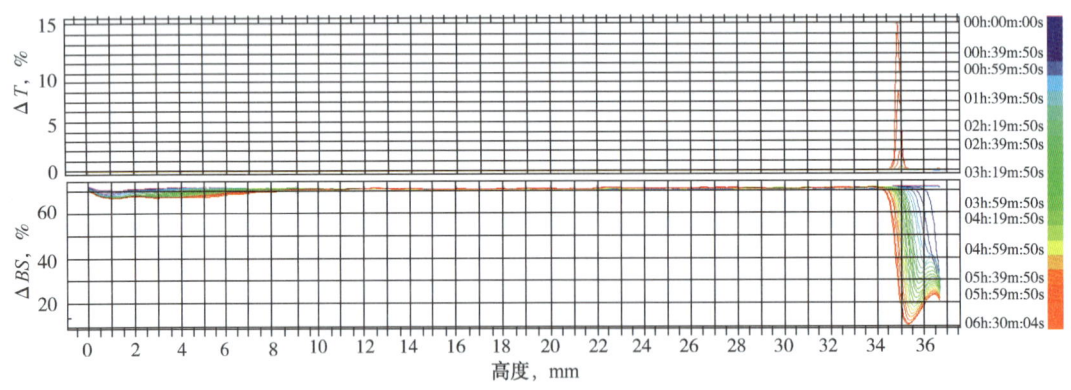

图 5-5-3 高密度超微射孔压井液(2.2g/cm³)近红外扫描曲线

由上述背散光曲线变化可以看出:(1)图 5-5-2 中,API 重晶石加重水基射孔压井液中随着扫描时间的增加,样品顶部透射光强度不断增大,底部背散射光强度不断增大,说明样品上层出现了较大的澄清层,中下部出现一定的沉淀层。(2)图 5-5-3 中,高密度超微试油射孔压井液随着扫描时间的增加,样品顶部透射光强度仅有小范围的增大,而底部背散射光强度仅有微小幅度的增大,说明样品上层和底部均无明显的澄清层和沉淀层。(3)图 5-5-4 超微重晶石加重油基射孔压井液背散射光曲线澄清层小于水基射孔压井液,

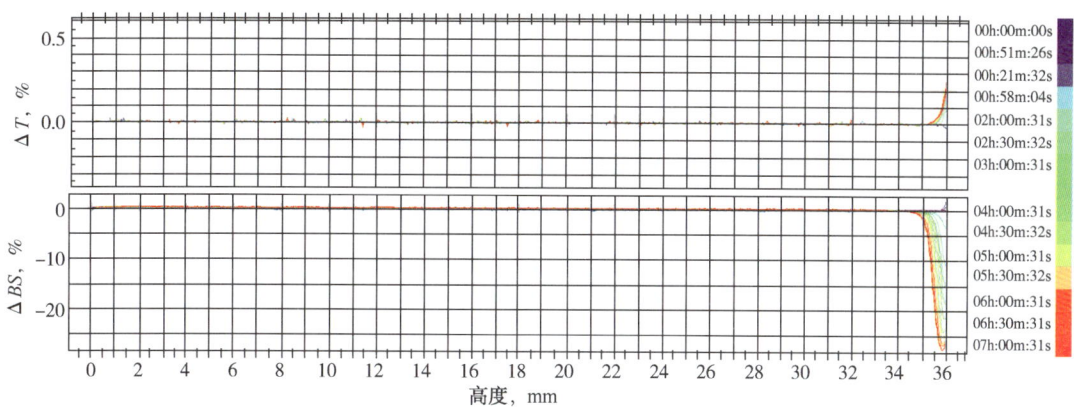

图 5-5-4　超微重晶石油基压井液（2.5g/cm³）近红外扫描曲线

说明超微加重油基体系较超微加重水基体系更为稳定。

2）TSI 稳定指数

根据测试所得背散射光曲线计算不同体系稳定性动力学指数，计算结果见表 5-5-9。TSI 指数是在给定时间内，多重散射光强变化的绝对差值的计算。TSI 指数数值越大，说明样品体系浓度或颗粒粒径变化得越大，体系出现沉降絮凝的可能性就越高，体系稳定性就越差。同样地，通过背散射光曲线得到样品颗粒在一定时间内的沉淀层厚度，可计算出粒子的迁移速率，即粒子的下沉速度。

$$TSI = \frac{\sum_{h}|scan_i(h) - scan_{i-1}(h)|}{H}$$

式中　$scan_i(h)$——该扫描时间的该高度的光强值；

　　　$scan_{i-1}(h)$——上一次扫描的该高度的光强值；

　　　H——整个样品的高度。

表 5-5-9　不同体系的稳定性动力学 TSI 指数

测试样品	TSI(Global)(2h)	TSI(Global)(6h)
API 重晶石—水基	40.2	N/A
超微重晶石—水基	1.3	3.9
超微重晶石—油基	0.3	0.8
超微重晶石—油基 高温	0.9	N/A

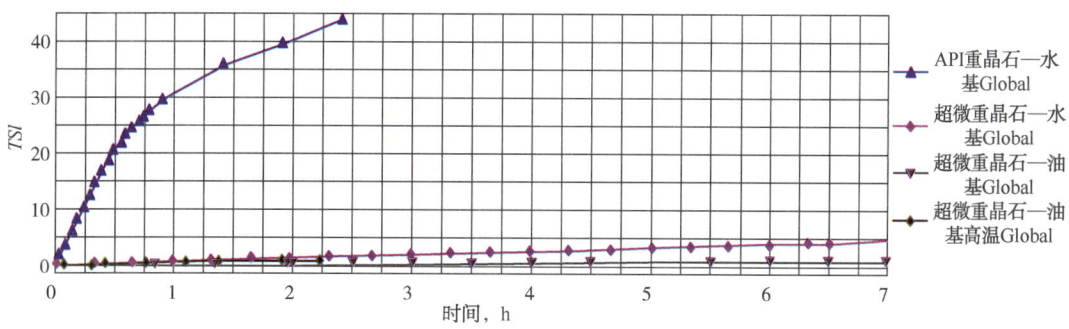

图 5-5-5　不同体系总测试时间内的 TSI 指数对比

从图 5-5-5 和表 5-5-9 中不同体系在一定测试时间内的 TSI 稳定指数来看，超微重晶石油基体系＞超微重晶石水基体系≥API 重晶石水基体系。应用超微重晶石作加重材料配制的水基和油基射孔压井液体系高温沉降稳定性大幅提高，长时间高温静止不分层、不沉降。

三、超微射孔压井液典型应用案例

迄今，新型高密度超微射孔压井液在塔里木油田超深复杂井中已经成功应用了近 20 井次，现场应用表明，该新型超微射孔压井液不但能用于水基钻井液完成井的试油完井作业，还能用于油基钻井液完成井的试油完井作业。迄今，超微试油压井液所应用案例中最深井深达 8828m，最高井底温度最达 200℃，最高密度达 2.27g/cm^3，另外有些井为含硫气井，放喷时取样口硫化氢含量 28000~30000mg/L，施工时在高密度试油射孔压井液中加入除硫剂，循环进出口性能无变化，现场应用良好，没有任何不良现象发生。超微射孔压井液在高温高密度状态下具有更好的沉降稳定性，证实了该体系在高温高压深井超深井钻采技术方面具有独特的技术优势，是适用于高温高压井下苛刻环境的先进工作液技术之一，在深井超深井复杂结构井的试油完井作业中具有良好的推广价值。

1. DB302 井

DB302 井设计井深 7300.00m，完钻井深 7461.00m；完钻层位白垩系巴什基奇克组；测试井段为 7304~7358m 和 7209.00~7244.00 m；产层中部 7331.00m 地层温度在 152℃。

施工前，在 DB302 井现场取超微射孔压井液样进行复核，复核评价实验数据见表 5-5-10，复核评价老化实验条件为：

（1）老化前室温条件测性能；（2）老化后使用高速搅拌器，在 11000r/min 转速下高搅 2min 然后在室温条件下测性能；（3）老化温度 160℃（静置）；（4）测试条件：25℃。

表 5-5-10　DB302 井现场取超微射孔压井液样的复核老化实验数据

条件	AV mPa·s	PV mPa·s	YP Pa	Gel（10s/10min） Pa/Pa	平均沉实程度，N 最大值	稳定值
老化前	5.5	4	1.5	0.5/3		
160℃×3d	4	3	1	0.25/2	0.3	0.18
160℃×7d	4	3	1	0.25/2	0.31	0.19
160℃×10d	3.5	3	0.5	0.25/1.5	0.4	0.19
160℃×15d	4	3	1	0.25/1.5	0.49	0.19

作业过程：

（1）超微射孔压井液正循环替出井内有机盐，整个替液过程中没有出现沉淀堵水眼现象，而且混浆量少。

（2）钻杆传输射孔顺利完成。管柱在下钻过程中没有出现沉淀遇阻现象，井底没有出现段塞现象，钻具下放顺畅，到位后开泵顺利，没有任何憋泵现象，射孔枪的顺利引爆充分证明了超微射孔压井液具有良好的流动性能，高温下未产生高温固化及高温沉淀现象，保证了射孔作业任务顺利完成。

（3）塔里木油田超深测试管柱顺利下到位。井内超微重晶石射孔压井液总共静止152h，测试管柱顺利下到设计井深，管柱在下入过程中，未发现任何遇阻现象，井底未出现硬质沉淀,封隔器正常坐封。

(4) 有机盐液体替出超微射孔压井液顺利完成。

(5) RTTS 封隔器顺利解封,测试结束后,上提管柱至悬重 105tf(原悬重 100tf)封隔器解封,经工具队人员确认,该封隔器在常规试油液条件下,封隔器坐封 3 天内,解封压力一般在超过悬重 10~30tf 范围,该井封隔器坐封后在井内 152℃高温下已经 10 天时间,封隔器在小吨位情况下顺利解封与超微射孔压井液的性能直接相关,充分证明了该射孔压井液在高温状态下的高温稳定性。

(6) 完井管柱的顺利下入到位,超微射孔压井液总共在井底高温静止时间达到 210.5h,下入完井管柱没有遇阻现象,反循环开泵没有憋泵现象,开泵 2MPa 出口返浆正常,反循环出口密度均匀,没有分层现象,再次验证了该射孔压井液在高温状态下具有高温稳定性和沉降稳定性。

该井试油改造后,φ10mm 油嘴放喷,折日产气 1161528m^3,这种新型的超微射孔压井液是该井获得油气高产关键技术之一。

2. SM2 井

SM2 井设计井深 6140.00m,完钻井深 6100m;井底温度为 115℃/6100.00m;测试井段为 6002~6018m;层位为白垩系舒善河组;试油液设计密度为 2.10g/cm^3。

采用密度 2.10g/cm^3 的超微射孔压井液替出原磺化钻井液,起出替浆管柱后下入测试管柱、坐封作业,然后采用 1.50g/cm^3 的环空保护液替出超微压井液后进行放喷,历时 191h,放喷一次成功,再分别用 φ5mm 和 φ4mm 油嘴测试,φ5mm 油嘴测试结果折日产气 17.45×10^{4}m^3、油 151m^3。经过 70 多天的放喷求产,共采出原油 5400 多立方米,气 700 多万立方米;再次用超微射孔压井液压井后顺利解封,超微射孔压井液在井下高温环境静置 310h 后,下入气密生产管柱替入环空保护液。用相同工作制度放喷,日产量不但未减而且略有上升。

第六节　环空保护液

环空保护液是一类完井液。该液体在投产作业期间替入套管和油管之间,减少套管与油管腐蚀;平衡套管外液柱或地层产生的挤压力,防止套管被挤毁;在投产过程中,替出高密度压井液,降低液柱压力诱喷,利于油气井自喷投产;改造期间,便于给环空补平衡压力,防止油管因为井口高泵压而破裂。

一、性能要求

库车山前完井作业对环空保护液性能要求:
(1) 密度可调节;
(2) 对油气层伤害程度低;
(3) 腐蚀性小;
(4) 高温下性能稳定,不分解;
(5) 不含固相;
(6) 能自动调整环空保护液 pH 值,防止硫化氢、二氧化碳等酸性气体侵入而引起环空保护液 pH 值下降而引发井下管柱、封隔器等损坏。

通过大量研究工作得出，采用甲酸盐作为库车山前完井作业环空保护液是最佳选择。甲酸盐环空保护液性能设计要求见表5-6-1。甲酸钾环空保护液已在库车山前完井作业中80多口井使用。

表5-6-1 甲酸盐水油套管保护液性能设计要求

密度 g/cm³	pH 值	加重剂	腐蚀性能要求，mm/a	
			套管（TP140 钢）	油管（13Cr 钢）
1.00≤ρ≤1.30	9~12	甲酸钠	≤0.050	≤0.025
1.30<ρ≤1.58	9~12	甲酸钾	≤0.050	≤0.025
1.58<ρ≤2.3	9~12	甲酸钾+甲酸铯	≤0.050	≤0.025

二、甲酸盐环空保护液配方

甲酸盐环空保护液主要由水、缓冲剂、甲酸盐等组成，配制成不同密度的清洁盐水。依据油气田储层特性及井下作业需求确定的环空保护液密度，选用不同种类甲酸盐，其原则与无固相甲酸盐射孔液压井液相同。此外还必须加入缓冲剂碳酸钾和碳酸氢钾，保持环空保护液pH值在9~12，推荐添加量为1.7%~3.4%的碳酸钾或碳酸钾与碳酸氢钾的混合物。

缓冲剂的主要作用除了提供碱性pH值以及防止因酸性气体或地层气体侵入盐水时造成pH值波动外，缓冲剂的另一种重要作用是在钢材表面上形成高质量的碳酸盐保护膜，因此在甲酸盐水中添加缓冲剂来降低甲酸盐水腐蚀性是非常必要的。

环空保护液必须具有很好的防腐性能，因此要求使用高质量、纯度高的甲酸盐，其质量必须达到塔里木油田的质量指标，严格控制硫、氯等元素含量。

由于高密度甲酸盐具有良好的热稳定性与防腐特性，故不需加入热稳定剂、缓蚀剂等。但对于低密度的环空保护液，需依据环空保护液密度高低，加入一定数量的缓蚀剂、除硫剂、除氧剂、热稳定剂等。

三、甲酸盐环空保护液性能评价

1. 腐蚀性能

腐蚀试验采用失重法，测试了塔里木油田管材常用的TP140，BG13Cr和JFE13Cr钢材分别在甲酸钾和甲酸铯盐水中的均匀腐蚀速率，所有腐蚀试验均在10.0~11.0MPa压力下进行。试验条件如下：

（1）密度1.50g/cm³，温度170℃甲酸钾盐水腐蚀试验；

（2）密度1.80g/cm³，温度170℃甲酸铯盐水腐蚀试验；

（3）密度2.20g/cm³，温度170℃甲酸铯盐水腐蚀试验；

（4）密度1.80g/cm³，温度190℃甲酸钾/铯盐水腐蚀试验。

1）试验方法和仪器

试验方法参照JB/T 7901—2001《金属材料实验室均匀腐蚀全浸试验方法》、SY/T 5273—2014《油田采出水处理用缓蚀剂性能指标及评价方法》进行试验，腐蚀实验仪器采用高温高压釜，腐蚀性评价根据Q/SY-TGRC 35—2012《中国石油集团石油管工程技术研究院企业标准》，Q/SYTZ0468—2016《完井液用甲酸盐腐蚀性能评价方法》进行，甲酸盐产品质量检测按照 Q/SYTZ0469—2016《完井液用甲酸钾技术要求及检验方法》，Q/SYTZ0470—2016《完井液用甲酸钠技术要求及检验方法》进行。

腐蚀试验仪器为湖北创联石油科技有限公司生产井的型号 CGF-Ⅱ高温高压静态腐蚀仪，通过失重法测量腐蚀速率。CGF-Ⅱ高温高压静态腐蚀仪技术参数如下：

（1）工作压力 0~30MPa；
（2）工作温度 0~250℃；
（3）挂片数量 6片/次；
（4）釜体体积 2L(有效容积)。

不同密度甲酸盐盐水配方见表5-6-2。为了提供碱性 pH 值以及防止因酸性气体或地层气体侵入盐水时造成 pH 值波动，对各组甲酸盐盐水加入了缓冲剂。

表 5-6-2 腐蚀实验甲酸盐盐水配方

密度，g/cm³	盐水组成	pH 值
1.50	2000mL 甲酸钾（密度 1.50g/cm³）+17g 碳酸钾+11.5g 碳酸氢钾	9
1.80	2000mL 甲酸钾/甲酸铯（密度 1.80g/cm³）+10g 碳酸钾+6.8g 碳酸氢钾	9
2.20	2000mL 甲酸铯（密度 2.20g/cm³）	9

注：pH 值为腐蚀实验前的值；卡博特甲酸铯溶液含碳酸钾与碳酸氢钾缓冲剂，无需另加。

将三种管材加工成尺寸为 50mm×10mm×3.0mm 的试片，腐蚀试验前将挂片称重得到初始质量 W_0。试验开始时通入氮气 2h 以除掉溶液中的氧，然后用氮气加压至 10.0~11.0MPa，将挂片在甲酸盐盐水中一定温度下浸泡30天。试验结束之后，将试样取出。采用化学法清洗试样，具体操作参照 Q/SY-TGRC 35—2012《中国石油集团石油管工程技术研究院企业标准》进行。化学清洗腐蚀挂片所用的试剂与清洗方法见表5-6-3。

表 5-6-3 腐蚀挂片化学清洗所用试剂与清洗方法

试片种类	碳钢(TP140)	不锈钢(BG13Cr，JFE13Cr)
清洗液	105mL 硝酸（分析纯），2.0g 苯胺（分析纯），2.0g 六亚甲基四胺（分析纯），2.0g 硫氰酸钾（分析纯），加蒸馏水或去离子水配制成 1000mL 溶液	100mL 硝酸（HNO₃，密度 1.42g/mL），加蒸馏水配制成 1000mL 溶液
温度，℃	20~25	60
时间，min	5~10	20
备注	同时用软毛刷清洗	

将挂片清洗后称重得到腐蚀后的质量 W，通过测量损失的重量来确定腐蚀速率，腐蚀速率，计算：

$$v_a = C \frac{W_0 - W}{\rho A t}$$

式中 v_a——年腐蚀速率，mm/a；

C——按一年365天计算的换算因子，其值为 $8.76×10^4$；

W_0——金属试片腐蚀前的质量，g；

W——金属试片腐蚀后的质量，g；
ρ——金属材料的密度，g/cm³；
A——金属试片的表面积，cm²；
t——腐蚀试验时间，h。

注：如果挂片酸洗，需要以空白试验酸洗校正，即刨除空白试酸洗前后样质量差才为挂片腐蚀质量差。

2）试验结果分析

钢材在缓冲甲酸盐盐水中腐蚀后，其表面形成碳酸亚铁保护膜，防止了钢材进一步的腐蚀。

（1）密度1.50g/cm³温度170℃甲酸钾盐水中的腐蚀试验。

分别对TP140，BG13Cr和JFE13Cr钢材腐蚀挂片进行目测分析。

各试样腐蚀前后宏观外貌图如图5-6-1至图5-6-3所示，从图中可以看出，浸泡在1.50g/cm³甲酸钾盐水中170℃条件下30天后，碳钢TP140表面生成一层致密的黑色碳酸亚铁保护膜，不锈钢BG13Cr和JFE13Cr则光亮如新。三组挂片表面均无局部腐蚀坑。TP140，BG13Cr和JFE13Cr钢材1.50g/cm³甲酸钾在170℃条件下的均匀腐蚀速率数据见表5-6-4。依据NACE RP 0775—2005标准判定，碳钢TP140发生了中度腐蚀，不锈钢BG13Cr和JFE13Cr为轻度腐蚀。

表5-6-4 TP140，BG13Cr和JFE13Cr钢材在1.50g/cm³甲酸钾170℃条件下的均匀腐蚀速率

编号	腐蚀失重，g	腐蚀速率，mm/a	平均腐蚀速率，mm/a	腐蚀程度
1#TP140	0.0637	0.0725	0.0818	中度腐蚀（0.025~0.125）
2#TP140	0.0803	0.0910		
1#BG13Cr	0.0027	0.0031	0.0022	轻度腐蚀（<0.025）
2#BG13Cr	0.0011	0.0013		
1#JFE13Cr	0.0021	0.0024	0.0020	轻度腐蚀（<0.025）
2#JFE13Cr	0.0015	0.0017		

(a) 浸泡前　　　　(b) 浸泡后

图5-6-1 TP140钢材在甲酸钾完井液浸泡前后的宏观腐蚀形貌

(a) 浸泡前　　　　　(b) 浸泡后

图 5-6-2　BG13Cr 钢材在甲酸钾完井液浸泡前后的宏观腐蚀形貌

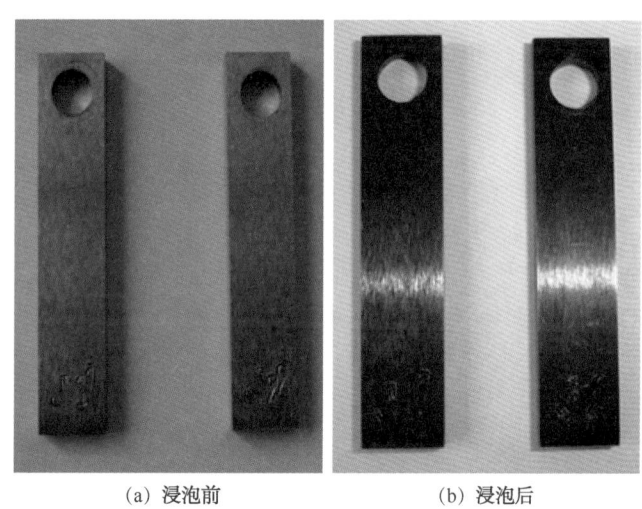

(a) 浸泡前　　　　　(b) 浸泡后

图 5-6-3　JFE13Cr 钢材在甲酸钾完井液浸泡前后的宏观腐蚀形貌

(2)密度 1.80g/cm³ 温度 170℃甲酸铯和甲酸钾中的腐蚀试验。

TP140，BG13Cr 和 JFE13Cr 钢材在密度 1.80g/cm³ 温度 170℃甲酸铯/甲酸钾混合盐水中的腐蚀前后宏观外貌图如图 5-6-4 至图 5-6-6 所示，腐蚀试验结果见表 5-6-5。

TP140，BG13Cr 和 JFE13Cr 试样在 170℃条件下浸泡 30 天后，三组挂片都发生了均匀腐蚀，表面无局部腐蚀坑，TP140，BG13Cr 和 JFE13Cr 钢材挂片表面都覆盖了一层黑色的碳酸亚铁保护膜。据 NACE RP 0775—2005 对腐蚀程度进行判定。TP140 钢材挂片在甲酸铯和甲酸钾混合盐水中腐蚀程度为中度腐蚀，BG13Cr 和 JFE13Cr 钢材挂片在甲酸铯和甲酸钾混合盐水中腐蚀程度为轻度腐蚀。

2. 气层保护实验

前期大量学者研究了甲酸铯盐水在高温高压条件下的岩心注入实验。实验条件如下：甲酸铯盐水密度为 2.29g/cm³，并用 748.75g/L 的 K_2CO_3 和 449.25g/L 的 $KHCO_3$ 缓冲剂缓冲，pH 值为 10.5。试验温度为 175℃。实验所用盐水是根据北海一口高压高温井的水样合成的地层盐水(表 5-6-6)。实验用的岩心柱为绝对渗透率约为的 Clashach 砂岩，孔隙度约为 10%。

(a) 浸泡前　　　　　(b) 浸泡后

图 5-6-4　TP140 钢材在甲酸钾/甲酸铯完井液浸泡前后的宏观腐蚀形貌

(a) 浸泡前　　　　　(b) 浸泡后

图 5-6-5　BG13Cr 钢材在甲酸钾/甲酸铯完井液浸泡前后的宏观腐蚀形貌

(a) 浸泡前　　　　　(b) 浸泡后

图 5-6-6　JFE13Cr 钢材在甲酸钾/甲酸铯完井液浸泡前后的宏观腐蚀形貌

表 5-6-5　TP140，BG13Cr 和 JFE13Cr 钢材在 1.80g/cm³ 甲酸钾/甲酸铯
盐水中 170℃条件下的均匀腐蚀速率

编号	腐蚀失重，g	腐蚀速率，mm/a	平均腐蚀速率，mm/a	腐蚀程度
1#TP140	0.0303	0.0345	0.0306	中度腐蚀 （0.025~0.125）
2#TP140	0.0235	0.0268		
1#BG13Cr	0.0042	0.0049	0.0052	轻度腐蚀 （<0.025）
2#BG13Cr	0.0048	0.0056		
1#JFE13Cr	0.0019	0.0022	0.0032	轻度腐蚀 （<0.025）
2#JFE13Cr	0.0036	0.0042		

表 5-6-6　用于 Corex 岩心驱替实验的地层水离子组分

类别	Na^+	K^+	Ca^{2+}	Mg^{2+}	Ba^{2+}	Fe^{2+}	Cl^-	HCO_3^-
离子浓度，mg/L	31190	300	2300	350	100	10	53500	610

试验结果见表 5-6-7，暴露在甲酸盐盐水中的岩心的渗透率有小幅上升。

表 5-6-7　Clashach 砂岩柱在磷酸盐暴露前后的渗透率变化

盐水体系	温度 ℃	温度 ℉	原始渗透率 mD	最终渗透率 mD	渗透率改变值 %
甲酸盐	175	347	23.0	24.8	+7.8

四、现场使用甲酸盐环空保护液时的注意事项

正确地使用缓冲甲酸盐环空保护液将可以避免在高温高压井中发生腐蚀问题。现场使用应注意以下事项：

（1）不应在甲酸盐环空保护液中使用缓蚀剂。

缓冲甲酸盐环空保护液对碳钢和耐腐蚀合金钢具有天然的保护作用。在甲酸盐环空保护液中添加缓蚀剂没有任何必要，不仅会增加成本，还可能引起局部腐蚀。

在缓冲甲酸盐环空保护液被大量的二氧化碳侵入，达到缓冲下限 pH 值的情况下，没有缓蚀剂反而能够使碳酸亚铁保护膜最快地形成，从而能够更好地防止二氧化碳造成的腐蚀。而缓冲体系起作用时，整个溶液的 pH 值维持在弱碱性环境，腐蚀速率很低，不需要采用任何方法做进一步的防护。

为了抑制甲酸盐的催化分解，曾经推荐使用含有硫氰酸盐的缓蚀剂，但是，含硫缓蚀剂在高温和无锌环境中会引起敏感金属的开裂。在实际的井下条件下，甲酸盐是不会发生催化分解的，同时基于上述开裂的风险，不应使用含有硫氰酸盐的缓蚀剂。

（2）使用碳钢和 13Cr 电缆要小心腐蚀。

在使用电缆时，如果发生大量二氧化碳侵入（侵入量大到足以破坏缓冲体系使 pH 值降低到下缓冲限），可能会引发严重的二氧化碳腐蚀。原因之一是电缆金属的表面积与盐水体积之比非常低，因而在碳酸亚铁保护膜在电缆表面形成之前可能会发生严重腐蚀。因此，如果存在二氧化碳大量侵入的风险且没有相应对策时，不推荐在甲酸盐环空保护液中

使用碳钢和13Cr材质的电缆。还要小心的是，如果采用的金属表面积与流体体积比不符合实际情况，室内实验结果可能是错误的。

（3）一定要使用缓冲剂。

如果使用了未添加缓冲剂的甲酸盐环空保护液，应注意二氧化碳侵入所造成的后果。在这种情况下，甲酸盐环空保护液的腐蚀风险将与卤族盐水相似。因为在仅有少量二氧化碳侵入后即开始发生腐蚀，而保护膜的形成速度却很慢且不致密。

（4）甲酸盐环空保护液与镀锌钢材不匹配。

甲酸盐环空保护液在高温下会腐蚀镀锌钢材。甲酸盐盐水会腐蚀钢材表面的锌，而使用碳酸盐/碳酸氢盐缓冲剂并不能使其减缓。幸运的是，井下设备或管材通常不用镀锌钢材来制造。

参 考 文 献

[1] 李家学，蒋绍宾，晏智航，等．钻完井液静态沉降稳定性评价方法[J]．钻井液与完井液，2019，36(05)：575-580．

[2] 王中华．国内钻井液技术进展评述[J]．石油钻探技术，2019(3)：1-13．

[3] 潘谊党，于培志，马京缘．高密度钻井液加重材料沉降问题研究进展[J]．钻井液与完井液，2019，36(01)：1-9．

[4] 白海鹏．保护油气层钻井和完井液现状与发展趋势[J]．中国石油和化工标准与质量，2018，38(23)：95-96．

[5] 张晖，蒋绍宾，袁学芳，等．微锰加重剂在钻井液中的应用[J]．钻井液与完井液，2018，35(01)：1-7．

[6] 王西江，曹华庆，郑秀华，等．甲酸盐钻井液完井液研究与应用[J]．石油钻探技术，2010，38(04)：79-83．

[7] 滕学清，杨向同，徐同台．甲酸盐完井液技术[M]．北京：石油工业出版社，2016．

[8] 朱金智，徐同台，吴晓花，等．加重剂对抗高温超高密度柴油基钻井液性能的影响[J]．钻井液与完井液，2019，36(02)：160-164．

[9] 中石油渤海钻探工程有限公司．BH系列新型钻井液技术研究与应用[C]．全国石油钻井新技术和管理经验交流会，2011．

[10] 汪海，王信，张民立，等．BH-WEI完井液在迪西1井的应用[J]．钻井液与完井液，2013，30(04)：88-90．

第六章 库车山前防漏堵漏技术

库车山前构造为井漏发生的密集区，所钻探的构造，在钻井过程中常常发生井漏，但各构造井漏的程度和漏失量都不尽相同。从漏失层位上看，几乎所有地层都发生过漏失。从漏失层深度看，最浅的仅几米、几十米、几百米，深的几千米，最深的超过 8000m。为了提高库车山前深井、超深井井漏控制及堵漏工艺技术的科学性和针对性，必须对发生井漏地层特征、漏失通道、漏失原因、漏失机理及防漏堵漏技术对策进行研究。从 1993 年库车山前开始钻探以来，塔里木油田钻井液技术人员在库车山前对防漏堵漏技术进行了大量研究工作，积累了大量经验，取得许多成果，本章对其进行总结分析。

第一节 概 述

一、井漏的定义

井漏是指在石油、天然气勘探开发的钻井、固井和修井等作业过程中，井内工作流体(钻井液、固井水泥浆、修井液等)漏失到地层中的现象。本章论述库车山前在油气钻井作业过程中，钻井液漏入地层的一种井下复杂。井漏的直观表现是地面钻井液罐液面的下降、或井口无钻井液返出、或井口钻井液返出量小于钻井液排量(不包括井下正常消耗)。

井漏是库车山前钻井工程中最为普遍存在的井下复杂情况之一。近年来，随着库车山前勘探向深层、高温、高压地层钻探，井漏问题变得日益突出，因而防漏与堵漏成为高效、安全钻井所必需采取的措施。由井漏引起的复杂情况和诱发的其他各种井下恶性事故，对钻井工程的危害极大。井漏会延误钻井作业时间，延长钻井周期。井漏过程中，由于钻井液或堵漏材料的大量漏失会造成巨大的物资损失。库车山前漏失还发生在储层段，大量钻井液漏入储层，造成储层伤害，损害产能。井漏还干扰了地质录井工作和钻井液性能正常维护和处理。由于井漏的原因复杂、制约因素较多，而且堵漏技术的针对性较强，所以至今还没有完全解决这一技术难题。

井漏的产生必须具备三个必要条件：(1)地层中存在能使钻井液流动的漏失通道，如孔隙、裂缝或溶洞。漏失通道要有足够大的开口尺寸，其开口尺寸至少应大于钻井液中的固相颗粒直径，才能使钻井液在漏失通道中发生流动。(2)井筒与地层之间存在能使钻井液在漏失通道中发生流动的正压差。井筒与地层之间存在正压差时还不一定产生井漏，只有当该压差大到足以克服钻井液在漏失通道中的流动阻力时才会发生井漏。(3)地层中存在能容纳一定钻井液体积的空间，才有可能构成一定数量的漏失。这三个条件缺一不可，必须同时具备才产生井漏。换言之，只有漏失通道存在而没有足够大的正压差，钻井液也不会在漏失通道中流动而引起井漏。若漏失通道和足够大的正压差都存在，但地层中没有足够的空间容纳钻井液，也不会发生明显的井漏。

在钻井工艺措施欠妥的情况下，产生井漏的三个条件都有可能人为造成。尤其是钻遇易破裂地层，若作用在井壁的压差过大，可能使地层中原本不会产生井漏的漏失通道的开口尺寸扩张、相互连通而发生井漏，或把无漏失通道的地层压裂而引发井漏，这些都必须引起钻井作业人员的高度重视。钻井中产生的井漏可归纳为8种情况：(1)钻进过程中井漏；(2)提高钻井液密度过程中井漏；(3)关井过程中井漏；(4)压井过程中井漏；(5)下钻或开泵时井漏；(6)承压堵漏过程中发生井漏；(7)下套管固井过程中引起井漏；(8)其他作业过程中操作不当等。

库车山前井漏是该区块钻井过程中常见的井下复杂情况之一，它不仅会耗费钻井时间，损失钻井液，而且有可能引起卡钻、井喷、井塌等一系列复杂情况，甚至导致井眼报废，造成重大经济损失。井漏对油气勘探、钻井和开发作业都会带来巨大的经济损失。

二、库车山前井漏情况

对库车山前至2019年7月已完井的290口井统计，222口井发生过井漏，发生概率为81%；一共发生了1593次井漏，平均每口井7.18次；总漏失钻井液202768m³，平均每口井913m³；总损失时间126953h，平均每口井571h，占钻井时间8.39%。各构造带所发生的井漏的严重程度有所不同，依奇克里克构造带、克深区带阿瓦特段、克深区带博孜段、佳木构造带、中秋构造带发生井漏概率为100%；克深区带大北段(98%)、克深区带克深段(94%)、克深区带克拉段(87%)、吐格尔明区块(86%)井漏发生概率为86%~98%；其他构造带井漏发生概率均小于50%。

1. 各构造带井漏概况

库车山前在钻井开发过程中多次发生井漏，给钻井施工带来极大的困难，严重制约了该区域油气资源开发进程。通过对库车山前各构造带井漏统计可以看出，克拉苏冲断带克深区带的克深段、大北段、克拉段和秋里塔格冲断带的迪那构造带漏失情况比较严重，其次为克拉苏冲断带克深区带的博孜段、北部构造带迪北区块和吐格尔明区块。克深区带博孜段、克深段、大北段和克拉段完井总井数191口，其中发生漏失179口，井漏发生概率高达90%以上。但各构造井漏发生的严重程度与损失时间有所不同。秋里塔格冲断带迪那构造带、中秋构造带单井漏失量超过1500m³，中秋构造带单井损失时间超过1800h，如图6-1-1所示。

2. 各层位井漏发生情况

1) 北部构造带迪北区块分层位井漏发生情况

北部构造带迪北区块已钻井井漏发生层位如图6-1-2所示，井漏主要发生在K_1s，J_1y，J_1a，井漏概率分别为28.57%，26.67%和21.43%，从漏失量来看，J_1y总漏失量达到了1065.33m³，其次为J_2kz和N_1j，漏失量为766.81m³和541.61m³，N_1j单次漏失量达到135.4m³，K_1s单井漏失量为110.83m³。从损失时间来看，J_2q井漏损失时间最多，单次损失时间达到了188h，其次为N_1j和$E_{1-2}km$，单次损失时间分别为140.5h和92h。

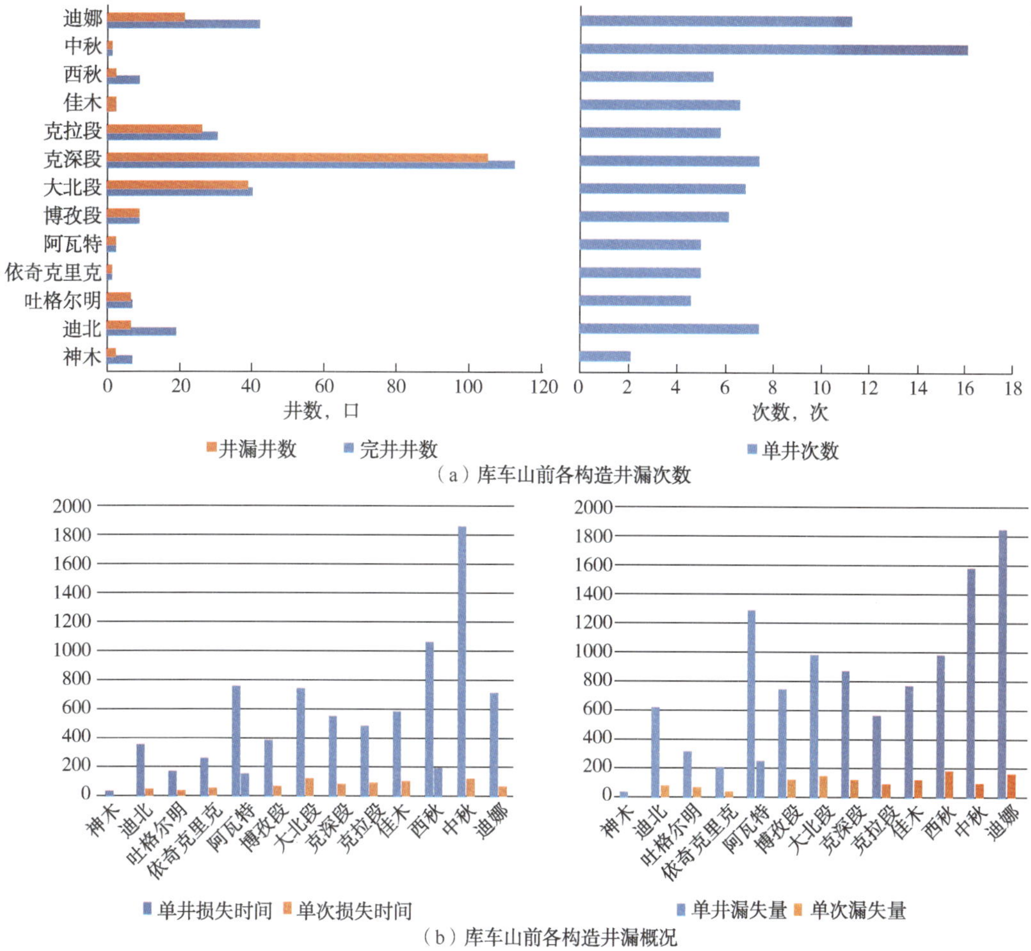

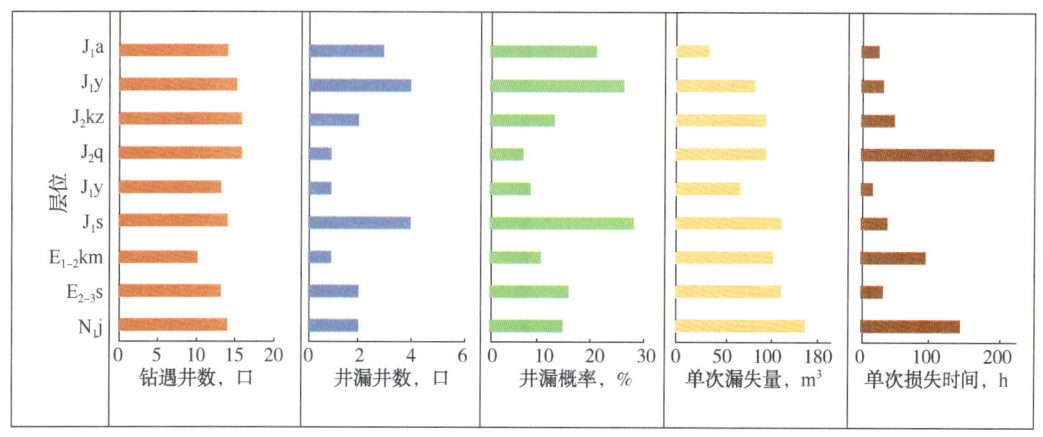

图 6-1-1　库车山前各构造井漏数据统计

图 6-1-2　北部构造带迪北区块井漏情况

2）克拉苏冲断带克深区带分层位井漏发生情况

（1）博孜段。

克深区带博孜段已钻井井漏发生层位如图 6-1-3 所示，井漏主要发生在 Q，$E_{2-3}s$，

— 341 —

$E_{1-2}km$ 和 K_1bs 层，其中 Q 层位井漏概率为 77.78%，$E_{1-2}km$ 层位井漏概率为 75%，从漏失量来看，Q，$E_{2-3}s$，$E_{1-2}km$ 和 K_1bs 层漏失总量超过 1000m³，其中 $E_{2-3}s$ 单次漏失量达到了 546.95m³。从损失时间来看，N_1j 和 $E_{2-3}s$ 损失时间最多，单次损失时间分别为 137.8h 和 157.5h。

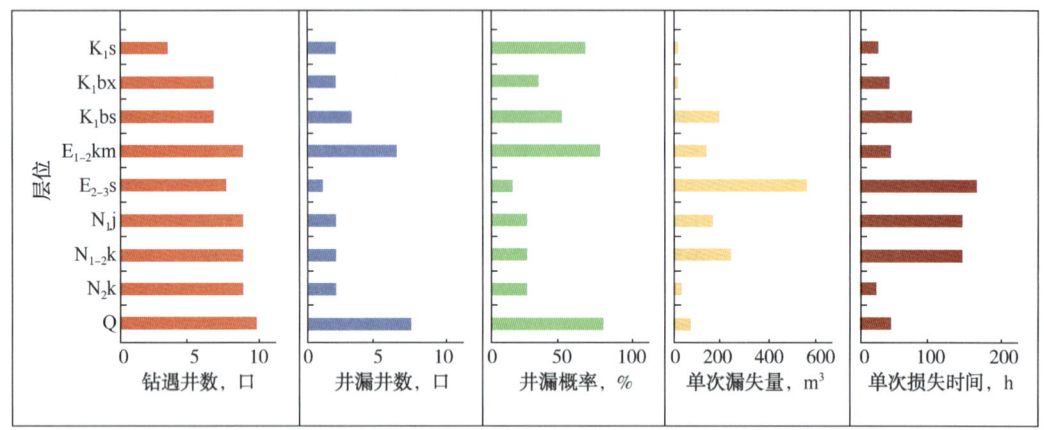

图 6-1-3 克深区带博孜段分层位井漏情况

（2）大北段。

如图 6-1-4 所示，大北段井漏主要发生在 $E_{1-2}km$ 和 K_1bs 层，漏失概率分别为 82.05% 和 60%，从漏失量来看，$E_{1-2}km$ 和 K_1bs 层漏失总量分别为 18908.31m³ 和 6119.22m³，$E_{1-2}km$ 单次漏失量也达到了 183.58m³，其次为 $N_{1-2}k$ 和 Q 层，单次漏失量分别为 294.65m³ 和 233.98m³，从损失时间来看，$E_{1-2}km$ 和 $N_{1-2}k$ 单次损失时间分别为 169.48h 和 165.63h。

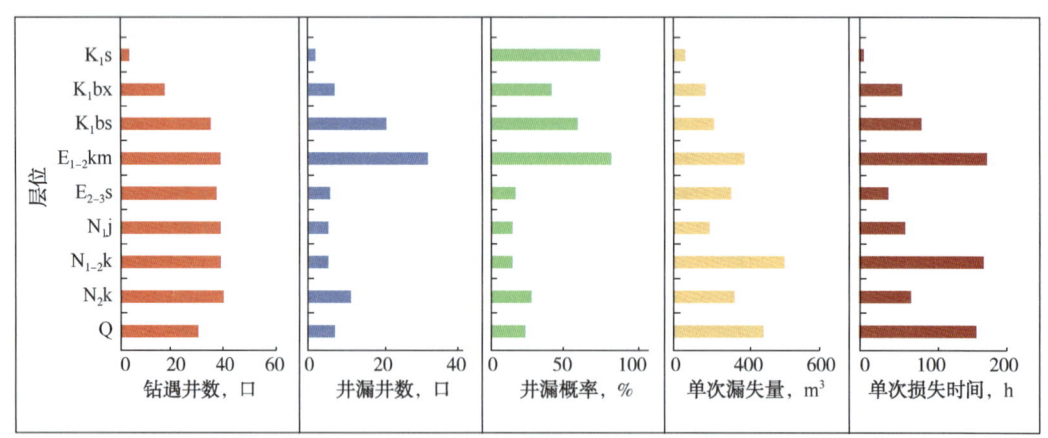

图 6-1-4 克深区带大北段分层位井漏情况

（3）克深段。

如图 6-1-5 所示，克深段井漏主要发生在 $E_{1-2}km$，K_1bs 和 K_1s 层，井漏概率分别为 83.4%，80% 和 50%，从漏失量来看，$E_{1-2}km$ 和 K_1bs 层漏失总量分别为 47653.88m³ 和 29549.9m³，K_1s 单次漏失量为 272.87m³，其次为 N_2k 和 $N_{1-2}k$ 层，单次漏失量分别为 158.05m³ 和 154.94m³，从损失时间来看，$E_{1-2}km$、K_1bs 和 K_1s 层总损失时间分别为 28021h，22219h 和 914.17h。

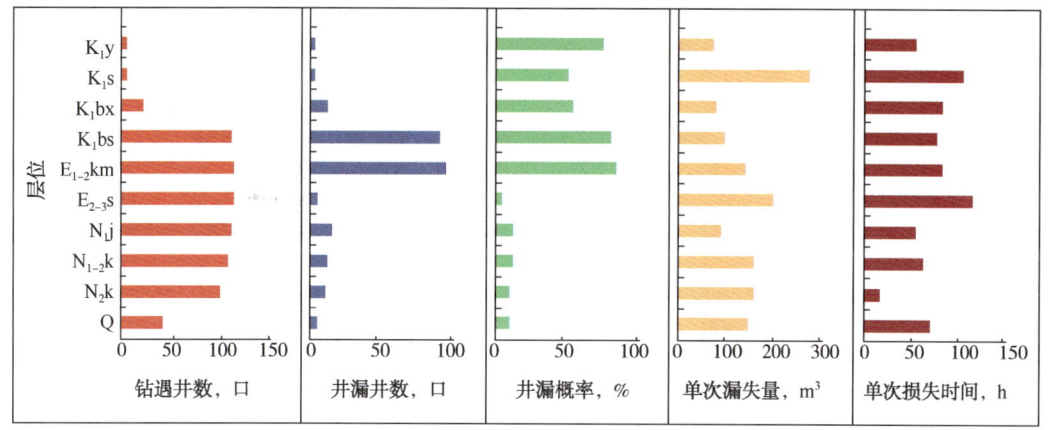

图 6-1-5　克深区带克深段分层位井漏情况

3）秋里塔格冲断带迪那构造分层位井漏发生情况

如图 6-1-6 所示，秋里塔格冲断带迪那构造井漏主要发生在 N_1j 和 $E_{1-2}km$ 层，井漏概率分别为 45% 和 43%，从漏失量来看，N_1j 和 $E_{1-2}km$ 层漏失总量分别为 16786.68m³ 和 8956.53m³，$N_{1-2}k$ 单次漏失量为 706.36m³，N_1j 单次漏失量分别为 239.81m³，从损失时间来看，N_1j、$E_{1-2}km$ 和 $N_{1-2}k$ 层总损失时间分别为 5006h，3655h 和 2977.5h，其中 $N_{1-2}k$ 单次井漏损失时间为 372.19h。

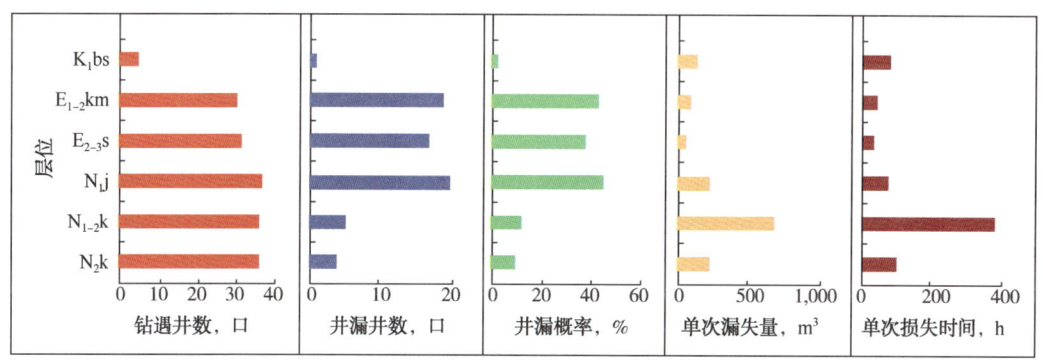

图 6-1-6　秋里塔格冲断带迪那构造分层位井漏情况

3. 各种工况下井漏发生情况

1）北部构造带各种工况下井漏发生情况

（1）吐格尔明区块。

吐格尔明构造已钻井井漏主要发生工况情况如图 6-1-7 所示。从数据可以看出，井漏主要发生在钻进和下套管/固井过程中，其井漏概率分别为 71.43% 和 42.86%；从单井漏失量来看以钻进和下套管/固井最多，分别为 256.28m³ 和 127.27m³，其次是起钻过程，单井漏失量为 153.5m³；从单井损失时间来看，以钻进和下钻最多，分别为 123.57h 和 107.5h。

（2）迪北区块。

迪北区块已钻井井漏主要发生工况情况如图 6-1-8 所示。从数据可以看出，井漏主要

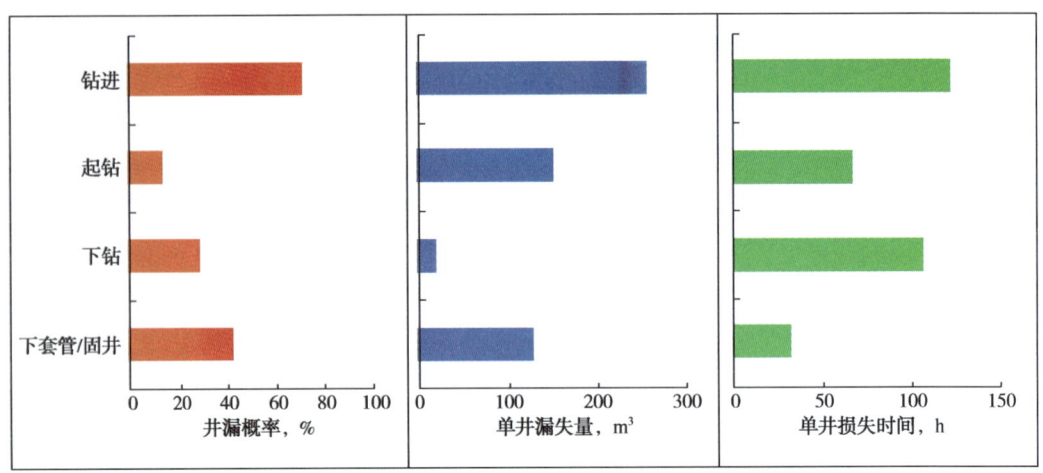

图 6-1-7 吐格尔明构造各种工况下井漏发生情况

发生在地破试验、钻进和下套管/固井过程中，其井漏概率分别为 100%，26.32% 和 21.05%；从单井漏失量来看以钻进和下套管/固井最多，分别为 347.23m³ 和 395.88m³，其次是压井过程，单井漏失量为 168.2m³；从单井损失时间来看，以钻进和下套管/固井最多，分别为 298.63h 和 59.75h。

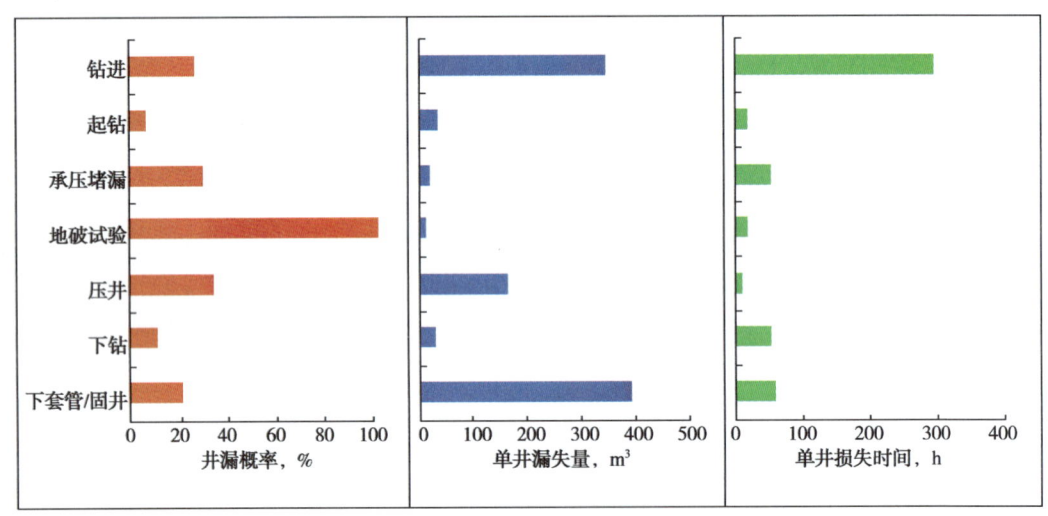

图 6-1-8 迪北构造各种工况下井漏发生情况

2）克拉苏冲断带克深区带各种工况下井漏发生情况

（1）博孜段。

博孜段已钻井井漏主要发生工况情况如图 6-1-9 所示。从数据可以看出，井漏主要发生在钻进、下套管/固井过程中，其井漏概率分别为 88.89% 和 55.56%；从单井漏失量来看以钻进、起钻和下套管/固井最多，分别为 330.56m³，565.45m³ 和 259.36m³；从单井损失时间来看，以钻进和起钻最多，分别为 200.31h 和 172h。

（2）大北段。

大北段已钻井井漏主要发生工况情况如图 6-1-10 所示。从数据可以看出，井漏主要发生在钻进、下套管/固井过程中，其井漏概率分别为 92.5% 和 67.5%；从单井漏失量来

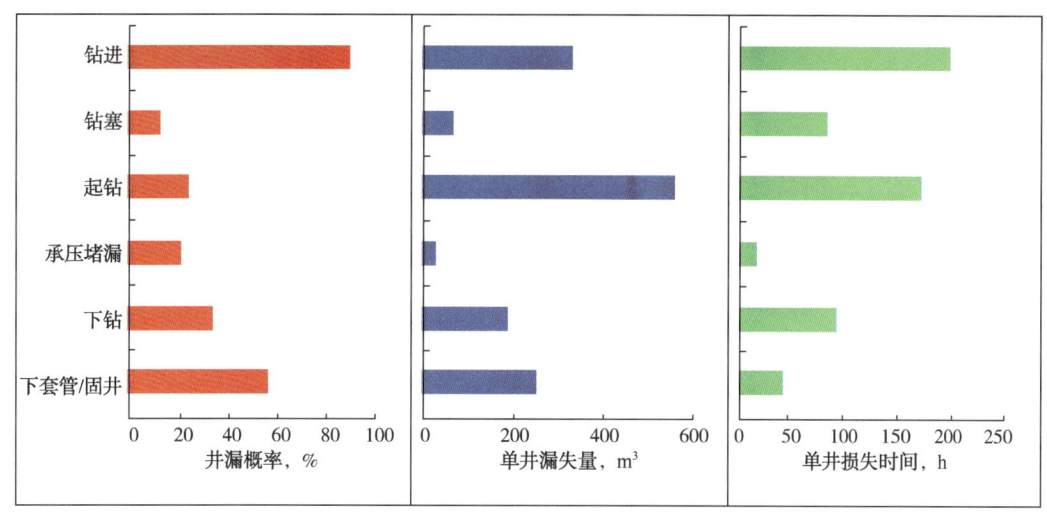

图 6-1-9 博孜段各种工况下井漏发生情况

看以钻进、下套管/固井和下钻最多，分别为 573.91m³、298.54m³ 和 188.48m³；从单井损失时间来看，以钻进最多，为 496.45h。

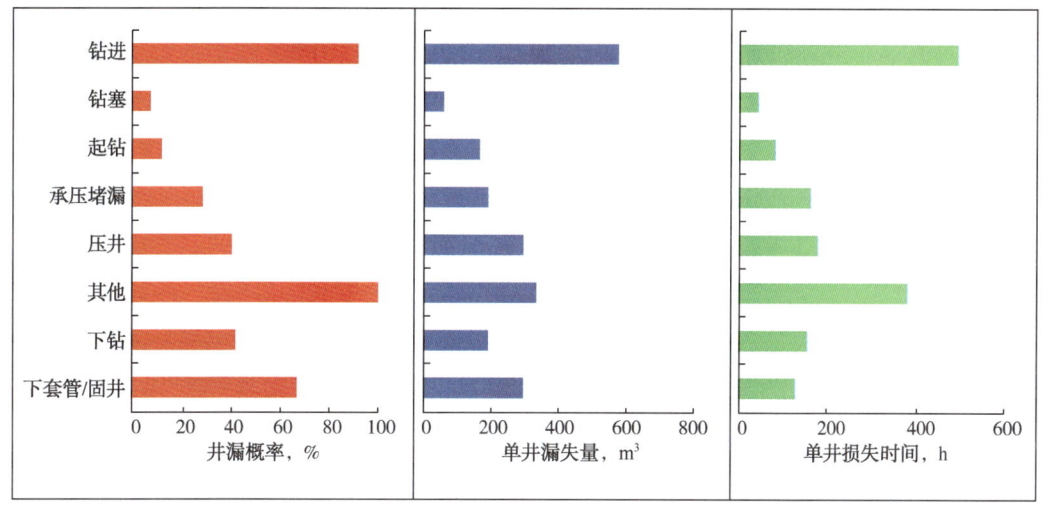

图 6-1-10 大北段各种工况下井漏发生情况

（3）克深段。

克深段已钻井井漏主要发生工况情况如图 6-1-11 所示。从数据可以看出，井漏主要发生在钻进和下套管/固井过程中，其井漏概率分别为 90.18% 和 76.79%；从单井漏失量来看以压井、钻进和下套管/固井最多，分别为 457.65m³、444.15m³ 和 279.99m³；从单井损失时间来看，以钻进和压井最多，为 340.14h 和 197.57h。

（4）克拉段。

克拉段已钻井井漏主要发生工况情况如图 6-1-12 所示。从数据可以看出，井漏主要发生在钻进、承压堵漏过程中，其井漏概率分别为 80% 和 35%；从单井漏失量来看以钻进、承压堵漏和起钻最多，分别为 471.23m³、227.23m³ 和 162.82m³；从单井损失时间来看，以钻进和承压堵漏最多，分别为 385.2h 和 331.69h，其次是起钻，单井损失时间为 112.06h。

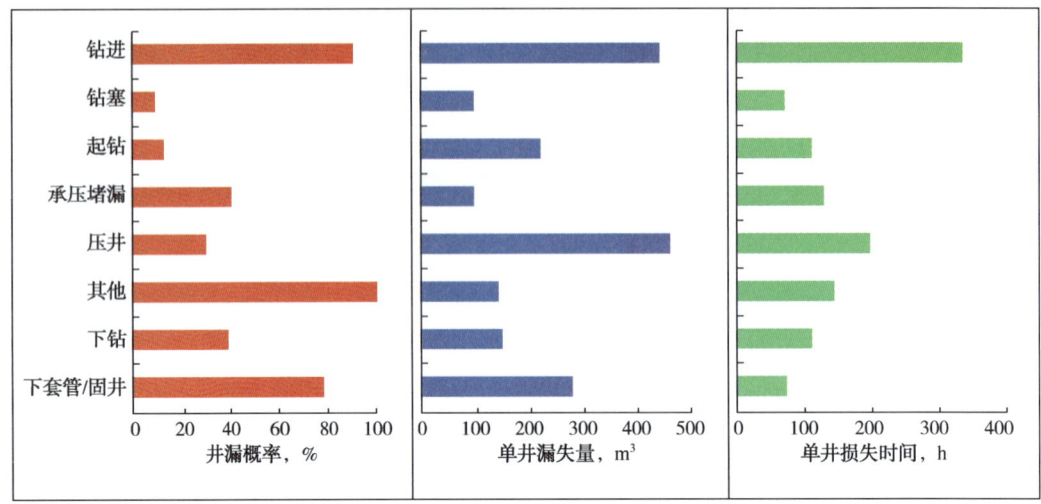

图 6-1-11 克深段各种工况下井漏发生情况

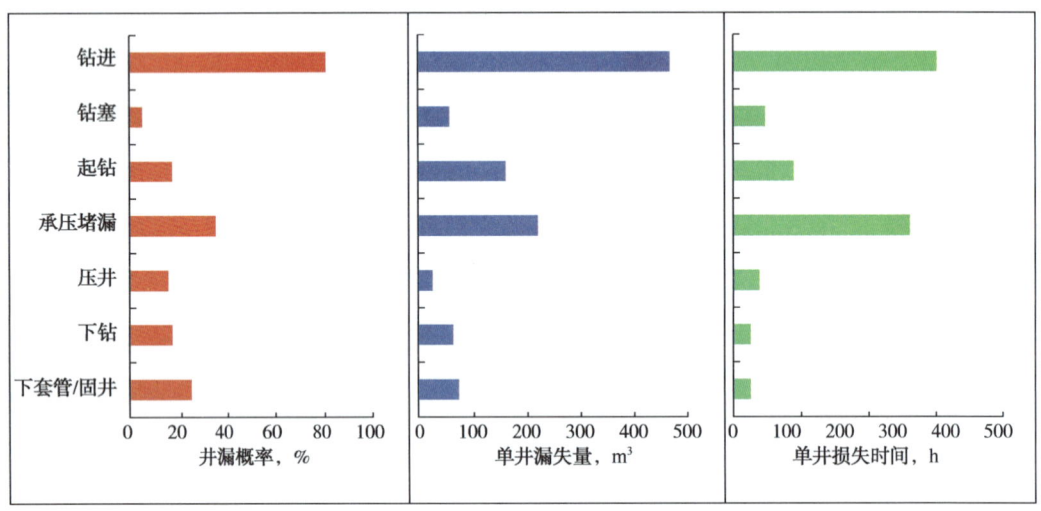

图 6-1-12 克拉段各种工况下井漏发生情况

(5) 阿瓦特段。

阿瓦特段已钻井井漏主要发生工况情况如图 6-1-13 所示。从数据可以看出,井漏主要发生在测地层蠕变、钻进过程中,其井漏概率分别为 100% 和 50%;从单井漏失量来看以测地层蠕变和钻进最多,分别为 2068.8m³ 和 237.77m³,其次是下钻过程,单井漏失量为 104.04m³;从单井损失时间来看,以测地层蠕变和钻进最多,分别为 1236h 和 143h。

3) 秋里塔格冲断带各种工况下井漏发生情况

(1) 中秋构造带。

中秋构造已钻井井漏主要发生工况情况如图 6-1-14 所示。从数据可以看出,中秋区块就打了一口井,在钻井过程中,井漏主要发生在钻进和下套管/固井过程中,钻进过程中单井漏失量最多,为 1111.32m³,其次为下套管/固井,单井漏失量为 215m³,其次是下钻过程,单井漏失量为 137.14m³;从单井损失时间来看,以钻进和压井最多,分别为 1089.3h 和 313.5h,其次是下钻过程,单井损失时间为 209.67h。

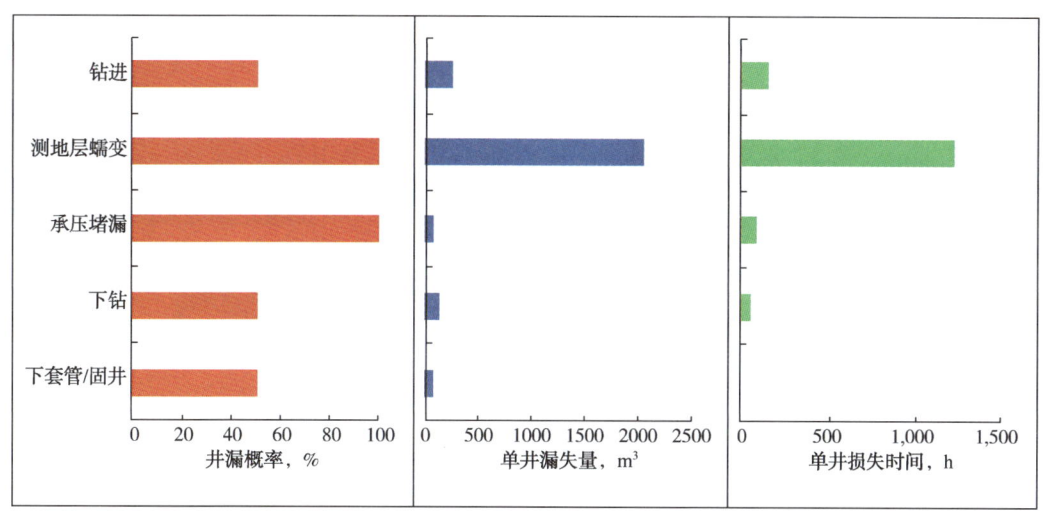

图 6-1-13 阿瓦特构造各种工况下井漏发生情况

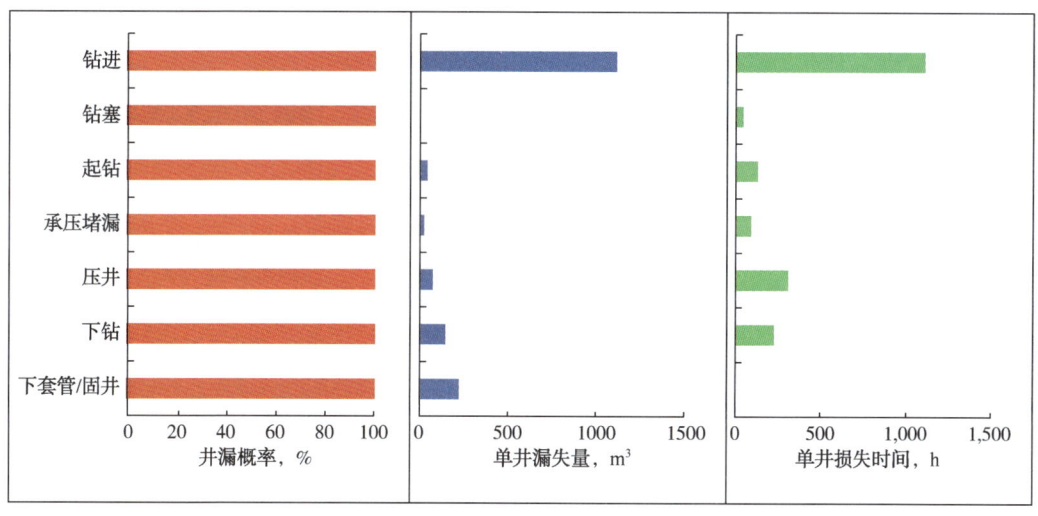

图 6-1-14 中秋构造各种工况下井漏发生情况

(2) 佳木构造带。

佳木构造带已钻井井漏主要发生工况情况如图 6-1-15 所示。从数据可以看出，佳木区块就打了两口井，在钻井过程中，井漏主要发生在钻进和下套管/固井过程中，钻井过程中单井漏失量最多，为 509.18m³，其次为下套管/固井，单井漏失量为 251.46m³，其次是起钻过程，单井漏失量为 180.36m³；从单井损失时间来看，以钻进和起钻最多，分别为 292.38h 和 320h，其次是压井过程，单井损失时间为 206.5h。

(3) 西秋构造带。

西秋构造已钻井井漏主要发生工况情况如图 6-1-16 所示。从数据可以看出，井漏主要发生在下套管/固井和下钻过程中，其井漏概率分别为 22.22%；从单井漏失量来看以钻进和下钻最多，分别为 972.04m³ 和 419.28m³；从单井损失时间来看，以钻进和下钻最多，分别为 885.56h 和 601.56h。

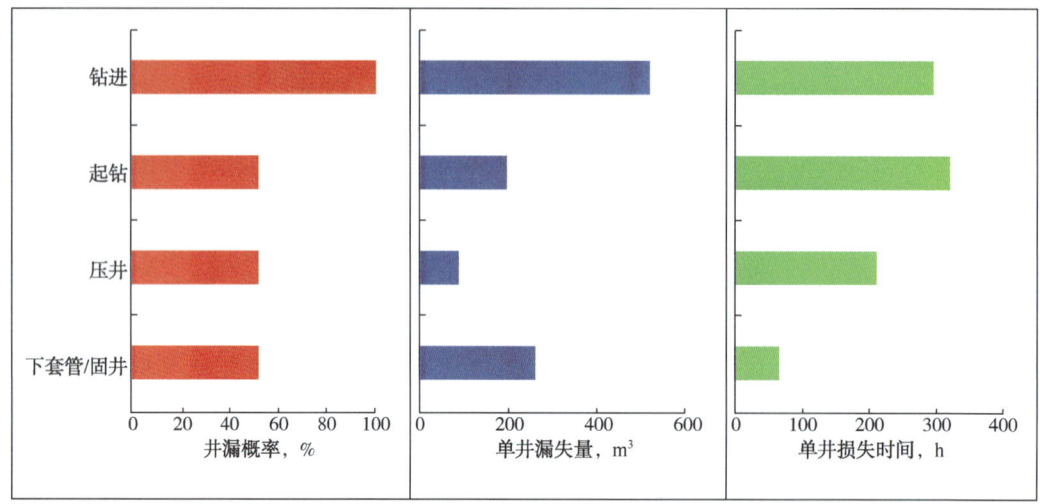

图 6-1-15 佳木构造各种工况下井漏发生情况

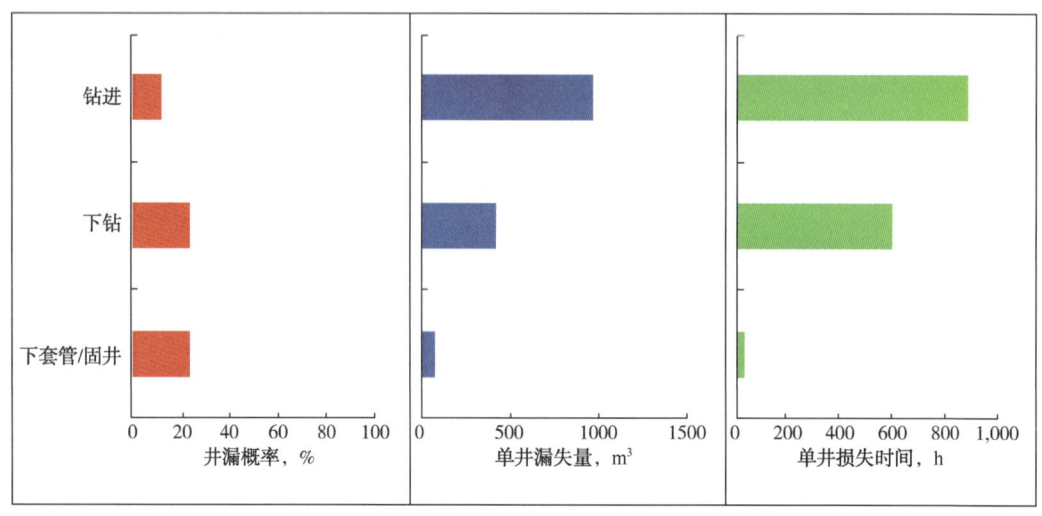

图 6-1-16 西秋构造各种工况下井漏发生情况

(4)迪那构造带。

迪那构造带已钻井井漏主要发生工况情况见图 6-1-17。从数据可以看出，井漏主要发生在卡钻循环、地破试验中，其井漏概率都为 100%，其次为承压堵漏，井漏概率为 47.62%；从漏失量来看以钻进、下套管/固井和下钻最多，分别为 1056.99m³/井、529.88m³/井和 451.07m³/井，其次是地破试验，单井漏失量为 360.33m³/井；从损失时间来看，以钻进和地破实验最多，分别为 469.5h/井和 283h/井。

4. 各层位所发生井漏类型

1) 北部构造带各层位所发生井漏类型

吐格尔明区块完钻 7 口井，统计主要漏失发生层位为 N_1j 组、$E_{1-2}km$ 群和 J_2kz 组，发生的井漏类型如图 6-1-18 所示，从图中数据可以得出，该区块井漏发生概率主要以中漏和大漏最多，从单井漏失量来看，J_2kz 大漏单井漏失量达到 252.4m^3，单井损失时间为 102.67h，N_1j 大漏单井漏失量达到 223.24m^3，单井损失时间为 34.25h/井，其次为中漏，漏失量达到 190.98m^3/井，单井损失时间为 42.75h/井。

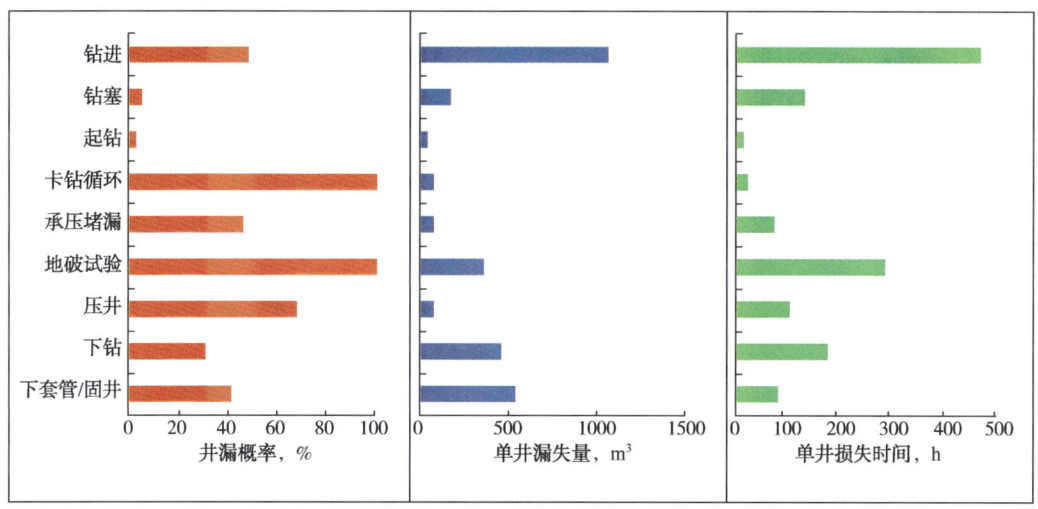

图 6-1-17　迪那构造各种工况下井漏发生情况

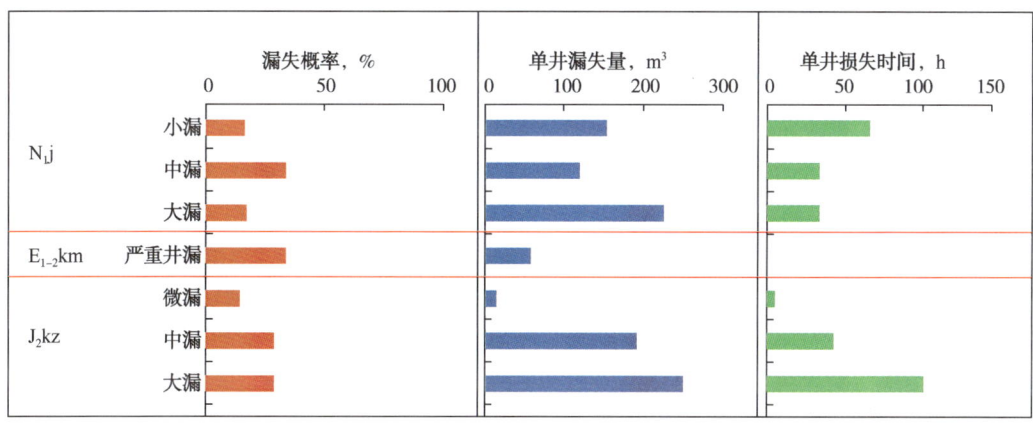

（a）吐格尔明区块N_1j组、$E_{1-2}km$群和J_2kz组井漏次数

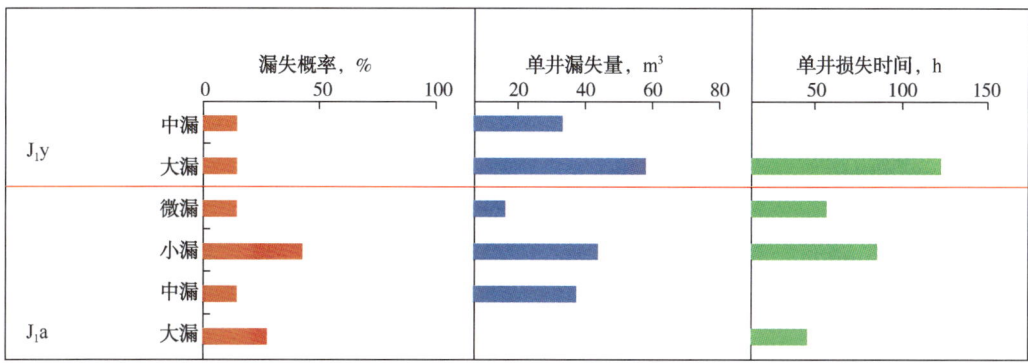

（b）吐格尔明区块J_1y、J_1a层井漏概况

图 6-1-18　吐格尔明区块各层位发生井漏类型

— 349 —

2）克拉苏冲断带克深区带各层位所发生井漏类型

（1）博孜段。

博孜段盐上地层、$E_{1-2}km$ 群发生的井漏类型如图 6-1-19 所示，从图形数据可以得出，博孜段盐上地层小漏和 $E_{1-2}km$ 群微漏发生概率最多，分别为 66.67% 和 37.5%；从单井漏失量来看，盐上地层严重漏失较为严重，单井漏失量为 1213.25m³/井，损失时间为 586.5h/井；$E_{1-2}km$ 群严重漏失较为严重，单井漏失量为 455m³/井，损失时间为 72h/井；其次为盐上地层小漏和 $E_{1-2}km$ 群中漏漏失较为严重。

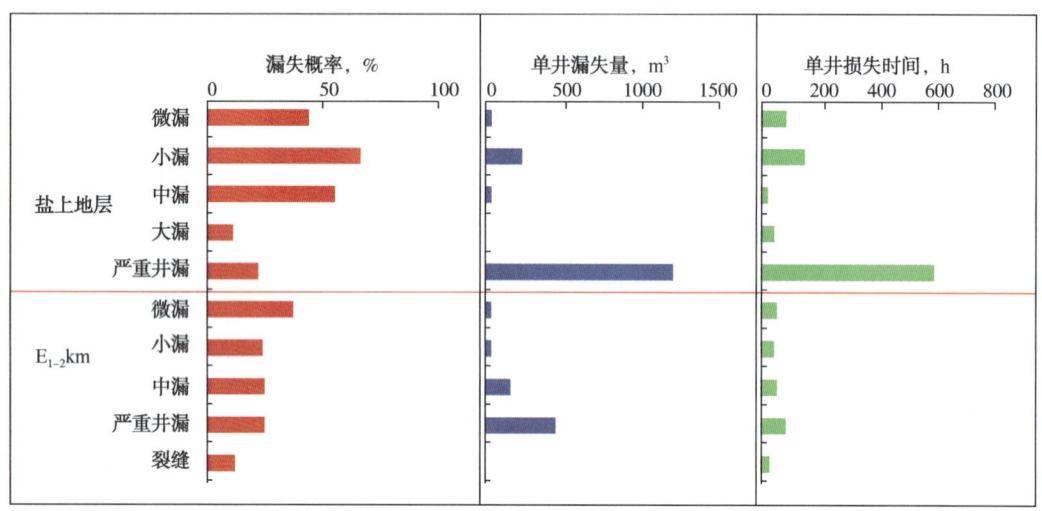

图 6-1-19　博孜段各层位所发生井漏类型

（2）大北段。

大北段盐上地层、$E_{1-2}km$ 群、K_1bs 组和 K_1bx 组发生的井漏类型如图 6-1-20 所示，从图形数据可以得出，大北段盐上地层、$E_{1-2}km$ 群、K_1bs 组和 K_1bx 组井漏发生概率以微漏最多，其次为严重井漏，但从单井漏失量和单井损失时间来看，严重井漏和大漏最多。

（3）克深段。

克深段盐上地层、$E_{1-2}km$ 群、K_1bs 组和 K_1bx 组发生的井漏类型如图 6-1-21 所示，从图形数据可以得出，克深段盐上地层、$E_{1-2}km$ 群、K_1bs 组和 K_1bx 组井漏发生概率以微漏最多，其次为严重井漏，但从单井漏失量来看，严重井漏和大漏漏失量较多，分别为 646.75m³ 和 408.62m³；从单井损失时间，以严重漏失和微漏最多。

（4）克拉段。

克拉段 $E_{1-2}km$ 群、K_1bs 组、K_1bx 组和 K_1s 组发生的井漏类型如图 6-1-22 所示，从图形数据可以得出，克拉区块 $E_{1-2}km$ 群、K_1bs 组、K_1bx 组和 K_1s 组井漏发生概率以微漏最多，其次为严重井漏，但从单井漏失量和单井损失时间来看，严重井漏和微漏最大。

（5）阿瓦特段。

阿瓦特段完钻两口井，$E_{1-2}km$ 群、K_1bs 组和 K_1bx 组发生的井漏类型如图 6-1-23 所示，从图中数据可以得出，该区块井漏主要发生在 $E_{1-2}km$ 群，发生概率主要以小漏和微漏最多，其中一口井小漏漏失量达到 2068.8m³/井，损失时间为 1236h/井，其次为严重漏失，漏失量达到 207.047m³/井，损失时间为 74h/井。

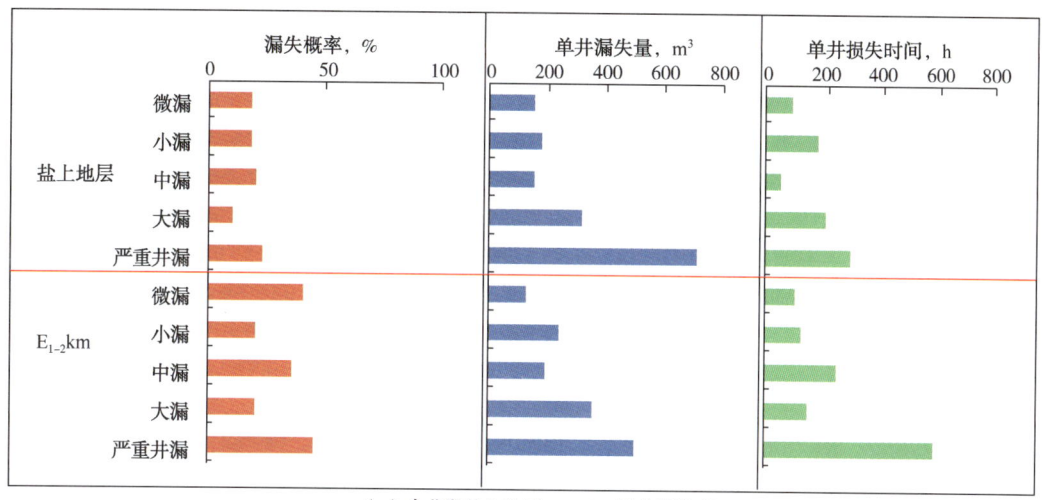

（a）大北段盐上地层、$E_{1-2}km$群井漏类型

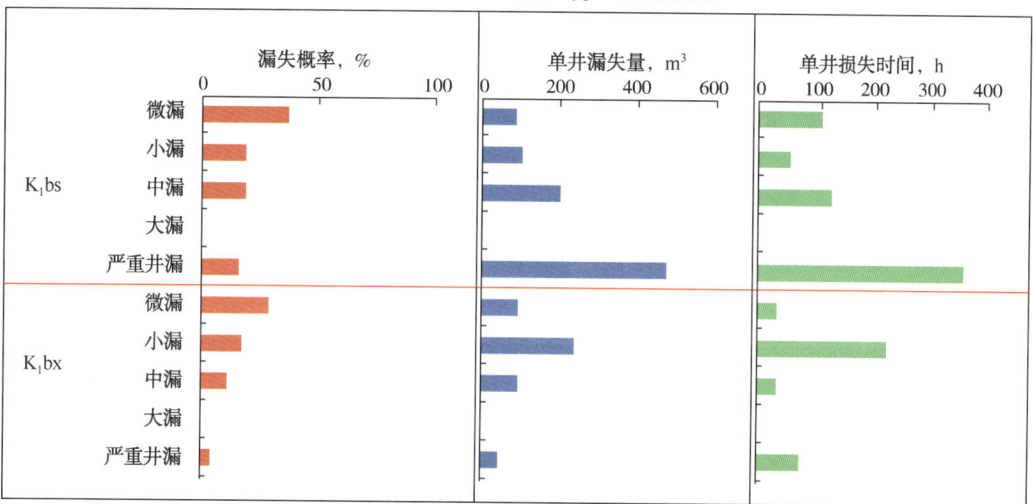

（b）大北段K_1bs组和K_1bx组井漏类型

图6-1-20 大北段各层位所发生井漏类型

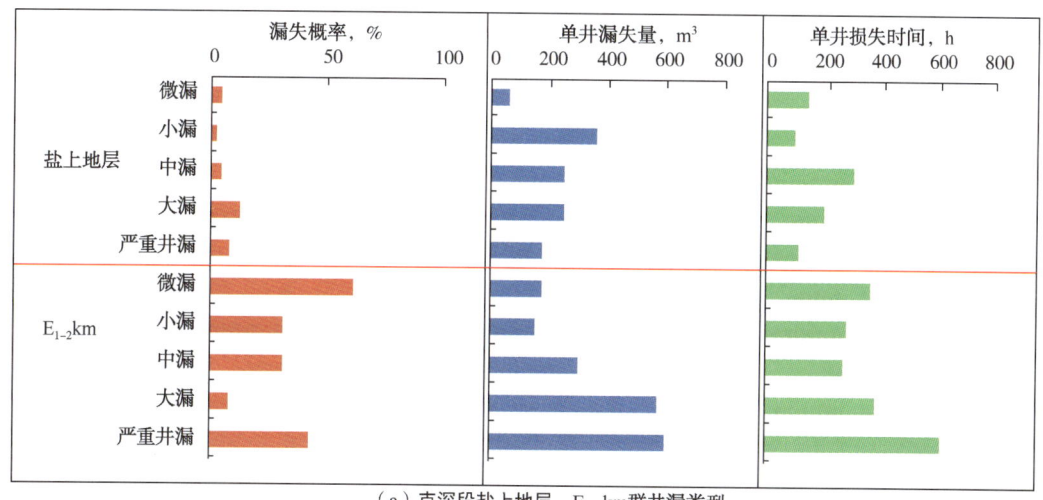

（a）克深段盐上地层、$E_{1-2}km$群井漏类型

图6-1-21 克深段各层位所发生井漏类型

— 351 —

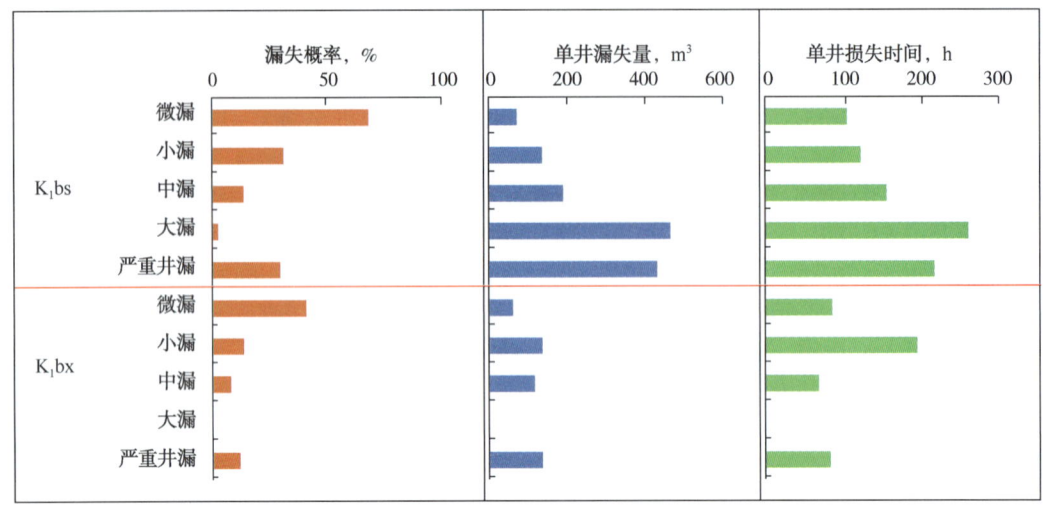

（b）克深段K_1bs组和K_1bx组井漏类型

图6-1-21 克深段各层位所发生井漏类型（续）

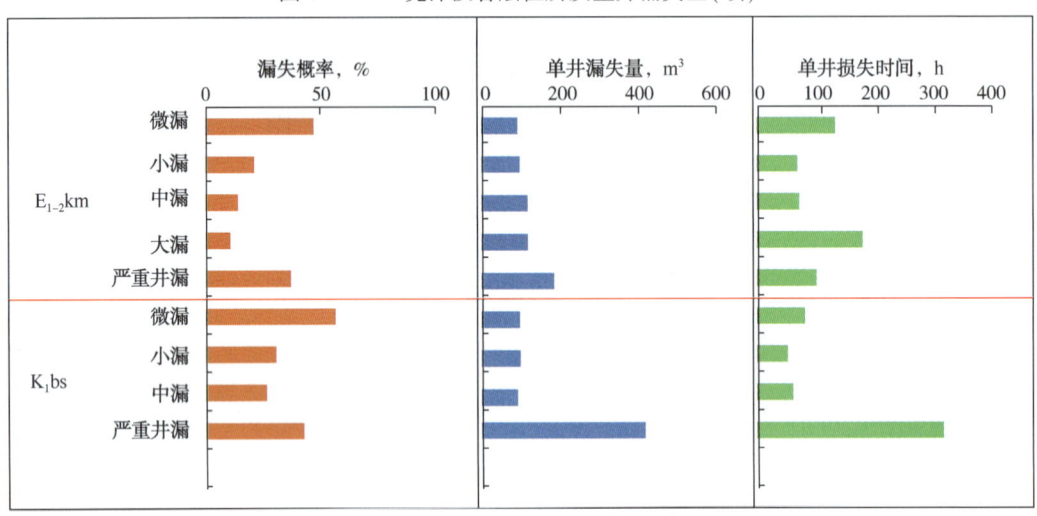

（a）克拉段$E_{1-2}km$群和K_1bs组井漏类型

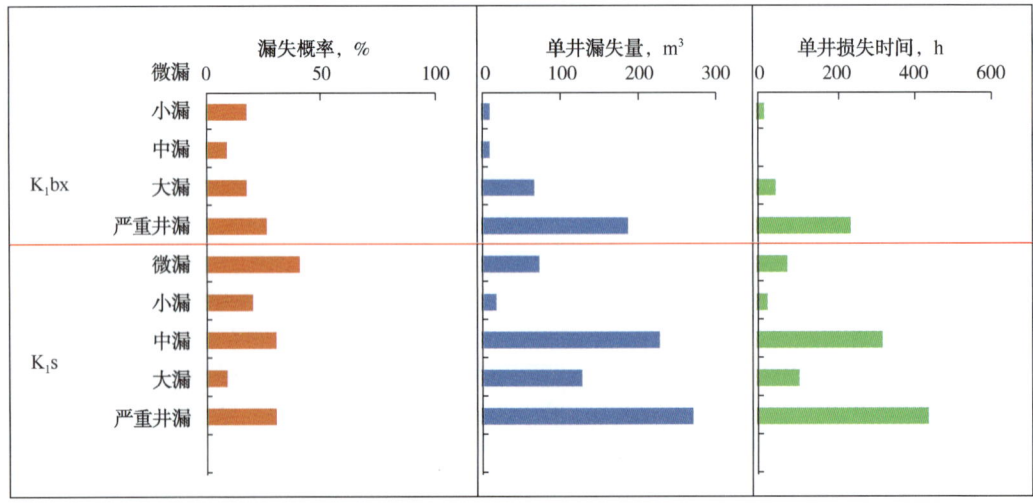

（b）克拉段K_1bx组和K_1s组井漏类型

图6-1-22 克拉段各层位所发生井漏类型

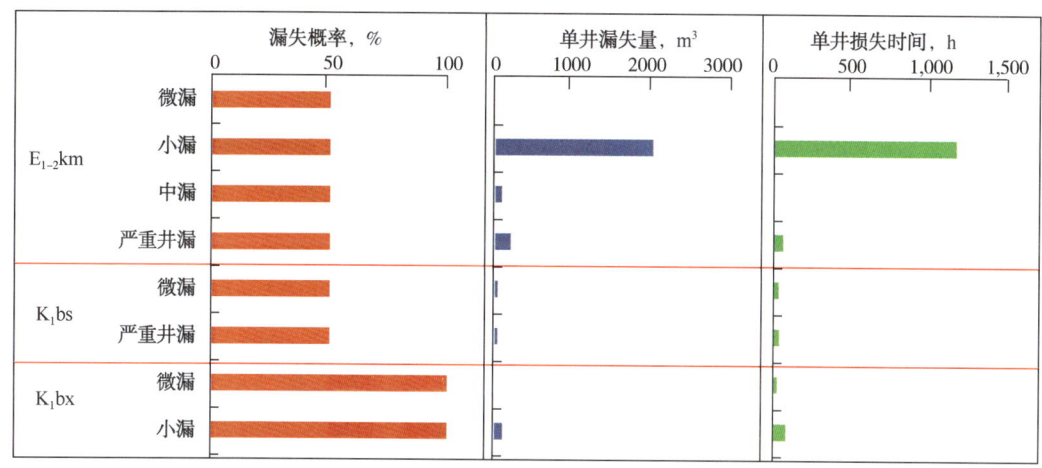

图 6-1-23 阿瓦特区块各层位所发生井漏类型

3）秋里塔格冲断带各层位所发生井漏类型

（1）西秋构造带。

西秋构造带完钻 9 口井，仅 2 口井发生井漏。却勒 2 井漏失发生在 N_2k 发生 1 次中漏，在 $E_{2-3}s$ 发生 2 次大漏，单井漏失量为 831.86m^3，单井损失时间为 1200h。秋探 1 井漏失发生在 $E_{1-2}km$ 群，微漏 5 次，漏失量为 638.64m^3，单井损失时间为 544.12h；小漏 2 次，单井漏失量为 144.9m^3，单井损失时间为 39h；中漏 1 次，单井漏失量为 306.2m^3，单井损失时间为 334.2h。如图 6-1-24 所示。

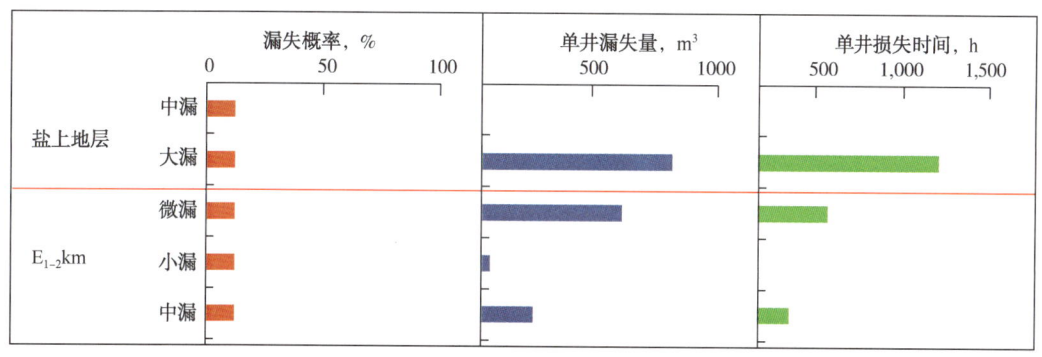

图 6-1-24 西秋区块却勒 2 井和秋探 1 井各层位所发生井漏类型

（2）佳木构造带。

佳木构造带完钻 2 口井，统计主要漏失发生层位为盐上地层、$E_{1-2}km$ 群与二叠系（P），发生的井漏类型如图 6-1-25 所示，从图形数据可以得出，该区块井漏以微漏为主，井漏发生概率 100%，从单井漏失量和单井损失时间来看，也是 $E_{1-2}km$ 群的微漏比较严重，微漏单井漏失量为 380.61m^3，单井损失时间为 445.42h。

5. 钻井液类型对井漏发生的影响

库车山前区域采用钻井液类型较多，针对不同区块不同层位钻井液类型差异较大，本节只针对克拉苏冲断带克深区带克深段所采用的钻井液类型进行阐述。

— 353 —

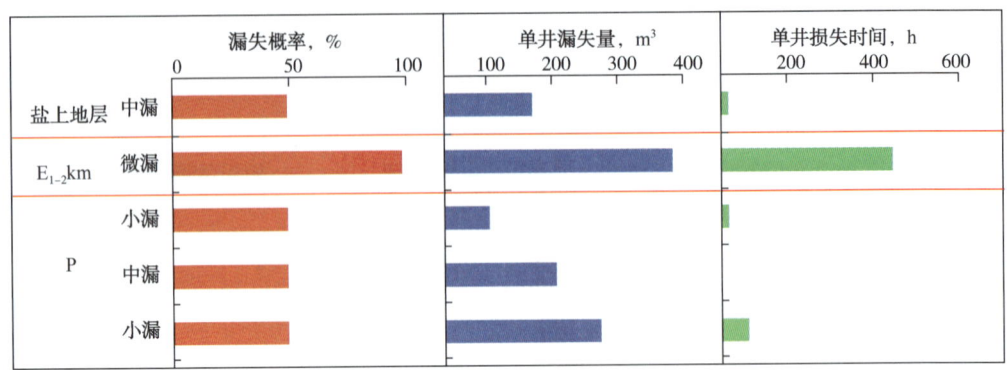

图 6-1-25 佳木构造带各层位所发生井漏类型

1）克深段盐上地层钻井液类型对井漏发生的影响

克深段钻进盐上地层时所使用的钻井液主要为膨润土聚合物钻井液、氯化钾聚合物钻井液、氯化钾聚磺钻井液、有机盐钻井液等4种类型，从井漏发生概率来看，氯化钾聚磺钻井液采用密度为1.75g/cm³，发生漏失次数较多，井漏发生概率为26.14%，其次为膨润土聚合物钻井液，井漏发生概率为6.67%；从单井漏失量和单井损失时间来分析，漏失较为严重的还是氯化钾聚磺钻井液和膨润土聚合物钻井液，采用氯化钾聚磺钻井液单井漏失量为202.49m³，单井损失时间为63.93h；膨润土聚合物钻井液单井漏失量为176.23m³，单井损失时间为60.11h。

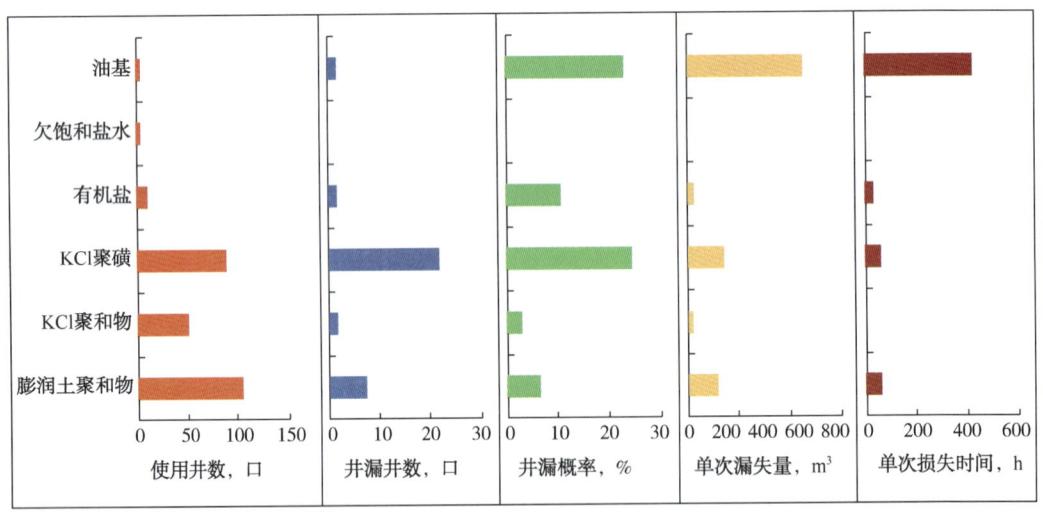

图 6-1-26 克深段盐上地层钻井液类型对井漏发生的影响

2）克深段盐膏层段钻井液类型对井漏发生的影响

克深段钻进盐膏层时所使用的钻井液主要为氯化钾聚磺钻井液、油基钻井液、有机盐钻井液、饱和/欠饱和盐水钻井液和聚磺钻井液等5种类型。从井漏发生概率来看，油基钻井液和有机盐钻井液发生井漏概率较大，井漏发生概率分别为83.54%和64.29%；从单井漏失量来看，油基钻井液和氯化钾聚磺钻井液最多，单井漏失量分别为533.03m³和572.85m³，从单井损失时间来看，油基钻井液最大，为349.65h。

3）克深段盐下地层钻井液类型对井漏发生的影响

克深段钻进盐下地层时所使用的钻井液主要为氯化钾聚磺钻井液、油基钻井液和有机盐钻井液等三种类型，从井漏发生概率来看，氯化钾聚磺钻井液和环保钻井液发生井漏概率较大，井漏发生概率都为100%，其次为油基钻井液，井漏概率为77.78%；从单井漏失量来看，氯化钾聚磺钻井液漏失量最多，为554.9m³/井，损失时间为270.58h/井，其次为有机盐钻井液，漏失量为519.38m³/井，损失时间为390.12h/井。

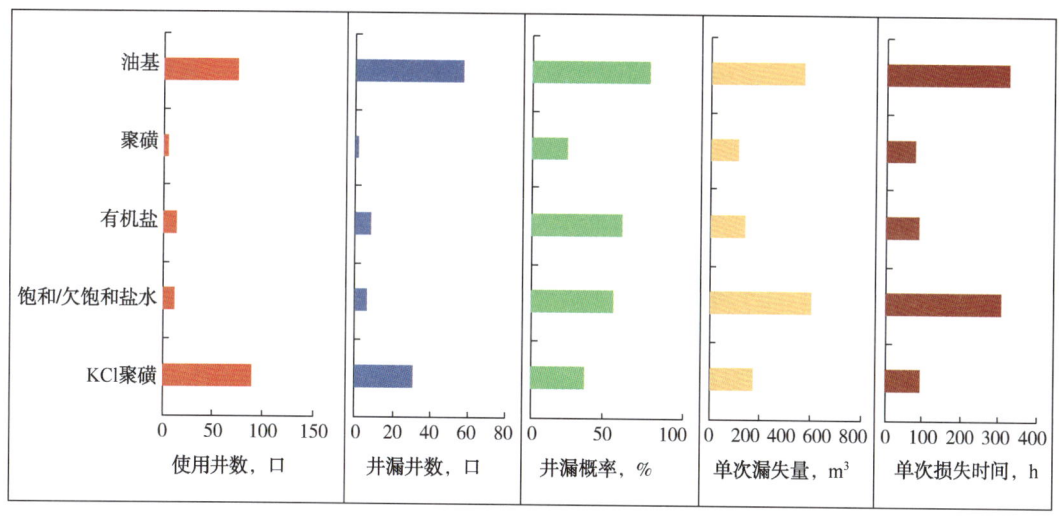

图6-1-27　克深段盐膏层钻井液类型对井漏发生的影响

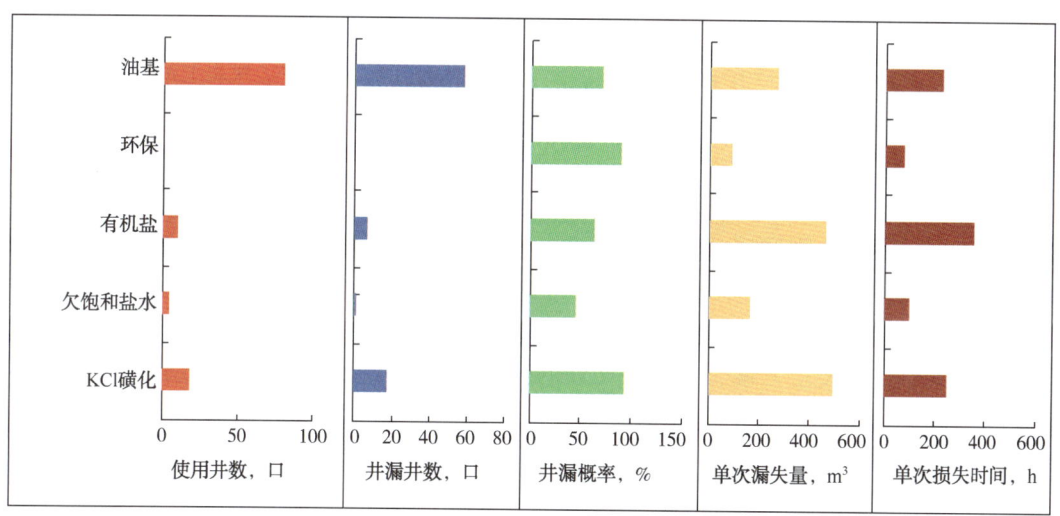

图6-1-28　克深段盐下地层钻井液类型对井漏发生的影响

第二节　库车山前克拉苏冲断带漏失层特征及漏失原因

根据库车山前漏失地层的特征，将库车山前克拉苏冲断带所钻遇地层分为4段：第四系砾石层段，盐上地层（包括新近系、古近系苏维依组与库姆格列木群上泥岩段），库姆格列木群盐膏层段以及盐下地层（包括库姆格列木群下泥岩段与白垩系）。按主要漏失通道可分为孔隙型、孔隙裂缝型、诱导裂缝型与裂缝型等4类。依据库姆格列木群盐膏层段与盐下地层漏失发生的特点，可将其漏失地层分为薄弱易破地层和裂缝性地层两类。

薄弱易破地层的裂缝欠发育，地层承压能力低，当井筒压力大于地层破裂压力时，地层将被压裂，产生微裂缝，导致钻井液漏失。该过程属于诱导破裂型漏失，多发生在固井、钻井液提高密度、钻遇高压盐水层压井、承压堵漏等过程中。

根据裂缝发育情况，将裂缝性地层分为裂缝发育非致漏型地层和裂缝发育致漏型地层。裂缝发育非致漏型地层裂缝微发育，多为微米级裂缝，正常情况下不会发生钻井液漏失。当井筒压力大于裂缝延伸压力时，裂缝尖端会逐渐向外延伸，裂缝宽度变大，裂缝长度增长，导致钻井液漏失，该过程属于裂缝扩展延伸型漏失，多发生在固井、钻井液提密度、钻遇高压盐水层压井、承压堵漏等过程中。裂缝发育致漏型地层裂缝发育良好，多为微米级、毫米级裂缝，当井筒压力大于地层孔隙压力时，钻井液将会通过裂缝进入地层而引发井漏，该过程属于大中缝型漏失，多发生在正常钻进、压力激动和未有效随钻堵漏过程中。

下面对上述各井段漏失地层的特征与漏失原因分别进行论述。

一、第四系砾石层段

库车山前现代洪积扇发育区，沉积巨厚砾石层，由于时代较新，砾石松散堆积，成岩性差，极易发生井漏。这类地层漏失通道为孔隙与裂缝，漏失压力低，即使采用低密度钻井液钻井，也会发生漏失。特别在地表粗砾岩、粗砂岩发育的区块，在导管施工过程中或导管下深不足的井钻进过程中，常发生浅表层欠压实粗砾岩、粗砂岩等地层的大裂隙贯通性漏失，表层贯通性漏失，其漏失程度往往较为严重。

例如克拉苏构造带西段的博孜1井，从第四系到古近系上部钻遇5000多米的砾石层，其中井口至2440m由中厚—巨厚层状小砾岩、细砾岩及中厚—厚层状砂砾岩为主，局部夹薄—中厚层状泥岩、中厚层状粉砂质泥岩、粉砂岩，疏松，岩屑呈碎块、碎块状、散砾状，普遍扩径，表明地层整体疏松，伴有裂隙发育，在该井段内发生54次井漏，基本上表现为渗漏，最大漏速21m^3/h，累计漏失钻井液2749.4m^3。

对于这类浅部地层井漏，在条件允许的情况下，可采用清水、低密度钻井液强行钻进，下套管封隔漏层，如果不具备清水强钻条件，最有效的办法是用水泥堵死，免除后患。

二、盐上地层

盐上地层发生漏失地层可分为三类。

（1）砾砂层。

这类地层由砾石或砾砂构成，由于未压实未胶结，因而孔隙度很大（大于50%），连通性好，渗透率高达10D以上，构成孔隙性漏失通道。

（2）砾砂岩、粗中砂岩。

压实胶结差的砾砂岩，孔隙度也很大，渗透率也很高，孔隙也是这类地层的主要漏失通道。砂砾岩孔隙按其成因可分为原生孔、次生孔和混合孔。原生孔包括机械压实残留的孔隙，胶结物胶结后和自生矿物结晶后产生的晶间孔。

砂砾石沉积后，其原始孔隙度达40%~50%，随埋深的增加，在压实作用下，改变了原始沉积颗粒排列方式，砂砾等碎屑颗粒分别由游离状（极弱压实）—点接触状（轻微压实）—线接触状（中等压实—镶嵌接触状（强压实），孔隙度渗透率不断下降。当压实到一定程度时，压实对孔隙度与渗透率的影响明显减少，而胶结作用的影响逐渐增大。次生孔隙包括晚成岩阶段溶解和溶蚀作用和风化生成岩阶段形成的粒间溶孔、铸模孔、生物碎屑孔、填充物溶孔、收缩孔、印模孔、粒内孔和微裂缝等。此外，还有构造运动形成的裂缝等。

钻进此类地层时，当钻井液密度超过砾砂岩、粗中砂岩孔隙压力时，常发生渗漏，钻井液日损失量较大。

(3) 山前大断裂破碎

毗邻天山山前的北部构造带，构造变形强烈，普遍发育通天大断裂，且断层两翼大多为刚性地层，断层破碎带的裂隙造成井漏，该区钻井全部出现井漏复杂情况。康村北断裂是一条基底卷入型逆冲断裂，断开层位从基底至第四系，断距下大上小，最大垂直断距约为2500m，在此影响下，康村2井新近系吉迪克组地层裂隙极为发育（图6-2-1），钻井过程中出现了严重井漏，在4844.12~5975.70m井段共漏失82次，堵漏105次，漏失钻井液与堵漏浆达5119m³，先后采用多种堵漏措施，均未成功，最后造成卡钻，据不完全统计，单是堵漏就损失时间为2264.2h。

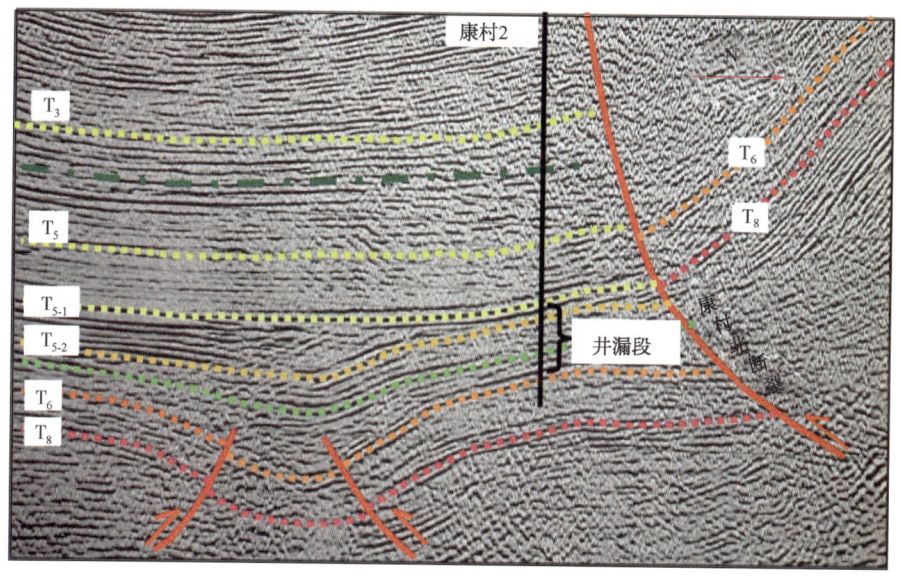

图6-2-1 康村2井过井地震剖面及井漏层位示意图

依南2气田北部的依深4井，由于钻遇多条断层，井漏严重。从407~4170.95m井段先后发生14次井漏，累计漏失量为739.4m³；相邻的南部探井依南4井，钻遇断层较少，井漏6次，累计漏失钻井液463.6m³，而南部构造平缓带，远离断裂的依南3井和依南2井井漏事故明显有所缓解，各发生井漏一次，漏失量分别为10.6m³和48.5m³（图6-2-2）。可见，靠近断裂，地层破碎严重，裂隙发育，井漏层段越长、漏失次数越多，漏失量越大。因此在毗邻天山、通天大断裂发育区，钻井过程中应采用针对性防漏堵漏技术，如清水强钻套管封隔技术、速凝水泥堵漏技术、井口充砂技术、复合堵漏袋、尼龙袋堵漏工具、投入用水溶性壳体组成的堵漏物质等堵漏手段进行堵漏。

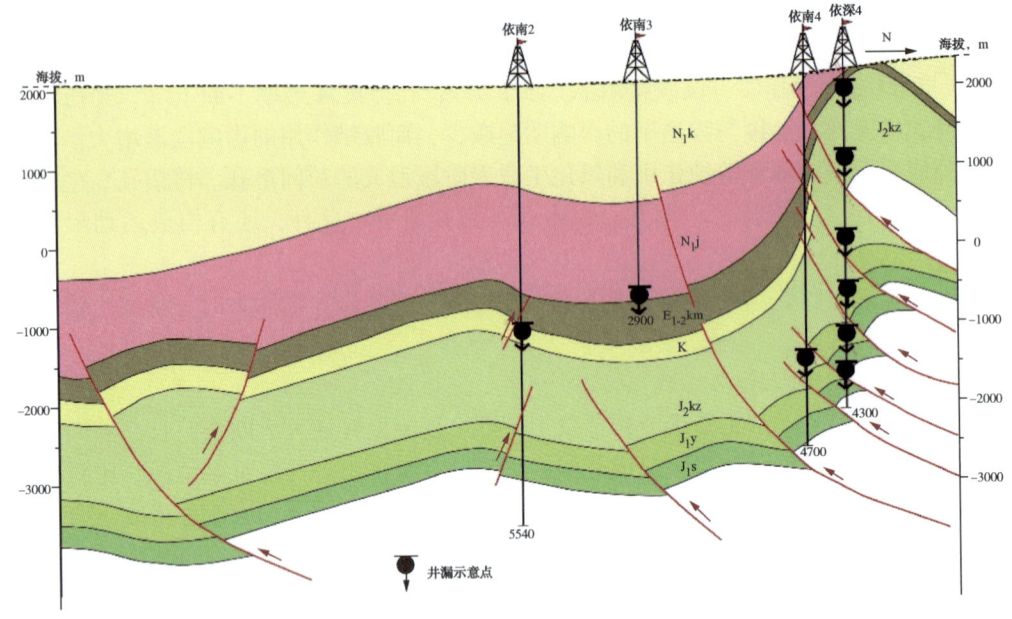

图 6-2-2 依南 2 气田井漏层位示意图

三、盐膏层段

1. 盐膏层段地层特点

库车西部古近系库姆格列木群及东部吉迪克组膏盐层段地层具有以下特点：

（1）该段地岩性十分复杂，由泥岩、膏泥岩层、盐岩、软泥岩、膏岩、粉砂质泥岩、粉砂岩、细砂岩、云岩、灰质泥岩、粉砂质泥岩等组成，天然裂缝不十分发育。

（2）孔隙压力变化大，上泥岩孔隙压力系数为 1.7~1.8，盐岩段含高压盐水的软泥岩孔隙压力系数高达 2.4~2.6，控制盐岩蠕变所需钻井液密度高达 2.2~2.35g/cm³，而压住高压盐水层所需钻井液密度均需高于高压盐水孔隙压力当量钻井液密度，下泥岩段孔隙压力系数又降至 1.7~1.9，大北段部分已钻井各层段压力系数如图 6-2-3 所示。

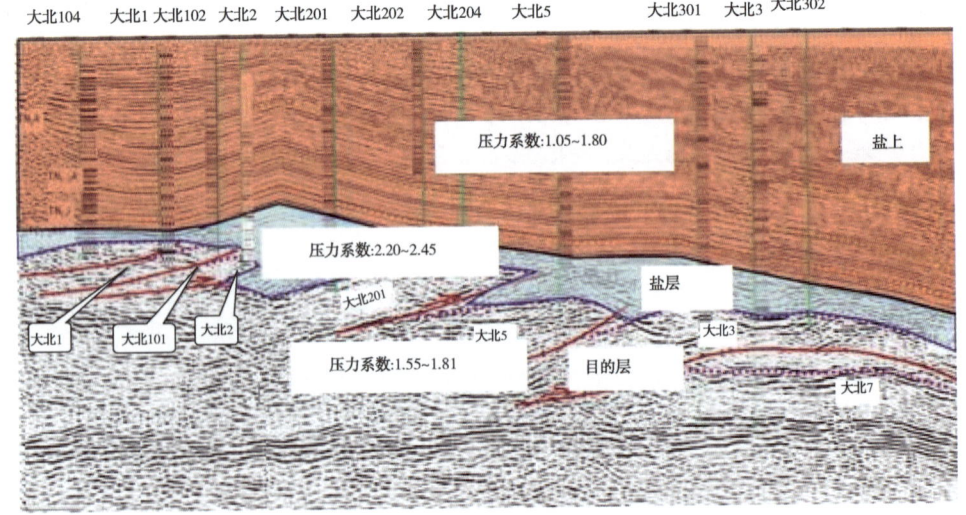

图 6-2-3 大北段部分已钻井各层段压力系数

（3）地层承压能力参差不齐，盐间薄弱层破裂压力系数低，共处于同一裸眼段。

克深某井的测井曲线如图 6-2-4 所示，由图所知，盐膏层有泥岩段，膏盐岩段，白云

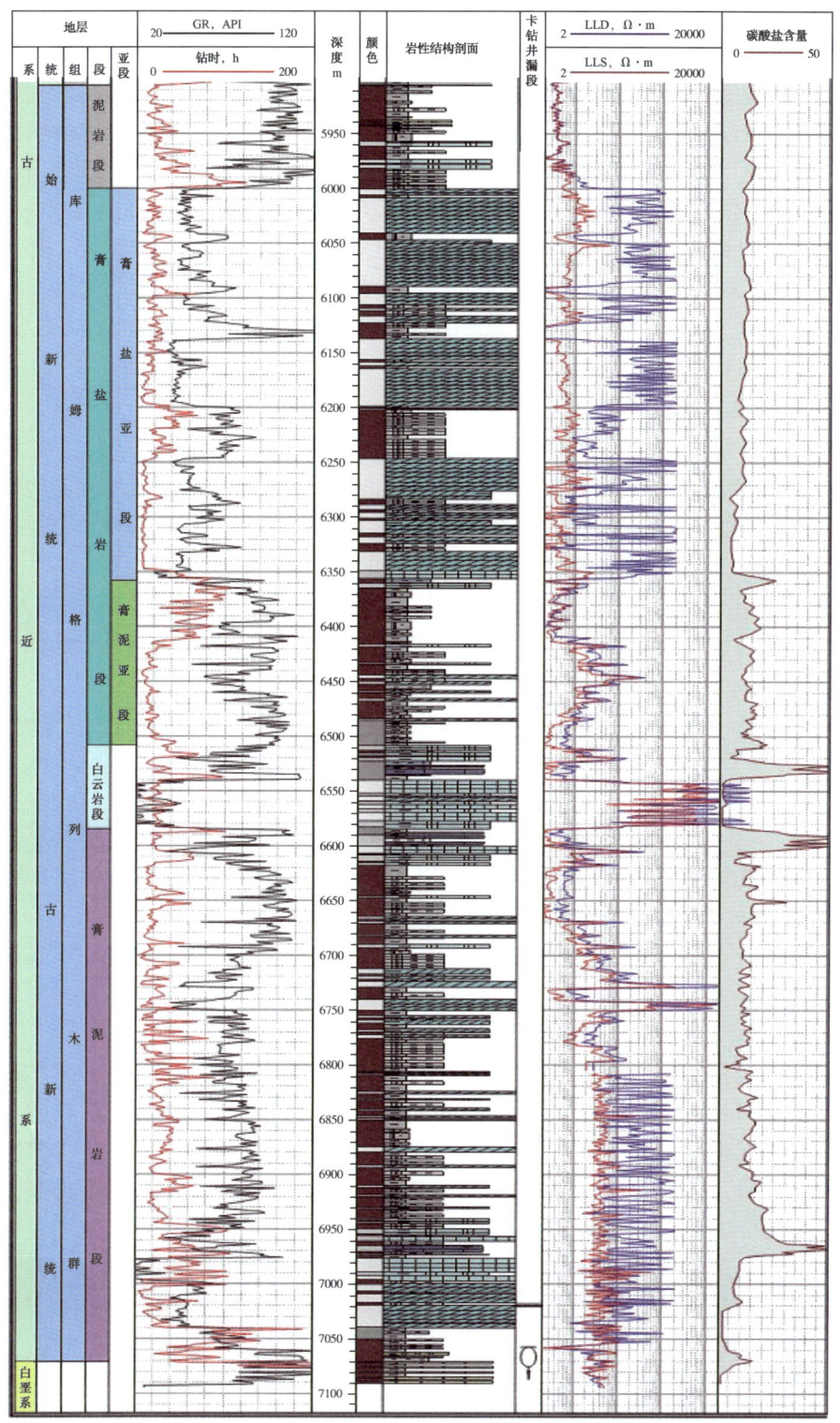

图 6-2-4 克深某井的测井曲线

岩段，膏泥岩段和底砂岩段5个层段。其中泥岩段厚度为几百到上千米，岩性呈中厚—巨厚层状褐色泥岩、膏质泥岩为主夹中厚层状灰褐色粉砂岩、灰质粉砂岩。裂缝欠发育。膏盐岩段厚度达数千米，岩性呈巨厚层状泥岩、盐岩、膏岩及三者的交互为特征。膏盐岩层不是十分纯的膏岩或者盐岩，内多夹薄层砂岩、白云岩等物性较好的特殊岩层，导致膏岩层内的压力系统复杂，压力调整窗口随深度变化剧烈，且窗口很窄。盐岩与软泥岩蠕变压力当量钻井液密度为 $2.15\sim2.35 g/cm^3$。层间薄弱夹层孔隙、层间缝发育。薄弱夹层，在高密度钻进中承压能力低而导致漏失。白云岩段层后几米到几十米。岩性较单一，褐灰色泥晶云岩为主。漏失特征：发育微裂缝，漏失压力当量钻井液密度 $1.85\sim2.15 g/cm^3$。膏泥岩段厚度数十米到上百米。岩性呈褐色、褐灰色中厚层状泥岩、含膏泥岩、膏质泥岩为主。漏失特征：盐底薄层泥岩，含膏泥岩。底砂岩段厚度几米到几十米。岩性：褐灰色砾岩、含砾细砂岩、杂色中砾岩夹薄层褐色泥质粉砂岩。漏失特征：发育微裂缝，漏失压力当量钻井液密度 $1.60\sim2.10 g/cm^3$。

2. 盐膏层段井漏原因

对克深段克深5、克深6、克深7、克深9、克深11、克深10、克深12、克深13、克深19、克深21和克深24等11个构造已完成的46口井，按新五段对其所发生的井漏进行统计，其结果见表6-2-1。从表中数据可以得出：井漏主要发生在盐岩段、中泥岩段、膏盐岩段与下泥岩段，上泥岩段井漏发生次数比较少。

表6-2-1 克深段克深5等11个构造新五段分段总漏失情况

层位	井数口	井漏井数口	井漏概率%	漏失次数总次数	漏失次数单井平均	漏失量，m^3 总量	漏失量，m^3 单井平均	损失时间，h 总时间	损失时间，h 单井平均	漏失时钻井液密度 g/cm^3	恢复时钻井液密度 g/cm^3
$E_{1-2}km^1$ 上盘	6	1	16.7	2	2.0	306.7	306.7	10.0	10.0	1.8~1.8	1.8
$E_{1-2}km^5$ 上盘	2	2	100	5	2.5	1776.1	888.1	1372.3	686.2	2.25~2.37	1.88~2.37
$E_{1-2}km^1$	45	4	8.9	5	1.3	903.6	225.9	104.8	26.2	1.7~2.3	1.7~2.3
$E_{1-2}km^2$	45	21	46.7	32	1.5	7499.9	357.1	3151.2	150.1	1.7~2.59	1.7~2.58
$E_{1-2}km^3$	45	24	53.3	50	2.1	7050.0	293.8	4644.2	193.5	1.78~23	1.78~2.58
$E_{1-2}km^4$	45	27	60.0	62	2.3	9070.5	335.9	4782.5	177.4	1.95~2.57	1.85~2.57
$E_{1-2}km^5$	45	31	68.9	63	2.0	8827.6	284.8	5668.8	182.9	1.75~2.53	1.7~2.47

克深段各构造井漏规律有所不同，见表6-2-2，从表中数据得出以下认识：

上泥岩克深5、克深6、克深7、克深12、克深13、克深10和克深21等构造上泥岩段没有发生井漏，克深9、克深10、克深11和克深24等构造上泥岩段发生井漏，但大部分漏失概率低于25%，仅克深11漏失概率为50%。

盐岩段只有克深19与克深21等构造没有发生漏失，其他9个构造均发生漏失，其中克深7和克深12等构造发生井漏概率100%，克深9、克深10、克深11等构造发生井漏概率大于40%，克深5、克深6、克深13和克深24等构造发生井漏概率小于40%。

中泥岩段概率为100%的有克深7、克深11、克深19和克深12等构造，克深6、克深10、克深12和克深24等构造发生井漏概率大于40%，克深5、克深9、克深13等构造发生井漏概率小于40%。

膏盐岩段克深7、克深12、克深19和克深21等构造发生井漏100%，克深5、克深6、克深9、克深10和克深11等构造发生井漏概率大于40%，克深13和克深24等构造发生井漏概率小于40%。

下泥岩段只有克深12构造没有发生漏失，其他10个构造均发生漏失，克深7、克深10、克深11、克深19和克深21等构造发生井漏概率为100%，克深5、克深6、克深9和克深24等构造井漏发生概率大于40%，克深13等构造发生井漏概率小于40%。

表6-2-2 克深段克深5等11个构造新五段分段分别漏失情况

构造	层位	井数口	井漏井数口	井漏概率%	漏失次数总次数	漏失次数单井平均	漏失量总量 m³	漏失量单井平均 m³	损失时间总时间 h	损失时间单井平均 h	漏失时钻井液密度 g/cm³	恢复时钻井液密度 g/cm³
克深5	$E_{1-2}km^1$	8		0								
	$E_{1-2}km^2$	8	3	37.5	5	1.7	508.3	169.4	535.5	178.5	1.86~2.37	1.86~2.37
	$E_{1-2}km^3$	8	2	25.0	3	1.5	329.0	164.5	366.0	183.0	2.3~2.37	2.32~2.35
	$E_{1-2}km^4$	8	6	75.0	15	2.5	3951.2	658.5	1920.0	320.0	2.25~2.39	2.1~2.45
	$E_{1-2}km^5$	8	5	62.5	14	2.8	1904.2	380.8	1160.5	232.1	1.78~2.36	2.3~2.37
克深6	$E_{1-2}km^1$	6		0.0								
	$E_{1-2}km^2$	6	2	33.3	3	1.5	78.8	39.4	94.6	47.3	1.7~2.25	1.7~2.25
	$E_{1-2}km^3$	6	4	66.7	10	2.5	1543.3	385.8	795.2	198.8	1.9~2.35	1.9~2.35
	$E_{1-2}km^4$	6	5	83.3	5	1.0	311.1	62.2	117.3	23.5	1.95~2.39	1.85~2.39
	$E_{1-2}km^5$	6	5	83.3	10	2.0	1274.2	254.8	768.5	153.7	1.95~2.35	1.95~2.35
克深7	$E_{1-2}km^1$	1		0								
	$E_{1-2}km^2$	1	1	100.0	1	1.0	101.9	101.9	96.0	96.0	2.33~2.33	—
	$E_{1-2}km^3$	1	1	100.0	1	1.0	1308.0	1308.0	815.0	815.0	2.55~2.55	—
	$E_{1-2}km^4$	1	1	100.0	2	2.0	34.8	34.8	184.0	184.0	2.46~2.46	
	$E_{1-2}km^5$	1	1	100.0	2	2.0	446.4	446.4	371.0	371.0	2.26~2.26	—
克深9	$E_{1-2}km^1$	8	1	12.5	1	1.0	42.2	42.2	1.0	1.0	1.9~1.9	1.9
	$E_{1-2}km^2$	8	5	62.5	10	2.0	3138.3	627.7	989.3	197.9	1.91~2.59	1.91~2.58
	$E_{1-2}km^3$	8	3	37.5	5	1.7	69.1	23.0	316.5	105.5	2.5~23	2.5~2.58
	$E_{1-2}km^4$	8	4	50.0	14	3.5	1853.8	463.5	1100.0	275.0	2.2~2.57	1.95~2.57
	$E_{1-2}km^5$	8	5	62.5	5	1.0	270.7	54.1	475.4	95.1	1.75~1.9	1.72~1.85
克深10	$E_{1-2}km^1$ 上盘	3		0.0								
	$E_{1-2}km^2$ 上盘	2		0.0								
	$E_{1-2}km^1$	4	1	25.0	1	1.0	33.3	33.3	45.0	45.0	1.76~1.76	1.76
	$E_{1-2}km^2$	4	2	50.0	3	1.5	907.5	453.8	436.0	218.0	2.45~2.52	2.45~2.52
	$E_{1-2}km^3$	3	2	66.7	5	2.5	715.0	357.5	117.8	58.9	2.3~2.48	2.3~2.48
	$E_{1-2}km^4$	3	2	66.7	5	2.5	129.6	64.8	93.5	46.8	2.28~2.3	2.28~2.3
	$E_{1-2}km^5$	3	3	100.0	6	2.0	540.6	180.2	483.0	161.0	2.28~2.4	2.28~2.4

续表

构造	层位	井数口	井漏井数口	井漏概率%	漏失次数 总次数	漏失次数 单井平均	漏失量,m³ 总量	漏失量,m³ 单井平均	损失时间,h 总时间	损失时间,h 单井平均	漏失时钻井液密度 g/cm³	恢复时钻井液密度 g/cm³
克深11	$E_{1-2}km^1$ 上盘	3	1	33.3	2	2.0	306.7	306.7	10.0	10.0	1.8~1.8	1.8
	$E_{1-2}km^2$ 上盘	2		0.0								
	$E_{1-2}km^3$ 上盘	2		0.0								
	$E_{1-2}km^4$ 上盘	2		0.0								
	$E_{1-2}km^5$ 上盘	2	2	100.0	5	2.5	1776.1	888.1	1372.3	686.2	2.25~2.37	1.88~2.37
	$E_{1-2}km^1$	2	1	50.0	2	2.0	791.5	791.5	15.0	15.0	1.7~2.05	1.7~2
	$E_{1-2}km^2$	3	2	66.7	2	1.0	347.3	173.7	139.0	69.5	1.8~2.15	1.8~2.15
	$E_{1-2}km^3$	4	4	100.0	14	3.5	1333.7	333.4	935.0	233.8	1.78~2.35	1.78~2.35
	$E_{1-2}km^4$	4	2	50.0	6	3.0	954.5	477.2	294.5	147.3	2.19~2.32	2.19~2.34
	$E_{1-2}km^5$	4	4	100.0	11	2.8	2343.9	586.0	1064.1	266.0	1.85~2.35	1.73~2.35
克深12	$E_{1-2}km^1$	2		0.0								
	$E_{1-2}km^2$	2	2	100.0	3	1.5	1047.4	523.7	555.3	277.6	1.86~2.4	1.86~2.25
	$E_{1-2}km^3$	2	1	50.0	1	1.0	831.0	831.0	722.5	722.5	2.41~2.41	2.38
	$E_{1-2}km^4$	2	2	100.0	3	1.5	323.9	162.0	107.0	53.5	2.33~2.38	2.33~2.38
	$E_{1-2}km^5$	2		0.0								
克深13	$E_{1-2}km^1$	5		0.0								
	$E_{1-2}km^2$	5	2	40.0	2	1.0	421.9	211.0	210.0	105.0	2.36~2.4	2.36
	$E_{1-2}km^3$	5	2	40.0	2	1.0	144.8	72.4	133.5	66.8	2.1~2.4	2.05~2.53
	$E_{1-2}km^4$	5	2	40.0	7	3.5	1148.6	574.3	755.7	377.8	2.37~2.53	2.37~2.51
	$E_{1-2}km^5$	5	2	40.0	2	1.0	173.7	86.9	258.3	129.2	2.31~2.42	2.31~2.42
克深19	$E_{1-2}km^1$	1		0.0								
	$E_{1-2}km^2$	1		0.0								
	$E_{1-2}km^3$	1	1	100.0	1	1.0	48.5	48.5	13.0	13.0	2.45~2.45	2.45
	$E_{1-2}km^4$	1	1	100.0	1	1.0	270.6	270.6	0.0	0.0	2.39~2.39	2.39
	$E_{1-2}km^5$	1	1	100.0	1	1.0	159.1	159.1	82.5	82.5	1.95~1.95	1.9
克深21	$E_{1-2}km^1$	1		0.0								
	$E_{1-2}km^2$	1		0.0								
	$E_{1-2}km^3$	1	1	100.0	5	5.0	513.0	513.0	179.5	179.5	2.45~2.53	2.46~2.48
	$E_{1-2}km^4$	1	1	100.0	2	2.0	76.0	76.0	195.5	195.5	2.46~2.48	2.47
	$E_{1-2}km^5$	1	1	100.0	4	4.0	518.0	518.0	236.0	236.0	2.47~2.53	2.47
克深24	$E_{1-2}km^1$	6	1	16.7	1	1.0	36.6	36.6	43.8	43.8	2.3~2.3	2.3
	$E_{1-2}km^2$	6	2	33.3	3	1.5	948.5	474.3	95.5	47.8	1.9~2.43	1.9~2.43
	$E_{1-2}km^3$	6	3	50.0	3	1.0	214.6	71.5	250.3	83.4	2.35~2.35	2.35
	$E_{1-2}km^4$	6	1	16.7	2	2.0	16.3	16.3	15.0	15.0	2.4~2.4	2.4
	$E_{1-2}km^5$	6	4	66.7	8	2.0	1196.9	299.2	769.5	192.4	1.8~2.4	1.7~2.4

通过以上分析，在所钻进盐膏层段各层段都出现了井漏，各构造井漏严重程度不相同。为了控制盐膏岩与软泥岩蠕变，防止高压盐水溢流，必须采用高密度钻井液钻进，而各段均存在薄弱层，极易诱发井漏，其原因：

（1）当钻井液密度超过盐间薄弱地层破裂压力，形成诱导裂缝发生漏失。为了控制盐膏与软泥岩蠕变，防止高压盐水溢流，采用高密度钻井液钻进，当此密度或钻井过程中当量循环密度超过盐间薄弱层破裂压力系数时，就会导致此井段薄弱地层破碎，形成诱导裂缝而诱发井漏。

（2）钻遇高压盐水层发生溢流，压井钻井液当量循环密度超过地层承压能力而诱发井漏。

例如克深241井四开采用密度2.35g/cm³的油基钻井液钻至井深6446.51m（膏盐岩段$E_{1-2}km^4$），地质循环时，发生溢流。使用2.38g/cm³的压井液压井，压漏地层，发生井漏。

克深243井四开采用密度2.35g/cm³的油基钻井液钻至5967.81m（膏盐岩段$E_{1-2}km^4$，褐色泥岩）时发生溢流，使用2.4g/cm³的压井液第1次压井，未将地层盐水压回地层，盐水继续侵入井筒内，压井失败。第2次采用2.55g/cm³的平衡浆压井，溢流解除，但在压井过程中将地层压漏，发生井漏。

从地质角度，准确预测膏盐层砂岩夹层及高压盐水层发育位置是预防此类井漏的关键所在；但目前对高压盐水层分布规律还认识不太清楚。一般来说，在盐湖中心位置沉积的膏盐层砂岩夹层少，而盐湖边缘砂岩夹层增多。就克拉苏构造带来说，北部盐层较薄，膏盐层砂岩夹层增多，井漏事故较多；而南部克深区带盐层较厚，砂岩夹层较少，膏盐层严重井漏较少。

（3）盐顶或盐底卡层不准。

盐顶卡层不准。钻进上泥岩段，盐层卡层不准，套管没封死上泥岩，钻完水泥塞时，提高钻井液密度，此密度或当量循环密度超过上泥岩段地层破裂压力，形成诱导裂缝或地层中微裂缝扩展延伸，造成井漏。

盐底卡层不准。采用钻盐膏层段高密度钻井液，钻进至孔隙压力系数发生变化、裂缝发育的下泥岩，如卡层不准，发生井漏。

（4）固井质量不好或固井措施不妥。

钻至盐顶，下套管封隔盐上地层时，固井质量不好，在下一开钻水泥塞时或钻盐岩段时，采用高密度钻井液钻进，诱发盐上地层破裂，引起井漏。

例如克深12井二开钻进盐上地层，没有发生井漏，二开二级固井前循环（排量30L/s），造成分级箍（井深1993.76m，地层为库车组，固井声幅测试为差）处局部产生的井底压力大于地层破裂压力，压漏地层。该井三开下完技术套管固井。钻水泥塞，使用密度1.90g/cm³的钻井液钻上塞正常，但在钻下塞时，替换成密度2.4g/cm³的油基钻井液钻下塞时发生井漏。其原因在于固井质量较差，固井声幅测试井段6790~6940m，测试结果为固井胶结质量差，未能将盐上地层封固住，在2.4g/cm³的钻井液密度下，产生的井底压力超过盐上地层破裂压力，压裂地层，发生井漏。

又如克深14井下套管时已发生压裂井漏；一级固井时井漏，二级固井不漏，使用1.86g/cm³水基钻井液钻上塞不漏，钻下塞至井深6825m，替换为2.3g/cm³的油基钻井液时发生井漏，钻塞完(钻塞至井深 6833.63m，漏速由 1.2m³/h 上升至 4m³/h)，均说明一级固井质量差。由于一级固井质量差，未能将盐上地层已压裂的地层封固住，使用高密度钻井液在高压差下进入盐上地层裂缝，再次发生井漏。

膏盐岩层底部存在砂泥岩地层，承压能力大幅降低，需要降低钻井液密度钻进，若盐底卡层不够准确，未能及时降低密度，就会造成井漏。因此准确预测膏盐岩层砂岩夹层是该套地层防漏堵漏的关键。迪那 101 井用密度由 2.37g/cm³、漏斗黏度 98s 钻井液钻至井深 4124.71m 发现井漏，漏失钻井液 2.8m³，漏速 5.6m³/h，后小排量维持钻至井深 4128.29m，漏速上升为 21.3m³/h，降排量循环观察，漏失 13.7m³，准备降密度建立循环进行堵漏，将钻井液密度由 2.40g/cm³ 降至 2.38g/cm³ 时，漏速降至 10.4m³/h，循环降低钻井液密度至 2.35g/cm³ 井下不漏，后起钻两柱至井深 4059.30m 发现盐水溢流 1.2m³。被迫用密度 2.40g/cm³ 的钻井液节流循环压井，出口返出钻井液密度最低 2.06g/cm³，氯离子含量最高 190800mg/L，压井过程漏失钻井液 21.0m³，压井时发生卡钻。分析漏失井段为 4124.71~4128.29m，层位为新近系吉迪克组膏盐岩段，岩性为灰色膏质粉砂岩，粉砂岩层承压能力低造成井漏，且漏速逐渐增大，进行随钻桥浆堵漏时，因钻井液液柱压力降低，地层中高压盐水进入井眼，污染并引起钻井液性能发生变化，钻井液中加重剂迅速沉淀，由于铁矿粉沉淀引起卡钻。经多次解卡未能成功，只好爆炸松扣、套铣倒扣、填眼侧钻。

四、盐下地层

1. 盐下地层特点

盐下地层包括库姆格列木群下泥岩段与白垩系，下泥岩段以薄—中厚层状深灰色、褐色泥岩、含膏泥岩、云质泥岩、粉砂质泥岩为主，夹薄—中厚层状灰褐色膏质粉砂岩、泥质粉砂岩、细砂岩。从膏盐段进入下泥岩段，孔隙地压力下降，受白垩系构造运动作用，下泥岩段存在裂缝与微裂缝。

白垩系为库车山前主要储层，岩性主要为砂岩。由于受强烈的构造挤压，储层裂缝极其发育，且以裂缝大多为高角度缝、垂直裂缝、开启裂缝为主，多以网状形式存在。

岩心观测和 FMI 成像测井资料分析表明，克深段储层的裂缝分布在平面和垂向上存在较大差异。FMI 成像测井资料分析和邻区钻探成果表明，克深气田储层段巴什基奇克组的裂缝均以高角度—直立缝为主，倾角 70°~80°，裂缝走向主要为北东—南西向，倾向以东南方向为主，基本为半充填—未充填，如图 6-2-5 所示。按照力学成因，可将白垩系巴什基奇克组的裂缝分为剪切缝和张裂缝。剪切缝的裂缝面平直、光滑，分为平行、雁列、斜交和网状三种排列方式，平行和雁列排列的裂缝主要走向为近北南向、北东向和北西向，主要构造位置在背斜高部位；斜交排列的裂缝主要走向为北东向和北西向，主要构造位置在背斜翼部；网状排列的裂缝主要走向不明显，主要构造位置在背斜近断裂部分。张裂缝的裂缝面粗糙、分叉、间断，以雁列排列为主，裂缝主要走向为近西东向，主要构造位置在背斜高部位。

裂缝的宽度分为视缝宽和真实缝宽，地层应力条件下的裂缝宽度不易测量，可通过取心观察读取裂缝视缝宽，计算出取心段裂缝的真实缝宽，再结合测井资料确定非取心段的裂缝真实缝宽。以克深气田某井的取心资料为例，通过岩心观察和公式计算，裂缝 f_1、f_2 和 f_3 的宽度为 0.54mm、0.25mm 和 0.11mm，而测井资料显示三条裂缝的宽度分别为

克深10，高角度缝

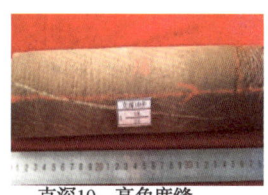
克深10，高角度缝

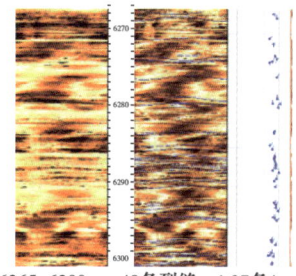
6265~6300m，48条裂缝，1.37条/m

克深10，高角度缝

克深10，高角度缝

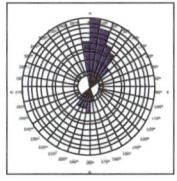
裂缝倾向：北倾

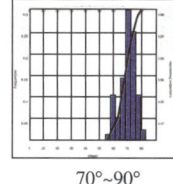
走向：东西向

70°~90°
高角度—直立缝为主

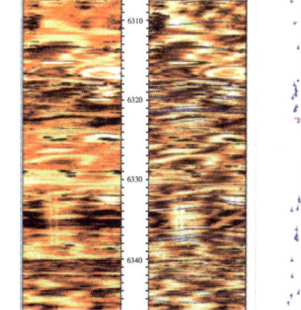
6300~6350m，28条裂缝，0.56条/m

图6-2-5 克深10井巴什基奇克组第二段裂缝发育情况

0.82mm，0.45mm和0.34mm，因此校正值分别为-0.28mm，-0.20mm和-0.23mm，平均校正值为-0.24mm。根据平均校正值对测井资料测得的非取心段的缝宽进行校正，明确各地层内岩石的裂缝真实缝宽。分析表明，克深气田E区块巴什基奇克组的缝宽多集中在0.1~0.4mm，其中缝宽为0.1~0.2mm的裂缝占比达40.0%，缝宽为0.2~0.3mm的裂缝占比达33.0%，缝宽为0.3~0.4mm的裂缝占比达13.4%。取心段裂缝的真实缝宽计算公式为：

$$W_u = 2(W_s \cos\alpha)/\pi$$

式中 W_u——真实缝宽，mm；

W_s——视缝宽，mm；

α——测量面与裂缝面法线的夹角。

克深某井FMI成像测井资料表明，巴什基奇克组的裂缝主要发育在第二段，裂缝主要集中在7482.5~7490m，7546~7552m和7532.5~7540m，三段的平均裂缝线密度（裂缝的线密度是指一定深度范围内，裂缝条数与深度的比值）为0.67条/m。7503~7509m的平均裂缝线密度较小，平均裂缝线密度为0.33条/m（图6-2-6）。克深J区块和克深W区块储层的孔隙度主峰介于1.0%~5.0%，平均3.1%；渗透率主峰区介于0.005~0.035mD，平均0.014mD，微裂缝发育。测井资料和储层岩石渗透率数据表明，储层裂缝发育情况良好，裂缝大多为高角度缝或垂直裂缝，封堵段长，对封堵层强度要求高，易发生重复性漏失。

岩心观察、测井资料及铸体薄片分析表明，库车山前工区储层具有垂向分层性的特点，主要体现在物性特征、裂缝类型以及地应力的分布情况上。根据地应力场分布、裂缝组合、储层类型以及微观结构的差异，在垂向上可将储层划分为张性段、过渡段和压扭段3种结构。图6-2-7为克深W01井下岩样。图6-2-8为克深W01井目的层的裂缝纵向分布图。

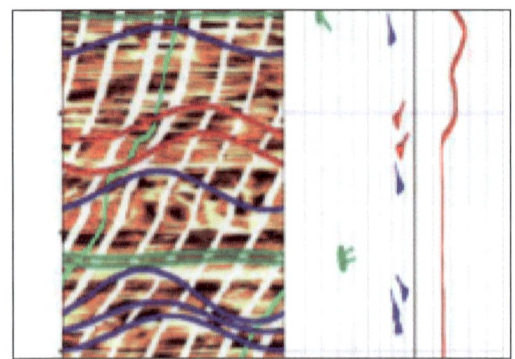
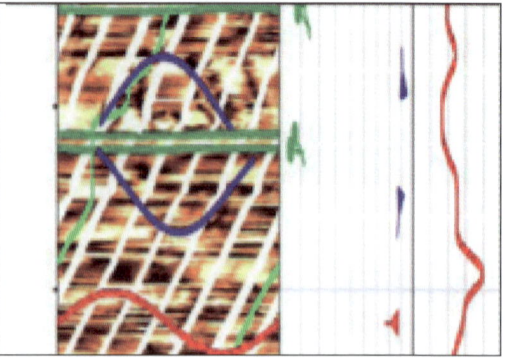

（a）7482.5~7490m，5条裂缝，裂缝线0.67条/m　　（b）7503~7509m，2条裂缝，裂缝线0.33条/m

图 6-2-6　克深 J 区块某井的测井数据图

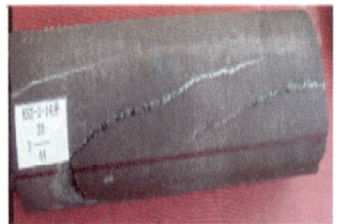

（a）KS2-2-8，K_1bs张性段　　（b）KS2-2-8，K_1bs过渡段　　（c）KS2-2-8，K_1bs压扭段

图 6-2-7　克深 501 井下岩样

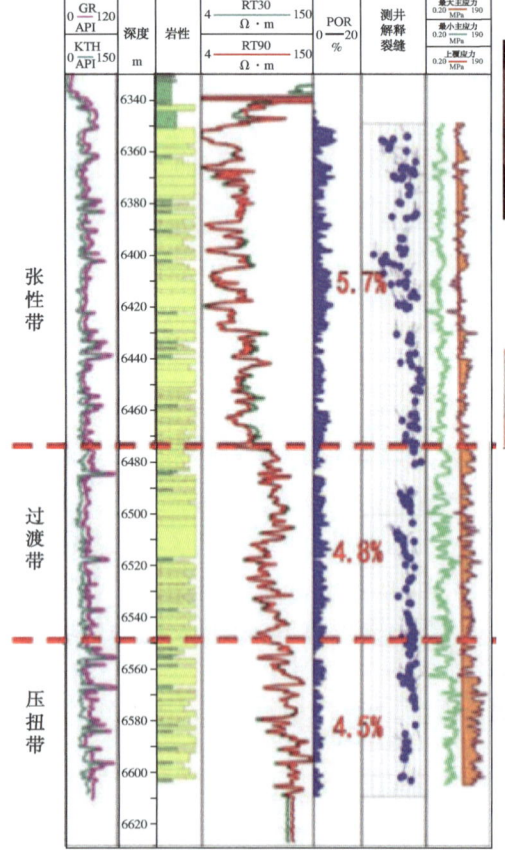
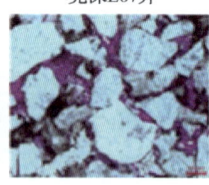

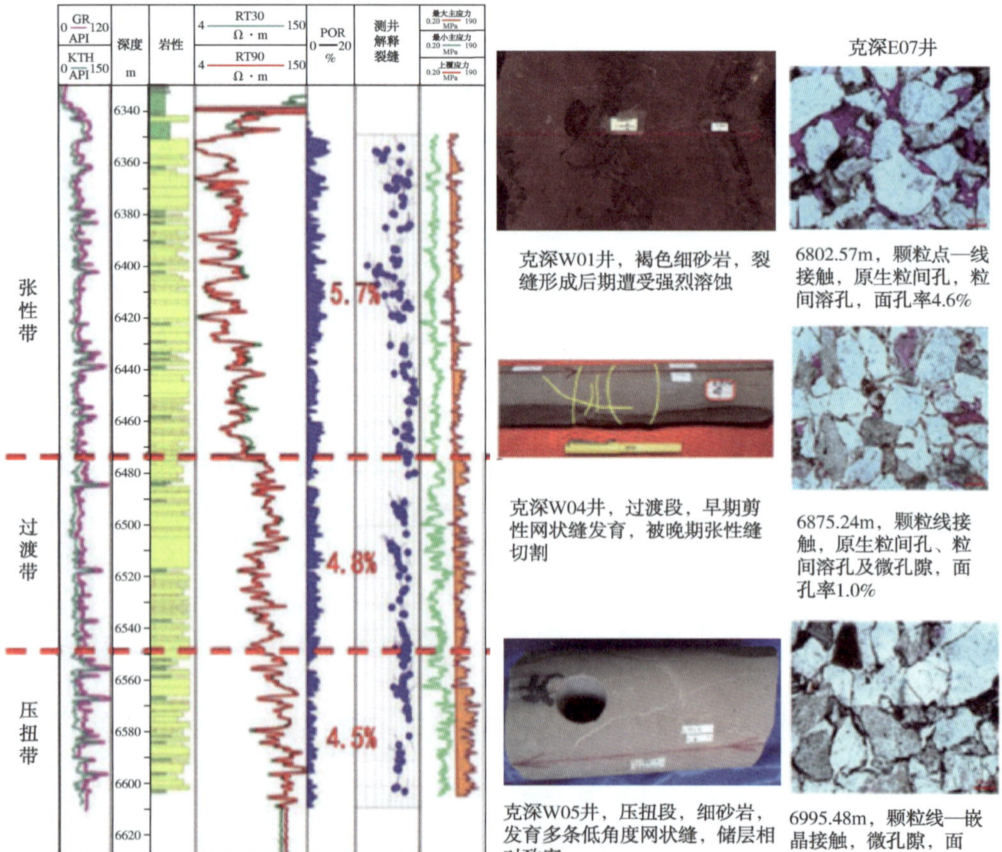

克深W01井，褐色细砂岩，裂缝形成后期遭受强烈溶蚀

6802.57m，颗粒点—线接触，原生粒间孔，粒间溶孔，面孔率4.6%

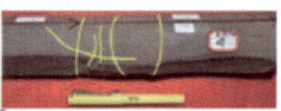
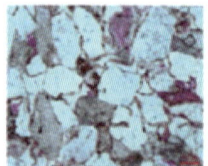

克深W04井，过渡段，早期剪性网状缝发育，被晚期张性缝切割

6875.24m，颗粒线接触，原生粒间孔、粒间溶孔及微孔隙，面孔率1.0%

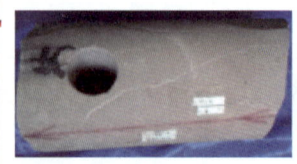

克深W05井，压扭段，细砂岩，发育多条低角度网状缝，储层相对致密

6995.48m，颗粒线—嵌晶接触，微孔隙，面孔率0.1%

图 6-2-8　克深 W01 井目储层层裂缝纵向分布图

顶部张性段储层以孔隙型为主，孔隙型储层的占比达到56%~88%，具有张性裂缝发育、延伸长、开度较大、密度小、溶蚀性强等特点。裂缝纵向深，开度大，裂缝线密度为0.5~3.0条/m，裂缝平均开度0.35mm。

中部过渡段储层以裂缝—孔隙型、孔隙型为主，显示中和面向下迁移的特征。过渡段以裂缝—孔隙型储层为主，占10%~35%，孔隙度为中等；裂缝以张性直劈缝为主，且发育有切割早期剪性网状缝。裂缝规模有所降低，线密度有所提高，为1.0~5.0条/m。组合型裂缝逐渐增多，缝宽较小，裂缝平均开度为0.22mm。

底部压扭段以裂缝型和裂缝—孔隙型储层为主，储层的平均孔隙度为3.1%，剪性网状缝发育良好，具有宽度小，延伸短、密度大，溶蚀性减弱等特点。地应力条件复杂，井况复杂，储层相对致密。裂缝密度显著升高，线密度为10.0~26.0条/m的倾角杂乱的网状裂缝带，裂缝平均开度为0.13mm，裂缝数量虽多，但有效性明显降低。

克深区目的层段裂缝平面上，直立、高角度裂缝以平行、雁列方式排列，多分布于背斜高部位，克深2、克深8、克深9区块多数井位于构造长轴高部位，因此高倾角裂缝比例相对更大，裂缝特征见表6-2-3。

表6-2-3　克深区块目的层裂缝特征

裂缝面特征	排列方式	倾角(°)	裂缝线密度	有效开启度, mm	充填程度 %	裂缝主要走向	主要构造位置	主要发育期次	代表井
平直光滑	平行雁列	>75	低	0.8~1.2	10~50	近NS, NE, NW	高部位	中晚期	克深506, 克深6, 克深206, 克深2-2-8, 克深2-2-4, 克深8-1, 克深8-2, 克深801
	斜交	45~75	中	0.4~1	40~60	NE, NW	翼部		克深505, 克深503, 克深601, 克深205, 克深203, 克深802, 克深8-11, 克深902, 克深904
	网状	45~75 ≤45	高	0.1~0.5	80~100	无	近断裂		克深5, 克深207, 克深2-2-3, 克深2-2-5, 克深902
粗糙分叉间断	雁列	>75	低	0.2~1.2	60~100	近WE	高部位	早期	克深501, 克深503, 克深602, 克深8003, 克深807
		>75	低	0.2~2	10~20	近WE	高部位	晚期	克深201, 克深202, 克深8004, 克深8-8, 克深9

根据张性段、过渡段和压扭段的裂缝基本特征可将储层的裂缝分为4级。

一级裂缝：裂缝为巨型节理—微断裂，其缝长一般大于10m，缝宽一般大于10mm，能贯通砂层组；

二级裂缝：裂缝为百微米级—毫米级直劈缝，其开度一般在100μm至10mm，主要是半充填—半充填高角度缝，裂缝为密度0.4~1.2条/m，贯通单砂体层组；

三级裂缝：裂缝为微米级—百微米级颗粒贯穿缝，其开度一般为 5~100μm，分布范围比较局限；

四级裂缝：裂缝为百纳米级—微米级粒缘缝，即破裂溶蚀型喉道，开度一般在 100nm 至 5μm，颗粒环绕分布。

秋里塔格冲断带迪那气田储层裂缝发育，裂缝占总面孔率的 22.86%，根据裂缝发育规模可将其分为宏观裂缝和微观裂缝，根据裂缝成因可将其分为构造裂缝和非构造裂缝。构造裂缝可进一步分为剪切裂缝、扩张裂缝和震裂缝；非构造裂缝可分为溶蚀裂缝、成岩裂缝和超压裂缝。宏观裂缝主要为构造裂缝，微观裂缝也以构造裂缝最多，占全部裂缝的 46.8%；溶蚀裂缝约占 27.5%，成岩裂缝约占 18.8%，超压裂缝约占 6.9%。研究区构造裂缝以 45°~75° 的高角度斜交缝和 75°~90° 的垂直缝为主，倾角小于 45° 的水平缝和低角度斜交缝很少发育。

岩心和微观观察表明，迪那地区古近系砂岩储层发育超压裂缝。超压裂缝较扩张裂缝的规模更小，延伸更短，但张开度可能较大，宽度一般为 0.2~1mm，长度一般为毫米级至厘米级。

迪那气田古近系不同岩性中裂缝发育程度及发育类型有所不同，如图 6-2-9 所示。

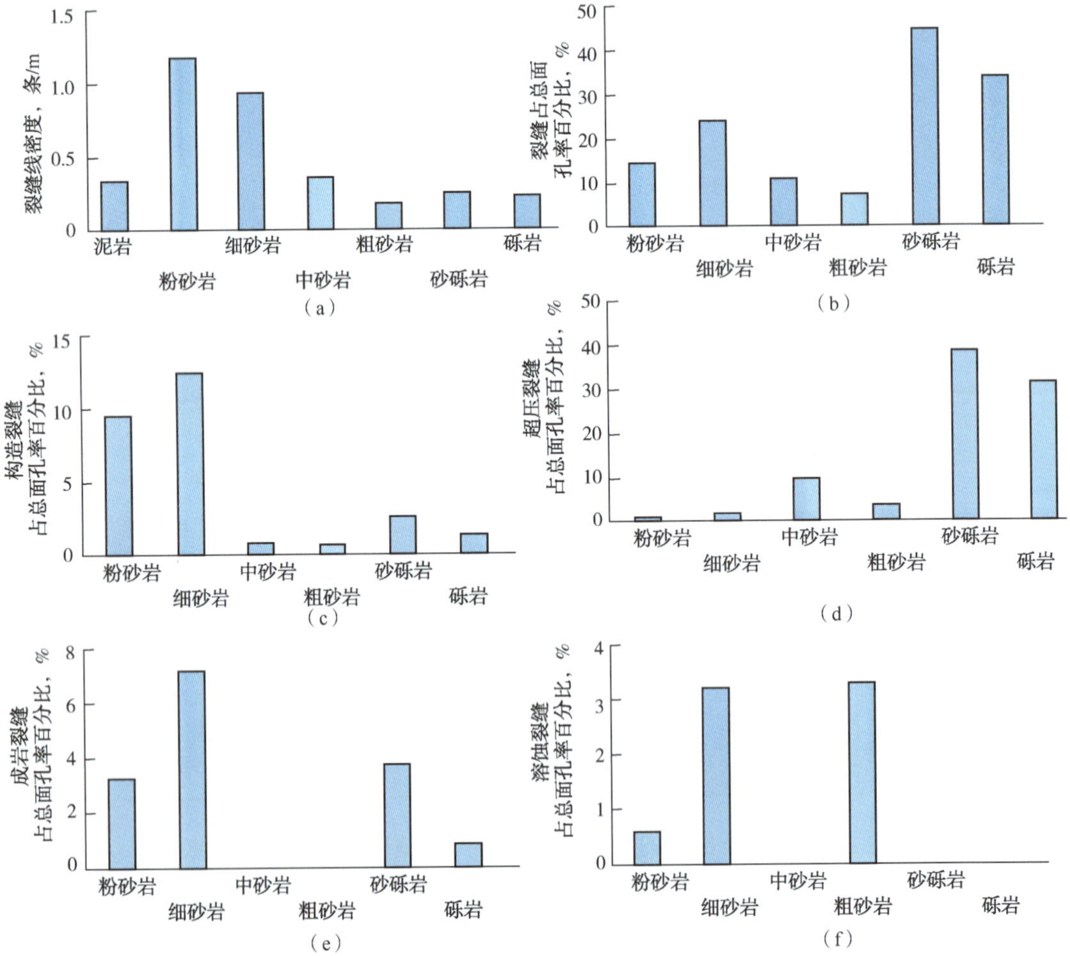

图 6-2-9　迪那气田古近系不同岩性中裂缝发育程度及发育类型

大北区块发育有3种成因裂缝类型：(1)成岩缝，包括砾间缝，也称压碎缝，层间缝，晶间缝，溶蚀缝，缝合线缝；(2)构造缝；(3)风化溶蚀缝；其中以砾间缝及构造缝为主。按产状类型可划分为4种类型：水平缝(顺层缝)；低角度斜交缝；高角度斜交缝；垂向直立缝，其中以高角度斜交缝和垂向直立缝发育为主。按裂缝组合形式可划分为4种类型：孤立缝、平行缝、共轭缝、网状缝，其中以孤立缝、平行缝和网状缝最常见。按开启程度可划分为3种类型：粗宽缝、中缝、微细缝，其中以中缝、微细缝最发育。

库车山前裂缝发育特征东部与西部有所不同，见表6-2-4。白垩系—古近系砂岩岩性不同类别与构造裂缝发育程度见表6-2-5。

表6-2-4 库车山前裂缝发育特征区域对比表

裂缝特征	位置	全区	西部	东部
性质	野外	剪裂缝、张剪裂缝为主	张剪裂缝为主，张裂缝较发育	以剪裂缝为主
	岩心	以剪裂缝为主	以剪裂缝为主	以剪裂缝为主
走向	野外	近南北向	以NNW、NNE和NEE向为主	以NNE、NE、NNW为主
倾角	野外	大于45°的高角度缝和垂直缝为主	低、高角度缝和垂直缝为主	高角度缝和垂直缝为主
	岩心	大于45°的高角度缝和垂直缝为主	垂直缝为主	高角度缝为主
开度	野外	多集中在0~5mm区间，东部大于西部	多集中在0~2mm区间	多集中在0~5mm区间
	岩心	多集中在0~1mm区间，东西差别不大	0~0.5mm占44%，0.5~1.0占49%	0~0.5mm占69%，0.5~1.0mm占25%
充填程度	野外	70%未充填，14%充填，东部裂缝有效性较好	69%裂缝未充填，8%半充填	71%未充填，19%半充填
	岩心	43%未充填，35%充填，东部裂缝有效性较好	20%裂缝未充填，47%半充填	57%裂缝未充填，7%半充填
充填物	野外	以钙质、铁质、泥质、膏盐充填为主	以膏盐泥质充填为主	以铁质泥质钙质充填为主
	岩心	以钙质、碳质、膏盐充填为主	以钙质、膏盐为主	以钙质、碳质充填为主
密度	野外	东部高于西部	古近系和白垩系地层裂缝发育	塔里奇克组、阿合组裂缝发育
	岩心	东部高于西部	白垩系裂缝密度高	阿合组裂缝密度高
强度	野外	中部高，东西两侧低	古近系和白垩系裂缝强度高	侏罗系裂缝强度高

表 6-2-5　白垩系—古近系砂岩岩性不同类别与构造裂缝发育程度统计表

类别		构造缝数量,个	构造缝密度,个/m	百分含量,%	资料来源
砂岩类型	泥质粉砂岩—泥岩	36	0.64		大北1、大北2、大北101、大北102、大北103、大北201、克深2、迪那202、迪那204、神木1、乌参1、野云2
	粉—极细粒	151	2.56		
	细粒—中细粒	150	3.06		
	中粒—粗粒	13	0.68		
	不等粒—含砾	11	0.34		
硅质颗粒含量	40%~50%	78		47.3	
	50%~65%	64		38.8	
	65%~75%	20		12.1	
	≥75%	5		3.0	
分选系数	≤1	85		51.5	
	1~2.5	60		36.4	
	2.5~4.5	17		10.3	
	≥4.5	3		1.8	
泥质含量	≤5%	118		73.3	
	5%~10%	35		21.7	
	10%~15%	5		3.1	
	≥15%	3		1.9	

2. 盐下地层井漏原因

1) 下泥岩段井漏原因

(1) 盐底卡层不准。

下泥岩段,孔隙压力较盐膏层段大幅度降低。由于盐底卡层不准而引发井漏:

① 钻井已进入下泥岩,技术套管还没有下,没有封隔高孔隙压力的膏盐段,继续用高密度钻井液钻进,造成井漏。例如克深24井和克深243井因盐底卡层不准,导致继续用高密度钻进至下泥岩段发生井漏。

② 还没钻至下泥岩,已将技术套管下入。为了防止盐膏层蠕变与高压盐水层溢流,仍需采用高密度钻井液钻进,此时钻井液的当量静态密度(ESD)与当量循环密度(ECD)高于下泥岩段裂缝性地层的漏失压力与破裂压力,从而诱发井漏。

(2) 下泥岩存在开启裂缝,钻井液密度高于其漏失压力而引发井漏。

例如克深19井五开使用1.95g/cm³的钻井液密度钻至井深7870m(下泥岩段)时,上提倒划时发现井漏0.3m³(排量13L/s,泵压由20.6MPa下降至19.8MPa,漏速14m³/h)。漏失原因为下泥岩段与巴什基奇克组储层段交界处,地层裂缝发育而引发井漏。

2) 白垩系储层段井漏原因

通过对白垩系储层段特性分析得知,白垩系储层段漏失通道主要是裂缝与诱导裂缝。按易漏失地层特性来划分,可分为薄弱易破地层和裂缝性地层两类。薄弱易破地层的裂缝欠发育,地层承压能力低,当井筒压力大于地层破裂压力时,地层将被压迫,产生微裂缝,导致钻井液漏失,该过程属于诱导破裂型漏失,多发生在固井、钻井液提密度、承压堵漏等过程(图6-2-10)。

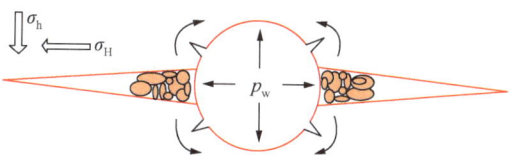

图6-2-10 诱导破裂型漏失控制效果

根据储层段裂缝发育情况,将裂缝性地层分为裂缝发育非致漏型地层和裂缝发育致漏型地层。裂缝发育非致漏型地层裂缝微发育,多为微米级裂缝,正常情况下不会发生钻井液漏失。当井筒压力大于裂缝延伸压力时,裂缝尖端会逐渐向外延伸,裂缝宽度变大,裂缝长度增长,导致钻井液漏失,该过程属于裂缝扩展延伸型漏失,多发生在固井、钻井液提密度、承压堵漏等过程中(图6-2-11)。裂缝发育致漏型地层裂缝发育良好,多为微米级、毫米级裂缝,当井筒压力大于地层孔隙压力时,钻井液将会通过裂缝进入地层,漏失发生,该过程属于大中缝型漏失,多发生在正常钻进、压力激动和未有效随钻堵漏过程中(图6-2-12)。图中 p_w 为井筒液柱压力,σ_h、σ_H 为最小和最大水平主应力,r_w 为井筒半径,a 为封堵层长度,ΔL 为裂缝尖端长度。

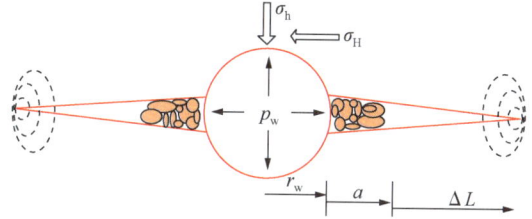

图6-2-11 裂缝扩展延伸型漏失控制效果
p_w—井筒液柱压力;
σ_h、σ_H—分别为最小和最大水平主应力

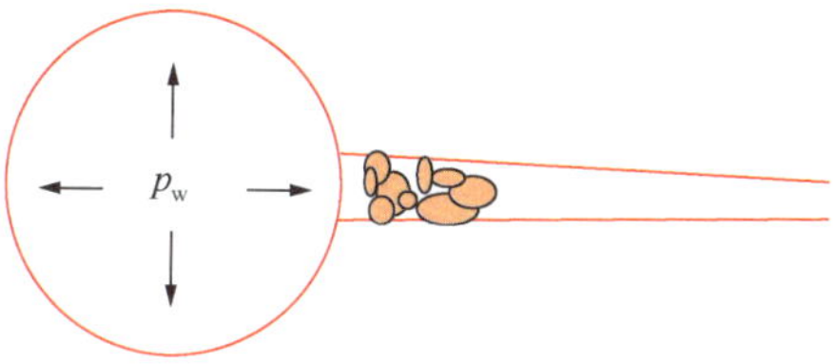

图6-2-12 大中缝型漏失控制效果

以上三种漏失成因中,诱导破裂型漏失的漏失速度较小,其次是裂缝扩展延伸型漏失,大中缝型漏失的漏失速度最大。收集库车山前区块的钻井、测井资料,分析白垩系巴什基奇克组不同层位的裂缝发育情况和钻井液的漏失速度,明确储层的漏失成因。图6-2-13和图6-2-14表明,储层最大漏失速度为 53.7m³/h,平均漏失速度为 8.56m³/h,最大裂缝宽度为 1.97mm,平均裂缝宽度为 1.03mm。

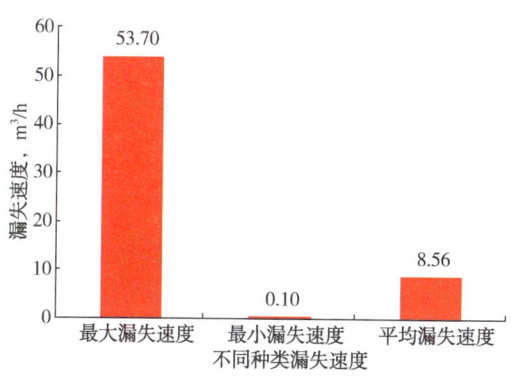

图6-2-13 储层钻井液漏失速度

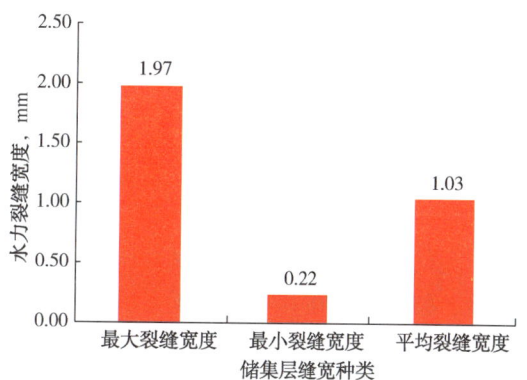

图6-2-14 储层水力裂缝宽度

盐膏层漏失速度与裂缝宽度的关系(图6-2-15和图6-2-16)和目的层漏失速度与裂缝宽度的关系(图6-2-17和图6-2-18)表明,裂缝宽度越大,漏失速度也越大,同时,漏失速度与最小裂缝宽度之间有一定的数量关系,能根据漏失速度确定地层最小裂缝宽度。按照不同的漏失速度可将漏失分为微漏、小漏、中漏、大漏和严重漏失5种,根据漏失速度与最小裂缝宽度间关系,明确储层内不同漏失速度对应的裂缝宽度(表6-2-6)。

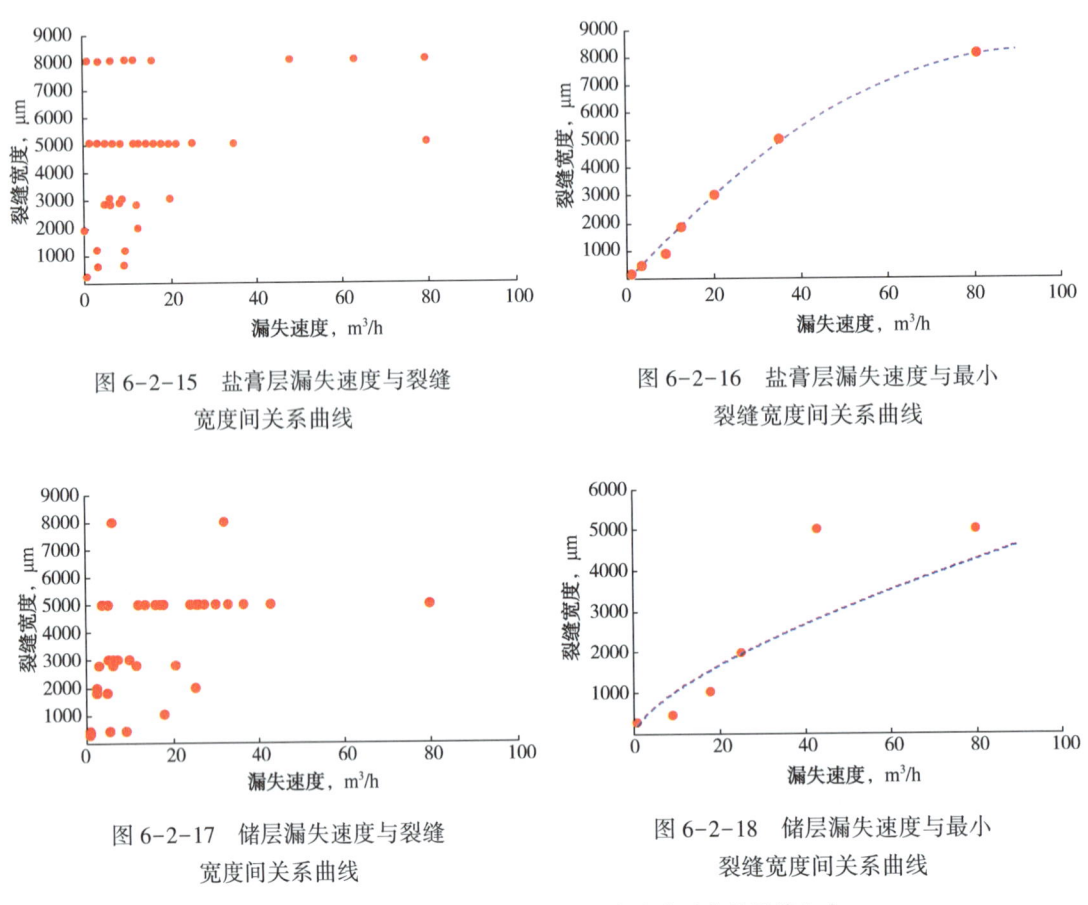

图6-2-15 盐膏层漏失速度与裂缝宽度间关系曲线

图6-2-16 盐膏层漏失速度与最小裂缝宽度间关系曲线

图6-2-17 储层漏失速度与裂缝宽度间关系曲线

图6-2-18 储层漏失速度与最小裂缝宽度间关系曲线

表6-2-6 储层和盐膏层内不同漏失速度对应的裂缝宽度

漏失速度,m³/h	<10	10~20	20~50	>50	失返
漏失严重程度	微漏	小漏	中漏	大漏	严重漏失
盐膏层漏失裂缝宽度,μm	<1059	1059~3002	3002~6356	6356~8020	>8020
目的层漏失裂缝宽度,μm	<1038	1038~1662	1662~3096	3096~4260	>4260

另外,库车山前白垩系气层均为异常高压,压力系数为1.7~2.0,需要使用高密度钻井液,裂缝的存在并在液柱压力诱导下扩大、延伸裂缝,在钻井过程中,极易引起大量漏失和边钻边漏。如秋里塔格冲断带迪那2-8井在白垩系取心钻进至井深5271.00m时发现井漏1.6m³,漏失速度为8.48m³/h,降排量至3.6L/s时漏失速度为7.2m³/h,强钻至井深5272.32m井口失返,该筒岩心见多条高角度、未充填裂缝,且部分裂缝被钻井液充填(图6-2-19),该井从井段4652.43~5500m共发生43次井漏,漏失钻井液及堵漏材料

3396m³，井漏点与成像测井解释裂缝基本吻合。就迪那气田来讲，在构造主体部位，裂缝更加发育，井漏愈发严重，如迪那201井和迪那204井处于翼部，地层倾角较缓，裂缝相对不太发育，古近系分别只发生2次和5次井漏，漏失量55.3m³及158.4m³，而构造主体部位构造挠曲变形强烈，裂缝相当发育，钻井井漏全部在10次以上，单井漏失量大于1000m³，可见裂缝是造成此类井漏的主要原因。

地层裂缝发育，在钻进过程易发生井漏，尤其是第二岩性段，例如克深24井和克深242井在巴什基奇克组第二岩性段（K_1bs^2）多达几十条裂缝（图6-2-19），说明该构造在巴什基奇克组第二岩性段（K_1bs^2）裂缝极其发育，为开口裂缝，漏失压力低，采用油基钻井液钻进发生井漏，克深24号构造6口井均在巴什基奇克组第二岩性段（K_1bs^2）发生井漏。

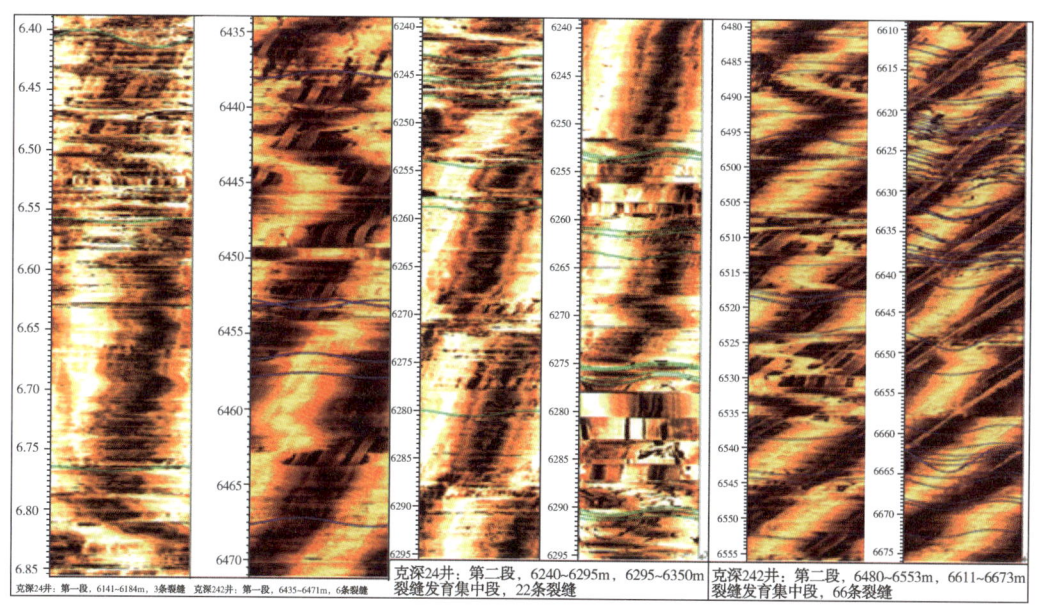

图6-2-19 克深24井和克深242井在K_1bs^2裂缝形态

五、库车山前各层段漏失成因类型

综合分析库车山前各层段地层漏失通道、发育情况、漏失速度、漏失量等数据，判断各层段的漏失成因类型见表6-2-7，第四系以孔隙裂缝型为主；盐上层段断层破碎带以裂缝孔隙型为主，砾岩与砂砾岩以孔隙型为主；盐膏层段钻井液漏失成因以诱导破裂型为主，裂缝扩展延伸型为辅；储层段钻井液漏失成因以大中裂缝型为主，裂缝扩展延伸型为辅。

表6-2-7 库车山前各层段地层漏失成因类型

序号	层段		代号	主要漏失成因类型	次要漏失成因类型
1	第四系		Q	孔隙裂缝型	孔隙型
2	盐上地层	断层破碎带		裂缝孔隙型	孔隙型
		砂砾岩		孔隙型	孔隙裂缝型
		上泥岩段	$E_{1-2}km^1$	诱导破裂型	裂缝扩展延伸型

续表

序号	层段		代号	主要漏失成因类型	次要漏失成因类型
3	盐膏地层	盐岩段	$E_{1-2}km^2$	诱导破裂型	裂缝扩展延伸型
		中泥岩段	$E_{1-2}km^3$	诱导破裂型	裂缝扩展延伸型
		膏盐岩段	$E_{1-2}km^4$	诱导破裂型	裂缝扩展延伸型
		膏盐岩段中的白云岩		裂缝扩展延伸型	诱导破裂型
4	盐下地层	下泥岩段	$E_{1-2}km^5$	裂缝扩展延伸型	诱导破裂型
		第一段	K_1bs^1	大中裂缝型	大中裂缝型
		第二段	K_1bs^2	大中裂缝型	裂缝扩展延伸型
		第三段	K_1bs^3	裂缝扩展延伸型	大中裂缝型

第三节 提高地层承压能力机理

地层裂缝发育和地层弱结构面(非致漏裂缝)受流体诱导作用扩张是库车山前地层承压能力低的原因之一。要提高地层承压能力，可从改变井壁力学状态的应力笼和封缝入手，利用填塞层承压来提高地层承压能力。

一、提高地层承压能力思路

1. 形成填塞层增加井壁承压能力

针对裂缝性地层承压能力低的原因，想要提高地层承压能力，可加强井壁岩石强度，增加井壁围岩的力学承受力，使井壁围岩弱结构在钻完井施工过程中不被诱导起裂，使非致漏裂缝不被诱导。对于强化井壁，增加井壁承受力，国内外做过许多研究，其中以Alberty和Mclean等(2004)提出的应力笼理论(stress cage)为代表。

强化井壁的应力笼理论指出，首先，井内流体压力在井壁围岩上诱导出新裂缝，井中的固相颗粒在井壁裂缝处临时停靠、聚集，液柱压力把颗粒嵌入裂缝中，就像打入一个楔子到裂缝之中一样。其次，由固相颗粒组成的楔子，进入裂缝端口后，使井眼的钻井液压力与裂缝的液体压力隔离，如图6-3-1所示，如果地层岩石的渗透性比楔形堵塞物的渗滤作用大，则楔形堵塞物后的滤液就会弥散，那么堵塞物后面的那段裂缝中液体的压力将消散，最终与周边孔隙压力平衡，同时裂缝有逐渐闭合的趋势，如图6-3-1所示。最后，逐步闭合的裂缝对楔形堵塞物产生了压应力，相反，楔形堵塞物的存在压缩了井壁围岩，部分抵消了井壁围岩由主应力产生的周向应力，就像在井壁上形成一层应力笼一样，从而减少了井壁围岩承受的周向应力，使得地层岩石的弱结构面(非致漏裂缝、瑕疵等)不被诱导压开，即提高了地层承压能力。

该理论指出，固体颗粒在裂缝处形成楔形堵塞物的能力主要取决于裂缝开度的大小和钻井液中固相的尺寸，而井壁围岩所受的切向压力减少的幅度取决于堵塞物所在的位置和范围、地层硬度以及在隔离段外侧裂缝的压力降的大小。该理论还指出，如果地层孔隙压力比井眼压力低得多，则在裂缝处的压差也会很大，楔形堵塞物需要承受很大的压应力，而在地层孔隙压力较高的地层，井眼钻井液的压力与地层孔隙压力很接近，那么在堵塞物

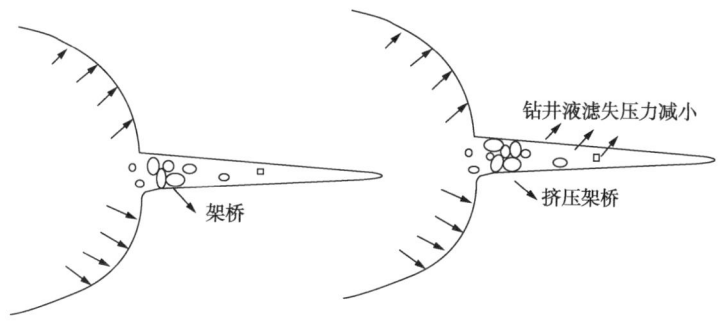

图 6-3-1 颗粒在裂缝中架桥示意图

上产生的压差会更小。

该理论还给出了形成楔形堵塞物后减少周向应力计算模型:

$$\Delta p = \frac{\pi}{8} \frac{w}{R} \frac{E}{(1-\nu^2)} \qquad (6-3-1)$$

式中 Δp——裂缝填塞后增加的承压能力,MPa;

W——裂缝宽度,m;

R——井筒半径,即封堵层离井中心距离,m;

E——地层的杨氏模量,MPa;

ν——地层岩石的泊松比。

由式(6-3-1)可以计算出,当裂缝宽度增大到1mm,并且井筒半径取0.1m时,就可以有效地提高井眼承压能力至 6.895MPa 以上。

2. 利用防漏堵漏方法提高地层承压能力

强化井壁的应力笼理论是为了增加井壁承受力而不被诱导压开来提高地层承压能力。而封堵裂缝形成填塞层方法则是通过运用封堵剂封堵裂缝,减少裂纹尖端的应力集中,阻止裂纹的扩大和延伸,提高地层承压能力。

防漏堵漏理论提出合理尺寸的颗粒材料在相应的压差作用下封堵裂缝,可以防止漏失。此过程包括两个连续过程:(1)大量的较大颗粒材料阻止钻井液中的较小颗粒材料漏失。(2)钻井液中的颗粒材料阻止基浆的滤失。防漏堵漏之后,颗粒材料便在裂缝中形成一段过滤的"砂床","砂床"形成后就会将堵漏浆或钻井井浆过滤,将堵漏浆中的颗粒留下,水相通过"砂床"滤失弥散,使得堵漏颗粒在裂缝尖端或是裂缝吼道处开始自发收缩,最终形成填塞层,如图 6-3-2 所示。填塞层形成之后,作用在裂缝壁面的促使

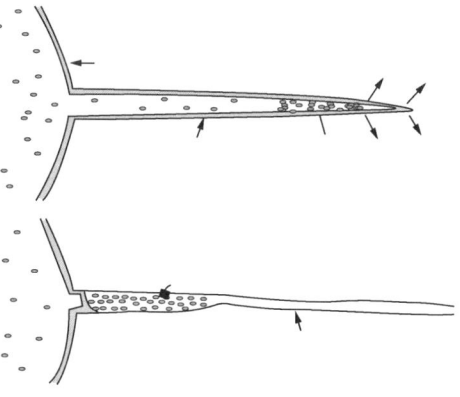

图 6-3-2 裂缝填塞层形成过程

裂纹尖端应力集中的垂向力(垂直于裂缝壁面)消失,阻止裂纹扩延。因此,要想提高地层承压能力,需要用固相颗粒对各种裂缝进行有效地封堵。

在形成填塞层过程中,漏失液体可分为两部分,一是通过裂缝壁面向地面渗透,二是通过尖端向岩石内部漏失。

二、防漏堵漏提高地层承压能力机理

要提高地层承压能力方法之一是需要改变井壁围岩力学状态,使之不容易被压开,其二是及时有效地封堵各种裂缝,防止诱导裂缝的产生。

1. 防漏堵漏提高承压能力的要求

提高地层承压能力原理,要封堵裂缝提高地层的承压能力,必须在裂缝中快速地形成满足以下要求的填塞层,才能够有效地防止井漏和消除裂缝中的诱导作用。

1)形成的填塞层必须满足低渗透率

只有填塞层渗透率很低,钻井液通过填塞层的速率小于钻井液从裂缝壁面渗透出去的速率,缝内钻井液才不能完全补充,缝内诱导作用力就会消失,裂缝就不会被诱导扩延,因而不再增大,填塞层才会牢固。

2)形成填塞层能够承受一定的压力

填塞层形成后,缝内诱导压力消失,裂缝壁面会产生压缩填塞层的闭合应力,因此,形成填塞层要承受井内流体和地层流体压差,同时承受缝面岩石的闭合应力。否则,填塞层就会被压碎,产生第二次漏失。

2. 防漏堵漏技术实现提高承压能力机理

防漏堵漏浆能够快速地形成满足低渗透率和高强度的填塞层,能够提高地层承压能力,是因为它有如下的作用机理:

1)对于开度较大的致漏裂缝

对裂缝地层发育开度较大的裂缝,在钻井液柱压力作用下就会产生漏失,如果使用堵漏浆能快速(很短时间内、很少漏失量)形成填塞层,就能够减少钻井液漏失速度,最后彻底堵死裂缝。同时由于形成的填塞层等渗透率很低,钻井液在致漏裂缝中壁面渗透速率比在填塞层中渗透速率大,缝内诱导作用逐渐减小直到消失,因此就能阻止致漏裂缝的开度扩大。其次由于填塞层强度高,能够承受井内流体压力与地层流体压力,使填塞层不能够向缝内移动。因此,能够牢固地封堵非致漏裂缝,并制止其进一步扩大。

2)对非致漏裂缝和弱结构面

对于裂缝地层发育的大量闭合的非致漏裂缝,当钻井液与之作用时,不会立即发生漏失,但是钻井液中的水相会渗入裂缝之中,由水相产生的水力尖劈作用会扩大裂缝,直到达到漏失程度,裂缝才会产生漏失。对地层弱结构面,井内流体压力会使得弱结构面承受应力大于其抗张强度,因此弱结构面破裂产生裂缝,然后被液相水力尖劈作用扩大到致漏程度而产生漏失。对于这两类问题,只要有漏失,堵漏浆就会在裂缝中快速形成填塞层,堵住漏失,消除水力尖劈作用,承受压差和缝内岩石壁面产生的闭合应力。因此防漏堵漏技术能够封堵非致漏裂缝、弱结构面等引起的漏失,且能消除其扩延的诱导作用,制止其进一步扩大。

3. 防漏堵漏技术机理的可能性

及时封堵机理是能够实现的,是能够提高地层承压能力的,主要是因为水力造缝是一个渐进的过程。Geertsma 和 Deklerk 对水力作用下裂缝扩展进行了细致研究,提出了缝壁上的液体正压力会使裂缝边界处的壁面闭合的动平衡裂缝概念,指出裂缝是缓慢开裂和闭合的。因此,对非致漏天然裂缝(微裂缝、小裂缝、井壁岩石弱结构面的)被诱导开启扩大到致漏宽度是一个逐渐进行的过程,从液体进入裂缝,产生水力尖劈作用,产生诱导裂缝，从细微裂缝开始扩大需要一定的时间和具有一定的速度。其裂缝生长速度在压力足够大时，取决于液体进入裂缝的净速度，只要有效制止和控制液体进入裂缝的速度就可以终止和控制裂缝的产生和扩大。而裂缝的防漏堵漏技术能够立即形成填塞层。形成之后就能有效地制止和控制液体进入裂缝的速度，因而可以终止和控制裂缝的产生和扩大。

4. 防漏堵漏技术材料要求

提高地层承压能力防漏堵漏技术的实现取决于对填塞层的特殊要求，而对填塞层的特殊要求形成了对随钻防漏堵漏技术材料的要求。根据提高承压能力防漏堵漏技术原理，防漏堵漏技术材料应该具有以下几点要求：

1) 快速地形成填塞层对材料的要求

要快速地形成填塞层，防漏堵漏材料一定要在裂缝中很快挂阻、架桥、填充、形成结构。不同粒径的刚性颗粒物质架桥以后，会形成致密的力链网络，力链网络的空间需要弹性颗粒的填塞和纤维的嵌入，从而形成致密的结构性封堵。因此要求随钻防漏堵漏材料必须具备刚性颗粒、弹性颗粒和纤维三类物质。用于架桥的刚性颗粒状的物质，一定是不规则的非球形物质，由于边缘效应，很容易在裂缝中挂阻架桥；此外还需大小颗粒复配，大颗粒架桥，小颗粒填充。用于填塞力链网络的弹性颗粒必须具有较高的回弹率和抗温性。用于形成结构纤维应该是刚柔并济的。

上述三种物质共存，才能够快速的形成填塞层。

2) 形成低渗透率填塞层对材料的要求

防漏堵漏技术要求形成填塞层渗透率要低，因此，防漏堵漏技术材料的粒径要与裂缝尺寸相匹配，尺寸、浓度要满足要求。一定级配下的封堵材料颗粒形成的填塞层才能形成很低的渗透率，因此，堵漏材料级配要满足形成填塞层低渗透率的要求。

3) 填塞层需要承受一定的压力对材料的要求

填塞层形成后必须承受：(1)井内流体的压力激动：钻井作业过程中，压力激动不可避免，很容易超过原有的压力，因此，要求填塞层必须承受住此压力。(2)缝面岩石产生的闭合应力，随着诱导作用的消失，地层岩石会产生比较大的闭合应力，填塞层必须承受岩石闭合产生的应力。(3)必须承受住井内流体压力与地层压差，要求填塞层在此作用下不能向井内移动或向裂缝深处移动。基于以上要求，可得出防漏堵漏技术材料一定是能够承受较大应力的高强度刚性物质，并且在高温作用下强度要高。

4) 工艺对防漏堵漏材料的要求

根据处理的工艺可知，随钻防漏堵漏材料还需要满足：(1)防漏材料与携带液(钻井液)不发生物理化学作用；(2)对钻井液流变性、失水造壁性、润滑性等影响较小，满足钻井工艺；(3)具有较高的抗高温高压性能，堵漏材料在井底长时间作用之后，仍能保持较好性能；(4)要求材料易于辨认，不影响录井工作。因此，上述三类材料一定是惰性物质，不与钻井液反应，或在高温条件下也不与钻井液反应，且颜色异于一般的钻屑。

三、钻井液防漏实验验证

为了验证随钻防漏堵漏技术提高地层承压能力，建立了室内模拟实验，其目的是为了研究钻井液强化井筒的机理，包括钻井液提高完整地层的破裂压力，以及重建已破裂地层的破裂压力，这一目的的实现离不开钻井液中所添加的各种封堵材料。通常用于钻井液中的封堵或堵漏材料分为颗粒材料、片状材料、纤维材料和其他形式的材料。根据需求选取了部分常用的材料以及实验室新研制材料用于强化井筒的模拟实验研究。

1. 防漏材料

1）颗粒材料

颗粒类材料在钻井液中应用非常广泛，从纳米级到毫米级，尺寸范围广，可选择性强，而且效果显著。下面实验选用的颗粒材料主要有纳米材料、各种粒级的碳酸钙颗粒、石英颗粒、石墨颗粒以及研制的新型高强度聚酯颗粒材料等，图6-3-3展示了几种实验中用到的颗粒材料。

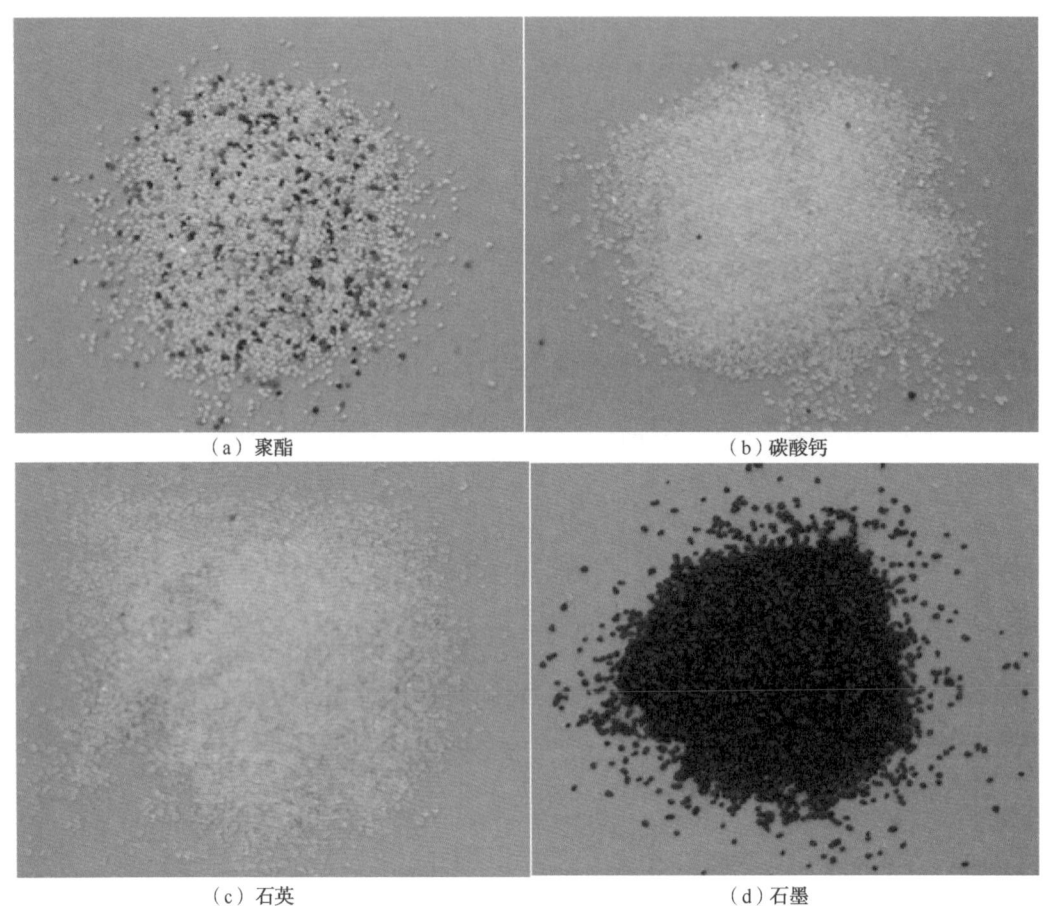

(a) 聚酯　　(b) 碳酸钙

(c) 石英　　(d) 石墨

图6-3-3　防漏颗粒材料

目前，碳酸钙颗粒仍然是应用最广泛的桥塞颗粒材料，碳酸钙的优点在于来源广且价格便宜，同时具备很高的酸溶率。但是碳酸钙材料最大的不足就是其抗挤和抗压强度相对较低。石英砂强度比碳酸钙高，但是由于其酸溶难度较大，现场应用相对较少，文中使用石英砂主要是与碳酸钙材料形成对比，用于研究材料强度对强化井筒效果的影响；石墨颗粒具有柔性，在压力作用下颗粒可以发生形变，不易破碎，但是其强度相对较低；研制的高强度无缺陷聚酯材料具有很高的抗挤压能力，能够弥补碳酸钙材料的不足。

在实验当中需要用到不同尺寸的颗粒，为了便于表述，将所用到的所有不同尺寸的颗粒进行了编号，见表6-3-1。

表 6-3-1 实验用颗粒材料的尺寸分布

粒级	XA	A_0	A	A_1	A_2	B
目数	30~40	40~60	60~120	60~80	80~120	>120
粒径，mm	0.6~0.425	0.425~0.25	0.25~0.125	0.25~0.18	0.18~0.125	<0.125
粒级	B_1	B_2	B_3	B_4	C	D
目数	120~150	150~180	120~180	180~325	>325	1000
粒径，mm	0.125~0.106	0.106~0.083	0.125~0.083	0.083~0.047	<0.047	0.013

2）纤维材料

实验选用的纤维材料为改性植物纤维，此纤维呈深灰色，质轻，长度小于3mm，物理化学性质稳定，如图 6-3-4 所示。纤维材料有助于颗粒材料的团聚，填充微孔隙，有助于增强封堵隔墙的整体性和致密性。

3）片状材料

实验选用的片状材料为研制的一种新型的片状高摩阻材料，强度高，表面凹凸不平，边缘呈纤维状，该片状材料对颗粒材料有包裹作用，同时增强了封堵隔墙与裂缝壁面间的摩擦阻力，有利于封堵隔墙的形成和稳固。图 6-3-5 为所用的高摩阻材料。

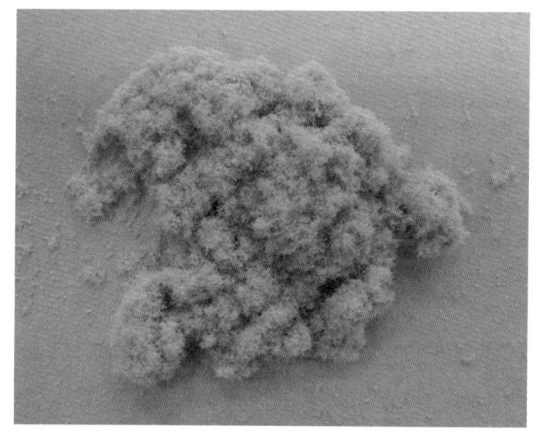

图 6-3-4 改性植物纤维

图 6-3-5 高摩阻材料

4）其他形式的材料

实验使用了乳化沥青，沥青类材料属于可变形材料，在温度和压力的作用下，材料变形填充各种孔隙和裂纹，提高钻井液的封堵性能，形成更加致密的滤饼。

2. 钻井液基浆性能测试

岩心压裂实验需要用到水基钻井液和油基钻井液，通过向钻井液中加入不同的封堵材料，调节钻井液的性能以及钻井液形成滤饼的性能。因此，所用的钻井液应该具备良好的流变性和悬浮性。综合考虑实验配浆难度和钻井液性能，最终确定了使用的基浆配方，并对基浆性能进行了测试，见表 6-3-2，所用水基钻井液基浆为普通的分散钻井液，油基钻井液基浆为油包水乳化钻井液，其中油水比为 8:2。

表 6-3-2　压裂实验所用基浆及其性能

序号	配方	密度，g/cm³	AV，mPa·s	PV，mPa·s	YP，Pa
1	水基钻井液基浆：4%膨润土浆+2%SMP-2+0.3%CMC-HV	1.04	28	19	9
2	油基钻井液基浆：白油+2%主乳+2%辅乳+2%CaO+1%降滤失剂+CaCl$_2$（水量的25%）+0.5%提切剂	0.902	55	46	9

3. 提高完整地层破裂压力的模拟实验

使用制作的岩心来模拟地层，开展了钻井液对地层破裂过程的影响实验，探索钻井液的组成和性能等对强化井筒提高地层破裂压力的作用；在实验开始前，将岩心饱和模拟地层水。实验均在2MPa的围压下进行，压裂岩心的钻井液以2mL/min的注入速率进入岩心内孔中。

1）水与膨润土浆压裂岩心对比

针对水压致裂的研究较多，除了油气田增产改造中的水力压裂之外，在水利、矿山等领域也有较多的关注，水压致裂与钻井液压裂岩心是存在区别的。因此，分别使用膨润土浆和水压裂岩心，对压裂结果进行对比，压裂结果见表6-3-3。从表中可以看到，在同样的实验条件，水压下岩心的破裂压力远低于膨润土浆作用下的破裂压力。

表 6-3-3　水与膨润土浆压裂岩心实验结果

序号	配方	破裂压力，MPa	FL_{API}，mL
1	水	5.73	—
2	4%膨润土浆	21.97	28.4

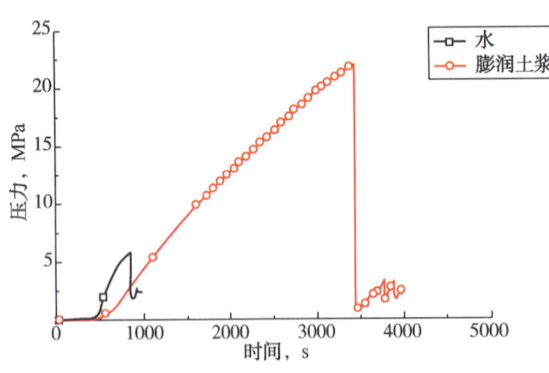

图 6-3-6　水和膨润土浆压裂岩心的压力曲线

图6-3-6展示了压裂岩心过程中岩心内孔中的压力随时间的变化曲线，使用清水压裂岩心时，使用小排量将水注入岩心内时，水渗透穿过岩心，岩心内难以积聚压力，因此，要使用大排量将水注入到岩心内，在大排量作用下岩心内的压力快速上升，最终压裂岩心；使用膨润土浆压裂岩心时，由于钻井液自身的特性以及在岩心内孔壁上形成了滤饼，在小排量作用下，岩心内即可以积聚压力，压裂岩心。图6-3-7为压裂后的岩心，水压裂后的岩心表面与压裂之前没有明显的变化，没有压裂的痕迹，在岩心表面观察不到明显的裂缝，而膨润土浆压裂的岩心上有明显的裂缝，压裂后岩心上出现基本对称的裂缝，在岩心侧面和端面都可以看到非常明显的裂缝。

在水和膨润土浆作用下，岩心的破裂形式是有差别的，使用水压裂岩心时，近孔壁的孔隙压力迅速升高并达到岩心内孔的水压力，由于驱替流量大于岩心的吸液能力，岩心内

(a)水　　　　　　　　　　(b)膨润土浆

图 6-3-7　水和膨润土浆压裂后的岩心

孔中的压力也不断升高，在孔隙压力和岩心内孔压力共同作用下，导致岩心破裂，孔隙压力对岩心的破裂贡献较大。使用膨润土浆压裂岩心时，膨润土在孔壁上沉积形成滤饼，由于滤饼的渗透率较低，进入岩心中的液相量很少，不会引起岩石中孔隙压力的快速升高，此外，滤饼具有保护井壁缓冲压力的作用。使用水压裂岩心时，水的渗透作用对岩心的破裂影响很大，岩心的破裂属于渗透性破坏；而钻井液作用下，滤液的渗透作用对岩心的破裂影响相对较小。水与钻井液作用下岩心的破裂机制不同，也为钻井液提高地层岩石破裂压力提供了事实依据。

2）封堵材料级配浓度对岩心破裂过程的影响

颗粒封堵材料在钻井液中的应用非常广泛，材料的加入具有保护井壁和修复地层岩石缺陷的作用，能够提高地层的承压能力。然而，封堵材料的加量、配比等都会影响钻井液的性能，因此有必要详细研究所加入的颗粒材料对钻井液强化井筒效果的影响。从水、膨润土浆压裂岩心的情况，也可以看出钻井液中固相的存在对岩心的破裂压力影响很大，而钻井液中固相类型及含量变化也势必会对岩心的破裂压力造成影响。因此，开展了向钻井液中添加封堵材料后压裂岩心的实验，研究封堵材料的尺寸和加量等对岩心破裂压力的影响。表 6-3-4 为实验用不同钻井液配方条件下的压裂结果。

表 6-3-4　不同颗粒配比条件下的岩心压裂实验结果

配方序号	配方	破裂压力，MPa	FL_{API}，mL
配方 1	水基基浆	18.99	5.8
配方 2	水基基浆+10%A	18.66	5.4
配方 3	水基基浆+10%B	23.56	4
配方 4	水基基浆+10%C	24.04	4.4
配方 5	水基基浆+10%B_1	19.93	6.2
配方 6	水基基浆+10%B_2	18.81	6
配方 7	水基基浆+10%B_4	15.43	6.4

续表

配方序号	配方	破裂压力,MPa	FL_{API}, mL
配方8	水基基浆+5.12%A+3.9%B+0.98%C	26.16	4
配方9	水基基浆+7.98%B+2.02%C	22.26	3.6
配方10	水基基浆+3%B	20.91	6.4
配方11	水基基浆+6.5%B	23.25	5.8
配方12	水基基浆+8.5%B	22.96	5.8
配方13	水基基浆+15%B	22.24	5.8

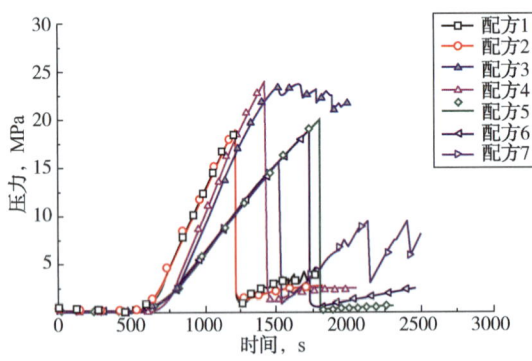

图 6-3-8 岩心压裂过程中的压力曲线(一)

3) 材料粒度级配对岩心破裂压力的影响

材料粒度对破裂压力的影响：向钻井液中添加的不同尺寸的颗粒材料会影响到钻井液的性能，从而影响岩心破裂的过程，使用添加不同粒度尺寸碳酸钙颗粒的钻井液进行岩心压裂实验。图 6-3-8 展示了实验过程中的压力曲线，其中水基基浆压裂岩心的曲线作为对比曲线。

从图 6-3-8 中可以看到，不同尺寸的颗粒对破裂过程有不同的影响；配方2实验中加入材料尺寸较大，其压裂岩心的情况与基浆几乎完全吻合，说明该尺寸的颗粒对钻井液的性能影响较小。配方3和配方4实验中岩心的破裂压力与基浆相比有明显提高，并且配方3实验中岩心破裂以后，压力仍然维持在较高值，与其他实验均不同。此外，其余实验中，岩心的破裂压力与基浆作用下的岩心破裂压力相比不但没有明显提高，反而部分有所降低。配方5、配方6和配方7实验中，颗粒材料使得钻井液的滤失量明显增加，材料影响到了滤饼的性能，对应于图中可以看到这三个实验的压力曲线的斜率明显要小于其他实验。

图 6-3-9 展示了其中几个实验中压裂的岩心，在岩心的侧面上都可以看到岩心破裂后形成的纵向裂缝。

根据实验结果，颗粒尺寸对岩心的破裂过程有较大的影响，对加入尺寸大于 50μm 左右且尺寸较为单一的颗粒(如配方2、配方5、配方6、配方7)，其作用下很难提高岩心的破裂压力，并且在这一尺寸范围内，单一尺寸颗粒的粒径越小，越不利于提高岩心破裂压力。例如对配方7进行了多次重复实验，均得到一致的结果，岩心的破裂压力均比基浆作用下有明显的降低；颗粒尺寸小于 50μm 时，可以改善钻井液的性能，最终使得岩心的破裂压力有较大地提高；此外，颗粒尺寸分布范围较广，即大小颗粒均有，颗粒之间相互配合，可以显著提高岩心的破裂压力。

材料级配对破裂过程的影响：颗粒的级配表示了颗粒材料中大小颗粒之间的比例，通过优化颗粒材料的级配，可以提高封堵的致密性，而对于完整岩心的压裂实验，颗粒的级配会影响钻井液保护岩心的能力，因此，考察颗粒级配对岩石破裂过程的影响。

图 6-3-10 展示了三种颗粒级配条件下的岩心压裂过程中的压力曲线。从压力曲线上

图 6-3-9 破裂后的岩心

看,材料的级配对岩心破裂过程也有较大的影响。配方 2 实验中颗粒的尺寸较大,尺寸单一且分布范围相对较窄,对滤饼的影响很小,其作用下岩心的破裂压力较低;配方 8 中的颗粒级配相对较好,得到的岩心破裂压力达到 26.16MPa,钻井液的滤失量小,滤饼较为致密。从图 6-3-10 中还可以看到,岩心破裂以后继续泵入钻井液,在其作用下仍能够重建岩心破裂压力,岩心再次破裂时的压力超过 20MPa。配方 9 配方中颗粒的整体粒径均小于配方 8,其效果也略逊于配方 8,但是配方 9 当中颗粒的尺寸较细,尺寸分布范围相对较广,对滤饼以及岩心孔壁的影响较大,其作用下的岩心破裂压力高于配方 2。综上,为了提高地层的破裂压力,对与颗粒粒度级配的选择需要注意:颗粒的粒径不能过于单一,尺寸分布要广泛,粗颗粒、细颗粒以及微细颗粒各有功用,相互组合的效果更好。

4)材料浓度对岩心破裂过程的影响

实验中发现配方 3 在进行压裂岩心过程中,岩心的破裂压力较高,而且岩心破裂后仍能够承受较高的压力而不立即破坏,表现出很好的保护孔壁强化井筒的效果,因此,以配方 3 为基础,改变其中颗粒材料的浓度,观察颗粒材料浓度变化对岩心破裂过程的影响,图 6-3-11 加入不同浓度颗粒材料的钻井液作用下的岩心压裂过程中的压力曲线,需要说明的是配方 3 实验压力曲线使用的是重复实验的压力曲线。

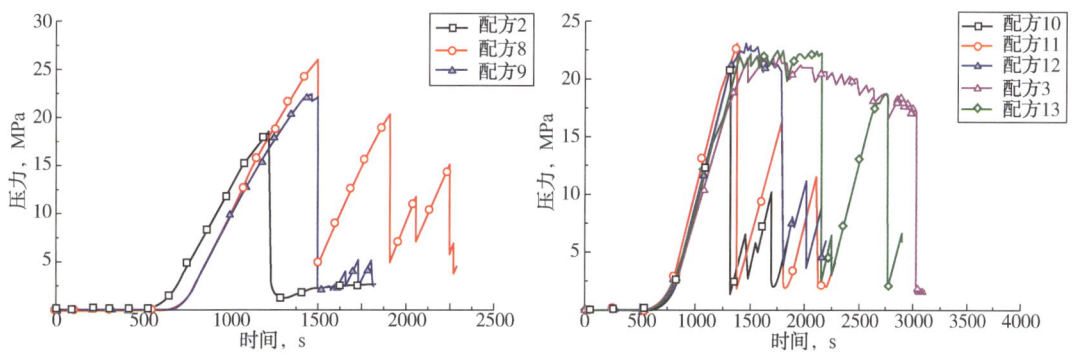

图 6-3-10 岩心压裂过程中的压力曲线(二)　　图 6-3-11 岩心压裂过程中的压力曲线(三)

碳酸钙浓度增加,钻井液滤失量的变化不大,说明对钻井液形成的滤饼的致密性影响较小,从图 6-3-11 中可以看到,不同颗粒浓度条件下,岩心的破裂压力相差不大,说明材料的尺寸分布确定之后,其浓度的变化对岩心破裂压力的影响相对较小。但是颗粒材料的浓度变化对岩心破裂后的表现有不同的影响,当向钻井液中加入的碳酸钙的浓度达到并超过8.5%时,岩心破裂后,岩心内孔的压力均能够维持在较高的数值并持续一段时间,延长了岩心从出现裂纹到彻底破坏的时间,这一现象对于提高岩石承压能力是非常有利的。

当加入的碳酸钙浓度达到一定值时,岩心内孔的压力可以维持在较高的数值,并维持一段时间,直至岩心彻底破裂,为了确定岩石到底何时破裂产生裂纹,使用碳酸钙浓度为10%的钻井液进行重复实验,在压力出现第一次小的波动时就立即停止实验,然后,等装置卸压之后取出岩心,观察岩心是否产生了明显的裂纹。图 6-3-12 为岩心压裂过程的压力曲线和驱替流量曲线,岩心的破裂压力为 22.37MPa,这也表明实验的可重复性较强。

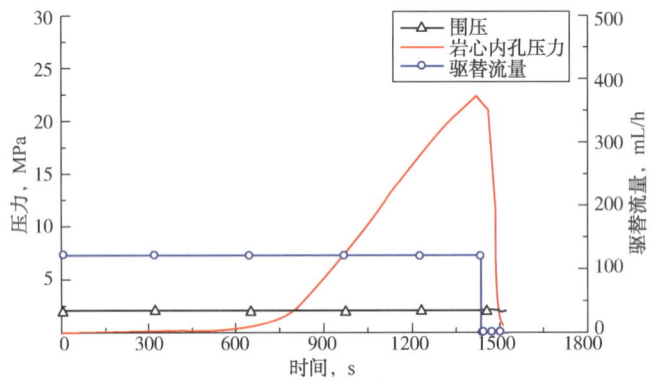

图 6-3-12　压力第一次下降时立即停泵的压力曲线

图 6-3-13 为取出的岩心,图中箭头所指位置为岩心端面上出现的微裂纹,肉眼可见的微裂纹末端距离岩心外壁还有约 1cm,岩心的侧面没有微裂纹。这一现象说明压力曲线出现一次小幅度下降时岩心就已经产生了微裂纹。根据实验结果推测,岩心中出现的微裂纹迅速被滤饼以及钻井液中的固相材料填充,阻止了裂缝迅速扩展,最终使岩心能够在一段时间内承受较高的压力,而这一现象只有在材料的级配合适并且具有一定浓度时才会出现。

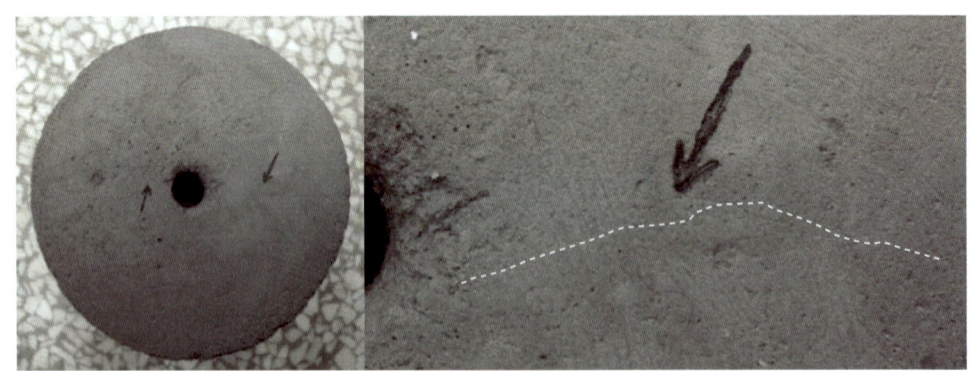

图 6-3-13　岩心端面上的微裂纹

5) 封堵材料类型对岩心破裂过程的影响

除了碳酸钙之外,还有很多其他类型的封堵材料,不同的材料都有其各自的特点和功用,实验使用了石英砂、石墨以及研制的高强度聚酯颗粒材料,与碳酸钙颗粒进行对比,探究不同类型的颗粒材料对岩心破裂过程的影响;还有可变形材料、纳米材料等,能够封堵更微小的孔隙,修复岩石中微小的缺陷增强滤饼的致密性,这些都可能会影响到岩心的破裂过程；此外，重晶石作为钻井液的重要固相组成部分，在提高钻井液密度的同时，也为钻井液提供了可以封堵和修复地层的固相颗粒，同时也对钻井液形成的滤饼影响较大。因此，向钻井液中添加各种不同的材料，进行了岩心的压裂实验，表6-3-5为向钻井液中添加不同材料作用下岩心压裂实验结果。

表6-3-5 不同材料作用下的岩心压裂实验结果

配方号	配方	破裂压力，MPa	FL_{API}，mL
配方1	水基基浆+10%B(碳酸钙)	23.56	4
配方2	水基基浆+10%B(石英砂)	22.96	4.4
配方3	水基基浆+10%B(石墨)	21.48	4.4
配方4	水基基浆+10% B(聚酯)	25.66	5
配方5	水基基浆	18.99	5.8
配方6	水基基浆+3%乳化沥青	18.5	5.2
配方7	水基基浆+10% B(碳酸钙)+3%乳化沥青	27.92	3.2
配方8	水基基浆+10%B 碳酸钙+3%纳米碳酸钙	24.56	3.6
配方9	水基基浆+重晶石	26.55	4.8

颗粒材料类型对岩心破裂过程的影响：不同类型的颗粒材料，其硬度和强度都有所不同，这些也都可能对岩心的破裂过程产生影响，图6-3-14展示了钻井液中分别加入碳酸钙、石英砂、石墨以及高强度聚酯材料后压裂岩心的压力曲线。

从图6-3-14中可以看到，加入不同的颗粒材料后，在钻井液作用下，岩心压裂过程中的压力曲线形式不同，在加入聚酯颗粒的钻井液作用下岩心的破裂压力最高，添加聚酯、石英砂以及碳酸钙的钻井液压

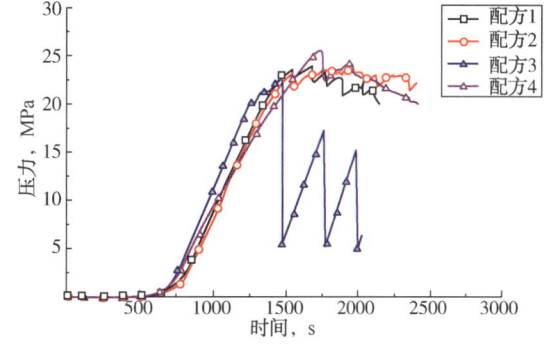

图6-3-14 岩心压裂过程中的压力曲线(四)

裂岩心时，在岩心破裂后，仍能够承受较高的压力而不立即破坏；加入石墨材料的钻井液与其他钻井液相比，稳定封堵裂缝的时间相对较短；之前的材料强度测试中，石墨材料因为其柔性强，在压力下的破碎率很低，但是其自身的强度以及硬度较低，这可能是导致石墨对形成的微裂缝的封堵效果弱于其他几种材料的原因。这些材料当中，聚酯材料的硬度和强度都是最高的，而且在压力作用下极少出现颗粒的破碎，因此，在相同条件下，聚酯材料强化井筒的效果最好。

可变形材料对岩心破裂过程的影响：在用于钻井液的封堵材料中，有一些软化可变形的材料，比如沥青等，可变形材料能够填充颗粒之间的孔隙，使形成的封堵隔墙或滤饼更加致密。实验选用了乳化沥青作为可变形材料，实验测试了可变形材料以及可变形材料与颗粒材料共同作用下对岩心破裂过程的影响，如图6-3-15所示。

从图6-3-15中可以看到，在水基基浆中加入乳化沥青，对岩心破裂过程几乎没有影响，岩心的破裂压力略小于水基基浆；而在基浆中加入碳酸钙之后再加入乳化沥青，岩心

的破裂压力明显地提高,破裂压力值提高了 4.36MPa,说明了可变形材料与颗粒材料配合,能够取得更好的强化井筒效果,岩心的承压能够得到明显地提高。

纳米材料对岩心破裂过程的影响:纳米材料的加入能够增加钻井液中固相粒度的分布范围,形成纳米级封堵,进一步提高滤饼的致密性和封堵隔墙的致密性,图 6-3-16 展示了加入纳米材料前后的钻井液压裂岩心过程中的压力曲线。

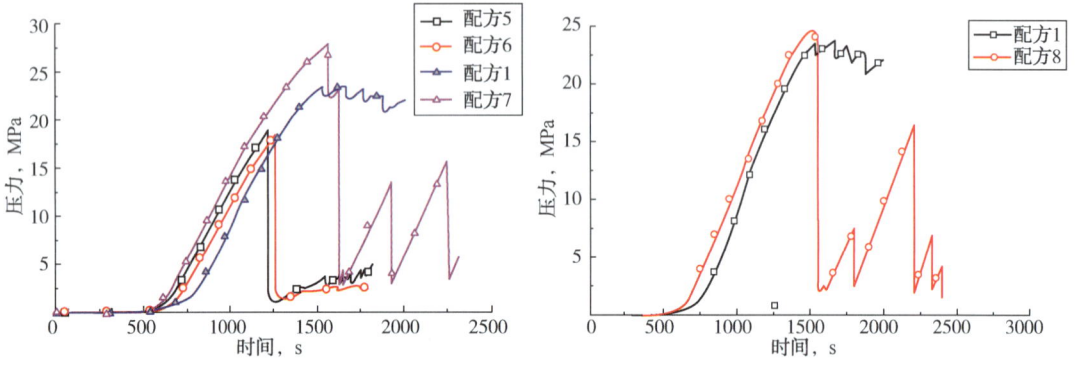

图 6-3-15　岩心压裂过程中的压力曲线(五)　　图 6-3-16　岩心压裂过程中的压力曲线(六)

从图 6-3-16 中可以看到,纳米材料的加入对岩心的破裂压力影响很小,加入纳米材料后,岩心的破裂压力稍有提高,并且压力曲线在上升阶段开始的时间要早于未加纳米材料的情况;此外,岩心破裂后,添加纳米材料的配方 8 实验中,岩心内的压力曲线迅速降低,说明岩心内形成裂纹后就迅速破坏了,而不像配方 1 实验中那样,岩心在产生裂纹后,在颗粒材料的作用下仍能承受一定的压力,这一情况反映出纳米材料对滤饼塑性流动变形有明显的影响,裂纹产生后,滤饼携带颗粒的变形能力差,不能很好地封堵并修复裂纹,进而导致裂纹快速发展而使得岩心彻底破裂。

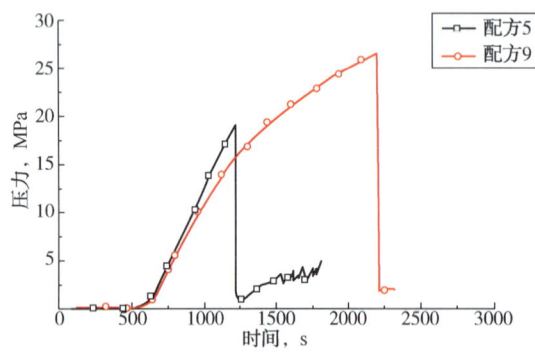

图 6-3-17　岩心压裂过程中的压力曲线(七)

重晶石对岩心破裂过程的影响:为了平衡地层压力,通常都要在钻井液中加入加重材料,提高钻井液的密度,加重材料作为惰性刚性颗粒材料,会影响钻井液中固相分布以及钻井液形成滤饼的性能,图 6-3-17 展示了水基基浆与水基基浆加重至密度为 1.6g/cm³ 后压裂岩心过程中的压力曲线。

从图 6-3-17 中可以看到,经过加重后,钻井液作用下岩心的破裂压力有显著地提高,而且岩心的破裂过程也相应地发生了变化,加重后的压力曲线有明显的弯曲现象,发生弯曲的时间明显早于加重前,这在一定程度上说明此时曲线开始弯曲不一定表示岩心已经产生了裂纹,而仅仅是滤饼在压力作用下的变化所引起的,加重后钻井液中的固相含量更高,重晶石颗粒又是粒度较为均一的刚性颗粒,与膨润土一起在压力下颗粒之间的滑动、形变要明显大于单一的膨润土颗粒。

图 6-3-18 为两种条件下岩心内孔壁上形成的滤饼,可以明显地看到,加重后岩心孔

壁上形成的滤饼厚度大于加重前，滤饼中的固相含量也远高于加重前，而且滤饼被压得非常致密紧实，这也一定程度上印证了压力曲线发生弯曲的原因。

(a) 配方5　　　　　　　　　　　　(b) 配方9

图 6-3-18　岩心内孔壁上的滤饼

6) 水基钻井液与油基钻井液压裂岩心对比

油基钻井液与水基钻井液存在一些本质上的区别，两者作用于亲水的地层岩石所引起岩石的变化也是存在差别的，油基钻井液的组成与水基钻井液组成的差别导致两者形成的滤饼性质也存在很大的不同，这些都会影响钻井液强化井筒的效果。因此，开展了油基钻井液压裂岩心的实验，与水基条件下进行对比，观察两种钻井液条件下岩心的破裂过程，表 6-3-6 列出了几种不同情况下岩心压裂实验的结果。

表 6-3-6　油基和水基钻井液条件下的岩心压裂实验结果

配方号	配方	破裂压力，MPa	FL_{API}，mL
配方 1	水基钻井液基浆	18.99	5.8
配方 2	油基钻井液基浆	12.32	4.4
配方 3	水基基浆+10%B(碳酸钙)	23.56	4
配方 4	油基基浆+10%B(碳酸钙)	12.54	4
配方 5	水基基浆+10% B(聚酯)	25.66	5
配方 6	油基基浆+10%B(聚酯)	17.5	3.8
配方 7	水基基浆+重晶石	26.55	4.8
配方 8	油基基浆+重晶石	22.45	3.4

油基钻井液基浆和水基钻井液基浆压裂岩心对比：从图 6-3-19 中岩心压裂过程中的压力曲线上看，油基钻井液基浆作用下岩心的破裂压力要远低于水基钻井液基浆，存在如此明显差别的原因仍然可以从钻井液的组成上寻找，水基钻井液基浆中存在大量的黏土固相，能够在孔壁上形成质量较好的滤饼，油基钻井液基浆为油包水乳化体系，其中大量存在的是乳状液滴，液滴本身强度很低，在压力作用下，虽然油基钻井液基浆也在孔壁上形成了滤饼，并且油基钻井液基浆的滤失量也很低，但是，油基钻井液基浆形成滤饼的力学性能难以与水基钻井液条件下的滤饼相比，而且油基钻井液基浆中没有固相材料修复和完善岩心孔壁，滤饼的差异最终导致两种钻井液体系作用下的岩心破裂压力产生较大差异。

添加颗粒封堵材料后压裂岩心对比：油基钻井液基浆作用下岩心的破裂压力较低，向油基钻井液基浆中添加封堵材料，改善油基钻井液的组成，以其增加滤饼当中的固相含量，改善滤饼的性能，考察封堵材料的加入是否会使岩心的破裂压力有所提高，并与水基钻井液相比较。图6-3-20展示了几种添加不同封堵材料的钻井液压裂岩心过程中的压力曲线。从图中的压力曲线上可以看到，向钻井液中加入封堵材料后，水基条件下岩心的破裂压力仍然明显地高于油基条件下岩心的破裂压力。加入碳酸钙的油基钻井液作用下岩心的破裂压力为12.54MPa，而在油基基浆作用下岩心的破裂压力12.32MPa，表明碳酸钙加入后并没有使得油基钻井液强化井筒的效果有所提升；而加入聚酯材料的油基钻井液作用下岩心的破裂压力有较大提升，虽然破裂压力值没有水基钻井液条件下的高，但是其效果与水基条件下非常相似，在岩心破裂后仍能够承受较高的压力而不立即破坏；碳酸钙与聚酯材料在油基钻井液条件下表现出很大的差异，聚酯材料的效果明显优于碳酸钙，这可能与聚酯材料和油基钻井液的配伍性以及聚酯材料的高强度有关。

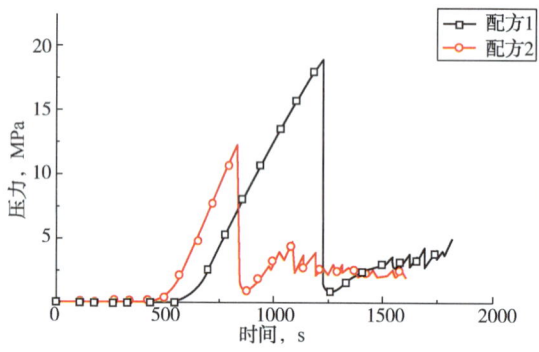

图6-3-19 岩心压裂过程中的压力曲线（八）

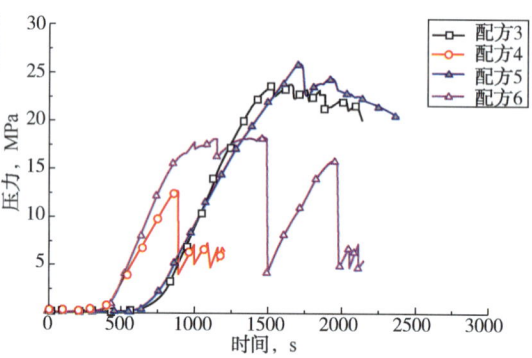

图6-3-20 岩心压裂过程中的压力曲线（九）

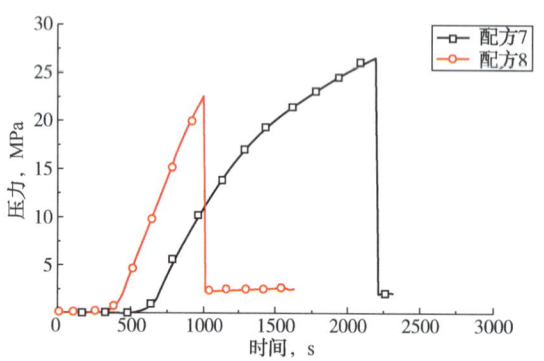

图6-3-21 岩心压裂过程中的压力曲线（十）

加重后压裂岩心对比：为了提高钻井液的密度以适应不同的地层需求，需要向钻井液中加入加重材料，特别是对于油基钻井液，重晶石的影响非常大，将水基钻井液基浆和油基钻井液基浆分别加重至密度为1.6g/cm³，并进行岩心的压裂实验，考察加重后的钻井液对岩心破裂过程的影响，图6-3-21展示了岩心压裂过程中的压力曲线。

从实验结果可以看到，不管是水基钻井液还是油基钻井液，与基浆相比，重晶石加入后，都能够明显地提高岩心的破裂压力，同时水基钻井液条件下岩心的破裂压力仍然大于油基钻井液；对比可以发现，两者作用下岩心内的压力曲线的斜率有明显区别，油基钻井液条件下，曲线的斜率比较稳定，而水基钻井液条件下，曲线发生了明显的弯曲，压力曲线的斜率逐渐降低，曲线的变化反映出钻井液对岩心破裂过程的影响，水基钻井液形成的滤饼在压力作用下的变形能力要优于油基钻井液形成的滤饼，滤饼的变化也延缓了岩心的破裂过程，因此，提高油基钻井液滤饼的力学性能有助于改善油基钻井液强化井筒的效果。

7）岩心压裂曲线特点分析

通过大量完整岩心的压裂实验可以发现，钻井液的组成、封堵材料的粒度级配、材料的性能等都会对岩心的破裂过程产生很大影响。由于钻井液是一种非常复杂的分散体系，钻井液作用下岩心的破裂过程也是极其复杂的，大量的岩心压裂实验也证实了钻井液的组分变化会对岩心的破裂过程产生明显的影响，不同的钻井液作用下岩心的破裂过程不同，岩心内的压力曲线也有各自的特点；不过，从大量的实验压力曲线当中也可以发现岩心破裂过程中也存在一些共性的特点，在分析总结所有的压力曲线特征的基础上，对岩心破裂过程的一些共性和特征进行了描述，强化对岩心破裂的详细情况的认识，对不同情况下的特点有所区别，从而能够在选择封堵材料方面提供参考。

（1）完整压裂曲线分析：在实验中我们得到了岩心破裂过程中岩心内孔的压力变化曲线，不同的钻井液、不同的封堵材料得到的压力曲线也各不相同，选取了其中一个实验的压裂曲线，对整个岩心压裂过程的一些共性特点进行分析，如图6-3-22所示，从图中的曲线分析可以将整个岩心破裂过程大致分为5个阶段：

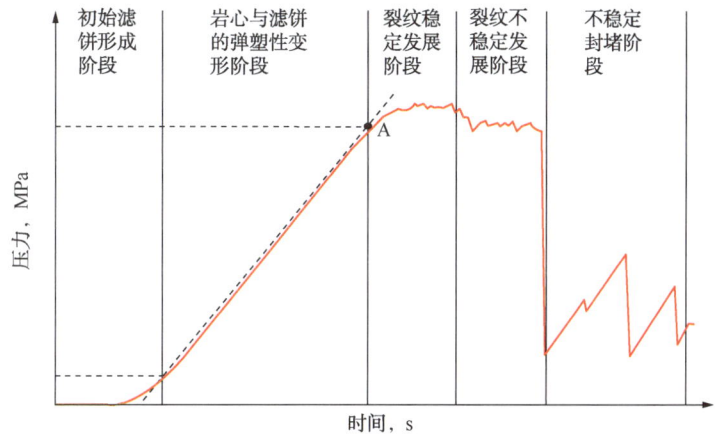

图6-3-22　压裂过程中岩心的变化过程

① 初始滤饼形成阶段。这一阶段，随着钻井液不断泵入岩心内，钻井液在压力作用下，在岩心的内孔壁面上逐渐形成滤饼，是滤饼从无到有再到稳定的一个阶段，在这一阶段，压力随时间变化呈现下凹状态，且岩心内的压力值超过围压。

② 岩心与滤饼弹塑性变形阶段。随着滤饼的性能稳定，滤饼具备了一定的厚度和渗透率，岩心内的压力快速积聚，压力曲线基本呈一条直线，直至A点，曲线发生了弯曲，说明岩心内开始出现裂纹，之后裂纹随着压力继续升高而逐渐扩展。

③ 裂纹稳定发展阶段。岩心内出现裂纹后，并没有完全破裂，裂纹在压力下稳定延伸，属于可控阶段，该阶段，在钻井液形成的滤饼以及封堵材料的作用下，岩心内的压力继续升高。

④ 裂纹不稳定发展阶段。随着裂纹的延伸，封堵材料难以对裂纹形成稳定的封堵，岩心内的压力出现较大波动，裂纹的扩展逐渐发展到不可控阶段，最终岩心破裂。

⑤ 不稳定封堵阶段。岩心完全裂开，形成具有一定宽度的裂缝，钻井液中的固相对裂缝仍有一定的封堵能力，只是材料的粒度级配、浓度、性质不同，对裂缝的封堵能力也不同。

对于强化井筒而言，需要通过调节钻井液以及添加封堵材料，来提高第二阶段的最大值，延长第三阶段的稳定时间，控制第四阶段的不稳定发展，在岩心破裂后，在封堵材料的作用下仍能够使岩心具备一定的承压能力。

（2）压裂曲线的几种类型：在岩心的压裂实验中，通过对压力曲线的统计，并不是所有的曲线都如上节中的曲线那样包括了所有的过程，有些实验会出现缺失某一个阶段的情况，表现出一些特性，在这些压力曲线中大致表现出 4 种类型，如图 6-3-23 所示。

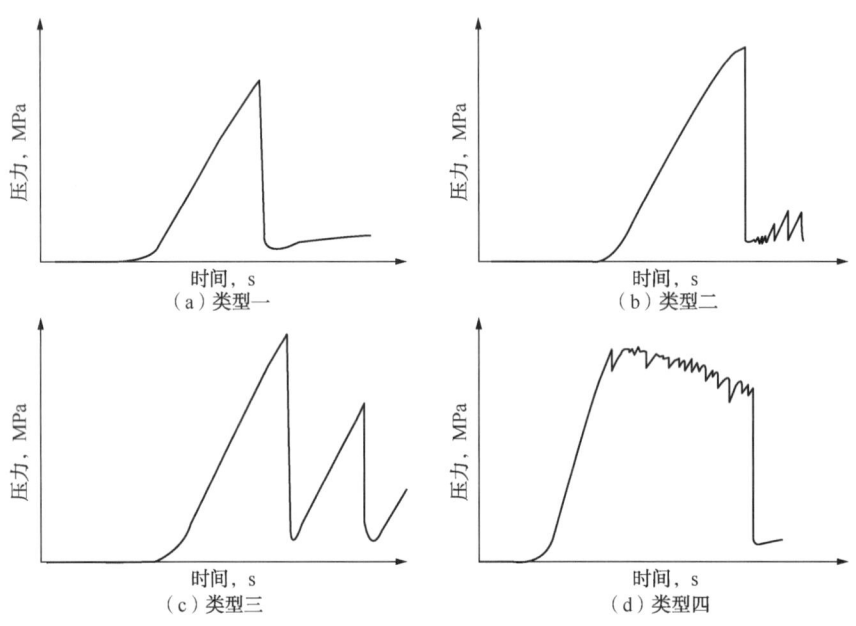

图 6-3-23　岩心压裂中几种类型的压力曲线

图中 6-3-23 所示的曲线反映的是岩石破裂瞬间以及破裂后钻井液与岩石之间的互相响应状况。类型一的曲线，随着岩心的破裂，岩心内孔的压力也随之迅速降低至围压值，并维持在围压值附近，压力曲线平滑；类型二和类型三的曲线，岩心破裂瞬间的情形与类型一的基本一致，不同的是在岩心破裂后岩心内的压力响应，压力破裂后，岩心内的压力在钻井液作用下会继续升高，到一定值后又降低，表现出锯齿状，这两种的区别就在与锯齿的大小，锯齿的大小反映的是钻井液对岩心孔壁上形成裂缝的封堵能力，锯齿的峰值顶点是裂缝封堵的一个极值，峰值的低点表示封堵失效。前三种类型的曲线都没有裂缝稳定发展以及不稳定发展阶段，都是在岩心内孔压力达到一定值后，直接完全破裂。类型四的曲线展示了完整的岩心破裂过程，在岩石破裂的瞬间，岩心内孔的压力并没有迅速地降低，说明钻井液中的固相颗粒能够迅速封堵孔壁上产生的微裂纹，没有让裂缝彻底的破裂，这种类型的曲线所对应的钻井液，不但提高了地层破裂压力，而且有效地阻止了裂缝的延伸。

4. 提高预存裂纹地层破裂压力的模拟实验

裂纹的存在使得岩心在压力作用下的破裂机制与完整岩心不同，开展了存在微裂纹岩心的承压实验。首先制作预存裂纹的岩心，之后再使用不同的钻井液压裂存在裂纹的岩心，模拟研究钻井液对预存裂纹地层破裂压力的影响，在实验开始之前，岩心模拟地层条件饱和地层水。

1）裂纹预制方法

（1）水压形成微裂纹：岩心中的微裂纹通过水压的方式得到，水压时要求岩心比较致密，同时需要较大的驱替流量，这样才能更容易压裂岩心，在岩心内形成微裂纹，否则，水沿着岩心中的孔隙渗流，岩心很难被压裂。因此，为了更加方便地形成微裂纹，使用配比为水泥∶砂子∶水 = 1∶2∶0.67 制作的岩心，得到更致密的岩心，用于实验。

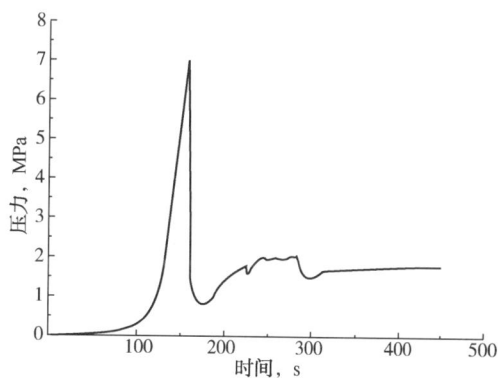

图 6-3-24 为水压裂岩心的压力曲线，可以看到岩心内压力上升至 7MPa 左右时快速降低，岩心内产生裂纹。取出压裂的岩心，在岩心上看不到裂纹，使用铁棒撬动岩心后在端面上显示出极微小的裂纹，如图 6-3-25 所示。

图 6-3-24 水压裂岩心的压力曲线

图 6-3-25 水压裂后的岩心

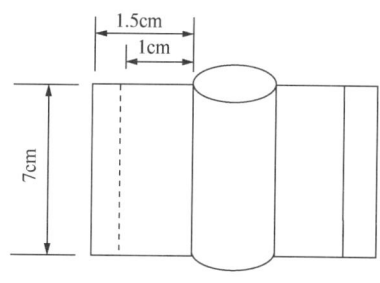

图 6-3-26 预制裂缝模型示意图

（2）预制显裂纹：预制显裂纹的方法是在岩心制作时预先将制作的裂纹模型安装到岩心模具中，再向模具内注入水泥砂浆，岩心凝固后，裂缝模型在岩心内形成裂缝。图 6-3-26 为预制裂缝模型的示意图。

预制裂缝的材料为普通 A4 纸，靠近孔壁位置为双层，裂缝末端为单层，单层纸的厚度约为 0.1mm，吸水后略有膨胀，最终裂缝模型在岩心内形成两条对称的裂缝，裂缝的开口宽度约为 0.2mm，裂缝尖端宽度最小为 0.1mm。

2）微裂纹岩心的压裂实验

在水压作用下，在岩心内形成的裂纹尺度非常小，难以用肉眼观察到裂纹的存在。钻井液中存在尺寸分布广泛的固相颗粒，在压力作用下会修补岩心内的缺陷，包括微裂纹等，此时，在钻井液作用下，微裂纹对岩心整体强度的影响程度需要从实验当中来观察。

— 391 —

（1）微裂纹对岩心破裂压力的影响：由于水压形成的微裂纹的尺度非常小，因此，首先通过实验观察水压形成的微裂纹对岩石破裂压力的影响，使用水基钻井液基浆分别压裂无微裂纹的岩心和存在微裂纹的岩心，对比两种情况下的岩心破裂压力。

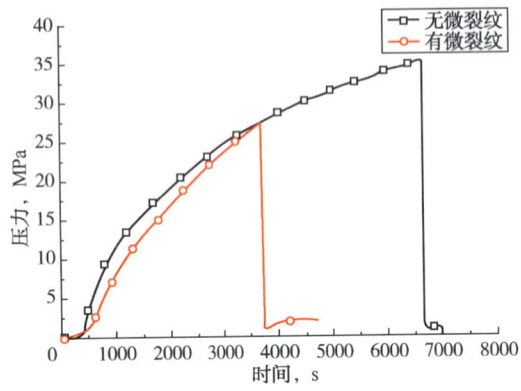

图 6-3-27 岩心压裂过程中的压力曲线（十一）

图 6-3-27 为完整岩心和存在水压形成的微裂纹岩心，在水基钻井液基浆作用下的岩心破裂过程压力曲线，完整岩心的破裂压力为 35.02MPa，存在微裂纹岩心的破裂压力为 27.27MPa，可见，尽管微裂纹的尺度非常小，但仍然使得岩心的破裂压力有明显地下降。两种岩心在压裂过程中得到的压力曲线的形状基本一致，在压力上升的初始阶段，曲线的斜率均较高，随着时间增加，曲线的斜率逐渐降低，直至岩心破坏，曲线形状的一致性说明两种岩心破裂过程中的力学状态是相似的，由此反映出的深层意义是钻井液中的固相能够很好地修复岩心中的微裂纹并形成完善的滤饼，并起到了保护岩心的作用。但是由于微裂纹缺陷始终存在，最终导致岩心的破裂压力有明显地下降。

（2）封堵材料级配浓度对岩心破裂过程的影响：向配制的水基钻井液基浆中加入相同浓度不同级配的碳酸钙颗粒，考察不同级配的颗粒材料对存在微裂纹岩心破裂过程的影响。由于水力压裂岩心后形成的裂缝宽度未知，更换材料的级配也是在优选材料尺寸，即具备何种尺寸的材料能够很好地封堵此种条件下形成的裂缝。表 6-3-7 为所用钻井液压裂岩心的实验结果，不同级配碳酸钙的配方是按照理想填充理论计算得出，表 6-3-8 为三种级配碳酸钙颗粒的特征粒度值。从表 6-3-7 中的数据可以看到，颗粒的级配对岩心的破裂压力的影响就比较显著，在不同配方的钻井液作用下，岩心的破裂压力值相差很大；表 6-3-8 中的特征粒度值反映出材料的粒度分布范围均较广，但是颗粒的尺寸存在差异，说明材料尺寸对破裂过程的影响较大。

表 6-3-7 不同钻井液压裂岩心实验结果

配方号	配方	破裂压力，MPa	FL_{API}，mL
配方 1	水基基浆+2%B_4+3%C	25.12	6.4
配方 2	水基基浆+1.5%B_3+1.5%B_4+2%C	29.59	7
配方 3	水基基浆+1.15%A_2+1.1%B_3+1.2%B_4+1.55%C	21.01	6.4

表 6-3-8 不同级配碳酸钙颗粒的特征粒度值

配方号	D_{10}，mm	D_{50}，mm	D_{90}，mm	D_{90}/D_{10}
配方 1	0.008	0.04	0.074	9.25
配方 2	0.012	0.06	0.11	9.17
配方 3	0.015	0.075	0.155	10.33

图 6-3-28 为向钻井液中加入不同级配碳酸钙后压裂存在微裂纹岩心时的岩心内孔压力变化曲线。配方 2 的效果最好，使得岩心所能承受的压力最大；配方 3 所得到的承压最低，对配方 3 进行了重复实验，得到了一致的结果；从曲线上可以看到，在压力上升阶段，配方 2 曲线较为平滑，配方 1 和配方 3 均有锯齿状出现，且配方 3 最为明显，在压裂过程中存在微裂纹封堵破坏与重建的过程，对比可以说明配方 2 中材料的级配能够更好地修复岩心中的缺陷。

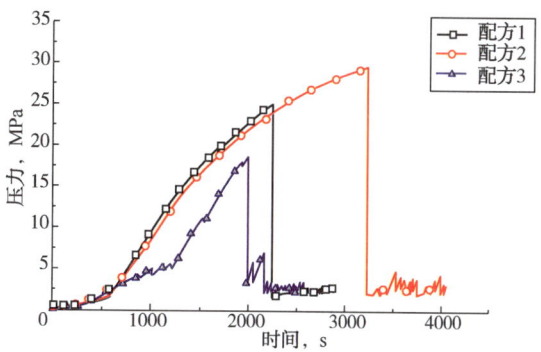

图 6-3-28　岩心压裂过程中的压力曲线（十二）

实验中配方 2 的效果最好，其作用下存在微裂纹岩心的破裂压力最高，因此在配方 2 基础上，增加封堵材料的浓度，观察材料浓度变化对岩心破裂压力的影响。表 6-3-9 为添加不同配比封堵材料后压裂岩心的实验结果。

表 6-3-9　不同钻井液压裂微裂纹岩心实验结果

配方号	配方	破裂压力，MPa	FL_{API}，mL
配方 2	水基基浆+1.5%B_3+1.5%B_4+2%C	29.59	7
配方 4	水基基浆+2.4%B_3+2.4%B_4+3.2%C	24.71	5.8
配方 5	水基基浆+3%B_3+3%B_4+4%C	25.75	5.8

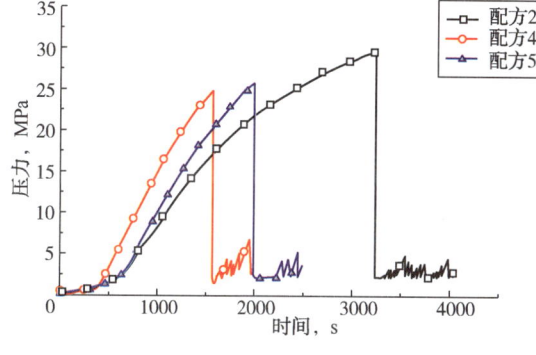

图 6-3-29　岩心压裂过程中的压力曲线（十三）

从图 6-3-29 可以看到，碳酸钙浓度的增加并没有使岩心的破裂压力增大；颗粒材料浓度增加，体系的滤失量降低，说明滤饼致密；而固相浓度的增加也使得滤饼中的固相颗粒含量相应的增加，导致滤饼的性能发生变化，滤饼的刚性增加，所能缓冲的压力减小，使得压力曲线的斜率变大，压力上升的速率更快，而破裂压力有所降低，因此合适的材料浓度对岩心破裂过程的影响显著。

通过使用不同碳酸钙颗粒材料进行了存在微裂纹岩心的压裂实验，从实验结果来看，对于存在微裂纹的岩心，使用尺寸小且尺寸分布范围广的颗粒材料能够显著地提高岩心的破裂压力，使用尺寸较大的颗粒不利于提高此类岩心的破裂压力；同样，颗粒材料的浓度选取也要适当，高浓度的封堵材料并不一定能够有效地提高地层的破裂压力。

（3）微裂纹岩心压裂曲线特点分析：在岩心压裂过程中，由于微裂纹的存在，不同的钻井液会对压裂过程产生不同的影响，从而得到不同的压力曲线，图 6-3-30 为岩心压裂过程中的一条完整的岩心内孔压力曲线，综合岩心压裂过程的基本情况以及压力曲线的特点，可以将岩心破裂过程大致分为几个不同的阶段：

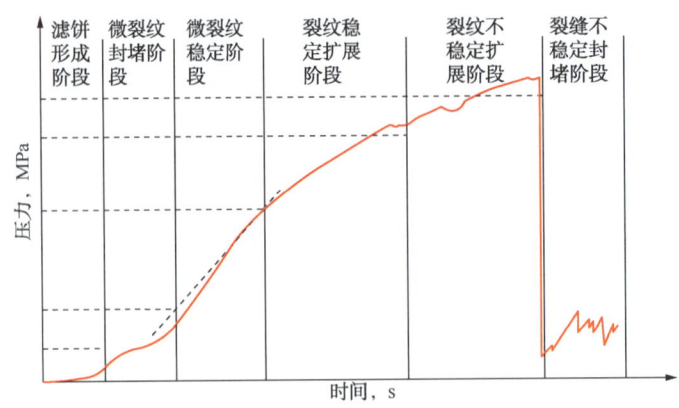

图 6-3-30 压裂过程中微裂纹岩心的变化过程

① 滤饼形成阶段。在压力作用下，钻井液在岩心内孔壁上逐渐形成滤饼，此时，随着时间增加，岩心内的压力上升速率较低，这一阶段最终压力值大于围压值。

② 微裂纹封堵阶段。岩心内孔的压力超过围压后，在岩心内孔产生周向拉应力，此时钻井液中的固相会封堵微裂纹，同时在封堵裂纹的基础上，孔壁上的滤饼也逐渐完善，致使这一阶段压力出现了一个压力台阶。

③ 微裂纹稳定阶段。这一阶段，在滤饼以及固相颗粒封堵的作用下，岩心内的裂纹较为稳定，岩心内孔的压力呈直线上升，而裂纹没有发生明显变化。

④ 裂纹稳定扩展阶段。随着岩心内孔压力不断增加，微裂纹逐渐扩展，此时压力曲线开始偏离直线，但压力曲线比较平滑，说明压力没有剧烈波动，裂纹稳定扩展。

⑤ 裂纹不稳定扩展阶段。这一阶段，岩心内孔的压力出现明显的波动，裂纹的扩展呈现不稳定状态，裂纹的开度逐渐增大，最终导致岩心的彻底破坏，岩心内孔压力急剧下降至接近围压值。

⑥ 裂缝不稳定封堵阶段。岩心破裂以后，在岩心内形成了裂缝，持续泵入钻井液，固相颗粒对裂缝的封堵与封堵破坏过程不断重复，压力曲线呈现出锯齿状。

（4）压裂曲线的几种类型：由于钻井液的组成不同，压裂过程中也表现出一些各自的特点，综合所有的压裂曲线，发现压裂岩心得到压力曲线大致有 4 种类型，如图 6-3-31 所示，不同类型的曲线对应于不同组成钻井液的特点。

从图 6-3-31 中可以看到，类型一的曲线，其主要特点是整条曲线完全呈现出不规则的波浪状或锯齿状，不像其他曲线，相对比较光滑，岩心内的压力升高和降低在短时间内不断地重复，从局部放大图中可以清楚地看到，这一类曲线反映出的是钻井液中的固相以黏土为主，没有刚性固相颗粒，黏土可以封堵裂纹，但形成的封堵又很容易被破坏，压力在封堵不断形成和被破坏的过程中上升，由于没有刚性颗粒，在岩心破裂后，不能封堵裂缝，岩心内的压力基本维持在围压值。类型二的曲线明显反映出了岩心破裂的各个阶段，钻井液各种固相相互配合，提高了岩心的破裂压力。类型三的曲线，主要是微裂纹封堵阶段不明显，在岩心破裂之前，整条压力曲线较为光滑，说明钻井液中的封堵材料搭配合理，稳步提高了存在微裂纹岩心破裂压力。类型四的曲线，主要特点是，几乎看不到裂纹的扩展阶段，此类曲线主要是在钻井液中加入纳米材料后形成的，纳米材料作用下形成封堵隔墙及滤饼更加致密，纳米材料对微裂纹封堵是很有效的，能够有效地阻止微裂纹延伸。

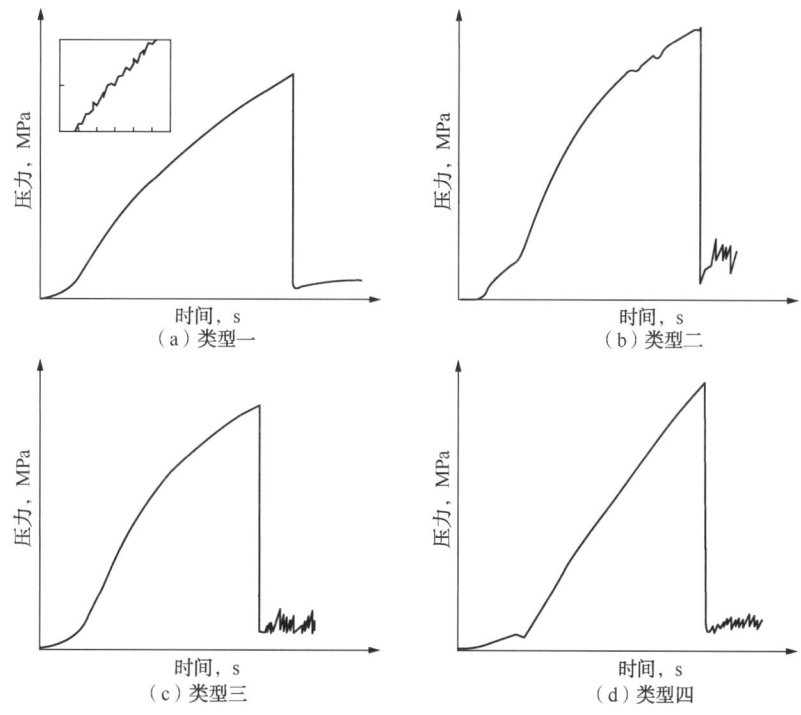

图 6-3-31 微裂纹岩心压裂中几种不同类型的压力曲线

3) 存在显裂纹岩心的压裂实验

在微裂纹的压裂实验中发现,岩心虽然存在微裂纹,但是钻井液能够很好地封堵微裂纹并且在岩心内形成稳固的滤饼,使得岩心仍具备很高的破裂压力,说明微裂纹对岩心破裂的影响较小,通过调整钻井液性能仍能在一定程度上维持岩心保持较高的破裂压力。微裂纹对岩心破裂的控制效应相对较弱,接下来使用预先置入裂纹的岩心进行压裂实验,此时岩心中裂纹与水压形成的微裂纹相比尺寸更大,通过实验观察钻井液对存在明显裂纹岩心破裂压力的影响。

(1) 水基钻井液压裂岩心实验:向水基钻井液中添加不同的封堵材料,以探索封堵材料对显裂纹的封堵和修复效果,进而研究其提高存在显裂纹岩心破裂压力的能力,表 6-3-10 列出了几种添加不同封堵材料的钻井液压裂岩心的实验结果。

表 6-3-10 添加不同封堵材料的钻井液压裂岩心实验结果

配方号	配方	破裂压力,MPa	FL_{API},mL
配方 1	水基基浆	8.64	5.8
配方 2	水基基浆+聚酯(0.9%B_3+0.9%B_4+1.2%C)+碳酸钙(2%D)	9	4.8
配方 3	水基基浆+聚酯(1.5% A_0 + 0.78% A_1 + 0.72% A_2 + 1.14%B)+碳酸钙(2%D)	9.24	5.2
配方 4	水基基浆+聚酯(0.96%XA+1.2%A_0+0.6% A_1+0.6%A_2+0.84%B)+碳酸钙(2%D)	9.98	5.2

续表

配方号	配方	破裂压力，MPa	FL_{API}，mL
配方5	水基基浆+碳酸钙($2.6\%A_0+1.3\%\ A_1+1.2\%A_2+1.9\%B$)+碳酸钙($2\%D$)	10.11	5
配方6	水基基浆+聚酯($1.5\%A_0+0.78\%\ A_1+0.72\%A_2+1.14\%B$)+碳酸钙($2\%D$)	9.24	5.2

在开展封堵材料对存在显裂纹岩心破裂影响之前，首先使用了水基基浆来压裂岩心，观察在没有添加封堵材料时岩心的破裂情况。图6-3-32展示了水基基浆压裂岩心时的压力曲线。

在水基基浆作用下，存在显裂纹岩心的破裂压力仅为8.64MPa，远远小于存在微裂纹岩心的破裂压力，经过重复实验测试，此类岩心在水基基浆作用下的破裂压力确实为8~9MPa，实验结果不是偶然现象，裂纹在此类岩心的破裂过程中起到主导作用。

基浆作用下岩心的破裂压力很低，向钻井液中添加不同级配的几种材料进行了存在显裂纹岩心的压裂实验，观察不同尺寸材料对岩心破裂过程的影响，图6-3-33岩心压裂过程中的压力曲线。

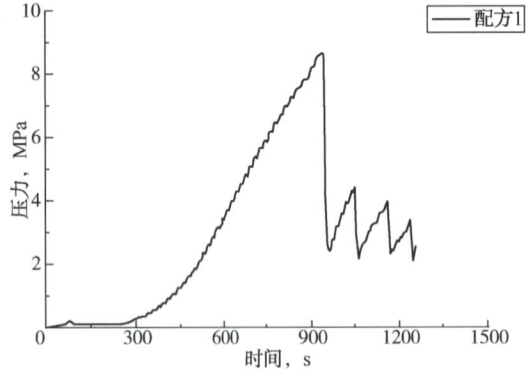

图6-3-32 岩心压裂过程中的压力曲线（十四）

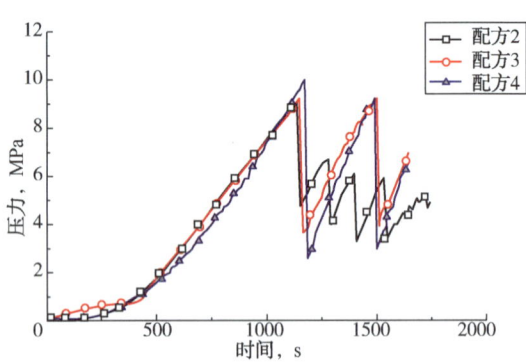

图6-3-33 岩心压裂过程中的压力曲线（十五）

添加三种不同级配材料作用下岩心的破裂压力依次为9MPa，9.24MPa和9.98MPa，岩心的破裂压力与所添加的材料并没有明显的关系，而且破裂压力与存在微裂纹岩心的破裂压力相差甚远，明显低于后者；配方中颗粒的尺寸范围包含了裂缝的宽度，可以对裂缝形成封堵，但是岩心的破裂压力仍然非常低，表明裂纹对岩心的破裂具有明显的控制作用。

分别向水基钻井液中加入碳酸钙颗粒和聚酯颗粒，观察两种不同性能的材料对岩心破裂过程的影响，图6-3-34为岩心压裂过程中的压力曲线。从图6-3-34中的曲线可以看到，在加入两种材料的钻井液作用下，岩心的破裂压力仍然较低，在加入

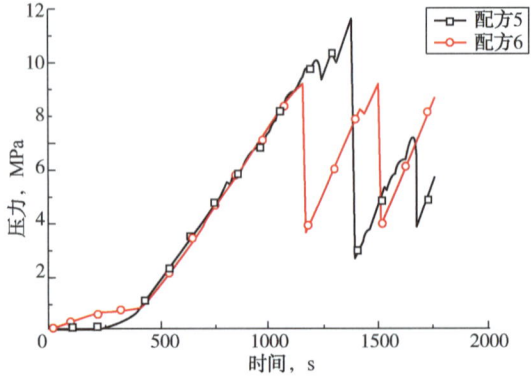

图6-3-34 岩心压裂过程中的压力曲线（十六）

碳酸钙的钻井液作用下岩心破裂压力为 10.11MPa，在加入聚酯颗粒的钻井液作用下岩心破裂压力为 9.24MPa，可见，即便是添加了高强度的封堵材料也不能使岩心的破裂压力有明显地变化，显裂纹对岩心的控制作用非常强，封堵材料的封堵效果不明显，岩心内孔中形成的滤饼对岩心的保护效果有限，随着岩心内孔中压力地升高，经过滤饼缓冲后，作用于孔壁的压力很快超过了显裂纹岩心的承载能力，导致岩心的破裂，提高显裂纹岩心破裂压力的难度很大。

（2）油基钻井液压裂岩心实验：从实验情况看，水基钻井液条件下，改变封堵材料的配比以及材料的类型都不能使岩心的破裂压力有明显的升高，接下来，使用油基钻井液压裂岩心，观察油基钻井液条件下岩心的破裂情况，表 6-3-11 列出了油基钻井液中添加封堵材料后压裂岩心的实验结果。

表 6-3-11　油基钻井液压裂岩心实验结果

配方号	配方	破裂压力，MPa	FL_{API}，mL
配方 1	油基基浆+聚酯（1.5% A_0+0.78% A_1+0.72% A_2+1.14%B）+碳酸钙（2%D）	8.85	4.4
配方 2	油基基浆+聚酯（0.96%XA+1.2% A_0+0.6% A_1+0.6% A_2+0.84%B）+碳酸钙（2%D）	9.02	4.8
配方 3	油基基浆+聚酯（0.96%XA+1.2% A_0+0.6% A_1+0.6% A_2+0.84%B）+碳酸钙（2%B+2%D）	9.02	4.6
配方 4	油基基浆+聚酯（0.96%XA+1.2% A_0+0.6% A_1+0.6% A_2+0.84%B）+碳酸钙（2%B+2%D）+3%纳米碳酸钙+1%纸纤维	11.35	4.2
配方 5	油基基浆+聚酯（0.96%XA+1.2% A_0+0.6% A_1+0.6% A_2+0.84%B）+碳酸钙（2%B+2%D）+3%纳米碳酸钙+1%纸纤维	11.35	4.2

水基条件下，添加不同级配的材料后压裂岩心得到的岩心破裂压力均比较接近，接下来使用油基钻井液压裂岩心，同样添加不同配比的材料，观察油基钻井液压裂存在显裂纹岩心的情况，图 6-3-35 展示了压裂岩心过程中的压力曲线。

两种配方下岩心的破裂压力分别为 8.85MPa 和 9.02MPa，破裂压力依旧很低，与水基条件下的破裂压力基本一致，说明不管是水基钻井液还是油基钻井液以及封堵材料的变化，都没有使存在显裂纹的岩心的破裂压力有所提升。

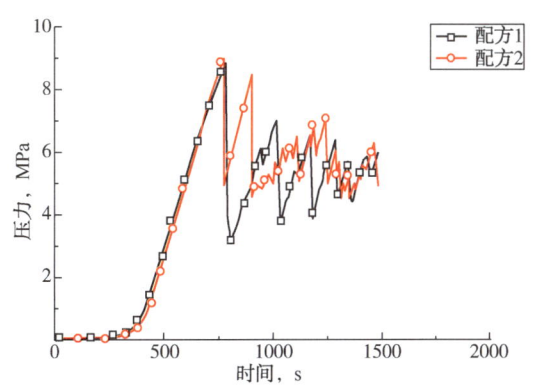

图 6-3-35　岩心压裂过程中的压力曲线（十七）

纳米和纤维材料对岩心破裂的影响。在封堵配方中增加纳米碳酸钙和纤维材料，实验测试这些材料对岩心破裂的影响，观察其是否能够对岩心的破裂压力有所影响，图 6-3-36 展示了压裂过程中的压力曲线。可以看到，增加纳米材料、纤维材料之后，岩心的破裂压力略有提升，破裂压力由 9.02MPa 提高至 11.35MPa，说明纤维和纳米材料对裂纹的封堵有一定的效果，使得岩心的破裂压力较其他情况略有提高。

（3）重晶石对岩心破裂的影响：重晶石是油基钻井液的一个重要组成部分，实验测试了加入重晶石后钻井液对岩心破裂过程的影响。图 6-3-37 展示了加重前后钻井液压裂岩心过程中的压力曲线，可以看到，加重后，岩心的破裂压力有所提升，重晶石对微裂纹的封堵以及提高岩心承压的效果相对其他材料比较明显。

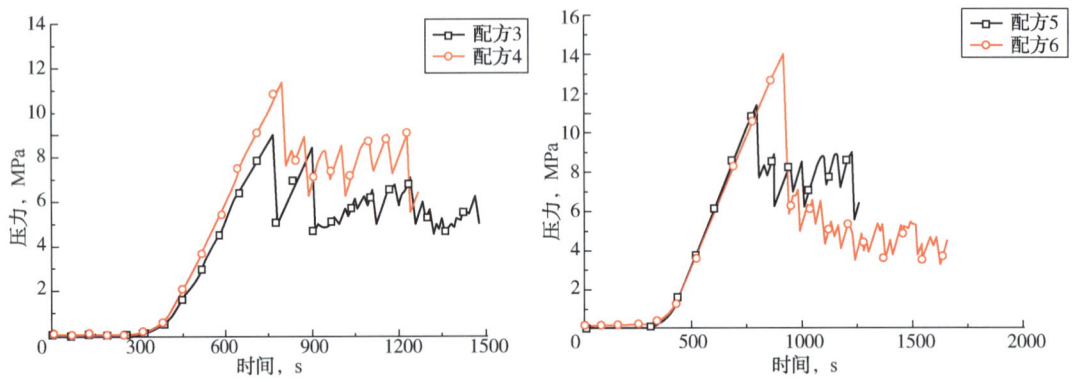

图 6-3-36　岩心压裂过程中的压力曲线（十八）　　图 6-3-37　岩心压裂过程中的压力曲线（十九）

显裂纹岩心压裂曲线特点分析：由于尺寸相对较大的显裂纹的存在，岩心在压力作用下很容易被破坏，裂纹是岩心破裂的主控因素，所添加的材料对提高此类岩心的承压能力效果有限，显裂纹的存在会导致地层更容易发生破裂，进而诱发钻井液的漏失，对于此类情况，岩心自身的承压较低，除了改善钻井液性能，尽最大程度提高岩石自身的破裂压力之外，提高钻井液对裂缝的封堵能力是强化井筒的关键。

在实验中使用水基钻井液和油基钻井液压裂岩心，岩心破裂过程比较相似，岩心均在较低的压力下发生了破裂，图 6-3-38 展示了存在显裂纹岩心压裂过程中的压力曲线，整个压裂过程可以大致分为 4 个阶段：

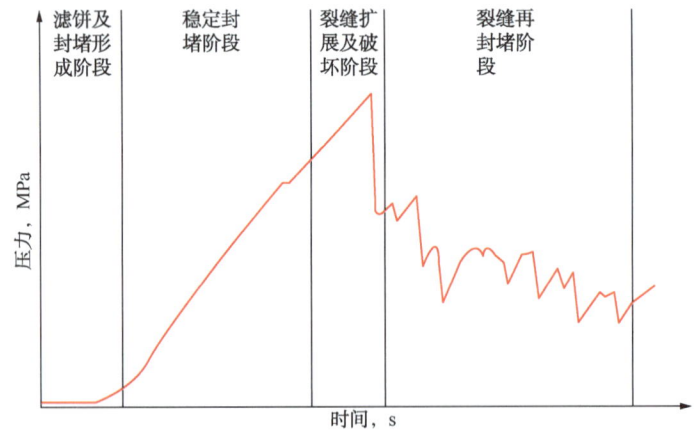

图 6-3-38　压裂过程中显裂缝岩心的变化阶段

① 滤饼以及封堵形成阶段。在这一阶段较低压差的条件下，裂缝没有明显的变化，材料封堵裂缝并且在岩心孔壁上形成滤饼，为保护岩心奠定基础。

② 稳定封堵阶段。这一阶段，钻井液中的封堵材料对裂缝形成的封堵在压力作用下不断稳固，岩心中的裂缝也没有发生明显的变化，压力曲线基本呈一条直线。

③ 裂缝扩展及破坏阶段。岩心内的压力达到一定值时，裂缝发生扩展并破坏，裂缝贯通岩心，岩心内的压力迅速降低，由于封堵材料的存在，在压力下降裂缝闭合时会重新形成封堵，使得岩心仍能承受一定的压力。

④ 裂缝再封堵阶段。裂缝贯通岩心后，钻井液中的材料进入裂缝，使得原有的裂缝发生扩张，在压力作用下，裂缝内的封堵隔墙不断地重复形成与破坏的过程，压力曲线表现为上下波动的锯齿状。这一阶段岩心所能承受的压力值取决于钻井液体系的封堵能力。

在岩心的压裂过程中，不同的钻井液对岩心破裂的影响表现在了压力曲线上，这其中区别较为明显的有以下两种类型的压力曲线：一种是水基条件下的压力曲线；另一种是油基条件下的压力曲线，如图6-3-39所示。曲线反映出了岩心破裂过程中的特点，图中第一种类型的曲线，在岩心被裂缝贯穿之前，压力曲线呈下凹型，压力上升的速率是逐渐增大的，此外，压力曲线不光滑，表现出波浪状，说明形成的封堵以及滤饼有明显的压实过程，对压力具有缓冲作用，裂缝扩展贯穿岩心之后，随着时间增加，岩心所能承受的压力能够快速增加，说明钻井液对形成的裂缝有一定的封堵能力。第二种类型的曲线，在岩心完全破裂之前，压力曲线基本呈直线上升，并且曲线相对比较光滑，表明随压力上升过程中钻井液中的固相在形成封堵和滤饼之后就基本处于稳定状态直至岩心破裂，在岩心彻底破裂之后，岩心所能承受的压力逐渐降低，材料对裂缝再封堵能力有限。

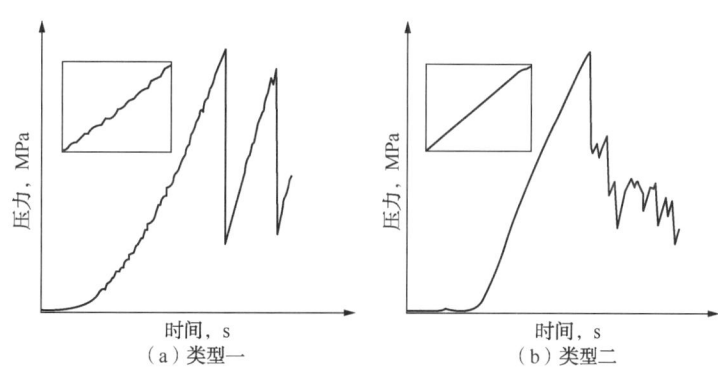

图6-3-39 显裂缝岩心压裂中两类型的压力曲线

5. 认识

（1）在钻井液作用下模拟地层的破裂实验中，清水压岩心所得到的破裂压力值远低于钻井液压裂岩心所得到的破裂压力值，表明钻井液具有提高岩心破裂压力的能力；而通过向钻井液中加入不同级配浓度、不同类型的封堵材料会进一步影响岩心的破裂过程，使得岩心的破裂压力进一步提高，印证了通过防漏措施提高地层承压能力的机理，证实了钻井液中添加防漏材料实现提高地层承压能力思路的可行性。

（2）油基钻井液与水基钻井液存在本质上的区别，在添加相同防漏材料的条件下，油基钻井液作用下的岩石破裂压力值仍显著低于水基钻井液，且实验过程中，油基钻井液作用下岩心较水基钻井液作用下破裂得更快；表明在相同条件下，油基钻井液在孔壁上形成滤饼对压力的阻挡效果较水基钻井液差，因此，研发适用于油基钻井液的防漏封堵材料对于提高油基钻井液条件下地层的承压能力有重要意义。

（3）岩心中裂纹的存在会显著降低岩心的破裂压力，但在钻井液及添加的防漏封堵材料作用下，裂纹被固相材料封堵，并且在岩心内孔壁上形成滤饼，使得岩心仍然有较高的破裂压力。在实钻过程中,井壁岩层表面存在大量的微裂纹等缺陷,而正是由于钻井液中存在的大量固相颗粒,对井壁缺陷进行了修复,使得地层具备较高的承压能力,满足钻井需求。

第四节 库车山前防漏堵漏材料及评价方法

井漏是钻井、完井过程中常见的井下复杂情况之一。为了堵住漏层,必须利用各种堵漏物质,在距井筒很近范围的漏失通道里建立一道堵塞隔墙,用以隔断漏液的流道。钻井防漏堵漏的成功率,直接取决于堵漏材料性能的优劣。然而,性能的优劣不是绝对的,一种堵漏材料往往只适用于某一种或某一类性质的井漏,而对其他类型的井漏就不太适用了。因此,由于地层漏失通道的千变万化和钻井工程对堵漏施工的客观要求,就构成了种类众多的堵漏材料体系。本节主要介绍不同类型的堵漏材料及其评价方法。

一、库车山前防漏堵漏材料

库车山前常用的堵漏材料可分为:常规桥接堵漏材料、抗温高强度桥接堵漏材料、高失水堵漏材料、水泥、其他等。

1. 常规桥接堵漏材料

桥接堵漏材料按其形状可以分为三种:颗粒状材料、纤维状材料和片状材料。常规桥接堵漏材料中的颗粒状堵漏材料有:核桃壳、石灰石、方解石、橡胶粒、蛭石、云母片、沥青等,它们在堵漏过程中卡住漏失通道的"喉道",起"架桥"作用,因此又被称为"架桥剂";纤维状材料有:棉籽壳、锯末、木屑、石棉、SQD-98等,它们在堵漏浆液中起悬浮作用,在形成的堵塞中它们纵横交错,相互拉扯,因此又被称为"悬浮拉筋剂";片状材料有:谷壳、硅藻土、沥青等,它们在堵漏过程中主要起填塞作用,因此又称作"填塞剂"。

常规桥接堵漏材料规格通常颗粒状分为5种:4~5目、5~7目、7~9目、9~12目、大于12目。片状材料一般应通过4目筛,以防堵塞钻头水眼,柔性片状材料的尺寸可达25.4mm。片状材料要求具有一定的抗水性,水泡24h后其强度不得降低一半,在原处反复折叠不断裂。韧性大者其厚度可为0.25mm,韧性差者厚度为0.013~0.1mm。纤维状堵漏剂通常分为4种:4~7目、7~12目、12~40目、大于40目。

2. 高强度抗高温桥接堵漏材料

库车山前目前使用的高强度抗高温桥接堵漏材料有四类。

1) FCL系列桥接堵漏材料

FCL系列桥接堵漏材料如图6-4-1所示。

(1) 颗粒状桥接堵漏材料。

① GYD。高酸溶刚性堵漏剂GYD是一种集高强度、高酸溶率和外延功能强于一体的承压堵漏剂,酸溶率达95%以上,有利于酸化解堵。钻进过程中钻遇高渗、裂缝、溶洞时,与工程纤维FCL和其他堵漏剂配合堵漏,起到一定架桥作用,封固强度高。不受温度影响;颗粒外形呈锯齿状,进入漏层摩擦阻力大,不易返排。粒径分为:<3目(<6.75mm)、3~5目(6.7~4.0mm)、5~12目(4.0~1.4mm)、12~50目(1.4~0.3mm)。可用于产层井漏和压井防漏的处理,以达到保护产层的目的,尤其适合水平井目地层施工堵

图 6-4-1 FCL 系列桥接堵漏材料

漏。该产品适用于孔隙性和裂缝性漏层的堵漏,可理想代替果壳类堵漏剂用于高温高压和目的层进行桥浆堵漏。

② 果壳。该堵漏剂组分是硬质果壳,经过粉碎,分选加工而成,颗粒状,片状。粒径分为:<3 目(<6.7mm)、3~5 目(6.7~4.0mm)、5~12 目(4.0~1.4mm)、12~50 目(1.4~0.27mm)。作为常规的桥塞堵漏剂,与工程纤维 FCL 和其他堵漏剂配合堵漏,起到一定架桥作用,封固强度较高,受高温有一定影响;该产品适用于孔隙性和裂缝性漏层的堵漏,经济性高。

③ KGD。高强度刚性堵漏剂 KGD 是一种集高强度和高酸溶率于一体的承压堵漏剂,其组分为方解石,酸溶率高达 95% 以上,有利于酸化解堵。其规格:KGD-0 为 80~120 目,KGD-1 为 40~60 目,KGD-2 为 24~35 目,KGD-3 为 12~20 目,KGD-4 为 6~12 目。KGD 钻进过程中钻遇高渗、裂缝、溶洞时,与工程纤维 FCL 和其他堵漏剂配合堵漏,起到一定架

桥作用，封固强度高。可用于目的层防漏的处理，以达到后期改造处理，保护产层的目的。该产品适用于孔隙性和裂缝性漏层的堵漏，根据漏失程度选择不同颗粒尺寸类型。

（2）纤维状桥接堵漏材料。

① FCL。FCL 主要成分为陶瓷纤维，白色或浅黄色纤维状固体，密度 2.6g/cm³ 左右；长度可达 6mm，8mm，10mm 和 12mm，直径 10~20μm；抗高温 300℃ 以上。这种特殊纤维与常规纤维的不同点：在钻井液中能够均匀分散，其作用是形成网状结构，使钻井液中的整个堵漏材料形成包裹复合体。该产品适用于孔隙性和裂缝性漏层的钻井液堵漏，根据漏失程度选择不同长度的纤维。另外，FCL 纤维可用于水泥浆堵漏和作为强清扫剂用于清扫井眼。

② SHD。SHD 堵漏剂是一种集高失水、高强度和高酸溶率于一体的高效堵漏剂。堵剂浆液泵入井下遇到漏层，在压差作用下迅速失水，很快形成具有一定初始强度的滤饼而封堵漏层，其初始承压能力可达到 4MPa 以上；在地温的作用下，所形成的滤饼逐渐凝固，其漏层的承压能力可大幅度提高；滤饼的酸溶率达 80% 以上，有利于酸化解堵，可用于产层井漏和压井防漏的处理，以达到保护产层的目的。因此，该堵剂具有三大特性，即高速度堵漏、高强度和高酸溶率。该产品适用于孔隙性和裂缝性漏层的处理。

③ BYD-2。钻井液用非渗透处理剂 BYD-2 是由脂基化合物与纤维素衍生物捏合反应合成的高分子量化合物。主要用于钻井过程中封堵高渗地层兼有防漏、防塌作用，也可以配合其他堵漏材料封堵裂缝性漏层，同时也是一种性能效果良好的油层保护剂。该剂有如下特点：封堵能力强。在砂床实验及现场应用都证明了针对裂缝性漏失或孔隙较高区域漏失的封堵能力较强，并能提高地层承压能力，砂床实验承压可至 3.0MPa，甚至更高。抗温能力强，在 120℃ 老化热滚后，砂床评价实验仍然不漏失。用作油层保护剂，一般为 1%~2%（质量百分比）；用于配合其他材料堵漏不超过 3%。

2）NT 系列桥接堵漏材料

NT 系列桥接堵漏材料如图 6-4-2 所示。

（a）NTS-S

（b）NT-T　　（c）NT-2　　（d）NTS　　（e）NTS-S

图 6-4-2　NT 系列桥接堵漏材料

(1) 纤维状桥接堵漏材料。

① NT-DS。雷特随钻堵漏剂 NT-DS 是由不同种类的微粒化颗粒组成，进行优化粒径匹配。具有大颗粒在裂缝中架桥、小颗粒填充堵漏剂防气侵的作用，钻遇渗透性地层或微裂缝漏失，可防漏、堵漏。该类产品分为两种随钻堵漏剂，即油基 NT-DS(C) 和水基 NT-DS(S)。

它是一种灰/黑色惰性粉末状，具有高温稳定性，在 232℃ 高温条件下性能稳定，且不受压力影响，NT-DS(C) 适用于油基钻井液，NT-DS(S) 适用于水基钻井液；对井下工具无影响；推荐加量一般为 1%~3%；适用于提高高渗透地层的承压能力，封堵天然性裂缝；封堵小于 1mm 微小型裂缝；临时封堵裂缝防气侵。

② NT-T。雷特快失水堵漏剂 NT-T 是一种单一规格的灰白色纤维粉末，主要成分为硅藻土、纤维等，密度 $1.70~1.76g/cm^3$；其 1% 水溶液 API 全失水时间小于 35s，形成的滤饼厚度为 14mm 左右，具有固相含量高、失水快的特性，用于封堵裂缝性漏失及油气活跃地层，能有效地防止气侵。

③ NT-2。雷特超级纤维 NT-2 是一种 100% 原生材料单纤维丝，经过特别处理加工的人造纤维，密度 $1.0g/cm^3$，直径 $21\mu m$，长度 13mm，同时具有很好的悬浮性、分散性、化学惰性和无毒等特性，适用于各类钻井液。

它具有以下优越性：a. 具有高悬浮性能，能有效携带砂子、砾石、岩屑、甚至金属碎片、钻头牙齿；b. 不溶于水基、油基和其他合成基钻井液，对钻井液的黏度和切力没有任何影响；c. 抗高温能力达到 175℃ 以上，对钻井液性能影响小，适用于整个井筒；d. 对环境和土壤无污染、无毒、无腐蚀，可直接随钻屑一起排放。

应用范围：a. 固井、测井、完井测试前洗井；b. 坍塌，井眼不干净时的清洗；c. 大斜度井钻井如定向井、水平井和大位移井时的井眼清洁；d. 小井眼钻井时的井眼清洁；e. 修井，去除磨铣作业中的金属碎屑。

(2) 片状桥接堵漏材料。

① NTS。雷特超强堵漏剂 NTS 主要以片状合成树脂主，其为抗高温、抗压的惰性材料，颗粒尺寸分为粗、中、细三种尺寸。它呈片状且无味，具有坚硬、热固性，密度为在 $1.30~1.55g/cm^3$，高温稳定性好，可抗 278℃，与水基、油基、盐水钻井液不相溶。在挤堵施工中，架桥剂进入裂缝架桥，不同片状材料填充，在井口憋压压差作用下不断地填充夯实，形成稳定的承压堵漏层。

适用于：a. 中小型裂缝漏失；b. 诱导性裂缝漏失；c. 裂缝及微小型裂缝漏失；d. 小型溶洞漏失。

② NTS-S。雷特酸溶型堵漏剂 NTS-S 是经过特殊工艺加工而成的，是由矿物组成的，其酸溶率在 98% 以上，被用于封堵目的层漏失，分为粗、中、细三种类型。

它呈白色片状，酸溶率高达 98% 以上，pH 值在水中为 7~9，密度范围为 $2.71~2.90g/cm^3$。

具有以下优越性：a. 对钻井液无污染；b. 片状易嵌入裂缝，架桥而不返吐；c. 不溶于水，不会软化变形；d. 与各类钻井液相配伍；e. 堵漏后，漏失不易复发；主要适用于目的层堵漏。

3) GT 系列桥接堵漏材料

GT 系列桥接堵漏材料如图 6-4-3 所示。

图 6-4-3 GT 系列桥接堵漏材料

（1）颗粒状桥接堵漏材料。

① GT。GT 是一种白色，颗粒状刚性桥塞堵漏剂，主要成分为方解石，酸溶率高达 98% 以上，无明显气味；在水溶液中 pH 值为 7.0~9.0；密度在 2.71~2.90g/cm³ 之间，不溶于水。粒径优化的颗粒堵漏剂，主要作为刚性架桥作用，适用于产层堵漏，保护产层，易于解堵。

② GT-HS。GT-HS 是一种固体颗粒、颜色不均、无气味高承压堵漏剂，主要成分为热固性树脂片等，密度为 1.5~2.0g/cm³，在弱酸和碱性环境下呈惰性，具有高温稳定性，在 180℃ 条件下稳定，分粗、中、细三种，由薄片状与颗粒状材料优化搭配而成的复合堵漏剂，其封堵承压能力达 5.0MPa 以上，适用于裂缝型或小型溶洞漏失。

③ NTBASE。NTBASE 是一种灰褐色颗粒状复合堵漏剂，主要成分为片状树脂材料、可酸溶纤维、果壳、酸溶性矿物组成，密度为 1.2~1.6g/cm³，具有高温稳定性，在 200℃ 条件下性能稳定，在弱酸和碱性环境下呈惰性，对钻井液性能无影响，适用于各种水基、油基和合成基钻井液；可单独使用，或配合较大粒径堵漏材料堵漏；该产品具有对漏层覆盖面广、承压能力高、封堵效果好、一次性堵漏成功率高、现场配制工艺简单、施工安全可靠等优点，能达到减少井漏损失，节约综合成本的目的。

（2）纤维状桥接堵漏材料。

① GT-MF。GT-MF 是一种灰白色粉末状矿物纤维，主要成分为酸溶性矿物纤维、植物纤维等，密度为 2.0~2.5g/cm³，具有高温稳定性，在 200℃ 条件下性能稳定，在弱酸和碱性环境下呈惰性，可作为随钻堵漏材料，不影响钻井液性能。适用于各种水基、油基和合成基钻井液。

② GT-DS。GT-DS 是一种灰白色纤维粉末随钻堵漏剂，主要成分为多种矿植物材料，弱酸和碱性环境下呈惰性，密度为 1.5~1.7g/cm³，具有高温稳定性，在 200℃ 条件下性能稳定，不溶于水基、油基和合成基等钻井液体系。

（3）片状桥接堵漏材料。

GT-SM 是一种多色片状粒子酸溶性堵漏剂，主要成分酸溶性矿物等，密度为 2.2~

2.6g/cm³，酸溶率≥75%，在水溶液中pH值为7~8，分粗、中、细三种。

4）LCC系列桥接堵漏材料

LCC系列桥接堵漏材料如图6-4-4所示。

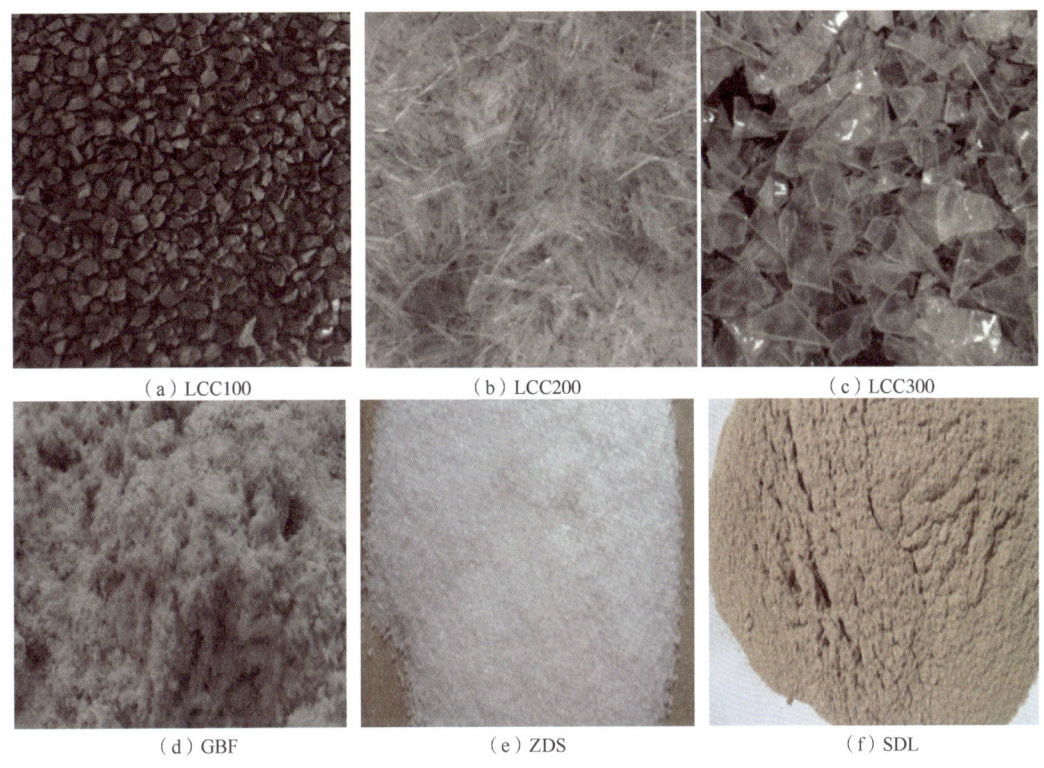

图6-4-4 LCC系列桥接堵漏材料

（1）颗粒状桥接堵漏材料。

① LCC100。LCC100是一种刚性颗粒状的有机高分子，主要成分为聚醚酮、聚醚酰亚胺及填料硼酸镁晶共混而成，密度为1.20~2.40g/cm³，能加工成不同粒径的颗粒，颗粒分布范围广[主要规格有4~6目、5~7目、7~10目、10~16目、16~30目、30~60目，以及针对大型裂缝或大的漏失通道专门生产的楔形(宝塔型或圆锥型)堵漏剂，主要规格有8mm，10mm，15mm和20mm等]；在30MPa×5min条件下承压破碎率小于10%；分为120℃，150℃和180℃三个耐温级别，耐碱至pH值11。

该剂在堵漏浆中起架桥作用。具有高抗压强度、耐温耐碱，持久性好，不会因地层应力作用闭合而被压碎，也不会长期在井下高温、高压碱液环境下而降解变软；且由于LCC100颗粒密度可调，能够适应不同的堵漏浆密度，使配制成的堵漏浆内堵漏颗粒分布更均匀，架桥成功率更高。

② ZDS。ZDS主要成分为细颗粒碳酸钙，酸溶率高，常用的粒径尺寸为6~12目、12~20目、24~40目和40~60目，主要用于随钻防漏、堵漏，承压3MPa(筒压实验)。

（2）纤维状桥接堵漏材料。

① LCC200。LCC200是一种能够加工成不同长度的有机高分子合金纤维，主要成分为气相二氧化硅、活性炭酸钙和钛白粉，与聚醚砜以及聚四氟乙烯共混而成；常用范围为

0.3~13mm，耐温可达180℃；能够均匀分散在堵漏浆中，不结团。

该剂采用刚性纤维和柔性纤维复合作用，刚性纤维更易在狭窄的通道中滞留，从而截留住柔性纤维，使之更好地发挥拉筋织网的作用。

② GBF。GBF是固壁承压封堵剂，主要由天然木质纤维、耐温有机纤维、活化硅、酸溶性天然矿物、固结剂等复配而成的灰白色粉末纤维混合，既可以用于产层的堵漏，又可以用于非目的层的堵漏；酸溶率高达85%以上，可用于密度1.20~2.10g/cm³的钻井液；加重以后强度较高；在使用过程中不发生收缩，不产生裂纹，能够增强第二界面的胶结强度；失水时间更短，形成强度更快。

（3）片状桥接堵漏材料。

LCC300是一种呈不规则片状，近似尺寸边长0.3~13mm的有机高分子柔性碎片，主要成分纳米α-Al₂O₃为改性填料，用甲苯-2,4-二异氰酸酯与PEG400的共聚物接枝改性双酚A型环氧树脂而成；密度为1.0~1.8g/cm³，它具有柔韧性好、折叠无痕、不破裂的特点，耐温可达180℃；耐碱，pH值为12。

LCC300为柔性碎片，能够在压差作用下折叠变形进入漏层进行封堵填塞。

（4）复合堵漏材料。

SDL是一种微纤维和粉末混合物，主要由天然矿、植物纤维及粉末混合而成，主要用于随钻防漏、堵漏。

3. 高失水堵漏材料

高失水堵漏剂的作用机理是：堵剂配成的浆液进入漏失段后，在钻井液液柱压力和地层压力所产生的压差的作用下，迅速失水，浆液中的固相组分聚集、变稠，形成滤饼，继而压实，填塞漏失通道。同时，由于所形成的堵塞具有高渗透性的微孔结构和整体充填特性，能透气透水，但不能透过钻井液，钻井液则在塞面上迅速失水，形成光滑平整的滤饼，起到进一步严密封堵漏失通道的效果。堵剂的滤失量越大，滤失速度越快，堵塞的形成也就越迅速。

常见的高失水堵漏材料主要由聚合物、硅藻土、水泥、海泡石、凹凸棒石、石棉粉、石脊、惰性材料等按一定比例配制。国外菲利普斯公司研制的高失水堵漏材料DI-ASEALM，由碎纸屑、石灰、硅藻土按一定比例复配，使用方便、见效快、成功率高，在世界各地数千口井取得成功应用。国内学者王曦等对核桃壳、锯末和新型高失水剂FZS进行了对比实验。结果表明，核桃壳能封堵3mm左右的裂缝，且在4MPa压力下，漏失量较小，承压能力较高；而缝宽3mm时，2%锯末只能承受3MPa的压力；另外，FZS能封死4~5mm裂缝，承压5MPa以上。将FZS、核桃壳及复合堵漏剂CMC复配，当配方为基浆+1.5%FZS+2.5%核桃壳+1.0% CMC时，漏失量最低、漏层承压能力最高。黄贤杰等研制的高效失水堵漏剂配方为：清水+2%黏土+0.1%CMC+15%HHH(高效、高失水、高强度堵漏材料)+4%核桃壳(中粗)+4%核桃壳(细)+3%云母，密度控制在1.45~1.46g/cm³。该堵漏剂具有高失水、高强度等特点，对塔河油田S119-3井的堵漏获得成功。

4. 无机胶凝堵漏剂

无机胶凝堵漏剂原理：水泥浆泵送至井下漏层中一定时间后，水泥浆稠化—凝固形成具有相当强度的固状体而与地层胶结为一体，从而填塞了井下漏失通道，达到封堵漏层的目的。无机胶凝堵剂以水泥为主，包括各种特殊水泥、混合水泥稠浆等。水泥是钻井防漏堵漏中最常用的材料之一，其特点是封堵漏层之后，具有较高的承压能力。

二、堵漏材料性能评价方法与性能测试

库车山前井在开发过程中井漏事故频发，如何合理地制定堵漏措施成为堵漏是否成功的关键，堵漏效果受堵漏材料性能参数影响。堵漏材料性能参数包括几何参数、力学参数和化学参数，几何参数主要有堵漏材料形状、粒度分布、圆球度等；化学参数主要有抗温能力、酸溶率等，见表6-4-1。

表6-4-1 堵漏材料关键性能参数

序号	参数类型	评价类型	评价亚类
1	几何参数	形貌分析	外观
2			形状
3		粒度分析	激光粒度法
4			筛析法
5			图像分析法
6		圆球度评价	
7	力学参数	摩擦系数评价	最大静摩擦系数
8			平均滑动摩擦系数
9		抗磨蚀能力评价	
10		抗压能力评价	
11		膨胀性能评价	
12		分散性评价	
13	化学参数	酸溶率评价	
14		抗高温能力评价	高温粒度降级评价
15			高温强度降级评价
16	物理参数	密度	体积密度

1. 堵漏材料几何参数评价方法与结果

堵漏材料的几何参数是影响裂缝封堵层结构的关键因素，裂缝封堵层是由堵漏材料在裂缝中架桥堆积而成，堵漏材料的几何参数影响裂缝封堵层的架桥速度、架桥位置、结构致密性和承压能力等。不同几何形态的刚性堵漏材料在裂缝中滞留行为研究表明，相同粒径条件下，片状堵漏材料比圆球状堵漏材料更容易在裂缝内滞留，形成裂缝封堵层；圆球状堵漏材料的滞留行为受粒径影响较大，对裂缝宽度变化适应性差，而片状堵漏材料的滞留行为受粒径影响小，对裂缝宽度变化适应性强，滞留概率高；多种几何形态的堵漏材料复配能大幅度的提高裂缝封堵层承压能力。

1）堵漏材料的形貌评价

将堵漏材料平铺在硬纸板上，利用高清相机对材料进行拍照，根据堵漏材料的几何分类方法，对堵漏材料进行分类，结果见表6-4-2，圆度测定结果见表6-4-3。

表 6-4-2 堵漏材料形貌分析结果

序号	材料名称	类型	序号	材料名称	类型
1	FCL	纤维	22	LCC400(60-120目)	圆球状
2	FCL-10	纤维	23	SDL	圆球状
3	LCC200(5MM)	纤维状	24	GT-SM(粗)	圆球状
4	LCC200(8MM)	纤维状	25	GT-SM(中粗)	圆球状
5	合成纤维LCC-200	纤维状	26	GT-SM(细)	圆球状
6	LCC300	片状	27	BYD	圆球状
7	GT-DS	圆球状	28	KGD-2	圆球状
8	LCC100-8(10-16目)	圆球状	29	KGD-3	圆球状
9	LCC100-8(16-30目)	圆球状	30	LCC100-8(3~4目)	圆球状
10	LCC100-8(30-60目)	圆球状	31	LCC100-8(4~6目)	圆球状
11	LCC100-8(5~7目)(黑色)	圆球状	32	LCC100-8(5~7目)(偏灰)	圆球状
12	LCC100-8(7~10目)有机高分子	圆球状	33	SQD-98	圆球状+纤维
13	LCC100-8(10~16目)有机高分子	圆球状	34	SHD	圆球状+纤维
14	LCC100-8(30~60目)有机高分子	圆球状	35	GT-MF	圆球状+纤维
15	碳酸钙(10~16目)	圆球状	36	GT-HS(中粗)	复合状
16	碳酸钙(16~30目)	圆球状	37	GT-HS(细)	复合状
17	LCC400(7~10目)	圆球状	38	GT-HS(粗)	复合状
18	LCC400(10~16目)	圆球状	39	GYD-粗	复合状
19	LCC400(16~30目)	圆球状	40	GYD-中粗	复合状
20	LCC400(30~60目)	圆球状	41	GYD-细	复合状
21	LCC100-8(7~10目)	圆球状			

表 6-4-3 堵漏材料圆度测定结果

材料类型	材料名称	圆度	圆度级别
颗粒状	LCC100-8(4~6目)	0.84	中等偏高
	LCC100-8(5~7目)(偏灰)	0.82	中等偏高
	LCC100-8(7~10目)	0.85	中等偏高
	LCC100-8(10~16目)	0.53	中等偏低
	LCC100-8(16~30目)	0.77	中等
	LCC100-8(30~60目)	0.77	中等
	LCC100-8(10~16目)有机高分子	0.49	中等偏低

续表

材料类型	材料名称	圆度	圆度级别
颗粒状	LCC100-8(30~60目)有机高分子	0.56	中等偏低
	LCC400(7~10目)	0.85	中等偏高
	LCC400(10~16目)	0.86	中等偏高
	LCC400(16~30目)	0.88	中等偏高
	LCC400(30~60目)	0.91	中等偏高
	LCC400(60~120目)	0.96	中等
	SDL	无法测量	无法测量
	GT-DS	无法测量	无法测量
	贝壳(细)	0.7	中等
片状	LCC300	0.57	中等偏低
复合状	GT-MF	无法测量	无法测量
	GT-HS(粗)	0.49	中等偏低
	GT-HS(中粗)	0.48	中等偏低
	GT-HS(细)	0.59	中等偏低
	GYD-粗	0.42	中等偏低
	GYD-中粗	0.41	中等偏低
	GYD-细	0.53	中等偏低

2) 堵漏材料粒度评价

保证堵漏材料的粒度分布与井底裂缝宽度的匹配性，是实现有效漏失控制和安全高效钻井的前提。堵漏材料的粒度分布对裂缝封堵层的结构、裂缝封堵层的承压能力有着直接的影响，在选择堵漏材料进行漏失控制施工时，应首先保证堵漏材料的粒度分布合理，粒度分布是固相颗粒类堵漏材料评价的重要指标之一。

(1) 粒度评价测试方法。

激光粒度分析仪的量程较小，因此仅对粒径在2mm以下的固相颗粒状堵漏材料采用马尔文激光粒度分析仪(MS2000)进行粒度分析，实验器材如图6-4-5所示；对粒径大于2mm的固相颗粒状堵漏材料采用Image J图像分析法进行粒度分析。

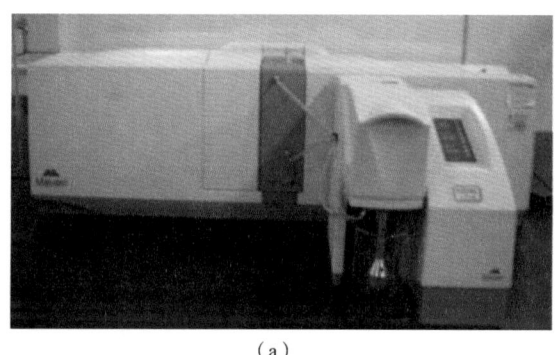
(a)

(b)

图6-4-5 马尔文激光粒度分析仪(MS2000)(a)和TG-16-WS台式高速离心机(b)

① 激光粒度分析仪分析。激光粒度分析仪的测试原理是小角度激光光散射法，由激光器发射出具有一定波长的激光，激光通过处理后变成平行光，进而照射在堵漏材料表面发生散射现象。平行光在堵漏材料表面发生散射现象后，散射光的能量会发生变化，能量变化的幅度与堵漏材料粒径直接有关，接收并处理散射光的能量就可以测量堵漏材料的粒径分布。

② Image J 图像分析法及评价结果。为满足直径大于 2mm 的堵漏材料粒度分析测试要求，采用 Image J 软件堵漏材料图片进行分析处理，测量堵漏材料粒度分布。实验过程如图 6-4-6 所示，采用高清相机对分散均匀的堵漏材料进行拍照，将高清堵漏材料图片导入 Image J 软件处理，在拉普拉斯直方图上调整读取颗粒粒径的数值，对图像进行二值化处理，可以测出堵漏材料的圆球度、粒径分布等参数，处理分析数据后可形成堵漏材料粒度分布图。

（2）粒度测试结果。堵漏材料的几何性能参数见表 6-4-4。

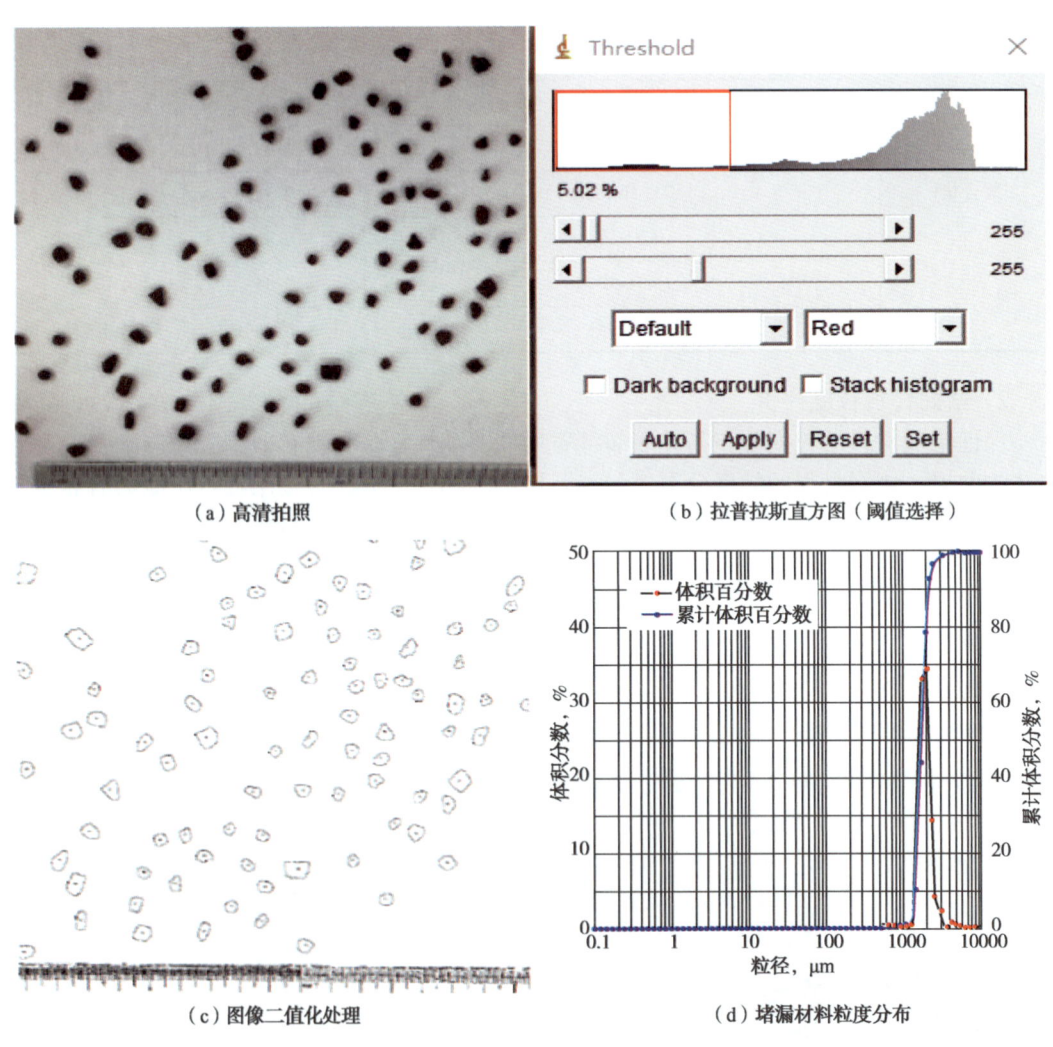

图 6-4-6　Image J 图像分析法原理图

表 6-4-4 堵漏材料几何性能参数

类别	材料名称	D_{50}, μm	D_{90}, μm
颗粒状	LCC100-8(4~6目)	43.8.2	5830.1
	LCC100-8(5~7目)(偏灰)	4446.1	5556.7
	LCC100-8(7~10目)	3384.6	4363.4
	LCC100-8(10~16目)	2295.6	3529.7
	LCC100-8(16~30目)	1481.3	2729.5
	LCC100-8(30~60目)	803.9	1092.7
	LCC100-8(10~16目)有机高分子	2230.3	3220.0
	LCC100-8(30~60目)有机高分子	760.8	1154.6
	LCC400(7~10目)	2780.1	4153.0
	LCC400(10~16目)	2338.2	3223.0
	LCC400(16~30目)	1702.3	2149.9
	LCC400(30~60目)	764.8	1078.5
	LCC400(60~120目)	313.5	417.3
	贝壳(细)	608.6	1430.6
	BYD	45.345	196.844
	SDL	33.0	156.5
纤维粉末	GT-DS	22.3	332.2
	GT-MF	38.3	272.0
片状	LCC300	3576.3	6043.3
	NTS-M(中粗)	2295.6	3311.3
	NTS-M(粗)	3194.8	6236.5
复合状	GYD-粗	5245.1	6836.2
	GYD-中粗	3075.6	4207.9
	GYD-细	2061.6	2715.3
	GT-HS(粗)	5495.5	7036.3
	LT-HS(中粗)	2968.6	4797.6
	GT-HS(细)	3023.6	4077.5

2. 堵漏材料力学参数评价方法与结果

堵漏材料的力学参数主要有摩擦系数、抗压能力等。力学参数影响裂缝封堵层的承压能力和堵漏材料在裂缝中的分布位置。裂缝封堵层结构失稳模式有封堵层摩擦失稳和封堵层剪切失稳两种(图6-4-7和图6-4-8),裂缝封堵层的承压能力,由封堵层摩擦失稳强度和封堵层剪切失稳强度共同控制。封堵层摩擦失稳模型和封堵层剪切失稳模型表明,裂缝封堵层的承压能力受堵漏材料的摩擦系数和抗压能力影响,当堵漏材料抗压能力和摩擦系数不足时,封堵层易发生结构失稳现象。

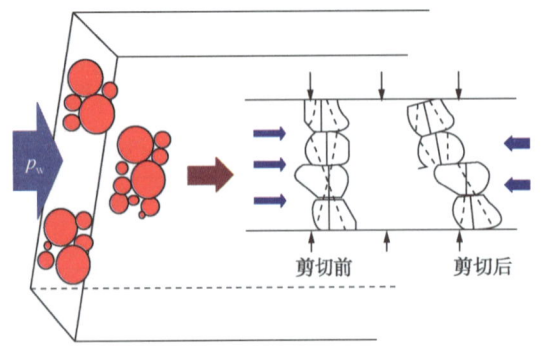
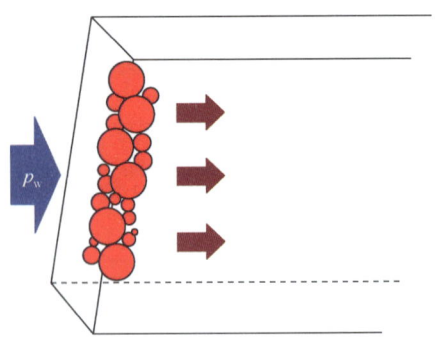

图 6-4-7 裂缝封堵层剪切失稳物理模型　　　　图 6-4-8 裂缝封堵层摩擦失稳物理模型

1) 堵漏材料摩擦系数评价

(1) 实验材料与实验器材。

实验器材选用 COF-1 型摩擦系数测量仪、烘箱等。COF-1 型堵漏材料摩擦系数测量仪能对收集到的堵漏材料开展摩擦系数评价实验,明确堵漏材料摩擦系数影响裂缝封堵层结构机理。COF-1 型堵漏材料摩擦系数测量仪主要由装样系统、动力系统、控制系统、数据采集系统四大系统构成,实验原理图如图 6-4-9 所示。

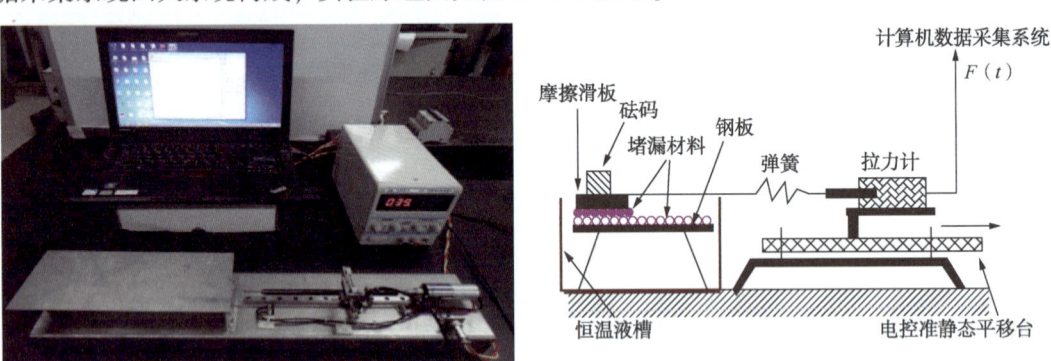

图 6-4-9　COF-1 型摩擦系数测量仪实物图与原理图

(2) 实验步骤。

① 将需要测量摩擦系数的堵漏材料放入烘箱,烘箱内温度设定为 60℃,干燥 24h 后取出堵漏材料放入干燥容器中备用;

② 在长约 6.0cm、宽约 3.5cm 的摩擦滑板一面和 COF-1 型摩擦系数测量仪的钢板表面贴上双面胶,并在钢板和摩擦滑板的双面胶上紧密粘满堵漏材料;

③ 将粘有堵漏材料的摩擦滑板放置在 COF-1 型摩擦系数测量仪钢板的最左端,保证钢板和摩擦滑板粘着的堵漏材料紧密接触,在摩擦滑板的正上方放置一个加重砝码;

④ 启动 COF-1 型摩擦系数测量仪,电动机带动摩擦滑板在铺有堵漏材料的钢板上缓慢匀速滑动,拉力计测得堵漏材料与堵漏材料之间的摩擦力,计算机记录摩擦力随时间变化曲线;

⑤ 换一种堵漏材料重复实验步骤②~④。

堵漏材料间的摩擦系数的计算公式为:

$$\mu = \frac{f}{9.8W} \tag{6-4-1}$$

式中 μ——堵漏材料间摩擦系数；

f——堵漏材料与堵漏材料之间的摩擦力，N；

W——加重砝码、摩擦滑板和摩擦滑板上粘有的堵漏材料的总质量。

（3）实验结果及分析。

堵漏材料摩擦系数评价标准见表6-4-5，根据最大动摩擦系数数值确定堵漏材料摩擦系数级别。

表6-4-5 堵漏材料摩擦系数评价标准

摩擦系数	$\mu \leq 0.5$	$0.5 < \mu \leq 0.8$	$0.8 < \mu \leq 1.1$	$1.1 < \mu \leq 1.4$	$\mu > 1.4$
摩擦系数级别	低	中等偏低	中等	中等偏高	高

堵漏材料摩擦系数测试实验结果见表6-4-6。实验结果表明：

① 同样粒径的金属类复合状堵漏材料的摩擦系数高于有机高分子类堵漏材料，如GYD-粗、GYD-中粗和GYD-细的最大动摩擦系数明显高于LCC100-8(4~6目)、LCC100-8(7~10目)和LCC100-8(10~16目)。

② 堵漏材料的颗粒粒径大小与摩擦系数大小相关性不强，比如LCC400(10~16目)、LCC400(16~30目)和LCC400(30~60目)是由同一种材料组成的、粒径不一的堵漏材料，粒径关系为LCC400(10~16目)>LCC400(16~30目)>LCC400(30~60目)。

③ 优选GYD-粗、GYD-中粗、GYD-细等摩擦系数级别较高的堵漏材料开展裂缝封堵层结构表征实验。

表6-4-6 堵漏材料摩擦系数评价结果

材料类别	材料名称	最大静摩擦系数	最大动摩擦系数	摩擦系数级别
颗粒状	KGD-2	1.55	1.27	中等偏高
	KGD-3	1.02	0.89	中等
	LCC100-8(4~6目)	0.94	1.01	中等
	LCC100-8(5~7目)(偏灰)	1.11	1.11	中等偏高
	LCC100-8(7~10目)	1.54	1.28	中等偏高
	LCC100-8(10~16目)	1.90	1.09	中等
	LCC100-8(16~30目)	1.64	1.29	中等偏高
	LCC100-8(30~60目)	1.47	1.27	中等偏高
	LCC100-8(5~7目)(黑色)	1.11	1.11	中等偏高
	LCC100-8(7~10目)有机高分子	1.54	1.28	中等偏高
	LCC100-8(10~16目)有机高分子	1.64	1.24	中等偏高
	LCC100-8(30~60目)有机高分子	1.31	1.25	中等偏高
	BYD	1.89	1.32	中等偏高
	LCC400(10~16目)	2.30	1.46	高
	LCC400(16~30目)	2.26	1.43	高
	LCC400(30~60目)	2.15	1.47	高

续表

材料类别	材料名称	最大静摩擦系数	最大动摩擦系数	摩擦系数级别
纤维状	石油工程纤维 FCL	1.25	1.22	中等偏高
	石油工程纤维 FCL-10	0.90	0.86	中等
	SHD	1.15	1.02	中等
	LCC200(5MM)	0.94	0.89	中等
	LCC200(8MM)	0.68	0.61	中等偏低
	合成纤维 LCC-200	1.26	1.03	中等
片状	LCC300	0.76	0.73	中等偏低
复合状	GYD-粗	1.21	1.45	高
	GYD-中粗	0.93	1.41	高
	GYD-细	1.07	1.23	中等偏高

2）堵漏材料抗压能力评价

堵漏材料作为形成裂缝性储层封堵层的材料，可能在地层中因为地层上覆压力过大而发生断裂而导致封堵层承压失稳，也可能在流体的剪切作用下发生折断，也会因为井筒中工作液液柱压力和地层孔隙流体压力之间的差值过大而被破坏。以上种种原因都会导致封堵层丧失堵漏功能，从而使得工作液大量漏失到储层，所以，研究堵漏材料的抗压能力非常重要。

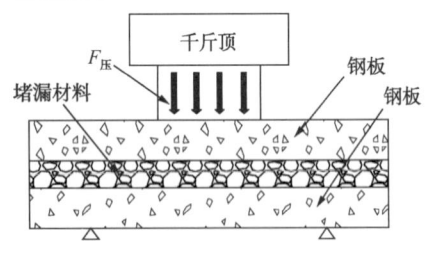

图 6-4-10　堵漏材料的抗压能力
实验装置原理图

（1）实验材料与实验器材。

实验材料选取国内外现场常用的颗粒状堵漏材料，包括编号为 GYD-粗、GYD-中粗、GYD-细等 20 种堵漏材料。实验器材选用 LCMPR-1 型抗压能力测量仪、筛网等。堵漏材料抗压能力实验装置原理如图 6-4-10 所示。

（2）实验步骤。

① 测量堵漏材料的粒度分布；

② 将堵漏材料平铺在一块固定的钢板 A 上，在堵漏材料上方加盖另一块钢板 B；

③ 利用液压机向钢板 B 施加垂向压力，使堵漏材料所受压强保持 25MPa 不变，15min 后卸掉液压机压力，取出钢板 A 和钢板 B 间的堵漏材料；

④ 利用筛析法测量取出的堵漏材料粒度分布，并计算堵漏材料的 D_{90} 降级率。

堵漏材料所受压强 p 的计算公式为：

$$p = \frac{F + mg}{S} \tag{6-4-2}$$

式中　p——堵漏材料所受压强，MPa；

F——液压机对钢板 B 施加的恒定压力，N；

m——钢板 B 的质量，kg；

S——堵漏材料平铺在钢板 A 上的面积，mm²。

D_{90} 降级率的计算公式为：

$$D_{\mathrm{DR}} = \frac{D_{90\mathrm{i}} - D_{90\mathrm{d}}}{D_{90\mathrm{i}}} \times 100\% \tag{6-4-3}$$

式中 D_{DR}——堵漏材料粒度 D_{90} 降级率，%；

$D_{90\mathrm{i}}$——未承压堵漏材料的粒度分布 D_{90}，$\mu\mathrm{m}$；

$D_{90\mathrm{d}}$——承压后堵漏材料的粒度分布 D_{90}，$\mu\mathrm{m}$。

（3）实验结果及分析。

堵漏材料抗压能力评价标准见表6-4-7，堵漏材料抗压能力评价的实验结果见表6-4-8。堵漏材料抗压能力评价实验结果表明：

① 金属类复合状堵漏材料的 D_{50} 降级率和 D_{90} 降级率为负数，如：GYD-粗、GYD-中粗、GYD-细等材料，表明该种材料的抗压能力强、延展伸缩能力强。

② 有机高分子类堵漏材料的抗压能力级别都比较高，如：LCC100-8（4~6目）、LCC100-8（5~7目）（偏灰）、LCC100-8（7~10目）、LCC100-8（10~16目）等材料。

③ 不同粒径的同种堵漏材料抗压能力分析结果表明，材料的抗压能力级别与粒径没有直接关系。

表6-4-7 堵漏材料抗压能力评价标准

D_{90}降级率,%	$D_{\mathrm{DR}}>30$	$20<\mu\leqslant30$	$10<\mu\leqslant20$	$5<\mu\leqslant10$	$\mu\leqslant5$
抗压能力	低	中等偏低	中等	中等偏高	高

表6-4-8 堵漏材料抗压能力评价实验结果

材料类别	编号	D_{50}降级率	D_{90}降级率	抗压能力级别
颗粒状	KGD-2	22.87	19.14	中等
	KGD-3	3.61	8.05	中等偏高
	LCC100-8(4~6目)	-3.20	-4.48	高
	LCC100-8(5~7目)(偏灰)	0.25	2.59	高
	LCC100-8(7~10目)	1.56	3.49	高
	LCC100-8(10~16目)	-1.55	1.64	高
	LCC100-8(16~30目)	-18.28	10.67	中等
	LCC100-8(30~60目)	15.45	21.24	中等偏低
	LCC400(10~16目)	22.67	19.64	中等
	LCC400(16~30目)	23.25	22.67	中等偏低
	LCC400(30-60目)	4.14	4.01	高
片状	LCC300	49.44	10.20	中等
复合状	GT-HS(粗)	55.66	4.11	高
	GT-HS(中粗)	14.50	3.84	高
	GT-HS(细)	12.68	4.78	高
	GYD-粗	-5.94	-8.76	中等偏高
	GYD-中粗	-13.86	-17.66	中等
	GYD-细	-13.12	-17.66	中等

通过钻井堵漏材料抗压能力实验可以看出，金属类复合状堵漏材料的 D_{50} 降级率和 D_{90} 降级率为负数，如：GYD-粗、GYD-中粗、GYD-细等材料，表明该种材料的抗压能力强、延展伸缩能力强；有机高分子类堵漏材料的抗压能力级别都比较高，如：LCC100-8(4~6目)、LCC100-8(5~7目)(偏灰)、LCC100-8(7~10目)、LCC100-8(10~16目)等材料；不同粒径的同种堵漏材料抗压能力分析结果表明，材料的抗压能力级别与粒径没有直接关系。

3）堵漏材料抗磨蚀能力评价

工作液中配备的堵漏材料除了会在高温高压的地层环境中老化，在地层压力或者工作液柱压力和地层孔隙压力的作用下承压失稳，也会由于流体与颗粒之间的剪切作用、颗粒与颗粒之间的碰撞作用以及颗粒与流动边界的碰撞作用下而破碎变形，从而导致材料的粒径分布发生变化，出现封堵层承压能力下降。因此，在评价超深井钻井用堵漏材料性能时，还需考虑材料抗磨蚀等性能。

实验材料选取国内外现场常用的颗粒状堵漏材料，包括编号为 GYD-粗、GYD-中粗、GYD-细等 15 种堵漏材料。实验器材选用电子天平、筛网、0 号柴油模拟油基钻井液、铁柱、LCMPR-1 型抗压能力测量仪、老化罐和烘箱等。

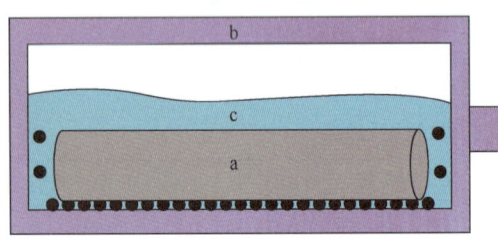

图 6-4-11 磨损罐结构图
a—不锈钢圆柱体；b—老化釜；
c—实验流体与固相颗粒

（1）实验流程。

将材料放入老化釜中，比较材料老化前后的 D_{50} 和 D_{90} 分布，通过粒度降级来得出堵漏材料的抗磨蚀性能。评价堵漏材料抗磨蚀能力具体实验步骤如下：

① 用天平称取 15.00g 的堵漏材料，装入磨蚀罐（图 6-4-11）中。

② 向装有材料的磨蚀罐加满 0 号柴油，并加入圆柱状刚棒，隔绝空气中的氧气，密封后放入 180℃ 的滚子加热炉中磨蚀处理 24h，取出磨蚀罐。

③ 待磨蚀罐冷却至室温后取出堵漏材料，洗净、烘干、称重、测量高温磨蚀后粒度分布。

④ 测量材料高温磨蚀后 D_{90} 和 D_{50} 降级率，并与未磨蚀前对比，按式(6-4-4)计算降级率：

$$DR = \frac{D_{90i} - D_{90d}}{D_{90i}} \times 100\% \tag{6-4-4}$$

式中 D_{90i}——初始状态未加压时颗粒粒度 D_{90}，μm；
D_{90d}——施加围压后颗粒粒度 D_{90}，μm。

⑤ 根据表 6-4-9 的材料抗磨蚀能力评价指标来评价材料的抗磨蚀能力。

表 6-4-9 材料抗磨蚀能力评价指标

D_{90} 降级率，%	DR>30	20<DR≤30	10<DR≤20	5<DR≤10	DR≤5
抗磨蚀能力	低	中等偏低	中等	中等偏高	高

（2）实验结果。

材料抗磨蚀能力评价实验结果见表6-4-10。

表 6-4-10　材料抗磨蚀能力评价实验结果

材料类别	材料名称	D_{50}磨蚀降级率 %	D_{90}磨蚀降级率 %	抗磨蚀能力级别
颗粒状	LCC100-8(4~6目)	-11.35	2.92	高
	LCC100-8(5~7目)(偏灰)	-1.05	1.30	高
	LCC100-8(7~10目)	12.75	9.92	中等偏高
	LCC100-8(10~16目)	3.10	16.56	中等
	LCC100-8(16~30目)	5.11	15.23	中等
	LCC100-8(30~60目)	9.96	13.66	中等
	LCC100-8(7~10)有机高分子	-11.35	-1.59	高
	LCC100-8(30~60)有机高分子	-16.18	2.27	高
	LCC400(10~16目)	40.20	34.16	低
	LCC400(16~30目)	17.21	11.83	中等
复合状	GT-HS(粗)	55.98	30.37	低
	GT-HS(中粗)	30.55	0.78	高
	GT-HS(细)	25.26	14.79	中等
	GYD-粗	7.08	1.82	高
	GYD-中粗	31.55	23.48	中等偏低
	GYD-细	42.20	15.90	中等

3. 堵漏材料化学参数评价方法与结果

堵漏材料的化学参数主要有抗温能力、酸溶率。目前钻井逐渐走向深部，而深井井底具有高温高压的环境，堵漏材料在高温环境中可能发生高温老化反应，使堵漏材料的粒度分布、抗压能力等发生变化，影响封堵层承压能力，使裂缝发生重复性漏失，因此，用于超深井漏失控制的堵漏材料需要具备一定的抗温能力。

1）堵漏材料抗高温老化能力评价

深井超深井钻进裂缝性油气层极易发生频繁的钻井液漏失，造成严重储层损害和重大经济损失。储层段钻进过程中经常发生重复性漏失，意味着仅用酸溶率、粒度分布等常规堵漏材料评价指标已不能满足钻井液漏失控制工程需要。超深井井底的高温高压油基钻开液环境，会使封堵层内的堵漏材料产生高温老化作用，材料的粒度分布、抗压能力和摩擦系数均会发生变化，诱导裂缝封堵层结构发生变化，影响裂缝封堵层的承压能力。因此，在评价超深井钻井用堵漏材料性能时还需考虑材料抗高温等性能。

（1）实验材料与实验器材。

实验材料选取国内外现场常用的颗粒状堵漏材料，包括编号为GYD-粗、GYD-中粗、GYD-细等15种堵漏材料。实验器材选用电子天平、筛网、LCMPR-1型抗压能力测量仪、老化罐和烘箱等。

（2）实验流体。

使用 0 号柴油模拟油基钻井液环境，进行高温老化实验。

（3）实验步骤。

① 堵漏材料高温老化前后粒度分布测量实验。

实验步骤：

a. 测量堵漏材料的粒度分布；

b. 用天平称取 50.00g 的堵漏材料，装入老化罐中；

c. 向装有堵漏材料的老化罐加满 0 号柴油，隔绝空气中的氧气，密封后放入 180℃ 的滚子加热炉中分别老化 24h，取出老化罐；

d. 待老化罐冷却至室温后取出堵漏材料，洗净、烘干，测量堵漏材料高温老化后的粒度分布 D_{90} 的变化率。

② 堵漏材料高温老化前后抗压强度测量实验。

实验步骤参考堵漏材料抗压能力评价实验，老化承压 D_{90} 降级率指的是老化前后的堵漏材料在承压后的 D_{90} 降级率之差。

（4）实验结果。

堵漏材料高温老化性能评价标准是建立在该材料在 180℃ 的 0 号柴油环境中反应 24h 的基础上，具体评价标准见表 6-4-11，若材料的老化 D_{90} 降级率和老化承压 D_{90} 降级率的评价不一样，以老化 D_{90} 降级率和老化承压 D_{90} 降级率中最低的评价为准。

表 6-4-11 堵漏材料高温老化性能评价标准

老化 D_{90} 降级率,%	DR≤5	5<DR≤10	10<DR≤20	20<DR≤30	DR>30
材料抗温能力	高	中等偏高	中等	中等偏低	低

堵漏材料高温老化性能评价实验结果见表 6-4-12。实验结果表明：

① 金属类复合状堵漏材料的抗高温能力强，材料的老化 D_{90} 降级率和老化承压 D_{90} 降级率均在 7% 以下，如：GYD-粗、GYD-中粗、GYD-细等材料；

② 有机高分子类圆球状堵漏材料比金属类复合状堵漏材料的抗高温能力强，该材料的老化 D_{90} 降级率和老化承压 D_{90} 降级率均在 6% 以下，如：LCC100-8（4~6 目）、LCC100-8（5~7 目）（偏灰）、LCC100-8（7~10 目）等材料；

③ 由方解石颗粒组成的圆球状堵漏材料的抗高温能力为中等，该材料的老化 D_{90} 降级率和老化承压 D_{90} 降级率均在 19% 以下，如：LCC400（7~10 目）、LCC400（10~16 目）、LCC400（16~30 目）等材料；

④ 对比由相同材料组成的、粒径不一堵漏材料的抗高温能力，发现堵漏材料的抗高温能力级别与材料粒径没有直接的联系；

⑤ 部分堵漏材料在高温老化或承压后，材料的老化 D_{90} 降级率和老化承压 D_{90} 降级率为负数，表明材料在高温油基环境下会膨胀，高温老化后粒径变大，同时，材料的柔韧性好，承压后颗粒被压扁但是没有破碎，导致粒径变大，如 LCC100-8（4~6 目）、LCC100-8（10~16 目）有机高分子、LCC100-8（30~60 目）有机高分子等材料。

表 6-4-12 堵漏材料抗高温能力评价实验结果

材料类别	材料名称	高温老化后 老化D_{90}降级率,%	高温老化后 老化承压D_{90}降级率,%	抗高温能力级别
颗粒状	LCC100-8(4~6目)	-5.11	-1.39	高
	LCC100-8(5~7目)(偏灰)	-1.05	2.08	高
	LCC100-8(7~10目)	-0.54	0.48	高
	LCC100-8(10~16目)	0.52	12.74	中等
	LCC100-8(16~30目)	-4.79	25.56	中等偏低
	LCC100-8(30~60目)	2.59	5.11	中等偏高
	LCC100-8(10~16目)有机高分子	-16.74	-1.69	高
	LCC100-8(30~60目)有机高分子	-10.53	8.72	中等偏高
	LCC400(7~10目)	6.35	18.29	中等
	LCC400(10~16目)	12.29	18.79	中等
	LCC400(16~30目)	9.72	10.90	中等
	LCC400(30~60目)	0.62	6.23	中等偏高
复合状	GYD-粗	-6.98	-4.20	高
	GYD-中粗	-4.15	-6.50	中等偏高
	GYD-细	-5.94	-2.39	高

2)堵漏材料酸溶率评价

向钻井液中加入酸溶性的堵漏材料,在井底裂缝处形成裂缝封堵层是漏失控制是主要方法。裂缝封堵层形成后,可以在一定程度上避免天然裂缝宽度张开,控制钻井液中的固相和液相侵入储层,达到储层保护的目的。同时,该裂缝封堵层能在后期酸化解堵过程中达到有效解除的效果,不影响储层的高效开发。堵漏材料的酸溶率对漏失井的产能高低有着直接的影响,因此,有必要开展堵漏材料酸溶性评价。

(1)实验材料与实验器材。

实验材料选取国内外现场常用的堵漏材料,包括编号为GT-SM(粗)、LCC100-8(3~4目)、LCC100-8(4~6目)、碳酸钙(10~16目)、BZ-PRC等55种。实验器材选用电子天平、200mL烧杯、玻璃棒、滤纸、筛网和烘箱等。

(2)实验流体。

实验流体采用现场酸溶解堵常用的土酸配方进行配制,土酸配方为12%盐酸+3%氢氟酸。

(3)实验步骤。

① 将制备好的堵漏材料放入恒温干燥箱中,并在60℃条件下干燥48h;

② 称取烘干后的堵漏材料每种各取5.00g,分别置于100mL(固液比1:20)的酸液中,反应48h,酸液分别为浓度为100%、80%、60%、40%和20%的土酸溶液;

③ 反应结束后,将酸液静置4h,抽取上层清液以分离剩余固相;

④ 将分离的剩余固相用蒸馏水清洗干净,并放入恒温干燥箱,在60℃条件下烘干24h

后称重，记剩余固相重量为 w_g；

⑤ 计算堵漏材料酸液溶蚀率 R_A，计算公式为：

$$R_\mathrm{A} = \frac{5.00 - w}{w} \times 100\% \tag{6-4-5}$$

⑥ 改变酸液的浓度值，重复以上步骤，整理实验数据，计算该浓度酸液下每种材料对应的酸溶率。

（4）实验结果。

堵漏材料酸溶率评价标准是建立在该材料与100%浓度的土酸溶液反应后的基础上，具体评价标准见表6-4-13，实验结果见表6-4-14。

表6-4-13 堵漏材料酸溶率评价标准

酸溶率,%	$R_\mathrm{A} \leq 20$	$20 < R_\mathrm{A} \leq 40$	$40 < R_\mathrm{A} \leq 60$	$60 < R_\mathrm{A} \leq 80$	$R_\mathrm{A} > 80$
酸溶率级别	低	中等偏低	中等	中等偏高	高

表6-4-14 堵漏材料率评价实验结果

材料类别	材料名称	酸溶率,% 20%土酸	40%土酸	60%土酸	80%土酸	100%土酸	酸溶率级别
颗粒状	KGD-3	22.75	42.85	63.47	70.92	100.00	高
	LCC400（10~16目）	80.34	81.49	85.91	88.12	100.00	高
	LCC400（16~30目）	20.45	41.97	56.41	58.90	100.00	高
	LCC400（30~60目）	24.80	41.24	57.85	61.90	100.00	高
	LCC400（60~120目）	25.05	41.88	59.44	62.44	100.00	高
	碳酸钙（16~30目）	41.61	42.67	47.11	55.55	100.00	高
	SQD-98	31.36	46.51	60.10	66.21	100.00	高
	碳酸钙（10~16目）	50.05	50.05	54.37	55.00	94.94	高
	LCC100-8（30~60目）有机高分子	15.45	16.42	38.09	39.65	40.02	中等
	LCC100-8（10~16目）有机高分子	12.35	20.98	26.93	27.08	36.75	中等偏低
	LCC100-8（5~7目）（偏灰）	6.72	10.64	12.03	17.72	17.79	低
	LCC100-8（7~10目）	6.35	2.86	2.72	15.99	17.07	低
	LCC100-8（30~60目）	7.38	9.13	10.15	10.71	13.17	低
	LCC100-8（3~4目）	1.21	1.25	7.02	8.22	11.72	低
	LCC100-8（16~30目）	5.85	7.63	9.41	9.91	10.93	低
	LCC100-5（10~16目）	19.28	24.27	24.79	25.02	30.45	低
	LCC100-8（5~7目）（黑色）	41.06	41.82	2.38	6.29	8.84	低
	LCC100-5（7~10目）	22.52	23.26	25.33	28.65	29.65	低
	LCC100-5（4~6目）	30.73	31.92	32.36	32.68	37.68	低
	NTBASE	80.56	81.54	82.67	83.00	88.56	中等偏高
	BYD	23.71	25.37	26.65	30.76	43.39	中等

续表

材料类别	材料名称	酸溶率,%					酸溶率级别
		20%土酸	40%土酸	60%土酸	80%土酸	100%土酸	
颗粒状	KGD-3	22.75	42.85	63.47	70.92	100.00	高
	KGD-2	22.48	48.21	45.83	59.24	83.82	高
	贝壳(细)	20.83	27.63	37.70	49.98	82.21	高
	贝壳(粗)	19.05	25.83	35.49	48.61	80.16	高
纤维状	GT-MF	81.12	81.46	88.22	92	92.47	高
	GT-DS	25.33	36.99	45.78	57.94	73.06	中等偏高
	LCC200(5MM)	0.82	1.54	58.09	59.52	67.09	中等偏高
	石油工程纤维 FCL	6.61	12.87	23.41	31.54	34.84	中等偏低
	LCC200(8MM)	0.42	1.24	15.91	28.23	34.75	中等偏低
	SHD	0.29	2.88	5.50	25.89	29.38	中等偏低
	超级纤维 NT-2(1/8in)	3.54	5.48	19.92	25.47	26.71	中等偏低
	超级纤维 NT-2(1/2in)	2.88	5.42	15.59	22.34	23.99	中等偏低
	合成纤维 LCC-200	0.05	2.20	2.43	3.22	3.98	低
	石油工程纤维 FCL-10	2.08	2.38	2.43	2.37	2.52	低
	棉籽壳	37.76	38.77	39.56	40.01	41.33	中等偏低
片状	LCC300	3.56	11.65	13.48	15.09	16.76	低
复合状	GT-HS(粗)	70.59	72.80	74.04	78.00	78.65	中等偏高
	GT-HS(中粗)	70.62	72.20	73.78	78.00	78.84	中等偏高
	GT-HS(细)	70.23	70.58	71.46	78.00	78.32	中等偏高
	GYD-细	90.13	94.16	95.87	96.00	98.68	中等
	GYD-中粗	91.31	92.63	93.18	96.00	96.75	中等
	GYD-粗	91.85	91.93	94.36	96.00	98.39	高

第五节 库车山前随钻防漏堵漏技术

一、库车山前防漏堵漏基本原则

库车山前防漏堵漏基本原则：以防为主，防堵结合。

1. 库车山前防漏堵漏技术思路

根据库车山前区块地质特征，不同层位漏失机理，结合库车山前大量防漏堵漏施工情况形成防漏堵漏技术思路为以防为主，防堵结合。具体技术思路：

（1）优化和调整井身结构。尽量将高低压地层分隔开，且套管下深到位；若套管程序不够，则两套高压之间的低压层，应放在下一开高压层的上部打，便于承压堵漏或应用膨胀管进行封隔。

（2）选择合适的钻井液密度。依据地层四压力剖面，在保证安全钻进前提下，尽可能采用较低密度钻井液钻进。如钻进时发生井漏，分析现场多方面情况，考虑是否可以降密度。

（3）优化流变性能与泵量，尽可能降低 ECD，防止井漏。

（4）对于窄密度窗口井段，优先使用精细控压钻井、固井工艺、起钻时采用重浆帽工艺，尽可能降低钻井液密度，防止井漏。

（5）钻遇破碎地层、渗透性好的地层、薄弱地层或裂缝发育等易漏失地层时，在钻井过程中加入随钻堵漏剂提高地层承压能力，强化井壁，遇缝即堵，防止井漏。

（6）优先静止堵漏。漏速大于 $5m^3/h$ 时，先降低排量，再静止堵漏。若无效则必须采用段塞堵漏或停钻堵漏。

防漏堵漏做到三坚持：一是坚持以防为主，防堵结合。进入漏层前用随堵浆进行随堵防漏，达到随钻遇大孔喉、缝、破碎带等漏失通道，即堵的防漏效果。当钻遇致漏天然裂缝，立即堵住漏失并防止它进一步扩大和恶化，提高地层承压能力；当钻遇非致漏天然裂缝或微裂缝时，在裂缝没有被诱导发生，和扩展到致漏宽度前不发生漏失，则此时钻井液堵漏和防漏作用不表现，一旦非至漏裂缝宽度发展达到致漏程度时，钻井液即堵效能则立即发挥而起到防漏作用。二是坚持逢缝即堵，高效承压。提高裂缝封堵效率，逢缝即堵，避免裂缝进一步扩展延伸，防止漏失逐步恶化。保证封堵承压能力，提高一次堵漏成功率，避免重复性漏失。三是坚持气层快堵，膏层强堵。盐膏层与目的层钻井液漏失成因机理不同，盐膏层钻井液漏失成因机理以诱导裂缝型、裂缝扩展延伸型为主。目的层钻井液漏失成因机理以大中裂缝型为主，裂缝扩展延伸型为辅。盐膏层与目的层对堵漏材料性能有不同要求。明确不同层位堵漏材料关键性能参数，依据权重优选堵漏配方。

2. 防漏堵漏施工工艺原则

1）安全原则

任何防漏堵漏施工必须先确保安全。具体做法：

（1）具备起钻条件的井，下入光钻杆+铣齿接头或小一号的独水眼钻头（带堵漏旁通阀除外）的专门堵漏钻具组合。

（2）原钻具组合进行堵漏（带钻头），则要考虑入井堵漏浆在钻头水眼处的通过能力。

（3）任何堵漏施工，钻具最下端位置必须在漏层以上至少 50m 或者在套管内。

2）工艺选择原则

（1）山前盐上地层和台盆区低密度井段发生井漏，原则上采用传统果壳桥浆堵漏。

（2）管鞋井漏，原则上按照桥浆（细颗粒为主）、高失水、水泥浆堵漏顺序进行选择。

（3）盐间井漏，按照果壳桥浆（漏点不深）、高强度桥浆、膨胀水泥的顺序选择堵漏工艺。

（4）盐底井漏或钻遇高压盐水时，压井提密度如出现上部地层发生井漏，优先选择高强度堵漏工艺，沉淀隔离法进行堵漏（以粗石灰石颗粒为主），高强度堵漏工艺作为补充。

（5）山前目的层段垂直、高角度裂缝发育地层或者漏速≤$5m^3/h$ 的井段，则优先使用多粒级级配的随钻堵漏法（全井加）或采用随堵材料配制的段塞堵漏法，若停钻堵漏则优选可酸溶材料配制的桥浆堵漏。

（6）桥浆堵漏优先原则。由于桥浆堵漏不易引起次生复杂且无需特殊配制要求，无论漏层在什么位置，一般都可以确保施工安全，可以"全天候"作业，因此，应尽量作为优先实施方案。其他特殊堵漏方法,如高失水堵漏、水泥堵漏、膨胀水泥堵漏、化学堵漏、凝胶堵漏等,由于可能引起新的复杂、事故或者配制要求高(有些需要专门配制设备和泵注压裂车),应只作为备选方案。

3) 其他原则

(1)"吃入量第一"原则。堵漏时应优先保证堵漏浆的吃入量。为确保堵漏效果,在配方优选时,要结合漏失特点(裂缝性或渗透性)和漏速等因素,优先考虑漏层能较多吃入(以 $10\sim20m^3$ 为宜),避免吃入少或封门。堵漏施工过程,吃入量是第一位的,其次才是起压情况。

(2)施工合适套管压力确定原则。首先要搞清楚本次堵漏的目的,是一般堵漏还是承压堵漏。若是以堵住为目的,那就可以适当弱化配方(确保适当吃入量),达到满足循环压耗即可,一般以 4~6MPa 为宜,避免高套管压力压漏其他地层,导致堵漏失败;若是承压堵漏,则套管压力可按预计提密度值+循环压耗确定,此时相应配方则要予以强化。

(3)油基钻井液堵漏原则。优先使用适合油基钻井液的油湿性或油膨类堵漏材料;其次可以在较低密度油基钻井液使用井段($\rho\leqslant2.0g/cm^3$),直接采用水基钻井液配制的桥浆进行堵漏,效果更好。但要注意,用柴油或油基钻井液基液应做好前后隔离。

二、库车山前防漏技术

针对库车山前漏失层特点、漏失原因,采用以下防漏技术。

1. 合理井身结构设计

合理的井身结构,为防止井漏,减少井下复杂情况,提供有创造的条件。库车山前存在多压力层系,所钻的井多为深井、超深井。依据所钻遇地层特性,孔隙压力、坍塌压力、漏失压力、破裂压力、正常作业工况条件、溢流约束条件、压差卡钻约束条件等确定必封点。经对多年钻井实践与优化,形成塔标Ⅰ、塔标Ⅱ和塔标Ⅱ-B三套井身结构优化系列,为防止井漏的发生提供保障。

1) 库车山前井身结构必封点

库车山前井身结构必封点:

(1) 表层低压段,漏失压力系数为 1.00~1.15。

(2) 库车组—吉迪克组上部中压段,漏失压力系数为 1.45~1.70,压差卡钻当量钻井液密度差值为 $0.15g/cm^3$。

(3) 盐岩层段地层蠕变压力当量钻井液密度为 $2.15\sim2.35g/cm^3$,高压盐水孔隙压力系数为 2.2~2.6。

(4) 膏盐岩段高压段,孔隙压力当量密度为 $1.85\sim2.15g/cm^3$,漏失压力略高于孔隙压力。

(5) 下泥岩段、储层段中—高压段,孔隙压力当量钻井液密度为 $1.60\sim2.10g/cm^3$,漏失压力略高于孔隙压力。

2) 库车山前井身结构优化设计原则

库车山前井身结构优化设计原则:

(1) 库车山前钻进复合盐层段的井,不管是否有纯盐层,坚决下套管与目的层分开打,避免发生井下复杂和井漏;

(2) 盐层重复,中间的低压层若无法单独封,则放在下部盐层一起打,低密度打完再承压；

（3）钻进长段复合盐层，上部大段纯盐段、欠压实泥岩段与下部脆性泥岩段、薄盐层分开次设计；

（4）裂缝发育储层尝试非固井完井，避免多次承压堵漏，减少大量漏失和储层伤害。

3）库车山前井身结构优化设计方案

依据以上原则，提出库车山前井身结构三套优化设计方案。

（1）塔标Ⅰ井身结构优化设计。该结构主要用于甩开探井，达到发现油气目的即可，同时用于油井开发。其井身结构优化设计如图6-5-1所示。

该结构的特点是：使用ϕ444.5mm+ϕ406.4mm钻头钻至盐顶后下入ϕ365.13mm套管，为盐层段的安全钻井提供投条件；使用ϕ311.20mm钻头钻穿盐层，下入ϕ259.00mm+ϕ244.5mm+ϕ273.05mm复合套管，基中盐层段使用ϕ259.00mm高强度套管；油层使用ϕ177.8mm套管，由于完井需要井下安装ϕ114.3mm安全阀，因此，井口部位下入200m的ϕ232.5mm高强度套管。

（2）塔标Ⅱ井身结构优化设计。该结构主要用于克深区域7000m左右的开发井和探井，其井身结构优化设计如图6-5-2所示。

该结构的特点是：设计时按照5层套管结构，当钻遇盐间高压水层、盐底卡层不准或其他杂事故时，提前下入ϕ206.375mm（8$\frac{1}{2}$in）套管，转换成6层套管结构。由于增加了一层套管，升了应对井下复杂情况的能力。缺点是5层转换为6层时，需要扩眼才能下入ϕ158.75mm和ϕ114.3mm套管，由于扩眼井段较深，地层可钻性差，扩眼难度可能较大，6层结构至今没有应用。

采用塔标Ⅱ井身结构，在钻开油气层前需要回接ϕ196.85mm（7$\frac{3}{4}$in）套管至井口，根据完井要求，井下需要安装ϕ114.3mm安全阀，因此在井口部下入200m的ϕ232.5mm高钢级套管，套管抗内压强度达到135MPa。

（3）塔标Ⅱ-B井身结构优化设计。该结构是在塔标Ⅱ结构的基础上发展而来，适用于两套盐层或两套目的层的井，与塔标Ⅱ结构相比，最大的优点在于不需要扩眼下套管，其井身结构优化设计如图6-5-3所示。

该结构的特点是：ϕ473.08mm套管下至第一套盐层顶部，ϕ365.13mm套管封第一套盐层，ϕ244.5mm套管封第一套储层，ϕ181.99mm+ϕ177.80mm套管封第二套盐层，ϕ127.00mm套管封主要储层。

2. 合理的钻井液密度选用

当井身结构确定之后，为了防止井漏、井塌与溢流的发生，在选用裸眼井段钻井液密度时，应使钻井液所产生的静液柱压力系数与ECD低于裸眼井段地层的最低破裂压力系数或漏失压力系数，但高于地层最高孔隙压力系数与坍塌压力系数，实现近平衡压力钻井。如果钻进储层段时，所采用的钻井液密度过高，超过裂缝漏失压力，易造成严重井漏，甚至卡钻，如图6-5-4所示。

以克深2区块为例，发生井漏的19口井，钻井液密度大多于裂缝漏失压力；有效裂缝比例高，容易漏失。钻进中循环当量密度应该控制在地层坍塌压力与裂缝漏失压力之间，克拉苏构造带白垩系目的层压力、压力系数具有一定规律性。如图6-5-5和图6-5-6所示。

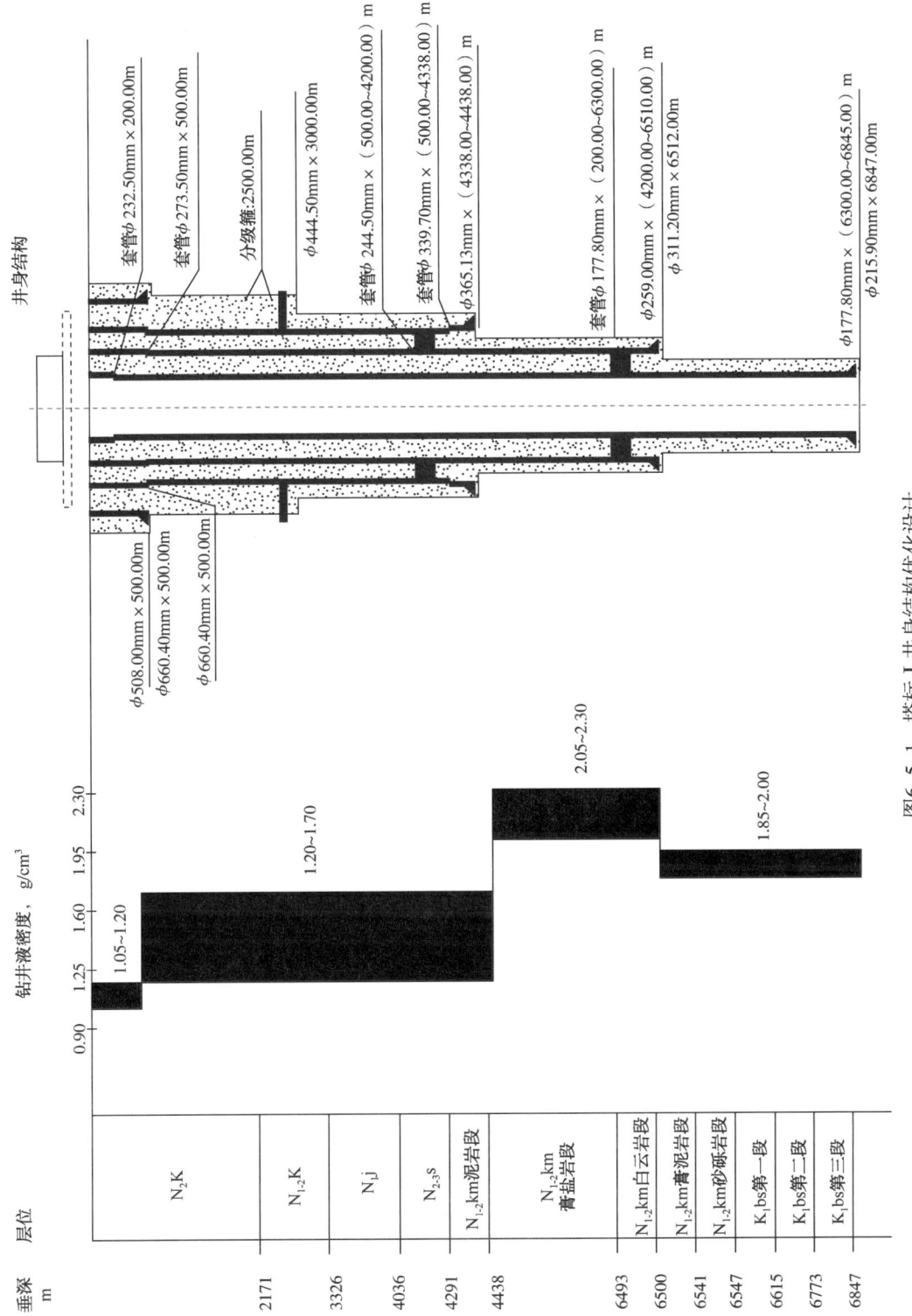

图6-5-1 塔标Ⅰ井身结构优化设计

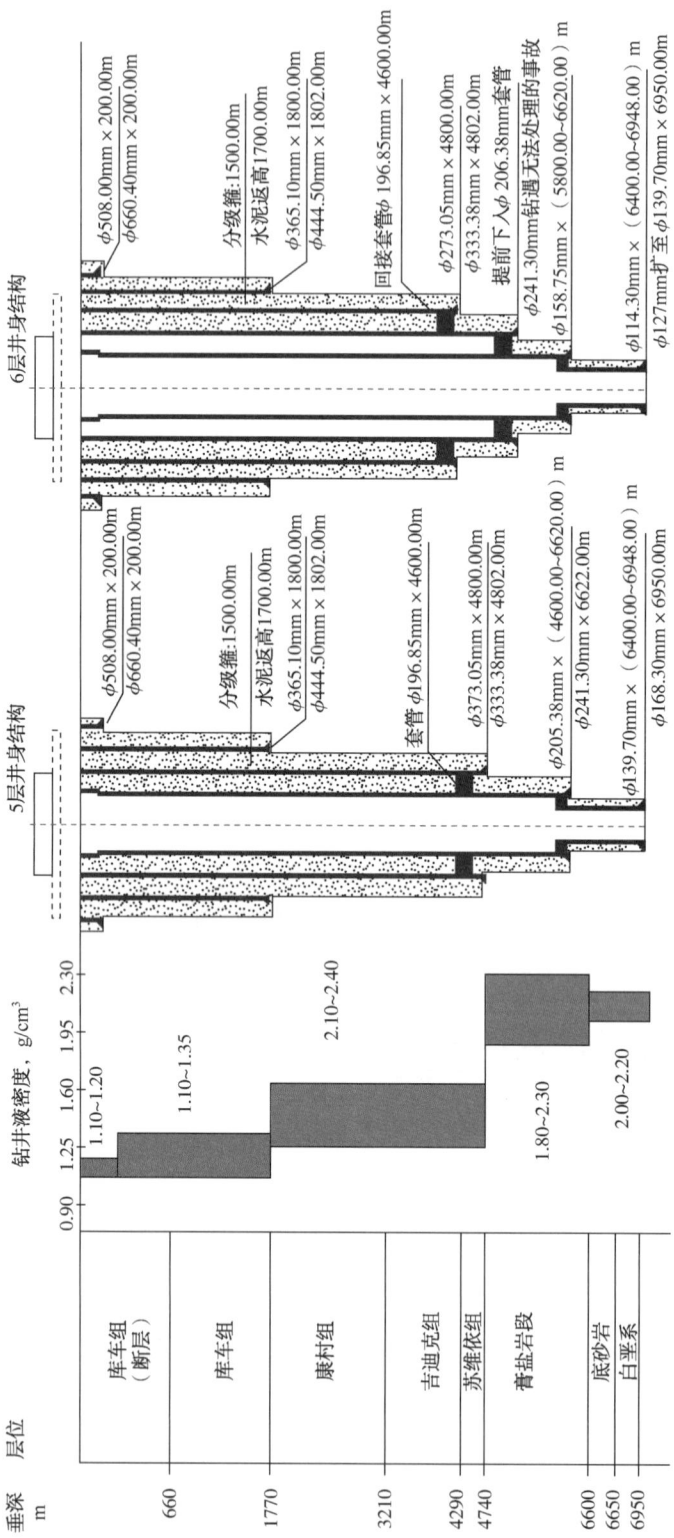

图6-5-2 塔标Ⅱ井身结构优化设计

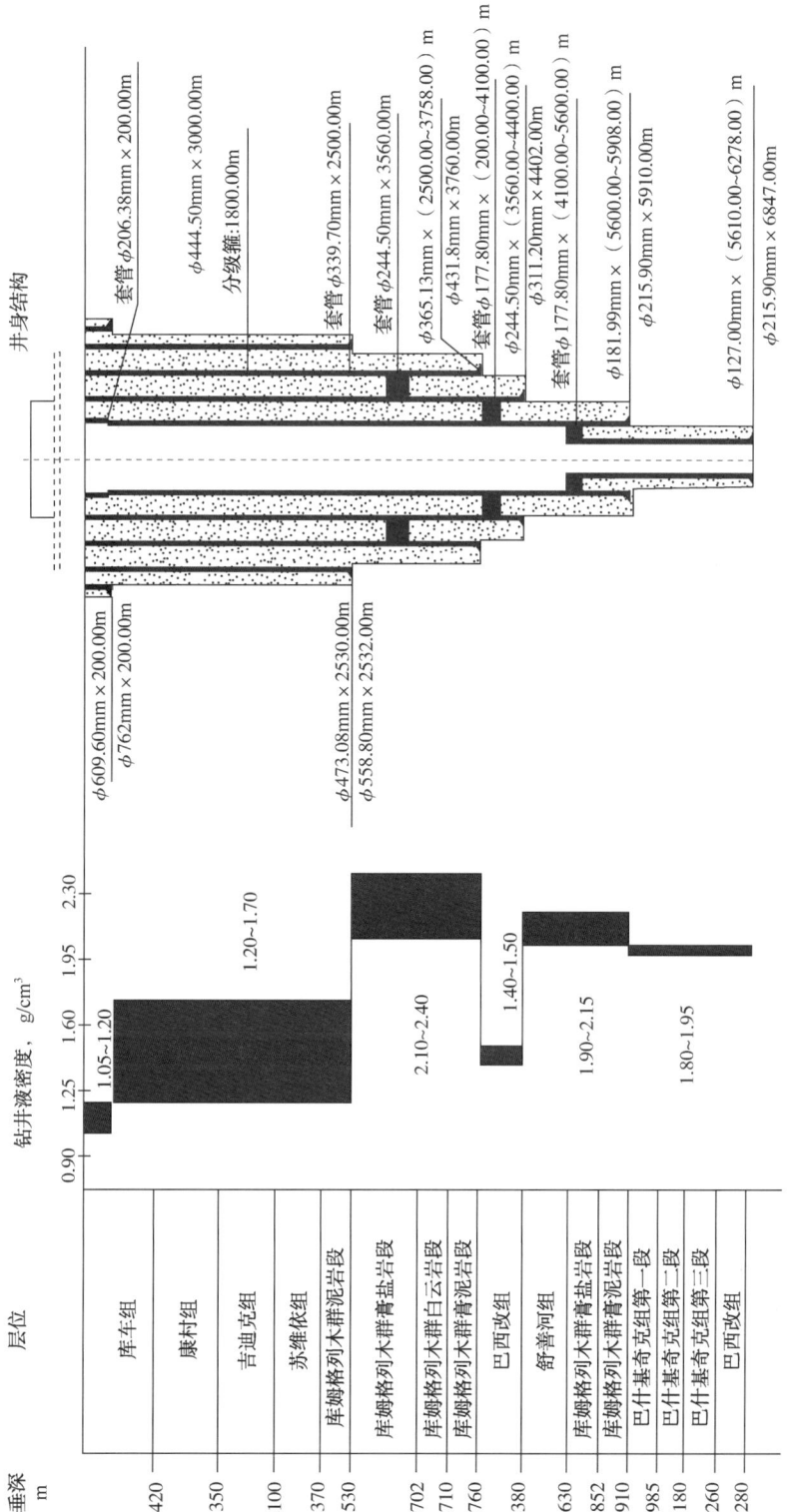

图6-5-3 塔标Ⅱ井身结构优化设计

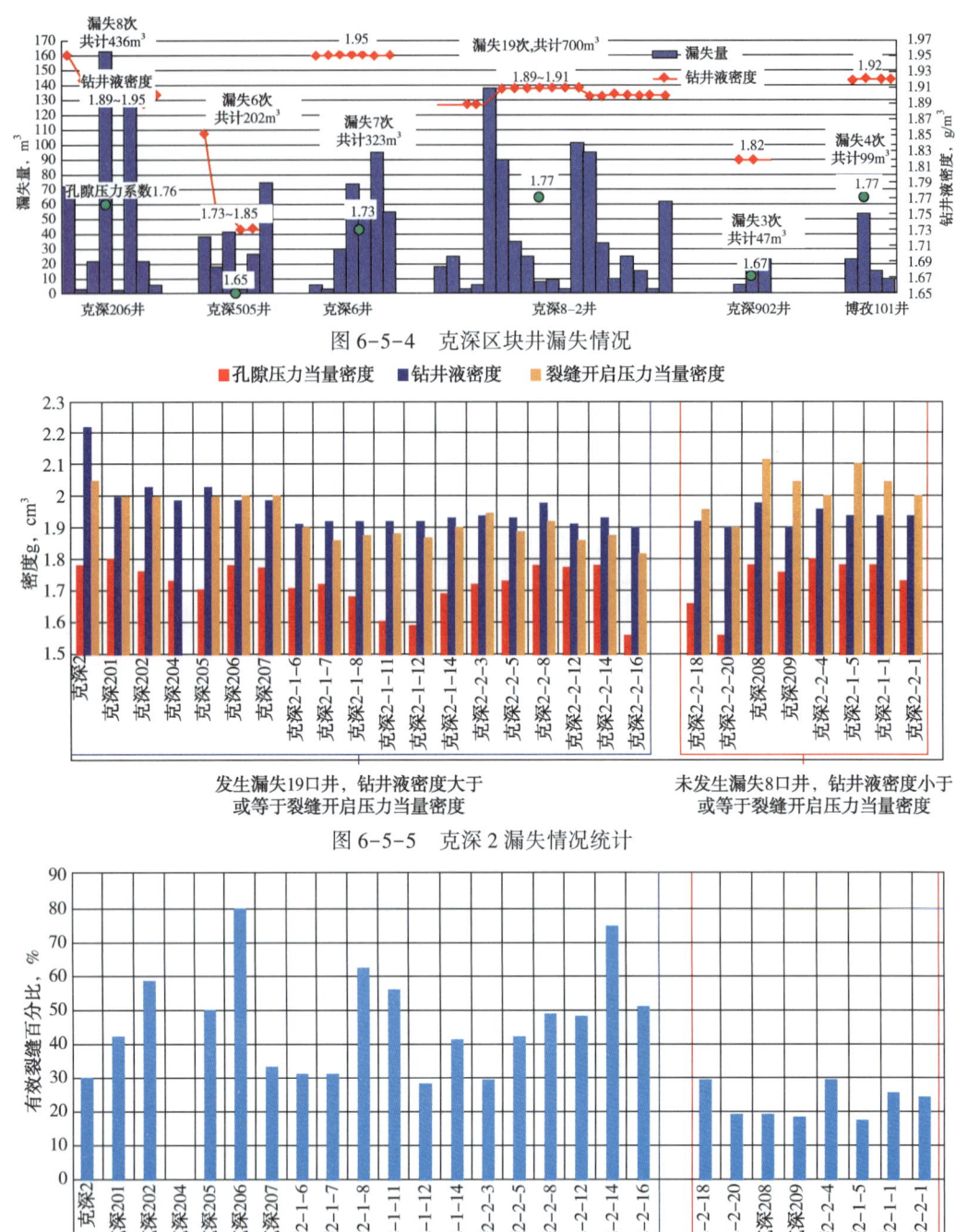

图 6-5-4　克深区块井漏失情况

图 6-5-5　克深 2 漏失情况统计

图 6-5-6　漏失井和未漏失井有效裂缝百分比

3. 优化钻井液配方、降低流变性能、提高静/动沉降稳定性、泵量等措施降低 ECD

为了防止井漏，在保证安全钻井、钻屑携带前提下，可通过优化钻井液配方、降低流变性能、提高静/动沉降稳定性、随钻调整泵量等措施，实现减小环空压耗来降低当量静态密度（ESD）与钻井液当量循环密度（ECD）。

钻井液当量循环密度等于当量静态密度与钻井液环空循环压耗之和。一般非高温高压井，可近似地认为钻井液密度是不变的，ESD 就等于钻井液在地面的密度值。对于塔里木盆地库车山前的井，均处在高温高压的复杂环境中。温度压力对水基钻井液密度与流变性能影响不大，但高温高压对油基钻井液密度与流变性能影响较大，受温度和压力的相互耦合作用，变化规律极其复杂，不能够再近似认为 ESD 等于钻井液实测密度，因此必须考虑温度场的影响。

为了研讨影响 ECD 与 ESD 之间差大小的因素，采用 ProHydraulic 软件对库车山前克深段现场 13 口油基钻井液分开次分井段计算 ECD，并与实测钻井液密度差值见表 6-5-1。从表 6-5-1 中数据可以看出，不同井之间、同井不同井段之间的当量循环密度与实测钻井液密度差值均存在较大差异。所统计井中 12¼in 井段，最大密度差为 0.169g/cm³，最小密度差为 0.04g/cm³。8½in 井段，最大密度差为 0.163g/cm³，最小密度差为 0.023g/cm³。5⅞in 井段，最大密度差为 0.136g/cm³，最小密度差为 0.053g/cm³。大北 1201 井 5⅞in 井段 5503m 处 ECD 于钻井液密度差最大为高达 0.244g/cm³。上述数据表明，钻井过程中，各井不同井段之间的 ECD 与地面实测钻井液密度之间差距有较大的不同，因而需引起足够重视，设法通过降低 ECD 来防止井漏。

表 6-5-1 ECD 与钻井液密度差值

井号	开次	钻头直径 in	井段 m	层位	样品数	实测密度 g/cm³	ECD g/cm³	密度差 g/cm³
大北 8	四开	12.25	4132~4775	E₁₋₂km	14	2.371	2.463	0.092
	五开	8.5	6420~7761	E₁₋₂km	28	2.336	2.449	0.113
大北 9	三开	13.125	3464~4787	E	25	2.267	2.333	0.067
	四开	9.5	4791~5076	E	20	1.826	1.880	0.054
大北 12	四开	8.5	4428~5376	E₁₋₂km	25	2.340	2.503	0.163
大北 1201	四开	8.5	3393~5494	E₁₋₂km	13	2.363	2.489	0.126
	五开	5.875	5503~5825	K₁b	28	1.731	1.867	0.136
大北 14	四开	8.5	5550~6136	E₁₋₂k	7	2.340	2.499	0.159
	五开	5.875	6232~6480	K₁b	17	1.840	1.914	0.074
大北 15	三开	12.25	2612~4023	E₁₋₂km	15	2.327	2.385	0.058
	四开	8.5	4029~4365	K₁b	11	2.204	2.280	0.076
大北 19	四开	8.5	5216~6572	E₁₋₂k	30	2.335	2.426	0.091
克深 1103	三开	17	1885~3551	E₁₋₂km	13	2.344	2.387	0.043
	四开	12.25	3556~6001	E₁₋₂km, K₁	30	1.772	1.881	0.040
	五开	8.5	6002~6559	E₁₋₂km	11	2.082	2.141	0.059
	六开	5.875	6571~6770	K₁bs	15	1.781	1.852	0.071
克深 19	五开	5.875	7870~7981	K₁bs	12	1.903	1.955	0.053
克深 21	五开	5.875	7933~8098	K₁b	15	1.898	1.980	0.082
克深 243	五开	6.625	6243~6627	E₁₋₂k, K₁b	11	1.723	1.770	0.047
佳木 2	三开	12.25	7240~7548	E₁₋₂km	5	2.380	2.449	0.069
	四开	8.5	7575~7736	J, P	4	1.850	1.873	0.023
博孜 301	三开	12.25	5259~5763	E₁₋₂k	13	2.208	2.377	0.169
	四开	8.5	5781~5924	K₁bx	8	2.033	2.152	0.119

当钻井液密度一定时，降低 ECD 可通过降低环空压耗来实现。环空压耗与井身结构、钻具结构、钻井液流变性能、泵量、钻井液入口温度、控制加重速度等因素有关。当前两者已定的情况下，高温高压井钻井过程中，应随钻监测 ECD、调控钻井液流变性能与泵量，控制 ECD 小于地层漏失压力系数/破裂压力系数，防止井漏；加重钻井液时，均匀加入加重剂，控制加重速度，每循环一周钻井液密度上升值不超过 0.05g/cm³，严防加重过猛而造成环空压耗增高。

4. 随钻防漏堵漏提高地层承压能力

地层受钻井扰动之后，原地应力平衡状态被破坏，井眼岩石被掏空，取代的是钻井液。过大的钻井液液柱压力使得地层裂缝延伸和张开，如果裂缝扩张开度足够大，则钻井液沿裂缝漏失，加入刚性封堵剂的随钻防漏浆随着钻井液漏失进入裂缝之中，其中的刚性颗粒就会在裂缝中某一位置停住、架桥。如果刚性封堵的粒径刚好与裂缝端口（裂缝与井壁相接处）的开度相匹配，刚性堵漏剂在裂缝端口处架桥，形成填塞层。该填塞层与井壁滤饼相统一，填塞层之后裂缝中的钻井液从壁面渗透出去，缝中液柱压力随之消失，填塞层之前的液柱压力仅仅作用在井壁滤饼和填塞层之上，此压力作用仅仅是破坏填塞层和平衡使得填塞层向裂缝中移动的摩擦力，而不存在作用在裂缝两壁面上使裂缝扩张的力，因此，裂缝趋于闭合，岩石内应力产生的强大的闭合压力将填塞层紧紧压住，使得钻井液液柱压力不能够将填塞层推走，再由于刚性颗粒组成的填塞层强度很大，所以，填塞层封堵在裂缝端口处之后能够承受很大的钻井液液柱压力，它完全能够承受随钻过程中井内压力的波动，因此，封堵在裂缝端口部的填塞层能够牢固地封堵裂缝，不容易再次漏失。如刚性封堵剂在裂缝中部某一位置架桥，封堵后填塞层后面的裂缝空间内液柱压力消失，但填塞层到井壁面之间的裂缝空间内仍然存在着钻井液液柱压力，由于在钻进过程中的压力波动，很容易超过原有的压力，就会使得裂缝继续扩张，裂缝张开度进一步扩大，致使原来封堵在裂缝中某一位置的填塞层被破坏，漏失再次发生，形成的填塞层也不稳定，如图 6-5-7 所示。

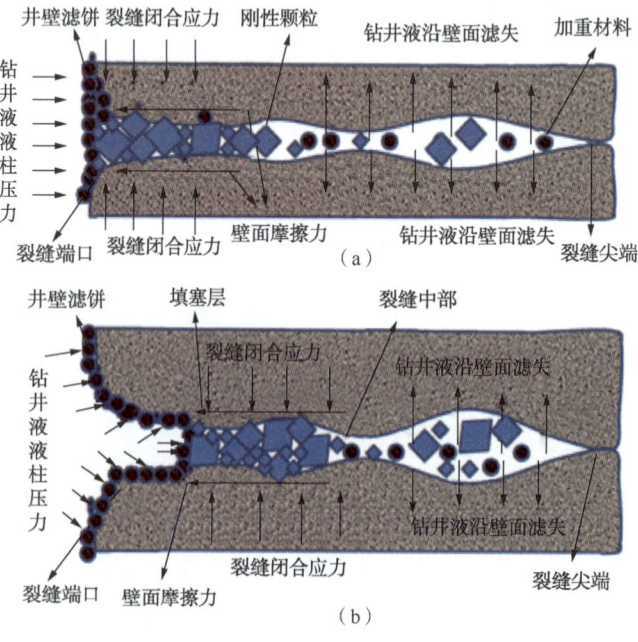

图 6-5-7 裂缝中填塞层剖面图

根据机理，结合现场情况，随钻防漏堵漏以防为主、防不住再堵的技术思路，表6-5-2为现场根据漏失特点选择相应的防漏堵漏技术方式和推荐配方。

表6-5-2 随钻防漏堵漏技术工艺和推荐浓度

漏失程度	漏失速度，m³/h	裂缝宽度，mm	随钻防漏堵漏方式	随钻防漏堵漏剂浓度，%
渗漏	<2	<0.4	降排量	—
微漏	2~5	0.4~1.0	全井浆防漏	2~4
			随钻段塞防漏	5~7
小漏	5~10	1.0~1.5	全井浆防漏	4~7
			随钻段塞防漏	6~10
			随钻段塞堵漏	6~12
中漏	10~30	1.5~2.5	随钻段塞堵漏	8~15
大漏	>30	>2.5	随钻段塞堵漏	10~15
			停钻堵漏	—

1）全井浆随钻防漏技术

循环法随钻堵漏是指在钻井液中直接加入一定粒度、尺寸、浓度的封堵材料，利用其桥接作用封堵漏层通道，达到控制井漏的目的，其特点是封堵材料浓度低、直接参与钻井液循环、不需要进行憋挤作业、不需要起钻更换钻具。在选择了合适的防漏剂的同时还要注意其他井下条件的控制，为安全钻井提供保证，在施工过程中需要注意水眼防堵和防塌防卡，并控制好钻井液性能。

（1）水眼防堵。

采用全井堵漏钻井液钻井，由于钻井液含有一定浓度的堵漏剂且其固相含量高，当钻井液在水眼内处于静置状态时，硬颗粒材料及片状纤维易浓聚，堆积堵水眼，无法建立循环而被迫起钻，给井控工作带来很大的风险。因此防止水眼堵塞是关键技术之一。起钻前通过振动筛清除钻井液中的大颗粒，选择适当的筛布，防止堵漏剂浓聚将水眼堵死；下钻时分段顶水眼，并进行分段循环。若钻具中带有强制性止回阀而钻井液中又含有一定浓度的堵漏剂，灌入不含堵漏剂的钻井液。钻进过程中接单根时，要做到晚停泵、早开泵，检修设备时要尽量减少钻井液在钻具水眼内的静止，保证循环，以免堵水眼。开泵时一定要缓慢，小排量循序渐进。

（2）防塌防卡。

钻进时钻井液对井壁的冲刷效果变差，井壁易变脏。一旦发现扭矩不稳、憋泵等现象，立即停止钻进，循环观察。如果发现掉块，应及时处理钻井液，确保井下安全。起下钻灌好钻井液，降低下放速度，减少激动压力对地层的冲击和破坏，确保井壁稳定。下钻掉块落至井底，采取适当排量、小钻压，使体积大的掉块逐步破碎为小掉块，带出地面。钻进过程中采取边钻进边破碎掉块的方式，减小卡钻风险。同时，滤饼黏滞系数对项目的正常实施，特别是防止卡钻非常关键，钻井液中应加入减阻添加剂和润滑剂。

（3）钻井液性能控制。

随钻防漏钻井液同样要求必须满足良好的钻井液性能，加入随钻防漏剂后，钻井液的黏度、切力稍微增加，滤失量影响不大，要适时检测钻井液性能，及时调整钻井液性能。

控制好钻井液密度、黏度、中压和高温高压滤失量、滤饼质量、pH 值、膨润土含量等性能参数。

(4) 随钻防漏堵漏施工措施。

随钻防漏工程实施的成功与否,直接影响后续钻进施工,若施工不当,不仅影响到对地层井漏的控制程度,也会对施工井段的正常钻进造成影响。

① 随钻防漏施工,井段开钻之前,调整钻井液性能至设计要求。滤饼黏滞系数对随钻防漏的正常实施,特别是防止卡钻非常关键,钻井液中应加入润滑剂(如石墨、MHR-86D 等);

② 除常规细筛布外,现场备用足量的 80 目或 100 目筛布,并将 1 台振动筛筛布换成 80 或 100 目;

③ 按随钻防漏的设计要求,备好防漏剂及停钻堵漏剂、解卡剂、加重剂等;

④ 除保证地面正常循环量及原设计要求的储备浆外,地面另储备足够的高密度钻井液,必要时可作为堵漏基浆;

⑤ 将按原设计体系及配方配制、处理好钻井液;

⑥ 储备足够的随钻防漏堵漏浆;

⑦ 准备一定量的常规堵漏浆,以备随钻防漏不能制止井下漏失时能及时实施停钻堵漏;

⑧ 在对比分析邻井实钻基础上,在钻遇易漏失层之前或者是开钻前一次性向全部循环钻井液中加入配方要求的随钻防漏剂,循环均匀,及时监测,随时补充相应量的随钻防漏堵漏剂,保证循环钻井液中拥有足够量的随钻防漏堵漏剂;

⑨ 正常情况下,随钻防漏堵漏剂在钻遇微小裂缝时及时封堵,地面不会表现出钻井液漏失,但钻遇大裂缝时,裂缝开度超过随钻防漏剂封堵尺寸范围,则地面会表现出漏失,这种情况下需要及时实施随钻段塞防漏堵漏工艺或停钻堵漏工艺。

2) 随钻段塞防漏堵漏技术

在现场施工工艺上,随钻段塞井漏控制技术包括随钻段塞防漏技术和随钻段塞堵漏技术两个方面,在钻进施工过程中,出现漏失趋势等情况可以使用随钻段塞进行防漏,减少地层明显表现出漏失的概率;在出现明显漏失的时候,可以采用随钻段塞堵漏技术,使漏失在不停钻条件下减小,直至最后止漏。随钻段塞防漏和随钻段塞堵漏构成一个整体,完善和丰富了裂缝地层控制漏失的随钻防漏堵漏技术。

随钻段塞止漏技术的实施可以弥补全井浆加随钻防漏颗粒的防漏技术一些缺陷,使随钻防漏堵漏技术更加完善。在控制裂缝地层漏失时,采用在井浆中加入少量的随钻颗粒的随钻防漏技术,由于需要将全部循环井浆中加入随钻防漏颗粒,未起作用的颗粒即存在钻井液之中,增大了钻井液的固相含量,同时,由于振动筛的使用,使用的颗粒粒径不能太大,因此,对较大开度裂缝引起的漏失效果不是很理想。使用随钻段塞防漏可以加入比较大一些的颗粒,在振动筛筛除后又不影响井浆性能,而段塞使用的颗粒浓度也远远高于全井浆防漏时刚性颗粒的浓度,这样对封堵开度较大的裂缝更为有利。而随钻段塞堵漏技术则可以在不停钻条件下对裂缝漏失进行处理,即可以对随钻段塞防漏进行补充,同时它还可以和全井浆防漏一起使用,即在出现漏失时除在使用循环井浆中加入较小防漏颗粒防漏外,还可以配制高浓度段塞堵漏浆,并向井内打入一定体积的高浓度段塞进行堵漏,两者结合极大地增强了随钻防漏堵漏的效果。

(1) 随钻段塞防漏堵漏技术分类。

根据防漏堵漏时井底是否漏失可分为随钻段塞防漏技术和随钻段塞堵漏技术两类。

① 随钻段塞防漏技术：通过选择一个单独的钻井液罐，装满性能与循环井浆相一致的钻井液，按照总颗粒浓度为8%~15%加入刚性颗粒，配制成随钻段塞浆，在钻进时，分析可能出现的漏失的时候，向井内注入一定体积的一段段塞，在发生作用之后，随循环井浆通过环空返出来，通过使用振动筛将井浆中未起作用的大的刚性颗粒筛除。

② 随钻段塞堵漏技术：随钻段塞堵漏即是在地层出现漏失后，只要能建立起循环，或者是可以继续钻进的条件下，向井内注入一定体积的刚性颗粒总浓度在10%~16%的段塞堵漏浆（此颗粒浓度较防漏浆浓度大、颗粒粒径比防漏浆中颗粒大），当随钻段塞浆出钻头到达井底漏层时，刚性颗粒利用其架桥填充作用，在裂缝中形成一层牢固的填塞层，减小漏失直至漏失停止，提高承压能力。使用随钻段塞堵漏技术可以在不停钻条件下对漏失处理，减少钻井液漏失量和停钻堵漏次数。

(2) 随钻段塞防漏堵漏技术实施条件。

随钻段塞防漏浆可以按照一定的时间间隔（如12h）注入一定体积的段塞防漏，同时还可以根据以下情况注入一定体积的段塞：

① 在钻进中，对比分析邻井漏失资料，在可能出现漏失的井段向井内注入随钻段塞防漏浆进行防漏。

② 记录钻进过程中钻时的变化情况，在相同地层出现钻时加快时，可向井内注入随钻段塞防漏。

③ 监测循环钻井液总量，如出现钻井液量微量漏失时，立即向井内注入随钻段塞防漏浆防漏。

④ 随钻段塞堵漏浆的打入是在漏失发生之后，通过录井和钻井液工观察钻井液罐液面，只要能建立起循环，或者只要能够继续钻进，就可以注入一个或者是多个随钻段塞进行堵漏，直到漏失停止。

(3) 随钻段塞实施要点。

① 调整钻井液各项性能至设计要求。

② 将一台振动筛换成40目或100目的筛布。

③ 用一个上水良好的钻井液罐，其中装满钻井液，并保持和循环井浆性能一致。

④ 按照比例分别将小粒径的随钻防漏剂加入并搅拌，将大粒径颗粒随钻堵漏剂放在钻井液罐上，需要时才加入，以免大颗粒沉降。

⑤ 确定实施段塞防漏堵漏时，最快向预配制的随钻堵漏浆中加入大粒径颗粒随钻堵漏剂搅拌，形成高浓度随钻段塞防漏堵漏浆。

⑥ 采用正常排量（如8~12L/s）往井内泵入随钻堵漏浆段塞（体积依据实际情况而定）。地面连续计量液面，观察漏失情况。

⑦ 根据排量和井内容积以及颗粒的沉降规律等计算出随钻堵漏材料出钻头时间和段塞起作用的时间，在随钻段塞堵漏浆出钻头后地面连续计量液面，如有漏失，观察漏失情况。

⑧ 随钻防漏浆出钻头后，出现的漏失明显减轻，或停漏，则段塞浆起作用；如随钻段塞防漏浆作用时间过后，漏失不缓解或漏速加快，则提高防漏浆段塞的浓度，重复注入

段塞。

⑨ 堵漏浆从井内返出后，通过80目或100目的振动筛，将大颗粒筛除。

⑩ 补充胶液，补充润滑剂等，加强钻井液各项性能的监测与维护。适时观测钻井液性能，及时调整流变性，保证正常优质钻井需要。

5. 承压堵漏提高地层承压能力防漏

针对盐顶漏封，盐间薄弱地层发育，盐底提前钻遇目的层等须提高地层承压能力的承压堵漏难题，通过科研攻关、吸收引进及实践探索，目前形成了LCC系列高强度堵漏技术、FCL系列高强度可酸溶堵漏技术、NT系列高承压堵漏技术。

6. 采用控压放水/精细控压钻进高压盐水层防漏

库车山前钻遇高压盐水层时，其孔隙压力高于同一裸眼段薄弱层漏失压力，为了防止在压井时发生井漏，采用控压放水/精细控压钻进高压盐水层防漏，取得很好效果，详见第七章第三节。

7. 欠平衡钻井

库车山前白垩系储层，裂缝发育，漏失压力低，钻进时易发生井漏。为了防止井漏，保护气层，对于一些井壁相对稳定的储层，可采用欠平衡钻井。

迪北气藏储层为侏罗系阿合组，埋深4700~5100m，地层温度136~145℃，压力79.4~83.5MPa，压力系数1.73~1.84。地层水总矿化度25410~47126mg/L，裂缝线密度0.02~0.49条/m。岩石类型以岩屑砂岩、砂砾岩为主，分选中等，结构成熟度中等。黏土矿物绝对含量5.54%，以伊利石为主(42%~68%)，次为伊/蒙混层和绿泥石。孔隙度1%~14%，中值孔隙度5.3%；渗透率0.01~402.36mD，地层条件下基质渗透率小于0.1mD，属于典型的致密气藏。

迪北104井位于构造中部，是以侏罗系阿合组为主要目的层的评价井，设计井深为5070m。储层压力系数为1.70~1.81，平均孔隙度5.59%，平均渗透率0.75mD，平均含气饱和度60%。部分层段发育高角度裂缝。为了保护油气层防止井漏，采用氮气钻进，裸眼完井，取得很好效果，没有发生井漏，获得高产。

三、库车山前堵漏技术

库车山前钻完井过程中，常用的堵漏方法有静止堵漏、调整钻井液性能、常规桥接堵漏、抗高温高强度桥接堵漏、高失水复合堵漏、沉淀隔离压井堵漏、水泥堵漏等。

1. 静止堵漏

静止堵漏是指在发生钻井液漏失的情况下，将钻具起出漏失井段(通常起至安全井段、技术套管内或将钻具全部起出)静止一段时间(一般8~24h)，使得漏失减少或消失的一种作业方式。

静止堵漏机理主要有三个方面：(1)消除压力激动后，裂缝在地应力作用下往往会自动闭合，自然缓解井漏，地层又可以承受压裂前可以承受的压力；(2)钻井液中的固相(加重剂、膨润土、岩屑或堵漏材料等)在裂缝中滤失形成滤饼，起到了粘结和封堵裂缝的作用；(3)漏进裂缝之中的钻井液，因其有触变性，随着静止时间增加，钻井液静切力增加，钻井液在裂缝中的流动阻力增加，从而消除井漏。

静止堵漏施工要点：(1)发生井漏时应立即停止钻进和钻井液循环，把钻具起至安全位置后静止一段时间，静止时间要合适；(2)静止堵漏过程中，应定时定量灌钻井液，尽量保持液面在井口，防止裸眼井段地层坍塌；（3）在发生部分漏失的情况下，循环堵漏无效时，最好在起钻前替入堵漏浆封闭漏失井段，然后起钻，增强静止堵漏效果；（4）再次下钻时，控制下钻速度，尽量避开在漏失井段开泵循环，如必须在此井段开泵循环，应采用小排量低泵压开泵循环观察，不发生漏失后，再逐步提高排量；（5）恢复钻进后，钻井液密度和黏切不宜立即作大幅度调整，要逐步进行，如需加重，则要严格控制加重速度，防止再次发生漏失。

2. 调整钻井液性能与钻井措施

调整钻井液性能与钻井措施包括改变钻井液密度、黏度、切力、泵排量等，其重要作用是降低井筒液柱压力、激动压力和环空压耗，改变钻井液在漏失通道中的流动阻力，减少地层产生诱导裂缝的可能性。

1）降低钻井液密度

降低钻井液密度是减少静液柱压力的唯一手段。部分井由于井控或防塌的需要，在对该井地层孔隙压力和坍塌压力认识不清的情况下，采用过高钻井液密度钻进，从而对部分裸眼井段地层所产生的压力超过钻井液进入地层的流动阻力或地层破裂压力，从而引发井漏。对于这类井漏，可在认真研究分析裸眼井段地层上述各种压力的基础上，通过降低钻井液密度至合理值来制止井漏。

采用降低钻井液密度来制止井漏时应注意以下几个问题：

（1）研究分析裸眼井段各组地层孔隙压力、破裂压力、坍塌压力、漏失压力，确定防喷、防塌、防漏的安全最低钻井液密度。

（2）依据裸眼井段各组地层结构，确定降低钻井液密度的技术措施。如裸眼井段不存在坍塌层，可采用离心机清除钻井液固相来降低钻井液密度，同时补充增黏剂、水、低浓度处理剂或低密度钻井液，保证既降低钻井液密度又保持钻井液原有性能。

（3）降低钻井液密度时，应降低泵排量，循环观察，不漏后再逐渐提高泵排量至正常值，如仍不漏即可恢复正常钻进。

2）提高钻井液黏度和切力

当钻进浅层胶结差的砂层、砾石层或中深井段渗透性好的砂岩层发生井漏时，可通过往钻井液中加土粉或增黏剂来提高钻井液黏度、切力，增大钻井液进入漏层的流动阻力来制止井漏。亦可在地面配制高膨润土含量的稠浆，挤入漏层堵漏。

3）降低钻井液黏度、切力

深井钻井过程中发生井漏，在保证井壁稳定和携带与悬浮岩屑的前提下，通过降低钻井液黏度、切力来减低环空压耗和下钻激动压力来制止井漏。

4）改变钻井工程技术措施

不合理的钻井工程技术措施往往会诱发井漏。对于这种类型的漏失，可在分析漏失原因的前提下，通过改变钻井工程技术措施来制止井漏。通常可采取下述措施：

（1）调整泵排量。对于浅层胶结性差的砂、砾岩所发生的井漏，可通过降低泵排量来降低环空压耗制止井漏，对于处理井塌划眼过程中，因泵压升高而憋漏地层，亦应降低泵排量。对于因钻进速度过快，环空钻屑黏度过高而发生的井漏，在可能的条件下，应增加泵排量或控制钻速。

（2）改变开泵措施。对于起钻前钻井液黏切高或井内钻井液静止时间长的深井下钻一次到底，开泵过猛引起的井漏，可采取立即起钻静止，然后分段下钻循环，开泵时降低排量，控制泵压，防止再次憋漏。

（3）改变加重钻井液方式。使用高密度钻井液时，因一次提高钻井液密度过高或加重不均匀而发生井漏，应立即起钻静止，再次下钻到底加重时，应控制加重速度。

3. 常规桥接堵漏

桥接堵漏是利用不同形状、尺寸的惰性材料，以不同的配方混合于钻井液中，直接注入漏层，对漏层进行封堵的一种堵漏方法。该方法用于封堵孔隙、裂缝、破碎带等漏失地层，提高其承压能力。采用桥接堵漏时，应根据不同的漏失性质，选择堵漏材料的级配和浓度，否则在漏失通道中形不成"桥架"，或是在井壁处"封门"，使堵漏失败。桥接堵漏由于经济价廉，使用方便，施工安全，是现场最常用的堵漏方法。

1）桥接堵漏的作用机理

桥接堵漏主要是物理堵塞，通过桥接材料进入孔隙或裂缝内，通过大颗粒材料架桥或堆积，纤维材料拉筋、阻挂，小颗粒与片状材料等填充，形成封堵层，从而起到堵漏效果。其流变性适宜，既能悬浮堵剂，又在堵漏剂加入后保持可泵性。桥接堵漏剂中颗粒起架桥、卡喉作用；纤维状和片状材料被夹在滤饼之中起到了强有力的"拉筋"作用，同时大大加强了楔塞的机械强度。其主要作用机理：

（1）挂阻"架桥"作用。即作为"架桥剂"的颗粒状桥接堵漏材料，在通过地层中漏失通道时，能在其凹凸不平的粗糙表面及狭窄部位产生挂阻"架桥"。

（2）堵塞和嵌入作用。架桥作用形成后，堵漏浆液中的纤维状材料、片状材料和细颗粒材料，在压差的作用下对"桥架"中的微小孔道和地层中原有小裂缝进行嵌入和堵塞，从而完全消除井漏。

（3）渗滤作用。堵漏浆液中桥接材料能增大浆液高压失水形成厚滤饼，在压差作用下被挤入地层裂缝，形成楔塞，增强堵漏效果。

（4）在滤饼中的"拉筋"作用，即各类堵漏材料，尤其是纤维状和片状材料被夹在滤饼之中起到了强有力的"拉筋"作用，大大加强了楔塞的机械强度，在漏层中移动十分困难，达到堵漏目的。

（5）膨胀堵塞作用，大部分桥接堵漏材料属木质纤维类物质，具有一定的吸水膨胀性。当被挤入地层缝隙形成"桥堵垫层"后，吸水膨胀增加封堵能力。

（6）"卡喉"作用。不同形状的桥接堵漏材料在漏失通道最小部位架桥、填塞、嵌入将喉道堵塞，从而达到消除井漏的目的。

2）桥接堵漏材料主要功能要求

从桥接堵漏材料的作用原理，可以看出对桥接堵漏材料的功能要求是：

（1）颗粒状材料必须有适当的几何尺寸和机械性能，一般认为颗粒状堵漏材料的最佳尺寸应为漏失通道开口尺寸的1/3，并且有足够的硬度，不会应力变形。

（2）纤维状和片状材料必须有足够的强度、弹性和塑性，才能桥塞封堵大部分缝隙，降低堵塞渗透率。

（3）只有坚硬的颗粒状材料与易变形的纤维状材料相复合，才能提供最佳的封堵特性。一般情况下，颗粒状材料分为粗、中、细三种规格，各级之间的质量比约为1∶1∶1，颗粒粒径视裂缝大小而定，但最大材料粒径一般为裂缝尺寸1/3较合适。粒状、片状、纤维状材料的一般比例约6∶3∶2或5∶2∶1，纤维状材料加量一般不超过5%，总堵漏剂的加量视漏速大小、裂缝或孔隙大小，一般加量为5%~20%。

桥接堵漏由于经济价廉，使用方便，施工安全，现场已普遍采用，对付由孔隙和裂缝造成的各种漏失取得了明显的效果，桥接堵漏占整个处理井漏方法的50%~70%。

3）常规桥接堵漏配方

桥接堵漏通常选用现场井浆作为基浆，有时亦采用膨润土浆。常规桥接堵漏剂采用不同粒径的果壳、蛭石、棉籽壳等作为架桥与填充粒子，锯末、单封、SQD-98等起拉筋作用。该方法主要用于库车山前盐上地层与埋深浅温度低的盐膏层，用于目的层需加入一部分酸溶材料。其典型配方见表6-5-3。

表6-5-3 不同漏速情况下推荐的桥堵配方

井漏程度	漏速m³/h	漏层	优选次序	蛭石	粗果壳	中果壳	细果壳	棉籽壳	锯末	中SQD-98	细SLD-2	总加量
严重漏失	失返	大裂缝、溶洞	1	3~4	5~6	8	4	3	3~4			25~30
			2	3~4	5~6	8	4	3		6~8		28~33
			3	3~4	5~6	8	4	3			8~10	30~35
			4		8~10	8	4	2	2~3			25~27
		大砂砾层	1		8~10	8	4		3~4			23~26
			2		8~10	8	4			8~10		25~30
			3		8~10	8	4	3			10~12	27~32
大漏	>50	裂缝	1	2~3	4~6	8	4	3	2			21~23
			2	2~3	4~6	8	4		1~2	6~8		23~28
			3	2~3	4~6	8	4		1~2		8~10	25~30
			4	6~8	6~8	4		2~3	2			18~24
		砂砾岩渗漏	1		6~8	6~8	4		3~4			23~30
			2		6~8	6~8	4			8~10		21~25
			3		6~8	6~8	4				10~12	22~27
中漏	20~50	裂缝	1		6~8	6~8	4	2	3			24~30
			2		6~8	6~8	4		3~4			17~20
			3		6~8	6~8	4			8~10		20~24
			4		6~8	6~8	4				10~12	22~26
		砂砾岩渗漏	1		4~6	6	4		3~4			20~22
			2		4~6	6	4			8		22~24
			3		4~6	6	4				10	24~26
小漏	10~20	砂砾岩渗漏、微裂缝	1			4~6	6~8		3~4			13~18
			2			4~6	6~8		1~2	4~6		15~22
			3			4~6	6~8			5~8		15~22
			4			4~6	6~8				7~10	17~24

续表

井漏程度	漏速 m³/h	漏层	优选次序	桥堵配方加量,%								
				蛭石	粗果壳	中果壳	细果壳	棉籽壳	锯末	中SQD-98	细SLD-2	总加量
微漏	<10	砂砾岩渗漏	1			2~4	4~6		2			8~12
			2						3~4			3~4
			3							4~6		4~6
			4								6~8	6~8
			5	降密度、降排量、静止、提黏切								

注：(1) 桥堵材料加入顺序：蛭石→果壳(粗、中、细)→复合堵漏剂→棉籽壳。
(2) 锯末加入前必须充分润湿。
(3) 每个配方中以1号配方为优先。
(4) 储层需尽量采用酸溶性好的堵漏材料。

4. 抗高温高强度桥接堵漏

库车山前大部分构造盐膏层、储层埋藏深、温度高、孔隙压力高，所使用钻井液密度高，漏失通道大部分为裂缝与诱导裂缝，常规桥接堵漏难以满足防漏堵漏技术要求，传统果壳类堵漏材料存在"三度"不足，即自身强度不足，无法承高压；高温下强度下降、易碳化；密度低，易漂浮。这种不足使这个堵漏浆体不能有效满足提高地层承压能力的要求，造成易漏地层重复承压堵漏。近几年来，塔里木油田已研究成功三套抗高温高强度桥接堵漏配方，在现场使用取得良好效果。

1) FCL 系列桥接堵漏

(1) FCL 系列桥接堵漏作用机理。

FCL 桥接堵漏技术强调整个堵漏浆体的架桥、填充、密封的三者统一，根据不同的要求，选用不同粒径的高强度、高酸溶铝合金颗粒 GYD 作为架桥和填充粒子，该材料具有延展性，不易破碎，成锯齿状，与地层摩擦阻力大，不易返排，酸溶率高；选用易在水中和油中分散的酸溶性短纤维 SHD、非渗透处理剂 BYD 等作为密封材料；FCL 长纤维，其长度分为 10mm 和 12mm，经过搅拌能够在钻井液中均匀分散，其作用是形成网状结构，使堵漏浆中的整个堵漏材料形成包裹复合体。实践证明，FCL 桥接堵漏技术，适合盐膏层与目的层堵漏。该复合堵漏技术，抗温好、堵漏成功率高、承压能力高、酸溶性高。

(2) 盐膏层桥接堵漏浆配方。

盐膏层堵漏浆推荐配方见表 6-5-4。

表 6-5-4 盐膏层推荐堵漏配方

井漏性质	漏速 m³/h	堵漏剂加量,%									
		FCL	GYD								SHD	BYD	总加量
			细	中	粗	特粗	细	中	粗	特粗			
严重漏失	≥30	0.2~0.4	1~2	3~4	4~6	2~4	1~2	3~4	4~6	2~4	2~3	2~3	24.2~42.4

续表

井漏性质	漏速 m³/h	堵漏剂加量,%										
		FCL	GYD							SHD	BYD	总加量
			细	中	粗	特粗	细	中	粗	特粗		
一般漏失	10~30	0.2~0.4	2~3	4~6	2~6		2~3	4~6	2~6		2~3	2~3	20.2~36.4
轻微漏失	≤10		2~3	2~3			2~3	2~3			2~3	2~3	12~18

（3）目的层桥接堵漏浆配方。

目的层堵漏浆推荐配方见表6-5-5。

表6-5-5 目的层堵漏浆推荐配方

井漏性质	漏速 m³/h	堵漏剂加量,%										
		FCL	GYD				KGD-1	KGD-2	KGD-3	KGD-4	SHD	BYD	总加量
			细	中粗	粗	特粗							
严重漏失	≥30	0.2~0.4	2~3	4~6	5~7	2~4		5~8	5~8		2~3	2~3	27.2~44.4
一般漏失	10~30	0.2~0.4	2~3	4~6	5~7			5~8	5~8		2~3	2~3	25.2~40.4
轻微漏失	≤10		2~4	4~6			5~8	5~8			2~3	2~3	20~32

（4）FCL桥接堵漏技术工艺措施。

FCL桥接堵漏就是利用各种堵漏材料，在距井筒很近范围的漏失通道里建立一道堵塞隔墙，用以隔断漏液的通道。

① 处理井漏的规程。

a. 分析井漏发生的原因，确定漏层位置、类型及漏失严重程度。

b. 在钻井中发生井漏，如果条件许可，应尽可能强钻一段，确保漏层完全钻穿，以免重复处理同样的问题。

c. 堵漏浆的配制必须按要求保质保量。

d. 施工前如果能起钻，应尽可能采用光钻杆，下至漏层顶部。

e. 使用正确的堵剂注入方法，确保堵剂进入漏层近井筒处。

f. 施工过程中要不停地活动钻具，避免卡钻。

g. 凡采用桥堵剂堵漏，要卸掉循环管线及泵中的滤清器、筛网等，防止堵塞憋泵伤人。

h. 憋压试漏时要缓慢进行，压力一般不能过大，避免造成新的诱导裂缝。

i. 施工完成后，各种资料必须收集整理齐全、准确。

② FCL系列桥接堵漏应用工艺技术。

桥接堵漏由于经济价廉，使用方便，施工安全，目前现场已普遍采用。使用此方法可以对付由孔隙和裂缝造成的部分漏失和失返漏失。桥接堵漏是利用不同形状、尺寸的惰性材料，以不同的配方混合于钻井液中直接注入漏层的一种堵漏方法。施工前，应根据不同的漏层性质，选择堵漏材料的级配和浓度，否则在漏失通道中形不成"桥架"，或是在井壁处"封门"，使堵漏失败。要较准确地确定漏层位置，钻具一般应在漏层的顶部；严禁下过漏层施工，以防卡钻。另外要注意的是，采用这种方法时应尽量下光钻杆，如带钻头要去掉喷嘴，选择的桥接材料尺寸必须首先满足喷嘴尺寸要求，以避免堵塞钻头。堵漏成功后立即筛除在井浆中的桥接材料。

a. 桥堵材料的选择和浓度：桥浆浓度具体选择时应综合考虑漏速、漏层压力、液面深度和漏层段长、漏层形状等因素，一般范围是10%~30%，对漏速大、裂缝大或孔隙大的井漏，应用大粒度、长纤维的桥接剂配成高浓度浆液。反之，则用中小粒度、短纤维的桥接剂配成低浓度浆液。

b. 堵漏材料可分三类：长纤维（FCL 纤维长度10mm 和 12mm），主要作用是形成网状结构，使整个堵漏材料形成复合体；架桥充填材料（GYD 铝合金，硬质果壳，KGD 等），大颗粒主要架桥，小颗粒填充；短纤维状材料（SHD，BYD 等），主要作用是密封作用。桥接剂级配比例的合理选择对于提高堵漏成功率至关重要，具体搭配比例由现场来确定。

c. 基浆通常用井浆，基浆黏度和切力要适当高一些，不能太低也不能过高，必要时要考虑井下温度对基浆的影响加入部分抗高温处理剂，以防止在地面及井下桥接剂的漂浮和下沉，避免桥浆丧失可泵性。

d. 基本数据。施工前要准确计算钻具内容积，关井前后钻井液液面高度及对应井眼环空容积。

e. 承压堵漏工艺。尽可能确定准漏层；根据井漏情况和漏层性质综合分析，确定桥浆浓度、级配和配浆数量，堵漏浆密度应接近于钻进的井浆密度；配堵漏浆：在地面配浆罐连续搅拌条件下，最好通过加重漏斗以纤维状+颗粒状、片状顺序配够要求的桥浆，应注意防漂浮、沉淀及不可泵性，浓度高时采用链接气管线，从罐面直接加入。配制量应以漏速大小、漏失通道形状和段长以及井眼尺寸等综合确定，通常范围是 20~50m³/次；确定漏失层段，将光钻杆或带大水眼钻头的钻具下至漏层顶部以上 10~300m 安全位置或技术套管内，立即泵入已配好的桥浆，堵漏浆出钻具前，最好关井挤压，防止堵漏浆上返，控制套管压力在安全范围内，但不能超过井口和其他地层的承压强度。关井挤压施工过程中，应准确计算堵漏浆到达位置及堵漏浆进入地层的量及对应套管压力值，应尽可能定时活动钻具，防止卡钻，必要时关万能防喷器。如承压堵漏成功，稳压 10~30min，从封井器节流阀缓慢泄压后，开井循环或控压节流循环，排堵漏浆，防止堵水眼或卡钻，后逐步下钻循环排堵漏浆。排完堵漏浆后大排量循环验漏或关井承压验漏，套管压力值一般应小于承压堵漏时的套管压力值。

(5) 应用实例。

① 克深 24-1 目的层堵漏。该井技术套管下深 6349m，钻进至 6502.17m 发生漏失，层位：巴什基奇克 K_1bs；钻井液密度 $1.75g/cm^3$，排量 16L/s，漏速 $0.6~1.2m^3/h$；降排量至 9L/s，漏速 $18m^3/h$；降排量至 4.5L/s，出口失返；期间漏失密度 $1.75g/cm^3$ 钻井液 $26.92m^3$，吊灌起钻至井深 6172m，静止观察。

地面配堵漏浆 $30m^3$。堵漏浆配方：8%细果壳+4%中粗果壳+2%细 GYD+1%中 GYD+2%SHD+2%BYD-2+3%KGD-2+3%KGD-3，总浓度 25%。注堵漏浆 $23m^3$，替井浆 $31m^3$

(注堵漏浆9m³时出口返出，总计返出42.5m³)，关井正挤13m³(套管压力由0上升至9MPa，立管压力由0上升至11MPa，排量5L/s)，停泵30min，套管压力稳定。节流循环排堵漏浆(控制套管压力4~5MPa，立管压力15~18MPa)后，下钻至井深6502m循环排堵漏浆，液面正常，无漏失。

井筒承压试验，关井正挤钻井液0.8m³，套管压力由0上升至5.2MPa后又降至4.8MPa，稳压30min不降，泄压回流0.8m³，堵漏成功。

② 中秋9井盐膏层漏喷同层堵漏。中秋9井位于库车坳陷秋里塔格构造带中秋段中秋9号背斜构造。该井18⅝in套管下深3500m，钻进至井深3525.39m时，钻井液密度为2.10g/cm³，发生漏失。漏层位置：吉迪克组膏泥岩，井队承压堵漏一次，配堵漏浆50m³，浓度39%，套管压力为0，候堵后，循环正常。

钻进至井深3590m，发生漏失，钻井液密度为2.10g/cm³，层位为吉迪克组膏泥岩，井队共计堵漏三次，配制堵漏浆各50m³，堵漏浆浓度分别为5%，35%和42%，套管压力最高2MPa，关井候堵为0。

钻进至3721m时液面上涨0.4m³，用2.35g/cm³的重浆压井，发生漏失。起下钻换钻具，液面不在井口，高度30~50m，井队共计堵漏三次，堵漏浆总浓度分别为45%，44%和45%，套管压力最高3.73MPa。

初步判断，该井主要漏失层为3525.39m和3590m，3721m出盐水，存在漏喷同层，地下井喷。

采用FCL桥接堵漏技术，第一次承压堵漏，配制堵漏浆50m³，浓度36.6%，钻井液密度2.10g/cm³。配方：基浆(50m³)+0.6%FCL纤维-10+3%果壳(细)+8%果壳(中粗)+10%果壳(粗)+3%果壳(特)+2%GYD(粗)+2%GYD(特粗)+4%SHD+4%BYD。承压堵漏，套管压力7.8MPa，静堵期间套管压力上升至8.0MPa，后节流控制套管压力7MPa，排堵漏浆。

划眼至井深3601m(划眼过程中液面上涨6.6m³，出口密度由2.04g/m³降至1.95g/m³)，泵入2.12g/cm³的钻井液136.7m³，排盐水及混浆191.4m³(密度由1.95g/m³降至1.21g/m³后又升至2.03g/cm³，最低密度1.21g/cm³，氯离子含量由144000mg/L升至206000mg/L，Ca^{2+}含量由1400mg/L升至4600mg/L)，节流循环提密度(控制入口密度2.15g/cm³，排量25~34L/s，立管压力4~8MPa，控制套管压力1~2MPa，液面上涨11.2m³；立管压力由8.2MPa下降至7.6MPa，套管压力由1.02MPa下降至0.86MPa，出口流量由29.2%下降至27%，发生井漏，漏失钻井液9.5m³)，静止候堵，测量环空液面距井口49~51m。

第二次承压堵漏，配制堵漏浆45m³，钻井液密度2.15g/cm³，浓度38.5%，配方：基浆(45m³)+0.3%FCL+3%BYD+3%SHD+3%QSD-1+5%QSD-2+6%QSD-3+2%QSD-4+2%GYD(中粗)+5%GYD(粗)+0.2%GYD(特粗)+2%KGD-2+4%KGD-3+2%KGD-4。承压堵漏，关井挤入15m³钻井液时，套管压力有连续上升，共计正挤井浆45.7m³，漏层进入堵漏浆量为30.7m³，套管压力稳定在11.3~11.6MPa。后期下钻循环划眼钻进正常。

结论：本井存在严重的漏喷同层现象，井口液面30~50m，其实是井下在发生井喷，3721m处的高压盐水进入3525m或3590m的漏层(第一次堵漏后返出盐水)。第一次承压7.8MPa，钻井液密度2.10g/cm³，在封堵漏层的同时，还没有压稳，地下井喷还在发生，盐水上返，套管压力上升，到一定程度后稳定；第二次承压堵漏，钻井液密度2.15g/cm³，套管压力11.3~11.6MPa稳定，地层封堵结实且压稳盐水，因此成功。

③ 克深605井盐膏层承压堵漏。该井技术套管下深4454.69m，采用油基钻井液钻进至井深5275m，层位为$E_{1-2}km$，钻井液密度为$1.85g/cm^3$，黏度为83mPa·s。继续钻进过程中，提高钻井液密度至$1.95g/cm^3$，需要对易漏层库姆格列木群上盘白云岩段(4493～5001m)进行承压堵漏作业，确保密度提高后裸眼段安全，能够正常钻进。

承压堵漏：

a. 验漏。堵漏钻具下钻至套管内4436m，关井憋压(立管压力由0上升至5.5MPa，套管压力由0上升至5MPa)，地层承压试验成功，下钻至井底，循环调整钻井液密度至$1.90g/cm^3$。起钻至井深4436m，关井憋压(立管压力由0上升至3.2MPa后又降至0MPa，套管压力由0上升至2.5MPa后又降至0)，地层承压试验失败，需要配堵漏浆做承压堵漏施工以提高地层承压能力。

b. 承压堵漏。用密度$1.90g/cm^3$基浆配浓度18.1%的FCL堵漏浆$30m^3$，计算堵漏浆待出钻具后关井挤堵，挤出堵漏浆共计$9.4m^3$(立管压力由0上升至8MPa，套管压力由0上升至7MPa)，30min稳压不降，开节流管汇循环。堵漏浆配方：$30m^3$基浆+0.1%FCL+3%GYD(中)+8%果壳(细)+2%SQD-98(细)+2%SQD-98(中)+3%BYD-2。

c. 验漏。循环排出堵漏浆后，用密度$1.90g/cm^3$钻井液做地层承压试验(立管压力由0上升至4MPa，套管压力由0上升至3.5MPa)，30min稳压不降，承压堵漏成功，进行分段循环，调整钻井液密度至$1.95g/cm^3$。

d. 承压堵漏。下钻至井底循环一周后，发现有漏失，循环观察(排量由26L/s降至3L/s，漏速由$12m^3/h$下降至$1.2m^3/h$)，起钻至井深4800m，配密度$1.95g/cm^3$堵漏浆$30m^3$，正注堵漏浆$30m^3$，替$33m^3$的$1.95g/cm^3$钻井液后，起钻至井深4407m关井正挤$1.2m^3$(立管压力由0上升至5MPa，套管压力由0上升至4MPa)，30min稳压不降，节流循环1.5h后，开井循环排堵漏浆，后下钻至井底调整钻井液性能。

堵漏浆配方：$30m^3$基浆+0.1%FCL+3.5%GYD(细)+4%KGD-1+6%KGD-2+1%SQD-98(细)+2%SQD-98(中)+3%BYD-2。

e. 验漏。短起至4407m，关井做地层承压试验，泵入$0.5m^3$(立管压力由0上升至2.5MPa，套管压力由0上升至2MPa)，30min稳压不降，开井观察液面在井口，开泵循环正常(排量5～28L/s，泵压1.1～12.55MPa)。

④ 克深1002井大斜度井盐膏层底部泥岩承压堵漏。该井是定向井，造斜点5366m，稳斜点6047m，稳斜井斜60°，技术套管下深至5375m。采用密度$2.38g/cm^3$油基钻井液钻进至6702.24m($E_{1-2}km$底部泥岩)时，发现泵压从18.2MPa下降至17.7MPa，停钻上提钻具，降低排量从25L/s降至12 L/s，加密监测核对液面，抢起钻至4859m(起钻停泵前累计漏失$1m^3$，起钻时环空连续灌浆，多灌$16.2m^3$)，静止观察(环空每0.5h灌浆$0.5m^3$、钻具内每0.5h灌浆$0.3m^3$，共灌入$10.9m^3$。下堵漏钻具钻至井底，循环(逐步提高排量至14 L/s时，发生漏失)，起钻至井深6300m循环(排量16L/s发生漏失，漏速$1.2m^3/h$)。08～6517m间断遇阻，最大下压16tf，活动通过；在井段6375～6403m遇阻16tf，活动不过划眼通过；提离井底10m以上，循环发生漏失起钻(排量逐步提升至14 L/s时发生漏失，共计漏失钻井液$0.7m^3$)，所以为了堵漏施工安全，决定在6300m处施工；起钻至6300m循环(排量由5L/s升至12L/s，无漏失；排量16L/s的发生漏失，漏速$1.2m^3/h$)。配堵漏浆；堵漏浆配方：$30m^3$基浆(密度$2.38g/cm^3$)+0.1%FCL+6%GYD(细)+3%BYD+3%SHD+1% 细果壳+4%KGD-1+6%KGD-2+3%KGD-3。泵入堵漏浆$16.5m^3$，替井浆$78m^3$，然后

起钻至套管内(4893m)关井,做承压堵漏施工;关井正挤堵漏浆10m³(排量1.5~5L/s,立管压力由0上升至8.8MPa,套管压力由0上升至6.6MPa,停泵套管压力6.6MPa未降),稳压5min泄压开井回流8.5m³;下钻分段循环排堵漏浆,至井底后循环为正常无漏失(排量15L/s);起钻至套管鞋内做地层承压试验,套管压力稳定在5.9MPa不降。

2) GT/NT系列桥接堵漏

(1) GT/NT系列桥接堵漏特点。

① 堵漏材料的特点。为了实现常规承压堵漏与堵漏材料重力沉降相结合的堵漏工艺,优选密度较高、不易上浮且抗温能力高的堵漏剂。

a. 片状材料。雷特超强堵漏剂呈片状,厚度约0.5mm,主要特性是承压能力高,抗温能力可达260℃,片状锲形封堵,能够提高配方的整体承压能力。雷特酸溶性堵漏剂为薄片状材料,厚度约0.3mm,密度为$2.71~2.90g/cm^3$,主要特点是对微小裂缝或堵漏材料颗粒之间缝隙快速封堵效果好。

b. 刚性颗粒材料。刚性颗粒材料GT-1,GT-2,GT-3和GT-4等的成分为方解石,密度为$2.64~2.71g/cm^3$,能够在高密度堵漏浆中快速沉积。通过粒径优化组合的刚性颗粒,可实现架桥、填充以及沉降作用。

c. 填充和拉筋材料。矿物纤维堵漏剂GT-MF为纤维类和粉末状组成的复合堵漏材料,主要起填充、拉筋等作用。

② 堵漏配方的优化。适当降低配堵漏浆基浆钻井液密度,增加堵漏材料沉降速度,可缩短候堵时间,从而节约堵漏总时间。堵漏浆配方浓度分段优化,先配制一定浓度的堵漏浆,施工时泵入一定量后,在泵注堵漏浆的同时,快速加入粗颗粒堵漏材料。大颗粒堵漏材料在入井的堵漏浆中浓度逐渐增大,可防止地层裂缝扩张或出现封门现象,以提高堵漏一次成功率。

③ 堵漏施工工艺改进。堵漏工艺主要采用常规承压堵漏与堵漏材料重力沉降相结合的方式。堵漏施工分为三步:

a. 先按照承压堵施工程序进行施工,堵漏浆出钻具前1m³关井,直接进行挤注,当堵漏浆全部替出钻具后进行挤注或环空反挤,如果压力达到预期压力,关井候堵。

b. 如果压力上升达不到预期压力,则根据情况进行间隙挤注。

c. 如果间隙挤注提高的压力仍然达不到预期压力,最后预留一定量的堵漏浆进行沉降堵漏,增加沉降塞面下部地层承压能力。

(2) 应用实例。

克深243井四开采用油基钻井液,9½in钻头钻至井深6228m,换6⅝in钻头地质卡层,钻进至井深6234.24m,发生失返性漏失,漏失时钻井液密度为$2.40g/cm^3$,环空液面高度为536m,折算井底压力当量钻井液密度为$2.19g/cm^3$。

第一次采用常规堵漏工艺施工,堵漏浆配方如下:基浆35m³(密度$2.40g/cm^3$)+2%NTS(中粗)+3%NTS(粗)+2%NTS-S(粗)+2%NT-DS(C)+3%GT-MF+4%NTBASE+4%GT-2+8%GT-3+6%GT-4+2%GT-粗(5~8mm)+1%GT-HS(5~8mm)+3%GT-HS(1~3mm)+4%GT-HS(3~5mm)+1%NT-T+0.1%NT-2,堵漏后,环空钻井液能够灌满,但仍有漏失,开泵不能建立循环,开泵后环空液面下降。

第二次堵漏施工采用承压与沉降复合堵漏工艺,堵漏浆配方:基浆50m³(密度$2.27g/cm^3$)+3%NTS(中粗)+6%NTS(粗)+3%GT-MF+2%NTS-S(粗)+3%GT-1+4%GT-2+4%

GT-3+8%GT-4+8%GT-粗(5~8mm)+6%GT-特粗(8~10mm)，堵漏成功。

该井处理复杂用时 11.75 天(含常规堵漏施工一次、后期处理受盐水污染钻井液)，漏失钻井液 464m³。与常规堵漏对比，提高了堵漏成功率，大幅节约了堵漏时间和成本。

3) LCC 系列桥接堵漏

(1) LCC 桥接堵漏技术作用机理。

LCC100 为架桥颗粒，具有高抗压强度、耐温耐碱，使其持久性好，不会因地层应力作用闭合而被压碎，也不会长期在井下高温高压碱液环境下而降解变软失去架桥特性；且 LCC100 颗粒密度可调，能够适应不同的堵漏浆密度，使配制成的堵漏浆内堵漏颗粒分布更均匀，架桥成功率更高。

LCC200 采用刚性纤维和柔性纤维复合作用，刚性纤维更易在狭窄的通道中滞留从而截留住柔性纤维，使之更好地发挥拉筋织网的作用。

LCC300 为柔性碎片，能够在压差作用下折叠变形进入漏层进行封堵填塞，而不像传统的硬脆性片状材料(如贝壳片、云母片等)当尺寸判断不准确时极易封门。

LCC100 作为架桥颗粒进行架桥，LCC200 起拉筋织网的作用，LCC300 起封堵填塞的作用，三者相结合，堵漏成功率高，持久性好。

(2) 盐膏层堵漏浆配方。

盐膏层堵漏浆配方：井浆+0~5%LCC100(4~6 目)+0~5%LCC100(5~7 目)+3%~6%LCC100(7~10 目)+5%~10%LCC100(10~16 目)+5%~10%LCC100(16~30 目)+0~3%LCC100(30~60 目)+2%~3%GBF+0~0.5%LCC200+0~0.5%LCC300+1%~3%SDL；

堵漏材料总浓度不宜过稀，架桥颗粒偏少；亦不宜过浓，有封门风险。4~6 目及 5~7 目主要用于漏速较大或失返性漏失情况，现场施工时，需要根据井漏具体情况调整堵漏浆浓度及级配。

应用实例：

① 小漏(漏速小于 10m³/h)。克深 241-2 井于 2019 年 5 月 17 日用密度 2.35g/cm³ 油基钻井液钻进至 6391.69m 发生井漏，漏速 9m³/h，漏失层位：$E_{1-2}km$，岩性：膏盐岩、泥岩，静止后漏速减小。分析认为钻遇裂缝，静止时张开的裂缝自动闭合，决定进行承压堵漏。

配制浓度 23.5%堵漏浆 40m³，配方：井浆+5%LCC100(10~16 目)+2%LCC100(16~30 目)+2.5%ZDS(40~60 目)+7.5%ZDS(24~40 目)+5%ZDS(12~20 目)+1%GBF+0.5%SDL，注入堵漏浆 25m³，替浆 69m³，正挤憋压至 4.6MPa 稳压 30min 不降，承压堵漏成功。

② 中漏(漏速 10~30m³/h)。克深 11-1 井四开使用密度 2.32g/cm³ 油基钻井液钻进至 6025.19m 发生井漏，漏速 24.6m³/h，漏失层位：$E_{1-2}km$，岩性：膏盐岩、泥岩，分析认为钻遇裂缝性地层，需要停钻堵漏。

配制浓度 45.4%堵漏浆 30m³，配方：井浆+0.5%LCC100(5~7 目)+3%LCC100(7~10 目)+2%LCC100(10~16 目)+10%ZDS(4~12 目)+13.3%ZDS(12~24 目)+6.7%ZDS(24~40 目)+6.7%ZDS(40~60 目)+0.2%LCC200+2%GBF+1%SDL。注堵漏浆 20m³，替浆 62m³，短起至 5270m 后关井憋挤套管压力至 6.9MPa，憋压候堵 11h 后开井循环不漏，恢复钻进。

③ 大漏(漏速大于 30m³/h 至失返)。吐北 401 井于 2017 年 11 月 9 日四开使用密度为

2.39g/cm³ 的油基钻井液钻进至 5308.8m 时发生井漏，漏速 30m³/h，漏失层位：库姆格列木群，岩性：膏质泥岩。分析认为钻遇较大裂缝性漏失地层，需要进行停钻堵漏。

配制浓度为 28.2% 的堵漏浆，配方：3%LCC100（7~10 目）+10%LCC100（10~16 目）+10%LCC100（16~30 目）+3%GBF+2%SDL+0.2%LCC200，堵漏浆入井 50m³。憋挤后套管压力 9.7MPa 候堵 10h 无压降。完全筛除堵漏浆后起钻至套鞋做承压实验，关井憋压 8MPa 稳压 15min 无压降。承压堵漏取得成功。

（3）目的层堵漏桥接浆配方。

目的层堵漏桥接堵漏浆配方：井浆+0~5%LCC100（4~6 目）+0~5%LCC100（5~7 目）+1%~3%LCC100（7~10 目）+1%~3%LCC100（10~16 目）+1%~3%LCC100（16~30 目）+1%~3%LCC100（30~60 目）+3%~6%ZDS（12~20 目）+4%~8%ZDS（24~40 目）+5%~10%ZDS（40~60 目）+2%~3%GBF+0~0.5%LCC200+0~0.5%LCC300+1%~3%SDL。

应用实例：

① 小漏（漏速小于 10m³/h）。克深 24-4 井于 2019 年 8 月 27 日使用密度为 1.73g/cm³ 的油基钻井液钻进至 6220.59m 发生漏失，层位：K_1bs，漏速 2.4m³/h，加入随钻堵漏剂恢复钻进。其后直至钻至完钻井深 6316m 均持续渗漏，分析认为钻遇裂缝漏失地层，地层承压能力不足，为满足下步施工需要，要求承压 5MPa 以上。

配制浓度 28.2% 的堵漏浆，配方：井浆+8%ZDS（40~60 目）+6%ZDS（24~40 目）+4%ZDS（12~20 目）+2%LCC100（30~60 目）+2%LCC100（16~30 目）+2%LCC100（10~16 目）+1%LCC100（7~10 目）+2%GBF+1%SDL+0.2%LCC200。憋压 5.7MPa，30min 压降至 5.5MPa，承压堵漏成功，能够满足下步施工需要。

② 中漏（漏速 10~30m³/h）。克深 132-3 井于 2019 年 8 月 3 日五开使用密度 1.95g/cm³ 油基钻井液钻至 7456.21m 发生井漏，漏速 18m³/h。分析认为钻遇裂缝性漏失地层，需要进行堵漏。

配制浓度为 30.5% 堵漏浆，配方：井浆+4%ZDS（40~60 目）+4%ZDS（24~40 目）+12%ZDS（12~20 目）+8%ZDS（4~12 目）+1.5%GBF+1%SDL，泵入堵漏浆 10.2m³，替浆 47m³，短起至 6930m 静止候堵 10h，正常排量循环不漏。

③ 大漏（漏速大于 30m³/h 至失返）。克深 5-4 井于 2019 年 8 月 6 日五开使用密度 1.75g/cm³ 的油基钻井液钻进至井深 6647.86m 发生井漏失返，至完钻井深 6678m 期间持续渗漏，为满足下步施工需要，需对本层进行承压堵漏。

配制浓度 28.2% 的堵漏浆，配方：井浆+2%LCC100（7~10 目）+2%LCC100（10~16 目）+2%LCC100（16~30 目）+1%LCC100（30~60 目）+6.6%ZDS（40~60 目）+6.6%ZDS（24~40 目）+3.3%ZDS（12~20 目）+1.5%ZDS（6~12 目）+0.2%LCC200+2%GBF+1%SDL。泵入堵漏浆 15m³，替浆 53m³，短起至 5937m 后关井正挤至套管压力 9.2MPa，憋压候堵 4h 后下钻循环排堵漏浆，做承压实验 5.6MPa 合格。

（4）堵漏施工注意事项。

① 堵漏材料总浓度控制，不宜过稀，架桥颗粒偏少；亦不宜过浓，有封门风险；

② LCC100 堵漏颗粒 4~6 目及 5~7 目主要用于较大漏失或失返性漏失情况，现场施工时，需要根据井漏具体情况调整堵漏浆浓度及级配；

③ 堵漏管柱最好为光钻杆，下带铣齿接头；

④ 憋压候堵作业中应充分考虑好钻具防卡问题，钻具应提至安全井段并创造条件活

动钻具；

⑤ 憋挤压力不宜过高，满足需要即可，憋挤宜少量多次，逐步提升憋挤压力；

⑥ 开井要缓慢，匀速泄压，不宜操之过急；

⑦ 计量力求准确。

5. 高失水复合堵漏技术

1) 高失水堵漏剂工作原理

CX-906 是一种由纤维材料、金属盐、絮凝剂复配而成的乳白色粉末纤维混合物，是一种集高失水、高强度和高酸溶率于一体的高效堵漏剂，用该产品配制的堵漏浆，进入漏失通道，在压差作用下快速失水（最快的在几秒钟之内），很快形成具有一定初始强度的厚滤饼而封堵漏层，其初始承压能力可达 4MPa 以上。在地温和压差作用下，所形成的滤饼逐渐凝固，其承压能力大幅度提高，24h 可达 20MPa，最高承压可达到 40MPa 以上，酸溶率可达 80%，有利于保护产层，该产品对堵漏后易回吐、承压能力差、低压易破碎的裂缝性漏失有良好的封堵效果。与之类似的堵漏剂还有 Diaseal M。

2) 高失水复合堵漏推荐配方及工艺

高失水复合堵漏剂适用于非大溶洞的其他所有类型的井漏，尤其对承压堵漏极其有效，具有配制及施工工艺简单等显著特点，堵后不回吐，形成滤饼的速度可调，其滤饼的强度大，在地层温度压力下，最大可达 40MPa 以上，其最高配制密度可达 $2.35g/cm^3$ 以上。

（1）基本配方。

① 中小漏失：清水+15%~35%CX-906+$BaSO_4$。

② 大漏：清水+15%~40%CX-906+1%~3q%云母+$BaSO_4$。

③ 失返：清水+15qe-40%CX-906+1%~3%云母+2%~4%核桃壳（细）+$BaSO_4$。

④ 中小裂缝：清水+15%~40%CX-906+1%~3%云母+2%~4%核桃壳（中粗）+$BaSO_4$。

⑤ 大裂缝（失返）：清水+20%~40%CX-906+2%~3%云母+2%~4%核桃壳（粗）+$BaSO_4$。

（2）使用方法及加量。

① 漏速小于 $5m^3/h$：可采用随钻堵漏，直接加入各种体系的钻井液中即可；加量 2%~3%。

② 漏速在 $5~20m^3/h$：清水+15%~30%CX-906 配制成堵漏浆进行堵漏。

③ 漏速在 $30~60m^3/h$ 清水+25%~40%CX-906+2%~4%核桃壳+1%~3%云母配制成堵漏浆进行堵漏。

④ 漏速大于 $60m^3/h$ 或失返，可与水泥或其他堵漏剂（如各种凝胶堵漏剂）配合进行综合堵漏，其配方依地层特性而定。

⑤ 如需对堵漏浆进行加重，低盐度条件下，必须加 0.1%~0.3% 的提黏剂。

⑥ 使用该堵剂，其最高堵漏浆密度可配制 $2.35g/cm^3$ 以上。

（3）现场堵漏施工工艺。

① 简化钻具结构，将钻具下入漏层顶部。

② 小排量泵入 CX-906 堵漏浆，当 CX-906 堵漏浆达到钻具出口加大排量，直至 CX-906 堵漏浆在钻具内外相平。

③ 起钻至堵漏浆面（钻具安全位置）。

④ 记录泵入量、返出量、堵漏浆漏失量等。

⑤ 按桥接堵漏法的挤压、泄压再挤压的施工工艺进行施工,根据井下情况确定上述施工的要点。

⑥ 能够憋压稳压,尽可能保持憋压稳压状态,候堵 16~24h。

(4)应用实例。

① 大北 103 井堵漏及效果。大北 103 井 311.2mm(12¼in)井眼 303.80~5125.70m 在钻井过程中出现多次井漏,经分析漏点位置在 2400~2700m,在钻至不同井深时因井漏采取了桥接堵漏、凝胶堵漏、水泥堵漏等多种方式,其中采用桥浆和 CX-906 复配堵漏效果最好,堵漏效果见表 6-5-6。

表 6-5-6 大北 103 井 CX-906 堵漏效果

序号	井深,m	钻井液密度,g/cm³	堵漏施工简况	堵后进尺,m	持续时间,d
1	3461	1.4	桥接堵漏 3 次	63	4.35
2	3524	1.43	挤水泥 2 次、桥接堵漏 2 次 桥浆十CX-906 堵漏 1 次	559.36	32.82
3	4083.36	1.37	桥接堵漏 1 次	14.52	0.54
4	4097.88	1.37	30% CX-906+3%细核桃壳	520.12	25.85
5	461.8	1.43	桥浆十LCP200 堵漏 1 次	10.04	0.31
6	4684	1.42	先注桥浆,后跟 CX-906	153.6	11.25
7	4838	1.4	先注桥浆,后跟 CX-906	289.5	25.35

② 大北 102 井承压堵漏及效果。大北 102 井用密度 1.79g/cm³ 的钻井液钻进至井深 4749m,进入盐层顶部,要求承压当量密度达 2.25~2.30g/cm³。经过 3 次桥浆堵漏失败,损失时间 10 多天,漏失井段 4400~4500m,后使用 CX-906 堵漏剂,一次成功,将地层承压当量密度提至 2.25g/cm³ 以上,很快恢复钻进,顺利钻过盐膏层,堵漏效果见表 6-5-7。

表 6-5-7 大北 102 井 CX-906 堵漏效果

序号	堵漏配方	钻井液密度,g/cm³	承压当量钻井液密度,g/cm³	承压堵漏效果
1	20%桥接堵漏浆 100m³	1.78	1.78↑2.04	失败
2	18%桥接堵漏浆 100m³	2.04	2.04↑2.15	失败
3	13%桥接堵漏浆 46m³	2.04	2.04↑2.19	失败
4	20% CX-906 堵浆 25m³	2.1	2.10↑2.25	成功

③ 大北 201 井承压堵漏及效果。大北 201 井钻进至井深 3902m 中途完井,在下 339.7mm(13⅜in)套管至井深 2615m 时,发现悬重突然下降,起出后发现分级箍处断裂,对扣固井后,由于此处对接不好,再加上固井质量差,导致试压不成功。三开钻进至 4464m,因井下复杂,起下钻次数多,对分级箍处碰撞厉害,因而发生漏失,当时井浆密度为 2.8g/cm³、最大漏速为 28m³/h、最小漏速为 6m³/h、平均漏速为 17m³/h,经分析井下实际情况,考虑用桥浆或水泥堵漏都不适合,后决定用 CX-906 配合桥接堵漏剂进行堵漏。

a. 现场堵漏配方:清水+25%CX-906+4%细核桃壳。

b. 堵浆配制工艺：清洗一个20m³的钻井液罐，放入清水10m³，按配方先加CX-906，接着加核桃壳，然后将所需水放满，最后加重至井浆密度即可施工。

c. 堵漏施工工艺：将钻具起至井深610m（漏失井深623m）；替入堵漏浆65m³（堵漏浆接近钻头处），关封井器，再将堵漏浆全部憋压挤入井内（14m³）；缓慢开封井器，起出2柱钻具，候堵，12h后循环观察，未发现漏失，堵漏成功。

6. 沉淀隔离压井堵漏方法

此项技术是针对高压盐水与漏层同处于同一裸眼，而且漏层在高压盐水层之上，两者压力系数相差不大情况下，如何处理堵漏与压井。该项技术采用与油基钻井液同密度的饱和盐水磺化水基钻井液通过钻具入井，实施沉淀隔离，将高压盐水层与漏层隔开，一方面水基钻井液可以加速沉淀，桥接堵漏材料在水基钻井液中更容易膨胀，从而提高堵漏成功率；另一方面利用了水基钻井液和油基钻井液在一定温度和比例下混合增稠的特性，实现了沉淀隔离盐水层和封堵漏层。该技术既能防止油基钻井液大量损失，又能提高上部薄砂岩的承压能力。实现了沉淀隔离盐水层和封堵漏层的双重目的。

1) 压井堵漏配方优选

（1）水基堵漏浆配方确定。

堵漏材料的选择是堵漏成功的关键。室内首先将不同颗粒、片状、纤维等堵漏材料进行复配，加入提高承压能力效果好的高强度桥堵材料，同时确保大小尺寸粒径级配合理，采用上部地层所用的饱和盐水磺化水基钻井液作为基浆，实验确定出水基堵漏浆的配方见表6-5-8。

表6-5-8　高密度水基钻井液堵漏浆配方

堵漏材料名称	加量,%	作　用
核桃壳（粗）	5	阻挡通道和吸水膨胀作用
核桃壳（中粗）	6	阻挡通道和吸水膨胀作用
雷特材料（片状）	5	片状充填，提高承压能力
STEELSEAL（钢封）-400	3	球形充填，提高承压能力
STEELSEAL（钢封）-1000	3	球形充填，提高承压能力
SQD-98	4	纤维充填，提高稠度
锯末	1	较长纤维充填

注：总浓度为27%，密度为2.53g/cm³。

（2）水基堵漏浆与油基钻井液混合比例的确定。

现场用高密度油基钻井液的密度为2.0~2.4g/cm³，油水比为90∶10~95∶5，破乳电压为1599V，漏斗黏度为60~85s，中压滤失量为0，高温高压（180℃、3.5MPa）滤失量小于6mL，塑性黏度为60~90mPa·s，动切力为7~15Pa，静切力为2~6Pa/5~10Pa，pH值为7~8。

室内对同密度的饱和盐水磺化水基钻井液与油基钻井液不同比例混合后性能的变化进行了测试，混合后的样品均经过174℃滚动16h后进行流变性和破乳电压测试，测试结果见表6-5-9。同时对水基堵漏浆与油基钻井液不同比例混合后的流变性变化进行了测试，以确保现场施工时混合浆能够达到泵送要求。混合后的样品均经过174℃滚动和2h后进行流变性测试，不同比例水基堵漏浆与油基钻井液混合后的性能变化见表6-5-10。

表6-5-9 油基钻井液与水基钻井液不同比例混合后的性能

实验编号	$V_{油浆}:V_{水浆}$	测试温度	Φ_{600}/Φ_{300}	Φ_{200}/Φ_{100}	Φ_6/Φ_3	静切力(10s/10min) Pa/Pa	ES V
1	50:50	常温	>300/>300	235/144	32/25	13.5/31.5	9
2	75:25	常温	>300/>300	283/140	34/28	150/85	177
3	90:10	常温	>300/213	200/100	150/85	24/15	823
4	98:2	常温	>300/181	127/71	16/12	7.0/9.5	1430
4	98:2	65℃	>300/115	81/48	12/10	6.0/7.5	1310
4	98:2	174℃	170/88	60/33	5/4	4.0/6.5	736
5	95:5	常温	>300/173	122/70	16/13	8.0/10.0	807
5	95:5	65℃	230/125	89/52	13/11	7.0/9.5	778
5	95:5	174℃	248/131	90/50	9/8	6.0/8.5	663

表6-5-10 水基堵漏浆与油基钻井液不同比例混合后的性能

实验编号	$V_{油浆}:V_{水堵}$	测试温度	Φ_{600}/Φ_{300}	Φ_{200}/Φ_{100}	Φ_6/Φ_3	静切力(10s/10min) Pa/Pa	备注
1	油基钻井液	65℃	185/>100	71/42	11/10	5/6	174℃时，混合样滚动2.5h后测试
2	95%:5%	常温	>300/212	148/85	19/16	9.0/11	174℃时，混合样滚动2.5h后测试
2	95%:5%	174℃	>300/232	160/90	17/15	9/12	174℃时，混合样滚动2.5h后测试
4	75%:25%	常温	>300/>300	>300/188	—	—	174℃时，混合样滚动2.5h后测试
4	75%:25%	174℃	>300/>300	>300/300			174℃时，混合样滚动2.5h后测试
5	50%:50%	常温	未测性能				搅动困难

从表6-5-10的测试结果可知，随着水基钻井液混合比例的增加，油基钻井液的流变性明显增稠，经过174℃高温热滚后，增稠现象有明显减缓，表明在井下条件下，水基钻井液与油基钻井液混合比例至少要大于90:10才能形成隔离沉淀层，桥接堵漏材料在水基钻井液中更容易膨胀提高堵漏成功率。

2）沉淀隔离法现场施工工艺

（1）加速沉淀法隔开盐水层。先用稠油基钻井液混合柴油作为隔离液，将钻具内的油基钻井液与即将注入的密度为2.53g/cm³水基堵漏浆隔离，分两次注入水基堵漏浆，第一次注入的60m³水基堵漏浆先加速沉淀，减慢堵漏浆进入漏层速度；第二次注入的70m³水基堵漏浆将前60m³水基堵漏浆全部推进至钻头处，随后采取5m³/h连续、缓慢补充的方式，向钻头以下推水基堵漏浆，促进沉淀隔离塞的快速形成，共注入水基堵漏浆130m³。经过13h的不间断推入钻井液作业，最终套管压力由11.4MPa下降至3.3～5.5MPa，并基本不再上涨，隔离盐水层作业成功。由于钻具内是密度为2.53g/cm³的钻井液，能够平衡水层压力，立管压力为零。

（2）实施堵漏，提高承压能力。施工过程中，堵漏浆共计推出钻头 15m³，挤入地层 14m³，刚到达漏层时，立管压力由零升到 3MPa；施工完毕，立管压力稳定为 0.2MPa。候堵 8h 后，立管压力为零。钻具内推注钻井液检验，钻具内灌满浆后，立管压力很快涨至 2MPa，继续候堵 10h，立管压力涨至 7.2MPa，套管压力对应上涨至 12MPa，随后卸掉立管压力，进一步验证堵漏效果，钻具内重新注钻井液，立管压力最高至 10MPa，自然上涨至 14MPa，承压堵漏取得成功，承压能力提高至密度 2.70g/cm³。

（3）替油基钻井液作业。地面调整油基钻井液 150m³、密度为 2.50~2.55g/cm³，采取循环顶替方式，连续不断地对返出油基钻井液进行加重、降黏切处理，再入井顶替。一方面全面提高井浆密度；另一方面替出井下受污染的稠油基钻井液和水基钻井液及混浆。为减少压耗，避免井漏，采用正循环方式顶替。施工压力最高为 21MPa，一般控制在 18~19MPa，经过 12h 替浆作业，全井钻井液密度均匀，破乳电压 200~300V。进一步循环调整油基钻井液性能，划眼通开盐水层，恢复钻进作业。

3）应用效果

克深 7 井采用 UDM-2 油基钻井液钻进至 7764.16m 复合盐层时发生盐水溢流，用密度 2.50g/cm³ 油基钻井液压井，上部夹薄砂层地层 7094~7189m 发生井漏，形成地下"井喷"，井况示意图如图 6-5-8 所示。按照 INVERMUL 油基钻井液堵漏预案，采用专业配套堵漏材料，即配密度为 2.50g/cm³、浓度为 25% 的油基桥浆 25m³，注入 19m³，桥浆全部推出钻头，到达漏层 7094m 附近，7110~7388m，夹薄砂岩层，发生漏失，立管压力和套管压力无反应，继续往井底 7764m 推进，也无反应。判定漏层为 7087~7200m 井段，主力漏层为 7094m。此外，由于高压水层压力系数高，且水层在漏层下面，需要使用更高密度的钻井液打开盐水段，因此承压的最高值定为密度在 2.60g/cm³ 以上，承压堵漏难度极大，且配套油基钻井液堵漏材料现场应用两次均未见效果。为此在该井应用了沉淀隔离法压井堵漏技术，取得了明显效果。

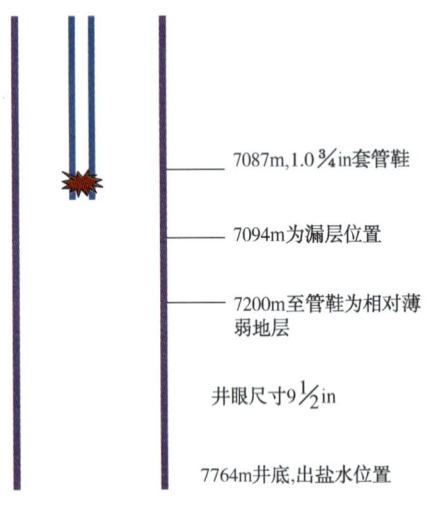

图 6-5-8　克深 7 井发生盐水溢流、井漏复杂时井况示意图

克深 7 井现场应用实例表明，在油基钻井液钻遇复杂情况时，用水基钻井液与油基钻井液加速沉淀隔离水层的方法进行高压盐水层处理和堵漏施工是可行的；尤其是由高压盐水引起的井漏复杂，还可减少成本较高的油基钻井液损失，该井沉淀隔离处理工艺应用直接节约油基钻井液费用达上百万元。

7. 水泥堵漏

水泥堵漏就是将各种水泥浆泵入漏层附近位置，使水泥浆依靠压差进入漏失层或者通过憋挤进入漏失层，封堵漏失通道的堵漏方法。水泥堵漏包括常规水泥堵漏、纤维水泥堵漏、胶质水泥堵漏、快干水泥堵漏等。库车山前水泥堵漏，主要用来处理以下几种情况下所发生井漏：一是用于处理钻进第四系砾石层发生严重漏失时，二是用来处理钻进盐顶，下技术套管固井，因固井质量不好，采用高密度钻井液钻水泥塞或盐岩层时而诱发盐上地层破裂而引发的井漏。

水泥堵漏是一种常规堵漏方法，在徐同台等的《钻井工程防漏堵漏技术》一书中已有详细论述，本书不再介绍。

第六节　库车山前高难度井防漏堵漏技术典型井案例

一、KS1103 井

1. KS1103 井简况

KS1103 井设计井深为 6610m，目的层白垩系巴什基奇克组。该井采用六开井身结构设计，其中盐上地层(一开、二开)采用水基钻井液。盐层及盐下地层(三开至六开)采用柴油基钻井液。

该井于 2017 年 12 月 12 日开始一开钻进，2018 年 12 月 31 日钻进至井深 6770m 完钻。KS1103 井自三开扩眼至 3551m 发生井漏至 6770m 完钻，累计漏失油基钻井液 5279.74m^3。该井井漏分 4 个阶段：三开库姆格列木群盐底井漏及三开中完固井井漏；四开舒善河组、亚格列木组及四开中完固井井漏；五开库姆格列木群砂岩段井漏及盐底井漏；六开钻进过程中及固井期间井漏。

该井井漏基本涵盖了库车山前常见各种井漏类型：卡盐底井漏、裂缝发育地层井漏、套管鞋井漏，同一开次内包含两套或多套地层压力系数，需提高全井筒承压能力，漏点不易确定，堵漏难度大。漏层主要为库姆格列木群组下泥岩段，岩性以中厚层—厚层状褐色、灰褐色含膏泥岩、膏质泥岩、泥岩为主，夹薄层—中厚层状泥质粉砂岩、膏质细砂岩，地层裂缝、微裂缝发育，薄弱地层承压能力低，在高密度下容易发生压裂性漏失。

该井运用多种堵漏工艺，如雷特桥堵、高酸溶沉降、高失水快强箍、水基堵漏浆、油基堵漏浆等，完成了该井所遇到的各种类型堵漏作业。

2. KS1103 井堵漏情况

1）三开井漏

（1）井漏情况。

KS1103 井三开钻进至井深 3525m，地质预计进入盐层底部，起钻甩 PowerV、MWD，换 12¼in 小钻头进行卡层作业，钻进至井深 3551m 后，确定本井三开完钻。使用 17in 钻头扩眼至该井深时发生井漏(排量 35L/s，泵压由 20.9MPa 降至 19.2MPa，出口失返，钻井液密度 2.37g/cm^3，漏斗黏度 96s，该井段地层层位为库姆格列木群下泥岩段，岩性为褐色泥岩、褐色泥质粉砂岩、浅褐色泥岩。该段堵漏结束，开始三开中完作业，并在固井期间又发生漏失。三开累计漏失油基钻井液 1229.4m^3。

（2）井漏处理经过。

三开阶段井漏发生在卡盐底过程中，堵漏目的为保证后期中完施工作业顺利进行，因此该段堵漏措施为：

① 使用 KGD 系列刚性颗粒堵漏剂配制堵漏浆，泵入井底，待刚性颗粒自然沉降，在井底形成"塞子"，沉淀隔离封堵井底漏层。KS1103 井三开阶段前 3 次堵漏使用该措施施工后循环不漏，但地层承压无法满足中完施工要求（地层承压过程中，泵入钻井液立管压力 2MPa 不涨，停泵立管压力降至 0.2MPa）。

② 使用刚性颗粒堵漏剂复配核桃壳及纤维类材料配制堵漏浆，挤入地层，提高地层承压能力。三开阶段使用该措施施工两次，地层承压能力逐渐增强。

③ 调整钻井液性能，尽量降低钻井液黏度与切力，减小环空压耗，降低井底压力。KS1103 井该阶段使用上述堵漏措施施工 7 次，最终地层承压 6MPa，稳压 15min 不降，达到固井施工要求。

（3）井漏原因。

① 过高井底压力压穿盐底隔板层。KS1103 井使用 17in 钻头扩眼至井深 3351m，虽未钻穿盐层，但盐底泥岩隔板层较薄，过高的液柱压力，导致盐底隔板被压穿，高压差诱导裂缝，发生恶性漏失。

② 固井期间井漏。下套管后固井，环空间隙小，为保证顶替效率需要大排量，导致循环压耗高，同时井底堵漏后承压能力不足，所以导致本次固井期间漏失严重。

2）四开井漏

（1）井漏情况。

KS1103 井于 2018 年 6 月 5 日四开使用 12¼in 钻头钻进至井深 5538.64m，发生井漏（钻井液密度 1.83g/cm³、泵压 22MPa、排量 36L/s、漏速 26.7m³/h），该段地层层位为舒善河组，岩性为红褐色泥岩。

2018 年 6 月 9 日，使用 12¼in 钻头钻进至井深 5585.28m 时发生井漏（钻井液密度 1.83g/cm³、泵压 23MPa、排量 36L/s、漏速 81.6m³/h），该段地层层位亚格列木组，岩性主要为褐色粉砂岩、红褐色泥岩、褐色含砾中砂岩等。该井自 5585.28m 发生井漏至四开固井结束，在该段钻井施工过程中频繁发生井漏，四开期间累计漏失油基钻井液 1556.2m³。

（2）井漏处理经过。

舒善河组井漏通过静止堵漏、降排量（由 36L/s 降至 23L/s）等措施，恢复钻进，并顺利钻穿该层位。亚格列木地层处理井漏分三个阶段：降密度恢复钻进；堵漏恢复钻进；四开中完固井期间，地面准备充足钻井液，正注反挤，完成固井施工。具体情况如下：

① 降低钻井液密度。该井在 5585.28m 发生井漏，地质判断为进入亚格列木组，开始逐步降低钻井液密度 1.83g/cm³↘1.80g/cm³↘1.75g/cm³↘1.73g/cm³↘1.70g/cm³↘1.68g/cm³，因井内有直径 1cm 左右砾石掉块返出，钻进时挂卡严重，且有转盘憋停现象，为保证井下安全，将密度重新提至 1.70g/cm³，并使用此密度钻进新地层，仍频繁发生井漏，因此降低钻井液密度已经无法满足控制漏失需求。

② 强行钻进，边钻边漏。漏速<3m³/h，地面准备充足钻井液量，强行钻进。

③ 段塞堵漏配合静止堵漏。漏速≥3m³/h，打浓度 10%～18% 段塞钻井液（KGD 系列堵漏材料或 KGD 系列堵漏材料复配 SQD-98）10～20m³，如漏速减小则继续钻进，如漏速增大则起钻至安全井段，静止候堵。亚格列木组井段井漏主要以该堵漏措施为主，既可有效控制漏失，又可减少钻井周期损失。

④ 停钻桥浆堵漏。漏失严重时配制堵漏浆停钻堵漏。

⑤ 全井段随钻堵漏配合静止堵漏。全井段共采用 18% 随钻堵漏剂（KGD 复配 SQD-98），后因井下挂卡严重，为保证井下安全，将随钻堵漏剂全部筛出。

KS1103 井四开施工期间共发生井漏 25 次，堵漏 24 次。

（3）井漏原因。

① 地层压力系数低。

② 亚格列木组地层裂缝发育较好。

③ 固井期间井漏。KS1103 井施工期间改变四开井身结构，改变悬挂尾管为一次性下入，固井期间采取正注反挤施工措施，导致固井井漏严重。

3）五开井漏

（1）井漏情况。

该井于 2018 年 8 月 20 日开始五开采用密度 2.05g/cm³ 钻井液钻进至井深 6002.11m 发生井漏（泵压 18MPa、排量 23L/s、漏速 9.6m³/h），采用密度 1.91g/cm³ 钻井液钻进至 6039m 又发生井漏（泵压 20MPa、排量 21L/s、漏速 3.6m³/h，判断漏失处于井深 6030～6039m 位置）。该段地层层位为库姆格列木群，岩性为褐灰色膏质细砂岩、褐灰色粉砂岩、褐色含膏泥岩等，经降低钻井液密度及桥浆堵漏措施恢复钻进。继续钻进至井深 6060m 时，出现褐色含盐泥岩，为保证井下安全，提高钻井液密度，频繁发生井漏，但漏失层段为 6002.11m 和 6030～6039m。

2018 年 9 月 27 日，钻进至 6558.59m（层位为库姆格列木群）又发生井漏（钻井液密度 2.19g/cm³，排量 13L/s，泵压由 8MPa 降至 0MPa，顶驱憋停，悬重由 200tf 上升至 216tf，出口未返），岩性为褐色泥岩，判断进入目的层，先后进行 5 次堵漏，盐底井漏堵漏成功，提高钻井液密度至 2.25g/cm³，达到中完下套管要求。

（2）井漏处理经过。

五开前期堵漏施工旨在提高库姆格列木群砂岩承压能力，保证下部盐膏层段钻井有足够的液柱压力平衡盐层正常蠕变所需的压力，恢复钻进。根据该段施工要求，采取以下堵漏措施：

① 油基钻井液桥浆堵漏。基浆 25m³+4%GT-1+8%GT-2+10%GT-3+3%SQD-98（细），总浓度 25%，漏失 27.4m³。

② 水基钻井液桥浆堵漏。克深 1103 井在第一次使用水基钻井液堵后，6030～6040m 漏层承压能力明显提高（之所以做出上述判断，是因为该井五开钻密度为 2.05g/cm³，钻进至 6002.11m 发生井漏后，使用桥堵漏并降密度至 1.96g/cm³，恢复钻进，而 6030～6040m 发生井漏时密度为 1.91g/cm³），并将钻井液密度提至 2.0g/cm³。钻进至五开中完井深后，针对上部井段井漏仍采多次采用水基堵漏，较好地提高了井筒承压能力。

水基堵漏浆配方 1（前 6m³）：2%GT-3+4%GT-2+2%GT-1+1%SQD-98（中粗）+1%SQD-98（细）+10%核桃壳（中粗）+4%核桃壳（细）+4%核桃壳（粗）+0.5%锯末，总浓度 28.5%；

水基堵漏浆配方 2（6～15m³）：2%GT-3+4%/GT-2+2%GT-1+2%SQD-98（中粗）+2%SQD-98 细+10%核桃壳（中粗）+4%核桃壳（细）+8%核桃壳（粗）+1%锯末+1%棉籽壳+0.1%纤维，总浓度 36.1%。

水基堵漏浆配方 3（15m³ 后）：2%GT-3+4%/GT-2+2%GT-1+2%SQD-98（中粗）+2%SQD-98（细）+10%核桃壳（中粗）+4%/核桃壳（细）+8%核桃壳（粗）+3%核桃壳（特粗）+1%锯末+1%棉籽壳+0.1%纤维，总浓度 39.1%。

③ 高失水堵漏（快强箍堵漏）。使用快强箍堵漏后，套管鞋 6002m 处承压能力明显增强。快强箍堵漏施工后，静止候堵 13h，下钻排堵漏浆，遇阻划眼期间，钻压 40kN，足见其所形成的塞子强度之高，配合上次水基堵漏，钻井液密度由 2.0g/cm³ 提至 2.07g/cm³。

高失水快强箍堵漏浆配方：清水 18m³+0.075% 羧甲基羟乙基瓜尔胶+8%BDF-410+高密度重晶石粉 40t。

④ 全井随钻。使用水基堵漏及快失水堵漏提高库姆格列木群上部砂岩段承压能力之后，全井随钻可以封堵微裂缝及薄弱地层。

⑤ 调整钻井液性能。尽量降低钻井液黏度切力，减小环空压耗，降低井底压力。该井钻井液密度已提至 2.19g/cm³，并且井浆内含有随钻堵漏剂，但漏斗黏度一直控制在 85s 以下。

(3) 井漏原因。

① 地质预测不准。地质判断该井下部地层不会出现盐膏层，四开井深 6000.6m 提前中完，实际钻进至井深 6060m 时出现褐色含盐泥岩。为保证盐膏层钻井安全，钻井液密度由 1.83g/cm³ 提高至 2.0g/cm³，并逐渐提至 2.19g/cm³，导致该井在后续施工中频繁发生井漏。

② 多套压力系统并存，五开上部砂岩段（6002~6059m）薄弱层承压能力较弱，该段地层当量密度为 1.9~2.01g/cm³，难以承受平衡盐层正常蠕变所需的压力，需要提高钻井液密度满足盐膏层安全钻进需求。

③ 6558.59m 漏失原因：过高井底压力压穿盐底隔板层。

4) 六开井漏

(1) 井漏情况。

该井于 2018 年 12 月 11 日开始六开钻进，开钻时钻井液密度 1.85g/cm³，钻进至井深 6562m，降低钻井液密度至 1.80g/cm³。六开钻进过程中共发生两次井漏，通过桥浆堵漏及降密度（1.80g/cm³ 降至 1.76g/cm³ 降至 1.75g/cm³）措施，最终复杂解除。

(2) 堵漏措施及建议。

KS1103 井截至完钻已累计漏失钻井液 5279.74m³，基本涵盖了山前区块常见的井漏类型，地质预测与实钻差异性大、盐底卡层难度大、地层裂缝发育、同一开次多套地层压力系统并存、全井筒提高承压能力困难等。基于本井堵漏经验，提出以下建议：

① 井漏重在预防，加强地质预测，合适的钻井液密度及合理的井身结构可以有效减少井漏情况发生。

② 盐底卡层与堵漏措施。

a. 以高密度刚性颗粒为主配制堵漏浆，泵入井内，自然沉降隔离封堵井底漏层。

b. 以高密度刚性颗粒为主，配合核桃壳、SQD-98 等堵漏材料挤入漏层，提高井底承压能力。

c. 快失水堵漏，在井底形成高强度"塞子"，隔离井底漏层。

d. 挤水泥堵漏。

③ 亚格列木组、目的层等微裂缝、裂缝发育地层井漏处理措施。

a. 全井随钻。该措施主要针对频繁渗漏或微小漏失，根据漏失情况，选择合理的刚性堵漏材料粒子级配及浓度进行全井随钻堵漏。

b. 段塞堵漏。该措施针对间断微小漏失，发生漏失井漏时不起钻、不停泵，直接泵入 10~20m³ 一定浓度堵漏浆（以刚性颗粒为主，或复配一定浓度核桃壳、SQD-98 等堵漏材料）至井底，封堵裂缝。

c. 停钻堵漏。漏失严重时，停止钻井，起钻至安全井段，配堵漏浆堵漏。

d. 建议评价引进遇油膨胀堵漏材料用于油基钻井液，针对性封堵多个漏层，提高地层承压能力,避免使用水基钻井液堵漏。

e. 对于微裂缝发育地层的井漏尽量使用随钻堵漏或段塞堵漏,可以有效减小钻井成本及周期损失。

④ 盐间多套压力系统并存地层井漏处理措施。

a. 配制桥浆堵漏封堵漏层。

b. 尽量使用强度高、抗温好的堵漏材料配制堵漏浆。传统果壳类堵漏材料、大理石颗粒堵漏剂强度低,且果壳类材料抗温性差,因此堵漏效果较差。

⑤ 因核桃壳等材料可以在水基钻井液中膨胀,以水基堵漏浆效果优于油基堵漏浆,但后期水基钻井液易造成油基钻井液污染。

⑥ 套管鞋处井漏或近套管处堵漏,快强箍堵漏及水泥浆堵漏效果明显优于其他堵漏方法。

⑦ 对于地质预测不准导致低压层漏封的情况,考虑使用膨胀管封隔低压层,恢复钻进。

二、DB1-1X

1. DB1-1X 井简况

DB1-1X 井是一口定向井;DB1-1X 井于 2017 年 12 月 18 日开钻,于 2019 年 10 月 29 日完井,该井设计井深 5725m,完钻井深 5705m,该井技术套管下深 5375m,三开盐膏层段使用油基钻井液钻井。自 2019 年 5 月 10 日至 6 月 17 日期间,从 5375m 到完钻井深 5585m,共计承压堵漏 13 次(10 个层位),8 个层位一次堵漏成功,1 个层位 2 次堵漏成功;1 个层位 3 次堵漏成功。

2. DB1-1X 井堵漏情况

该井漏失总次数多及承压堵漏次数多的主要原因是,该井所钻地层与设计存在较大的差别,部分地层缺失,地层裂缝发育。该井设计井斜60°,目标层位是钻向已钻 DB1 井底部。而 DB1 井完井后,曾经进行过大型酸化压裂。DB1-1X 井所钻井段地层受 DB1 井大型酸化压裂的影响,地层裂缝受压裂的诱导更加发育,且地层破碎,该井与 DB1 井目的层的油气沟通,造成 DB1-1X 井钻井过程频繁出气,且油气后效严重。每次钻井承压堵漏承压满足现场要求后,所钻新地层又发生井漏,漏速逐步增大,甚至失返。此外,该井钻井期间,为了减少井漏,逐步降低钻井液密度,但是效果不大,钻井液密度从 1.62g/cm³ 降到 1.50g/cm³,漏失和气侵仍然严重并存,后效很大。下面分别论述每次井漏与堵漏。

1) 第 1 次井漏

该井采用密度 1.60g/cm³ 钻井液,钻至 5472m 发生漏失,枪钻至井深 5489m,漏失层位:$E_{1-2}km$,漏速从 $2m^3/h$ 增至 $15m^3/h$,瞬时最大漏速达 $22.5m^3/h$,泵入浓度28%的堵漏浆 $22m^3$,关井憋挤套管压力稳至 6.8MPa,开井排堵漏浆后,承压试验套管压力稳至 5.5MPa,堵漏成功,恢复正常钻进。

堵漏浆配方:浓度28%,基浆($30m^3$)+3%GYD-2+5%果壳(细)+3%BYD+3%SHD+5%KGD-1+5%KGD-2+4%KGD-3。

2) 第 2 次井漏

采用密度 1.62g/cm³ 钻井液井钻至井深 5495m($E_{1-2}km$)发生井漏,漏失井段:5494~

5495m，漏速：排量18L/s，测漏速9m³/h，泵入浓度28.5%堵漏浆25m³，关井憋挤30min（套管压力由3.8MPa升至5.2MPa又降至2.9MPa，立管压力由4.5MPa升至5.9MPa又降至4.5MPa），开井下钻到底排堵漏浆后循环正常，恢复正常钻进。

堵漏浆配方：浓度28.5%。基浆（30m³）+5%GYD-2+2.5%果壳（细）+4%GYD-1+3%BYD+4%SHD+5%KGD-1+5%KGD-2。

3）第3次井漏

井深：5512m，漏失层位：E_{1-2}km，钻井液密度：1.62g/cm³，堵漏井段：5510～5512m，漏速：出口失返。配制浓度28%堵漏浆34m³，泵入堵漏浆26.5m³，关井憋挤套管压力稳至5.0Mpa，开井排堵漏浆后循环正常，恢复正常钻进。

堵漏浆配方：浓度28%。基浆（30m³）+5%GYD-2+1%QSD-2+4%QSD-1+2%GYD-1+3%BYD+4%SHD+5%KGD-2+4%KGD-3。

4）第4次井漏（堵漏施工3次）

第一次堵漏：井深为5517.m，漏失层位：E_{1-2}km，钻井液密度：1.62g/cm³，堵漏井段：5512～5517m，漏速：出口失返（监测液面高度170～180m），配制密度1.62g/cm³堵漏浆34m³，泵入堵漏浆15m³，替入1.62g/cm³井浆50m³（全程未返浆，立管压力由0升至4MPa），堵漏失败。

配方：堵漏浆浓度30%。基浆30m³+7%KGD-1+10%KGD-2+5%KGD-3+2%SHD+1%BYD+1%GYD-1+2%QSD-1+2%GYD-2。

第二次堵漏：泵入浓度31.2%堵漏浆39m³，关井憋挤（立管压力由8.2MPa升至8.5MPa，套管压力由8MPa升至8.3MPa），开井下钻循环排堵漏浆发生漏失，堵漏失败。

配方：堵漏浆浓度31.2%。基浆（35m³）+0.2%FCl+3%QSD-1+3%BYD+4%SHD+5%KGD-1+5%KGD-2+5%QSD-2+3%GYD-2+2%QSD-3+1%GYD-3。

第三次堵漏：泵入浓度29.5%堵漏浆25m³；关井憋挤（立管压力由5.7MPa降至3.7MPa，套管压力由5.2MPa降至3.4MPa），开井下钻至井底，排堵漏浆后循环正常，恢复正常钻进。

配方：堵漏浆浓度29.5%。基浆（35m³）+3%果壳（细）+2%GYD-1+3%BYD+4.5%SHD+3%KGD-1+3%KGD-2+5%KGD-3+3%QSD-2+3%GYD-2。

5）第5次井漏

井深：5522m，漏失层位：E_{1-2}km，钻井液密度：1.57g/cm³，堵漏井段：5517～5522m，漏速：排量20L/s，漏速26m³/h；泵入浓度30%堵漏浆26m³，关井憋挤稳压30min（立管压力由7.3MPa降至6.9MPa，套管压力由7MPa降至6.7MPa），开井下钻到底，排堵漏浆后循环正常，降密度至1.55g/cm³，做地层承压试验（承压4.8MPa，当量密度1.63g/cm³），恢复正常钻进。

堵漏浆配方：浓度30%。基浆（35m³）+4%果壳（细）+4%GYD-1+4%BYD+4%SHD+5%KGD-1+5%KGD-2+6%QSD-2。

6）第6次井漏

井深：5530m，漏失层位：E_{1-2}km，钻井液密度：1.52g/cm³，堵漏井段：5522～5530m，漏速：排量16L/s，漏速17.6m³/h；泵入浓度26%堵漏浆22m³，关井憋挤稳压30min（立管压力由8.5MPa降至7.8MPa，套管压力由7.4MPa降至6.8MPa），开井下钻到底，排堵漏浆后循环正常，承压试验套管压力3.2MPa，当量密度1.58g/cm³，恢复正常钻进。

堵漏浆配方：浓度26%。基浆(25m³)+4%QSD-1+2%GYD-1+4%BYD+4%SHD+4%KGD-1+4%KGD-2+4%QSD-2。

7）第7次井漏

井深：5541m，漏失层位：$E_{1-2}km$，钻井液密度：$1.50g/cm^3$，堵漏井段：5530~5541m，漏速：排量10L/s，漏速14.4m³/h；泵入浓度22%堵漏浆16m³，关井憋挤稳压30min（立管压力由8.1MPa降至6.4MPa，套管压力由6.5MPa降至5.8MPa），开井下钻到底，排堵漏浆后，循环正常，恢复正常钻进。

堵漏浆配方：浓度22%。基浆(25m³)+2%QSD-1+2%GYD-2+3%BYD+3%SHD+5%KGD-1+5%KGD-2+2%QSD-2。

8）第8次井漏

井深：5558m，漏失层位：$E_{1-2}km$，钻井液密度：$1.50g/cm^3$，堵漏井段：5541~5558m，漏速：排量13L/s，平均漏速5m³/h；泵入浓度29.2%堵漏浆23m³，关井憋挤稳压30min（立管压力由7.8MPa降至6.1MPa，套管压力由6.9MPa降至6MPa），开井下钻到底，排堵漏浆后，循环正常，恢复正常钻进。

堵漏浆配方：浓度29.2%。基浆(30m³)+0.2%FCl+4%BYD+4%SHD+3%QSD-1+3%GYD-1+5%KGD-1+4%KGD-2+3%QSD-2+3%GYD-2。

9）第9次井漏

井深：5558m，漏失层位：$E_{1-2}km$，钻井液密度：$1.50g/cm^3$，堵漏井段：5375~5558m，溢流压井期间发生井漏，环空液面由103m降至115m又上升至24m，钻具内液面19m。压井结束下钻至5553m，循环，排量13L/s，漏速：1.2~4.8m³/h；泵入浓度31.2%堵漏浆24m³，关井憋挤稳压5min稳压5min（立管压力由9.4MPa降至8.5MPa，套管压力由8MPa降至7.6MPa），开井下钻到底，排堵漏浆后循环正常，恢复正常钻进。

堵漏浆配方：浓度31.2%。基浆(30m³)+0.2%FCl+4%BYD+4%SHD+3%QSD-1+5%GYD-1+4%KGD-1+5%KGD-2+3%QSD-2+3%GYD-2。

10）第10次井漏（堵漏施工2次）

第一次堵漏：井深为5585m，漏失层位：$E_{1-2}km$，钻井液密度：$1.50g/cm^3$，堵漏井段：5541~5585m，漏速：5~8m³/h，排量12L/s；配制浓度24.1%堵漏浆25m³，泵入堵漏浆15m³，关井憋挤过程（立管压力由6.2MPa降至0MPa，套管压力由5.2MPa降至0MPa），静止候堵（期间开泵循环有漏失）。

配方：堵漏浆浓度24.1%。基浆(25m³)+0.1%FCl+4%BYD+4%SHD+3%QSD-1+3%GYD-1+5%KGD-1+5%KGD-2。

第二次堵漏：配制浓度30.2%堵漏浆30m³，泵入堵漏浆20m³，关井憋挤30min稳压（立管压力由6.7MPa降至5.1MPa，套管压力由7MPa降至6.1MPa），开井下钻到底，排堵漏浆后循环正常，恢复正常钻进。

配方：堵漏浆浓度30.2%。基浆(30m³)+0.2%FCl+4%BYD+4%SHD+3%QSD-1+3%GYD-1+5%KGD-1+5%KGD-2+3%QSD-2+3%GYD-2。

参 考 文 献

[1] 徐同台．刘玉杰．申威，等．钻井工程防漏堵漏技术[M]．北京：石油工业出版社，1997．
[2] Loeppke G E, Glowka D A, Wright E K. Design and Evaluation of Lost-Circulation Materials for Severe En-

vironments[J]. Journal of Petroleum Technology, 1990, 42(03): 328-337.
[3] Guh G F, et al. A New Approach to Preventing Lost Circulation While Drilling[C]. SPE 24599, 1992.
[4] Guh G F, Beardmore D, Morita N. Further Development, Field Testing, and Application of the Wellbore Strengthening Technique for Drilling Operations[C]. SPE 105809, 2007.
[5] Morita N, Whitfill D L, Wahl H A. Stress-Intensity Factor and Fracture Cross-Sectional Shape Predictions from a Three-Dimensional Model for Hydraulically Induced Fractures[J]. Journal of petroleum technology, 1988, 40(10): 1329-1342.
[6] Morita N, Guh G F. Parametric Analysis of Wellbore Strengthening Methods from Basic Rock Mechanics[C]. SPE 145765, 2012.
[7] Alberty M W, Mclean M R. Formation Gradients in Depleted Reservoirs Drilling Wells in Late Reservoir Life[C]. SPE/IADC 67740, 2001.
[8] Alberty M W, Mclean M R. A Physic Model for Stress Cages[C]. SPE 90493, 2004.
[9] Nagel N B, Meng F. What does the Rock Mechanic Say: A Numerical Investigation of "Wellbore Strengthing"[C]. AADE-07-NTCE-65.
[10] Sweatman R, Wang H, Xenakis H. Wellbore Stabilization Increases Fracture Gradients and Controls Losses/Flows During Drilling[C]. SPE 88701, 2004.
[11] Whitfill D L, Jamison D E, Wang H M, et al. New Design Models and Materials Provide Engineered Solutions to Lost Circulation[C]. SPE 101693, 2004.
[12] Whitfill D L. Lost Circulation Material Selection: Particle Size Distribution and Fracture Modeling with Fracture Simulation Software[C]. SPE 115039, 2008.
[13] Whitfill D L, Hemphill T. All Lost-Circulation Materials and Systems Are Not Created Equal[C]. SPE 84319, 2003.
[14] Dupriest F E, Smith M V, Zeilinger C S, et al. Method to Eliminate Lost Returns and Build Integrity Continuously with High-Filtration-Rate Fluid[C]. SPE 112656, 2008.
[15] Dupriest F E. Fracture Closure Stresses(FCS) and Lost Returns Practices[C]. SPE 92192, 2005.
[16] 徐同台, 刘玉杰, 申威, 等. 钻井工程防漏堵漏技术[M]. 北京: 石油工业出版社, 1997.
[17] 李家学. 裂缝地层提高承压能力钻井液堵漏技术研究[D]. 成都: 西南石油大学, 2011.
[18] 蒲晓林. 压裂实验法评价裂缝性桥塞堵漏[J]. 钻井液与完井液, 1998, 15(04): 19-22.
[19] Aadnoy B S, Belayneh M, Arriado M, et al. Design of Well Barrier to Combat Circulation Losses[C]. SPE 105449, 2008.
[20] Aadnoy B S, Belayneh M, Elasto-Plastic Fracturing Model for Wellbore Stability Using Non-Penetrating Fluids[J]. Journal of Petroleum Science and Engineering, 2004, 45: 179-192.
[21] 王贵, 蒲晓林, 文志明, 等. 基于断裂力学的诱导裂缝性井漏控制机理分析[J]. 西南石油大学学报(自然科学版), 2011(01): 131-134.
[22] 王贵. 提高地层承压能力的钻井液封堵理论与技术研究[D]. 成都: 西南石油大学, 2012.
[23] Sneddon I N. The Distribution of Stress in the Neighbourhood of a Crack in an Elastic Solid[C]. Proceedings of the Royal Society of London A: Mathematical, Physical and Engineering Sciences. The Royal Society, 1946, 187(1009): 229-260.
[24] Song J H, Rojas J C. Preventing Mud Losses by Wellbore Strengthening[C]. SPE 101593, 2006.
[25] Fuh G F, Beardmore D, Morita N. Further Development, Field Testing, and Application of the Wellbore Strengthening Technique for Drilling Operations[C]. SPE/IADC 105809, 2007.
[26] Scott P D, Beardmore D H, Wade Z L, et al. Size Degradation of Granular lost Circulation Materials[C]. SPE 151227, 2012.
[27] Nayberg T M. Laboratory Study of Lost Circulation Materials for Use in Both Oil-Based and Water-Based

Drilling Muds[C]. SPE 14723, 1987.
[28] Aston M S, Alberty M W, Mclean M R, et al. Drilling Fluids for Wellbore Strengthening[C]. SPE 87130, 2004.
[29] Smith J R, Growcock F B, Rojas J C, et al. Wellbore Strengthening while Drilling above and below Salt in the Gulf of Mexico[C]. AADE-08-DF-HO-21.
[30] Song J H, Rojas J C. Preventing Mud Losses by Wellbore Strengthening[C]. SPE 101593, 2006.
[31] Gil I, Roegiers J C. New Wellbore Strengthening Method for Low Permeability Formations[C]. ARMA-06-1092.
[32] Ogochukwu B. Wellbore Strengthening through Squeeze Cementing: A Case Study[C]. SPE 178346, 2015.
[33] Tehrani A, Friedheim J, Cameron J, et al. Designing Fluids for Wellbore Strengthening-Is It an Art [C]. AADE-07-NTCE-75.
[34] Wang H. Near Wellbore Stress Analysis for Wellbore Strengthening[M]. Wyoming: University of Wyoming, 2007.
[35] Wang H, Towler B F, Soliman M Y, et al. Wellbore Strengthening without Propping Fractures: Analysis for Strengthening a Wellbore by Sealing Fractures Alone[C]. SPE 12280, 2008.
[36] Friedheim J E, Arias-Prada J E, Sanders M W, et al. Innovative Fiber Solution for Wellbore Strengthening [C]. SPE 151473, 2012.
[37] ContrerasO, Hareland G, Husein M, et al. Wellbore Strengthening In Sandstones by Means of Nanoparticle-Based Drilling Fluids[C]. SPE 170263, 2014.
[38] Nwaoji C O. Wellbore Strengthening-nano-particle Drilling Fluid Experimental Design using Hydraulic Fracture Apparatus[C]. SPE 163434, 2013.
[39] Kumar A, Savari S, Whitfill D, et al. Wellbore Strengthening: The Less-Studied Properties of Lost-Circulation Materials[C]. SPE 133484, 2014.
[40] Kumar A, Savari S, Whitfill D, et al. Application of Fiber Laden Pill for Controlling Lost Circulation in Natural Fractures[C]. AADE-11-NTCE-19.
[41] Savari S, Whitfill D L, Kumar A. Resilient Lost Circulation Material(LCM): A Significant Factor in Effective Wellbore Strengthening[C]. SPE 153154, 2012.
[42] 蒲晓林,罗向东,罗平亚. 用屏蔽桥堵技术提高长庆油田洛河组漏层的承压能力[J]. 西南石油学院学报,1995(02):78-84.
[43] 杨沛,陈勉,金衍,等. 裂缝承压能力模型及其在裂缝地层堵漏中的应用[J]. 岩石力学与工程学报,2012(03):479-487.
[44] 黄进军,罗平亚,李家学,等. 提高地层承压能力技术[J]. 钻井液与完井液,2009(02):69-71,135.
[45] 周风山,王世虎,李继勇,等. 滤饼结构物理模型与数学模型研究[J]. 钻井液与完井液,2003(03):7-11.
[46] 周风山,赵明方,倪文学,等. 滤饼弹塑性影响因素研究[J]. 西安石油学院学报(自然科学版),1999(06):12-14.
[47] Chesser B G, Clark D E, Wise W V. Dynamic and Static Filtrate-loss Techniques for Monitoring Filter-cake Quality Improves Drilling-fluid Performance[J]. SPE Drilling & Completion, 1994, 9(03): 189-192.
[48] 黄荣樽. 水力压裂裂缝的起裂和扩展[J]. 石油勘探与开发,1981(05):62-74.
[49] 姚飞,王晓泉. 水力裂缝起裂延伸机理和闭合机理的分析[J]. 钻采工艺,2000,23(2):21-24.
[50] Bernt S Aadnoy, Miguel Arriado, Roar Flateboe. Design of Well Barriers To Combat Circulation Losses [C]. SPE 105449, 2008.
[51] Arthur K G, Peden J M. The Evaluation of Drilling Fluid Filter Cake Properties and Their Influence on Fluid

Loss[C]. SPE 17617, 1988.

[52] 许成元, 闫霄鹏, 康毅力, 等. 深层裂缝性储集层封堵层结构失稳机理与强化方法[J]. 石油勘探与开发, 2020, 47(02): 583-590.

[53] 康毅力, 许成元, 唐龙, 等. 构筑井周坚韧屏障: 井漏控制理论与方法[J]. 石油勘探与开发, 2014, 41(04): 223-227.

[54] Xu Chengyuan, Kang Yili, You Lijun, et al. Lost-Circulation Control for Formation-Damage Prevention in Naturally Fractured Reservoir: Mathematical Model and Experimental Study [J], SPE Journal, 2017, 22 (05): 1654-1670.

[55] Kang Yili, Xu Chengyuan, You Lijun, et al. Temporary Sealing Technology to Control Formation Damage Induced by Drill-in Fluid Loss in Fractured Tight Gas Reservoir [J]. Journal of Natural Gas Science and Engineering, 2014, 20(01): 67-73.

[56] 康毅力, 王凯成, 许成元, 等. 深井超深井钻井堵漏材料高温老化性能评价[J]. 石油学报, 2019, 40(02): 215-223.

[57] 李大奇, 康毅力, 刘修善, 等. 基于漏失机理的碳酸盐岩地层漏失压力模型[J], 石油学报, 2011, 32(05): 900-904.

[58] Xu Chengyuan, Kang Yili, Long Tang, et al. Prevention of Fracture Propagation to Control Drill-in Fluid Loss in Fractured Tight Gas Reservoir [J]. Journal of Natural Gas Science and Engineering, 2014, 21 (01): 425-432.

[59] Xu Chengyuan, Kang Yili, Chen Fei, et al. Fracture Plugging Optimization for Drill-in Fluid Loss Control and Formation Damage Prevention in Fractured Tight Reservoir [J]. Journal of Natural Gas Science and Engineering, 2016, 35(01): 1216-1227.

[60] Xu Chengyuan, Kang Yili, You Lijun, et al. High-strength high-stability pill system to prevent lost circulation [J]. SPE Drilling & Completion, 2014, 29(03): 334-343.

[61] Xu Chengyuan, Kang Yili, Chen Fei, et al. Analytical Model of Plugging Zone Strength for Drill-in Fluid Loss Control and Formation Damage Prevention in Fractured Tight Reservoir [J]. Journal of Petroleum Science and Engineering, 2017, 149(01): 686-700.

[62] Xu Chengyuan, Yan Xiaopeng, Kang Yili, et al. Friction Coefficient: a Significant Parameter for Lost Circulation Control and Material Selection in Naturally Fractured Reservoir [J]. Energy, 2019, 174: 1012-1025.

[63] Xu Chengyuan, Yan Xiaopeng, Kang Yili, et al. Experimental Study on Surface Frictional Behavior of Materials for Lost Circulation Control in Deep Naturally Fractured Reservoir [C]. IPTC-19486-MS Presented at the 11th International Petroleum Technology Conference (IPTC), 2019: 26-28.

[64] 康毅力, 余海峰, 许成元, 等. 毫米级宽度裂缝封堵层优化设计[J]. 天然气工业, 2014, 34(11): 88-94.

[65] Kang Yili, Xu Chengyuan, You Lijun, et al. Comprehensive Prediction of Dynamic Fracture Width for Formation Damage Control in Fractured Tight Gas Reservoir [J]. International Journal of Oil Gas & Coal Technology, 2015, 9(3): 296-310.

[66] Kang Yili, Xu Chengyuan, You Lijun, et al. Comprehensive Evaluation of Formation Damage Induced by Working Fluid Loss in Fractured Tight Gas Reservoir [J]. Journal of Natural Gas Science and Engineering, 2014, 18(01): 353-359.

[67] Xu Chengyuan, Kang Yili, You Zhenjiang, et al. Review on Formation Damage Mechanisms and Processes in Shale Gas Reservoir: Known and to be Known [J]. Journal of Natural Gas Science and Engineering, 2016, 36(01): 1208-1219.

第七章 库车山前井壁稳定技术

库车山前钻探主要在克拉苏冲断带,通过对该冲断带地层特性与钻井过程所发生的井下复杂情况分析,得出井壁失稳主要发生在盐上地层与盐膏层段。

第一节 盐上地层井壁稳定技术

一、盐上地层井壁失稳情况

盐上地层所发生的井下复杂情况主要是起下钻阻卡,大部分发生在下钻过程井底井段。大多发生在第四系、库车组砾石层、康村组与吉迪克组泥岩/砂岩等地层。起下钻阻卡原因主要是井壁坍塌、滤饼虚厚与厚砾石层钻进时携岩不好。

对克拉苏冲断带2019年8月前完井的191口井起下钻阻卡情况进行统计,见表7-1-1。从表中数据可以看出克拉苏冲断带第四系、库车组、康村组、吉迪克组等盐上地层,起下钻划眼比较严重,发生概率分别为59.8%、79.2%、63%、66.1%。各段所发生的起下钻阻卡情况见表7-1-2。起下钻阻卡大部分发生在下钻过程中,见表7-1-3。例如克深9构造完井8口井,共发生起下钻阻卡313次,发生在下钻过程中258次,占82.4%。

表7-1-1 克拉苏冲断带克深区带盐上地层起下钻划眼分层位统计

层位	统计井数	钻达井数	划眼井数口	概率 %	划眼次数 总数	划眼次数 单井	划眼长度,m 总数	划眼长度,m 单井	划眼损失时间,h 总数	划眼损失时间,h 单井
Q	191	87	52	59.8	195	3.8	16029.9	308.3	2040.5	39.2
N2k	191	154	122	79.2	857	7.0	85419.0	700.2	5114.4	41.9
N1-2K	191	181	114	63.0	459	4.0	49748.9	436.4	3249.8	28.5
N1j	191	186	123	66.1	533	4.3	46184.0	375.5	2963.5	24.1
E2-3s	191	182	69	37.9	154	2.2	13630.0	197.5	1115.5	16.2

表7-1-2 克拉苏冲断带克深区带各段盐上地层起下钻划眼分层位统计

段	层位	统计井数口	钻达井数口	划眼井数口	概率 %	划眼次数 总数	划眼次数 单井	划眼长度,m 总数	划眼长度,m 单井	划眼损失时间,h 总数	划眼损失时间,h 单井
克深	Q	142	48	30	62.5	70	2.3	3408.6	113.6	325.9	10.9
克深	N2k	142	106	87	82.1	549	6.3	39854.9	458.1	2604.2	29.9
克深	N1-2K	142	134	86	64.2	331	3.8	32941.2	383.0	2055.8	23.9
克深	N1j	142	139	95	68.3	438	4.6	34503.6	363.2	2346.2	24.7
克深	E2-3s	142	138	50	36.2	111	2.2	10360.4	207.2	717.1	14.3

续表

段	层位	统计井数口	钻达井数口	划眼井数口	概率%	划眼次数 总数	划眼次数 单井	划眼长度,m 总数	划眼长度,m 单井	划眼损失时间,h 总数	划眼损失时间,h 单井
博孜	Q	9	9	7	77.8	59	8.4	7683.1	1097.6	1121.0	160.1
	N2k	9	8	6	75.0	88	14.7	21831.4	3638.6	1064.9	177.5
	N1-2K	9	8	7	87.5	43	6.1	7471.7	1067.4	413.0	59.0
	N1j	9	8	6	75.0	28	4.7	3484.3	580.7	266.9	44.5
	E2-3s	9	7	4	57.1	11	2.8	1152.0	288.0	206.4	51.6
大北	Q	40	30	15	50.0	66	4.4	4938.2	329.2	593.5	39.6
	N2k	40	40	29	72.5	220	7.6	23732.7	818.4	1445.3	49.8
	N1-2K	40	39	21	53.8	85		9336.0	444.6	781.0	37.2
	N1j	40	39	22	56.4	67	3.0	8196.1	372.5	350.4	15.9
	E2-3s	40	37	15	40.5	32	2.1	2117.6	141.2	192.0	12.8

表 7-1-3 克拉苏冲断带克深区带各段盐上地层起下钻划眼按工况统计

段	工况	统计井数	划眼井数口	概率%	划眼次数 总数	划眼次数 单井	划眼长度,m 总数	划眼长度,m 单井	划眼损失时间,h 总数	划眼损失时间,h 单井
克深	起钻	142	38	26.8	82	2.2	6300.6	165.8	537.8	14.2
	短起钻	142	41	28.9	93	2.3	6784.5	165.5	448.9	10.9
	下钻	142	119	83.8	1110	9.3	92104.0	774.0	6231.1	52.4
	短下钻	142	69	48.6	214	3.1	15879.5	230.1	831.5	12.1
大北	起钻	40	7	17.5	21	3.0	459.1	65.6	154.8	22.1
	短起钻	40	6	15.0	7	1.2	765.3	127.5	17.8	3.0
	下钻	40	31	77.5	387	12.5	42259.0	1363.2	2774.6	89.5
	短下钻	40	17	42.5	55	3.2	4837.2	284.5	415.0	24.4
博孜	起钻	9	5	55.6	12	2.4	1682.0	336.4	81.6	16.3
	短起钻	9	5	55.6	8	1.6	316.1	63.2	23.5	4.7
	下钻	9	7	77.8	183	26.1	36143.9	5163.4	2689.4	384.2
	短下钻	9	4	44.4	26	6.5	3480.6	870.2	277.7	69.4

二、盐上地层特点及钻井液技术难题

1. 克拉苏冲断带盐上地层岩性

1) 第四系（Q）

新构造运动之后，库车凹陷抬升剥蚀，广泛发育第四系，克拉苏冲断带第四系多发育在西域组（Q_1x）和上更新统（Q_{3-4}）。

西域组分布极广泛，几乎所有背斜的两翼和向斜的核部（多被覆盖）均有分布，常形成垅岗状丘陵。主要岩性为灰色、浅褐色厚层状砾岩，砾岩中砾石成分比库车组复杂，以变质岩、火成岩、石英及灰岩为主，砾径为3~5cm，最大可达20~30cm，甚至1m以上，砾石磨圆较好，分选性差，泥钙质胶结，较坚硬；偶见粉砂岩透镜体。该组与下伏地层普遍为超覆角度不整合，局部与上新统为连续沉积。

上更新统为现代冲积扇—冲积平原沉积，其分布与目前地质图分布较吻合，山前为一套连续的砾石层，主要为杂色卵石、漂砾、砾石、砂等混杂堆积。

2) 库车组（N_2k）

库车组分布广泛，岩性变化大，克拉苏冲断带为灰色、黄色砂岩、粉砂质泥岩与杂色砾岩、砂砾岩互层，往西至博孜，厚度增大。

库车组下部发育正旋回，上部发育反旋回，整体上表现为粗—细—粗的弓形旋回。因各构造存在沉积与剥蚀差异的原因，平面上厚度变化大。大北段库车组保存较多，且厚度大。大北地区的库车组下部发育灰色、灰绿色粉砂岩和泥岩互层，向上出现褐色、黄色、灰色泥岩夹粉砂岩，顶部变为砂砾岩与黄灰色、褐灰色泥岩、粉砂质泥岩、泥质粉砂岩不等厚互层。而克拉地区的库车组略细，受到不同程度的剥蚀。克拉地区北部库车组受到剥蚀较多，地表上库车组出露范围也较广，厚度 1000~1500m，旋回不明显，说明库车组沉积结束后克拉地区抬升幅度比大北地区大。

库车组较下伏康村组进一步变粗(但南部地区这一特征较弱)，砂岩和砾岩更发育，颜色以灰色、灰黄色为主，容易与康村组褐红色砂岩区分。库车组顶部与第四系存在不整合，岩性明显变粗，颜色变化也较大，为灰白色或杂色，进入第四系后见一大套厚层连续的砾石层，或者砾石层夹层。

3）康村组（$N_{1-2}k$）

康村组的岩性变化更大，在库车坳陷岩性由北向南逐渐变细。在北部露头为红色砂砾岩，为褐红色砂岩和同色泥岩互层，其下部局部夹灰绿色粉砂岩、泥岩条带。康村组西粗东细(与吉迪克组相反)，说明康村组沉积时期物源来自西部和北部，与吉迪克组相反，且盆地范围变小，平面上岩性岩相变化快。

井上钻遇的康村组与露头特征相似，偏北的井发育黄红色砾岩夹砂岩，南部的井多以滨浅湖相褐色、灰色泥岩和灰色砂岩、粉砂岩互层为主，大北地区还发育杂色细砾岩和灰色含砾砂岩。

康村组与下伏吉迪克组为连续沉积，界线不十分明显，但整体较吉迪克组颜色略浅，粒度略粗，底界以出现厚层粗砂岩为标志；泥岩颜色变为褐红或灰色。而康村组旋回结束即进入库车组，地层颜色发生了较大改变，主要由康村组的褐红色、灰色向上过渡为库车组的灰色、黄色，而库车组比康村组粒度较粗，砾石发育，库车组底部也普遍发育一套含砾砂岩。

4）吉迪克组（N_1j）

吉迪克组下部以浅棕红、褐红色泥岩、粉砂质泥岩为主，夹砂岩、砾岩及石膏；上部为棕红色与灰绿色粉砂质泥岩、泥岩夹粉砂岩、砂岩组或杂色条带，含石膏脉。吉迪克组与上覆康村组和下伏苏维依组均为整合接触关系。

吉迪克组在库车坳陷北部较粗、较薄，发育黄红色、黄灰色砾岩、砂岩与泥岩互层。南部粒度较细、厚度较厚，以棕红色砂岩和泥岩互层为主。古迪克组自下而上发育粗—细—粗—细的旋回，自西向东逐渐变粗，厚度逐渐薄。

吉迪克组在大北和克拉特点不同，大北段底部发育一组薄层粉砂岩，向上为棕红色—褐红色泥岩夹泥质粉砂岩，再向上为褐色泥岩与泥质粉砂岩互层，顶部为褐色泥岩夹泥质粉砂岩。克拉底部发育底砂岩，向上变细为褐色泥岩夹粉砂岩，再向上变粗为杂色细砾岩和褐色泥岩互层，顶部为一套泥岩夹粉砂岩。底砂岩在克拉地区发育，向东变粗，至吐格尔明剖面过渡为底砾岩，向西至大北底砂岩逐渐变细至粉砂岩，甚至消失。

5）苏维依组（$E_{2-3}s$）

苏维依组主要为棕褐、棕色、紫红色泥岩、膏质泥岩、石膏夹粉砂岩；苏维依组与上覆吉迪克组和下伏库姆格列木群均为整合接触关系。但是该组的岩性和电性均与上覆吉迪克组存在明显差异。

2. 库车坳陷盐上地层砾石层发育特点

新近系—第四系天山山系急剧隆升与干旱气候条件下，库车坳陷进入快速沉降和快速充填的磨拉石构造层序，沿山前发育冲积扇群，自南向北冲积扇相—辫状河相—滨浅尖相有规律展布，沉积了大量巨厚砾石层。这套砾石层厚度、岩性岩相纵横向变化剧烈，砾石成分复杂、胶结程度不一，可钻性差，给盐上地层钻井带来困难。

克拉苏冲断带盐上地层砾石层特点与其沉积相带密切关系。新近纪早期，即吉迪克组—康村组沉积时期为扇三角洲沉积，由于扇三角洲距离物源区近，容易在扇三角洲平原和前缘亚相形成小规模砾岩层。扇三角洲沉积是部分入湖，因此该类砾岩层既具有陆上河道也有水下河道砾石的沉积特征。陆上砾岩层水动力弱、分选差、圆度低、具有块状构造；水下砾岩层水动力较强、分选中等、具有交错层理，砾石定向排列，砾岩层上部和下部与褐色泥岩或泥质粉砂岩等水动力较弱的细粒沉积物接触。总体上，该类砾岩层的砾石成分简单，以石灰岩和燧石为主，粒径较小(5~10mm为主)，强烈钙质胶结。

新近纪中晚期库车组为冲积扇沉积。由于南天山隆升并遭受强烈风化剥蚀，其风化剥蚀产物被洪水搬运至库车坳陷山前快速堆积形成，该类沉积的水动力条件强，砾石搬运能力强，但是搬运距离短。到第四纪时期冲积扇砾岩层的规模已经变得很大，分布范围广(可延伸20~50km)，厚度大(可达1000~200m)。该类砾岩层为块状构造，不发育层理构造和粒序构造；砾石不具有定向排列，分选差、大小混杂，粒径范围1~200cm，主要分布在5~50cm；圆度不一致，有的磨圆很好，有的磨圆很差，胶结疏松；砾石成分复杂，火山岩、变质岩和沉积岩砾石都有发育。

新近系沉积晚期(库车组)河流相，即冲积平原上也发育大量砾岩层，这些砾岩层分布在砾质辫状河道内。该类砾岩层沉积时期的水动力条件较强，搬运距离远，沉积构造丰富。砾岩层底部有明显的冲刷面，冲刷下部泥岩和砂岩，砾岩层内发育槽状交错层理或斜层理，这种类型砾岩层的砾石粒径小(2~20mm)，分选、磨圆好，砾石长轴具有定向性，且向上呈现正粒序。同冲积扇砾岩层一样胶结疏松。

第四系为冲积扇相，沉积大量含砾砂岩、砾岩。

从已钻井录井数据统计，新近系库车组—第四系的冲积扇砾岩层从厚度上所占比重最大，河流相砾岩层次之，扇三角洲砾岩层规模最小。

3. 库车坳陷盐上地层岩性、结构纵横向变化

库车坳陷盐上地层受构造运动、沉积源、沉积相带等变化的影响，南北向、纵横向变化大。

1) 岩石学特性

(1) 库车组。

库车组岩性变化大，在北部天山山前单斜构造带上主要为灰褐色砾岩；往南到直线褶皱带南部变为灰色、棕灰色砂岩、粉砂岩与砾岩互层。由北向南有逐渐变细的趋势。依据岩性可分为上下两部分，上部为灰褐色泥岩与砂岩互层夹砾岩，下部为灰褐色泥岩与砂岩互层，总的来看有上粗下细的特点。

库车组砾石成分较为复杂，具有成分种类多，不同地区成分差异大的特征。博孜地区北部成分最为复杂，火成岩、沉积岩和变质岩均有，且不同成分的砾石百分含量相差不大。博孜南部地区，砾石成分主要以火成岩和变质岩为主。吐北4井地区砾石成分以石英岩、千枚岩、白云岩、石灰岩、火山角砾岩和安山岩为主，大北6井以白云岩含量最高，

克深地区以石英岩和石灰岩为主,康村2井地区砾石主要成分为石英岩和石灰岩。

(2)康村组。

康村组岩性普遍为褐灰色、灰褐色泥岩、粉砂岩夹砂砾岩、小砾岩,东部岩性较细,并见含膏泥岩沉积。在大北102井北部吐孜玛扎背斜北翼,康村组岩性为红色泥岩夹小—中砾岩,大量深灰色—灰黑色石灰岩砾石,具有反韵律特征。南部西盐水沟剖面康村组为红色厚层块状粉砂质泥岩夹薄层砂岩、含砾砂岩,砾石含量很少。

康村组砾石成分与吉迪克组相似,成分较为简单,博孜地区主要成分为石灰岩、白云岩、闪长岩、石英岩和砾岩,以石灰岩为主。大北地区成分较吉迪克组复杂,且出现了南北地区成分差异,吐北4井出现了少量的变质岩,以石灰岩和白云岩为主;南部大北6井地区,砾石成分以白云岩、石灰岩和石英岩为主。克参1井地区,砾石成分较多,燧石、千枚岩和石灰岩含量较少,以石英岩含量最多,占到了70%。克深1井地区,成分单一,以石英岩和石灰岩为主。

(3)吉迪克组。

吉迪克组的岩性发育规律为自北向南变细、自西向东变粗。在南部地区的吉迪克组较细,以棕褐色与灰色、灰绿色泥岩、膏质泥岩为主夹浅灰色粉砂岩,石膏、盐岩发育。砾岩层仅发育在北部地区,在山前北部单斜带发育细砾岩和泥岩互层,东部库车河地区底部发育底砾岩,向上为棕色、灰色细砂岩夹小砾岩、细砾岩,见平行层理。唯一见到较大规模砾岩的是博孜1井地区,通过岩心可以观察到该井区吉迪克组以中砾岩为主,夹少数粗砾砾石。

吉迪克组砾岩成分较为简单,以石英岩、白云岩和石灰岩为主。成分分布具有分区的特征:博孜地区主要成分为石灰岩、白云岩、石英岩和砾岩,以石灰岩为主;大北段成分较少,以石灰岩和白云岩为主;克参1井地区,砾石成分较多,燧石、千枚岩和石灰岩含量较少,以石英岩含量最多,占到了70%;克深1井地区,成分单一,以石英岩和石灰岩为主。

2)砾石层胶结强度与纵横向分布特征

按照砾石层胶结强度划分为未成岩段、准成岩段、成岩段。未成岩段:地层未压实,胶结疏松,平均厚度1500m,平均行程钻速1.17m/h;准成岩段:压实程度增加,胶结程度趋于致密,平均厚度500m,平均行程钻速0.82m/h;成岩段:砾石含量减少,地层压实,平均厚度2500m,平均行程钻速0.88m/h。如图7-1-1所示。

(1)纵向分布特征。

库车坳陷的砾岩层可以按照其所在层系自下而上划分为四期:吉迪克组沉积时期、康村组沉积时期、库车组沉积时期和第四纪。根据野外露头剖面,层位越新,砾岩层规模越大,砾石含量越多,大小分选越差,成分越复杂,变质岩和砂岩砾石增多。总体来说,砾岩分布在纵向上具有以下特征。

① 砾岩主要发育在库车组和第四系。砾岩层主要发育在库车组和第四系,且以博孜、大北地区砾岩最为发育,第四系的砾岩层与下伏地层不整合接触关系;康村组和吉迪克组仅在吐孜玛扎断裂北侧地区发育小规模砾岩层。库车组砾岩层岩性复杂,发育中砾岩、细砾岩、小砾岩和砂砾岩,而第四系砾岩层主要以中砾岩和细砾岩为主。

② 砾岩层早期为进积,期间有退积,晚期为进积。库车组沉积早期砾岩层开始向盆地进积,反旋回明显;库车组沉积中晚期,砾岩层表现为退积,规模上向盆地边缘收缩;第四系的砾岩层再次表现为进积,而且此次砾岩层的规模比以前都大,而且岩性也比库车组要粗,同时博孜、大北地区为砾岩层发育的集中区。

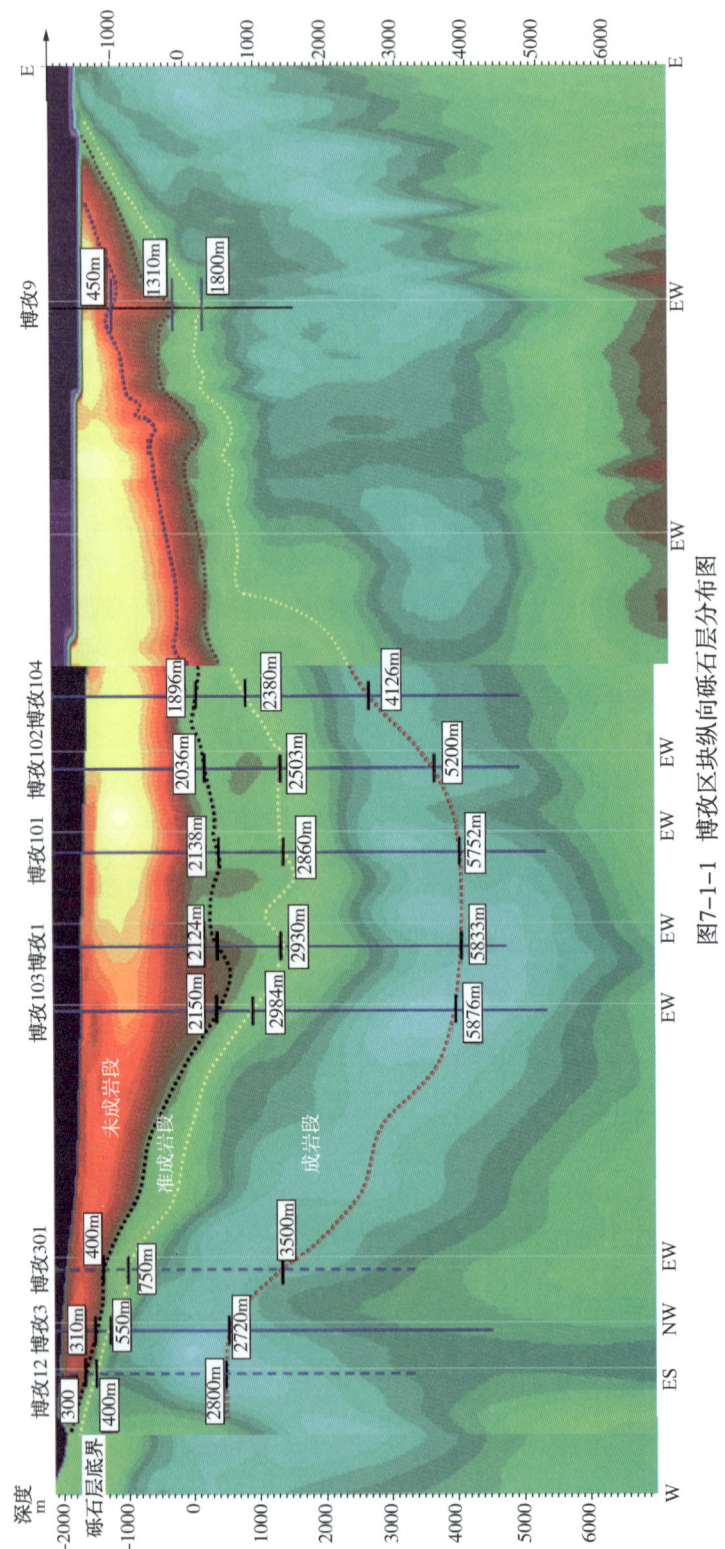

图7-1-1 博孜区块纵向砾石层分布图

(2)横向分布特征。

① 南北向砾岩层分布。吉迪克组扇三角洲发育规模较小，湖泊分布规模大，以宽浅湖为主，砾岩层主要以细砾岩、砂砾岩为主，厚度小，粒度细，分布范围小。

康村组沉积时期，由于构造运动加强，扇三角洲范围增大，湖泊面积减小，以扇三角洲沉积为主，砾岩层主要以细砾岩、砂砾岩为主，厚度小，粒度细，分布范围比吉迪克组大。

库车组沉积时期，构造运动极为强烈，南天山快速隆升，湖泊快速萎缩，在三维地震区已无湖泊沉积，以冲积扇和冲积平原为主。库车组沉积早期，砾岩层开始向盆地进积，反旋回明显；库车组沉积中晚期，砾岩层表现为退积，规模上向盆地边缘收缩，砾岩层粒度粗，大小混杂，分选差，岩性以中砾岩—粗砾岩为主，西部的克深5井区砾岩层规模最大，到东部克深201井区砾岩层仅存在断裂上盘，下盘以冲积平原沉积为主，岩性以砂砾岩、细砂岩和粉砂岩为主。

第四系抬升剥蚀强烈，三维地震区以冲积扇沉积为主，岩性以中砾岩—粗砾岩为主，大小混杂，在三维地震区南部岩性变细，以细砾岩为主。

② 东西向砾岩层分布。库车前陆盆地第四系至新近系吉迪克组普遍发育砾石层，受地质构造、物源等因素影响，砾石层发育厚度规模自西向东逐渐减薄。根据砾石层厚度及可钻性可以将克拉苏冲断带分为博孜、大北、克深三个段，不同地区发育的不同沉积相带内所含砾石层厚度不同，如图7-1-2所示。

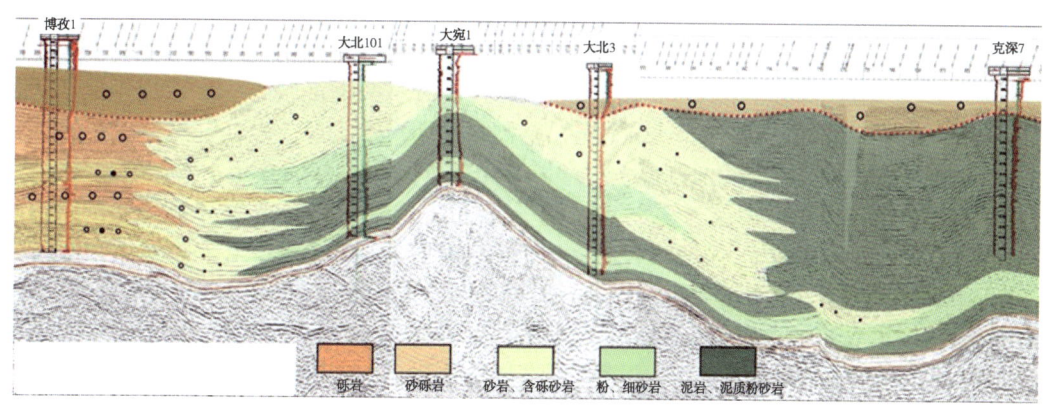

图7-1-2 克拉苏冲断带砾石层分布

吉迪克组以扇三角洲发育为主，砾岩层发育规模小；康村组扇三角洲分布规模较大，砾石层主要分布在吐北2井—克参1井—克拉204井测线以北，从山前到盆地中心砾岩层粒度减小，分布规模减小；库车组砾岩层主要分布在西部的博孜、大北地区，而克深1井—克深2井—克深5井三维地震区砾岩层规模较小，在克深1井—克深3井—克深203井以北，砾岩层较为发育，以中砾岩、细砾岩为主，南部地区以冲积平原为主，砾岩层分布规模小，局部发育砾岩层；第四系由于克深1井—克深2井—克深5井三维地震区剥蚀强烈，地层较薄，从北向南均有砾岩层分布，且砾岩层以中粗砾岩为主，Q_{3-4}砾岩层厚度和粒度比西域组大。

(3)平面分布特征。

吉迪克组砾石层规模和厚度较小，主要分布在博孜地区和克深地区，博孜地区构造稳定，北部天山持续抬升，接受砾石层持续沉积，厚度最大可达900m。中东部克深库北地区砾石层也较厚，厚度达700m，然而受到岩盐底辟活动作用的影响，导致砾石层向盆地中心的沉积中断，使克拉5井以南地区砾石层厚度减薄。

康村组沉积时期，构造活动开始加强，砾石层的分布基本继承了吉迪克组沉积组时期的沉积格局，但此时出现了博孜、大北和克深地区三个沉积中心。其中以博孜地区砾石层厚度最大，可达 700m；大北地区的砾石层最厚处位于吐北 1 井地区，厚度达 500m；克深地区受到岩盐底辟作用的影响，出现了库北 1 井和克参 1 井两个沉积中心，厚度均超过了 500m。

库车组沉积时期构造活动加强，南天山强烈俯冲，构造抬升剧烈，导致山前发育一系列的冲积扇，该时期砾石层分布规模最大，从山前到大宛 1 井、秋参 1 井和克深 202 井均有分布，砾石层厚度大，最厚处可达 2200m。库车组砾石层主要分布在博孜地区和大北地区，博孜地区的砾石层继承性沉积，砾石层具有厚度大，粒度粗，范围广的特点。大北地区是该沉积时期的另一个砾石沉积中心，由于受到吐孜玛扎断裂，抬升作用导致大北 6 井北部地区砾石层被剥蚀，断裂北部砾石层厚度在 1000m 左右，分布面积广，从吐北 4 井到库北 1 井均有分布，断裂南部的大北 6 井地区达到最厚可达 2200m，但是分布面积小，砾石层厚度变化快。克深地区受构造作用影响，导致砾石局部遭受剥蚀变薄。

第四系西域组沉积时期，南天山强烈俯冲，库车坳陷中部和东部山前地区被大面积剥蚀，该沉积时期，砾石层厚度整体较小、分布稳定，厚度不超过 600m，康村 2 井地区为该沉积时期砾石层的沉积中心，具有厚度大、分布面积小的特征，仅在康村 2 井区最厚可达 2200m。

Q_{3-4} 沉积时期，构造活动持续加强，库车坳陷中部和东部几乎全被剥蚀，Q_{3-4} 组砾石层厚度较大，最大可达 1400m，发育博孜 1 井、大北 3 井和克深 7 井三个沉积中心。

（4）分段砾石层特征。

总体来说，新生界砾石层分布具有面积广、成群分带分布的特征。砾石层主要集中在博孜—大北地区，厚度范围 2000~5000m，而东部克拉苏构造带和南部拜城凹陷的砾石层并不是十分发育，普遍为 200~500m，仅局部地带厚度达到 1000m。从吉迪克组至库车组，砾岩层的分布范围向东、向南逐渐扩大，但基本上还是呈裙带状分布在盆地北部山前地带，说明此阶段坳陷的挤压强度不是很大，且构造活动强度一致。上部第四系西域组和 Q_{3-4} 砾岩层的分布范围向南扩大更为迅速，从厚度图上看砾岩层分区性明显，坳陷西部的砾岩层更厚且集中分布在三个小区，此坳陷东部的砾岩层规模逐渐向西退缩，说明此时盆地受到强烈的构造活动影响，北部山前受到挤压快速抬升，而且此时坳陷东部也已开始抬升。下面分别论述分段砾石层分布情况。

① 博孜。博孜段完成井，砾石层的平均厚度 4475m。博孜段砾石层分布具有"两扇五区"特点。

两扇的特征：阿瓦特河分支控制形成的博孜 3 冲积扇，河流长度相对较短、汇集的河流也较少；木扎尔特河控制形成博孜 1 井区冲积扇，延伸更长、源头更深入天山中部，物源更杂、汇集河流更多、水体更足；受源头、河流水量及山体遮挡阿瓦特河分支（博孜 3）形成的冲积扇面积、砾石层厚度、埋深明显小于木扎尔特河（博孜 1）形成的冲积扇。

五区特征：为了研究两个主要的冲积扇（博孜 1 和博孜 3 冲积扇）砾石层的规律，根据沉积相、矿物成分、岩石可钻性，把博孜区块划作 5 个井区分别进行研究，5 个井区分别是：博孜 1 井区、博孜 3 井区、扇根井区、两扇重叠井区、东部边缘井区。其中博孜 1 井规律区、博孜 3 井规律区代表了博孜 1 和博孜 3 冲积扇的总体规律，但两个冲积扇中也存在特例，所以细化出了扇根井特区、两扇重叠井特区、东部边缘井特区，如图 7-1-3 所示。

博孜 1 井区：砾石层厚度 4000~6000m，0~4000m 的变质砾+石英砾占比 30%~50%，4000~6000m 的变质+泥岩占比 70%~80%。

博孜 3 井区：砾石层厚度 2000~4000m，0~1000m 的变质+石英砾占比 40%~60%，

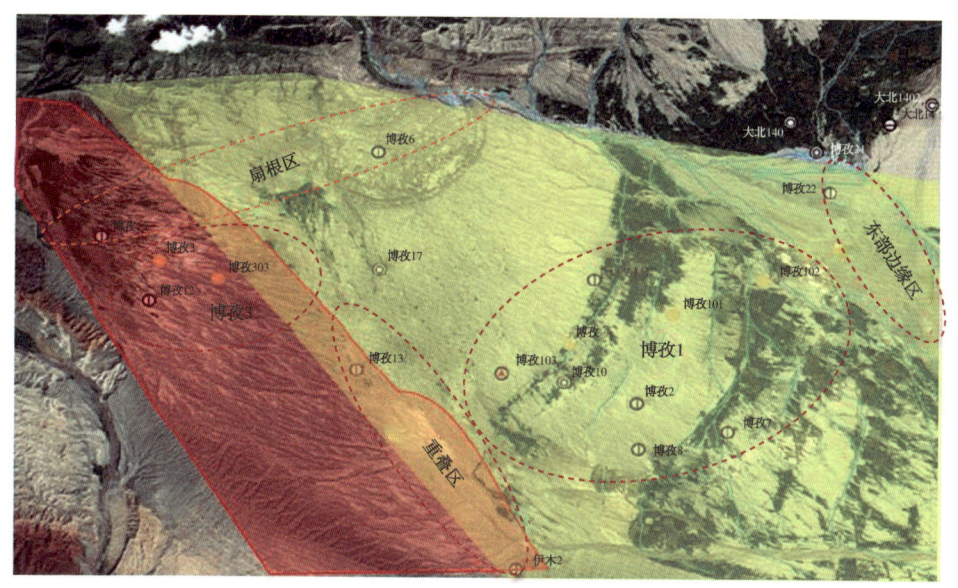

图 7-1-3 博孜段砾石层分布特点

1000~2000m 的石灰岩+变质砾占比 70%~80%,2000~4000m 的石灰岩砾占比 70%~80%。

扇根井区:砾石层厚度 2000~4000m,0~1000m 的变质砾+石英砾占比 30%~50%,1000~3000m 的变质砾+石英砾占比 20%~30%,3000~4000m 的石灰岩砾占比 20%~40%,其中博孜 15 井平均机械钻速 1.43m/h(为博孜 3 扇区的 57%)。

两带重叠井区:砾石层厚度 3000~5000m,0~500m 的变质砾+石英砾占比 40%~60%,1500~3500m 石灰岩+泥岩占比 60%~80%,3500~5000m 的变质砾+石英砾占比 10%~30%。

东部边缘井区:砾石层厚度 4000~5000m,0~1000m 的变质岩+泥岩占比 30%~50%,1000~3000m 的变质岩+泥岩占比 60%~90%,3000~6000m 的变质岩+泥岩占比 40%~90%。

② 大北段。大北段在第四系—康村组钻遇砾石层,厚度一般为 1000~3000m;受构造、物源等因素影响,大北 3、大北 6、大北 12 和大北 14 等构造钻遇巨厚砾石层(大北 6 井实钻最厚 4318m)。

③ 克深段。克深段主要在第四系-库车组钻遇砾石层,厚度一般为 1000~3000m。砾石层分布如图 7-1-4 所示。

4. 克拉苏冲断带盐上地层岩性纵向与横向变化

库车坳陷地层岩性变化较大,分为东部及南部类型、中西部类型。东部及南部类型主要岩性为褐红色泥岩夹多层较厚的灰绿色泥岩条带以及厚层膏盐沉积;中西部类型主要岩性为紫红色泥岩、泥质粉砂岩、粉砂岩、砂岩、砾岩韵律互层,夹灰绿色、灰色泥岩、粉砂质泥岩。吉迪克组厚度较稳定,在大北段和克深段厚度变化较小,大北段厚度比克拉段大,岩性比克拉段细,底部发育底砂岩,岩性以褐红色泥岩、粉砂质泥岩、粉砂岩为主。康村组岩性以褐灰色、灰褐色泥岩、粉砂岩夹砂砾岩、小砾岩为主,灰色细砂岩、褐灰色泥质粉砂岩与褐色泥岩互层。地层由西向东粒度变小。康村组在大北厚度稳定,在克深段从北向南逐渐变厚、粒度变小的趋势。库车组厚度和岩性变化大,以灰色砂岩、粉砂质泥岩和杂色砾岩为主,总体由北至南岩性呈逐渐变细的变化趋势;大北自西向东厚度变小、粒度变细,由北向南粒度变细、厚度变小,而克拉段厚度较稳定,粒度向东向南方向逐渐变细,泥岩增多。第四系以杂色砾岩为主,由于受构造抬升剥蚀作用,厚度差异大,大北段向东逐渐增厚,克深段被大面积剥蚀。

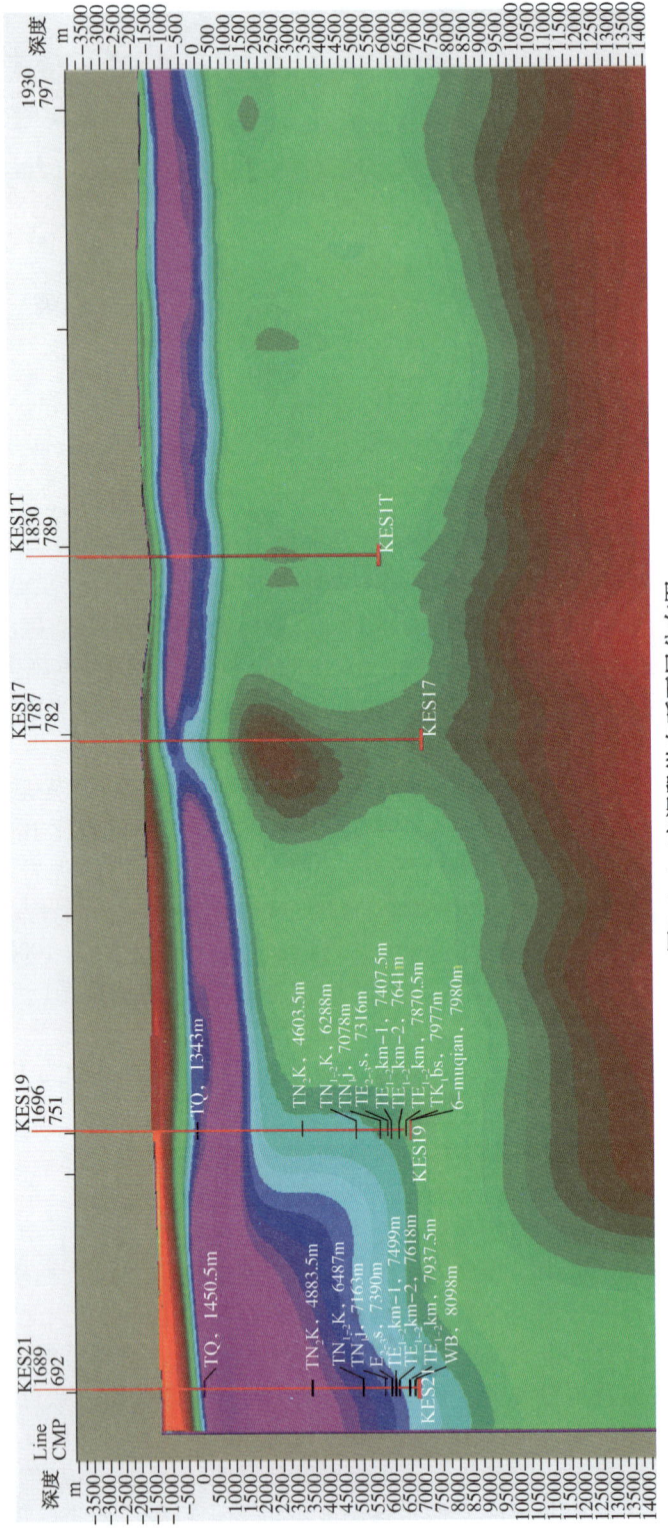

图7-1-4 克深段纵向砾石层分布图

综述以上各部分的分析，克拉苏冲断带盐上地层岩性，由于构造运动、沉积相带、沉积源等因素，纵向与横向变化大。

5. 克拉苏冲断带盐上地层矿物组分与理化性能

克拉苏冲断带矿物组分与理化性能，按照构造带和层位统计见本书的第二章。

由于克拉苏冲断带盐上地层沉积物源均来自剥蚀老地层，沉积速度较快，胶结程度较低、地层温度梯度较低，因而其矿物组分与理化性能具有以下特点：

（1）克拉苏冲断带盐上地层从库车组至苏维依组，从大北段各构造至克深段各构造矿物组分、理化性能变化不十分大。

（2）黏土矿物均以伊利石为主，其次伊/蒙混层与绿泥石，库车组上部有层为无序混层，下部为有序混层，混层比 20%。个别构造库车组、康村组存在少量高岭石，如大北1、大北3、克深2等构造；个别构造吉迪克组也存在少量高岭石，如克深9构造；大北3构造康村组出现少量绿/蒙混层。

（3）矿物组分均以石英为主，其次为长石与方解石，并含少量白云石；个别构造如大北3构造与克深9构造苏维依组、克深8构造吉迪克组含少量石膏；泥岩中泥质含量较低，从10%至32%。

（4）各构造盐上地层均为强分散、弱膨胀，强水化性、分散性。

6. 克拉苏冲断带地层结构特点

克拉苏冲断带处于库车山前第一排构造带，受强烈挤压作用，沉积源大多为构造抬起部位剥蚀的地层，属于快速沉降和快速充填的磨拉石构造层序；沉积速度较快、沿山前发育冲积扇、辫状河相、扇三角洲、河流-泛滥平原相等沉积相带；造成盐上地层结构具有以下特点：

（1）第四系存在破碎、疏松，未固结成岩砾石层。

（2）库车组沉积时期构造运动剧烈，克拉苏冲断带各区带、构造带沉积厚度相差十分大；为块状结构，胶结不好；上部砾岩颗粒间岩屑充填物与砾石颗粒表面为不完全接触，存在贴粒缝，胶结疏松，缝洞发育较多，胶结物自身强度低；下部地层胶结强度增强。由于构造运动，部分构造库车组地层被剥蚀，例如克深10、克深11等构造。库车组砾石胶结强度不高，不发育层理与粒序结构。

（3）康村组开始沉积时期，构造运动开始加剧。克拉苏冲断带自北向南依次发育冲积扇-扇三角洲平原亚相，到克深1井与克深7井以扇三角洲亚相为主。此组地层岩石强度高，层理、裂隙发育。

（4）吉迪克组自北向南依次发育冲积扇—扇三角洲平原亚相，至后期发育扇三角洲平原亚相、扇三角洲前缘亚相为主；此组地层岩石强度高，层理、裂隙发育。

7. 克拉苏冲断带地应力及地层四压力

克拉苏冲断带盐上地层在康村组、库车组沉积时期构造运动剧烈，受构造运动作用，处于强地应力作用区。不同构造、处于构造不同部位（地层倾角不同）地层的地应力各不相同，孔隙压力也不相同，因而地层坍塌压力亦不相同。

1）克拉苏冲断带地应力

依据王招明等《库车前陆盆地超深油气地质理论与勘探实践》一书第二章的论述，分层构造变形作用，盐上地层在挤压过程中吸收大量构造应力，发生大规模隆起上拱，形成盐上顶篷，称为顶篷构造。

库车前陆冲断带主要有两种应力,其余可类推:一种是南天山强烈隆升所形成构造挤压应力;另一种是前陆冲断带形成后,巨厚沉积地层所产生的垂向应力。顶篷构造控制下的应力变化,盐上地层支撑作用,吸收应力形成局部高应力。局部高应力明显强于周围地层应力,高应力区分布与顶篷结构形态具有相关性,其中高应力集中区并非线性分布,主要集中于顶篷结构的篷顶及翼部,在强应力区周围应力明显降低。

从以上分析可以得出,克拉苏冲断带盐上地层存在强地应力,其纵向与横向分布比较复杂,目前没有收集到此冲断带地应力分布的资料。

2)克拉苏冲断带盐上地层三压力剖面预测

根据地质工程一体化技术攻关项目组在"克拉苏构造带正钻井盐上井壁稳定性分析"一文中所提供的克拉苏构造带克深131井、克深19井、克深21井、克深2井、克深201井、克深201井、博孜9井等地应力与三压力剖面(图7-1-5至图7-1-7)得出以下认识:

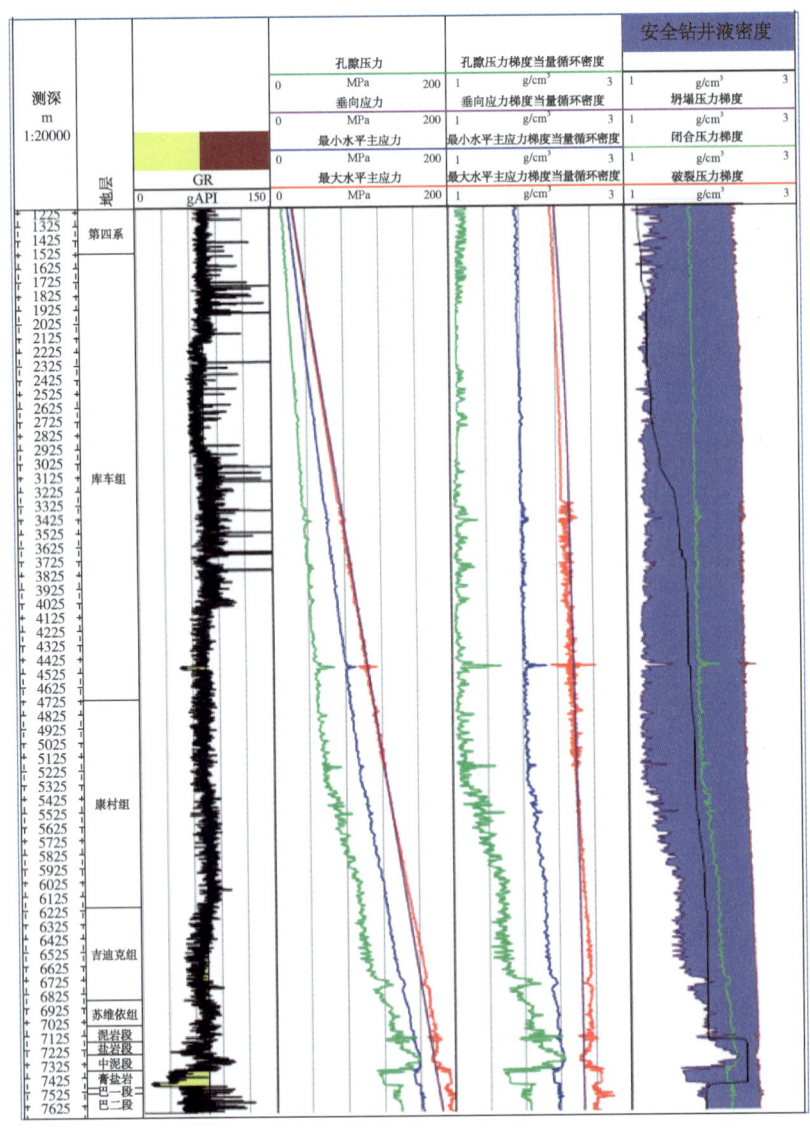

图7-1-5 克深131井地应力与三压力剖面

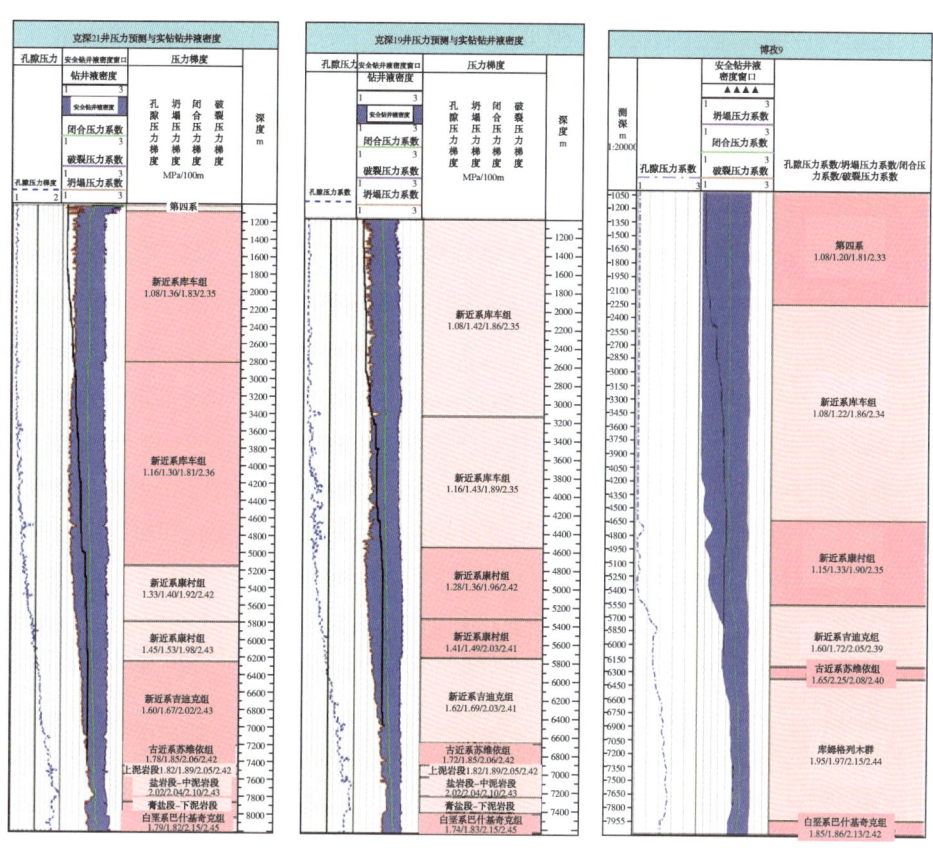

图 7-1-6 克深 21/克深 19/克深 21/博孜 9 井地应力与三压力剖面

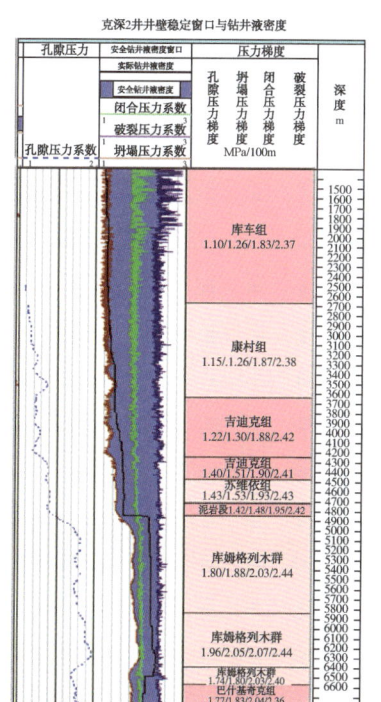
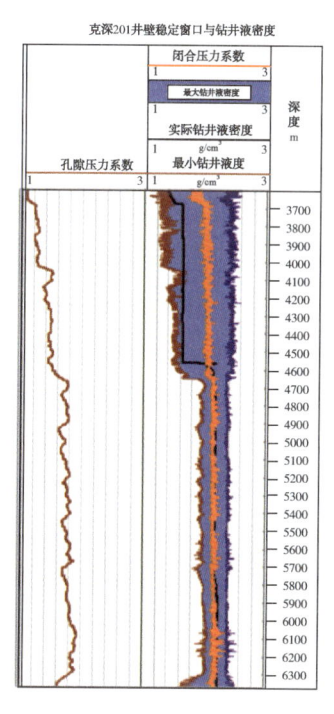
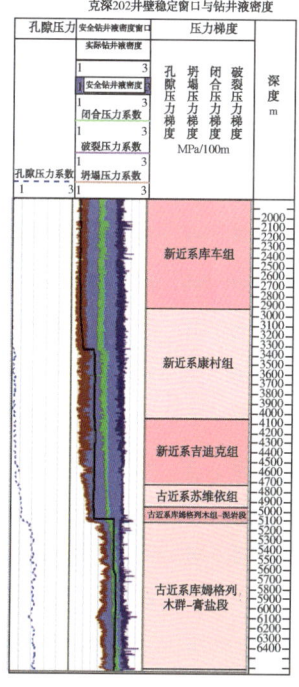

图 7-1-7 克深 2/克深 201/克深 202 地应力与三压力剖面

— 473 —

（1）克拉苏冲断带盐上地层处于强地应力作用下，其上覆垂直应力与最大水平应力相接近。至康村组中下部与吉迪克组最大水平应力稍大于上覆垂直应力，受构造运动作用，说明所受地应力更强。

（2）克拉苏冲断带盐上地层四压力系数从康村组中部开始出现异常，孔隙压力、坍塌压力系数随深度增加而增大，增加幅度大，破裂压力系数随深度增加稍增，闭合压力系数随深度增加幅度稍大于破裂压力系数。

（3）各构造地应力与四压力系数有所不同，克深13、克深21、克深19等构造地层四压力系数均高于克深2与博孜9构造。

3）盐上地层设计钻井液密度与实际钻井液密度

将预测的地层压力系数、设计的钻井液密度与实际钻井过程中盐上地层所使用的钻井液密度进行对比，见表7-1-4至表7-1-13。从中发现值得深入研究的问题。

（1）克深243井钻井液实际密度与地层孔隙压力相接近，克深9-1井、克深14井、克深19井、克深21井、克深1003井、克深1103井、克深1T井、大北10井、大北1102井等，钻进盐上地层钻井液密度除第四系外均远远超过预测的地层孔隙压力系数与坍塌压力系数。

（2）部分井采用高密度钻井液钻井，并没有解决井壁失稳而引发的起下钻阻卡，严重影响钻井速度；例如克深19井、克深1T井和克深9-1井等。

（3）克深1003井钻进浅层盐岩层钻井液密度远远超过预测的孔隙压力与坍塌压力。

表 7-1-4　克深 243 井压力系数预测值、设计的钻井液与实际钻井液密度

地层	底界深度 m	压力系数 孔隙压力	坍塌压力	闭合压力	破裂压力	设计钻井液密度 g/cm³	实际钻井液密度 g/cm³
库车组 N_2k	1100	1.10	1.20	1.81	2.33	1.15	1.08~1.20
康村组 $N_{1-2}k$	2385	1.30	1.39	1.91	2.38	1.15~1.30	1.20~1.29
吉迪克组 N_1j	2985	1.54	1.63	1.99	2.42	1.30~1.73	1.29~1.64
苏维依组 $E_{2-3}s$	3155	1.61	1.71	2.00	2.42		1.64~1.68

表 7-1-5　克深 9-1 井压力系数、设计与实际钻井液密度

地层	底界深度 m	压力系数 孔隙压力	坍塌压力	闭合压力	破裂压力	设计钻井液密度 g/cm³	实际钻井液密度 g/cm³
西域组	843					1.03~1.10	1.09~1.14
库车组	4900	1.13	1.30	1.88	2.35	1.10~1.70	1.14~1.75
康村组	5036	1.16	1.33	1.92	2.38	1.60~1.90	1.75~1.75
康村组	5845	1.30	1.37	1.95	2.38		1.75~1.82
吉迪克组	6007	1.38	1.45	2.00	2.41		1.82~1.88
苏维依组	6837	1.53	1.55	2.02	2.41		1.88

表 7-1-6　克深 14 井压力系数、设计与实际钻井液密度

地层	底界深度 m	压力系数 孔隙压力	坍塌压力	闭合压力	破裂压力	设计钻井液密度 g/cm³	实际钻井液密度 g/cm³
第四系	1430	1.08	1.30	1.78	2.32	1.05~1.10	1.07~1.13
库车组	4300	1.08	1.29	1.80	2.32	1.10~1.70	1.13~1.72
	4780	1.15	1.30	1.81	2.33	1.60~1.90	1.72~1.77
康村组	5400	1.26	1.34	1.90	2.40	1.60~1.90	1.77~1.82
	6030	1.52	1.58	1.98	2.41	1.60~1.90	1.82~1.87
吉迪克组	6540	1.60	1.66	2.06	2.43	1.60~1.90	1.86~1.87
苏维依组	6730	1.75	1.85	2.15	2.41	1.60~1.90	1.86~1.86

表 7-1-7　克深 19 井压力系数、设计与实际钻井液密度

地层	底界深度 m	压力系数 孔隙压力	坍塌压力	闭合压力	破裂压力	设计钻井液密度 g/cm³	实际钻井液密度 g/cm³
第四系	400						
库车组	3136	1.08	1.42	1.86	2.35	1.10~1.65	1.20~1.50
	4550	1.16	1.43	1.89	2.35	1.65~1.75	1.50~1.79
康村组	5319	1.28	1.36	1.96	2.42	1.75~1.85	1.79~1.84
	5750	1.41	1.49	2.00	2.43	1.75~1.85	1.79~1.84
吉迪克组	6660	1.62	1.69	2.03	2.41	1.85~1.95	1.84~1.92
苏维依组	6900	1.72	1.83	2.07	2.44	1.85~1.95	1.9~1.92

表 7-1-8　克深 21 井压力系数、设计与实际钻井液密度

地层	底界深度 m	压力系数 孔隙压力	坍塌压力	闭合压力	破裂压力	设计钻井液密度 g/cm³	实际钻井液密度 g/cm³
第四系	1080					1.05~1.15	1.06~1.15
库车组	2812	1.08	1.36	1.83	2.35	1.15~1.35	1.15~1.45
	5150	1.16	1.30	1.81	2.36	1.35~1.75	1.45~1.61
康村组	5803	1.33	1.40	1.92	2.42	1.75~1.85	1.61~1.79
	6250	1.45	1.53	1.98	2.43	1.75~1.85	1.79~1.82
吉迪克组	7210	1.60	1.67	2.02	2.43	1.85~1.95	1.82~1.85
苏维依组	7450	1.78	1.85	2.06	2.42	1.85~1.95	1.85~1.88

表 7-1-9　克深 1003 井设计与实际钻井液密度

地层	底界深度 m	压力系数 孔隙压力	坍塌压力	闭合压力	破裂压力	设计钻井液密度 g/cm³	实际钻井液密度 g/cm³
苏维依组 $E_{2-3}s$	200					1.05~1.45	1.21~1.25
上泥岩段 $E_{1-2}km^1$	550	1.10	1.20	1.80	2.43		1.25~1.83
盐岩段 $E_{1-2}km^2$	800	1.10	1.20	1.80	2.43		1.83~1.92
苏维依组 $E_{2-3}s$	1350	1.10	1.21	1.85	2.42	1.80~2.20	1.92~1.96
吉迪克组 N_1j	1700	1.20	1.33	1.92	2.42		1.96~2.00
苏维依组 $E_{2-3}s$	2300	1.28	1.45	1.95	2.42		2.0~2.45

表 7-1-10　克深 1103 井压力系数、设计与实际钻井液密度

地层	底界深度 m	压力系数 孔隙压力	压力系数 坍塌压力	压力系数 闭合压力	压力系数 破裂压力	设计钻井液密度 g/cm³	实际钻井液密度 g/cm³
康村组	800	1.09	1.31	1.85		1.05~1.25	1.08~1.45
吉迪克组	1530	1.10	1.32	1.92		1.25~1.80	1.45~1.70
苏维依组	1750	1.14	1.40	1.95			1.70~1.75

表 7-1-11　克深 1T 井地层压力系数设计与实际钻井液密度

地层	底界深度 m	压力系数 孔隙压力	压力系数 坍塌压力	压力系数 闭合压力	压力系数 破裂压力	设计钻井液密度 g/cm³	实际钻井液密度 g/cm³
第四系	322					1.03~1.10	1.05~1.10
库车组	2361	1.10	1.23	1.85	2.36		1.10~1.32
康村组	3606.5	1.15	1.26	1.90	2.38	1.10~1.90	1.32~1.70
吉迪克组	4364	1.27	1.35	1.94	2.40		1.70~1.73
苏维依组	4587.5	1.36	1.42	2.00	2.44		1.73~1.74

表 7-1-12　大北 10 井压力系数、设计与实际钻井液密度

地层	底界深度 m	压力系数 孔隙压力	压力系数 坍塌压力	压力系数 闭合压力	压力系数 破裂压力	设计钻井液密度 g/cm³	实际钻井液密度 g/cm³
第四系	1080	1.08	1.20	1.85	2.32	1.08~1.15	1.08~1.25
库车组	2680	1.09	1.20	1.86	2.35	1.15~1.40	1.25~1.4
康村组	3580	1.12	1.28	1.89	2.45	1.30~1.50	1.4~1.56
吉迪克组	3730	1.29	1.37	1.90	2.4	1.50~1.80	1.58~1.81
吉迪克组	4430	1.41	1.48	1.91	2.37	1.80	1.58~1.81
苏维依组	4730	1.69	1.72	1.95	2.34	1.80~1.90	1.8~1.81

表 7-1-13　大北 1102 井压力系数、设计与实际钻井液密度

地层	底界深度 m	压力系数 孔隙压力	压力系数 坍塌压力	压力系数 闭合压力	压力系数 破裂压力	设计钻井液密度 g/cm³	实际钻井液密度 g/cm³
第四系	1139	1.08	1.20	1.78	2.35	1.08~1.25	1.06~1.25
库车组	298	1.08	1.21	1.81	2.36	1.25~1.45	1.25~1.46
康村组	3750	1.10	1.30	1.84	2.37	1.45~1.55	1.46~1.78
康村组	4380	1.25	1.35	1.85	2.36	1.55~1.80	1.46~1.78
吉迪克组	5063	1.43	1.52	1.93	2.45	1.80	1.8~1.85
吉迪克组	5018	1.65	1.70	2.00	2.44	1.80~1.90	1.8~1.85
苏维依组	5280	1.69	1.71	2.01	2.44	1.80~1.90	1.8~1.8

8. 克拉苏冲断带盐上地层钻井液存在技术难题

通过对克拉苏冲断带盐上地层特性初步分析，归纳出钻进盐上地层钻井液所存在技术难题：

（1）第四系。用大井眼钻进第四系未胶结、粒径大、岩石可钻性差、存在孔缝的砾石

层时，需解决携岩、防漏等技术难题。此外，当钻进大段厚层砾石层时，因钻井时间长，钻井液浸泡时间长，还需解决防塌、防卡等技术难题。

（2）库车组。属于正常压力系数、快速沉积，沉积相为冲积扇、砾石层占比例大、砾石粒径大、块状结构、胶结差、强度低；地层矿物组分以石英为主，其次为碳酸盐（方解石、白云石）、长石，钙质胶结，库车组处于强构造运动时，黏土矿物以伊利石为主，其次为伊/蒙混层；泥岩中泥质含量不高；该组地层强分散、低膨胀、岩石密度高、阳离子交换量（CEC）低，钻井机械钻速低、钻井液浸泡时间长（特别是砾石层厚度大的构造）。

钻进此段地层，钻井液需抑制岩屑分散，解决携岩、防胶结差砾石层坍塌、掉块卡、防漏等技术难题。

（3）康村组。康村组上部地层为正常压力系数，中下部地层出现欠压实、压力系数出现异常；其沉积相为扇三角洲、河流相沉积，存在层理裂隙，部分构造部位砾石层含量较大。该组地层矿物组分以石英为主，其次为碳酸盐（方解石、白云石）、长石，钙质胶结；黏土矿物以伊利石为主，其次为混层比为20%有序伊/蒙混层，泥岩中泥质含量不高；该组地层强分散、低膨胀、岩石密度高、CEC 低；处于构造运动剧烈时期，受构造挤压，砂砾岩地层孔渗低。

钻进此段地层，钻井液需抑制岩屑分散，封堵层理裂隙，解决防塌、防缩径、防漏、防塌卡、黏卡等技术难题，特别对存在高倾角、裂隙发育的构造，防塌、防缩径、防黏卡。需根据地层坍塌压力确定合理的钻井液密度，提高钻井液的抑制性与封堵性

（4）吉迪克组。此段地层为欠压实地层，存在孔隙压力异常，其沉积相为扇三角洲、河流相沉积，泛平原相；砾石层、砂岩、粉砂岩、泥岩互层，层理裂隙发育；该组地层矿物组分以石英为主，其次为碳酸盐（方解石、白云石）、长石，钙质胶结；黏土矿物以伊利石为主，其次为混层比为20%有序伊/蒙混层，泥岩中泥质含量不高；该地层仍为强分散（但较上部地层分散性已经减弱）、低膨胀（但部分地层为中等膨胀）、岩石密度高、CEC 低；受构造挤压作用强烈，岩石强度高，孔隙度和渗透率低。

钻进此段地层，钻井液需抑制岩屑分散，封堵层理裂隙与微裂缝，防止井壁坍塌、防漏、防塌卡、黏卡，特别对存在高倾角地层的构造，需根据地层坍塌压力确定合理的钻井液密度，提高钻井液的抑制性与封堵性。

（5）克拉苏冲断带地层受构造运动、沉积相带、物源等因素影响，各构造纵横向岩性、结构、地层倾角、构造应力、孔隙压力、坍塌压力、漏失压力、破裂压力等因素变化较大，因而各构造钻井液所遇到的技术难题及对策均有差异，需分构造根据所钻地层特性，分别深入研究钻井液技术对策。

三、盐上地层井壁失稳原因

库车山前盐上地层已钻井由于井壁失稳，造成井径扩大与缩小，如图7-1-8所示。从图7-1-8中可以看出这些井的井径极不规则，大部分井段井径扩大，小部分井段存在缩径。起下

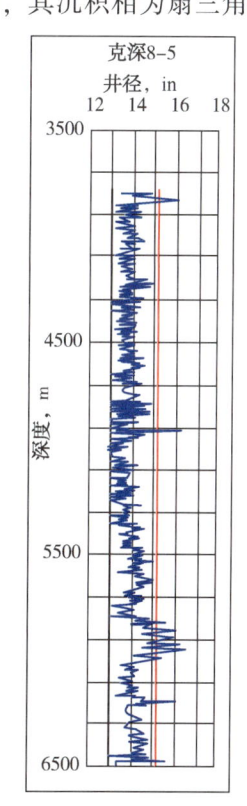

图7-1-8 克深段部分井盐上地层井径曲线

钻阻卡大多均由于井壁失稳而引起的。

盐上地层井壁失稳主要由以下原因引起：

（1）第四系与库车组砾石坍塌。

库车山前砾石发育，特别是克深区带博孜段，砾石层最厚可达5000多米。由于砾石层未成岩，胶结差，胶结物为泥质，泥质遇水分散性极强，如钻井液滤失量大，封堵性不好，会引发砾石坍塌，砾石粗大，不易携带，造成沉砂或粘附井壁缩径，造成起下钻遇阻卡。

（2）康村组与吉迪克组泥岩/砂岩坍塌。

库车山前钻进康村组与吉迪克组，由于地层层理、构造裂缝发育，特别是钻遇地层倾角大的地区，当钻井液密度低于地层坍塌压力，滤失量大，封堵性不好等原因，极易造成井塌。例如克深1T井、克深9-1井和克深19井等，均处于高陡构造上。钻进康村组与吉迪克组时，由于上述原因，引起泥岩/砂岩坍塌，其塌块如图7-1-9至图7-1-11所示。塌块为砂岩与泥岩，塌块矿物组分见表7-1-14。三口井预测的地层压力系数、设计与实际钻井液密度见表7-1-15至表7-1-17，克深19井钻吉迪克组钻井液封堵性不好，仅5h下游压力就达到上游压力，如图7-1-12所示。

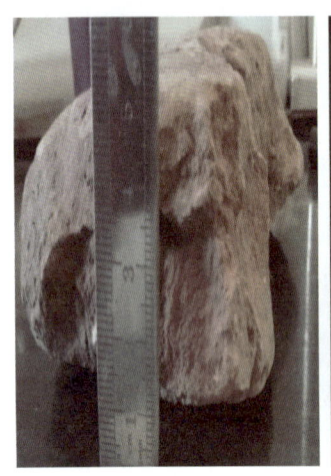 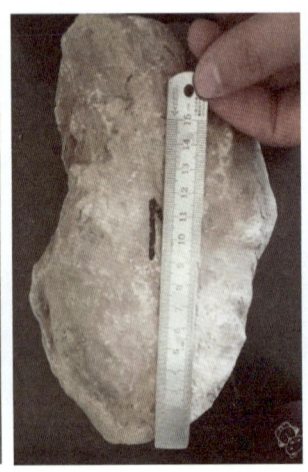 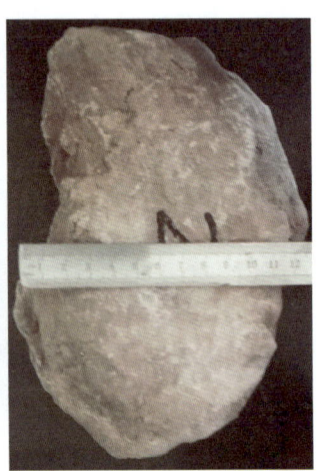

图7-1-9　克深9-1T吉迪克组塌块

图7-1-10　克深19吉迪克组塌块　　图7-1-11　克深9-1吉迪克组塌块

表 7-1-14　克深 9-1T、克深 19、克深 9-1 塌块矿物组分

项目	井号	克深 9-1	克深 9-1	克深 9-1	克深 19	克深 19
	井深，m	6656	6690	6842	6555	6559
	层位	N_1j	$E_{2-3}s$	$E_{1-2}km$	N_1j	N_1j
	岩性	褐色粉砂质泥岩	褐色泥岩	褐色泥岩	褐色泥岩	褐色泥岩
伊/蒙混层比		20.00	20.00	20.00	20	20
晶态黏土矿物相对含量,%	伊/蒙混层	20.00	22.00	19.00	29	17
	伊利石	71	71	69	62	74
	绿泥石	9	7	12	9	9
晶态非黏土矿物含量,%	石英	28	32	29	30	40
	钾长石	11	8	5	9	9
	斜长石	19	23	19	17	17
	方解石	32	25	33	32	25
	硬石膏		1		1	
	菱铁矿	1	1	1	1	1
	黄铁矿					4
晶态黏土矿物总量		9	10	13	13	13
密度，g/cm³		2.71	2.69	2.70	2.75	2.68
回收率,%		10.68	14.70	13.80	24.26	33.46
膨胀率,%		8.54	9.47	11.10	6.99	6.52
CEC，mmoL/100g		1.30	2.00	1.60	1.80	2.00

表 7-1-15　克深 1T 井压力系数、设计与实际钻井液密度

地层	底界深度 m	压力系数 孔隙压力	压力系数 坍塌压力	压力系数 闭合压力	压力系数 破裂压力	设计钻井液密度 g/cm³	实际钻井液密度 g/cm³
第四系	322					1.03~1.10	1.05~1.10
库车组	2361	1.10	1.23	1.85	2.36	1.10~1.90	1.10~1.32
康村组	3606.5	1.15	1.26	1.90	2.38		1.32~1.70
吉迪克组	4364	1.27	1.35	1.94	2.40		1.70~1.73
苏维依组	4587.5	1.36	1.42	2.00	2.44		1.73~1.74

表 7-1-16　克深 19 井压力系数、设计与实际钻井液密度

地层	底界深度 m	压力系数 孔隙压力	压力系数 坍塌压力	压力系数 闭合压力	压力系数 破裂压力	设计钻井液密度 g/cm³	实际钻井液密度 g/cm³
第四系	400						
库车组	3136	1.08	1.42	1.86	2.35	1.10~1.65	1.20~1.50
	4550	1.16	1.43	1.89	2.35	1.65~1.75	1.50~1.79
康村组	5319	1.28	1.36	1.96	2.42	1.75~1.85	1.79~1.84
	5750	1.41	1.49	2.00	2.43	1.75~1.85	1.79~1.84

续表

地层	底界深度 m	压力系数 孔隙压力	压力系数 坍塌压力	压力系数 闭合压力	压力系数 破裂压力	设计钻井液密度 g/cm³	实际钻井液密度 g/cm³
吉迪克组	6660	1.62	1.69	2.03	2.41	1.85~1.95	1.84~1.92
苏维依组	6900	1.72	1.83	2.07	2.44	1.85~1.95	1.9~1.92

表 7-1-17　克深 9-1 井压力系数、设计与实际钻井液密度

地层	底界深度 m	压力系数 孔隙压力	压力系数 坍塌压力	压力系数 闭合压力	压力系数 破裂压力	设计钻井液密度 g/cm³	实际钻井液密度 g/cm³
西域组	843					1.03~1.10	1.09~1.14
库车组	4900	1.13	1.30	1.88	2.35	1.10~1.70	1.14~1.75
康村组	5036	1.16	1.33	1.92	2.38		1.75~1.75
吉迪克组	5845	1.30	1.37	1.95	2.38	1.60~1.90	1.75~1.82
	6007	1.38	1.45	2.00	2.41		1.82~1.88
苏维依组	6837	1.53	1.55	2.02	2.41		1.88

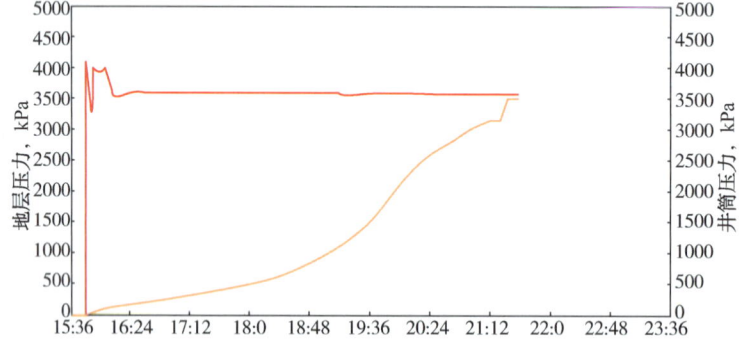

图 7-1-12　克深 19 井钻进吉迪克组钻井液压力传递实验数据

(3) 砂泥岩缩径。

库车组上部地层存在无序伊/蒙混层，属于强分散、中等膨胀至弱膨胀，易引发地层造浆，缩径，含砂量高，引发起下钻阻卡。

由于该层段地层属于未成岩的砂、砾、泥岩，其泥岩遇水会发生蠕变，引起缩径；库车山前大部均为超深井，上部井眼尺寸大，环空大；而钻进上部地层，为了携带砾岩，要求钻井液具有较高黏度，环空返速高，而砂泥岩孔渗好，如钻井液滤失量大，易形成厚滤饼，引起井径缩小；上述原因造成上部地层缩径，起下钻阻卡。

四、克拉苏冲断带盐上地层稳定井壁钻井液技术对策

克拉苏冲断带盐上地层稳定井壁钻井液技术对策：

(1) 依据地层特点选用钻井液类型。建议采用膨润土含量高的膨润土浆钻进第四系砾石层。采用包被性能好的聚合物钻井液钻进以无序伊/蒙混层为主的库车组上部地层，抑制岩屑水化分散；采用强抑制、强封堵的氯化钾聚磺钻井液钻进库车下部、康村组、吉迪克组、苏维依组。

（2）依据地层四压力剖面确定各层段钻井液密度。钻井液密度是影响井壁稳定主要因素，钻井液密度必须大于地层坍塌压力当量循环密度。受构造运动的影响，库车山前各构造地应力、岩石力学性能均有差异，因而必须分构造、分井搞清地应力、地层四压力剖面，选用合理的钻井液密度，既防止各种井下复杂情况，又有利于提高钻井速度。

（3）采用强封堵性钻井液钻进康村组与吉迪克组。由于地层坍塌压力与近井筒孔隙压力有关，钻井过程中，如采用钻井液不能有效封堵层理裂隙发育的地层，近井筒孔隙压力是一个变量，随钻井液密度增加而增大，地层坍塌压力也随之增高，从而诱发井塌。因而钻进欠压实高孔隙压力层理裂隙发育的地层（特别是处在倾角大、断层附近的地层）时，钻井液的封堵性至关重要。需依据所钻地层层理裂隙发育情况及地层温度，优选封堵剂类型、品种与加量，提高钻井液封堵性，控制压力传递速度，降低钻井液密度与地层坍塌压力系数之差值，既稳定井壁，又利于提高钻井速度。

（4）优选钻井液密度/流变性能/泵量提高砾石层携岩效果。克拉苏冲断带盐上地层沉积巨厚砾石层。这套砾石层厚度、岩性岩相纵横向变化剧烈，砾石成分复杂、大小不一，密度高、胶结程度不一、可钻性差。钻进此类砾石层时，必须防止砾石层坍塌，有效将被破碎砾石及时携带：

① 依据砾石组分、密度、颗粒大小、钻头破碎后岩屑直径，优选钻进不同类别砾石层时最佳钻井液密度与流变性能及钻井液类型与配方。钻遇大砾石时，应提高钻井液密度，以利于砾石岩屑的携带。

② 盐上地层整体含砾，尤其是上部地层砾石直径较大，为了满足提速强化钻井参数的需求，要求钻井液具有良好的流变性，既要满足悬浮、携岩能力，又要避免过高的流动阻力影响钻头水马力发挥。

③ 克拉苏冲断带盐上地层不同构造、不同层组所沉积的砾石组分、胶结强度、所受的构造应力均有较大的差别，需分别研究其防止坍塌机理，采用针对性钻井液和钻井工程技术措施，有效控制其坍塌，提高钻井速度。

④ 在设备条件许可下，尽可能提高泵量，以利于携带砾石岩屑。

（5）克拉苏冲断带盐上地层不同构造、不同层组地层沉积厚度、岩性、温度、孔隙压力、构造应力、组构特征、地层倾角有较大的差异，应分别制订钻井液技术对策。

第二节　盐膏层井壁稳定技术

盐膏层是以盐或石膏为主要成分的地层，库车山前盐膏层广泛分布在古近系库姆列木群，在东秋里塔克迪那构造与中秋构造部分井同时钻遇新近系吉迪克组与古近系库姆列木群两套盐膏层。受构造运动的影响，克深10、克深11等构造库姆列木群盐膏层部分井可多次重复出现，如图7-2-1所示。

深层盐膏层段地层中盐岩与泥岩具有上、下两段的特点有所不同。上段：厚层纯盐层+厚层欠压实泥岩组合，欠压实泥岩中存在高压盐水，具有高蠕变性特征，易阻卡；下段膏盐岩+正常压实泥岩，盐层薄且不纯，蠕变性弱，泥岩压实程度高，易发育裂缝，易漏失，局部夹有高压盐水层；克深上段欠压实泥岩与下段正常压实泥岩特征对比见表7-2-1。

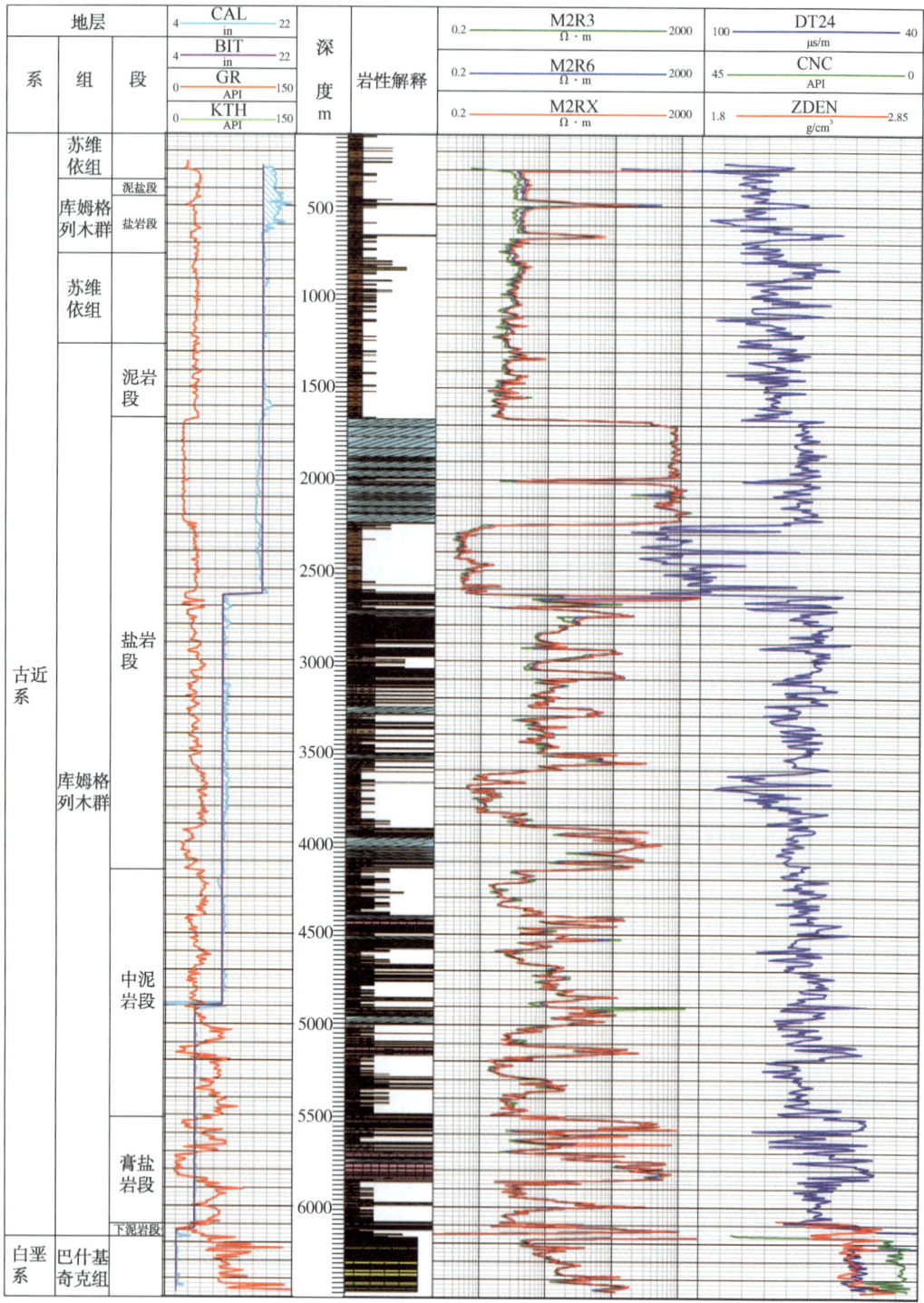

图 7-2-1 克深 10 井库姆格列木群综合柱状图

表 7-2-1 克深上段欠压实泥岩与下段正常压实泥岩特征对比

项目		上部欠压实泥岩	下部压实程度较高泥岩
岩性		泥岩、含盐泥岩、盐质泥岩	泥岩、含盐泥岩、膏质泥岩
岩屑		松软的泥岩，呈球状	偏硬，呈片状
裂缝		不发育	较发育
测井	自然伽马，API	60~100	60~120
	电阻率，$\Omega \cdot m$	0.2~0.8	1~1.5
	声波时差，$\mu s/m$	90~130	60~90
钻时，min/m		6~15	10~70
压力系数		接近垂向应力(2.37)	1.75~2.0

上段盐层、欠压实泥岩为塑性层，三轴应力接近，欠压实泥岩孔隙大，含水高，压力系数高（接近垂向应力的 2.37），蠕变性十分强，欠压实泥岩蠕变速率、蠕变强度均比盐层还要大得多。下段泥岩地层压力系数明显低，普遍在 1.75~2.0，局部存在高压盐水层。大部分高压盐水层发育在与石膏互层的白云岩段、石膏层、砂岩附近，部分井发育在泥岩中。

吐北 4 井石膏层发育，溢流 2 次；采用密度 2.20g/cm³ 钻井液钻至 5180.2m，出口线流；采用密度 2.15g/cm³ 钻井液钻至 5326.97m，溢流 0.3m³。吐北 401 老井眼石膏不发育，没有溢流，吐北 401 井侧钻井眼石膏较发育，采用密度 2.35g/cm³ 钻井液侧钻至 5213.13m 发生溢流 1 次，关井套管压力由 0 增至 4.3MPa。吐北 401 井老井眼与侧钻井眼只相隔约 50m 说明高压盐水层分布十分有限。

一、盐膏层形成特征及分布

1. 古近系库姆格列木群盐膏层形成特征及分布

库车山前古近系库姆格列木群是特提斯洋最后的海侵产物，海侵的范围控制膏盐岩地层的分布，在克拉苏地区形成盐湖环境，向东至阳霞地区演变为三角洲相区，渐新世海水退出，克拉苏构造带处于干旱、炎热气候环境，蒸发岩沉积极为发育，形成数百米至数千米厚的膏盐岩层。其岩性为白色盐岩、灰绿色泥膏岩及白色石膏岩与褐色泥岩不等厚互层。

古近系库姆格列木群盐岩、膏盐岩、膏泥岩主要分布于库车前陆盆地克拉苏冲断带与秋里塔格冲断带，东部以库车河为界，西部延伸至乌什凹陷，南部延伸至玉东—英买力以南，北厚南薄、西厚东薄，且厚度中心与构造带和主要逆断裂带展布方向一致。由于膏盐岩层的易流动性、易变形性特征，在盐湖沉积的基础上，受后期构造作用，发生复杂的构造变形，形成了两个巨厚的膏盐岩层聚集带，呈北东向的条带状分布，走向与构造走向基本平行。

由于膏盐岩后期塑性流动的差异，其分布差别很大。据钻井和地震资料揭示，沿克拉苏构造带和秋里塔格构造带一线膏盐岩层厚度较大，一般为 500~3000m，最厚区位于克深 2 井区、大宛 1 井区和阿瓦特地区，厚度均在 3000m 以上，膏盐岩呈盐丘、盐墙分布；两个构造带之间的拜城凹陷膏盐岩较薄，一般厚 60~500m，凹陷区盐层上覆地层较厚，受此影响盐层向两侧流动，形成盐枕、盐焊接构造。

克拉苏冲断带巨厚盐层主要集中在克深区带，克拉 4 井钻揭膏盐岩层厚度为 3945m，克深 5 井钻揭厚度为 4035m，除大北 1、大北 10 等井区局部受古构造控制不发育膏盐岩外，其他地区膏盐岩层厚度一般在 200m 以上，秋里塔格冲断带主要集中在西秋构造带中部。这套区域性盖层分为膏盐岩段和膏泥岩段两套，岩性致密、突破压力大、封盖能力强，构成具有强封闭性的优质盖层。模拟试验揭示，膏盐岩盖层的封闭性随埋深是变化的，纵向上埋深浅，膏盐岩表现为脆性，受力易破裂，埋深大的表现为塑性，受力易流变，封盖能力强。库车前陆盆地克深区带、秋里塔格冲断带埋深都大于3500m。因此，古近系库姆格列木群膏盐岩具备良好的封盖能力，如图7-2-2和图7-2-3所示。

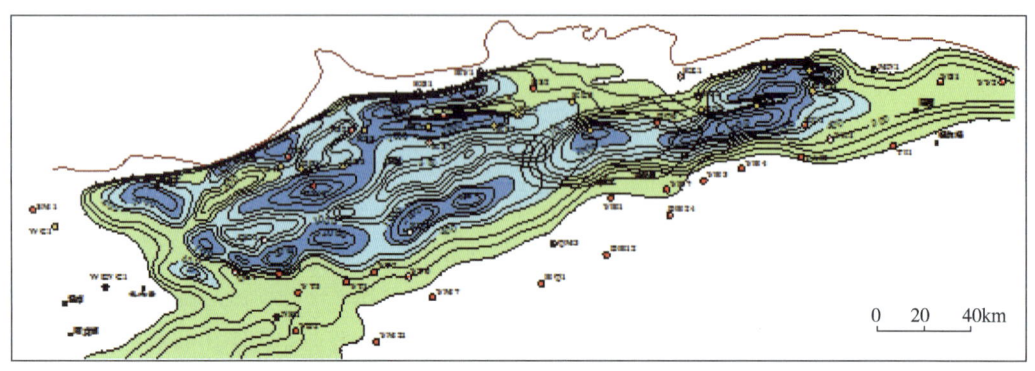

图7-2-2 克拉苏构造带古近系膏盐岩厚度分布图

2. 新近系吉迪克组盐膏层形成特征及分布

吉迪克组盐膏层岩性为中厚层膏岩、膏泥岩、盐岩夹薄砂岩，膏质层厚度可大于2000m，盐岩主要分布在东部秋里塔克背斜带迪那构造与中秋构造。

3. 克拉苏构造带古近系膏盐岩划分

库车坳陷白垩纪晚期抬升遭遇剥蚀，之后逐渐沉降并沉积了库姆格列木群，这套地层的岩性比较复杂，碎屑岩与膏盐岩、碳酸盐岩交替发育，因此需要进行内部岩性段的划分和对比。

结合膏盐岩沉积特征以及地层对比适用性，将库姆格列木群内部岩性划分为5段，分别是上泥岩段、盐岩段、中泥岩段、膏盐岩段、下泥岩段。如此划分，能够体现库车坳陷陆相湖盆的形成和发展变化阶段，根据不同水体浓度下沉积物的岩性来划分岩性段。在湖盆初始阶段形成下泥岩段，之后海侵期发育了膏盐岩段，海侵间歇期发育中泥岩段，下一次海侵期后形成盐湖，发育盐岩段，最后湖盆淡化形成上泥岩段。该分段方案已在克拉苏地区得到广泛运用，如图7-2-4所示。

新五段岩性见第一章第一节。

4. 古近系膏盐岩层的古盐湖沉积模式

库姆格列木群是库车坳陷在白垩纪晚期抬升后再沉降才形成的，总体上是一个内陆湖盆，库车坳陷库姆格列木群处在干、湿频繁交替、强蒸发的干旱炎热气候条件下，坳陷周边存在多个物源体系，发育典型的氧化宽浅型湖泊沉积环境。而且，期间曾多次受到来自坳陷西部不同程度的海侵影响，从而形成独特的盐湖沉积岩性序列：多韵律性、碎屑岩与蒸发岩伴生、发育海相白云岩。

库姆格列木群整体上的沉积演化经历了陆相湖盆形成、盐湖形成、盐湖发展、盐湖消亡的完整过程，下部膏泥岩段是盐湖形成阶段，内部夹白云岩和石灰岩；中部盐岩段是盐湖发展时期，沉积了巨厚的盐岩夹膏岩和泥岩；顶部的泥岩段是盐湖的消亡阶段，开始形成咸化湖盆。以此建立了库车坳陷古近系膏盐岩层的古盐湖沉积模式：膏盐岩层为海侵影响、存在古隆起的多盐湖沉积，海侵事件和陆源沉积保证了盐类物质的供给，多个盐湖内反复"干缩"沉积了巨厚的膏盐岩层。

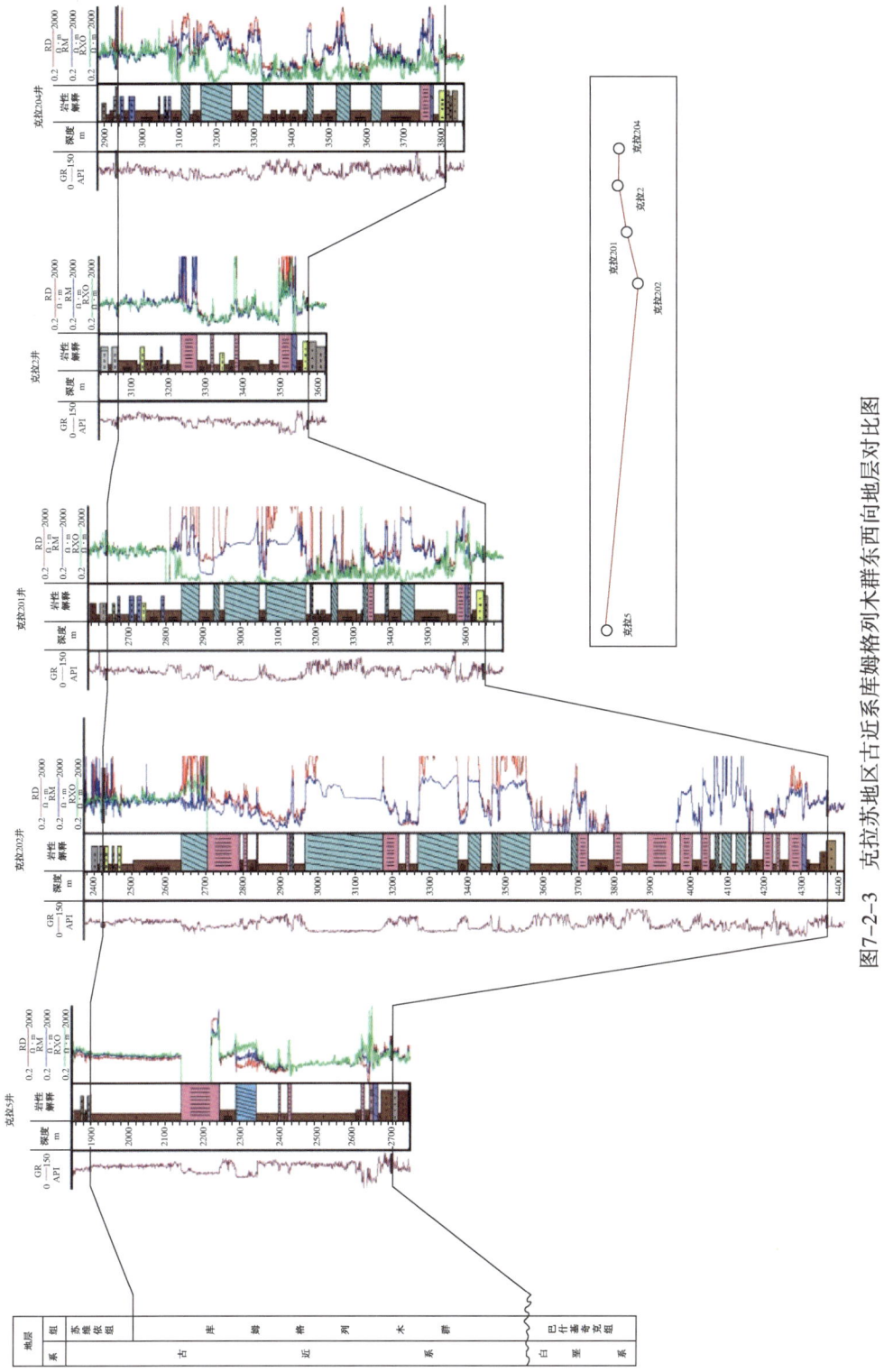

图7-2-3 克拉苏地区古近系库姆格列木群东西向地层对比图

— 485 —

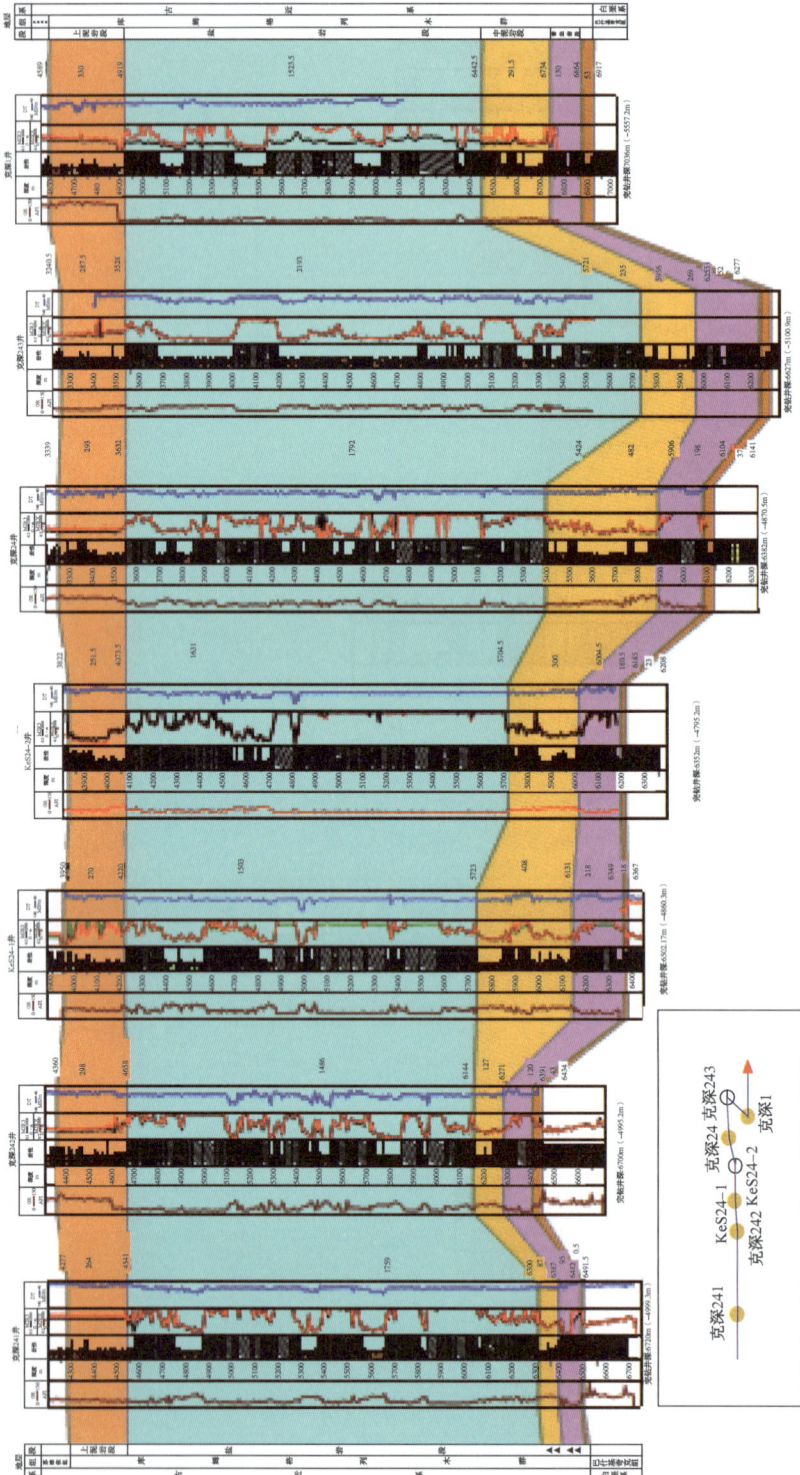

图7-2-4 克深地区古近系库姆格列木群五段式划分方案

库车中部盐湖沉积演化序列如图 7-2-5 所示。库车坳陷古近系膏盐岩沉积的盐湖模式如图 7-2-6 所示。

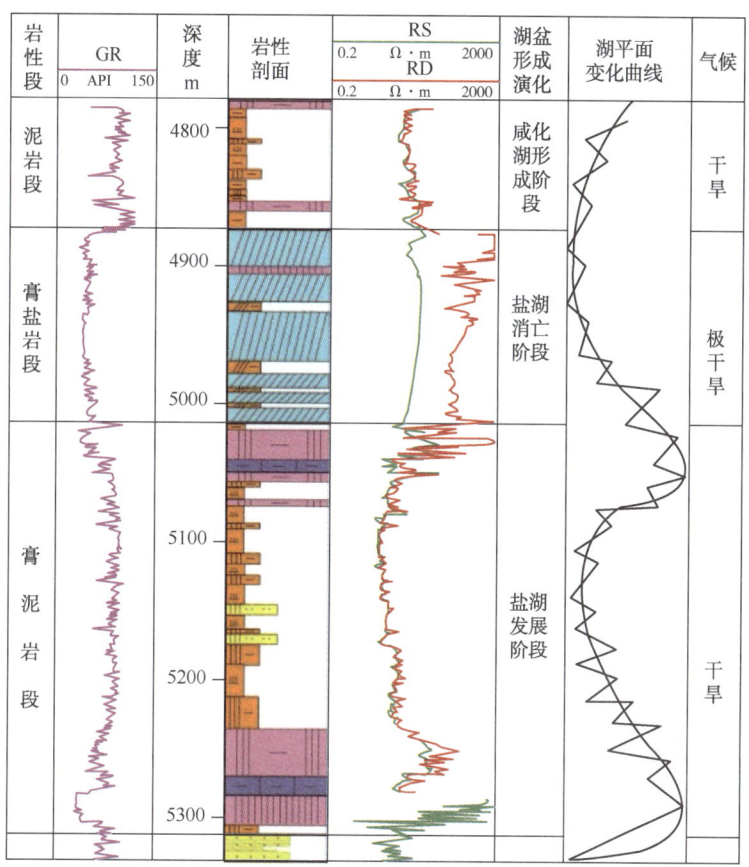

图 7-2-5　库车中部盐湖沉积演化序列

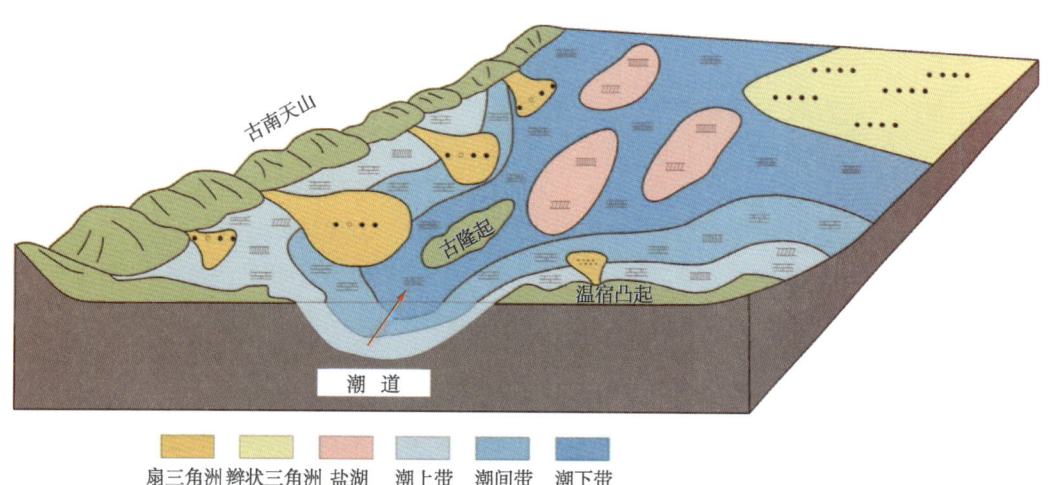

图 7-2-6　库车坳陷古近系膏盐岩沉积的盐湖模式

二、库车山前盐膏岩与软泥岩蠕变引发的井下复杂情况及对策

库车山前钻进盐膏层井段为井下复杂多发井段,主要复杂情况为井漏、缩径、井塌、起下钻阻卡划眼、卡钻、溢流等,此外,钻井液受盐、膏、地层水污染性能恶化等。该井段所发生井漏与溢流情况与对策,分别在第六章与本章第三节中论述。本部分只论述钻进盐膏岩及软泥岩所发生的井下复杂情况原因及对策。

1. 库车山前盐膏岩引发的井下复杂情况

库车山前盐膏层不是纯盐岩与膏岩,是盐、石膏、碎屑岩、白云岩复合地层,具有盐、膏、软泥岩蠕变、非均质、坍塌泥岩、盐间高压盐水层、压力系统复杂、多套压力层系、压力窗口窄等地质特征,钻井施工难度极大。

对库车山前至 2019 年 7 月之前钻遇盐膏层已完成 266 口井统计,所发生的井漏、起下钻阻卡、溢流、卡钻等井下复杂情况与事故见表 7-2-2。从表中得出钻进此井段时所发生的井下复杂情况与事故以井漏与起下钻阻卡最为严重,概率分别为 67.3% 与 72.6%,其次为溢流与卡钻,分别为 24.1% 与 10.2%;共损失时间为 123936.6h,平均每口井损失 465.9h,严重影响钻井速度,增高钻井费用。

表 7-2-2 库车山前盐膏层段井下复杂情况

井下复杂/事故情况	钻遇井数 口	发生井数 口	概率 %	发生次数 总次数	发生次数 单井	损失时间,h 总时间	损失时间,h 单井	损失时间,h 每次
井漏	266	179	67.3	668	3.7	60960.1	340.6	91.3
溢流	266	64	24.1	101	1.6	11256.8	175.9	111.5
卡钻	266	27	10.2	33	1.2	34309.0	1270.7	1039.7
起下钻阻卡	266	193	72.6	2601	13.5	17410.6	90.2	6.7

2. 库车山前盐膏岩与软泥岩蠕变规律

蠕变是指在恒定载荷作用下,试件的变形随时间的增加而增加的现象。图 7-2-7 给出了常温、常压下盐岩典型蠕变曲线。它由三部分组成:

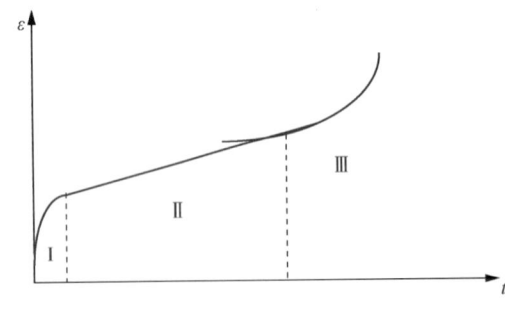

图 7-2-7 盐岩典型蠕变曲线

瞬态蠕变期(Ⅰ)。蠕变的第一阶段,在到达下一阶段前,该阶段盐岩蠕变应变率逐渐降低,表现为非线性;

稳态蠕变期(Ⅱ)。蠕变的第二阶段,该阶段蠕变应变率保持恒定,表现为线性;

加速蠕变期(Ⅲ)。蠕变第三阶段,该阶段应变率增加直到试样破坏,为非线性。

对于钻井工程来说,第Ⅰ和第Ⅱ阶段蠕变很重要。第Ⅰ阶段经历时间短,蠕变量小;第Ⅱ阶段持续时间较长,因而盐岩的蠕变可用稳态蠕变阶段的应变速率来衡量。

对于盐岩稳态蠕变本构关系,幂指数模型由于具有参数简单的特点,在工程和数值分析中获得广泛的应用。一般比较通用的两种形式为 Heard 模式和 Weertman 模式

1) Heard 模式

一般认为，在较高应力和较低温度(小于250℃)下，盐岩的蠕变是晶格的位错滑移占优势，此时盐岩的蠕变可用指数方程表示为：

$$\dot{\varepsilon} = A \cdot \exp\left(-\frac{Q}{RT}\right) \cdot \sinh(B\sigma) \tag{7-2-1}$$

式中　$\dot{\varepsilon}$——稳态蠕变速率，s^{-1}；
　　　Q——盐岩的激活能，cal/mol；
　　　R——摩尔气体常数，$1.987 cal/(mol \cdot K)$；
　　　T——热力学温度，K；
　　　σ——差应力，MPa。
　　　A，B——流变常数；

流变常数 A 和 B 以及激活能 Q 可根据不同温度、压力条件下得蠕变试验结果，通过非线性回归来求得。

2) Weertman 模式

在该本构关系中，考虑了差应力对蠕变率的影响，但未考虑围压对蠕变率的影响。通过扩展该蠕变本构关系，并在其中引入表征围压影响的系数，可以得到如下关系式：

$$\dot{\varepsilon}_{ss} = f_c(\sigma_3)(\sigma_1 - \sigma_3)^n H(T) \tag{7-2-2}$$

式中　$\dot{\varepsilon}_{ss}$——稳态蠕变率；
　　　$f_c(\sigma_3)$——考虑围压作用的函数；
　　　$H(T)$——考虑温度影响的函数。

通过分析，陈峰等采用式(7-2-3)考虑围压的影响：

$$f_c(\sigma_3) = A + B[\exp(-\sigma_3)]^r \tag{7-2-3}$$

这样根据上面所述，考虑温度和围压情况下盐岩稳态蠕变本构关系式为：

$$\dot{\varepsilon}_{ss} = \{A + B[\exp(-\sigma_3)]^r\}(\sigma_1 - \sigma_3)^n H(T) \tag{7-2-4}$$

对于复合盐岩，研究其蠕变本构方程，就是确定其稳态蠕变率与盐岩组分、结构及应力和温度的变化关系。大量的试验结果表明，复合盐岩的蠕变不仅与盐岩的组分与结构有关，而且与偏应力及温度有关。因此，根据乘法原理，稳态蠕变率可采用如下形式表示：

$$\dot{\varepsilon}_s(t) = Kf(\sigma_1 - \sigma_3)f(T) \tag{7-2-5}$$

式中　K——与盐岩组分、结构有关的系数；
　　　$f(\sigma_1 - \sigma_3)$——偏应力的函数；
　　　$f(T)$——温度函数。

综上所述，盐岩的组分、结构、温度和偏应力预期蠕变特性密切相关，温度和偏应力的增高都使盐岩的蠕变率增大；在给定温度的情况下，复合盐层的稳态蠕变率与偏应力成幂函数关系；相同加载应力水平下，复合盐岩的稳态蠕变率与温度服从指数关系；不同应力和温度条件下的盐岩的蠕变规律取决于不同的变形机制。应用这些机制，得到了复合盐岩的稳态蠕变率本构方程是作用在其上的偏应力的幂函数与温度的指数函数关系，其本构方程为：

$$\dot{\varepsilon}(t) = K\exp\left(-\frac{\Delta Q}{RT}\right)(\sigma_1 - \sigma_3)^n \tag{7-2-6}$$

式中　ΔQ——激活自由能；
　　　R——普氏气体常数，且 $R = 8.31441 kJ/(mol \cdot K)$。

通过对不同矿物成分人造岩心蠕变实验，对蠕变本构方程的拟合，得出以下认识：一是稳态蠕变率随着围压的增加而减小，因为围压的增加，限制了岩石中微裂纹的发展和产生，使岩石的蠕变速度减小；二是不同的组分配比，蠕变情况不一样，在相同应力条件下，盐岩的稳态蠕变率较高，膏含量多的复合盐的稳态蠕变率最低，相同应力状态下，膏含量多的复合盐岩的稳态蠕变率略小于盐岩。由此可知，蠕变变形主要该岩石中盐岩层贡献，在膏含量多的盐岩蠕变过程中，膏岩对盐岩层的蠕变有一定抑制作用；三是含盐纯度越高，蠕变越厉害；黏土含量越高，A 值越小，B 和 Q 值越大，说明膏含量多的复合盐岩的稳态蠕变速率对差应力的敏感性要比相对较纯的盐岩高。

3. 库车山前钻进盐膏层潜在的井壁失稳技术难题

（1）盐岩、软泥岩、泥膏岩塑性蠕变，引起缩径、起下钻阻卡、卡钻等，提高钻井液密度，又可能诱发井漏，其漏失通道为诱导裂缝、裂缝与微裂缝。

（2）以泥岩为胎体，在其微观、宏观裂隙中充填了盐膏的含盐膏泥岩，存在于第二类或第三类盐之间，形成良好的圈团，自由水在沉积过程中未完全运移出去，以"软泥"的形式深埋于地层中，蠕变速率极高。

（3）以盐为胎体或胶结物的泥页岩、粉砂岩或硬石膏团块，遇矿化度低的水会溶解。盐溶的结果导致泥页岩、粉砂岩、硬石膏团块失去支撑而坍塌。

（4）夹在岩盐层间的薄层泥页岩、粉砂岩，盐溶后上下失去承托，在机械碰撞作用下掉块、坍塌。

（5）山前构造多次构造运动所形成的构造应力加速复合盐层的蠕变和井壁失稳。

（6）无水石膏等吸水膨胀、垮塌。无水石膏吸水变成二水石膏体积会增大 26% 左右，其他盐类如芒硝、氯化镁、氯化钙等也具有类似性质。

（7）盐膏层段高压盐水层，其分布规律及孔隙压力还搞不清；孔隙压力最高可达 2.6g/cm³，一般为 2.4g/cm³；钻井液密度偏低，易引发盐膏、软泥岩蠕变、溢流。处理溢流过程，压井会在薄弱砂泥岩诱发井漏。

（8）钻进上泥岩进入盐膏段、下技术套管，固井质量不好，诱发钻水泥塞时及继续钻进过程井漏，此漏失实际发生在盐上地层。

（9）钻进下泥岩卡层不准，诱发井漏、卡钻。

（10）钻井液抗盐膏、盐水、岩屑侵，性能恶化，诱发卡钻、起下钻阻卡划眼等井下复杂情况。

（11）复合盐层段非均匀载荷引起套管挤毁变形。

三、盐膏层井壁失稳的机理

不同盐膏层组分井壁失稳机理有所不同，必须分别论述。

1. 以石膏和膏泥岩为主的地层

这类地层主要的矿物组分是石膏和黏土矿物，而石膏的主要成分是硬石膏，它遇水就会发生化学反应，生成有水石膏（$CaSO_4·2H_2O$）。实验室结果表明，硬石膏在非自然压实状态下吸水后，其轴向膨胀量为 26%；若将实验室压制的硬石膏岩心放入饱和盐水或饱和的 $CaSO_4$ 溶液中都可观察到明显的水化分散、解体现象。另外，中国石油大学曾做过羊塔克地区泥页岩的吸附等温线，如图 7-2-8 和图 7-2-9 所示，从图中可明显看到相对湿度超过 0.755 以后，地层矿物相对吸水量急剧增大，含膏地层尤为明显。

从实钻情况来看，井下钻遇的复杂地层，大多数出现在膏泥岩和软泥岩地层中，在这类以石膏为主的地层中，并不是单纯的石膏吸水膨胀问题，而是因硬石膏吸水膨胀后这类地层表现的一种综合效应。这可从物理化学和力学方面来研究，位于井眼周围伤害带的硬石膏吸水膨胀和分散能力比泥岩和盐岩都要强，在与钻井液接触的表面上，硬石膏吸水膨胀和分散。在膏盐岩、膏泥岩地层，尤其是石膏充填在泥岩、粉砂岩孔洞、裂隙中以及以石膏为胶结物的膏质盐层中，将引起缩径或掉块、垮塌等。由于硬石膏吸水是化学反应，这就是限制膏岩的吸水速率和吸水量方面对钻井液提出明确的要求。根据图7-2-8和图7-2-9，羊塔克地区膏泥岩及软泥地层钻井液中，水的相对湿度应小于0.775。

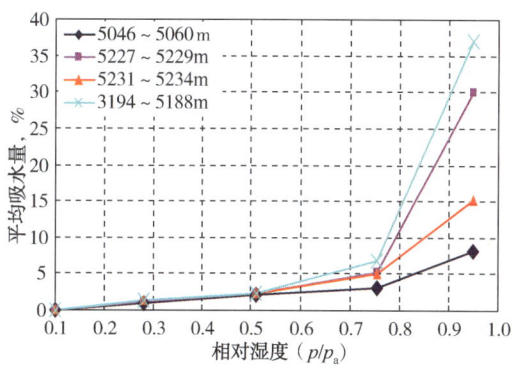 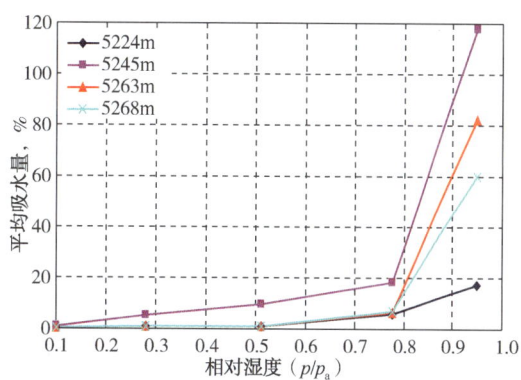

图7-2-8 羊塔克1膏质泥岩吸附等温线　　　图7-2-9 羊塔克2膏盐岩吸附等温线
注：p为湿气体压力，p_a为空气中含有的水气的压力

另外，没有与钻井液接触的表面(非自由表面)，由于很强的毛细管力和裂隙的存在，或在钻井液密度不适应时，井壁会发生剪切破坏，井壁周围产生微裂缝，这样，井壁深处的硬石膏得以吸水，强度降低，对周围岩石产生两方面的影响：一是降低了围岩的有效强度；二是硬石膏吸水产生膨胀应力。这两方面的影响，就造成了钻井液的有效液柱压力(径向应力)的降低，从而表现出井径缩小或垮塌的现象。克拉苏构造克拉4井测井曲线观察到：2636~2660m段膏泥岩地层缩径：2%~8%，4196~4230m段石膏层缩径：5%~12%。

2. 含盐膏和泥岩地层

这类地层井壁失稳原因主要有三个方面：一是以高矿化度(饱和盐水)、高密度钻井液钻进此类地层时，盐岩在高密度下蠕变不严重，但无水膏、泥岩吸水膨胀、分散造成缩径或掉块等，如克拉4：4800~5000m段井径扩大10%~30%；二是低矿化度的钻井液钻遇此类地层时，盐岩溶解及石膏吸水膨胀、分散等，使井下发生严重垮塌，如克深5：2780~2840m段泥岩坍塌掉块；三是高地应力会加剧夹杂在盐膏层间的泥岩、砂岩及硬质石膏地层的垮塌，由于层状盐岩层间不同的蠕变速率，使得盐岩在蠕变过程中夹层泥岩、砂岩及硬质石膏地层垮塌(图7-2-10)。

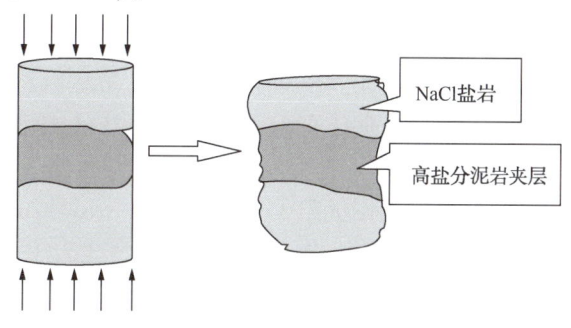

图7-2-10 层状盐岩各层蠕变破坏示意图

为了确保这类以盐岩为主的地层井壁稳定性，要求使用高密度饱和盐水钻井液，抑制盐岩溶解，使井壁处于弹—塑性状态，保证钻井液与地层达到力学和化学上的平衡，使井壁达到稳定。

3. 软泥岩地层

软泥岩以黏土矿物为主，同时含有少量盐（2%～10%）和石膏（8%～19%）。黏土矿物以伊利石为主，含量大约为26%，其次是伊/蒙混层和绿泥石，不含蒙脱石。通过理化性能试验得知，这类泥土矿物的吸水性、膨胀性和分散型相对较弱，这类地层表现出的分散型和吸水膨胀，主要因为其中含的膏、盐所造成的，膏、盐含量越大，表现出的分散性和吸水膨胀性越强，在高的地应力下，就表现出塑性流动。

从电测得知，这类地层具有高伽马、高声波时差和低电阻的电性特征，从而可知地层泥质含量高、孔隙度大，地层水含量大，矿化度高等特点；从返出盐屑分析，岩性的黏性强，成团块状。当钻遇这类地层时，由于地层孔隙度和所含的膏、盐的吸水，以及钻井液滤液在液柱压力下进入地层孔隙中，使得地层孔隙压力增加，有效钻井液液柱压力减小，地层本身的强度降低，在地应力的作用下，使软泥岩发生塑性流动；钻井液密度越低，软泥岩厚度越大，表现出的塑性越强。

此外，相邻的低压易漏地层，由于使用较高密度的钻井液导致承压能力低的地层发生井漏，井内液柱面下降，液柱压力下降，不能平衡软泥岩地层的塑性流动，造成卡钻的钻井事故。

解决这类矛盾，要提高钻井液密度，增加钻井液液柱的有效压力；同时，控制钻井液的高温高压滤失量，改善滤饼质量，阻止钻井液滤液进入更深的地层；另外，提高相邻地层承压能力。解决了这些的问题，可以在一定周期后（在地应力释放一定程度后，地层趋于稳定），利用划眼等方法解决起下钻阻卡问题，使井眼趋于稳定。

4. 纯盐层

纯盐层的井壁失稳主要表现为塑性流动（蠕变），盐岩蠕变与下面几个因素密切相关。

（1）盐层的埋藏深度：对于较纯的盐层来说，埋藏越深，上覆盐层压力越大，蠕变越快；但是，对于复合盐膏层，随着深度增加，蠕变速率受盐岩成分和构造应力有关。克深5井实钻情况可以说明这个问题（图7-2-11）。

从克深5井录井资料得知，1526～1553m 和 2667～6410m 为盐膏层。3000～4500m 为中厚层—巨厚层盐岩、含膏泥岩、膏质泥岩，实用钻井液密度为 2.26～2.30g/cm³；4500～6000m 以盐质泥岩、膏盐岩、石膏岩、泥膏岩为主，实用钻井液密度为 2.3g/cm³ 左右。从克深5井岩性和实用钻井液密度单井纵向剖面分析得知，随着井深增加，岩性发生变化，维持井壁稳定的钻井液密度相对减少，换而言之，即上部井段井眼变形大于下部井段井眼变形。

从图7-2-12得知，克深2井4854m进入复合盐膏层，4854～5001m 中厚—巨厚层状盐岩、膏盐岩、泥质盐岩、石膏岩、泥膏岩为主，使用钻井液密度为 2.18～2.22g/cm³；5001～5612.5m 中厚层—巨厚层状泥岩、含膏泥岩、膏质泥岩、粉砂质泥岩为主，使用钻井液密度 2.22～2.26g/cm³，钻井过程中无阻卡现象；5612.5～6411m 上部以泥岩、含膏泥岩、膏质泥岩、盐质泥岩为主，下部以盐岩、泥质盐岩、膏盐岩、石膏岩、泥膏岩为主，提高钻井液密度至 2.3～2.38g/cm³，部分纯盐岩段如5858m，6211m 和 6221m 阻卡严重。

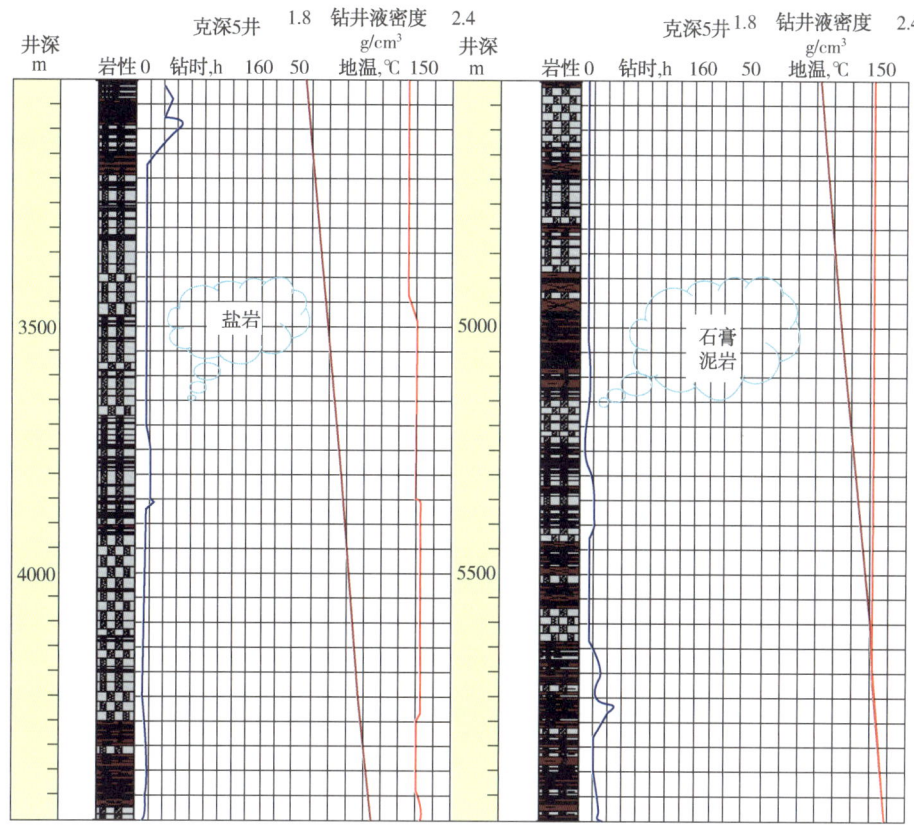

图 7-2-11 克深 5 井岩性与钻井液密度使用情况

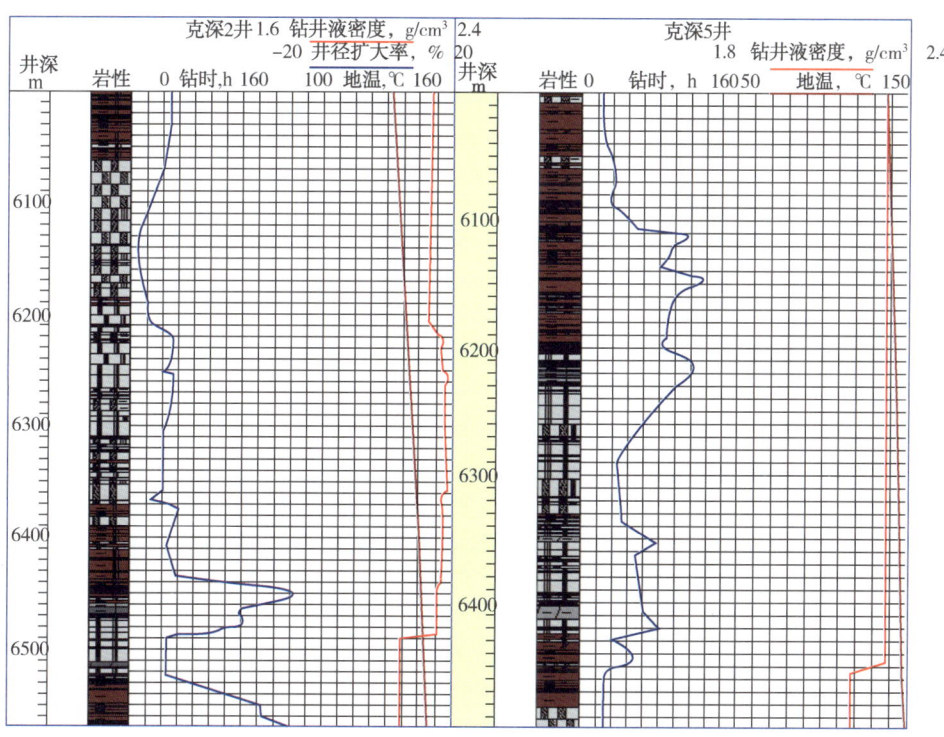

图 7-2-12 克深 2 井和克深 5 井岩性和实用钻井液密度对比图

克深 5 井 1526~1553m 和 2667~6410m 为盐膏层。3000~4880m 为中厚层—巨厚层盐岩、含膏泥岩、膏质泥岩，使用钻井液密度为 2.2~2.26g/cm³；4880~6410m 以盐岩、盐质泥岩、膏盐岩、石膏岩、泥膏岩为主，使用钻井液密度为 2.3g/cm³左右。

区域横向上克深 2 井 6200~6380m 段岩性为盐岩，实用钻井液密度为 2.36~2.37g/cm³；克深 5 井 6200~6380m 段岩性为石膏层，实用钻井液密度为 2.30g/cm³左右，从克深 2 井和克深 5 井横向对比分析得知，深度、温度和应力相同的情况下，石膏的成分增多，地层的蠕变减小，体现在相同井段实用钻井液密度相对降低。

（2）井下温度：温度越高，盐岩强度、弹性模量和剪切模量降低，泊松比增大，导致复合盐层产生损伤，在一定程度上缓和复合盐层地层各向异性程度，减小非构造应力对井眼椭圆度的影响，减少阻卡现象（图 7-2-13）。

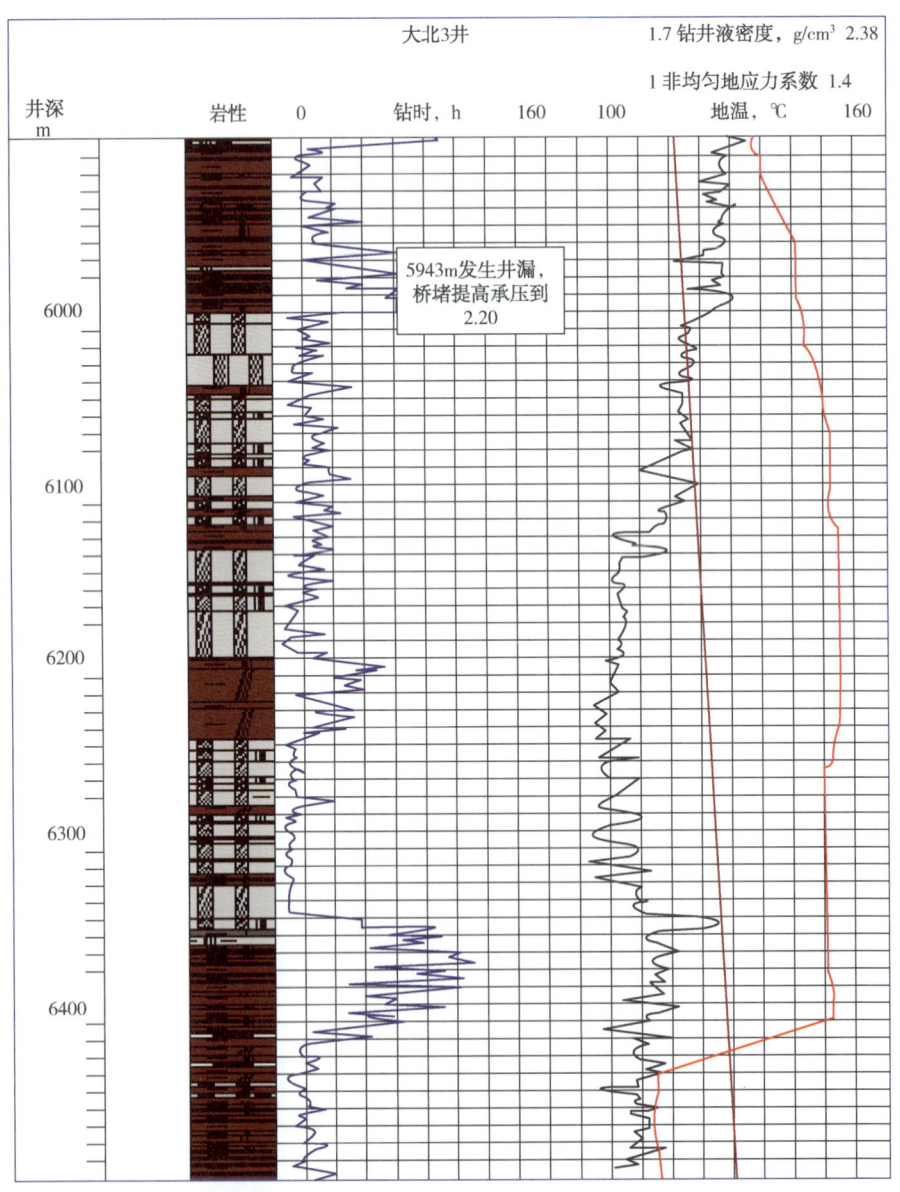

图 7-2-13 大北 3 井复合盐层温度对非均匀地应力系数的影响

从图7-2-12得知，大北3井5800~6000m，地层温度为116~120℃，非均匀地应力系数为1.12~1.20；6000~6350m，地层温度为120~127℃，非均匀地应力系数为1~1.12；6350~6420m，地层温度为127~128.4℃，非均匀地应力系数为1.08~1.16；6420~6500m，地层温度为128.4~130℃，非均匀地应力系数为1.04~1.08，随着井深增加，地层温度升高，地应力非均匀系数变小，实用钻井液密度变小，即地应力变均匀，复合盐层蠕变变小。

（3）非构造应力：在岩性相同的情况下，有效上覆盐层压力梯度和地层温度一定的情况下，影响盐岩蠕变的主要因素为构造应力系数，构造应力系数越大，水平地应力越大。水平地应力大小将直接影响井眼闭合速度和井眼缩径率。最小地应力方向表现为扩径，最大地应力方向上表现为缩径，地应力差值越大，井眼椭圆度越严重，阻卡越严重（图7-2-14）。

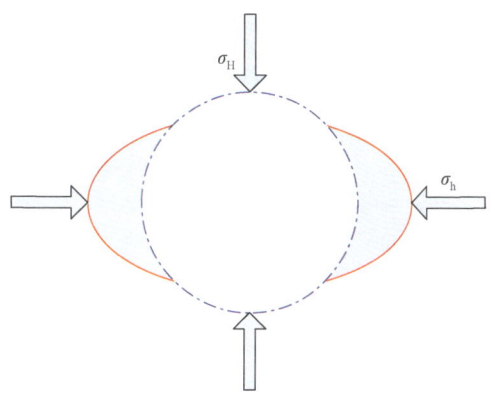

图7-2-14 盐层非均匀地应力情况下井眼变形图

（4）钻开盐层的时间：随着钻开盐层的时间的增加，盐层蠕变也随之增加，从而造成井眼缩径遇阻卡钻。

（5）盐层厚度：盐层厚度不同，盐层各处的井壁位移（井眼缩径）与时间基本呈线性关系。井眼附近应力场在短时间内变化有限，因此蠕变速度基本是稳定的，但是在盐层厚度不同的情况下，盐层的流动受到上下地层砂岩的共同牵制，从而降低了井眼截面和井眼直径的收缩速率；一般情况下，盐层中部的蠕变最厉害。

（6）盐层组分和成因：各类盐类在相同压差下产生塑性变形的速率不相同，氯化钠的膨胀百分数高于氯化钾。复合盐较纯盐更容易发生塑性变形，盐岩的塑性变形还与盐岩的成因有关系。中国石油大学（北京）黄荣樽对中原油田盐岩所做的研究结果得出：在温度较低时原生盐蠕变速率大，次生盐较小；而温度较高时（井深超过4000m）原生盐蠕变速率小，次生盐则大。盐岩的变形能力还与其晶粒粗细、含水多少及压实程度有关。

5. 油基钻井液条件下盐膏岩的蠕变规律
1）应力作用下的蠕变微观机理
（1）流固耦合条件下的盐膏岩微观变化对比与分析。

库车山前所钻井取心得到的盐膏岩样为红褐色，盐岩中有很多微小裂缝，如图7-2-15(a)所示。图7-2-15(b)(c)为盐膏岩中盐岩和石膏的微观结构，部分石膏包裹在盐岩当中，部分石膏分散于盐岩当中，盐岩和石膏混在一起，交替存在。

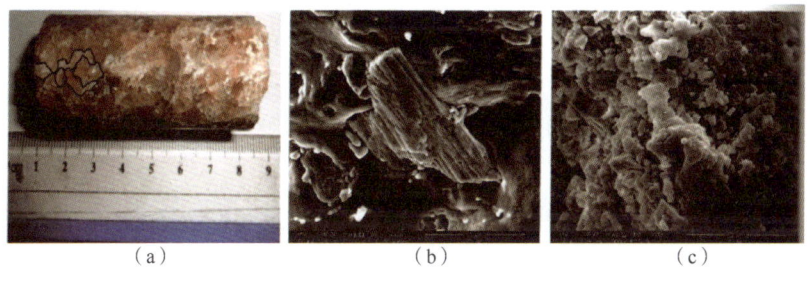

图7-2-15 盐膏岩中盐岩与石膏之间的微观结构图

图7-2-16为盐膏岩中石膏浸泡前以及经饱和水基钻井液浸泡后石膏和油基钻井液浸泡后石膏的微观结构对比图,图7-2-16(a)为盐膏岩中石膏的微观形状,石膏颗粒成规则的条带状分布,条带之间具有微小裂缝。图7-2-16(b)为经水基钻井液浸泡后条带中的棱角已经被溶解,裂缝也被充填,一部分石膏分散到钻井液当中。图7-2-15(c)为经油基钻井液浸泡后的石膏微观结构,石膏中微裂缝发育。

 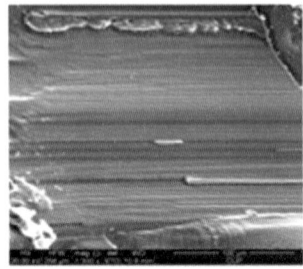 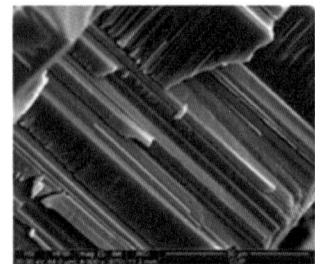

（a）浸泡前的石膏　　　　（b）水基钻井液浸泡后的石膏　　　　（c）油基钻井液浸泡后的石膏

图7-2-16　盐膏岩中石膏在被浸泡前以及经饱和水基钻井液和油基钻井液浸泡后的微观结构图

图7-2-17为盐膏岩中盐在被浸泡前以及经饱和盐水水基钻井液和油基钻井液浸泡后的微观结构对比。图7-2-17(a)为浸泡前的盐岩,盐岩结晶颗粒清晰；图7-2-17(b)为经饱和盐水水基钻井液浸泡后的盐岩,可以明显看出盐岩颗粒被溶解掉的部分,未发现裂缝；图7-2-16(c)为经油基钻井液浸泡后的盐岩,裂缝十分发育,很多是沿着结晶颗粒的表面张开。

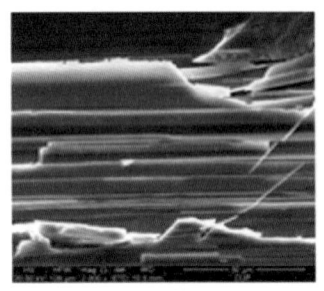  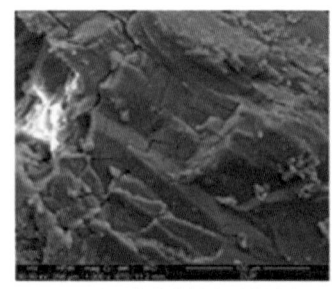

（a）浸泡前的盐岩　　　　（b）水基钻井液浸泡后的盐岩　　　　（c）油基钻井液浸泡后的盐岩

图7-2-17　盐膏岩中盐在被浸泡前以及经饱和盐水水基钻井液和油基钻井液浸泡后的微观结构

对比分析发现,天然盐膏岩中盐岩和石膏岩是混杂分布的,因此,盐膏岩的破坏机理同盐岩和石膏岩的破坏机理有很大关系。盐岩在天然状态下的微观上呈结晶结构,颗粒之间具有一定的连接面,连接面之间同时有一定的微裂缝发育；而石膏岩呈条带状结晶结构,条带之间具有一定的微裂缝。在水基钻井液的作用下,部分盐岩和石膏岩被钻井液溶解,而在油基钻井液的作用下,盐岩和石膏岩均不会被溶解,但其中的微裂缝更加发育。这一方面是由于界面张力的作用,另一方面是在油基钻井液的作用下,盐膏岩更易沿着微裂缝滑动,造成裂缝的逐步扩大。这些微观作用的差异,将会对盐膏岩蠕变产生很大的影响。

（2）应力变化时盐膏岩的声发射和渗透率变化规律。

盐膏岩是结晶结构,当应力增加时,结晶面之间会发生破坏,产生一些微裂缝。使用扫描仪观察应力变化时的盐岩内部微裂缝变化情况,可以观察到盐膏岩中$1.5\sim2\mu m$的微裂缝。还可以观察到盐膏岩在$0.3\sigma_c$、$0.5\sigma_c$和$0.7\sigma_c$时,加压分别为10天、35天和45天时的岩石内部裂缝发育情况，当岩石进入蠕变阶段后，岩石内部的微裂缝在应力的作用下减少（裂缝合并），但是，使用声发射进行监测发现内部微裂缝的数量是增加的（应力作用下生成新的裂缝，尺寸较小，无法用测量仪器观测到）。

这些微裂缝叠加将会导致加压过程中岩石内部裂缝参数成不同比例变化。在 $0.5\sigma_c$，$0.70\sigma_c$ 时，加压超过 35 天，裂缝的平均长度增加 29% 和 50%；加压 45 天时，裂缝的平均长度增加 42% 和 54%。裂缝开口的平均宽度在第一个循环中，增加 19% 和 25%，在第二个循环中增加 27% 和 38%。

为了研究盐岩在受压作用下的微观变化过程，在测量盐岩的应力应变曲线的同时，测量盐岩的声发射信号，并将其绘制在一张图上，如图 7-2-18 所示，此图给出了试样在单轴压缩过程中，声发射事件计数，应力随应变的变化情况，从图中可以看到在不同应变阶段岩石的微观裂缝行为特征。

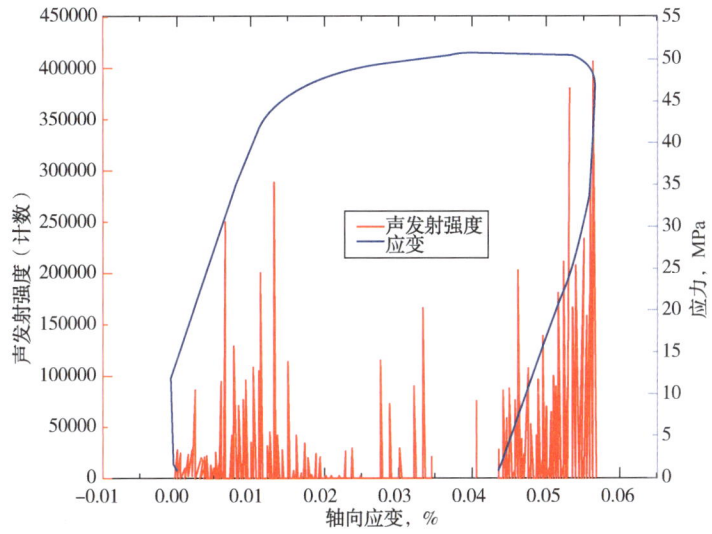

图 7-2-18　应变—应力—声发射强度关系曲线

2）流固耦合条件下的盐膏岩蠕变实验

（1）浸泡时间对蠕变的影响实验。

实验测得界面张力为 40mN/m 的油基钻井液浸泡后的盐岩，在 30MPa 轴压下的稳态蠕变速率，围压分别为 20MPa 和 25MPa，实验结果如图 7-2-19 所示。统计发现，在相同界面张力条件下，浸泡时间对稳态蠕变速率有显著的影响，浸泡的时间小于 15h，岩石的稳态蠕变率几乎无变化，主要由于岩石内部发育有一定的微裂缝，油基钻井液尚未进入岩石中，岩石的稳态过程受其影响较小；当浸泡时间介于

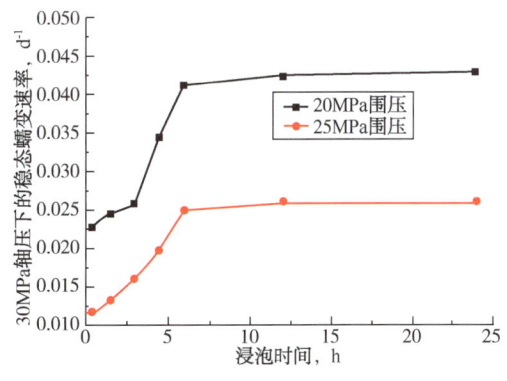

图 7-2-19　相同界面张力条件下不同浸泡时间对蠕变的影响

1.5~6h 时，岩石的稳态蠕变速率迅速上升，之后趋于平缓，在此阶段，油基钻井液进入岩石的微裂缝中，对节理和微裂缝面起到润滑作用，在加压的过程中盐膏岩内部的微颗粒

发生滑移，造成其蠕变速率加大。当浸泡时间大于 6h 时，钻井液已经几乎完全进入岩石内部，岩石的稳态蠕变速率趋于定值同时，发现围压的增加可以有效地降低盐膏岩的稳态蠕变速率，这主要是围压增加导致岩石内部的微裂缝或节理减小，增加了岩石内部微晶体滑移时的阻力，随着岩石浸泡时间的增加，围压对稳态蠕变速率的影响逐渐降低。

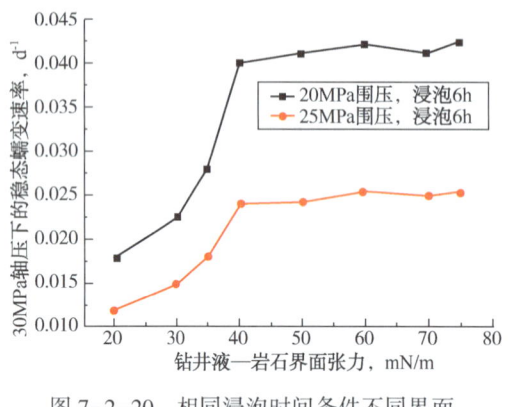

图 7-2-20　相同浸泡时间条件不同界面张力对盐膏岩蠕变的影响

（2）润湿性对蠕变的影响实验。

为了获得油基钻井液润湿性对盐膏岩蠕变的影响规律，将现场获得的盐膏岩岩心浸泡在界面张力分别为 20mN/m，30mN/m，40mN/m，50mN/m，60mN/m，70mN/m 和 75mN/m 的油基钻井液中 6h，通过真三轴材料试验机测量其稳态蠕变速率，围压分别为 20MPa 和 25MPa，得到不同界面张力钻井液浸泡后盐膏岩在 30MPa 轴压下的稳态蠕变速率数据统计结果如图 7-2-20 所示，统计发现，油基钻井液的界面张力对盐膏岩的稳态蠕变速率有显著的影响。

当界面张力小于 40mN/m 时，钻井液在毛细管力的作用下进入岩石的微裂缝或节理面中，但未全部进入盐膏岩内部的微裂缝中，随着界面张力的增大，钻井液进入盐膏岩中的速度就越快，因此其稳态蠕变速率随着界面张力的增加而增加，当界面张力大于 40mN/m 时，岩石内部已完全被钻井液浸透，岩石的稳态蠕变速率几乎保持不变，因此，增加钻井液的界面张力对蠕变速率的影响很小。

3）地层倾角对盐膏层蠕变的影响规律

克深区块位于高陡应力构造带，地层倾角变化大。图 7-2-21 是大北、克深地区地层露头照片，从图上可以看到许多地层出露部分的地层倾角非常高（30°～90°不等），这种高陡构造下的高倾角地层在井眼钻井后薄弱地层和弱面胶结处是地层坍塌掉块的集中区域。

图 7-2-21　大北克深段高倾角层理性岩心露头照片

4) 油基钻井液条件下的盐膏层井壁稳定性

在油基钻井液钻进过程中发现：油基钻井液钻进盐膏层时，采用依据饱和盐水钻井液设计的钻井液密度钻进，钻进过程中发生严重的阻卡，必须再附加一定的密度，才能保证安全钻进。

随着应力的增加，岩石内部会产生微裂缝，导致盐膏岩的渗透率增加。因此，在盐膏层中钻进时，当井眼被打开时，由于井筒周围尚未达到应力平衡状态，盐膏岩内部会有一些微裂缝的存在，这些微裂缝对油基钻井液条件下的盐膏岩蠕变具有很大的影响。一方面，在液柱压力的作用下，油基钻井液会进入地层中，影响盐膏岩的蠕变和稳定；另一方面，在不同界面张力的作用下，油基钻井液进入盐膏岩地层的速度不同，也会对盐膏岩的性质产生较大的影响。

钻井液渗透距离同盐膏岩蠕变之间关系如图 7-2-22 所示。由图可知，当油基钻井液进入盐膏岩之后，盐膏岩的稳态蠕变速率在开始阶段较慢，随着进入盐膏岩中距离的增加，稳态蠕变速率呈抛物线上升，当盐膏岩被完全浸透后，盐膏岩的稳态蠕变速率处于一个定值。

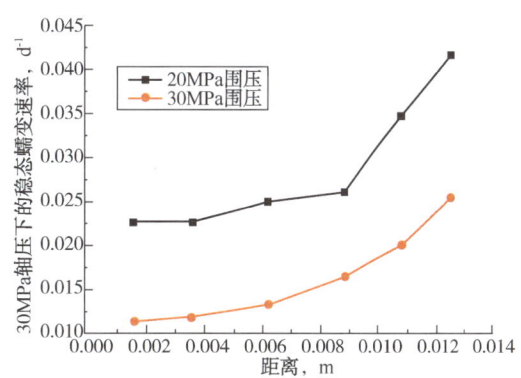

图 7-2-22　钻井液渗透距离同盐膏岩蠕变规律关系图

6. 逆掩断层上盘浅层井壁稳定性

库车山前部分地区，由于构造运动，部分构造在逆掩断层作用下，盐膏层及部分盐上地层被推至浅层，地层重复出现。浅盐层表现为脆性特征，没有蠕变性或很弱。在陡倾角地层、断层裂缝发育带，防止使用过高密度钻井液。高密度钻井液侵入地层层理面、裂缝面等弱面，引起井壁严重失稳，产生大量的掉块，是引起起下钻阻卡的主要原因，在这种区域，浅表层钻井液密度不宜太高。其密度需根据所钻井坍塌压力来确定。

克深 1001 井：阻卡点主要发生在泥岩段，因发生井漏降低钻井液密度，从 2.5g/cm³ 降至 1.735g/cm³，阻卡情况并未加剧。

克深 10 井：二开井段 302~2653.5m 阻卡严重，损失时间 19 天。阻卡点在盐膏层段、泥岩段均存在。其塌块如图 7-2-23 所示。为了减轻阻卡，钻井液密度从 2.14g/cm³ 提高到 2.3g/cm³，再提高至 2.39g/cm³，再提高至 2.42g/cm³，越提密度，井下情况越复杂。

克深 10 井浅层处在陡倾角地层、断层裂缝发育带，高密度钻井液进入地层层理面、裂缝面等弱面，引起井壁严重失稳，产生大量的大掉块，现场表现为严重的阻卡。

图 7-2-23　克深 10 井用高密度钻井液钻浅层发生井塌的塌块

四、库车山前盐膏层安全钻井液密度的确定

钻井液密度的选择对复合盐膏层井眼稳定至关重要。多数盐层卡钻和复杂情况的产生都应归咎于钻井液密度不合适。对超深井油井深部的井壁围岩的温度和应力条件,盐岩的流变机制属于位错滑移的范畴。其蠕变本构方程可用下式来描述:

$$\dot{\varepsilon} = A \cdot \exp\left(-\frac{Q}{RT}\right)\sinh(B\sigma) \tag{7-2-7}$$

式中 $\dot{\varepsilon}$——稳态蠕变速率;

A,B——蠕变参数;

Q——激活能;

R——一个理想气体常数;

T——绝对温度;

$\sinh(\ )$——双曲正弦函数;

σ——差应力。

在盐岩层钻进过程中,若钻井液密度过小常导致缩径卡钻;钻井液密度过大,易发生井漏,引起压差卡钻等复杂情况发生。因此,合理设计钻遇岩盐层的钻井液密度十分重要。对于均匀地应力情况下钻井液密度对岩盐层井眼缩径的影响,可以采用前述数学模型进行计算分析。而相关资料表明,克拉苏构造带岩盐层段的地应力状态较复杂,两向水平地应力不等。为此,需要采用有限元力学模型分析非均匀地应力下钻井液密度对岩盐层井眼缩径的影响,为岩盐层井眼钻井钻井液密度设计提供依据。

1. 均匀地应力情况下钻井液对井眼缩径的影响

大北、克深地区岩盐的蠕变力学参数可由试验数据拟合得出并假设地应力均匀,其大小为158.6MPa。采用前述理论公式对井眼缩径速率进行了理论计算,计算结果如图7-2-24所示。

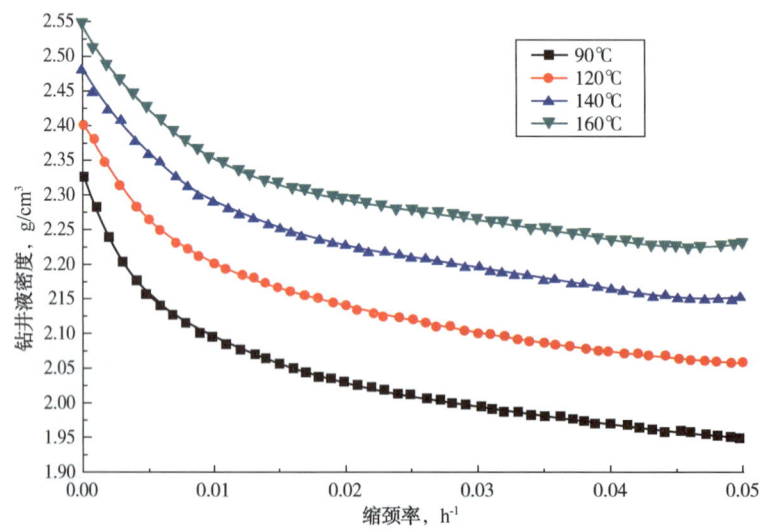

图7-2-24 均匀地应力条件下不同钻井液密度和温度下的缩径率

2. 非均匀地应力情况下钻井液对井眼缩径的影响

为了研究非均匀地应力下钻井液密度对井眼蠕变缩径的影响，为钻井施工提供钻井液密度设计参数，建立空间有限元模型。钻头尺寸分别取为 8½in 和 9½in，井深 6350m，钻井液密度分别取 1.9g/cm³，2.1g/cm³ 和 2.3g/cm³。应用有限元法求解得出盐膏层段不同时刻的井径数据。

由于岩盐层井壁处于非均匀地应力状态，井眼缩径变形后为一椭圆。若以 X 方向为椭圆短轴方向，Y 方向为椭圆长轴方向。为了使选取的研究节点具有代表性，选取盐层中 X-Y 方向上的井壁节点，通过改变井内钻井液静液柱压力，求解得到该点在不同钻井液密度下随蠕变时间变化的井径数据。如图 7-2-25 和图 7-2-26 所示。

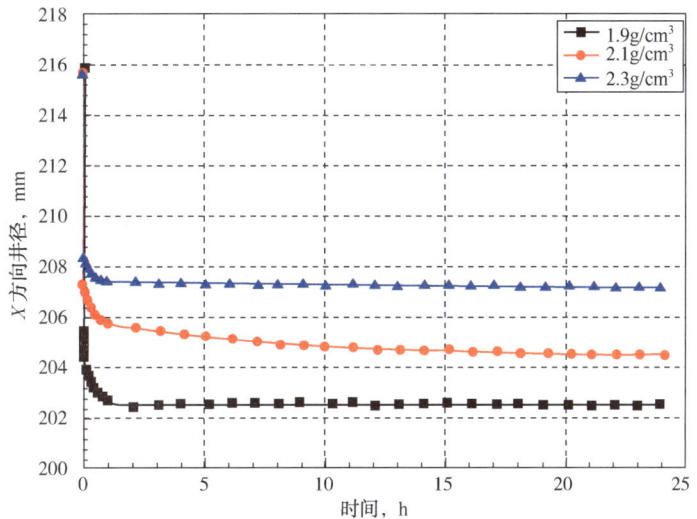

图 7-2-25　钻井液密度对短轴方向上井眼缩径的影响（8½in 钻头）

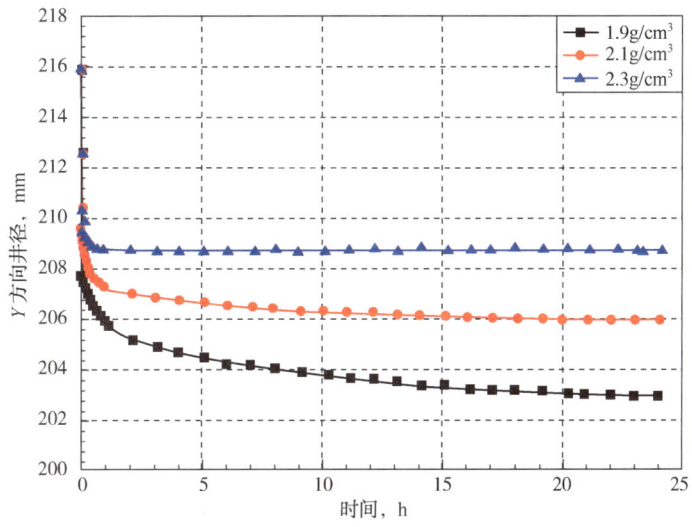

图 7-2-26　钻井液密度对长轴方向上井眼缩径的影响（8½in 钻头）

— 501 —

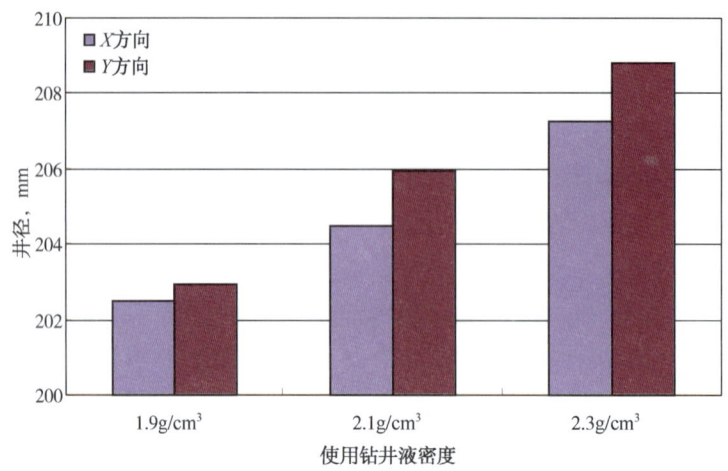

图 7-2-27 X方向和Y方向缩径对比图（8½in 钻头，时间：24h）

由图 7-2-27 缩径曲线可知，随着钻井液密度的增大，井眼缩径速率减小，且当钻井液密度为 2.3g/cm³ 时，基本可以抑制岩盐层井眼的缩径。通过对比图 7-2-24 至图 7-2-27 的缩径曲线可以发现：井眼在初始蠕变阶段蠕变缩径很快，易导致卡钻；随着时间的推移，井眼缩径趋于稳定，且钻井液密度越大，趋于稳定的时间越短。

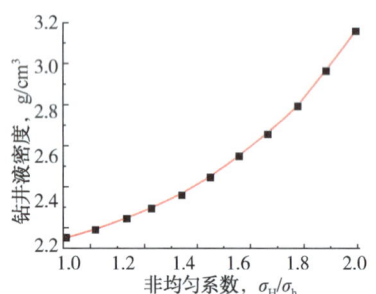

图 7-2-28 不同地应力非均匀系数与钻井液密度

通过上面所建立的有限元计算模型，考虑工程安全钻井所允许的井眼缩径速率 0.001h⁻¹ 情况下，不同地应力非均匀系数与钻井液密度的关系图版。从图 7-2-28 中可得知，随着地应力非均匀系数的增加，钻井液密度以幂指数的形式增加。

综合上述分析，可得以下结论：

（1）井眼的初始蠕变阶段缩径量较大，缩径速率快，容易导致卡钻；

（2）通过随钻扩眼或反复划眼，可以消除初始蠕变，减少卡钻事故的发生；

（3）增加钻井液密度，可有效地减少井眼缩径量；

（4）控制满足工程安全的缩径率的条件下，实用钻井液密度与地应力非均匀系数有关，非均匀系数越小，钻井液密度越低，钻井越安全。

3. 油基钻井液钻进盐膏层钻井液密度设计

传统盐膏层钻井液密度设计方法只考虑了地应力和盐膏层蠕变作用的影响，而通过前面的分析，盐膏层钻井液密度设计除了考虑上述因素外，还应考虑地质构造方面（地层倾角）、油基钻井液性能及在盐膏岩微裂缝中传导等因素的影响。综合考虑以上因素，得到了油基钻井液作用下盐膏层钻井液密度图版（图 7-2-29）。

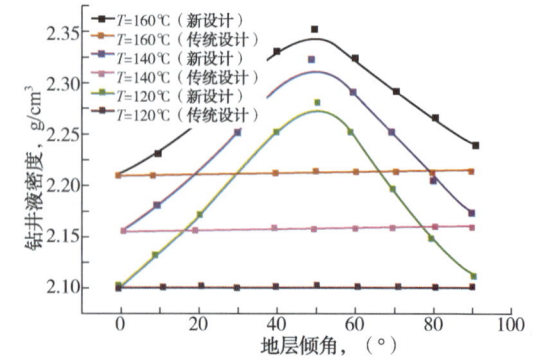

图 7-2-29 油基钻井液条件下钻盐膏层钻井液密度图版

4. 超深井盐膏层漏封段钻井液密度确定方法

由于盐底卡层不准,技术套管漏封盐膏层。此情况下继续钻进时,为了防止漏封盐膏地层蠕变,可采用欠饱和盐水钻井液钻进,钻井液密度可参考图 7-2-30 和图 7-2-31 来确定。

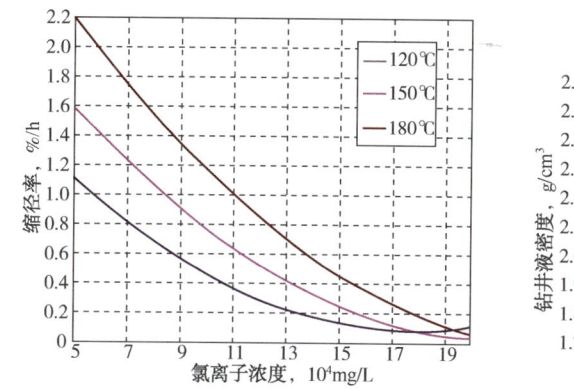 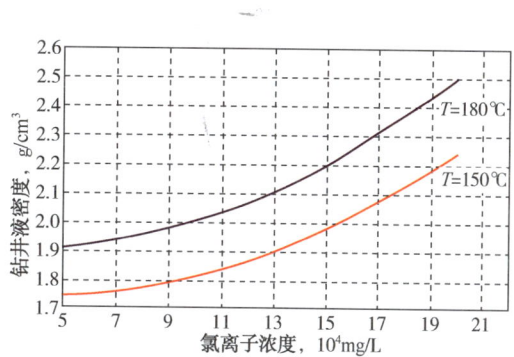

图 7-2-30 氯离子浓度与钻井缩径率的关系图版　　图 7-2-31 氯离子浓度与钻井液密度图版

可看出,对于以盐为主成分的盐膏层,可采用常规近饱和盐水钻井液,合理确定氯离子含量,把钻井液密度降下来,这在盐下钻井遭遇盐层漏封段时安全钻进与保护油气层具有重要意义。

盐层漏封段确定钻井液密度的方法,首先要明确所处地层温度 T 和划眼的时间间隔 DT 小时,一般来说缩径 2% 可通过划眼来消除,计算单位小时缩径率 n:

$$n = \frac{2}{DT} \tag{7-2-8}$$

假设地层温度 150℃,划眼时间间隔 $DT=40h$,则 $n=0.05$,查图 7-2-30 氯离子浓度与钻井缩径率的关系图版,得氯离子浓度为 $12×10^4 mg/L$。再查图 7-2-31 氯离子浓度与钻井液密度图版,得钻井液密度为 $1.86g/cm^3$。

大北 301 井盐膏层段为:5628~6914m,8⅛in 套管下至 6901m,盐层漏封 13m,盐层段使用钻井液密度 $2.3~2.55g/cm^3$,在盐层漏封段使用钻井液密度 $2.15~1.82g/cm^3$ 能顺利通过。

5. 浅层盐膏层钻井液密度确定

由于构造运动,部分构造在逆掩断层作用下,盐膏层被推至浅层,盐膏地层重复出现,如克深 10 构造等。对于处于强地应力作用下的浅层盐膏层,是否会发生蠕变,安全钻井钻井液密度如何确定。

通过对盐岩的分析,盐层中发现包裹体均一温度最高温度为 57.1℃,说明:在地层温度小于 57.1℃ 时,流体可以进入盐岩中,盐层有孔隙,盐层为脆性;在地层温度大于 57.1℃ 之后,流体无法进入盐岩,盐岩处于塑性状态。

库车山前克深段地温梯度:

$$T = 0.022D + 25$$

其中,D 是深度,地温梯度为 2.2℃/100m,地表年平均温度为 25℃,通过计算得出:$D=1455m$。

库车克深地区盐岩塑性流变条件:深度大于 1455m。

盐岩发生塑性流形的条件：围压大于10~15MPa（对应深度在1000~1500m）地层温度大于57.1℃。在1455m以上浅地层，盐层表现为脆性特征，不具有蠕变性；而超过1455m，盐岩发生塑性变形。

盐岩三轴应力应变曲线如图7-2-32所示。

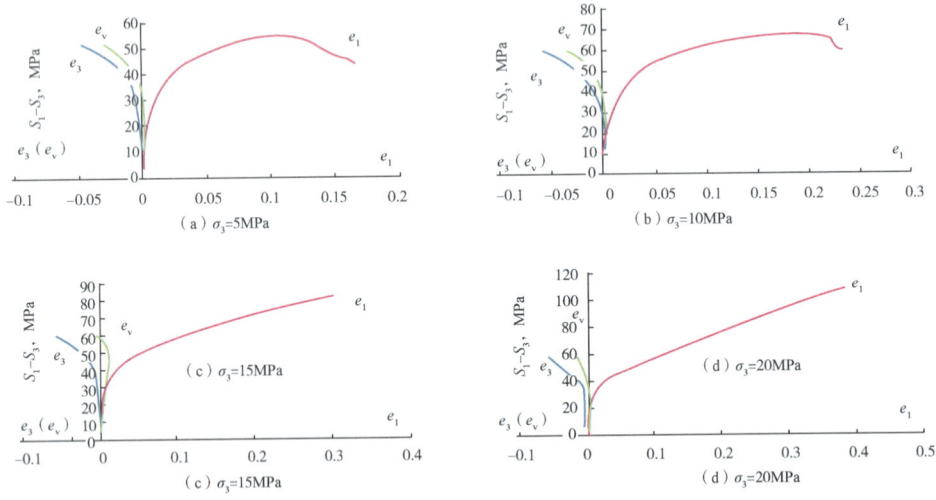

图7-2-32　盐岩三轴应力—应变曲线

e_1—轴向应变,%；S_1—第一主偏应力；S_3—第三主偏应力；e_3—径向应变；e_2—体积应变；σ_3—围压

从克深4使用的钻井液密度、阻卡情况得到以下认识：

(1) 该井自井深561m进入浅层断层上盘盐层，盐层厚度89m，钻井液密度1.40~1.50g/cm³没有发生严重阻卡等复杂情况。

(2) 该井钻进720~1104m井段，起下钻有间断挂卡30~50tf，钻井液密度从1.52g/cm³提高到1.65g/cm³；钻至1321m，起钻至井深1257m时多处挂卡30~50tf。钻井液密度从1.65g/cm³提高到1.80g/cm³，井下情况正常；钻至井深1508m进入盐层，盐岩发生蠕变，钻井液密度为1.80g/cm³，控制不住盐岩蠕变，起钻多处挂卡20~40tf，倒划眼通过，需继续提高钻井液密度。

通过以上分析可以得出，该井钻进井深小于1455m以上盐岩确定钻井液密度时，可以不考虑盐岩蠕变，而钻进井深超过1455m盐膏层时，必须考虑控制盐膏蠕变所需钻井液密度。

由于库车山前地层十分复杂，确定盐膏层发生蠕变的深度时，必须根据所钻井构造应力、盐膏层组分、地应力、地温梯度等因素来确定。对克深4井浅层盐膏层段钻井液密度的分析只是一个例证。

五、库车山前钻进盐膏岩层技术措施

(1) 钻遇盐膏层之前，先将技术措施向全队交底，使全队人员心中有数；同时认真检查钻具，对钻具进行探伤，震击器必须正常工作。

(2) 简化钻具结构，甩掉扶正器，选用螺旋钻铤。

(3) 揭开盐层之前，井温低于130℃或盐膏层厚度小于1000m转化欠饱和/饱和盐水钻井液，井温高于130℃或盐膏层厚度超过1000m转化为油基钻井液。钻井液密度依据盐

膏层深度、温度及所用钻井液等条件控制盐膏蠕变，如盐膏井段存在高压盐水层，必须依据其孔隙压力系数。

（4）盐膏层钻进，必须采用"进一退二"的方法，每钻进1m或半小时必须上提一次，上提时距离不少于3m。

（5）钻进中密切注意转盘扭矩、泵压、泵冲和返出岩屑变化，发现扭矩增大，应立即上提划眼。

（6）接单根前划眼2~3次，方钻杆提出后，停泵通井眼，不遇阻卡，方可接单根，否则重新划眼。

（7）适时短起下钻，以验证井眼应力释放时间，掌握盐膏层缩径周期。

（8）加强氯离子监测，防止盐层溶解形成"大肚子"。

（9）盐层中钻进，尽可能减少钻具静止时间，每次静止时间不得超过2min，因故检修，须将钻具起至安全井段。

（10）盐岩层钻进，必须由正、副司钻操作刹把；坚持干部24h值班，发现问题及时处理。

（11）加重物资及堵漏物资储备要充分、齐全，同时认真坐岗，及时发现井漏、溢流。

（12）加强钻具、工具、运转设备的检查、维护，保证生产连续性，提高生产时效，以快制胜。

（13）钻进盐膏层段、防溢流与井漏措施见本章第三节与第六章。

第三节　高压盐水溢流与控制技术

一、库车山前高压盐水溢流发生规律

库车山前库姆格列木群与吉迪克组盐膏地层存在多套高压盐水层，安全密度窗口窄，钻井施工难度极大，发生溢流、井漏、卡钻等井下复杂情况。对库车山前2019年7月前已完成的290口井统计，101口井发生高压盐水溢流172次，损失时间15974.4h，高压盐水溢流发生概率为34.8%。发生高压盐水溢流的井，平均每口井1.7次，平均每口井损失158.2h。

1. 库车山前高压盐水溢流发生情况

库车山前各构造钻井过程发生高压盐水溢流情况不同，从表7-3-1可见，高压盐水溢流主要发生在克拉苏冲断带克深区带大北段、克深段、克拉区带，乌什凹陷神木构造带与乌什构造带，北部构造带迪北区块，秋里塔格冲断带佳木构造带、西秋构造带、东秋构造带与迪那构造带。在同一构造带各构造高压盐水溢流发生严重情况不同，以克深段为例，克深段已在21个构造上钻探，14个构造上发生高压盐水溢流，其中克深4、克深5、克深6、克深7、克深9、克深11、克深12、克深13和克深21等构造最为严重，见表7-3-2。从表中可以看出，部分井由于高压盐水溢流而引发井漏20次，占溢流总次数的40.8%，发生卡钻3次，占6.1%（采用水基钻井液钻进，发生溢流后关井，再压井几乎100%发生卡钻事故，采用油基钻井液井溢流后关井再压井发生卡钻事故概率极少）。

表 7-3-1 库车山前各构造高压盐水溢流发生情况

构造带	统计井数 口	发生井数 口	概率 %	发生次数 总次数	发生次数 单井	损失时间, h 总时间	损失时间, h 单井
神木构造带	7	1	14	1	1	14.63	14.63
乌什构造带	3	1	33	2	2	292.6	292.6
巴什区块	1	0	0				
迪北区块	19	1	5	1	1	12.5	12.5
吐格尔明区块	7	0	0				
依奇克里克构造带	1	0	0				
克深区带阿瓦特段	2	0	0				
克深区带博孜段	8	0	0				
克深区带大北段	40	14	35	33	2.36	2459.02	175.64
克深区带克深段	112	36	32	49	1.36	6702.12	186.17
克深区带克拉段	30	5	16.7	9	1.8	2252.04	450.408
佳木构造带	2	1	50	2	2	40.75	40.75
西秋构造带	9	2	22	2	1	34.22	17.11
中秋构造带	1	0	0				
东秋构造带	1	1	100.0	10	10.0	78.2	78.2
迪那构造带	42	1	2.4	1	1.0	92.0	92.0
拜城凹陷	1	0	0				
阳霞凹陷	3	0	0				
合计	289	67	23.2	115	1.7	5310.7	79.3

表 7-3-2 克深段各构造高压盐水溢流发生情况

构造	统计井数 口	溢流井数 口	概率 %	溢流次数 总数	溢流次数 单井	损失时间, h 总数	损失时间, h 单井	压井 次数	导致井 漏次数	导致卡 钻次数	溢流前密度 范围
克深1	6	2	33.3	3	1.5	482.6	241.3	3	1	0	2.15~2.37
克深2	33	5	15.2	7	1.4	448.6	89.7	7	2	2	1.86~2.50
克深3	3	0	0.0								
克深4	1	1	100.0	3	3	133.4	133.4	3	1	0	2.20~2.39
克深5	8	5	62.5	5	1	1058.8	211.8	5	3	0	2.30~2.35
克深6	6	3	50.0	6	2	82.3	27.5	6	3	0	1.90~2.37
克深7	1	1	100.0	1	1	181.1	181.1	1	1	0	2.34~2.34
克深8	17	3	17.6	3	1	84.7	28.2	3	2	0	2.20~2.25
克深9	8	6	75.0	9	1.5	2485.5	414.3	28	4	0	2.10~2.58
克深10	4	0	0.0								
克深11	4	2	50.0	2	1	38.9	19.4	11	1	0	2.28~2.32
克深12	2	1	50.0	2	2	531.0	531.0	2	0	0	2.27~2.38
克深13	5	4	80.0	4	1	1075.0	268.7	45	2	0	1.96~2.40
克深15	1	0	0.0								
克深16	1	0	0.0								
克深19	1	0	0.0								
克深21	1	1	100.0	1	1	71.0	71.0	1	0	0	2.40~2.40
克深24	6	4	66.7	4	1.00	62.3	15.6	4	0	0	2.35~2.38
吐北2	1	0	0.0								
大北12	2	2	100.0	4	2.0	173.0	86.5	3	3	1	2.15~2.35
大北15	1	0	0.0								
共计	112	40	35.7	54	1.4	6908.1	172.7	122	23	3	

2. 溢流发生的层位

库车山前溢流主要发生在盐膏层，统计的已完成井 266 口井中 58 口井发生溢流 94 次，其概率为 21.8%，平均每口井发生 1.6 次，损失时间 20923.9h，平均每口井损失 188.3h。压井 161 次，其中 36 次发生井漏，8 次发生卡钻，详见表 7-3-3。各构造带溢流发生的层位见表 7-3-4，其规律与库车山前一致，以盐膏层段最为严重，见表 7-3-4。

表 7-3-3 库车山前溢流主要发生的层位

溢流层位	统计井数,口	溢流井数,口	溢流概率,%	溢流次数 总次数	溢流次数 单井平均	损失时间,h 总时间	损失时间,h 单井平均	压井次数	导致井漏次数	导致卡钻次数
盐上地层	287	9	3.1	12	1.3	1013.4	112.6	14	1	1
盐膏层	266	58	21.8	94	1.6	10923.9	188.3	161	36	8
白垩系	236	5	2.1	6	1.2	602.7	120.5	5	1	0

表 7-3-4 库车山前各构带造高压盐水溢流发生的层位

构造带	溢流层位	钻遇井数,口	溢流井数,口	溢流概率,%	溢流次数 总数	溢流次数 单井	损失时间,h 总数	损失时间,h 单井	压井次数	导致井漏次数	导致卡钻次数	溢流前密度范围,g/cm³	恢复后密度范围,g/cm³
博孜	盐上地层	9	0	0									
博孜	盐膏层	8	0	0									
博孜	白垩系	8	0	0									
克深	盐上地层	112	0	0									
克深	盐膏层	112	35	31.2	47	1.3	6171.1	176.3	111	20	3	1.86~2.58	1.71~2.71
克深	白垩系	110	1	0.9	2	2	531	531	2	0	0	2.27~2.38	1.88
大北	盐上地层	40	2	5.0	4	2	185.2	92.6	4	0	1	2.19~2.37	2.26~2.41
大北	盐膏层	40	12	30.0	28	2.3	2240.4	186.7	28	15	5	1.61~2.48	1.7~2.52
大北	白垩系	37	1	2.7	1	1	33.4	33.4	1	0	0	1.75~1.75	1.78~1.78
克拉	盐上地层	30	2	7.0	2	1	486.8	243.4	2	1	0	1.45~2.25	1.52~2.56
克拉	盐膏层	28	5	17.0	9	1.8	1704.7	340.9	9	0	0	1.60~2.28	1.73~2.52
克拉	白垩系	26	2	7.0	3	1.5	513.4	256.7	3	1	0	1.52~2.03	1.90~2.07
佳木	盐上地层	2	1	50.0	1	1	0	0	0	0	0	1.62~1.62	1.65~1.65
佳木	盐膏层	2	1	50.0	2	2	40.8	40.8	1	0	0	1.90~2.25	1.90~2.24
乌什	盐上地层	3	1	33.0	2	2	292.6	292.6	6	0	0	1.85~2.25	1.82~2.22
神木	盐上地层	7	1	14.0	1	1	14.6	14.6	1	0	0	2.01~2.01	2.12~2.12
迪北	白垩系	14	1	5.	1	1	12.5	12.5	0	0	0	1.5~1.5	—
西秋	盐上地层	9	1	11.1	1	1	0	0	1	0	0	2.14	2.12
西秋	盐膏层	9	1	11.1	1	1	34.2	34.2	0	0	0	2.25	
东秋	盐膏层	1	1	100.0	8	8.0	70.1	70.1					
东秋	白垩系	1	1	100.0	2	2.0	8.2	8.2					
迪那	盐膏层	36	1	2.8	1	1.0	91.9	91.9	3		1		

对近年来钻探的克深 5、克深 6、克深 9、克深 10、克深 11、克深 12、克深 13、克深 19、克深 21、克深 24 等 11 个构造已完成的 45 口井按新五段统计高压盐水溢流所发生的情况，见表 7-3-5。从表中数据可以得出，溢流主要发生在 $E_{1-2}km^2$ 和 $E_{1-2}km^3$，其次是

$E_{1-2}km^4$ 等三段，其发生概率分别为 26.7%、26.7% 与 11.1%。

表 7-3-5　克深段盐膏层各层组溢流发生情况

溢流层位	统计井数，口	溢流井数，口	溢流概率%	溢流次数 总数	溢流次数 单井平均	损失时间，h 总时间	损失时间，h 单井平均	损失时间，h 每次损失时间	压井 总次数	压井 平均次数	导致井漏次数	溢流导致井漏概率,%	导致卡钻次数
$E_{1-2}km^1$	45	0	0.0										
$E_{1-2}km^2$	45	12	26.7	16	1.3	3642.0	303.5	227.6	76	4.75	9	56.3	0
$E_{1-2}km^3$	45	12	26.7	12	1	1127.7	94.0	94.0	21	1.75	3	25	0
$E_{1-2}km^4$	45	5	11.1	5	1	789.1	157.8	157.8	5	1.0	2	40.0	0
$E_{1-2}km^5$	45	0	0.0										

3. 高压盐水溢流发生时工况

克深段钻进 $E_{1-2}km$ 层在钻进过程中发生溢流最严重，发生溢流概率为 22.3%，溢流次数 32 次，单井损失时间为 118.7h，压井 93 次，由溢流导致井漏 10 次，导致卡钻 3 次；其次为起下钻过程中发生溢流较为严重，单井损失时间为 279.5h，压井 16 次，由此导致井漏 2 次，见表 7-3-6。

表 7-3-6　克深段 $E_{1-2}km$ 层溢流时工况

工况	完井井数，口	溢流井数，口	概率%	溢流次数 总数	溢流次数 单井	损失时间，h 总数	损失时间，h 单井	损失时间，h 单次	压井次数	导致井漏次数	导致卡钻次数	溢流前密度范围 g/cm³	恢复后密度范围 g/cm³
钻进	112	25	22.3	32	1.3	2968.1	118.7	92.8	93	10	3	1.86~2.58	1.95~2.59
起下钻	112	9	8.0	9	1.0	2515.1	279.5	279.5	16	2	0	1.99~2.50	2.06~2.50
井漏	112	8	7.1	9	1.1	995.2	124.4	110.6	9	7	0	1.90~2.40	1.95~2.55
下套管固井	112	1	0.9	1	1.0	266.1	266.1	266.1	1	0	0	2.33~2.33	2.71~2.71
其他	112	4	3.6	4	1.0	193.6	48.4	48.4	4	1	0	2.32~2.55	2.26~2.58

对近年来钻探的克深 5、克深 6、克深 9、克深 10、克深 11、克深 12、克深 13、克深 19、克深 21、克深 24 等 11 个构造已完成的 45 口井按新五段统计高压盐水溢流所发生的情况，见表 7-3-7，从表中数据可以得出，高压盐水溢流主要发生在钻进过程中，其次是发生在处理井漏与下钻过程中，处理钻进与起钻过程中溢流最为困难，平均处理每次溢流需压井 4 次以上，导致井漏概率最高。

表 7-3-7　克深段盐膏层各层组溢流发生时工况

溢流层位	溢流时工况	统计井数 口	溢流井数 口	溢流概率%	溢流次数 总数	溢流次数 单井	损失时间，h 总时间	损失时间，h 单井平均	损失时间，h 单次平均	压井次数 总数	压井次数 平均	导致井漏次数	导致井漏概率,%	导致卡钻次数	溢流前密度范围 g/cm³	恢复后密度范围 g/cm³
$E_{1-2}km^2$	下钻	45	3	6.7	3	1	160.5	53.5	53.5	3	1.0	1	33.3	0	2.21~2.55	2.23~2.58
	井漏	21	2	9.5	2	1	247.9	123.9	123.9	2	1.0	2	100	0	2.32~2.35	2.32~2.37
	起钻	45	2	4.4	2	1	2050.1	1025.0	1025.0	9	4.5	1	50.0	0	2.39~2.50	2.46~2.50
	钻进	45	6	13.3	9	1.5	1183.6	197.3	131.5	62	6.9	5	55.6	0	2.25~2.58	2.35~2.59

续表

溢流层位	溢流时工况	统计井数口	溢流井数口	溢流概率 %	溢流次数 总数	溢流次数 单井	损失时间,h 总时间	损失时间,h 单井平均	损失时间,h 单次平均	压井次数 总数	压井次数 平均	导致井漏次数	导致井漏概率,%	导致卡钻次数	溢流前密度范围 g/cm³	恢复后密度范围 g/cm³
$E_{1-2}km^3$	固井	45	1	2.2	1	1	266.1	266.1	266.1	1	1.0	0	0.0	0	2.33~2.33	2.71~2.71
	承压试验	9	1	11.1	1	1	21.0	21.0	21.0	1	1.0	0	0.0	0	1.90~1.90	1.95~1.95
	井漏	24	2	8.3	2	1	112.8	56.4	56.4	2	1.0	2	100	0	2.30~2.40	2.35~2.55
	钻进	45	7	15.6	7	1	367.8	52.5	52.5	16	2.3	1	14.3	0	1.96~2.40	2.28~2.54
$E_{1-2}km^4$	钻进	45	2	4.4	2	1	29.8	14.9	14.9	2	1.0	1	50.0	0	2.04~2.35	2.07~2.32
	井漏	27	1	3.7	1	1	449.5	449.5	449.5	1	1.0	1	100	0	2.35	2.39
	下钻	45	1	2.2	1	1	138.8	138.8	138.8	1	1.0	0	0.0	0	2.10	2.35

二、高压盐水形成原因及分布

库车山前库姆格里姆群发育两套高压盐水层，分别分布在上部盐岩段的欠压实泥岩，以及中泥岩段的薄砂层，盐岩段内与下部膏盐岩段。盐岩段高压盐水层呈盐包膏泥岩组合，为构造型高压盐水层；中泥岩内：呈"盐膏包砂岩"组合，为沉积型高压盐水层如图7-3-1所示。

高压盐水层类型	模式	岩性	储集空间	特征描述
构造型		盐包膏泥岩	泥岩裂缝石膏→硬石膏（晶间孔）	位于大套盐岩之间的膏泥岩中，距离盐顶120m至上千米，分布规律不显著
沉积型		盐膏包砂岩	薄砂岩	位于大套盐岩底至白云岩之间，距离白垩系顶约150m，电测曲线呈高幅指状，单砂体厚度薄，电测曲线多呈漏斗型

图7-3-1 高压盐水层成因模式

1. 上部欠压实泥岩

大量的研究结果表明，泥岩层内部要形成异常孔隙流体压力必须具备两个条件：厚度大；沉积速率快。这些厚度较大的泥岩层由于其快速沉积，在上覆沉积载荷的作用下，四周与渗透层相邻的部分泥岩首先被压实排水，使其孔渗性变差，形成致密层（图7-3-2）。

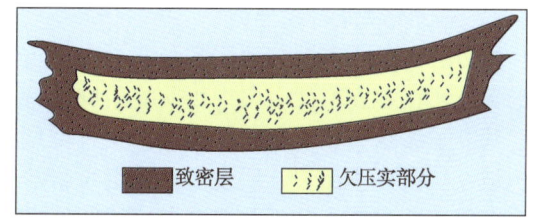

图7-3-2 欠压实泥岩形成示意图

由于四周致密层的形成，阻滞了厚层泥岩内部大量孔隙中流体的排出；由于大量孔隙流体的滞留，延缓了泥岩内部成岩作用的进行，使其造成具有与埋深不相适应的高孔

— 509 —

隙,即形成了欠压实现象。欠压实泥岩较正常压实泥岩孔隙度更高,从而声波时差更大。

1) 欠压实软泥岩识别

克深地区的欠压实软泥岩与正常压实泥岩有明显区别,欠压实泥岩主要为泥岩、含盐泥岩、盐质泥岩,岩屑表现为松软的泥岩,呈球状,裂缝不发育,电性特征表现为高伽马,低电阻,高声波时差的特点,压力系统表现为异常高压压力系数 2.4~2.6,蠕变性十分强,欠压实泥岩比盐层还强,泥岩孔隙中含有大量的高矿化度的地层水。水基钻井液钻遇后,钻井液黏度增大,易导致缩径,钻头泥包及套管变形等井下复杂情况。通过克深地区精细对比,库姆格列木群地层,发现古近系上部盐岩段普遍发育欠压实泥岩,从克深地区南北向地层对比图上可以看出,从北部的克深 10 井,欠压实泥岩的规模达到单层 370m,到南边的克深 13 井区,欠压实泥岩的规模逐渐减薄,单层厚度小于 50m,盐层越厚,欠压实泥岩越发育(图 7-3-3)。

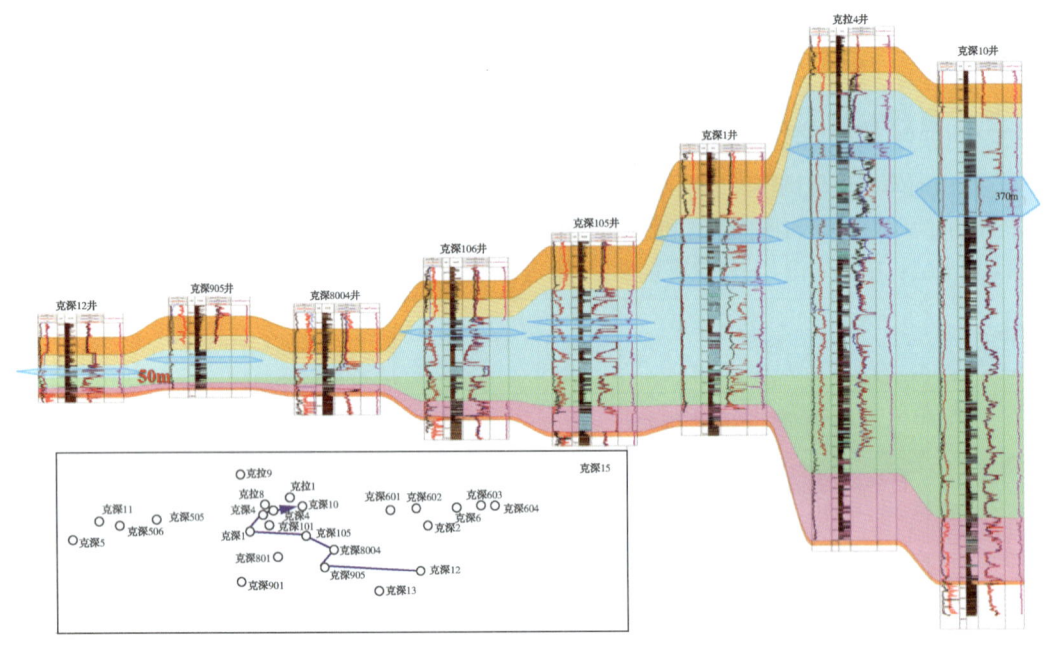

图 7-3-3 克深地区库姆格列木群欠压实泥岩南北向地层对比图

欠压实泥岩的预测可以根据地震剖面、波阻抗反演等技术手段进行识别(图 7-3-4),地震反演声波阻抗反映膏盐岩层 4200m 以上地层欠压实明显、下部地层正常压实冷色调为欠压实地层;暖色调为压实地层。

当钻井液密度普遍小于 2.30g/cm^3,盐岩段未发生井漏、溢流等复杂,平稳钻进;当钻井液密度普遍大于 2.30g/cm^3,溢流频发,伴随井漏。

2) 欠压实软泥岩的分类

盐岩层中欠压实泥岩地层的分布具有一定的规律性。通过地震地质解析来看,不同类型的欠压实在地震剖面上表现出明显不同的特征。根据欠压实泥岩与顶底板盐层的形态关系,建立了波纹型、顶角型、椭球型三种类型,如图 7-3-5 所示。

波纹型欠压实泥岩主要发育在古近系膏盐岩地层的中上部,泥岩反射常呈波纹状,向剖面两侧逐渐过渡为尖灭状或者包络线状,局部形成了规模较大的封闭空间,高压盐水层发育,压力系数高,水体规模大。是克拉苏构造带最为常见的一种欠压实泥岩。

顶角型欠压实泥岩主要发育在古近系膏盐岩的顶部,地震反射轴杂乱,井震无法在一

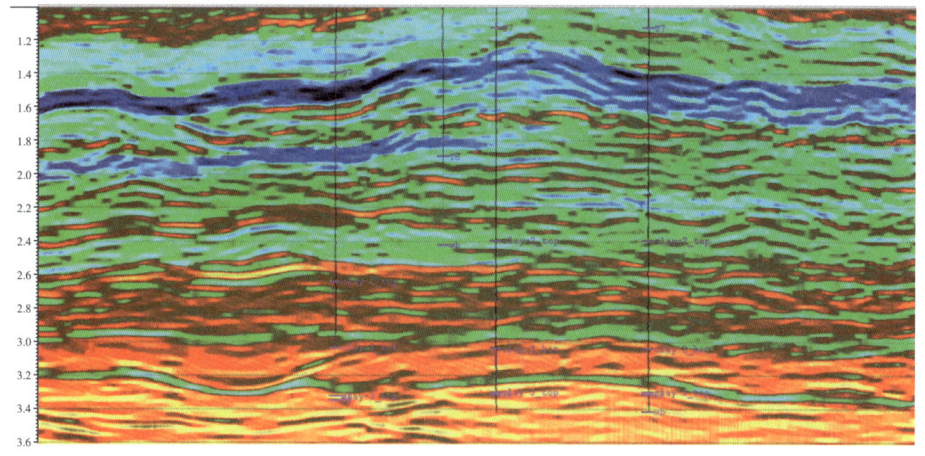

图 7-3-4 克深地区波阻抗反演剖面图

类型	模式图	典型井/剖面	特征描述
波纹型		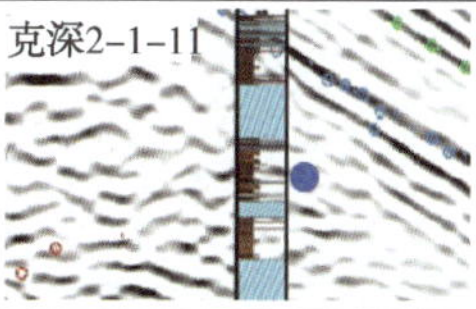 克深2-1-11	泥岩反射呈波纹状，被大套盐岩包裹，形成局部的封闭空间，高压盐水层发育
顶角型		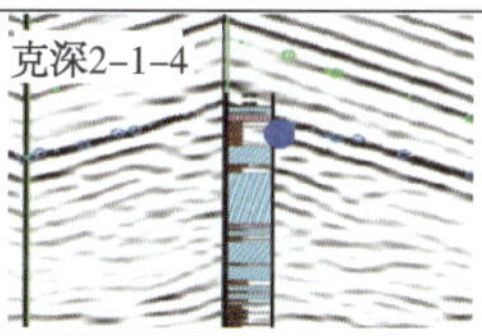 克深2-1-4	地震反射杂乱，井震标定效果一般，顶蓬特征明显，核部局部封闭体明显，高压盐水层发育
椭球型	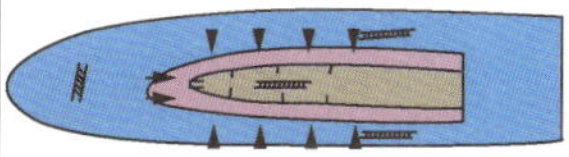	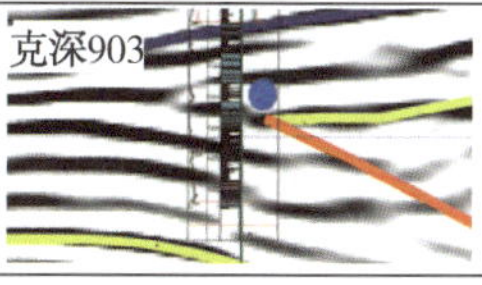 克深903	井震标定效果好，岩性存在明显的倒转重复，反射轴封闭形态清楚，高压盐水层发育

图 7-3-5 克拉苏构造带古近系欠压实泥岩识别模式

定区域内有效地追踪，整体欠压实呈现屋脊状，欠压实泥岩地层发育规模有限，仅在盐岩交会处发育一定规模的局部封闭体，水体规模不大。

椭球型欠压实泥岩地层也是区域上比较常见的一种类型，该种类型井震标定效果好，横向追踪能力强，反射轴呈现明显的包络现象，反射轴封闭形态清楚，盐层封堵能力强，是三种类型中压力系数相对较高的盐水层。

3）欠压实泥岩的分级

欠压实泥岩的压实程度与上述三种发育类型有明显关系，通过对克深地区12口具有欠压实特征的井资料统计来看，电阻率与声波时差具有明显的相关性。与实钻井的钻井工程复杂情况的对比分析，克拉苏构造带古近系盐下泥岩根据其欠压实程度分为三个等级，即强欠压实泥岩、欠压实泥岩、正常压实泥岩。强欠压实泥岩测井电阻率一般小于 $1\Omega \cdot m$，声波时差一般分布在 $100 \sim 120\mu s/ft$，最高可达到 $140\mu s/ft$ 以上，录井岩屑呈明显的团块状泥岩，钻遇该段常发生明显的溢流、高压水层并伴随着恶性钻井液漏失等工程复杂情况的发生。如克深10气藏上的克深4井钻进至井深3903.56m，发现气测值升高，停钻循环发现液量增加 $0.8m^3$，正注入相对密度 $2.34g/cm^3$ 压井液压井成功，岩性为灰色灰质泥岩，为高压盐水层溢流，关井后用密度 2.50g/cm³ 钻井液反循环压井成功。

欠压实段的压实程度有所提高，处于明显强欠压实与正常压实的过渡岩性，泥岩测井电阻率一般 1~3Ω·m，声波时差则一般分布在 90~100μs/ft，录井岩屑呈团块状泥岩、塑性较弱，在钻井中发生工程复杂情况较少。

正常压实段一般盐层无法全部包络封闭泥岩，处于开放的体系，测井电阻率显著升高，一般大于 3Ω·m，声波时差则一般小于 90μs/ft，泥岩偏脆性，常发生钻井漏失，录井岩屑呈片状。

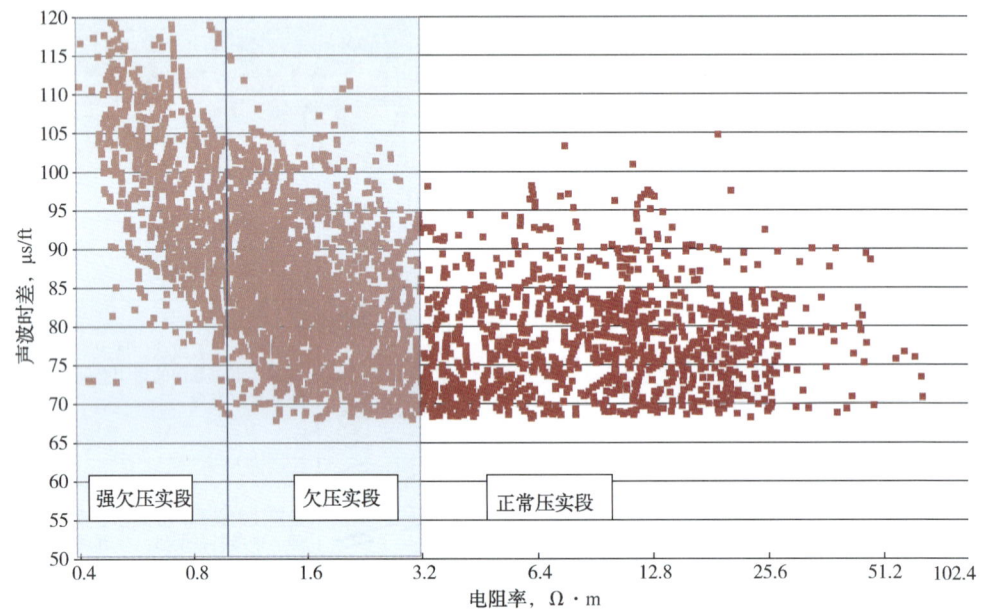

图 7-3-6　克拉苏构造带欠压实泥岩等级识别图版

2. 中泥岩段砂体(透镜体砂体)与泥岩裂缝

1) 砂体

盐岩下部沉积型高压盐水层主要受控于薄砂体，岩性以粉、细砂为主。砂体规模：单砂体厚度 2~3m，累计厚度最厚近 40m，横向分布不稳定。工程特征：气测显示活跃(部分井有气测显示)、井漏频繁、发生溢流。中泥岩段 80% 井钻遇砂岩，其中 82% 井均发生井下复杂情况。受库车山前构造挤压作业，在盐层内形成高压环境，油、气、水(含气水及高压水)可能在薄砂层内聚集。

中泥岩段薄砂体受沉积相带及物源方向控制，南北向地层对比：从北向南粗细相见展布，克深 8、克深 6 井区砂体最发育、向南、北两侧厚度变薄、岩性变细。通过地震属性及连井对比可以大致预测中泥岩段薄砂体的展布，刻画克深地区中泥岩段薄砂岩沉积分布规律和砂体展布范围，通过重矿物分析，自西向东陆源重矿物含量变小，物源可能来自东部(图 7-3-7)。

2) 泥岩裂缝

中泥岩段中泥岩，在上覆压力与温度作用下，泥岩中自由水与表面水化水脱出，如泥岩被盐膏包住，无法外排，引起孔隙压力增高，泥岩中形成裂缝，水储在泥岩裂缝中。

3. 下部膏盐层

下部膏盐层段高压盐水主要位于白云岩中，水中含气，钻井过程中多半出现气测异常。高压盐水形成机理如下所述。

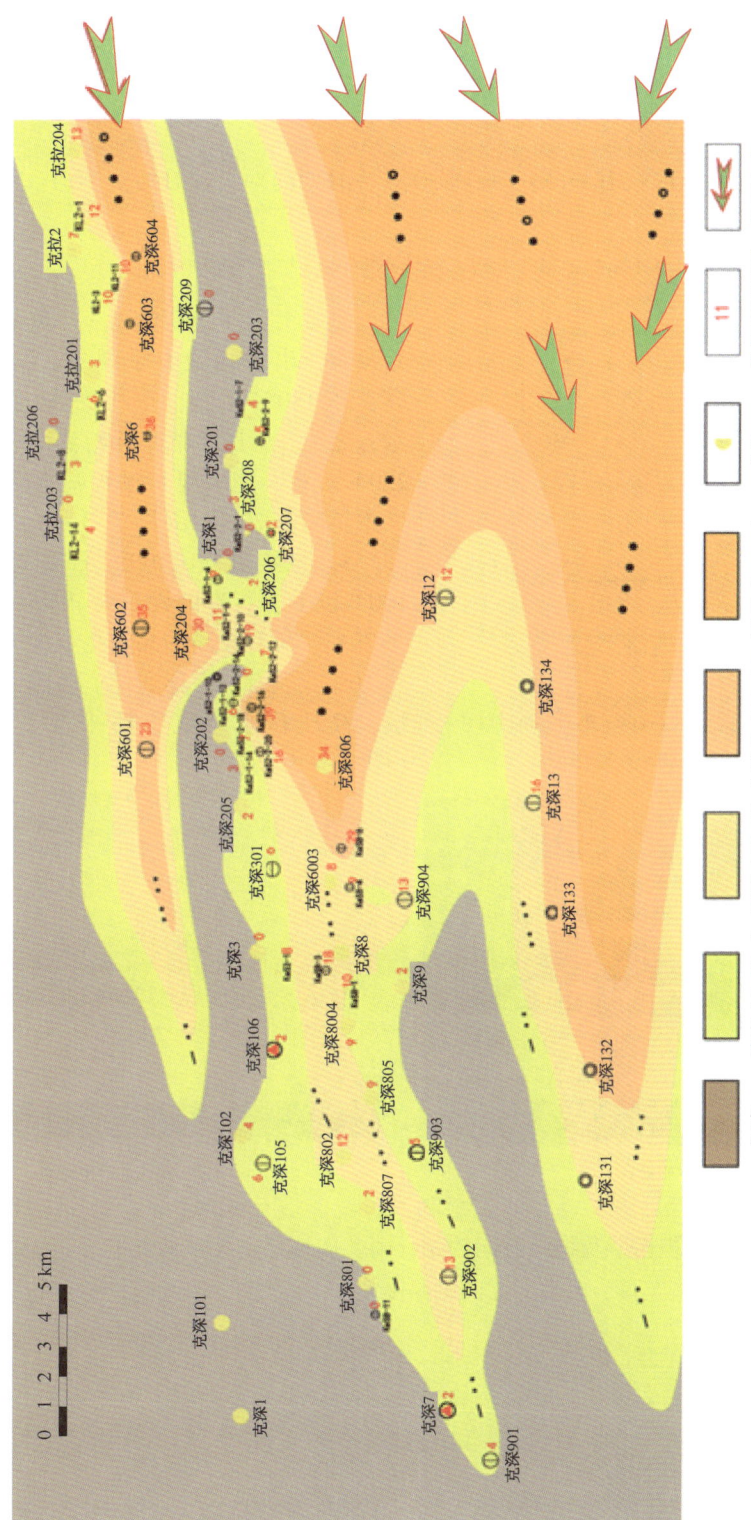

图7-3-7 克深地区中泥岩段砂岩等厚图

1）白云岩与石膏裂缝

通过调研实验资料，发现石膏在加热到109℃之后，快速向硬石膏转化，脱去 H_2O，石膏的成分主要是 $CaSO_4·2H_2O$，水成分占20.9%在常温常压下，其脱水过程主要涉及下面两个反应：

$$CaSO_4·2H_2O(s) \longrightarrow CaSO_4·\frac{1}{2}H_2O(s) + \frac{3}{2}H_2O(g)$$

$$CaSO_4·\frac{1}{2}H_2O(s) \longrightarrow CaSO_4(s) + \frac{1}{2}H_2O(g)$$

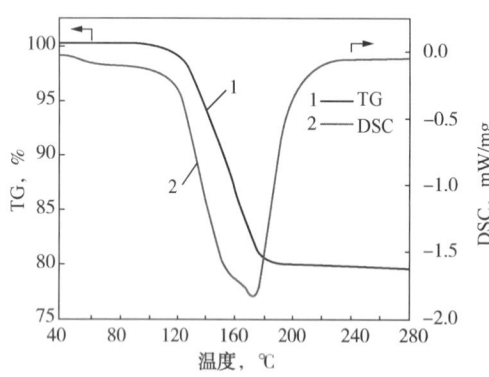

图 7-3-8　石膏脱水 TG-DSC 热分析曲线图

温度上升至109℃时，石膏中自由水开始蒸发，出现轻微失重现象，温度继续升高，到180℃左右，很快失去大部分结晶水，之后石膏脱水速率开始变得缓慢，直到220℃左右，整个脱水过程基本结束，脱水失重量约为20.34%（图7-3-8）。

膏岩层在0~100℃石膏晶体致密，100℃以上，石膏向硬石膏转化，其体积减小39%，具有较高的晶间孔隙度，面孔率可达10%，且有一定连通性。溢流为高压盐水层，高压盐水可能主要来源于石膏脱水（图7-3-9）。

(a) 原始膏岩　　　　　　(b) 100℃热作用产生开裂

(c) 120℃晶形过渡为针状　　(d) 150℃见大量针状石膏

图 7-3-9　不同温度条件下石膏扫面电镜微观特征对比图

钻井证实，大部分高压盐水层发育在与石膏互层的白云岩段、石膏层附近，钻井液密度普遍大于 2.30g/cm³，井漏频发，局部伴有溢流。例如 TB4 井石膏层发育，溢流 2 次，TB401 老井眼石膏不发育，没有发生溢流，TB401 井侧钻井眼石膏较发育，溢流 1 次，TB401 井老井眼与侧钻井眼只相隔约 50m，侧钻井眼溢流 1 次，说明吐北区块高压盐水层分布十分有限。钻井证实，高压盐水层与石膏发育有关、高压盐水层分布局限（图 7-3-10）。

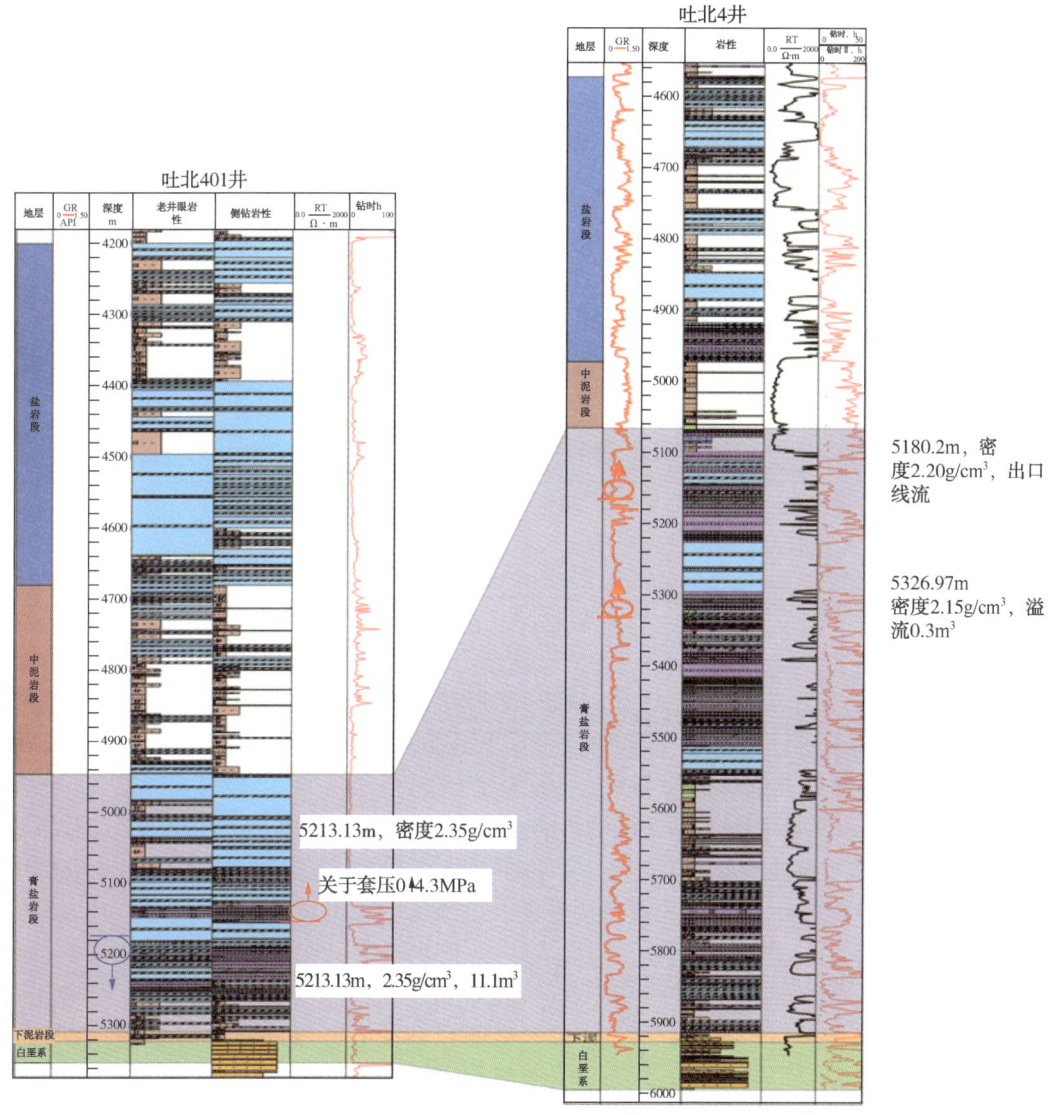

图 7-3-10 TB4 井—TB401 井膏盐岩段对比图

表 7-3-8 列举了克深段部分井在膏盐岩段发生溢流时所钻地层岩性为石膏与白云岩。KS24 井在井深 6107.10m 循环排污出盐水 7.94m³，出盐水井段为 6077~6079m（白云岩段）；TB401 井在井深 5212.13m 循环过程中出盐水；KS1101 井钻进至井深 5879.63m 发生溢流，排出盐水 105.29m³，后在井深 6055.50m 处理井漏过程中发生溢流，折算排盐水 90.01m³，两次共计出盐水 195.3m³；KS132 井钻进至井深 7187.60m 发生溢流 0.5m³；

KS133 井钻进至井深 7409.06m³ 发生溢流 0.4m³，出盐水井段为 7403～7409m（石膏层）；克深 134 井在井深 7238.38m 发现溢流 0.2m³。

表 7-3-8　克深段部分井在膏盐岩段发生溢流时所钻地层岩性

出水层位	KS24 井	TB401 井	KS1101 井	KS133 井
膏盐岩段白云岩层	发生溢流 1 次	发生溢流 1 次		
膏盐岩段石膏层			发生溢流 1 次	发生溢流 1 次
备注	6107.10m 出盐水 7.94m³	5212.13m 出盐水	出盐水 2 次，共计 195.3m³	钻进时发生溢流 0.4m³

2）砂岩与泥岩裂缝

下部膏泥岩层中砂岩、泥岩裂缝中亦可能出现高压盐水。其机理与中泥岩中砂岩、泥岩裂缝中出现高压盐水相类似。

三、库姆格列木群盐水对钻井液性能的影响

1. 库车山前库姆格列木群盐水组分

对库车山前盐水组分分析结果见表 7-3-9，由表可知，库车山前盐水主要成分为氯化钠，总矿化度为 345914～345914mg/L，水型为氯化钙型。

表 7-3-9　库车山前盐水组分分析结果

盐水来源	组分含量，mg/L						总矿化度 mg/L	水型
	Cl^-	Ca^{2+}	Mg^{2+}	Na^+	K^+	SO_4^{2-}		
KS13 井井底结晶盐样井深：7275m（饱和盐水）	188978	2378	56	150340	3906	256	345914	氯化钙
KS904 井水样（密度 1.28 g/cm³）井深：7103m	186000	19158	0	91000	3118	7844	307120	氯化钙

2. 盐水对水基钻井液性能的影响

1）盐水对 KCl 欠饱和盐水钻井液的影响

KCl 欠饱和盐水钻井液取自 BZ101 井，取样深度为 6580m。在钻井液中加 5%～60% 的模拟地层盐水进行污染，分别测定其常规性能、沉降稳定性和润滑性。

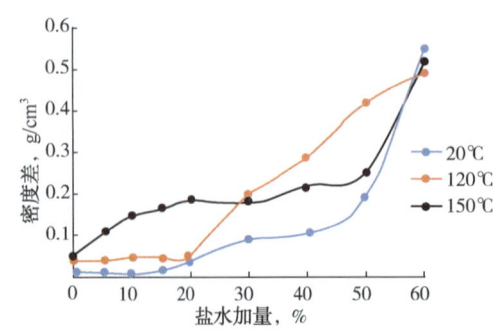

图 7-3-11　不同温度下盐水加量对 KCl 欠饱和盐水沉降性能影响

盐水对 KCl 欠饱和盐水钻井液常规性能影响测试结果见表 7-3-10，实验结果表明，钻井液密度随盐水含量的增加而降低，黏度随盐水含量的增加而明显降低，滤失量随盐水含量的增加而急剧上升，高温高压滤失量尤为明显，泥饼随盐水含量的增加而变厚。

盐水对 KCl 欠饱和盐水钻井液沉降稳定性影响测试结果如图 7-3-11 所示，实验结果表明，随着盐水含量的增加，上下密度差逐渐增大，钻井液沉降稳定性变差。

表 7-3-10 盐水加量对 KCl 欠饱和盐水钻井液性能的影响

条件	盐水加量,%	密度 g/cm³	pH 值	AV mPa·s	PV mPa·s	YP Pa	Gel(10s/10min) Pa	FL_{API}/滤饼厚度 mL/mm	FL_{HTHP}/滤饼厚度 mL/mm
热滚前	0	2.24	9	65.5	56	9.5	3/25	2.5/1.5	8/2
	5	2.19	9	51.5	44	7.5	2/7.5	2.8/1.5	11/2
	10	2.15	9	37.5	34	3.5	1.5/8	3.6/2	14/2
	15	2.11	8.5	32.5	29	3.5	2/5.5	4.8/2	18.5/2.5
	20	2.07	8	26.5	23	3.5	2/3	5.1/2	21.5/3
	25	2.03	8	27	24	3	2.5/7.5	8/3	29/5
	30	2.00	8	24.5	22	2.5	2/7	8/3	52/5.5
	35	1.97	8	24.5	22	2.5	2/5	7.4/3	58/6.5
	40	1.94	8	22	20	2	2/4	7.4/3	68/9
	50	1.89	7.5	18	16	2	2/3.5	8.8/4	74.5/12
	60	1.85	7.5	15	12	3	2/3	9.2/5	79/15
150℃16h 热滚后	0	2.24	9	59	46	13	9.5/17	2.9/1.5	9.5/2
	5	2.19	9	48	35	13	3/10.5	3.3/1.5	11.8/2
	10	2.15	8.5	36	28	8	4.5/5	3.9/2	16.5/3
	15	2.11	8	35.5	28	7.5	2.5/3.5	5.2/2	21.2/3.5
	20	2.07	8	34	27	7	3/5.5	5.8/2	22.4/4
	25	2.03	8	31.5	26	5.5	6.5/11.5	9.8/3	31/6
	30	2.00	8	29.5	25	4.5	6.5/12	14/3	58/8
	35	1.97	8	27	22	5	6/10	17.5/3	63/9
	40	1.94	8	25.5	20	5.5	5.5/9.5	22.5/3	73/12
	50	1.89	7.5	18.5	12	6.5	4/7.5	26/4.5	77/15
	60	1.85	7.5	19.5	14	5.5	4.5/6.5	29/5	80/16

注：高温高压滤失量测量温度：150℃。

盐水加量对钻井液润滑性影响测试结果见表 7-3-11。实验结果表明，润滑系数随盐水加量的增加而增加，但增幅不大。

表 7-3-11 盐水加量对 KCl 欠饱和盐水钻井液润滑性的影响

盐水加量,%	0	5	10	15	20	30	40	50
润滑系数	0.19	0.195	0.21	0.21	0.25	0.275	0.28	0.29

2）盐水对有机盐盐水钻井液的影响

有机盐盐水钻井液取自 KS6 井，取样深度 5170m。在钻井液中加 5%~60% 的模拟地层盐水进行污染，分别测定其常规性能、沉降稳定性和润滑性。

盐水对有机盐盐水钻井液常规性能影响测试结果见表 7-3-12，实验结果表明，钻井液密度随盐水含量的增加而降低，黏度随盐水含量的增加而降低，滤失量随盐水含量的增加而明显上升，泥饼随盐水含量的增加而变厚。

表 7-3-12 盐水加量对有机盐盐水钻井液常规性能的影响

条件	盐水加量,%	密度 g/cm³	pH 值	AV mPa·s	PV mPa·s	YP Pa	Gel(10s/10min) Pa	FL_{API}/滤饼厚度 mL/mm	FL_{HTHP}/滤饼厚度 mL/mm
热滚前	0	2.15	9	103.5	75	28.5	4/8	1/0.5	7/2
	5	2.11	9	80.5	63	17.5	4.5/11	0.5/1	10.3/2
	10	2.06	8.5	60	48	12	3.5/8	0.7/0.5	11.3/3
	15	2.03	8.5	52	40	12	3.5/6.5	0.8/0.3	11.7/3
	20	1.99	8	44	35	9	2.5/8.5	0.9/0.5	12.5/3
	30	1.93	8	30	26	4	2.5/9	2.1/1	22.5/5
	40	1.88	7.5	18.5	15	3.5	3.5/10.5	2.7/1	28.1/7
	50	1.84	7.5	16	13	3	2/6.5	3.4/2	30.2/7.5
	60	1.79	7	14	12	2	1.5/5	4/2.5	32/7.8
150℃16h 热滚后	0	2.15	9	62	56	6	1.5/5	4.2/2	13/3
	5	2.11	9	45.5	41	4.5	2/2.5	5.1/2.5	15.2/3
	10	2.06	8.5	40	36	4	1.5/2.5	6.5/3	20.7/4.5
	15	2.03	8.5	36	33	3	1/2	7.1/3	25/5
	20	1.99	8	32.5	29	3.5	0.5/1.5	8.2/3.5	29/6
	30	1.93	8	27.5	24.5	3	1.5/4	13.2/3.5	40/7
	40	1.88	7.5	22	20	2	1.5/3.5	18/3.5	48/8
	50	1.84	7.5	16.5	14	2.5	1.5/3.5	23/5	52/9
	60	1.79	7	14.5	14	0.5	1.5/3.5	29.5/6	68/9

注：高温高压滤失量测量温度：150℃。

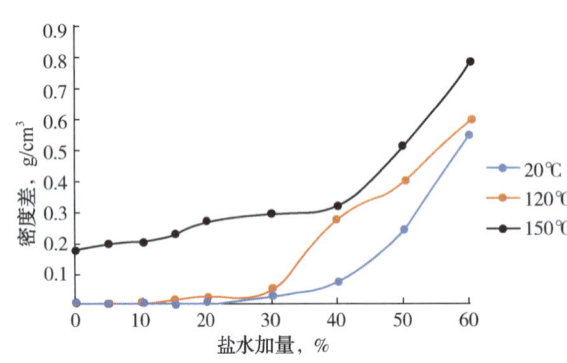

图 7-3-12 盐水加量对有机盐盐水钻井液沉降稳定性的影响

盐水对有机盐盐水钻井液沉降稳定性的影响测试结果如图 7-3-12 所示，实验结果表明，随着盐水含量的增加，密度差先缓慢增加，超过 30%，急剧增大；钻井液沉降稳定性下降趋势明显。

盐水加量对有机盐盐水钻井液润滑性能影响结果见表 7-3-13，实验结果表明，有机盐盐水钻井液润滑系数随盐水加量的增加而逐渐增大，但增幅不明显。

表 7-3-13 盐水加量对有机盐盐水钻井液润滑系数的影响

盐水加量,%	0	5	10	15	20	30	40	50
润滑系数	0.12	0.14	0.156	0.171	0.19	0.21	0.22	0.24

3）盐水对水基钻井液性能影响综合分析

对所进行实验数据进行综合分析得知，地层中盐水对 KCl 欠饱和盐水钻井液、有机盐盐水钻井液性能的影响规律基本一致，只是影响程度存在差异。盐水对水基钻井液的影响可以概括为：随着盐水侵入量的增加，水基钻井液黏度、切力大幅下降，流变性能变差或破坏；滤失量增加，特别是高温高压滤失量增幅更为明显，滤饼增厚，润滑性下降，易引起黏卡等复杂情况；沉降稳定性变差，会进一步恶化钻井液的滤失造壁性能；钻井液的密度逐步下降，在压力不平衡的状态下会加速盐水侵污的速度，增加复杂情况发生的概率。

3. 盐水对油基钻井液的影响

共测试27个库车山前盐膏层段现场使用的油基钻井液。在钻井液中加入10%~60%的模拟地层水，分别测定其密度、流变性、滤失量、破乳电压和沉降稳定性。

盐水对油基钻井液流变性影响如图7-3-13所示，可以看出，盐水对油基钻井液整体表现为较为明显的增稠作用，受钻井液性能自身性能的影响，其规律有所不同，可归纳为三种类型：(1)快速上升型，如KS1003井和KS19井，随着盐水含量增加，钻井液黏度迅速上升到超出仪器测量范围，钻井液失去流动性；(2)先升后降型，如KS243井，黏度随盐水含量的增加而增加，当盐水含量达到40%左右，钻井液黏度有所回落；(3)缓慢上升型，此类钻井液黏度随盐水含量的增加而缓慢增加。

盐水对油基钻井液高温高压滤失量的影响如图7-3-14所示，由图可知，盐水对油基钻井液高温高压滤失量的影响很小，随盐水含量的增加，钻井液高温高压滤失量在很小范围内波动。

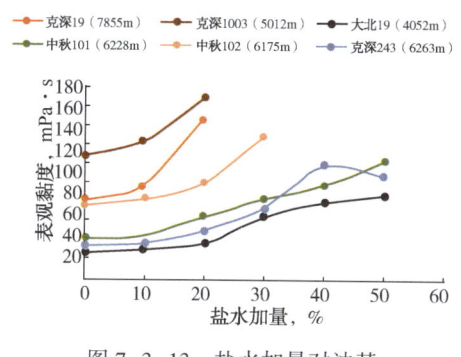

图7-3-13 盐水加量对油基钻井液表观黏度的影响

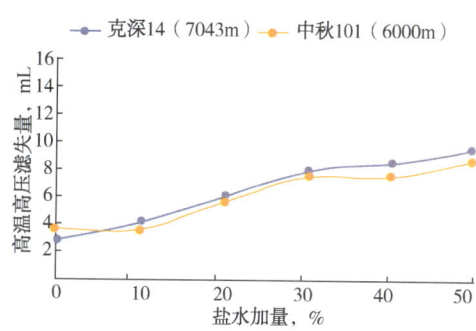

图7-3-14 盐水加量对油基钻井液高温高压滤失量的影响

盐水对油基钻井液破乳电压的影响如图7-3-15所示。油基钻井液破乳电压随盐水含量的增加而急剧下降。所以油基钻井液破乳电压变化是判断井筒盐水侵入的重要依据，即便是少量的盐水侵入井筒，破乳电压也会有较大的变化。

盐水对油基钻井液沉降稳定性的影响测量结果如图7-3-16所示。实验结果表明：随着盐水含量的增加，油基钻井液密度差变化不大，但随着温度升高，油基钻井液沉降稳定性变差。

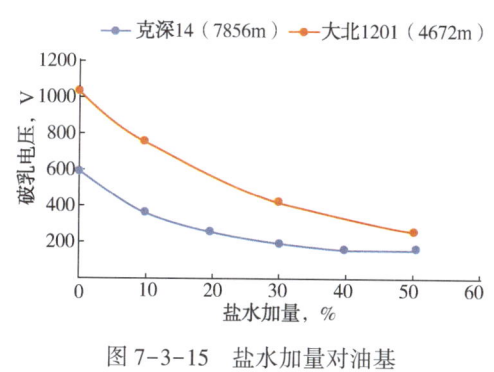

图7-3-15 盐水加量对油基钻井液破乳电压的影响

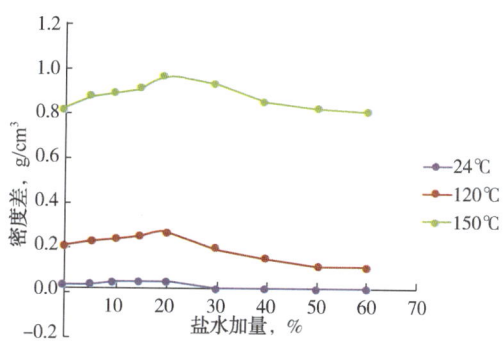

图7-3-16 盐水加量对油基钻井液沉降性的影响

盐水对油基钻井液润滑性及泥饼的影响测量结果见表 7-3-14，实验结果表明，随着盐水加量的增加，滤饼厚度缓慢增加，润滑系数缓慢上升，整体润滑性能保持良好。

表 7-3-14　盐水加量对油基钻井液润滑性能和滤饼的影响

盐水加量,%	0	5	10	15	20	30	40	50	60
润滑系数	0.075	0.081	0.094	0.125	0.138	0.152	0.170	0.191	0.217
滤饼厚度,mm	1	1.5	1.5	2	2.5	2.5	2.5	3	3

四、高压盐水层防漏防溢流控制技术

1. 库车山前盐膏层段高压盐水层的特点及防控技术难点

库车山前盐膏层段高压盐水层的特点：

(1) 库车山前大部分布在盐间；埋藏深，KS7 井达 7945m；孔隙压力系数最高达 2.64，温度最高达 180℃，见表 7-3-15。

表 7-3-15　克深段高压盐水溢流时层位

井号	溢流井深,m	溢流层位	孔隙压力系数
克深 21	7662	$E_{1-2}km^3$	2.54
克深 14	7000	$E_{1-2}km^3$	2.36
克深 241	6446.51	$E_{1-2}km^4$	2.38
克深 242	6260.15	$E_{1-2}km^3$	2.35
克深 243	5967.81	$E_{1-2}km^2$	2.45
克深 132	7187.6	$E_{1-2}km^2$	2.59
克深 133	7409.06	$E_{1-2}km^3$	2.31
克深 134	7238.38	$E_{1-2}km^2$	2.46
克深 1101	5879.63	$E_{1-2}km^3$	2.37
吐北 401	5213	$E_{1-2}km^2$	2.39
大北 8	6870.51	$E_{1-2}km$	2.41

(2) 高压盐水层、盐膏地层与低破裂压力薄弱层同处于一个裸眼段，建立压力平衡困难，钻进高压盐水层时，诱发提高密度压井、井漏、再溢流、再井漏恶性循环。

(3) 高压盐水溢流反馈严重滞后，盐水溢流监测存在滞后性，主要是又漏又出，或者表现为高压低渗特征，导致地面判断困难。由于井筒中存在溢漏同存，高压低渗的盐水侵入井筒后，可能进入漏失地层或侵入量微小，地面钻井液池体积基本无变化，传统的坐岗监测液面(录井超声波检测液面及人工测量液面)不易发现溢流(主要是由于砂层的盐水高压低渗，一定时间侵入少或者泥岩中的裂缝水和井筒存在置换)，等发现钻井液池体积明显上涨时，井筒内钻井液已经污染较严重。

(4) 高压盐水层分布与孔隙压力规律不清。库车山前库姆格列木群中高压盐水层分布极为复杂，至今还没有搞清其分布与孔隙压力规律。

(5) 高压盐水层水体类型、大小、水量判断不清。库车山前库姆格列木群中高压盐水层以透镜体分布，但目前对其水体类型、大小、水量判断不清。

库车山前盐膏层中高压盐水层孔隙压力系数高于控制盐膏层蠕变的钻井液密度,同时亦高于薄弱层砂岩的破裂压力,因而钻遇高压盐水层时,压稳盐水,由于裸眼段长,就压裂上部薄弱层,造成井漏,而井漏又诱发盐水溢流,形成一个恶性循环。为了治控高压盐水层,先后采用了4套技术:

(1)提密度压井常规措施(易造成恶性循环);

(2)放水降压技术;

(3)人工控压钻井技术;

(4)精细控压钻井技术等。

下面分别对以上4套技术进行论述。

2. 提密度压井常规措施

KL2-8采用2.23g/cm³钻井液钻至3551m,起钻准备电测,发现井口溢流,流速0.308m³/h,下钻完共溢流2.98m³,循环排后效、加重,钻井液密度由2.23g/cm³提高到2.27g/cm³,静止观察,循环钻井液(加重至2.28g/cm³),井下情况恢复正常。起钻完电测。损失时间43:00。

该井井浅,提密度压井后井底压力增加的少,没有压漏薄弱地层,因而采用提密度压井常规措施取得成功。

常规钻遇高压盐水层,发现溢流立即关井、求压、采用高密度钻井液压井。此方法适用于盐水层孔隙压力低于盐间薄弱层破裂压力的地层,但不适用于孔隙压力高于盐间薄弱层破裂压力的地层,会引起溢流、压井、井漏、再溢流、再提密度压井,井漏、溢流、提密度压井的恶性循环。

例如DB6井膏盐层钻进过程中发生溢流,采用常规关井求压,提密度至2.47g/cm³压井成功。但后来微降钻井液密度(0.02g/cm³)就出盐水,维持超高密度钻进期间溢流5次、井漏10次、压井7次、堵漏30余次(主要是高密度堵漏难度大,以及部分井采用油基钻井液,堵漏剂不膨胀,堵漏效果差),漏失钻井液1468.5m³,最终以小排量全井加随钻堵漏剂的方式钻至中完井深,损失周期约61.5天。

又如KS903井采用密度2.40g/cm³油基钻井液钻进至井深7175m,循环准备短起过程中发现溢流。压井过程中又发生井漏,压井三次后,钻井液密度调整至2.59g/cm³,采用控压钻进,但溢流、井漏现象仍时有发生,不断有盐水污染钻井液,随着盐水侵入,钻井液黏切明显增大,而破乳电压值降低。钻井液维护处理难度极大。至中完结束复杂损失时间84.47天。

3. 放水降压技术及应用实例

1)放水降压技术

库车山前所钻遇的部分高压盐水层是透镜体,水体规模不大,采用合理放水降压方法,适当降低盐水层压力,在溢流与漏失矛盾中找到合适的压力平衡点,实现盐层段经济安全钻进。

地层深部的饱和盐水由井底上升至井口过程中,由于压力及温度变化,容易在环空及地面管线中析出盐结晶颗粒,存在环空或管线堵塞的风险。此外,所放出的盐水会对钻井液流变性能、滤失量、润滑性能、沉降稳定性等产生影响,所以采用放水降压技术使用时,须开展钻井液污染容量限评价、井口压力评价、井口盐结晶评价。

（1）钻井液抗盐水污染性能评价。

近年来库车山前钻进盐膏层时，大部分均采用油基钻井液钻进，在本节中已论述盐水对油基钻井液性能的影响，只要控制好钻井液流变性能，油基钻井液可接受50%盐水污染，油基钻井液不会被破坏，不会出现分层沉淀与高温高压滤失量超标。

（2）井口压力评价。

如敞开放压，则井控风险极高。主要是地面管线盐结晶和井下井壁失稳。如采用旋转控制头分段控压放水钻进，井控风险完全可控。山前井一般采用20in×(14⅜in+14¾in)×10¾in×(8⅛in+7¾in)×5½in 的井身结构，具体工程部分参数见表7-3-16；采用防喷器组合：Williams7100＋FH35－70/105＋FZ35－105＋FZ35－105＋FZ35－105；套管头组合：TF20in×14⅜in－35＋TF14⅜in×10¾in－70＋TF10¾in×7¾in－105；内防喷工具：FXS－105MPa、FZF－70MPa；节流、压井放喷管汇：YG－105，JG105，FGX103－35。

表7-3-16　山前井典型井身结构及工程部分参数

地层	钻头尺寸，in	套管尺寸，in	钻杆尺寸，in
盐层	9½	10¾	5½或5
井深，m	排量，L/s	迟到时间，h	
7800	10	7	

假设每小时盐水侵入井筒量控制在1m³，则一个迟到时间内，井口环空压力为3.2MPa，盐水不膨胀，采用旋转控制头控压钻进，井控风险完全可控。

（3）井口盐结晶评价。

井底饱和盐水上返到井内某一高度处，其溶解值降低，会结晶析出。地层盐水沿井底上升时，析出晶体的质量逐渐增加。大段饱和盐水运移至井口在节流阀、放喷管线出口处极易发生盐结晶，造成管堵。迪那1井盐水放喷过程中，放喷管线出现高温蒸汽及饱和水，导致管线被堵死。

因此需采取以下措施：先期——短时间放水，循环排污，验证结晶盐是否影响循环，实时监测钻井液性能。中期——逐步延长放水时间，验证透镜体盐水压力是否有效降低。后期——采用短起下方式验证是否满足起钻条件，为下步正常钻进做准备。

（4）微分放水降压技术。

由于直接放水降压存在井筒钻井液污染、压力超高、井口盐结晶等风险，提出采用微分思路，将井筒中的大段纯盐水微分为若干小份，控压、控量、多次分份将封闭体系中的超高压盐水放入井筒带出地面，从而最终降低盐水层压力。

第一次可适当放出3~5m³（盐水侵入占环空容积3%以内），控制套管压力在5MPa以内，控压放水。根据循环后关井压力值，确定下次循环所需的密度，一般降密度0.02~0.03g/cm³。第二次循环前再放出3~5m³盐水，严格控制循环压力和排量，分多次降密度至可以安全钻进即可。重复以上步骤，直到盐水层压力降到目标值，达到可以控压钻进即可。

放水后循环过程中有大量混浆，必须及时回收，调整受污染钻井液性能，重复利用。放水降压前，须起钻至套管鞋内（控制关井套管压力），预防放水过程盐层发生蠕变导致卡钻。下钻至盐水层位置后，须反复划眼预防卡钻。

(5)放水降压方案。

① 钻遇高压盐水层,发生溢流时,首先关井,根据关井压力判定地层压力和压井钻井液密度。

② 用接近地层压力系数的当量钻井液密度节流循环,把井基本压稳,避免井下事故复杂的发生。对排出的混浆要及时取样,分析计算盐水密度和浓度,做好钻井液抗污染试验,为下步施工提供依据。

③ 按 0.02g/cm³ 的台阶降低钻井液密度,采用旋转控制头有控放水,放水原则:第一,根据钻井液性能试验,控制每小时出水的量;第二,根据计算,出水量要小于关井(套管压力)5MPa。第三,放水时必须将钻头起至管鞋内,防止卡钻或者盐层缩径,经过实践,放水后,盐层井径均有一定幅度缩径。循环一两个循环周后,关井求压,分析溢流量和地层压力下降的关系。再确定下次循环所需的钻井液密度和溢流量。

④ 重复以上步骤,直到降压力到目标位。

⑤ 当经过多次放水、压力下降不明显时,说明地层蕴藏的水量很大,无法通过有限次的少量放水量来降压。可采用提高钻井液密度,恢复到正常状态。或采用控压钻进,允许少量储水。

⑥ 安装好旋转控制头、内防喷工具等井控装备,在压力比较低的情况下,用旋转控制头控制井口,钻具在井内可以转动,能避免长时间关井卡钻的风险。

2)应用实例

放水降压技术在库车山前 KS905 等井使用,取得较好效果。部分井其使用情况见表 7-3-17。

表 7-3-17 放水降压技术在库车山前使用情况

井号	高压盐水井深 m	高压盐水压力系数	放水后密度 g/cm³	放水次数 次	排放盐水量 m³	钻井液污染量 m³
KS905	6975	2.58	2.45	18	220	1450
KS13	7138.		2.37	5		1047
KS132	7188	2.53	2.45	47	360.48	1349
KS134	7238	2.47	2.4	5	12.7	322
KS1101	5880	2.37	2.28	10	88.9	—

(1)KS13 井。

该井盐层钻进至 7138.4m 时发现溢流,钻井液密度 2.40g/cm³,关井压力达到 10.3MPa,采用节流循环提高钻井液密度至 2.55g/cm³,压井成功。继续盐层钻进至 7147m 发生井漏,关井压力 1.5~2.5MPa。采用控压钻进技术,分三次降密至 2.49g/cm³ 钻进,钻至 7275.9m,井口失返,关井压力 0~2MPa。之后进行 5 次放水降压,每次微降钻井液密度 0.02~0.03g/cm³,直至 2.37g/cm³。每次放水 5~10m³ 不等,控压放水 5 次,累计调整并重复利用污染钻井液 1047m³,使用 2.37g/cm³ 钻井液顺利钻完盐层进尺。

(2) KS1101。

KS1101 井采用密度 2.28g/m³ 油基钻井液,钻至 5879.63m,发生溢流 0.7m³。关井 7h,套管压力增加至 4.9MPa,计算压力系数为 2.37,岩性为灰色灰质泥岩。钻井液氯离子含量从 26250mg/L 增加 29550mg/L。控制套管压力 5MPa 节流循环压井,泵入 271.14m³ 密度 2.28g/m³ 油基钻井液,返出密度 2.01~2.28g/m³ 油基钻井液 242.96m³,其中返出 1m³ 钻井液中含有承压堵漏材料 KGD-1,KGD-2 及核桃壳。井下溢流物为高压低渗盐水,且伴有上部堵漏剂反吐。若采取常规提密度压井,上部井段会发生漏失(上部 5200~5500m 多次发生过井漏,继续钻过程中,定期加入随钻堵漏材料,共累计漏失油基钻井液 141.8m³),形成井漏→溢流→压井→井漏的恶性循环。

根据该井情况,采用放水降压处理溢流。初期采用间断放水,验证结晶盐是否影响循环,实时监测钻井液性能;中期逐步延长放水时间,验证透镜体盐水压力是否有效降低;后期采用短起下方式验证是否满足起钻条件,为正常钻进做准备。

KS1101 井共放水 18 次,累计放水 105.38m³,用时 9.2 天,关井套管压力 4.9MPa 降至 1MPa。累计放水 105.38m³,关井套管压力 4.9MPa 降至 1MPa,用时 9.2 天,采用密度 2.28g/m³ 恢复钻进。

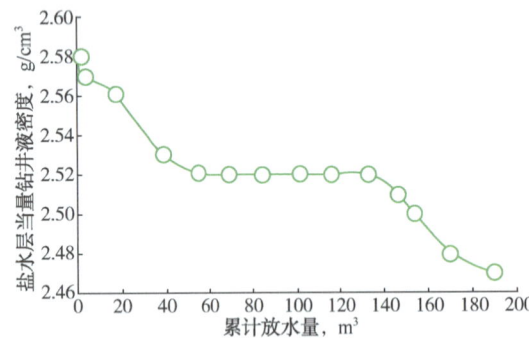

图 7-3-17 KS905 井放水降压效果分析

(3) KS905 井。

该井采用密度 2.45g/cm³ 油基钻井液钻进至 6975.28m 发生溢流,压井钻井液密度 2.58g/cm³。后续钻进过程中一直存在井漏。钻至 7229m 进行放水降压。放水 32 天,放水量 177.9m³,放水降压情况如图 7-3-17 所示,钻井液密度降至 2.45g/cm³,顺利钻至盐底中完井深。

(4) KS132 井。

KS132 井采用密度 2.38g/cm³ 油基钻井液钻至 7187.6m,库姆格列木群盐岩段,发生溢流,关井套管压力折算压力系数 2.59。采用放水降压,放水 37 天,累计放水 500m³ 以上,静止放水出速度 60min/m³,循环出水速度 0.3~0.4m³/h(排量 18L/s,立管压力 20MPa),长期关井压力与放水前基本相同。37 天后,采用钻井液密度为 2.45g/cm³ 采用控压钻井,钻井过程共漏失 54.2m³ 钻井液,起下钻阻卡,经 37 天后,盐水停出,采用密度 2.45g/cm³ 钻至中完,下入技术套管。

通过现场应用得出:放水降压钻高压盐水层技术,取得很好效果,降低了处理溢流时间,大大降低了钻井液漏失量。该技术适用于钻遇透镜小水体,不适用于钻进大水体。

4. 人工控压钻井技术及应用实例

1) 人工控压钻井技术

为了缓解钻进高压盐水层提密度压井而形成的恶性循环,采用人工控压钻井技术,寻求合适的钻井液密度钻进,实时调整控压值,防止井漏。在盐层中钻进时,该裸眼段第一次突遇高压盐水层时可采用关井求压,判断该层盐水的压力,若关井压力超过 5MPa 以上,一般采用提密度压井进行处理,否则环空带压较高后对井口带压起钻设备

（主要是旋转控制头胶芯的承压能力）及钻井液性能有较大挑战。若关井后环空压力低于 5MPa、钻进时不溢流但静止时出口线流等情况，可采用控压钻进的处理措施。寻求合适的钻井液密度，每次降低钻井液密度 0.02~0.03g/cm³，使用旋转控制头维持井口 1~5MPa 套管压力（最大最好不要超过 7MPa），控压钻进，能有效降低井漏的风险，减少井漏后进入井筒的盐水量。盐膏层段控压钻进时，要做好钻井液污染控制和井口压力控制两个方面（压力最好在 1~5MPa，出水量最好在 1m³/h 以内，溢流量超过 1m³/h，人工长时间（有些井控压长达 1 个月）加重工作量较大，对钻井液的污染也较大，一般现场人工每小时加 6~7 个吨包，工人的劳动强度较适中。采用旋转控制头控压钻进，井控风险完全可控。

盐膏层采用控压钻进工艺时，必须加强坐岗，起钻控制好速度严防抽吸，维护好钻井液性能等常规措施。若要起钻，须提前带好内防喷工具（若要长起需提前在近钻头带浮阀）、使用旋转控制头；没有旋转控制头控压起钻，则在起钻前应在井底打足够封闭浆再起钻，起钻过程中严格控制溢流量，控制套管压力在 5MPa 以内，超出后可使用分段打重钻井液帽，或者关井反挤 5~10m³ 后的措施，观察无溢流后再起钻，起钻和钻进要严格控制起钻速度，防止抽吸。尽量避免长时间的静止，监测好钻井液破乳电压变化。

此项技术对于钻进高压盐水层取得一定效果，缩短了处理溢流时间，减少了钻井液漏失量。但由于采用人工控压，没有采用 PWD 随钻监测井底压力，因而影响其效果，漏失量仍有些大。

2）应用实例

（1）KS903 井。

采用密度 2.40g/cm³ 油基钻井液钻进至 7175m，发现溢流。关井套管压力 3.7MPa，（高压水层压力系数为 2.45），采用密度 2.58g/cm³ 节流循环压井成功。继续钻进盐岩层，发生井漏，关井环空带压 2~3MPa，采用微降钻井液密度至 2.55g/cm³，使用旋转控制头控压 0.5~3MPa 钻进，顺利钻完盐层进尺。控压期间，漏失钻井液 475.7m³，堵漏施工 3 次，减少压井提密度后井漏发生的概率。

（2）KS904 井。

采用密度 2.55g/cm³ 油基钻井液钻进至 6890m，下吊测工具，出口发现溢流，溢流量 0.5m³，套管压力 1.7MPa，起出吊测工具，带旋转控制头接顶驱转动，关井求压，套管压力增加至 4.9MPa。节流循环，采用密度 2.58g/cm³ 油基钻井液节流循环压井，压井成功，关井套管压力降为零。开井发生井漏，采用降泵量钻井，采用控压钻进边漏边钻，边加随钻堵漏剂，采用密度 2.58~2.57g/cm³ 钻井液钻至 7657.93m，中完下套管固井。控压钻井过程中共漏失钻井液 147.8m³。

（3）KS21。

KS21 井钻至 7652m 砂岩，发生井漏。堵漏成功后，采用密度 2.51g/cm³ 钻进至 7662m（中泥岩段）发生盐水溢流。带压起钻至管鞋，采用 2.53g/cm³ 压井液压井，发生井漏。控压分次降低钻井液密度，从 2.54g/cm³ 降至 2.5g/cm³ 降至 2.48g/cm³ 再降至 2.45g/cm³，并控制排量保持盐水不出、地层微漏、恢复钻进，满足安全钻井与起下钻要求。见表 7-3-18。

表 7-3-18　KS21 溢流处理情况

层位	工况	井深 m	溢流处置情况	漏失 m³	钻井液密度变化	污染钻井液, m³
$E_{1-2}km^2$	溢流、井漏	7662	(1) 钻进至井深7662m, 钻进发现溢流0.2m³, 立即组织关井, 关井后核实液面共增加1.7m³。 (2) 关井立压0(钻具带浮阀), 套压0↗1.6MPa～关井观察, 立套压: 立压0↗8.6↘8.2MPa(钻具带浮阀), 套压0↗1.6↘0.3↗9.4MPa～12: 30泄立压至0MPa, 观察立压无变化～14: 30关环形、开半封带压钻至井深7472m(套管内)～7月6日16: 00关井观察, 立压0(钻具带浮阀), 套压9.4↗10.9MPa。 (3) 地面配制密度2.54 g/cm³压井液350m³并调整性能。2018年7月6日16: 00～23: 00节流循环压井(排量9～13L/s, 控制套压9.1↗11.9↘0MPa, 立压13～23.5MPa, 累计泵入密度2.54 g/cm³压井液260m³, 返出钻井液216.5m³。返出密度2.4↘2.2↗2.36 g/cm³, 其中21: 00泵入196m³、返出186.7m³时开始排放混浆, 返出密度最低点2.2 g/cm³, ES520↘68V 油水比65/35, 见明显结晶盐。至21: 30返出密度2.2↗2.26 g/cm³开始回收进罐, 同时漏失量开始增大。共计漏失钻井液43.5m³, 排盐水混浆18m³), 停泵观察, 出口无外溢	208.8	2.4g/cm³提密度至2.54 g/cm³压井, 井漏后降密度至2.47g/cm³	18
$E_{1-2}km^3$	边漏边钻、溢流	7698	(1) 划眼至井深7661m液面上涨0.7m³, 关井(立压0(钻具带浮阀), 套压4.5MPa)。2018年7月15日21: 30关井节流循环排污(返出最低密度2.46↘1.88 g/cm³, 氯根48000↗138000, Es680↘18V 油水比90/10↘76/24, 排放盐水混浆54.07m³)。 (2) 23: 00关环形、开半封带压起钻至井深7481m(套管内), 关井(立压0(钻具带浮阀), 套压2.5MPa)～16日10: 00关井观察(立压0(钻具带浮阀), 套压2.5↗4.9MPa), 地面调整钻井液性能(提密度2.46↗2.48 g/cm³)。 (3) 13: 00节流循环排污完(返出最低密度2.46↘1.92 g/cm³, 氯根48000↗137000, Es680↘20V 油水比35/65, 排放盐水混浆39.5m³)～20: 30循环调整钻井液(漏失5.7m³), 复杂解除	25.7	提高钻井液密度至2.48g/cm³	93.6
	边漏边钻	7746.1	试钻进, 循环调整钻井液(降黏度, 提油水比)～21: 00试钻进至井深7746.13m放空至井深7746.5m(排量12～13L/s, 漏速1～2m³/h)	76.3	调整钻井液密度至2.47g/cm³	

续表

层位	工况	井深 m	溢流处置情况	漏失 m³	钻井液密度变化	污染钻井液,m³
$E_{1-2}km^3$	边漏边钻	7785.7	降钻井液密度至2.46 g/cm³,边漏边钻	41.3	调整钻井液密度至2.46 g/cm³	270
	起钻		调整钻井液至2.48g/cm³起钻,减少盐水侵入井筒	9	提高钻井液密度至2.48g/cm³	
	边漏边钻（卡层）	7826.8	下钻后调整钻井液密度至2.46g/cm³,继续钻进,进行卡层作业	4.5	降低钻井液密度至2.46g/cm³	

注：钻井液密度 2.40 g/cm³，在井段 7524~7600m 起下钻需划眼，且频繁憋停顶驱；密度 2.47 g/cm³ 在井段 7523~7664m 短起时多点遇阻卡，需反复活动方可通过。

5. 精细控压钻井技术

1) 精细控压钻井原理

控压钻井技术已使用数十年，目的是控制环空压力，分为被动控压和主动控压。常规钻井也使用过：井控情况下，通过地面加回压控制井底压力，通常做法是关井（防喷器关闭），通过节流阀循环。

控压钻井（Managed Pressure Drilling，MPD）：是通过控制钻井液密度、循环压耗和井口回压，使井底压力 p_b 保持相对恒定。

$$\text{钻进中：} p_b = p_m + p_l + p_a$$

式中 p_b——井底压力；

p_m——钻井液静液柱压力；

p_l——循环压耗；

p_a——井口回压。

$$\text{起下钻：} p_b = p_m + p_a（底部）$$
$$p_b = p_m + p_{m重}（上部）$$

式中 p_b——井底压力；

p_m——钻井液静液柱压力；

p_a——井口回压；

$p_{m重}$——重浆帽静液柱压力。

在控压过程中改变井底压力 p_b 最方便快捷的方式是改变井口回压 p_a。

精细控压钻井技术是一种高端控压钻井技术，为主动控压。该技术在常规钻井设备的基础上，增加了旋转控制头、回压补偿泵、自动节流管汇、井下随钻测压和计算机自动控制软件系统等设备，能够实现对环空压力的精确控制。能够在井口迅速提供回压，阻止井筒进一步盐水侵；能够有效控制井底压力，降低井漏、溢流的风险，更好地保障钻井施工作业安全。

其实现方法是，通过采用旋转控制头、自动节流管汇、回压补偿泵、PWD 随钻测压等设备及相关的软件控制技术，提高井底压力控制精度，实现精确控制井底压力，减少井底压力波动，使井底压力始终保持稳定。

2）核心设备

精细控压钻井的主要设备包括自动节流管汇、回压补偿泵、自动控制系统、旋转控制头以及井下随钻测压工具等。自动控制系统通过实时得到的井下压力来调整井口压力，从而达到实时控制井底压力，保持井底压力相对稳定的目的。精细控压钻井的主要设备及工艺流程如图7-3-18所示。

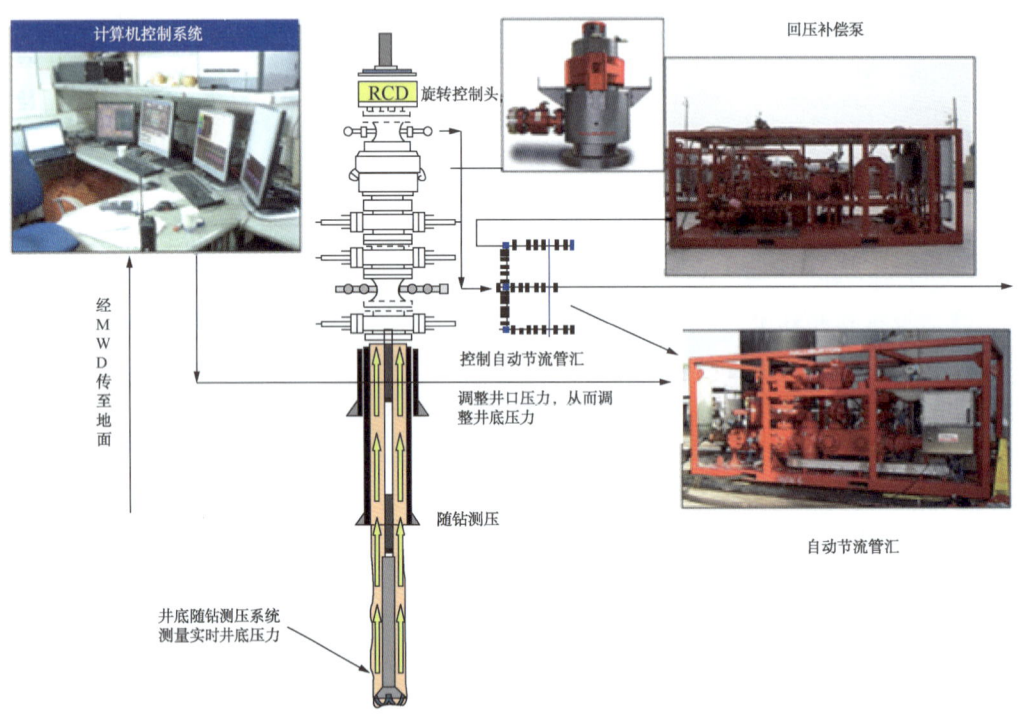

图 7-3-18　精细控压钻井主要设备及工艺流程图

(1) 自动节流管汇。

常规钻井技术需要控制井口压力时，以手动方式调整节流管汇的节流阀来调整井口压力，不但精度低，而且速度慢，往往会引起井底压力较大的波动。

精细控压钻井采用自动节流管汇（图7-3-19），该设备由计算机软件自动控制，井口压力调整精度比手动操作常规节流管汇要高得多，井口压力控制精度可以达到±50psi。

图 7-3-19　自动节流管汇

(2)回压补偿泵。

与常规钻井技术相比,精细控压增加了回压补偿泵(图7-3-20),停止循环时,能够补偿因停止循环而造成的环空压力降低,使井底压力一直保持稳定。

接单根、起下钻等作业过程中,停泵后将失去循环压耗,从而引起井底压力的降低,如果对该部分压力降低不给予补偿,井内很可能会处于欠平衡状态,大大增加溢流发生的风险,特别是高压、高含硫化氢气井,一旦发生溢流将会很难处理。为了补偿该部分压力降低,常规钻井主要采用提高钻井液密度的方法,即设计时把钻井液密度增加一个附加值。这样做的结果是,减小了井控风险,但会导致较大的过平衡,井漏风险大为增加。

为了补偿该部分压力降低,精细控压钻井技术在地面设备中增加了回压补偿装置,该设备为回压补偿泵。精细控压钻井在钻进过程中,使用钻井液泵,在接单根、起下钻等作业过程中,停钻井液泵,开启回压补偿泵,在地面建立小循环:钻井液罐→回压补偿泵→自动节流管汇→振动筛→钻井液罐。通过自动节流管汇的节流作用为井口提供所需要的补偿压力。

图7-3-20 回压补偿泵

(3)计算机自动控制系统。

常规技术一般采用手动控制,精度低,反应速度慢。精细控压钻井系统由计算机自动控制(图7-3-21),大大提高了控制的精度和速度。

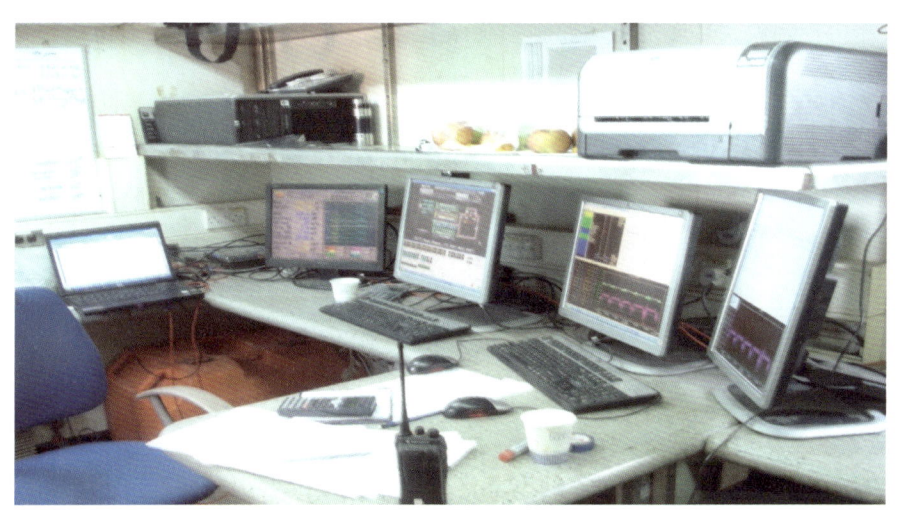

图7-3-21 计算机自动控制系统

（4）PWD 随钻测压工具。

井底压力是钻井作业中的重要数据，常规钻井依靠模拟计算来估算井底压力的大小，不能获取实际的井底压力大小，无法清楚掌握井底压力的变化。

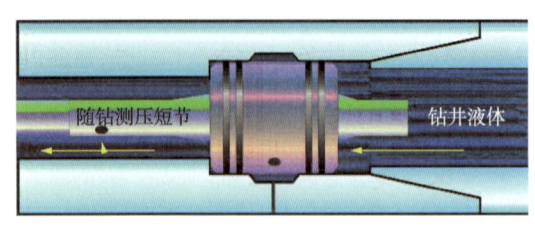

与常规技术相比，精细控压钻井技术引入了 PWD 井下随钻测压工具（图 7-3-22），该工具可以实时测量井底压力的大小，通过 MWD 将实时井底压力数据传至地面计算机自动控制软件系统，软件系统将根据井底压力变化对井口压力进行相应调整，同时，井底压力数据也为技术人员制订技术措施提供可靠依据。

图 7-3-22　PWD 随钻测压工具

该工具连接在钻具组合中，一般情况下，该工具在钻具组合中的位置为，下面与螺杆连接，上面与 MWD 连接。

3）工艺流程

精细控压钻井在作业过程中，根据情况不同可以使用两种控制模式：井底压力控制模式和井口压力控制模式。

井底压力控制模式是通过自动控制系统设定需要保持的井底压力值，根据 PWD 实时井底压力数据进行连续校对，并把校对结果反馈到自动控制系统，相应调整自动节流阀开度，始终保持实际井底压力同设定井底压力值一致，如图 7-3-23 所示。

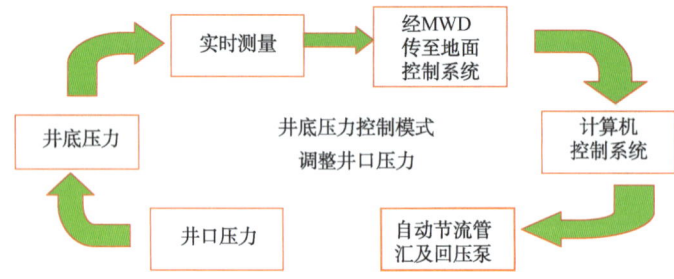

图 7-3-23　井底压力控制模式

井口压力控制模式是通过自动控制系统设定需要的井口压力，自动节流阀根据设定值自动调整开度，始终保持设定的井口压力，如图 7-3-25 所示。

图 7-3-24　井口压力控制模式

4）应用案例—中秋 10 井

中秋 10 井是塔里木油田公司在秋里塔格构造带一口重点预探井，该井三开及四开井段进行了精细控压现场应用。

ZQ10井地层压力系统复杂，超深复合盐膏层内同一裸眼段高压盐水和薄弱层并存、安全密度窗口窄，采用常规钻井往往会带来井漏溢流交替出现的难题，该井被认为是山前区块难度最大的一口井。

（1）三开精细控压实施情况。

三开精细控压井段3998~4832m，钻遇地层：吉迪克组膏盐岩段，吉迪克组膏泥岩段，吉迪克组砂砾岩段，苏维依组，库姆格列木群上泥岩，未钻遇库姆格列木群膏盐层；取得了较为理想的应用效果。

① 顺利钻穿多个压力复杂地层，成功完成三开钻井作业。三开地层压力系统复杂，同一裸眼段高压盐水和薄弱层并存、安全密度窗口窄。上部吉迪克组膏盐岩段存在高压层；中部吉迪克组砂砾岩段和苏维依组存在低压层；下部库姆格列木群膏岩盐段存在高压层。该井段上部易发生溢流，出盐水；中部低压区易发生井漏，下部溢流风险极高，一旦中部低压层发生漏失，井下情况将极为复杂，加大卡钻风险，复杂处理难度极大。

由此判断，ZQ10井三开预计存在上、下两套盐层，两套盐层中间为低压易漏层，是典型的窄压力窗口，采用常规钻井手段极难控制，易发生溢流、井漏复杂，一旦出现井漏或溢流，由于存在盐层，易引发卡钻等恶性事故。

ZQ10井三开转入精细控压系统开始控压钻井以后，无论是三开控制盐水层出水，还是钻穿不同压力系数复杂地层，均取得了明显的效果，达到了预期目的，没有发生溢流、井漏、卡钻等复杂事故，安全钻至三开完钻井深。

② 盐水层出水量得到有效控制。常规钻进期间：2019年7月15—30日，累计出水304m³，平均日出水量19m³；控压钻进期间：7月31至9月7日，累计出水72.4m³，平均日出水量2.3m³。如图7-3-25和图7-3-26所示。

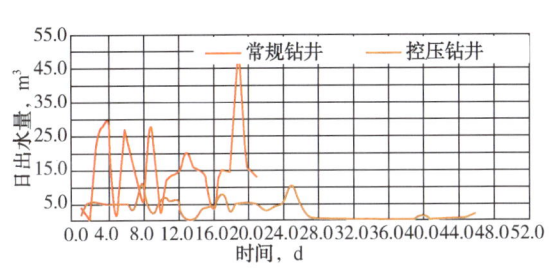

图7-3-25 ZQ10井精细控压钻井与常规钻井日出水量对比

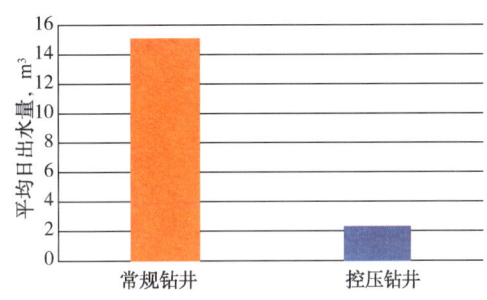

图7-3-26 ZQ10井平均日出水量对比

③ 成功钻穿吉迪克组砂砾岩低压区和苏维依组易漏层，钻井及起下钻过程没有发生井漏，并抑制了上部盐层出水量。

④ 盐水严重污染的钻井液量大幅减少，钻井液维护工作量明显减小。中秋10井三开后转入精细控压钻进前，在井段2467~3998m采用常规钻进，钻进及起下钻过程出盐水及钻井液污染严重，每次起下一趟钻有大量钻井液因井筒出盐水被严重污染后无法再次入井，7月31日控压钻井施工前共计运走盐水严重污染钻井液429m³（无法处理再次入井）。采用控压起钻后钻井液被盐水污染现象明显改善，8月1日至9月11日，盐水污染钻井液均属轻度污染，回收受污染钻井液量大幅减少。

精细控压实施前补充胶液量1.8~2.4m³/h，加重量8~12包/h；精细控压实施后，目前只需补充胶液量 1.8m³/h，加重量 4~6 包/h。

根据统计，自 7 月 14 日盐层出水后，至 7 月 30 日常规钻进、起下钻，重晶石粉消耗量为 117t/d，柴油消耗量 23m³/d（图 7-3-27 和图 7-3-28）。

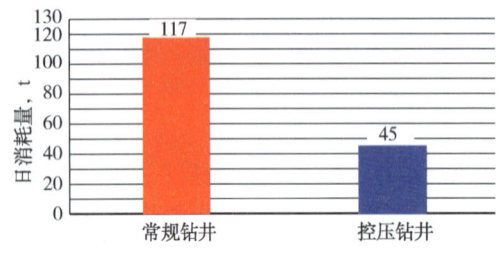
图 7-3-27　ZQ10 井重晶石粉日消耗量对比

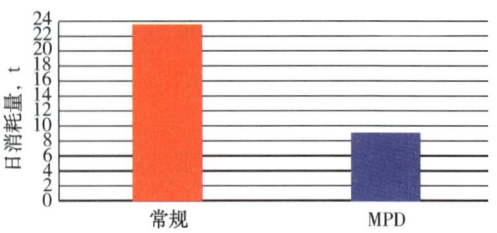
图 7-3-28　ZQ10 井柴油日消耗量对比

7 月 31 日，精细控压钻井实施以后，重晶石粉消耗量减少到 45t/d，柴油消耗量减少到 12m³/d。

（2）四开精细控压实施情况。

四开钻遇地层为库姆格列木群白云岩、膏泥岩、底砂岩，目的层巴什基奇克组、巴西改组和舒善河组，根据邻井复杂情况分析，中秋 10 井四开压力系统复杂，井漏、溢流风险较高。

2019 年 10 月 5 日，ZQ10 井四开，开始精细控压钻井作业，精细控压井段 4832~5580m，钻遇地层有库姆格列木群白云岩、库姆格列木群膏泥岩、库姆格列木群底砂岩、巴什基奇克群、巴西改组及舒善河组，共计作业 4 趟钻，累计作业周期 33 天。

10 月 5 日，四开开钻，由于考虑到白云岩井漏风险大，同时计划求取地层压力，因此采用钻井液密度 2.0g/cm³，控制井底当量密度 2.08g/cm³。如图 7-3-29 所示。

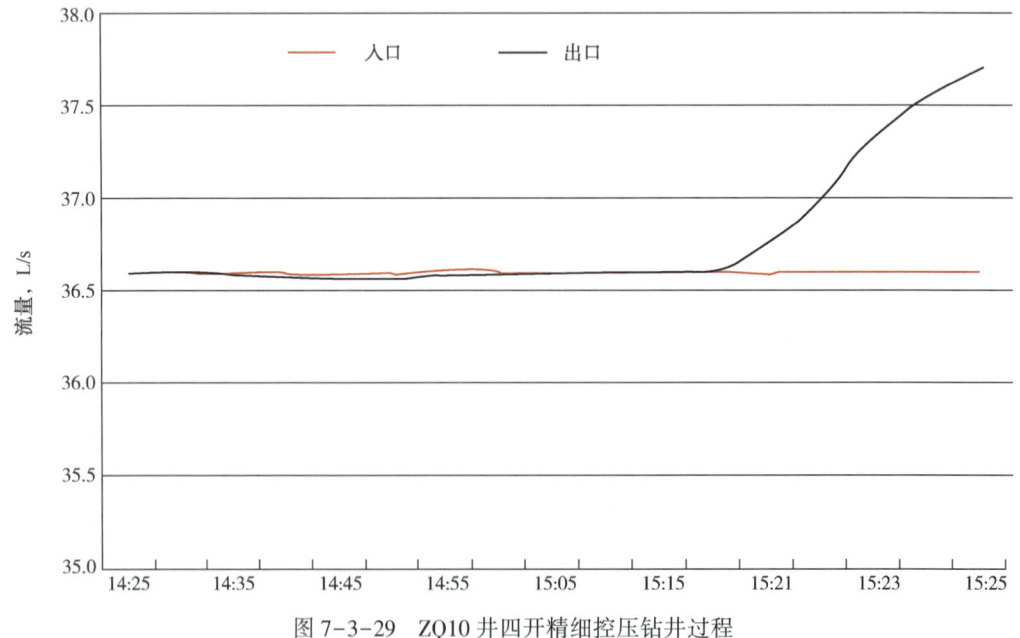
图 7-3-29　ZQ10 井四开精细控压钻井过程

10 月 7 日 13：11 钻进至井深 4867.58m，精细控压通过出口流量计发现溢流，经钻井液、录井核实溢流量 0.3m³（PWD 数据：井底当量密度 2.08g/cm³）。关井求压，套管压力

6.3MPa，折算地层压力当量循环密度为 2.13g/cm³。

由于井口压力过高，超过旋转控制头的安全承压能力(5MPa)，因此，将钻井液密度由 2.0g/cm³ 提高至 2.05g/cm³ 后，通过精细控压控制井底当量密度 2.17g/cm³ 节流循环，复杂解除。

压井过程如图 7-3-30 所示。依据 PWD 实时传输井底当量密度，逐步提高井口压力，控制溢流。

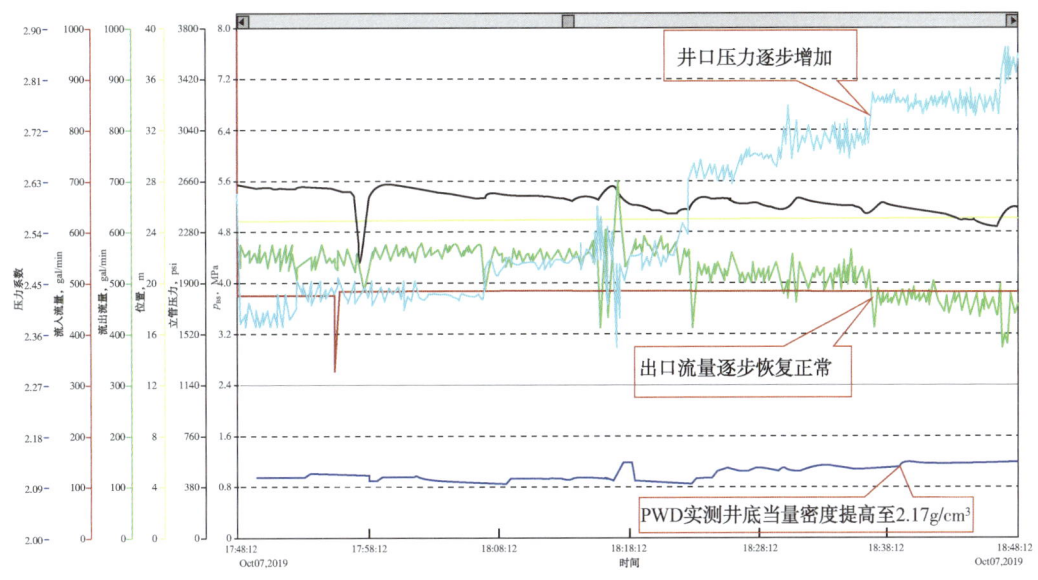

图 7-3-30　ZQ10 井四开精细控压压井过程

10月8日，采用密度 2.05g/cm³ 钻井液精细控压钻进，控制井底当量密度 2.16g/cm³，钻进至井深 4889m 底砂岩发生井漏，精细控压逐步降低井底当量密度至 2.14g/cm³，不漏，液面正常。

通过对此次对溢流和井漏的处理，基本确定了当前井段的压力窗口为 2.13~2.15g/cm³，在巴什基奇克组采用密度 2.05g/cm³ 钻井液、控制井底当量密度至 2.14g/cm³，继续钻进。

钻进至巴西改组地层压力窗口再次缩小，在井底当量密度低于 2.12g/cm³ 时，全烃值明显升高，达到 20%~30%，井底当量密度高于 2.13g/cm³ 时，钻井液消耗量增大，有渗漏迹象，地层压力极为敏感。因此，在巴西改组钻进期间，钻井液密度由 2.05g/cm³ 调整为 2.03g/cm³，井底当量密度控制在 2.125g/cm³，并参考钻井液消耗量及全烃值变化，及时调整井口压力，压力调整幅度为 0.2~0.3MPa。控压钻进至井深 5580m，中秋 10 井精细控压作业结束。

四开精细控压钻井过程，也取得了较好的效果，具体如下：

① 发现溢流、井漏及时。控压钻井系统配备的高精度质量流量计，可准确测量钻井液出口密度、温度、出口排量，该根据出入口排量变化及时反映出井漏、溢流。该井在钻进至 4867.58m 通过出口流量增大及时发现溢流并关井，至少比钻井液、录井提前 3~5min 提前预警。

② 大幅缩短处理复杂时间，且处理复杂简单。精细控压在井下有 PWD 工具，在关井求压后，压井过程中准确地反映出实时的井底压力。并通过自动节流管汇保持井底压力，

使得压井更加精准、高效。该井在钻进至4867.58m发生溢流后10h处理复杂结束，恢复钻进。钻进至4889m时发生井漏，及时降低井口压力后液面恢复正常，整个过程仅用时0.5h。

③ 窄压力窗口下安全钻进。该井四开巴什基奇克组至巴西改组地层压力当量密度窗口极窄，为2.12~2.13g/cm³，仅有0.01g/cm³的井底当量密度区间，每次调整井底当量密度只能以0.005g/cm³为基础甚至更小，在井深5500m时，折算为井口压力0.2~0.3MPa，若常规处理，基本无法调整。

④ 敏感性特殊层位，进行针对性处理。该井四开一直以井底当量密度数据为依据，对井口压力进行调整，随着对该井认识加深，认为关键层位就是白云岩段（4862~4867m）的含气水层。在5535~5600m井段，针对该井段控制当量密度在2.12~2.13g/cm³，液面正常，全烃值一直维持在1%~2%的低值，为录井工作带来便利。

⑤ 减少了钻井液消耗及维护成本。四开每趟起下钻，均未出现污染钻井液，有利于钻井液的维护，同时通过保证井底当量密度，使井底处于近平衡状态。日钻井液消耗仅在3m³左右，减少了钻井液消耗成本。

（3）控压作业。

① 地层承压试验，分步小幅加压，控制精度高。
② 起钻时，根据钻杆上提速度，快速补偿抽吸压力。
③ 下钻时，根据下放速度，快速补偿激动压力。
④ 接单根时，快速补偿因停泵而造成的井底压力降低。
⑤ 停电时，自动节流管汇能够快速反应，在井口快速形成圈闭压力。
⑥ 控压钻进，井底压力波动小。
⑦ 精细控压处理溢流，简单快速。
⑧ 精细控压处理井漏，安全快速。

参 考 文 献

[1] 李江海，王洪浩，周肖贝，等．盐构造[M]．北京：科学出版社，2015．
[2] 杨宪彰，许安明，等．库车前陆冲断带新生界砾石层分布与识别技术[M]．北京：石油工业出版社，2018．
[3] 胥志雄，龙平，梁红军，等．前陆冲断带超深井复杂地层钻井技术[M]．北京：石油工业出版社，2017．
[4] 唐继平，滕学清，梁红军，等．库车山前复杂超深井钻井技术[M]．北京：石油工业出版社，2012．
[5] 姜福华，尹志刚，吴泓璇，等．土库曼斯坦超高压巨厚盐膏层和恶性漏失性产层钻井技术[J]．钻采工艺，2013，36(04)：16-17．
[6] 张跃，张博，吴正良，等．高密度油基钻井液在超深复杂探井中的应用[J]．钻采工艺，2013，36(06)：95-97．
[7] 谢金稳，周德军，钱琪祥．钻遇高压低渗盐水层是否压稳钻进探讨[J]．新疆石油科技，1998，2(08)：23-25．
[8] 何博逾，田径，刘绘新．高压盐水放喷卸压技术[J]．机械研究与应用，2013，26(01)：64-65．
[9] 田径．钻遇盐膏层高压盐水的井控技术[D]．成都：西南石油大学，2012：45-48．

第八章　克拉苏冲断带克深区带保护油气层钻井液技术

以克深区带为代表的库车山前油气层是典型的致密性裂缝型油气层，油气层易伤害，保护难度大。本章研讨克深区带白垩系巴什基奇克组油气藏油气层特性、伤害因素与保护油气层的钻井液技术措施。

第一节　克深区带油气层特性

库车前陆盆地主力勘探目的层是白垩系巴什基奇克组砂岩，是一套天山物源、库鲁克物源、温宿物源三物源沉积，厚度50～400m，广泛分布，垂向上分为三段（图8-1-1）。克深区带盐下超深层白垩系巴什基奇克组油气层孔隙度一般在2%～7%，渗透率一般在0.05～0.5mD，是典型的特低孔特低渗砂岩油气层。

一、沉积相特征

库车前陆盆地白垩系沉积时，气候炎热干燥，古水流主要为自北向南，北部的南天山存在多个物源出口，携带了大量的碎屑物质向南出山口以后，由于地势变缓，水体能量减弱，碎屑物质得以大量沉积，因此由北向南沉积相表现为冲积扇、扇三角洲或辫状河三角洲、滨浅湖沉积体系。扇三角洲和辫状河三角洲垂向上表现为多期朵体相互叠置，在平面上表现为多个朵体相互连接，形成了白垩系巴什基奇克组砂体纵向厚度大，横向叠置连片。

1. 沉积构造特征

库车前陆盆地白垩系巴什基奇克组砂岩以褐色、棕褐色中—厚层状中、细砂岩为主（图8-1-2），夹薄层泥岩、粉砂质泥岩。野外地质露头与钻井岩心砂岩沉积构造发育丰富，主要包括冲刷构造、平行层理、交错层理、沙纹层理、粒序层理、块状层理等（图8-1-3），其中，中细砂岩中主要发育槽状交错层理、低角度交错层理、沟槽充填交错层理、单向斜层理，粉砂岩中发育平行层理、水平层理等，此外还发育侵蚀冲刷面和滞留沉积，可见到砾石叠瓦状排列及变形构造等，反映了白垩系沉积时水介质为密度流和牵引流皆有的沉积特征（图8-1-4）。粒度概率曲线以三段式为主，部分为两段式，缺少滚动组分，C-M图样品点集中分布于图版的P-Q段，反映了以牵引流为主，以悬浮搬运为主，但含有少量的滚动搬运成分，表现出三角洲前缘的中等能量沉积特征。

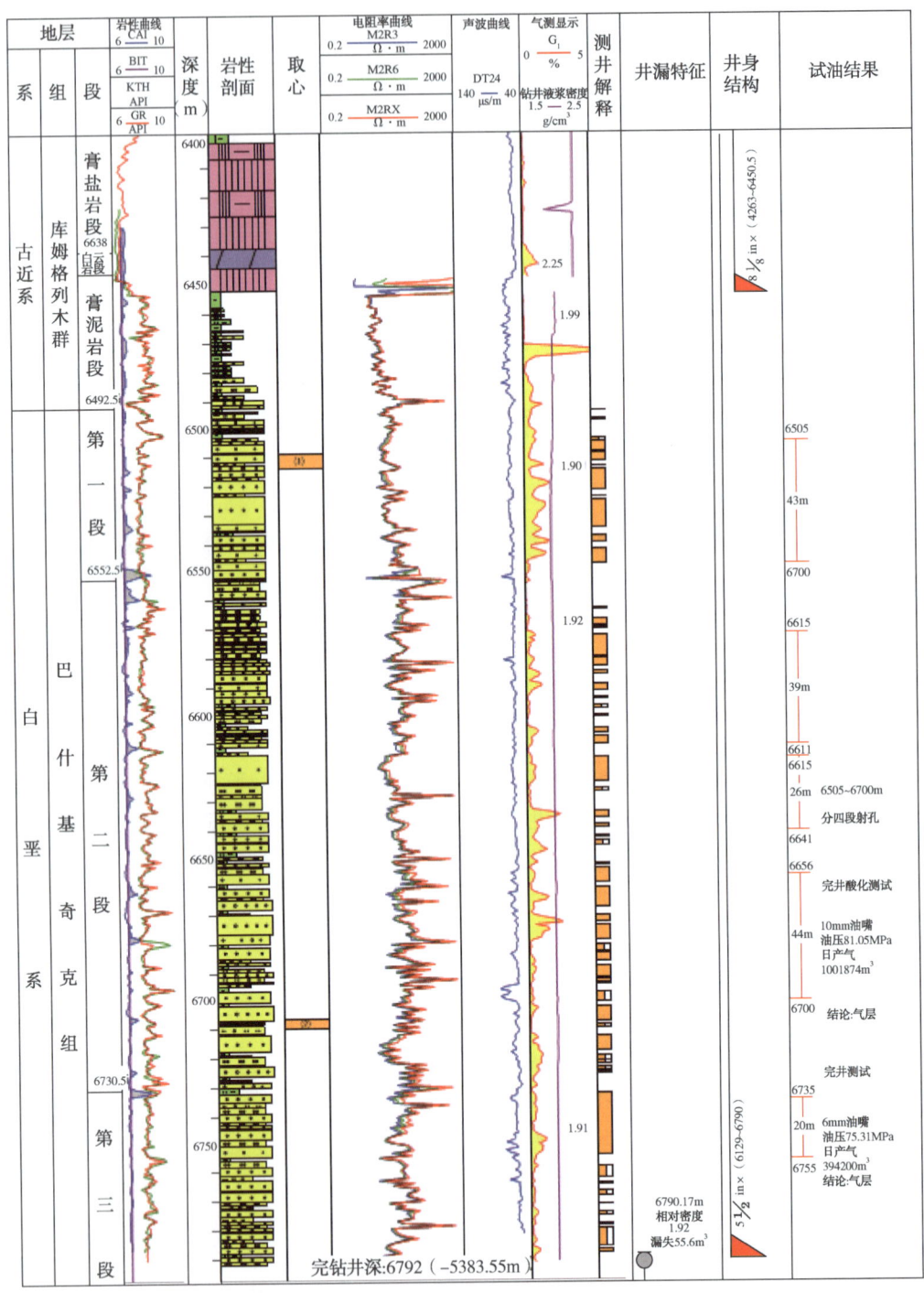

图 8-1-1 克深区带克深 201 井白垩系巴什基奇克组综合柱状图

图 8-1-2　KS 区带白垩系巴什基奇克组典型岩石类型图

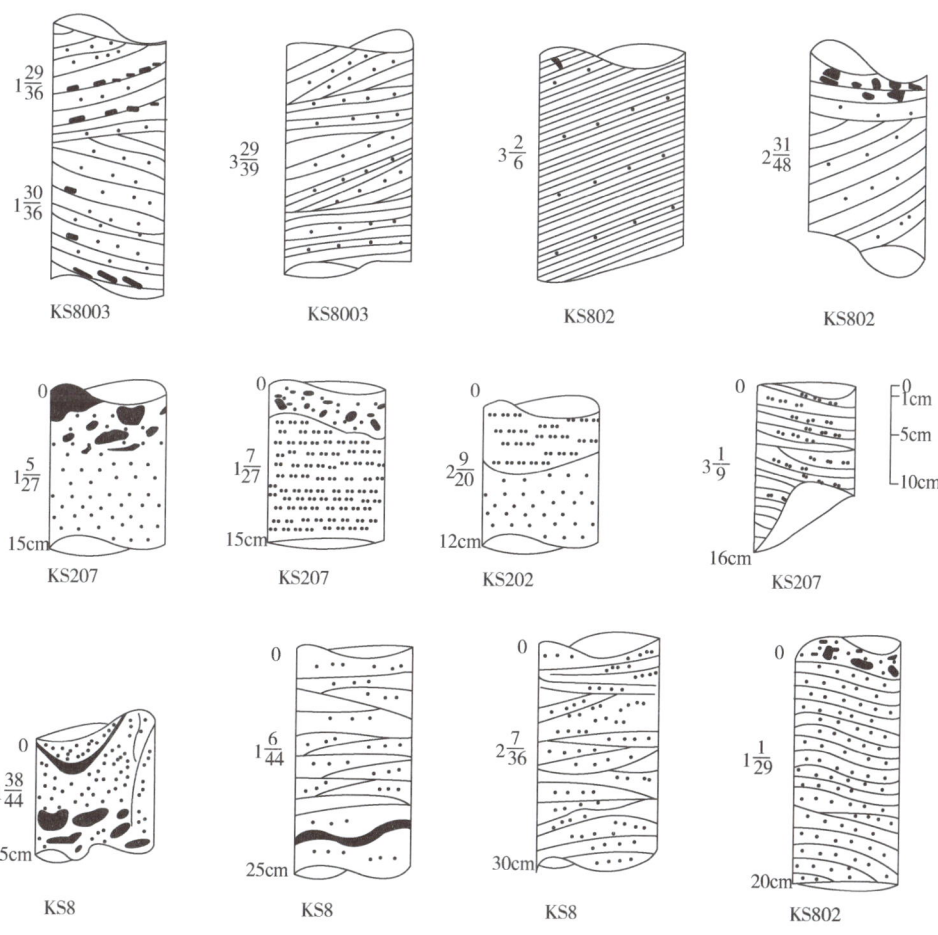

图 8-1-3　KS 区带白垩系巴什基奇克组常见沉积构造岩心素描图

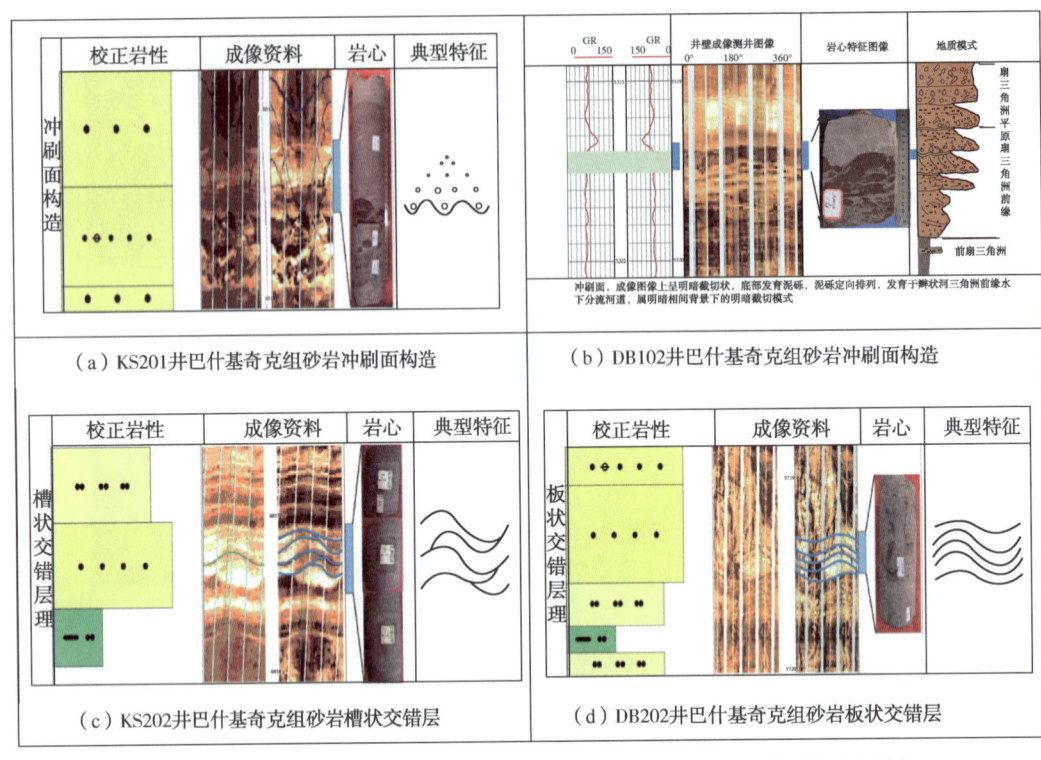

图 8-1-4 克深区带白垩系巴什基奇克组基于成像测井沉积构造解释图版

2. 扇三角洲沉积体系

巴什基奇克组第三段沉积时期,古气候以干旱炎热为主,北部发育多个扇体,在平面上相互连接、叠置形成多个物源入口,从而形成大面积分布的稳定砂体。由于盆地相对高差较大,地形相对较陡,沉积物快速堆积形成冲积扇和直接入湖的扇三角洲沉积。自物源区向沉积区,沉积物粒径变细,厚度变化不大。克深区带主要处于扇三角洲前缘亚相带,岩性主要为砂砾岩、含砾砂岩、砂岩和暗褐色块状泥岩、粉砂质泥岩和泥质粉砂岩,主要由水下分流河道、分流间湾等微相组成(图 8-1-5)。

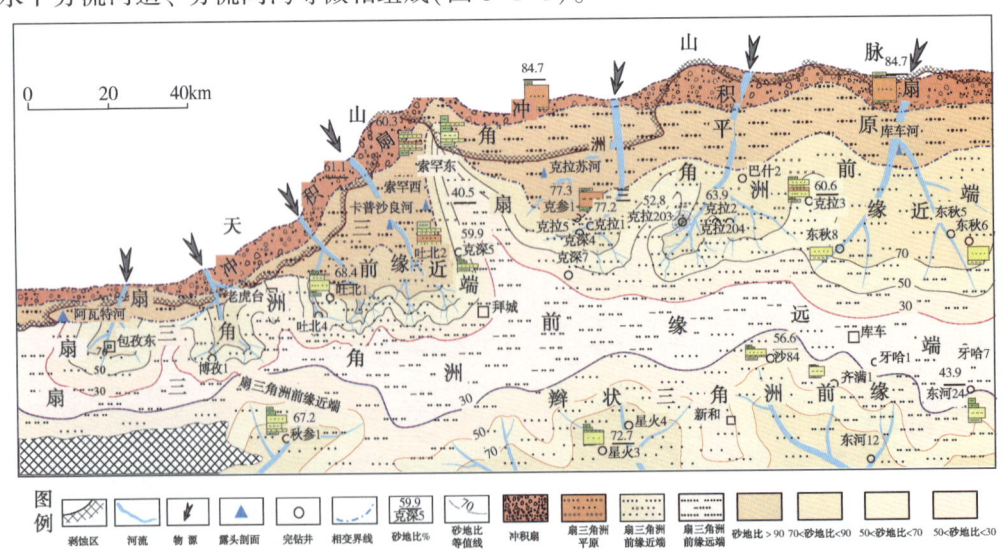

图 8-1-5 库车前陆盆地中部白垩系巴什基奇克组第三段沉积相平面分布图

3. 辫状河三角洲沉积体系

白垩系巴什基奇克组第一、二段沉积时期，构造活动相对较弱，古地势相对平坦，自北向南为冲积扇、辫状河三角洲平原、辫状河三角洲前缘亚相。北部多个物源出口形成了一系列由辫状河道组成的辫状河三角洲平原，向南沉积物粒径变细，厚度增大。克深区带主要处于辫状河三角洲前缘亚相，岩性以棕褐色中细粒岩屑砂岩夹褐色泥岩为主（图8-1-6），包括水下分流河道、河口砂坝、分流间湾等微相，水下分流河道垂向叠置厚度大、横向分布稳定，分流间湾沉积的泥岩单层厚度薄且不连续。

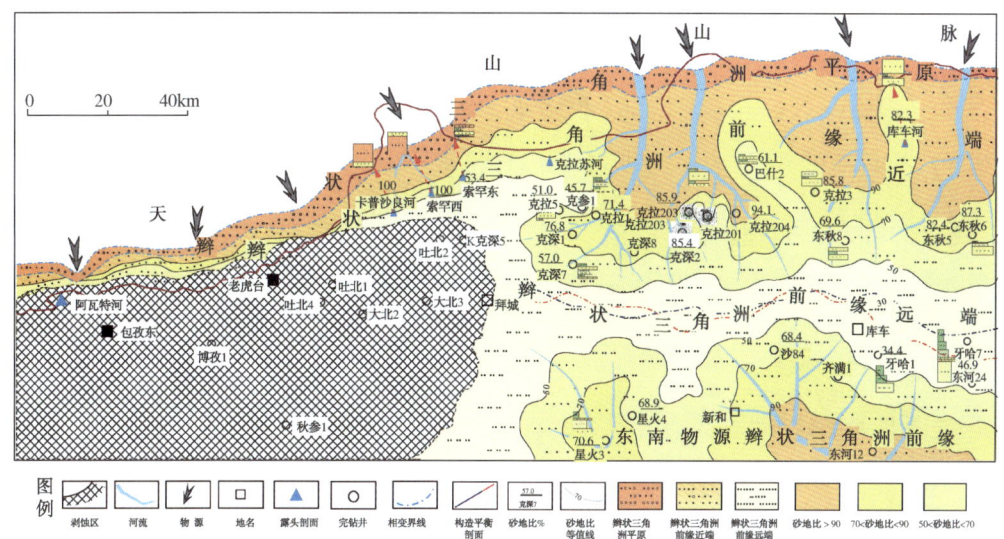

图 8-1-6 库车前陆盆地中部白垩系巴什基奇克组第一段沉积相平面分布图

白垩系巴什基奇克组各岩性段微相在横向上分布十分稳定，砂体对比性好，砂体连通性、连续性好，泥岩夹层薄、不连续。其中巴什基奇克组第三段顶部的间湾泥岩可作为标志层。巴什基奇克组第一、二段主要为辫状三角洲前缘亚相的水下分流河道和分流间湾微相，该段砂体入湖后因受湖浪改造易形成河口坝砂和前缘席状砂。砂体由于单河道砂体的相互叠置，具有厚度大、分布广、连续性好、泥岩夹层薄而少的特点（图8-1-7）。

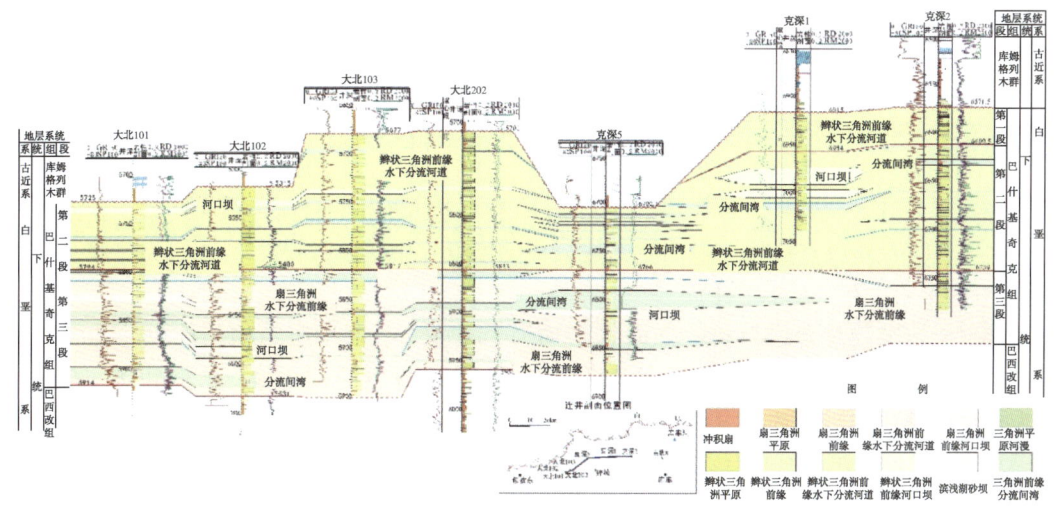

图 8-1-7 克深区带白垩系巴什基奇克组东西向沉积相对比图

二、岩石学特征

1. 岩矿组构特征

白垩系巴什基奇克组砂岩矿物组成相对稳定,依据主要以岩屑长石砂岩和长石岩屑砂岩为主,粒度以中粒、细粒为主(图 8-1-8、图 8-1-9)。

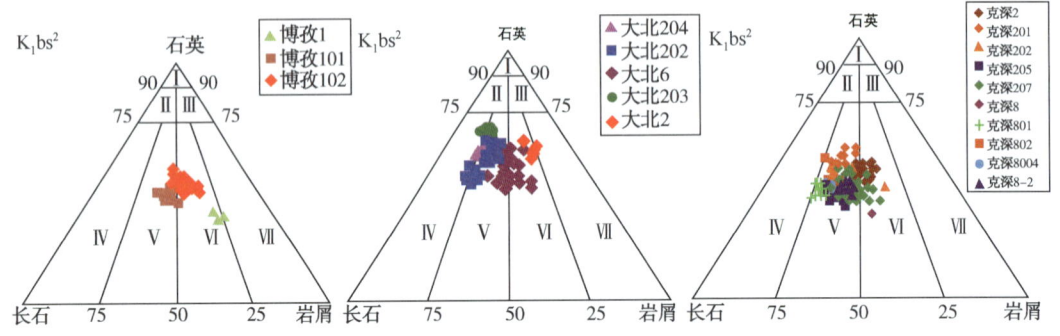

图 8-1-8 克深区带白垩系巴什基奇克组岩矿组成三角图

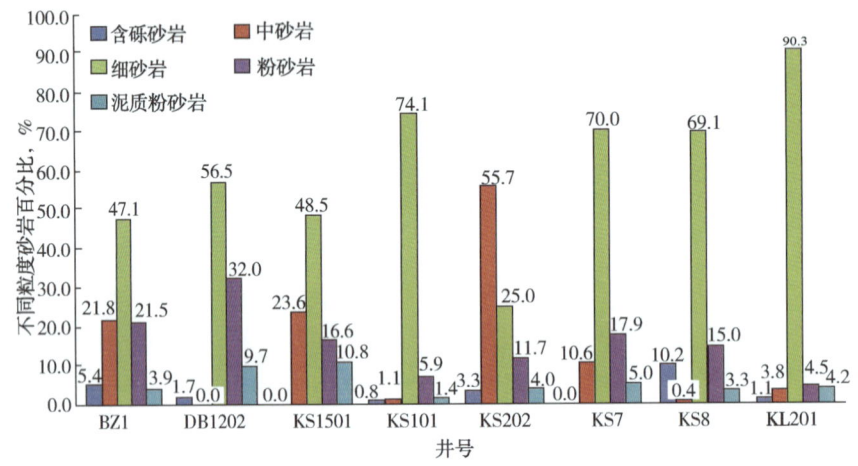

图 8-1-9 克深区带白垩系巴什基奇克组典型单井岩石类型百分比图

岩石组成总体刚性骨架颗粒含量高,抗压实性较强。其中,石英含量普遍在 40%~60%之间,平均为 45%左右;长石以钾长石为主,含量为 15%~25%,平均为 20%左右,斜长石含量为 5%~15%,平均为 10%左右;岩屑主要为变质岩屑,含量为 10%~15%,平均为 13%左右,其次为岩浆岩屑,含量为 5%~20%,平均为 10%左右,沉积岩屑含量较低,平均仅为 3.5%左右。油气层砂岩碎屑颗粒分选总体中—好,磨圆中等,多为次棱角—次圆状,颗粒以点—线接触为主,成分成熟度低—中等,胶结类型普遍为薄膜—孔隙型胶结(图 8-1-10、表 8-1-1)。

油气层填隙物总含量为 4%~20%,平均为 15%左右,其中胶结物总量 2%~20%,平均 7%左右,成分主要包括白云石、方解石、硬石膏、自生钠长石等,少量硅质;杂基主要为棕色或黑色泥质,含量为 1%~10%,一般平均低于 5%(表 8-1-2)。

总体上自西向东具有长石含量增高、岩屑含量降低的趋势(表 8-1-2)

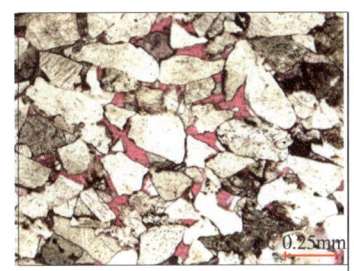

（a）博孜102井，6865.05m，中粒岩屑长石砂岩，原生粒间孔，少量粒间溶孔　　（b）大北304井，6878.7m，中粒岩屑长石砂岩，原生粒间孔　　（c）克深505井，6776.81m，细—中粒岩屑长石砂岩，原生粒间孔

（d）克深8井，6735.39m，不等粒岩屑长石砂岩，溶孔、粒内溶孔　　（e）克深301井，6950.73m，中粒岩屑长石砂岩，粒间溶孔　　（f）克深201井，6512.02m，细粒岩屑长石砂岩，粒间孔、粒内溶孔

图 8-1-10　克深区带白垩系巴什基奇克组储集空间特征图

表 8-1-1　克深区带白垩系巴什基奇克组油气层岩石学特征

| 井名 | 层位 | 样品数 | 骨架成分 ||||||杂基| 胶结物 | 分选性 | 接触关系 |
			石英	钾长石	斜长石	沉积岩屑	变质岩屑	岩浆岩屑		碳酸盐 硅质膏质		
KS8	K_1bs^1	47	$\frac{38-46}{42}$	$\frac{20-25}{22.3}$	$\frac{7-14}{9.9}$	$\frac{1-4}{2.2}$	$\frac{12-17}{13.8}$	$\frac{7-16}{10.1}$	$\frac{2-12}{3.6}$	$\frac{2-20}{6.8}$	差—中	点、线
	K_1bs^2	9	$\frac{33-45}{41.1}$	$\frac{20-23}{21}$	$\frac{10-16}{13}$	$\frac{2-20}{5.1}$	$\frac{9-13}{11}$	$\frac{5-12}{8.6}$	$\frac{1-7}{4.1}$	$\frac{3-13}{7.6}$	中—好	点、线
KS2	K_1bs^1	17	$\frac{40-53}{48.6}$	$\frac{15-25}{17.7}$	$\frac{3-8}{6.5}$	$\frac{2-5}{2.9}$	$\frac{7-13}{10.7}$	$\frac{10-16}{13.5}$	$\frac{2-5}{2.8}$	$\frac{0.5-20}{5.1}$	好	点、线
	K_1bs^2	59	$\frac{45-55}{48.6}$	$\frac{12-20}{17.1}$	$\frac{5-12}{7.4}$	$\frac{2-7}{3.6}$	$\frac{7-12}{9.7}$	$\frac{10-17}{14}$	$\frac{0.5-5}{2.3}$	$\frac{0.5-15}{4.3}$	好	点、线
DB202	K_1bs^2	34	$\frac{42-60}{51.4}$	$\frac{10-28}{21.3}$	$\frac{0.5-10}{7.1}$	$\frac{3-9}{6.4}$	$\frac{7-15}{10.0}$	$\frac{2-8}{3.9}$	$\frac{1-25}{6.2}$	$\frac{1-25}{6.7}$	中—好	点、线
DB6	K_1bs^2	47	$\frac{45-61}{52.7}$	$\frac{15-25}{19.2}$	$\frac{4-7}{4.7}$	$\frac{2-12}{3.2}$	$\frac{5-17}{11.6}$	$\frac{5-12}{8.1}$	$\frac{2-13}{5.9}$	$\frac{2-28}{10.8}$	中—好	点、线
BZ102	K_1bs^2	66	$\frac{45-56}{49.7}$	$\frac{13-20}{16.0}$	$\frac{5-9}{7.0}$	$\frac{4-9}{6.3}$	$\frac{10-18}{14.3}$	$\frac{4-10}{6.6}$	$\frac{1-15}{3.7}$	$\frac{0.5-8}{5.6}$	中—好	点、线
	K_1bs^3	21	$\frac{44-54}{48.8}$	$\frac{13-18}{15.7}$	$\frac{5-10}{7.6}$	$\frac{4-8}{6.7}$	$\frac{10-20}{14.4}$	$\frac{4-10}{7.0}$	$\frac{1-5}{3.0}$	$\frac{1-15}{5.0}$	中—好	点、线

表 8-1-2 克深区带白垩系巴什基奇克组砂岩填隙物含量统计表

井号	层位	泥杂基(%)	胶结物类型,%					胶结物总量%	填隙物总量%
			方解石	白云石	铁白云石	硅质	硬石膏	自生钠长石		
KS8	K_1bs^1	2-12/3.6	—	1-7/2.7		<1	<1-1	<1-8/3.4	2-20/6.8	4-32/10.4
	K_1bs^2	1-7/4.1	0-4/2.0	0-3/1.5		0-3/2.2	0-5/2.3	1-3/2.0	3-13/7.6	4-20/11.7
KS801	K_1bs^2	2-12/5.5	<1-3/2.6	<1-2/1.3		<1-3/2.1	<1-5	1-3/2.3	2-6/2.7	5-16/8.2
	K_1bs^3	2-4/3	<1-6/4.1	0-4/2.8		1-2/1.6	0-<1	1-3/2.2	6-11/8	9-13/11
KS205	K_1bs^1	6-17/10.5	0-3/2.5	4-15/9			<1-3/0.6		4-15/10	16-26/20.6
	K_1bs^2	3-10/4.1	<1-3/0.8	1-5/2.9	<1	<1-2/1.3		2-4/2.5	2-10/6.5	6-14/10.5
	K_1bs^3	<1-1/0.5	<1-13/5.4	<1-10/5.3		<1-3/1.8		<1-1/0.8	<1-13/5.4	<1-26/9.2
KS501	K_1bs^1	<1-20/6.72	0-26/6.97	0-3/0.55		<1-3/1.5	0-<1	0-3/0.64	<1-26/8.2	7-28/14.32
	K_1bs^2	2-13/7.33	0-25/6.37	0		<1-3/1.6	0-<1	0-3/0.84	2-26/7.02	10-32/14.35

克深区带各段油气层岩矿特征有所差异。克深段油气层属于低孔特低渗砂岩油气层，根据薄片鉴定，该带油气层石英含量较高，含量范围为 51.7%~59.1%，以 50%~60% 范围内分布较多，钾长石达到 10.5%，斜长石达到 26.7%，沉积岩含量为 14.29%，变质岩含量为 10.57%，岩浆岩含量为 8.14%，泥屑含量小于 1%，铁泥质含量 7.83%，方解石均值小于 5%，白云石小于 1%；黏土矿物含量较高，主要分布在 2.3%~8.5%；油气层致密，长期风化程度低，分选性为中，磨圆度为次棱—次圆，胶结类型以孔隙式和孔隙—基底式为主，接触关系主要以点—线胶结为主。

通过对克深区块 6 口井目的层 8 块岩样采用 X 衍射全岩矿物分析，可知黏土矿物含量 5%~6%，石英含量较高，钾长石、斜长石也是主要矿物，含有少量白云石及石膏，见表 8-1-3。

表 8-1-3 克深区块油气层矿物全岩分析

序号	岩样编号	黏土矿物总量,%	非黏土矿物含量,%						
			石膏	石英	钾长石	斜长石	方解石	白云石	黄铁矿
1	KS2-2-8-61	4.9	1.0	51.7	8.1	26.7	7.5	0.0	0.0
2	KS2-2-8-67	2.3	1.8	54.6	5.2	25.0	0.0	8.6	2.5
3	KS2-2-2-72	6.2	2.5	52.6	9.0	24.2	0.0	5.6	0.0
4	KS2-2-8-84	3.0	2.4	55.2	5.2	26.5	0.0	5.8	1.9

续表

序号	岩样编号	黏土矿物总量,%	非黏土矿物含量,%					
			石膏	石英	钾长石	斜长石	方解石	白云石	黄铁矿
5	KS2-2-14-131	3.3	1.8	57.6	8.9	23.6	0.0	4.9	0.0
6	KS8-114	6.0	2.7	59.1	10.5	19.2	0.0	2.5	0.0
7	KS207-92	6.0	1.7	58.7	5.9	24.0	0.0	3.7	0.0
8	KS208-104	8.5	3.1	56.9	5.4	21.7	0.0	4.5	0.0

大北区块油气层根据岩石薄片鉴定结果，该油气层石英含量较高，平均达到54.40%，钾长石达到7.27%，斜长石达到5.27%，沉积岩含量为14.29%，变质岩含量为10.57%，岩浆岩含量为8.14%，泥屑含量小于1%，铁泥质含量7.83%，方解石均值小于5%，白云石小于1%；油气层致密，长期风化程度低，分选性为中，磨圆度为次棱—次圆，胶结类型以孔隙式和孔隙—基底式为主，接触关系主要以点—线胶结为主。大北段4口井目的层4种岩样全岩矿物分析，可知黏土矿物含量在5%左右，石英含量较高，钾长石、斜长石也是主要矿物，见表8-1-4。

表8-1-4 大北区块油气层矿物全岩分析

岩样编号	黏土矿物总量,%	非黏土矿物含量,%					
		石膏	石英	钾长石	斜长石	方解石	白云石	黄铁矿
DB203-10	6.3	1.2	49.1	9.1	25.3	7.6	1.4	0.0
DB203-201	5.2	0.0	26.5	3.1	7.5	3.1	0.0	4.5
DB205-37	4.5	0.0	52.8	14.7	16.9	11.2	0.0	0.0
DB302-52	4.5	0.8	54.0	5.6	23.2	9.2	2.8	0.0

2. 黏土矿物

克深区带白垩系巴什基奇克组砂岩油气层黏土矿物X衍射相对含量的分析表明，自上而下，巴什基奇克组黏土矿物以伊利石为主，其次为伊蒙有序混层与绿泥石，含少量高岭石。从纵向来看，伊利石、高岭石含量有依次增加趋势，第一段低于第二段。

克深区带各段的黏土矿物总体规律相类似，但各段油气层黏土矿物有所差异。平面上克深段的伊利石含量总体高于大北段。

1）克深段

克深段白垩系巴什基奇克组砂岩中黏土矿物相对含量，伊利石含量为60%~70%，最高达78%，伊/蒙有序混层含量为20%~40%，最高达43%，绿泥石含量为2%~10%，高岭石含量为1%~4%，伊/蒙混层中的蒙皂石含量为10%~15%。

通过对克深区块8口井目的层8种岩样黏土分析，伊利石相对含量超过52%，绿泥石为21.6%~40.0%，伊蒙混层为3.1%~18.3%，不含蒙脱石、高岭石，见表8-1-5。

表8-1-5 克深区块油气层黏土矿物分析

序号	岩样编号	黏土矿物相对含量				混层比,S%
		伊利石(I)	伊/蒙(I/S)	高岭石(K)	绿泥石(C)	
1	KS2-2-8-61	52.6×10^{-2}	8.3×10^{-2}	0	39.1×10^{-2}	15.0
2	KS2-2-8-67	53.4×10^{-2}	6.6×10^{-2}	0	40.0×10^{-2}	15.0

续表

序号	岩样编号	黏土矿物相对含量				混层比，S%
		伊利石(I)	伊/蒙(I/S)	高岭石(K)	绿泥石(C)	
3	KS2-2-8-72	66.0×10^{-2}	8.7×10^{-2}	0	25.3×10^{-2}	15.0
4	KS2-2-8-84	58.2×10^{-2}	3.1×10^{-2}	0	38.7×10^{-2}	10.0
5	KS2-2-14-131	57.0×10^{-2}	14.3×10^{-2}	0	28.7×10^{-2}	15.0
6	KS8-114	66.4×10^{-2}	11.7×10^{-2}	0	21.8×10^{-2}	15.0
7	KS207-90	53.3×10^{-2}	14.4×10^{-2}	0	32.3×10^{-2}	15.0
8	KS208-104	53.9×10^{-2}	18.3×10^{-2}	0	27.9×10^{-2}	15.0

2）大北段

大北段白垩系巴什基奇克组黏土矿物组合为伊/蒙有序混层—伊利石—绿泥石组合，以伊/蒙有序混层、伊利石为主，少量高岭石和绿泥石。其中伊/蒙混层含量一般为35%~55%，最高达64%，伊利石含量一般为40%~50%，最高达59%，高岭石含量一般为1%~5%，绿泥石含量一般为3%~8%，伊/蒙混层中的蒙皂石含量一般为20%。

大北段4口井油气层4种岩样黏土分析，伊利石相对含量超过55%，伊蒙有序混层、绿泥石含量相当，不含蒙脱石、高岭石，伊/蒙混层中的蒙皂石含量一般为15%~20%，见表8-1-6。

表8-1-6 大北区块油气层矿物黏土矿物分析

序号	岩样编号	黏土矿物相对含量				伊蒙混层比，S%
		伊利石	伊/蒙	高岭石	绿泥石	
1	DB203-10	63.2×10^{-2}	22.4×10^{-2}	0	14.4×10^{-2}	20.0
2	DB203-201	66.6×10^{-2}	10.2×10^{-2}	0	23.2×10^{-2}	15.0
3	DB205-37	56.3×10^{-2}	26.7×10^{-2}	0	17.0×10^{-2}	20.0
4	DB302-52	59.3×10^{-2}	11.9×10^{-2}	0	28.8×10^{-2}	15.0

3）博孜段

博孜段油气层黏土矿物以伊/蒙间层矿物和伊利石为主。由表8-1-7可看出，巴什基奇克组油气层黏土矿物以伊/蒙有序混层矿物为主，平均52.3%（25.0%~71.0%），其次为伊利石，平均36.5%（26.0%~61.0%），绿泥石平均含量6.5%（1.0%~11.0%），高岭石平均含量2.2%（1.0%~3.0%），伊/蒙间层矿物中混层比平均20.0%。

表8-1-7 博孜区块岩样黏土矿物相对含量

井号	层位	井深 m	伊利石 %	高岭石 %	绿泥石 %	伊/蒙间层矿物，%	伊/蒙混层比，S%
BZ1	E	5641.05~5816.59	22.0~39.0（平均31.8）	5.0~11.0（平均8.8）	8.0~29.0（平均16.5）	30.0~65.0（平均43.0）	65.0~75.0（平均70.0）
BZ101	K_1bs	6916.29~6918.62	26.0~53.0（平均33.6）	1.0~3.0（平均2.2）	4.0~9.0（平均6.2）	35.0~68.0（平均58.0）	20.0
BZ102	K_1bs	6757.57~6865.05	27.0~61.0（平均39.4）	1.0~3.0（平均1.9）	1.0~11.0（平均5.6）	25.0~71.0（平均52.3）	20.0

3. 油气层类型

参考行业油气层类型划分的标准：根据油气层的储集空间类型划分油气层类型，碎屑岩常见的油气层类型包括孔隙型、裂缝—孔隙型、孔隙—裂缝型、裂缝型等。其中，孔隙型油气层的储集空间类型以孔隙为主，可以有一些微裂缝，肉眼在岩心上难以识别，宽度小于 0.1mm；裂缝—孔隙型油气层中裂缝提高了本身可生产的低渗透油气层的渗透率，基块岩块孔隙度较高，具备储集能力，裂缝的作用仅仅加大了油气层的渗流能力，是主要的渗流通道；孔隙—裂缝型油气层基块有一定的孔隙度，相对致密，油气层的产能主要依据裂缝的连通和渗流作用；裂缝型油气层中储集空间和喉道均为裂缝，孔隙不发育。

根据上述划分依据，克拉苏深层白垩系巴什基奇克组油气层包括三种油气层类型：孔隙型、裂缝—孔隙型、裂缝型（图 8-1-11、表 8-1-8）。孔隙型油气层是主要的油气层类型，是天然气高产、稳产的基础。

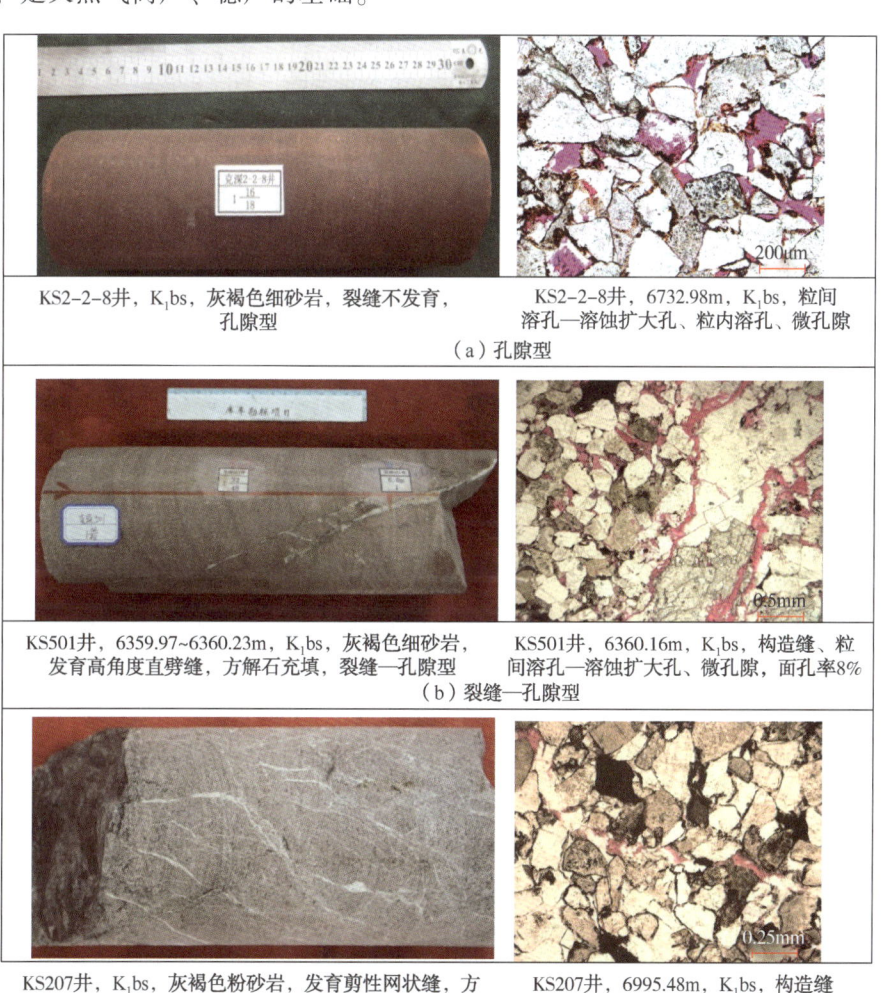

图 8-1-11 克深区带白垩系巴什基奇克组三种油气层类型特征

— 545 —

表 8-1-8 克拉苏深层各区块白垩系巴什基奇克组油气层类型分类表

井区	孔隙型,%	裂缝—孔隙型,%	裂缝型,%
KS2	62	32	6
KS8	69	22	9
KS5	68	25	7
DB3	56	35	9
BZ1	88	10	2

孔隙型油气层：约占总油气层类型的70%，宏观岩心裂缝不发育，微观储集空间类型主要以粒间溶孔—溶蚀扩大孔、粒内溶孔、微孔隙为主，油气层连通性好，孔隙分布具有定向性，聚团聚带分布，主要沿颗粒边缘、粒序变化带及缝网溶蚀，是克拉苏深层主要的油气层类型，提供天然气主要的储集空间。

裂缝型油气层：约占总油气层类型的10%，该类型油气层致密，一般分布在油气层的下部，宏观岩心观察发育剪性网状缝，微观储集空间类型主要以裂缝为主，见少量次生孔隙。

裂缝—孔隙型油气层：约占总油气层类型的20%，兼具孔隙型和裂缝型油气层特点，宏观岩心观察发育张性直劈缝，微观储集空间类型包括粒间溶孔—溶蚀扩大孔、粒内溶孔、微孔隙及裂缝，油气层沿主裂缝带表现强胶结、强溶蚀，形成高渗流带。

孔隙型、裂缝—孔隙型及裂缝型油气层在背斜内分布具有垂向分层性，背斜内应力垂向变化是控制油气层类型差异的主要原因。

4. 储集空间与渗流通道

储集空间类型以粒间溶蚀扩大孔为主，粒内溶孔、微孔隙和裂缝次之。根据储集空间类型及特征，划分超深层油气层三种油气层类型，即孔隙型、裂缝—孔隙型、裂缝型，其中以孔隙型油气层为主，约占70%。

1) 粒间溶孔扩大孔

薄片统计数据显示，克拉苏深层白垩系巴什基奇克组油气层残余原生粒间孔—粒间溶蚀扩大孔，约占总孔隙的80%，提供主要的储集空间(图8-1-12)。该类孔隙长轴主要分布在40~80μm，孔隙短轴主要分布在20~40μm，长短轴比值主要分布在1~3，非均质性强，常聚团聚带分布。与克拉2相比，孔隙度为克拉2的2/5，面孔率约为克拉2的1/10，单孔隙长、宽约为克拉2的1/2，单孔隙面积及孔隙密度是克拉2的1/5~2/5；与却勒相比，孔隙度约为却勒的1/5，面孔率约为却勒1的1/20~1/10，孔隙长轴、宽与却勒接近，单孔隙面积与却勒1相当，孔隙密度远小于却勒1，为其1/10~1/5(图8-1-13、表8-1-9)。

表 8-1-9 库车前陆盆地及周边油气层孔隙参数统计表

井号	层位	深度，m	岩性	孔隙度 %	面孔率 %	长轴 μm	短轴长 μm	单孔隙面积，μm²	孔隙密度 个/cm²
KL2	K_1bs	3743.47	中粒岩屑长石砂岩	16.77	10.3	114.8	51.8	6463	1594
KS207	K_1bs	6769.57	细—中粒岩屑长石砂岩	6.5	1.51	67.59	31.07	2578	662

续表

井号	层位	深度，m	岩性	孔隙度 %	面孔率 %	长轴 μm	短轴长 μm	单孔隙面积，μm²	孔隙密度 个/cm²
KS202	K₁bs	6799.91	细—中粒岩屑长石砂岩	5	0.56	50.56	21.87	1214	458
DB203	K₁bs	6345.2	细—中粒岩屑长石砂岩	3.8	1.43	83.9	34.2	3092	434
QL1	E$_{1-2}$km	5761.19	细粒岩屑长石砂岩	20.25	12.56	80.36	36.2	3258	4137

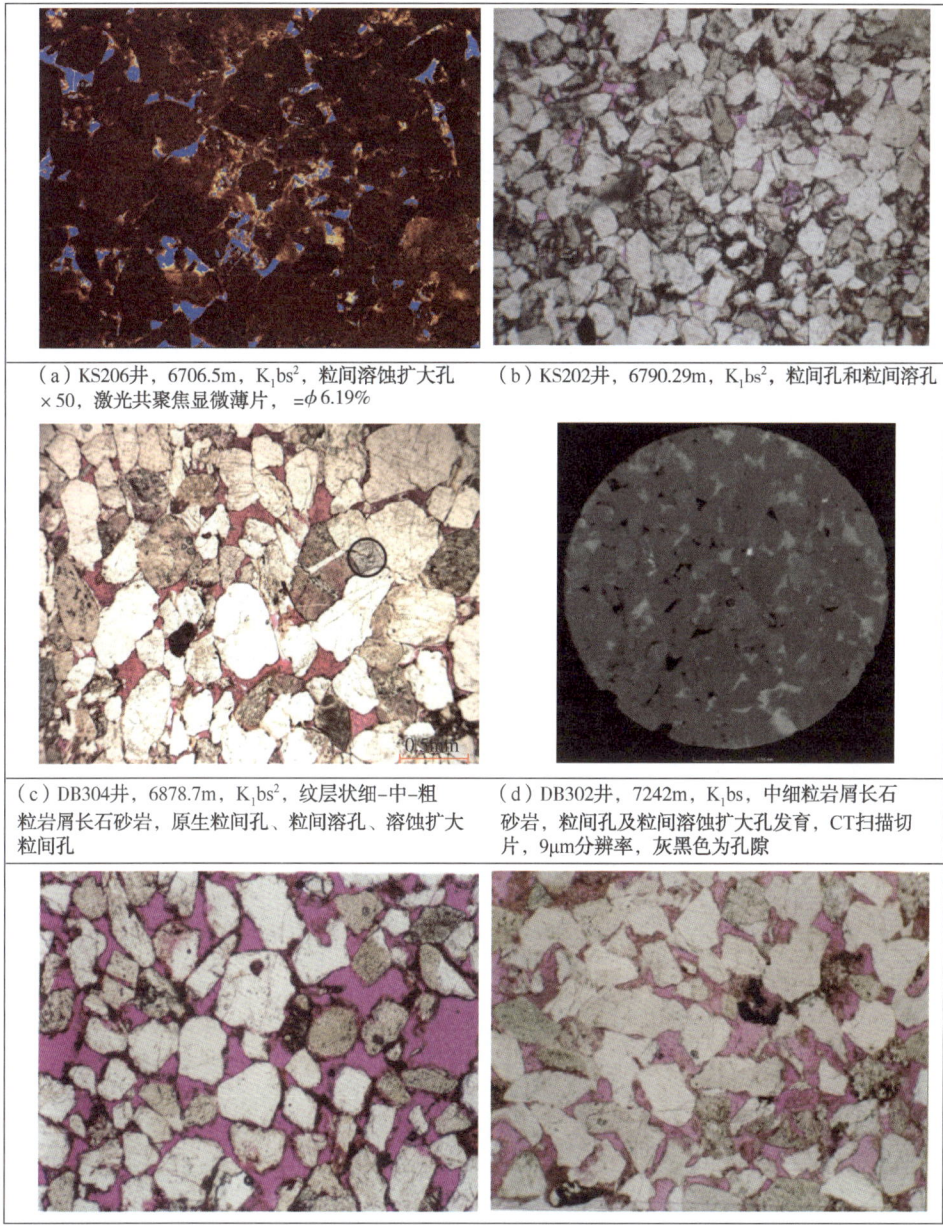

(a) KS206井，6706.5m，K₁bs²，粒间溶蚀扩大孔×50，激光共聚焦显微薄片，=φ6.19%

(b) KS202井，6790.29m，K₁bs²，粒间孔和粒间溶孔

(c) DB304井，6878.7m，K₁bs²，纹层状细-中-粗粒岩屑长石砂岩，原生粒间孔、粒间溶孔、溶蚀扩大粒间孔

(d) DB302井，7242m，K₁bs，中细粒岩屑长石砂岩，粒间孔及粒间溶蚀扩大孔发育，CT扫描切片，9μm分辨率，灰黑色为孔隙

(e) QL1井，5761.69m，E$_{1-2}$km，细粒岩屑长石砂岩，原生粒间孔、粒间溶孔，孔径10~100μm

(f) KL01井，3677.68m，K₁bs，粒间孔、粒间溶孔

图8-1-12 库车前陆冲断带白垩系巴什基奇克组油气层储集空间类型图

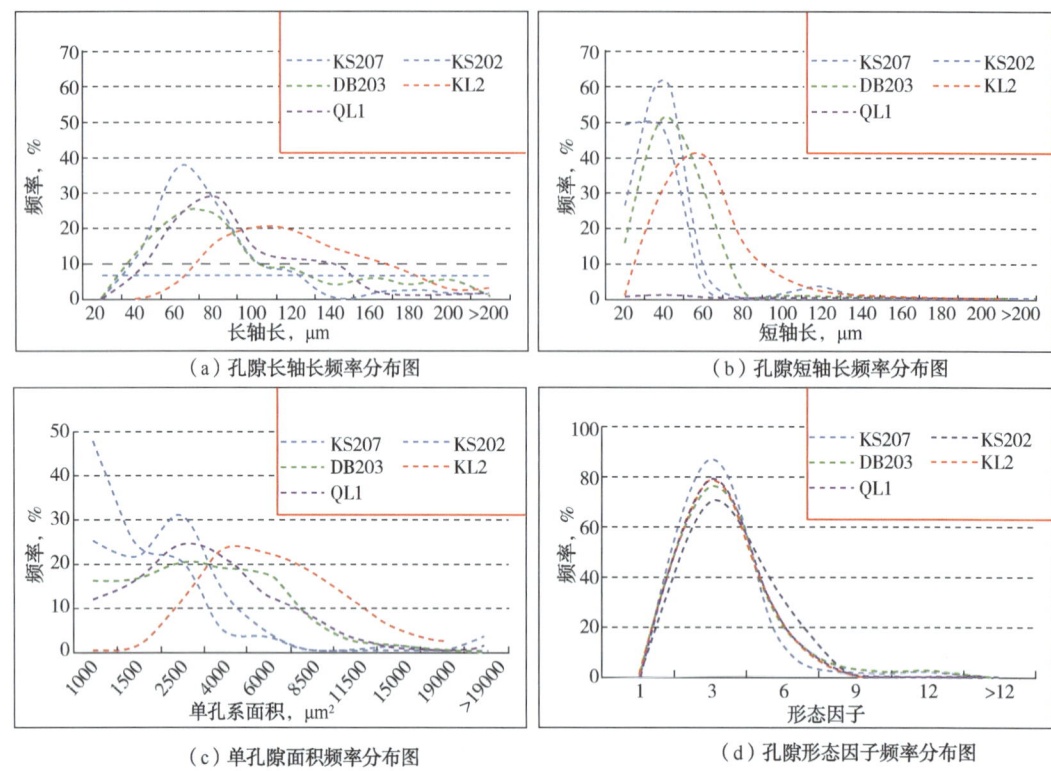

图 8-1-13 库车前陆冲断带白垩系巴什基奇克组油气层孔隙参数频率分布图

2) 粒内溶孔和微孔隙

晚期沿粒缘缝、颗粒边缘、粒内和破裂面等应力薄弱面形成大量溶蚀微孔、粒内溶孔、粒间溶蚀扩大孔及溶扩缝,约占总孔隙的 20%(图 8-1-14)。溶蚀微孔、粒内溶孔的孔隙直径一般为 2~20μm;溶扩缝的宽度主要为 0.5~5μm;与微裂缝伴生的基块孔隙平均半径为 23~97μm,孔隙形态一般呈狭长状、不规则状,连通性好,连通系数一般为 1.396~1.765。这类孔隙不仅增加了油气层储集空间,还提高了油气层渗流能力,降低了油气层应力敏感。

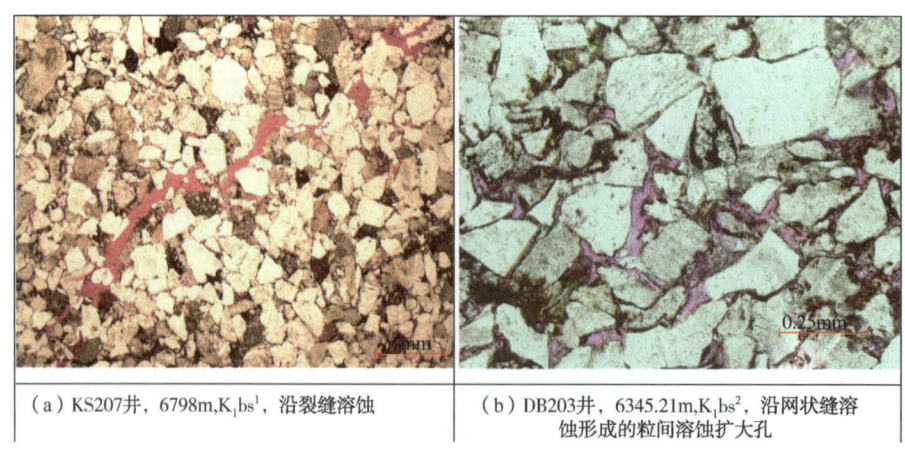

(a) KS207 井,6798m,K_1bs^1,沿裂缝溶蚀　　(b) DB203 井,6345.21m,K_1bs^2,沿网状缝溶蚀形成的粒间溶蚀扩大孔

图 8-1-14 克深区带白垩系巴什基奇克组砂岩微观孔隙特征图

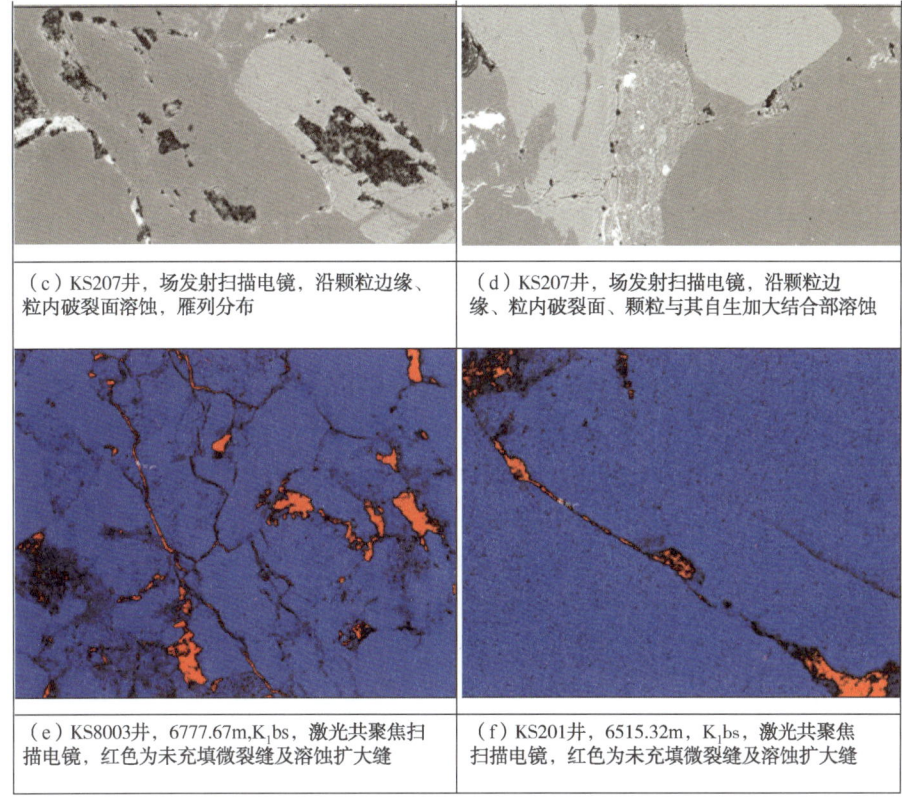

图8-1-14 克深区带白垩系巴什基奇克组砂岩微观孔隙特征图(续图)

3) 裂缝特征

库车前陆冲断带在晚喜山期经历非常强烈的区域挤压变形作用。强烈的挤压应力不仅导致冲断构造发育,还在巴什基奇克组油气层内部形成多尺度裂缝。岩心、成像测井、薄片、扫描电镜等观察表明,巴什基奇克组油气层发育延伸长度几米到几毫米、开度几百微米到几十纳米的多尺度缝网体系。克深区带构造裂缝普遍发育,占总孔隙比例较小约0.5%,提供油气层主要的渗流通道(图8-1-15、图8-1-16)。针对该区带多尺度裂缝类型,从宏观和微观两个方面来介绍。

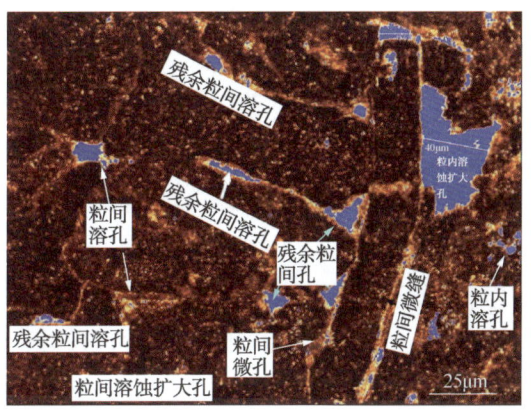

图8-1-15 克深区带白垩系巴什基奇克组
油气层储集空间特征(KS202井,6799.7m,激光共聚焦)

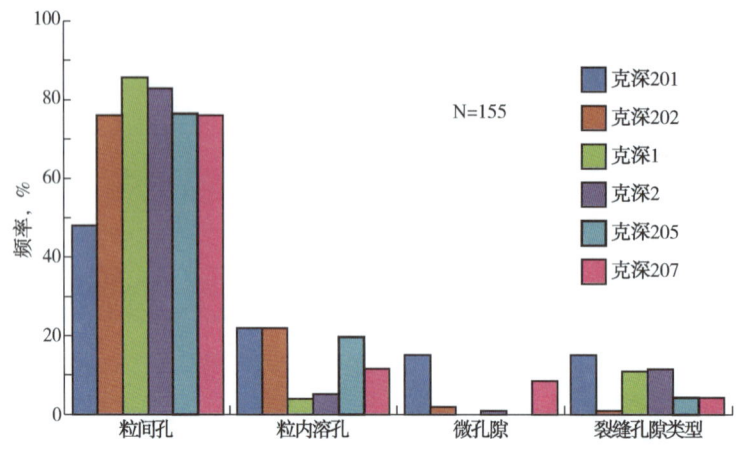

图 8-1-16　克深区带白垩系巴什基奇克组储集空间类型相对含量统计直方图

(1) 宏观裂缝特征。

成像测井资料显示,克深地区裂缝以半充填—未充填高角度缝为主,其次为斜交缝及网状缝,裂缝密度为 0.35~1.27 条/m,裂缝视孔隙度主要分布在 0.01%~0.05%,最大为 0.45%,平均为 0.04%,占总孔隙度的 0.15%~2.1%,平均为 0.51%;水动力宽度主要分布在 40~600μm 之间,平均为 60~150μm;大北地区主要为高角度缝和斜交缝,裂缝密度约为 1.27 条/m,裂缝视孔隙度主要分布在 0.02%~0.5%,平均为 0.12%,水动力宽度主要分布在 100~800μm 之间,平均为 100~180μm(图 8-1-17、图 8-1-18)。

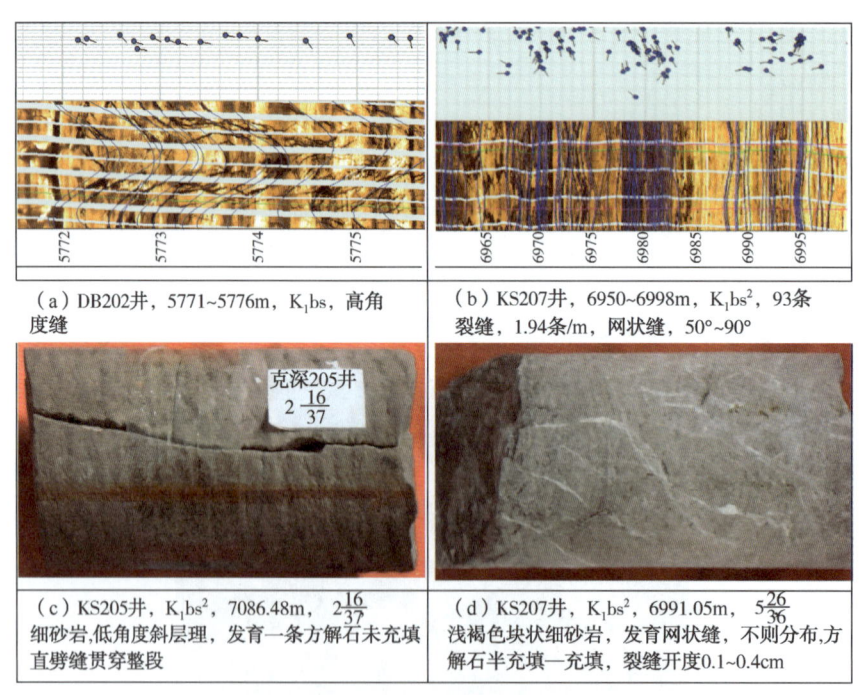

图 8-1-17　克深区带白垩系巴什基奇克组油气层宏观发育特征

全直径岩心裂缝 CT 扫描(分辨率 20μm)表明,岩心裂缝以高角度缝为主,水平缝和低角度缝不发育,57.1% 的裂缝倾角超过 70°;86.7% 的裂缝开度小于 200μm,平均开度约为 100μm;充填物以方解石为主,兼有白云岩、石膏等,多数为未充填—半充填,开度小的裂缝充填程度低，开度大的裂缝充填程度高，开度小于 0.1mm 裂缝中半充填以上所占比例为 19.29%，开度大于 0.1mm 裂缝中半充填以上所占比例为 39.54%；裂缝孔隙度多数小于 0.1%，主要分布在 0.02%~0.26%，平均为 0.13%（图 8-1-19）。

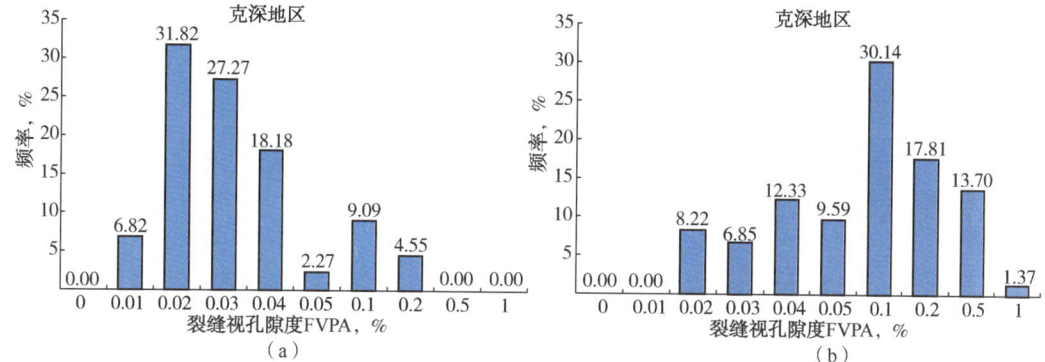

图 8-1-18 克深区带白垩系巴什基奇克组油气层直劈缝视孔隙度分布直方图

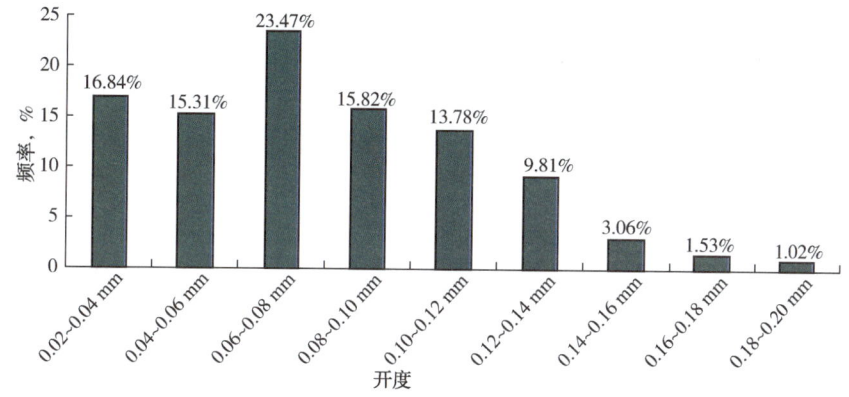

图 8-1-19 克深 2 区块白垩系巴什基奇克组油气层开度≤0.2mm 裂缝分布图

（2）微观裂缝特征。

铸体薄片、激光共聚焦、场发射扫描电镜观察统计表明，除了肉眼可见的岩心、成像测井裂缝，巴什基奇克组油气层还发育贯穿颗粒和沿颗粒边缘发育的微裂缝。颗粒贯穿缝在克深地区较少发育，在大北地区普遍发育，沿颗粒贯穿缝有明显的溶蚀作用，沟通大孔隙。沿颗粒边缘发育的微裂缝缝宽一般为 0.05~2μm，常呈线—片状，多见雁列式展布，沿裂缝胶结与溶蚀普遍，连通微孔隙，视连通度 45%~55%，是巴什基奇克组油气层最优势的喉道类型（图 8-1-20）。

三、物性特征

白垩系巴什基奇克组油气层孔隙度一般在 2%~7%，渗透率一般在 0.05~0.5mD，总体属于特低孔特低渗油气层（图 8-1-21）。油气层物性总体表现为南北分带、东西分段、垂向分层的特征。受挤压应力和埋藏深度的影响，东西向上，自西向东的博孜段、大北段、克深段油气层物性逐渐变差。南北向上，以克拉苏断裂为界，北部的克拉井区与南部的克深井区储集层物性上有着明显差距，克拉井区由于受到斜向挤压应力的影响，克拉 2 构造沿断层面斜向隆升，埋藏深度小（3500~4000m），水平挤压应力相对较小，油气层保

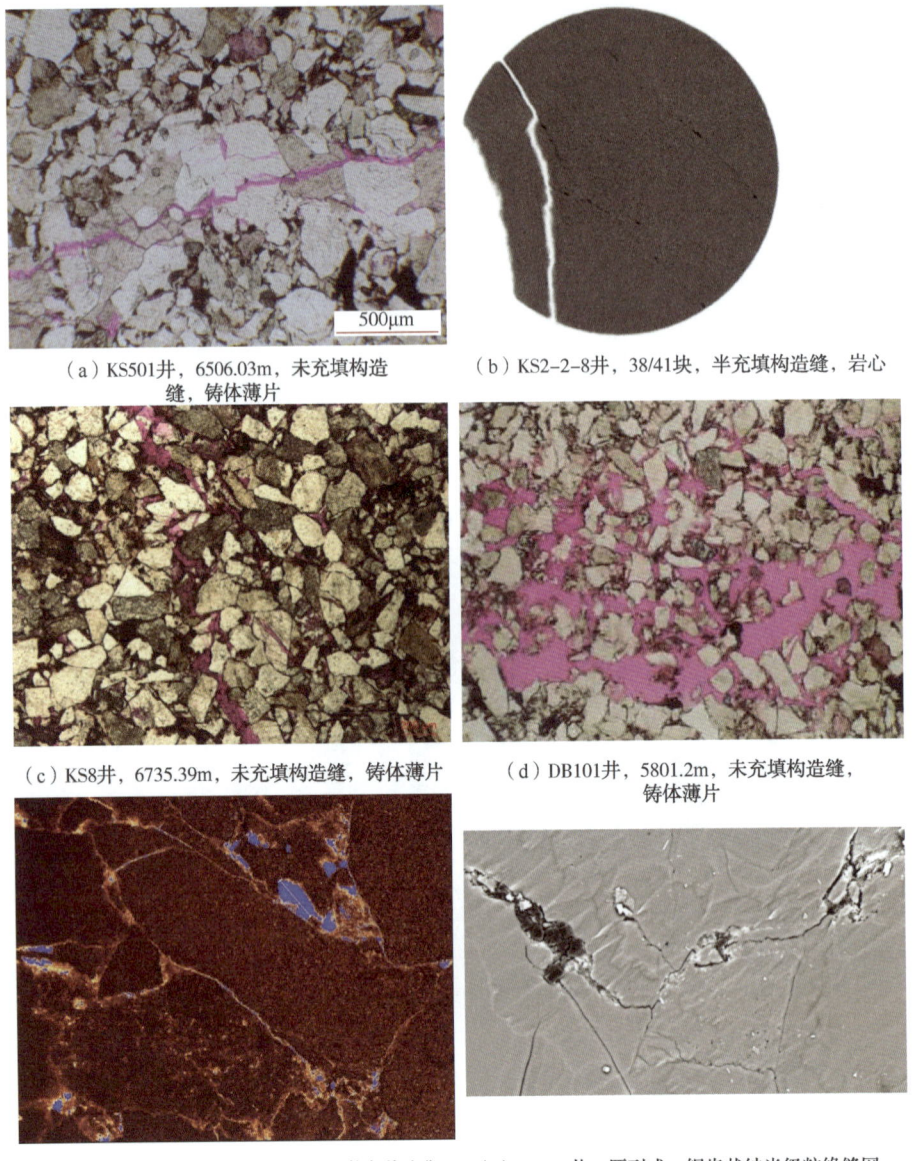

图8-1-20 克深区带白垩系巴什基奇克组油气层微观裂缝发育特征图

存条件好,孔隙度普遍大于8%,最高可以达到20%以上,岩心渗透率一般在1mD以上。克深井区由于埋藏深度大、水平挤压应力强,岩性相对致密,孔隙度一般分布在4%~6%,岩心基块渗透率普遍小于1mD,但克深井区裂缝规模性的存在,使得渗流能力大幅增强,测试渗透率一般在1~100mD。垂向上,受"断背斜应力中和面"效应影响,巴什基奇克组储集层垂向上表现为分层性,油气层上部的张性应力区(一般距油气层顶80~120m),油气层基块孔隙度相对较高,测井孔隙度一般6%~10%,裂缝规模大、溶蚀性显著、有效性高,测试渗透率一般大于1mD;随着深度的增加,挤压应力逐渐增强(一般距油气层顶160~300m),基块孔隙度显著降低,测井孔隙度一般在2%~5%。

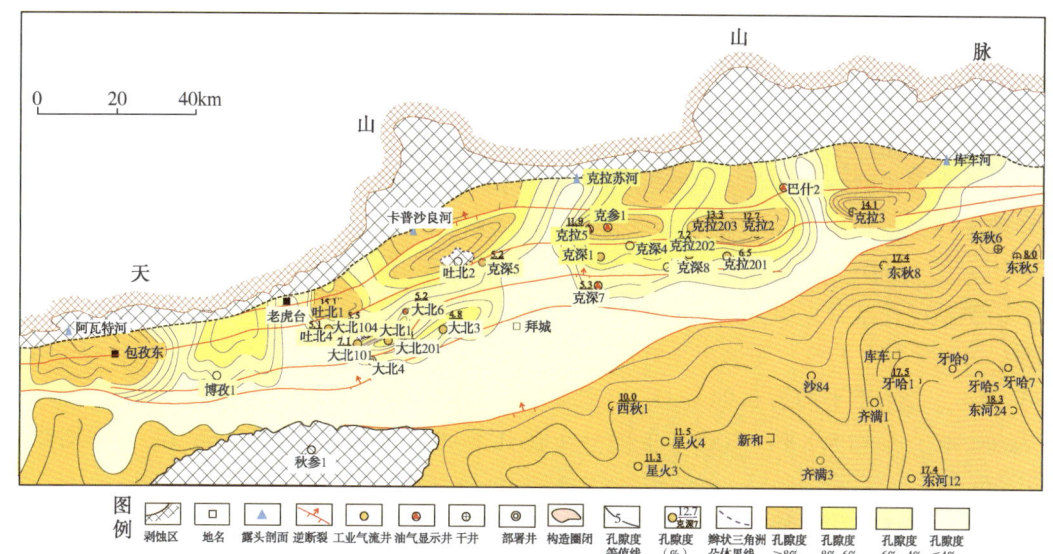

图 8-1-21 克深区带白垩系巴什基奇克组第二段油气层孔隙度等值线图

1. 克深段

克深区块巴什基奇克组第一段有效油气层孔隙度主要分布于 4.0%~6.0%，总体孔隙度平均为 5.36%，渗透率主峰区为 0.01~0.1mD，平均为 0.055mD；有效油气层测井孔隙度主要分布区间在 4.0%~8.0%，平均为 6.7%，渗透率主要分布在 0.05~0.5mD 平均渗透率为 0.09mD。巴什基奇克组第二岩性段实测有效油气层基块平均孔隙度为 6.2%，平均渗透率为 0.029mD。第二岩性段油气层测井有效孔隙度主要分布在 4.0%~8.0%，平均为 6.8%，渗透率主要分布在 0.05~0.5mD 之间，平均渗透率为 0.11mD。第三岩性段油气层测井有效孔隙度主要分布在 1.0%~4.0%，孔隙度>4%的样品数频率分布仅为 11.6%，总体油气层平均孔隙度为 2.6%，渗透率主要分布在 0.01~0.035mD 之间，平均为 0.02mD，较第一岩性段和第二岩性段差。

克深地区白垩系巴什基奇克组油气层平均孔喉半径一般为 0.01~0.1μm，最大为 0.65μm，最小为 0.006μm，平均为 0.047μm。平均孔喉半径与油气层孔隙度呈正相关，与渗透率呈负相。

2. 大北段

从大北区块的大北 3 井区来看，白垩系巴什基奇克组第二段有效油气层测井孔隙度主峰区间为 3.5%~8.0%，优质孔隙度区间 6%~12%占比为 41.5%，平均孔隙度为 5.9%；测井渗透率主峰区间为 0.05~0.1mD，平均为 0.075mD。有效油气层实测孔隙度主要分布在 3.5%~9%之间，平均实测孔隙度为 6.7%，实测渗透率主要分布于 0.05~1mD，平均为 0.507mD。白垩系巴什基奇克组三段有效油气层测井孔隙度主峰区 3.5%~5.0%，占 54.4%，平均孔隙度为 6.2%；渗透率主峰区为 0.05~0.1mD，所占比例 47.8%，平均为 0.072mD。

大北 3 井区白垩系巴什基奇克组油气层平均孔喉半径一般为 0.01~0.5μm，最大为 6.73μm，最小为 0.02μm，平均为 0.33μm。平均孔喉半径与油气层孔隙度及渗透率呈正相关，同时，孔隙度与渗透率相关性较好，表明油气层孔喉配置关系好。

3. 博孜段

博孜1井区白垩系巴什基奇克组第二段有效测井孔隙度主峰区间为3.5%~9.0%，优质孔隙度区间6%~9%，所占比例为58.1%，孔隙度平均值为6.8%；测井渗透率主峰区间为0.1~0.5mD，占比达87.5%，渗透率平均为0.284mD（图3-1-20）。从岩心实测孔隙度分布呈典型正态分布特征，孔隙度主峰区间为9%~10%，占比达到20.1%，大部分样品孔隙度分布于6%~11%之间，累积频率达到78.2%，平均实测孔隙度为8.36%，渗透率平均为0.54mD。

白垩系巴什基奇克组三段测井孔隙度主峰区3.5%~5.0%，占38.5%，优质孔隙度区间6%~9%所占比43%。渗透率主峰区为0.1~0.5mD，所占比例高达93.5%，平均孔隙度为5.99%，渗透率平均为0.243mD。有效油气层实测孔隙度分布在3.5%~8.0%之间，占比为98.1%，平均5.8%，渗透率主要分布在0.1~0.5mD，所占比达66.1%，平均渗透率0.56mD。

博孜1井区白垩系巴什基奇克组油气层平均孔喉半径一般为0.05~0.5μm，最大为0.7μm，最小为0.03μm，平均为0.14μm。平均孔喉半径与油气层渗透率呈正相关，与孔隙度相关性较差。

四、孔喉结构

克深区块和大北区块孔喉结构相近，油气层岩心孔隙度较低，油气层孔隙细小，油气层颗粒以面—面接触或者线—面接触为主，颗粒之间接触紧密，油气层连通孔喉中对渗透率贡献率较大的孔喉总体非常细小。博孜区块油气层岩心为低孔隙度、特低渗油气层，孔喉细小，非均质性强，对渗透率具有贡献的孔径分布在0.63~1μm之间。相较于克深大北区块孔喉半径略大。

1. 克深段

油气层物性分析表明，克深区块油气层岩心孔隙度较低，平均孔隙度为5.77%，油气层孔隙细小，油气层颗粒以面—面接触或者线—面接触为主，颗粒之间接触紧密，面孔率集中在0.8%~2.7%，部分小于0.1%，岩石孔隙不均匀，大部分区域无孔隙，局部集中分布。孔隙发育较好，孔隙类型以原生粒间孔、粒内溶孔为主。

扫描电镜资料显示，油气层在200倍下基本看不到较清晰孔喉，反映了研究层段油气层孔隙较不发育，连通性差的特点，如图8-1-22所示。

 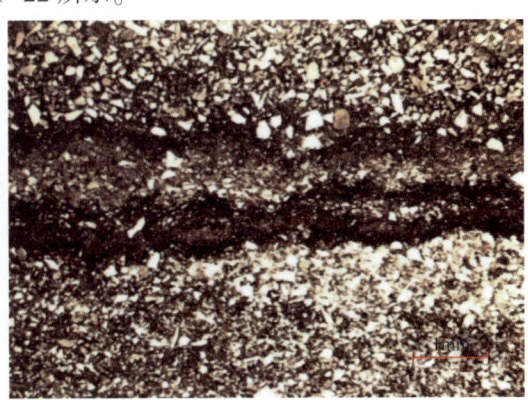

图8-1-22　克深油气层孔喉特征

根据克深区块油气层岩心压汞资料分析(表8-1-10、表8-1-11、图8-1-23~图8-1-25)：最大孔喉半径为 0.1838~5083.0634μm，平均为 1277.009μm，偏小；中值半径为 0.4390μm，偏细。

表 8-1-10　克深区块油气层岩心压汞参数统计分析

岩样编号	孔隙度,%	渗透率,mD	孔喉参数			
			p_{cd}, MPa	p_{c50}, MPa	R_{50}, μm	R_{max}, μm
62	10.06	0.12516	0.1	无	无	9.1875
91	6.41	0.015055	4	无	无	0.1838
99	8.35	0.022597	0.0785	无	无	15.5993
112	7.17	0.078019	0.3625	无	无	5083.0634
均值	7.9975	0.060208	1.13525	无	无	1277.009

备注 p_{cd}、p_{c50}、R_{max}、R_{50} 分别表示门槛压力、中值压力、最大孔喉半径、中值孔喉半径。

表 8-1-11　克深区块油气层岩心压汞实验数据表

岩样编号 / 参数	62	91	99	112
孔隙度,%	10.06	6.41	8.35	7.17
渗透率,mD	0.12516	0.015055	0.022597	0.078019
孔隙分布峰位,μm	0.0078	0.0568	9.3659	2.0276
孔隙分布峰值,%	9.4766	16.5981	7.8547	7.3862
渗透率分布峰位,μm	15.5967	15.5967	15.5967	15.5967
渗透率分布峰值,%	41.6877	61.8627	53.2943	67.2392
中值压力,MPa	无	无	无	无
中值半径,μm	无	无	无	无
理论排驱压力,MPa	0.0500	0.0500	0.0500	0.0500
视排驱压力,MPa	0.1000	4.0000	0.0785	0.3625
最大孔隙半径,μm	9.1875	0.1838	15.5993	5083.0634
平均孔隙半径,μm	0.5805	0.4756	7.8108	3.4784
孔隙半径中值,μm	0.4390	0.4390	0.4390	0.4390
均值系数 α	0.0632	2.5881	0.5007	0.0007
最小非湿相孔隙体积,%	58.4314	71.9875	68.5810	77.8044
残余汞饱和度,%	23.9905	8.8039	31.4190	22.1956
分选系数 S_p	2.0720	2.2326	6.2284	4.4037
歪度 S_{kp}	5.1761	6.4656	0.8675	1.8788
峰态 K_p	35.7994	48.5882	3.1193	5.3296
变异系数 D_r	3.5693	4.6946	0.7974	1.2660
结构系数 Φ	0.0034	0.1204	28.1797	1.3899
特征结构参数 C	82.7469	1.7696	0.0445	0.5683

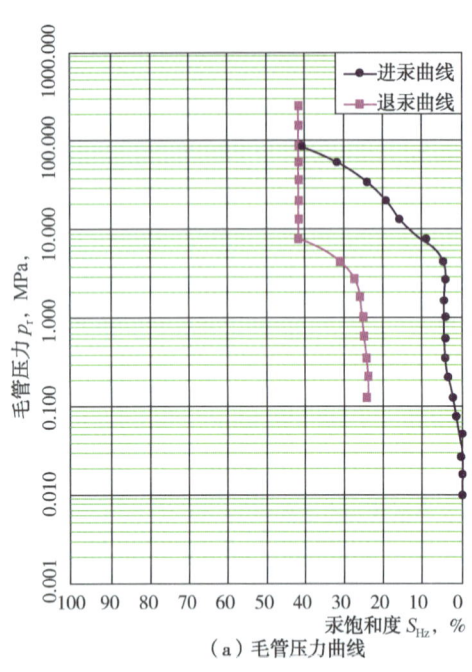
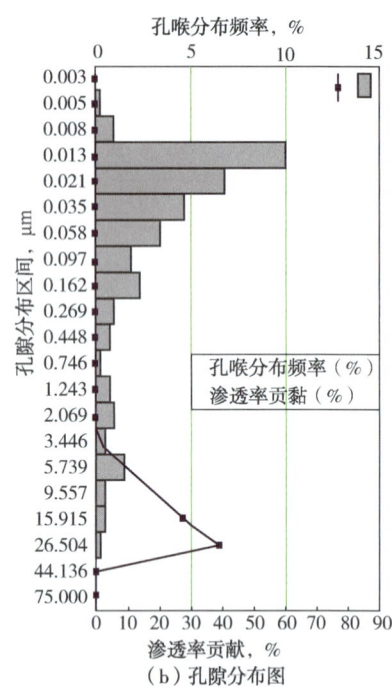

图 8-1-23 克深 62 号岩心压汞毛管压力曲线

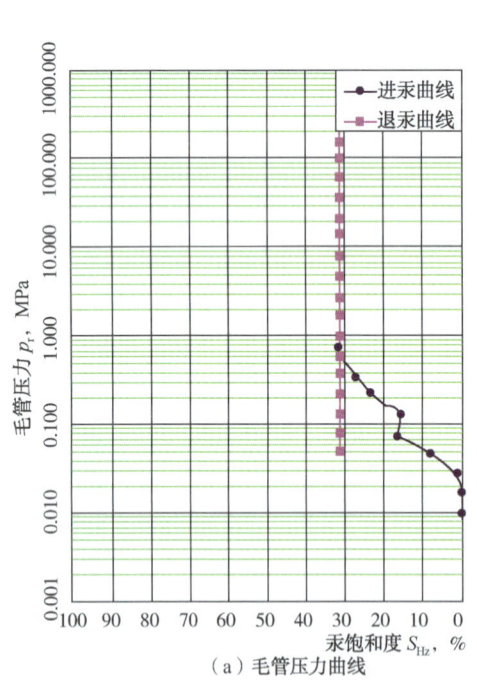
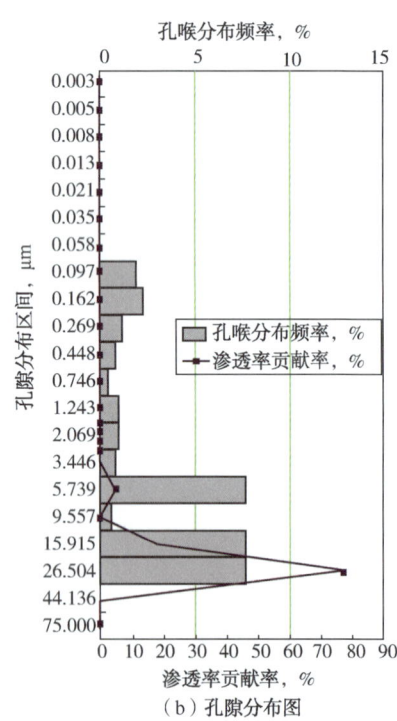

图 8-1-24 克深 99 号岩心压汞毛管压力曲线

表 8-1-12 是克深区块油气层岩心孔喉区间对渗透率的贡献率初步统计，统计表明，对渗透率贡献率最大的孔喉主要集中在 0.017~0.0283μm，0.0283~0.0471μm 和 0.0471~0.0785μm 这三个区间，这三个区间孔喉对渗透率的贡献率分别 26.85%、44.76% 和

16.60%，三个区间的累计贡献率为88.21%，这表明油气层连通孔喉中对渗透率贡献率较大的孔喉总体非常细小。图8-1-25是克深区块油气层岩心孔喉大小对渗透率贡献率的分布曲线。

表8-1-12 克深区块油气层岩心孔喉分布及其渗透率贡献率

岩样编号	孔喉分布范围对渗透率的贡献率,%										
	A	B	C	D	E	F	G	H	I	J	K
62	0	5.598	41.688	24.340	18.977	8.019	1.319	0	0	0	0
91	0	13.391	61.863	20.089	1.428	3.127	0	0	0	0	0
99	0	21.191	53.294	21.974	0	2.857	0.489	0.195	0	0	0
112	0	67.239	22.178	0	6.036	4.344	0.003	0.069	0.104	0.027	0
均值	0	26.855	44.756	16.601	6.615	4.587	0.453	0.066	0.026	0.007	0
备注	A：0~0.017μm；B：0.017~0.0283μm；C：0.0283~0.0471μm；D：0.0471~0.0785μm；E：0.0785~0.1307μm；F：0.1307~0.2176μm；G：0.2176~0.3625μm；H：0.3625~0.6034μm；I：0.6034~1.0054μm；J：1.0054~1.6741μm；K：1.6741~2.7881μm										

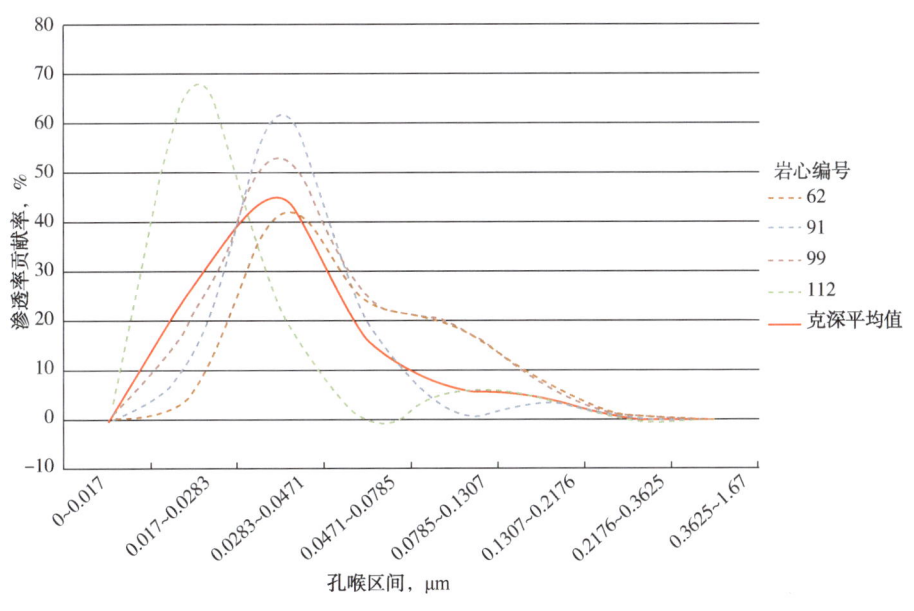

图8-1-25 克深区块油气层岩心孔喉区间渗透率贡献率曲线

2. 大北段

油气层物性分析表明，大北区块油气层岩心孔隙度较低，平均孔隙度为4.29%，油气层孔隙细小，油气层颗粒以面—面接触或者线—面接触为主，颗粒之间接触紧密，面孔率集中在1%~2%，部分大于6%，岩石孔隙不均匀，大部分区域无孔隙，局部集中分布。孔隙类型以粒间孔、少量粒间溶孔、岩屑微溶孔为主。

扫描电镜资料显示，油气层在200倍下基本看不到较清晰孔喉，反映了研究层段油气层孔隙较不发育，连通性差的特点，如图8-1-26所示。

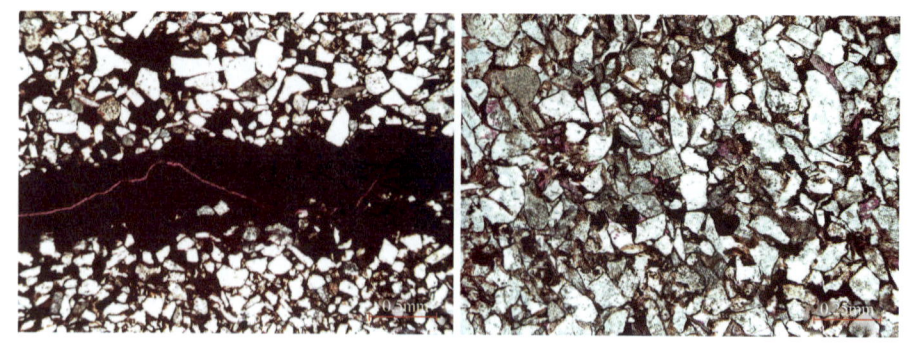

图 8-1-26 大北区块油气层孔喉特征

根据大北区块油气层岩心压汞资料分析(表 8-1-13、表 8-1-14、图 8-1-27~图 8-1-28)，中值压力偏高；最大孔喉半径为 5.6295~25.9727μm，平均为 17.4616μm，偏小；中值半径为 0.4390μm，偏细。

表 8-1-13 大北区块油气层岩心压汞参数统计分析

岩样编号	孔隙度,%	渗透率, mD	孔喉参数			
			p_{cd}, MPa	p_{c50}, MPa	R_{50}, μm	R_{max}, μm
10	3.82	0.0034	0.1307	无	无	5.6295
30	20.63	0.0181	0.1307	无	无	15.6029
34	7.79	0.0200	0.0283	无	无	25.9727
35	5.50	0.0042	0.1307	无	无	15.6029
48	8.13	0.0291	0.0400	无	无	24.5000
均值	9.17	0.0150	0.0921	无	无	17.4616
备注	p_{cd}、p_{c50}、R_{max}、R_{50} 分别表示门槛压力、中值压力、最大孔喉半径、中值孔喉半径。					

表 8-1-14 大北区块油气层岩心压汞实验数据表

岩样编号 参数	10	30	34	35	48
孔隙度,%	3.82	20.63	7.79	5.5	8.13
渗透率, mD	0.003402	0.018077	0.02	0.004226	0.02908
孔隙分布峰位, μm	2.0276	0.0568	0.0343	5.6242	0.0078
孔隙分布峰值,%	13.7938	14.7992	13.9818	18.8543	7.9630
渗透率分布峰位, μm	15.5967	25.9739	15.5967	15.5967	15.5967
渗透率分布峰值,%	67.2392	54.3801	64.4728	43.6434	62.6033
中值压力, MPa	无	无	无	无	无
中值半径, μm	无	无	无	无	无
理论排驱压力, MPa	0.0500	0.0500	0.0500	0.0500	0.0500
视排驱压力, MPa	0.1307	0.1307	0.0283	0.1307	0.0400
最大孔隙半径, μm	5.6295	15.6029	25.9727	15.6029	24.5000
平均孔隙半径, μm	3.4784	0.2828	0.2743	6.2617	2.3398
孔隙半径中值, μm	0.4390	0.4390	0.4390	0.4390	0.4390
均值系数 α	0.6179	0.0181	0.0106	0.4013	0.0955
最小非湿相孔隙体积,%	58.5494	77.0322	51.9078	62.2914	63.3700
残余汞饱和度,%	41.4506	20.1277	22.3762	37.7086	22.2965
分选系数 S_p	4.4037	1.9596	1.5953	3.8174	5.0105
歪度 S_{kp}	1.8788	10.2264	7.7545	1.1501	2.3831

续表

岩样编号 参数	10	30	34	35	48
峰态 K_p	5.3296	116.5284	67.4123	3.8962	8.1556
变异系数 D_r	1.2660	6.9291	5.8158	0.6096	2.1414
结构系数 Φ	16.9827	0.1141	0.0350	63.7863	1.9133
特征结构参数 C	0.0465	1.2649	4.9176	0.0257	0.2441

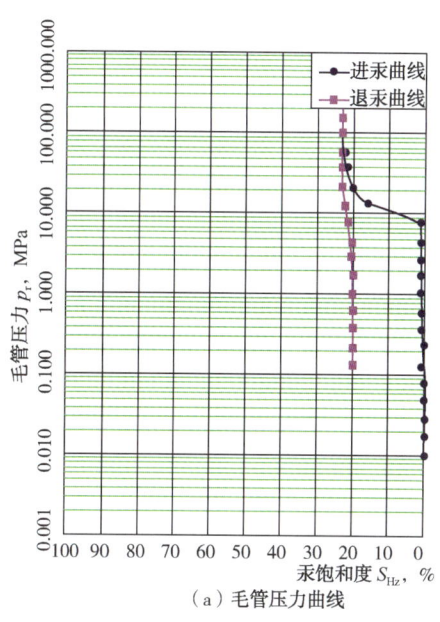
（a）毛管压力曲线

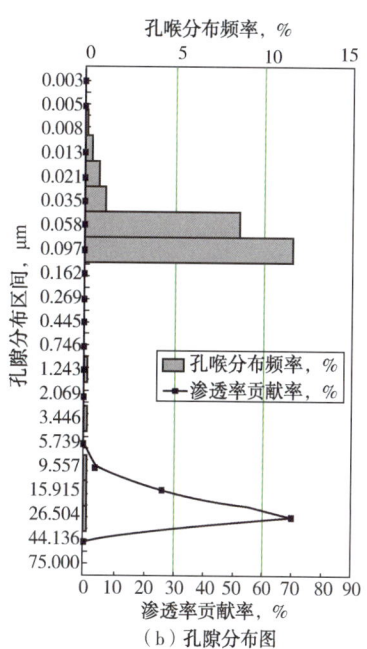
（b）孔隙分布图

图 8-1-27　大北岩心 30 压汞毛管压力曲线

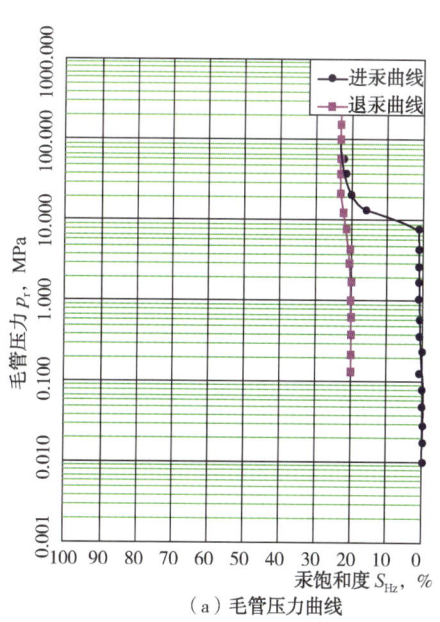
（a）毛管压力曲线

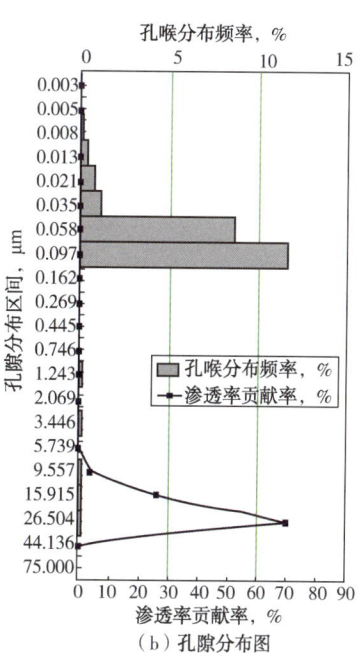
（b）孔隙分布图

图 8-1-28　大北岩心 35 压汞毛管压力曲线

表 8-1-15 是大北区块油气层岩心孔喉区间对渗透率的贡献率统计表明，统计表明，对渗透率贡献率最大的孔喉主要集中在 0.017~0.0283μm，0.0283~0.0471μm 和 0.0471~0.0785μm 这三个区间，这三个区间孔喉对渗透率的贡献率分别为 27.41%、46.70% 和 14.36%，三个区间的累计贡献率为 88.48%，这表明油气层连通孔喉中对渗透率贡献率较大的孔喉总体非常细小。图 8-1-29 是大北区块油气层岩心孔喉大小对渗透率贡献率的分布曲线。

表 8-1-15 大北区块油气层岩心孔喉分布及其渗透率贡献率

岩样编号	孔喉分布范围对渗透率的贡献率,%										
	A	B	C	D	E	F	G	H	I	J	K
10	0	0	67.239	22.178	0	6.036	4.344	0.003	0.070	0.104	0.027
30	0	54.380	36.780	3.729	4.339	0	0.564	0.118	0.031	0	0
34	0	64.473	23.249	8.384	3.023	0.691	0.144	0	0	0	0
35	0	0	43.643	25.039	29.408	0	1.911	0	0	0	0
48	0	18.220	62.603	12.472	4.497	1.622	0.585	0	0	0	0
均值	0	27.415	46.703	14.360	8.253	1.670	1.509	0.024	0.020	0.021	0.005
备注	A：0~0.017μm；B：0.017~0.0283μm；C：0.0283~0.0471μm；D：0.0471~0.0785μm；E：0.0785~0.1307μm；F：0.1307~0.2176μm；G：0.2176~0.3625μm；H：0.3625~0.6034μm；I：0.6034~1.0054μm；J：1.0054~1.6741μm；K：1.6741~2.7881μm										

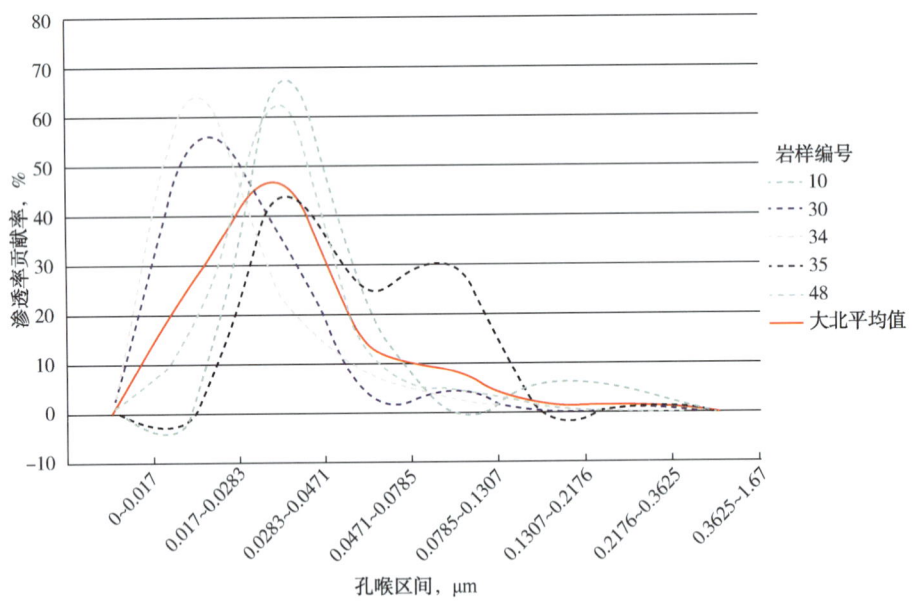

图 8-1-29 大北区块油气层岩心孔喉区间渗透率贡献率曲线

3. 博孜段

BZ101 井、BZ102 井岩心压汞分析结果见表 8-1-16。BZ101 井 5 块岩样压汞孔隙度分布在 2.6%~11.0%，平均 5.4%，渗透率分布在 0.032~0.25mD，平均 0.133mD，平均孔喉半径分布在 0.067~0.171μm，平均 0.123μm，最大孔喉半径分布在 0.616~1.555μm，平均 0.989μm。BZ102 井 44 块岩样压汞孔隙度分布在 2.8%~11.5%，平均 6.6%，渗透率

分布在 0.037~1.350mD，平均 0.221mD，平均孔喉半径分布在 0.027~0.695μm，平均 0.142μm，最大孔喉半径分布在 0.174~9.100μm，平均 1.136μm。博孜区块油气层岩心为低孔隙度、低渗油气层，孔喉细小，非均质性强，对渗透率具有贡献的孔径分布在 0.63~1μm 之间。

表 8-1-16 博孜区块油气层岩样压汞分析结果

井号	井深，m	孔隙度，%	渗透率，mD	孔喉半径，μm	最大孔喉半径，μm	样品数
BZ101 井	6916.26~6918.62	2.6~11.0 / 5.4	0.032~0.251 / 0.133	0.067~0.171 / 0.123	0.616~1.555 / 0.989	5
BZ102 井	6757.57~6865.05	2.8~11.5 / 6.6	0.037~1.350 / 0.221	0.027~0.695 / 0.142	0.174~9.100 / 1.136	44

五、流体性质

1. 天然气

克深气田各气藏天然气组分相似，甲烷含量较高，非烃气体含量低，是优质天然气。天然气相对密度 0.5675~0.5779，甲烷含量为 88%~98.7%，重烃（C_{2+}）含量很小，氮气（N_2）含量低，分布范围 0.518%~2.880%，酸性气体含量很少，CO_2 含量 0.110%~1.19%，不含 H_2S，干燥系数（C_1/C_{1+}）高，为 0.993~0.997，表现为干气特征，不含 H_2S。

2. 地层水

1）克深段

克深气田平均地层水平均密度为 1.13~1.15g/cm³，氯根 76900~145000mg/L，总矿化度 192000~245600mg/L，水型 $CaCl_2$ 型，为封闭条件较好的地层水。

克深段地层水矿化度较高，KS208 达到 $9×10^4$mg/L 多，而 KS5 井部分地层水矿化度超过 $20×10^4$mg/L。本区地层水为高矿化度水。地层水分析结果见表 8-1-17、表 8-1-18。

表 8-1-17 KS208 井水样分析结果

物理性质描述		颜色	浅黄色	透明度	不透明
		气味	刺激味	沉淀物	大量颗粒
		D_4^{20}，g/cm³	1.0681	pH 值	4.64
分析项目名称		mg/L	mmol/L	分析项目名称	mg/L
碱度	CO_3^{2-}	0	0	B	—
	HCO_3^-	515.6	8.45	阴离子总量	56580
	OH^-	0	0	阳离子总量	34380
	Cl^-	55600	1570	总矿化度	90960
	SO_4^{2-}	465.6	4.847		
	Ca^{2+}	6476	161.6		
	Mg^{2+}	1615	6.643		
	Ba^{2+}	1.221	0.0891		
	Sr^{2+}	2309	1.3264		
	$K^+ + Na^+$	23850	1037		
水型		氯化钙			

表 8-1-18　KS5 井水样分析结果

物理性质描述	颜色	黄色	透明度	不透明
	气味	芳香味	沉淀物	大量絮状
	D_4^{20}，g/cm³	1.1289	pH 值	7
分析项目名称	mg/L	mmol/L	分析项目名称	mg/L
CO_3^{2-}	0	0	B	105
HCO_3^-	947	15.52	I^-	
OH^-	0	0	Br^-	
Cl^-	76780	2166	F^-	
SO_4^{2-}	1151	11.98	三价铁：	
Ca^{2+}	2067	51.57	总铁含量：	
Mg^{2+}	360.2	14.82	阴离子总量：	78880
Ba^{2+}	3.97	0.03	阳离子总量：	71280
Sr^{2+}	125.4	1.43	总矿化度：	150200
K^+	6895	176.4		
Na^+	61830	2689		
$Ba^{2+}+Sr^{2+}$				
K^++Na^+				
水型（苏林分类）	碳酸氢钠			

2）大北段

大北段气层地层水矿化度为 64120mg/L，地层水为中等矿化度地层水。地层水分析结果见表 8-1-19。

表 8-1-19　DB203 井水样分析结果

物理性质描述		颜色	浅黄色	透明度	不透明
		气味	刺激味	沉淀物	大量颗粒
		D_4^{20}，g/cm³	1.0489	pH 值	6.88
分析项目名称		mg/L	mmol/L	分析项目名称	mg/L
碱度	CO_3^{2-}	0	0	B	155
	HCO_3^{2-}	6602	108.2	阴离子总量	40060
	OH^-	0	0	阳离子总量	24050
Cl^-		32900	929	总矿化度	64120
SO_4^{2-}		561.7	5.848		
Ca^{2+}		185.3	4.623		
Mg^{2+}		4.263	1.754		
Ba^{2+}		0.081	5.898×10⁻⁴		
Sr^{2+}		9.168	1.046×10⁻⁴		
K^++Na^+		23820	1036		
水型		碳酸氢钠			

3. 原油

克深地区原油凝点小于-30℃，在20℃时密度为0.7924g/cm³，50℃时密度为0.7696g/cm³。50℃时运动黏度、动力黏度分别为1.187mm²/s、0.9135mPa·s。

六、油气层温度与压力

克深气田10个气藏地温梯度范围为2.14℃/100m～2.21℃/100m，压力梯度范围为0.28MPa/100m～0.29MPa/100m，地层压力系数变化范围1.6～1.86。气藏中部温度分布在146.93～185.8℃，气藏中部压力范围99.53～136.73MPa，属于常温、高压、超高压气藏。

其中克深区块地层压力系数在1.75左右，地层静压较高，大北段区块压力系数在1.61～1.66之间。博孜区块油气层段压力系数1.76～1.83，地层压力118.15～125.50MPa，地温梯度1.76℃/100m～1.79℃/100m，地层温度120～135℃。见表8-1-20与表8-1-21。

表8-1-20 克深区带地层压力

井号	层位	井段，m	静压，MPa/压力计深，m	地层压力系数	备注
KS1	K₁bs	6870～7036	116.5/6799.69	1.75	中测
KS201	K₁bs	6735～6755	115.64/6561.48	1.76	完井试油

表8-1-21 大北区带部分井气层中部实测压力数据表

井号	层位	测试井段，m	地层压力，MPa	气层中部压力系数	备注
DB1	K	5576～5686	87.829	1.65	完井试油
DB101	E+K	5725～5783	89.608	1.63	完井试油
DB2	E	5561～5564	88.83	1.66	完井试油
	K	5658～5669	88.94	1.61	完井试油
DB201	K	5932.45～6010	94.89	1.64	完井试油

第二节 克深区带气层潜在损害因素

一、油气层损害评价方法

1. 敏感性评价实验

1）常温岩心流体敏感性评价方法

油气层敏感性评价方法及程序依据参考SY/T 5358—2010《油气层敏感性流动实验评价方法》，包括速敏、水敏、盐敏、碱敏、酸敏和应力敏感性六敏实验。

2）高温高压致密岩心流体敏感性评价方法

通过模拟油气层生产过程中井底压力，即回压，突破了"岩心渗透率越低，增加回压将更加难于驱替"的惯性思维，通过增加回压不仅模拟原地条件，而且可以使液体边界层变薄、参与渗流的孔喉数目增加、有效消除贾敏效应等，提高液体渗流能力，并据此完善了致密岩心流体敏感性评价方法，并且可以在高温条件下使用稳态法测量液相渗透率和评价流体敏感性。

2. 工作液对油气层的损害评价

1) 工作液的动态损害评价

实验仪器：JHMD-Ⅱ高温高压岩心动态损害评价系统(图8-2-1)。

参考标准：SY/T6540-2002《钻井液完井液损害油层室内评价方法》。

图8-2-1 JHMD-Ⅱ高温高压岩心动态损害评价系统

(1) 驱替岩心饱和盐水。将岩心放入高温高压岩心流动试验仪夹持器中，接好试验流程，使模拟地层水从岩心下端挤入，上端流出。根据岩心渗透率，适当调整挤入压差。直至流量和压差稳定，稳定时间不少于60min，使岩心充分饱和模拟地层水。

(2) 测试煤油初次正向通过岩心渗透率 K_1。选定一定压差及流量，使煤油在线性达西渗流条件下从岩心下端挤入岩心，驱替岩心孔隙中的盐水，直到全出煤油，煤油流量稳定后，测其流量。

(3) 岩心端面循环钻井液。取下岩心，将岩心调转方向并放入夹持器，将钻井液倒入高压中间容器中，用氮气加压，钻井液流动系统压力在岩心端面形成3.5MPa的压差，待温度上升至合适温度，启动磁力泵，使钻井液在岩心端面循环2h。

(4) 煤油再次正向通过岩心渗透率(K_2)的测定。根据煤油通过岩心渗透率 K 的方法测定岩心受到钻井液损害后的流动介质的渗透率 K_2。

(5) 数据处理：

岩心渗透率按下式计算：

$$K=\frac{Q \times \mu \times l}{\Delta p \times A} \times 10^{-1}$$

式中　K——煤油或盐水通过岩心时的渗透率，D；

　　　Q——煤油或盐水通过岩心的体积流量，mL/s；

　　　L——岩心轴向长度，cm；

　　　A——岩心横截面积，cm²；

　　　μ——煤油或盐水的黏度，mPa·s；

　　　Δp——岩心上下流的压力差，MPa。

基块渗透率损害率按下式计算：

$$\eta_d=\frac{K_1-K_2}{K_1} \times 100$$

式中　η_d——渗透率损害率，%；

　　　K_1——岩心被钻井液损害前的岩心渗透率，D；

　　　K_2——岩心被钻井液损害后的岩心渗透率，D。

2) 压力衰减法

常规损害评价方法需要计量岩心出口端流量，计算渗透率，但是低渗超低渗致密岩心的渗透率低，出口端流量小，如果是高温高压实验，岩心孔喉在高压条件下受到压缩，出口端流体在高温条件下更易于蒸发，因此，出口端液体流量更小，更加难于计量。压力衰减法不计量液体流量，只通过监测岩心中压力衰减过程，监测压力半衰期，或者通过压力和时间数据拟合出压力衰减指数，即可评价流体对岩心的伤害程度。该方法不计量液体流量，因此，可在高温高压的地层条件下评价致密岩心伤害实验。

压力衰减法实验流程示意图如图8-2-2所示，实验步骤如下：(1)岩心抽真空饱和地层水或标准盐水40h；(2)将岩心装入岩心夹持器，加上围压和温度；(3)用N_2驱替中间容器流体或用平流泵泵入流体使岩心上流端压力达到预先设定的初始压力(如0.8MPa)，关闭微小容器和压力表(或压力传感器)前的阀门，采集不同时刻压力数据；(4)当压力下降到初始压力1/3时，停止压力采集；(5)用次地层水驱替岩心中地层水，使通过岩心的次地层水体积大于2PV后停止驱替，关闭阀门，浸泡12h；(6)用次地层水重复(2)(3)(4)，在(3)中初始压力和地层水压力衰减的初始压力相同；(7)用蒸馏水重复(2)(3)(4)(5)，在(3)中初始压力和地层水压力衰减的初始压力相同。

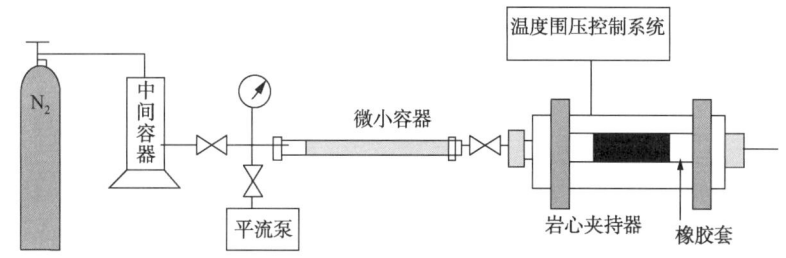

图8-2-2 压力衰减法实验流程示意图

水敏指数计算公式如下：

$$I_w = \frac{T_w - T_f}{T_w} \times 100\%$$

式中 I_w——水敏指数；

T_f——地层水压力半衰期；

T_w——蒸馏水压力半衰期，min。

由于地层水、次地层水和蒸馏水实验的初始压力相同，初始流体的量也相同，因此压力半衰期和压力衰减指数都可以表明压力衰减的速率大小，水敏指数还可以表示为：

$$I_w = \frac{E_f - E_w}{E_f} \times 100\%$$

式中 E_f——地层水的压力衰减指数；

E_w——蒸馏水的压力衰减指数。

二、克深段油气层损害潜在因素

克深油气层总体速敏程度中等偏弱，水速敏渗透率损害率0，油速敏渗透率损害率为39.04%；油气层水敏/盐敏指数均超过90%，损害程度强；克深油气层碱敏损害程度强，超过75%，临界pH值较低；盐酸酸敏损害程度中等偏强，土酸酸敏程度中等偏强；基块应力敏感程度较弱，造缝岩心应力敏感性较强；水锁、油锁损害程度都较严重。

1. 油气层流体敏感性

1) 水敏

从表8-2-1可知，克深区块油气层存在着强水敏。

表 8-2-1　克深区块油气层岩心水敏性实验结果

岩心井号	不同矿化度下的液测渗透率，mD		水敏指数 I_w %	水敏程度
	80000mg/L	0mg/L		
KS97	25.26	2.45	90.29	强
KS105	110.70	10.54	90.47	强

2）速敏

克深区块油气层岩心水速敏实验结果见表 8-2-2。油速敏实验结果见表 8-2-3。从表 8-2-2 可知，克深区块两块岩心均无速敏。从表 8-2-3 可知，克深区块油速敏损害程度中等偏弱。

表 8-2-2　油气层岩样水速敏性评价结果

岩心井号	K_{w1}，mD	K_{min}，mD	渗透率损害率，%	损害程度
KS101	31.45	46.02	0	无
KS103	22.97	27.49	0	无

表 8-2-3　油气层岩样油速敏性评价结果

岩心井号	K_{w1}，mD	K_{min}，mD	渗透率损害率，%	损害程度
KS113	138.11	53.91	39.04	中等偏弱

3）酸敏

（1）盐酸酸敏实验。油气层岩心盐酸酸敏实验结果见表 8-2-4。从表 8-2-4 可知，克深区块两块岩心酸敏指数分别为 65.32%、78.44%，整体损害较强，盐酸酸敏程度强。

表 8-2-4　大北-克深区块油气层盐酸酸敏实验数据

岩心井号	注酸前渗透率，mD	注酸后渗透率，mD	酸敏指数 I_a	酸敏程度
KS108	28.91	13.50	53.29	中等偏强
KS110	67.62	23.45	65.32	中等偏强
KS118	9.91	2.14	78.44	强

（2）土酸酸敏实验。油气层岩心土酸酸敏实验结果见表 8-2-5。从表 8-2-5 可知，克深区块两块岩心酸敏指数在 50%~60% 之间，土酸酸敏程度中等。

表 8-2-5　油气层土酸酸敏实验结果

岩心井号	注酸前渗透率，mD	注酸后渗透率，mD	酸敏指数 I_a	酸敏程度
KS-107	32.10	13.17	58.98	中等
KS108	37.38	16.08	56.98	中等

4）碱敏

克深区块油气层岩心碱敏实验结果见表 8-2-6。从表 8-2-6 可知，克深区块碱敏岩心渗透率损害率均超过 70%，碱敏损害成都较强。

表 8-2-6　大北井油气层岩心碱敏实验结果

岩心井号	不同 pH 值下的盐水渗透率，mD				碱敏损害率,%	碱敏程度
	7.0	9.0	11.0	13.0		
KS125	44.03	30.31	13.87	8.92	79.75	强
KS133	65.30	51.31	31.29	6.85	89.51	强

5）盐敏

克深油气层岩心盐敏实验结果见表 8-2-7。从表 8-2-7 可知，克深区块油气层盐敏渗透率损害率均超过 90%，盐敏损害程度很强。

表 8-2-7　大北—克深区块油气层盐敏实验数据

岩心井号	不同矿化度下的盐水渗透率，mD					盐敏损害率,%	盐敏程度
	A	B	C	D	E		
KS97	25.26	10.89	5.20	3.16	2.45	90.29	强
KS105	110.70	74.33	46.49	20.73	10.54	90.47	强
备注	表中 A、B、C、D、E 分别表示矿化度为 80000、60000、40000、20000 和 0mg/L 的盐水						

2. 油气层应力敏感性

1）天然岩心应力敏感实验

油气层天然岩心应力敏感实验结果见表 8-2-8。从表 8-2-8 可知，克深区块应力敏感损害程度较低，岩心损害在 30% 以下。

表 8-2-8　油气层应力敏感实验结果

有效应力，MPa	渗透率，mD	
	KS111	KS129
2.5	0.0249	0.0106
5	0.0194	0.0092
8	0.0163	0.0077
11	0.0132	0.0061
15	0.0112	0.0048
20	0.0096	0.0036
15	0.0068	0.0040
11	0.0078	0.0045
8	0.0087	0.0054
5	0.0099	0.0066
2.5	0.0115	0.0083
损害率,%	25.84	21.80

2）造缝岩心应力敏感实验

油气层人工造缝岩心应力敏感实验结果见表 8-2-9。

表 8-2-9　油气层应力敏感实验结果

围压，MPa	KS117（造缝）渗透率，mD	围压，MPa	KS117（造缝）渗透率，mD
2.5	27.48	15	1.71
5	13.60	11	1.82
8	8.26	8	2.05
11	4.88	5	2.67
15	2.82	2.5	3.62
20	1.49	损害率，%	86.83

3. 水锁损害

克深区块油气层岩心水锁实验结果见表8-2-10。从表8-2-10可以看出，随着滤液侵入量的增加（即岩心含水饱和度增加），油气层水锁损害程度加大，当岩心含水饱和度达到34%以上，油气层岩心渗透率损害率达到70%以上。依据上述实验结果可以确定，在钻完井过程中，水锁可能对大北—克深区块油气层会造成较严重的损害，必须给予足够的重视。

表 8-2-10　克深区块岩心水锁实验数据表

岩心样编号	克氏渗透率，mD	含水饱和度，%	气测渗透率，mD	渗透率损害率，%
90	0.01	58.63	0.0012	88.22
		50.15	0.0014	85.74
		43.26	0.0014	82.49
		40.32	0.0018	81.58
		36.43	0.0018	76.84
		34.75	0.0025	74.52

4. 油锁损害

油锁损害既与油气层的绝对渗透率有关，又与初始油饱和度有关，初始油饱和度越小，油滴在毛细管、缝中被捕集的趋势越大，被捕集的量也越多；油气层的渗透率越低，表明孔喉尺寸越小且连通性越差，因而油滴两侧曲界面的压差（即毛管力）越大，油锁损害也越严重。根据室内实验和现场经验，统计出在一般情况下，油锁损害的严重性将基本上遵循表8-2-11的规则。

表 8-2-11　油锁损害程度与油气层渗透率及初始油饱和度的关系

气测渗透率，mD	水锁严重程度				
	$S_{wi}<10\%$	$S_{wi}=10\%\sim20\%$	$S_{wi}=20\%\sim30\%$	$S_{wi}=30\%\sim50\%$	$S_{wi}>50\%$
$K<0.1$	严重	严重	中等	中等	较弱
$0.1<K<1$	严重	中等	较弱	较弱	弱
$1<K<10$	严重	中等	较弱	弱	无
$10<K<100$	中等	较弱	弱	无	无
$100<K<500$	较弱	较弱	无	无	无
$K>500$	弱	无	无	无	无

对于低渗和特低渗油气藏，尤其在其初始油饱和度较低时，更应注意油锁损害造成的

影响。初始油饱和度的值越小,油滴在毛细管、缝中被捕集的趋势越大,被捕集的量也越多;油气层渗透率越低,表明孔喉尺寸越小且连通性越差,因而油滴两侧曲界面的压差(即毛细管力)越大,油锁损害也就越严重。由油气层的 S_{wi} 和 K 值,便可大判断可能发生的油锁损害的程度。克深区块油气层岩心油锁实验结果见表 8-2-12。

表 8-2-12 克深区块岩心油锁实验数据表

岩心样编号	克氏渗透率,mD	含水饱和度,%	气测渗透率,mD	渗透率损害率,%
102	0.022	63.98	0.0069	68.59
		61.15	0.0071	67.72
		57.96	0.0084	61.93
		55.88	0.0087	60.27
		50.41	0.0109	50.55
		46.94	0.0146	33.53

从表 8-2-12 可以看出,随着滤液侵入量的增加(即岩心含油饱和度增加),油气层油锁损害程度加大,当岩心含油饱和度达到 55% 以上,油气层岩心渗透率损害率达到 60% 以上。依据上述实验结果可以确定,在钻完井过程中,油锁可能对克深油气层会造成较严重的损害,必须给予足够的重视。

5. 润湿性

1) 润湿性原理

润湿是固体界面由固—气界面转变为固—液界面的现象。而润湿性是指一种液体在一种固体表面铺展的能力或倾向性。研究油气层的润湿性,对于选择钻井液等具有重要的参考意义。

2) 润湿性实验程序

润湿性实验程序如下:

(1) 把一块岩心尽可能多的切成 2mm 厚的切片;
(2) 配制不同油水比的钻井液;
(3) 分别测出每组实验的接触角;
(4) 对不同油水比下的接触角进行比较。

3) 润湿性实验结果及分析

润湿性实验数据见表 8-2-13。

表 8-2-13 润湿性实验数据

油水比	8:2	7:3	6:4	5:5	4:6	3:7	2:8
密度,g/cm³	1.64	1.60	1.52	1.45	1.33	1.25	1.11
克深98	72.51	79.20	81.52	85.20	—	—	—
图片							

注:后面几组没有数据是因为钻井液黏度过大,导致无法测量。

由表 8-2-13 可以清楚地看出,克深区块的油气层随着钻井液中水的比重不断加大,油气层的接触角不断变大,即水润湿性越差,有由水湿到疏水的趋势。如图 8-2-3 所示。

三、大北段油气层损害潜在因素

大北油气层潜在以下损害：（1）中等偏弱速敏程度，水速敏渗透率损害率分别为：34.98%、44.56%，油速敏渗透率损害率为：33.62%；（2）强水敏/盐敏程度，水敏指数分别为90.10%和63.64%；（3）强碱敏损害，碱敏损害程度超过90%，临界pH值较低；（4）强盐酸酸敏损害，无土酸酸敏；（5）油气层基块应力敏感程度较弱，造缝岩心应力敏感性较强；（6）油气层水锁损害程度都较严重，油锁为中等偏弱；（7）油气层基块应力敏感程度较弱，损害率低于40%，人工造缝岩心应力敏感性强；（8）水锁损害程度严重；（9）油气层岩心油锁损害程度严重。

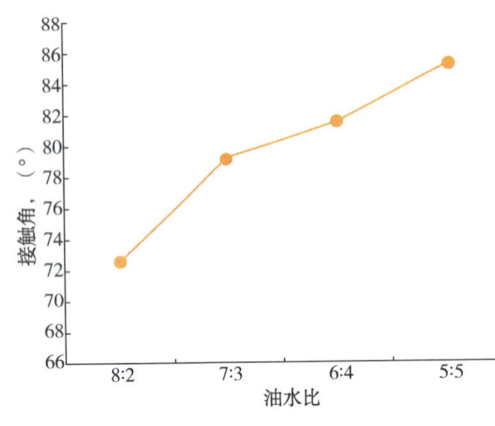

图 8-2-3　KS98 润湿性曲线

1. 油气层流体敏感性

1）水敏性

从表 8-2-14 可知，油气层存在着强水敏。

表 8-2-14　大北区块油气层岩心水敏性实验结果

岩心井号	不同矿化度下的液测渗透率，mD		水敏指数 I_w,%	水敏程度
	80000mg/L	0mg/L		
DB-11	66.44	6.58	90.10	强
DB-28	72.26	26.27	63.64	中等偏强

注：水敏指数均值：76.87%。

2）速敏

大北区块油气层岩心水速敏实验结果见表 8-2-15，油速敏实验结果见表 8-2-16。从表 8-2-15 可知，大北区块油气层水速敏渗透率损害率<45%，存在着中等偏弱的水速敏。从表 8-2-16 可知，大北区块油气层油速敏渗透率损害率<45%，存在着中等偏弱的油速敏。

表 8-2-15　油气层岩样水速敏性评价结果

岩心井号	K_{w1}, mD	K_{min}, mD	渗透率损害率,%	速敏指数平均值	损害程度
DB-33	16.18	10.52	34.98	39.77	中等偏弱
DB-52	6.53	3.62	44.56		中等偏弱

表 8-2-16　油气层岩样油速敏性评价结果

岩心井号	K_{w1}, mD	K_{min}, mD	渗透率损害率,%	损害程度
DB-38	166.01	55.80	33.62	中等偏弱

3）酸敏

油气层岩心盐酸酸敏实验结果见表 8-2-17。从表 8-2-17 中数据可知，大北区块酸敏指数超过 70%，酸敏程度较强。

表 8-2-17　大北区块油气层盐酸酸敏实验数据

岩心井号	注酸前渗透率，mD	注酸后渗透率，mD	酸敏指数 I_a	酸敏程度
DB-17	10.22	2.53	75.22	强
DB-31	47.82	19.86	58.46	中等偏强

注：盐酸酸敏指数平均：66.84。

4）土酸酸敏

油气层岩心土酸酸敏实验结果见表 8-2-18。从表 8-2-18 可知，大北区块两块岩心土酸酸敏指数接近 0。

表 8-2-18　油气层土酸酸敏实验结果

岩心井号	注酸前渗透率，mD	注酸后渗透率，mD	酸敏指数 I_a	酸敏程度
DB-42	13.59	13.68	<0	无
DB-44	19.28	18.86	2.15	无

注：土酸酸敏指数均值≈0。

5）碱敏

大北区块油气层岩心碱敏实验结果见表 8-2-19。从表 8-2-19 可知，碱敏岩心渗透率损害率超过 90%，碱敏程度非常强。

表 8-2-19　大北区块油气层岩心碱敏实验结果

岩心井号	不同 pH 值下的盐水渗透率，mD				碱敏损害率，%	碱敏程度
	7.0	9.0	11.0	13.0		
DB-29	61.43	6.96	4.69	2.00	96.74	强
DB-53	57.63	14.06	4.30	5.13	91.10	强

注：碱敏指数均值：93.32%。

6）盐敏

大北区块油气层岩心盐敏实验结果见表 8-2-20。从表 8-2-20 可知，大北区块油气层盐敏性渗透率损害率偏高，盐敏损害程度中等偏强—强。

表 8-2-20　大北区块油气层盐敏实验数据

岩心井号	不同矿化度下的盐水渗透率，mD					盐敏损害率，%	盐敏程度
	A	B	C	D	E		
DB-11	66.44	25.88	11.18	10.23	6.58	90.10	强
DB-28	72.26	52.99	41.07	35.94	26.27	63.64	中等偏强
备注	表中 A、B、C、D、E 分别表示矿化度为 80000、60000、40000、20000 和 0mg/L 的盐水						

注：盐敏损害率均值：76.87%。

2. 油气层应力敏感损害

1）天然岩心应力敏感实验

油气层天然岩心应力敏感实验结果见表 8-2-21。从表 8-2-21 可知，大北区块应力敏感损害程度较低，多数岩心损害在 40% 以下。

表 8-2-21　大北区块天然岩心应力敏感实验数据

围压，MPa	渗透率，mD	
	DB-7	DB-27
2.5	0.016279	0.013005
5	0.014427	0.010462
8	0.012483	0.009001
11	0.011097	0.008026
15	0.009309	0.006303
20	0.007844	0.005213
15	0.007999	0.005550
11	0.008722	0.005975
8	0.008879	0.006588
5	0.009089	0.007209
2.5	0.011839	0.008170
损害率，%	27.27	37.18

2) 造缝岩心应力敏感实验

油气层人工造缝岩心应力敏感实验结果见表 8-2-22。

表 8-2-22　油气层应力敏感实验结果

围压，MPa	DB17(造缝)渗透率，mD	围压，MPa	DB17(造缝)渗透率，mD
2.5	30.786700	15	0.559737
5	10.898905	11	0.693440
8	3.378854	8	0.836484
11	2.786511	5	1.228513
15	1.426790	2.5	1.727836
20	0.535995	损害率，%	94.39

3. 水锁损害

水锁损害既与油气层的绝对渗透率有关，又与初始水饱和度有关，初始水饱和度越小，水滴在毛细管、缝中被捕集的趋势越大，被捕集的量也越多；油气层的渗透率越低，表明孔喉尺寸越小且连通性越差，因而水滴两侧曲界面的压差(即毛管力)越大，水锁损害也越严重。大北区块油气层岩心水锁实验结果见表 8-2-23。

表 8-2-23　大北区块岩心水锁实验数据表

编号	克氏渗透率，mD	含水饱和度，%	气测渗透率，mD	渗透率损害率，%
4	0.03	62.1525	0.0007839	97.387
		54.8292	0.001152	96.16
		49.0283	0.001179	96.07
		46.4992	0.001243	95.857
15	0.04	55.2443	0.005538	86.155
		53.5851	0.005729	85.6775
		50.1221	0.006086	84.785
		48.3694	0.006247	84.3825
		47.8349	0.006619	83.4525
		46.1802	0.006953	82.6175

从表8-2-23可以看出，随着滤液侵入量的增加（即岩心含水饱和度增加），油气层水锁损害程度加大，当岩心含水饱和度达到45%以上，油气层岩心渗透率损害率达到80%以上。依据上述实验结果可以确定，在钻完井过程中，水锁可能对大北油气层会造成较严重的损害，必须给予足够的重视。

4. 油锁损害

大北区块油气层岩心油锁实验结果见表8-2-24。

表 8-2-24　大北区块岩心油锁实验数据表

岩心柱编号	克氏渗透率，mD	含水饱和度，%	气测渗透率，mD	渗透率损害率，%
20	0.042	45.6399	0.01396	66.7619
		40.1835	0.01485	64.6429
		39.0147	0.01614	62.4651
		38.9973	0.01670	60.2381
49	0.023	53.6953	0.006395	72.1957
		49.8556	0.006564	71.0648
		40.2876	0.006738	70.7043
		35.3753	0.007019	69.4826
		31.1259	0.007184	68.7652
		27.3929	0.007658	66.7043

从表8-2-24可以看出，随着滤液侵入量的增加（即岩心含油饱和度增加），油气层油锁损害程度加大，当岩心含油饱和度达到40%以上，油气层岩心渗透率损害率达到70%以上。依据上述试验结果可以确定，在钻完井过程中，油锁可能对大北油气层会造成较严重的损害，必须给予足够的重视。

5. 油气层润湿性

油气层润湿性见表8-2-25，由表8-2-25可以清楚地看出，大北区块的油气层随着钻井液中水的比重的不断加大，油气层的接触角不断变大，即水润湿性越弱。有由水湿到疏水的趋势。

表 8-2-25　润湿性数据

油水比	8:2	7:3	6:4	5:5	4:6	3:7	2:8
密度，g/cm³	1.65	1.60	1.53	1.45	1.36	1.25	1.11
DB24	70.02	70.16	73.65	80.02	86.58	—	—
图片							

注：后面几组没有数据是因为钻井液黏度过大，导致无法测量。

四、博孜段油气层潜在损害因素

1. 油气层流体敏感性

1）水/盐敏性

采用博孜区块岩心进行水/盐损害实验，实验结果见表8-2-26和表8-2-27。

表 8-2-26 博孜区块油气层岩心水敏性实验结果

岩心井号	实验温度,℃	不同矿化度下的液测渗透率,mD		水敏指数 I_w %	水敏程度
		36907mg/L	0mg/L		
BZ101	室温	0.0231	0.0059	74.5	强
BZ102	130	0.0070	0.0033	52.86	中等偏强

表 8-2-27 (a) 博孜区块油气层岩心水敏性 (降低矿化度) 实验结果

井号	实验温度,℃	降低矿化度对应的渗透率					盐敏损害率,%	盐敏程度
BZ101	室温	矿化度,mg/L	36907	33500	30000	18500	0	74.5	强
		渗透率,mD	0.0231	0.0167	0.0108	0.0070	0.0059		
BZ102	130	矿化度,mg/L	36500	31937	18250	9125	0	52.86	中等偏强
		渗透率,mD	0.0070	0.0058	0.0041	0.0037	0.0033		

表 8-2-27 (b) 博孜区块油气层岩心盐敏性 (增加矿化度) 实验结果

井号	实验温度,℃	增加矿化度对应的渗透率						临界矿化度,mg/L
BZ101	室温	矿化度,mg/L	36907	46125	55350	64575	73800	110700	36907
		渗透率,mD	0.3282	0.3286	0.2920	0.2707	0.2661	0.2644	
BZ102	130	矿化度,mg/L	36500	41062	45625	50187	59312		45625
		渗透率,mD	0.0051	0.0051	0.0046	0.0045	0.0030		

由上述实验数据得出，室温下，博孜101井岩心水敏性损害率为74.45%，属强损害，下限临界矿化度为36907mg/L。盐敏损害率为19.44%，属弱损害，无上限临界矿化度。130℃高温束缚水饱和度下，博孜102井岩心水敏性损害率为53.74%，属中等偏强损害，下限临界矿化度为36500mg/L。盐敏损害率为41.10%，属中等偏弱损害，上限临界矿化度为59312mg/L。主要是由于该区块苏维依组岩屑中黏土矿物含量高，平均28.5%，且以伊/蒙间层矿物为主，平均43.0%。巴什基奇克组岩屑黏土矿物以伊/蒙间层矿物为主，其次为伊利石。蒙脱石水敏性强，吸水膨胀，会减小渗流通道，阻碍气相渗流，而伊利石遇水分散运移，堵塞油气层孔喉，造成水敏损害。

2）速敏性

采用博孜区块岩心进行气体流速敏感损害实验，实验结果见表8-2-28。

表 8-2-28 油气层岩样气体流速敏性评价结果

岩心井号	K_{w1}, mD	K_{min}, mD	渗透率损害率,%	损害程度
BZ101①	0.0353	0.0292	17.28	弱
BZ102 井②	0.008460	0.007021	17.01	弱

①常温条件下；
②130℃高温束缚水饱和度下。

由上述实验数据可知，室温下，博孜101井岩心速敏损害率为17.28%，属于弱损害，无临界流速。130℃高温束缚水饱和度下，博孜102井岩心速敏损害率为17.01%，属弱损害，无临界流速。

3) 酸敏性

采用博孜区块岩心进行酸敏损害实验，实验结果见表8-2-29。室温下，岩心盐酸酸敏损害率9.2%，属弱损害。130℃高温束缚水饱和度下，岩心"9%盐酸+2%氢氟酸+3%乙酸"酸敏损害率5.93%，属弱损害。酸敏指数不超过10%，酸敏程度较弱。

表8-2-29 博孜区块油气层盐酸酸敏实验数据

岩心井号	注酸前渗透率，mD	注酸后渗透率，mD	酸敏指数 I_a	酸敏程度
BZ101井[①]	0.0163	0.0148	9.2	弱
BZ102井[②]	0.00118	0.00111	5.93	弱

[①]常温条件下，反向注酸15%HCl；
[②]130℃高温束缚水饱和度下，反向注酸9%盐酸+2%氢氟酸+3%乙酸。

4) 碱敏性

采用博孜区块岩心进行碱敏损害实验，实验结果见表8-2-30。岩心碱敏损害率47.76%，属中等偏弱损害。130℃高温束缚水饱和度下，岩心碱敏损害率20.49%，属中等偏弱损害，临界pH值平均11。油气层岩石中含有碱敏矿物泥质、云泥、长石，同时在岩石基体中也存在这些矿物。这些物质在强碱性环境中极不稳定。强碱性水溶液会破坏泥质硅酸盐矿物和碳酸盐矿物并使它们解体，形成各种不溶胶态物质、堵塞孔隙喉道，使渗透率大大降低。

表8-2-30 博孜井油气层岩心碱敏实验结果

岩心井号	不同pH值下的盐水渗透率，mD					碱敏损害率，%	碱敏程度
	7.0	9.0	10	11.0	13.0		
BZ101[①]	0.0335	0.0332	0.03	0.0218	0.0175	47.76	中等偏弱
BZ102[②]	0.005455	0.005222	0.004769	0.004628	0.004337	20.49	中等偏弱

[①]常温条件下；
[②]130℃高温束缚水饱和度下。

2. 油气层应力敏感损害

博孜区块微裂缝发育，且裂缝对渗透率起主要贡献作用。裂缝的应力敏感性强，随着净应力增大，裂缝会趋于闭合，降低会丧失导流能力，且损害不可逆。由应力敏感性实验可知，博孜区块属于强应力敏感损害。

BZ101井基块岩心在20MPa净应力下渗透率损害率为87.61%，属强应力敏感性损害；不可逆渗透率损害率为62.10%，中偏强损害(图8-2-4)。

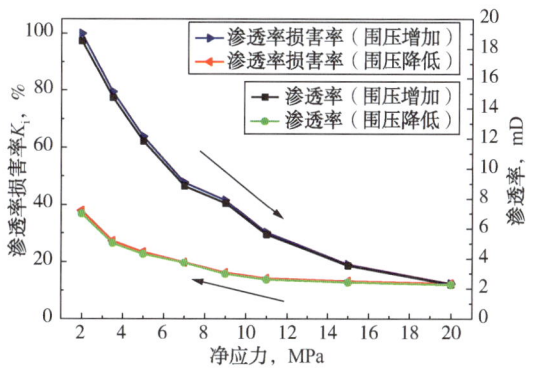

图8-2-4 BZ101井6917.88m岩心应力敏感性测试结果

130℃高温束缚水饱和度下岩心应力敏感实验中，BZ102井岩心在20MPa净应力下渗透率损害率为97.1%，属强高温应力敏感性损害；不可逆渗透率损害率为36.9%，属中偏弱损害(图8-2-5)。孔压应力敏感实验中，BZ102井岩心在20MPa净应力下渗透率损害率为91.3%，属强高温应力敏感性损害；不可逆渗透率损害率为15.8%，属弱损害(图8-2-6)。

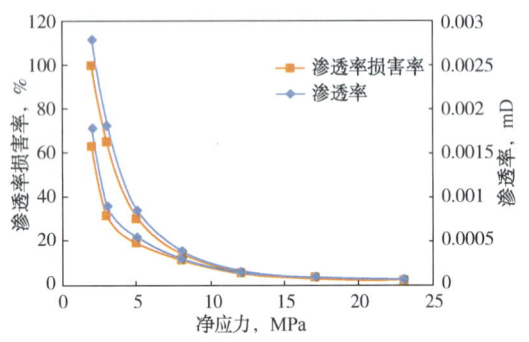

图8-2-5　BZ102井6773~6781.5m岩心高温应力敏感性测试结果(围压变化)

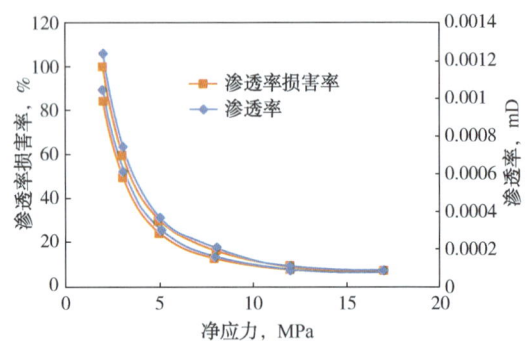

图8-2-6　BZ102井6773~6781.5m岩心高温应力敏感性测试结果(回压变化)

博孜101井裂缝岩心在9MPa净应力下渗透率损害率大于95%，属强应力敏感性损害(图8-2-7)。

3. 水锁损害

室温下，BZ101井6918.31m岩心气测渗透率随着含水饱和度增加迅速降低；回归分析得到平均束缚水饱和度(39.97%)时的渗透率损害率81.1%，平均初始含水饱和度(34.4%)下损害率78.15%，强水锁损害(图8-2-8)。

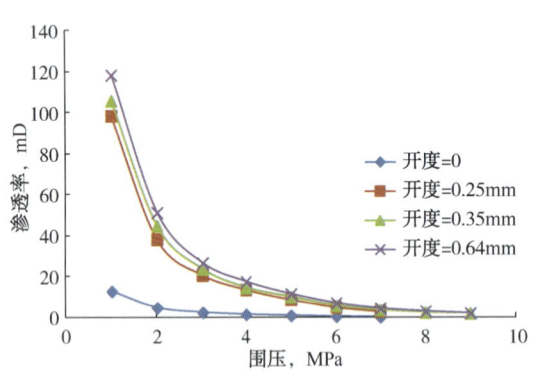

图8-2-7　BZ102井6781.5~6789m岩心不同开度裂缝岩心应力敏感性测试结果

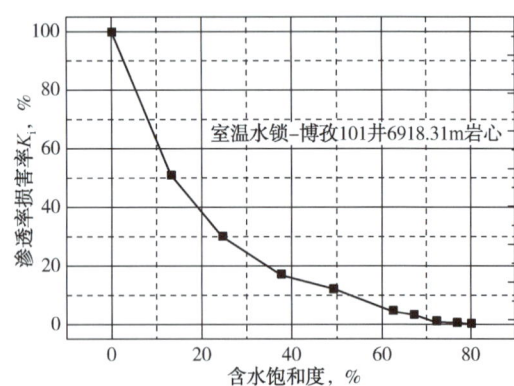

图8-2-8　BZ101井6918.31m岩心水锁损害测试结果

130℃高温束缚水饱和度下，岩心渗透率随着含水饱和度增加而降低，渗透率损害率增大；BZ102井6773~6781.5m岩心束缚水饱和度(39.97%)时渗透率损害率7.74%，弱损害；BZ102井6781.5~6789m岩心束缚水饱和度(39.97%)时渗透率损害率44.08%，初始含水饱和度时渗透率损害率36.18%，中等偏弱损害(图8-2-9)。

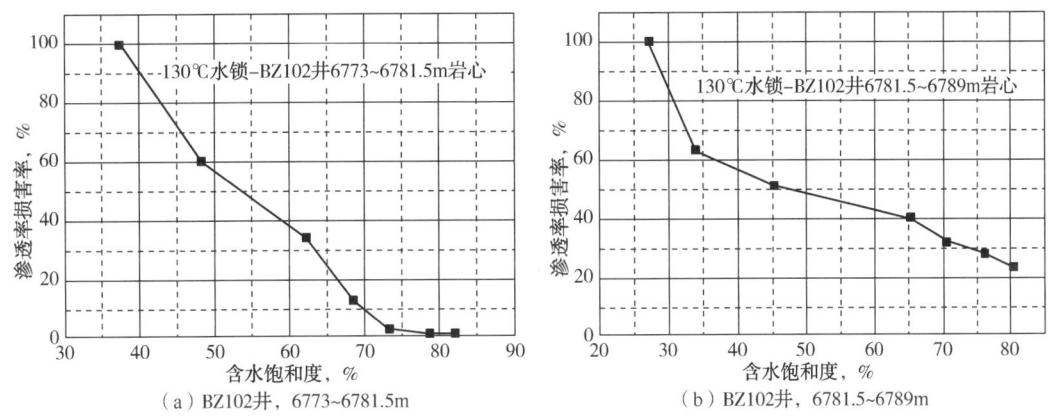

图 8-2-9 ZB102 井岩心高温水锁损害测试结果

4. 油锁损害

室温下，BZ101 井 6918.31m 岩心气测渗透率随着含油饱和度增加迅速降低；回归分析得到平均初始含油饱和度（65.6%）时渗透率损害率 90.16%，强油锁损害（图 8-2-10）。

130℃高温束缚水饱和度下，岩心渗透率随着含油饱和度增加而降低，渗透率损害率增大；BZ102 井 6773~6781.5m 岩心平均初始含油饱和度（63.7%）时渗透率损害率 86.04%，强油锁损害；博孜 102 井 6781.5~6789m 岩心平均初始含油饱和度（63.7%）时渗透率损害率 69.62%，中等偏强损害（图 8-2-11）。

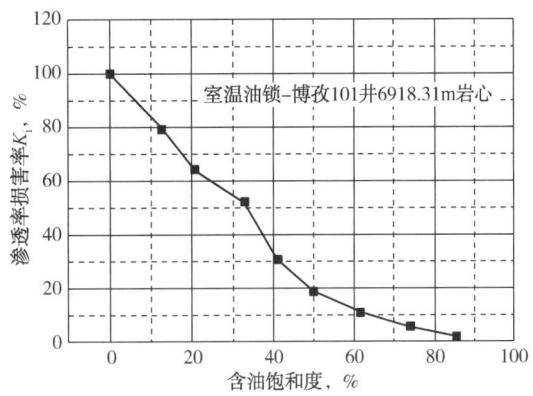

图 8-2-10 BZ101 井 6918.31m 岩心油锁损害测试结果

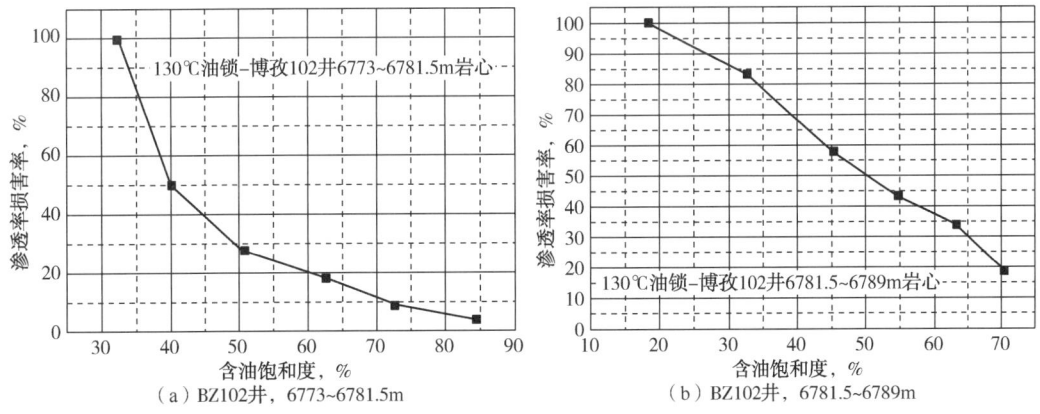

图 8-2-11 BZ102 井岩心高温油锁损害测试结果

五、小结

通过室内实验对克深区带博孜段、大北段和克深段油气层岩心流体敏感性、应力敏感性和水锁油锁损害进行评价，得出分析结论见表 8-2-31。

克深区带博孜段总体速敏损害程度弱，油气层水敏损害程度中等偏强；盐敏损害中等偏弱，油气层碱敏损害程度中等偏弱，岩心盐酸酸敏损害程度中等偏强，土酸酸敏程度中等偏强；油气层基块应力敏感程度较强，造缝岩心应力敏感性较中等强。

克深段油气层总体速敏程度中等偏弱，油气层水敏/盐敏指数均超过90%，损害程度强；油气层碱敏损害程度强，岩心盐酸酸敏损害程度中等偏强，土酸酸敏程度中等偏强；油气层基块应力敏感程度较弱，造缝岩心应力敏感性较强。油气层可以采取一定的措施避免应力敏感，建议选择合适的生产压差和控制入井流体的密度。

大北段油气层总体速敏程度中等偏弱，油气层水敏/盐敏程度较强，碱敏损害程度强，油气层岩心盐酸酸敏损害程度较强，无土酸酸敏；油气层基块应力敏感程度较弱，损害率低于40%，破缝岩心应力敏感性强，油气层岩心水锁和油锁损害程度严重，需要注意预防此方面损害。

表 8-2-31 克深区带油气层敏感性及水锁/油锁特征

项目	博孜段	大北段	克深段
速敏程度	弱	中等偏弱	中等偏弱
水敏程度	中等偏强	强	强
盐敏程度	中等偏弱	强	强
碱敏程度	中等偏弱	强	强
酸敏程度	弱	中等偏强	中等偏强
应力敏感程度	中偏强	弱	弱
水锁程度	强	强	强
油锁程度	强	中等偏强	中等偏弱

此外，需要注意的是，本节所述的油气层损害评价结果是依据现行已发布的石油天然气行业标准进行评价，具有一定的局限性，主要表现为：

（1）行业标准主要适用于空气渗透率大于1mD的碎屑岩油气层岩样的敏感性评价实验，而库车山前气井油气层基块物性差，渗透率小于0.5mD，岩心排驱压力高（大于1MPa），常规岩心驱替实验无法开展或无法准确测定。

（2）行业标准中的驱替实验主要采用液测渗透率，而致密碎屑岩油气层一般伴随着较强的水锁和油锁损害风险，因此采用液相驱替并不能客观反映油气层敏感性及液锁损害的实际情况，可采用气测敏感性进行评价。

（3）库车山前井多为裂缝性致密砂岩油气层，非均质性强、岩石矿物多样（毛发状伊利石发育）、储集空间复杂（残余粒间孔等），复杂的油气层特征导致损害机理不易摸清，因此单纯从油气层敏感性及液锁损害评价的方面去断定潜在损害因素过于武断，应根据已开发井采用的入井流体使用情况，结合实际产能及矿场评价结果进行综合研判。

（4）现有行业标准主要适用于中渗均质砂岩油气层，然而对于裂缝与基块共存的裂缝性致密砂岩油气层，其油气层保护重点不能明确，评价的数据结果针对性不强。针对基块，主要损害为钻井液滤液进入孔喉造成液相损害，是否为主因？损害程度多大？针对裂缝，主要损害为钻井液漏失进入裂缝造成损害，液相造成裂缝壁面黏土矿物膨胀脱落？固相堵塞裂缝？堵塞的程度多大？这些都需要深入研究和攻关。

因此，针对库车山前裂缝性致密砂岩油气层，敏感性评价、损害评价等实验方法在行业内无统一标准，需要创新评价方法，为裂缝性致密砂岩油气层保护措施的研究提供数据支撑。目前该研究与攻关工作正在进行中。

第三节 克深区带气层钻井液损害机理及油气层保护技术对策

油气层损害机理指的是在油气井作业过程导致油气层渗流阻力增加和渗透率降低的原因，以及过程中所发生的物理、化学、生物、热力等作用。油气层保护技术具有很强的针对性，在油气层保护技术的研究中，对油气层损害机理的研究是必不可少的基础工作。只有清楚地认识所钻油气层的损害机理和主要因素，了解该油气层的损害程度，才能针对性地制定出一套该地区油气层保护措施。

库车山前克深区带致密砂岩气藏天然气地质资源量大，在前期已经进行了大量的生产建设，并取得了良好的经济效益。但是经过多年的勘探开发，该区块油气层地质复杂，开发难度日益增大，钻完井油气层保护难度加大，多口已钻井在钻井开发过程中存在油气层损害，导致油气产量下降，造成经济损失。因此需要对该区块钻完井液对油气层损害机理进行深入研究，并形成相应的油气层保护对策。

一、克深区带已钻井气层损害情况

针对克深区带油气层特征及其油气层敏感性损害特征，结合裂缝性油气层损害机理，选用克深区带现用四类钻井液（井浆）进行了钻井液动态损害实验评价。

钻井液动态评价实验主要是尽量模拟实际工况下，评价钻井液对油气层的综合损害情况，为优选损害最小的钻井液和最优施工工艺参数提供科学的依据。动态损害评价与静态损害评价相比能更真实的模拟井下的实际工况条件下钻井液对油气层的损害，两者的最大区别在于钻井液与岩心作用时状态不同：静态损害评价时，在岩心端面处，钻井液流动方向与岩心轴向一致；而动态损害评价时，为模拟流体上返或剪切流动，钻井液在岩心段面始终处于不断循环或搅动的状态。后者更接近现场实际，其实验结果对钻井液配方设计和完善更有指导意义。

根据克深区带油气层裂缝发育、基块不发育的特点，西南石油大学研制了多功能动态损害评价仪（图8-3-1），能较好地还原井下钻井液损害油气层的状态，它的操作界面如图8-3-2所示。此仪器能自动计算和记录不同时间的岩心渗透率，并且自动绘制曲线，实验过程中实验结果直观展现。仪器的最大围压可控制在45MPa，筒内最高压力35MPa，最高可加温至180℃，筒内转速最高可达240r/min，仪

图 8-3-1 多功能动态损害评价仪

器可同时进行两块岩心实验,保证在相同条件下实验数据的有效性,仪器能够最大程度的模拟实际钻井下井筒情况。

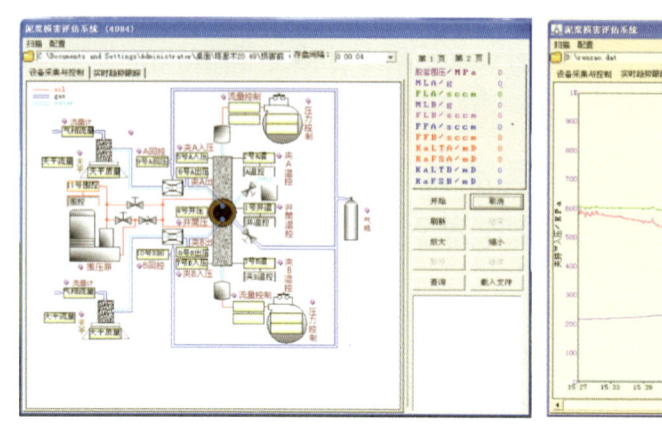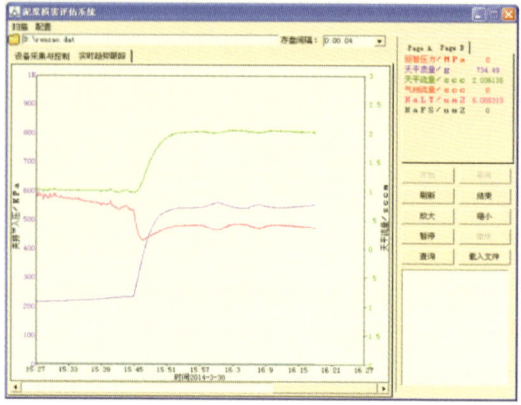

图 8-3-2　多功能动态损害仪操作界面

本实验采用钻井液动态损害实验评价标准。实验条件选择为压差 3.5MPa,钻井液循环时间 1h。

其基本程序是:(1)用地层水抽空饱和岩心,测量岩心渗透率 K_o;(2)用动态损害装置对岩心进行反向损害 1h;(3)用地层水正向测量损害后的岩心渗透率 K_w;(4)计算岩心损害程度 K_w/K_o。

1. 克深段钻井液动态损害评价

1)KS102 井油基钻井液动态损害评价

实验分别采用 KS102 井油基钻井液滤液,原浆进行评价,实验结果见表 8-3-1。

表 8-3-1　KS102 井油基钻井液动态损害评价

钻井液类型	损害前渗透率 K_o,mD	损害后渗透率 K_d,mD	损害率,%
KS102 油基钻井液滤液	112.21	107.90	3.84
KS102 油基钻井液原浆	123.48	88.01	28.73

从表 8-3-1 可知,动态损害实验的两块岩心在渗透率损害程度上相近,均不是特别高,但也造成一定程度上的损害。鉴于滤液采用 0.1mm 滤网过滤,油基钻井液本身的性质滤液造成的较小,这说明造成油气层损害的主要是油基钻井液中固相颗粒堵塞孔喉所致,滤液对油气层的损害程度较小,表明其与油气层的配伍性好。

2)KS2-2-1 井油基钻井液动态损害评价

KS2-2-1 井油基钻井液进行的动态损害评价结果见表 8-3-2。该井油基钻井液对油气层的损害率为 25.97%,损害程度中等偏弱。

表 8-3-2　KS2-2-1 井油基钻井液动态损害评价

钻井液类型	损害前渗透率 K_o,mD	损害后渗透率 K_d,mD	损害率,%
KS2-2-1 井油基钻井液滤液	66.92	49.54	25.97

3)KCl-聚磺钻井液动态损害评价

实验分别采用 KCl-聚磺水基钻井液滤液、原浆进行评价,实验结果见表 8-3-3。

表 8-3-3　KCl-聚磺水基钻井液动态损害评价

钻井液类型	损害前渗透率 K_o, mD	损害后渗透率 K_d, mD	恢复率,%
KCl-聚磺水基钻井液滤液	42.63	7.59	17.79
KCl-聚磺水基钻井液原浆	92.46	4.54	4.91

从表 8-3-3 可知，KCl-聚磺水基钻井液在克深区块损害较大，其渗透率恢复率仅为 4.91%，滤液损害相对原浆损害较小，但其恢复率也仅为 17.79%，钻井液中固相颗粒对油气层损害较大，钻井液与地层配伍性较差。

4）有机盐钻井液动态损害评价

实验分别采用有机盐钻井液滤液、原浆进行评价，实验结果见表 8-3-4。

表 8-3-4　有机盐钻井液动态损害评价

钻井液类型	损害前渗透率 K_o, mD	损害后渗透率 K_d, mD	恢复率,%
有机盐钻井液原浆	59.56	47.70	80.98
有机盐钻井液滤液	26.72	22.06	82.57

从表 8-3-4 可知，有机盐钻井液在克深区块损害较小，其渗透率恢复率在 80% 以上。

5）B 公司油基钻井液动态损害评价

实验分别采用 B 公司油基钻井液滤液、原浆进行评价，实验结果见表 8-3-5。

表 8-3-5　B 公司油基钻井液动态损害评价

钻井液类型	损害前渗透率 K_o, mD	损害后渗透率 K_d, mD	恢复率,%
B 公司油基钻井液原浆	87.22	69.00	79.11
B 公司油基钻井液滤液	91.28	53.76	58.90

从表 8-3-5 可知，B 公司油基钻井液原浆和滤液在克深区块损害程度不同，单从本次实验结果考虑，钻井液中固相颗粒堵塞孔喉导致油气层损害，滤液对油气层损害更为严重，说明其钻井液性能尚可改进。

6）A 公司油基钻井液动态损害评价

实验分别采用 A 公司油基钻井液滤液、原浆进行评价，实验结果见表 8-3-6。

表 8-3-6　华油油基钻井液动态损害评价

钻井液类型	损害前渗透率 K_o, mD	损害后渗透率 K_d, mD	恢复率,%
A 公司油基钻井液原浆	40.00	26.46	66.15
A 公司油基钻井液滤液	49.16	26.72	54.34

从表 8-3-6 可知，A 公司油基钻井液原浆和滤液都对油气层造成损害，说明滤液较原浆更为严重，其性能有待改进。

2. 大北段磺化钻井液动态损害评价

1）大北 207 井磺化钻井液动态损害评价

实验分别采用大北 207 井磺化钻井液滤液、原浆进行评价，实验结果见表 8-3-7。

表 8-3-7　DB207 井磺化钻井液动态损害评价

钻井液类型	损害前渗透率 K_o, mD	损害后渗透率 K_d, mD	恢复率,%
DB207 井磺化钻井液滤液	48.95	40.58	82.90
DB207 井磺化钻井液原浆	70.42	23.45	33.30

从表 8-3-7 可知,动态损害实验的两块岩心在渗透率损害程度上相差较大,单从本次实验结果考虑,钻井液中固相颗粒堵塞岩心孔喉,导致油气层损害,滤液对油气层的损害程度较小。

2）BH-WEI 水基钻井液动态损害评价

实验分别采用 BH-WEI 水基钻井液滤液、原浆进行评价,实验结果见表 8-3-8。

表 8-3-8　BH-WEI 水基钻井液动态损害评价

钻井液类型	损害前渗透率 K_o, mD	损害后渗透率 K_d, mD	恢复率,%
BH-WEI 水基钻井液滤液	119.85	103.41	13.72
	79.19	36.51	53.90
BH-WEI 水基钻井液原浆	93.58	57.18	38.89
	96.79	36.51	62.28

从表 8-3-8 可知,BH-WEI 在大北区块损害相对较克深区块小,在大北区块钻井液中固相颗粒对油气层损害较大；而在克深区块中,钻井液滤液对地层损害较大,与地层配伍性较差。

3. 博孜段钻井液动态损害评价

1）博孜段现用各类钻井液岩心动态损害实验

现用钻井液对油气层岩心损害较为严重。参照 SY/T 6540—2002,采用磺化防塌钻井液和氯化钾聚磺钻井液对 BZ102 井 6855~6865.5m 致密砂岩岩心进行了渗透率动态损害评价。磺化防塌钻井液、氯化钾聚磺钻井液循环后,岩心的渗透率恢复率分别为 61.10%、53.07%。人工裂缝岩心氯化钾聚磺钻井液静态循环后,岩心的渗透率恢复率仅为 21.5%,油气层保护效果较差(表 8-3-9)。钻井液对裂缝的损害比基块更严重。

表 8-3-9　各钻井液体系渗透率恢复率评价结果

井号	岩心编号	岩心类型	井深, m	体系	K_{g1}, mD	K_{g2}, mD	渗透率恢复率,%
BZ102	4-1	基块	6855~6865.5	磺化防塌钻井液	0.01532	0.00936	61.10
BZ102	4-2	基块	6855~6865.5	氯化钾聚磺钻井液	0.01498	0.00795	53.07
KS2-2-1	54	人工裂缝	—	氯化钾聚磺钻井液	17.7	3.81	21.50

2）博孜段顺序工作液岩心动态损害实验

根据现场施工顺序,参照 SY/T 6540—2002 对 BZ102 井岩心进行了工作液动态损害评价,工作液接触顺序为：

（1）磺化防塌钻井液→BH-WEI 射孔液→YJS-2 环空保护液→博孜 101 压裂液；

（2）氯化钾聚磺钻井液→YJS-2 环空保护液→博孜 101 压裂液。

油气层岩心经现场钻井液、射孔液、环空保护液、压裂液顺序接触过程中，渗透率均有明显降低，损害程度较高，磺化防塌钻井液顺序循环、氯化钾聚磺顺序接触的总渗透率恢复率分别为 16.58%、50.33%，渗透率恢复率低（表 8-3-10）。

表 8-3-10 工作液顺序接触损害评价实验结果

岩心编号	井深 m	孔隙度 %	气测渗透率，mD	束缚水饱和度，%	循环液	束缚水下气测渗透率，mD	恢复率 %	总恢复率 %
4-1 顺序接触（1）	6855~6865.5	3.0849	0.14545	53.63	无	0.01532	—	16.58
					原 HHFT	0.00936	61.10	
					BH-WEI	0.00430	45.94	
					YSJ-2	0.00273	63.49	
					101 压裂液	0.00254	93.04	
4-2 顺序接触（2）	6855~6865.5	3.2031	0.18358	67.31	无	0.01498	—	50.33
					原 JJH	0.00795	53.07	
					YSJ-2	0.00256	32.20	
					101 压裂液	0.00754	294.53	
备注	（1）磺化防塌钻井液→BH-WEI 射孔液→YJS-2 环空保护液→博孜 101 压裂液；（2）氯化钾聚磺钻井液→YJS-2 环空保护液→博孜 101 压裂液							

总之，通过以上各类钻井液对油气层岩心进行动态损害，均显示渗透率恢复值偏低，说明在钻井过程中油气层受到损害。

二、克深区带气层钻井液损害机理

克深区带白垩系巴什基奇克组属于高压裂缝性致密砂岩气藏，钻井过程中漏失频发，据统计研究区块完钻井漏失概率几乎为 100%，漏失量大，且后期压裂投产后效果不佳，油气层损害严重。实验评价结果分析认为，液相圈闭和固相侵入损害是油基钻井液损害油气层的主要机理。

1. 钻完井液固相颗粒造成油气层损害的机理

当地层被打开，钻完井液侵入油气层，在正压差作用下，钻完井液中的固相颗粒在液柱压力作用下进入油气层的孔隙和裂缝、微裂缝中，造成油气层损害。因此分别从钻完井液固相对油气层基块孔隙和裂缝、微裂缝损害来阐述。

1）钻井液中固相对基块孔隙的堵塞

克深区带属于低孔低渗，裂缝、微裂缝发育油气层，基块孔喉半径极小，渗透率贡献率最大的孔喉主要集中在 0.017~0.0283μm，0.0283~0.0471μm 和 0.0471~0.0785μm 这三个区间，这三个区间孔喉对渗透率的贡献率分别为 27.4%、46.7% 和 14.4%，三个区间的累计贡献率为 88.47752%，这表明油气层连通孔喉中对渗透率贡献率较大的孔喉总体非常细小。因此主要固相颗粒油气层损害为有害固相在裂缝中沉积、堵塞造成的损害，同时也有一小部分有害固相颗粒进入油气层孔喉，在正压差作用下被推向油气层地层深处，导致油气层渗透率下降。

钻井液中的固相在钻井液静、动压差的作用下，进入油气层内部，堵塞了孔隙、裂缝，使近井壁带渗透率下降。固相对油气层的伤害与油气层孔喉大小、钻井液中固相颗粒大小有较大的关系。

一般来讲，固相进入高、中渗油气层的深度最深可达几米，而对于低渗油气层，这种伤害要轻一些，可能仅发生在近井壁带，固相含量越高，分散得越细，这种侵入损害就越严重。特别是钻井液的膨润土，是伤害油层的主要固相，进入油气层后(除非是特高渗透层)在孔喉处发生堆积堵塞。

(1) 固相颗粒在孔隙内滞留与沉淀机理：入井流体在正压差的作用下进入孔隙，流体中的固相颗粒随流体一起运移。微粒在沿着孔隙介质中的弯曲流动通道移动时，有可能在孔隙骨架内被捕获、滞留和沉淀，导致孔隙骨架的结构发生不利变化，使孔隙度和渗透率减小，从而造成对油气层的伤害。

(2) 固相颗粒在孔隙内滞留的基本机理：①表面沉淀；②孔喉堵塞；③孔隙充填和内部滤饼形成；④屏蔽和外部滤饼形成。固相颗粒能在孔隙内滞留的条件是与吸附机理有关的力大于或等于与分离机理有关的力时，滞留在孔隙内的颗粒就会开始移动，一旦这些固相颗粒随着孔隙介质中流体的流动而移动，颗粒就将以扩散、吸附、沉积和水动力等四种主要方式运移。固相颗粒在运移过程中将受到分子力、电动相互作用、表面张力、流体压力、摩擦力、重力等与传输机理有关的力的影响。当颗粒运移到孔隙内某一处、且吸附力又大于分离力时，颗粒会重新在孔隙内发生滞留，从而产生新的、更严重的油气层损害。入井流体中的固相颗粒按其在力作用下可变形的程度分为可变形微粒和不可变形微粒。

因此，对于不可变形微粒，能通过孔喉的微粒尺寸当量直径为孔喉的最大尺寸；对于可变形微粒，能通过孔喉的尺寸不仅取决于孔喉的大小，也取决于微粒可变形程度。对于能通过孔喉的粒子，由于受重力作用会产生沉淀，从而引起油气层损害，不同类型的粒子发生沉淀的机理也不同。

2) 钻完井液中固相对油气层裂缝的损害

这类油气层有工业产量或者可开采储量的一个重要标志是油气层具有一定的裂缝与微裂缝发育程度。因此当钻完井液侵入油气层之后，钻完井液中的固相颗粒会导致油气层裂缝、微裂缝损害。钻完井液中固相颗粒堵塞这类油气层的机理主要是：

(1) 固相微粒在裂缝表面的沉降。进入裂缝的固相颗粒受到多种力的作用，这些力包括流体动力、惯性力、引力、双电层斥力、布朗力等。对于不同尺寸量级的微粒，起主要作用的力也不同。最后固相颗粒在裂缝或缝孔界面或孔隙中沉降堵塞的过程实际上其被地层所捕获的过程。

悬浮在钻井液中的固相颗粒在水平方向，微粒的上侧将受到流体动力的作用，该力与微粒所受到的黏性阻力相平衡；在垂直方向，微粒受到本身重力及液体浮力的作用。当存在净力时，微粒将发生沉降。

在沉降过程中，固相颗粒也受到流体阻力的作用。由于在沉降过程中很快达到阻力与净应力的平衡，因此可以不考虑惯性力的作用。

钻井液中存在片状和棒状固相微粒。这两种类型的微粒分别可用扁椭球和长椭球近似。扁椭球是椭圆绕其短半轴旋转而保持长半轴不变所产生的。长椭球则是椭圆绕其长半轴旋转而短半轴不变所产生的。

进入地层裂缝中的钻井液,裂缝中部的流速最大,而作用在微粒上的流体冲击力正比于流速的平方。不同倾角的裂缝,微粒沉降的方式不同。

在水平缝中,微粒受到的冲击力将在微粒上形成一翻转力矩,其方向取决于微粒裂缝中的位置,如图 8-3-3 所示。裂缝上半段的微粒在翻转力矩的作用下将产生逆时针翻转;而处于裂缝下半段的微粒在翻转力矩的作用下将产生顺时针翻转。

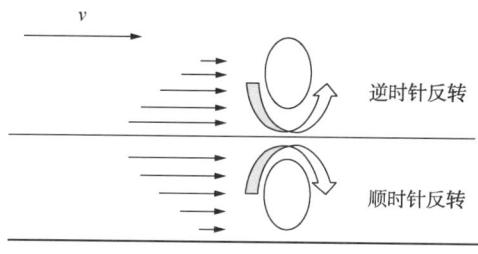

图 8-3-3 水平缝中微粒沉降过程中的翻转现象

在垂直裂缝中,微粒在垂直向下的方向不会发生翻转,但在水平方向却受到不均匀力的作用。

(2) 固相颗粒沉降堵塞对裂缝导流能力的影响。固相颗粒在裂缝中沉降或被裂缝所捕获不仅直接减小了裂缝的开度,而且减小了裂缝孔隙度,增加了流动阻力,固相颗粒沉降对裂缝导流能力的影响,难以进行定量化分析,它受侵入裂缝流体的性质、固相含量、尺寸分布及裂缝形态的影响。

对于水平缝,裂缝的开度是沿裂缝面变化的,在裂缝下表面的沉降厚度为 t 时,裂缝的平均开度变为

$$\bar{b}^* = \frac{1}{n}\sum (b_i - t) = \frac{1}{n}\sum b_i - t = \bar{b} - t$$

即相当于裂缝的平均开度减小 t。如当沉降厚度只有裂缝平均开度的 5%,其渗透率将下降 14%。

垂直裂缝中(往往是裂缝性油气层的最主要流动通道),沉降影响的方式不同于水平缝,固相沉降于裂缝的底部。显然固相堆积部分的渗透率低于裂缝,因而垂直缝中沉降作用相当于增加了裂缝充填,从而减小裂缝的导流能力。

对于任意角度的倾斜裂缝,这两种作用都存在。如图 8-3-4 所示。

(3) 固相对缝孔、缝洞界面的损害。油气层打开后,如果井内流体压力高于地层压力(过平衡),钻完井液将沿裂缝进入地层,这样裂缝和井眼处于相同的压力系统中。由于地层孔隙压力低于井内液柱压力,因而在裂缝—基块间存在正压差。在此正压差作用下,侵入裂缝内的流体会在裂缝壁面上形成滤饼。图 8-3-5 是固相颗粒堵塞油气层裂缝的扫描电镜图。在大北段岩心上可以观察到侵入油气层的固相颗粒(图 8-3-6)。

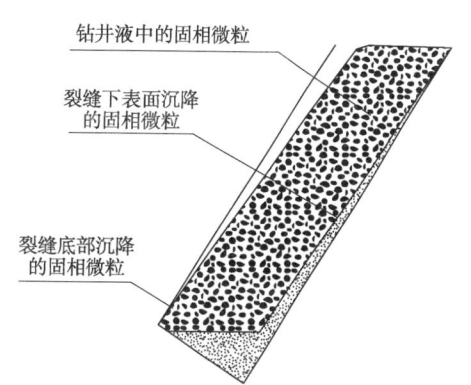

图 8-3-4 倾斜裂缝中固相沉降对导流能力的影响

图 8-3-5 固相颗粒对油气层裂缝的堵塞损害

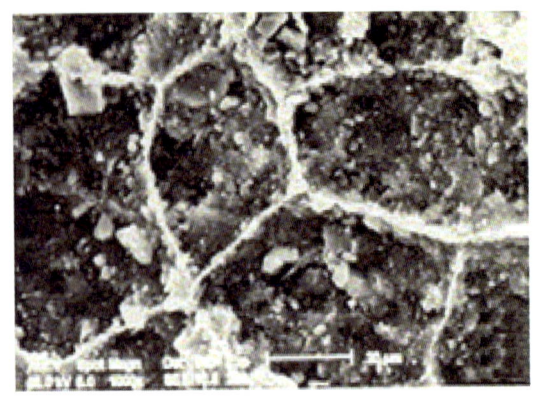
图 8-3-6 大北段油气层岩心：固相颗粒侵入油气层

2. 钻完井液滤液造成油气层损害的机理

1) 油气层液相圈闭损害

液相圈闭损害是指油气井在钻完井以及生产等作业过程中，由于毛管自发渗吸和液相滞留，外来工作液滤液或地层水进入油气层后，使得油气层含水/油饱和度 S_w/S_o 从初始含水/油饱和度 S_{wi}/S_{oi} 增加到束缚水/油饱和度 S_{wirr}/S_{oirr} 再增至 100%，在地层压力下不能完全将这部分滤液排除，从而导致油气层有效渗透率降低的现象。

从气水相对渗透率图可看出，致密气藏初始含水饱和度 S_{wi} 低于束缚水饱和度 S_{wirr}，当含水饱和度 S_w 从 S_{wi} 增加到 S_{wirr} 过程中，气相相对渗透率 K_{rg} 显著降低，从 0.9 下降至 0.1，产能下降明显。当含水饱和度 S_w 继续增加至超过 S_{wirr} 以后，气相渗透率 K_{rg} 降低不明显，产能降低幅度较小。以上分析可知：水相圈闭损害集中表现在含水饱和度 S_w 从 S_{wi} 增加至 S_{wirr} 期间，造成气相渗透率 K_{rg} 显著降低。损害发生后，气藏含水饱和度通常不能再降低至初始含水饱和度 S_{wi}，即损害不能完全解除。气油相对渗透率变化规律与气水相对渗透率变化规律类似，且损害后同样难以完全解除。引起水相圈闭的原因主要有两点：毛管自发渗吸作用和液相滞留效应。

克深区带地质条件复杂，钻井难度大，油基钻井液被广泛使用，并获得成功。油基钻井液的使用一方面提高了钻井效率，但又向油气层内引入第三相——油相。一般分析认为，油相的引入使油气层渗流机理更为复杂，一旦发生漏失，油基钻井液液相将侵入油气层深部，油相沿裂缝面侵入到裂缝面的基块内。由于完井时，水基完井液将被使用，水基工作液漏失时有发生，造成油气层内水基工作液滤液与油基工作液滤液共存。生产过程中，气体的产出造成在裂缝周围基块内极易形成油气水三相渗流，降低气体渗流能力，加剧相圈闭损害程度。因此，有必要开展模拟油/水基工作液顺序接触的相圈闭损害评价实验。

油/水基工作液顺序接触的相圈闭损害评价实验造作步骤与相圈闭损害评价实验基本相同，区别是在第一类工作液滤液返排后，将岩心再次放入水基工作液滤液内自发渗吸，自发渗吸完成后进行第二次返排。分别开展了基块样品的油基钻井液滤液—地层水工作液相圈闭损害评价实验和有机盐钻井液滤液—地层水工作液相圈闭损害评价实验、基块样品的油基钻井液滤液—地层水工作液相圈闭损害评价实验和有机盐钻井液滤液—地层水工作液相圈闭损害评价实验，实验样品基础物性见表 8-3-11。

表 8-3-11　油/水基工作液顺序接触相圈闭损害评价岩心基本物性参数表

岩心编号	层位	深度,m	长度 mm	直径 mm	孔隙度 %	渗透率 mD	初始含水饱和度,%	渗吸条件
KeS3-8 基块	K₁bs	6904.94	35.5	24.70	1.46	0.01767	32.23	有机盐钻井液滤液/地层水自发渗吸
KeS3-4 基块	K₁bs	6898.69	45.52	24.72	1.69	0.03049	23.65	油基滤液/自发渗吸
KeS6-1 裂缝	K₁bs	6547.00	50.22	24.72	4.82	3.308	23.50	有机盐钻井液滤液/有机盐完井液自发渗吸
KeS5-4 裂缝	K₁bs	6755.45	49.58	24.70	3.85	3.43	21.19	油基钻井液滤液/有机盐完井液自发渗吸

由表 8-3-11 可知，油基钻井液滤液自发渗吸量大，返排程度高，渗透率损害率高；地层水二次渗吸过程中，地层水渗吸量较小，返排程度低，渗透率损害程度高。对比了相同物性条件下，基块样品地层水强制渗吸和顺序接触强制渗吸的实验结果发现，有机盐钻井液滤液—地层水顺序后的样品自发渗吸量大，渗透率返排率低，渗透率损害程度更严重。实验结果说明，油基钻井液与地层水顺序接触将加剧相圈闭损害。同时认为，油基钻井液滤液与地层水接触容易形成油气水三相渗流，增大了损害带的损害程度，但同时也控制了损害带范围，一定程度上降低了基块的相圈闭损害程度。

油/水基工作液顺序接触相圈闭损害评价实验结果见表 8-3-12、表 8-3-13。由表可知，油基钻井液/水基工作液顺序接触都将加剧裂缝及基块的相圈闭损害程度。对于基块样品，基块油基钻井液滤液自发渗吸量大，初次返排程度高，渗透率损害率低；钻井液滤液与后续水基工作液顺序接触都加剧相圈闭损害。

表 8-3-12　基块样品顺序接触实验结果

岩心编号	基准渗透率 mD	进液量 g	返排量 g	返排率 %	渗透率损害率,%	自发渗吸条件	工作液类型
KeS3-4 基块	0.001899	0.1167	0.0150	12.85	62.92	自发渗吸	油基钻井液滤液
		0.0521	0.0050	9.60	86.00	自发渗吸	地层水
KeS3-8 基块	0.000762	0.1094	0.0113	10.33	75.84	自发渗吸	有机盐钻井液滤液
		0.0987	0.0174	17.63	98.37	自发渗吸	地层水

表 8-3-13　裂缝样品顺序接触实验结果

岩心编号	基准渗透率 mD	进液量 g	返排量 g	返排率 %	渗透率损害率,%	自发渗吸条件	工作液类型
KeS5-4 裂缝	3.43	0.3873	0.0498	12.58	99.02	自发渗吸	油基钻井液滤液
		0.2690	0.1026	38.14	99.95	自发渗吸	有机盐完井液
KeS6-1 裂缝	3.31	0.7079	0.3535	49.93	50.61	自发渗吸	有机盐钻井液滤液
		0.6722	0.4726	70.30	63.45	自发渗吸	有机盐完井液

油基滤液与地层水接触形成油气水三相渗流，减小了损害带范围，一定程度降低损害程

度。如图 8-3-7 所示,由于油气水三相渗流损害带浅,虽然三相渗流区具有较高的渗透率损害率,但是在岩心尺度上,渗透率损害率较低。也就是三相渗流在油水基工作液侵入油气层的过程中发挥着抑制液相侵入的积极作用,对基块相圈闭损害具有一定的抑制作用。

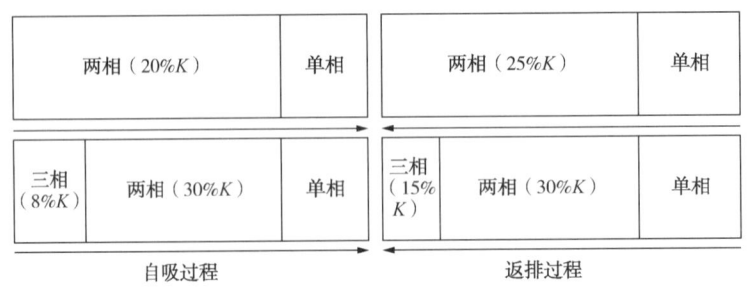

图 8-3-7 两相渗流与油气水三相渗透率损害分布

对于裂缝样品,油基钻井液/水基工作液顺序接触将加剧裂缝相圈闭损害程度;油基钻井液滤液—水基工作液损害较有机盐钻井液滤液—水基工作液损害严重,实验结果与基块样品结果相反。分析原因认为:第一,裂缝气体流量大,水基工作液蒸发较油基工作液蒸发更快;第二,水基工作液顺序自发渗吸进入油基工作液损害后的样品时,容易形成大颗粒的油包水液滴,容易堵塞较大渗流通道。

2) 钻井液滤液造成油气层敏感性损害

在油气层被钻开之前,黏土矿物与地层水达到化学及物理化学平衡。接触油气层的工作液滤液,无论是离子组成类型,还是总矿化度,与地层水存在显著差异时,都可能打破这种平衡而引起黏土微结构的破坏,降低油气层渗透率,损害油气层。速敏性是指在钻井、测试、试油、采油、增产改造、注水等作业环节中,当流体在油气层中流动时,引起油气层中微粒运移并堵塞孔喉、裂缝造成油气层渗透率降低的现象。盐敏就是指当高于地层水矿化度的工作液滤液进入油气层后,可能引起黏土矿物的收缩、失稳至脱落;当低于地层水矿化度的工作液滤液进入油气层后,可能引起黏土矿物膨胀、分散,这些都将导致油气层孔隙喉道的缩小,甚至堵塞,从而引起油气层渗透率降低损害油气藏。

油气层盐敏损害机理:(1)气藏中含有蒙脱石和伊/蒙间层矿物等易膨胀性黏土矿物。当流体矿化度降低时,由于膨胀性黏土矿物的表面水化和渗透水化,致使该类黏土矿物体积膨胀,缩小油气层孔喉空间,引起渗透率降低;(2)流体矿化度降低,黏土矿物表面双电层增厚,颗粒之间斥力增加。黏土矿物容易失稳、脱落,堵塞孔喉空间,引起渗透率下降。

碱敏损害主要原因为:(1)黏土矿物的铝氧八面体结构在碱溶性溶液的作用下,使黏土矿物表面负电荷增多,导致晶层间斥力增加,促进水化分散;(2)隐晶质石英和蛋白石等较易与氢氧化物反应生成不可溶性硅酸盐,这种硅酸盐可在适当的 pH 值范围内形成硅凝胶而堵塞孔道。克深区带钻井液滤液敏感性统计数据见表 8-3-14。

表 8-3-14 克深区带钻井液滤液敏感性统计

区块	速敏	水敏	酸敏	碱敏	盐敏
大北	中等偏弱	强	中等偏强	强	强
克深	无	强	中等偏强	强	强
博孜	弱	中等偏弱	弱	中等偏弱	强

克深区带致密砂岩气藏基块及裂缝盐敏性实验评价结果显示其损害程度分别为强盐敏损害。针对裂缝岩样，通过实验结果绘制曲线可知，工作液矿化度由地层水矿化度逐级降低到1/4地层水矿化度时均发生明显的盐敏损害，损害程度中等偏强。该区块致密砂岩油气层的碱敏性评价结果显示，随着流体pH值的升高，渗透率明显降低，在pH=8.5时岩心均发生了明显的碱敏性损害，损害程度中等偏强~强，基块岩样损害最为明显，且发生损害后渗透率没有明显变化，而裂缝岩样渗透率有波动。

综上认为，研究区块致密砂岩盐敏盐敏损害机理主要是流体矿化度降低引起的膨胀性黏土矿物分散运移及水膜厚度变化导致渗流能力。而且基块岩样油气层孔喉细小，分散/运移的黏土矿物易堵塞孔喉，从而造成油气层损害；裂缝岩样在黏土矿物发生分散运移后，形成对裂缝的堵塞，在驱替过程中封堵层不稳定，造成了渗透率的不稳定。该区块致密砂岩油气层碱敏性均显示为中等偏强~强，临界pH值为7.5~8.5。认为裂缝性油气层的碱敏损害主要是由于高pH值工作液溶解胶结物，导致微粒失稳脱落、分散和运移，堵塞微缝隙引起的。

3. 基于钻井液影响的油气层应力敏感损害机理

应力敏感是指岩石在有效应力改变时，岩石物性参数随应力变化而改变的性质，它反映了岩石孔隙结构几何学及裂缝壁面形态对应力变化的响应。应力敏感性在钻井过程中表现为随着井筒液柱压力的变化，井壁周围的岩石地层有效应力发生变化，进而促使与井筒连通的裂缝张开或闭合，当裂缝开度大于钻井液固相颗粒时发生钻井液漏失；开发过程中，随着油气藏压力的降低，油气层有效应力增加，油气层有效渗透率降低，油气井产能随之降低，油气采收率在一定程度上也发生降低，严重影响油气田的开发。

井筒液柱压力的变化，将直接导致与井筒连通的裂缝开度变化，明确裂缝开度的变化规律，对确定钻井液固相粒度分布、提高钻井液屏蔽暂堵能力具有重要意义。基于弹性断裂力学有限元法确定裂缝宽度随井筒液柱压力变化，目的是通过计算机模拟，找出裂缝宽度变化与井筒压差的关系，最终建立裂缝宽度与井筒压力、地层岩石力学特性参数及裂缝长度的预测模型，为裂缝性致密油气层钻井完井保护油气层的工作液设计提供基本依据。钻井过程中钻遇的裂缝长度可以从几米到几十米，如此大尺度裂缝的动态缝宽变化难以在室内开展实验，因此采用有限元数值模拟方法以克深区块为例进行研究。

根据克深9、克深5构造白垩系巴什基奇克组致密砂岩油气层岩心观察可知，该构造天然裂缝十分发育，并且相互交织在一起形成复杂的裂缝网络。选取与井筒连通的单条垂直裂缝及井筒附近平行成组裂缝，进行裂缝动态宽度变化的有限元模拟研究。

在钻井和压裂中，井眼周围所受力为井筒压力p，两个水平地应力p_1和p_2以及垂向地应力，在油气藏油气层段还存在孔隙压力，这些基本力学参数和岩石力学参数均可以通过测井、试井、压裂施工以及岩石力学实验等获取。综合油气层岩石力学工程地质特征，对建立了初始含水饱和度的基块样品在120℃高温条件下进行三轴岩石力学实验，分别获得克深9、克深5构造岩石力学参数。根据应力应变曲线分析可知，克深9、克深5构造岩心岩石力学强度大，非均质性强，脆性指数高，抗压强度253.4~433.4MPa，弹性模量26294.4~36184.5MPa，泊松比0.157~0.209。

克深9、克深5构造岩石力学参数见表8-3-15。由于两个构造岩石力学差异大，为了区别明确克深9、克深5构造裂缝开度变化差异，确定克深5构造岩石弹性模量为2.75×

10^4MPa，泊松比 0.203；克深 9 构造岩石弹性模量为 $3.04×10^4$MPa，泊松比 0.178 分别开展裂缝有限元模拟。

表 8-3-15　克深 5、克深 9 构造岩石力学实验结果

井号	深度，m	层位	实验围压 MPa	实验温度 ℃	泊松比	弹性模量 MPa	抗压强度 MPa	岩样条件
KS503	7045.16	K_1bs	40	120℃	0.157	36184.5	432.3	初始含水饱和度
KS506	6547		20		0.209	27029.3	253.3	
KS505	6770.28		40		0.196	28028.5	345.4	
KS904	7733.99		40		0.161	34469.6	433.4	
KS904	7727.8		20		0.195	26294.4	269.1	

1）应力扰动下单条裂缝宽度动态变化

堵漏材料能否在井壁裂缝较浅深度范围内稳定架桥（封喉）是漏失控制的关键，故模拟研究注重于靠近井壁附近的裂缝宽度变化。各设定长度裂缝在不同井筒正压差作用下井壁处裂缝半缝宽增量的模拟结果见表 8-3-16，从表中可以看出，对于单裂缝，在钻井液柱压力略为正压差的条件下，井壁附近裂缝便会张开，随井筒正压差的增大，井壁裂缝不断变宽：500mm 长单条连通井筒裂缝在 3~20MPa 正压差下半缝宽增量变化幅度达 0.0805~0.5675mm；裂缝长度增大到 1000mm 时，裂缝的半缝宽增量变化幅度达 0.1559~1.0393mm；裂缝长度为 5000mm 时，半缝宽增量变化范围为 0.8067~5.3779mm；裂缝长度为 10000mm 时，半缝宽增量变化范围为 1.5972~10.6480mm；裂缝长度为 15000mm 时，半缝宽增量变化范围为 2.214~14.757mm；裂缝长度为 20000mm 时，半缝宽增量变化范围为 3.178mm 缝动态宽度将增加；当缝长一定时，随着缝内压力的增加，裂缝动态宽度也将增大。

表 8-3-16　克深 5 区块单条垂直裂缝情况下井壁处裂缝半缝宽增量预测结果

裂缝类型	裂缝长度，mm	不同井筒正压差井壁裂缝半缝宽增量，mm					
		3MPa	5MPa	7MPa	10MPa	15MPa	20MPa
单条裂缝	500	0.0805	0.1342	0.1879	0.2684	0.4026	0.5675
	1000	0.1559	0.2598	0.3638	0.5196	0.7795	1.0393
	5000	0.8067	1.3445	1.8823	2.2889	4.0334	5.3779
	10000	1.5972	2.6620	3.7268	5.3240	7.9861	10.6480
	15000	2.2135	3.6892	5.1649	7.3785	11.0680	14.7570
	20000	3.1777	5.2962	7.4146	10.5920	15.8890	21.1850

根据岩石力学实验，选取克深 9 构造岩石力学参数岩石弹性模量为 $3.04×10^4$MPa；泊松比为 0.178，其他模拟条件不变，实验数据表见表 8-3-17。对比克深 5 构造岩石力学参数可以看出，弹性模量增大，泊松比降低，裂缝开度对井筒正压差的变化趋势减弱；井筒正压差超过 10MPa 时，长度 1m 以上的裂缝开度增量很容易达到毫米级别。

表 8-3-17　克深 9 区块单条垂直裂缝情况下井壁处裂缝半缝宽增量预测结果

裂缝类型	裂缝长度，mm	不同井筒正压差井壁裂缝半缝宽增量，mm					
		3MPa	5MPa	7MPa	10MPa	15MPa	20MPa
单条裂缝	500	0.0730	0.1216	0.1702	0.2432	0.3648	0.4864
	1000	0.1413	0.2354	0.3296	0.4708	0.7063	0.9417
	5000	0.7309	1.2182	1.7055	2.4364	3.6546	4.8728
	10000	1.4472	2.4120	3.3768	4.8241	7.2361	9.6481
	15000	2.0057	3.3428	4.6799	6.6856	10.028	13.371
	20000	2.8793	4.7988	6.7183	9.5976	14.396	19.195

2) 应力扰动下成组裂缝宽度动态变化

成组平行裂缝是一条垂缝与井筒连通，另一条裂缝不与井筒连通，两者具有一定的间距且相互平行，模拟设计时两垂缝间距选取依次为 0.3m、0.5m、1m、2.5m、5m 及 10m，表 8-3-18 为不同井筒正压差下，成组裂缝宽度与沿裂缝长度方向变化的有限元预测结果。在克深 5 构造白垩系巴什基奇克组致密砂岩油气层参数下，根据裂缝长度、井筒正压差，均可以在表 8-3-18 中查出其裂缝的半缝宽增量数值，从而计算出裂缝的动态宽度，同时根据需要张开裂缝的长度及宽度，也可反过来确定合理的井筒液柱压力。从裂缝开度变化趋势线上可以看出，与前面的预测趋势相似，随正压差的增加，裂缝的半缝宽增量增加；随裂缝的增长，半缝宽增量也随之增加。此外，与井筒连通裂缝的半缝宽随正压差增加的变化值还取决于平行裂缝的间距，随着间距的增大，半缝宽增量的变化值将逐渐减小。

表 8-3-18　克深区块成组平行裂缝井壁宽度变化预测结果

缝长，mm	间距，mm	不同井筒正压差裂缝宽度增量，mm					
		3MPa	5MPa	7MPa	10MPa	15MPa	20MPa
500	500	0.1809	0.3012	0.4222	0.6031	0.9047	1.2062
	1000	0.1094	0.1824	0.2553	0.3647	0.5470	0.7294
	1500	0.4725	0.7875	1.1025	1.5750	2.3625	3.1500
1000	1000	0.2079	0.3464	0.4850	0.6929	1.0393	1.3857
	2000	2.6224	4.3707	6.1190	8.7414	13.1120	17.4830
	3000	1.0190	1.6983	2.3776	3.3966	5.0950	6.7933
5000	3000	5.1221	8.5368	11.9510	17.0740	25.6100	34.1470
	4000	2.0303	3.3838	4.7373	6.7675	10.1510	13.5350
	5000	0.1809	0.3012	0.4222	0.6031	0.9047	1.2062

对比模拟结果可以看出，在相同正压差、相同长度条件下，成组平行裂缝缝宽的变化值大于单条裂缝缝宽变化值。对比结果可以看出，井筒附近存在成组平行裂缝时，裂缝对井筒液柱压力变化更加敏感，在钻井、完井等作业时，天然裂缝及诱发性裂缝就更易发生井漏。

为了更好地服务于工程作业，针对区块地质特征进行了两种实验模拟。以克深 5 构造为例，假定油气层中部深度 6700m，地层压力系数 1.70，计算了单裂缝/成组裂缝在不同钻井液密度下不同裂缝长度裂缝的半开度变化范围,计算结果见表8-3-19、表8-3-20。

表 8-3-19　克深 5 构造钻井液密度与单裂缝裂缝开度变化图

裂缝类型	裂缝长度,mm	不同钻井液密度井壁裂缝宽度,mm					
		1.74g/cm³	1.77g/cm³	1.80g/cm³	1.85g/cm³	1.92g/cm³	2.00g/cm³
单条裂缝	500	0.0805	0.1342	0.1879	0.2684	0.4026	0.5675
	1000	0.1559	0.2598	0.3638	0.5196	0.7795	1.0393
	5000	0.8067	1.3445	1.8823	2.6889	4.0334	5.3779
	10000	1.5972	2.6620	3.7268	5.3240	7.9861	10.6480
	15000	2.2135	3.6892	5.1649	7.3785	11.0680	14.7570
	20000	3.1777	5.2962	7.4146	10.5920	15.8890	21.1850

表 8-3-20　克深 5 井区钻井液密度与成组裂缝裂缝开度变化图

缝长,mm	间距,mm	不同钻井液密度井壁裂缝宽度,mm					
		1.74g/cm³	1.77g/cm³	1.80g/cm³	1.85g/cm³	1.92g/cm³	2.00g/cm³
500	300	0.1809	0.3012	0.4222	0.6031	0.9047	1.2062
	500	0.1094	0.1824	0.2553	0.3647	0.5470	0.7294
1000	500	0.4725	0.7875	1.1025	1.5750	2.3625	3.1500
	1000	0.2079	0.3464	0.4850	0.6929	1.0393	1.3857
5000	2500	2.6224	4.3707	6.1190	8.7414	13.1120	17.4830
	5000	1.0190	1.6983	2.3776	3.3966	5.0950	6.7933
10000	5000	5.1221	8.5368	11.9510	17.0740	25.6100	34.1470
	10000	2.0303	3.3838	4.7373	6.7675	10.1510	13.5350

根据表 8-3-21 和表 8-3-22,单裂缝当钻井液密度为 1.74g/cm³ 时,裂缝半长超过 10m,半裂缝开度增量可达 1.6mm;钻井液密度达到 2.00g/cm³ 时,裂缝半长超过 5m,半裂缝开度增量可达 5.38mm。对于成组裂缝而言,钻井液密度 1.74g/cm³ 时,裂缝间距 2.5m 的 5m 长半裂缝开度可增大 2.62mm;钻井液密度 2.00g/cm³ 时,相距 5m 长的 10m 长裂缝开度可增大 34.2mm。

因此,对于克深区带油气层,不管是单缝还是成组裂缝,,当缝内压力一定时,随着缝长的增加,裂缝动态宽度将增加;当缝长一定时,随着缝内压力的增加,裂缝动态宽度也将增大。相较于单缝,井筒周围存在成组平行裂缝时,裂缝对井筒液柱压力变化更加敏感,在钻井、完井等作业时,天然裂缝及诱发性裂缝就更易发生井漏。

三、克深区带油气层保护技术对策

克深区带在实际钻井作业中,由于油气层基块物性极差,油气层敏感性矿物相对较高,存在较强的油气层敏感性损害,油气层存在裂缝与微裂缝,钻井过程中,钻井液漏失严重,造成对油气层的损害,因此随钻封堵裂缝、微裂缝,提高地层承压能力(破裂压力),防止漏失是减少对油气层损害的关键。此外,油气层孔隙压力高,部分井段所存在的裂缝宽度较大,钻井过程中会发生中至严重漏失,对油气层造成严重损害。克深区带白垩系油气层胶结物成分主要包括白云石、方解石、硬石膏等,因而在钻井过程采用酸溶的处理剂、防漏堵漏剂、加重剂等，在揭开油气层裂缝瞬间实现及时封堵，进而在油气层近井壁形成一层渗透率几乎为零的屏蔽层，阻止钻井液固相和液相侵入油气层，在油井投产前经酸洗/酸化解除，实现对油气层保护。

1. 控制合理的钻井液密度

克深区带致密砂岩油气层段厚度大，区块地应力条件特殊，油气层段裂缝发育，属于典型的裂缝性油气层。裂缝沟通性好，多呈网状形式存在，该区块钻井过程中油气层段漏失频繁，且出现重复漏失现象，也证明了油气层段裂缝的发育程度高。

在钻井开发过程中，油气层段钻井液密度高，当钻柱内液柱压力大于地层破裂压力时，将产生大量的诱导裂缝，同时激活原地应力下闭合的天然裂缝。诱导裂缝生成后，大量的钻井液进入油气层，由于钻井液固相含量高，容易在裂缝及较大的孔隙内形成固相侵入损害；由于基块孔喉细小，钻井液滤液极易向基块内滤失，但返排难度大，液相滞留明显，极易形成液相圈闭损害。诱导裂缝形成后，钻井液将以较高流速冲进油气层，此时流速可能达到临界流速，导致油气层速敏。克深9井、克深5井钻井液井漏数据证实工区油气层段漏失的多发性。油气层段天然裂缝的存在，增大了油气层段钻井液漏失的机率，即增大了钻井液损害油气层的可能。

基于油气层裂缝应力敏感性研究，认为高密度钻井液柱正压差将诱发裂缝开度增大，甚至导致裂缝进一步扩展造成钻井液大规模漏失。充分考虑库车山前区块已经开采了一段时间的实际情况，建议将钻井液密度控制在合理的范围。在保证井下安全的前提下，密切关注钻井液流变性、抽汲压力和激动压力大小。严格控制上提下放钻柱速度和排量，防止由于压力激动导致封堵层破坏造成井漏。高密度钻井液将增大井底正压差，降低井筒周围油气层的有效应力，导致油气层裂缝开度增大，诱发漏失从而导致大量钻井液侵入油气层造成油气层损害。低密度钻井液可以有效防止油气层裂缝张开，充分发挥随钻堵漏材料的作用，实现油气层裂缝的及时封堵，降低漏失风险，从而有效防止固相颗粒和液相在井筒压力作用下向地层深处侵入而造成油气层损害。

因此，在钻井开发过程中，要选择合理的钻井液密度，同时保证钻井液具有良好的流变性，提高钻井液动沉降稳定性，降低井内钻井液循环当量密度，防止因激动压差导致钻井液柱压力增大而压漏地层。

2. 保护油气层对钻井液性能的要求

库车山前构造在天然气勘探开发过程中存在钻井越来越深，钻井面临高温、高压情况多，巨厚砾石层、盐膏层安全快速钻进难度大，油气层类型多，钻井风险大，油气层为低孔低渗，油气层损害潜力大等问题，严重制约了该区域油气开发进程。由于以上的一系列技术难题，对该区块保护油气层钻井液提出以下要求：

（1）钻井液必须具有抗高温性能。目的层段平均埋深6000m以上，地层温度平均180℃，油气层致密，可钻性差，平均机械钻速0.46m/h，延长钻井周期。只有钻井液具有较好的高温抗老化性能才能保证导致高温条件下长时间稳定工作。

（2）采用尽量低的钻井液密度。克深区带平均地层压力系数为1.75~1.76。在保证安全钻井前提下，尽可能降低钻开油气层钻井液密度。

（3）由于油气层孔隙压力较高，需采用高密度钻井液钻进油气层，为了钻井液保持良好的流变性能，要求钻井液具有较好的抑制性，抑制岩屑分散。

（4）油气层段天然裂缝发育，易诱发漏失，对钻井液封堵性能、随钻防漏堵漏性能提出了更高要求。

（5）油层层细小孔喉和超低含水饱和度对钻井液油气层保护性能提出了更高要求。钻井液漏失将钻井液固—液两相带入油气层深部，常用油基钻井液的滤饼结构及致密性差，极易导致孔喉堵塞，并引起严重的液相圈闭损害，导致严重的油气层损害，因此要求钻井液应该具有高性能滤饼、较低的相圈闭损害及较好的酸液可解除性。

（6）超深井钻井对钻井液成本控制和环境保护提出了更高要求。超深致密砂岩气井勘探开发风险大成本高，对钻井液性能要求高，直接导致单井钻井液成本大幅增加。降低维护费用，减少钻井液漏失量，提高钻井液重复使用率，可有效降低钻井工程成本。常用的油基钻井液岩屑以及钻井液直接排放将对环境造成巨大损害，因此选用的钻井液必须能够进行低成本的无害化处理或能够重复利用，达到经济环保双要求。

3. 油气层裂缝的随钻防漏堵漏钻井液技术

库车山前克拉苏冲断带克深区带钻进白垩系巴什基奇克组油气层时，频繁发生井漏，井漏是该油气层最严重的损害方式之一，预防漏失损害是保护裂缝性油气层最关键技术，尤其是在钻遇裂缝时，要快速封堵裂缝，防止钻井液固相与液相侵入油气层深部，既降低固相侵入裂缝损害，也防止液相大量进入裂缝损害裂缝面基块孔喉。

根据研究区块致密砂岩油气藏工作液全过程油气层损害机理分析，认为该区块天然裂缝发育，钻井过程中，漏失是最为严重的油气层损害形式。漏失一旦发生，油气层损害带范围将大幅度增大。漏失发生时，在正压差的作用下，致漏裂缝开度增大，大量粗粒径的钻井液固相进入油气层深部。以往认为可以通过增大生产压差的方式将裂缝内固相携带出油气层，但分析认为返排过程中，由于油气层压力降低导致裂缝闭合，大量的固相将堵塞裂缝，造成裂缝渗透率降低。即使高返排压差可以携带出部分钻井液固相，但在高流速气体的冲刷下，亦增大了油气层出砂风险。

权衡利弊，认为油气层酸化压裂是解除油气层损害的重要手段。但是，如果钻井液漏失量大，增产改造范围将难于穿越损害带，导致增产改造效果不佳。同时，超深井酸化特别是压裂成本高，在现行的经济环境下给油田公司带来更大的经济风险。如果油气层损害带较小，通过小规模的酸压甚至酸洗即可获得较好的效果，实现产量与效益的双赢。

因此，控制漏失损害带范围是油气层损害控制的关键。控制漏失损害带范围的有效手段是提高钻井液随钻封堵能力，及时封堵微裂缝，并预防微裂缝变宽及延伸，将钻井液漏失量控制在最小程度。

通过克深区带致密砂岩气藏钻井井史资料分析表明，油气层漏失原因主要包括钻井液封堵能力低，裂缝发育，裂缝扩展与延伸，封堵稳定性差及其他工程因素，因此优化钻井液封堵能力是优化屏蔽暂堵钻井液的关键。原地裂缝宽度和应力扰动下动态裂缝宽度是优选堵漏材料粒径和级配的关键。

以克深9、克深5区块为例，综合岩心观察法、成像测井解释法、造缝岩心应力敏感实验、漏失数据计算法、试井解释法等对白垩系巴什基奇克组油气藏裂缝静/动态开度描述方法。油气层裂缝呈现多尺度发育特征。综合分析，克深9区块油气层裂缝开度主要分布为0.04~2mm，原地裂缝开度主要分布500μm以下，存在少量裂缝开度达到1mm（图8-3-8）。钻井液柱正压差即激动压力波动影响下，漏失时动态裂缝开度最大可达2mm。根据油气层裂缝开度及动态宽度变化，认为针对克深9区块钻井液需要优选能够封堵500μm缝宽左右裂缝的天然裂缝。克深5区块油气层原地裂缝开度1.0mm以下，在钻井液柱正压差即激动压力波动影响下,漏失时裂缝开度普遍大于0.3mm,甚至可达3mm(图8-3-9)。

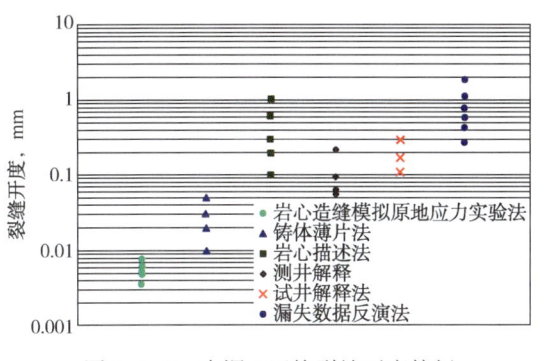

图8-3-8 克深9区块裂缝开度特征

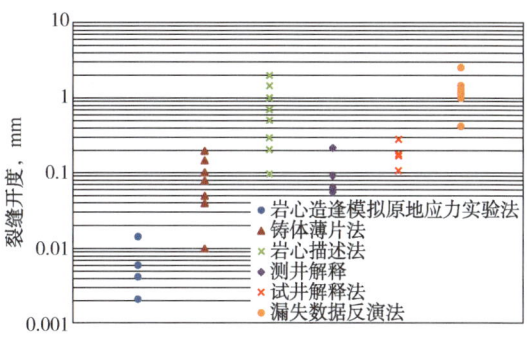

图8-3-9 克深5区块裂缝开度特征

对比克深9、克深5区块裂缝发育特征,认为原地应力条件下,克深5区块油气层裂缝较克深9区块明显偏大。克深5区块钻井过程中需要强化对1mm左右缝宽裂缝的封堵性能,漏失发生时,最大堵漏材料粒度应大于或接近3mm。

根据研究区块的实际情况,该区块在钻进过程中漏失等井下复杂情况时有发生,因此该区块的油气层保护应尽量减少漏失等井下复杂事故的发生,这可以通过随钻防漏堵漏的措施来解决。因此,针对克深区带在钻井开发过程中发生的漏失情况,采用不同的防漏堵漏方法。

1) 随钻防漏

随钻防漏堵漏技术就是在钻井液中引入一定浓度的由尺寸合适、强度较高的颗粒状物质按合理级配形成的封堵剂,当裂缝扩大到致漏程度时,封堵颗粒随着钻井液漏失进入裂缝中,大的封堵颗粒在裂缝中某个位置卡死架桥,较小的封堵颗粒填充裂缝中剩余空间,最终堵死裂缝,实现即堵。随钻防漏堵漏技术的关键是,在随钻过程中能在很短时间内在漏失量很少的情况下迅速堵住天然致漏裂缝,并能制止其进一步扩大;同时,它能防止天然非致漏裂缝由于诱导作用开启、扩大到致漏程度的漏失,即只要及时封堵裂缝的速度大于诱导裂缝扩张的速度,则诱导作用停止,地层不再因诱导作用而漏失。因此只要加有随钻封堵剂的钻井液能对钻遇的天然致漏裂缝和诱导扩展到致漏宽度的裂缝具有封堵能力,则此钻井液就能做到即堵防漏。由于天然致漏裂缝较少,地层大量分布的可诱导为致漏裂缝的天然非致漏裂缝,在其开启扩大到颗粒合适宽度(颗粒刚好能进去,并能在其中架桥的宽度)时就已实现即堵,因此只要加有随钻堵漏剂的钻井液能对某一宽度的裂缝具有封堵能力,则此钻井液就能随钻即堵防漏。实际使用的随钻堵漏颗粒较小,粒径一般为0.125~0.180mm,使用量也很少,通常为1%~2%。

理论和实验证明,只要封堵剂颗粒的大小、级配、形状、性质等合理,加有封堵剂的钻井液就能形成很好的封堵层,实现随钻即堵,大幅度地提高地层承压能力,至少能达到6~8MPa。

2) 随钻段塞堵漏

随钻段塞堵漏即是在地层出现漏失后,只要能建立起循环,或者是可以继续钻进的条件下,向井内注入一定体积的刚性颗粒总浓度在10%~16%的段塞堵漏浆(此颗粒浓度较防漏浆浓度大,颗粒粒径比防漏浆中颗粒大),当段塞浆出钻头到达井底漏层时,刚性颗粒利用其架桥填充作用,在裂缝中形成一层牢固的填塞层,减少漏失直至漏失停止,提高承压能力,使用随钻段塞堵漏技术可以在不停钻条件下对漏失处理,减少钻井液漏失量和停钻堵漏次数。

随钻段塞堵漏技术的实施可以弥补全井浆加随钻防漏颗粒的防漏技术的一些缺陷,使随钻防漏堵漏技术更加完善。在控制裂缝地层漏失时,采用在井浆中加入少量随钻颗粒的随钻防漏技术由于需要将全部循环井浆中加入随钻防漏颗粒,未起作用的颗粒存在钻井液之中,增大了钻井液的固相含量,同时,由于振动筛的使用,采用的颗粒粒径不能太大,因此,对较大开度裂缝引起的漏失效果不是很理想。使用段塞防漏可以加入稍大的颗粒,在振动筛筛除后又不影响井浆性能,而段塞使用的颗粒浓度也远远高于全井浆防漏时刚性颗粒的浓度,这样对封堵开度较大的裂缝更为有利。随钻段塞堵漏技术可以在不停钻条件下对裂缝漏失进行处理,即可以对段塞防漏进行补充同时它还可以和全井浆防漏一起使用,即在出现漏失时,除在使用循环井浆中加入较小防漏颗粒防漏外,还可配制高浓度段塞堵漏浆,并向井内打入一定体积的高浓度段塞进行堵漏,两者结合极大地增强了随钻防漏堵漏的效果。

3)停钻堵漏

停钻堵漏是在发生完全或部分漏失的情况下,将钻具起出漏失井段(起至技术套管内或将钻具全部起出)静止一段时间(一般8~24h),漏失现象即可消除。此项措施的适用范围:(1)钻进过程因操作不当,人为憋裂地层而发生诱导裂缝所引发的井漏;(2)钻井液密度过高,液柱压力超过地层破裂压力而产生的井漏;(3)深井段发生的井漏;(4)钻进过程突发的井漏。(5)无论什么原因所发生的井漏,在组织堵漏实施准备阶段均可采用静止堵漏。

由于常规的堵漏材料不易酸溶解堵,为防止给后期的酸化解堵带来不便,采用"酸溶"的油气层保护理论:(1)随钻堵漏材料可酸溶,使用 KGD 系列、NTS 系列、SQD-98 复合纤维替代传统果壳类物质,实现油基钻井液条件下随钻堵漏可酸溶;(2)停钻堵漏材料酸溶,使用高酸溶性高强度大粒径桥堵材料、酸溶性凝胶堵漏材料、酸溶性高失水堵漏材料实现承压堵漏酸溶;(3)加重材料可酸溶,加重材料中使用可酸溶的微锰、微钛铁、铁粉、碳酸钙、铁矿粉等,使得滤饼酸溶率能达60%左右,实现了加重材料酸化解堵。尽可能在三个环节采用酸溶性的材料和寻求酸化解堵的技术,实现填塞层即能阻止漏失,又能快速的解除,恢复生产。

4. 基块孔喉的保护

致密气藏基块致密,孔喉细小,液相圈闭损害是主要的油气层损害形式。致密气藏钻井过程中,为了降低液相圈闭损害,通常建议采用水基钻井液,其主要目的为了降低侵入滤液的返排阻力、提高液相返排率,从而起到降低液相损害程度的作用。但对于超低含水饱和度现象突出、残余毛管力大、孔隙结构复杂的超致密油气层,钻井过程中水基钻井液滤液侵入深度偏大,增大了返排阻力,从而加剧相圈闭损害。油基钻井液与原地流体多相流效应的液相损害控制技术是指利用油基钻井液滤液向基块内滤失的过程中产生的油基滤液—地层水—天然气三相渗流作用,降低油基滤液的基块侵入深度,从而起到弱化钻井液滤液相圈闭损害与流体敏感损害。

因此,推荐使用油基钻井液保护油气层。为此引进、优化、完善,并建立了高温高密度油基钻井液技术。该技术是塔里木油田根据库车山前深井超深井地层地点,并结合现场钻井需要,通过一系列的改进、完善,最终形成的具有高密度、抗高温、抗饱和盐等特性的油基钻井液体系及其配套技术。与水基钻井液相比,高密度油基钻井液在防塌、润滑、防卡、抗污染、油气层保护等方面具有无可比拟的优势,不仅能有效解决塔里木油田深井超深井深部盐膏层及目的层段的安全快速钻进难题,还对油气层有较大保护作用。

第四节 克深区带油气层保护钻井液配套解堵技术

油气藏勘探开发的各个时期,如钻井、完井、采油、修井及增产等作业环节中,由于受到多种内外因素的影响,导致油气藏原有的物理、化学、热力学和水动力学平衡状态变化,不可避免地使储层近井壁区乃至井排与井排之间的远井壁区的储层内部原始渗透率降低,造成流体(包括液流、气流或多相流)产出或注入自然能力下降,由于各生产工序影响储层的条件不同,所以表现出的损害特性也各有差异。在油气开发后期必须采用一系列的解堵技术来恢复和改善地层近井地带的渗透性,提高地层的导流能力,达到增产增注的目的。

一、重晶石螯合解堵技术

克深区带白垩系巴什基奇克组属于高压裂缝性致密砂岩气藏,克深区带油气层存在裂缝与微裂缝。钻井过程中,漏失严重,大量重晶石加重的钻井液进入气层,造成对油气层的损害。克深区带白垩系油气层胶结物成分主要包括白云石、方解石、硬石膏等,在油井投产前经酸洗/酸化解除,实现对油气层保护。但进入气层的重晶石不溶解盐酸与土酸中,形成的填塞层很难通过后续的酸化解堵。为了解除重晶石对气层的堵塞,采用重晶石螯合解堵技术。

1. 重晶石螯合解堵技术机理

重晶石"解堵"所使用的螯合剂特指的是氨基多羧酸类螯合剂,它包含一个配位氮原子以及与之相连的多个羧酸基团,氮原子位于该分子的中心,羧酸基则分布在外侧与溶液中的阳离子螯合,最终形成稳定的螯合物(络合物)。在合适的介质环境下,通过螯合剂对金属离子的强离子螯合作用,可以极大地增加无机盐的溶解度,也即螯合剂对无机盐的增溶作用。螯合剂的结构(氨基种类、羧基数量、环链大小、化学稳定性、浓度等)、金属离子的性质(电荷、离子半径、电离电位或碱度、共伴生金属离子等)、介质环境(pH 值、温度、压力、催化剂等)等对重晶石的溶解效应都有深刻影响。表 8-4-1 及图 8-4-1 列出了国内外在重晶石螯合解堵技术常用的螯合剂 EDTA、HEDTA、DTPA、NTA 等。

表 8-4-1 国内外在重晶石"解堵"(螯合)技术常用螯合剂

中文名称	英文名称	分子式	分子量	缩写代号
氮川三乙酸	Nitrilotri-Acetic Acid	$C_6H_9NO_6$	191	NTA
乙二胺四乙酸	Ethylenediaminetetra-Acetic Acid	$C_{10}H_{16}N_2O_8$	292	EDTA
乙二胺四乙酸二钠盐	Ethylenediaminetetra-Acetic Acid Disodium Salt	$C_{10}H_{14}N_2Na_2O_8$	336	EDTA-Na$_2$
环己烯二硝基乙酸	Cyclohexylenedinitrilotetra-AceticAcid	$C_{14}H_{22}N_2O_8$	346	DOTA
二乙烯三胺五乙酸	Diethylene Triamine Penta-AceticAcid	$C_{14}H_{23}N_3O_{10}$	393	DTPA
二氧辛烷乙基二硝基四乙酸	Dioxaoctane Ethylenedinitrilo Tetra-AceticAcid	$C_{14}H_{24}N_2O_{10}$	380	DOCTA
环己二胺四乙酸	trans-1, 2-cyclohexylenediaminetetraacetic acid	$C_{14}H_{22}N_2O_8$	389	CDTA
羟乙基乙二胺四乙酸酯	(Hydroxyethyl)-Ethylene-Diamine-Tetra-Acetate	$C_{10}H_{15}Na_3N_2O_7$	278	HEDTA
三乙烯四胺六乙酸	Triethylene-Theremin-Hexa-AceticAcid	$C_{10}H_{30}N_4O_{12}$	494	TTHA
羟乙基亚氨基二乙酸	Hydroxyethyliminodiaceticacid	$C_6H_{11}NO_5$	177	HEIDA
L-谷氨酸-N,N-二乙酸	L-Glutamic acid N, N-diacetic acid	$C_9H_{13}NO_8$	263	GLDA
甲基甘氨酸二乙酸	Methylglycinediacetic acid	$C_7H_{11}NO_6$	205	MGDA

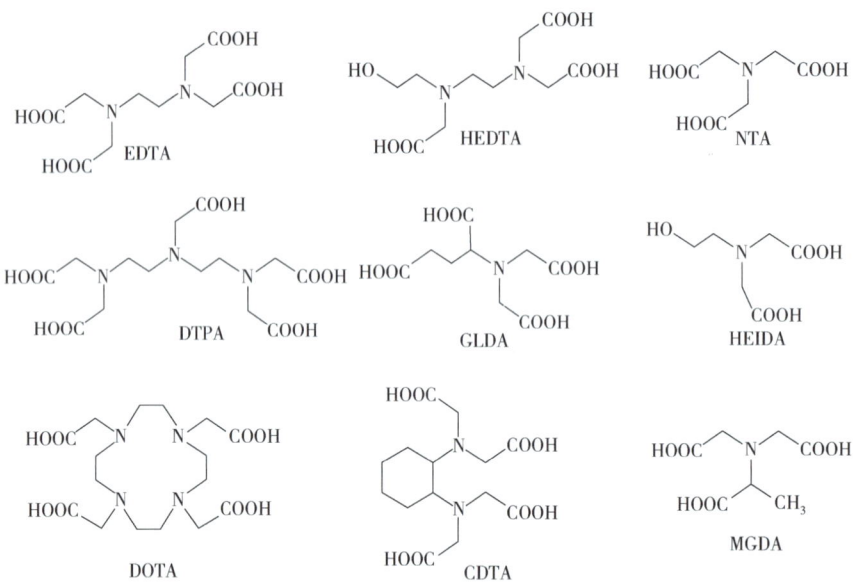

图 8-4-1 国内外在重晶石"解堵"（螯合）技术常用螯合剂分子结构示意图

当螯合剂分子接触到重晶石颗粒表面时，环境介质条件合适的话，就螯合剂分子和 Ba^{2+} 会发生螯合反应，形成络合物，反应机理如图 8-4-2 所示。螯合剂的螯合作用有两种机制：一种是在高 pH 值环境下的溶液配位机制，会导致中心金属离子从晶格中脱离，最终进入螯合剂溶液中，实现颗粒物的溶解；另一种是在低 pH 值环境下的表面络合机制，它只涉及螯合剂在颗粒表面的吸附（类似于粉体颗粒表面改性），不会导致中心金属离子进入到溶液中，换句话说，不能实现颗粒物的溶解。

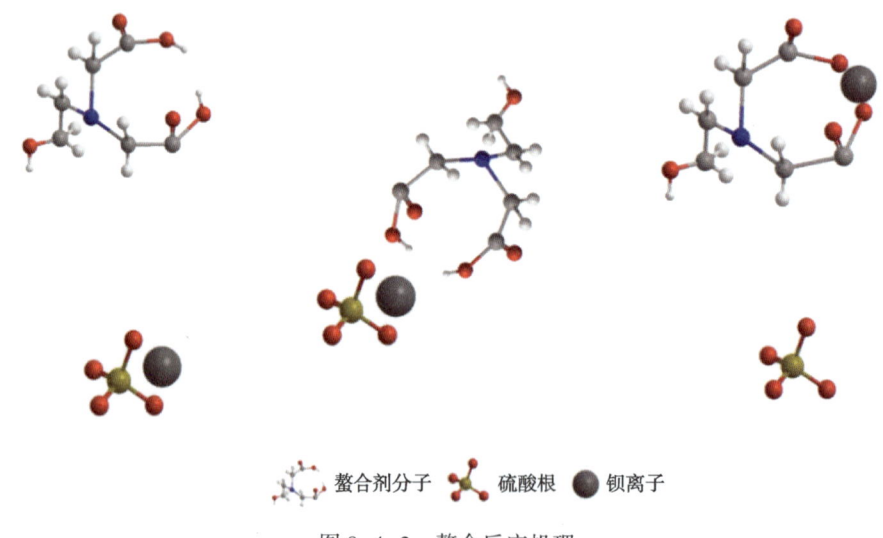

图 8-4-2 螯合反应机理

螯合溶解机制大致包括五个过程：(1) 螯合剂从本体溶液向颗粒表面扩散；(2) 形成低阶吸附配合物；(3) 低阶吸附配合物转化为能够从颗粒表面脱离的高阶配合物；(4) 从颗粒晶格中释放高阶配合物；(5) 配合物从颗粒表面扩散到本体溶液中。对于重晶石滤饼的螯合溶解过程，可以用图 8-4-3 描述：钻井液滤失形成重晶石滤饼，用螯合剂溶液浸泡滤饼，重晶石滤饼中的钡离子与螯合剂形成螯合物，螯合物从重晶石颗粒表面剥离进入溶液中，最终实现重晶石颗粒的溶解。

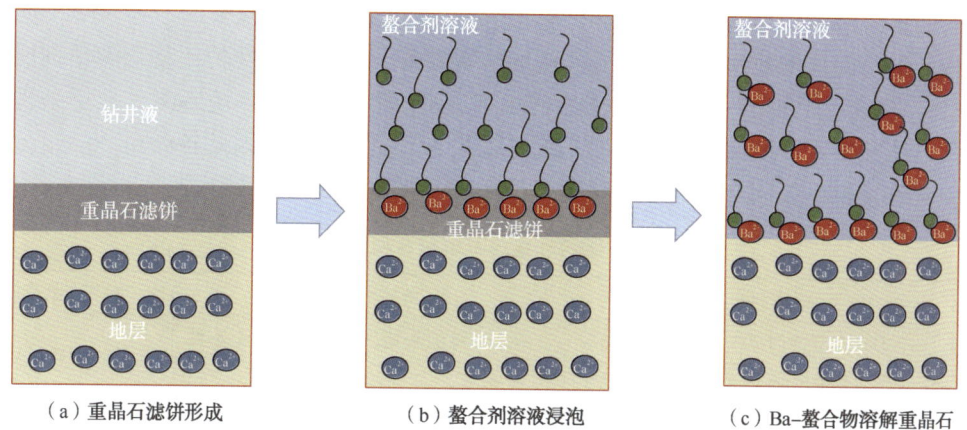

图 8-4-3　重晶石泥饼螯合溶解机理示意图

现以典型螯合剂 DTPA 为例，说明重晶石的螯合解堵机理。DTPA 每个分子上都有8个活化配位键原子(3个 N 原子和5个 O 原子)可以与自由金属离子络合。在随着溶液 pH 值的增加，DTPA 会逐渐去质子化，在溶液中变成带负电的活性离子 $DTPA^{5-}$。在 pH=12 时，所有的 DTPA 分子都会以 $DTPA^{5-}$ 的形式存在于溶液中。当重晶石浸泡在高 pH 值的 DTPA 溶液时，$DTPA^{5-}$ 阴离子极易与暴露在晶体表面的 Ba^{2+} 离子络合，形成稳定的水溶性络合物 Ba-DTPA。尽管 $DTPA^{5-}$ 在溶液中与游离的 Ba^{2+} 以 1∶1 的比例形成强螯合物，依据非接触原子力显微镜观测 DTPA 溶蚀重晶石表面的结果，建立了两种分子模型(图 8-4-4)，表明 1 个 $DTPA^{5-}$ 可以同时和重晶石(001)面上的 2 个或 3 个 Ba^{2+} 形成配位键。1 个 DTPA 分子可以和 2 个 Ba^{2+} 形成配位键的观点最先由 Putnis 等人提出，他们发现通过使分子相对于 b 轴成 58°角定向，一个 $DTPA^{5-}$ 可以与最顶层的两个 Ba^{2+} 结合[图 8-4-4(a)]，$DTPA^{5-}$ 中 2 个配位负电荷的 O 与 Ba^{2+} 之间的距离分别为 2.7Å 和 2.5Å；可以完全延伸至 11Å 的 $DTPA^{5-}$ 可以调整自身方向，使 3 个乙酸基团同时与最顶层的 3 个 Ba^{2+} 结合[图 8-4-4(b)]，$DTPA^{5-}$ 中 3 个配位负电荷的 O 与 Ba^{2+} 之间的距离分别为 4.05Å、4.30Å 以及 4.20Å。

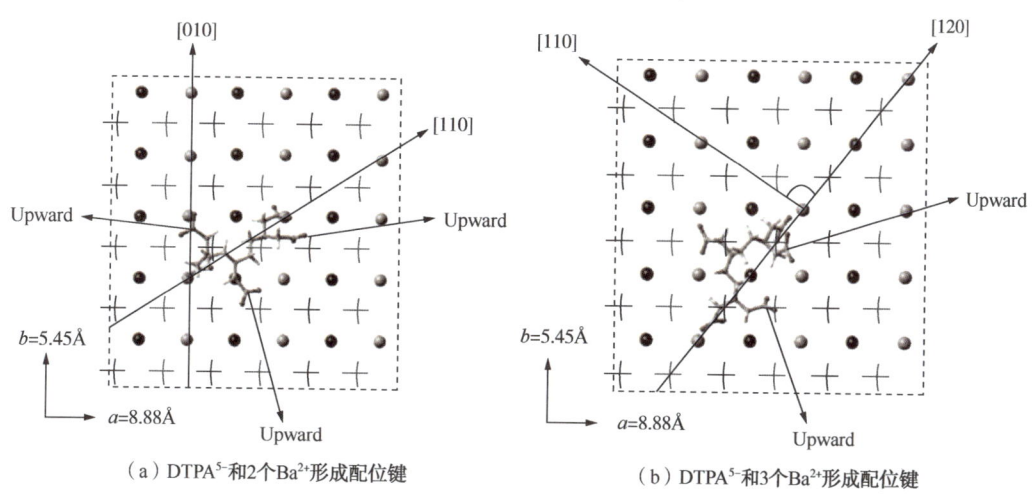

(a) $DTPA^{5-}$ 和 2 个 Ba^{2+} 形成配位键　　　　(b) $DTPA^{5-}$ 和 3 个 Ba^{2+} 形成配位键

图 8-4-4　重晶石(001)面上 $DTPA^{5-}$ 的两种可能构型

2. 重晶石螯合解堵剂溶解重晶石效果及影响因素

重晶石螯合解堵剂由螯合剂、催化剂、碱性转化剂等功能成分组成。仅仅是螯合剂对重晶石的螯合溶解作用还不够高,即使是最好的 DTPA,大概溶解率也不到 60%。必须加入其他处理剂配合增效才能取得高效经济的解堵效果。在设计高性价比螯合解堵剂时,必须综合考虑螯合剂选择、催化剂、碱性转化剂、pH 值调节剂、环境影响、地层条件、解堵对象、钻井液完井液的组分及性能、施工工艺、产品价格等,因此各公司产品组分有所不同,其效果也不相同。国内外重晶石解螯合堵剂典型配方见表 8-4-2。

表 8-4-2 国内外重晶石解螯合堵剂典型配方

序号	解堵剂配方	解堵剂特点	专利文献来源
1	K_5-DTPA 螯合剂 20%,K_2CO_3 转化剂 6%,聚合物降解酶 7%,其余为水	一步法浸泡解堵,重晶石溶解率不低于 80%	US Pat. 20180244979A1
2	DTPA 螯合剂 20%,K_2CO_3 转化剂 10%,聚合物降解酶 10%,水 60%	一步法浸泡解堵,固液比 1/25,在 132℃ 时对重晶石的溶解率 24h 达到 77%,168h 达到 80%	US Pat. 20170190951A1
3	EDTA 螯合剂 0.05mol/L;用 0.05mol/L NaOH 或 Na_2CO_3 调节溶液的 pH 值为 6~14	用 3%NaCl 水溶液配制 EDTA 溶液	US Pat. 4030548@ 1977
4	羟乙基乙酰胺 11~16 份,氨基乙酰胺 30~36 份,肉桂酰胺 20~25 份,二羟基酒石酸钠 13~18 份,二甲基乙醇胺 6~10 份,二甲基丙醇胺 20~25 份,二丁酸二辛酯磺酸钠 8~11 份,邻乙氧基苯甲酸 3~7 份,对羟基苯乙酸 10~15 份,氨水 30~40 份,水 80~110 份	先将液体原料混匀,再加入固体原料,用 40% 氨水调节 pH 值达 10~11 即可。可在常温到 100℃ 条件下进行,除垢解堵时间为 4~8h	CN 2017101782902A
5	丙酮缩氨脲 20~25 份,5-羧酸-3-氨基-1,2,4,-三氮唑 16~20 份,L-天冬酸钠 13~16 份,冠醚(18-冠-6)3~5 份,苯基丙二酸二乙酯 7~10 份,二甲基乙醇胺 11~15 份,乙琥胺 33~37 份,亚氨基二乙酸 9~13 份,40% 氨水 30~35 份,水 70~80 份	一步法解堵施工,在 4~12h 重晶石污染解堵率 90% 以上。堵塞解堵过程中无腐蚀,无死角,不产生沉淀和二次堵井现象	CN 2017101788595A
6	复合螯合剂 7%~8%,pH 值调节剂 3%~4%,硝酸盐溶蚀增效剂 0.5%~1%,氯化钾黏稳定剂 0.5%~1%,次氯酸盐氧化剂 0.5%~1%,余量为水。调节混合溶液 pH 值至 12~14 即可	在温度 90℃、pH 值 12~14 范围时,重晶石溶蚀量可达 4g/L 以上,可用于储层改造,也可有效解除管道堵塞。对 N80 钢片腐蚀速率仅为 0.16g/(m^2·h),能够有效解决隐形酸酸蚀的难题	CN 201510165533XA
7	NTA 螯合剂 1.0%~1.2%,4-甲苯磺酸吡啶 1.0%~1.2%,2-丁酮酸钠 0.3%~0.8%,氯化钠 1.0%~1.5%,聚氯化二甲基烯丙基铵 1.0%~1.2%,聚丙烯酰胺 0.1%~0.2%,余量为水	从油管中以 2~4m^3/min 流量高压注入解堵剂 200~300m^3,关井浸泡反应 4h,浸泡温度 100~160℃,可有效解除重晶石堵塞	CN 2013107222906A

库车山前所使用的 GT-BS-2 重晶石螯合解堵剂是一种无色—淡黄色液体,密度为 1.04g/cm^3,pH 值介于 12~l4、黏度为 5~8mPa·s、降阻比 0.3~0.4。其主要成分为有机

胺类螯合剂、重晶石分散剂和渗透剂。螯合剂能够与多价金属离子发生螯合，溶解堵塞固相，尤其能够螯合 Ba^{2+}，与重晶石形成真溶液；分散剂可以分散重晶石堵塞物，使重晶石与螯合剂充分反应；渗透剂能够加快解堵剂在重晶石表面渗透，加速重晶石的溶解，处理深层重晶石损害。整个解堵作用过程是先将裂缝中的泥饼固相软化、溶解，然后通过螯合将重晶石颗粒分散、悬浮，最后随返排液排出井筒。反应方程式为：

$$BaSO_4 + 2YNa = \{Y^-Ba^{2+}Y^-\} + SO_4^{2-} + 2Na^+$$

YNa 为 GT-BS-2 螯合剂钠盐。反应机理图如图 8-4-5 所示

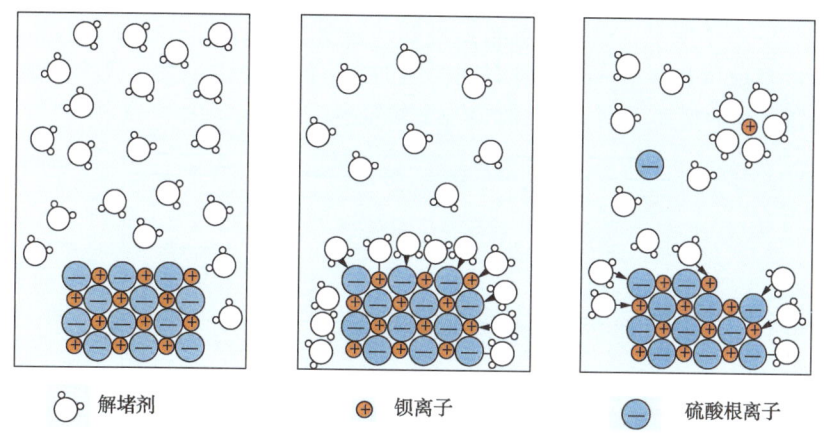

图 8-4-5 GT-BS-2 重晶石螯合解堵剂解堵机理示意图

1）GT-BS-2 重晶石螯合解堵剂溶解重晶石效果实验

塔里木油田分公司实验中心对 GT-BS-2 重晶石螯合解堵剂溶蚀重晶石性能进行检测。实验方法：将滤纸在 110℃烘 30min（恒重）称量，称取 5g，重晶石粉加入到 50mL 重晶石螯合解堵剂中，在 170℃烘箱中密闭反应 3h，然后在常温下反应 1h，过滤，烘至恒重，称量，实验数据见表 8-4-3。

GT-BS-2 重晶石螯合解堵剂的溶蚀量为 12.5~12.8g/L，盐酸的溶蚀量为 2.42g/L，说明重晶石螯合解堵剂对重品石粉较 15%盐酸的溶解力强。

表 8-4-3 GT-BS-2 螯合解堵剂对重晶石溶解效果评价（塔里木油田）

溶液名称	溶液数量，mL	重晶石粉，g	样品溶蚀量，g	相对溶蚀量，g/L	平均相对溶蚀量，g/L
GT-BS-2 螯合解堵剂溶液	50	5	0.6379	12.7	12.8
	50	5	0.6464	12.9	
盐酸（15%浓度）	50	5	0.1234	2.46	2.42
	50	5	0.1214	2.39	

西南油气田分公司采气院对 GT-BS-2 重晶石螯合解堵剂溶蚀重晶石性能进行检测。实验方法：将滤纸在 110℃烘 30min（恒重）称量，称取 1g，重晶石粉加入到 50mL 重晶石解堵剂中，在 90℃烘箱中密闭反应 4h，冷却，过滤，烘至恒重，称量，数据见表 8-4-4。重晶石溶蚀能力为 12.5~13kg/m³。

表 8-4-4　GT-BS-2螯合解堵剂对重晶石溶解效果评价（西南油气田）

溶液名称	溶液数量，mL	重晶石粉，g	样品溶蚀量，g	溶蚀率，%	平均相对溶蚀量，g/L
GT-BS-2螯合解堵剂	50	1	0.68	68	13.0
	50	1	0.72	72	

2）时间与温度对溶蚀效果的影响

溶蚀时间和温度对GT-BS-2重晶石螯合解堵剂对重晶石溶蚀量的影响实验结果如图8-4-6和图8-4-7所示。由图实验数据可知，在90℃下，GT-BS-2螯合解堵剂溶蚀重晶石4h，溶蚀量就可达到最大，随着时间的增加，溶蚀量变化不大；该剂溶蚀重晶石量随着温度的升高而逐渐增加，到100℃时，趋于稳定。

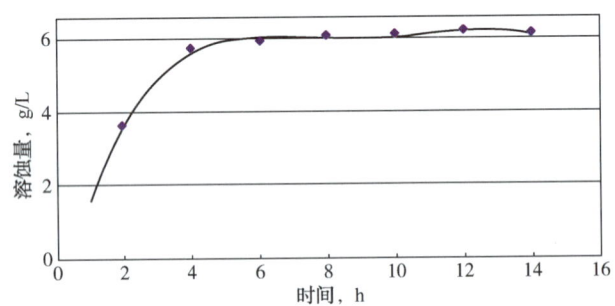

图 8-4-6　重晶石溶蚀量与时间的关系

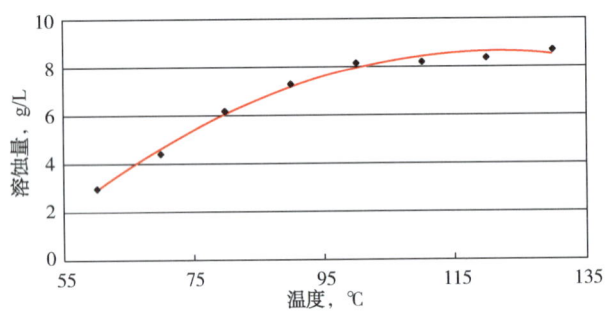

图 8-4-7　重晶石溶蚀量与温度的关系

3. GT-BS-2重晶石螯合解堵剂特点

1）适用范围广

（1）GT-BS-2重晶石螯合解堵剂用于钻完井及修井造成的重晶石油气层损害解除作业，适用于温度为50~180℃各类油气藏。

（2）裂缝性油气层重晶石损害特点为损害深，射孔无法穿透，但是重晶石解堵剂对于裂缝性油气层重晶石损害的解堵效果显著。

（3）适用于新井完井解堵、老井解堵，可与压裂、酸化作业结合应用。

2）对重晶石与岩粉的溶蚀能力

从图8-4-8中数据可以得知，在90℃温度下，碳酸盐岩岩粉：重晶石＝2∶1时，岩粉溶蚀率为13%，重晶石溶蚀率为22%；碳酸盐岩岩粉：重晶石＝1∶1时，岩粉溶蚀率为13%，重晶石溶蚀率为28%；碳酸盐岩岩粉：重晶石＝1∶2时，岩粉溶蚀率为3%，重晶石溶蚀率为44%。

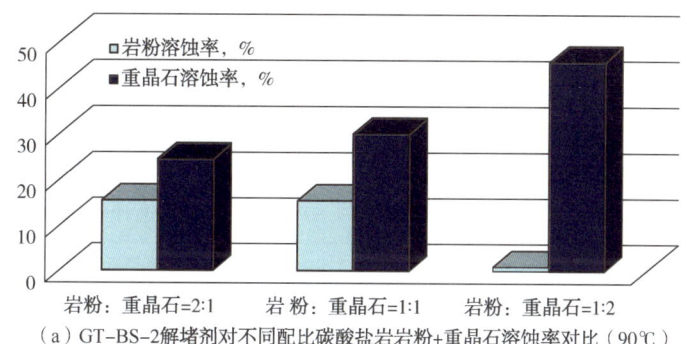

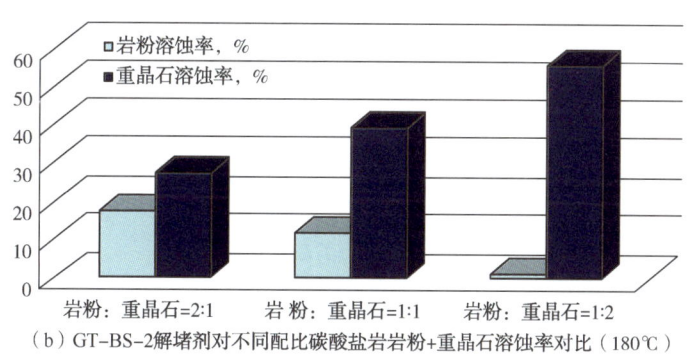

图 8-4-8 重晶石选择性溶蚀能力图

在180℃温度下，碳酸盐岩岩粉：重晶石＝2∶1时，岩粉溶蚀率为15%，重晶石溶蚀率为25%；碳酸盐岩岩粉：重晶石＝1∶1时，岩粉溶蚀率为9.5%，重晶石溶蚀率为37%；碳酸盐岩岩粉：重晶石＝1∶2时，岩粉溶蚀率为2%，重晶石溶蚀率为43%。

通过以上数据说明，在$CaCO_3$和$BaSO_4$同时存在的情况下，重晶石螯合解堵剂均可溶蚀岩粉与重晶石。

3）腐蚀性低

GT-BS-2重晶石螯合解堵剂属于非酸类解堵剂，安全环保，对油气井管柱、地面设备无腐蚀，对环境无损害，见表8-4-5、表8-4-6与表8-4-7。检测结果表明：在90℃条件下，重晶石解堵剂对N80钢片腐蚀速率最大为$0.1562g/(m^2·h)$；在120℃条件下，重晶石解堵剂对HP13Cr钢片腐蚀速率为$0.1184g/(m^2·h)$；在160℃条件下，对HP13Cr钢片腐蚀速率为$0.2284g/(m^2·h)$，腐蚀速率较低。

表 8-4-5 腐蚀敏感离子检测结果

检验项目	单位	检验结果 样品1	检验结果 样品2
Cl^-	mg/L	$2.36×10^3$	$2.18×10^3$
TP	mg/L	0.239	0.187
S^{2-}	mg/L	0.24	0.19
NH_4^+	mg/L	0.114	0.100

表 8-4-6 重晶石解堵剂对 N80 钢片的腐蚀评价

实验条件	腐蚀速率，$g/(m^2 \cdot h)$
GT-BS-2 解堵剂 90℃，4h	0.1400
GT-BS-2 解堵剂 90℃，72h	0.1562

表 8-4-7 重晶石解堵剂对 HP13C 钢片的腐蚀评价

实验条件	腐蚀速率，$g/(m^2 \cdot h)$
GT-BS-2 解堵剂 120℃，5h	0.1184
GT-BS-2 解堵剂 160℃，5h	0.2284

4）施工作业简便

解堵工艺对注入排量无要求，可采用普通配液设备和注入设备施工。

5）作业后易返排

用旋滴界面张力仪测定水、重晶石解堵剂与原油的界面张力，和表面张力，实验结果见表 8-4-8。实验结果表明解堵剂与油的界面张力低，易于返排。

表 8-4-8 重晶石解堵剂界面张力

序号	样品	介质	界面张力，mN/m
1	水	原油	6.7450
2	重晶石解堵剂	原油	0.0252
3	重晶石解堵剂	空气	24

4. GT-BS-2 重晶石螯合解堵剂解堵液量设计

方案一：容积法设计，用量包括近井地带基块孔隙油气层解堵剂用量和油气层裂缝解堵剂用量。

油气层基块孔隙部分解堵剂用量：

$$V_{基块} = \pi R^2 \cdot h \cdot \Phi$$

式中 R——解堵半径，m；

h——油气层厚度，m；

Φ——油气层平均孔隙度。

解堵的重点是裂缝重晶石堵塞，裂缝部分解堵剂用量：

$$V_{缝} = (N \cdot L \cdot H \cdot r \cdot \alpha) \cdot \rho_{重晶石} \cdot \beta \times 83$$

式中 N——油气层裂缝条数；

L——本区块裂缝平均长度，m；

H——裂缝平均高度，m；

r——裂缝宽度，m；

α——重晶石堵塞体积修正系数，表示重晶石在裂缝中的体积比例；

$\rho_{重晶石}$——重晶石密度，4.3g/cm³；

β——安全系数，取 1.4~1.6，含义为现场实际需要比实验室多 40%~60% 的解堵剂溶解重晶石；

83——单位重量重晶石消耗解堵剂量，m^3/t。

解堵剂总用量：

$$V = V_{缝} + V_{基块}$$

方案二：在油气层参数数据不足的情况下，使用方案二。解堵剂用量：

$$V = \alpha \cdot \pi R^2 \cdot h \cdot \Phi$$

式中　h——目的层段长；

Φ——目的层孔隙度；

α——设计修正系数（目的层天然裂缝发育，解堵液主要进入裂缝，确定设计修正系数 α 为2）；

R——解堵半径依据损害半径。

5. GT-BS-2重晶石螯合解堵剂应用实例

1）克深8A井

该井目的层漏失密度为 $1.85 \sim 1.87 g/cm^3$ 油基钻井液 $1019.75m^3$。油基钻井液每立方米含重晶石约1.2t。

2014年6月6日配液，6月7日15:46泵注液体，注入解堵剂 $375m^3$，顶替液 $37m^3$，18:49泵注完成，19:00测压降结束，关井反应4h。6月7日23:00，开井放喷。解堵前后压力和产量对比明显，解堵效果明显。见表8-4-9。

表8-4-9　解堵前后气井产状对比

油嘴 mm	解堵前				解堵后				对比		备注
	日期	油压 MPa	折日产气量，m^3	日产液 m^3	日期	油压 MPa	折日产气量，m^3	日产液 m^3	油压，MPa	折日产气量，m^3	
4	6.6	86.765	166543		6.8	98.115	214406		+11.35	+145097	返排液性质为解堵剂残液与钻井液滤液混合物
5	6.6	68.002	231866	6.46	6.8	97.647	313015	47.71	+29.65	+81149	
6					6.8	99.175	439961	21.12			
					6.9	98.492	442036				
8					6.9	96.901	728785	17.14			
					6.10	97.055	721515				
10					6.10	92.944	1126859				
9					6.10	95.961	856528				
8					6.11	97.427	741901	10.04			

2）克深8B井

该井五开目的层漏失密度 $1.81 \sim 1.83g/cm^3$ 的钻井液 $648.80m^3$，投产层段漏失密度 $1.81g/cm^3$ 的钻井液 $203m^3$。

2015年8月23日实施重晶石螯合解堵技术进行解堵作业，12:23泵注液体，13:54泵注完成，注入主处理液 $280m^3$，顶替液 $35m^3$。14:10测压降结束，关井反应2h。2015年8月23日17:00，开井放喷。实施重晶石螯合解堵技术效果明显，油压和产量均大幅上升。施工和效果见表8-4-10。

表 8-4-10 克深 8B 井投产后产量对比

油嘴 mm	解堵前				解堵后				对比		备注
	日期	油压 MPa	折日产气量, m³	日产液 m³	日期	油压 MPa	折日产气量, m³	日产液 m³	油压, MPa	折日产气量, m³	
4	8.22	78.567	160912								返排液性质为解堵剂残液与钻井液滤液混合物
5	8.22	79.796	274964	11.52							
	8.23	79.835	278327	10.32							
6					8.23	89.634	356939	34.20			
					8.24	90.215	408808	51.4			
7					8.24	88.152	601406				
					8.25	89.088	609828	28.0			
8					8.25	87.283	735931				
					8.26	87.847	737569				
7					8.26	89.922	607767	21.6			
5					8.26	93.086	335743		+13.251	+57461	
					8.27	93.091	337301				

二、油气层酸化解堵技术

油气层酸化解堵是库车山前克拉苏构造带高温高压气井增产的重要措施，目的是为了恢复和改善地层近井地带的渗透性和微裂缝的连通性，提高地层的导流能力。该技术主要针对裂缝较不发育、钻井液漏失不严重的地层，一般采用土酸酸液体系（氢氟酸和盐酸的混合酸液）或采用能在油气层中生成氢氟酸的液体物质（自生酸等）进行酸化处理，其中土酸中的氢氟酸可解除油气层硅质矿物的堵塞，盐酸可解除油气层中钙质与铁质的堵塞。其原理是通过酸液溶解砂粒之间的胶结物和部分砂粒，或溶解孔隙中的泥质堵塞物或其他结垢物等，以恢复、提高井底附近油气层的渗透率，达到解堵的目的。

1. 酸液体系及添加剂的选择

砂岩酸化解堵应用的酸类主要分为两大类：无机酸包括盐酸、氢氟酸、氟硼酸、磷酸、硝酸粉末和硫酸；有机酸主要应用甲酸和乙酸。库车山前气井常用的酸液体系为盐酸+土酸体系和有机/无机复合酸体系（盐酸+土酸+有机酸复合体系）。由于常规盐酸+土酸体系反应速率较快，因此在酸液体系选择时需采用适用的缓速酸体系，延缓酸与地层的反应速度、增加酸的有效作用距离，利于增强油气层深部地层的解堵效果及油气渗流能力。库车山前气井油气层酸化中，常常应用有机/无机复合酸体系、螯合酸等作为缓速酸应用。

根据油气层特征及井筒环境等因素，库车山前气井油气层酸化作业在酸液中常使用的添加剂有缓蚀剂、铁离子稳定剂、黏土稳定剂（防膨剂）、防水锁剂、降阻剂、杀菌剂、互溶剂、暂堵剂等。

（1）缓蚀剂：能够减缓酸化过程中酸对其接触的钻杆、油管和其他金属腐蚀作用的化学物质。由于库车山前井高温高压高盐等特点，酸化作业中油井管柱的防腐蚀问题最为突出，目前针对常用的 S13Cr 管柱已开发了专用的高温不锈钢缓蚀剂。

（2）铁离子稳定剂：铁离子稳定剂是通过还原剂将 Fe^{3+} 还原为 Fe^{2+}，或与酸溶液中的铁离子形成稳定的铁络合物，从而减少 $Fe(OH)_3$ 沉淀生成，达到稳定铁离子的目的。一方面，高温环境下酸液对管柱的腐蚀易造成 Fe^{3+} 侵入地层生成沉淀；另一方面，克拉苏构造带白垩系油气层中常见的铁白云石也是酸化过程中的潜在伤害因素之一，酸液溶解后可生成 Fe^{3+}。

（3）黏土稳定剂：主要用于防止黏土矿物水化膨胀。根据克拉苏构造带白垩系油气层 X 衍射全岩分析及黏土矿物分析结果，黏土矿物总量约为 5%～10%，其中易引起水化膨胀的伊/蒙混层矿物相对含量约为 40%。

（4）防水锁剂：主要用于降低酸液与孔隙喉道间的表面张力，利于酸化作业后的残酸返排。克拉苏构造带白垩系油气层大部分为特低孔、特低渗油气层，具有较大的毛细管阻力，一旦水相侵入孔隙难以返排。事实证明，提高酸化作业后残酸的返排率是保障气井高产、稳产的主要措施。常用的防水锁剂主要有甲醇、纳米防水锁剂等。

（5）降阻剂：针对库车山前超深复杂井特点，需降低酸液在管柱中的摩阻以保证井口安全。

（6）暂堵剂：针对白垩系油气层特低孔特低渗、非均质性强的特点，必要时需开展分级暂堵酸化作业。常用的暂堵剂有转向纤维、可降解小球等。

2. 酸液浓度及酸液用量确定

库车山前酸化解堵作业通常采用土酸酸化工艺，下面对土酸体系的酸浓度及用量进行叙述。

（1）土酸浓度的确定：实验室将根据酸液对一定量天然岩粉在一定温度、时间下的溶蚀实验确定合理的酸浓度，首先评价不同浓度的盐酸对天然岩粉的溶蚀率，确定合理的 HCl 浓度，再向确定浓度的 HCl 溶液中加入不同浓度的 HF，测定其溶蚀率，再结合油气层中黏土矿物的含量及渗透率级别最终确定土酸的酸液浓度。典型的酸溶蚀率测定曲线如图 8-4-9 所示。

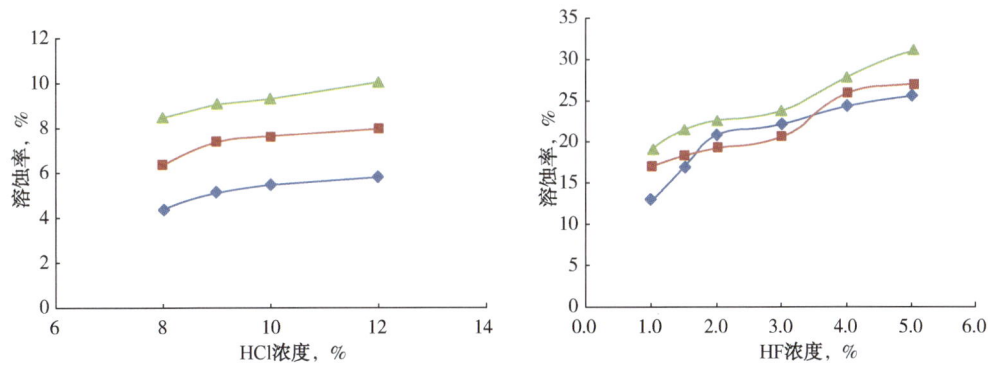

图 8-4-9 典型酸溶蚀率测定曲线

当砂岩中碳酸盐含量高，泥质含量较低时，宜采用低浓度 HF 和高浓度 HCl 处理；当砂岩中碳酸盐含量低，泥质含量较高时，宜采用高浓度 HF 和低浓度 HCl 处理，即逆土酸。根据库车山前白垩系油气层岩心酸溶蚀率测定结果，一般选用 9% HCl +（0.5%～1.5%）HF 浓度的土酸。

（2）土酸用量的确定：一般根据油气层孔隙度、有效厚度及需要解堵的半径确定酸液用量。可根据如下公式确定所需盐酸和氢氟酸的用量：

$$Q_{盐酸} = \frac{V \cdot \rho \cdot X}{Z}$$

$$Q_{氢氟酸} = \frac{V \cdot \rho \cdot Y}{F}$$

式中　$Q_{盐酸}$——土酸中商品盐酸用量，t；
　　　$Q_{氢氟酸}$——土酸中商品盐酸用量，t；
　　　ρ——所配制土酸液的混合密度，g/cm³；
　　　X——土酸中盐酸的浓度(质量百分比)，%；
　　　Y——土酸中氢氟酸的浓度(质量百分比)，%；
　　　Z——商品盐酸的浓度(质量百分比)，%；
　　　F——商品氢氟酸的浓度(质量百分比)，%；
　　　V——酸液量，m³。

(3) 有机土酸酸化。有机土酸主要是指用有机酸(甲酸或乙酸)与土酸混合或单独与氢氟酸混合来延缓氢氟酸的消耗。甲酸和乙酸为慢反应的有机弱酸，其优点在于腐蚀性小，处理范围大。有机土酸酸化适用于高于120℃的高温井，降低腐蚀速度，延缓酸岩反应速度。含酸敏性矿物的砂岩油气层，减少生成沉淀的趋势。由于库车山前白垩系油气层温度普遍高于120℃，因此常向土酸体系中添加一定量的有机酸作为缓速剂。

3. 泵注程序

酸化解堵施工主要为四步：泵注滑溜水→泵注前置酸→泵注主体酸→泵注后置液及顶替液。

(1) 滑溜水：主要作用为降低井筒及近井地带温度，防止酸液对管柱的腐蚀，避免酸液进入地层消耗过快。

(2) 前置酸：一般采用5%~15%的盐酸，主要作用是在土酸注入之前，尽可能地除去地层中含钙、镁等胶结物质(如方解石、白云石等)，将溶解的钙、镁离子推向地层远端，避免土酸接触后产生 CaF_2、MgF_2 沉淀堵塞孔喉。

(3) 主体酸：根据确定的土酸浓度及用量泵注。对于易于出砂的地层，使用低浓度和低酸量；对含有大量绿泥石的油气层酸化，采用有机酸酸化。

(4) 后置液与顶替液：该步骤的目的是双重的，第一，它将主体酸驱替到井眼以外；第二，稀释未被顶替到地层深处的主体酸。这两个因素帮助解除在近井眼地区残酸产生的潜在损害。

4. 影响酸化解堵效果的因素

(1) 黏土矿物的水化膨胀和微粒运移造成油气层损害。砂岩油气层中一般含有不同类型和数量的黏土矿物，含有蒙脱石、伊蒙混层等矿物易水化膨胀，含有高岭石易产生微粒运移，堵塞孔喉，降低渗透率，影响酸化效果。

(2) 酸化后形成二次沉淀易造成油气层损害。酸化后形成的二次沉淀主要有以下两种：①氟化物沉淀：砂岩油气层中的水，含有大量 Ca^{2+}，Na^+，K^+ 离子，砂岩中不同程度地含有钙长石、钠长石、钾长石，胶结物中含有钙质矿物，它们遇到氢氟酸易生成 CaF_2，Na_2SiF_6，K_2SiF_6 沉淀，这些沉淀会堵塞孔隙喉道，降低酸化效果；②氢氧化物沉淀：由于管柱的腐蚀，施工液体带入的含铁物质以及砂岩油气层中含铁矿物的溶解，在酸化后油气层都会含有一定量的三价铁离子；当残酸液浓度降到一定程度，pH 值大于 2.2 时，开始生成 $Fe(OH)_3$ 凝胶状沉淀，堵塞孔喉，降低渗透率，使酸化效果差，甚至无效。

（3）排液不及时造成油气层损害。酸化后不及时排液，残液在油气层中停留时间过长，当残液浓度降到太低时，就会生成 CaF_2、$Fe(OH)_3$、$Si(OH)_4$ 等沉淀，堵塞孔喉，降低油气层渗透率，使酸化失败。另外，对于低孔低渗油气层中具有较强的毛细管阻力，残酸难以返排易造成水锁损害，致使产能降低。

（4）砂岩油气层受钻井完井的损害情况对酸化效果的影响很大。实验和生产实践表明：对于未受到钻井、完井、修井、注水等作业损害的砂岩油气层，用土酸处理后其增产效果很差；对于由于油气层自身的黏土矿物水化膨胀和分散运移而引起损害的砂岩油气层，其酸化处理效果随活性酸的穿透距离增加而增加；对于受钻井液损害的砂岩油气层，只要解除浅层的损害，就可得到很好的增产效果。

三、裂缝性砂岩酸压技术

库车山前阿克苏冲断带的克深、大北、博孜等都是典型的深层异常高压气藏，油气层天然裂缝发育，由于在钻井过程中采用了高密度钻井液，经常发生大量钻井液漏失，油气层损害严重且损害半径大，常规酸化解堵措施往往不能有效解除深度损害，导致酸化后增产效果不明显；对于砂岩油气层，可采用加砂压裂作为增产措施的一种选择，但由于气藏油气层埋藏深、地应力高、油气层温度高、天然裂缝异常发育等原因，使得常规加砂压裂施工难度大、风险高、易发生过早脱砂甚至砂堵现象，且施工投入成本高。因此，对该类异常高压裂缝性砂岩油气层需要采取有效的酸压处理工艺。

1. 油气层改造工艺思路

对于异常高压厚层裂缝性砂岩油气层，在进行解堵处理时，暂堵酸化和酸压都是必需的，为达到恢复油气层自然产能的目的，需要将两种工艺合理地结合在一起，油气层改造的思路如下：

（1）首先需要对目的层进行黏滞暂堵酸化，以实现均匀布酸的目的，更重要的是使损害严重的裂缝发育段得到酸化解堵的目的。

（2）为解除天然裂缝性油气层深部损害，在油气层改造第二阶段增大施工压力使井底压力超过油气层"破裂压力"，进行砂岩酸压改造。需要注意的是为保证低 pH 值，减少酸岩反应沉淀的产生，油气层暂堵酸化阶段采用高温缓速的有机酸酸液。

通过上述工艺的实施既实现了近井损害的均匀布酸，又实现了深部重度损害的解堵，同时酸压更能够发挥裂缝发育段对产能的贡献。

2. 施工酸液配方

根据油气层岩屑溶蚀率及配伍性实验，确定的酸液配方如下：

前置酸：（7%～9%）HCl+（3%～5%）HAc+3%NH_4Cl（或 8%KCl）+添加剂；

主体酸：9%HCl+（0.5%～1.5%）HF+（3%～5%）HAc+3%NH_4Cl（或 8%KCl）+添加剂；

暂堵酸：（12%～20%HCl）+0.8%胶凝剂+添加剂。

其中，暂堵酸为温控变黏酸，在地下条件下其黏度可达 100mPa·s 以上。

3. 施工实例

XS2井是库车前陆冲断带上的一口重点风险探井，完钻井深6780m。该井钻至6664.68m时发生井漏，共漏失密度为2.15g/cm³的钻井液151.4m³。试油目的层射孔段为白垩系巴什基奇克组6573~6609m、6640~6697m两段，岩性为细—中粒岩屑长石砂岩，地层温度高达166.8℃，地层压力系数为2.08，两射孔段孔隙度、特别是裂缝发育程度差别大，上部层段平均孔隙度7.4%，裂缝少量发育，而下部层段平均孔隙度7.0%但天然裂缝极其发育，并且砂泥岩互层严重。

根据酸压的思路应用确定的酸液体系进行暂堵酸化+砂岩酸压工艺的现场施工，共挤入地层液体349.6m³，其中滑溜水21.8m³、前置酸108.3m³、主体酸119.50m³、暂堵酸20m³、后置酸80m³，施工排量0.5~3.2m³/min，施工压力75.5~99.3MPa。施工曲线如图8-4-10所示。由图可见，前置酸、主体酸进入地层后泵压下降，有效地起到了解堵作用，说明酸液配方优选合适；当暂堵酸进入地层后泵压明显上升，说明达到了黏滞暂堵的目的；后期提高排量，泵压逐渐上升后突然下降，压开了油气层达到酸压改造的目的；停泵后压降明显，油气层解堵效果显著。

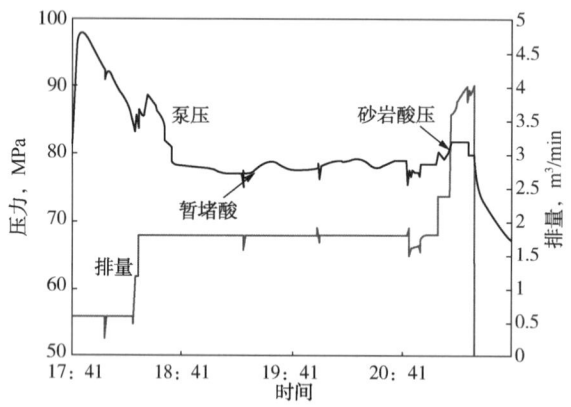

图8-4-10 XS2井暂堵酸化+酸压施工曲线

4. 施工效果

根据XS2井施工前后的产量效果对比（表8-4-11），可以看到，酸压后增产效果显著，采气指数提高明显，且产量呈上升趋势，与酸压前产量下降形成鲜明对比，进一步证明了该工艺方法的有效性。

表8-4-11 XS2井暂堵酸化+酸压施工效果对比

阶段	油嘴，mm	油压，MPa	日产气，10⁴m³	压力产量情况
酸压前	6	66.36↓48.78	24.47↓19.88	下降
酸压后	6	61.19↑63.54	30.00	上升
	7	55.29↑57.01	39.07	上升
	8	45.0↑45.54	46.64	上升

四、缝网压裂技术

库车坳陷克拉苏冲断带白垩系巴什基奇克组的砂岩油气层井段天然裂缝发育，基块孔隙度 4.3%～11.8%，渗透率 0.04～1.1mD，为低孔低渗裂缝型致密砂岩气藏。该类油气层压裂改造面临诸多挑战：（1）油气层埋藏深，地层压力系数高，使该地区施工压力极高（加砂阶段可达 100MPa 以上），施工排量增加受限，甚至出现井口压力超过设备限压无法进行施工的情况；（2）地层温度高，对压裂液的耐温性能和酸处理液的缓蚀性能都有较高要求；（3）天然裂缝发育在造缝初期易形成多裂缝，裂缝延伸过程中也会加大液体滤失，从而出现脱砂现象，进一步导致砂堵；（4）目的层是典型低孔低渗致密砂岩油气层，泥质含量低，弹性模量高，很难形成较宽的人工裂缝，同时提高了砂堵风险；（5）油气层跨度大，中间没有明显的高应力泥岩隔挡层，缝高不易预测，井下分层工具选择难度大，高温高压易导致工具失效。

针对以上问题，制定了针对库车山前超深井的缝网压裂改造方案。此项技术是一项极其有效的增产措施，又可以对钻完井过程中所造成的近井油气层筒损害进行解堵。

1. 缝网压裂改造思路

库车山前井改造目的层为低渗致密砂岩油气层，天然裂缝为主要导流通道。为达到最佳改造效果，方案设计中以充分改造油气层和最大限度沟通天然裂缝为原则，借鉴在页岩气应用的 SRV 体积压裂的概念进行设计，通过沟通天然裂缝形成的缝网提高产能。由于目的层闭合压力较高，采用加重压裂液体系作为压裂液，尽量提高施工排量。泵送方式先采用滑溜水加砂，尝试构造裂缝网络，后期连续泵送冻胶液提高加砂浓度。通过优化射孔位置，针对低地应力位置分级分簇射孔，增加缝网的机会。为充分改造油气层，采用纤维暂堵转向工艺进行分级施工。

2. 压裂材料选择

根据缝网压裂设计的要求和油气层特点，采用前置滑溜水为辅、冻胶为主的混合压裂方式。根据北美页岩气油气层改造的经验，滑溜水携带低浓度砂对油气层伤害较低，且易沟通天然裂缝产生复杂裂缝网络。考虑到改造目的层为致密砂岩油气层，用冻胶携带高浓度砂保证足够的裂缝导流能力。为降低井口施工压力，使用塔里木油田常用的加重剂将两种液体密度加重到 1.3g/cm³。考虑极限状态，支撑剂承受地层压力将达到 130～150MPa，所以选择粉陶和 30～50 目高强陶粒作为支撑剂。

3. 分级与射孔

对整个压裂目的层段进行分级的依据是：通过对每个油气层的压裂进行模拟，获得裂缝从不同层起裂时可以达到的裂缝高度，如果邻近地层可以在相似的静压力情况开启，这些层就可以作为同一个裂缝组，进而作为一级进行压裂设计。

分级模拟中主要考虑纵向上的地应力，同时综合考虑渗透率、泥质含量、含气饱和度、孔隙度、天然裂缝密度。井筒内没有具体的分层工具，依赖油气层的应力差进行分层，实际施工中的裂缝分层可能会存在一定的差异，实际的泵注程序将根据裂缝监测结果进行相应调整。根据分级结果进行射孔设计，为达到裂缝网络的目的，以分簇的方式射孔。为减少液体滤失并且最大可能沟通天然裂缝，射孔位置确定在地应力低、附近有裂缝发育的位置。

4. 转向设计

一般采用油管注入方式，压裂管柱采用 φ114.3mm 油管与单封隔器（THT）组合。每一级施工分为两个阶段：第一阶段为滑溜水低砂比造缝；第二阶段为冻胶高砂比携砂。第一级压裂的后半部分泵入含少量纤维转向剂的瓜尔胶压裂液，并逐步提高砂比；在第一级压裂加砂完成后，开始增加纤维转向剂的比例，待将纤维转向剂顶替到射孔位置后，降低排量并铺置纤维转向剂；第一级压裂的最后阶段是停泵等待裂缝闭合；闭合后重新启泵，对裂缝开启情况进行实时监测，如果监测到的裂缝破裂点集中在第一级，说明暂堵失败，需增大纤维转向剂浓度并重复转向步骤，如果监测到的裂缝破裂点集中在第二级，说明暂堵成功，可以开始第二级压裂过程。

五、采气开发阶段的井筒酸洗解堵技术

库车山前克拉苏区带气井井筒内伴随着高温、高压、高盐以及小井眼等多重复杂环境，在钻完井、井下作业等施工过程中工序繁琐、井下工具多种多样，这也导致井筒中会出现砂、蜡、垢等多种堵塞物，严重影响井筒流动性，制约气井高产稳产。在钻完井过程中，井筒中主要流体为钻井液与完井液，其滤饼对井筒的堵塞是主要因素；在采气开发过程中，由于井筒内天然气、地层水、凝析油等地层流体共存，加之在试油改造、修井等作业中使用的多种体系入井工作液，当井内温度、压差等生产参数发生变化时，就会产生蜡、垢、水合物等多成分堵塞，当生产压差不当时还会产生出砂等问题，井筒内的堵塞物更加复杂，若不及时清理，将直接堵塞油管导致产量波动或下降。

库车山前高温高压气井自2012年开始因井筒堵塞问题陆续出现井口出砂、油压波动、单井产量骤降等现象。至2017年，克深2气田70%的井井筒堵塞，迪那2气田84%的井井筒堵塞，2013年至2017年，迪那2气田无阻流量连续下降23%。因井筒堵塞物原因和堵塞规律不明，解堵工艺措施不配套，难以实现全面高效复产，针对该问题展开了长期持续的攻关研究：

第一阶段以油管穿孔、放喷冲砂措施为主，第二阶段通过连续油管疏通和研发CA-5解堵液体系解堵为主，第三阶段开发了酸液解堵体系，形成了井筒酸液解堵、连续油管疏通、酸液解堵配合连续油管疏通的三套配套工艺技术，建立了"全井筒精准取样"→"堵塞物综合微观分析"→"解堵液体系实验评价"→"解堵工艺配套"的井筒解堵工艺流程。

截至2018年，该项技术已在库车山前24口井中应用，平均油压由33MPa恢复至60MPa，平均无阻流量由$42×10^4m^3$恢复至$144×10^4m^3$，井口日产气由$685×10^4m^3$恢复至$1013×10^4m^3$，取得极好的经济效益。

参 考 文 献

[1] 徐同台，熊友明. 保护油气层技术. 4版[M]. 北京：石油工业出版社，2016.
[2] 谢会文. 库车前陆盆地挤压型盐相关构造与油气聚集[M]. 北京：石油工业出版社，2018.
[3] 王招明. 库车前陆盆地超深油气地质理论与勘探实践[M]. 北京：石油工业出版社，2017.
[4] 尹达，刘锋报，康毅力，等. 库车山前盐膏层钻井液漏失成因类型判定[J]. 钻采工艺，2019，42(5)：121-123.
[5] 康毅力，王凯成，许成元，等. 深井超深井钻井堵漏材料高温老化性能评价[J]. 石油学报，2019，40(2)：215-223.
[6] 李宁，康毅力，郭斌，等. 塔里木迪北区块深层致密碎屑岩气藏损害机理与钻开方式选择策略[J]. 钻采工艺，2019，42(1)：108-110.
[7] 魏强，李贤庆，梁万乐，等. 库车坳陷大北-克深地区深层致密砂岩气地球化学特征及成因[J]. 矿物岩石地球化学通报，2019，38(2)：418-427.
[8] 张杰. 塔里木盆地大北气田裂缝发育特征及主控因素[C]//中国石油学会天然气专业委员会. 2018

年全国天然气学术年会论文集(01 地质勘探). 2018：582-589.

[9] 康毅力, 张杜杰, 游利军, 等. 塔里木盆地超深致密砂岩气藏储层流体敏感性评价[J]. 石油与天然气地质, 2018, 39(4)：738-748.

[10] 滕学清, 康毅力, 张震, 等. 塔里木盆地深层中-高渗砂岩储层钻井完井损害评价[J]. 石油钻探技术, 2018, 46(1)：37-43.

[11] 王珂, 杨海军, 李勇, 等. 塔里木盆地大北气田超深层致密砂岩储集层构造裂缝发育特征及其影响因素[J]. 矿物岩石地球化学通报, 2018, 37(1)：111-120.

[12] 江昀, 杨贤友, 李越, 等. 大北-克深区块致密砂岩气藏水锁伤害防治[J]. 深圳大学学报(理工版), 2017, 34(6)：640-646.

[13] 朱仁发. 库车山前钻井技术难点及技术对策——以大北 208 井为例[C]//中国石油学会天然气专业委员会、四川省石油学会、浙江省石油学会. 2017 年全国天然气学术年会论文集. 2017：2472-2480.

[14] 孙晨祥. 库车坳陷大北—克拉苏构造带储层敏感性评价及保护措施研究[D]. 长江大学, 2017.

[15] 朱金智, 游利军, 李家学, 等. 油基钻井液对超深裂缝性致密砂岩气藏的保护能力评价[J]. 天然气工业, 2017, 37(2)：62-68.

[16] 袁学芳, 王茜, 唐洪明, 等. 致密砂岩储层流体敏感性评价方法——以塔里木盆地克拉苏气田克深 9 井区 K_1bs 组为例[J]. 天然气工业, 2016, 36(12)：59-66.

[17] 史玲玲, 唐雁刚, 汪斌, 等. 库车坳陷克深 5 井区巴什基奇克组应力垂向分层特征[J]. 新疆石油地质, 2016, 37(4)：430-435.

[18] 王珂, 张惠良, 张荣虎, 等. 超深层致密砂岩储层构造裂缝特征及影响因素——以塔里木盆地克深 2 气田为例[J]. 石油学报, 2016, 37(06)：715-727+742.

[19] 敬巍. 克深 2 气藏巴什基奇克组致密砂岩储层微观特征研究[D]. 西南石油大学, 2016.

[20] 郭小文, 刘可禹, 宋岩, 等. 库车前陆盆地大北地区砂岩储层致密化与油气充注的关系[J]. 地球科学, 2016, 41(3)：394-402.

[21] 冯洁. 库车坳陷克深地区致密砂岩储层成岩作用控制因素[C]//中国地质学会沉积地质专业委员会、中国矿物岩石地球化学学会沉积学专业委员会. 2015 年全国沉积大会沉积学与非常规资源论文摘要集. 2015：254.

[22] 王俊鹏. 超深层致密砂岩储层裂缝定量评价及预测研究——以塔里木盆地克深气田为例[C]//中国地质学会沉积地质专业委员会、中国矿物岩石地球化学学会沉积学专业委员会. 2015 年全国沉积学大会沉积学与非常规资源论文摘要集. 2015：281-282.

[23] 王珂. 塔里木盆地克深 8 气田储层构造裂缝发育特征及分布规律[C]//中国地质学会沉积地质专业委员会、中国矿物岩石地球化学学会沉积学专业委员会. 2015 年全国沉积学大会沉积学与非常规资源论文摘要集. 2015：343-344.

[24] 冯洁. 库车坳陷大北、克深地区巴什基奇克组储层物性差异影响因素分析[C]//中国矿物岩石地球化学学会. 中国矿物岩石地球化学学会第 15 届学术年会论文摘要集(4). 2015：159.

[25] 王凯, 王贵文, 徐渤, 等. 克深 2 井区裂缝分类及构造裂缝期次研究[J]. 地球物理学进展, 2015, 30(3)：1251-1256.

[26] 康毅力, 张晓磊, 游利军, 等. 压力衰减法在大牛地致密储层流体敏感性评价中的应用[J]. 钻井液与完井液, 2013, 30(6)：81-84+97-98.

[27] 游利军, 康毅力, 陈一健, 等. 油气藏水相圈闭损害预测新方法——相圈闭系数法[J]. 钻井液与完井液, 2007(4)：60-62+97.

[28] 刘伟生. 配位化学. 2 版[M]. 北京：化学工业出版社, 2019.

[29] Almubarak T., Ng J. H. et al. Oilfield scale removal by chelating agents: An aminopolycarboxylic acids review[J]. Society of Petroleum Engineers, 2017, April 23. doi：10.2118/185636-MS.

[30] Almubarak T., Ng J. H. et al. Chelating agents in productivity enhancement: A review[J]. Society of Petroleum Engineers, 2017, March 27. doi: 10.2118/185097-MS.

[31] B. S. Ba geri, Mohamed Mahmoud, Abdulazeez Abdulraheem, et al. Single stage filter caker emoval of barite weighted water based drilling fluid[J]. Journal of Petroleum Science and Engineering, 2017, 149: 476-484.

[32] AlAamri J., AlDahlan M., M. Al-Otaibi, et al. Evaluation of a new barium sulfate dissolver and the effect of the presence of calcium carbonate in the dissolution rate[J]. Society of Petroleum Engineers, 2019, November 11. doi: 10.2118/197360-MS.

[33] Al Jaberi J. B., Bageri B. S., Barri, et al. Insight into Secondary Posterior Formation Damage During Barite Filter Cake Removal in Calcite Formations[C]. International Petroleum Technology Conference, 2020, January 13. doi: 10.2523/IPTC-19611-MS.

[34] Almubarak T., Ng J. H., Nasr-El-Din H. A review of the corrosivity and degradability of aminopolycarboxylic acids[C]. Offshore Technology Conference, 2017, May 1. doi: 10.4043/27535-MS.

[35] Ba Geri, Badr SalemMahmoud, Mohamed AhmedAbdulraheem, et al. Barite filter cake removing composition and method[P]. US Pat. 20170145289A1, May 25, 2017.

[36] Mahmoud, Elkatatny S. Removal of barite-scale and barite-weighted water- or oil-based-drilling-fluid residue in a single stage[J]. Society of Petroleum Engineers, 2019, March 1. doi: 10.2118/187122-PA.

[37] Raja Sahar R. N. R., W Mohamad W. A., Rustam Ali Khan E. F., et al. Selection of barium sulphate/barite dissolver chemical through establishment of standard laboratory screening protocols[J]. Society of Petroleum Engineers, 2019, November 11. doi: 10.2118/197251-MS.

[38] Richard F. Carbonaro, Benjamin N. Gray, Charles F. Whitehead, et al. Carboxylate-containing chelating agent interactionswith amorphous chromium hydroxide: Adsorption and dissolution[J]. Geochimica et Cosmochimica Acta 72 (2008): 3241-3257.

[39] Badr S. Bageri, Abdulrauf Rasheed Adebayo, Assad Barri, et al. Evaluation of secondary formation damage caused by the interaction of chelated barite with formation rocks during filter cake removal[J]. Journal of Petroleum Scienceand Engineering, 183(2019): 106-395.

[40] Andrew Putnis, Jodi L. Junta-Rosso, et al. Dissolution of barite by a chelating ligand: An atomic force microscopy study[J]. Geochimica et Cosmochimica Acta, 1995, 59(22): 4623-4632.

[41] Kang-Shi Wang, Roland Resch, Kai Dunn, et al. Dissolution of the barite (001) surface by the chelatingagent DTPA as studied with non-contact atomic forceMicroscopy[J]. Colloids and SurfacesA: Physicochemical and Engineering Aspects 160 (1999): 217-227.

[42] Christine V. Putnis, Magdalena Kowacz, Andrew Putnis. The mechanism and kinetics of DTPA-promoted dissolution of barite[J]. Applied Geochemistry 23 (2008): 2778-2788.

[43] Lakatos I., Lakatos-Szabo J., Kosztin B. Comparative study of different barite dissolvers: Technical and economic aspects[J]. Society of Petroleum Engineers, 2002, January 1. doi: 10.2118/73719-MS.

[44] Putnis A., Putnis C. V., Paul J. M. et al. The efficiency of a DTPA-based solvent in the dissolution of barium sulfate scale deposits[J]. Society of Petroleum Engineers, 1995, January 1. doi: 10.2118/29094-MS.

[45] Zhou J., Nasr-El-Din H. A., Socci D. et al. A cost-effective application of new surfactant/oxidant system to enhance the removal efficiency of oil-based mud filter cake[J]. Society of Petroleum Engineers, 2018, April 22. doi: 10.2118/190115-MS.

[46] 李永平, 陈兴生, 张福祥, 等. 库车山前异常高压裂缝性砂岩酸压技术[C]. 全国低渗透油气藏压裂酸化技术研讨会论文集, 2010.

[47] 冯虎, 徐志强. 塔里木油田克深区块致密砂岩气藏的油气层改造技术[J]. 石油钻采工艺, 2014(5): 93-96.

第九章 固相控制技术

第一节 概 述

深井及超深井钻井技术是一个国家钻井技术发展的重要标志。经过近年的发展，我国深井及超深井钻井技术在提高机械钻速、缩短钻井周期等方面有了长足的进步，但面临我国西部地区地质构造复杂、钻井工艺特殊的难题，为了满足高温、高压、高密度钻井液及高含硫化氢气体等复杂工况，对钻井液提出了更高的要求，促使钻井液技术不断发展。钻井液固相控制技术伴随钻井液技术也在不断完善和发展。

钻井液中的固相按其作用被分为有用固相和无用固相：有用固相是为了帮助快速携带出井底破岩所产生的岩屑，冷却钻头，悬浮岩屑颗粒，保护井壁等维持钻井液优良性能所必须具有的颗粒(例：膨润土、加重材料处理剂及各种改善钻井液性能的处理剂等)；无用固相主要是钻井过程中产生的钻屑以及井壁坍塌物等，固相加重剂主要有重晶石粉、赤铁矿、铁矿石粉等。钻井液中无用固相越多，钻井液的密度、黏度、动切力、滤失量、滤饼厚度、流动阻力等就越大，不但会降低钻速，而且易引起粘附卡钻、井漏等，降低钻井效率。因此，从维持钻井液优良性能，进而预防钻井井下事故、保护储层、提高钻速、降低成本的角度出发，针对塔里木库车山前开展高密度钻井液固相控制技术研究具有重要的意义。

一、固控的概念

固控是指利用机械和化学的方法对钻井液中的固相含量进行控制，以维护良好的钻井液性能。在现代钻井技术中，由于罐式循环系统的普遍使用及多级固控设备的使用，固相控制对固控设备的依赖程度在不断增加。

近30年来，国内外对钻井液中固相含量对钻井工程的影响，进行了大量的室内单元试验和现场工业试验，发现钻井液固相颗粒含量每下降10%，钻速可以提高29%，而且可以大大提高钻头和钻井泵的使用寿命。相反，钻井液中固相含量每增加1%，钻井速度将下降5%，同时增加钻井泵易损件和钻头的消耗量。因此，严格控制钻井液中固相含量，对保证深井超深井钻井及优质快速钻井有着重要的意义。

如果钻井液固控效果不好，固相就会越积越多。同时由于重复循环至井底，当其通过钻头水眼，会再次被分散，固相颗粒将越来越细，从而导致钻井液性能恶化，机械钻速下降等一系列问题产生。在这种情况下，或者排放一部分钻井液，或者重新进行处理，才能维持钻井工艺所要求的钻井液性能，因而会增加钻井成本。有效的固相控制，会提高机械钻速，增长钻头寿命，减少起下钻次数，还可以减轻设备的磨损，减少维护保养。因而固控工艺是钻井工艺中的重要环节。

二、固控系统的概念

由不同的固控设备组成的多级固控配置称为固控系统。固控系统在钻井过程中的主要功用是控制钻井液中的固相含量，清除有害固相颗粒，保证钻井液的密度、黏度等性能参数满足钻井工艺的要求。在钻井实际生产过程中，不同地层产生的钻屑颗粒不同，不同钻头类型产生的钻屑颗粒也不同，不同的钻屑颗粒对固控系统的处理能力提出了不同的要求，因此各级固控设备都具有各自的固相颗粒清除范围。表 9-1-1 给出了固控系统各级设备清除固相颗粒的能力范围。

表 9-1-1 固控设备清除颗粒范围

序号	固相颗粒名称	粒度，μm	固相颗粒质量含量，%	相应的筛网目	以 $74\mu m$ 为界限的砂、泥含量，%	相应的清除设备
1	粗	>2000	0.8~2	>10	3.7~25.8	振动筛
2	中粗	250~2000	0.4~8.7	60~10		
3	中细	74~250	2.5~15.2	200~60		细网振动筛或除砂器
4	细	44~74	11~19.8	325~200	75~95.5	除砂器或除泥器
5	特细	2~44	56~67	SUBT 法		微型旋流器或离心机
6	胶体	<2	6.5~5.5	MBT 法		离心机

由表 9-1-1 可以看出，任何一种设备都不能完全清除掉所有的固相颗粒，而需要各级固控设备配套使用来完成。固控系统的设备配套技术是有效清除有害固相的基础。

第二节 固控技术研究现状及分析

一、国内外固控系统的研究现状

1. 国外固控系统研究现状

从 20 世纪 30 年代，由矿山设备中的振动筛引入石油钻井工业开始，逐步形成钻井液固控系统，主要用来清除钻井液中的岩屑和其他有害固相颗粒。20 世纪 50 年代美国已经开始采用运输皮带式振动筛来清除钻井液中的固相颗粒，现在对固控系统的研究已达到很高的水平。国外某些厂家已经可以根据现场反馈的数据，在室内进行数据分析，在计算机上进行设计计算，通过计算结果来改变固控的流程，对钻井液处理过程进行指导，调整后的结果自动传递给计算机，进一步使计算机定量控制各种固控设备的自动化方法，形成了钻井液固控专家系统。固控专家系统能够实现对钻井液类型的识别，钻井液性能参数的收集和计算，以及固控设备的计算机自动控制。

目前比较有代表性的公司是英国 Thomas Broadbent & Son 公司、美国 Derrick 公司、美国 Brandt 公司以及美国 Swaco 公司等。

英国 Thomas Broadbent &Son 公司的固控系统是：多台双层双联直线振动筛(上层筛网目数为 60~100 目，底层筛网目数为 170 目以上)，加多台离心机组成的固控系统，曾在北海一平台上打 32 口丛式井而未换钻井液。

以美国 Swaco 公司 FPS 密闭固控系统为代表，FPS 系统模块化程度高，能够处理各种类型的钻井液,并且实现钻屑的零排放,不对环境产生影响;美国 Ramteck 公司推出的 Max 固控系统采用真空过滤抽吸式固控装置,该装置只需要一步过滤就可以除去 95% 的岩屑。Max 系统如图 9-2-1 所示。

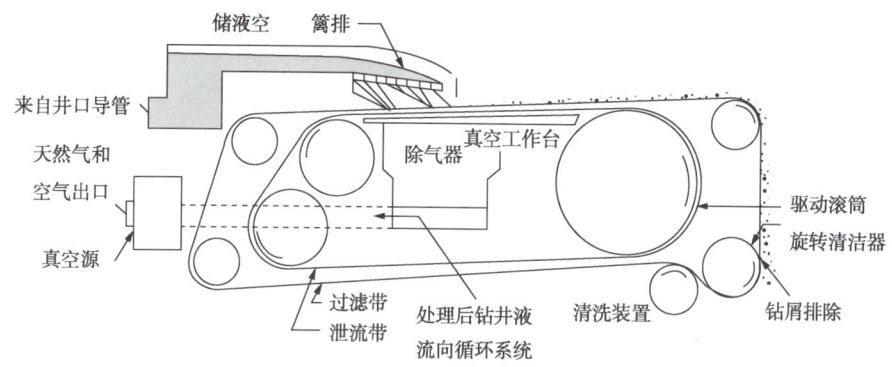

图 9-2-1 MAX 真空过滤固控系统工作流程

美国 Brandt 公司的成套固控系统,包括 2 台细目直线振动筛、1 台干燥机、除气器、2 台离心机,可用于处理加重或非加重钻井液。同时 Brandt 公司还推出了钻屑实时处理系统(图 9-2-2)和钻屑处理设备(图 9-2-3 和图 9-2-4),该系统能够实现钻屑的实时处理,钻井液中的有害固相经过超细目振动筛和钻屑干燥机处理后,通过气体泵送系统和螺旋输送装置进入滑槽式钻屑存储罐,存储罐能够很方便的采用汽车运输。整个系统实现了钻屑的分离、干燥、存储,钻井液液相能够最大限度地回收,钻屑对外界环境实现零排放,系统的环保性能好,自动化程度高。

美国 Derrick 公司推出的固控系统包括:4~5 台超细目直线振动筛、除气器、2 台离心机,其固控系统进一步简化。该公司的固控系统具有先进的模块化技术,其海上固控系统模块已经应用到钻井现场,设备的模块化使得固控系统的安装运输更为方便,如图 9-2-5 所示。目前,美国 Derrick 公司只对海洋钻井设计研发了模块化程度高的固控系统,但集成化技术和模块化技术是未来固控系统发展的重要方向。

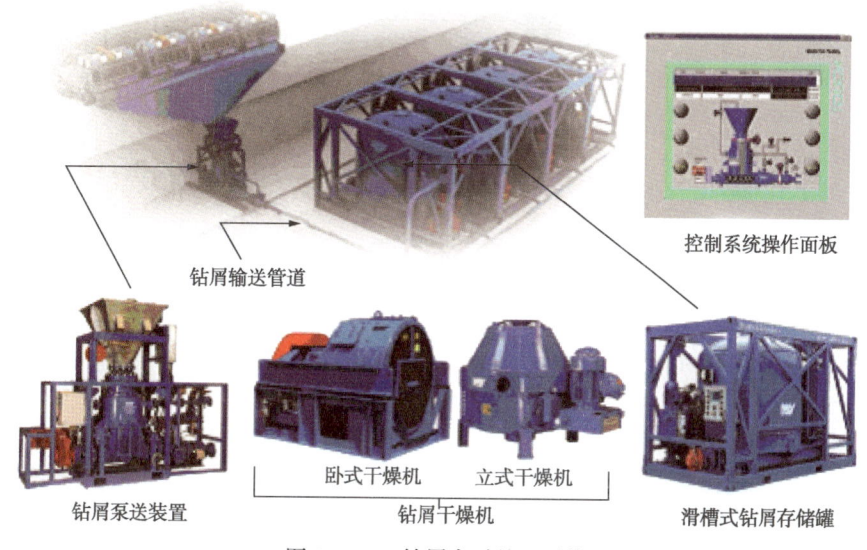

图 9-2-2 钻屑实时处理系统

— 617 —

 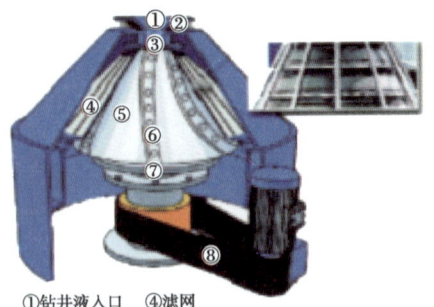

①钻井液入口　④滤网
②流量控制器　⑤筛网　⑦转毂
③锥段外壳　⑥筛网固定条　⑧带传动装置

图 9-2-3　立式钻屑干燥机

图 9-2-4　滑槽式钻屑存储器

 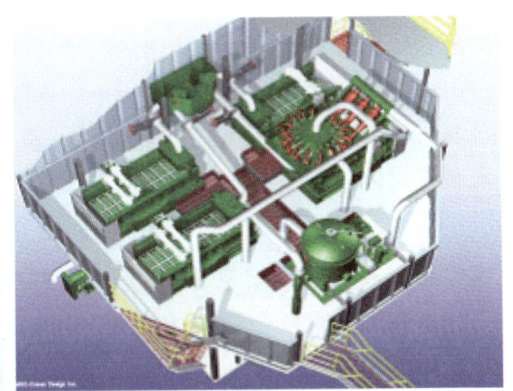

图 9-2-5　模块化钻井液固控系统

埃索公司、马来西亚公司应用五台筛网目数为 100~240 目的振动筛并联使用来处理钻井液,以解决流量过小的问题。固控系统实际上变成由 5 台细目或超细目振动筛和 2 台离心机组成的两级固控系统,如图 9-2-6 所示。由于固控系统的简化,固控设备的减少,因此可显著降低固控系统的功率消耗,提高系统的可靠性。

美国石油工具公司专门推出了一种新型固控系统,它包括以下固控设备:1 台封闭式钻井液分离器,体积为 $1800 \times 1270 \times 1100 mm^3$,钻井液可以被钻井液分离器直接分流到系统中的各个振动筛;4 台配有三维细目筛网的直线振动筛,可获得 80%~100% 流通量;配有 2 台重力干燥筛,其中一台重力干燥筛与直线振动筛并列。经过干燥筛处理后的底流进入

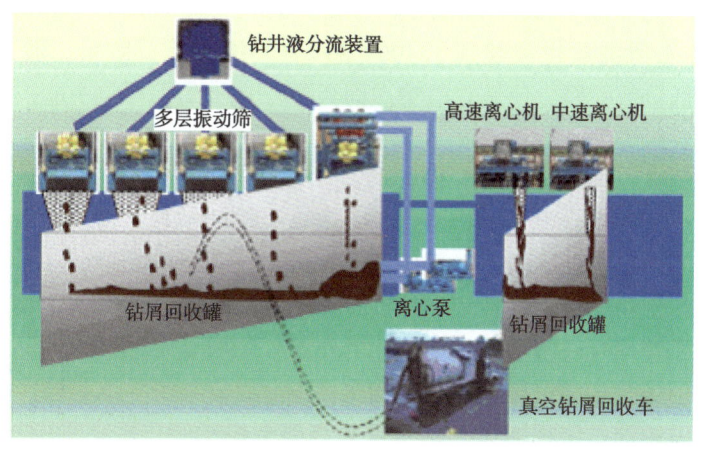

图 9-2-6　二级固控系统

离心机，离心机的滚筒最大转速 4000r/min，可产生为重力 3180 倍的离心力，最大处理量为 719L/min，进料量和滚筒转速均由控制装置自动调节；1 套钻井液储备系统，配有 2 台容量各为 $8m^3$ 的罐和 2 台供浆泵。这种固相控制系统不仅能处理钻井液，除去岩屑上的油，而且能全部回收钻井液，大大降低钻井成本，并有利于环保。细目或超细目的 4 台直线振动筛+离心机是这套固控系统的核心，大大简化了固控系统，这正是多年来固控系统研究的目标。

目前两级固控系统中的振动筛均为直线型细目或超细目振动筛。美国一家权威机构通过实验研究表明，使用 150 目筛网而没有使用旋流器情况下，就能清除 98% 的固相，其他实验也证明，使用 120 目（$130\mu m$）筛网的筛分效率也可以超过低筛目数清洁器的效率。实验证明细目筛网或超细目筛网不仅可以清除大于和等于筛网孔尺寸的固相颗粒，而且可以清除尺寸小于筛网孔的固相。根据当前固控系统发展要求，减少固控级数可以降低成本，提高设备的可靠性，这已成为一种发展趋势。

综上所述，目前国外已经发展为以振动筛为核心的两级固控系统，即多台细目或超细目直线振动筛+离心机，已经非常成熟，这将取代传统的多级固控系统。

2. 国内固控系统研究现状

国内对固控系统的研究起步比较晚，20 世纪 50 年代基本没有什么地面钻井液固控系统，使用的固控系统也大多是在引进国外的基础上进行国产化，使之适应我国的国情，适合我国的钻井工艺的需要，各油田又根据地区特点，推出了各具特色的固控系统。例如：江汉机械研究所研制了大庆-130 钻机固控系统，宝鸡石油机械厂研制的 ZT32A 型固控系统，胜利油田研制的 4500m 以上钻机的固控系统等。但是在 20 世纪 80 年代以前，我国的固控系统与国外相比存在较大的差距，固控系统使用中也普遍存在一些问题。

（1）我国第一级固控设备振动筛筛网目数普遍偏低，难以满足钻井要求。在钻井过程中产生并被钻井液携带出井口的岩屑粒径在 $2\sim2000\mu m$ 之间，且粒径小于 $250\mu m$ 的岩屑占 80% 以上，而实际振动筛只能除去粒径大于 $74\mu m$ 的岩屑，小于 $74\mu m$ 的岩屑颗粒要靠后续设备来清除。另外，振动筛的激振强度、电动机技术和筛箱的调节技术与国外还有较大的差距。

（2）砂泵给钻井液加压，以及旋流器内部的摩擦造成岩屑更加细化，导致细化了的岩屑更加难以清除。公称直径200~300mm除砂器只起到了80~120目筛网的筛分效果，公称直径120~125mm除泥器也只起到了100~200目筛网的筛分效果。但是细目筛网易破损，大多数采用低目数筛网，使钻井液中占固相颗粒80%的细颗粒不能被清除，大大降低了钻井液的净化效果。

（3）砂泵能耗大，排量200m³/h砂泵的电动机功率为55~75kW。如果井队同时使用除砂器和除泥器，耗能将会大于100kW。另外，砂泵轴的密封件容易损坏，造成钻井液漏失，这将给井队的设备管理维修带来许多不便。

（4）固控系统中易损件寿命较短，特别是振动筛筛网、旋流器、砂泵轴密封等，大大影响钻进速度。尽管当时许多油田借鉴国外的经验，采用叠层粘接筛网，但主要以钩边式为主，与国外采用板式化学粘接叠层筛网相比，寿命提高幅度并不明显。

（5）近几年国内油田使用的振动筛主要为直线型振动筛、平动椭圆振动筛、直线/平动椭圆双轨迹振动筛、平动椭圆/变椭圆双轨迹振动筛，与国外相比，总体性能已经处于同一水平，但振动筛加工工艺水平还有较大差距。

（6）由于钻井工艺技术的发展，现有多级固控系统仍然难以很好满足诸如水平井、深井、超深井等钻井工艺的需要。固控系统以三级或四级固控系统为主，系统配套都愈来愈复杂、庞大，设备费用、维修费用、动力消耗相应增加。由于系统组成单元的增加，系统可靠性降低，固控系统中设备的在线监测及自动化水平与国外相比仍有较大差距。

（7）固控系统的配套技术，固控设备的科学管理，固控设备的使用维护有待进一步加强。

二、国内外固控设备的研究现状

1. 国外固控设备

在国际上，较为著名的固控设备生产厂商主要有：英国Thomas Broadbent & Son公司、美国Derrick公司、Brandt公司以及Swaco公司等，上述公司在固控设备的分离机理、设备设计制造、设备制造材料、设备使用维护方面的研究有着一流的水平。目前国内引进较多的固控设备为美国生产的振动筛、除气器、钻井液清洁一体机以及离心机。下面主要分析美国著名的固控设备生产厂商的先进固控设备。

1）美国derrick公司的Hyperpool振动筛

（1）单面筛网张紧方式。单面筛网张紧方式可以在振动筛的左侧或者右侧安装，每个面板换筛网的时间缩短到45s，筛网与凹形的振动面板相互贴合，形成良好的密封，避免了筛网张紧边缘的漏浆。单面筛网张紧的方式如图9-2-7所示。

图9-2-7　Hyperpool振动筛单面张紧

（2）全新的筛网技术。波浪网（也称锥形筛网）能够提高筛网的处理能力，在高流量下保证钻井液的分离效率，筛网的孔口区域达到了整个筛网的72%。波浪网的截面如图9-2-8所示，它与平面筛网的透筛率比较如图9-2-9所示。

图9-2-8　波浪网截面

图9-2-9　筛网形状和钻井液透筛率对比

（3）振动筛箱随钻可调技术。随钻调节技术（AWD）允许操作者在不中断振动筛工作的情况下，调节振动筛筛箱倾斜角度范围在-3°到+8°。随着钻井的速率、地质构造、钻井液特性的变化，调节振动筛筛箱的倾斜角度，能够实现钻井液处理量和分离点的匹配。随钻调节技术（AWD）的调节装置如图9-2-10所示。

图9-2-10　AWD随钻调节振动筛倾斜角度

2）美国Brandt公司的VSM振动筛

VSM多层平动椭圆振动筛主要特点如下：

（1）VSM多层振动筛首次使用恒定抛掷指数控制技术，该技术实时测量筛箱加速度，当负载增加时，激振电动机会自动调整转速，保持激振力不变，从而提升振动筛的处理能力，处理能力相比VSM300的前一代产品提高2倍，控制模块如图9-2-11所示。

（2）VSM多层振动筛配备柔性流体模块时，通过滑动手动分流器的气动单钳板，可实现振动筛串、并联2种运行模式之间的快速转换：串联模式下，主筛网可高效回收重晶石等有用的材料，次级主筛网为筛分更细（或轻质）的固相颗粒提供了更大的筛网面积；并联模式下，振动筛使用双倍于串联模式的细筛网，主要用于中、下部井段。主筛网和次级主筛网的目数相同，可调式挡板使钻井液在主、次筛网的流量相等，从而优化了筛网的使用效率。

— 621 —

图9-2-11　VSM多层平动椭圆振动筛恒定抛掷指数控制技术

3) 美国Swaco公司的Mongoose PT振动筛

Swaco公司振动筛具有较大的处理能力，振动筛同时具有平动椭圆型和直线型振动轨迹。针对不同的钻井环境，振动筛做出了相应的调整。Swaco公司振动筛在工作观察窗口（图9-2-12）和振动筛黏土控制装置（图9-2-13）方面具有较为先进的技术。

图9-2-12　振动筛上方观察的视窗图

图9-2-13　避免黏土积累装置

4) 美国Derrick公司的DE-7200、DE-1000离心机

Derrick公司离心机产品主要包括VFD（可变频调速离心机）、FHD（全液力驱动离心机）、GBD（机械驱动离心机）三类。VFD离心机的速度范围值在0~600r/min，离心机的液相入口段的流量可调范围很广。该种类型的最大离心加速度可以达到2750g。FHD离心机速度可在0~3400r/min调节，离心加速度超过2300g，该离心机的处理量大，能处理极其微小的钻井液颗粒。GBD离心机最高速度可达到4000r/min，离心加速度能够达到3182g。

5) 美国Brandt公司的HS-3400离心机

HS-3400型离心机的离心加速度在2870~3180g内变化，钻井液处理量为60m^3/h，大的处理量能够适应各种钻井工况的需要。采用变频技术，配合钻井液的处理量，随钻调整离心机转鼓的转速，能对水基、油基、加重、非加重钻井液进行处理。离心机具有扭矩过载和振动过大的保护机制，能够在工作情况恶劣时自动关机。

6) Swaco公司的Swaco414离心机

Swaco414离心机为高速卸料式离心机，转鼓的转速范围在1600~3000r/min，转鼓转

— 622 —

速的调节主要依靠滑轮装置的档位变化。Swaco 离心机采用平衡式螺旋转鼓,可以显著提高钻井液加重材料的回收效率,它能够在高转速的情况下,产生 500G 的离心加速度,在处理量 60m³/h 时能够分离粒度直径为 5~7μm 的固相颗粒。

2. 国内外固控设备技术比较

通过对国外固控设备的引进消化吸收,目前我国不但能生产出振动筛、旋流器、离心机等各种固控设备,而且产品的性能和质量与国外产品的差距也越来越小。

1) 国内外振动筛技术比较

21 世纪初,国外(以美国为代表)的振动筛技术水平高于国内的技术水平,以细目、超细目振动筛和直线型振动筛为主,表 9-2-1 为 21 世纪初美国振动筛的性能参数。

表 9-2-1 美国振动筛的结构特点和主要性能

公司	结构形式	振型	筛网面积,m²	目数	振动筛的调节性能
Derrick	单层	直线	2.21	24~325	筛箱倾角可调
Brandt(ATL-1000)	双层	直线	上 2.38 下 1.06	上 30~200 下 60~325	筛箱倾角可调
Brandt(ATL-1200)	双层	直线	上 2.38 下 1.06	上 30~200 下 60~500	筛箱倾角可调
Swaco	单层	直线	3	30~250	筛箱倾角可调

21 世纪初,国内振动筛筛网面积不大,筛网目数普遍不高,处理量较小,直线振动筛少,与国外相比差距较大。表 9-2-2 是国内当时使用较普遍的振动筛的性能参数。

表 9-2-2 国内振动筛结构特点与主要性能

型号	层数	振型	筛网面积,m²	目数	功率,kW
2ZZS-D	单层	直线型	1.66	80	3
GW-1	单层	平动椭圆	2.2	40~210	4

经过近 20 年的发展,国内振动筛的技术水平已经与国际接轨,主要性能基本一致。表 9-2-3 是目前国内振动筛的性能参数。

表 9-2-3 目前国内振动筛结构特点与主要性能

型号	层数	振型	筛网面积,m²	目数	功率,kW
宝石 GX/S	单层	直线/平动椭圆	2.73	120~200	4.19
宝石/Z1×2	双层	直线型	6.24	200~325	3.68

2) 国内外旋流器技术比较

锥筒材料的使用情况直接影响旋流器的技术性能,目前国内外公认的是聚氨脂材料,认为其耐磨性较好,但是这种材料的耐温性能却很差。由于旋流器长期工作,使得旋流器温度升高,很容易磨损变形,导致内部流场被破坏,效率大大降低,有时甚至无法正常工作。为解决上述问题,国内有的单位仍在使用高铬铸铁锥筒,同时在积极探索表面涂耐磨层。在锥筒蜗壳设计方面,更加注意采用水力学特性好的曲线,以使液流由直线运动能很好地转变为圆周运动,过渡段水力损失小,连接光滑,不出现气蚀现象。例如,已设计出阿基米德螺线和螺旋线液流导向结构。

表 9-2-4 和表 9-2-5 为国内外生产的典型除砂器和除泥器的性能参数。

表 9-2-4 国内外主要厂家生产的除砂器

厂家(公司)	型号	规格×数量	进浆压头，MPa	处理量，m³/h	分离粒度，μm
国内某厂	4T8	200×4	0.39	200	40~50
国内某厂	ZCS	250×2	0.29	191	74
国内某厂	CS210	250×2	0.24	248	40~50
Brandt	SRS-2	300×2	0.224	226.8	40~70
Swaco	212 立式	300×2	0.212	226.8	40~70

表 9-2-5 国内外主要厂家生产的除泥器

厂家(公司)	型号	规格×数量	进浆压头，MPa	处理量，m³/h	分离粒度，μm
国内某厂	ZW120×12	120×12	0.34	300	73
国内某厂	CN100	100×12	0.25~0.4	204	10~75
Brandt	SE8	100×8	0.224	109	10~75
Swaco	6T4	100×6 双	0.272	204	25~40

尽管国内的旋流器在设计方面有了很大的进步，但和国外相比仍有一定的差距。国外的先进技术主要表现在以下方面：

（1）把旋流器和振动筛组合在一起，形成了一套完整钻井液清洁系统，这样就减少了占地面积，并且减少了运输车次；

（2）旋流器的工作压力已经能达到基本稳定的状态；

（3）旋流器已经能够全部用聚合物材料制造，这种材料具有抗高温，耐磨损的性能；

（4）进液管口的设计为内旋线，进入旋流器的钻井液是旋转的状态，这样就增加了钻井液的旋转速度；

（5）如果钻井液颗粒很硬，被抛向锥筒内壁时，对内壁的磨损很大，这时可在旋流器内壁上加装陶瓷内衬。

3）国内外离心机技术比较

离心机作为固控系统的一部分，其技术性能的好坏，直接影响到固控系统能否实现问题。目前国内生产的离心机的关键零部件，普遍存在耐磨性和耐腐蚀性差的问题。这些问题的解决都将取决于新材料、新工艺在固控设备上的应用。为了满足钻探技术的需要，从国外实践得知，处理量大、转速范围大、可变频调速，寿命长离心机得到广大用户的迫切需求，这种离心机既能回收加重钻井液中的加重材料，又能清除非加重钻井液中的胶体颗粒，并且能够减少固控系统中不必要的设备。表 9-2-6 是国内外生产的典型的离心机性能。

表 9-2-6 国内外典型离心机性能

厂家(公司)	型号	转鼓直径 mm	转鼓长度 mm	转速 r/min	最大处理量 m³/h	驱动方式	功率 kW
国内某厂	LW450×1130-J	450	1130	1800	40	电动机	22
国内某厂	JC40-DZ	450	1200	1600	40	双电动机	37.5
Brandt	CF-1	457	710	1600~2000	50	电动机	30
Swaco	414	353	865	1600~3250	50	双电动机	24

近几年，国内外对离心机研究越来越重视，性能指标进一步提高。目前离心机发展有以下几个特点：

（1）处理量越来越大；

（2）转速越来越高，普遍采用变频调速；

（3）国外的离心机已经实现了单电动机驱动和全液压驱动的方式；

（4）转鼓和螺旋输送器的磨损层采用敷垫陶瓷片的粘合方法，这种结构使离心机寿命得到大大提高；

（5）向智能化控制方向发展，最大限度提高处理效果和增加排砂量，减少操作中的困难，实现智能化调节。

4）国内外除气器技术比较

钻井液中直径为6~52mm的气泡浮到表面破裂后逸入大气。对于直径小于0.8mm的气泡而言，浮力太微弱，不足以克服钻井液的静切力，静止在原处，这种呈弥散状分布在钻井液中的小气泡，使钻井液密度明显下降，严重气侵时，可使密度下降至原来的一半。因此，应在振动筛后面使用除气器来除去其中的气体。

随着平衡和欠平衡压力钻井工艺的推广使用，严格控制钻井液密度就成为一个更加突出的问题。引起钻井液密度变化的因素很多，其中钻井液中混入气体而引起气侵，是一个不容忽视的重要因素之一。因此，除去钻井液中的气体，对钻井的顺利进行起着至关重要的作用。

除气器有离心式除气器、离心真空除气器等多种类型。不论使用何种类型的除气器，其排出的钻井液都应距排出罐液面的高度越小越好，甚至排出管插入液面下，以防止液体飞溅时气体的再次混入。不论依靠何种作用原理来完成除气任务的除气器，其最基本点都是使处于钻井液内部的气泡，通过各种方式的作用后，有充分的机会从钻井液深处到表面而破裂。

目前，随着超深井技术的发展，要求除气器有大处理量和较高的除气效率，而随着这两个参数要求的提高，除气器的尺寸也必然增大，这对除气器的安装提出了更高的要求，如除气器可以采用立式或卧式安装。

表9-2-7是国内外生产的典型除气器性能。

表9-2-7　国内外主要厂家生产的除气器

厂家	型号	规格×数量	进浆压头，MPa	处理量，m³/h	分离粒度，μm
胜利	ZW120×12	120×12	0.34	300	73
长庆	CN100	100×12	0.25~0.4	204	10~75
Brandt	SE8	100×8	0.224	109	0~75
Brandt	T10-4	100×10	0.224	113	45
Rumba	10锥	120×10	0.224	181	20~74
SWACO	6T4	100×6双	0.272	204	25~40
SWACO	202	50×20	0.448	114	7~25
SWACO	P04C16B	100×16	0.224	181	25~40

三、固控技术的发展趋势

众所周知，钻井液振动筛是20世纪30年代从采矿行业引入。但选矿用的筛分筛与钻井液振动筛在性能要求上有很大的区别，前者主要要求有高的筛分率，后者则主要要求在回收钻井液的同时，尽可能多地清除钻屑，最好能把相当部分小于筛孔尺寸的钻屑也清除掉。在进入现代钻井时期以前，钻井工艺对固相控制要求不高，振动筛的发展比较慢。一直到 20 世纪 50 年代，随着钻井技术，特别是喷射钻井技术的发展和推广，固控设备的研究才受到普遍重视，钻井液振动筛才有了快速发展。老式常规振动筛采用单轴激振椭圆振型，筛网一般在 30 目以下，由于满足不了要求，增加水力旋流器，形成二级固控，继而又发展为三级固控。为了清除钻井液中更细的有害固相或回收重晶石，又增加了离心机，发展成为四级固控。这样，整套固控设备的结构愈来愈杂、庞大，设备费、维修费和动力消耗都相应增加。研制出既能满足越来越高的固控要求，又能简化结构便于操作维修的固控设备，成为 20 世纪 80 年代以来固控设备和固控技术发展的主要方向。

现有的固控系统流程冗繁、系统庞大、花费昂贵，而且固相颗粒的重复破碎对钻井作业危害极大。针对这种弊端，如前所述，国外研制出一批新型固控设备，在总体上完全改变了传统的布局。以望得到结构简单，效率高，能耗低的钻井液固控系统。其研究主要体现在以下几个方面：

一种是从固控机理上更新，发展新型固控设备，美国 Max 系统以及其他一些新型固控设备就是这种发展趋势的代表。显然，这是从根本上改进固控设备和技术的重要途径。

另一种是以简化现有设备、提高分离效率为核心，加强对现有设备的研究和改造，改善振动筛性能，在一般钻井条件下用振动筛与离心机二级固控取代现有的多级固控系统。

实践证明，旋流器的分离效率和分离粒度都是不稳定的。随机械钻速、地层条件的变化，井底返回钻井液性能也不断变化，即使砂泵工作正常，旋流器也常因钻井液性能变化而不能正常工作。另一方面，据美国有一个研究机构在台架上的实验研究，在没有使用旋流器时，振动筛用 150 目筛网能清除 98%的固相。现场对比试验证明，用 120 目筛网的筛分效率可超过水力旋流器。实验研究还表明，当使用细目筛网时，由于钻井液对筛网钢丝的包被作用，不仅大于和等于筛孔尺寸的固相被清除，而且一般尺寸小于筛孔的固相也能被清除。

与此同时，随着振动筛工作机理研究的不断深入，由圆型筛到直线筛、椭圆型筛，钻井液振动筛的性能愈趋优良，结构也愈趋完善。特别是多层筛网研制成功，有效地提高了筛网的工作寿命，这些都为扩大使用超细目（200 目及以上）振动筛创造了条件。曾经美国一些研究部门对固控设备和技术的发展提出的如下设想，大多成为了现实。

（1）固控设备的高分离效率可以由超细目振动筛来得到；

（2）在可能的地方，可以将砂泵-旋流器从固控系统中拆除，以降低固控系统的能耗，缩小其安装空间；

（3）可以通过超细目振动筛的推广使用，大大简化固控系统流程和结构。

在振动筛方面，下一步重点应发展处理量更大、筛网目数更高、寿命更长、排出钻屑含液量低的负压振动筛。

同时，国外在固控技术发展中值得注意的另一个趋向是采用固控专家系统，应用计算机与精密仪器自动监测和处理钻井液净化。固控专家系统主要用于固控设备的设计和现有设备的评价与优选，自动监测系统也是优化固相控制不可缺少的装置。美国推出的自动数据获取装置和固相监测电子装置便是典型的例子。前者用计算机监测钻井液密度、黏度和温度等，后者不用计算机便能测得钻井液密度和固相含量，以保证排除更多无用固相，保留重晶石，减少钻井液的损失。

第三节　库车山前固控系统现状与分析

一、塔里木油田固控设备的典型配置

目前库车山前固控系统普遍采用四级固控系统，即振动筛(+除气器)+除砂(清洁)器+除泥(清洁)器+离心机。固控系统的典型配置见表9-3-1、表9-3-2、表9-3-3和表9-3-4。

表 9-3-1　克深 4 井的固控设备配置参数

	名称及型号	HS270-FC
	激振电机功率，kW	2×2.2
	振动频率，Hz	22.3~26.6
	防爆等级	dⅡBT4
	筛网总面积，m²	4[①]×(0.585×1.165)
振动筛 3 台	振幅(双)，mm	5~6
	实际使用目数，目	20~200
	振动强度	5.6g~8g
	筛箱倾角调整范围	−15°~+7°
	外形尺寸，mm	2965×1883×1700
	总质量，kg	2050
	名称及型号	HV-240 真空除气器
	处理量，m³/h	200~240
	真空度，mmHg	380~450
	除气效率	≥95%
除气器 1 台	主电机功率，kW	15
	真空泵电机功率，kW	3
	进液管通径，in	5
	排液管通径，in	6
	外形尺寸，mm	1900×900×2200
	总质量，kg	1800
	名称及型号	HD-300×2
	公称直径	12in×2
	工作压力，MPa	0.2~0.45
	处理量，m³/h	240
除砂清洁器 1 台	筛网尺寸，mm	1240×585
	筛网目数，目	150~200
	进液管通径，in	6
	排液管通径，in	8
	总质量，kg	750
	外形尺寸，mm	1630×1140×2320
	名称及型号	HM-100×12
除泥清洁器 1 台	公称直径，in	4″×12
	工作压力，MPa	0.2~0.4
	处理量，m³/h	160~180

续表

	名称及型号	HM-100×12
	筛网尺寸，mm	1240×585
	筛网目数，目	150~200
除泥清洁器 1 台	进液管通径，in	6
	排液管通径，in	8
	总质量，kg	750
	外形尺寸，mm	1990×1140×2080
	名称及型号	HCF450×1000-NM
	转鼓内径，mm	450
	转鼓工作长度，mm	1000
	转鼓工作转速，r/min	1800~2000
中速离心机 1 台	分离因数	1007
	推料器转速差，r/min	17~36
	螺旋叶片特性	双头、左旋
	最大处理量，m³/h	45~50
	供料泵型号	离心泵 HCP3×2×13
	总质量(含供料泵)，kg	3600
	名称及型号	HCF450×1000-NH
	转鼓内径，mm	450
	转鼓工作长度，mm	1000
高速离心机 1 台	转鼓工作转速，r/min	2200~2500
	分离因数	1219
	推料器转速差，r/min	17~36
	最大处理量，m³/h	50~60
	供料泵型号	离心泵 HCP3×2×13

① 表示 4 块筛网。

克深 4 井钻机配备四级固控系统。该井队的振动筛使用情况较好，电动机采用了"仿马丁"电动机，振动频率高、激振强度大；筛网使用了 PTS 快装筛网、独特的筛网粘贴技术，筛网质量相比国内产品较好，但仍然容易出现局部破损，如图 9-3-1 所示。筛箱角度能够随钻调节，但也存在筛网支撑条的强度低的问题。除砂清洁器和除泥清洁器的使用效率低，除泥清洁器、中高速离心机的处理量偏小。

(a) 使用前的筛网　　　　　　　　　　(b) 出现破损的筛网

图 9-3-1　克深 4 井使用的 PTS 快装筛网

表 9-3-2 迪北 102 井的固控设备配置参数

振动筛 3 台	名称及型号	GX-1
	激振电机功率，kW	2×1.86
	振动频率，Hz	50
	防爆等级	dⅡBT4
	筛网总面积，m²	4[①]×(0.697×1.053)
	振动轨迹	直线
	处理量，m³/h	210
	实际使用目数	20~200
一体化清洁器 1 台	型号	GX-1
	筛网目数	12~200
真空除气器 1 台	型号	2CQ240-28
	处理量，m³/h	240
	排气量，m³/h	28
	真空度，mmHg	300~400
	转速，r/min	860
	效率	≥90%
中速离心机 1 台	型号	JC40-DZ
	滚筒直径，mm	Φ450×1200
	主电机功率，kW	30
	辅电机功率，kW	7.5
	转速，r/min	1600
	处理量，m³/h	13~40
中速离心机 1 台（备用）	型号	LW450-1000N
	转速，r/min	1800
	最大处理量，m³/h	40
	最小分离点，μm	5

① 表示 4 块筛网。

迪北 102 井的固控系统为典型的四级固控系统。该井队的振动筛振动频率低、激振强度低、黏度高时振动筛不能有效分离钻屑，钻井液流量大时出现跑浆现象；筛网技术落后，筛网支撑条强度低，容易变形断裂，筛网密封性能差，经常出现漏浆现象；振动筛由于抛掷角度和振型设计不合理，钻井液飞溅严重，给振动筛的操作和观察带来不便，如图 9-3-2 所示。振动筛固相的排放没有专用的螺旋输送设备，钻屑不能及时的排入钻井液废液池，钻井液废液漏失严重，污染井场，如图 9-3-3 所示。

除砂除泥一体机、离心机的安装位置不合理，设备的吸入和排除管线走向随意，弯头较多，上水效率较低。离心机底座高度随意设计，离心机吸入排除管线的安装不便，如图 9-3-4 所示。与之相对比的克深 2-2-3 井的固控设备安装位置合理，固控设备安装紧凑，节约了井场空间，如图 9-3-5 所示。

图 9-3-2　振动筛的钻井液飞溅严重

图 9-3-3　振动筛排除钻屑缺少输送设备

图 9-3-4　固控设备安装位置不合理

图 9-3-5　固控设备安装位置合理

塔里木油田的固控系统的部分设备采用了国外的设备。二勘 90002 井队和四勘 70148 井队的固控系统配套设备分别见表 9-3-3 和表 9-3-4，由于国外设备技术保密，无法得到详细的技术参数，但从使用情况来看，国外固控设备的性能明显要好于国内生产的固控设备。现场主要使用的美国 Derrick 公司的振动筛、除砂除泥清洁器。美国 derrick 公司高频振动筛分离效果较好，可以使用 200 目以上的筛布，筛面高度较高；采用 AWD 随钻液压升降技术，便于调节高度；耐用且便于维护。

表 9-3-3　克深 9 井的固控设备配置参数

固控设备	型号	处理量，m³/h	台数
振动筛	DERRICKFLC-2000	800	3
除气器	国产除气器	200	1
除砂除泥清洁器	DERRICKFLC-2000	200	1
离心机	LW-450-842	45	1
	LW-450-842N	40	1

表 9-3-4　乌泊 1 井的固控设备配置参数

固控设备	型号	处理量，m³/h	台数
振动筛	2/48-901-3TA	200	5
除砂除泥一体机	DERRICK	200	1
除气器	DERRICK	200	1
离心机	LW456—842NA	45	1
离心机	LW456—842NP	40	1

二、塔里木油田库车山前固控系统主要问题分析

总体来看，塔里木油田整个固控系统基本能满足高密度钻井液、大排量、快速钻进的工况，与国内其他油田相比优势显著，但也存在很多不足。

1. 总体问题

（1）动力消耗偏高：固控系统配备功率消耗为 342~370kW，增加了钻机总动力的配备容量，不利于钻井成本的控制。

（2）钻屑被重复破碎，固相控制效率低：振动筛作为第一级固控设备，其单筛功率仅 6kW 左右，就能够清除掉绝大部分固相。而所配除砂器和除泥器砂泵的功率都为其 10 倍以上，由于分离形式所限，旋流方式清除固相的效率低，能量主要消耗于液体旋涡损失和黏性损失。

（3）固控系统复杂：设备寿命短、故障多、操作难度大、系统可靠性差，难以完全达到大排量高密度钻井液的固相控制要求。

（4）固控工艺流程缺乏针对性：固控工艺流程应当随着不同地层、不同钻井参数的变化，固控工艺流程也不断变化。在钻井过程中，为了保护加重材料，通常降低固相控制水平，将大量有害固相滞留在钻井液中，既降低了机械钻速，又增加了钻井生产的风险。同时固控设备外排钻屑的湿度高，不仅浪费了钻井液，增加了废弃钻井液的体积，而且使固控系统的环保性能不达标。

（5）固控系统模块化程度低：设备安装、使用、维护标准不一致；在钻机搬运过程中，固控设备的拆装，运输成本高。

（6）固控系统的设备布局不合理：固控设备摆放位置随意，导致固控设备的吸入管线和排出管线弯头多，上水效率低。

（7）关键固控设备的性能相对较低，较大处理量情况下，现场处理效果不是十分理想，对快速钻进工况的应对不足。

(8) 固控系统设备缺乏科学管理：固控设备使用、维护、保养的操作规范不完善。

(9) 固控系统处理特殊钻井液效果差：固控系统对高密度钻井液加重材料的回收效率低，对油基钻井液的处理难度大。

(10) 固控系统没有充分考虑到塔里木油田作业区块的温度因素和沙漠缺水环境。

2. 振动筛的问题

(1) 处理量偏低：现场振动筛配套数目普遍采用3~4台，实际使用过程中部分振动筛无法使用，甚至只有1台能够使用。

(2) 振动电动机技术落后，激振力偏低、激振强度不够：振动电机的激振力实际使用时低于额定激振力的80%，激振力过大导致振动筛附件的快速失效，如某井激振力超过85%时，电动机和振动筛之间的易损件容易断裂。

(3) 振动筛筛箱开裂，如有的井筛箱后挡板经常开裂。

(4) 振动筛没有专用的分流设备，通常采用分流罐通过阀门的控制来实现振动筛供液量的控制。

(5) 振动筛筛网技术落后：实际工作中有效过筛面积不够、筛网的密封性能不好，容易漏钻井液。无法处理高黏度的钻井液（甚至固相不能过筛）。筛网张紧强度不够，容易松动；筛网与筛床之间贴合不紧密，筛网下面的支撑条容易变形、断裂、脱落；振动筛筛网的更换不方便。

3. 除砂器和除泥器的问题

(1) 除砂器和除泥器的进口压力有一定波动，压力过低会导致固液两相不能有效分离，固相颗粒阻塞底流孔，当颗粒阻塞到一定程度时，产生憋压现象。

(2) 现场目前所使用除砂器、除泥器是固控系统中使用率最低的固控设备（个别井队除泥器使用率不到钻进时间的10%）。主要原因是除砂器、除泥器分离固相的范围不稳定，分离效果不如振动筛和离心机明显，其处理范围与振动筛和离心机重叠。

(3) 供料离心砂泵的功率消耗大。

4. 离心机的问题

根据现场使用情况来看，大部分井队配备两台离心机（离心机转速差异较小），两台离心机的配合使用不合理，既不能有效实现加重材料的回收，也无法清除细微的有害固相。此外离心机使用率占钻进时间不到7%。

第四节 固控设备参数分析及处理量计算

一、振动筛参数分析与选型依据

国内外研究表明：影响振动筛处理量和固相运移速度的因素很多，主要包括钻井液的性能参数，固相颗粒的类型、含量和粒度分布，筛分面积、筛网目数和编织结构，筛箱上特征点的运动轨迹、抛掷指数、振幅、振动方向角和激振频率以及筛面倾角等。要使振动筛性能达到最佳，必需合理地选择其性能参数。

1. 抛掷指数

抛掷指数 D 是筛面施加于钻屑的法向驱动力与该方向上钻屑重力的比值，即表达式为：

$$D=\frac{m\omega^2 A_y}{mg\cos\alpha} \tag{9-4-1}$$

式中 m——钻屑颗粒的质量；

ω——激振轴角速度；

A_y——筛面法向振幅；

g——重力加速度；

α——筛面倾角(即筛面与水平面的夹角)。

若要使钻屑能抛离筛面，则必须 $D>1$，也就是驱动力必须大于重力垂直于筛面的分量。同时抛掷指数还确定了钻屑颗粒被抛起后在空中的运动情况，上式简化后得：

$$D=\frac{A_y\omega^2}{g\cos\alpha} \tag{9-4-2}$$

上式中，D 表示筛面法向最大加速度与重力加速度法向分量之比，综合了振动筛的振幅、激振频率和筛面倾角的关系。对于直线筛，还应包括振动方向角 δ。D 的大小影响着钻屑输送速度、透筛量和钻井液处理量。

对直线筛，有：

$$D=\frac{A_1\omega^2\sin\delta}{g\cos\alpha} \tag{9-4-3}$$

式中 A_1——筛箱沿振动方向的振幅；

δ——振动方向线与筛面的夹角。

当振动筛筛面倾角 $\alpha=0$ 时，抛掷指数 D 在数值上等于以 g 为单位的法向加速度。以上两式都是对干颗粒的受力分析提出的。对湿颗粒，由于湿颗粒被抛掷时，钻屑湿颗粒除受到筛面驱动力、重力外，还要受到钻井液的黏性力、液体的表面张力作用，因此对湿钻屑的抛掷指数变为：

$$D'=D/K_2 \tag{9-4-4}$$

式中 K_2——大于 1 的修正系数。

从上式可以看出，湿钻屑由于受到钻井液的黏性力、液体的表面张力作用，其抛掷变得更加困难，因此需要增大对其施加的驱动力。式中的 K_2 与钻井液的动切应力、表面张力、塑性黏度、颗粒尺寸及颗粒密度有关。钻井液的动切应力和塑性黏度越大，则 K_2 也越大，表示钻屑颗粒起跳越困难。钻屑尺寸及密度越小，K_2 也越大，钻屑起跳也越困难。其中钻屑尺寸对 K_2 的影响更大，这表明细小颗粒的起跳非常困难。而小于 0.5mm 的湿钻屑根本不能起跳。它们要被输送走，必须结成团块或者依附于大颗粒。由式(9-4-4)可知，由于 K_2 是大于 1 的修正系数，因此 D' 小于 D 值的大小，这是因为 D' 考虑了钻井液性能及钻屑本身物理性质的影响，更接近实际情况，因此可称 D' 为实际抛掷指数。

若抛掷指数过大，则钻屑和已结团的颗粒易粉碎，增加了钻屑的透筛率；同时，对振动筛的机械强度要求高，必然会缩短振动筛的使用寿命。振动筛选择适当的抛掷指数，保证颗粒在筛面上作抛掷运动，是提高颗粒运移速度和筛分效果的重要因素，由前面的分析可知，钻井液的塑性黏度、动切应力、表面张力和颗粒(或颗粒团)的尺寸、形状都直接影响着筛面上颗粒起跳的难易程度。一般钻井液的塑性黏度、动切应力和表面张力越大，颗粒尺寸越小，越要求振动筛有较高的名义抛掷指数。现用钻井液振动筛抛掷指数都在 $5g$ 以上，为了使钻屑颗粒容易从钻井液中分离出来，以便尽可能多地回收钻井液，同时对钻屑颗粒又有较大的输送速度，设计时参数 D 应取 $5\sim 8g$ 为宜。

2. 筛面倾角

筛面倾角是筛网在安装时与水平面的夹角，筛面倾角的不同会影响钻井液的处理量、处理效率等。

筛面倾角的大小要根据钻井液性能、振动筛的振型、所钻地层岩屑的粒度性质等因素确定，因此无论是直线筛还是椭圆筛，其筛面倾角一般都设计成可调的，可调整角度在 $-7°\sim7°$ 之间，有液压调整和螺旋升降调整两种方式。当筛面倾角为正时，表明振动筛的筛面是向上倾斜的，此时会保证待处理钻井液在筛面上的滞留时间，增加振动筛的处理量，但不利于提高振动筛的处理效果，特别是在过大的正倾角状态下，固相颗粒"爬坡"困难，钻屑在筛网入口端堆集，造成振动筛无法工作。当筛面倾角为负时，表明振动筛的筛面是向下倾斜的，向下倾斜的筛面可以有效地提高固相运移速度，有利于黏性颗粒的排除，这在钻进泥岩地层时较为有效。但是，对筛面向下倾斜的振动筛而言，固相颗粒的不稳定输送是必然的，并将导致相当数量的钻井液流失。筛面上待分离钻井液的运动实际上是机械振动和液相流动综合作用的结果。当直线振动筛安装细目筛网时，经常要求筛面调整为向上倾斜，以此来防止跑浆。筛网越细，钻井液能分离的钻屑颗粒越小，同时还能提高下游固控分离设备，如除砂器和除泥器的分离效果。但是如果筛网向上倾斜太多时，固相颗粒在筛面上会相互研磨，引起固相颗粒破碎，虽增加了过筛能力，但是会引起钻井液中固相含量增加而不是减少，另外颗粒的研磨还会加速筛网的磨损，降低筛网的寿命，增加钻井成本。对于平动椭圆振动筛，在出砂口处向下倾斜时，可有效排除黏性固相颗粒。增大向下倾斜的筛面角度，可以有效地提高排屑速度，但同时也会使处理量下降，如倾角过大会导致钻井液流失。

从上面的分析可知，筛面倾角的正负、筛面的倾斜程度都会影响振动筛的处理效果，应保证钻井液在筛面上的终止线位于筛面有效长度的 2/3~3/4 处，如图 9-4-1 所示，一般筛面倾角取 $\alpha_0 = -3° \sim +7°$。

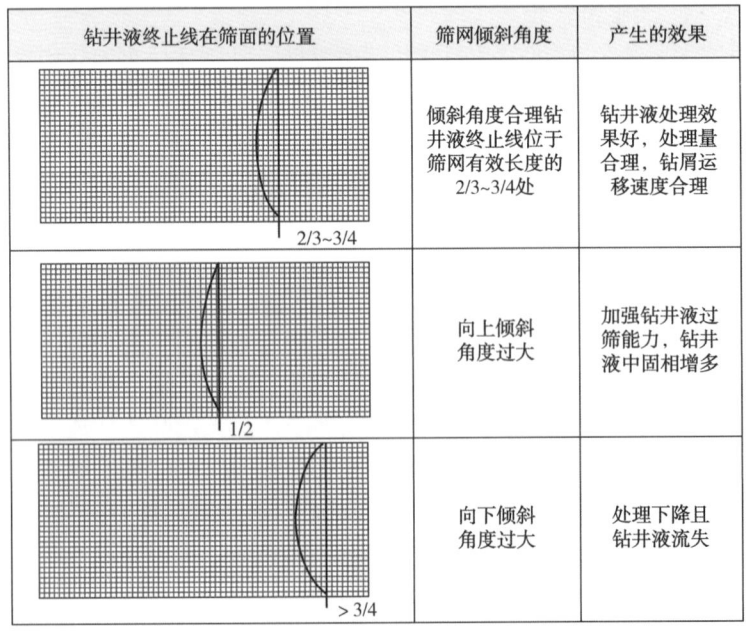

图 9-4-1 钻井液终止线在筛网上的位置示意图

3. 振幅和激振频率

筛箱的振幅和频率是影响固相颗粒清除效率的因素之一。为了使固液分离,更好地回收钻井液,应使被抛起的带钻井液的钻屑落筛时有较大的相对速度,为此要求振动筛有大的振幅才能使带液钻屑抛得更高、更远。从抛掷指数 D 的公式可得,

$$D = \frac{A_y \omega^2}{g\cos\alpha} = \frac{A_y (2\pi f)^2}{g\cos\alpha} \tag{9-4-5}$$

式中 f——振动筛的激振频率。

理论分析和实验研究都证明,振动筛的处理量随振幅、激振频率的增加而增加,而振幅 A 在远离共振区后受激振频率的影响不大,基本上是激振质量矩与参振质量的比值。从上式可以看出,抛掷指数是振幅和频率的函数,总的原则是给定抛掷指数后,在激振频率较高时振幅只能取小值,在频率较低时,振幅应取大值。当净化高黏度的钻井液时,颗粒受钻井液的黏性力和表面张力作用大,此时振动筛宜采用低频率大振幅。图 9-4-2 表明,当抛掷指数一定时,法向振幅 A_y 与激振转数的比值(A_y/n)越大,筛面对钻屑的输送速度也越大,是发展低频大振幅振动筛的原因之一。

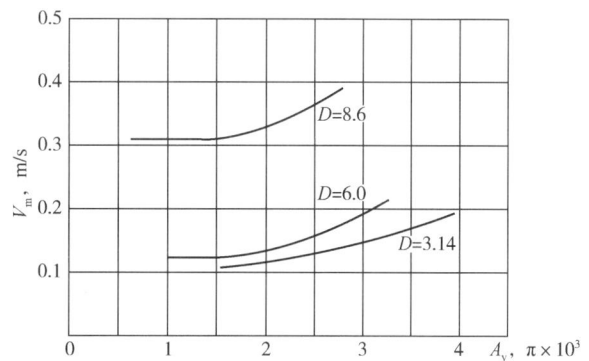

图 9-4-2 输送钻屑速度与垂直振幅的关系

应该指出,过大的抛掷指数和振幅是不经济的,这些参数的数值要根据具体的钻井工况选择。为了有更高的输送钻屑速度,在保证适当法向加速度的同时,应提高水平方向的加速度及振幅。实验也证明,提高水平加速度及振幅,可以提高振动筛处理量和筛分效率。综合考虑振幅、激振频率对处理量和排屑速度的影响,建议振动筛采用较大的振幅和较低的频率,一般振幅取 6~8mm,激振频率推荐取 1000~1500r/min(16~25Hz)。而且还要指出,由于石油钻井的工作环境和工作条件十分复杂,对振动筛性能的要求也是经常变化的。例如同一口井,在不同井段,由于对钻井液性能要求不同,钻井措施不同,对振动筛的要求也不同。因此,振动筛的主要参数如振幅、激振频率、筛面倾角等,一般都要求在钻井过程中可以方便地进行调节。

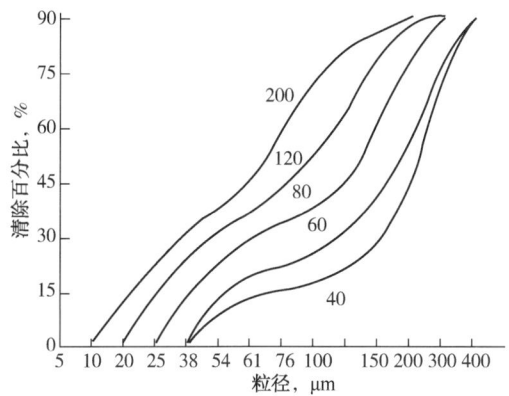

图 9-4-3 筛网目数与清除固相的能力

4. 筛网目数

筛网目数是决定处理量和分离粒度的重要因素,目数是一平方英寸筛网内筛孔的个数,目数越多,则孔径越小,所分离的固相颗粒就越小。

图 9-4-3 为不同筛网目数的振动筛清除钻井液固相的能力。由图可以看出,随着筛网目数的增高,清除的颗粒变细。但是,随着钻井深度的增加,钻井地层情况更复杂,产生的钻屑越来越多,越来越细,为清除这些颗粒就要求增大处理量和提高筛网的目数。

但筛网目数提高后，其钻井液处理能力会下降，由图9-4-4可以看出，筛网目数的提高对处理量的影响是很大的。随着筛网目数的提高，每平方米筛网钻井液处理能力却迅速下降，这样就使得筛网目数不能无限制提高。为了提高振动筛的处理量和尽可能多的清除细小颗粒，就只能增大筛网的面积，但这势必造成筛网面积的过大和成本增加，故障增多，所以合理选择筛网结构形式，必须综合考察各方面的要素。

钻井液透筛系数的大小表明了钻屑透过筛的能力，主要受筛网目数的影响，筛网目数越高，钻屑穿过筛网的比重越小，透筛系数越低。实验得到的筛网目数和透筛系数的关系如图9-4-5所示。

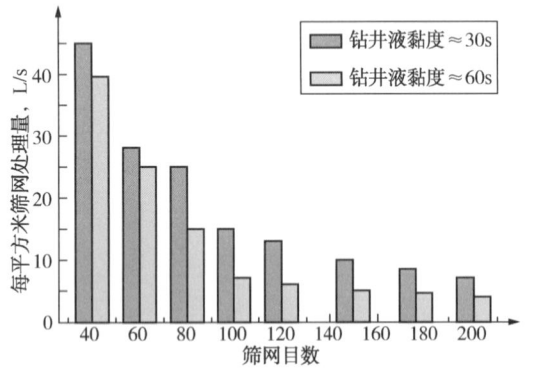

图9-4-4 筛网目数与处理量的关系图　　　图9-4-5 筛网目数和透筛系数的关系图

表9-4-1反映的是振动筛筛网的目数与振动筛最小分离粒径的关系。

表9-4-1　振动筛目数与最小分离粒径的关系（API）

振动筛筛网目数	振动筛最小分离粒径，μm	振动筛筛网目数	振动筛最小分离粒径，μm
30	540	120	110
50	280	200	74
60	230	325	44
100	170	400	35

5. 振动筛的处理量

钻井液振动筛的处理量是衡量振动筛使用性能的一个重要指标，也是配置固控系统时选用振动筛的主要依据。由于受振动筛筛分的动态参数和钻井液的物理特征等多种因素的综合影响，目前尚无通用理论计算公式。振动筛厂家在说明书中所给出的处理量，是指在规定的试验条件下的最大处理量，选用振动筛时可以参考振动筛的最大处理量。

国内外实验研究都证明，钻井振动筛处理量随振幅、激振频率的增加而增加，随筛面的倾角增加而下降，但这三个因素影响的程度是不同的，振幅影响最大，筛面倾角次之，频率影响最小。同时，钻井液的性能，特别是塑性黏度对处理量有很大影响，在其他条件不变的情况下，随钻井液塑性黏度的提高，处理量将明显下降。据统计，塑性黏度提高10%，处理量将下降2%。由抛掷指数的分析可知，由于钻井液的塑性黏度和动切应力的存在，大大增加了颗粒起跳的阻力，降低了颗粒运移速度。钻井液中固相颗粒的形状、尺寸、固相含量和粒度分布，也直接影响着处理量和排屑速度，特别是尺寸接近筛孔的颗粒，容易嵌入筛孔，形成堵筛现象，使处理量大幅度降低，同时可能会由于液相过筛不及时,增加钻井液层厚度,使颗粒更难于起跳,降低了排屑速度。但上述两方面因素都是由钻井工艺和条件确定的,是不可调的。

6. 振动筛的筛除效率

振动筛的筛除效率是振动筛的另一个性能指标。筛除的固相越多,效率越高,越有利于保持钻井液的性能。筛除效率有两种:总筛除效率和临界筛除效率。

$$\eta_{总} = \frac{W_入 - W_出}{W_入} \times 100\% = \frac{W_除}{W_入} \quad (9-4-6)$$

式中 $W_入$——流入振动筛中的固相重量流量,N/min;

$W_出$——透筛钻井液中的固相重量流量,N/min;

$W_除$——被筛除的固相重量流量,N/min。

总的筛除效率主要取决于钻进速度、钻屑粒度分布及筛网孔尺寸等因素。如果筛网已通过计算确定,大于筛网孔尺寸的固相颗粒将完全筛除。对这些尺寸的固相颗粒来说,筛除效率为100%,除非筛网已经破损而未更换。那些颗粒远远小于网孔尺寸的固相颗粒,除少数黏附于大颗粒上或形成结团颗粒者外,大部分固相透过筛网,其筛除效率接近零。而对于那些粒度为筛网孔尺寸(0.75~1.25)倍的所谓临界颗粒,能被振动筛筛除多少,则与振型本身的动力特性有关。因此,临界粒度筛除效率可反映筛型本身的固有特性。临界粒度筛除效率定义为:

$$\eta_{临} = \frac{R_除}{R_入} \frac{W_除}{W_入} \times 100\% \quad (9-4-7)$$

式中 $W_入$——流入振动筛中的固相总重量流量,N/min;

$W_除$——被筛除的固相总重量流量,N/min;

$R_入$——流入振动筛的固相总重量流量中,临界粒度固相所占的比例;

$R_除$——被筛除的固相总重量流量中,临界粒度固相所占的比例。

振动筛不管使用目数多大的筛网,总是希望 $\eta_{总}$ 和 $\eta_{临}$ 尽可能大一些。

7. 振动筛振型

振动筛经历了普通椭圆振动筛、圆振动筛、直线振动筛和平动椭圆振动筛的发展,现在钻井工程中普遍使用的是直线振动筛和平动椭圆振动筛。

普通椭圆振动筛是最早引入石油行业的振动筛,振动筛的质心为圆运动轨迹,质心两侧筛箱的运动轨迹为椭圆,且椭圆的长轴倾角方向相反。

圆振动筛是继普通椭圆振动筛之后发展起来的振动筛,圆振动筛筛箱做平动,整个筛箱上任一点的运动轨迹均为圆。

直线振动筛其主要特点:直线振动的惯性激振力均匀分布作用于筛箱,筛网受力均匀,其寿命明显优于圆振动筛或椭圆振动筛;另外,由于钻井液受到的过筛阻力较小,使得处理钻井液的量和均布度均比圆形或椭圆振动筛要好。但由于直线筛容易出现较严重"筛堵"现象,使得筛网有效过流面积减小,造成振动筛处理量下降,而且当筛网目数增大时,筛堵现象会更严重,特别不适应黏土地层。

平动椭圆振动筛同时具有圆振动筛和直线筛的优点,其筛面固相运移速度比圆振动筛提高15%,处理量比直线振动筛增大20%~30%。同时,由于平动椭圆筛上各点振动加速度矢量的方向是周期性变化的,不存在死角,较直线筛更易于把卡在筛孔中的固相颗粒抛出,不易形成"筛糊"和"筛堵"现象。因此平动椭圆振型有利于提高处理量,提高筛分效果,并减少钻屑对筛网的磨损,它特别适合于使用细筛网来筛除细小颗粒。

二、钻井液清洁器参数分析与选型依据

影响分离效率和分离粒度的因素可分为旋流器的结构因素和钻井液性能及工作参数等。旋流器的处理量可由下式计算：

$$Q = K d_0 d_e \sqrt{Hg} \qquad (9\text{-}4\text{-}8)$$

$$K = 5.1 \frac{d_0}{d_e} \qquad (9\text{-}4\text{-}9)$$

式中 K——旋流器的处理量系数；

Q——旋流器处理量，是指输入旋流器的钻井液量，L/min；

H——旋流器入口和溢流口之间的压力差，近似认为是旋流器进浆口压力，N/cm^2；

d_e——进液口当量直径，cm；

d_0——溢流管直径，cm。

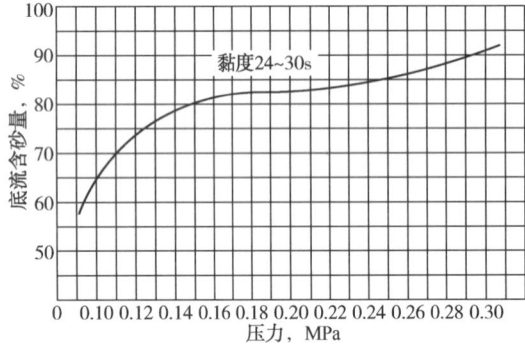

图 9-4-6 压力对底流含砂量的影响

式(9-4-8)表示当结构一定时，入口压力与处理量之间的关系，即入口压力越高，处理量越大，但入口压力过高，分离效果并不好，如图 9-4-6 所示。当压力增加到某一数值时，底流含砂量增加并不多，反而增加了砂泵和除砂器的磨损和动力消耗，所以不应片面追求高的入口压力。通常旋流器都有一个最佳工作范围，在该范围内，旋流器工作的综合经济效益较好。表 9-4-2 是几种常见旋流器使用范围表。

表 9-4-2 几种常见旋流器的合适处理量

($\rho = 1.0\text{g/cm}^3$, $\rho_m = 2.5\text{g/cm}^3$, $T = 16.67℃$)

直径, in	不同压力的处理量，L/min							
	0.70MPa	1.41MPa	2.46MPa	3.51MPa	4.22MPa	4.57MPa	4.92MPa	5.27MPa
2	0.466	0.576	0.869	1.027	1.134	1.184	1.235	1.292
3	0.863	1.058	1.600	1.922	2.104	2.192	2.281	2.369
4	1.323	1.638	2.457	2.961	3.213	3.402	3.528	3.654
8	4.914	6.048	9.198	10.96	11.94	12.47	12.98	13.42
12	12.60	15.12	25.20	28.04	33.56	31.82	33.08	34.34

三、除气器参数分析与选型依据

除气设备大致分为除气器和液气分离器。液气分离和除气器其实工作的目标是一致的，都是把钻井液中侵入的各种气体分离出去，但是各自清除的范围不一样。液气分离器用于分离 3~25mm 直径的气泡，而除气器用于分离 0~3mm 直径的气泡。

除气器是使气泡迅速运动至钻井液表面并将其除去的专门设备，使用除气器是除掉气侵钻井液中气体最有效的方法。除气器分为两大类：真空式和常压式，根据真空形成方式又可分为喷射抽空和真空泵抽空两种。

常用的液气分离器主要分为两种：一种是封底式，另一种为开底式。

1. 液气分离器应注意的问题

选择的液气分离器的处理量必须大于 1.3 倍于设计循环量。

（1）一般情况下，液气分离器安装在钻井液罐边地面上，排气管线的直径应为 200mm（8in）或更大。

（2）将排气管线引至距离井口 60~80m 处。

2. 除气效率及处理量的衡定

任何一种除气器都能取得一定的除气效果，但衡量除气效果的标准目前尚未取得一致的看法，处理能力和初期效率是目前选择除气器的主要参照。国内外生产的各类除气器的处理量均指钻井液单位时间内通过除气器的数量，以 m³/h 计算。在正常情况下，多数为 120~300m³/h，但由于结构上的不同，除气效率存在着差异。

除气效率是指被除气器除掉的气体占侵入钻井液的气体总量的百分数，也等于钻井液密度与气侵钻井液密度差与不含气体钻井液同气体钻井液密度差之比，具体计算方法如下：

$$\eta = \frac{\rho_a - \rho_g}{\rho_0 - \rho_g} \times 100\% \qquad (9\text{-}4\text{-}10)$$

式中　η——除气器除气效率，%；

　　　ρ_a——除气前的钻井液密度，g/cm³；

　　　ρ_0——不含气体的钻井液密度，g/cm³；

　　　ρ_g——除气后的钻井液密度，g/cm³。

只要结构合理，黏度正常，一般除气效率均可达到 85%~95%。

四、离心机参数分析与选型依据

螺旋沉降离心机的技术参数是根据分离过程的工况要求和经济效益原则，综合权衡各种因素进行选择的，其技术参数包括：

结构参数：转鼓直径 D、转鼓总长度 L、转鼓半锥角 α、转鼓溢流口处直径 D_1、推料的螺距 S（或升角 β）、螺旋母线与垂直于转轴截面的夹角 θ。如图 9-4-7 所示。

操作参数：转鼓转速 n、或转鼓转速 ω_b 及推料螺旋转速 ω_a、转鼓与螺旋的转数差 Δn。

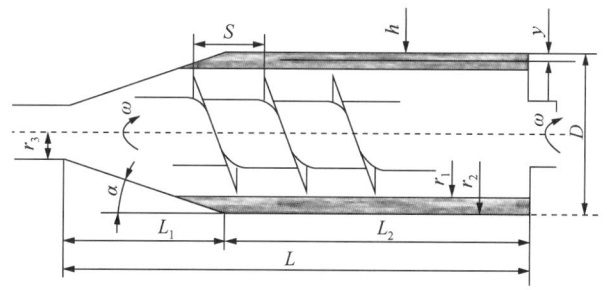

图 9-4-7　钻井液离心机结构参数

1. 转鼓直径、长度和形状

1）转鼓直径 D

在其他条件不变的情况下，离心机的处理能力大致与 D^3 成正比。根据直径 D 的大小，国内外的离心机都已系列化。我国规定的系列直径为 200、450、600、800、1000mm。国外离心机系列直径尺寸是6、8、10、16、20、25、30、40in。表9-4-3列出了螺旋沉降离心机的处理量范围和转鼓直径的关系。由于处理量受许多因素的限制，因此，表9-4-3给出的处理量为参考数据。

表9-4-3　离心机转鼓直径与处理量的关系

直径，mm		200	450	600	800	1000
处理能力	Q，m³/h	0.1~1.5	4~10	10~30	30~50	50~80
	G，t/h	0.1~0.3	0.75~3	1.5~4	2~6	5~10

$$F_c = mr\omega^2 = \frac{mr\pi^2 n^2}{900} \approx \frac{mrn^2}{100} \quad (9-4-11)$$

式中　ω——旋转角速度，rad/s；

n——转速，r/min。

由公式(9-4-11)可知，当离心力相等时，转鼓直径越大，则转速越低，固相粒子在转鼓内停留时间越长，这样可使较细的固相颗粒在离心力作用下，有充分的时间沉到转鼓壁上，进而经由螺旋推料器排出。

2) 转鼓工作长度 L

转鼓的工作长度一般是按长径比(L/D)来确定的，对于难分离的物料，长径比取3~4。转鼓工作长度越长，离心机中的沉淀池的容积就越大，固相的停留时间就越长，所以分离效果就好。但长径比由于受到制造工艺及动平衡条件等限制，不能随便取值，对于难分离的悬浮液，最合理的方法是在小直径条件下提高长径比。

3) 转鼓形状

转鼓形状有圆锥形和柱锥形两种基本结构。在转鼓直径和长度一定时，柱锥形能提供更大的内部沉降空间，使固相颗粒在转鼓内的停留时间更长，分离能力更强。它与圆锥形转鼓相比，一是在处理量不变的条件下，能保持较低的分离粒度；二是处理量加大而固相分离粒度不变。正是基于上述原因，钻井液处理所用离心机都采用柱锥形转鼓。

2. 转鼓转速 n 和分离因数 F_r

转鼓转速 n 和分离因数 F_r 的选择应考虑处理能力、分离粒度、转鼓强度和功率消耗等综合因素。

转鼓的最高转速受到材料机械强度的限制。鼓壁应力与转速或圆周线速度的二次方成正比。对于一般常用的1Cr18Ni9Ti不锈钢，允许的最大圆周线速度为60~75m/s。不同直径的转鼓最大允许转速和分离因数见表9-4-4。

表9-4-4　不同直径的转鼓最大允许转速 n_{max} 和最大分离因数 F_{rmax}

D，mm	200	350	450	600	800	1000
n_{max}，r/min	7200	4100	3200	2400	1800	1400
F_{rmax}	5700	3300	2550	1900	1400	1150

分离因数大小的选择，主要取决于钻井液中固相颗粒的分离难易程度。对于低密度钻井液，粒度细的固相颗粒一般选用较高的分离因数。工业用螺旋沉降离心机宜用于分离固相粒子的重力沉降速度 $v_0 > 1 \times 10^{-6}$ m/s 的悬浮液。分离因数选择见表9-4-5。

表 9-4-5　分离因数的选择范围

粒子重力沉降速度, m/s	$>1\times 10^{-4}$	$>1\times 10^{-4} \sim 1\times 10^{-5}$	$>1\times 10^{-5} \sim 1\times 10^{-6}$
分离因数范围	<1500	1500~2500	2500~6000

功率消耗随分离因数的提高而增大,同时也加剧了转鼓和螺旋推料器的磨损,缩短了使用寿命,增加了维修和操作成本。因此,在满足处理量和分离要求的前提下,应尽可能采用低的分离因数。对于难分离的钻井液,如黏度较高并且处理量要求较大时,一般选用小直径($D<600mm$)、高分离因数($F_r>3000$)和大长径比($L/D>3$)的机型。

3. 转鼓与螺旋输送器速差 Δn

转鼓上的沉砂是依靠转鼓与螺旋推料器来输送的。增大速度差可以增大螺旋推料器相对于转鼓的转速,并可以提高处理量,但同时也会引起对沉淀池的搅动,鼓壁上的滤饼含水量升高,分离效率下降,还会使螺旋和转鼓磨损严重。

4. LW450 离心机仿真分析

参考 LW450 离心机对高密度钻井液分离的实验数据,采用 CFX 有限元仿真软件,对离心机的转速、流量、黏度以及处理后固相体积分数等参数进行了仿真,通过建立对比分析组,得到了转鼓转速、钻井液进口流量、钻井液黏度对离心机分离效率的影响。计算机仿真结果如图 9-4-8 至图 9-4-11 所示。

第一组:进口流量 $1.5m^3/h$,转速 2200r/min,进口钻井液黏度为 $0.00785Pa\cdot s$。

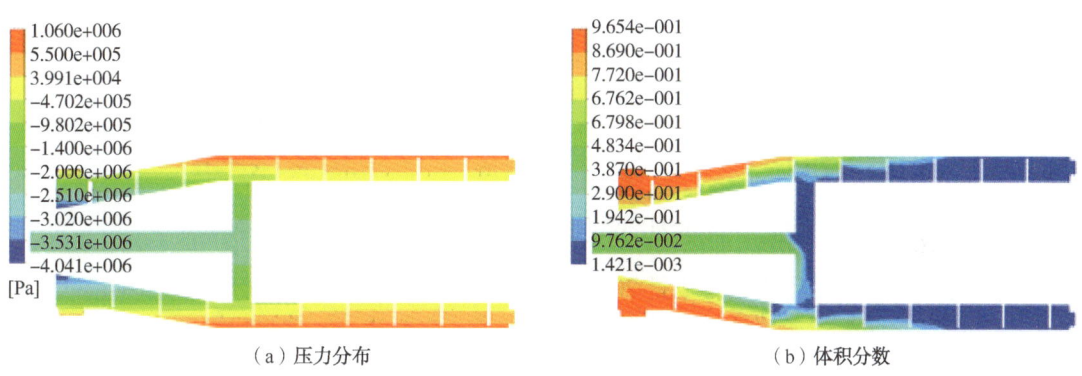

(a)压力分布　　　(b)体积分数

图 9-4-8　第一组压力、体积分布云图

第二组:进口流量 $20m^3/h$,转速 1330r/min,进口钻井液黏度为 $0.0059Pa\cdot s$。

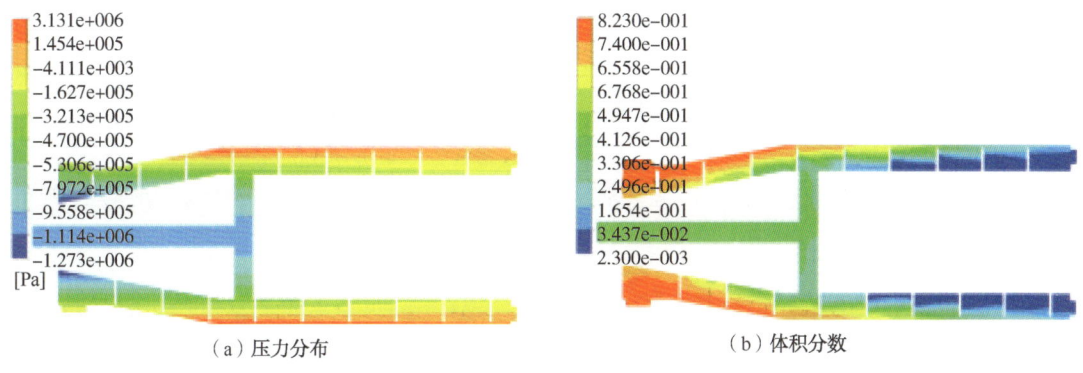

(a)压力分布　　　(b)体积分数

图 9-4-9　第二组压力、体积分布云图

第三组：进口流量20m³/h，转速2200r/min，进口钻井液黏度为0.00785Pa·s。

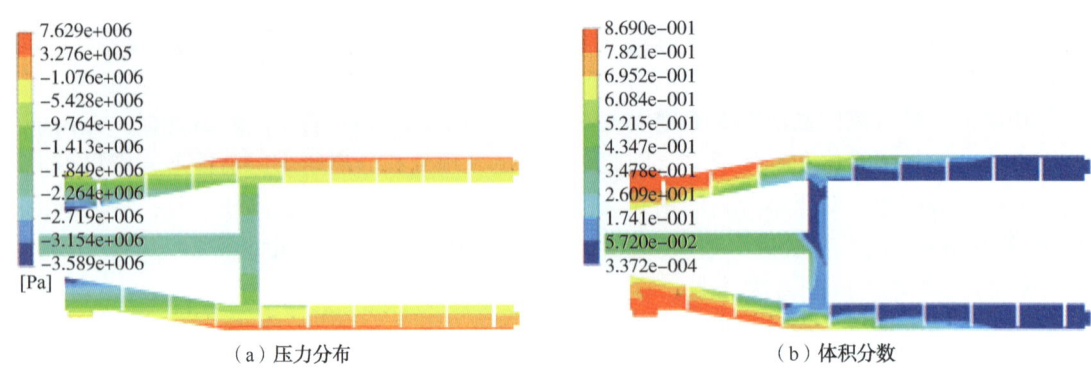

（a）压力分布　　　　　　　　　　　　（b）体积分数

图9-4-10　第三组压力、体积分布云图

第四组：进口流量20m³/h，转速2200r/min，进口钻井液黏度为0.0059Pa·s。

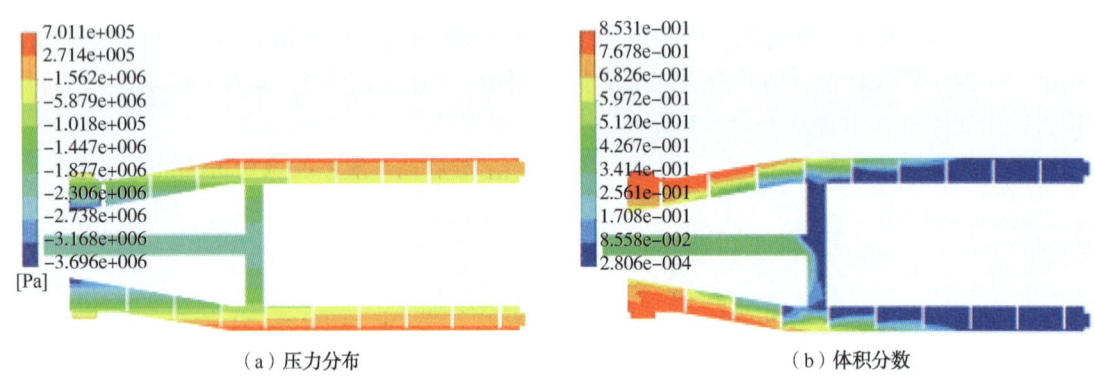

（a）压力分布　　　　　　　　　　　　（b）体积分数

图9-4-11　第四组压力、体积分布云图

第三组和第四组黏度比较：流量20m³/h，转速2200r/min，黏度对比见表9-4-6。
第二组和第四组转速比较：流量20m³/h，黏度0.0059Pa·s，转速对比见表9-4-7。

表9-4-6　流量、转速一定，黏度不同对比参数

参数	第三组	第四组
黏度，Pa·s	0.00785	0.0059
液相出口平均体积分数	1.4	1.1
固相出口平均体积分数	79.8	83.0

表9-4-7　流量、黏度一定，转速不同对比参数

参数	第二组	第四组
转速，r/min	1330	2200
液相出口平均体积分数	3.51	1.1
固相出口平均体积分数	80.0	83.0

第一组和第三组流量比较：转速2200r/min，黏度0.00785Pa·s，流量对比见表9-4-8。

表 9-4-8 黏度、转速一定，流量不同对比参数

参数	第一组	第三组
流量，m³/h	1.5	20
液相出口平均体积分数	0.9	1.4
固相出口平均体积分数	95.5	79.8

根据仿真分析图 9-4-8 至图 9-4-11 和表 9-4-6 至 9-4-8 可知：

(1) 流量和转速一定的情况下，黏度越高，分离的液相出口平均体积分数越大。说明黏度越高，分离过程越难。

(2) 流量和黏度一定的情况下，转速越高，分离的液相出口平均体积分数越低。说明转速越高，分离因数越高，分离效果越明显。

(3) 转速和黏度一定的情况下，流量越大，分离的液相出口平均体积分数越高。说明流量越大时，分离效果相对较差，分离过程相对较难。

五、固控设备处理量计算

1. 钻井泵排量的确定

表 9-4-9 为塔里木库车山前某井钻井工程设计报告中，关于钻井参数设计的部分内容，该井井深 6230m，属于超深井，其设计参数对 7000m 以上超深井固控设备有参考价值。

表 9-4-9 塔里木山前某井钻井参数、地层特性与钻屑特征

开钻次序	井段，m	钻井液密度，g/cm³	钻井泵排量，L/s	地层特征	钻屑粒径分布，μm
一开	0~200	1.10~1.20	55	杂色砾岩、砂岩和泥岩	20~2000
	200~500	1.10~1.20	55		
二开	500~600	1.10~1.50	52		
	600~1000	1.10~1.50	50		
	1000~2200	1.10~1.50	50		
	2200~2800	1.10~1.50	45	褐灰色含砾砂岩、中细砂岩、泥岩、粉砂质泥岩	15~1000
	2800~3200	1.10~1.50	45		
	3200~3500	1.10~1.50	42		
	3500~3750	1.10~1.50	40		
	3750~3902	1.10~1.50	40		
三开	3902~3950	1.65~2.35	38	泥岩、粉砂岩、细砂岩	10~1000
	3950~4400	1.65~2.35	38		
	4400~4800	1.65~2.35	35		
	4800~5400	1.65~2.35	32		
	5400~5750	1.65~2.35	30		
	5750~5902	1.65~2.35	30		
四开	5902~5930	1.65~1.80	25	细砂岩、粉砂岩、泥质岩以及泥质粉砂岩	2~500
	5930~6100	1.65~1.80	25		
	6100~6230	1.65~1.80	22		

从表 9-4-9 可以看出，在一开的时候钻井泵的排量最大，随着井径的减小，在四开的时候钻井泵排量最小。对于 7000m 以上的超深井，钻井泵的排量也是随着井深的增加而减小的。因此一开时钻井液循环是最大的，设计固控系统时，只要选取设备的处理量能大于一开钻井过程中的钻井液循环量，则该固控系统的处理能力就能够满足整个钻井过程中的处理量要求。

目前在井场生产中，根据钻井深度的不同、井下动力工具的要求以及循环系统的合理匹配，经常使用的钻井泵有三缸单作用泵，主要型号有 3NB-1600、3NB-2200 等。

参照表 9-4-9 的设计参数，根据 SY/T6724—2008《石油钻机和修井机基本配置》，ZJ70/4500 钻机所配备的单台钻井泵功率为 1600hp，台数为 2 台或 3 台；ZJ90/6750 钻机所配备的单台钻井泵功率大于或等于 1600hp，台数为 3 台。为此，在 7000m 以上超深井的钻机固控系统设计中，钻井泵选择型号为 F-1600 或 F-2200 卧式三缸单作用泵，其部分参数见表 9-4-10。

表 9-4-10 F-1600 钻井泵部分参数

冲次，冲/min	额定功率		不同缸套直径和额定压力铅井泵排量，L/s					
			180mm		170mm		160mm	
	kW	hp	22.7MPa	232MPa	25.5MPa	260MPa	28.8MPa	294MPa
130	1275	1733	50.42	50.42	44.97	44.97	39.83	39.83
120	1176	1600	46.54	46.54	41.51	41.51	36.77	36.77
110	1078	1467	54.66	54.66	38.05	38.05	33.71	33.71
100	980	1333	38.78	38.78	34.59	34.59	30.64	30.64
90	882	1200	34.9	34.9	31.13	31.13	27.58	27.58

从表 9-4-10 各参数可知，冲次为 120 冲/min，额定功率为 1176kW 的钻井泵能够满足 7000m 以上超深井钻机配套要求。

配备的 3 台 F-1600 型钻井泵，缸套为 160mm，则单台钻井泵排量为 36.77L/s（132.372m³/h），在钻井过程中，钻表层地层时采用 2 台钻井泵，因此钻井泵最大排量为 36.77×2=73.54L/s（264.7m³/h）。

2. 钻井过程中产生钻屑量的计算

钻井过程中产生的岩屑量受很多因素的影响，例如：所钻地层的孔隙、钻头的机械钻速等。单位时间内产生的岩屑量可以通过下式求得：

$$Q_s = \frac{\pi(1-\varphi)d^2}{4}v_{钻} \times 10^{-6} \qquad (9-4-12)$$

式中　Q_s——单位时间内产生的钻屑量，m³/h；
　　　φ——地层平均孔隙度；
　　　d——井眼直径，mm；
　　　$v_{钻}$——机械钻速，m/h。

3. 钻井液循环量的计算

由钻井过程可知，返出井口的循环量为钻井泵的排量与钻屑量之和，可得返出钻井液量公式为：

$$Q_{返} = Q_{泵} + Q_s \approx Q_{泵} \qquad (9-4-13)$$

由于不同钻机在钻不同地区的地层,或者同一口井不同深度地层的时候,其机械钻速差异较大,所以产生的钻屑量是不同的,但是单位时间内产生的钻屑量相对泵排量很小,所以在计算井口返出的钻井液量时,可以将产生的钻屑量忽略不计。

4. 固控设备的处理量

固控设备的处理能力应该由最大工况来选择。从净化效果的层面上讲,固相控制力求在一次循环中尽量除掉全部有害固相。钻井液中API砂(即大于74μm的固相颗粒)是钻井过程中的第一级有害固相。首先,它会加剧钻井泵的磨损。材料的磨损率(即单位行程体积磨损量)与磨料颗粒直径大小有关(图9-4-12),一般是随着磨粒直径的增大,磨损量也增大,达到某一粒径后磨损量增加较慢。从图9-4-12可以看

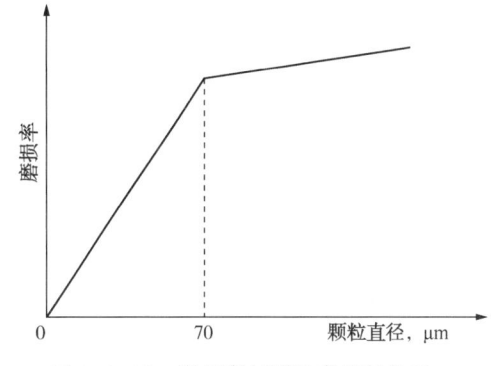

图9-4-12 磨损率与颗粒直径的关系

出,粒径在0~70μm之间时,磨损率随粒度增加得较快,但单位行程磨损较少;而大于70μm时,磨损率增加较慢,磨损率较小,但单位行程磨损多,而且容易划伤零件。

因此,钻井液中粒径大于74μm的有害固相应当力求一次清除干净。由于钻屑被重复破碎而产生的机械降级作用,钻屑研磨成细粒级固相使钻井液性能变坏,这需要选择合适的设备。

1) 振动筛的处理量

振动筛是钻井过程中一直要使用的固控设备,从井口返出的钻井液首先经过振动筛处理,因此振动筛的处理能力必须达到钻井液的返出量。在钻井过程中,从钻井泵排出的钻井液进入井底,再将钻井过程中产生的钻屑携带到地面,进入固控系统中各级固控设备依次处理,为了避免振动筛跑浆,保证固控系统的处理效果,振动筛的处理能力应大于返出井口的钻井液量(也就是钻井泵的最大排量Q_{max})。在设计时,一般取:

$$Q_{筛} = 1.25 Q_{max} \tag{9-4-14}$$

将Q_{max}代入上式,计算出$Q_{筛} = 1.25 \times 73.54 = 91.93 \text{L/s}(330.93 \text{m}^3/\text{h})$。

2) 除气器的处理量

如果钻井液中含有气体,则需要真空除气器将钻井液中的气体除去,由于系统的整个钻井液循环量是钻井泵的最大排量,因此,除气器的处理能力要大于钻井泵的最大排量,一般取钻井泵最大排量Q_{max}的1.25倍。

3) 钻井液清洁器的处理量

钻井液清洁器中,旋流器的处理量应大于钻井泵最大排量,一般取钻井泵最大排量的1.25倍。

$$Q_{筛} = 1.25 Q_3 \tag{9-4-15}$$

但是在实际钻进过程中,在钻表面地层时,钻屑颗粒大,此时不需要开动旋流器。随着井深的增加,钻屑颗粒变小,井眼减小,钻井液循环量也逐渐减小,所以开始使用旋流器时,钻井液循环量已大大减少,通过对国内外超深井钻井过程中返出井口的钻井液量的数据分析,此时循环量减为钻井初期的60%以下,得:

$$Q_1 = 73.54 \times 0.6 = 44.12 \text{L/s}(158.85 \text{m}^3/\text{h}) \tag{9-4-16}$$

将Q_1代入$Q_{旋}$计算得:$Q_{旋} = 158.85 \times 1.25 = 198.56 \text{m}^3/\text{h}$

4) 离心机的处理量

加重钻井液的固控分为全流固控和部分流固控，部分流固控用来降低钻井液中的劣质胶体固相和可溶性盐类，也用于回收重晶石。因此，离心机是部分流固控，一般取 $Q_{离} = 3\% \sim 13\% Q_2$。

在钻井过程中，只有井深达到一定值之后才使用离心机，通过分析，在钻井过程中开始使用离心机时，钻井液循环量只有钻井初期的 50%，得此时钻井液循环量：

$$Q_2 = 73.54 \times 0.5 = 36.77 \text{L/s} (132.37 \text{m}^3/\text{h}) \tag{9-4-17}$$

将 Q_2 代入 $Q_{离}$ 计算得：$Q_{离} = 132.37 \times 0.13 = 17.2 \text{m}^3/\text{h}$。

六、固控设备配套选型具体参数选择范围

1. 振动筛

关于振动筛的选择，由于在钻进过程中机械钻速、钻屑类型、钻屑颗粒的大小等都是变化的，而振动筛的处理量与筛网的目数是成反比的，所以振动筛的最大处理量是指筛网的目数最小时振动筛的处理量。

由系统处理量的计算可知 $Q_{筛} = 1.25 Q_{max}$，而 7000m 超深井上返最大流量为 $75 \sim 80 \text{L/s}$ ($270 \sim 288 \text{m}^3/\text{h}$)，因此振动筛的处理量需要达到 $93.75 \sim 100 \text{L/s}$ ($337.5 \sim 360 \text{m}^3/\text{h}$) 的总处理量。7000m 超深井钻井固控系统中，配置的是 $3 \sim 4$ 台振动筛。实际工况中，为了延长振动筛的使用寿命，提高固控设备的使用经济性，降低固控设备使用成本，通常情况下有 $1 \sim 2$ 台振动筛处于备用状态，其余 $2 \sim 3$ 台振动筛就需要处理钻井泵的最大排量的钻井液量。综上所述，每一台振动筛的处理量需要达到 $46 \sim 50 \text{L/s}$，即 $165.6 \sim 180 \text{m}^3/\text{h}$。同理可知，9000m 超深井由于较 7000m 超深井上返量增大，所以对振动筛处理量要求更高，处理量需求为大于 55L/s，即 $198 \text{m}^3/\text{h}$。

振动筛振动线型可以根据本节第一部分振动筛振型分析可知，直线型和平动椭圆型是目前最适合油田钻井的固控系统振动筛振型。

振动筛筛网的选择，在钻井初期，表面地层较软，机械钻速较高，产生的钻屑多且大，此时钻井泵的排量相对较大，振动筛的处理量较大，筛网目数较小；当钻井深度增加时，地层较硬，机械钻速降低，产生的钻屑少且细，此时，钻井泵的排量降低，振动筛则需要更换目数较大的筛网来处理钻井液中的较小颗粒，处理量则减少。根据本节第一部分筛网数目分析可知，随着筛网目数的增加，清除的颗粒变细，钻井液黏度增加，同时筛网的处理量减小。7000m 以上的超深井为了同时满足清除钻井液固相以及处理量要求，综合考虑应使用大于 140 目的筛网进行工作。在一开或处理量突然增大的突发情况下，应及时更换筛网目数较小的筛网来应对大的处理量。

筛网面积也是决定处理量的重要因素之一，筛网面积越大，相对处理量也越大。所以在选择时应尽量选择筛网面积大的筛网，通常情况下应该选择筛网面积大于 2.5m^2。

振动筛抛掷指数及筛面倾角根据本节第一部分筛面倾角分析，振动筛的抛掷指数合理范围应在 $5 \sim 8G$ 之间，筛面倾角一般取 $\alpha_0 = -3° \sim +7°$。

振幅和激振频率根据本节第一部分振幅和激振频率分析，一般振幅取 $4 \sim 8 \text{mm}$，激振频率推荐取 $1000 \sim 1500 \text{r/min}$。

综上所述，得出振动筛选择参数范围见表 9-4-11。

表 9-4-11　7000m 以上超深井振动筛参数选择范围

单台处理量	≥46L/s 或 ≥166m³/h	振幅，mm	6~8
激振频率	1000~1500r/min 或 16~25Hz	振动强度	5g~8g
筛网总面积，m²	≥2.5	筛箱倾角调整范围	-3°~+7°
振动筛振动线型	直线型或平动椭圆型	筛网目数，目	80~230

2. 除气器

由于除气器是在进入旋流器之前，振动筛之后的处理设备，除去钻井液中的气体以保护后三级固相控制设备，延长设备的工作寿命，所以除气器的处理量为 $125\%Q_{max}$（Q_{max} 为钻井泵最大排量），即除气器的需求处理量应大于 100L/s。但用到除气器时，排量已经减小到初期的 60% 以下，所以需求处理量大于 60L/s（216m³/h）即可。

除气器的除气效率根据上述分析可知，除气效率需要达到 85% 以上才能满足需求。

综上所述，得出除气器选择参数范围见表 9-4-12。

表 9-4-12　7000m 超深井除气器参数选择范围

处理量，m³/h	≥240	除气效率，%	≥85
真空度，mmHg	380~450		

3. 钻井液清洁器

钻井液清洁器的处理量由前述分析计算可知，清洁器选择的处理量应该大于 200m³/h。钻井液清洁器的处理量与各自的旋流器直径和个数相关，例如一个 4in 除泥器的处理量一般为 15~20m³/h，一个 10in 除砂器处理量一般为 90~120m³/h。

钻井液清洁器工作压力根据前面章节分析可知，入口压力需要稳定在 0.2~0.4MPa 的范围内，才能保证分离效果较为理想，达到设备工作的综合经济效益较好。

钻井液清洁器分离效率与入口压力、粒子粒度大小、黏度等方面息息相关。钻井液清洁器使用说明书上给出的分离粒度值，仅仅是旋流器分离效率曲线上的一个点。旋流器的分离效率曲线清楚的反映了旋流器分离性能，如图 9-4-13 所示。

钻井液清洁器筛网数目根据振动筛筛网分析可知，钻井液清洁器处理 15~74μm 之间的固相，经过清洁器分离过后，底流筛起到分离回收固相的作用，鉴于分离粒径以及处理量关系，

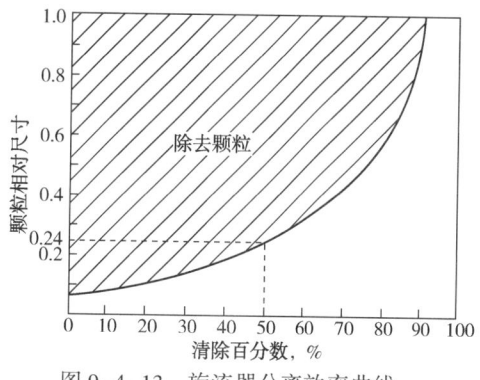

图 9-4-13　旋流器分离效率曲线

综合以上振动筛筛网选择依据，选择 140 目以上的筛网进行处理。因此 7000m 超深井除砂清洁器和除泥清洁器参数选择范围见表 9-4-13 和表 9-4-14。

表 9-4-13　7000m 超深井除砂清洁器参数选择范围

旋流器公称直径，in	≤12（≥2 只）	筛网规格，目	≥140
工作压力，MPa	0.2~0.45	进液管通径，in	5~7
处理量，m³/h	≥200	排液管通径，in	7~9

表9-4-14 7000m超深井除泥清洁器参数选择范围

旋流器公称直径，in	≤4(≥10只)	筛网规格，目	150~200
工作压力，MPa	0.2~0.45	进液管通径，in	5~7
处理量，m³/h	≥180	排液管通径，in	7~9

4. 离心机

离心机的处理量根据前面的分析可知，中速离心机处理量应达到40~60m³/h，高速离心机处理量应达到20~40m³/h。

离心机转鼓直径对离心机的处理能力有重要影响。离心机的处理能力大致与D^3成正比，转鼓直径现在都已系列化，见表9-4-15。

离心机转鼓工作长度一般是按长径比(L/D)来确定的，对于难分离的物料，长径比取3~4，对于难分离的悬浮液，最合理的方法是在小直径条件下提高长径比。

综合现场实际情况以及有限元分析，推荐选择参数范围见表9-4-15。

表9-4-15 7000m卧式螺旋沉降离心机选配参数

技术参数	单位	中速离心机	高速离心机
转鼓内径	mm	400~450	≤400
转鼓工作长度	mm	≥800	≥1000
转鼓工作转速	r/min	1800~2200	≥2600
分离因数		800~1200	≥2000
处理量	m³/h	40~60	20~40
推料器差转速	r/min	17~36	≤44

5. 砂泵

砂泵是离心式泵，它是固控系统运转的动力来源。砂泵的流量主要按满足其他固控设备的处理量需求进行配置，要使其他固控设备在合理的参数和动力范围内正常运转，同时要保证满足整个系统的设计循环量。在保证系统正常工作的前提下，功率尽量选择小的设备，以减小整个固控系统的功耗，降低固控成本，同时选择相对效率较高的设备。

例如选择的除气器处理量为260m³/h，砂泵就需要在流量上与之匹配。如果流量太小，不能满足处理量的需要，会造成固控效果不好及能源的浪费；反之，如果流量过大，容易造成冲蚀，对设备寿命造成极大的影响。与钻井液清洁器的匹配也是如此，要参照所选设备厂家提供的产品Q-H性能曲线，合理匹配泵的功率、扬程以及效率。

如图9-4-14所示，将钻井液清洁器的旋流器直径6×200mm的流量曲线作在DWSB-150型砂泵Q-H的图上。结果得到交点，其上流量Q=64L/s，扬程为H=30m。根据实验，旋流器最佳工作参数为Q=

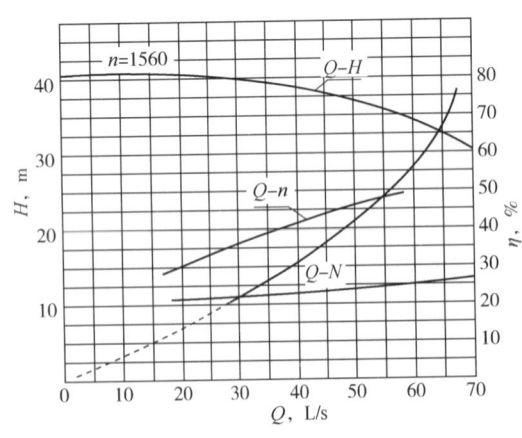

图9-4-14 钻井液清洁器
旋流器与砂泵匹配分析

$51.03\sim65.76$L/s，$H=21.1\sim35.1$m。由此可见，泵的效率为65%左右，两者之间能够相互匹配。同理可知离心机的供浆泵的选择方法。

6. 液气分离器

液气分离器的处理量应为系统设计循环量的1.3倍以上，应大于97.5L/s，即大于35m³/h。由于其产品的体积较大，安装位置要求较高，所以应结合现场位置考虑液气分离器的摆放位置，设计好管线，对其进行合理布局。

第五节　库车山前超深井钻机固控设备配套技术

在设计钻井液固控系统时，应根据本地区钻井液中固相颗粒的分布情况和钻井作业对钻井液性能的要求，采用不同类型的净化设备及流程，使每一台设备在清除粒度的范围内都能发挥出最好的性能，并把钻井液中的固相含量控制在最低程度，这才是固控设备最合理匹配的真正含义。

一、钻井液中固相粒度分析

钻井液中的固相以颗粒的形式分散在介质中，这些固相的存在调整液相—固相悬浮体系的基本性能，如密度、流变性、滤失性和造壁性等。因此，各种固相的颗粒直径以及含量都将影响钻井液的性能，要保持钻井液优良的性能，固控系统的主要作用就要根据这些颗粒特征，去除钻井液中影响其性能的无用固相，保留其有用固相。钻井液中有用固相的粒径分布如图9-5-1至图9-5-3所示。

上述三种固相颗粒为钻井液中的有用固相，在钻井液循环时是重复使用的，因此，在固控系统处理钻井液时，这三种固相颗粒要保留在钻井液中，避免和钻屑一起被清除，以减少钻井液费用。

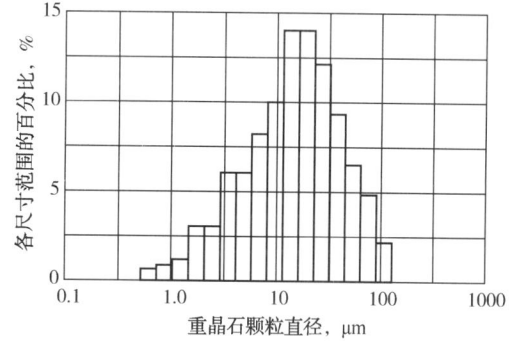

图9-5-1　重晶石的粒径分布

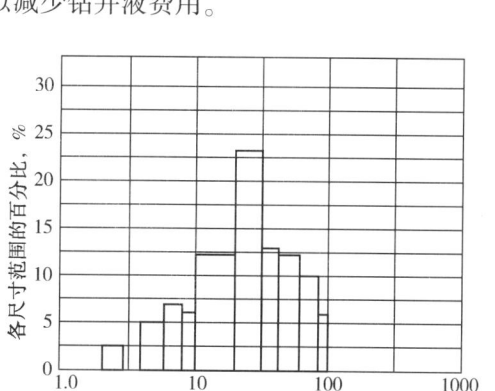

图9-5-2　铁矿粉的粒径分布

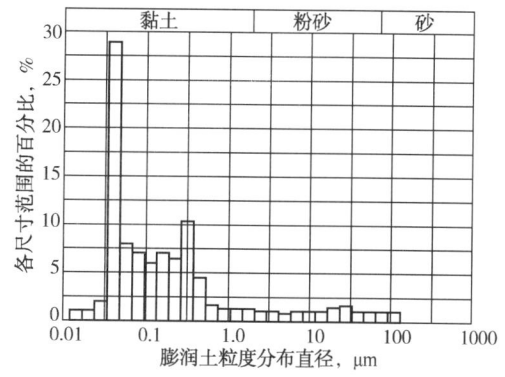

图9-5-3　膨润土的粒径分布

设计 7000m 超深井钻井液固控系统时，钻井液中的有用固相粒径分布是相同的，如图 9-5-1 至图 9-5-3 所示，但是钻井液中的钻屑颗粒则是随着地层性质、钻头尺寸、钻头类型等的不同而变化。因此，本章以库车山前一口井的钻井参数和钻屑颗粒特征（表 9-4-9）为参考，确定塔里木地区 7000m 超深井钻井液的固控系统。

二、各级固控设备的分离粒度以及分离效率

钻井液固控系统的设计要根据钻井液中不同固相粒径的分布特点，使之尽可能多地清除钻井液中的钻屑颗粒，保留有用的加重剂和膨润土。然而各种固控设备所分离的颗粒直径都是有限的，并不能只靠单一固控设备就能清除钻井液中所有的固相，因此钻井液固控系统的合理匹配，就是各种型号、规格的固控设备在固控流程中的合理应用，钻井液固控系统的配套研究则是根据实际井况选择合适的固控设备。

1. 振动筛

振动筛是钻井液固控系统的第一级固控设备，并排安装在 1# 罐沉砂仓上面，其使用效率直接影响着后续固控设备的工作性能。振动筛是全流量处理设备，并且要求连续使用，因此必须要求振动筛能够处理从井口返出的全部钻井液。一般情况下，要求安装或配备备用振动筛，作为振动筛更换筛网或者振动筛损坏时使用。

振动筛所分离的颗粒尺寸为振动筛筛网的网孔直径。在理论上，大于网孔直径的颗粒将会全部被振动筛清除，在实际工程中，由于钻井液黏度的影响，同时也由于钻屑吸附了一层水膜，这些固相颗粒透过筛孔的难度增大，使筛下钻屑颗粒粒度远小于筛孔尺寸。如 200 目筛网，其筛网网孔直径为 74μm，绝大部分筛下物料最大尺寸不遵循 74μm 的规律。实践证明，使用 200 目筛网后的钻井液再进入除砂器，除砂器底流中含砂极少。由此看来，200 目的筛网不但筛除了 74μm 以上的固相颗粒，而绝大部分大于 44μm 的固相颗粒也被清除了。因此我们可以得出振动筛的最小分离直径为：

$$d = d_{孔}/k \tag{9-5-1}$$

式中 $d_{孔}$——筛网的网孔直径，μm；

k——修正系数。

固相颗粒的过筛能力随着筛网的目数增大而降低，筛网目数越大，网孔的直径越小，透过筛网的颗粒直径越小。另外，固相颗粒透过振动筛的能力还与钻井液的黏度、颗粒表面所吸附的水膜厚度相关，因此引入上述修正系数的概念。修正系数主要体现了振动筛在工作过程中，并不是只有等于或大于网孔直径的颗粒才能清除，还有大部分小于网孔直径的颗粒也会被清除。在实际工程中，k 的取值为 1.4~2.2，因此，在选取振动筛筛网时，筛网的目数应该考虑其过筛系数，如此才能合理的布置钻井液固控设备，提高除砂清洁器的效率，减轻振动筛的负担。表 9-5-1 显示的是振动筛不同目数的临界分离直径，最小分离直径以及分离效率。

振动筛的分离效率为：

$$E_1 = \frac{1}{2} \times (x-x_1) \times \frac{9.956}{x^2} \times e^{\frac{-9.179}{x}} + \int_x^{\infty} \frac{9.956}{x^2} \times e^{\frac{-9.179}{x}} dx \tag{9-5-2}$$

式中 x——振动筛的临界分离直径，μm；

x_1——振动筛的最小分离直径，μm。

在分析振动筛时，设振动筛的过筛系数为 1.8，因此振动筛的分离直径取：

$$d_{小} = d/1.8 \tag{9-5-3}$$

表 9-5-1 振动筛的分离粒径与分离效率

筛网目数	临界分离直径 x，μm	最小分离直径 x_1，μm	分离效率
80	180	100	0.05519
100	150	83	0.07832
140	105	58	0.11024
200	74	41	0.17953
275	50	28	0.21837

由表 9-5-1 可知，筛网目数越高，分离效率越高，清除的固相颗粒越多。

2. 旋流器

旋流器是固控系统的第二级和第三级固控设备，现在油田上使用的基本上都是除砂除泥一体机，除砂除泥一体机是由除砂器和除泥器以及一台细目振动筛组成。表 9-5-2 给出了旋流器的分离尺寸。

表 9-5-2 旋流器的分离直径

旋流器规格尺寸，mm	临界分离直径 x_2，μm	最小分离直径 x_3，μm
300（12in）	60	43
250（10in）	50	30
200（8in）	38	18
125（5in）	30	10
100（4in）	25	8

旋流器的效率无法单独计算，只有在确定了固控系统中的振动筛之后，计算出总的固控效率为：

$$E_2 = \frac{1}{2} \times (x_2 - x_3) \times \frac{9.956}{x_2^2} \times e^{\frac{-9.179}{x_2}} + \int_{x_2}^{\infty} \frac{9.956}{x_2^2} \times e^{\frac{-9.179}{x_2}} dx_2 \tag{9-5-4}$$

式中　x_2——旋流器的临界分离直径，μm；

x_3——旋流器的最小分离直径，μm。

旋流器的分离效率为：

$$E_3 = E_2 - E_1 \tag{9-5-5}$$

式中　E_1——配套振动筛的效率；

E_2——振动筛—旋流器两级固控系统的效率。

3. 离心机

离心机是钻井液中最后一级固控设备，其主要作用是回收钻井液中的重晶石，除去钻井液中的超细颗粒。中速离心机用于处理除泥器之后的钻井液，回收钻井液中的重晶石，高速离心机用于处理中速离心机的溢流液相，用于处理钻井液中的超细颗粒，中速离心机采用变频离心机回收重晶石的效果更好。表 9-5-3 给出离心机的转鼓直径、转速、分离因数以及分离直径。

表 9-5-3 离心机相关参数

转鼓直径，mm	200	350	450	600	800	1000
最高转速，r/min	7200	4100	3200	2400	1800	1400
最大分离因数	5700	3300	2550	1900	1400	1150
临界分离直径 x_4，μm	4	6	8	10	15	20
最小分离直径 x_5，μm	1	2	4	5	6	8

离心机的分离效率也不能直接计算出来，需要先计算出配套系统的效率，才能一次计算出离心机的效率：

$$E_4 = \frac{1}{2} \times (x_4 - x_5) \times \frac{9.956}{x_4^2} \times e^{\frac{-9.179}{x_4}} + \int_{x_4}^{\infty} \frac{9.956}{x_4^2} \times e^{\frac{-9.179}{x_4}} dx_4 \qquad (9-5-6)$$

式中 x_4——离心机的临界分离直径，μm；

x_5——离心机的最小分离直径，μm。

（1）采用四级固控时，离心机的效率为：

$$E_5 = E_4 - E_1 - E_3 - E_3' \qquad (9-5-7)$$

式中 E_3——除砂器的效率；

E_3'——除泥器的效率；

E_1——振动筛的效率。

（2）采用二级固控时，离心机的效率为：

$$E_5 = E_4 - E_1 \qquad (9-5-8)$$

式中 E_1——配套振动筛的效率。

三、7000m 钻机固控系统的配套方案

对于 7000m 以上的超深井，如果采用水基钻井液，钻井液的稳定性主要靠固控系统来维持，因此对钻井液固控系统的性能要求较高。同时，这种超深井高密度钻井液中，重晶石的回收是系统配备时必须要考虑的因素。当代钻井工艺中，所钻井深在 7000m 以上时，钻井液固控系统基本上采用四级固控，经过对钻屑颗粒直径的分布以及固控设备的分离粒径进行分析，选择符合要求的各级固控设备，使其高效率地工作在各自的固相清除范围内。国外比较先进的技术是二级固控系统，二级固控系统清除钻屑的设备主要是多台超细目振动筛和离心机。

1. 四级钻井液固控系统的配套方案及设备参数

四级钻井液固控系统配套方案为：气液分离器—振动筛—除气器—除砂除泥一体机—中速变频离心机—高速离心机。

四级固控系统的配置必须要考虑钻井过程中，钻遇最复杂的井况，配置四级固控系统并不意味着从始至终一直使用所有设备，由于各级固控设备对于固相粒度值的分离效率是固定的，盲目的全部使用四级固控会造成大量的浪费，不利于降低经济成本。除气装置由于无法分离固相颗粒，因此不能单独作为固控分级，但是 7000m 及以上的超深井，井下工况复杂，钻进过程中容易钻遇气体，因此必须配备气液分离器和除气器。含气体的钻井液返出地面之后要首先经过气液分离器处理，将钻井液中的大气泡除去，其次经过振动筛，振动筛处理之后要经过真空除气器处理，除去侵入钻井液中的小气泡，避免气侵钻井液在

砂泵供浆时发生气蚀，影响泵的效率和工作寿命。

1）一开及二开上部井段(0~2500m)

这个井段地层较浅，没有采用加重钻井液，因此，这个井段中振动筛是连续使用的，砂除泥一体机根据具体工况决定是否使用。根据这个井段对钻井液的要求，固控系统中使用振动筛、除砂清洁器、除泥清洁器，此井段采用的固控系统可以简化为图9-5-4所示。

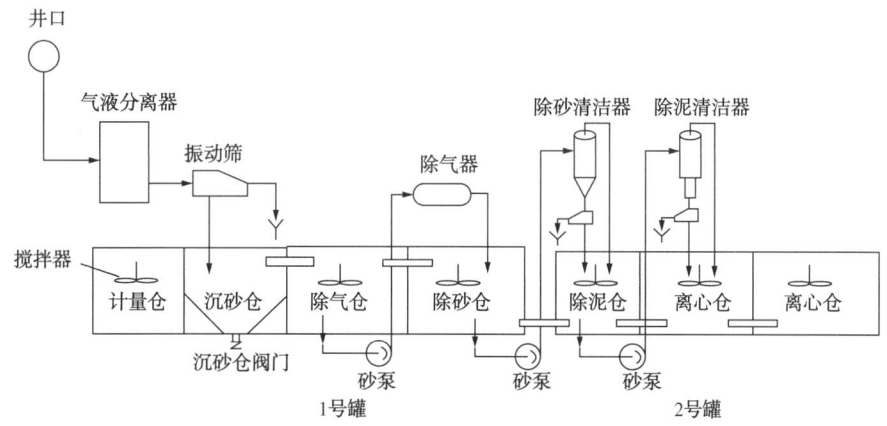

图 9-5-4　一开井段固控系统

固控系统中各级固控设备的合理配合就是要合理选择设备的参数，使振动筛、除砂器、除泥器均匀分担钻井液中的固相清除任务。

从钻屑以及固控系统分析可知，大部分固相颗粒集中在30~300μm，因此振动筛所采用的筛网目数可以选择80目的筛网，其分离粒径为165~196μm，振动筛临界分离直径为180μm，最小分离直径为100μm。除砂器选择10in的旋流器，其临界分离直径为50μm，最小分离直径为30μm。选用4in的除泥器，其临界分离粒径为25μm，最小分离粒径为8μm。其固控系统的分离效率E_1计算如下：

$$E_1 = \frac{1}{2} \times (x-8) \times \frac{9.956}{x^2} \times e^{\frac{-9.179}{x}} + \int_{x}^{\infty} \frac{9.956}{x^2} \times e^{\frac{-9.179}{x}} dx \qquad (9-5-9)$$

x 为除泥器的临界尺寸，此系统中 x 为25，故上式得：

$$E_1 = \frac{1}{2} \times (25-8) \times \frac{9.956}{25^2} \times e^{\frac{-9.179}{25}} + \int_{25}^{\infty} \frac{9.956}{x^2} \times e^{\frac{-9.179}{x}} dx = 0.42711$$

2）二开中下部井段

这个井段地层为褐灰色含砾砂岩、中—细砂岩、泥岩、粉砂质泥岩，钻屑以粗砂粒、细砂粒、泥粒等形式存在于钻井液中，钻井液中钻屑的颗粒直径范围在15~2000μm，大多数钻屑粒径分布在30~200μm。由于这个井段产生了比较多的砂泥岩颗粒，砂泥岩颗粒不会像胶体颗粒一样影响钻井液的黏度、动切力等参数，但是这些颗粒直径比较小，如果再随着钻井液循环至井底，这些细颗粒将会磨损成超细颗粒，影响钻井液性能。因此，在钻井液的第一个循环返回到地面时就将固相除去，将含砂量控制在0.3%以内，因此这个井段的固控设备需要使用振动筛、除砂除泥一体机、离心机，离心机用于除去钻井液中的黏土颗粒，使用的固控系统简化为图9-5-5所示。

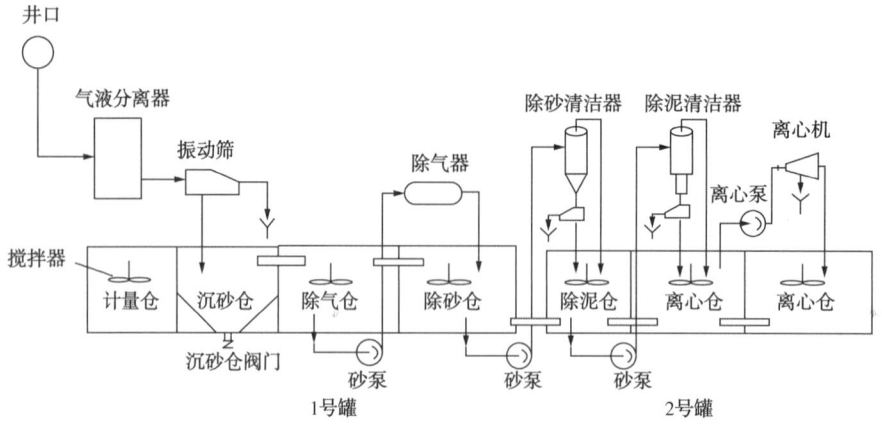

图 9-5-5 二开井段固控系统

这个系统中离心机的分离直径为 10μm，最小分离直径为 4μm，因此这个系统的固控效率为：

$$E_2 = \frac{1}{2} \times (x-4) \times \frac{9.956}{x^2} \times e^{\frac{-9.179}{x}} + \int_x^\infty \frac{9.956}{x^2} \times e^{\frac{-9.179}{x}} dx \qquad (9-5-10)$$

$x = 10$，所以上式得：

$$E_2 = \frac{1}{2} \times (10-4) \times \frac{9.956}{10^2} \times e^{\frac{-9.179}{10}} + \int_{10}^\infty \frac{9.956}{x^2} \times e^{\frac{-9.179}{x}} dx = 0.77077$$

3）三开井段

三开钻进盐膏层段。从表 9-4-9 可以看出，这个井段的岩石主要以泥岩、粉砂岩、细砂岩为主，钻屑颗粒主要以砂粒、泥粒以及黏土颗粒的形式存在于钻井液中。

钻井液密度为 1.65~2.35g/cm³ 时，钻井液密度高，钻井液中重晶石含量高，此时对钻井液中的膨润土颗粒以及钻屑颗粒要求高，因此需要开动中速离心机回收钻井液中的重晶石，开动高速离心机处理中速离心机的溢流，除去钻井液中的超细颗粒。该井段需要将含砂量控制在 0.3% 以内，将固相含量控制在 20%~48%，此时需要将四级固控设备全部投入使用。其固控系统如图 9-5-6 所示。

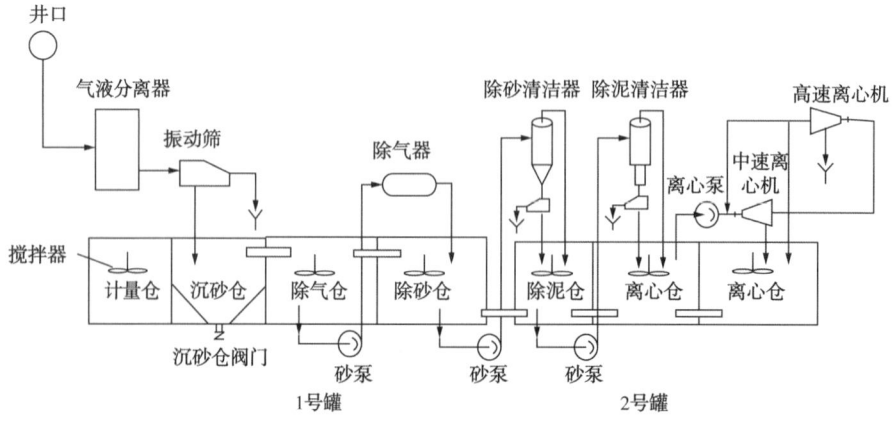

图 9-5-6 四级钻井液固控系统

这个井段固控系统中的除砂器、除泥器采用一体机，底部加一台底流筛，避免重晶石的损失，中速离心机采用变频的，由于离心机不是一直开动的设备，因此钻井液中的重晶石粒度不是一直确定不变的，在经过井底循环之后粒径分布有轻微的变化，选用变频离心机，离心机可以根据重晶石颗粒工作在重晶石回收的最佳转速下，提高重晶石的回收效率。

这个系统中高速离心机的粒径分离直径为 6μm，最小分离粒径为 2μm，这个固控系统的分离效率为：

$$E_3 = \frac{1}{2} \times (x-2) \times \frac{9.956}{x^2} \times e^{\frac{-9.179}{x}} + \int_x^\infty \frac{9.956}{x^2} \times e^{\frac{-9.179}{x}} dx \qquad (9\text{-}5\text{-}11)$$

$x=6$，所以上式得：

$$E_3 = \frac{1}{2} \times (6-2) \times \frac{9.956}{6^2} \times e^{\frac{-9.179}{6}} + \int_6^\infty \frac{9.956}{x^2} \times e^{\frac{-9.179}{x}} dx = 0.84973$$

4）四开井段

四开井段主要钻开的是白垩系的巴什基奇克组和巴西改组，这两个层系的岩石主要以细砂岩、粉砂岩、泥质岩以及泥质粉砂岩为主。此井段采用高密度钻井液钻进，岩屑对钻井液流变性能影响很大，需要使用两台离心机回收钻井液中的重晶石，清除钻井液中的超细颗粒。其钻井液固控系统同三开井段一样，都采用四级固控系统。

5）小结

通过对上述各井段的固控系统进行分析，7000m 以上超深井钻井液固控系统所采用的固控设备包括气液分离器、振动筛、除气器、除砂除泥一体机、中速变频离心机、高速离心机。然而，目前大部分井队所配套的 2 台离心机转速都相同或差异很小，难以达到上述分离与回收的目的。这也正是固控系统配套不合理的问题之一。

综合前面章节的分析及国内外固控设备的调研，提出 7000m 钻机四级固控系统推荐设备配套方案，见表 9-5-4～表 9-5-6。

表 9-5-4　振动筛基本配置要求

振动筛配置要求	7000m 钻机	9000m 钻机
台数	3~4	4~5
筛网目数，目	≥140	≥170
处理量，L/s	≥46	≥55

表 9-5-5　离心机基本配置要求

离心机配置要求	7000m 钻机	9000m 钻机
台数	2	2
转速，r/min	≥1800	≥2600
中速离心机处理量，m³/h	≥40	≥50
高速离心机处理量，m³/h	≥20	≥30

表 9-5-6 7000m 钻机四级固控系统的推荐设备配套方案

序号	名称	规格型号		
1	振动筛	HS280—3P 直线振动筛(郑州天时 TSC 海洋集团)	振型	直线型
			处理量	≥180m³/h
			振动频率	24.3Hz
			振动强度	7.2g
			振幅	5.8mm
			筛箱角调节范围	−3°~+6°
			电动机功率	2×2.2kW
		RSD2008—P/B 平动椭圆型振动筛(濮阳中原锐实达石油设备有限公司)	振型	平动椭圆型
			处理量	≥210m³/h
			振动频率	22.5Hz
			振动强度	6g~8g(变频可调)
			振幅	6mm
			筛箱角调节范围	3°~6°
			电动机功率	2×1.8kW
2	除气器	HV1200 真空除气器(郑州天时 TSC 海洋集团)	处理量	20~240m³/h
			真空度	380~450mmHg
			除气效率	≥95%
			主电动机功率	15kW
			真空泵电机功率	4kW
		BRT—ZCQ300 真空除气器(三河市铂瑞特固控设备有限公司)	处理量	300m³/h
			真空度	300~550mmHg
			除气效率	≥95%
			主电机功率	30kW
			真空泵电机功率	4kW
3	除气器供浆泵	SB8×6—14(唐山冠能固控设备有限公司)	流量	320m³/h
			扬程	40m
			功率	75kW
			效率	65%
		HCP6×5×14(2台)(郑州天时 TSC 海洋集团)	流量	200m³/h
			扬程	35m
			功率	37kW
			效率	65%
4	钻井液清洁器	HMC250×2/100×12(郑州天时 TSC 海洋集团)	除砂器锥筒	10in×2 只
			除泥器锥筒	4in×12 只
			处理量	200m³/h
			除砂器分离点	43~74μm
			除泥器分离点	20~43μm
			振动筛型号	HS280-3P-E

续表

序号	名称	规格型号		
4	钻井液清洁器	GNZJ852—3S16N（唐山冠能机械设备有限公司）	除砂器锥筒	10in×3 只
			除泥器锥筒	4in×16 只
			处理量	225~318m³/h
			除砂器分离点	43~74μm
			除泥器分离点	20~43μm
			振动筛型号	GNZS853
5	清洁器供浆泵	HCP6×5×14（2 台）（郑州天时 TSC 海洋集团）	排量	200m³/h
			扬程	33~35m
			效率	65%
			电动机功率	45kW
		SB8×6—14（2 台）（唐山冠能机械设备有限公司）	排量	320m³/h
			扬程	40m
			效率	65%
			电动机功率	75kW
6	中速离心机	LW450×1000BP—N 变频式离心机（西部石油装备有限公司）	最大处理量	50~60m³/h
			转鼓内径	450mm
			转鼓工作长度	1000mm
			转鼓工作转速	≤2200r/min
			分离因数	≤1219
			主电动机功率	37kW
			副电动机功率	7.5kW
		GNLW452S 离心机（唐山冠能固控设备有限公司）	最大处理量	40m³/h
			转鼓内径	450mm
			转鼓工作长度	1100mm
			转鼓工作转速	2200r/min
			分离因数	1200
			主电动机功率	30kW
7	高速离心机	LW355×1257BP—N 变频式离心机（西部石油装备有限公司）	最大处理量	≤36m³/h
			转鼓内径	355mm
			转鼓工作长度	1257mm
			转鼓工作转速	≤3200r/min
			分离因数	≤2035
			主电动机功率	30kW
			副电动机功率	7.5kW
		GNLW363VFD 离心机（唐山冠能固控设备有限公司）	最大处理量	≤30m³/h
			转鼓内径	360mm
			转鼓工作长度	1270mm

续表

序号	名称	规格型号		
7	高速离心机	GNLW363VFD 离心机(唐山冠能固控设备有限公司)	转鼓工作转速	0~3200r/min 变频
			分离因数	≤2062
			主电动机功率	30kW
			副电动机功率	7.5kW
8	离心机供浆泵	SB34J—9(西部石油装备有限公司)	流量	54m³/h
			扬程	18m
			效率	60%
			功率	37.5kW
		SB23J—10(西部石油装备有限公司)	流量	30m³/h
			扬程	25m
			效率	60%
			功率	18.5kW
		SB4×3—12（2 台）(唐山冠能机械设备有限公司)	流量	45m³/h
			扬程	30m
			效率	50%
			功率	18.5kW

2. 两级钻井液固控系统的配套方案及设备参数

两级钻井液固控系统的配套方案为：气液分离器—多台细目振动筛—除气器—中速变频离心机—高速离心机。在这种固控系统中去掉了除砂器和除泥器，主要是由于除砂器、除泥器在现场使用中效率很低，容易损失钻井液中的重晶石。因此可以使用多台细目振动筛并联来取代旋流器，由于振动筛的筛网目数很大，其处理量就会很小，所以振动筛的台数会相对较多。这样的两级固控减少了固控设备的类型，节约了钻井成本，其固控系统如图 9-5-7 所示。

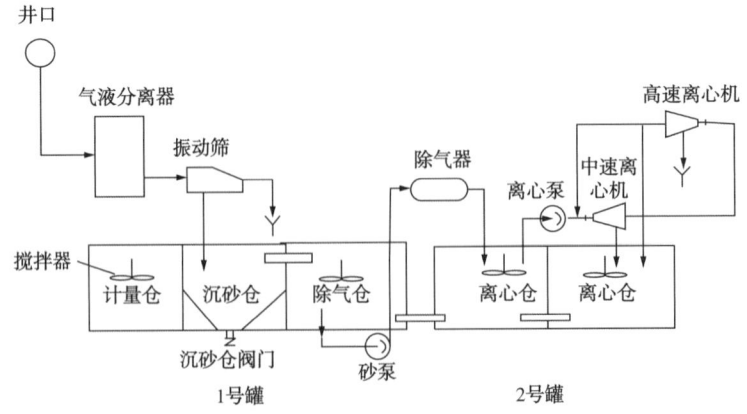

图 9-5-7 两级钻井液固控系统

两级钻井液固控系统中没有采用除砂器和除泥器，其振动筛最大筛网目数采用 275，其临界分离直径为 50μm，最小分离直径为 28μm。离心机采用中速变频离心机和高速离心机系统，高速离心机的临界分离直径为 $6\mu m$，最小分离直径为 $2\mu m$。因此，其固控系统分离效率为：

$$E_4 = \frac{1}{2} \times (x-2) \times \frac{9.956}{x^2} \times e^{\frac{-9.179}{x}} + \int_x^\infty \frac{9.956}{x^2} \times e^{\frac{-9.179}{x}} dx \qquad (9-5-12)$$

$$E_4 = \frac{1}{2} \times (6-2) \times \frac{9.956}{6^2} \times e^{\frac{-9.179}{6}} + \int_6^\infty \frac{9.956}{x^2} \times e^{\frac{-9.179}{x}} dx = 0.84973$$

其中振动筛的分离效率为：

$$E_5 = \frac{1}{2} \times (x-28) \times \frac{9.956}{x^2} \times e^{\frac{-9.179}{x}} + \int_x^\infty \frac{9.956}{x^2} \times e^{\frac{-9.179}{x}} dx \qquad (9-5-13)$$

$$E_5 = \frac{1}{2} \times (50-28) \times \frac{9.956}{50^2} \times e^{\frac{-9.179}{50}} + \int_x^\infty \frac{9.956}{x^2} \times e^{\frac{-9.179}{x}} dx = 0.21837$$

离心机的分离效率为：

$$E_6 = E_4 - E_5 = 0.84973 - 0.21837 = 0.63136 \qquad (9-5-14)$$

这种两级固控系统结构简单，既适用于水基钻井液，又适用于油基钻井液，由于该固控系统清除钻屑的任务全部由振动筛和离心机负责，因此对其性能提出了严格的要求。这种固控系统在国外油田上已得到广泛应用，在国内应用还不普遍，但这是国内钻井液固控系统发展方向之一。

综合前面章节的分析及国内外固控设备的调研，提出 7000m 钻机两级固控系统推荐设备配套方案见表 9-5-7。

表 9-5-7　7000m 钻机两级固控系统的推荐设备配套方案

序号	名称	规格型号	
1	King Cobra Venom 振动筛（Brandt）	数量	5台超细目振动筛并联，多层筛网
		振型	直线型和平动椭圆型两用
		处理量	≥260m³/h
		振动频率	33.4Hz
		振动强度	6.5g，7.5g，8.5g
		振幅	6.5mm
2	变频离心机	HS—3400 FS（Brandt）	最大处理量	45.42m³/h
		转鼓内径	356mm
		转鼓工作长度	1257mm
		转鼓工作转速	2200~3400r/min
		分离因数	2870
		主电动机功率	30kW
		副电动机功率	7.5kW
3	变频离心机	HS—3400FVS（Brandt）	最大处理量	56.76m³/h
		转鼓内径	356mm
		转鼓工作长度	1257mm
		转鼓工作转速	2900~4000r/min
		分离因数	3810
		主电动机功率	37kW
		副电动机功率	7.5kW

续表

序号	名称	规格型号	
4	SC—1V 离心机供浆泵(Brandt)	流量	60m³/h
		扬程	27m
		效率	65%
		功率	15kW

四、9000m 钻机固控系统的配套方案

随着钻机向深井、超深井发展，与之配套的钻井液固控系统对钻井作业所起的积极作用越来越大。钻井液的维护成本及整个钻井成本，可通过采用合理的固控技术大大降低，固控系统已成为直接影响安全、优质、快速钻进、保护油气层以及钻机快速搬运的重要因素。国内 7000m 钻机配套技术相对成熟，但是 9000m 钻机配套技术还不完善，9000m 超深井固控系统配套还处于探索阶段。

9000m 超深井钻机配套与 7000m 钻机大体相同，只是随着井深的增加，井底工况变得更加复杂，主要体现在以下几个方面：

（1）井深增大，井底钻遇高压气层，地层岩性复杂，研磨性强，裂缝溶洞发育，容易发生井漏。

（2）钻井液经过循环之后返回地面的温度更高，钻井液的性能容易受高温影响，因此固控系统要更加严格地控制固相含量。

（3）钻井液密度高，密度最高时能达到 2.5g/cm³ 以上，这要求重晶石回收系统具有高效的性能，并且开动频率增大。另外密度增大之后容易发生井漏，因此要随时监测地层情况，控制钻井液的密度、黏度等参数。

上述这些条件对钻井液固控系统提出了更加苛刻的要求。要保证 9000m 超深井的安全钻进，必须保持钻井液的优良性能，因此固控系统的配套要充分考虑这些特殊要求，选择性能优异的固控设备。表 9-5-8 为 9000m 钻机四级固控系统推荐设备配套方案。

表 9-5-8 9000m 钻机四级固控系统的推荐设备配套方案

序号	名称	规格型号	
1	振动筛	King Cobra Plus 多层筛网振动筛(Brandt)	振型	直线型及调频椭圆型两用
			处理量	≥240m³/h
			振动频率	33.4Hz
			振动强度	6.1g
			振幅	6.5mm
2	除气器	DG—2 真空除气器(Brandt)	处理量	280m³/h
			真空度	203~380m³/h
			除气效率	≥95%
			主电动机功率	15kW
			真空泵电动机功率	3kW

续表

序号	名称	规格型号		
3	除气器供浆泵	SC—4 真空泵(Brandt)	流量	280m³/h
			扬程	40m
			功率	37.5kW
			效率	65%
4	钻井液清洁器	Cobra 和 King Cobra (Brandt)	除砂器锥筒	12in×2 只
			除泥器锥筒	4in×16 只
			处理量	227.2m³/h
			除砂器分离点	60~80μm
			除泥器分离点	15~20μm
5	清洁器供浆泵	SC—3 真空泵(2 台)(Brandt)	排量	220m³/h
			扬程	35m
			效率	65%
			电动机功率	35kW
6	中速离心机	HS—2000F 离心机(Brandt)	处理量	56.76m³/h
			转鼓内径	457mm
			转鼓工作长度	1524mm
			转鼓工作转速	2400~2800r/min
			分离因数	2004
			主电动机功率	56kW
			副电动机功率	7.5kW
7	高速离心机	HS—3400VSD 变频式离心机(Brandt)	处理量	48.68m³/h
			转鼓内径	356μm
			转鼓工作长度	1257μm
			转鼓工作转速	2900~4000r/min
			分离因数	3180
			主电动机功率	30kW
			副电动机功率	7.5kW
8	离心机供浆泵	SC—1 真空泵(Brandt)	流量	60m³/h
			扬程	27m
			效率	65%
			功率	15kW

7000m、9000m 钻机固控系统的推荐配置包含了传统的四级固控系统和新推荐的二级固控系统。推荐的系统配置具有各自的特点，对于油田现场使用的现有固控设备配套的改进具有一定的参考价值。

（1）油田现场使用固控系统配备功率消耗为 342~370kW，推荐配置中 7000m 超深井固控系统配备功率为 296.9kW 和 329.6kW，而 9000m 国外固控系统配备功率为 306.9kW，推荐配置系统配备功率都有明显的降低，减少的系统功耗，降低了固控成本。

(2) 真正按中、高速离心机配置，可实现分离与回收的双重功能。

(3) 油田现场固相颗粒的净化方式，岩屑重复破碎严重，固相控制效率相对较低。推荐配置中，从超深井分离粒度出发，针对 7000m 以上固相颗粒大小，选择分离粒径适合的设备，使固控分离效率得到了提升。

(4) 目前现场固控系统复杂程度较高，设备寿命短、故障多、操作难度大，系统可靠性差，达不到大排量高密度钻井液的固相控制；现在提出四级固控中，使用钻井液清洁器的除砂除泥一体机来整合旋流器组合，同时提出高性能高处理量的二级固控，简化了固控系统以及操作的难度。在提高性能的同时，也增加了系统的可靠性。

(5) 目前现场固控工艺流程缺乏针对性。所以在推荐设备中，从一开、二开、三开、四开各个井况返回钻井液进行分析，使设备满足各种工况需求。在满足不同钻井工况的前提下，降低了固控系统的功耗。

(6) 目前现场固控系统模块化程度相对较低，设备安装、使用、维护标准不一致。推荐设备选型中，7000m 超深井系统推荐三联筛或双联筛，使整体固控设备的模块化程度大大提高，为安装维护提供了便利，提高了系统的可靠性。

(7) 油田现场固控系统的设备布局不合理，固控设备摆放位置随意，导致固控设备的吸入管线和排出管线弯头多，上水效率低。推荐系统配置需要重新对管线和设备进行布局。

(8) 目前关键固控设备的性能相对较低，大处理量情况下现场处理效果不是十分理想，对快速钻进工况的应对稍显不足。推荐选型设备中，着重加强了关键设备性能，对整体提升固控设备的效果较为明显。其中，振动筛使用多层超细目筛网组合，根据不同工况进行更换，多联振动筛组合也极大的提高了设备的处理性能；同时，使用变频调速离心机，在转速和调速功能方面有较为明显的提升，离心机组合选取对整体效率都有提高。

第六节　库车山前固控系统操作指南

一、振动筛

振动筛为固控关键设备，是钻井液净化第一级设备，它也是固控设备中最重要的设备，具有最先、最快、最多分离钻井液两相的特点。它利用筛分的原理进行固—液相分离，由底座、激振器、筛箱、筛网、隔振弹簧等构成。

1. 振动筛的型号表示方法

振动筛的型号表示方法见图 9-6-1。

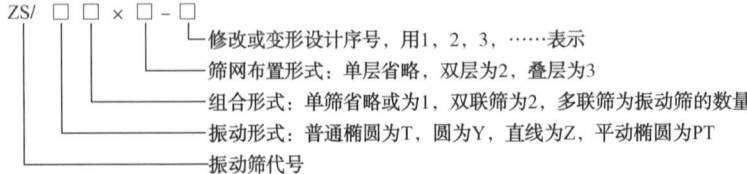

图 9-6-1　振动筛的型号表示方法

2. 现场振动筛配置要求

7000m 钻机振动筛数量 3 台，8000m 钻机振动筛数量 4 台，9000m 钻机振动筛数量 5 台，单台处理量≥180m³/h；

采用高频直线振动筛，电机功率均为 2×2.2kW；

进口振动筛使用年限不超过 8 年，国产振动筛使用年限不超过 5 年；振动筛整机平均无故障运转时间不少于 3000h，振动电机的使用寿命不应低于 15000h。

单台振动筛的筛网面积不低于 1.165m×0.585m×3；

筛布与支架必须保证密封良好，要有防溅装置，该装置必须便于随时检查振动筛布使用情况，振动筛倾角调节装置采用液压助力装置，实现无级调节；

防爆等级达到 dⅡBT4。

3. 振动筛使用注意事项

（1）要根据循环排量、岩屑量、钻井液黏度切力决定启用一台、两台甚至多台振动筛，以达到清除岩屑且振动筛不跑钻井液目的。

（2）要根据不同的井段、地层、钻速、岩屑量、钻井液黏切等选用不同筛网规格，聚合物钻井液筛网选择 60~100 目，分散型钻井液选择 80~160 目，网孔尺寸以钻井液覆盖筛网总长度的 75%~80% 为宜。

（3）要根据振动筛筛面钻井液分布、流动状况调整筛网倾角和进口挡板位置，禁止为防止振动筛跑钻井液而无限抬高仰角的作法。特殊情况下可以用粗筛网更换细目筛网以满足钻井、捞砂需要，但在性能满足施工要求时，要及时更换细目筛网。

（4）如筛网损坏频繁、压条密封不严，要及时检查更换，否则将严重影响清除岩屑效果。

（5）停用的振动筛，要将筛面清洁干净。

（6）督促钻井液工程师（或固控技师）按设备要求对振动筛进行保养。

（7）钻井液中钻屑量增加或固控设备不能满足要求时，必须起钻至安全井段检查固控设备，达不到要求不允许继续施工。

4. 振动筛常见故障及排除方法

振动筛常见故障及排除方法见表 9-6-1。

表 9-6-1 振动筛常见故障及排除方法

序号	故障	可能发生的原因	排除方法
1	振动筛跳动，筛面产生剧烈振动	1. 振动筛底座有 1 个或 2 个角悬空	1. 将悬空的角垫紧
		2. 振动筛隔振弹簧的锁紧螺栓未拆除	2. 拆除隔振弹簧的锁紧螺栓
2	钻屑在筛面上往回跑排不出去	1. 电动机转向不对	1. 按护罩上的箭头指向改变电动机转向
		2. 皮带太松振动不够	2. 适当张紧皮带
3	振动筛发生不正常的响声，筛网损坏过快	1. 钩板的张紧螺栓松动	1. 拧紧张紧螺栓
		2. 钩板的张紧螺栓没装齐，筛网未张紧或张紧不均匀	2. 补齐张紧螺栓，使筛网张紧均匀
		3. 筛网的隔振胶垫损坏或老化	3. 更换筛网的隔振胶垫
		4. 振幅过大	4. 调整电动机转速

续表

序号	故障	可能发生的原因	排除方法
4	钻井液在筛面上跑偏，分布不均。覆盖面积不够筛面的2/3	1. 进液挡板位置不正确 2. 筛网太粗	1. 调整进液挡板位置 2. 更换合适的筛网
5	振动筛跑钻井液	1. 筛网太细，目数过高 2. 筛网堵塞 3. 钻井液黏切太高 4. 筛网倾角太大	1. 更换合适的筛网 2. 清洗筛网 3. 降低钻井液黏切 4. 调整筛网倾角

二、旋流器

旋流器包括除砂器和除泥器，旋流除砂器是钻井液固控第二级设备，其分离能力为：在进口压力不低于 0.2MPa 时大于 74μm 砂粒的 95%，大于 40μm 沙粒的 50%。旋流除砂器一般安装在一号钻井液循环罐上。旋流除泥器是钻井液固控的第三级设备，其分离能力为：在进口压力不低于 0.2MPa 时大于 40μm 砂粒的 95%，大于 15μm 沙粒的 50%。微型旋流器分离能力为粒度在 70~25μm。旋流除泥器一般安装在一号钻井液循环罐后部，旋流除砂器之后。

1. 旋流清洁器的构成

旋流清洁器主要由三部分组成，即旋流器、砂泵、振动筛。旋流器上部壳体呈圆筒形为进口腔，侧部有一切向进口，顶部中心有一涡轮导管，构成溢流口。壳体下部呈圆锥形，锥角一般为 15°~20°，底部为底流口，固体从该口排出。旋流器上部壳体圆筒部分的直径称为旋流器的名义尺寸。名义尺寸越大，锥体部分的倾角越大，则分离的砂粒越粗。根据旋流器名义尺寸的大小，悬流器可分为除砂器、除泥器、微型旋流器。除砂器旋流器直径在 150~300mm 之间。砂泵实际是一台大排量、高扬程的离心泵。其排量一般在 200m³/h 以上，扬程接近 30m 或 30m 以上，工作压力在 0.2~0.5MPa 之间。砂泵的流量和扬程与水力旋流器(除砂器、除泥器、旋流配浆装置)的匹配要合适。否则，水力旋流器就不能正常工作。旋流除砂清洁器配备的振动筛是直线式单电机(振动轨迹为椭圆)，其筛网面积较小，一般为 0.6~0.7m²。使用的筛网要比振动筛使用的筛网细，一般在 120~180 目。近年，也有将除砂清洁器和除泥清洁器装在一个底座上，共用一台直线式高频振动筛，其筛网面积稍大，配备两台直线式电机。

2. 旋流器型号表示方法

旋流器型号表示方法如图 9-6-2 所示。

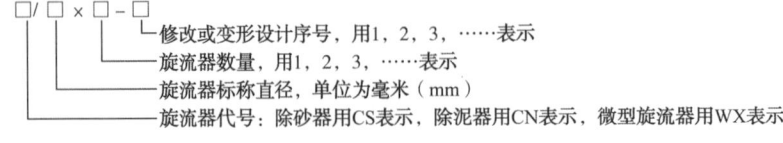

图 9-6-2 旋流器型号表示方法

3. 清洁器表示方法

清洁器是钻井液旋流器和钻井液细网振动筛的组合体,其型号表示方法如图9-6-3所示。

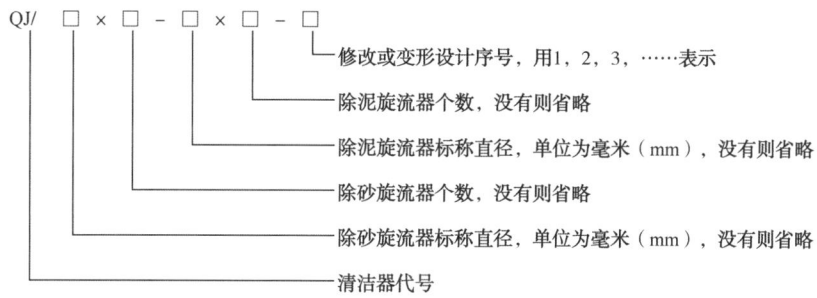

图9-6-3 清洁器是钻井液旋流器和钻井液细网振动筛的组合体

4. 旋流器的基本参数

旋流器的基本参数见表9-6-2。

表9-6-2 旋流器的基本参数

参数	除砂器			除泥器		微型旋流器	
分离粒度,μm	44~74			15~44		5~10	
旋流器标称直径 D, mm	300	250	200	150	125	100	50
圆锥筒锥度 α,(°)	20~35			20		10	
处理量[①], m³/h	>120	>100	>30	>20	>15	>10	>5
额定工作压力, kPa	200~400						
钻井液密度, g/cm³	1.05~2.2						

① 该处理量是工作压力为300kPa时的处理量。

5. 旋流除砂清洁器使用注意事项

(1) 旋流除砂清洁器工作压力不能低于0.2MPa,如压力太低,旋流器不除砂,而且底流口跑钻井液;压力太高,底流口同样跑钻井液,而且易损坏砂泵密封圈和旋流器。

(2) 钻井液必须经振动筛将较大钻屑颗粒清除后,才能使用除砂清洁器,否则将堵塞砂泵、旋流器,造成其无法工作。

(3) 旋流器锥体易损坏,损坏后要及时更换,否则将不起除砂作用。

(4) 筛网损坏后要及时更换,否则经旋流器清除的固相又重新回到钻井液中。

(5) 旋流除砂清洁器停用后,要用清水将其冲洗干净。冬季要采取防冻措施。

(6) 加强检查保养。砂泵轴承及盘根盒要加注润滑油。使用前应进行全面检查。旋流除泥清洁器使用注意事项、故障及排除方法同旋流除砂清洁器一样,但要注意的是,加重钻井液时,不能使用除泥清洁器,否则加重材料将被除泥清洁器大量清除,造成加重困难。

6. 旋流除砂清洁器常见故障及排除方法

旋流除砂清洁器常见故障及排除方法见表9-6-3。

表 9-6-3　旋流除砂清洁器常见故障及排除方法

序号	故障	可能发生的原因	排除方法
1	旋流器底流口严重跑钻井液	(1) 砂泵排量不够，压力太低； (2) 底流口太大； (3) 锥体磨损严重	(1) 检查砂泵进液阀是否完全打开； (2) 更换砂泵严重磨损的叶轮； (3) 更换砂泵密封圈； (4) 调整底流口的大小； (5) 更换损坏了的锥体
2	旋流器堵塞不工作	(1) 钻井液未经上一级处理，固相含量太高而过载； (2) 底流口太小； (3) 有棉纱或石块进入旋流器	(1) 使钻井液按照流程逐级进行处理； (2) 适当调大底流口； (3) 拆开旋流器，排出堵塞物； (4) 冬季应放空防冻
3	泵不上水或上水不足	(1) 吸入阀未打开或未完全打开； (2) 吸入口被堵塞； (3) 泵内有空气； (4) 旋转方向不对； (5) 叶轮内有异物； (6) 叶轮磨损严重； (7) 泵上水管线吸入空气	(1) 检查吸入阀并完全打开； (2) 排出堵塞物； (3) 拧松蜗壳上的丝堵，开泵排气，直到钻井液喷出为止； (4) 正确接好电动机配线； (5) 清除异物； (6) 更换叶轮； (7) 找出泄漏部位并拧紧
4	砂泵轴承过热	(1) 润滑油老化； (2) 轴偏心； (3) 轴承有故障	(1) 更换润滑油； (2) 重新找正； (3) 检查、修理或更换轴承
5	砂泵振动	(1) 叶轮破损； (2) 流量过小； (3) 混入空气发生气蚀	(1) 拆卸并更换叶轮； (2) 在设计流量点使用； (3) 改善吸入管，防止吸气

三、离心机

离心机是钻井液固控的第四级设备，可分离不小于 $15\mu m$ 的固相和胶体，可有效解决旋流装置不能分离的超细有害固相的问题。离心机也可用于回收重晶石粉，实现重晶石的重复使用，但在现场使用中，目前尚无法实现。目前普遍使用离心机清除钻井液中有害黏土颗粒、超细砂粒，降低膨润土含量。在降低钻井液密度时，也普遍使用离心机，效果很好。而在加重钻井液时，不能使用离心机，否则大量加重材料将被清除。离心机有螺旋式、筛筒式、水力涡轮式、叠片式等多种类型。在石油钻井现场，使用最多的是螺旋式。

1. 螺旋式离心机的构成

螺旋式离心机主要由供液泵、离心机驱动电动机、液力耦合器、转筒(转筒由螺旋输送器和锥形圆筒外壳组成)、皮带轮及皮带、钻井液输入管，辅助设备由驱动电动机、差速器、皮带轮及皮带等组成，如图 9-6-4 所示。

钻井液通过进液管进入螺旋输送器，通过离心力的作用紧贴滚筒内壁成固相层。工作时转筒与螺旋输送器在差速器速差的作用下同方向不同速度旋转，粗而重的颗粒甩向锥筒内壁，形成钻井液的固相分离，叶片将转筒内壁的固相刮至底流嘴处排出机体外。转筒大端有溢流孔，分离过的钻井液由此排出返回到循环罐中，溢流孔中有可调挡板用来控制转筒沉降深度。在转筒小端分布若干个底流嘴，分离出来的固相经底流嘴排出转筒外。

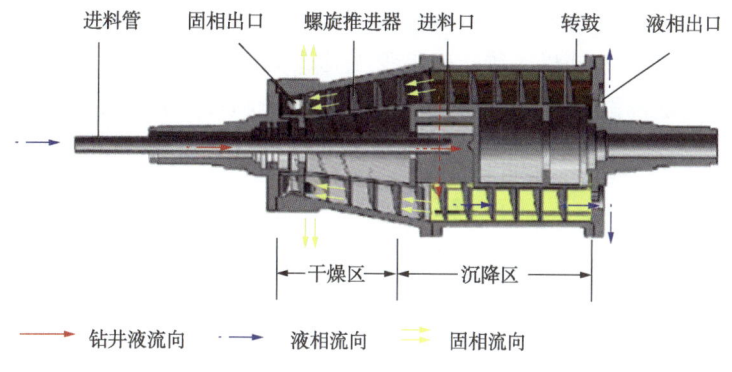

图 9-6-4 离心机的组成

2. 离心机型号表示方法

离心机型号表示方法如图 9-6-5 所示。

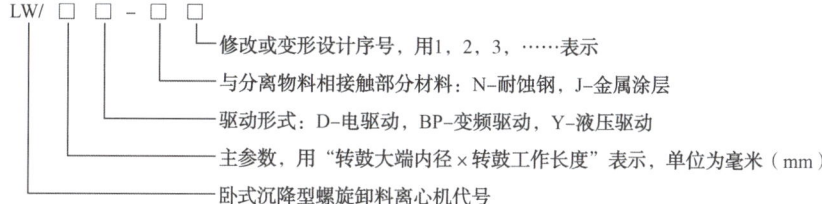

示例：LW355×1257Y-N2表示钻井液固控系统离心机，转鼓大端内径为355mm，转鼓的工作长度为1257mm，全液压驱动，转鼓材料为耐蚀钢，为第二次改型设计。

图 9-6-5 离心机型号表示方法

3. 现场离心机的配置要求

必须配置两台离心机，一台中速，转速大于2200r/min，一台高速（或变频），转速大于3200r/min。中速离心机处理量60m³/h，高速离心机40m³/h。离心机在正常工作情况下，平均无故障工作时间应大于3000h。

4. 离心机的安装与使用

离心机应水平且牢固的安装在2号循环罐面或其他合适的位置（应安装在旋流除泥清洁器之后），使收回的底流或溢流有足够的时间进行充分搅拌。回收溢流排出底流，应将溢流管伸入循环系统中搅拌良好的罐内，将底流槽伸向废浆池。在离心机控制箱外应另装电源开关，不能用离心机的控制箱作为主电源开关。

（1）操作前的检查如下：

① 离心机启动前应检查旋转体周围有无影响主机运转的物体。

② 检查三角皮带张紧情况及各护罩紧固有无松动现象。

③ 用手转动主电动机三角皮带轮，要求转离心机二圈，手转动时是否有卡阻现象，手感若有阻力，应检查主电动机找出原因。

④ 检查进液管分流阀是否打开，启动时分流阀必须在全开位置。

⑤ 如果长时间没有使用，使用前应检查离心机差速器的机械油是否充足，打开丝堵应看到有油流出，若不足应及时补充。

(2) 启动操作：

① 首先合上电源总开关及泵的电源开关。

② 先启动辅助驱动电动机，待运转平稳无其他异常杂音 30s 后，可以启动主驱动电动机，观察运转情况是否正常(若有异常首先停主驱动电动机，后停辅助驱动电动机)。

③ 打开进液管的分离阀，启动供液泵，根据工作情况，调节分流阀的分流量，增减进液量。

(3) 停机操作：

① 关闭供液泵电源，停止供液，关闭分流阀和供液阀。

② 打开清水闸门向机内供水进行清洗，持续 5min 左右停机。停机期间，清水继续注入机内 3min 左右再开机运转，重复上述过程 2~3 次，以彻底清除内腔杂物。

③ 内腔清洗干净后，按程序断开总电源，关闭清水闸门打开上盖，用水清洗护罩内壁，保证其四周无沉砂。

④ 关闭上盖。

(4) 离心机使用注意事项：

① 进液量不得超过规定值，否则，会引起离心机过载，使安全销剪断或离合器滑脱。

② 如果钻井液黏度过高，必须在降低钻井液黏度后再使用离心机进行固相分离，防止钻井液黏度过高，液相从底流口涌出。

③ 冬季零度以下使用离心机时，停机后应彻底放净各连接管线内的钻井液和清水以防冻结，并打开检查孔检查机内有无积水。

④ 在运转中不允许打开上箱或皮带护罩，勤检查主机轴承温度以及溢流、底流的排出状况。

⑤ 每次在使用完后，应由机械技师检查滚筒、差速器、液力耦合器等的润滑性能，做好维修保养工作。

⑥ 未经培训的人严禁使用离心机。

5. 常见故障及排除方法

常见故障及排除方法见表 9-6-4。

表 9-6-4　离心机常见故障及排除方法

序号	故障	可能发生的原因	排除方法
1	离心机振动	(1) 清洗不干净，使离心机运转不平衡； (2) 减振块老化失效	(1) 彻底冲洗滚筒内腔； (2) 更换减振块
2	底流口无固相排出	由于进液量过大使机内固相颗粒沉积过多，主机超载，行星差速器安全销剪断或离合器脱开，螺旋输送器停转	(1) 清洗滚筒内固相颗粒，调整进液量； (2) 更换相同规格的安全销； (3) 重新安装好离合器
3	偶合器易熔塞老化	(1) 进液量过大，使偶合器过载； (2) 底流斜槽中固相流动太慢，堵塞了滚筒小端上的底流喷嘴引起过载； (3) 偶合器内油量过多或不合规格	(1) 调整进液量，清除滚筒内的固相颗粒； (2) 冲洗底流喷嘴，在斜槽上加水稀释； (3) 检查偶合器内的油位，更换不合格的工作油

第七节　库车山前井钻井液系统配置要求

为了满足山前井"三高"钻完井作业需要，提高现场高密度钻井液配制、处理、维护能力，统一按如下要求库车山前钻井液系统。

一、固控系统

1. 使用时间

振动筛使用时间：国外振动筛不超过8年，国内振动筛不超过5年；除砂器、除泥器（或除砂除泥一体机）使用时间不超过5年，离心机不超过5年。

2. 振动筛

7000m钻机振动筛数量3台，9000m钻机振动筛数量5台，采用高频直线振动筛，电动机功率均为2×2.2kW，单台振动筛的筛网面积不低于1.165m×0.585m×3，防爆等级达到dⅡBT4。筛布与支架必须保证密封良好。振动筛需要有防溅装置，该装置必须便于随时检查振动筛布使用情况，振动筛倾角调节装置采用液压助力装置，实现无级调节；如果采用除砂除泥一体机，可以从缓冲槽连接一根管线导流钻井液到一体机上，用其振动筛作为备用振动筛。

3. 除砂除泥器

建议使用高效一体机，旋流器的进出口不堵塞，达到额定工作压力0.2~0.4MPa时，能正常连续运转。

4. 离心机

第一台为中速变频离心机，钻井液处理量不低于60m³/h，第二台为高速离心机，钻井液处理量不低于40m³/h。清洗离心机的清水排出时不能进钻井液罐。

二、动力系统

1. 钻井泵

F1600钻井泵3台，其中一台钻井泵应与加重系统直接连接，为加重系统提供动力。

2. 加重泵

循环系统一套，储备系统一套，每套加重系统电动机功率75kW，壳体和电动机功率必须匹配，至少配两个漏斗，上水管线和排水管线不小于6in。

3. 剪切泵

电动机功率为55kW，配备单独的管线进胶液罐，独立进行胶液配制。

4. 搅拌器

每个钻井液罐至少3台搅拌器，功率15kW，搅拌器叶片两层，每层4个叶片（配堵漏钻井液罐要求叶片三层，每层3个叶片），叶片宽度长度80cm以上，上长下略短，下层叶片离罐底为15cm，上下两层叶片间距最大80cm；分隔罐搅拌器分布，功率大小和叶片大小分开设计，40~50m³罐搅拌器15kW×2台；20~30m³罐15kW×1台；2号罐面2~3m³小胶液罐搅拌器功率5kW×1台。综合考虑耐用性，最好采用变频搅拌器。搅拌器需硬链接，不能皮带连接。

5. 除砂除泥器供液泵的排量

供液泵必须满足旋流器的处理量要求(泵功率75kW、上水管径10in, 排液管线8in)。

6. 搅拌器的硬件配备要求

搅拌杆和叶片安装质量要好，不要发生掉、断现象。

7. 悬臂吊

库车山前井使用吨包需配备5t悬臂吊，悬臂可以360°旋转，并配置滑轨。

8. 动力系统防爆要求

动力系统需全部防爆，防爆等级达到dⅡBT4。

三、循环系统

1. 罐容积

7000m钻机：罐总容积(不包含1#沉砂罐)不低于660m³(有效总容积不低于600m³)。每个循环罐按70m³(有效60m³)容量设计，罐数量至少11个。9000m钻机：罐总容积(不包含1#沉砂罐)不低于800m³(有效总容积不低于720m³)。每个循环罐按70m³(有效60m³)容量设计，罐数量至少13个。

2. 罐群功能布局

1#罐70~80m³(长度根据需要设计)，分四格，第一格计量罐(15m³)(锥形罐下方装灌注泵，同时循环罐钻井液要能通过一定方式倒至计量罐)，第二个格锥形罐(25m³)，上装3台振动筛，第三格(15m³)、第四格(15m³)上面装除砂除泥器一体机，一体机振动筛与前三台振动筛并联，第三格除砂器上水，排至第四格，第四格除泥器上水，排至循环槽(排出口在槽面上方尽量不占槽子空间，排出口弯管导向循环槽钻井液流动方向，排出口前方在第四格区域有进口挡板和槽子挡板)(1#罐功能布局及设备安装示意图见图9-7-1)。

计量仓, 15m³	沉砂罐, 25m³	计量仓, 15m³	计量仓, 15m³
下方安灌注泵	三台振动筛	除砂除泥一体机	

图9-7-1 1#罐功能布局及设备安装示意图

2#罐分2A、2B两格，2A上面放除气器，罐面放2m³小胶液罐，带搅拌器，2A中速离心机上水，2B高速离心机上水(2#罐功能布局及设备安装示意图见图9-7-2)。

2A仓, 30m³	2B仓, 40m³
除气器、小方罐、中速离心机	高速离心机

图9-7-2 2#罐功能布局及设备安装示意图

3#罐和4#罐作为上水罐，3#罐、5#罐可分隔为A(45m³)、B(25m³)前后两仓，靠近钻井液泵一端的隔仓为45m³，用于堵漏、配解卡液，另一隔仓25m³用于加重压水眼等特殊作业(3#罐功能布局及设备安装示意图见图9-7-3)。

3A仓, 上水罐, 45m³	3A仓, 上水罐, 45m³
高速(变频)离心机	高速(变频)离心机

图9-7-3 3#罐功能布局及设备安装示意图

6#罐(9000m 钻机可增加两罐)作为膨润土浆罐或储备井浆。

7#罐作为胶液罐,分 7A(40m³)、7B(30m³)两格,一个隔仓配胶液,另一隔仓储存胶液或进行膨润浆护胶。

8#、9#、10#、11#罐作为加重钻井液储备罐,11#罐分 11A(30m³)、11B(40m³)两格,当下部地层土浆使用量较小时,一个隔舱用于配土浆。

1#、2#罐横向摆放,靠沉砂池和钻机两边罐面加宽,3~11#罐纵向摆放,有利于缩短循环槽行程和上水、排水管线行程。

3. 循环管线

(1) 各循环罐之间上水管线全部用等径管线、用法兰连接,使用明管线,钻井液罐内的暗管线用活接头(由壬)连接,最长处不超过 3m,以便于清掏。

(2) 罐连接可以通过上水管线连接,上水管线前后两排分别与两套加重泵连接,前排还与钻井液泵连接。

(3) 钻井泵上水口距罐底要尽量低一点,同时设计成锯齿型的,这样有利于提高钻井液利用率又不容易堵上水口。

(4) 可以在循环罐 5#、6#之间接一根管线,将前后两排上水管线连通,可以实现钻井液泵和第一组加重泵抽后仓的目的。

(5) 排水管线与上水管线相似设置,前后排水管线之间连通的管线可以放到 7#罐边沿。

管径:上水管线 12in,排液管线 8in。

(6) 所有罐面钻井液流动管线必须开明槽,确因连接原因无法实现明槽的,最长不得超过 0.5m;循环槽要有适当坡度,循环槽必须直行流经 1~6#罐,槽面全部有活动盖板。

(7) 循环槽经过的每个罐、每个隔仓都要有进出两个口子。

(8) 有三个挡板与对应的三组插槽。其中有两个挡板和两组插槽与两个口子对应,另一个挡板和插槽放在两个口子之间的循环槽中。

(9) 高架槽下面要连接有专用排混浆管线,通过闸阀控制混浆不进入锥形罐可以直接排出到罐外。锥形罐放浆口要求实现即开即关,在任意工况下都可以放锥形罐中的沉砂。

(10) 钻井液罐清罐口:要求密闭有效且方便开关操作,建议挡板用胶皮平面密封+销子。

四、其他要求

(1) 必须有循环系统流程图悬挂于坐岗房内。
(2) 各钻井液罐应配备直读式的罐容标尺。
(3) 所有蝶阀密封必须可靠。
(4) 罐面必须有可活动盖板,便于取样和观察,也必须有格子铁板。
(5) 罐隔仓之间应通过连通管线达到整体使用的目的。
(6) 钻机需要配双立管,承压 70MPa,水龙带承压 52MPa。

五、参考平面布置图

7000m 钻机循环系统平面布置图如图 9-7-4 所示,9000m 钻机循环系统在 7#罐之后再增加 2 个 70m³罐,同时配备上水与排水管线。

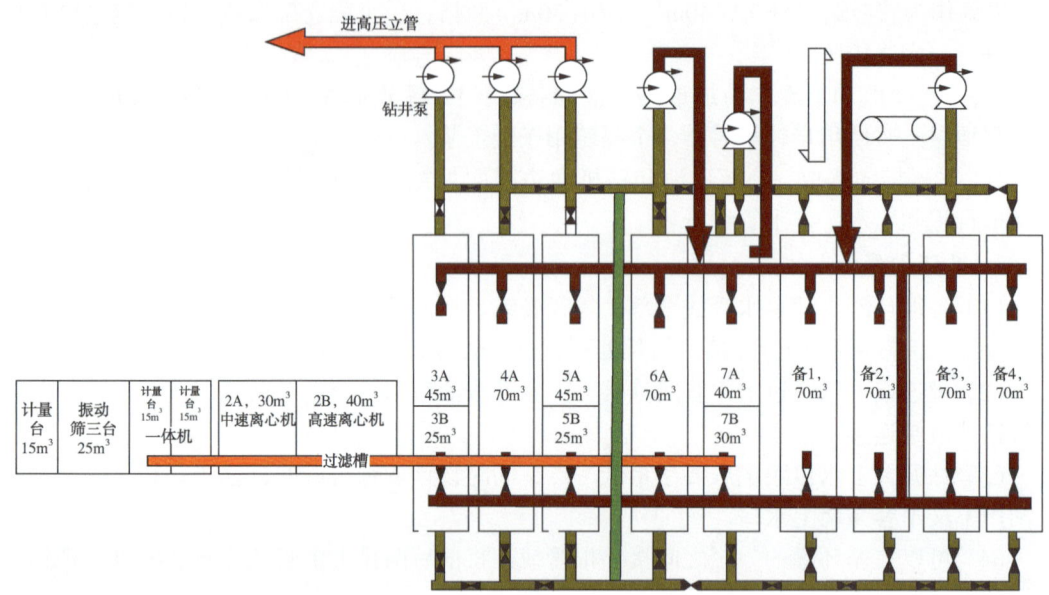

图 9-7-4 7000m 钻机循环系统平面布置图

参 考 文 献

[1] 张仲良. 三缸泵灌注泵性能探讨[J]. 石油机械,1987,15(2):31-36.

[2] 张明洪,马天宝. 钻井液平动椭圆振动筛原理[J]. 天然气工业,1990.(4):40-46.

[3] 朱企贤. 采用专家系统是发展固控设备的重要趋势[J]. 石油机械,1991,2(19):58-5.

[4] 严新新,任春华,李辉. 钻井液粒度分布初探[J]. 石油钻探技术,1994.22(2):21-24.

[5] 龚伟安. 钻井液固相控制技术与设备[M]. 北京:石油工业出版社,1995.

[6] 刘银盾. 钻井液固控设备的选择及固控系统的总体布置[J]. 石油机械,1995,23(2):29-33.

[7] 何正杰,何成松,裴志明. 钻井液循环罐优化设计浅述[J]. 石油矿场机械 2002,31(2):44-45.

[8] SY/T 6223—2005 钻井液净化设备配套、安装、使用和维护[S]. 2005.

[9] 鄢捷年. 钻井液工艺学[M]. 青岛:中国石油大学出版社,2006.

[10] 刘永福. 高密度钻井液的技术难点及其应用[J]. 探矿工程,2007,(5):47-49.

[11] 张玉华,李国华,熊亚萍,等. 钻井液固相系统配套现状及改进措施[J]. 石油矿场机械,2007,36(12):84~87.

[12] 易先中,王利成,等. 钻井岩屑粒径分布规律的研究[J]. 石油机械,2007,35(12):1-4.

[13] 刘汝国,刘威,徐壁华,等. 超高密度水钻井液加重剂粒径和加量优化模型[J]. 西南石油大学学报(自然科学版),2008,30(6):131-134.

[14] 李彬,苏金洋,卢胜勇. 钻井液固相控制系统容积分析[J]. 石油矿场机械,2008,37(7):50-52.

[15] 赵平. 钻井液固控系统流程设计改进[J]. 科技资讯,2009,19:49.

[16] 许锦华,陈龙,柴占文. 圆形罐钻井液固控系统的研制与应用[J]. 石油机械,2009,37(5),41-42.

[17] 张克勤,张金成,戴巍. 西部深井超深井钻井技术[J]. 钻采工艺,2010,33(1):36-39.

[18] 钱德宏,李俊,俞光印. ZJ90DB 型钻机钻井液净化系统设计与制造技术[J]. 石油矿场机械,2007,36(10):50-54.

[19] 褚耀强. 钻井液连续循环系统的研制与应用[J]. 石油机械,2008,36(2):75-78.

[20] 美国机械工程师协会振动筛编委会. 钻井液处理手册[M]. 郑力会译. 北京：石油工业出版社，2008.
[21] 张晓东，吴朝晖，等. 高密度钻井液加重剂再利用的几点思考[J]. 石油矿场机械，2009，38(11)：57-60.
[22] 侯勇俊，曹丽娟. 波浪形筛网固相运移规律研究[J]. 石油矿场机械，2010，39(1)：1-4.
[23] 陈世春，张晓东，梁红军. 塔里木地区超深井钻机配置[J]. 石油矿场机械，2010，39(4)：48-53.
[24] 许锦华，胡小刚，牟长清. 新型钻机固控系[J]. 石油机械，2010，38(3)：34-37.
[25] 刘洪斌. 钻井液固相控制技术手册[M]. 成都：西南交通大学出版社，2011.
[26] 张明，李天太，赵金盾，等. 高密度钻井液粒度分布特征研究[J]. 钻采工艺，2011，34(4)：83-85.

第十章　库车山前钻完井液废弃物环保处置

塔里木油田库车山前地质情况复杂，钻井井深大多在 5000~8000m，库车山前各区块的钻井液体系及材料基本相似。通常钻井一开、二开钻深 2500~3500m，钻井液主要为膨润土—聚合物钻井液，此段地层简单，钻速快、排放废弃钻井液及钻屑量大，同时钻井液中处理剂浓度较低，且易于降解，对环境污染危害较小，故可采用干化处理后综合利用；三开等盐上深部地层，一般采用磺化钻井液，但由于地层温度高、相对复杂，钻井液中添加了不同程度抗温处理剂，造成钻井液中含有各类重金属污染物、有机污染物及石油类、盐类物质含量较高，对环境造成危害的风险较大，需要进行无害化处理达标后才能综合利用；对于四开盐膏层及以下地层，由于地层更加复杂，地层温度进一步提高，通常为了应对复杂苛刻的条件，大部分采用了油基钻井液，部分区块也采用氯化钾磺化钻井液。对于油基钻井液及废弃物，采用深度萃取脱附技术，回收重复利用油基钻井液和其中的柴油；对于氯化钾磺化钻井液，需采用无害化处理后进行综合利用。

第一节　钻完井液废弃物环保处置相关规范

塔里木油田库车山前钻井废弃物必须经过无害化处置之后才能够进行铺垫井场路、填坑、修筑井场等综合利用，其处置过程必须遵循国家有关的政策法规，处理结果需满足国家、地区的技术标准。

一、国家相关政策法规

与钻井废弃物密切相关的国家法律法规主要有《中华人民共和国固体废物污染环境防治法》和《国家危险废物名录》，其中《中华人民共和国固体废物污染环境防治法》是我国防治固体废物污染环境的一部专项法律，规定了固体废物的管理原则、制度和措施等，是我国固体废物的管理总纲。由于危险废物对人体及环境的影响更大，因此为了防止危险废物对环境的污染，国家对危险废物的管理提出了特别的要求，对危险废物进行管理首先需识别哪些属于危险废物，为了减轻对固体废物进行鉴别的成本，国家发布了《国家危险废物名录》，在危险废物名录范围内的固体废物直接判定为危险废物。

1.《中华人民共和国固体废物污染环境防治法》的相关条款

《中华人民共和国固体废物污染环境防治法》中第三条规定：国家对固体废物污染环境的防治，实行减少固体废物的产生量和危害性、充分合理利用固体废物和无害化处置固体废物的原则，促进清洁生产和循环经济发展；第三十三条规定：企业事业单位应当根据经济、技术条件对其产生的工业固体废物加以利用；对暂时不利用或者不能利用的，必须按照国务院环境保护行政主管部门的规定建设贮存设施、场所，安全分类存放，或者采取无害化处置措施。《中华人民共和国固体废物污染环境防治法》鼓励对固体废物进行无害化处置与综合利用。

2.《国家危险废物名录》的相关规定

《国家危险废物名录》是 2016 年最新修订发布的,名录中针对钻井废弃物的规定是在"HW08 废矿物油与含矿物油废物"类别下的"石油开采"和"天然气开采"中,废物代码为 071-002-08 和 072-001-08,危险废物描述为"以矿物油为连续相配制钻井液用于石油开采所产生的废弃钻井液"和"以矿物油为连续相配制钻井液用于天然气开采所产生的废弃钻井液",危险特征为毒性。根据《国家危险废物名录》规定,油基钻井液及其钻屑属于危险废物。因此废弃的膨润土—聚合物钻井液、聚合物钻井液、聚磺钻井液、聚磺防塌钻井液、欠饱和盐水钻井液等水基钻井液及其岩屑属于一般废弃物。

二、国家相关技术标准

钻井液废弃物环保处置控制必须满足环境质量标准和污染控制标准两类标准。环境质量标准作为环境质量基准值,是以保障人体健康、维护生态环境质量为目标,其指标值要求严格,当监测的污染物指标值低于环境质量标准值时,可以认为该指标对环境及人体无害,国家环境质量标准主要有《土壤环境质量标准》(GB 15618—1995)。污染控制标准是为了实现环境质量目标,结合技术经济条件和环境特点,对排入环境的有害物质或有害因素进行的控制,标准包含《危险废物鉴别标准 浸出毒性鉴别》(GB 5085.3—2007)和《危险废物鉴别标准 毒性物质含量鉴别》(GB 5085.6—2007)、《危险废物填埋污染控制标准》(GB 18598—2019)等标准。

1. 国家环境质量标准

GB 15618—2018 中将土壤按照功能和保护目标不同分为三类。Ⅰ类主要适用于国家规定的自然保护区(原有背景重金属含量高的除外)、集中式生活饮用水水源地、茶园、牧场和其他保护地区的土壤,土壤质量基本上保持自然背景水平;Ⅱ类主要适用于一般农田、蔬菜地、茶园、果园、牧场等土壤,土壤质量基本上对植物和环境不造成危害和污染;Ⅲ类主要适用于林地土壤及污染物容量较大的高背景值土壤和矿产附近等地的农田土壤(蔬菜地除外),土壤质量基本上对植物和环境不造成危害和污染。塔里木油田库车山前钻完井施工及废弃物处置一般在非敏感区,只要满足Ⅲ类标准即可,详见表 10-1-1。

表 10-1-1 土壤环境质量标准(GB 15618-2018)　　　　单位:mg/kg

序号	污染物		三级
1	镉		1.0
2	汞		1.5
3	砷	水田	30
		旱地	40
4	铜	农田等	400
		果园	400
5	铅		500
6	铬	水田	400
		旱地	300
7	锌		500
8	镍		200

2. 污染控制标准

当监测的污染物指标值超过《危险废物鉴别标准》(GB 5085)规定值后,则认为该样品必须按照危险废物进行管理。《危险废物鉴别标准 浸出毒性鉴别》(GB 5085.3—2007)是对固体废物按照规定的方法浸出后检测污染物浓度,来判断是否属于危险废物;《危险废物鉴别标准 毒性物质含量鉴别》(GB 5085.6—2007)是监测固体废物中污染物的含量,用以判断是否属于危险废物,详见表10-1-2、表10-1-3。

表10-1-2 危险废物鉴别标准 浸出毒性鉴别(GB 5085.3—2007)　　单位:mg/L

序号	污染物名称	指标值	序号	污染物名称	指标值
1	铜	100	12	银	5
2	锌	100	13	砷	5
3	镉	1	14	硒	1
4	铅	5	15	氟化物	无机100
5	铬	15	16	氰化物	5
6	六价铬	5	17	苯	1
7	烷基汞	不得检出	18	甲苯	1
8	汞	0.1	19	乙苯	1
9	铍	0.02	20	二甲苯	4
10	钡	100	21	苯酚	3
11	镍	5	22	苯并[a]芘	0.0003

表10-1-3 危险废物鉴别标准 毒性物质含量鉴别(GB 5085.6—2007)

序号	污染物名称	指标值	序号	污染物名称	指标值
1	铍	0.1%	10	苯	0.1%
2	铊	0.1%	11	苯并[a]芘	0.1%
3	钯	3%	12	苯并[a]蒽	0.1%
4	铂	3%	13	苯并[b]荧蒽	0.1%
5	钒	3%	14	苯并[j]荧蒽	0.1%
6	锰	3%	15	苯并[k]荧蒽	0.1%
7	钛	3%	16	二苯并[a,h]蒽	0.1%
8	总锑	3%	17	石油烃总量	石油溶剂油3%
9	锡	3%			

对于危险废物填埋场等设施建设还需要满足《危险废物填埋污染控制标准》(GB 18598—2019)。该标准从填埋场选址、施工、入场废物要求等多方面都提出了具体要求,其中对进行填埋的危险废物提出了具体的指标控制要求,详见表10-1-4。

表10-1-4 危险废物允许进入填埋区的控制限值　　单位:mg/L

序号	项目	稳定化控制限值
1	有机汞	0.001
2	汞及其化合物(以总汞计)	0.25
3	铅(以总铅计)	5

续表

序号	项目	稳定化控制限值
4	镉及其化合物(以总镉计)	0.50
5	总铬	12
6	六价铬(以总铬计)	2.50
7	铜及其化合物(以总铜计)	75
8	锌及其化合物(以总锌计)	75
9	铍及其化合物(以总铍计)	0.20
10	钡及其化合物(以总钡计)	150
11	镍及其化合物(以总镍计)	15
12	砷及其化合物(以总砷计)	2.5
13	无机氟化物(不包括氟化钙)	100
14	氰化物(以 CN 计)	5

《农用污泥污染物控制标准(GB 4284—2018)》中对主要无机物和矿物油及苯并芘做出了规定,限值详见表 10-1-5。

表 10-1-5 农用污泥污染物控制标准(GB 4284—2018)　　　单位:mg/kg

序号	最高容许含量	
	在酸性土壤上(pH<6.5)	在中性和碱性土壤上(pH≥6.5)
镉及其化合物(以总镉计)	5	20
汞及其化合物(以总汞计)	5	15
铅及其化合物(以总铅计)	300	1000
铬及其化合物(以总铬计)	600	1000
砷及其化合物(以总砷计)	17	75
硼及其化合物(以水溶性 B 计)	150	150
矿物油	3000	3000
苯并芘	3	3
铜及其化合物(以总铜计)	250	500
锌及其化合物(以总锌计)	500	1000
镍及其化合物(以总镍计)	100	200

工业类用地包括《城市用地分类与规划建设用地标准》(GB 50137—2011)规定的城市建设用地中的工业用地(M)、物流仓储用地(W)、商业服务业设施用地(B)、公用设施用地(U)等。由于库车山前钻井特点,宜参照工业类用地指标值进行对比分析,详见表 10-1-6。

《废矿物油回收利用污染控制技术规范》(HJ 607-2011)中针对原油和天然气开采行业作出如下规定:含油率大于5%的含油污泥、油泥应进行再生利用;油泥沙经油沙分离后含油率应小于2%;含油岩屑经油屑分离后含油率应小于5%,分离后的岩屑宜采用焚烧处置。

表 10-1-6 建设用地土壤污染风险筛选指导值(三次征求意见稿)　单位：mg/kg

序号	污染物名称	指标值	序号	污染物名称	指标值
1	铜	400	13	甲苯	672
2	锌	500	14	乙苯	0.81
3	镉	28.3	15	二甲苯	42.3
4	铅	800	16	苯并[a]芘	0.19
5	六价铬	4.3	17	苯并[a]蒽	1.86
6	铍	21.5	18	苯并[b]荧蒽	1.87
7	镍	198	19	苯并[k]荧蒽	18
8	砷	背景值	20	二苯并[a,h]蒽	0.19
9	氰化物	96.2	21	茚苯[1,2,3-cd]芘	1.87
10	钒	背景值	22	萘	2.13
11	总钴	背景值	23	蒽	178
12	苯	0.26			

三、行业及地方相关标准

目前石油行业针对钻完井废弃物处置方面的技术标准有《油田含油污泥处理设计规范》(SY/T 6851—2012)、《油气田钻井固体废物综合利用污染控制要求》(DB 65/T 3997—2017)、《油气田含油污泥综合利用污染控制要求》(DB 65/T 3998—2017)、《油气田含油污泥及钻井固体废物处理处置技术规范》(DB 65/T 3999—2017)等标准,较好地指导了石油钻井过程中的生态环境保护。

1.《油田含油污泥处理设计规范》(SY/T 6851—2012)

《油田含油污泥处理设计规范》(SY/T 6851—2012)对资源化利用场所选址、资源化利用污染控制要求、资源化利用施工技术要求等均作了规定,其中针对通井路、铺垫井场的污染控制指标详见表 10-1-7。

表 10-1-7　含油污泥用于铺设通井路、铺垫井场污染物控制限值　单位：mg/kg

序号	项目	土壤 pH 值<6.5	土壤 pH 值≥6.5
1	总汞	≤5	≤15
2	总铅	≤300	≤1000
3	总镉	≤5	≤20
4	总铬	≤600	≤1000
5	总铜	≤250	≤500
6	总锌	≤500	≤1000
7	总镍	≤100	≤200
8	总砷	≤75	≤75
9	总硼	≤150	≤150
10	苯并[a]芘	≤3	≤3
11	石油类	≤2%	≤2%

2.《油气田钻井固体废物综合利用污染控制要求》(DB 65/T 3997—2017)

《油气田钻井固体废物综合利用污染控制要求》(DB 65/T 3997—2017)标准规定了油气田钻井固体废物综合利用的场地选址、污染物限值及环境监测要求,该标准适用于油气田钻井固体废物在油田作业区内综合利用过程中的污染控制、环境影响评价和环境监管。标准规定达到标准污染物限值(表10-1-8)的钻井固体废物作为可利用资源用于综合利用,具体包括用于铺设服务油田生产的各种内部道路、铺垫井场、固废场封场覆土及作为自然坑洼填充材料的利用方式,用于综合利用的钻井固体废物,其中任何一项指标不得超过表10-1-8所列的最高允许限值。同时标准规定综合利用场地选址应满足以下规定:(1)场地应选择在油田作业区内;(2)场地应距离城镇、行政村5km以上,距离省级公路10km以上;(3)场地应避开湿地、低洼汇水处、泄洪道、泥石流易发区及自然保护区、风景名胜区、饮用水水源保护区、水源涵养区、生态公益林、基本草原、基本农田和其他需要特别保护的区域;(4)场地常年地下水稳定潜水位应在3m以下,距离地表水多年平均水位线5km以上,当地多年平均降水量在200mm以下,蒸发量在1500mm以上,土地类型属于荒漠、戈壁的区域;(5)场地不得位于已经被政府或行政管理部门规划进行开发利用的区域。

表10-1-8 综合利用污染物限值

项目	标准值	项目	标准值
pH值	2.0~12.5	镉,mg/kg ≤	20
六价铬,mg/kg ≤	13	砷,mg/kg ≤	80
铜,mg/kg ≤	600	苯并[a]芘,mg/kg ≤	0.7
锌,mg/kg ≤	1500	含油量,% ≤	2
镍,mg/kg ≤	150	COD,mg/L ≤	150
铅,mg/kg ≤	600	含水率,% ≤	60

注:除pH、COD和含水率外,其他指标均为干基折算值;只有废弃磺化钻井液及岩屑控制COD指标;处理装置处理后的固体废物含水率应≤80%。

3.《油气田含油污泥综合利用污染控制要求》(DB 65/T 3998—2017)

《油气田含油污泥综合利用污染控制要求》(DB 65/T 3998—2017)标准规定了油气田含油污泥综合利用的场地选址、污染物限值及环境监测要求,标准适用于经处理过的油气田含油污泥在油田作业区内综合利用过程中的污染控制、环境影响评价和环境监管。含油污泥经处理后,其中任何一项指标不得超过表10-1-9所列的最高允许限值。标准规定含油污泥综合利用场地选址应满足如下要求:(1)场地应选择在油田作业区内;(2)场地应距离城镇、行政村5km以上,距离省级公路10km以上;(3)场地应避开湿地、低洼汇水处、泄洪道、泥石流易发区及自然保护区、风景名胜区、饮用水水源保护区、水源涵养区、生态公益林、基本草原、基本农田和其他需要特别保护的区域;(4)场地常年地下水稳定潜水位应在3m以下,距离地表水多年平均水位线5km以上,当地年均降水量在200mm以下,蒸发量在1500mm以上,土地类型属于荒漠、戈壁的区域;(5)场地不得位于已经被政府或行政管理部门规划进行开发利用的区域。

表 10-1-9　含油污泥处理后综合利用污染物限值

项目	标准值	项目	标准值
pH 值	2.0~12.5	含油量,% ≤	2
砷, mg/kg ≤	80	含水率,% ≤	60

注：含油率为干基折算值；处理装置处理后含水率应≤80%。

4.《油气田含油污泥及钻井固体废物处理处置技术规范》(DB 65/T 3999—2017)

《油气田含油污泥及钻井固体废物处理处置技术规范》(DB 65/T 3999—2017)规定了油气田含油污泥及钻井固体废物处理处置方法及工艺、处理处置过程污染控制及环境监测的技术要求，该标准适用于油气田勘探开发产生的含油污泥及钻井固体废物在处理处置过程中的工程运营、环境影响评价和环境监管。标准规定了油气田含油污泥及钻井固体废物处理处置方法及工艺、处理处置过程污染控制等要求。含油污泥及钻井固体废物处理处置方法及工艺包含含油污泥处理处置方法及工艺、钻井固体废物处理处置方法及工艺、通用处理处置技术工艺要求；处理处置过程污染控制包括大气污染控制、废水污染控制、噪声污染控制、固体废物污染控制。

1) 含油污泥处理处置要求

含油污泥处理处置一般要求：含油率大于5%的含油污泥(除废弃油基钻井液岩屑)应回收原油，回收的原油品质含水率应小于10%；鼓励采用热裂解、超声波技术、化学热洗技术、生物技术对含油污泥进行处理；禁止采用焚烧、填埋方式处理含油率大于5%的含油污泥。

含油污泥化学热洗处理技术：预处理分拣去除大块含油物料及杂物，并用热洗水流化污泥；污泥调质过程中，部分污油上浮后回收；油水分离过程，油相进入油储罐后回收；含油污泥的热洗水经处理应循环利用。

常温溶剂萃取技术：常温溶剂萃取技术应包括固液分离、萃取等；常温溶剂萃取技术宜处理废弃油基钻井液及岩屑和清罐油泥等较为均质的含油污泥，经处理后油基钻井液、油品应回收利用；常温脱附使用的萃取剂应考虑重复利用。

2) 钻井固体废物处理处置方法及工艺

钻井固体废物处理处置一般要求：废弃油基钻井液及岩屑应采用价值最大化的循环再利用处理方法和工艺，对回收的油基钻井液应满足密度和油水比指标后钻井再利用，严禁使用填埋、焚烧、热裂解、化学热洗、超声波、生物处理等不能回收油基钻井液钻井再利用的技术进行处置；废弃磺化钻井液及岩屑鼓励采用高温氧化(热裂解、焚烧等)工艺进行处理；化学强化固液分离处理技术固液分离产生的废水处理后应进行综合利用。

3) 通用处理处置技术工艺要求

热裂解处理技术：预处理分拣去除大块物料及杂物；热裂解工艺前，含油污泥或钻井固体废物含水率大于80%，需先进行脱水处理；热裂解不凝气严禁直接排放，若作为热裂解炉供热系统的燃料利用，应进行净化和干燥，不具备焚烧条件的要对不凝气进行分解并无害化；油水分离后的油相进入油储罐后回收，产生的废水应综合利用；排渣系统应采取相应措施与炉体密闭连接防止飞灰，堆渣场地应有防尘措施。

焚烧处理技术：焚烧处理前，含油污泥或钻井固体废物含水率大于80%时，需先进行脱水处理；焚烧炉出口烟气中的氧气含量应为6%~10%(干气)；焚烧炉应设置二次燃烧室，保证烟气在二次燃烧室1100℃以上停留时间大于2s；热能利用避开200~500℃的温度区间；保证含油污泥或钻井固体废物能够完全燃烧，焚烧残渣的热灼减率小于5%；高温烟气采取急冷处理，烟气温度1s内降到200℃以下，减少烟气在200~500℃温区的滞留时间；烟气净化系统若采用湿式除尘工艺，产生的废水应循环利用或综合利用；除应遵守本技术要求外，还必须符合国家现行有关标准规定。

4）处理处置过程污染控制

大气污染控制：锅炉大气污染物排放执行《锅炉大气污染物排放标准》(GB 13271—2014)要求；采用高温氧化(热裂解、焚烧)工艺处理废弃磺化钻井液及岩屑的，其高温氧化炉排放的废气污染物颗粒物、二氧化硫、氮氧化物和非甲烷总烃执行《大气污染物综合排放标准》(GB 16297)，二噁英、氯化氢执行《危险废物焚烧污染控制标准》(GB 18484)；采用热裂解工艺处理含油污泥的，其热裂解炉排放的废气污染物执行《石油化学工业污染物排放标准》(GB 31571)标准；采用焚烧工艺处理含油污泥的，其焚烧炉排放的废气污染物执行《危险废物焚烧污染控制标准》(GB 18484)要求；含油污泥处理过程若产生臭气，经处理后执行《恶臭污染物排放标准》(GB 14554)要求；含油污泥及钻井固体废物经处理后状态为灰渣的，综合利用需采取防尘措施避免产生扬尘。

废水污染控制：含油污泥或钻井固体废物处理过程中产生的废水，应循环利用或综合利用，不能利用的污水处理后达到《污水综合排放标准》(GB 8978)二级标准后可用于地面降尘、场站绿化，需排入水体的按照排放标准的规定执行。

噪声污染控制：尽量选择低噪声设备，主要噪声设备采取基础减震、消声或隔声措施；钻井固体废物及含油污泥处理工程场(厂)界环境噪声执行《工业企业厂界环境噪声排放标准》(GB 12348)。

固体废物污染控制：含油污泥或钻井固体废物预处理分离的大块物料及杂物应进一步无害化处理，处理后含油率小于2%，含水率小于80%；含油污泥经处理后满足DB65/T 3998、钻井固体废物满足DB65/T 3997后，可以用于铺设服务生产的各种内部道路、铺垫井场、固废场封场覆土及作为自然坑洼填充的用土材料等途径进行综合利用；伴有锅炉加热的化学热洗处理技术，炉渣应资源化利用或安全填埋。

第二节　库车山前钻完井废弃物特点

库车山前钻完井过程中产生的主要废弃物为钻井带出地面的岩屑、废弃的钻井液、钻井污水、酸化压裂返排液等。

钻屑为地层岩屑，约占总废弃物的20%，所含污染物主要是覆盖包裹的钻井液。

废弃钻井液主要来自三个方面：一是钻井过程中排放的受污染的钻井液；二是地面循环系统盛放的和为处理复杂情况储备的钻井液；三是固井时水泥浆置换出来的钻井液与受污染钻井液，三者约占总废弃物的70%左右。

钻井污水主要是各作业设备的清洗液、雨水冲洗井场携带部分钻井液及油类物质进入沉砂池，此类污染物总量少。酸化压裂返排液是改造增产过程随着测试返出地面的液体，一般会含有黄原胶、瓜尔胶等处理剂，此外还含有石油类物质。

一、钻完井废弃物一般污染特征

钻完井废弃物对环境的影响主要表现在以下几个方面：(1)污染的面积大、区域广；

(2)大量的有毒、降解能力差的有机高分子聚合物和有毒重金属在自然界中，危害人类的身体健康和生命安全；(3)油类不仅影响空气与水体界面上氧的交换，而且在微生物氧化分解时消耗水中的溶解氧，使水质恶化；(4)无机盐导致土壤板结、肥力下降，最终会加速土壤的盐碱化程度。

1. 无机盐类的环境污染特征

库车山前钻井作业中，通常使用的钻井液中含有无机盐类处理剂，具体包括氯化钠、氯化钾、碳酸钠等。盐水配制的钻井液中富含各类盐，钻井液中矿化度较高，此类钻完井作业废物如果不进行专门的脱盐处理直接排入环境，则会造成盐污染。同样以淡水配置的钻井液在循环使用过程中亦会溶解部分地层中所含有的无机盐类，造成钻井液水相部分的矿化度升高，根据 Cl^- 测定结果，现场使用的淡水钻井液滤液中氯化物含量一般大于 600mg/L，有近半数的井滤液中氯化物含量大于 10^3mg/L。《农田灌溉水质标准》(GB 5084—2005)中明确限定了农灌水的 Cl^- 应小于等于 300mg/L(二类)，而长期采用高含盐(Cl^- 大于 500mg/L)水灌溉农田，会导致土壤板结、肥力下降，并使植物难以从土壤中吸收水分，最终加速土壤的盐碱化程度，因而钻井废弃物中的盐类成分不处理直接排放会导致加速土壤的盐碱化。

2. 重金属的环境污染特征

钻完井作业废物的重金属污染是环境影响因素的又一个特征。根据油田钻井液成分资料统计分析，重金属广泛分布于钻井废水与废弃钻井液中，一些常见的具有危害性的金属在钻井废弃物中几乎全部检测到踪迹，如锌、铅、铜、镍、汞、砷、铬等。废弃钻井液中重金属离子含量较高主要原因是与各种添加剂的使用有关，这些重金属元素伴随钻井液添加剂、基础添加材料进入钻井液，也可能是随钻屑由地层中携带出来。

根据文献研究结果，废水中重金属主要以可溶态和离子交换态存在，废钻井液中重金属多以吸附态、络合态、碳酸盐态和残渣态存在。钻完井作业废物的最终归宿是土壤，因此土壤成了所有污染物的最终承载体，对于重金属而言，由于它在土壤中一般不易因水的作用而迁移，也不能微生物降解，而是不断积累，并有可能转化为毒性更大的甲基类化合物(如甲基汞、有机铅、有机砷、有机锡)，因此重金属污染可能成一种终结污染。

重金属污染的另一个特征是可以通过食物链由低级生物向高级生物蓄集，最终给处于食物链顶端的人类带来更大的潜在危害。被列为毒性最大的七种重金属中，其毒性由大到小的排列顺序为：汞、镉、钛、铅、铬、镍、锡。这些金属元素可能是伴随钻井液添加剂、基础添加材料(如低品质的重晶石)进入钻井液，也可能是随钻屑由地层中携带出来的。大多数重金属的致毒浓度均较低，如镉的致毒浓度为 0.2×10^{-3}mg/L，而油田废水中镉的平均含量可达到 2.7×10^{-3}mg/L。普通金属元素如锌、铜等，当土壤中含量较低时，植物对其具有一定的吸收作用，而重金属如钡、铬、汞、砷等均不能被植物吸收。铅主要以残渣态形式存在，其可溶态和有机络合态也占较大比例，危及土壤、植物和水源。有害的重金属进入食物链，并在环境和动植物体内蓄积，危害人类的身体健康和生命安全。

3. 有机烃(油类物质)的环境污染特征

石油类物质是钻井液中不可避免的组分，在 EPA 的规定中，排放的废弃钻井液 LC50 值最高限度为 30000μg/g，而在此标准制定之后所开发的新型钻井液处理剂其 LC50 值要求至少达到 10^5μg/g。糠虾实验结果表明，普通的水基钻井液中若含有 2%以上的矿物油时，其毒性会急剧升高，LC50 值一般小于 30000μg/g，当钻井液中复配有芳香类化合物时，LC50 值会降低至 1000μg/g 数量级，属于高毒性物质。如淡水基 CLS 钻井液加 2%矿物油(芳香物含量为 10%)后，LC50 为 22500μg/g，当芳香物含量为 15%时，LC50 降至 4740μg/g。

过量的油漂浮于水体水面会影响空气和水体界面间的氧交换，溶解于水体中的油可被微生物氧化分解，因此油类物质不仅降低水体的复氧速度，而且消耗水中溶解氧，最终导致水质恶化变臭。

4. 有机聚合物环境污染特征

钻井液处理剂大致可以分为造浆材料、加重材料、降滤失剂、增黏剂、乳化剂、页岩抑制剂、降黏剂、絮凝剂、润滑剂、杀菌剂、消泡剂、解卡剂、缓蚀剂、抗温剂、堵漏剂等 15 大类。近年来研究人员对于部分使用频率较高的处理剂进行了毒性鉴定，结果表明常用的处理剂如 XY-27、SMC、FA367、FT-1、KPAM、WFT-666、JT-888、NH4PAN、SLSP、SMP 等均属难生物降解物质，这些添加剂在生化培养过程中对微生物的生长具有抑制作用。添加剂除造成水体金属离子含量较高外，各种有机添加剂或人工合成高分子材料的自然降解也会导致水体的 COD、BOD 以及 LAS、硫化物、酚等化学物质的含量增高，影响水生物的生长。

综上所述，钻完井作业废物危害环境的主要成分是烃类、盐类、各类聚合物、重晶石中的杂质和沥青等改性物，表现为成分复杂、COD 值高、矿化度高、色度深、悬浮物含量高、含有多种污染因子、环境污染负荷大。

二、库车山前钻完井废弃物特征

根据污染方式和程度可将钻完井废弃物分为油基钻井液废弃物、磺化钻井液固体废弃物、膨润土聚合物钻井液废弃物、钻完井废液四类。

1. 油基钻井液废弃物

油基钻井液具有高温状态下性能稳定、抗污染能力强等优点，在库车山前复杂地层中推广应用。油基钻井液废弃物由于含大量的柴油等，属于危险废弃物，毒性强，可直接毒害生物，随雨水冲刷造成含油钻屑进入土壤，污染土壤，形成油膜劣化水质，抑制植物生长，处理难度很大，成本高，根据《国家危险废物名录》已属于危险废物(图 10-2-1)。

图 10-2-1 油基钻井液废弃物形态特征

针对油基钻井液、含油污泥环保性能进行检测，根据浸出浓度监测结果，见表 10-2-1、表 10-2-2，4 个样品中有部分样品的苯、甲苯和无机氟化物浓度超过《危险废物鉴别标准浸出毒性鉴别》(GB 5085.3—2007)标准，每个超标因子中均有一个样品超标，超标率为17%。其中苯最大超标倍数为1.49倍；甲苯最大超标倍数为2.82倍；无机氟化物最大超标倍数为2.3倍。

表 10-2-1　含油污泥处理前浸出监测结果表　　　　　　　　　　　　　　单位：mg/L

序号	项目	博达含油污泥处理前	博达含油污泥处理前2	塔里木轮南环保站含油污泥	西北局固废场含油污泥
1	苯	0.033	0.00005	2.49	0.00005
2	甲苯	0.016	0.0001	3.82	0.002
3	乙苯	0.042	0.00005	0.18	0.002
4	间/对二甲苯	0.093	0.0001	1.65	0.005
5	邻二甲苯	0.07	0.00005	1.1	0.005
6	苯酚	0.007	0.0025	0.137	0.527
7	铜	0.005	0.309	0.152	0.194
8	锌	0.38	21.7	0.608	0.0812
9	镉	0.0015	0.0369	0.0164	0.0015
10	铅	0.025	0.406	0.215	0.025
11	汞	0.000046	0.0398	0.0178	0.000552
12	铍	0.00015	0.00972	0.00101	0.00015
13	钡	1.43	39.7	6.37	0.506
14	镍	0.005	0.449	0.027	0.0274
15	银	0.142	1.11	0.14	0.135
16	砷	0.006	0.696	0.05	0.0202
17	硒	0.004	0.004	0.0134	0.004
18	铬	0.0154	0.826L	0.108	0.005
19	六价铬	0.00085	0.044	0.00085	0.053
20	无机氟化物	2.27	12.1	5.39	330
21	氰化物(以CN-计)	0.016	0.01	0.0014	0.021
22	苯并[a]芘	0.0001	0.0001	0.0001	0.0001

表 10-2-2　含油污泥处理前浸出监测超标情况表

序号	项目	平均值	最小值	最大值	危废标准值	超标数量	超标率	最大超标倍数
1	苯	0.631	0.00005	2.49	1	1	17%	1.49
2	甲苯	0.960	0.0001	3.82	1	1	17%	2.82
3	乙苯	0.056	0.00005	0.18	4	0	0%	
4	间/对二甲苯	0.437	0.0001	1.65	4	0	0%	
5	邻二甲苯	0.294	0.00005	1.1	4	0	0%	
6	苯酚	0.168	0.0025	0.527	3	0	0%	
7	铜	0.165	0.005	0.309	100	0	0%	

续表

序号	项目	平均值	最小值	最大值	危废标准值	超标数量	超标率	最大超标倍数
8	锌	5.692	0.0812	21.7	100	0	0%	
9	镉	0.014	0.0015	0.0369	1	0	0%	
10	铅	0.168	0.025	0.406	5	0	0%	
11	汞	0.0145	0.00005	0.0398	0.1	0	0%	
12	铍	0.0028	0.00015	0.0097	0.02	0	0%	
13	钡	12.00	0.506	39.7	100	0	0%	
14	镍	0.127	0.005	0.449	5	0	0%	
15	银	0.382	0.135	1.11	5	0	0%	
16	砷	0.193	0.006	0.696	5	0	0%	
17	硒	0.006	0.004	0.0134	1	0	0%	
18	铬	0.239	0.005	0.826	15	0	0%	
19	六价铬	0.025	0.00085	0.053	5	0	0%	
20	无机氟化物	87.4	2.3	330	100	1	17%	2.3
21	氰化物(以 CN-计)	0.012	0.001	0.021	5	0	0%	
22	苯并[a]芘	0.0001	0.0001	0.0001	0.0003	0	%	

2. 磺化钻井液废弃物

磺化钻井液废弃物是在深井钻井过程中，下部井段使用的水基磺化钻井液产生的岩屑、废弃钻井液破胶后池底污泥(图 10-2-2)，此类废弃物含沥青类、磺化类处理剂，色度、COD、石油类等指标超标(表 10-2-1)，处理难度较大。

图 10-2-2 磺化钻井液废弃物形态特征

对油田筛下岩屑、循环钻井液和钻井液胶液取样，《危险废物鉴别标准 浸出毒性鉴别》(GB 5085.3—2007)检测结果显示：

(1)磺化钻井液岩屑浸出毒性检测：28 个样品中有部分样品的铍、钡和苯并[a]芘浓度超过标准，其中铍有一个样品超标，超标率为 4%，超标倍数为 0.05 倍；钡有 8 个样品超标，超标率为 29%，最大超标倍数为 2.41 倍；苯并[a]芘有 9 个样品超标，超标率为 32%，最大超标倍数为 23.67 倍，见表 10-2-3。

表 10-2-3 磺化钻井液岩屑浸出毒性检测值

序号	项目	平均值 mg/L	最小值 mg/L	最大值 mg/L	危险废物鉴别标准 浸出毒性鉴别	超标数量个	超标率,%	最大超标倍数
1	苯	0.0020	0.00005	0.052	1	0		
2	甲苯	0.0213	0.0001	0.408	1	0		
3	乙苯	0.0085	0.00005	0.092	4	0		
4	间/对二甲苯	0.0304	0.0001	0.306	4	0		
5	邻二甲苯/苯乙烯	0.0208	0.00005	0.187	4	0		
6	苯酚	0.0152	0.0025	0.31	3	0		
7	铜	0.6468	0.0158	2.44	100	0		
8	锌	1.9629	0.0134	15.8	100	0		
9	镉	0.0109	0.0015	0.0514	1	0		
10	铅	0.4055	0.025	3.43	5	0		
11	汞	0.0064	0.000005	0.0523	0.1	0		
12	铍	0.0060	0.00015	0.021	0.02	1	4%	0.05
13	钡	65.6255	0.0349	341	100	8	29%	2.41
14	镍	0.1851	0.005	0.848	5	0		
15	银	0.5606	0.0593	3.98	5	0		
16	砷	0.1697	0.05	1.6	5	0		
17	硒	0.0252	0.00065	0.262	1	0		
18	铬	0.9237	0.005	14.4	15	0		
19	六价铬	0.3747	0.0025	0.98	5	0		
20	无机氟化物	18.4701	0.0075	85	100	0		
21	氰化物(以CN—计)	0.1257	0.0002	2.7	5	0		
22	苯并[a]芘	0.0008	0.0001	0.0074	0.0003	9	32%	23.67

(2) 磺化钻井液浸出浓度监测：14个样品中有部分样品的钡、无机氟化物、氰化物(以CN-计)和苯并[a]芘超标《危险废物鉴别标准 浸出毒性鉴别》(GB 5085.3—2007)标准。其中钡有7个样品超标，超标率为50%，最大超标倍数为4.62倍；无机氟化物有2个样品超标，超标率为14%，超标倍数为0.1倍；氰化物有1个样品超标，超标率为7%，超标倍数为4.4倍；苯并[a]芘有6个样品超标，超标率为43%，最大超标倍数为14倍。其中苯并[a]芘超标率和超标倍数均较高，属于主要超标因子，详见表10-2-4。

表 10-2-4 循环钻井液浸出毒性超标情况表

序号	项目	平均值 mg/L	最小值 mg/L	最大值 mg/L	危险废物鉴别标准 浸出毒性鉴别	超标数量个	超标率 %	最大超标倍数
1	苯	0.0010	0.00005	0.012	1	0		
2	甲苯	0.0296	0.0001	0.397	1	0		
3	乙苯	0.0127	0.00005	0.124	4	0		

续表

序号	项目	平均值 mg/L	最小值 mg/L	最大值 mg/L	危险废物鉴别标准 浸出毒性鉴别	超标数量 个	超标率 %	最大超标倍数
4	间/对二甲苯	0.1122	0.0001	1.4	4	0		
5	邻二甲苯/苯乙烯	0.0489	0.00005	0.656	4	0		
6	苯酚	0.0468	0.0025	0.478	3	0		
7	铜	0.9432	0.0646	2.45	100	0		
8	锌	3.1184	0.119	16.3	100	0		
9	镉	0.0257	0.0015	0.136	1	0		
10	铅	0.4635	0.025	1.96	5	0		
11	汞	0.0171	0.000005	0.089	0.1	0		
12	铍	0.0071	0.00015	0.014	0.02	0		
13	钡	161.4624	0.167	562	100	7	50%	4.62
14	镍	0.3789	0.005	1.13	5	0		
15	银	1.2062	0.0895	3.55	5	0		
16	砷	0.3778	0.05	2.12	5	0		
17	硒	0.0412	0.00065	0.193	1	0		
18	铬	1.4900	0.005	10	15	0		
19	六价铬	0.4846	0.014	2.22	5	0		
20	无机氟化物	43.4068	0.0075	110	100	2	14%	0.1
21	氰化物(以CN-计)	2.3512	0.0019	27	5	1	7%	4.4

(3) 钻井液胶液浸出浓度监测：8个样品中有部分样品的苯酚、无机氟化物和苯并[a]芘超标《危险废物鉴别标准 浸出毒性鉴别》(GB 5085.3—2007)标准。其中苯酚有2个样品超标，超标率为25%，超标倍数为4.6倍；无机氟化物有6个样品超标，超标率为75%，超标倍数为13.96倍；苯并[a]芘有2个样品超标，超标率为25%，最大超标倍数为2倍。其中无机氟化物超标率较高，达到75%，最大超标倍数为13.96倍，因此胶液中无机氟化物是最主要超标因子，详见表10-2-5。

表10-2-5 钻井液胶液浸出毒性超标情况表

序号	项目	平均值 mg/L	最小值 mg/L	最大值 mg/L	危险废物鉴别标准 浸出毒性鉴别	超标数量 个	超标率 %	最大超标倍数
1	苯	0.0001	0.00005	0.0002	1	0		
2	甲苯	0.0003	0.0001	0.002	1	0		
3	乙苯	0.0001	0.00005	0.0002	4	0		
4	间/对二甲苯	0.0001	0.0001	0.0001	4	0		
5	邻二甲苯/苯乙烯	0.0001	0.00005	0.00005	4	0		
6	苯酚	3.7596	0.0025	16.8	3	2	25%	4.6
7	铜	0.3012	0.0202	1.86	100	0		

续表

序号	项目	平均值 mg/L	最小值 mg/L	最大值 mg/L	危险废物鉴别标准 浸出毒性鉴别	超标数量 个	超标率 %	最大超标倍数
8	锌	0.6775	0.003	1.78	100	0		
9	镉	0.0046	0.0015	0.0222	1	0		
10	铅	0.2134	0.025	1.34	5	0		
11	汞	0.0215	0.000766	0.0582	0.1	0		
12	铍	0.0017	0.00015	0.00622	0.02	0		
13	钡	10.0726	0.091	38.5	100	0		
14	镍	0.0710	0.005	0.226	5	0		
15	银	0.7081	0.0352	3.96	5	0		
16	砷	0.0943	0.0324	0.422	5	0		
17	硒	0.0229	0.00065	0.161	1	0		
18	铬	1.0483	0.126	3.35	15	0		
19	六价铬	0.4771	0.004	1.64	5	0		
20	无机氟化物	460.2259	0.0075	1496	100	6	75%	13.96
21	氰化物(以 CN-计)	0.2026	0.0076	0.86	5	0		
22	苯并[a]芘	0.0002	0.0001	0.0009	0.0003	2	25%	2.00

可见未经处理的岩屑部分超过《危险废物鉴别标准 浸出毒性鉴别》(GB 5085.3—2007)标准,其中苯并[a]芘超标率和超标倍数均较高,属于主要超标因子,详见表10-2-6。

表10-2-6 磺化钻井液废弃物环保性能检测结果

序号	项目	岩屑		循环钻井液		钻井液胶液	
		超标率,%	超标倍数	超标率,%	超标倍数	超标率,%	超标倍数
1	六价铬	27	0.92	31	3.35	30	2.22
2	氟化物			0		50	13.56
3	氰化物			6	1.93		
4	苯并[a]芘	20	19.07	20	3.91		
5	苯并[a]蒽	7	6.90	13	0.25		
6	苯并[b]荧蒽	3	2.45				
7	二苯并[a,h]蒽	3	1.43	0			
8	茚苯[1,2,3-cd]芘	7	4.31				
9	石油类	85	34.31	80	21.14	75	88.77

3. 膨润土聚合物钻井液废弃物

库车山前一开、二开钻深2500~3000m,钻井液主要为膨润土—聚合物钻井液,此段地层简单,钻速快、排放废弃钻井液及钻屑量大,同时钻井液中处理剂浓度较低,且易于降解,对环境污危害较小;膨润土聚合物钻井液废弃物主要是浅井或是深井上部井段使用的膨润土聚合物钻井液废液及钻屑(图10-2-3),此类废弃物重金属含量、COD、色度等指标均满足控制标准的要求(表10-2-2)，基本无毒，可降解性能好，处理简单。

对一开及二开前期钻井液转换前的聚合物钻井液、膨润土聚合物钻井液废弃岩屑受污染程度进行检测。监测的汞、镉、铅、锌、铜、砷、六价铬、铬、镍和氰化物均没有超过《危险废物鉴别标准 浸出毒性鉴别》(GB 5085.3—2007)标准值，且占标率不高；pH值、色度、COD和挥发酚中除pH值有超过《污水综合排放标准》(GB 8978—1996)中二级标准外，色度、COD和挥发酚均没有超过《污水综合排放标准》(GB 8978—1996)中二级标准，pH值占标率为132%，监测统计结果见表10-2-7。

图10-2-3 聚合物钻井液废弃物形态特征

表10-2-7 膨润土-聚合物钻井液环保指标监测结果

序号	类别	单位	监测值范围, mg/L 最小值	最大值	平均值	占标率, % 标准值	最大占标率	标准名称
1	汞	mg/L	0.0001	0.0010	0.0004	0.1	1.0	《危险废物鉴别标准 浸出毒性鉴别》(GB 5085.3—2007)
2	镉	mg/L	0.001	0.0060	0.0029	1.0	0.6	
3	铅	mg/L	0.08	0.9200	0.4100	5	18.4	
4	锌	mg/L	0.08	1.7500	0.7400	100	1.8	
5	铜	mg/L	0.03	0.7270	0.2656	100	0.7	
6	砷	mg/L	0.0014	0.0097	0.0051	5	0.2	
7	六价铬	mg/L	0.004	0.0700	0.0285	5	1.4	
8	铬	mg/L	0.02	0.3990	0.1978	15	2.7	
9	镍	mg/L	0.09	0.7600	0.4820	5	15.2	
10	氰化物	mg/L	0.001	0.0130	0.0087	5.0	0.3	
11	pH		7.98	9.6300	9.03	6~9	132	《污水综合排放标准》(GB 8978—1996)
12	色度		2	60	21.14	80	75	
13	COD	mg/L	16.4	57.8	32.3	150	39	
14	挥发酚	mg/L	0.004	0.0850	0.0339	0.5	17	

第三节 油基钻井液废弃物处置

油基钻井液由于其优良的高温稳定性和巨厚复合盐层等复杂地层的适应性，目前已在库车山前克深、大北等区块规模化应用，实现了钻井周期大大减少，复杂事故大大降低的良好效果。在油基钻井液钻井过程中，单井会产生含油钻屑、固井混浆、堵漏返排混浆、完井清罐罐底油泥等含油固体废弃物约300m³，区块平均每年使用油基钻井液钻井井口数为20~30口，年产含油固体废物约6000~10000m³。这些固体物的含油量为20%~30%，按照《国家危险废物名录》规定，为危险废物。

国内外油基钻井液废物处理通常采用脱干法、微生物代谢降解法、热分馏法、热解法和化学清洗法等，上述方法都存在不同的缺点，在大规模应用上受到制约。为此，塔里木油田公司联合有关科研机构开展深入研究和优选，确定采用油基钻井废物低温萃取与资源化利用技术（LRET）处理油基钻井液废弃物，处理后排放的固体物油含量为1%，满足控制要求。

一、油基钻井液处理技术优选

为了减少油基钻完井作业废弃物对环境的影响，符合国内及国际相关环境保护法律法规的要求，各国石油公司、科研机构纷纷着手研究和开发处理油基钻完井作业废弃物的工艺技术。据资料统计：美国钻井液废弃物中的38.0%回注处理，19.0%回收再利用，15.0%集中处理，11.0%自然蒸发，5.0%土壤分散处理，2.5%道路分散处理，0.4%热处理，小于0.4%的随市政或工业垃圾填埋，9.0%采用其他方式处理，如现场回填等。目前普遍采用的含油废物处理方法主要有井下回注法、填埋冷冻法、固化处理法、高温裂解技术、高温焚烧技术、高温电磁/微波加热技术、化学混凝破乳+离心分离技术、多级离心分离+脱附萃取、生物处理法和微乳液清洗技术等。

1. 井下回注法

井下回注法是将油基钻完井作业废弃物注入深井地层，减少对地表环境的污染，同时也保护了地下水和油层。这种方法对地层的选择条件有着严格的要求，成本非常高，受地层限制大，不能被普遍采用。该方法受到机械装备和套管腐蚀的影响，如果管道长期遭到腐蚀，一旦损坏则注入液就可能污染水层。该方法主要受到地层注入能力和回注过程中的地层堵塞等不确定因素的影响，回注过程中还可能发生地层压裂增注和酸化解堵作业等。回注处理流程如图10-3-1所示。

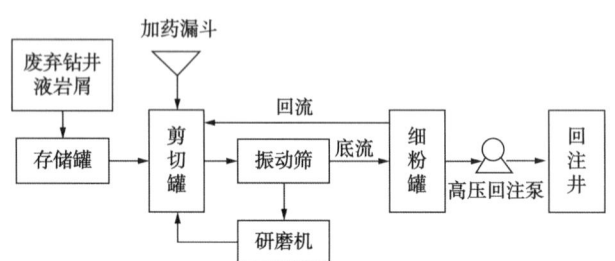

图10-3-1　钻井废弃物地层回注处理流程

2. 填埋冷冻法

在温度相对寒冷的地方，为防止迁徙造成的环境污染，废弃的钻井液和钻屑可注入冻土层中，永久冷冻。在美国阿拉斯加州地区曾使用此种方法，成功地将1908000m³钻井废弃物注入609.6m深的地下冷冻。并且对潜在污染情况进行追踪测试，虽然废弃物本身的温度对冷冻层有一定的影响，但影响微弱，并不能使冷冻层的冷冻物融化，相反可以将废弃物冷冻起来而不被迁移。这种处理方法工艺简单但是受地域限制较明显。

3. 固化处理法

固化处理技术是21世纪90年代初在欧洲普遍使用的方法，由前苏联的西肖夫、布特列可夫等开发。固化处理法是向钻井废弃物中加入固化剂，使之转化成固体后，填埋或用作建筑材料。该方法主要是利用固化药剂对油基钻完井作业废弃物进行混拌处理，处理后加工成产品，用作铺路路基材料、免烧陶粒、免烧砖等建筑材料，实现废物再利用。

我国油田在20世纪80年代末期才开始对钻屑应用固化处理技术，基本选择水泥作固化剂。1989年四川石油管理局在川西南矿区发明的针对钻屑和废钻井液固化技术就是以硫酸盐和氯化物为催化剂，水泥为主凝剂、水玻璃为助凝剂来处理钻屑及其他废弃物；1990年辽河石油勘探局钻井所的杨力文、1993年石油大学（华东）的朱墨也都对固化技术进行了相对的研究。中国石油集团海洋工程有限公司采用粉煤灰复合材料固化剂技术对废弃钻井液进行了固化处理，固化物的浸出液毒性均在法规标准内，符合要求。该方法设备简单，施工方便，处理成本较低，且固化后的物质可以进一步作为材料使用，例如铺设井场或作为建筑材料；该方法的缺点是无法回收油基钻完井作业废弃物中的基础油，且存在固化后固化物的浸出液指标不易合格，有毒矿物油及处理剂的处理效果不佳，不能完全满足环保要求的缺陷，该方法目前不适宜推广。

4. 高温裂解技术

高温裂解技术是指在绝氧的条件下将油基钻完井作业废弃物加热，其中的轻组分和水受热蒸发出来，剩余的重组分油质经过热分解作用转化为轻组分，烃类物质在复杂的水合和裂化反应中分离，以气体的性质蒸发，经过冷凝处理，最终实现油质与固体的分离效果。高温裂解技术对油基钻完井作业废弃物处理得比较彻底，处理后残余物含油率达到0.01%。

利用高温裂解技术对油基钻屑进行处理，具有较高的技术含量，反应条件要求苛刻，操作复杂繁琐，优点是对含油岩屑中的油质回收率较高，处理后的残留固相物可以达到直接填埋的要求；缺点是热消耗大，投资较高，而且占地面积较大，一般适用于大规模的固定场站处理。

热解技术原理是指油基钻完井作业废弃物（污泥）在一个缺氧炉膛内高温间接加热，其中的水分和有机物成分得到蒸发，分低温和高温两类，如图10-3-2所示。其中低温热解温度在150~300℃之间，灰渣有害，可以用水泥固化；而高温热解温度超过300℃，能够实现高度减量化，有机成分全部析出，灰渣无危害。这一技术是目前国内较为先进的处理油基钻完井作业废弃物的机械法，能够将含油废弃物处理的较为彻底，钻屑含油量可处理在2%以下，但此方法所需的成本和能耗较高制约了目前的推广。

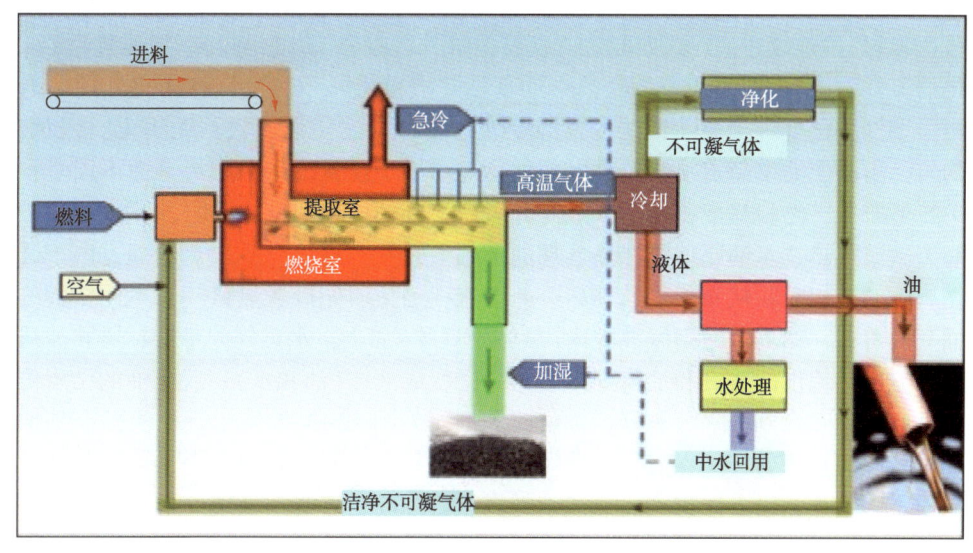

图10-3-2　燃料加热热解—馏分冷凝分离—污油净化装置流程

含油泥砂也可采用这种处理方式，主要原理是在绝氧条件下加热使烃类分解，类似炼厂中的热裂化，如图 10-3-3 所示。

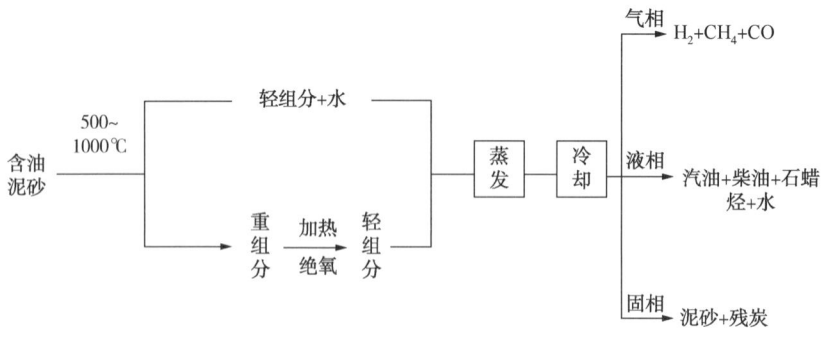

图 10-3-3 含油泥砂分解图

5. 高温焚烧技术

高温焚烧技术的原理是在富氧条件下加热使油分燃烧转化为气体和水，如图 10-3-4 所示。常用设备有旋转窑焚烧炉、循环流化床焚烧炉和多膛式焚烧炉。四川、重庆等环保厅不允许采用焚烧法处理油基钻井液。

该法的优点是工艺简单，缺点有：
（1）燃烧排放的烟气中含硫化物、重金属、二噁英，二次污染严重；
（2）对于部分含水量高的含油废物热量利用率极低，能耗高；
（3）无法回收昂贵的油基和主乳辅乳等添加剂，造成巨大价值浪费。

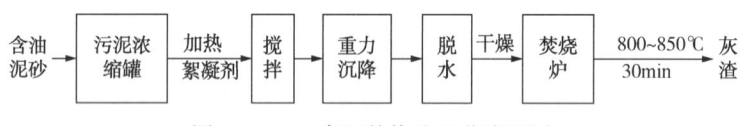

图 10-3-4 高温焚烧法工艺流程图

6. 高温电磁/微波加热技术

高温电磁加热的工艺流程一般为：物料预处理（上料装置→粗分离装置→细分离装置→传送装置）→连续进入（叠加式电磁温控裂解分馏设备）加热解聚→加温连续裂化（加入催化剂等）→连续换热→冷凝→收油→油基钻井液再生→不可凝气体净化处理→返回系统回用→烟气净化处理排放。该法的优点是实现钻井液、污油回收；无明火，相对安全；加热均匀，出渣含油率稳定；缺点是电磁加热炉由烘干设备改造，防爆考虑不周全；电磁加热炉蛇形布置，物料易堆积堵塞；未充分考虑不凝气处理及排放问题。

高温微波加热技术的原理是在热处理的基础上开发，运用介质加热原理，由于微波优先被钻屑中的液相吸收从而能量效率高。处理流程是钻屑先接触热氮气，不让在微波过程中的油蒸气着火；钻屑传输到微波腔内（微波处理膛）加热，水蒸气并带着钻屑和油从微波腔顶部孔流出；流出的蒸汽和油流到冷凝器冷凝变成液体（油和水）；脱出油的钻屑传出微波腔；提取的油和水到油水分离器，油回收利用，如图 10-3-5 所示。该法优点是加热迅速，耗时短，加热均匀穿透性好，可选择性加热，易于控制，相对安全，可回收油；出渣含油率稳定；缺点是设备体积大，热能消耗高，含油废物需要预处理。

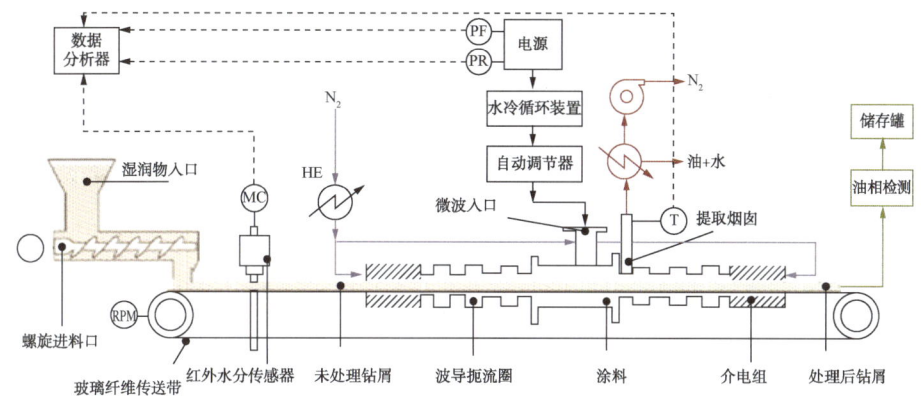

图 10-3-5　高温微波加热处理技术工艺流程

7. 化学混凝破乳+离心分离技术

化学混凝破乳+离心分离技术油基钻完井作业废弃物处理技术主要是通过添加表面活性剂等物质，改变钻屑的表面润湿性，通过破乳洗涤去除油基钻完井作业废弃物中的油分；该方法设备需求较为简单（图 10-3-6），条件温和，但处理后的物料还需进一步的机械深度处理才可满足排放标准。

化学混凝破乳处理的原理是加入破乳剂及絮凝剂等化学药剂破坏体系稳定性，废弃油基钻井液分为油、水、废渣三相，油聚并析出回收利用，水经过处理或排放或循环使用，废渣经过无害化处理后用作建筑材料。

该方法优点是能耗低、设备小型化、耗时短、易于控制、相对安全、可回收油，缺点是反向破乳、化学药剂广谱性不佳、处理效果不稳定、水和渣易产生二次污染、药剂用量大、且不可回收、流程较长、设备较多。

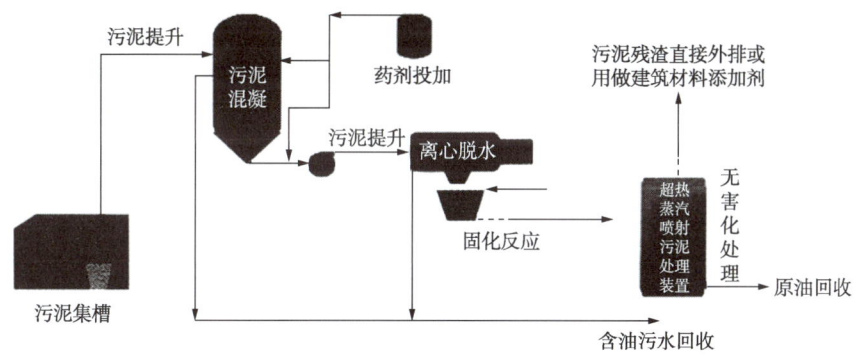

图 10-3-6　化学混凝破乳+离心分离技术

8. 多级离心分离+脱附萃取

多级离心分离+脱附萃取联用技术是一项基于三级物理分离的综合回收技术，工艺流程主要是多效离心—钻井液回用—LRET 反应—药剂回收，在不破坏油基钻井液物理化学性质的前提下，实现废弃油基钻井液及钻完井废弃物的综合利用。

该技术首先利用了油基钻井液与油基固体物的密度差，采用多级多效变频耦合离心技术，在专门针对油基钻井液废物超细固相的密度、粒径、黏度等特性基础上，优化设计离心力场，有效实现大部分油基钻井液的回收，并采取措施降低油基钻井液含水量，达到

O∶W 比在 80∶20 至 85∶15，满足使用指标要求后进行循环利用；经本级处理后形成的油基固体物含油率 5%～10%，为中间产品，须进入后端深度脱附工艺处理。其次采用基于物理辅以处理剂的回收技术，再回收油基固体物中的油和全部化学添加剂，回收的油基钻井液性能满足钻井要求而循环利用，并控制最终泥土固相物中油含量<0.3%达到环保排放标准。

该技术优点是处理彻底，油基钻井液回收资源化利用；缺点是离心分离后油基钻完井作业废弃物深度溶剂脱附处理流程长，随钻处理应用难。

9. 生物处理法

生物处理法是利用微生物的新陈代谢作用，将钻屑中的石油烃类和其他有机物作为碳源进行同化、降解，最终转化为无害化的无机物质二氧化碳和水的过程。经过处理后的油基钻完井作业废弃物达到现场绿化的标准，如图 10-3-7、图 10-3-8 所示。目前国内外生物处理技术主要有地耕法、堆肥处理法、污泥生物反应器法和微生物修复法等。

油基钻完井作业废弃物生物处理具有成本低，简便易操作的特点，但不能处理含油率较高的钻屑，因此在生物处理前，通常采用物理或者化学技术除去钻屑中大部分油类，对剩余的部分生物处理。生物处理法需求的场地面积大，处理周期 30～60 天，甚至更久，同时受含油量、原油的性质、温度、湿度等多种环境因素综合影响。

图 10-3-7 含油钻屑生物处理法后土壤和植物

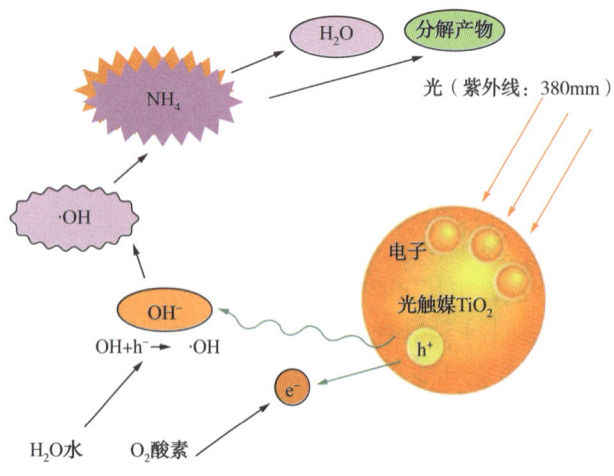

图 10-3-8 含油钻屑生物处理法示意图

10. 微乳液清洗技术

微乳液能与油、水混溶,大大降低了油水界面张力,该方法普遍被用于驱油、提高采收率,也用来清洗油砂和油泥,但是将微乳液技术应用在油基钻屑处理中并没有大范围的应用实例。位华、何焕杰等对微乳液体系的配制规律、钻屑清洗效率影响因素及微乳液循环利用效果进行了研究,得出最佳组成体积比,效果显著。

微乳液具有水油双连续结构、界面张力较低、界面极易变形,使分子间的范德华力降低,油相易于从钻屑表面脱附,洗油效率较高。微乳液清洗剂与回收的油相既不互溶,也不乳化,分成不同两相,工艺简单,应用性强,不需要加热条件,对设备要求不高,大大降低油基钻屑的处理成本,现场应用价值较大,但是目前工艺不成熟,需要配合相应的表面活性剂,有待进一步完善。纳米乳液脱附除油处理技术的优点是工艺简单,快速,选择性高,油回收率高(图10-3-9);缺点是成本高,处理量小,尚待工业化应用。

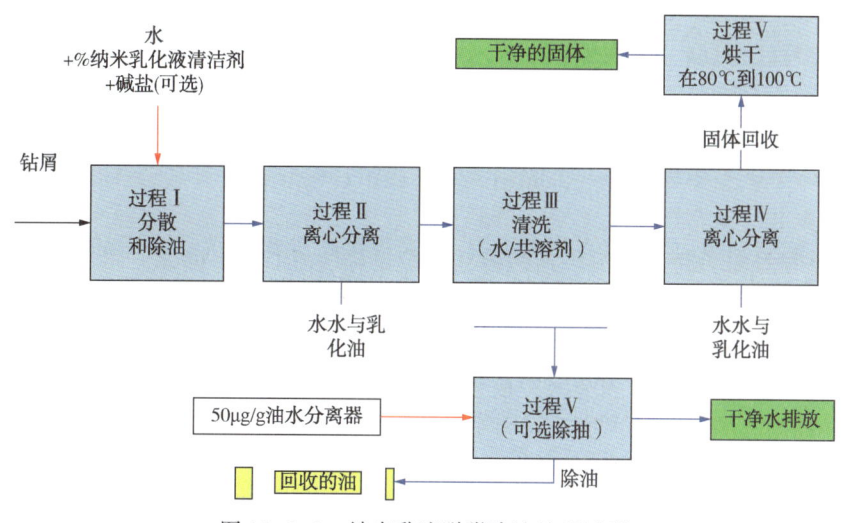

图 10-3-9 纳米乳液脱附除油处理过程

除了上述常见油基钻完井作业废弃物的处理方法外,还有锤磨机技术(即通过锤臂高速旋转,与钻屑产生摩擦,从而达到使液态水和油闪蒸所需温度)、微波法钻屑处理技术、超临界流体萃取技术、水射流除油技术等方法。

油基钻完井作业废弃物的处理技术多种多样,每种处理技术都有各自的优缺点和适用范围,由于各自的使用限制,钻井作业过程中油基钻井液废弃物处置应该遵守以下三个准则:减少(reduce)、再利用(reuse)和回收(recycle),按照现场"随钻处理固相最小化液相全部回用,集中建站处理达到全部固体资源化利用"的要求,钻井废弃物处理应包括减量化技术、回收回用技术和最终资源化技术3个技术环节。溶剂萃取法(LRET 不落地处理)本着效率高、节约成本、可循环利用、反应条件要求低,能耗小等特点,逐渐成为塔里木油田主要的处理技术。

二、油基钻井液废弃物 LRET 不落地处理技术

油基钻井液废弃物中液体部分为劣质钻井液,对普通油基钻井液,其本质上是"不洁净"的劣质钻井液,所以应首先遵循资源回收、循环利用的理念。

1. LRET 技术工艺原理

LERT 技术是基于三级物理分离的综合回收技术，在不破坏油基钻井液物理化学性质的前提下，实现废弃油基钻井液及钻完井废弃物的综合利用。该技术首先利用变频多效离心专有装备与工艺系统回收昂贵的油基钻井液，并得到低含油固体物(含油率小于10%)；然后利用专有溶剂浸取工艺和专有特殊装备技术实现固液分离，回收低含油固体物吸附的柴油，同时通过相变循环系统实现溶剂循环；浸取处理后固体物含油率<1%，达到环保排放标准，LERT 技术工艺流程如图 10-3-10 所示。

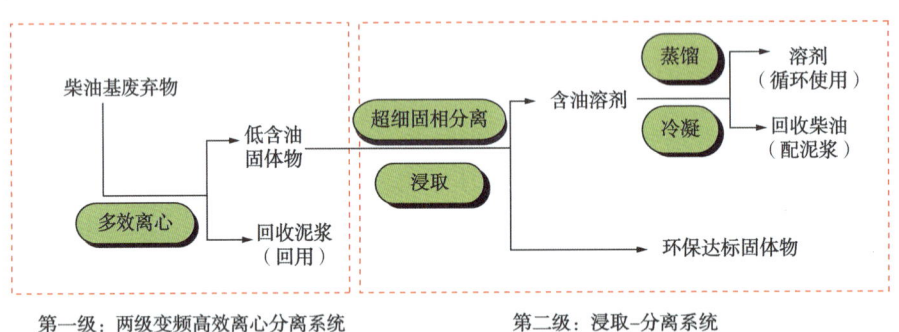

图 10-3-10　LRET 技术工艺流程图

LRET 技术第一级(两级离心分离系统)为高效离心分离系统，废弃油基废弃物通过该系统分离成含油钻屑，并回收油基钻井液，离心分离系统包括：变频离心过滤设备、二相卧螺多效沉降离心设备。变频离心过滤主要利用离心力，通过特殊介质的拦截，实现颗粒钻屑和油基钻井液的分离。二相卧螺多效沉降离心设备是基于离心沉降原理，在转鼓内，固相颗粒在离心力作用下快速沉降到转鼓内壁，并通过螺旋输料系统，实现固液的分离。

LRET 技术第二级为浸取—分离系统。现场试验装置为橇装设计，装置由三个基本单元(浸取、传质、高悬浮微米固相高效分离)和若干辅助设备组成(图10-3-11)。浸取单元采用两个浸取器，容积为 1m³，内部配有可调节高度的桨式搅拌系统，以减小滤饼层的厚度；并配有孔径不同的筛网，以减少进入液相的颗粒数量；在浸取器底部还设置有反吹系统，以避免细颗粒堵塞滤网，加快液固分离速度；配有高悬浮微米固相高效分离装置，浸取器顶部可与冷凝器相连，可将浸取过程中极少量气化的溶剂回收。干燥和蒸发单元分别采用刮板式干燥器和单效蒸发器。液体和固体物料分别采用污水泵和螺旋推料器，换热和冷凝设备为常规列管式。

工艺操作如下：

(1) 油基钻井液罐底泥分离。油基钻井液罐底泥主要成分为油基钻井液和加重材料，利用油基钻井液与加重材料的密度差，首先通过特制沉降式离心分离设备进行分离，可回收 60%~70%的油基钻井液。

(2) 含油钻屑离心沉降分离后，固体和溶剂混合后在一个带有搅拌装置的密闭浸取反应器中，常温下搅拌反应 20~30min。

(3) 浸取反应后固相从浸取器底部进入干燥器，将残余在固体上的少量溶剂气化进入冷凝器。

(4) 含油溶剂经过蒸发器，升温到 60~80℃，将大部分溶剂汽化，冷凝回收循环；剩余的含少量溶剂的油进入相间传质分离塔，分离残余在油中的溶剂，在塔底得到回收油，塔顶气体冷凝后溶剂循环。

图 10-3-11　LRET 技术关键设备图

（5）处理后固体物含油率小于 1%，达到排放要求。

LRET 技术的核心包括（图 10-3-12）：

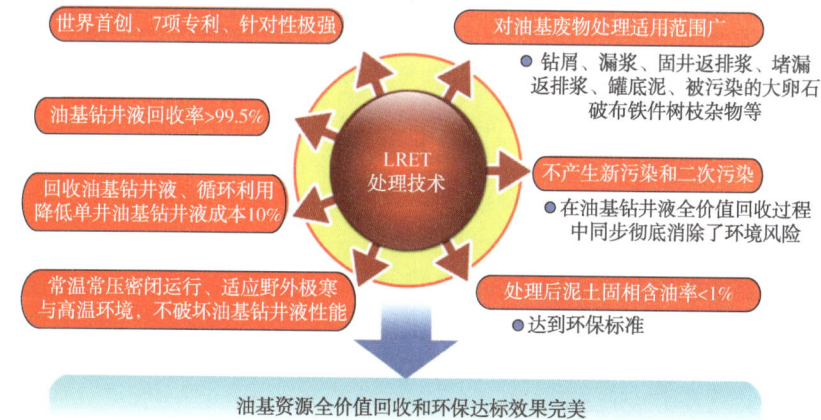

图 10-3-12　LRET 技术优势图

① 变频高效离心系统：针对废弃油基钻井液中固相颗粒粒径范围分布广、固相物密度差异大的特点，将离心过滤和离心沉降过程耦合，既能有效分离并回收大量油基钻井

— 697 —

液,又有较强的耐磨损和抗堵塞能力;

②高效浸取溶剂:专门针对柴油基含油钻屑研发的高效浸取溶剂,既能快速有效溶解含油钻屑中的柴油,又能够快速与柴油分离;

③高效浸取设备:能在常温常压下实现溶剂和钻屑的高效混合,同时也能有效防止了厚滤饼层的形成,促进液固分离。

与国内外其他现有油基废钻完井液及固体物处理技术相比,LRET 技术具有油基钻井液回收率高、不产生二次污染、专用溶剂对柴油溶解性能强、溶剂与柴油易分离、装备工艺针对性极强和操作条件缓和等特点,适用于处理各种油基钻完井废弃物。

2. LRET 技术现场应用

2013 年 LRET 技术在 KS2-1-11 井进行了现场试验,处理油基钻井废弃物 550m³。对 LRET 技术处理后的含油钻屑进行现场取样,结果表明经 LRET 技术处理后的固体物含油量为 0.6%(排放标准为 2%),达到环保要求。现场处理后岩屑样及效果如图 10-3-13~图 10-3-16 所示。

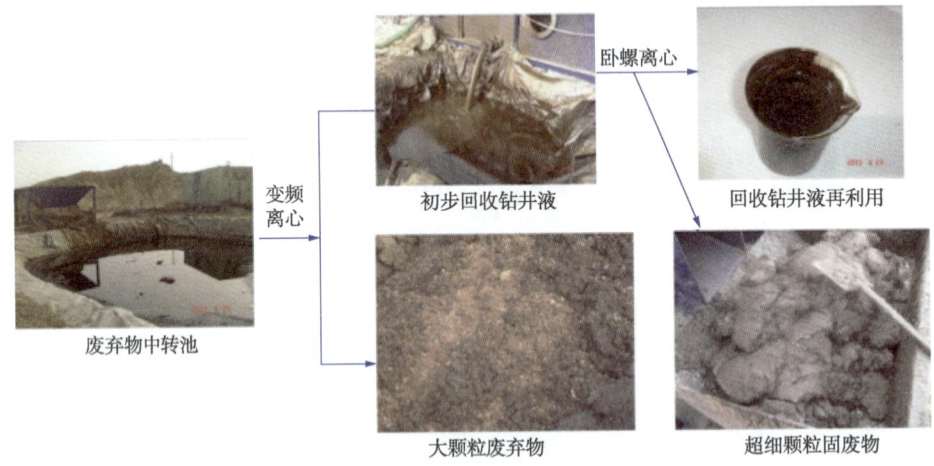

图 10-3-13 两级变频高效离心分离直观流程与效果图

图 10-3-14 低含油固相高效离心—浸取处理效果对比图

图 10-3-15 低含油固相高效离心—浸取处理效果对比图

图 10-3-16 北京市理化分析测试中心检测报告

3. LRET 技术钻井液回用

国内外钻井废油基钻井液岩屑废物中，优质油基钻井液体积比为 18%~25%，蕴含经济价值 2600 元/m³，以油田密度为 2.3g/cm³ 的 1m³ 优质油基钻井液产品的组成为例分析，柴油基钻井液价格按 1.3 万元/m³ 计算，油水比按 80∶20，1m³ 油基钻井液（2.3g/cm³）产品的价值见表 10-3-1。

经两级离心回收的钻井液在现场进行性能测试，结果表明回收的钻井液可直接再利用，废油基钻井液及固体物处理站处理后的合格油基钻井液产品，直接送钻井队使用，回收的油基钻井液经过室内实验检测，油基钻井液性能见表 10-3-2。回收的钻井液性能符合回用指标，表明回收的钻井液可直接再利用。此外，油基钻井液的回收率为21%，柴油回收率为0.286t/m³。

表 10-3-1 1m³ 油基钻井液(2.3g/cm³)产品的价值

原料名称	柴油	化学添加剂	加重剂	水
原材料体积比，%	42	6~7	43	9
原材料价值，元	3300	9050	700	10
原料价值占比，%	25.3	69.6	5.3	0.07

表 10-3-2 回收的油基钻井液性能测试结果

性能	参数	性能	参数
密度，g/cm³	1.30 g/cm³	初切/终切，Pa	2.5/3.5
油水比	88/12	破乳电压，V	340
表观黏度，mPa·s	99	固含量，%	22
塑性黏度，mPa·s	88	油含量，%	69
动切力，Pa	11	水含量，%	9

4. 经济效益评价

LRET工艺技术显著经济效益主要体现在：多效变频耦合离心系统回收的油基钻井液和物理回收系统回收柴油，以1m³油基钻井固废物为例（其中含油基钻井液的体积含量平均按20%计算），对各处理技术回收的资源价值进行对比分析，见表10-3-3。

综合考虑回收油基钻井液和柴油的经济价值，LRET技术处理油基钻井废弃物中的经济效益约为2800元/m³。

表 10-3-3 不同含油钻屑处理技术的回收价值比较

废油基钻井液构成与价值占比	柴油 660元 25.3%	化学添加剂 1810元 69.6%	加重剂 140元 5%	其他 2元 0.07%	回收的资源价值比较，元	回收的资源名称
焚烧法	△	△	△	△	0	无
高温裂解法	部分回收（约45%）	△	△	△	297	基油
生物降解法	△	△	△	△	0	无
化学清洗法	○	△	△	△	630	基油
LRET技术	○	○	部分回收	○	2860	合格油基钻井液

注：○-全部回收；△-不能回收。通常油基固废物中含可利用油基钻井液体积比为18%~25%。

LRET技术专门针对处理含油钻屑，能大规模处理、长期稳定运行，应用面窄而专，针对性极强。整套工艺只产生合格油基钻井液产品和钻屑固体物，不产生新的污染物质，无二次污染，彻底消除了环境污染风险。常温常压条件下运行，完全回收了昂贵的油基钻井液资源，回收率达到99%以上。不破坏油基钻井液中昂贵的主辅乳化剂等化学药剂性能，也不破坏油基钻井液性能，油基钻井液能全部循环利用。处理后固体物含油率低于0.3%，小于2%的环保标准，环保彻底达标。LRET技术真正解决了库车山前油基钻井废弃物处理与资源回收利用难题，实现了油基钻井液钻井清洁生产，也对降低钻井成本和环保有巨大的推动作用。

三、油基钻井液重复利用技术

1. 回收系统的技术要求

根据油基钻井液现场施工作业的要求，油基钻井液回收系统的技术要求如下：

（1）油基钻井液回收和再利用系统必须可靠、防爆、防雷击、防雨、安全、环保，对环境不产生污染。

（2）油基钻井液回收和再利用系统必须既能配制新的油基钻井液，也能维护处理回收的旧油基钻井液，并且成本低；在服务 5~7 井队的情况下，一般要求该系统每天能够配制 200m^3 以上的油基钻井液。

（3）该系统能够分开储存和使用不同密度、不同性质的油基钻井液，分开或联合循环不同储罐中的油基钻井液。

（4）该系统的配制和储罐部分能够实现方便有效计量，及时显示不同储罐中油基钻井液的体积。

（5）油基钻井液进出油基钻井液厂快捷、方便、罐车装卸油基钻井液，不需要建设运输坡道。

（6）该系统要既能够用外接电源，也能够使用自备发电机。

（7）系统中的油基钻井液厂的技术要求满足 SY/T 6276《石油天然气工业 健康、安全与环境管理体系》标准。

（8）该系统具备清除从井场回收的油基钻井液中有害固相的能力。

2. 油基钻井液回收再利用系统的关键技术

油基钻井液回收再利用系统的关键技术是油基钻井液厂设计制造技术、油基钻井液回收处理、储存和现场再利用的工艺技术。油基钻井液回收再利用系统一般由油基钻井液处理厂、运输罐车和隔膜泵组成。油基钻井液运输所用的罐车由车头、密封罐（15~20m^3 的体积）和泵（自带动力）组成，它是油基钻井液从井场到油基钻井液厂来回运输的设备。隔膜泵是一种利用压缩空气作动力源的倒浆设备，由于不使用电，所以，用于倒油基钻井液比较安全。油基钻井液处理厂是整个油基钻井液回收再利用系统的核心，一般由配制系统、储存系统、加重系统、发电机、电力控制系统组成。

1）钻井液净化流程

（1）自吸自放式罐车将现场回收的钻井液卸入倒浆罐的 1# 隔离仓。

（2）由振动筛的供液泵吸入供给振动筛，经振动筛净化处理的钻井液排入倒浆罐的 2# 隔离仓。

（3）由离心机的供液泵从 2# 隔离仓吸入供给离心机，离心机净化处理的钻井液排到倒浆罐的 3# 隔离仓，完成净化工作。

（4）回收钻井液净化后，检测钻井液密度后由砂泵吸入排向各个储备罐存放，或排向配浆漏斗进行调整以重新利用。

（5）可通过调整振动筛和离心机供浆泵的排量来调整钻井液的处理量。

2）钻井液加重流程

（1）利用砂泵将需要加重钻井液转移至配制罐。

(2)计算加重钻井液所需的重晶石数量。

(3)打开配制罐的剪切泵,将钻井液输送到加重漏斗准备加重。

(4)依次打开重晶石灰罐压风机和下灰阀门,通过漏斗进行加重。

(5)可控制下灰阀门的开度调整钻井液的加重速度。

(6)待加重完成后,检测加重后的钻井液密度。

(7)合格后,再由加重砂泵吸入输送到各个储备罐储存,或运输至现场使用。

3. 油基钻井液回收与处理工艺

当一个井段或一口井完钻时,井场多余的油基钻井液就会从井场通过钻井液罐车拉运到油基钻井液处理厂,首先进入倒浆罐,然后进入安装有固控设备的钻井液罐,先通过高效振动筛(一般装200~210目筛布)清除大于74μm的固相颗粒,如果钻井液密度低于1.0g/cm³,可以用离心机进一步清除钻井液中的固相,使得钻井液中的固相含量大幅度降低,颗粒的直径都小于20μm,通过砂泵输送到储备罐。

1)直接使用法

将处理好的油基钻井液直接拉到井场,和井筒中的钻井液混合,调整钻井液性能达到设计要求后,继续钻进使用。这种用法使用的情况一是用回收的高密度油基钻井液加重现场钻井液,提高井筒钻井液的密度,补充钻井液量;二是井下发生漏失情况时,井场钻井液量不够,需要及时补充浆量。

2)配制开钻钻井液时使用

由于直接配制的新油基钻井液的破乳电压等指标因搅拌时间不够等原因还达不到理想的范围,此时在新钻井液中加入老钻井液,钻井液性能很容易达到设计的范围。这不仅加快了配浆速度,而且降低了成本。

4. 油基钻井液回收再利用应注意的技术事项

(1)从井场回收的油基钻井液必须先通过高效振动筛处理后才能进入钻井液厂储备罐,因为含有大直径钻屑的油基钻井液易沉淀,而岩屑沉淀会堵塞储备罐下部出入管线管口。

(2)不同密度、不同种类的油基钻井液必须分开装运,否则,易造成性能大幅度变化甚至导致回收的油基钻井液无法排入系统;一般情况下,不同密度的油基钻井液储存在不同的储备罐中。

(3)储存在钻井液厂储备罐中的油基钻井液必须定期循环,否则,易发生沉淀,造成无法循环。

(4)高密度油基钻井液储存不存在技术问题,没有必要用离心机筛除加重料,然后再储存。

(5)油基重钻井液作为现场油基钻井液的加重浆是消耗重钻井液最有效的方法之一,这样既可以降低钻井液材料消耗和成本,又可以降低油基钻井液中低密度固相含量。

(6)一般不采用将重钻井液用油或水稀释的方法降低密度,然后投入现场使用,因为加入油或水后,不但液相体积增大,处理剂浓度降低,性能变差,同时,造成对油基钻井液厂储备体积要求提高,钻井液厂运转成本增大,建议不采用此方式。

第四节 磺化钻井液废弃物处置

磺化钻井液废弃物是指使用聚磺、磺化防塌、欠饱和盐水钻井液等钻井阶段产生的受钻井液污染的钻屑、废弃钻井液等物质,包括固体部分和液体部分。当钻井钻至深井井段、超深井井段,为了保证钻井的顺利,一般需在钻井液中加入耐高温的磺化处理剂,对于含盐膏地层需加入氯化钠盐水,易水化坍塌地层需加入氯化钾、氧化钙等,当遇到地质构造复杂,地层条件特殊的油气藏,还会采用矿物油类处理剂以稳定井壁。因此磺化钻井液废弃物不仅含有无机类物质,还含有大量有机类物质,成分复杂,难处理,对环境存在一定风险隐患。

一、磺化钻井液废弃物处置技术

1. 固化处理法

通过在废物中加入一定数量的固化剂与之发生一系列复杂的物理、化学变化,适当利用一些固化装备(若有条件可以使用离心机)或污水池,实现将废物(污泥、淤泥、钻屑、黏土)中的污染物相对稳定或固定在固化体中,降低固化体的沥滤性和迁移作用。此方法能显著降低废钻井液中金属离子和有机质对土壤的侵蚀和土壤沥滤程度,从而减少对环境的影响和危害,回填还耕也比较容易,是取代简单回填法的一种更易为人们接受的方法。

对废物的固化方法可以采用直接固化法和对固液分离出的沉淀物(淤泥、污泥等)进行固化,即先进行固液分离再对沉淀物进行固化,固化体回收利用作为再生的建筑材料、填土等。钻井完井废液固化技术的核心问题是固化剂的选择和固化工艺技术措施,同时还必须对固化效果进行科学评价。

1) 固化机理

由于钻井废液固化剂的主要组分是水泥、石灰、硫酸盐、碳酸盐、水玻璃、三氯化铁等不同类别的物质,分别作为凝聚剂、交联剂、凝结剂、促凝剂、早强剂等,因此钻井废液的固化机理必然也是多样的。

(1) 水泥基固化剂固化机理。

用水泥基固化剂进行固化是普遍采用的方法之一,它是水泥的水合和水硬胶凝作用对废物进行固化处理。水泥基固化剂的主要组分是硅酸盐水泥。硅酸盐水泥是研磨得很细的含钙无机化合物的混合物,在水中能够水化和硬化。

经过煅烧的水泥熟料几乎是完全结晶的,其主要是由硅酸三钙($3CaO \cdot SiO_2$,简写为C_3S)、硅酸二钙($2CaO \cdot SiO_2$,C_2S)、铝酸三钙($3CaO \cdot Al_2O_3$,C_3A)及铁铝酸四钙($4CaO \cdot Al_2O_3 \cdot Fe_2O_3$,$C_4AF$)等四种化合物组成。

C_3S是水泥产生强度的主要化合物,化学活性大,有很高的反应活性,约占水泥质量的40%~65%。C_2S是一种缓慢水化的矿物,能逐渐地、长期地增长水泥石的强度,约占水泥质量的20%~30%。C_3A是促使水泥快速水化的矿物成分,约占水泥质量的10%以下。

水泥固化反应过程由快速水化阶段、诱导阶段、水化反应加速阶段、水化反应减缓阶段和扩散阶段组成。水泥水化过程最终产生大量的水化硅酸钙凝胶($m_1CaO \cdot SiO_2 \cdot m_2H_2O$,C-S-H)、水化硫铝酸钙(钙矾石)($3CaO \cdot Al_2O_3 \cdot 3CaSO_4 \cdot 31H_2O$,$C_3A \cdot 3CaSO_4 \cdot H_{31}$)和$Ca(OH)_2$(CH)等,并充满整个水化体系,水化产物之间聚集形成网状结构,并越来越密,从而使整个体系形成一定强度。

将水泥基固化剂加入废钻井液后,固化剂各组分与废钻井液中的水反应,先在颗粒表面发生相溶解和水化反应,生成各种带正电荷的水化硅酸钙(C-S-H)、高碱度含水铝酸钙($C_{m_1}AH_{m_2}$)、含水铁酸钙($C_{m_1}FH_{m_2}$)以及$Ca(OH)_2$(CH)(游离钙离子)胶粒,前三者具有结晶状水化物结构。这些胶粒相互聚结、交联,形成网状结构,引起废钻井液的混凝、脱稳和有机物交联。固化过程中,钻井液中的重金属离子会由于水泥的高 pH 值作用而生成难溶的氢氧化物,不断被稳定、封闭、包裹,最终被固定到水泥石中。

(2)火山灰基固化剂固化机理。

粉煤灰、炉渣、高炉矿渣都属于火山灰(pozzolan)类材料,基结构大体上可认为是非晶型的硅铝酸盐,其玻璃体是由富钙连续相和富硅分散相组成的具有分相结构的联结致密的整体。其分相玻璃体结构决定了粉煤灰、炉渣、高炉矿渣只是有潜在的水化活性,在石灰、水玻璃等激活剂的激发下(pH>12)才可能水化。应该是一种与碱、水三者之间的反应,而不像水泥水化那样是水泥—水之间的反应。

火山灰类材料的固化机理是复杂的,且尚未明确。其水化反应基本可分为玻璃体的解体、溶解和水化产物及新结构的形成两个部分。

在碱性溶液的条件下,玻璃体表面的Ca^{2+}、Mg^{2+}等离子吸附碱性溶液中的OH^-等离子,后者与玻璃体起反应,形成氢氧化物,使表面结构破坏,最终破坏玻璃体的网络结构,使其分散、溶解;随着$Ca(OH)_2$、硅酸盐和铝酸盐的不断溶出,浆体溶液中的Ca^{2+}、Si^{4+}离子的浓度超过水化硅酸钙的溶解度,从而使 C-S-H 成核,产生 C-S-H 凝胶,与此同时也产生水化铝硅酸钙等凝胶。

随着晶体的不断长大,逐渐包裹住渣体颗粒,游离水减少,强度增加。同时粉煤灰、炉渣、高炉矿渣能与水泥水化产生的$Ca(OH)_2$及所投加的$Ca(OH)_2$起二次反应生成 O-Si 凝胶,不仅使混凝相中游离$Ca(OH)_2$相对减少,而且使固化物越加密实,从而增加固化物的后期强度。

(3)水玻璃基固化剂固化机理。

水玻璃(硅酸钠)基固化剂以水玻璃为主要成分,与其他辅助材料(酸性材料)配合反应,与含有废弃物的钻井完井液混合,具有加快固化速度的作用。能与水泥水化产物$Ca(OH)_2$反应,使水化进一步加快,使废弃物自动脱水。同时,其在 pH≤9 的情况下能游离出硅酸单体。硅酸单体易通过羟基桥联和氧基桥联的方式进行缩聚,生成不可逆转的无机高分子硅氧烷胶体—活化硅胶,对废钻井液颗粒产生粘联剂的作用,使废弃钻井液得以固化。水玻璃和酸反应生成甲硅烷醇,由于甲硅烷醇活性大而自聚合生成不可逆的硅氧烷胶体,达到固化的目的。其主要反应机理可以表示如下:

$$Ca(OH)_2 + Na_2SiO_3 \longrightarrow 2NaOH + CaO \cdot SiO_2 \cdot nH_2O$$

$$Ca(OH)_2 + Na_2SiO_3 \longrightarrow 2NaOH + CaO \cdot SiO_2 \cdot nH_2O$$

$$Na_2SiO_3 + 2H^+ \longrightarrow H_2SiO_3 + 2Na^+$$

$$nSiO_2 \cdot mH_2O \longrightarrow nSi(OH)_4 \longrightarrow HO-\left[\begin{array}{c}OH\\|\\Si\\|\\OH\end{array}-O-\begin{array}{c}OH\\|\\Si\\|\\OH\end{array}\right]_n-OH + H_2O$$

加入水玻璃后,固化体系液相的 pH 值得以提高,溶解度改变使水化产物转移到液相中可改变固化物结构的收缩效应,使得大于 0.01mm 的气孔和毛细孔显著降低,因此可提高固化物的抗渗性,也即水玻璃可作为密实剂和防水剂使用,这对防止固化物浸出液造成污染有重要价值。

(4) 复合型固化剂固化机理。

当复合型固化剂进入钻井废液后，经充分混合，其速溶微粒首先吸收钻井液水相，发生水解反应，水解产物 Ca^{2+}、Al^{3+}、Fe^{3+} 等对体系土相产生去水化作用，使黏土发生凝聚，同时，与废液中的有机高分子处理剂发生不同程度的交联，钻井废液逐渐丧失流动性，这一过程在数分钟至十数分钟完成，可称为凝聚期，它基本完成对钻井废液圈闭，只是这种圈闭显得微弱。此后，进入固相固化发育期，固化剂其余组分逐渐吸水进行水化反应，生成多种难溶的水合物晶体并随水化的深入而不断发育，其结果是体系固相随时间的增延而增多。新增固相在发育过程中与体系原固相（即钻井废液中原已存在的各种固相悬浮微粒）互相交织，有利于体系向固体方向转变。当体系总固相增加至一定量后，最终使流动的钻井废液转变为固态体系。最后是固体陈化期，它是发育期的延续，区别在于陈化期比发育期的水化—结晶显著变慢。随着陈化时间的延长，固化物的物理和化学稳定性得到增强，固化体强度仍然继续增加，直至固化剂被完全消耗而终止固化反应。

(5) 直接固化体系的固化机理。

直接固化体系是将废弃钻井液不经固液分离而直接一次性固化。直接固化体系是由凝聚剂、助凝剂和多种胶结（固结）剂等组成的，其作用机理如下。

固化体系中的凝聚剂能够有效地中和钻井废液的碱性，使溶液介质变为中性，彻底破坏钻井废液的胶体体系，致使钻井废液化学脱稳脱水，凝聚剂与钻井废液中许多不同形式的有机阴离子基团交联，导致钻井废液中的残留有机物和固相颗粒形成稳定的絮凝体，从而有效地减少了溶液中有机物的浓度，保证钻井废液固化后达到很好的 COD_{Cr} 去除率，同时凝聚剂能够与钻井废液中重金属离子生成多元羟基含金属离子的络合物，并沉淀于固化体晶格中，从而有效地减少钻井废液中的重金属含量。

固化体系中的助凝剂，对钻井废液中的黏土颗粒和有机物有吸附絮凝作用，同时参与钻井废液固化体系整体晶格的形成。

固化体系中胶结剂的作用，主要是将絮凝体进一步胶结包裹起来，使之形成一个具有很好抗水蚀能力和一定强度的固化体。固化体系将这些处理剂叠加使用，效果优于单一使用。不同类型的钻井废液体系，应该使用不同的固化体系。

油田应用结果表明，直接固化体系生成的固化体表现出了很好的胶结强度和抗水浸泡能力，钻井废液中的有害物质被牢牢地包裹固化在固化体内，消除了有害物质向周围环境的扩散迁移，达到了保护环境的目的。

2）固化工艺技术

目前的固化废浆工艺既有先固液分离再分别处理的，也有不经固液分离直接固化的。苏联多采用直接固化工艺，而美国主要采用分离后固化。我国大多数都是直接固化，因其所用的设备较大，施工不方便，残留体积较大，在应用中存在很多问题，而固液分离后再固化还未有现场大量成功的先例。

钻井废液与固化剂经过加药漏斗和管道混合后，可以采取三种方法：

(1) 直接喷洒在地上固化的方法。废液体因加入固化剂后凝聚固化，在很短的时间内就失去流动性，成为塑性体，使其自然堆成一个土堆，在空气中干燥 24h 以上，即成为坚硬的固化体。

(2) 将固化剂直接注入废液池中，搅拌，使之充分混合，在空气中自然干燥 24h 以上，固化体强度随时间增长而增加。

(3) 将固液分离后的沉淀物进行固化。

钻井废液固化处理关键在于因地制宜和按需要正确选用合理的工艺程序，经现场试验，摸索出以下固化处理工艺步骤：

(1) 钻井废液在罐内进行充分循环，密度达到均匀一致。

(2) 取样进行小型试验，选定固化剂加量范围，依据各地实况选择不同的施工时固化物状态，如旱地，采用就地堆放半流动状态；斜坡地采用不流动状态；需要通过管道沟渠，运移异地堆放，可采用流动状态。以上三种流动状态，应以控制固化剂加量来实现，但对固结时间有不同影响。

(3) 施工时，所用设备可分别选用钻井泵或水泥车泵钻井液通过混合漏斗处直接加固化剂，其中混合漏斗的选型和漏斗喷嘴直径大小的选择均对固化物效果有一定影响。

(4) 施工时，固化剂加入速度，按泵送排量而定，经验是一边固化施工，一边直观测算钻井废液与固化剂实物比例。

(5) 施工结束，短时间内尽量避免人为造成的外来水源浸泡而影响固化物陈化。

(6) 施工结束24h取样，检测固化物物理性能，待固性稳定后取样分析浸泡水质。

(7) 按需要确定固化物处理方法，实施方法有：一是原地堆放和运至异地堆放；二是挖土深埋复耕，其埋土量和深度厚度视地貌情况而定。

3) 固化效果评价方法

固化方法的处理目的是要达到消除废物中的金属离子和有机物质对水体、土壤和生态环境的影响和危害。固化时，除了要控制有害物质的渗透性外，还要求固化产物具有一定的抗压强度，使之在各种环境条件下都具有较高的稳定性。

(1) 抗压强度评价实验方法。

称取钻井废物50g，加入固化添加剂，然后搅拌均匀，于规定尺寸的模子中成型，使其形成一定强度的固形产物。通过测定固化体的抗压强度评价固化效果。

抗压强度是反映固化产物固化强度的物理指标，其定义为：

$$R_a = p/A$$

式中　R_a——试验龄期的抗压强度；

　　　p——破坏荷载；

　　　A——试样承压面积。

(2) 浸泡实验方法。

固化体的毒性浸出方法可参考国家环保局(86)环监字第114号文件中有关"固体浸出毒性试验"方法。具体做法是：固化体质量：蒸馏水体积为1：10，将固化体浸在25±5℃水浴中，振荡速度为50~70r/min，振荡浸泡8h，浸出液经微孔滤纸(孔径0.45μm)过滤后，再按照相关标准要求，分别测试有害物质的含量。钻井废液中主要的污染指标是重金属铬、COD和油含量，因此衡量固化效果的好坏，主要在于控制铬、COD和油含量的大小。

(3) 模拟雨水淋沥实验方法。

钻井废液固化后的固体废物受到雨水冲淋、浸泡，其中的有害成分将会转移，通过模拟雨水淋沥实验制备淋沥液，分析淋沥液中有害成分的含量，可用以鉴别、判断经固化后的固体废物中污染吸附强度的大小。模拟雨水淋沥实验就是参照上述固体浸出毒性试验方法制定的一种简易试验方法，方法如下：实验前先将钻井废液分别用不同方法固化(例如用固化剂 BT-5-2+20%的钻屑固化；FNG 固化剂、稻田土按照一定比例混合；CO-H 固化剂、稻田土按照一定比例混合；GH-1 固化剂、稻田土按照一定比例混合等），分别等待 2 天、5 天、30 天后，对制得的固化体进行模拟雨水淋沥洗实验。

2. 钻井液不落地絮凝分离处理法

钻井液不落地处理系统主要是指将从井口返出的钻井废弃物在落地之前进行随钻无害化不落地处理。钻井液不落地系统将废弃钻井液由末端治理变为全过程控制，将废弃钻井液经过稀释—絮凝—分离成岩屑、滤饼和水三部分，对钻井液中的固体物通过水洗、絮凝分离和化学反应处理，使岩屑和滤饼达到排放标准。钻井液中的有害物质成分和氯离子被析入水中后，再用真空吸附或挤压方式脱水制成滤饼，同时将离心分离出来的废水经气浮沉淀、过滤系统、反渗透系统进行浓缩处理，处理后达标废水可回用于钻井循环利用。

该方法优点是对泥水进行分离，废水经过处理后可以回用，节约水资源，同时减少了固废体积（传统固化方法因固化物一般要增加 30%体积），实现了井场的清洁化生产。该技术的缺点是不适于深井或超深井成分复杂的水基磺化钻井液处理。

3. 化学絮凝+机械脱水+固化法

在废弃钻井液中加入适当的混凝剂（絮凝剂和凝聚剂的混合液），改变钻井液体系的物理化学性质，破坏其胶体体系，改变其中黏土颗粒的表面性质，让更细的颗粒产生聚结，使其在机械辅助分离条件下实现固液分离，分离出的液体经过二级絮凝过滤处理后达标就可外排，固相进行掩埋或固化处理（图 10-4-1）。

化学絮凝+机械脱水后进行固液分离，该处理法较为彻底，处理成本比高温分解等方法低，但比固化法高，适用范围广；缺点工艺相对复杂，处理效果不稳定；另外化学淋洗、破胶、分离的方法处理效果与化学药剂有关，处理后的固体废弃物各项指标达标，分离后的水不能达标，需要后续处理。

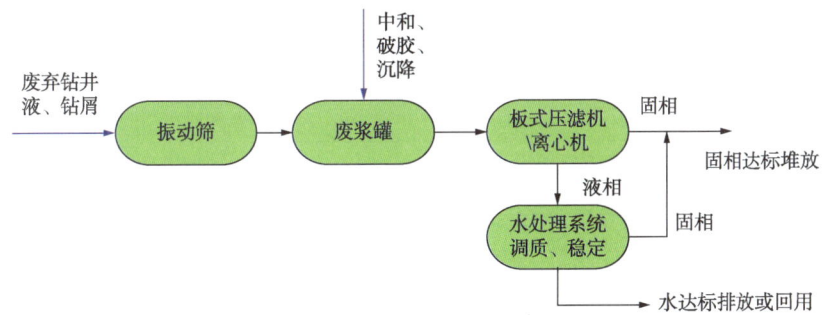

图 10-4-1 化学絮凝+机械脱水工艺流程

4. 高温氧化分解法

高温氧化法是高温分解和深度氧化的综合过程，是一种高温热处理技术，采用特制的装置干燥或焚烧废弃钻井液，以一定量的过剩空气量与被处理的有机废物在焚烧炉内进行氧化燃烧反应，致使有毒有害物质在高温下氧化、热解，达到减少容积、去除毒性、回收能量及副产品的目的。该方法优点是对废弃物中的石油类和有机物处理很彻底，可以回收部分加重材料；缺点是需要整套装备，成本高，存在二次废气污染的隐患，工艺流程如图 10-4-2 所示，该方法适合于油田环境要求严格地区。

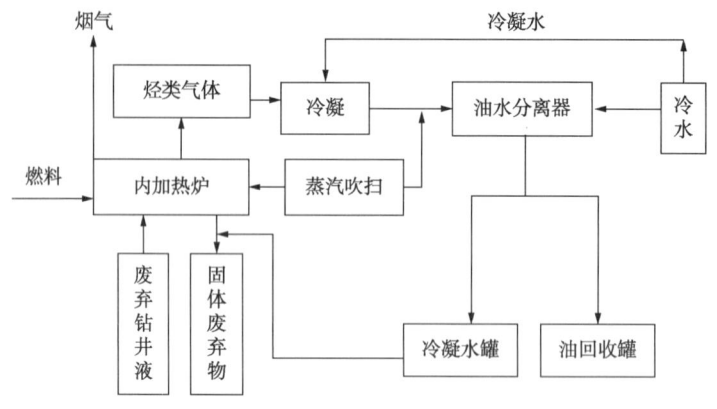

图 10-4-2　高温氧化法工艺流程图

5. 整体回注法

钻屑回注(Cuttings Re-Injection，简称 CRI)技术是将钻完井作业废物中的固体(钻屑或其他固体)用适当设备研磨粉碎后与流体(水、废弃钻井液)、添加剂混合配制成回注浆体后，将浆体在超过地层破裂压力下回注至设计的地层，使浆体中固体成分被永久性载留在压裂的裂缝中，实现钻完井作业废物零排放处理的目的。钻屑回注(CRI)技术起源于 20 世纪 80 年代，用这种回注的方式来处理废弃物是一种安全可靠，经济环保的有效处理方法，将废物永久地排放在其原属的地层，不再有将来其他的处理责任。

磺化钻井液固体废弃物也可采用回注法处理，回注方法有注入非渗透性地层、注入地层或井眼环形空间两种。

注入非渗透性地层：用压裂液在机械作用下加压到足以将地层压裂的压力，将要处理的废弃钻井液注入地层裂缝中，撤消压力时，周围地层中的裂缝自行关闭，从而防止地层中的废弃钻井液发生迁移。

注入地层或井眼环形空间：现在在海上钻井时，许多情况下的废弃钻井液处理就是用该方法。将废弃钻井液通过井眼注入安全地层或井眼的环形空间。但该方法对地层有严格的要求，深度必须大于 600m。一般钻井液的处理可以采用该方法。

钻屑回注的流程是将平台振动筛上筛除的钻屑通过传输系统输送到研磨成浆系统的粗罐中，在罐中加适量的水配成粗浆，经过粗罐中的研磨泵将其中的钻屑粉碎，粉碎后的粗浆经过分拣系统将尚未达到回注粒度要求的钻屑经研磨机研磨后返回粗罐，达到回注粒度要求的浆进入细罐中，添加适当的处理剂来调整浆体的性能，使其符合回注的要求，回注浆可经缓冲罐暂时储存，然后经回注泵注入井下地层中。钻屑回注(CRI)工艺流程图如 10-4-3 所示。

回注法工艺流程一般为：振动筛→造浆系统→回注系统(环空回注、回注井注入)。该法优点为实现了零排放要求、可在海上或陆上使用灵活性高、不需添加任何物质；缺点是设备要求高，成本高，受地层的限制，易污染地下水及油气层。

在回注设计过程中，要合理的设计回注浆体性能，包括浆体的黏度、凝胶强度、剪切速率、密度、悬浮能力、颗粒大小、固相含量等方面。钻屑浆的流变性取决于钻屑来源的岩石性质、固液混合比和原钻井液的流变性等因素。回注浆体的密度也是一个很重要的参数，根据国外经验回注浆体的密度一般控制在 $1.1 \sim 1.3 \text{g/cm}^3$ 之内。

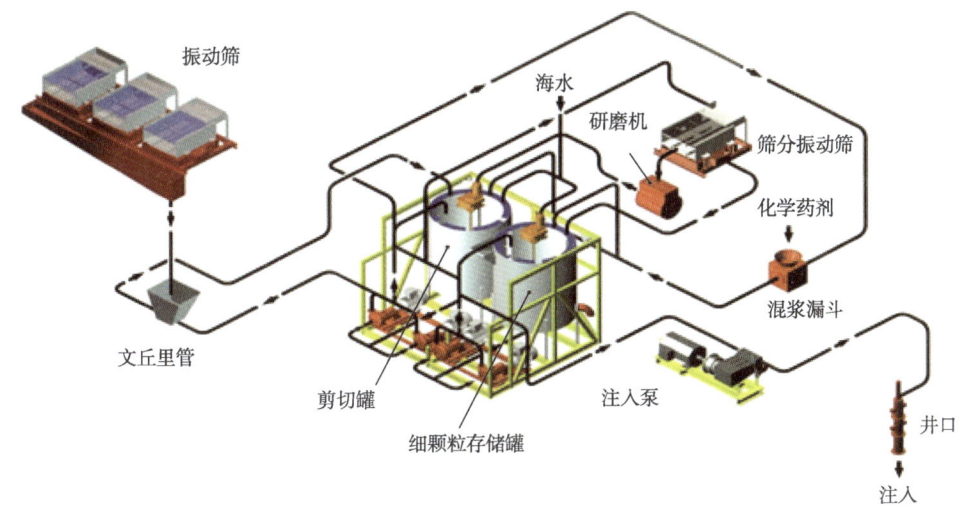

图 10-4-3　钻屑回注工艺流程图

由于回注过程中要进行关井暂停，所以回注浆体必须要有一定的悬浮能力，能保证在关井时间里浆体不沉降，保持良好的流体状态，这样以免堵塞回注孔道。悬浮能力大小一般根据关井时间来确定，一般而言至少在 8h 能保持浆体的良好流动性，不出现沉降。钻井液中固体颗粒的沉积和堵塞，主要是取决颗粒的大小、钻井液黏度、在回注过程中停歇时间。如果注入速度低或者是套管环空体积大，堵塞也可能发生。固体颗粒过大，可能会造成在回注孔道的沉积，从而堵塞孔道，不利于回注。通过合理控制颗粒的尺寸和钻井液的黏度能够减小固体颗粒的沉积和堵塞，一般来说回注浆体中固体颗粒直径不大于 300μm，在现场利用振动筛进行有效固控，合理的回注浆体固相含量在 20%～30% 之间。回注过程中浆体的滤失性也要有效控制，因为漏失量的大小会影响到回注速度和每批次回注的量以及关井时间，所以要通过多地层地质条件分析之后，根据地层条件相应调整浆体的流变性控制漏失性。

通过对测井资料分析，包括地层的地应力、弹性模量、破裂压力等，然后作出对回注地层的初步选择。然后对初步选定地层的岩性、厚度、破裂压力、地层渗透性等做详细的分析，充分考虑工程、地质情况，最后对初选地层做出评价。回注地层除要考虑井位布置、断层、天然裂缝的影响外，选择的基本要素包括：回注地层要避开储层位置，回注层具有较低的破裂压力，且上下具有破裂压力较高的地层作为隔层；一般选择低地应力、中高渗透率的砂岩层作为回注层，配合低渗透率、高地应力的泥岩限制裂缝在垂向上的延伸程度。

6. 污水的处理

经过固液分离后产生的污水无法达到回用及排放标准，需进行进一步处理，主要处理方法有 Fenton 试剂及电化学氧化、膜过滤及蒸发结晶等。

1) Fenton 试剂及电化学氧化法

氧化法就是在经过预处理的钻井污水中加入氧化剂及相应催化剂或应用电化学反应产生强氧化剂，使有机物发生氧化反应，使高分子有机物的碳链裂解，改变其分子结构，对有机物实现降解，从而降低其 COD 值和色度。

采用催化氧化法对固液分离后的钻井污水进行处理。结果表明：处理后的废水中化学需氧量（COD）去除率可达82%，色度去除率为98.5%，处理后污水能够满足钻井现场及钻井液回用要求。

2）膜过滤

膜分离技术是利用具有选择透过能力的薄膜做分离介质，膜壁密布微孔，原液在一定压力下通过膜的一侧，溶剂及小分子溶质透过膜壁为透过液，而较大分子溶质被膜截留，从而达到物质分离及浓缩的目的。膜分离过程为动态错流过程，大分子溶质被膜壁阻隔，随浓缩液流出膜组件，膜不易被堵塞，可连续长期使用。过滤过程可在常温、低压下运行，无相态变化，高效节能。经过反渗透处理后的污水满足《污水综合排放标准》(GB 8978)一级标准。

3）蒸发结晶

机械式蒸汽再压缩（MVR）蒸发器利用蒸发器中产生的二次蒸汽，经压缩机压缩，压力、温度升高，热焓增加，然后送到蒸发器的加热室当作加热蒸汽使用，使料液维持沸腾状态，而加热蒸汽本身则冷凝成水。这样，原来要废弃的蒸汽就得到了充分的利用，回收了潜热，又提高了热效率，减少了对外部加热及冷却资源的需求，降低能耗，减少污染。

处理后的污水能够满足《污水综合排放标准》（GB 8978）一级标准及《农田灌溉水质标准》（GB 5084），可以用于设备冷却水、绿化用水及农田灌溉用水。

二、固废高温热解处理技术

高温热解处理技术是采用特制的装置干燥或焚烧废弃钻井液，以一定量的过剩空气量与被处理的有机废物在焚烧炉内进行氧化燃烧反应，致使有毒有害物质在高温下氧化、热解，达到减少容积、去除毒性、回收能量及副产品的目的。

1. 工艺流程

高温热解处理工艺流程为：挖掘装载机将污泥池内的岩屑等固废输送至无轴绞龙输送机上的料仓，再由绞龙输送机把固废污泥输送至给料机的料斗内；随之固废污泥由给料机送入高温氧化无害化处理装置里进行临界温度点漂移的热解脱附工序。有机化合物等有毒有害物质分子结构在850~1000℃高温环境下氧化、热解并被彻底破坏其毒害性达到无害化处置目的。有毒有害废气经过二次燃室焚烧装置、急冷塔装置、消石灰和活性炭喷射装置、脉冲布袋除尘器、喷淋喷雾洗涤塔等处理后外排。高温脱附热源燃料为天然气或煤。

烟气处理流程：热风炉→高温热解窑→重晶石粉回收装置→初级旋风除尘器→二次燃烧室(天然气燃烧器)→急冷塔→活性炭喷射装置→石灰粉喷射装置→布袋除尘器→引风机→活性炭床→喷淋喷雾洗涤塔→烟囱（图10-4-5）。

污泥高温氧化流程：污泥池→装载机→无轴绞龙输送机→污泥料仓→给料机→高温热解窑→无害化颗粒物→装载机→堆积料场地（图10-4-6）。

图10-4-4　高温氧化分解法主要设备

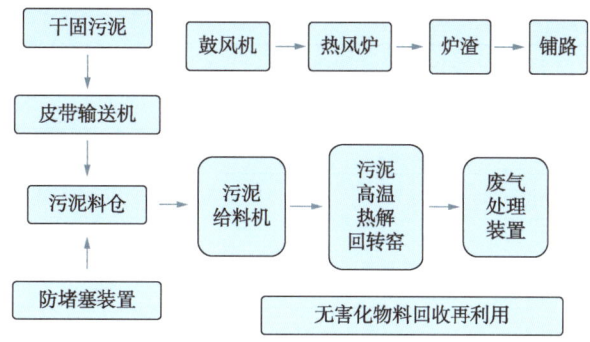

图 10-4-5　高温氧化分解法废弃物处理工艺流程

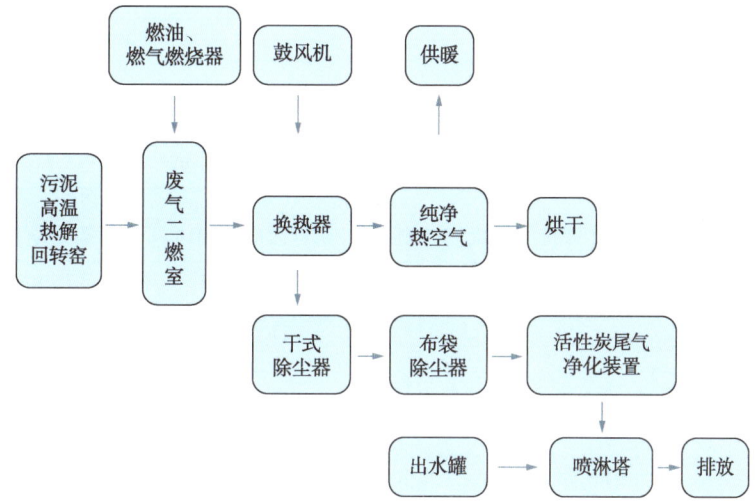

图 10-4-6　污泥高温回转窑处理工艺流程

2. 处理效果

于 2017 年在油田 KeS902 井、ST6-6H 单井钻井废弃钻井液池开展了高温热解处理技术现场试验。装置运行过程中将产生废气,无废水产生,设备噪声值也较低,处理后固体废物主要为散状土黄色泥砂,含水率在 40% 以下,处理后的固体和产生的烟气检测结果见表 10-4-1~表 10-4-8。经过检测高温热解处理技术处理后效果:处理后监测指标均满足标准要求;从水浸评估结果显示高温热解处理技术处理后固体的色度和化学需氧量均满足标准要求,处理技术对化学需氧量有较好的去除效果;从装置排放废气检测结果显示各监测指标均满足达标排放要求。

表 10-4-1　ST6-6H 井磺化钻井液全分解监测结果

序号	类别	全分解监测污染物参照标准,mg/kg	全分解监测值,mg/kg 处理前	全分解监测值,mg/kg 处理后
1	汞	0.8	0.056	0.047
2	镉	3	0.232	0.0935
3	铅	375	9.72	18.7
4	锌	600	68.7	34.9
5	铜	150	34.4	17.7

续表

序号	类别	全分解监测污染物参照标准，mg/kg	全分解监测值，mg/kg 处理前	全分解监测值，mg/kg 处理后
6	砷	40	5.38	4.36
7	铬	300	196	53.0
8	镍	150	17.7	14.4
9	含水率	≤40%	27.56%	0.011%
10	石油类	≤2%	2.55%	0.005%

表10-4-2　ST6-6H井磺化钻井液水浸后监测结果

序号	类别	污水综合排放二级标准，mg/L	钻井液水浸监测值，mg/L 处理前	钻井液水浸监测值，mg/L 处理后
1	色度	80（无量纲）	400倍	8倍
2	化学需氧量	150	2830	3

表10-4-3　ST6-6H井排气筒废气监测结果（采样时间：2016.4.30，有组织排放）

监测点位	监测项目		第一次	第二次	第三次	GB 16297—1996、GB 9078—1996 二级标准	达标情况
	燃料类型		水煤气				
	排气筒截面积，m²		—				
	排气筒高度，m		24			>15	达标
桑塔木6-6H井高效锅炉高温裂解废气排口		烟气温度，℃	54	54	54		
		标杆流量，m³/h	6.90×10³	6.90×10³	6.90×10³		
	烟尘	实测浓度，mg/m³	15.2	30.8	26.1		
		折算浓度，mg/m³	24.1	48.9	41.4	200	达标
		排放速率，kg/h	0.01	0.21	0.18		
	非甲烷总烃	实测浓度，mg/m³	20.0	13.7	17.2		
		折算浓度，mg/m³	31.7	21.7	27.3	120	达标
		排放速率，kg/h	0.14	0.094	0.12		
	二氧化硫	实测浓度，mg/m³	54	47	62		
		折算浓度，mg/m³	86	75	98	550	达标
		排放速率，kg/h	0.37	0.32	0.43		
	氮氧化物	实测浓度，mg/m³	63	61	68		
		折算浓度，mg/m³	100	97	108	240	达标
		排放速率，kg/h	0.43	0.42	0.47		
	氯化氢	实测浓度，mg/m³	<0.5	<0.5	<0.5		
		折算浓度，mg/m³	<0.5	<0.5	<0.5	100	达标
		排放速率，kg/h	1.7×10⁻³	1.7×10⁻³	1.7×10⁻³		
	臭气深度	实测排放浓度，无量纲	1738	3090	2344	6000	达标
	二噁英	折算浓度，ng-TEQ/m³	0.17	0.18	0.17	0.5	达标

表 10-4-4　ST6-6H 井废气监测结果（无组织排放）

位置	非甲烷总烃，mg/m³				GB 16297—1996 指标	达标情况
	第一次	第二次	第三次	第四次		
桑塔木 6-6H 上方向 1	0.66	0.89	0.99	0.96	4.0	达标
桑塔木 6-6H 下方向 2	1.25	1.36	1.45	1.25		达标
桑塔木 6-6H 下方向 3	1.56	1.33	1.43	1.68		达标
桑塔木 6-6H 下方向 4	1.86	1.75	1.68	1.41		达标

表 10-4-5　KeS902 井磺化固废处理全分解监测结果

序号	类别	全分解监测污染物参照标准，mg/kg	全分解监测值，mg/kg	
			处理前	处理后
1	汞	0.8	0.4	0.012
2	镉	3	1.07	0.275
3	铅	375	34.9	27.9
4	锌	600	244	104
5	铜	150	97.6	33.1
6	砷	40	81.5	17.1
7	铬	300	77.0	208
8	镍	150	23.6	103
9	含水率	≤40%	11.33%	0.014%
10	石油类	≤2%	0.454%	0.008%

表 10-4-6　KeS902 井磺化固废处理水浸监测结果

序号	类别	污水综合排放二级标准，mg/L	钻井液水浸监测值，mg/L	
			处理前	处理后
1	色度	80（无量纲）	200 倍	16 倍
2	化学需氧量	150	314	2.5

表 10-4-7　KeS902 井废气监测结果（采样时间：2016.05.21 有组织）

监测点位	监测项目		燃料类型	天然气			GB 16297—1996、GB 9078—1996 二级标准	达标情况
	烟气平均流速，m/s			8.5					
	排气筒高度，m			28				>15	达标
	监测项目		第一次	第二次	第三次			
克深 902 井高效锅炉高温裂解废气排口	烟气温度，℃			74	74	74		
	标杆流量，m³/h			4.85×10⁴	4.85×10⁴	4.85×10⁴		
	烟尘	实测浓度，mg/m³	25.5	13.9	18.7		
		折算浓度，mg/m³	22.1	12.1	16.3	200	达标
		排放速率，kg/h	0.12	0.067	0.091		
	非甲烷总烃	实测浓度，mg/m³	4.88	1.51	3.86		
		折算浓度，mg/m³	4.24	1.31	3.36	120	达标
		排放速率，kg/h	0.024	0.0073	0.019		

续表

燃料类型			天然气			GB 16297—1996、GB 9078—1996 二级标准	达标情况
烟气平均流速, m/s			8.5				
KS902 井高效锅炉高温裂解废气排口	二氧化硫	实测浓度, mg/m³	<3	<3	<3	550	达标
		折算浓度, mg/m³	<3	<3	<3		
		排放速率, kg/h	0.0073	0.0073	0.0073		
	氮氧化物	实测浓度, mg/m³	100	99	108	240	达标
		折算浓度, mg/m³	87	86	94		
		排放速率, kg/h	0.48	0.48	0.52		
	氯化氢	实测浓度, mg/m³	2.4	2.23	1.54	100	达标
		折算浓度, mg/m³	2.09	1.94	1.34		
		排放速率, kg/h	0.012	0.011	7.5×10^{-3}		
	臭气深度	实测排放浓度, 无量纲	4169	4169	3090	6000	达标
	二噁英	折算浓度, ng-TEQ/m³	0.011	0.011	0.0089	0.5	达标

表 10-4-8 KS902 井废气监测结果(无组织排放)

位置	非甲烷总烃, mg/m³				GB 16297—1996 指标	达标情况
	第一次	第二次	第三次	第四次		
KS902 井上方向 1	0.93	0.84	0.87	0.66	4.0	达标
KS902 井下方向 2	1.52	2.13	2.09	2.29		达标
KS902 井下方向 3	1.32	2.06	1.78	1.97		达标
KS902 井下方向 4	1.27	1.46	1.66	2.09		达标

图 10-4-7 高温氧化分解处理前后岩屑照片

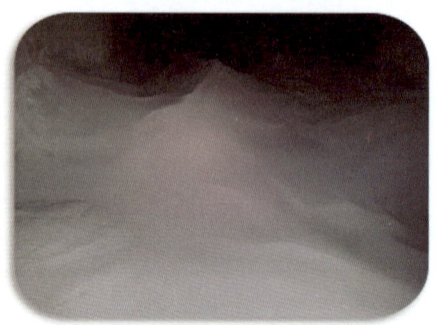

图 10-4-8 高温氧化分解处理回收重晶石照片

三、固废化学淋洗分离技术

化学淋洗分离技术用真空泵或专用提升装置把磺化钻井液废弃物送入固液分离装置，经过固液分离后的液相泵回可拆卸池循环使用，固相输送至化学淋洗装置进行无害化处理。该工艺采用专用的化学处理剂使废液中呈溶解状态的重金属转变为不溶于水的重金属化合物，与此同时在催化剂作用下，处理剂中的氧化剂将废弃物有机物氧化分解，达到降低 COD 作用，同时处理过程中加入一定量的淡水，达到将固体废弃物中的盐类物质溶解于水中从而除去。固体废弃物处理后泵入板框压滤机进行压滤，其固相晾晒干化后满足有关规定。

1. 工艺流程

钻井排放的钻井废弃物，经振动过滤装置进行清洗分离，经振动分离后的水基钻井液进入钻井液收集罐，由钻井液收集罐泵入化学反应罐进行加药处理，处理后的钻井液经固液分离装置，形成的固相滤饼可以回填钻井液池；液相进入储水罐，一部分循环重复利用，多余的水加药剂二次进行化学处理，最终进入反渗透水处理，处理后外排，具体工艺流程如图 10-4-9 所示。

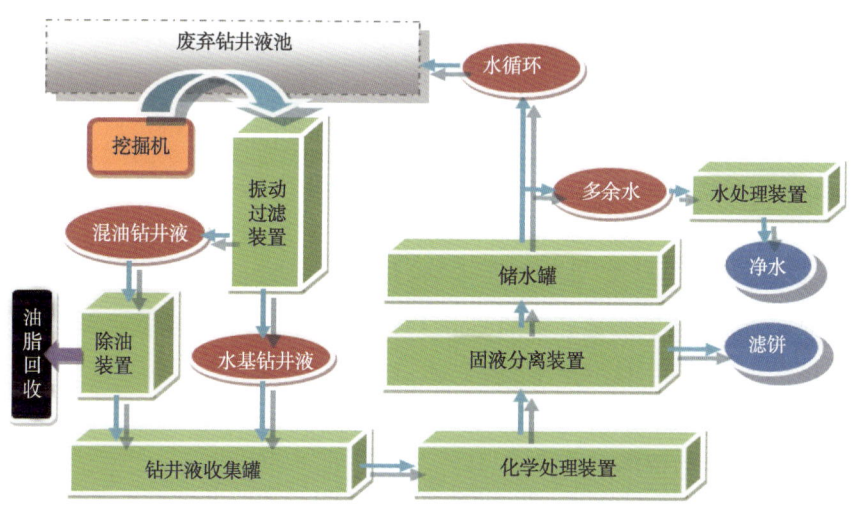

图 10-4-9　固废化学淋洗分离技术工艺流程图

2. 处理效果

2017 年在 AK1-H5 井、YT15 井开展化学淋洗分离技术现场试验。从单因子评价指数来看，钻井液处理后全分解评估除含水率超过标准外，其他各检测指标均满足污染控制标准要求，含水率超标原因是化学淋洗分离技术需配合压滤机使用；处理后水浸评估指标中 COD 超过控制标准；从处理效率来看，该装置对钻井液中石油类污染物有一定的去除效果，去除率为 94.57%，对 COD 去除效果不明显，处理后 COD 反而增加，分析其原因可能与处理过程中所添加药剂有一定关系或含水率太高造成 COD 监测指标较高。见表 10-4-9 和表 10-4-10。

表 10-4-9　AK1-H5 井废弃水基钻井液处理装置全分解监测结果

序号	类别	全分解监测污染物参照标准，mg/kg	全分解监测值，mg/kg 处理前	全分解监测值，mg/kg 处理后
1	汞	0.8	0.089	0.038
2	镉	3	0.353	0.263
3	铅	375	1.60	16.3
4	锌	600	56.3	40.3
5	铜	150	36.0	21.0
6	砷	40	7.08	9.10
7	铬	300	62.4	78.5
8	镍	150	20.6	20.6
9	含水率	≤40%	12.95%	93.8%
10	石油类	≤2%	3.68%	0.2%

表 10-4-10　AK1-H5 井废弃水基钻井液处理装置水浸监测结果

序号	类别	污水综合排放二级标准，mg/L	钻井液水浸监测值，mg/L 处理前	钻井液水浸监测值，mg/L 处理后
1	色度	80(无量纲)	混浊、不透明、褐色，16 倍	混浊、不透明、棕色，16 倍
2	化学需氧量	150mg/L	1769	2200

四、废液絮凝—气浮—过滤—回注处理技术

根据开发回注的需求和废液处置的要求，磺化钻井液产生的废液整体用于生产回注。生产回注指将钻井、试油、修井产生的生产水，通过回注井注入到深部地层，用于补充地层能量。

1. 液体生产回注及回注水质要求

应根据废液处理就近选择回注井，并充分利用老井、废弃井等现有井筒资源。回注层选择有良好的渗透性以满足设计的回注参数，注入层需要有足够的体积以容纳所有的回注水，注入层的开采程度高，地层能量衰竭，以降低回注压力，注入层上、下均有良好的盖层等封堵条件，避开断裂地带。回注井井身结构要求对浅油、气、水层、煤层等风险点有套管水泥封固完好，油层/生产套管的尺寸应满足回注参数要求。

根据碎屑岩油藏注水水质推荐指标及分析方法（ST/T5329）有关规定，由于生产回注水质控制指标要求注入水不能在短期内堵塞地层，不对注水管柱造成较快速度的腐蚀，编制油田生产回注注水控制指标，具体见表 10-4-11、表 10-4-12。表 10-4-11 中砂岩回注水质主要控制指标针对回注层位平均空气渗透率大于 1.5D 地层，对于回注层空气渗透率远大于 1.5D 时，水质指标中悬浮固体含量和悬浮物颗粒直径中值两项指标可适当放宽，具体范围以满足顺利注入储层、不堵塞地层，造成后续注入困难确定；表 10-4-12 中碳酸盐岩回注水质主要控制指标针对缝洞型碳酸盐岩地层。

表 10-4-11　砂岩回注水质主要控制指标

控制指标	参数值	控制指标	参数值
pH 值	6~9	平均腐蚀速率，mm/a	≤0.076
悬浮固体含量，mg/L	≤30.0	SRB（硫酸盐还原）菌，个/mL	<50
悬浮物颗粒直径中值，μm	≤5.0		

表 10-4-12　碳酸盐岩回注水质主要控制指标

控制指标	参数值	控制指标	参数值
pH 值	6~9	平均腐蚀速率，mm/a	≤0.076
悬浮固体含量，mg/L	≤90.0	SRB（硫酸盐还原）菌，个/mL	<50
悬浮物颗粒直径中值，μm	≤70.0		

生产回注水质指标中悬浮固体含量、悬浮物颗粒直径中值、平均腐蚀速率、SRB 菌测定参照 SY/T 5329—2012 执行。

2. 废液处理工艺

根据钻井工程技术的要求，钻井液中常常加入许多不同种类的添加剂，多种护胶剂协同作用使钻完井液胶体体系十分稳定。经过固控设备处理后，废浆中的固相主要是粒径小于 20μm 的超细颗粒，它们与残余的添加剂构成了水基废浆的胶体分散体系。随着颗粒粒径的减小，破坏废浆胶体体系的难度增大，固液分离也就更困难。

通过加入适当的絮凝剂和助凝剂，可以改变钻井液体系的物理化学性质，彻底破坏钻井液胶体体系，改变废钻井液中黏土颗粒表面性质，让更细的颗粒产生聚结，使其在机械辅助分离的条件下更容易被除去。废弃钻井液的含水率通常为 80%~90%。采用固液分离的方法减少废钻井液的体积是有效处理钻井废弃物的第一步。采用化学脱稳，再配以自由沉降、离心分离、压滤分离或抽滤分离等办法，最终可使废钻井液体积减少 50%~70%。

在实现固液分离的过程中，必须优先理解并评估废弃钻井液完井液的胶体稳定性，进而优选合适的絮凝剂和絮凝工艺，采用合理的结构，设计便于现场使用和管理的组合或移动处理装置，为废弃钻井液、完井液的无害化处理提供技术保障。

1）废液絮凝

废弃钻井液主要是由水、黏土、钻屑、钻井液添加剂等组成的多组分悬浮体系，配制钻井液用的膨润土本身就具有很强的水化能力，钻井液中固相的平均尺寸为 30~40μm，而膨润土的平均粒径为 0.2~4μm，从而使膨润土粒子成为钻井液体系高效的固体乳化剂和胶体稳定剂。而钻井液中又加入了大量的各种有机高分子护胶剂，这些物质本身在溶液中都可形成较强的阴离子或阳离子稳定胶团。存在于钻井液废液中的具有表面活性的固体比普通污泥要高得多，严重地影响着废弃钻井液的固液分离。

絮凝法就是通过加入絮凝剂和凝聚剂改变钻井液的物理、化学性质，破坏钻井液的胶体体系，促使悬浮的细小颗粒聚结成较大的絮凝体，再由离心机等机械手段达到固液分离的目的。因此废弃钻井液絮凝破胶为机械分离的预先处理步骤是必不可少的。废液的絮凝反应分为以下三步：一是溶解的絮凝剂离子扩散迁移到固液界面；二是絮凝剂离子快速压缩双电层并吸附结合到固体表面；三是吸附化合态在胶体表面上缓慢地进行结构和化学重排，朝向更稳定的表面层组成变化。这个阶段的低速是由于吸附和重排需较长的时间才能达到稳态，此时，胶体颗粒脱稳破坏其沉淀稳定性，从而絮凝沉淀。

2) 废液气浮

表面活性剂在水溶液中易被吸附到气泡的气液界面上。表面活性剂极性的一端向着水相，非极性的一端向着气相。将表面活性剂加入含有待分离的离子、分子的水溶液中，表面活性剂的极性端与水相中的离子或其极性分子通过物理(如静电引力)或化学(如配位反应)作用连接在一起。当通入气泡时，表面活性剂就将这些物质连在一起定向排在气液界面，被气泡带到液面，形成泡沫层，从而达到分离的目的。

气浮分离作用机理可分为吸附机理和粘附机理。吸附机理是捕集剂在气液相界面是定向排列的，分子中的非极性端朝向气泡，带电荷的极性端朝向水溶液，通过静电引力或络合作用与待富集离子缔合或络合，随后气泡将吸附的离子缔合物或络合物输送到液面，形成浮渣或进入有机相。根据作用的机理不同气浮分离法可分为沉淀浮选法、离子浮选法和溶剂浮选法。

沉淀浮选法：若待分离离子是亲水的，它们很难吸附在气泡上而被浮选分离，因此在含有待分离离子的溶液中，加入一种沉淀剂(称为捕集剂)，使之生成沉淀或胶体，然后加入与沉淀或胶体带相反电荷的表面活性剂。通入气泡后，表面活性剂带着沉淀或胶体粘附在气泡，上浮升至液面实现与母液分离。

离子浮选法：在含有待分离离子的溶液中，加入带相反电荷的某种表面活性剂，使之形成疏水性物质。通入气泡流，表面活性剂就在气—液界面上定向排列。同时表面活性剂极性的一端与待分离的离子连接在一起而被气泡带至液面。

溶剂浮选法：在水溶液上覆盖一层与水不相混溶的有机溶剂，当采用某种方式使水中产生大量微小气泡后，已呈表面活性的待分离组分就会被吸附和粘附在这些正上升的气泡表面。若该物质溶于有机相，则可以直接测定；若该物质不溶于有机相，则水相和有机相之间形成第三相，即为浓缩相，从而达到浮选分离的目的。这种方法被称为溶剂气浮分离法。

气浮是将一层有机溶剂加在待浮选的试液表面，此溶剂除了能很好地溶解被捕集成分外，还应具有挥发性低，与水不混溶，比水的密度小等特性。当某种惰性气体通过试液，借助微细气体分散器发泡，形成扩展的气—液界面，待测元素与捕收剂形成的疏水的中性螯合物或离子缔合物便吸附于气—液界面，随气泡上升，并溶入有机层形成真溶液，而后用比色法或其他方法测定有机相中被捕集的成分。振荡浮选与普通萃取一样操作，十分方便。

气浮分离的流程：气浮分离主要由泡沫塔和破沫器组成，气体(空气、氧气或氮气)通过分配器进入泡沫塔的液层中，产生泡沫，泡沫上升到液层上方并形成泡沫层，在塔顶部泡沫被排出，并进入破沫器破沫。在进行浮选时，一般通过微孔玻璃砂芯或塑料筛板送入氮气或空气等气体，使其产生气泡流，含有待测组分的疏水性物质被吸附在气液界面上，随着气泡的上升、浮至溶液表面形成稳定的泡沫层，从而分离出来。将泡沫层捕集在盛有消泡剂的接收器中，常用的消泡剂有乙醇、正丁醇等。破沫是气浮分离的另一主要过程，可采用静置、离心分离、声波、超声波、振动、加热等方法破乳。如图 10-4-10 所示。

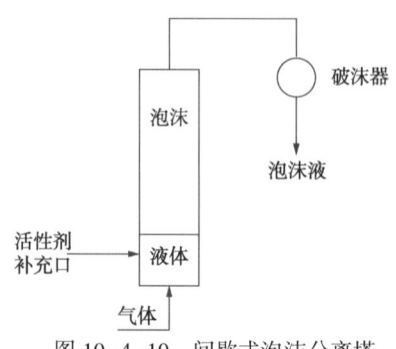

图 10-4-10 间歇式泡沫分离塔

3)废液氧化

废液中还有有机质,在检测过程中 COD 值和色度偏高,需要对其进行处理,处理方法主要是 Fenton 试剂及电化学氧化法。氧化法就是在经过预处理的钻井污水中加入氧化剂及相应催化剂或应用电化学反应产生强氧化剂,使有机物发生氧化反应,使高分子有机物的碳链裂解,改变其分子结构,对有机物实现降解,从而降低其 COD 值和色度。

3. 废液处置效果

于 2017 年在轮南工业晒水池进行"多级分离—混凝沉降"工艺现场试验。处理工艺:水泵抽取废水→进水通过活性炭→敞口罐内滤料隔油→初滤→加热罐→截留表层浮油→加药搅拌沉降→过滤→储水罐。具体流程如图 10-4-11 所示。从单因子评价指数来看,处理后各检测指标均满足污染控制标准要求;从处理效率来看,该装置对含油量、悬浮物有一定去除效果,去除率分别为 99.22%、99.82%(表 10-4-12)。

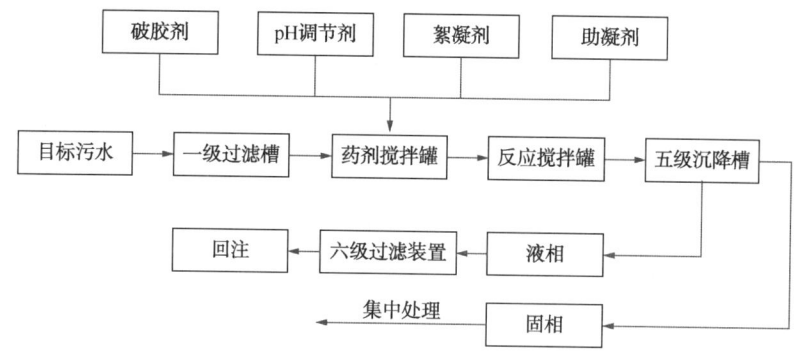

图 10-4-11 "多级分离—混凝沉降"工艺流程图

表 10-4-13 "多级分离—混凝沉降"工艺废水处理前、后检测指标

序号	类别	单因子指数 处理前	单因子指数 处理后
1	腐生菌 TGB,个/mL	0.00	0.00
2	硫酸盐还原菌 SBR,个/mL	0.00	0.00
3	铁细菌 IB,个/mL	0.00	0.00
4	悬浮物中值粒径,μm	0.91	0.75
5	含油量,mg/L	2.42	0.10
6	平均腐蚀率,mm/a	0.80	0.75
7	硫化物	0	0
8	悬浮物,mg/L	103.32	0.18

于 2017 年在哈德作业区工业晒水池开展了"混凝+气浮+过滤"工艺现场试验。处理工艺为:原水→调节 pH 值→破乳→混凝→气浮→板框压滤→加缓蚀剂→过滤→吸附→杀菌处理。具体流程如图 10-4-12 所示。废水处理装置处理前后单因子污染指数计算结果从单因子来看,处理后哈德作业区工业晒水池废水各监测指标均满足 SY/T 5329—2012 控制标准要求;处理效果来看,含油量、悬浮物污染物均有一定去除效果,去除率为 90.53%、98.69%、99.98%(表 10-4-14)。

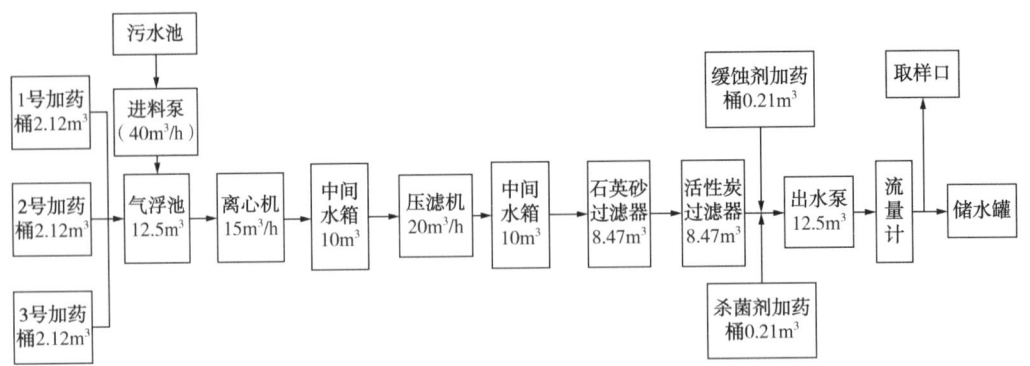

图 10-4-12 "混凝+气浮+过滤"工艺流程图

表 10-4-14 "混凝+气浮+过滤"工艺处理废水处理前、后单因子指数

序号	类别	单因子指数 处理前	单因子指数 处理后
1	腐生菌 TGB，个/mL	0.00	0.25
2	硫酸盐还原菌 SBR，个/mL	0.38	0.04
3	铁细菌 IB，个/mL	0.00	0.03
4	悬浮物中值粒径，μm	0.32	0.40
5	含油量，mg/L	0.51	0.007
6	平均腐蚀率，mm/a	12.78	0.01
7	硫化物	0.02	0.02
8	悬浮物，mg/L	464.00	0.08

第五节 聚合物钻井液废弃物处置

塔里木油田地质情况复杂，钻井井深大多在 6000~8000m，常用五开井身结构，通常一、二开钻速快，废弃钻井液外排量大，三开、四开或六开站速慢，钻井液排放量小。从塔里木油田各油田区块的钻井设计及钻井液体系资料分析，油田各油田区块的钻井液材料基本相似，通常钻井一开与二开钻井井深约在 3000m 左右，钻井液体系主要为膨润土—聚合物（即大、中、小分子聚合物）钻井液体系，从其主要成分来看钻井液受污染程度较轻，易于降解。因而聚合物阶段钻井液（膨润土、膨润土—聚合物、聚合物）废弃物处置与磺化钻井液阶段的处置有区别。根据《油气田钻井固体废物综合利用污染控制要求》（DB 65/T 3997—2017）、《油气田含油污泥及钻井固体废物处理处置技术规范》（DB 65/T 3997—2017）要求，聚合物钻井液随钻脱水处理满足含水率<80%，即可进行填坑、筑路、铺垫井场综合利用，脱出的水重复利用。因此聚合物钻井液处置主要采用固液分离处置。

聚合物钻井液废弃物固液分离的对象主要是岩屑和水组成的非均相悬浮状液，分离的方法效果与悬浮液的浓度、固相和液相的特性有关。具体包括：固相颗粒的大小、粒度分布与形状、密度和表面性能等，液相的黏度、密度、温度和 pH 值等。聚合物钻井液废弃物固液分离主要有机械式固液分离方法和胶体絮凝脱稳机理及方法两种。聚合物钻井液实现固液分离后,液体回收重复利用,固体干化后进行填坑、铺垫井场等综合利用。

一、机械式固液分离方法

聚合物钻井液固液分离主要有压滤分离法和离心分离法两类。

1. 压滤分离法

压滤机利用一种特殊的过滤介质,对对象施加一定的压力,使得液体渗析出来的一种机械设备,是一种常用的固液分离设备。广泛应用于化工、制药、冶金、染料、食品、酿造、陶瓷以及环保等行业。过滤板性能稳定、操作方便、安全、省力,金属榨筒由无缝钢管加工、塑钢滤板精铸成型,耐高温、高压,经久耐用。从压滤形式方面有厢式压滤机、框板式压滤机和带式浓缩压滤机。

1) 框板式压滤机

框板式压滤机是由交替排列的滤板和滤框共同构成一组滤室。在滤板的表面有沟槽构造,它凸出部位是用来支撑滤布的。滤框和滤板的边角上各有通孔,组装以后可以构成一个完整的通道,能够通入洗涤水、悬浮液和引出滤液来。板和框的两侧各有把手支托在横梁的上面,由压紧装置压紧板、框。板、框之间的滤布起到密封垫片的作用。由供料泵将悬浮液压入滤室,在滤布的上面形成滤渣,直至充满了滤室。滤液穿过滤布并沿滤板沟槽流至板框边角通道,集中排出。过滤完毕之后,可以通入洗涤液洗涤滤渣。洗涤后,有时还通入压缩空气,除去剩余的洗涤液。随后打开压滤机卸除滤渣,清洗滤布,重新压紧板、框,开始下一工作循环。框板式压滤机主要由压紧板、止推板、过滤介质、滤板和滤框、横梁、压紧装置、集液槽等组成,如图 10-5-1 所示。

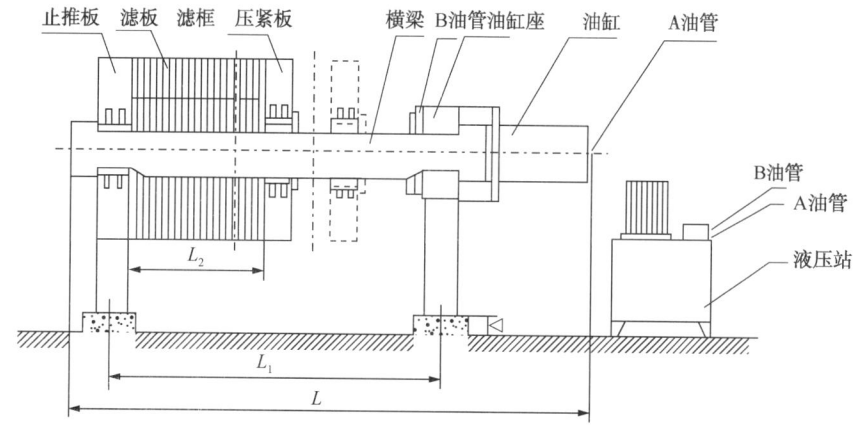

图 10-5-1 框板式压滤机结构图

框板式压滤机操作如下:

第一是压紧:压滤机在操作前需要进行整机检查,查看滤布有无打折或重叠现象,电源是否已正常连接。检查后即可进行压紧操作,首先按一下"启动"按钮,油泵开始工作,然后再按一下"压紧"按钮,活塞推动压紧板压紧,当压紧力到达调定高点压力后,液压系统自动跳停。

第二是进料:当压滤机压紧后,就可以进行进料的操作,开启进料泵,并缓慢开启进料阀门,进料压力逐渐升高至正常压力。这时观察压滤机出液情况和滤板间的渗漏情况,过滤一段时间后,压滤机出液孔出液量逐渐减少,这时说明滤室内滤渣正在逐渐充满,当出液口不出液或只出很少量液体时，证明滤室内滤渣已经完全充满形成滤饼。如需要对滤饼进洗涤或风干操作，即可随后进行，如不需要洗涤或风干操作即可进行卸饼操作。

第三是洗涤或风干：在压滤机滤饼充满后，关停进料泵和进料阀门。开起洗涤泵或空压机，缓慢开启进洗液或进风阀门，对滤饼进行洗涤或风干。操作完成后，关闭洗液泵或空压机及其阀门，即可进行卸饼操作。

第四是卸饼：首先关闭进料泵和进料阀门、进洗液或进风装置和阀门，然后按住操作面板上的"松开"按钮，活塞杆带动压紧板退回，退至合适位置后，放开按住的"松开"按钮，人工逐块拉动滤板卸下滤饼，同时清理粘在密封面处的滤渣，防止滤渣夹在密封面上影响密封性能，产生渗漏现象。至此一个操作周期完毕。

2）厢式压滤机

框板式压滤机的滤室由一块平板滤板和一块中空的滤框组成，滤布固定在板框上。厢式压滤机的滤室是由相邻两块凹陷的滤板构成。厢式压滤机由滤板排列组成滤室（滤板两侧凹进，每两块滤板组合成一厢形滤室）。滤板的表面有麻点和凸台，用以支撑滤布。滤板的中心和边角上有通孔，组装后构成完整的通道，能通入悬浮液、洗涤水和引出滤液。滤板两侧各有把手支托在横梁上，由压紧装置压紧滤板。滤板之间的滤布起密封作用。厢式压滤机的主要优点是更换滤布方便，缺点是效率低、过滤效果不好、滤板容易损坏。

厢式压滤机工作流程：在输料泵的压力作用下，将需要过滤的物料液体送进各滤室，通过过滤介质（根据不同行业选择合适的滤布）将固体和液体分离。在滤布上形成滤渣，直至充满滤室形成滤饼。滤液穿过滤布并沿滤板沟槽流至下方出液孔通道，集中排出。过滤完毕，可通入清洗涤水洗涤滤渣。洗涤后，有时还通入压缩空气，除去剩余的洗涤液。过滤结束后，打开压滤机卸除滤饼（滤饼储存在相邻两个滤板间），清洗滤布，重新压紧板滤开始下一工作循环。

3）带式浓缩压滤机

带式浓缩压滤机（以下简称带式压滤机）是依据化学絮凝接触过滤和机械挤压原理而制成的高效固液分离设备，因其具有工艺流程简单、自动化程度高、运行连续、控制操作简便和工作过程可调节等一系列优点，并且省却了污泥浓缩池，在一定程度上节省了建设资金，正得到越来越广泛的应用。

聚合物污泥首先进入重力脱水区，大部分游离水在重力作用下通过滤带被滤除；随着滤带的运行，污泥进入由两条滤带组成的楔形区，两条滤带对污泥实施缓慢加压，污泥逐渐增稠，流动性降低，过渡到压榨区；在压榨区，污泥受到递增的挤压力和两条滤带上下位置交替变化所产生的剪切力的作用，大部分残存于污泥中的游离水和间隙水被滤除，污泥成为含水率较低的片状滤饼；上下滤带经卸料辊分离，凭借滤带曲率的变化并利用刮刀将滤饼刮落，实现物料的固液分离，而上、下滤带经冲洗后重新使用，进行下一周期的浓缩压滤。

2. 离心分离法

离心分离法是利用离心机将悬浮液中的固体颗粒与液体分开，或将乳浊液中两种密度不同，又互不相溶的液体分开，它也可用于排除湿固体中的液体。

离心机工作流程：聚合物钻井液废弃物由中心给料管进入，经过轴壳加速后，再通过螺旋转子上的喷料口进入到分离转筒内。由于煤、水混合物的密度较大，在离心作用下，其固体物会被甩到转筒的四周筒壁，水分则由沉淀物孔隙和溢流口中排出（图10-5-2）。

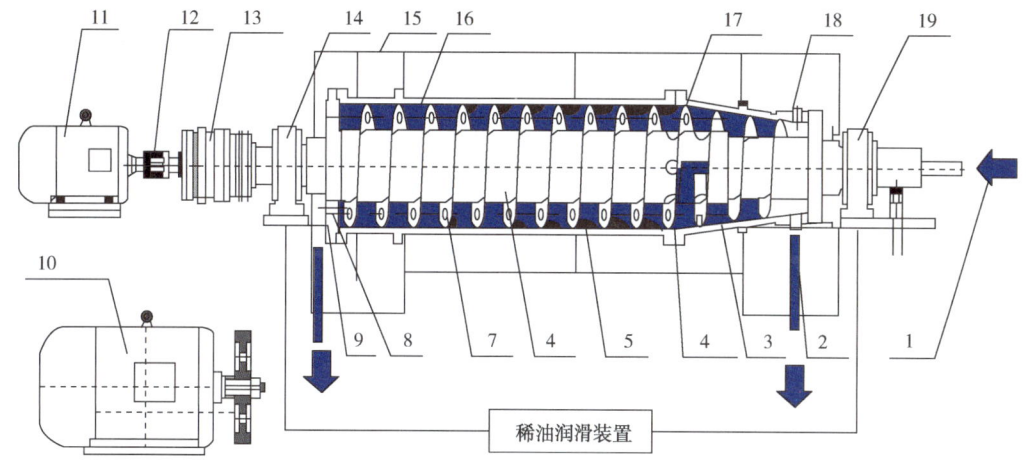

图 10-5-2　沉降式离心机工作原理示意图

1—进料口；2—出渣口；3—锥段脱水区；4—镶焊硬质合金片；5—直段沉降区；
6—螺旋推料器；7—清液导流孔；8—出液口；9—调节片；10—主电机；
11—辅电机；12—弹性联轴器；13—三级差速器；14—轴承座；15—罩壳；
16—转鼓；17—出料口耐磨套；18—出渣口耐磨套；19—轴承座

二、胶体絮凝脱稳机理及方法

通过加入絮凝剂和凝聚剂改变钻井液的物理、化学性质，破坏钻井液的胶体体系，促使悬浮的细小颗粒聚结成较大的絮凝体，再由离心机等机械手段达到固液分离的目的。因此，废弃钻井液化学脱稳作为机械分离的预先处理步骤是必不可少的。

钻井完井液胶体脱稳过程中絮凝剂与水中胶粒物发生作用的絮凝反应分为以下三步：

（1）溶解的絮凝剂离子扩散迁移到固液界面；

（2）絮凝剂离子快速压缩双电层并吸附结合到固体表面；

（3）吸附化合态在胶体表面上缓慢地进行结构和化学重排，朝向更稳定的表面层组成变化。这个阶段的低速是由于吸附和重排需较长的时间才能达到稳态，此时，胶体颗粒脱稳从而破坏其沉淀稳定性，从而絮凝沉淀。

1. 废液固液分离用絮凝剂

絮凝剂和助凝剂在废弃钻井液化学脱稳脱水固液分离中的重要作用已被人们所认识，特别是废钻井完井液中粒径小于 20μm 的那部分超细颗粒必须依靠絮凝作用才有可能被清除。在油田常用的钻井液体系中加入阳离子絮凝剂，絮凝剂吸附在颗粒表面，中和颗粒表面负电荷，造成 ζ 电位下降；当 ζ 电位降到一定数值（零电点附近）后，体系即脱稳絮凝。但是，若加入过量的絮凝剂，颗粒表面吸附过量的正电荷，改变颗粒表面双电层的性质，ζ 电位反转为正值，并且当其超过一定值时，体系重新稳定，反而不利于絮凝及分离处理。因此，絮凝剂的选择和絮凝过程中固相颗粒表面 ζ 电位的演变研究，对提高固液分离效率和效果至关重要。

目前常用的絮凝剂有 $Al_2(SO_4)_3$、$CaCl_2$、$AlK(SO_4)_2$、$Fe(ClSO_4)$、$Fe_2(SO_4)_3$、$FeCl_3$、H_2SO_4、HCl、聚合硫酸铁（PFS）、聚合氯化铁（PFC）、聚合氯化铝（PAC）等；使用较多的助凝剂为：非离子型、阳离子型或阴离子型的聚丙烯酰胺类衍生物。国内外的研究表明，将这些助凝剂和絮凝剂复合使用，并辅以机械脱水，可使废弃钻井液化学达到较好的固液分离效果。

絮凝剂从组成上可分为无机型、有机型和复合型；从结构上又可分为低分子型和高分子型；从电性上又可分为阳离子型、阴离子型和非离子型。表 10-5-1 列出了一些常用的絮凝剂。

表 10-5-1 常用絮凝剂分类及组成

结构	分子量		常用絮凝剂品种
无机型	无机低分子型		明矾(KA)、硫酸铝(AS)、硫酸铁(FS)、氯化铁(FC)等
	无机高分子型	阳离子型	聚合铝化氯(PAC)、聚合硫酸铁(PFS)、聚合磷酸铝(PAP)、聚合磷酸铁(PFP)等
		阴离子型	活化硅酸(AS)、聚合硅酸(PS)等
有机型	天然高分子型		淀粉衍生物、甲壳素、木质素、腐殖酸等
	合成高分子型	阴离子型	聚丙烯酰胺(PAM)、水解聚丙烯酰胺等
		阳离子型	聚丙烯亚胺、乙烯吡啶类等
		非离子型	聚氧乙烯(PEO)等
	微生物絮凝型		NOC-1 等
复合型	无机—无机		聚氯化铝铁(PAFC)、聚硫酸铝铁(PAFS)、聚硅酸铝(PASS)、聚硅酸铝铁(PSFA)、聚磷氯化铁(PPFC)、聚硫酸氯化铝(PASC)等
	无机—有机		聚合铝-聚丙烯酰胺、聚合铝-甲壳素等

1）有机高分子絮凝剂

有机高分子絮凝剂有天然和人工合成两类。目前以聚丙烯酰胺及其衍生物为中心合成的高分子絮凝剂已获得广泛应用。

天然高分子有机絮凝剂具有分子量分布广、活性基团多、结构多样化等特点。而且，其原料来源丰富、价格低廉，尤为突出的是它安全无毒、对人体健康无任何损害，可以完全生物降解，有良好的环境可接受性。

天然絮凝剂大多与其他带有特殊官能团的化合物接枝共聚后，再用于处理废水，主要有淀粉类、半乳甘露聚糖类、纤维素衍生物类、微生物多糖类及动物骨胶类等五大类。其中，壳聚糖絮凝剂在美国和日本已广泛应用，其可用于饮用水的处理，最大的优点是可生物降解，而且不带来二次污染。我国的壳聚糖资源非常丰富，但对其研究尚处于起步开发阶段。天然高分子絮凝剂来源有限，且性质不稳定，有使用前途的则是人工合成的高分子絮凝剂。

目前，人工合成型有机高分子絮凝剂主要有聚丙烯酰胺及其衍生物类、改性淀粉类和聚乙烯吡啶等。以聚丙烯酰胺用得最多，其产量约占合成高分子絮凝剂生产总量的 80% 左右。聚丙烯酰胺类絮凝剂有许多衍生物，根据其荷电性和适应的水介质环境不同，又细分为阴离子型、阳离子型、非离子型、两性离子型、酸型和碱型等不同品种，每种又有分子量大小和电性强弱之分。

与无机絮凝剂相比，有机絮凝剂用量少，絮凝速度快，受共存盐类、介质及环境温度影响小，处理过程短，生成的污泥量少。阳离子化聚丙烯酰胺(CPAM)和丙烯酰胺类阳离子共聚物还具有一定的破乳、除油和杀菌能力。有机高分子絮凝剂在国内外广泛用于石油、印染、食品、化工、造纸等废水的处理中，但其价值昂贵，且大多絮凝剂本身或其水解、降解产物有毒，应用领域受到了一定的限制。

2）无机高分子絮凝剂

无机絮凝剂以其低毒、廉价、制备方法相对简单等优点始终占据市场主导地位，最初主要使用 $Al_2(SO_4)_3$、$AlCl_3$、$FeCl_3$ 等第一代无机盐类。20 世纪 80 年代，先后开发及引进了聚合氯化铝（碱式氯化铝）（PAC）、聚合氯化铁（PFC）、聚合硫酸铝（PAS）、聚合硫酸铁（PFS）、聚合磷酸铝（PAP）等第二代无机絮凝剂—无机高分子絮凝剂（IPF）生产技术。

IPF 的优点反映在它比传统无机盐絮凝剂效能更优异，而比有机高分子絮凝剂（OPF）价格更低廉。但是，在形态、聚合度及相应的凝聚—絮凝效果方面，IPF 仍处于传统金属盐混凝剂与 OPF 之间的位置。它的分子量和粒度大小以及絮凝架桥能力仍比 OPF 差很多，而且还存在对进一步水解反应的不稳定性问题，这些主要弱点促使研究和开发各种复合型 IPF。

20 世纪 90 年代，更具特色的第三代无机絮凝剂-多核无机高分子絮凝剂（MC-IPF）聚合氯化铝铁（PAFC）、聚合硫酸铝铁（PAFS）、聚合磷酸铝铁（PAFP）、聚合硅酸铝（PASi）、聚合硅酸铁（PFSi）、聚合硅酸铝铁（PAFSi）等不断被研制出来。但限于生产成本增加或产品存储稳定期缩短，MC-IPF 的商品化产品并不多。目前，在各种水处理中用量最大、使用最广的仍然是利用各种工艺生产的 PAC。

（1）铝系混凝剂。

氯化铝、硫酸铝、明矾等传统铝盐絮凝剂的主要作用机理是通过对水中胶粒的双电层压缩作用、吸附架桥作用及沉积物卷扫作用使胶体粒子脱稳，发生聚集、沉降。当今，絮凝剂已经进入了"高分子时代"，聚合氯化铝及各种铝系无机高分子絮凝剂可以通过调节不同的碱化度来制得。这样，在水处理混凝过程中可以较为容易地以控制与预制的方式来达到对絮凝最佳形态的调节，提高絮凝剂对各种水质的絮凝效果。

聚合氯化铝包括纯的聚氯化铝（PAC）、含少量硫酸根的聚硫氯化铝（PACS）和含少量铁离子的聚氯化铝铁（PAFC）。聚合氯化铝为黄色或无色树脂状固体，其水溶液为黄色或无色透明液体。聚合氯化铝与酸发生解聚反应，使聚合度和盐基度降低，最后变成正铝盐。聚合氯化铝与碱发生反应，使聚合度和盐基度提高，可生成 $Al(OH)_3$ 沉淀或铝酸盐。聚合氯化铝与硫酸铝或其他多价酸盐混合时，易生成沉淀。

（2）铁系絮凝剂。

20 世纪 70 年代起，不少国外学者提出，早老性痴呆症与人体中铝过量有关。因此，铁系高分子絮凝剂的开发研究得到重视。

铁离子具有与铝离子同样的三价离子特性，与常用混凝剂三氯化铁、硫酸铝及聚合氯化铝相比，有许多明显的优点，如净水过程中生成的矾花大，强度高，沉降快。在污水处理时对某些重金属离子及 COD、色度、恶臭等均有显著的去除效果，对处理水 pH 值适应范围广（pH 值为 4~11），且 PFS 溶液对设备的腐蚀性小，因此许多国家都在研制和应用 PFS。

聚合氯化铁 PFC（Poly Ferric Chloride）是另一类铁系无机高分子絮凝剂。实验室研究其形态与功能已有二十余年，但由于其本身稳定性不高，短期内就会因水解而导致分解，从而发生沉淀而减弱或失去絮凝性能，因此一直未能作为正式产品成批生产而行销与市场。

(3)聚硅酸高分子絮凝剂。

聚合硅酸(PS)是用酸或酸性反应的盐或气体,对水玻璃的稀溶液进行部分中和而制成,是硅酸聚合到一定程度的中间产物。通常条件下,聚硅酸带负电荷,属阴离子无机高分子物质,而水中的胶体粒子表面一般带负电荷,所以聚硅酸对水中胶粒不具有电中和作用,而是通过吸附架桥使胶粒发生絮凝。聚硅酸依靠表面羟基的氢键作用可以吸附许多其他分子,并且硅酸在聚合过程,随分子量的增大并不断交联成网状,吸附架桥能力增强,聚合度增大,使处理效果增强,形成矾花大而易于沉降。

3)微生物絮凝剂

微生物絮凝剂是利用生物技术,从微生物或其分泌物提取、纯化而获得的一种安全、高效、能自然降解的新型水处理剂,至今发现具有絮凝性的微生物已超过17种,包括霉菌、细菌、放线菌和酵母菌等。一般来说,微生物所产生絮凝物质的分子量多在1×10^5以上。

不同絮凝剂产生菌产生絮凝剂的条件不同,主要受培养基的碳源、氮源、培养温度、初始pH值、通气速度等影响。从发酵液中提取和纯化微生物絮凝剂的方法有多种,一般采用抽滤或离心的方法去除菌体,然后根据发酵液的组分及絮凝物质的种类、性质而采用乙醇、硫酸铵盐析或丙酮、盐酸胍等沉淀获得。对于结构较为复杂的絮凝剂的提取,则需用酸、碱或有机溶剂反复溶解、沉淀以得到粗品。絮凝剂的纯化一般将粗品溶于水或缓冲溶液中,通过离子交换、凝胶色谱纯化,也有把粗品溶解、去除不溶物、透析纯化。

微生物絮凝剂应用范围广,活性高,安全无害,不污染环境,广泛用于畜产、建材、印染废水及给水的处理,并可消除污泥膨胀,现仅处于发展阶段,今后很可能取代有机和无机絮凝剂。

4)多核复合型高分子絮凝剂

近年来,高效复合型絮凝剂的研制与开发逐步成为当前絮凝剂研究的热点。含有活性硅酸(聚合硅酸)的多核无机高分子絮凝剂(下文简称Si-IPF)是20世纪80年代末开发研制的一类新型无机高分子絮凝剂(简称IPF),因其同时具有电性中和吸附架桥作用特性、絮凝效果好、处理后水中残留铝量及残留色度低和相对较低的成本等优点,引起水处理界的极大关注,成为IPF研究的一个热点。研究人员对其改性、增效性进行了研究,提出无机复合型絮凝剂可从增长聚链、增多聚核实现增效的目的。

聚合硅酸是阴离子型聚合物,与无机高分子聚合物反应后生成产物的电荷及有效固含量无论如何都会降低,但其脱色、除浊性能一般都会较单核无机高分子絮凝剂有明显提高,对低温低浊水的处理效果尤为明显。可见,协同效应使得分子量增大带来的增强絮凝的正效应大于电荷降低的负效应,其综合净增效果得到加强,这表明Si-IPF除具有IPF的电荷吸附作用外,也具有OPF的卷扫絮凝作用,因而其等效使用量减少,处理后水中的残留铝、残留可溶性二氧化硅都会降低,这种特性使Si-IPF尤其适合于处理含油污水、油田回注水、印染废水、造纸废水和饮用水等。

但是聚合硅酸稳定性很差,一直未能成为独立的商品。Si-IPF的诞生既提高了聚合硅酸的稳定性,又强化了无机高分子絮凝剂的聚集能力,使其商品化成为了可能。但不同形态、不同配比、不同工艺制备的产品的絮凝性能和稳定性相差很大,因此,其制备工艺往往成为专利技术。

5）助凝破胶剂

在实施固液分离处理时，如能使胶体体系的稳定性破坏，导致废液中的主要钻井完井液处理剂失去护胶作用，进而破坏胶体悬浮体系的稳定性，将对固液分离起到极大促进作用。试验证明，除选择合适的絮凝剂外，在废液特别高浓度的钻井完井废液中加入一定量的无机混合酸酸化，也能使废液中的主要钻井完井液处理剂失效，达到初步沉降处理的目的，成为实现高效固液分离的有效手段之一。

在钻井废液中可加入高浓度硫酸作为助凝破胶剂。在废浆处理实验中加入由 H_2SO_4 ：$H_3PO_4=19:1$（质量比）的混合酸作为助凝剂，混合强酸的加入可以改变 HPAM 分子中基团的离子性质，增加聚电解质中非离子链节的成分，从而降低聚电解质与水分子间的亲和力（溶剂化作用）。随着加入酸量的增多，大分子上非离子链节数增多，大分子在水中溶解度显著降低。当 pH 值小于 2.5 时，HPAM 分子间、分子内可以发生亚胺化反应，使大分子在水中的溶解度降低。

多年实践标明，现有的絮凝剂和助凝剂还存在着用量大、絮凝效率低、絮凝体易返胶等缺点，不能完全满足废弃钻井液固液分离的要求。针对废弃钻井液中固相颗粒水化分散性能好以及护胶剂数量多、浓度高、抗盐能力强等特点，建议开发研制大分子量、高电荷密度的高效絮凝剂。

2. 影响固液分离效果的因素

1）絮凝剂的选择

针对不同的现场条件，在不适于固化处理的地区，影响固液分离的首要因素是絮凝剂及其优化加量。废弃钻井液的含水率通常为 80%~90%，采用化学处理、自由沉降、离心分离或压滤分离的方法，最终可使废钻井液体积减少 50%~70%，残渣固相含量最高可达 50%~70%。

作为絮凝剂最主要品种的聚丙烯酰胺及其衍生物，不同分子量的 HPAM 对固液分离自然出水率的影响不同。但分子量在 700 万以上的 HPAM 配制时溶解困难，不易在黏稠的废钻井液中分散，只能使用很稀的溶液，这样会增大絮凝剂的体积，给施工带来不便。因此，建议现场选用分子量为 300 万~500 万的 HPAM，即能基本达到固液分离要求。

HPAM 的吸附、架桥作用和絮凝固相颗粒的能力与废钻井液中的固相含量有关，为提高絮凝脱水效率，在实施固液分离时，应先向体系加入水进行稀释。

单一的有机絮凝剂和单一的无机絮凝剂用于处理钻井完井废液固液分离时均有一些缺点，一般将二者配合使用，这样既可以降低絮凝剂的使用量，又可以提高固液分离的效率，还能提高分离出的水的质量。

2）助凝剂的选择

选择合适的助凝剂可以改善絮凝剂的絮凝效果，降低固液分离出水的浊度，对以中强碱性为主的钻井完井废液来说，强酸是一种性能良好的廉价助凝剂。对多数絮凝剂来说，无论是有机型、无机型还是复合型，一般其最佳作用范围均在中性附近，此时用量相对较少，絮凝处理效果较好，且处理后的水呈中性便于利用。除此之外，硫酸铝、三氯化铝、硅藻土等也是钻井废液固液分离的优良助凝剂，硫酸铝、三氯化铝的溶液本身也是强酸性的（pH 值为 2~3），可以很好地中和废浆体系的 pH 值，提高有机絮凝剂的絮凝能力，同时本身对废浆也具有很好的脱稳絮凝能力，对废弃钻井液的固液分离起到了较强的协同作用。这实际上也是有机絮凝剂与无机絮凝剂配合使用的结果。

3）废液稀释比

黏稠的废弃钻井液严重地妨碍着絮凝剂在其内部的分散和絮凝，加入絮凝剂和助凝剂以前对其进行加水稀释处理是必要的。未经稀释的废钻井液无法进一步使固液分离。因为当固体颗粒上的电荷被中和或部分中和的同时，也起了破坏水化层保护膜的作用，使水化程度降低。这时，黏土颗粒开始聚结，连接成网状结构，并把水包在网状结构之中。稀释后加大了颗粒间的距离，加入絮凝剂之后，就减少了形成网状结构的可能性。不同的废液体系、不同的脱水条件，最佳稀释比不同。

加水稀释后的废弃钻井液不仅降低了密度，而且大大降低了体系的塑性黏度。经稀释处理后的废弃钻井液，随着黏度的降低，絮凝剂在废浆中的溶解分散性能会得到改善，絮凝剂的絮凝脱稳脱水作用能得到充分发挥。考虑到稀释倍数的增加无疑会加大处理废弃钻井液的工作量。从废弃钻井液稀释后塑性黏度的降低效果可以看出，用 1~2 倍体积的水稀释废弃钻井液就可以达到稀释降黏作用。

用于稀释废弃钻井液的水不需要经过任何特殊处理，也可以使用废弃钻井液固液分离后分离出的水，只要出水的质量能达到工业排放污水的要求就行。

4）絮凝动力学优化

絮凝动力学讨论絮凝的速度问题，只有具有一定速度的絮凝过程才能满足水处理对出水水量的要求，因而才具有实际意义，所以絮凝动力学是水处理絮凝学的重要研究内容。

胶体微粒间存在范德华力吸引作用，而在微粒相互接近时因双电层的重叠又产生排斥作用，胶体的稳定性就决定于此二者的相对大小。以上两种作用均与微粒间的距离有关，都可以用相互作用位能来表示。

根据 DLVO 理论可知，胶体之所以稳定是由于综合位能曲线上有势垒存在；倘若势垒为零，每次碰撞必导致聚沉，称为快速絮凝；若势垒不为零，则仅有一部分碰撞会引起聚沉，称为慢速絮凝。无论是对快速絮凝还是对慢速絮凝，微粒之间的相互碰撞是首要条件，而它们的相互碰撞是由其相对运动引起的。造成这种相对运动的原因可以是微粒的布朗运动，也可以是产生速度梯度的流体运动，前者导致的微粒聚沉称为异向絮凝，后者导致的微粒聚沉称为同向絮凝。

在异向絮凝中微粒的碰撞是由布朗运动造成，碰撞频率决定于微粒的热扩散运动。由于钻完井液中的固相粒子主要是直径在 $10\sim20\mu m$ 的胶体粒子，其自然聚沉过程非常慢，这就是说即使在完全脱稳的情况下，异向絮凝过程也是极其缓慢的。依靠布朗运动的异向絮凝速度太慢，不能单独应用，特别是当微粒相互碰撞聚集变得较大后，布朗运动就会减弱甚至停止，絮凝作用就会减弱甚至不再会发生。但是，长期以来人们观察到，缓慢地搅动会助长絮凝，这是因为搅动会引起液体中速度梯度的形成，从而引起微粒之间的相对运动而造成微粒的相互碰撞。当体系中的粒子体积浓度太小，有可能影响其碰撞效率时，就有必要加入一定量的所谓"助凝剂"。

对絮凝过程动力学的研究指出，快速絮凝和慢速絮凝的结合，以及梯度絮凝和多级串联絮凝的结合，有利于同向絮凝和差向絮凝的形成，这为固液分离装置的设计提供了理论依据。通过优化絮凝动力学条件，在絮体（絮花或矾花）的形态、结构、粒度、密度、强度等方面获得最佳组合，才能实现钻完井废液强化固液分离的过程。

第六节 废弃物处理发展趋势

为了更好地保护环境，废弃钻井液处理的发展趋势如下：

(1) 开发新的环保型钻井液和钻井液处理剂。目前，国内外都在开发各种新型环保钻井液和环保型钻井液处理剂以代替毒性较大的钻井液及其处理剂，从根本上解决废弃钻井液对环境的污染问题，确保环境不受伤害。

(2) 加强固控，减少废弃物的排放。固控可以改善钻井液的性能，从根本上减少废弃物。固体含量的不同对钻井液性能有很大的影响，如流变性、黏度、动切力、密度等。通过固控，改善钻井液的性能，使得钻井液性能按要求的方向转变：一方面可以加快钻进速度，减少钻井液的用量；另一方面可以减少废弃物的排放量。这主要还是加强四级固控的管理，对固控设备合理搭配、合理利用，利用高效固控设备。

(3) 控制井眼大小。通过控制井眼的大小来尽量减小钻井液用量及废钻井液体积，这是今后钻井技术的一个发展方向。井眼越大，钻井液用量及产生的钻屑量越大，废钻井液就越多。目前开发出的小井眼钻井技术，就具有减小钻井液用量及废钻井液体积的优点(除此之外还具有其他许多优点)。

(4) 开发综合利用新技术。钻完井作业废物的综合利用还具有一定的潜力。应该利用现有的科学和技术在废弃钻井液处理时向综合利用出发，这样既保护了环境又开发了资源。如焚烧钻完井作业废弃物后留下的灰烬，根据其特点经过适当的加工后，变成可利用的建筑材料(当然，这只能是适用于钻完井作业废物集中处理的场所)。比较分散的地方，钻完井作业废物的处理应尽量向优化土壤的方面转化。如将钻完井作业废物经过一定的技术处理转化成为可供植物利用的肥料等。

(5) 降低成本，优化环境。废弃钻井液处理成本高一直是困扰石油工业发展的一个重要因素。如何降低成本，优化环境工程，提高效益，仍然是一个有待解决的问题。这里值得注意的问题是要综合考虑其成本和效益，不能从单方面去考虑。

(6) 加强井场废弃物的管理。钻井完井液废弃污染处理技术的发展方向，不应仅仅是末端治理技术，而应是实施钻井清洁生产技术，从钻井工艺的源头上减少污染物的产生量和减轻污染负荷。对于在钻井作业中产生的不可避免的污染物，做到全过程处理，及时处理，避免交叉污染，降低处理难度。要满足钻井废弃液过程处理的要求，就要做到高效(能够处理各种钻井废弃液)、机动灵活(其载体设备能够满足钻井作业分散性、短期性、流动性的要求)、管理上方便易行(普通工人能够稳定操作)。实施钻井清洁生产技术是实现钻井清洁生产、污染排放减量化，最终达到无钻井液池钻井的主导方向。

参 考 文 献

[1] 王万福，何银花，刘颖，等. 含油污泥的热解处理与利用[J]. 油气田环境保护，2006，16(2)：15-18.

[2] 蒋淑英. 高温热解析在多环芳烃污染土修复中的应用[J]. 材料导报 A：综述篇 2012，26(2)：126-129.

[3] 姜勇，赵朝成，赵东风. 含油污泥特点及处理方法[J]. 油气田环境保护，2005，15(4)：38-41.

[4] 罗士平，周国平，张齐. 油田含油污泥处理工艺条件的研究[J]. 江苏工业学院学报，2003，15(1)：

24-26.
- [5] 朱文英, 唐景春, 王斐. 油田含油污泥污染与国内外处理、处置技术[J]. 石油化工应用, 2012, 13(8): 1-5.
- [6] 李君, 罗亚田, 丁飒. 国内外含油污泥的处理现状分析[J]. 能源环境保护, 2007, 21(5): 12-14.
- [7] 萨依绕, 李慧敏, 张燕萍. 新疆油田含油污泥处理技术研究与应用[J]. 油气田环境保护, 2009, 19(2): 12-13.
- [8] 王眉山. 中国废弃钻井液处理技术发展趋势[J]. 钻井液与完井液, 2009, 26(6): 77-79.
- [9] 初波. 废弃钻井液膜滤技术的研究及应用前景[J]. 国外油田工程, 2010, 26(7): 32-35.
- [10] 白敏冬. 钻屑、废钻井液无害化处理技术研究[D]. 大连: 大连海事大学, 2003.
- [11] 何瑞兵. 水基废弃钻井液无害化处理研究[D]. 西南石油学院, 2002.
- [12] 张祎徽. 废弃钻井液无害化处理技术研究[D]. 中国石油大学, 2007.
- [13] 王眉山, 郑毅. 中国废弃钻井液处理技术发展趋势[J]. 钻井液与完井液, 2009, 14(4): 64-68.
- [14] 王学川, 胡艳鑫, 郑书杰, 等. 国内外废弃钻井液处理技术研究现状[J]. 陕西科技大学学报(自然科学版), 2010, 11(3): 45-46.
- [15] 徐辉. 井场废弃钻井液无害化处理研究[D]. 成都: 西南石油大学, 2006.
- [16] 吴明霞. 废弃水基钻井液环境影响及固化处理技术研究[D]. 大庆: 东北石油大学, 2012.
- [17] 翟琦. 废弃钻井液处理技术与生态修复研究[D]. 西安: 西安建筑科技大学, 2009.
- [18] 段文猛, 喻小菲, 王勇. 废弃钻井液氧化脱稳分离方法[J]. 石油与天然气化工, 2010, 10(2): 40-42.
- [19] 何龙, 林宣义, 方永春, 等. 油田废弃钻井液处理技术的思路与实践[J]. 石油和化工设备, 2013, 11(4): 23-24.
- [20] 胡小刚, 康涛, 柴占文, 等. 国外钻井岩屑处理技术与国内应用研制分析[J]. 石油机械, 2009, 37(9): 31-34.
- [21] 黄敏, 李辉, 李盛林, 等. 废弃钻井液微生物降解菌室内筛选研究[J]. 油气田环境护, 2011(6): 35-36.
- [22] 徐炳科, 废弃钻井泥浆的微生物处理效果研究[D]. 雅安: 四川农业大学, 2011.
- [23] 金永辉, 于小龙. 延长袖田废弃钻井液污染控制技术适用性分析[J]. 中国石油和化工, 2011, 9(2): 21-23.
- [24] 吴明霞. 废弃水基钻井液环境影响及固化处理技术研究[D]. 大庆: 东北石油大学, 2012.
- [25] 龙安厚, 孙玉学. 废钻井液无害化处理发展概况. 西部探矿工程, 2003(3): 165-168.
- [26] 董娅玮. 废弃钻井泥浆固化处理技术研究[D]. 西安: 长安大学, 2009.
- [27] 张祎徽. 废弃钻井液无害化处理技术研究[D]. 北京: 中国石油大学, 2007.
- [28] 李磊. 污泥固化处理技术及重金属污染控制研究[D]. 南京: 河海大学, 2006.
- [29] 董娅玮, 王文科, 杨胜科, 等. 黄土地区石油钻井废弃泥浆处置对策研究[J]. 环境工程学报, 2009, 3(9): 1673-1676.
- [30] 高月臣. 浅析胜利油田废弃钻井液无害化处理技术[J]. 安全、健康和环境, 2008(3): 29-30.
- [31] 韩应合, 李俊波. 废弃钻井液无害化处理技术及应用[J]. 特种油气藏, 2005(2): 100-102.
- [32] 周迅. 废钻井液的处理技术综述[J]. 油气田环境保护, 2001(4): 10-12.
- [33] 魏平方, 王春宏, 姜林林, 等. 废油基钻井液除油实验研究[J]. 钻井液与完井液, 2005(1): 12-13, 8.
- [34] 毛飞跃, 邓建国. 钻井废弃泥浆无害化处理原理及工艺要求[J]. 中国西部科技, 2008(28): 37.
- [35] 宋玲, 陈集, 高建林, 等. 用废弃钻井液制备废水处理吸附剂[J]. 钻井液与完井液, 2009(4): 86-89.
- [36] 陈笑颖. 废弃钻井液无害化处理与环境[J]. 科技创新导报, 2009(21): 90.

[37] 高月臣. 浅析胜利油田废弃钻井液无害化处理技术[J]. 安全、健康和环境, 2008(3): 29-30.
[38] 韩应合, 李俊波. 废弃钻井液无害化处理技术及应用[J]. 特种油气藏, 2005(2): 100-102.
[39] 周迅. 废钻井液的处理技术综述[J]. 油气田环境保护, 2001(4): 10-12.
[40] 魏平方, 王春宏, 姜林林, 等. 废油基钻井液除油实验研究[J]. 钻井液与完井液, 2005(1): 12-13, 18.
[41] 毛飞跃, 邓建国. 钻井废弃泥浆无害化处理原理及工艺要求[J]. 中国西部科技, 2008(28): 37.
[42] 宋玲, 陈集, 高建林, 等. 用废弃钻井液制备废水处理吸附剂[J]. 钻井液与完井液, 2009(4): 86-89.
[43] 陈笑颖. 废弃钻井液无害化处理与环境[J]. 科技创新导报, 2009(21): 90.
[44] 刘继朝. 中原油田石油污染土壤生物修复技术研究[D]. 北京: 中国地质科学院, 2009.
[45] 孙吉昌, 陶志国, 刘真凯. 建立袖田污染防控体系确保清洁生产[J]. 安全健康和环境, 2009, 9(6): 30-31.
[46] 明杰, 梁万林, 金庆荣, 等. 钻井废钻井液综合治理技术研究[J]. 矿物岩石, 2003, 23(1): 109-112.
[47] 勇建, 沈军, 张建龙. 废钻井液固液分离的试验研究[J]. 广东工业大学学报, 2000, 17(2): 53-57.
[48] 谢重阁, 环境中石油污染物的分析技术[M]. 第1版. 北京: 中国环境科学出版社, 1987.
[49] 刘继朝. 中原油田石油污染土壤生物修复技术研究[D]. 北京: 中国地质科学院, 2009.
[50] 邓皓. 石油勘探开发清洁生产[M]. 北京: 石油工业出版社, 2008.
[51] 黄世孝. 对油田固体废弃物资源化的探讨[J]. 油气田环境保护, 1993, 3(1): 30-32.
[52] 孙吉昌, 陶志国, 刘真凯. 建立油田污染防控体系确保清洁生产[J]. 安全健康和环境, 2009, 9(6): 30-33.
[53] 许毓, 史永照, 邵奎政, 等. 废油基钻井液处理及油回收技术研究[J]. 油气田环境保护, 2007, 17(1): 8-12.
[54] 王嘉麟, 闫光绪, 郭绍辉, 等. 废弃油基泥浆处理方法研究[J]. 环境工程, 2008, 4(26): 10-13.
[55] 魏平方, 王春宏, 姜林林, 等. 废油基钻井液除油实验研究[J]. 钻井液与完井液, 2005, 22(10): 12-13.
[56] 张艳丽. 弱碱三元复合驱含油污泥的絮凝降水处理[J]. 大庆石油学院学报, 2011, 35(4): 67-70.